《建筑特种工程新技术系列丛书》主编唐业清教授简介：1956 年毕业于东北大学（原东北工学院）建筑工程结构专业。同年分配至北京交通大学（原北方交通大学）任教，曾任教研室、研究室主任，土木建筑系主任等职。长期从事：土力学基础工程、建筑物改造与病害处理学科教学、科研和工程技术指导工作。曾任深基坑专业委员会副主任、顾问；深基础协会副理事长、顾问；高校土力学基础工程学科研究会主任、顾问；中国老教授协会房屋增层改造研究会会长、土建专业委员会主任等职。

丛书编写概况简介：2008 年 6 月受中国建筑工业出版社委托，以唐业清教授为主编并邀请我国在既有建（构）筑物特种工程领域的教授、研究人员和有实践经验的高级工程师等 40 多位专家组成《建筑特种工程新技术系列丛书》编著委员会。本丛书共分 7 册：①《建筑特种工程新技术》（唐业清教授）；②《建筑物移位工程设计与施工》（张鑫教授）；③《建筑物纠倾工程设计与施工》（李启民教授）；④《建筑物增层工程设计与施工》（苗启松教授）；⑤《建筑物改造加固工程设计与施工》（韩继云教授）；⑥《灾损建筑物处理技术》（叶观宝教授）；⑦《建筑物托换技术》（崔江余教授）。到 2012 年 11 月最后完成书稿，历时 5 年全部出版。

《建筑特种工程新技术系列丛书》各分册主编简介

书	照片	简介	书	照片	简介
第1册		费慧慧，女，1946年生，教授级高级工程师，北京中建建筑科学研究院有限公司顾问，曾获国家发明四等奖、国家级新产品、国家重大科技项目等，全国"五一劳动奖章"、北京市劳动模范等荣誉称号	第5册		韩继云，女，1962年生，研究员，一级注册结构工程师，注册监理工程师。中国建筑科学研究院建筑工程检测中心(国家建筑工程质量监督检验中心)结构室主任。中国老教授协会土木建筑专业委员会副主任委员等职，北京市安全质量测评专家
第2册		张鑫，男，1964年3月生，山东建筑大学，教授，博士，所长，研究方向为混凝土结构和工程结构鉴定加固与改造，新世纪百千万人才工程国家级人选，山东省有突出贡献的中青年专家	第6册		叶观宝，男，1964年生，博士，同济大学教授、博导。现任地下建筑与工程系岩土加固与测试技术研究室主任
第3册		李启民，男，中国地质大学(北京)，研究生导师，优高，国家一级注册结构工程师	第7册		崔江余，男，1962年生，博士，北京交通大学土建学院隧道与岩土工程教育部研究中心，从事教学科研工作。曾获国家科学技术进步奖等5个奖项，任中国老教授协会土木建筑(含病害处理)专业委员会副主任、秘书长等职
第4册		苗启松，男，北京市建筑设计研究院，副总工程师，复杂结构研究所所长，教授级高级工程师，国家一级注册结构工程师，全国高层建筑抗震专业委员会副主任委员			

多灾多难的人类家园

2009 年 11 月 15 日 14 时许，上海市中心胶州路靠近余姚路附近的一座约 30 层的教师公寓楼发生特大火灾，夺去了 53 位鲜活的生命。

2009 年 7 月 4 日 6 时许，广西柳州河水超警戒水位 6.6m，图为城区景象。融水全县受灾人口 15 万人，因灾损坏房屋 1100 户 4950 间，交通水利等基础设施受损严重。

2008 年 5 月 12 日四川汶川 8 级大地震，震动了全中国、全亚洲乃至全世界，地震受灾总面积 13 万 km^2，重灾 51 个县。人员死亡和失踪 8.7 万，财产总损失 8451 亿元。以房屋损失最大，倒塌房屋 4900 万 m^2，严重损坏房屋 9600 万 m^2，一般损坏 1.4 亿 m^2。供水管线损坏 14000km，重要文物损坏 3000 余项。还有道桥和基础设施受损。

冰雪灾害

台风“云娜”登陆浙江温岭

陕西长安华严寺千年古塔面临滑坡威胁

人为的灾损

2010 年 7 月 29 日上午 10 时，位于湖北省鹤峰县铁炉白族乡隔子河中的 7 层违法建筑被成功爆破拆除。

2009 年 6 月 27 日 5 时 30 分许，上海市闵行区莲花南路罗阳路口，一在建楼盘工地发生楼体倒覆事故，造成 1 名工人死亡，无人受伤。

玻璃从图书馆玻璃幕墙（红圈处）上掉落后，碎片散落一地。在这块玻璃附近，还有一块玻璃发生了开裂（蓝圈处）。再杰摄

2008 年 7 月 17 日下午 3 点 30 分左右，温州市图书馆楼一块钢化玻璃墙突然爆裂，粒状碎玻璃散落一地，幸好没有造成人员伤亡。有可能是馆内开着空调温度低，馆外受太阳暴晒温度高，巨大的温差诱发玻璃墙爆裂。

2012 年 2 月 28 日下午 4 时 30 分许，上海市松江区九亭镇涞寅路近九泾公路，一工业园区内发生大面积坍塌，连带工业园区附近的公路也受到影响，事故还造成地下一条备用天然气管道发生破裂，同时附近厂房发生大面积停电。所幸疏散工作及时，并未造成人员伤亡。

1988年4月1日，沈阳市体育中心土建工程正式破土开工，一期工程总建筑面积77 338m²，总投资一亿元。该工程2007年2月12日15时被成功爆破拆除。

只有200多名工作人员的某镇政府，却投资数千万元，修建了一栋8000多m²的豪华办公楼。不仅人均建筑面积和每平方米综合造价均达到甚至超过了国家规定的省部级党政机关的标准，而且该项目在建筑面积和投资总额上也远远超出主管部门的文件规定。

建筑特种工程新技术系列丛书1

建筑特种工程新技术

唐业清　主　编
崔江余　费慧慧　副主编

中国建筑工业出版社

图书在版编目（CIP）数据

建筑特种工程新技术/唐业清主编. —北京：中国建筑工业出版社，2013.5
（建筑特种工程新技术系列丛书 1）
ISBN 978-7-112-15167-7

Ⅰ.①建… Ⅱ.①唐… Ⅲ.①建筑工程-工程施工-新技术应用-介绍 Ⅳ.①TU74-39

中国版本图书馆 CIP 数据核字（2013）第 036087 号

本书为“建筑特种工程新技术系列丛书”的第 1 册，是综述性的介绍建筑特种工程新技术的概念、基本内容和方法的入门式技术书。主要包括：概述、建筑物移位技术、建筑物纠倾技术、建筑物增层技术、建筑物加固改造技术、灾损建筑物处理技术、建筑工程托换技术、工程治沙新技术和服役结构可靠度分析等内容。另附 1 张光盘。

本书可供建筑结构设计和施工人员使用，并可供大中专院校师生参考。

* * *

责任编辑：王 跃 郭 栋 辛海丽
责任设计：张 虹
责任校对：姜小莲 陈晶晶

建筑特种工程新技术系列丛书 1
建筑特种工程新技术
唐业清 主 编
崔江余 费慧慧 副主编
*
中国建筑工业出版社出版、发行（北京西郊百万庄）
各地新华书店、建筑书店经销
霸州市顺浩图文科技发展有限公司制版
北京富生印刷厂印刷
*
开本：787×1092 毫米 1/16 印张：35½ 插页：4 字数：900 千字
2013 年 8 月第一版 2013 年 8 月第一次印刷
定价：**90.00** 元（含光盘）
ISBN 978-7-112-15167-7
（23268）

《建筑特种工程新技术》编写委员会

主　编：唐业清

副主编：崔江余　费慧慧

编写组：张　鑫　蓝戊己　李启民　何新东　王　桢
王存贵　苗启松　李今保　韩继云　吴如军
江　伟　叶观宝　惠云玲　贾连光　杨桂芹
卢明全　李　艺　李　虹

各章节主笔人：

第 1 章　概述　唐业清
第 2 章　建筑物移位技术　张　鑫
第 3 章　建筑物纠倾技术　李启民
第 4 章　建筑物增层技术　苗启松
第 5 章　建筑物加固改造技术　韩继云
第 6 章　灾损建（构）筑物处理技术　叶观宝
第 7 章　建筑工程托换技术　崔江余
第 8 章　工程治沙新技术　唐业清
第 9 章　服役结构可靠度分析　李　艺
后记　唐业清
光盘
幻灯（一）《建筑特种工程新技术》　唐业清　费慧慧等
幻灯（二）《建筑奇闻趣事》　唐业清　费慧慧等

审核：唐业清　崔江余　费慧慧

建筑特种工程新技术系列丛书
出版说明

改革开放的伟大进程带来了我国社会和经济建设的大发展，而大规模建筑工程对建筑工作者的科学研究、勘察设计水平、施工技术进步等提出了更高、更多的要求。在此情况下，建筑特种工程的新技术得到了发展和提高。建筑特种工程技术一般包括建筑物（含构筑物）的移位技术、纠倾技术、增层技术、改造加固技术、灾损处理技术、托换技术等。

本《建筑特种工程新技术系列丛书》的出版，是我国改革开放30余年来，建筑行业特种工程技术进步的重要标志；是众多工程成功经验和失败教训的深刻总结；是几十年我国在本学科领域科技成果的结晶、技术实力的集中体现；是年轻一代更好地掌握特种工程新技术，学习前人先进技术和经验的一部宝贵、丰富、实用的教科书；是我国建筑行业特种工程技术进步发展的里程碑。丛书的出版将有力地推动我国在建筑特种工程技术领域方面更大的技术进步和发展。

一、建筑特种工程新技术的应用

建筑物包括构筑物，在建造过程或建成后的使用过程，由于遭受自然灾害（如地震、洪水、海啸、滑坡及泥石流、风灾及地塌陷等）而受损，可采用本技术处理。

建筑工程在勘察、设计、施工中有失误（如勘察中漏查或误查的地下人防工程、岩洞土洞、墓穴、树根和孤石、液化层、软弱夹层等。设计中结构形式选择不合理、断面和配筋量不足、设计参数选用不当、选错基础形式和地基持力层、建筑材料不合格和施工质量低劣等），给建筑物造成严重安全隐患的，可采用本技术处理。

为适应经济发展、生产和生活的需要，对既有建筑物可采用特种工程新技术进行改造、扩建、加固等。

上述建筑物经过检测、鉴定、论证，采用建筑特种工程技术处理后，都能具有继续使用价值，有肯定的经济效益和社会效益。

二、建筑特种工程新技术的内容

建筑物的移位技术包括旋转、抬升、迫降、平行移动，可单项移位或组合多项移位。

建筑物的纠倾技术包括对倾斜的混凝土结构、砌体结构、钢结构、混合结构的多层和高层建筑纠倾等处理，这些建筑可以是框架（筒）结构、框支结构、剪力墙结构等。

建筑物的增层技术包括多层或高层建筑物的局部增层、整体增层、外套增层、地下增层、室内增层、顶部增层等。

建筑物的改造加固技术包括工业建筑物为适应生产发展的改扩建，民用建筑物为扩大使用面积、改善使用功能的改扩建，公共建筑物为适应城市规划和发展等的改扩建工程。

建筑物的灾损处理技术包括对灾害后建筑物或桥梁等构筑物结构发生错位、移动、倾斜、扭曲变位、结构裂损、过量沉陷、地基土被掏空或破坏、桩基弯曲或折断等处理技术。

建（构）筑物的托换技术包括：对城市、公路、江河湖海上的各类桥梁结构，为增大桥下通航空间的抬升改造托换；对修建城市地铁或矿区采矿，对相邻建筑物的托换加固处理；因环境污染、侵蚀至建筑结构破损的局部或整体托换加固的处理技术。

特种工程新技术还包含各类特殊工程，如水上、海上或岸边建筑，军事工程、地下建筑、沙漠建筑、人防工程、航天工程等环境特殊的各类建筑特种工程的改造、加固和病害处理的技术等。

三、《建筑特种工程新技术系列丛书》编写的基础与背景

1. 本丛书反映各历史时期关于本学科的技术及其进步。

在“1966～1976”十年，全国的基本建设全面停顿，各类房屋严重不足，而且资金又十分短缺。从20世纪80年代初到90年代初的10年，全国从南到北兴起了“向空中要住房，向旧房要面积”的既有房屋增层改造工程的热潮，许多有条件的旧房都进行了增层改造，扩大了使用面积，改善了使用功能，部分地缓解了当时“房荒”的燃眉之急。许多专业工程公司也应需成立，成为建筑特种工程的生力军。

例1. 哈尔滨秋林公司增层工程：1984年施工。原地上2层，增加2层至4层。是我国较早的有代表性增层工程。

例2. 北京日报社增层工程：原地上4层，增加4层至8层，采用外套框架结构，框架柱采用大孔径桩基础。

例3. 绥芬河青云市场增层工程：原地上5层，采用外套结构增加4层至9层，同时一侧扩建9层。面积由原11000m^{2}增至31000m^2。

例4. 山西矿业集团办公大楼增层工程：原地上3层，采用外套结构增加6层至9层。

与此同时，全国开始了大规模的基本建设。但由于当时资金少、技术水平低、经验不足、规章制度不健全、工期要求急，出现了一些劣质工程，使刚刚竣工或尚未竣工的建筑物发生倾斜、开裂、过量下沉等一系列病害。需拆除的严重者几乎占新建工程1%～2%。为适应当时形势的需要，既有建筑物的纠倾加固病害处理技术迅速发展，工程数量较多。

例1. 哈尔滨齐鲁大厦纠倾工程：地上26层，总高99.6m，倾斜524.7mm。2000年纠倾复位成功。是目前国内纠倾成功最高的大厦。

例2. 大庆油田管理局办公大楼纠倾工程：地上12层，增加1层，总高99.6m，倾斜270mm。2007年增层、纠倾、加固复位成功。

例3. 都江堰奎光塔纠倾加固工程：建于1831年。塔高52.67m，为17层6面砖塔，倾斜1369mm，塔体有45°斜裂缝。首先进行1～11层塔身加固，后纠倾。这是我国古塔纠倾加固成功的范例。汶川地震后，已加固部分塔身完好无损，其上未加固部分出现裂损。

从2000年初，全国的城市和道路交通规划和建设、古建筑及文物保护等工作日益受到重视，因此既有建筑物的移位工程技术又迅速兴起与发展，不仅工程数量多，而且工程难度大、风险大、技术要求高，全国许多高校和科研单位也投入人力、物力，参与和支持这一工程热潮。

例1. 上海音乐厅移位工程：地上水平移位66.46m，抬升3.38m。是我国有代表性的移位工程。

例2. 山东莱芜开发新区办公大楼工程：该建筑15层，高度72m，水平移位78m。是

目前国内移位最高的建筑物。

例 3. 山东东营市永安商场营业楼工程：原地旋转 45°，移位成功。

例 4. 上海市西环线岭西路立交桥抬升工程：全桥成功抬升 2.7m，扩大了桥下通航高度。

例 5. 天津北安大桥工程：抬升 2.7m，加大了桥下通航高度。

例 6. 广西贺州文物“真武庙”顶升工程：原文物为砖砌结构，毛石基础，处于低洼地。采用先加固、后顶升方案，将文物抬高 1.3m。

2. 本丛书适应当前国家发展的需要，为特种工程研究、检测、监测、设计、施工服务而编写。

进入 21 世纪，由于经济建设规模庞大，房地产业迅速发展，地价猛涨，房价飙升，土地十分宝贵，因此许多房地产商们又开始了新一轮更高一级的“向空中要住房，向旧房要面积”的增层改造工程，以节省高昂的土地投资。

最近几年的自然灾害频频发生，2008 年的汶川大地震及此后的冰冻与洪水灾害，都给我国造成严重人员伤亡和经济损失，救灾、减灾和灾区重建都迫切需要特种工程新技术，对有继续使用价值的灾损建筑物进行处理。

3. 本丛书是在吸取了 20 多年来，有关本学科多次全国性学术研讨会的技术交流成果的基础上而编写的。

以中国老教授协会土木建筑专业委员会为例，从 1991 起，每隔 2 年定期召开全国性的《建筑物改造与病害处理学术研讨会》，已召开过九次会议，每次会议都收到百余篇学术论文，反映了各个时期在全国各地有关建筑物改造与病害处理的技术成果，交流了许多典型工程实施的成功经验与失败教训。数百篇学术论文和技术成果，为本丛书的编写奠定了极其宝贵的基础。

4. 本丛书是以我国多年来相继颁布有关建筑物改造与病害处理学科多项技术标准为依据而编写的。

多年来国家有关部门，为加强建筑特种工程的设计、施工技术立法与指导，相继多次组织有经验的专家编制了相关技术标准。这些技术标准的颁布与实施，为特种工程设计与施工提供了技术依据，对推动本学科的技术发展和保证工程质量起到重大作用。编写本丛书所依据的重要技术标准，除国家现行的相关技术标准外，还有以下技术标准：

a.《铁路房屋增层和纠倾技术规范》TB 10114—97；

b.《既有建筑地基基础加固技术规范》JGJ 123—2000；

c.《建筑物移位纠倾增层改造技术规范》CECS 225：2007；

d.《灾损建筑物处理技术规范》CECS 269：2010；

e.《建筑物托换技术规程》CECS 295：2011。

四、《建筑特种工程新技术系列丛书》的编著特点

特点 1. 本丛书涵盖的建筑特种工程技术全面，具有明显的广泛性、代表性。本书包括了目前我国在本学科的全部主要技术内容，如建筑物移位、纠倾、增层、改造加固、灾损处理和托换技术等。是我国在这门学科领域当前的技术成果和水平最全面的代表。

特点 2. 本丛书所列的技术先进，有许多方法是新专利技术的成果，因此本书具有新颖性、创新性。编著本丛书所选用的素材基本体现了我国当前建筑特种工程技术的最高水

平和科研的最新成果，体现了我国特种工程先进的技术实力。

特点 3. 本丛书具有明显的实用性和可操作性。本丛书各分册都选用了大量的工程实例，它们都是成功的处理各类“疑难杂症”复杂工程的经验研讨、失败工程的教训剖析、高难度特殊工程的全面总结、典型工程的设计施工方法报导。

特点 4. 本丛书内容充实，是广大青年学子和技术人员学习、探讨本学科技术的最好入门工具和手段。本丛书不仅有丰硕的工程案例，还有较深入的机理探讨，较详细的相关工程技术标准具体应用，有较广泛的特种工程技术的发展展望的研讨。

特点 5. 本丛书的技术内容具有明显的可信性和可靠性，因为参加丛书编著的几十位专家，都是多年来站在特种工程第一线，专门从事本学科的教学、科研、工程实施、技术标准编制等实力雄厚高水平的技术专家。

五、本学科技术的发展与展望

建筑特种工程新技术在建筑领域的重要性会越来越被人们所认识。它是国家抵御自然灾害、抗灾减灾的重要技术支撑；是治理各种建筑物病害、保护国家财富、延长建筑物使用寿命的重要技术手段；随着生产不断发展、人民生活不断提高，它要不断满足人们对各类房屋提出较高使用愿望的要求；随着既有建筑物建成量越来越大，自然灾害越频繁，本门学科的重要性就会越显著。建筑特种工程新技术将随着人类生存的历史长河永存下去，技术将不断创新，应用会更为广泛，本学科的发展前景广阔无限。

前　言

为了适应既有建筑物的改造加固及病害处理工程的需要，常对其采用的一些不同于常规工程的有效处理技术，如移位、纠倾、增层、托换、灾损处理以及结构体系或构件的改造加固等，称其为建筑特种工程新技术。

《建筑特种工程新技术》是《建筑特种工程新技术系列丛书》的第一册，是综述性的，介绍新技术的概念、基本内容和方法的入门式技术书。因此，本书也是《建筑特种工程新技术系列丛书》的一个缩影。

本册书共分 9 章，包括：概述、移位技术、纠倾技术、增层技术、加固改造技术、灾损处理技术、托换技术、工程治沙新技术和服役结构可靠度分析内容。另附 1 张光盘。

本书第 1 章全面概述了建筑特种工程新技术重要性、发展概况、主要特点，特别详细介绍了我国在建筑领域中存在十四项重大问题。这也是从侧面反映我国在改革开放中亟待解决的一些重大问题。此外还简要的阐述建筑特种工种新技术涵盖的主要技术内容。还对如何加快本学科今后的发展提出建议。

本书第 2～7 章的内容，分别是本系列丛书其他 6 本书的简缩内容，并经本册书编著组的重新修改、调整，梳理而形成本册书的基本内容。因此本册书也必然涵盖其他六册书的基本内容。

第 8 章为工程治沙新技术，是介绍以岩土工程技术为主体的工程治沙、防沙、固沙的 11 项新技术，不同于生物法和沙漠利用等方法。为了提倡与推广这项具有显著特点的工程治沙有效技术，在本书中单列一章，以便引起同行们的关注。

第 9 章为服役结构可靠度分析，它简要的阐述服役结构可靠度分析在既有建筑物改造加固工程中的应用、重要性、基本概念和基本原理，以及在桥梁抬升托换工程和建筑物改造加固工程中的可靠度分析等内容并结合工程实例进行介绍。内容简明扼要，为在建筑特种工程新技术中更广泛的应用进行探索。

本书附录包括一张光盘的内容有两部分幻灯片组成：

幻灯一《建筑特种工程新技术》

幻灯二《建筑奇闻趣事》

本书和其他六册书构成《建筑特种工程新技术系列丛书》的全部内容。本书作为先导和连系纽带，读者可以先通过本册书的学习，由浅入深，由局部到整体的学习研讨乃至最后掌握本门新技术。

本书适用于高校开设《建筑特种工程新技术》选修课教材，适用于技术人员学习本学科新技术研讨班教材。也可作为广大施工技术人员自修的专业书籍。

《建筑特种工程新技术系列丛书》的内容十分丰富，它反映了我国改革开放以来，从事本门学科的工程设计、施工、科研和教学领域广大科技人员，付出艰辛劳动取得的技术进步和科研成果，它也是本学科 30 余年来宝贵的工程实施成败的经验总结。因此这套新技术是十分宝贵的，它也适合作为本专业研究生的专业学习教材。

希望通过本书和这套系列丛书的出版发行，对延长我国建筑物使用寿命，增强我国灾损建筑物处理能力，提高我国既有建筑物改造与病害处理水平等方面都能起到推动作用。对整体提高我国在本学科技术水平作出新的贡献。

本书中采用的资料较多，没一一列出，在此，向资料提供者深表谢意。

目　录

第1章 概 述

1.1 建筑特种工程新技术的发展

我国在改革开放30余年来，国民经济取得飞快的进步和发展。建筑行业对GDP的增长出力很大。党的十六大以来，中国建筑业总产值从2002年的17116.8亿元，增至2011年的117734亿元，年均增长率高达20%以上，实现了行业总产值增长近7倍的惊人飞跃，建筑业占GDP比重稳步上升。建筑行业已成为推动国家技术进步、保持社会稳定、改善人民生活、发展生产和抗衡各类灾害、保护中华民族生存的重要经济部门和社会支柱。

建筑工程通常包括：工业厂房和民用房屋、道路、桥梁、隧道、机场、车站、码头及军用设施等。它是人民血汗劳动的结晶，是消耗和利用宝贵自然资源换得的成果，是国家和社会财富的体现。建筑工程又可分为新建工程和既有建筑工程，我国每年约有20多亿m^2的新建筑工程竣工，改革开放以来我国已积累数百亿平方米的既有建筑，这是一笔庞大的社会财富。维护好，管理好庞大的城乡各类既有建筑，是关系到保障子孙后代的饭碗，保护中华民族的生存条件的重大课题。

既有建筑工程常由于遭受自然灾害的损坏，勘察、设计、施工的失误和偷工减料、质量低劣所造成严重后果，以及要不断适应随着生产、生活发展，对建筑物不断提出新的使用要求压力下，为尽量减少损失，必须采用特种工程新技术，对其进行挽救和处理。由于自然灾害或人为灾害的因素，既有建筑物经常要受各种侵袭、破坏甚至毁坏。常见的灾害如地震、飓风、海啸、洪水、滑坡、泥石流、雷电击、火灾以及冰雪冻害等自然灾害和人为灾害。对于灾损后有条件挽救的建筑物，可通过托换、纠倾、移位、改造加固等技术手段，进行灾损处理，尽量为国家减少损失。为了满足生产发展和人们生活水平提高的要求，既有建筑物也要与时俱进，必然面临定期大修、改造加固、改建扩建、增层、托换、移位等技术处理，达到延长使用寿命、扩大使用面积、改善使用功能、增加抗震抗灾能力等。对于因勘察、设计、施工失误或者由于弄虚作假、偷工减料导致的严重后果，更必须采用特种新技术的有效手段，进行挽救加固处理，使其转危为安。由此可见，随着人类的生存和发展，保护既有建筑物，利用建筑特种工程新技术，不断做好既有建筑物的改造与病害处理，是一项与人类生存并举的久远任务。

1.2 我国建筑业当前存在的若干问题

改革开放以来，我国建筑业取得重大成就，为国家的发展作出巨大的贡献。但是回顾30余年走过的曲折路，还是有许多教训值得汲取，许多问题值得商榷，当前存在如下值得重视的若干问题：

(1) 建筑物平均使用寿命只有25～30年，成为世界著名的建筑物短命的国家；

(2) 高层建筑发展过快，已超过世界高层建筑的1/3；

(3) 盲目投资，建设大量无人或少人居住空城（鬼城）；

(4) 摆阔气，建造大量挥金豪华建筑和“山寨建筑”成风；

(5) 自然灾害频繁发生，建筑物灾损处理量大面广；

(6) 高层建筑火灾损失惨重，缺乏有效的防火灭火措施；

(7) 高房价和房地产的泡沫经济危害深远；

(8) 建筑工程素质不高、技术失误造成隐患严重；

(9) 建设工程执法不严、弄虚作假、违法乱纪；

(10)“毒地建筑”后果严重；

(11) 我国已成为世界第一“玻璃幕墙建筑”大国，对其灾害防护和监管面临紧迫性、严重性；

(12) 严重地面塌陷，对地下和地上建筑造成严重损坏，经济损失巨大，社会影响深远；

(13) 正确处理危险建筑或超期服役的老建筑和既有建筑物跟不上发展；

(14) 拆真古迹、建仿古建，我国逾30城市欲耗巨资建古城，百姓须世代还债；

(15) 我国既有建筑物的日常维护修缮及定期检查大修工作和发达国家相比有较大差距；

(16) 中国建筑工程领域现代科技水平有待快速提高。

1.2.1 建筑物平均使用寿命只有25～30年，成为世界上著名的建筑物短命的国家

住房和城乡建设部副部长仇保兴曾表示，中国是世界上每年新建建筑量最大国，每年新建面积达20亿m^2，建筑平均寿命仅25～30年。许多建筑并非因质量问题而拆除，在商业利益和GDP崇拜，反映出中国缺乏成熟谨慎的保护意识。2002年中国城镇共拆迁房屋1.2亿m^2，相当于当年商品房竣工面积3.2亿m^2的37.5%；2003年中国城镇共拆迁房屋1.61亿m^2，同比增长34.2%，相当于当年商品房竣工面积3.9亿m^2的41.3%。每年20亿m^2新建面积，相当于消耗了全世界40%的水泥和钢材，而这一切却只持续25～30年时间。

(1)“短命建筑”的实例（图1-1）

(2) 造成短命建筑的原因

政绩工程、面子工程及短视行为严重；经济发展速度太快，城市规划远远滞后；法律法规体系不健全；建筑“豆腐渣”工程屡屡出现（图1-2）。

(3) 短命建筑的危害

短命建筑危害大，经济损失巨大，资源能浪费巨大，加重环境污染；引发社会问题。消耗占全世界40%的水泥、钢材，造出不到30年的建筑。每年拆掉上百亿元建筑材料，耗费1183万t原煤；拆房产生大量建筑垃圾，每年可达4亿t。

(4) 与国外建筑相比较

1) 与国外打造的“百年住宅”比，采用比中国质量更高的混凝土；

2) 保护建筑成西方传统，欧洲人以老建筑为荣，房屋经久耐用修缮紧跟时代；

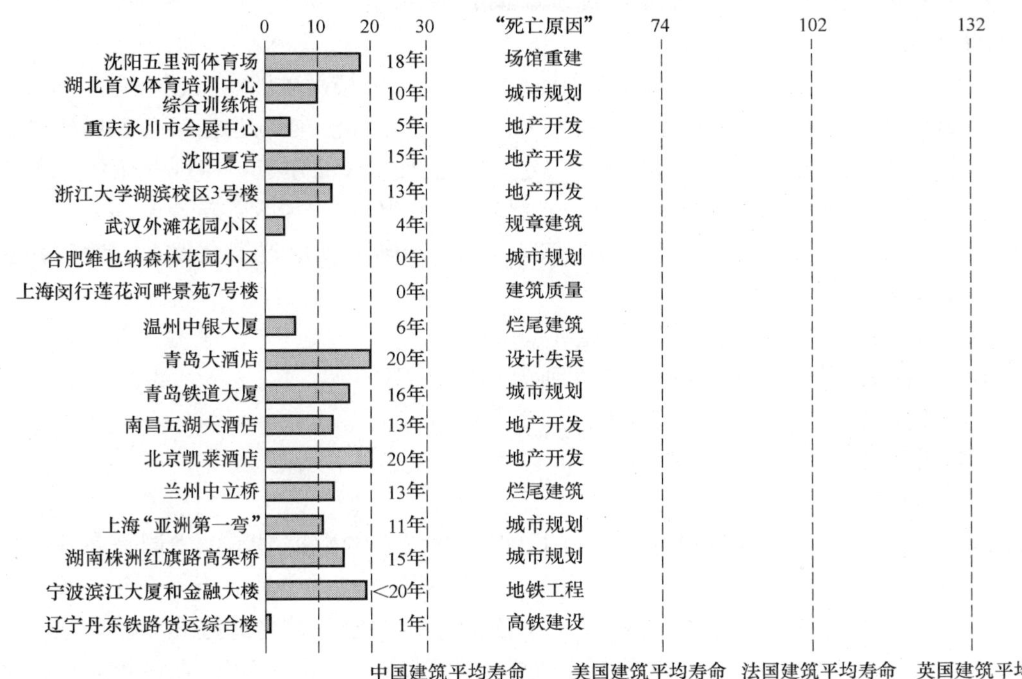

图 1-1 短命建筑实例

3）国外建筑规范规定的设计使用年限与我国大致相同，如欧洲标准 Eurocode1 和国际标准 ISO 2394：1998 均规定房屋建筑和其他普通结构 50 年，匈牙利法定 50 岁建筑不准拆迁，纪念性建筑、其他特殊或重要结构、桥梁等 100 年或 100 年以上，国外建筑平均使用寿命却长得多。

图 1-2 短命建筑产生的原因分析

1.2.2 高层建筑发展过快，已超过世界高层建筑的1/3

(1) 摩天大楼

摩天大楼在各地的发展程度不同，各国或地区对摩天大楼高度的定义也略有不同。在中国大陆，200m以上高度的建筑物属于摩天大楼；在日本和法国，超过60m就属于摩天大楼；在美国，则认为超过152m (500ft) 的建筑为摩天大楼的建造，体现一个国家经济技术实力，但是中国建造高层大楼速度过快，已成为全世界第一摩天大楼建造国。

1972年8月在美国宾夕法尼亚洲的伯利恒市召开的国际高层建筑会议上，专门讨论并提出高层建筑的分类和定义。

1) 第一类高层建筑：9～16层（高度到50m)；

2) 第二类高层建筑：17～25层（高度到75m)；

3) 第三类高层建筑：26～40层（最高到100m)；

4) 超高层建筑：40层以上（高度100m以上)。

(2) 中国的摩天大楼

美国芝加哥的国际知名建筑研究机构2011年9月发布的数据显示，中国正在建设的摩天大楼总量已经超过200座，相当于美国现有同类摩天大楼的总数。未来3年，平均每5天将有一座摩天大楼在中国封顶。5年后，中国的摩天大楼总数将超过800座，达到现今美国总数的4倍。中国已经成为世界上建造摩天大楼的“头号主力”。在世界100座最高建筑中，北美所占比例将从1990年的80%下降到2012年的18%。2012年，世界前100座最高建筑中将有45座出现于亚洲，而中国就将占有34座。

图1-3 北京“中国尊”

图1-4 上海中心大厦

图1-5 广州电视塔

2001年之后，350多座高度超过200米的摩天大楼建成，在此之前，全球共建造了235座摩天大楼。在中国建造的摩天大楼的数量占全球数量的一半还多。

在2011年之前封顶的全球十大高楼中，中国占据了6座。除了世界第一高楼在阿联酋迪拜之外，世界上第三、第四、第六、第八、第九、第十高楼都在中国，而“中国尊”(500m，见图1-3）的建造让北京成为台北、上海、香港、南京和广州之后，中国又一个拥有世界前十高楼的城市。新广州电视塔600m高为中国第一高塔点亮灯光，定格为紫红灯柱见图1-5。包括大陆和港澳台，仅选取200m以上的后20项，其中包括2项拟建的高楼——武汉第一高楼（693m）和上海第二高楼“上海中心大厦”（632m，图1-4)。在中国按已建的应以台北 101 大厦（101 层，508m）最高。而世界上已建的最高建筑物应属阿联酋迪拜塔（160 层，800m）。而日本和阿联酋还将向 1000m 高度冲刺。中国将向 700m 冲刺。

2012 年 9 月 22 日“南方周末”上报导，未来十年中国将以 1318 座摩天大楼傲视全球。在建及规划摩天大楼投资总额将超过 1.7 万亿元，见图 1-6。

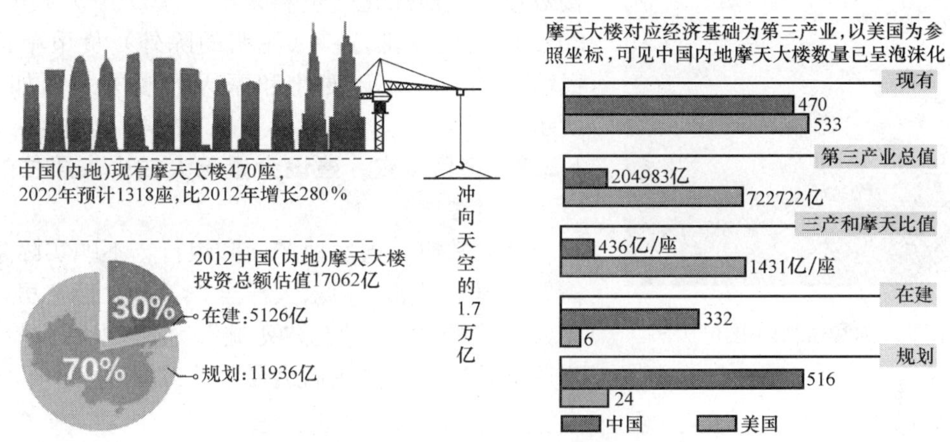

图 1-6 国内摩天大楼发展趋势

（3）与全球摩天大楼第一大国（美国）比

1）美国现有的 533 座相比已有 470 座矗立在中国大地上。

2）中国在建摩天大楼有 332 座，另有 516 座已经完成土地拍卖、设计、招标或已奠基。而美国在建及规划的摩天大楼只有 30 座。

3）未来十年内，中国将以 1318 座超过 152m 的摩天大楼总数傲视全球。

4）中国长沙就爆出了要建造 838m 的“远大天空之城”的消息，这比哈利法塔还要高 10m。《2012 摩天城市报告》还显示，当前中国共有 10 座城市欲建设总高超过美国第一高楼——541.3m 纽约新世贸中心的摩天大楼。

5）2011 年中国第三产业总额为 204983 亿元人民币，增长 9.4%。而美国为 762722 亿元人民币，中国以相当于美国 26.8%的第三产业总额，支撑起 470 座、相当于美国 88%规模总量的摩天大楼。至 2022 年，中国第三产业需按照年均 14%的速度增长，才能接近 2011 年美国的水平。但届时中国摩天大楼数量将达 1318 座，为美国 563 座的 2.3 倍。

（4）摩天大楼存在的问题

1）摩天大楼拥有数量不可过多，建造速度不宜过快，建造的楼层不宜过高。摩天大楼问题很多，如造价高、维护难、能源消耗大、安全性低、使用和环境效果差、防火灭火难度大、租金贵、发生战争和自然灾害时维护困难、灾损处理难……2012 年 12 月 9 日消息，阿联酋迪拜塔被闪电击中见图 1-7。据说世界第一高楼有完备的避雷设计，并不会对建筑造成破坏。可作为城市标志性建筑，应严格控制修建。目前的状态恰恰反应我国建筑业规划混乱的失控状态。

2）20 世纪“劳伦斯魔咒”屡屡应验。如 1973 年世贸中心、1974 年芝加哥西尔斯大

图 1-7 迪拜塔被闪电击中图

厦相继落成，“滞胀”来袭；1997 年吉隆坡双子塔楼成为世界最高建筑，亚洲金融危机爆发。进入 21 世纪，“魔咒”再临，2010 年 1 月，全球第一高楼哈利法塔落成，迪拜危机来临。摩天大楼对应经济基础为第三产业，以美国为参照坐标，可见中国内地摩天大楼数量已呈泡沫化［资料来源：2012 摩天城市报告/2012 摩天城市排行榜（注明的除外）货币单位元人民币］，世界 GDP 变化和摩天大楼关系图如图 1-8 所示。

1.2.3 盲目投资，建设大量无人或少人居住的空城（鬼城）

地方政府串通房地产商和银行，不顾实际条件和需要，盲目发展，追求大洋全，盖了大量空房，成为无人居住的“鬼镇”、“死城”。拖欠银行大量贷款，房屋又长期无人使用而遭受荒芜或损坏……

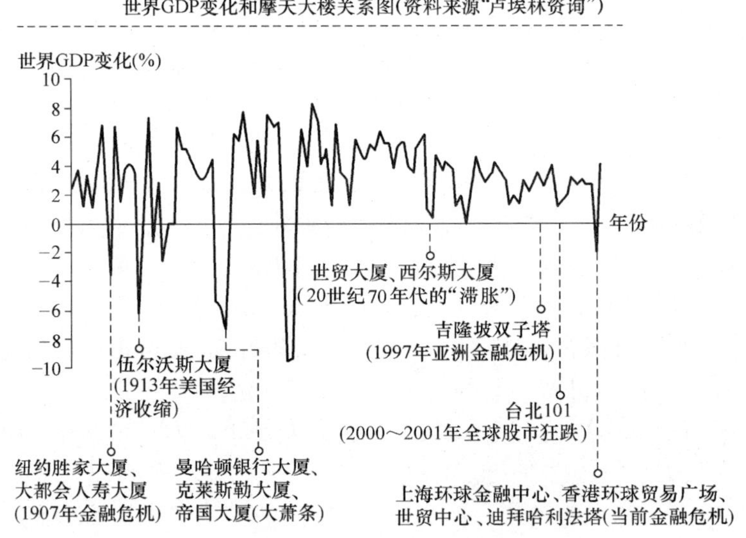

图 1-8 世界 GDP 变化和摩天大楼关系图

美国商业内幕网站称：中国在大量建设现代金字塔的报告，通过卫星图片展示了一些中国“鬼城”（空城）。全世界经济最热的国家是中国，中国经济最热的市场是房地产。问题是这个市场是多么脆弱，随时可能崩溃。一个预兆就是全中国遍布着大量的空置房，有估计认为全国空置房多达 6400 万套；整座城市的街道空空荡荡，政府大楼宏伟壮观，有些城市甚至建在完全不适合人居住的不毛之地。简直就是当代的“金字塔”。按照每年新增 10 座城市的速度，我们的名单肯定会越来越长：例如河南郑州新区、鄂尔多斯、内蒙古二连浩特、信阳西北大开发区、丹徒鬼城、巴彦淖尔、康巴斯、云南大学空旷校园……见图 1-9。

河南郑州新区则被他们称作中国最大的“鬼城”，耗资 190 亿美元兴建的新区里，满是成街区的空房，郑州新区政府大楼奢华程度丝毫不输鄂尔多斯。

鄂尔多斯——中国最著名的鬼城。除了宏伟的政府大楼前停了一些车之外，城市的街道上空空荡荡。鄂尔多斯甚至还有先锋派艺术馆，可惜全是空的。

（1）中国楼市七大“鬼城”，全国“鬼城”排行榜：

1）155km^2 的康巴什新城是国内最知名的“鬼城”；

2）461km^2 的云南呈贡新城，是规划大发展最慢的“城”；

3）150km^2 的郑州郑东新城区，“中国最大的空城”；

4）260km^2 的京津新城以气派最大、实用性差荣膺“伪城”；

5）55km 长的广州花都别墅群以夜晚光线最弱称为“黑城”；

6）20km^2 的惠州大亚湾新城人静如夜成“睡城”；

7）160km^2 的上海松江新城以房价直达月球博得“寒城”。

（2）造成空城、鬼城的原因

调控日益严厉的背景下，曾经遍布全国许多地区空城化状况严重的房地产新城（又称“鬼城”），作为中国房地产泡沫的“终极产物”，如今又是何种境遇？这些新城的建设无一不是政府廉价供地、开发商高调出位、以土地财政为依托、偏重于以房地产开发经营为先导的开发模式。在这场借着城市化东风兴起的造城盛宴中，地方政府在经济与政治利益面前与房地产开发商一道表现出投资巨大、开发规模过大、规划过于超前、建设速度过于迅速等非理性特征。

已经存在的众多“鬼城”，带来的负面影响不仅仅在感观层面，地方政府“骑马难下”

“龟城”云南呈贡

图 1-9　空城、鬼城实例

的境遇才是最大痛苦。

各地政府伤透脑筋，从人才引进到各种政策优惠，至不惜代价地进行招商引资，须付出巨大的人力和财力成本。这些城市尝尽了“先造城后造市”的苦果。

中国新城建设狂欢之后的精疲力竭，必将为我们城市发展史留下一段不堪回首的往事，这些鬼城的真正复活还有很长的路要走，更有甚者，按照常规速度测算，国内个别“鬼城”要达到规划人口导入目标，所需时间可能是100年。

1.2.4 大量挥金，建造豪华建筑、“山寨建筑”成风（图1-11）

这些办公楼座座高耸云霄、豪华现代、成片成群、山水环绕，或仿欧式、或仿白宫，更有甚者竟然仿照我们的天安门，各具特色，独成一景，完全可以成为城市的标志，有的占地数百亩、耗资数亿，占尽风水，打造成如古代皇宫般的办公楼群，经济发达地区竞相攀比修建、搬迁成风，一些欠发达地区或者国家级贫困县也欠款、举债，甚至强行霸占农民、农村资源也要为了面子为政府盖上豪华的楼堂馆所，这在中国已经成为绝对的“风景”，在世界也一定创造了多个“世界第一”！特别是通过中美两国地方政府办公楼的对比，奢侈张扬和简朴务实一目了然。

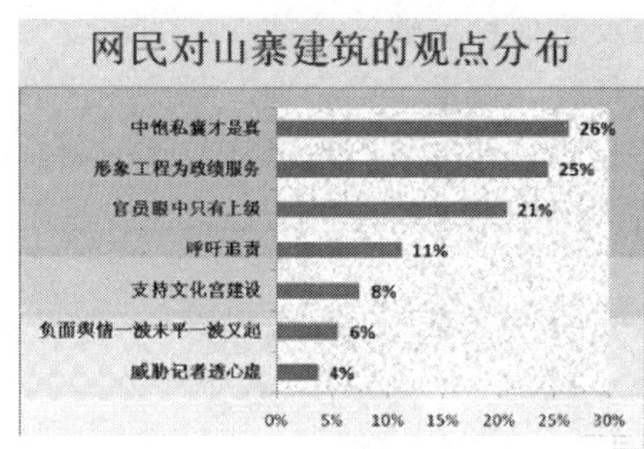

图1-10 网民对山寨建筑的反响

此外，在我国许多城镇，也出现了仿天安门、仿故宫、仿人民大会堂、仿天坛、仿前门楼、仿白宫以及仿国内外名胜等山寨建筑，有些地方领导人借此搞个人政绩，甚至有些贫困县乡，不顾财政困难，出巨资搞种种山寨建筑，引起群众强烈反对（图1-10）。

1.2.5 我国自然灾害频繁发生，建筑物灾损处理量大面广

我国是自然灾害频繁发生而且后果严重的国家，必须重视建筑物设防的安全等级和村、镇、县及企事业的正确合理规划选址。常见的灾害如地震、洪水、滑坡、泥石流、冰雪冻害、飓风、海啸、干旱、沙漠化、雷电火灾（图1-12～图1-16）等，每次发生灾害建筑物都受到严重损害，人民的生命财产都会受到巨大损失，因此对基层的居民点、村镇、县以及工业企业的选址和布局必须十分谨慎、严格挑选酌定，避开灾害多发地区。建筑物的设防等级和安全储备等都应留有余地。汲取历史上因灾死亡率过高、灾损过大的沉痛教训。每一次重大自然灾害，都会造成人民生命财产重大损失，大量建（构）筑物受到不同程度毁坏。为了抗御自然灾害的侵害，新造的建筑物应加强抗灾的防护，受灾损的建（构）筑物应通过鉴定评估，以便有针对性地进行有效的灾损处理。

1.2.6 高层建筑火灾损失惨重，缺乏有效的防火灭火措施

除了自然界雷电引起的山林火灾外，最严重的是人为火灾，许多新建的甚至尚未竣工的高层或超高层大型建筑物，瞬间付之一炬，人民的血汗化为乌有。最严重的是外墙材料易燃不防火；消防云梯举高只有70多m；更令人不解的是消防栓竟然无水。眼巴巴看着整栋大楼化为灰烬，甚至殃及相邻建筑物，影响极坏。

（1）2009年2月央视新址北配楼大火，死亡1人（图1-17）。

（2）2010年11月15日上海市教师楼大火，死亡53人（图1-18）。

陕西省宝鸡市被指市政大楼之气势
恢宏赛得过人民大会堂，赛得过白宫

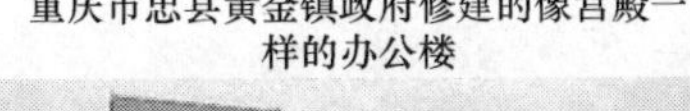

重庆市忠县黄金镇政府修建的像宫殿一
样的办公楼

西南某县新县城行政大楼

重庆市辖江津市几江街道办事处办公大楼高达10层，
外观宏伟。称为“国内第一豪华街道办公楼”

美国国会大厦上为何挂的是中国国徽？这其实是安徽
阜阳的政府办公大楼，山寨版“国会大厦”

通州区土桥皇木厂村村口，建了这座仿古
的城门楼 整座门楼至少30m高

东莞市常平镇政府大楼

奇闻！贫困的古浪县耗1300万巨资
搬运一块大石头造景

图 1-11　山寨建筑的实例

图1-12　地震灾害

图1-13　洪水灾害

图1-14　冰雪灾害

图1-15　泥石流与滑坡灾害

图1-16　风沙灾害

图 1-17　中央电视台北配楼火灾

图 1-18　上海“11.15”特大火灾

(3) 沈阳皇朝万鑫五星级大酒店发生大火

火灾系因燃放烟花不慎引起楼体外部燃烧所致，此次发生火灾的为 A 座和 B 座，C 座未殃及（图 1-19）。

(4) 长春在建高楼火灾致使 42 人受伤，经济损失约 600 万元（图 1-20）。

1.2.7　高房价和房地产的泡沫经济，后果严重

(1) 房价高涨的八大因素：

1) 中央政府对房地产完全市场化的期望值过高，给予房地产市场极大地扶持；

2) 地方政府与房产商结成利益共同体，成为维护畸高房价的主力军；

3) 银行因一己之利对房地产市场给予了大力支持，成为维护高房价的主要力量；

4) 新闻媒体的非理性新闻导向，令购房者失去理性，是房价疯狂上涨的润滑剂；

5) 房产商摇旗呐喊，成为高房价的帮凶；

6) 开发商追求超高利润的心态，令中国房价数度被推高；

图 1-19 沈阳皇朝万鑫大酒店火灾

图 1-20 长春两在建高楼火灾

7）消费者非理性房屋消费观、房屋投资观令中国房价达到畸高状态；

8）投资渠道较窄激发房产投资热潮，导致房价非理性上涨。

（2）买房需要付出的代价

1）如想买一套 $100m^2$、总价 300 万元的房，社会阶层所付出的代价：

① 农民：种 3 亩地每亩纯收入 400 元的话，要从唐朝开始至今，才能凑齐（还不能有灾年）；

② 工人：每月工资 1500 元需从鸦片战争上班至今（双休不能休）；

③ 白领：年薪 6 万，需从 1960 年上班就拿这么多钱至今不吃不喝（取消法定假日）。

2）不同城市的房价与人均全年可支配收入的比（图 1-21）

3）我国高楼的价格与美国相比（图 1-22）

例：纽约帝国大厦造价约 4100 万美元，而这是中国最高建筑的一层楼的价钱，101 层的上海环球金融中心的所有者说，最近几周已达成交易，出售了 5 层高层楼面，每层价格最高达到人民币 2.73 亿元（合 4160 万美元）。

1.2.8 建筑工程的技术失误，造成很多隐患

规划、勘察、设计、施工、监理等环节的技术失误或措施不当，给新建工程造成很多隐患，如开裂、沉陷、倾斜等病害时有发生，严重影响建筑工程质量和使用寿命。不合格的低质建筑工程的后果严重。

（1）上海 13 层在建居住大楼由于施工失误而倾倒，倒塌事故 9 名责任人被拘留承担该楼施工单位的错误施工方案是同时在楼前挖土方、楼后堆土方，挖方则降低桩基侧向土抗力和承载力，又同时在楼后堆弃土，增大土地基土的侧向压力，又逢降雨河中高水位，

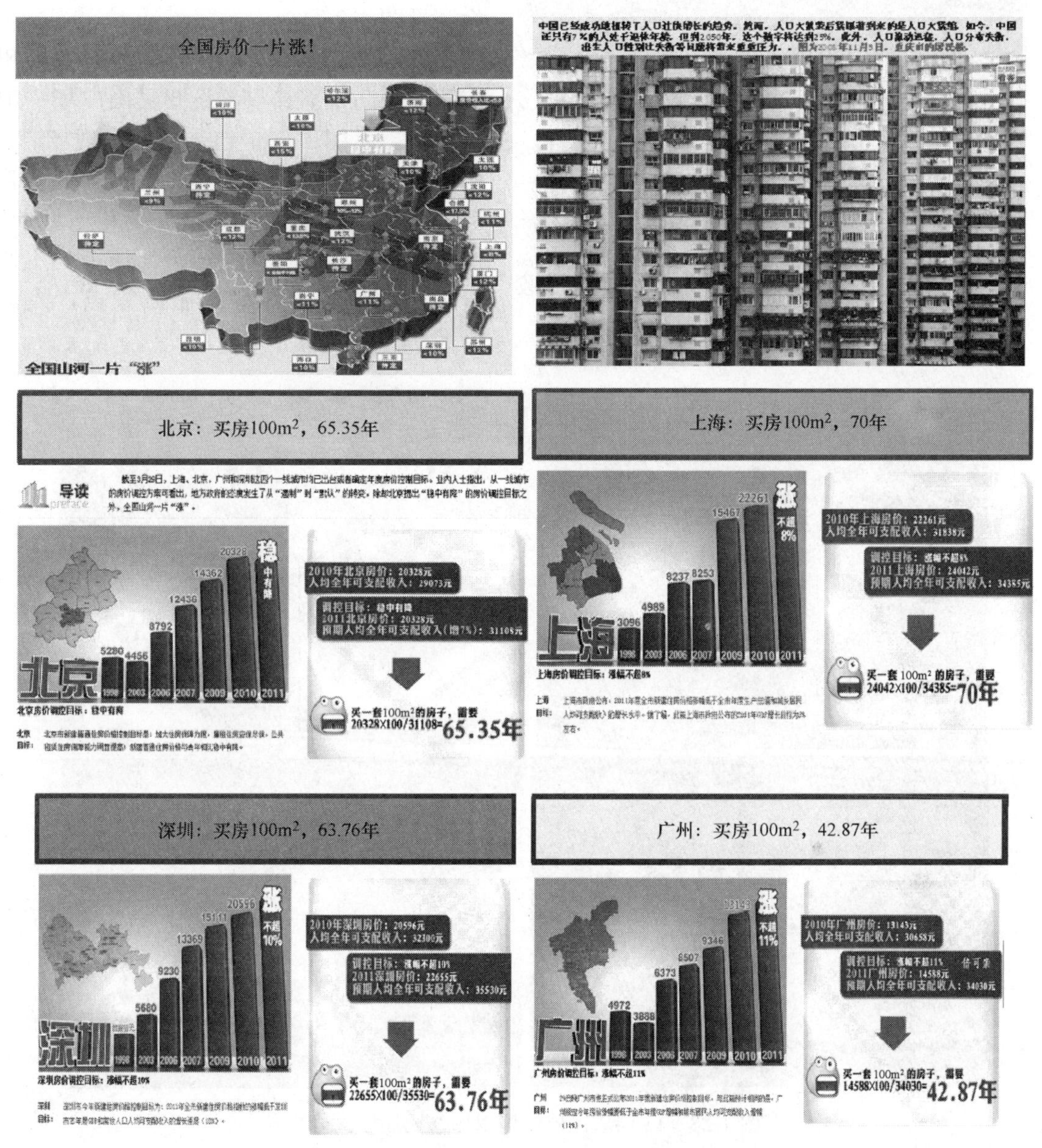

图 1-21　不同城市的房价与人均全年可支配收入的比

又增大侧向水压力，造成楼前后地基压力差过大，引起桩顶侧移变位，导致大楼向前倾斜，大楼重心侧移更加大其倾覆力，因而造成瞬间倾倒破坏，见图 1-23。

（2）四川地震中梁平县小学教学楼，设计时未设构造柱部分倒塌，而未倒塌部分有构造柱，见图 1-24。

（3）川北地震中的两栋居民楼，一栋有抗震设防设计未倒塌，而倒塌这栋未做抗震设防见图 1-24。

（4）安徽合肥双墩镇双凤里小区，北京至福州高速铁路蚌埠至合肥段高铁桥横跨在小

图 1-22　我国高楼的价格与美国相比

区几栋楼房，目前部分居民楼已确定要拆除，见图 1-25。

（5）2012 年 8 月 12 日，浙江省杭州市湖滨消防中队接警称杭州吴山广场一牌坊倒塌，见图 1-26。初步确定，现场有 2 死亡，3 人受伤，其中 2 人轻伤，1 人骨折。该牌坊位于该市吴山广场花鸟城前，是游人进入仿古建筑——清河坊街的主通道之一，是较为知名的旅游景点，人流量大。

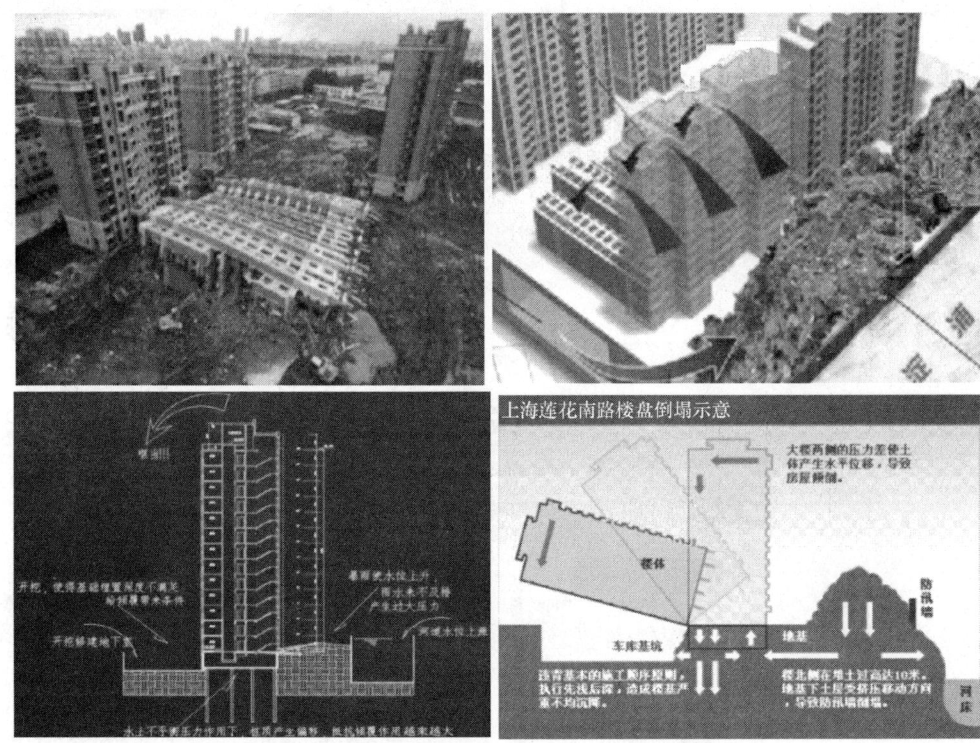

图 1-23　13 层居民楼倒塌现场与倒塌原因分析

图 1-24　地震中倒塌的房屋

图 1-25　高铁桥横跨小区楼房，楼房面临拆除

图 1-26　牌坊倒塌现场

1.2.9　建筑工程的违法乱纪、违章建筑，后果严重

在施工建造过程中，弄虚作假、以次顶好、偷工减料，导致建筑物质量低劣，纰漏百出，使建筑物发生裂损、沉陷、倾斜，甚至在建造过程中倒塌，造成极大损失。或者未经规划、官商勾结、领导特权或个人违法，强占地、巧买地，未经批准，非法建造或批小建大、批低建高、违法增层等。依法拆除后又将造成资源浪费、环境污染、人身财力的无谓消耗。

在建筑行业里违章建筑往往与权势者有关，不仅造成严重经济损失，也给社会带来极坏影响；由于追求金钱利润，在建筑工程中采用假冒伪劣、偷工减料手段，使工程质量得不到保证，倾斜、下沉、裂损的建筑物经常出现。给国家、社会带来严重损失。

(1) 湖北河道中“最牛违建”7 层楼房被爆破拆除（图 1-27）

2010 年 7 月 29 日上午 10 时，随着“铁炉违建”拆除现场总指挥龙志刚的一声令下，位于湖北省鹤峰县铁炉白族乡隔子河中的 7 层违法建筑被成功爆破拆除。

(2) 连云港“楼超超”从 6 层加盖到 22 层楼（图 1-28）

2010 年 4 月 12 日，央视《焦点访谈》播出江苏连云港的《长高长胖的“楼超超”》，2002 年规划是沿街 6 层楼，局部 7 层；建筑单位提出来把 6 层调整为 17 层，实际整个楼盘总共盖到了 22 层楼。楼超超是继楼倒倒、楼歪歪、楼脆脆、楼靠靠之后的“孪生兄弟”。

(3) 广东珠海 7 层高自建房轰然倒塌（图 1-29）：3 月 21 日凌晨 4 点多，广东珠海南屏广昌村一幢未报建的 7 层高自建房轰然倒塌，由于事先已经发现存在隐患，此次事故幸无人员伤亡。

图 1-27　湖北河道中“最牛违建”7 层楼房被爆破拆除

图 1-28　连云港的“楼超超”

图 1-29　广东珠海 7 层高自建房轰然倒塌

（4）其他违章建筑（图 1-30）

图 1-30　其他违章建筑实例

(5) 三亚“最牛”违建被拆，投资过亿，建筑内部无钢筋

2012 年 9 月 12 日南岛晚报记者获悉，三亚市综合行政执法局昨日强制拆除一栋高 13 层、建有 460 套房、总建筑面积达 $22000m^2$ 并建有观光电梯的大型违建。此次拆除的违建位于三亚市凤凰镇西瓜村。现场看到，该违建的水泥石块中根本未浇筑钢筋，而是被一根根铁条代替。用手轻轻一掰，铁条就很轻易地变弯了，见图 1-31。

(6) 湖南商场楼顶现 4 栋别墅

2012 年 8 月 13 日，湖南省株洲市，位于株洲市芦淞区建设南路的九天国际广场，有人发现这个市场的顶楼，有 4 栋让人惊诧的“楼顶别墅”，见图 1-32。

图 1-31　拆除现场

图 1-32　“楼顶别墅”

(7) 北京豪宅盘古大观“空中四合院”

盘古大观是北京近年来最奢华的特级豪宅（图 1-33），顶层是世界稀罕的 12 套“空中四合院”，这座由台湾建筑大师李祖原设计的建筑群，位于北京城中轴线的龙脉，其中有座全长 411m，挑高 15m，由 66 根花岗岩龙柱所组成的龙廊，蔚为建筑奇观。

如此豪华的建筑，却“先斩后奏”。盘古大观开发商是北京盘古氏投资有限公司，2008 年奥运会的特殊时期，公司作为奥运场馆周边建筑为确保工程建设在奥运会前完成，对原有的四合院设计方案未能及时完善政府相关手续。2009 年年初，市规划委已根据相应的政策法规对公司开发的空中四合院进行了处罚，公司根据市规划委的处罚规定缴纳了

图 1-33　北京豪宅盘古大观“空中四合院”

罚金；同时向市国土资源管理局缴齐土地出让金，并已取得了发改委的项目立项手续。目前，盘古空中四合院已取得市相关部门的合法手续。

1.2.10 “毒地建筑”，后果严重

我国许多城市的工业企业外迁新址，留下许多旧厂房和工业企业用地，其中许多厂房直接改造成生活居住用房或商品房出售；有些工厂用地未经“消毒”处理就在其上修筑商品房出售；有些商品房是建筑在城市的回填的工业或生活垃圾堆上等。这些工业用地或回填的垃圾堆土地，如未经有效处理是不能直接在其上修建房屋或作为生活区用地的。因土地中的严重污染物对人的健康是有极大危害的，美国早在20世纪70年代就有畸形儿的惨痛教训，常称为“毒地”，国外称其为“棕色地块”。我国在这方面的问题是很严重的，其监管和治理都不到位，怕花钱，有的治理也是敷衍了事，应付走过场。棕色地块对人体的长期毒害，正成为我国城市的噩梦。

图1-34 我国棕色地块分布

据不完全统计，至2008年，北京、江苏、辽宁、广东、重庆、浙江等地的污染企业搬迁达数千家，已置换约2万余公顷工业用地，这相当于约28000个标准足球场面积。这些地块很多是棕色地块（图1-34）。

世界银行2010年发布的《中国污染场地的修复与再开发的现状分析》称：近年，有关专家在北京、深圳和重庆等城市的调查显示，最近几年工业企业搬迁遗留的场地中有将近1/5存在较严重污染。

至今，国家层面仅有两个关于污染场地土壤修复的文件，都只有原则性规定，无实施细则和惩处规定等，故无实际强制性。

这造成一个荒诞的现实：依他国的法，修复中国的地。在中国，只有重庆市正在酝酿吸引社会资本的机制，计划将所有棕色地块打包，交给一家公司上市。

媒体披露，武汉市一个能容纳2400户的经适房小区，它建在一个旧化工厂的上面，这个化工厂原来是生产硫酸与冰酸，后来在该厂的基础上建成化工厂，主要生产氟化产品。

污染状况堪忧。2005～2006年，北京市环保局调查了18家已停产或即将停产的化工企业，发现7块场地受到污染，部分场地污染深度达到15m，必须修复才可达到规划用途的环境要求。

保障房一般为无偿划拨用地，政府“理所当然”划拨较差的地块，而靠土地财政生存的地方政府，自然希望好地块卖出好价钱。

2010 年 12 月 2 日，武汉市环保局就“长江明珠”事件召开新闻发布会，武汉市环保局官员在回答提问时说：“这个房子是建给老百姓住的，已经花费不菲，那么是不是还需要花更多的钱去做这些无谓的治理呢?”

经济适用房只是冰山一角。媒体以为政府把这些地都给了穷人，“但其实不是这样的，更多的地被改头换面开发成了普通商品房了。因为将土地开发成商品房，利益能够实现最大化。”中国科学院烟台海岸带研究所副所长骆永明也通过研究发现，大量的棕色地块用于房地产开发。

2006 年 3 月，武汉三江航天房地产公司竞得“赫山 001 号”地块，建设商品房。这一总面积 280 亩的地块距武汉市中心仅 20 分钟车程。然而，次年即发生工人中毒事件。经过调查，开发商才知道这一地块原属武汉市农药厂，是典型的棕色地块。

1.2.11 我国已成为世界第一“玻璃幕墙建筑”大国，对其灾害防护和监管面临紧迫性、严重性

我国每年有 1.2 亿 m^2 的建筑幕墙需求量，目前中国已经成为世界上建筑幕墙的最大生产国和使用国。据统计，我国现有玻璃幕墙 2 亿 m^2，占全世界的 85%，然而由于多头治理，玻璃幕墙的监管仅仅流于形式。每一块“真空玻璃”都成了高悬在空中的“炸弹”。

上海至今共有玻璃幕墙建筑 2633 幢，其中高层幕墙建筑 1500 余幢，已成为世界上拥有玻璃幕墙建筑最多的城市之一。天津也有上千栋高楼采用玻璃幕墙。

全国有许多城市的高层建筑采用了玻璃幕墙，不仅有玻璃老化破碎掉落问题，还会因地震、大风、火灾、暴雨等自然或人为灾害容易发生损坏等缺点外，平时维护费用高，保温效果差等缺欠。

玻璃幕墙除自损掉落外，还会因夏日高温日晒爆裂“玻璃雨”伤人及墙体玻璃反光耀眼，易引发造成交通事故之事各地频传。玻璃幕墙容易存在的问题有很多，如玻璃破碎、结构胶失效、玻璃幕墙防火性能差、玻璃幕墙支撑结构失效以及玻璃幕墙固定装置失效等。半数高档办公楼外玻璃幕墙存在隐患，欧美已限制使用玻璃幕墙。

玻璃幕墙建筑的设计年限标准一般是 25 年，其中全隐框玻璃幕墙质保期更短，只有 10 年，10 年是玻璃幕墙使用的一个门槛。10 年之后，玻璃幕墙可能会发生结构胶的老化、受力构件的变形错位、松动、雨水渗漏、玻璃开裂损坏、中空玻璃起雾霉变等问题，所以玻璃幕墙使用一定期限之后，由专业人员进行全面检验非常重要，能够排除一些隐患。玻璃幕墙建筑至少每年洗一次。

玻璃幕墙的安全监管，在全国绝大多数城市也是空白。目前尚未出台幕墙玻璃老化超限使用的检测标准和监管规定。

各地“玻璃雨”伤人及墙体玻璃反光耀眼引发事故：

2011 年 5 月 18 日，上海市在一天内发生 3 起高楼玻璃幕墙坠落事件。

2011 年 4 月，深圳南山区百富大厦频发玻璃幕墙爆裂事故，引起大厦业主恐慌。

2009 年 8 月 9 日，深圳龙岗区一对父子被玻璃幕墙砸中，血流满面，儿子颅骨骨折。

2010 年 3 月 1 日，广州越秀区某商业广场二楼，一块长 4m、宽 1.5m 的橱窗玻璃突然爆裂，碎片凌空飞落，楼下一路过的老太太被碎片划伤，送医院接受治疗。

2009年4月9日，广州中山大道一块玻璃幕墙从18楼坠落，砸中一名仅7个月大的男婴，所幸男婴生命无虞，但额头部位伤势较重，总共有3处明显撕裂伤，缝了13针。

2007～2009年，重庆渝北区渝安龙都小区先后有12家圆弧形玻璃自爆，高空坠落的玻璃砸坏了6辆车。

2009年8月29日，武汉某银行大厦突然下起“玻璃雨”，碎玻璃随风掉落，前后持续十余分钟，两名路人受伤，一辆轿车天窗被砸碎。原因是41楼一块钢化玻璃自爆后被大风吹落造成的。

2009年8月8日，福州五四路25层楼处玻璃幕墙从天而降，砸中大厦门口轿车。

仅2011年夏季，浙江杭州、宁波等城市就发“玻璃雨”事故10余起，严重的伤者截肢或失明。

2004年6月26日北京海淀剧院大厅玻璃幕墙上一块约2m^{2}的装饰玻璃突然从10m高处掉落的碎玻璃没有造成人身伤害事故。

2011年12月26日晚上10点多，南京鼓楼的紫峰大厦幕墙6楼处，一块玻璃发生碎裂并被风吹落地，如同下了“玻璃雨”。紫峰大厦东南侧的外墙是圆弧形，爆裂的玻璃长约2m，宽约1m，竖立安装在大厦6层外墙的弧面上。爆裂的是中空的双层玻璃的外层，大部分玻璃碎片都已掉落，形成一个三角形的空洞。少部分已龟裂的玻璃仍镶在玻璃框上，随时都有掉落的危险。据紫峰大厦物管部门称，经过大厦工程部勘察，初步确定发生碎片坠落的那块玻璃是自爆，具体原因目前还不太清楚，可能跟最近天气较冷或是玻璃质量本身有关，见图1-35。

2008年7月17日下午3点30分左右，温州市图书馆楼一块钢化玻璃墙突然爆裂，粒状碎玻璃散落一地，幸好没有造成人员伤亡。有可能是馆内开着空调温度低，馆外受太阳暴晒温度高，巨大的温差诱发玻璃墙爆裂，见图1-36。

图1-35　紫峰大厦幕墙一块玻璃发生碎裂

图1-36　温州市图书馆楼一块钢化玻璃墙突然爆裂

1.2.12　严重地面塌陷，对地下和地上建筑造成严重损坏，经济损失巨大，社会影响深远

（1）概况

在全国19个省份中，遭受地面沉降灾害的城市超过50个，发生了不同程度的地面沉降，累计沉降量超过200mm的总面积超过7.9万km^2，“地面沉降的重灾区主要是长江三

角洲地区、华北平原和汾渭盆地这三个区域。”分布于上海、南京等长三角地区以及北京、天津、河北、山西、内蒙古等省市。

图 1-37 严重的地面塌陷

因地面严重下沉（图 1-37），引起地下管线断裂、地基沉陷、桩基或各类基础可能发生断裂、不均匀下沉、地下结构和地面建筑物裂损甚至破坏；道路塌陷、桥梁变位、断裂；甚至发生堤坝、水库裂缝、溃塌等灾难。因地面下沉导致建筑物寿命缩短、地下仓库潮湿等，从而导致地下建设投资不断加大，造成了间接损失。上海过江隧道里的灯需要一两年换一次，就是由于地面下沉而造成的。

全国因采煤每年实际塌陷土地要比 70km^2 还多，全国平均每采万吨煤就塌地 3 亩，高者可达 3.85 亩，据此估算全国每年因采煤塌地 70km^2。而据吉林省统计，采万吨煤平均塌地已达 15.1 亩，安徽省淮北煤田每天采 5 万吨煤塌地约 20 亩，一年塌地近万亩。

（2）产生地面塌陷的主要原因

1）矿山地下采空：地下采矿活动造成一定范围的采空区，使上方岩、土体失去支撑，从而导致地面塌陷。

2）过量抽采地下水和地下工程中的排水疏干：对地下水的过量抽采，使地下水位降低，潜蚀作用加剧，岩、土体平衡失调，在有地下洞隙存在时，也可产生地面塌陷。

3）人工蓄水：这不仅在一定范围内使土体荷载增加，而且使地下水位上升、地下水的潜蚀、冲刷作用加强，引起土体固结，从而引起地面塌陷。

4）人工加载或人工振动：在有隐伏洞穴发育部位上方的人工加载、爆破及车辆的振动作用也会导致地面塌陷的产生。如武汉中南轧钢厂料场的地面塌陷即由人工堆放荷载所致。

5）地表渗水：输水管路渗漏或场地排水不畅造成地表水下渗或化学污水下渗，造成土体固结也能引起地面塌陷，如广西桂林第二造纸厂的地面塌陷即由该厂排放化学污水下渗所致。

6）高层建筑修建对地质环境影响明显

2011 年国内各大城市地陷频发：上海在建第一高楼上海中心大厦工地周边不久前出现了地面裂缝，建筑规模越大，基坑的面积和深度也就越大。上海的环球金融中心的地基是 25m 深，金茂大厦地基深达 19m 多。如此深的地基，可能会穿过数层地下含水层。施工降水使地下水位下降，会形成面积不等的“地下水漏斗”。广深港客运专线工程发生了 6 起地面塌陷事故。

7）地铁施工对地下水的影响很大

2003 年 2 月～2008 年 5 月，北京已完成的地铁在施工降水过程中消耗地下水资源总量约 2.48 亿 m^3，相当于这一期间北京市地下水开采量的 1.7%。据不完全统计，北京市因施工降水抽掉的地下水每天可达到 25 万～60 万 m^3，年抽水量达到 1 亿～2 亿 m^3。大连地铁修建曾出现一周三塌的情况。

2008年11月15日15时许，杭州风情大道地铁施工工地突然发生大面积地面塌陷，正在路面行驶的汽车陷入深坑，多名施工人员被困地下。风情大道路面坍塌长75m，并下陷15m，17人死亡，4人失踪，24人受伤。此外，铁路施工穿越地下隧道还会扰动地下水的分布，长期的抽排地下水易于形成“漏斗状”塌陷区，从而威胁着地表的安全。

2007年7月～2009年7月，广州市金沙洲区内共发生塌陷19处，地面沉降变形13处。

8）华北及其他地区建设了很多大型高尔夫球场。高尔夫球场一直被人称作‘抽水机’，一个标准18洞的球场，平均每天耗水至少2000m^3。

9）岩溶塌陷引发严重事故

目前，岩溶塌陷主要分布在广西、广东、贵州、湖南、湖北、江西等省（区），同时在福建、河北、山东、江苏、浙江、安徽、云南等省（区）也有分布，而昆明、贵阳、六盘水、桂林、泰安、秦皇岛等城市的岩溶塌陷最为典型。我国的桂、黔、湘等18个省区已发现岩溶地面塌陷点800多处，有塌陷坑3万多个，使大批的房屋倒塌，农田、水库、水塘毁坏，河流改道，每年造成的经济损失达十几亿元。据不完全统计，近年来，全国共发生岩溶塌陷3000多处，塌陷面积300多km^2，塌坑总数超过4万个，给国民经济建设带来严重损失，给人民生命财产带来严重威胁。

2003年8月4日，广东阳春市岩溶塌陷造成6栋民房倒塌、2人伤亡、80多户400多人受灾；2000年4月6日，武汉洪山区岩溶塌陷造成4幢民房倒塌，150多户900多人受灾；20世纪80年代，山东泰安岩溶塌陷造成京沪铁路一度中断、长期减速慢行；贵昆铁路因岩溶塌陷发生列车颠覆事件……谁能想到，这些灾害和事故竟是人们超量开采岩溶地下水引发地面塌陷造成的。由于大规模集中开采地下水，近年来，我国地面塌陷频繁发生，并呈现向城镇和矿山集中的趋势，规模越来越大，损失不断增加。

10）地裂缝

我国已在陕、甘、宁、晋、苏、皖等10多个省区的200多个县市发现有746处地裂缝，大型地裂缝有1000多条，其中以西安、大同、榆次、运城等处的地裂缝规模与危害最大，所造成的经济损失每年约有数亿元。如西安市地裂缝总长达35km，使40座厂房、70处住宅、200余间平房和百余处道路遭到破坏，到1984年经济损失达2000万元，每年并以100万元的速度递增。我国最长的地裂缝——长36km的河北辛安深饶地裂缝，它是从隐伏的断层蠕滑型地裂发展成为地表地裂缝，与降雨、浇地和地下水逐年下降等水的活动密切相关。

11）建筑施工质量低劣引起的质量事故

在建筑工程中由于开挖回填不实，施工中过量抽吸地下水，打桩、碾压振动等，造成建筑物室内外地坪下回填土下沉、塌陷等事故屡见不鲜。

1.2.13 正确处理危险建筑或超期服役的老建筑，既有建筑物要适应时代发展与时俱进

由于我国20世纪50～80年代经济条件所限，建造了大批使用功能差，建筑标准较低，建筑面积小，没有抗震设防或设防水平低，至今已是危险建筑或超龄服役老建筑。这类建筑量大面广，至今仍为广大市民和退休人员居住，不可能一律拆除新建，必须根据实际情况，采取正确政策和可靠技术方案，进行增层改造、抗震加固、延长寿命、提高标

准，合理解决，正确应对。

我国逐渐实现小康社会，老年人比例加大，许多城市进行房屋的“适老改造”。例如：进行节能改造解决既有建筑的保温隔热差，冬冷夏热，热舒适性差的问题；平改坡解决屋顶渗漏或顶层高温和节能的问题；旧楼增设电梯方便老年人出行问题；住宅功能改造，增加安全舒适和方便；住宅智能化改造遥控开门、开灯、开电视方便老人；老住宅的管线更换，有利防火和安全；老住宅的病害处理和加固处理，例如许多房出现裂缝、下沉、倾斜等的应急解决。

北京市最近出台关于既有建筑一项政策十分有意义。这项规定是指 20 世纪 80 年代后建造的老建筑，对其中有条件者，市里出钱进行增层加固改造。对旧房进抗震加固、增加楼梯、增加阳台、也可在顶部新增 1～2 层，新增面积出售后，弥补改造加固所需费用。这为我国大批既有建筑的改造加固给出一条可行出路。

房地产商们也看到这个机会，土地价格暴涨，房价不断飙升，不如利用最近 30 年新建低多层住宅小区，选择有条件者，对其进行增层改造，顶部可根据环境条件新增 1～6 层，底层进行配套的相应改造，顶层新增面积可出售，底层老住户条件也会得到改善。开发商和居民两方都得利。

由于生产发展、生活水平提高，因此，要求既有建筑物扩大使用面积、改变使用条件、改善使用功能、提高应对灾害能力等，则需对既有建筑进行改建、扩建、增层、移位、托换以及改变结构体系或结构构件等相应的整体或局部改造加固处理。既有建筑物要适应时代发展与时俱进。

1.2.14　拆真古迹、建仿古建，逾 30 城市欲耗巨资重建古城，百姓需世代还债

自从 1982 年首批国家历史文化名城公布至今，共有 119 个城市已荣膺这项桂冠。“拆旧”和“仿古”的大戏正在中国城市加速上演。一边，部分“中国历史文化名城”岌岌可危，历史文化街区频频告急；一边，55 亿再造凤凰，千亿重塑汴京，仿制古城遍地开花，见图 1-38。这一切正成为中国城市化进程中的独特风景。

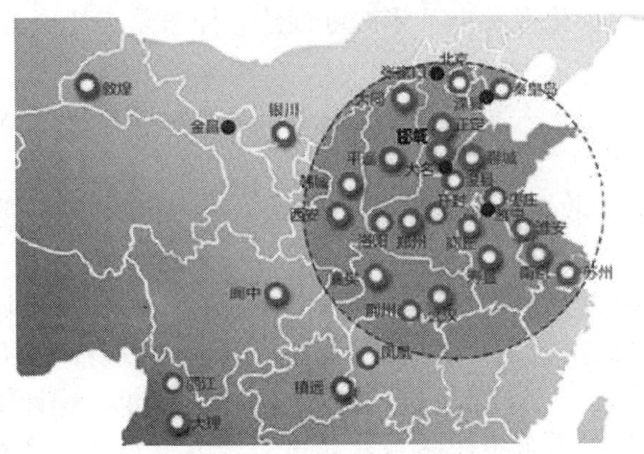

投资过亿的古城项目不完全统计

武汉首义古城	125 亿
大同	100 多亿
湘西凤凰	55 亿
唐山滦州古城	50 亿
枣庄台儿庄古城	50 亿
聊城	40 亿
敦煌沙洲古城	30 亿
淮安金湖尧帝古城	30 亿
秦皇岛山海关古城	16.36 亿
银川西夏古城	6 亿
金昌骊靬古城	6 亿
张家口鸡鸣驿	5.31 亿
邯郸大名府古城	3.4 亿
石家庄正定古城	3 亿

图 1-38　投巨资、仿古建，遍地开花

如：回到“明代”，2012 年底大同古城墙即将合龙，投资 500 亿元的古城，令这座城市再现明代风华；回到“宋代”，2012 年 8 月河南开封爆出千亿打造古城新闻，力争 4 年内重现北宋汴京繁华；回到“春秋”，2012 年初山东肥城“春秋古城”项目开工，计划总投资 60 亿元，占地 2200 亩；回到“上古”。2011 年 9 月江苏金湖尧帝古城开建，项目占

地千亩，总投资30亿元……

在同济大学建筑与城市规划学院教授张松的记忆中，以往这种复古表现为对个别建筑的整修，如北京琉璃厂、南京夫子庙、承德清代一条街、开封宋街等。而今，复古已变为一区乃至一城。“这是一个方向性的错误。”“这是不现实的，更重要的是城市文化、城市生活是回不去的。”

2012年10月26日，滇池湖畔的昆明市晋宁县，投资220亿元的“七彩云南古滇王国文化旅游名城”破土动工。昆明市宣布，要“确保3年时间再造一个古滇国”。

2012年9月30日，投资52亿元、占地两千亩的河北滦州古城举行开城大典，辽国的“国王”和“皇后”率领身披铠甲的仪仗队出城迎客，俨然一场“穿越秀”。

中国工程院院士、原建设部副部长周干峙对南方周末记者说，“重建未必是坏事，某种意义上这是地方重视文化的一个反映。”“但我们希望是保护遗产，而不是一味恢复历史面貌。”他认为，恢复一座古城既非易事，亦无必要。“在全世界九百多处世界遗产中，中国只有43个。”，“九百多个里有一半以上在欧洲，就此而言，我们还交代不过去。”但对于怎么保、保什么，仍是目前面临的一个大问题。

推倒重来的聊城已经成为负面典型。在2012年6月召开的“纪念国家历史文化名城设立三十周年论坛”上，住房和城乡建设部副部长仇保兴痛批“拆真名城、建假古董”的行为，直接点名聊城，“成片历史街区被拆掉，统一建仿古建筑，一个设计图纸、一个时间建出来的”。而历史文化街区是指保存文物特别丰富、历史建筑集中成片、能够较完整和真实地体现传统格局和历史风貌，并具有一定规模的区域。

在全国119个国家级历史文化名城中，有13个名城已无历史文化街区，还有18个名城只剩一个历史文化街区。按照规定，有两个以上历史文化街区的才能申报历史文化名城。没有了历史街区的名城可达二十多个，此外还有一半以上的历史文化街区是不合格的。

2009年4月，南京市“危旧房改造计划”将历史街区列入改造范围，安品街、南捕厅等一大批老街区被拆除殆尽。“大同的善化寺和上下华严寺周边，原来是一片历史街区，现在也全部建成仿古建筑了。”

“古城重建的动机很少是为了文物保护，大部分是为了搞旅游、搞地产开发。”北京大学城市与环境学院教授吴必虎说。

“拆了老房建新房，有GDP和房地产收入，修老房子，费钱、又没有收入。”阮仪三如是解释地方政府推倒重来的动力。

两院院士吴良镛曾指出，大拆大建对地方政府而言是一种最经济的做法。“老城中心地价高，拆迁花费的成本高，但是经济回报会更高。”赵中枢说。聊城市政府的公开效益预测称，古城内棚户区改造项目投资约为16.87亿元，可建民居约48万m^2，预计销售收入约28.8亿元，其利润之丰厚自不待言。山东枣庄的台儿庄古城是为数不多的已然开门迎客的一个。公开资料显示，自2010年开城以来，该古城共接待了400多万人次游客，从2009～2011年，古城三产增加值占GDP比重提高了3.9%。

更多正在加速度前进的古城项目尚未及接受考验。“是假文物没关系，但要考虑业态。业态规划成功，古城会响亮转身；只是物质城墙，可能大量的钱投进去以后收不回来，留给下届政府，最后真正承担的还是老百姓。”并不反对再造的吴必虎说，“政府立项，老百姓埋单，直到一代代把债还清。”

1.2.15　我国既有建筑物的日常维护修缮及定期检查大修工作和发达国家相比有较大差距

中国是世界上既有建筑物积蓄量最多的国家，这一趋势随着国家现代化进展，会更为显著和突出。中国改革开放取得重大进展的直接结果，就是积累了大量的国家、社会和个人的财富，而既有建筑物就是社会财富的重要体现。因此，如何运用先进的管理和技术，做好既有建筑物的日常维护修缮及定期检查大修工作尤为重要。

(1) 对既有建筑物逐栋定期检查、登记，建立状态档案，做好日常维护修缮。小病不过月，大病不过季，外墙、窗户都能定期清洗、粉刷，保持其新颖美好状态；更要定期进行大修、更换和加固，及时消除房屋出现的隐患。我们不仅要提“精心设计，精心施工”而且更要提“精心维修养护”，像保护自己的眼睛和自己可爱孩子那样重视、精心，为我们生活、生产、工作和学习服务，提供良好环境条件的各类既有建筑物，才能确保各类房屋的正常使用功能和有效的延长其设计及使用寿命。这就是对国家社会财富保护的有力举措和重大贡献。

(2) 现状的事实令人触目惊心：

1) 那种千军万马齐上阵，争抢利润高、油水多的新建工程，轻日常维修善护，是我国建筑界久存的弊病之一。

2) 在新建工程实施过程中又大搞：催设计、赶施工、搞献礼，甚至提倡边设计边施工，竣工了事，常造成施工质量低劣，偷工减料、以次顶好、贪腐盛行、隐患众多。人心不实、民风不朴、轻燥浮夸、不讲科学。本书中介绍的种种实例，就是其斑斑劣迹的例证，这是弊病之二。

3) 日常维修养护利润低，和居民用户打交道繁杂、效益低，因此许多领导部门，对做好既有建筑物日常维修养护和定期检查大修的重要性，缺乏认识，缺乏远见，对国际社会的先进技术和管理缺乏了解，甚至是素质低，不能胜任这项具有重大意义和责任的重要工作；工程部门对此也都缺乏积极性；而国家的相关部门同样具有重新建轻维修养护意识，甚至在政策、法规的制定上也存在不严谨甚至不作为，这是我国长期存在的社会不良风气。这是其弊病之三。

4) 我国许多地区新建竣工的工程，本身就存在许多隐患，用2～3年后，就出现裂缝、锈蚀、削落、门窗开启不便、管道渗漏、地面下沉、建筑物过量下沉、甚至整体倾斜。竣工时病态就很严重，又碰上维护修缮不到位，许多建筑物都是带病工作，对费九牛二虎之力取得的建设成果不珍贵、不爱惜，往往建成十余年的建筑物就已经陈旧不堪，灰头土面，叫人看了心酸，感慨万千。这也是上述种种错误导致的必然结果，这是其弊病之四。

5) 许多省市地区领导，都要在任内搞出“重大业绩”，争创GDP高增长，就采用大拆大建方法，拆和建都能为GDP增分，许多刚建10～20年的新建筑物，竟成片拆除，灰尘满天，民怨沸腾，环境污染，垃圾成堆，用工人血汗换来的宝贵的社会财富，顷刻间就化为灰烬。这些决策人缺乏历史文明的继承，缺乏对人民血汗成果珍惜。这类败家子是随处可见。不久他们就会因业绩突出，官运亨通。这也就导致中国建筑物平均使用寿命为25～30年，成为世界上建筑物最短命的国家，敌视我们国家的都拍手称快，挖苦我们是“熊瞎子掰包米，得一个丢一个”。当然，日常维修养护再差也没关系，因为我们根本就不在乎建筑物的有无。这是其弊病之五。

做好既有建筑物的日常维护修缮，定期检查、大修、加固、改造，使大批既有建筑物处于良好的使用状态，保持其美丽风貌，改善其使用功能，延长其使用寿命，其重大意义怎么说都不为过。让我们清醒过来，上下一致，用先进的科学技术和经营管理做好这项意义非凡的工作。

1.2.16 中国建筑工程领域现代科技水平有待快速提高

建筑领域存在的种种严重问题可以看出，其主要原因有两个，其一是各地领导部门的盲目贪大求全，搞个人业绩、追求表面形式、贪污腐败以及严重的自然灾害等天灾人祸造成的；其二是中国建筑工程领域现代科技水平与当前国际现代科技水平有较大差距所造成。

中国建筑领域占国民经济GDP 17%以上，是对国家经济有重大影响的行业，是国民经济重要支柱。但是其科技人员所占比例，远低于其他行业。大学本科以上的专业对口的科技人员所占比例相对较低；我国建筑行业施工队伍的主力是农民工，他们稍加培训就成为施工主力。技术素质相对较低，而且流动性大，不稳定，不利于经验积累，致使工程质量难于保证；而国外的建筑施工工人多是中专以上经过系统培训的中级技术人才乃至高校毕业生。他们工作较稳定，经验容易积累，能培养成有较好技术素质熟练的专业技术工人；建筑行业体力劳动所占比例较高，常以人海战术、加班加点、搞突击献礼等加长作业时间来完成任务。而国外建筑工地上施做人员不多，大小机械齐全，一个工人可操作几种机械，不仅施工效率高，而且工程质量也高，工人体力付出和作业时间相对较少。中国不少建筑竣工后就常出现地面坍塌下沉，就是人力回填夯实和工程机械回填实的不同结果的表现。此外如看错图纸、错用或少用钢筋、搅拌的混凝土含杂质过多而不合格等事故屡见不鲜。

我国建筑行业科技创新成果虽逐年增多，但和国际先进国家的水平相比仍然相对较低，如建筑材料、建筑机械、自动化水平、建筑门窗和五金配件、各类水暖管线器材及其他五金配件等，好看不好用，好用用不长，用长长斑锈，经常要更换等。给用户带来许多麻烦。

建筑类高校的硕士生、博士生们的论文题目，为图省事简便，快易通过为原则，多是选编个程序，进行验算论证，或者选个无关大局的项目，自演、自导，论证合理为常事。或为帮助导师搞生产赚钱，论文课题选择与生产相关小题去检验论证，敷衍过关，真正科技创新项目较少。

由于当前市场经济为导向，经济是杠杆，赚钱为目的，本来就不多的科研项目，几乎全都放弃科研工作的本分或留少数人“坚守”，主力人员都去抓工程赚大钱，使我国建筑科技领域的科研和创新几乎奄奄一息，冷落一片，无人过问。

上述种种情况的累加导致我国建筑行业很少能拿得出在国际同行业科技创新的重要公认成果，目前建筑行业科技创新水平和占据世界第一的庞大建筑工程泱泱大国是根本不相称的。我们一定要认识问题的严重性，为国家民族利益着想，要尽快调整政策，调动各方面的积极性，采取有效措施，急赶快追，尽快改变目前的尴尬局面。

1.3 建筑特种工程新技术

1.3.1 移位工程技术

建筑物移位工程是将建筑物从原位置移动到新位置的工程，包括平移、升降、爬升和转动等。

建筑物移位技术特别需要注意事项叙述如下：

（1）建筑物的移位工程技术，对于配合城市规划和改造十分有用，也很重要，可以避免大量的拆除，避免因拆除造成严重经济损失，还能有效地保护文物和历史建筑物。此外，对灾损建筑物的挽救和处理也是很重要的。

（2）移位工程可以是单项移位，也可能是多项综合性的移位工程。例如：平面移位与转动移位、抬升或迫降移位等先后结合进行，达到设计要求的建筑物改造加固预期目的。

（3）清楚地了解和掌握移位工程的周边环境对确保工程成功十分重要。不仅是地面上的情况，地下情况尤其重要。如地质和水文条件、地下管线、地下墓穴或其他岩溶土洞状况等。施工时不仅要确保工程本身的安全、顺利，也要保证相邻的建筑物、桥梁、道路、管线等设施的安全。

（4）移位工程关键技术之一是：正确选择上、下托盘，通过上托盘把移位建筑物联成整体，增加移位建筑物的整体刚性，也就是移位工程的上轨道。下轨道和基础相连或者就是基础的顶部基础梁。要根据移位工程设计施工要求，精确构筑施工而成。下轨道要延伸到移位后的新址，下轨道地基基础的承载力与变形都应满足移位建筑物的要求。

（5）移位工程关键技术之二是：在上、下轨道或托盘之间，依移位方式，设置滚轴、滑块或滑轨等。既要保证移位工程平稳、安全、快速，又要阻力小，降低滑移推力。

（6）移位工程关键技术之三是：正确选用移位工程的推力或拉力系统，包括卧式千斤顶、液压油箱和计算机数控系统。按设计要求正确施力，才能确保移位工程的质量。

（7）移位工程的监测和信息化施工，也是做好移位工程的重要技术手段和措施。

（8）对于建筑物移位工程，本书第2章有关内容及本系列丛书第2册《建筑物移位工程设计与施工》等专著中都有明确规定和说明，也可参照选用指导工程。并按《建筑物移位纠倾增层改造技术规范》CECS 225：2007、《建（构）筑物移位工程技术规程》JGJ/T 239—2011、《铁路房屋增层和纠倾技术规范》TB 10114—1997、《建筑物移位纠倾增层与改造》及国家现行标准规范等执行。

1.3.2 纠倾工程技术

纠倾工程是对已倾斜的建筑物采用有效方法予以扶正，并进行纠倾前的加固和纠倾后的防复倾加固。

对于符合纠倾条件的建筑物，经过检验、鉴定和论证，同意进行纠倾的建筑物，有关纠倾工程的特殊条件和要求如下：

（1）纠倾工程关键技术之一是：首先要对建筑物发生倾斜的原因进行分析，找出导致倾斜的病害所在，便于有针对性地制定纠倾技术方案。该纠倾工程技术方案，同样要经过比较、论证确定。

（2）对于复杂的倾斜建筑物，常采用几种纠倾技术，即综合性的纠倾方法，对倾斜建筑物进行纠倾。

（3）纠倾工程关键技术之二是：对于已裂损的倾斜建筑物，应根据裂损原因和实际情况，可在纠倾前或纠倾后进行有效的加固，彻底清除发生倾斜的根源。防止纠倾后建筑物复倾。纠倾建筑物的防复倾加固应包括上部结构、下部结构和基础以及地基等三部分。

（4）纠倾工程关键技术之三是：建筑物回倾过程的信息和监测十分重要，因此对监测点的布置和回倾过程的信息应有效地掌控。对于获得的回倾信息和监测值要及时研究、分析，对于回倾过程存在的问题，要采取有效技术措施，调整、补充纠倾工程的设计和施工中缺欠内容。

（5）如果纠倾工程和增层工程、改扩建等改造加固工程相结合时，除纠倾工程外，其他项目工程应按新建工程的要求处理。因此，纠倾工程和防复倾加固，均应考虑这一因素的影响，并要与其他改扩建工程相匹配、协调。

（6）对于建筑物纠倾工程，本书第3章有关内容及在本系列丛书第3册《建筑物纠倾工程设计与施工》等专著中都有明确规定和说明，也可参照选用指导工程。并按《建筑物移位纠倾增层改造技术规范》CECS 225：2007、《建筑物移位纠倾增层与改造》及国家现行标准规范等执行。

1.3.3　增层工程技术

根据既有建筑物的状况，选用适宜的结构形式，进行向上增层、室内增层或地下增层，增层工程新技术可包括以下基本内容：

（1）经过检验、鉴定，符合增层条件的建筑物，首先要制定增层工程技术方案。通过对方案的比较、论证和完善。根据论证通过的方案做好增层工程设计。并应注意如下问题：

（2）增层工程关键技术之一是：选用合理增层结构形式、确定抗震设防等级，应根据建筑物重要性，继续使用年限和用途，当地的抗震设防要求而定，增层工程应满足新建工程的技术要求。其墙体、梁、柱、板等结构无裂损变形，既能满足直接增层的承载力和稳定条件，又能适应外套、外扩增层的要求。如有裂损应在增层工程全面开工前，进行有效的加固处理。

（3）要保证增层新老结构稳定、安全，又要经济、合理、适用，达到增加使用面积，改善使用功能，提高使用条件的目的，又能兼顾舒适、美观的要求。

（4）增层工程关键技术之二是：增层后的立面造型既要符合城市规划要求，又要创新美观，还要与周边环境协调。使新老结构融为一体。增层工程周边环境也能满足增层房屋的日照、消防、施工等条件要求。

（5）对于重要古建筑或保护性建筑，要特别慎重，确有增层必要时，要保护其既有的风格与特征。

（6）增层工程关键技术之三是：符合增层条件的建筑物，其地基基础应已沉降稳定，有直接增层的潜力或具备对地基基础进行加固改造的空间和条件，选用合适的地基基础形式和改造加固技术方案。

（7）地下既有管线也都不会妨碍增层工程的施工或虽然有问题也能妥善处理，不留后患。

（8）据纠倾工程设计，完成纠倾工程施工组织设计和应急处理措施 ，并组织施工、监测与信息化施工和竣工验收。

(9) 对于建筑物增层工程，本书第4章有关内容及本系列丛书第4册《建筑物增层工程设计与施工》等专著中都有明确规定和说明，也可参照选用指导工程。并按《建筑物移位纠倾增层改造技术规范》CECS 225：2007、《建筑物移位纠倾增层与改造》及国家现行相关标准规范等执行。

总之，经过增层改造，能延长建筑物使用寿命，降低工程造价，提高抗灾能力，有助于美化城市环境，且能与城市改造的整体规划相协调。又要积极采用新技术、新材料、新工艺，尽可能使其成为绿色、低碳、智能现代化建筑。

1.3.4 改造加固工程技术

(1) 随着生产发展、生活提高，对既有建筑物会不断提出与时俱进新的要求。通过对既有建筑物的改造加固，使其扩大使用面积，改善使用功能，延长使用寿命，提高抗震和抵御自然灾害能力。

(2) 由于各种灾害的侵袭，会给既有建筑物造成严重损害，如裂损、沉陷、倾斜甚至倒塌毁坏。对于通过检测鉴定有继续使用价值的建筑物，可采用建筑物改造加固技术，并结合其他有效方法进行挽救处理，恢复其使用功能，延长使用寿命，也可结合进行必要的改扩建，改变或改善其使用条件。

(3) 既有建筑物的改造可以通过平面上的改扩建、立面上的增层来增加建筑物的使用面积；建筑物的改造加固还可通过结构体系和结构构件的改变来实现。也可通过移位、纠倾、托换等手段进行病害处理。通常采用综合的技术方法来处理会取得良好效果。

(4) 对于建筑物的改造加固技术，本书第5章有关内容及本系列丛书第5册《建筑物改造加固工程设计与施工》以及《建筑物移位纠倾增层与改造》等专著中都有明确规定和说明，也可参照选用指导工程。并按《建筑物移位纠倾增层改造技术规范》CECS 225：2007、《既有建筑地基基础加固技术规范》JGJ 123—2000等及国家现行相关标准规范执行。

(5) 既有建筑物的改造加固工程，首先要经过检测鉴定，证明其有继续使用价值；其次要对提出的改造加固技术方案予以论证，选择经济合理、安全可靠、造价较低、保护环境、节约资源、低碳绿色的最优方案。

(6) 改造加固后的使用年限和安全等级，要根据建筑物的重要性、业主要求、使用条件和建筑物的本身条件综合分析确定。

1.3.5 灾损处理工程技术

(1) 由于自然灾害、人为灾害等对既有建筑物造成严重损坏，如裂损、倾斜、沉陷、倒塌等。经过检测、鉴定，有继续使用价值者，可对其进行挽救加固、灾损处理。在灾损处理工程中，经过比较和论证，选用合适的处理方法，方能取得有效结果。

(2) 不同灾害对建筑物的损坏特征不同，如地震会造成建筑物的整体损坏；火灾易造成建筑物表层损坏；水灾会造成建筑物地基基础或墙体破坏；泥石流、滑坡会使建筑物埋没、推移；冰雪灾害会压溃房屋和输电设施；风沙灾害易掩埋道路、房屋等，因此，采用的挽救处理方法也必然不同，要有明确的针对性。

(3) 对于常见的遭受6种灾害损坏的建筑物挽救加固，本书第6章有关内容及本系列丛书第6册《灾损建筑物处理技术》以及《建筑物移位纠倾增层与改造》等专著中都有明确规定和说明。并按《建筑物移位纠倾增层改造技术规范》CECS 225：2007、《灾损建(构）筑物处理技术规范》CECS 269：2010及国家现行标准规范等执行。

(4) 各种灾损情况复杂，处理技术也是多种多样，除了正确选择处理方法外，在具体实施过程中，也会有许多意想不到的情况发生，因此，不仅要有紧急情况时的应急处理预案，同时施工监测和信息化施工也很重要，以便及时发现问题，及时解决问题，方可确保工程质量。

(5) 在灾损处理工程中为了降低工程造价，保护环境，要充分利用灾区建筑垃圾，如把废弃混凝土构件粉碎代替灾区宝贵的碎石，用来修筑道路或作为低强度等级混凝土用料。

(6) 灾损建筑物挽救处理后的继续使用寿命，可以是较长期10～20年，甚至30年以上。也可能是过渡性5～10年，以后拆除。因此，要根据灾损建筑物的实际状况和继续使用年限的要求，确定其安全等级，选用相应的设计参数，节约投资和确保投资的合理性。

1.3.6 托换工程技术

托换工程技术是通过加固或增设构件等措施改变原结构传力途径或增强原结构承载力的改造加固工程技术。

(1) 随着既有建筑物的改造加固工程、地下工程、灾损处理工程等日趋复杂和工程量大增，托换工程技术日渐成熟并得到迅速发展，应用范围不断扩大，《建(构）筑物托换技术规程》CECS 295：2011已正式颁布执行。

(2) 托换工程技术应用的一般要求如(1)所述，其他需要特别关注和说明的问题如下：

做好被托换工程设计、施工前的现场调查，了解场地条件、结构状况、托换工程目的和要求、周边环境包括地上和地下施工条件，对托换施工的有利和不利因素以及工程中要特别重视的相关问题等。

(3) 托换工程的关键技术之一是：对于经过检验、鉴定和论证同意，有条件进行托换工程者，应分别针对被托换建筑物(如桥梁、房屋、地下建筑等）不同情况，提出托换工程技术方案。该方案要经过技术论证、比较通过后，方可依此进行托换工程设计和施工组织设计。

(4) 托换工程的关键技术之二是：对于建筑物(包括灾损建筑物）的托换工程，如抬升增加高度、迫降降低高度、更换局部或多层墙体材料、更换或加固地基基础以及改变高度和改变地面位置(水平移位、转动）相结合等托换工程，重要的是设计好安全、稳定、施工简便的托换承力结构(位置、形式、尺寸与配筋等）和施力千斤顶的支承结构。并且要考虑施力托换施工过程诸多不利因素的影响，确保安全。

(5) 选用的施力千斤顶、油箱和数字操控系统，要安全可靠、性能好、施力准确、操作方便。能确保托换工程的平稳、顺利运行。

(6) 托换工程的关键技术之三是：对于桥跨建筑物的托换工程，除满足(1)的要求外，还应在正常通行条件进行托换施工，要确保施工、通行两方面的安全，在运输通行高峰时间内不能停运、断道、中止运输。工程质量要得到可靠保证。

(7) 托换工程的关键技术之四是：在城市地铁或巷道施工中，导致轴线上方或影响区范围内建筑物裂损、沉陷、地基基础破坏乃至丧失承载条件，需进行托换处理的工程，除满足（1）的要求外，还要确保在施工过程中，地面建筑物的正常使用和居民的安全，不能停产或搬迁。工程质量要得到可靠保证。

（8）对于常见的遭受6种灾害损坏的建筑物挽救加固，本书第7章有关内容及本系列丛书第7册《建筑物托换技术》专著中都有明确规定和说明以及相关技术标准的规定要求，可参照选用指导工程。并按《建筑物移位纠倾增层改造技术规范》CECS 225：2007、《建筑物移位纠倾增层与改造》及国家现行标准规范等执行。

1.4　本学科的展望

（1）本学科在国家经济发展中占有重要地位，具有广泛发展远景

本学科在保护社会财富和劳动成果中，在稳定社会、保障生产发展中，在保护人民幸福安居生活中、在抵御自然灾害的抗争中，都有不可替代的重大作用。

既有建筑物的改造与病害处理学科及其新技术，将伴随着我国既有建筑物数量不断地增加，对既有建筑物的保护与挽救，改造与加固，任务繁重，工程艰巨，会更加显示其重要性。

在本章前述的我国建筑业当前存在的十个问题的迫切解决，在很多情况下，都离不开本学科的技术支持，要依托特种工程新技术来解决问题。

（2）为了提高我国在本门学科技术水平，希望坚持每隔2～3年定期召开“建筑物改造与病害处理学术研讨会”

通过学术研讨会的定期召开，可以及时交流本学科取得的新进步。如工程方面的新技术、新经验；科研课题的新理论、新成果；设计方面的新结构、新方法等。甚至一些失败的经验教训供大家共同汲取。不断提高广大技术人员的科技水平。

此前，由中国老教授协会土木建筑专业委员（前身为房屋增层改造研究委员会），从1991年起至今20年来，一直坚持定期召开本学科的学术研讨会，每次会议都收到大量论文，对推广新技术，提高本学科的技术理论水平起到重大推动作用。

坚持本学科学术研讨会的定期召开，就是为广大中青年技术人员开辟一条汲取前人经验和新技术成果的渠道，就会推动我国本学科技术水平的不断提高。

希望在每次研讨会上，不仅出版学术论文集，而且也能表彰优秀论文（优秀工程总结、优良科技新成果、有创新意义的新理论）。表彰先进、成果辈出。

（3）积极宣传、使用已颁布的有关本学科的新标准、新著作、新成果

已颁布的有《建筑物移位纠倾增层改造技术规范》、《灾损建（构）筑物处理技术规范》、《建（构）筑物托换技术规程》以及即将陆续出版的《建筑特种工程新技术系列丛书》等有关本学科的新标准、新著作、新成果。最近还要颁布《建筑物纠倾技术规程》，这些新技术标准，都体现了我国近20年来在本学科领域的最新成就、新进展。这些新技术标准的推广和使用，将会进一步提高从事本学科的广大设计、施工、教学和科研方面人员的业务技术水平。推动特种工程新技术的进一步发展和提高。

《建筑特种工程新技术系列丛书》包括了建筑物移位、纠倾、增层、改造加固、灾损处理和托换等丰富内容。把上述技术标准条文的内容具体化，加上详细说明和多项工程实例。更有利于读者学习理解。因此，这套系列丛书的出版一定会更有利于特种工程新技术

推广。

（4）建议编制《既有建筑物维护技术规范》

我国既有建筑物积有量已达数百亿平方米，这是国家宝贵财富，为了有效保障维护既有建筑物，确保其使用寿命，不被随意拆除，除了有国家立法之外，还应当在技术标准方面作出相关规定，建立拆除既有建筑物的检测鉴定标准和应当履行技术程序，阻止随意拆除有继续使用价值的建筑物。为了保障既有建筑物的正常使用，要建立定期维护检修、分级维修、线路更换乃至大修的相关规定和技术标准。对于规划要求拆除的房屋建立必要性、可行性的论证规定和应当履行的技术程序。此外，对于建筑物的改造加固、病害处理、灾损处理等方面的技术程序，可行性和必要性的论证等方面作出具体规定。

（5）大力开展既有建筑物保护的技术创新和科研工作

怎么能有效延长既有建筑物的使用寿命、高层建筑外墙的防火阻燃墙体材料、高层建筑的有效火灾消防技术、建筑物的有效抗震结构和技术措施、建（构）筑物抗冰雪冻害技术、建筑物抗洪水浸泡技术以及在灾损处理、移位技术、纠倾技术、增层与改扩建技术和托换技术等方面，提倡大力创造发展新技术、新成果。把更加有效地保护既有建筑物作为我们建筑业一项最迫切、最重要的任务。

第2章　建筑物移位技术

我国正处于大规模基础设施建设时期，并取得了举世瞩目的成就，由于历史的原因，我国既有建筑的安全性和耐久性普遍偏低，为满足社会发展和使用功能的要求，大量既有建筑物需要进行维修和加固改造，任务十分艰巨。目前，已有大批科研和工程技术人员从事该领域的研究和推广应用工作，并取得了长足的进步，积累了大量的研究成果和丰富的工程实践经验，应及时进行总结和提高。

建筑物移位改造技术于20世纪90年代在我国出现，并迅速发展，完成的移位工程规模越来越大，结构形式越来越复杂，技术要求也越来越高。建筑物移位改造技术有着显著的社会和经济效益，建筑物移位时，二层以上可正常使用，减少了拆迁安置费用和矛盾，同时，可减少因拆除而产生的大量建筑垃圾和粉尘、噪声等对环境的污染，降低新建建筑物对资源的占用，特别是对历史建筑物进行移位保护，使具有雄厚文化底蕴的历史建筑得以保护，人类可通过建筑回顾历史以及整个社会的故事，促进社会文化传承。在广大科研和工程技术人员的共同努力下，建筑物移位技术日臻成熟。

2.1　概　　论

2.1.1　移位技术的重要性及意义

截止到2009年，我国既有建筑物的建筑面积达430亿m^2，对既有建筑物加固改造维护的任务十分艰巨，20世纪90年代，建筑物移位改造技术在我国应运而生。通过建筑物移位改造，可使历史建筑和有继续使用价值的建筑得到保护，避免被拆除的命运。建筑物移位是指通过一定的工程技术手段，在保持建筑物整体性的条件下，改变建筑物的空间位置，包括平移、旋转、抬升、迫降等单项移位或组合移位。建筑物的移位是一项技术要求较高，具有一定风险的工程。通过移位，不仅要求移位后的建筑物能够满足规划和市政方面的要求，而且还不能对建筑物的结构造成损坏，同时应当尽量给予补强和加固，并尽量降低工程造价。目前，我国各大中城市正在进行城市规划实施工作，大规模地进行城市改造和纠正违规建筑活动，旧城改造和纠正违规建筑的主要手段是强制拆除。在强制拆除的建筑物中有一大部分仍具有较大的使用价值，这些建筑强制拆除造成巨大的经济损失和大量不可再生的建筑垃圾，拆除和安置重建工作直接影响建设单位的正常工作和居民的生活稳定，特别是一些具有人文价值的历史建筑，一旦拆除，将给国家造成无法弥补的损失，通过建筑物整体移位技术，可以协调与城市发展的矛盾，促进文化传承，并且，通过移位保护，使其结构得到补强。

建筑物移位技术在国内外有大量的工程实例，从事移位工程的技术人员有着丰富的移位工程经验，但迄今为止，许多移位工程的设计与施工大多依靠经验，理论计算比较粗糙，而且从事此项研究的科研单位较少，出现了理论落后实践的状况，因此，需对建筑物移位技术进行系统的研究和开发。

建筑物移位技术在国外已有上百年的历史，发达国家对于有继续使用和文物价值的建筑物都很珍爱，不惜重金通过移位将其移至合适位置予以保护。我国 20 世纪 90 年代初开始应用这项技术，目前已实现了几百例建（构）筑物的移位，积累了一定的工程实践经验[1]。

我国建筑物移位技术的基本内容一般包括：建造建筑物规划新址的基础及移位轨道；对原建筑物在其基础顶面进行托换改造，在承重墙（柱）下面或两侧浇筑混凝土托换梁，形成钢筋混凝土托换底盘。同时，对上部结构起加强作用；结合建筑物原基础和沿途基础设置轨道体系，其上铺设钢垫板；在钢板上设置滚动或滑动支座；将建筑物与原基础分离，分离后的建筑物通过托换底盘放置于滚动或滑动支座上；施加水平力，将分离后的建筑物沿所设轨道整体移位至指定位置；将整体移位后的建筑物承重墙（柱）与新建基础进行可靠连接，并进行必要的加固处理；恢复室内外地面，并进行一定的装修。

建筑物整体移位技术有着重大的意义，通过大量的工程实例分析，建筑物移位技术有显著的社会效益和经济效益，建筑物的整体移位造价大约为新建同类建筑物的 30%～60%，移位施工工期约为重建同类建筑物的 1/4～1/3，特别是移位施工过程中，二层以上的使用功能基本不受影响，减少了拆迁安置工作的难度，为建设单位维持正常工作和居民的生活稳定提供了极大的便利条件，由此产生的间接经济效益甚至比单纯土建造价节省更显著。而且，移位技术对环境保护有着非常重大的意义，建筑物拆除必将产生大量的建筑垃圾，建筑垃圾并不像有些垃圾那样可重新回收利用，它是一种不可再生资源，将对环境造成极大的污染，同时在拆除的过程中，产生了大量的粉尘和不可避免的噪声。由此可以看出，通过建筑物移位技术，将仍具有使用价值的建筑物保存下来，不但可以满足城市整体规划和环境保护的需要，又可以节省大量的建设资金和搬迁安置费用，且能大幅的缩短工期，减少拆迁矛盾，使历史建筑得以保护，文化传承得以延续。若该项技术在全国范围内广泛推广使用，其效益将是难以估计的。

2.1.2　国内外移位技术发展现状

（1）国外建筑物移位技术概况

100 多年前，西方发达国家就出现了建筑物整体移位技术，经过长期的发展已形成了较为规范化的施工工艺，在美国、日本和欧洲一些国家有多家专业化工程公司。他们对于有继续使用价值或有文物价值的建筑物都很珍爱，不惜重金运用整体移位技术将其移到合适位置予以重新利用和保护。同时，西方发达国家对环境保护要求较高，如果将建筑物拆除，必将产生粉尘、噪声以及大量不可再利用的建筑垃圾，因此，建筑物整体移位技术在发达国家已发展到相当高的水平。

世界上早期的建筑物整体移位工程是 1873 年位于新西兰新普利茅斯市的一所一层农宅的移位，当时使用蒸汽机车作为牵引装置，施工情景见图 2-1[2]。

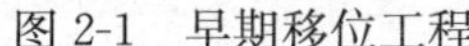

图 2-1 早期移位工程

图 2-2 依阿华大学科学馆移位

现代建筑物移位技术始于 20 世纪初，1901 年美国依阿华大学由于校园扩建，将重约 60000kN、3 层高的科学馆（图 2-2）进行了移位，而且在移动的过程中，为了绕过另一栋楼房，采用了转向技术，将其旋转了 45°。该建筑物平面为 26m×35m，建筑面积约 $3000m^2$，此项移位工程采用的是圆木滚轴滚动装置，用了 675 个直径 150mm 圆木滚轴，用 800 个螺旋千斤顶将建筑物顶起，采用木梁托换，用 30 个螺旋千斤顶提供水平推力。这一技术在当时的土木工程界引起了相当大的兴趣和广泛评论。该建筑物至今仍在使用，已经历了上百年的考验[3]。

在以后近一百年的时间里，许多国家都有过移位工程的实例。1937 年前苏联的莫斯科市进行了多栋建筑物移位，在扩建高尔基大街时就移动了 9 栋大楼。1975 年捷克的工程师将具有 400 年历史的圣母玛利亚教堂以 20mm/min 的速度整体搬家至 841.1m 外的莫斯特市新址，该教堂高 31m，宽 30m，长 60m，总重 100000kN，目前该教堂正以其悠久的历史和“非凡”的经历吸引着众多的世界游客。

20 世纪 80 年代以来，在日本、北美和欧洲出现了一批具有代表性的移位工程。

20 世纪 80 年代初，日本横滨市银行被整体搬到 170m 以外的新址，根据该市的发展计划，这座有 60 多年历史的建筑不得不迁移，施工人员用 22 个油压千斤顶把 13000kN 的建筑托起，然后用滚轴方式以每秒 2mm 的速度行进。这座建筑的搬迁当局花费了 400 万美元[4]。

20 世纪 80 年代初，英国兰开夏郡 Warrington 市的一所具有历史纪念意义的学校进行了移位，这座建筑重约 8000kN，砖石结构，因道路拓宽，将该建筑纵向移位 15m，建筑物托换顶起时使用了专用的托换装置，并用环氧树脂技术对建筑物进行了加固，在建筑物基础下建一个钢筋混凝土水平框架（托换梁），在该框架下建造另一个框架（轨道梁）与筏形基础连为整体，并延伸至新位置，两个框架之间留有间隙放入滚轴，并涂抹润滑油，用专用卷扬机和钢丝绳做牵引装置，其采用的牵引装置和移位方法与国内的许多移位工程相似，见图 2-3[5]。

图 2-3 移位现场

1983 年，罗马尼亚首都布加勒斯特曾搬迁了两座大楼，一幢楼的建筑面积为 $2000m^2$，5 层高；另一幢由高度分别为 5 层和 7 层的建筑组成，建筑面积为 $4000m^2$，重达 64000kN。搬迁大楼首先在基础顶水平切断，浇筑新基础，用多个千斤顶托起大楼，在楼底铺设 32 根铁轨，装进 100 多个滚动轮。为了把振动减少到最低点，在托架和楼底之间放置了 3 层橡胶垫。搬迁时大楼所受的振动比有轨电车的振动还小。该工程用液压千斤顶移位，总推力为 4200kN，每小时移位 1.19m[4]。

1998 年，美国的一所豪华别墅，建筑面积约 $1100m^2$，从波卡罗顿长途跋涉约 161km 到皮斯城，建筑物进行顶升托换时用了 64 个 150kN 千斤顶，这座移位工程的特殊之处在于这座别墅行进中必须要经过一条运河，如图 2-4 所示[6]，在这一段路程上采用一艘特殊的船体作为运输工具，通过调节船中的水量（4182.2L）来保证该建筑物从陆地到船上和从船上到陆地的平稳性。该建筑物基础为混凝土桩基，桩基切断时钢筋留有足够的连接长度，以便移至新位置时的连接。

图 2-4　通过运河移动豪华别墅

1999 年 1 月 25 日美国明尼苏达州 Minneapolis 市 Shubert 剧院（图 2-5）进行了移位[7]，移位采用液压平板拖车，在移位现场外观看不到牵引设备，令人惊叹不已，移位工程取得圆满成功。为了增加其整体性，将剧院内开挖 6.1m 深，在墙下浇筑了混凝土墙对建筑物进行了加固，建筑物内设置主次钢梁托换系统（重 2270kN），托换时用 138 个千斤顶和 19 个液压泵站，顶起 2.44m，置入移动平板拖车，移至指定位置后，将托换钢梁取出，建筑物落至新基础上。移位时采用大量的枕木做行走的轨道。整个工程用了 70 台移动平板拖车，其中 20 台为自带动力的。该剧院位于市中心，交通压力很大，因此移位前制定了详细的行走路线（图 2-6），在经过第 6 大街前，先转 90°，使建筑物主立面面向 Hennepin 路，途径的 Gluek 餐厅建造在一个非常深的地下室上，剧院在移动的过程中必须要调整拖车的方向，以曲线形状路线便绕过此餐厅，在建筑物转向时，所有拖车的轮子均计算出了转动角度。

1999 年 6 月位于美国卡罗莱纳州海岸的一座灯塔为了免于不断的海岸侵蚀，当局决定将其移至 487.69m 外的地方，移动的轨迹达 883.93m。这座灯塔高 61m，重达 48000kN（图 2-7）。为了将该灯塔顶起，采用了先进的液压顶升系统，由 100 个千斤顶将其顶高 1.52m，为了保证此高耸结构的稳定性和承载力的可靠性，采用扩大钢梁作为底盘（图 2-8）。用钢梁铺成 7 条行走的轨道，设置 14 根跨越 7 条轨道的长滚轴，液压千斤顶提供水平推力，每分钟行走0.76m，同时采取了许多措施来避免所经路途可能遭受的暴风雪的侵袭和地基的破坏[8,9]。

图 2-5 剧院通过第6大街

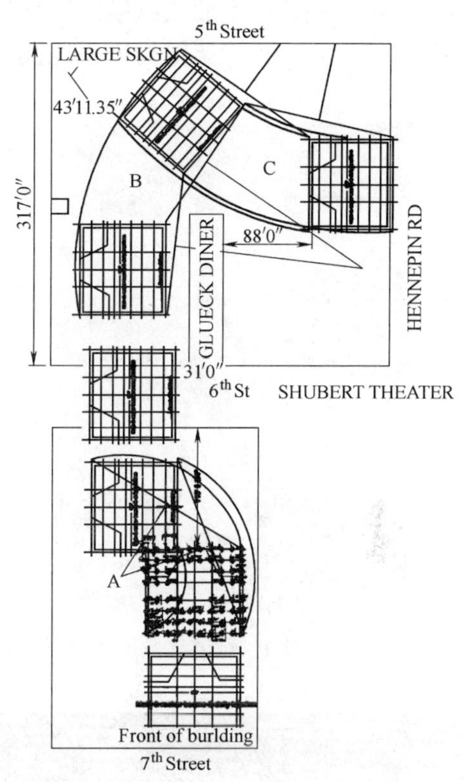

图 2-6 Shubert 剧院行走路线

1999年9月16日，丹麦哥本哈根飞机场由于扩建将候机厅从机场一端移至另一端（图2-9），经过4个月的准备工作，在4天之内移动了2500m。该建筑物建于1939年，长110m，宽34m，2层（局部3层），钢筋混凝土框架结构，移动时将一层内外墙体全部拆除，在一层中间高度处用水平和斜向钢结构支撑进行托换加固（图2-10），并通过这些支撑将建筑物的荷载均匀地落在60台液压多轮平板拖车上，用金刚石链条锯将框架柱在地面处切断，为了保证移动的速度，采用了多种规格的液压多轮平板拖车，在车上安装了自动化模块和电脑设备，借此来自动调节x或y方向的同步移动以及补偿z方向不同路面之间的沉降差，而且能够自动确定旋转中心。由于各拖车荷载分配与计算不一致，移位时建筑物内部出现了一些细小的裂缝[10]。

国外移位方法基本上实现了机械化和自动化，早期的移位工程使用千斤顶（螺旋、液压）牵引较多，有的工程也用卷扬机做牵引设备，在河道和海上使用船的工程也有若干例。目前，使用最多的一种移动设备是多轮平板拖车（图2-11），一般由汽车或挖掘机等做牵引，最新又出现了一种自身可提供动力的液压多轮平板拖车（图2-12），并在多个工程中应用取得了理想的效果[11,12]。国外的牵引和控制设备比较先进，但其造价也相当昂贵。同时，国外移动的建筑物一般体量较小，大体量的高层建筑物未见报道，并且对于托换结构的设计方法也均未提及。国外移位工程采用的托换结构主要有两种：一种是采用专用的托换装置（图 2-13），托换时，先将墙体掏洞，然后将专用托换装置安置到墙内，将其他部位墙体拆除，并浇筑钢筋混凝土托换梁，托换装置不再取出，托换完成后将上部结构顶起；在托换装置中放入纵横向钢梁和木梁，然后将上部结构顶起托换；第二种是采用结构体系托换，有钢桁架结构体系托换和钢筋混凝土梁托换方式。

图 2-7　灯塔移位

图 2-8　钢梁托换

图 2-9　移位过程中

图 2-10　托换钢桁架

图 2-11　多轮平板拖车

图 2-12　液压多轮平板拖车

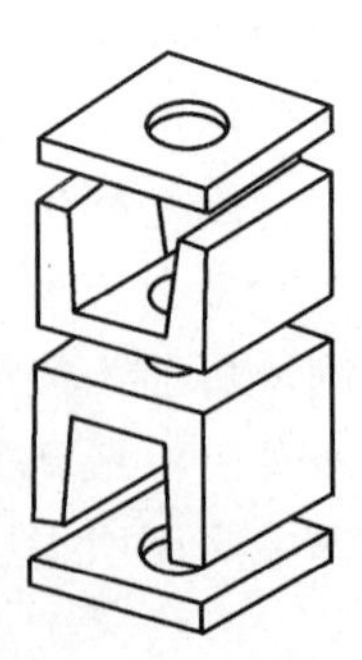

图 2-13　托换装置

（2）国内建筑物移位技术

自从20世纪90年代建筑物整体移位技术在我国出现以来，已有数百个移位工程成功实例，遍及十几个省市。这些工程中包括了框架结构、砌体结构等。移位的建筑物有住宅、办公楼、酒店、纪念馆、历史文物建筑，也有塔和桥梁。移动方向有纵向、横向、斜向和水平旋转移位以及竖向顶升移位。从移动的数量、距离、房屋高度及最大荷载等工程角度来看，目前，我国的房屋整体移位技术已经处于世界先进水平。

1991年，楼房移位的主要思路是在建筑物基础下部修建新基座，基座下修建滑道，然后顶移到新位置。福建省莆田市城厢区南站小学教学楼采用了这种方法，移位72m，转向90°。

1992年，出现了将上部结构和基础分离的方法。由于该方法适用性广，迅速取代了原来移位方法。福建于1992年9月首先完成国内第一个整体移位工程——闽侯县交通局移位工程，水平旋转62°。该房屋为3层砌体结构，移位前首先设立旋转中心、旋转轨道和托换结构，旋转中心由外径95mm的钢轴制作，固定在原有基础梁上；然后将房屋整体顶升，安装11个滚动支座和11台千斤顶。在中国东北，吉林省辽源矿务局也研发了类似的建筑物移位技术，于1993年初完成了重庆市一栋4层办公楼的整体移位，该工程采用了液压千斤顶钢拉杆牵引机构，并采用滚动装置[13]。

1995年，河南省孟州市市政府办公大楼由于道路拓宽，必须将其移至拓宽后道路的另一侧，该办公楼为4层砖混结构，长65.24m，宽16.5m，高度18.25m，建筑面积为3585.3m^2，建筑物总重量59743kN。此办公楼首先从原址向北移位11.375m后，原地旋转90°，又向东移位57m，有效工期6个月，移位总造价为140万元，比新建建筑物节省直接投资35%[14]。

1996年济南市一建筑群7栋建筑进行了转向移位，同时抬升。最长移动轨迹196m。移位中根据不同情况采用了以毛石、混凝土和黏土砖为材料的三种轨道形式。

1998年底，我国移动的又一个规模较大的框架结构建筑物是广东省阳春市阳春大酒店[15]，因国道扩建，需将其向后移位6m。此办公楼为7层框架结构，建筑面积3665m^2，重达50000kN。此工程中，采用了“钢筋混凝土包柱式梁托换结构”，通过采用托换梁与结构柱之间的新旧混凝土界面连接技术，使托换结构与原结构牢固的连接在一起并共同作用。该工程移位过程中由于对受力情况估计不足，出现了托换梁拉弯裂缝，以及千斤顶顶推点和托换梁滚轴支点的局部压坏情况，所幸问题得到及时解决，使工程得以顺利进行。

1999年10月，建于1885年的北海市原英国领事馆沿与纵轴成50°角斜向移位55.8m，完成了首例文物建筑斜向移位工程。

2000年12月，山东省临沂市国家安全局办公大楼（图2-14）进行了移位[16,17]。此办公楼为8层框架结构（局部9层），且建筑物顶层有一座近35m高的电视接收塔。建筑物长30.20m，宽15.50m，高34.5m，建筑物总重约60000kN，总建筑面积为3604m^2。经过精心设计，科学施工，大楼成功地从原址向西移位96.9m，又向南移动74.5m，安全准确的移至规划指定位置。此工程采用了12个1000kN液压千斤顶，60实心钢辊作为滚动装置，并用钢绞线作牵引装置。移位时间用了25d，平均每小时的移动速度在1.5～2.0m，其技术复杂程度高，是我国建筑物移位的标志性工程。

2001年9月，位于南京市的江南大酒店由于华商大会的召开，需要将其向南移位

图 2-14　建筑物立面及移位现场

26m，此建筑物为 7 层框架结构，建筑面积为 5424m²，总重约 80000kN。此工程采用 15 台液压千斤顶作为顶推系统，滚动支座采用 $\phi60\times5$ 无缝钢管内灌 C60 膨胀高强细石混凝土，间距为 140mm。此移位工程在就位连接时采用了一项新技术——滑移隔震技术，通过理论分析，表明此隔震结构在罕遇水平地震作用下具有明显的隔震效果[18,19]。

2001 年底，辽河油田兴隆台采油厂旧办公楼移位工程中大楼分体转向 90°移位，先向南移位，后将楼房分割成东、西两部分，分别向东、西移位。同年 9 月，始建于清雍正年间的广州锦纶会馆被整体移位，这座青砖空斗砖木结构首先向北“走”了 80m 多，然后抬升 1m 多再向西移位。

2002 年 12 月，上海音乐厅移位开工，2003 年 7 月移位顶升就位，并在新址整加两层地下室。上海音乐厅位于延安东路 523 号，建于 1930 年，占地面积 1254m²，建筑面积 3000m²，移位重量 58500kN，斜向移位 66.48m，顶升 3.38m，其中原址顶升 1.7m，新址顶升 1.68m（图 2-15）[20]。

图 2-15　上海音乐厅移位现场及就位

济南市纬六路 27 号的“山东丰大银行”，是济南市早期有代表性的古建筑之一，建于 20 世纪 20 年代。该建筑长 21.7m，最宽处 12.6m，3 层砖石结构，木结构楼盖、屋盖，墙下条形基础，建筑面积约 600m²。由于市政建设要求，同时出于保护古建筑的需要，济南市有关部门决定采用建筑物整体移位技术将其向西移位约 17m，该工程于 2005 年 4 月 18 日开始施工，同年 5 月 26 日整体移位就位（图 2-16）。

图 2-16 老洋行移位中及就位恢复后

2005 年 10 月，宁夏吴忠市吴忠宾馆整体移位。吴忠宾馆位于宁夏回族自治区吴忠市裕民街，是一幢在建中的星级宾馆，由主楼和裙楼两部分组成。由于此楼位于规划建设中的中央大道上，所以该市决定将房屋向西整体移位 82.5m。吴忠宾馆占地面积 1927m^2，建筑面积 13850m^2，总重量达 200000kN，主楼长 43.04m，宽 17.64m，高 12 层，局部 13 层，高 53.7m，裙房 3 层，长 50.84m，宽 17.7m，该工程是当时最大的移位工程[21]。

2006 年 12 月，山东省莱芜市高新管委会综合楼进行了移位（图 2-17）[22]，该工程位于莱芜市高新区凤凰路，为框架一剪力墙结构，由主楼和裙楼两部分组成，主楼地下 1 层，地上 15 层，裙楼地下 1 层，地上 3 层，筏板基础。该建筑物长 72.8m，宽 41.3m，占地面积 2700m^2，总建筑面积 24000m^2，总高度 67.6m。由于城市道路扩展，需沿纵向向西移位 72.7m。建筑物重 350000kN，单柱下最大荷载 11770kN（恒荷载 10900kN，活荷载 870kN），最大柱截面为 1200mm×1200mm。基础埋深 7.05m，筏板厚度 650mm，基础梁高度 2000mm。该移位工程中采用了先进的 PLC（Programmable logic controller）自动控制系统，保证了建筑物移位的安全性和平稳性，提高了移位速度。该移位工程于 2006 年 7 月 24 日开始施工，于 2006 年 12 月 31 日移位到位。到目前为止，该移位建筑物的高度、面积和重量均为世界之最。

图 2-17 建筑物立面及移位现场

济南市宏济堂经二路药店建于 1920 年，该建筑为两层砖木结构，由南楼和北楼组成，长 13.7m，南楼宽 11.57m，北楼宽 5.02m。南楼建筑面积约 $320m^2$，北楼建筑面积约 160 m^2。因道路拓宽需对其进行移位保护。该建筑向北移位 11.6m，向东移位 16m，旋转 3.81°，到位后再整体顶升 0.4m[23]，移位施工现场见图 2-18。由于该建筑为砖木结构，且已使用多年，其结构的整体性和抗震能力较差。因此，对托换结构整体性及移位施工的稳定性要求较高，就位采用了橡胶支座与滑动支座组成的组合支座连接，提高了其抗震性能。该工程于 2008 年 5 月 6 日开始移位，同年 5 月 16 日整体移位就位，恢复后的建筑物南立面见图 2-18。

图 2-18　移位施工现场及就位恢复后的建筑物南立面

图 2-19　走在路上的老别墅

2009 年 3 月 1 日，山东建筑大学工程鉴定加固研究所使用液压平板拖车将济南市一幢具有 80 历史的老别墅整体迁移 30km（图 2-19）至其新校区[24]，这是国内首次采用轮动式拖车大距离原样整体移位技术实现建筑物移位，也是迄今为止国内建筑物整体移位距离最远的工程。该工程的成功，为拖车移位技术在我国的研究与应用提供了宝贵的工程经验，是我国建筑物整体移位技术发展的一个重大突破，为保护历史建筑开辟了一条新途径。

济宁银座商场二期，为 4 层（局部 6 层）框架结构，建于 1992 年。建筑物四层和五层原为仓库，层高均为 2.9m，两层建筑面积合计 $1700m^2$，需要改造成经营空间，2.9m 的层高不满足使用要求。2008 年 05 月，对该建筑物的 4 层和 5 层分别进行了整体抬升，每层抬高 1.1m。

2009 年 9 月，上海南浦大桥东主引桥下匝道部分的九孔桥梁完成顶升移位[25]，整体顶升重量约 100000kN，桥面宽度 25.1m，顶升面积约 $5000m^2$，采用整体同步顶升、分步到位技术，顶升高度由 0.008m 至 5.91m 不等，其中 21 号墩的顶升高度为 5.91m，创造国内桥梁顶升的第一高度，见图 2-20。

2004 年 7 月，在齐鲁石化 72 万 t 乙烯扩建工程中[26]，两台千吨高塔，高度分别为

图 2-20　南浦大桥顶升

54.2m、48.7m，重量分别约 13000kN、9000kN，采用 SQD 型牵引设备进行整体移位，沿两个方向分别移位 15.5m、12.14m，就位精确，创造了我国高塔整体移位史上重量最重、高度最高、速度最快的业绩。

国内的移位工程虽然已成功完成数百例，但也由于各种原因出现了一些工程事故。

济宁市某大学教学实验楼，因施工单位首次施工移位工程，缺乏经验，滚轴未防护好，托换梁混凝土浇筑时，水泥浆漏入滚轴间，使钢滚轴被水泥浆凝固住，推力达最大设计值时，千斤顶后的反力架钢板严重变形。

辽源市就业服务局综合楼，框架柱增加了卸荷斜撑，有个别柱的型钢斜撑变形严重。

西安亿通汽车租赁公司综合楼，柱下托换梁设计时，抗剪计算将原钢筋混凝土柱截面也计算在内，致使托换节点柱边产生较大裂缝。

宁夏银川市华建建筑公司办公楼，新加基础采用间距 2m 的挖孔墩及宽 500mm，高 930mm 的轨道梁，墩的承载力不足，未考虑沉降变形，致使移位时轨道梁变形较大，并出现裂缝，上部结构也出现开裂现象。

总之，建筑物移位技术在我国取得了长足的发展，积累了丰富的工程实践经验，但需进行系统的理论研究和技术开发，形成完整成套的技术体系，以满足社会发展的需求，保证移位工程的安全。目前，我国已开始这方面的工作，2011 年 4 月，颁布了《建（构）筑物移位工程技术规程》JGJ/T 239—2011，随着该规程的颁布和不断完善，必将促进和规范我国移位工程的发展。

2.1.3　建筑物移位技术的发展方向

从宏观角度看，国内外建筑物移位技术的发展趋势主要包括：建筑物移位由多层建筑向高层发展，最初的建筑物移位通常是 5、6 层以下，现在已达到 10～15 层[27]；结构形式由简单向复杂发展。早期移位工程多为砌体结构，目前已发展到框架、框-剪、大跨等结构；移动轨迹由简单的直线移位向折线（转向）、曲线、组合移位以及竖向移位发展；移位控制由人工向半自动化、全自动化发展；服务领域由城市建设向多领域发展，如矿山、桥梁、化工、核岛等。

随着我国社会经济的发展、科学技术的进步、资源（尤其是土地）的不足、人民群众的需求日益增长，导致了建筑物整体移位技术需求发生了巨大变化，推动着建筑物整体移位不断发展，深刻地影响了我国建筑物整体移位技术的发展和工程应用范围，建筑物整体移位技术朝着专业化、自动化、多种技术集成化的方向发展，包括建筑物移位成套技术的研究与开发；专门的成套现代化移位装置的研发和自动化、机械化、标准化的施工工艺研究；建筑物整体移位与功能、性能提升综合一体化技术。如移位与隔震加固一体化技术，顶升与大空间改造或增层改造加固一体化技术，移位顶升增设地下使用空间一体化技术，历史性建筑的移位保护和开发利用技术等；建筑物整体移位设计程序的开发和优化设计；新建建筑物整体预制移位就位安装施工技术；建筑物整体移位的自动监测监控系统与全过程可靠度评估方法研究；移位技术设计施工全过程管理数据库系统开发等。

2.2　移位工程设计

建筑物移位的基本原理就是在建筑物基础的顶部或底部设置托换结构，在地基上设置行走轨道，利用托换结构来承担建筑物的上部荷载，然后在托换结构下将建筑物的上部结构与原基础分离，在水平牵引（顶推）力或竖向顶升力的作用下，使建筑物通过设置在托换结构上的托换梁沿轨道梁相对移动，见图 2-21。建筑物移位工程的设计主要包括托换结构的设计，轨道结构及地基基础的设计，牵引系统的设计及建筑物移位到位后的连接设计等方面的内容。

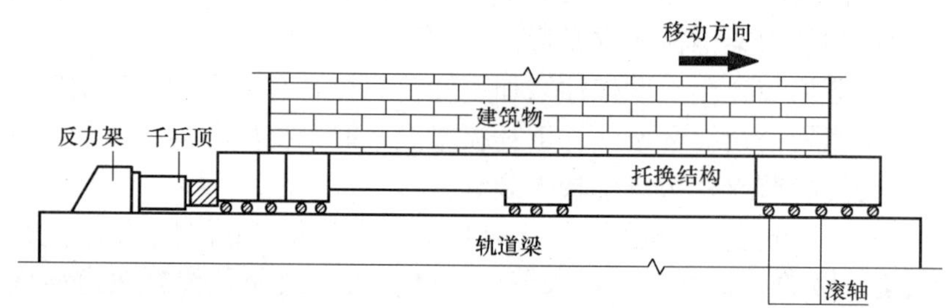

图 2-21　建筑物移位示意图

托换结构是建筑物在移位过程中的基础，它应能可靠的对上部结构进行托换和传递牵引力。通常将各托换结构彼此进行连接设计成沿水平方向的水平桁架体系。

轨道结构的作用就是为上部结构提供移动的基础，同时把上部结构的荷载传递到地基，轨道基础的设计可分为三部分，即建筑物新址处的基础、移动过程中的中间基础和建筑物原位处的基础。移位建筑物基础的设计必须要考虑到轨道的形式，它必须与上部托换结构协调一致，一一对应，因此，基础应优先考虑与建筑物移动方向一致的条形基础，条基不满足时，可采用筏板或桩基。

牵引系统设计主要包括牵引力的计算和牵引动力施加方式的设计。目前，国内外移位主要有三种方式：滚动式、滑动式和轮动式。移位方式不同，其牵引力的计算和牵引动力施加方式也有差异。许多移位工程中牵引力的确定大多依靠实验和经验，缺少简单实用的计算公式。在本章中，作者依据试验分析和大量的工程实践，提出了牵引力计算公式。

连接设计就是建筑移动到位后，将上部托换结构与下部基础进行连接，并保证其安全可靠的传递水平和竖向荷载。

2.2.1　检测鉴定、加固与荷载取值

为确保建筑物移位时结构的安全性，在进行设计前，必须首先对建筑物进行检测鉴定

和复核验算，确保原建筑物能满足结构的各项功能要求。若不能满足，需采取措施进行补强加固后再进行移位。

（1）移位建筑物检测鉴定与复核

建筑物检测前应先对现场进行调查，收集地质勘察报告、设计图、竣工图、施工资料、使用情况与环境条件等相关资料。根据建筑物的实际情况，制定检测方案，确定检测内容。检测项目应包括建筑物的整体性、承重结构构件的强度与变形，地基补充勘察和基础承载力和变形。

对结构构件应按材料强度、构造与连接、变形和裂缝等方面进行调查和检测，建筑物的整体变形检测包括沉降、沉降差、倾斜等变形特征，应对建筑物的裂缝应进行详细记录，在移位过程中不断观察其变化。

结构承载力复核验算时，计算模型应符合结构受力与构造情况，结构上的作用荷载应经调查或检测核实，相应的荷载效应组合与分项系数应符合国家现行有关标准的规定，应计算出上部结构的重力中心，以便在设计水平牵引力时，使牵引力合力中心与重力中心尽量重合，保证建筑物移位时的同步要求。

结构或构件的材料强度、几何参数可采用原设计值，当检测表明不符合原设计要求时，应按实际结果取值。同时，根据原地质勘察资料，并结合工程现状和实测资料确定当前的地基承载力。对移位路线和就位新址应做补充地质勘察。

综合考虑上述成果，按照现行有关规范、标准，给出建筑物现状的鉴定结论，提出是否需要补强加固的建议。

（2）移位建筑物加固与修补

根据建筑物移位的要求，结合检测鉴定和计算复核的结果，确定对建筑物进行必要的加固与修补[28~31]。对建筑物进行移位前的加固，应考虑在移位过程中和移位就位后的安全要求，分为建筑物整体性加固、结构构件的加固补强、既有建筑物裂缝的修补。应重视建筑物整体性加固，特别对古建筑和整体性较差的建筑物，应采取可靠加固措施保证建筑物的安全。建筑物整体性加固方法有增设拉接构件、增设水平和竖向构件，如钢结构支撑、混凝土圈梁构造柱等。

混凝土结构构件加固可采用加大截面法、外包钢法、预应力法、粘钢法等，见《混凝土结构加固设计规范》GB 50367 的规定。碳纤维片材加固法见《碳纤维片材加固混凝土结构技术规程》CECS 146 的规定。钢结构构件加固见《钢结构加固技术规范》CEC S77 的规定。木结构构件加固可采用钢丝缠绕法、纤维缠绕法、钢夹板、增设钢拉杆、局部托换等方法，古建筑加固应按照《古建筑木结构维护与加固技术规范》GB 50165 进行。砌体结构构件加固可采用钢筋混凝土夹板墙加固法、高强度等级水泥砂浆夹板墙加固法、压力灌浆法、外包钢法等。

对混凝土结构裂缝修补时，根据裂缝的宽度、深度、分布及特征，裂缝修补方法可分为表面封闭法、压力灌浆法、填充密封法等。表面封闭法是针对混凝土结构微细裂缝，在其表面涂抹封闭材料。压力灌浆法是将裂缝表面封闭后，进行压力灌浆。工艺按图 2-22 进行。填充密封法是针对混凝土结构表面较大的裂缝，将裂缝表面凿成凹槽，填入填充材料进行修补。

对结构安全性影响较大的裂缝除按上述方法进行处理外，尚应采取其他结构构件加固

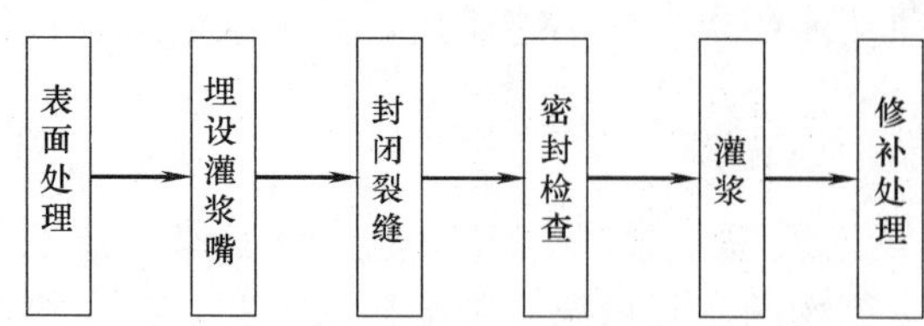

图 2-22　裂缝灌浆工艺流程图

方法进行加固处理。砌体结构的裂缝一般采用压力灌浆法进行修补，并根据需要在裂缝修补后进行补强加固。

（3）荷载及荷载组合

建筑物移位设计中需考虑的荷载包括永久荷载、楼面（屋面）可变荷载、风荷载、地震作用及建筑物移动过程中的牵引荷载。在建筑物移位工程中，很多构件属于施工过程中需要的中间构件，因此这些构件相对于永久的受力构件其可靠度可适当降低。设计根据施工中建筑物的现场情况和实际可能出现的各种作用，采用不同的荷载值和荷载组合进行设计计算。

1）荷载取值[32]

永久荷载、楼面（屋面）可变荷载的取值应按现行国家标准《建筑结构荷载规范》（GB50009）的有关规定采用。对于施工中的中间构件，可变荷载可根据建筑物的实际使用情况取其永久值或乘以一个适当地降低系数。

风荷载在设计建筑物的永久构件时应按新建建筑物取值，在设计建筑物移动施工过程中的中间构件时，可按十年一遇取值。最好根据当地的气象资料和施工时间，确定是否考虑风荷载及风荷载的取值。一般情况下，砌体结构和四层以下框架结构可不考虑风荷载作用。

地震作用在设计建筑物的永久构件时应按新建建筑物取值，在设计建筑物移动施工过程中的中间构件时，可不考虑。对于移位牵引力所引起的建筑物的振动，由于移位的速度通常很慢，只有 1～2m/h，结合多个工程的实测结果，在设计中可忽略不计。

牵引荷载可按建筑物的重量及移动系统的摩阻系数确定。对于不同的移位方式和不同的界面材料，摩擦系数差别较大。

2）荷载组合

在设计建筑物的永久构件时应按新建建筑物进行组合；在设计建筑物移动施工过程中的中间构件时，可按荷载标准值或实际值进行组合。

2.2.2　托换结构设计

（1）托换结构设计原则

托换结构是建筑物在移位过程中的基础，它应能可靠地对上部结构进行托换和传递牵引力，因此，它必须满足：与原结构的竖向受力构件有可靠的连接，保证原结构的荷载能有效的传递到托换结构上；在移位工程中，能明确而有效的传递水平力，不对上部结构产生影响；具有足够的强度，保证在上部结构荷载和牵引荷载的作用下不发生破坏；具有足够的刚度，不能因其变形过大而在上部结构中产生附加应力，造成上部结构的破坏或增大移动阻力；具有足够的稳定性。

（2）托换结构的形式：

为保证托换结构具有足够的整体性和稳定性，通常将各托换结构彼此进行连接，设计成沿水平方向的水平桁架体系，该体系包括柱下的托换节点或墙下的托换梁，水平连梁和斜撑，见图 2-23。

对于墙、柱等不同的受力构件，采用的托换形式也不同。承重墙下一般设托换梁，墙

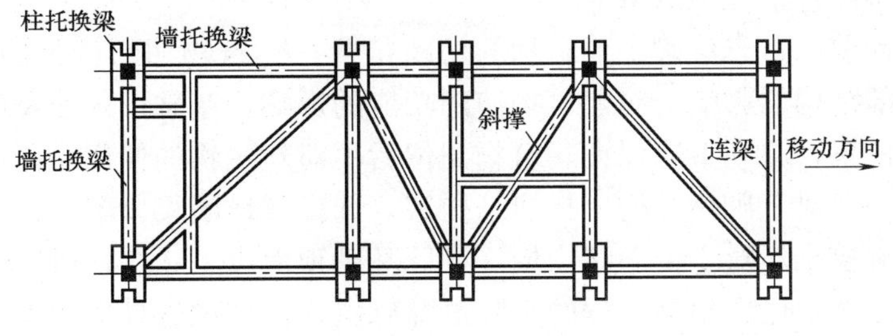

图 2-23 托换结构图

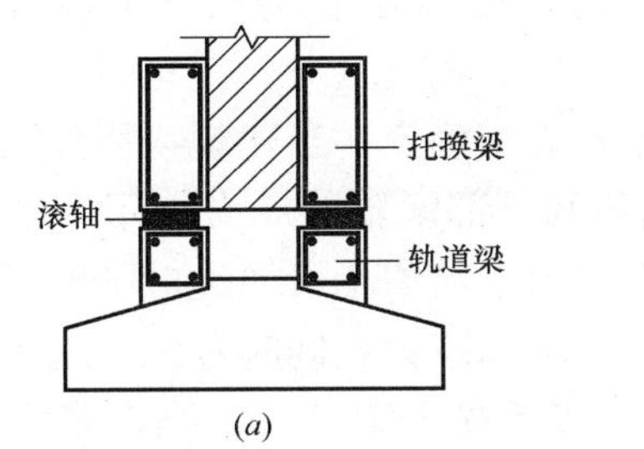

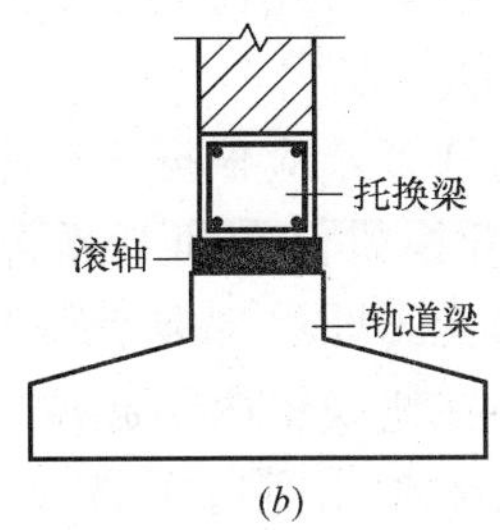

图 2-24 墙体托换方式

(a) 双梁式；(b) 单梁式

下托换梁有单梁式和双梁式两种（图 2-24）。双梁式施工速度较快，但其托换梁的受力较复杂。单梁式传力途径明确，计算简单，但其施工难度大，墙体托换需分段分批的进行，施工周期长。框架柱一般采用包裹式托换，沿建筑物移位方向可将托换梁适当延长，以将建筑物的上部荷载相对均匀地传递到轨道和基础上（图 2-25）。当柱下荷载较大时，可考虑采用带竖向斜撑的托换方式，以便更均匀地传递荷载，减小较大的局部压力和作用在轨道上的弯矩（图 2-26）。对于柱下荷载较小而又有特殊移位要求的情况，也可采用在柱下直接托换的单梁式托换，但其托换梁与柱的连接构造和建筑物上下分离时的施工难度较大（图 2-27）。

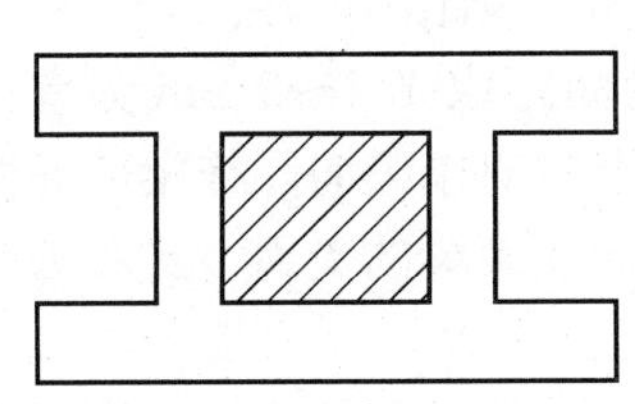

图 2-25 柱包裹式托换平面图

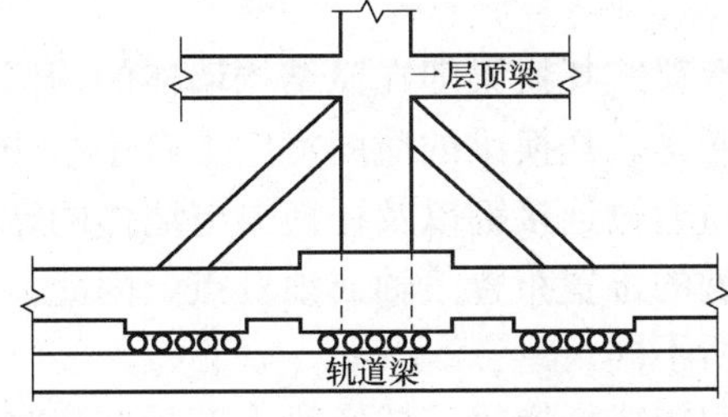

图 2-26 带竖向斜撑的柱托换立面图

(3) 托换结构设计

托换结构主要承受建筑物上部结构的荷载，以及移位过程中水平牵引力或竖向顶升力。由于水平牵引力或竖向顶升力仅在建筑物的移位过程中出现，因此，必须保证托换结构在仅有上部荷载作用和上部荷载与水平牵引力或竖

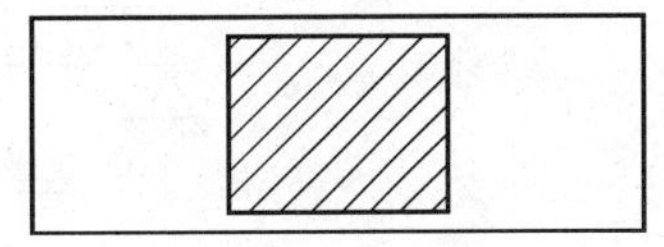

图 2-27 柱单梁式托换平面图

向顶升力同时作用两种情况下的可靠性。

托换结构设计前，首先应确定建筑物的切断位置。建筑物切断位置的确定较为灵活，应综合考虑对上部结构的影响、对建筑物使用功能的影响、基础形式以及施工的难度和工程量。确定切断位置，原则上应保证建筑物到位后不对建筑物的使用功能造成影响，对上部结构的影响最小。对于砌体结构，托换结构最好选择在地圈梁以下，这样建筑物分离时对上部结构的影响较小。对于框架结构最好在原基础顶面以上，这样可充分利用原基础或基础梁做轨道。当然，也可根据工程的实际情况确定，比如说选择在地下室顶板上。

1）墙下托换梁

墙下托换梁受力模型及其托换形式（单梁或双梁），与墙下滚轴或顶升点的布置方案有关。

单梁式托换梁的计算，应根据滚轴布置方案确定。当建筑物移位工程中滚轴采用满布方案时（图 2-28），托换梁仅受到上部墙体和下部滚轴的压力作用，理论上讲，该梁只要满足滚轴部位的局部受压即可。但实际上，由于轨道不可能绝对平整，致使每个滚轴所受的压力不同，因此会在托换梁内引起拉弯等附加应力。同时考虑到施工的方便，当采用混凝土梁时，该托换梁的截面宽度不宜小于（墙宽＋50）mm，高度最好不要小于 300mm。当采用钢梁时，应确保梁底截面连接焊缝的平整性，应充分估计焊缝不平整对托换梁造成的不利影响。当移位工程中墙下滚轴局部布置或建筑物顶升时（图 2-29），可按普通连续梁或连续墙梁（满足墙梁条件时）进行计算，中间联系段梁的截面高度宜比布置滚轴的托换梁低至少 50mm。

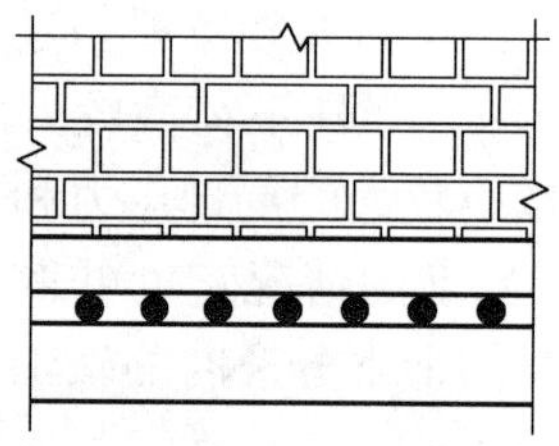

图 2-28　墙下滚轴满布布置图

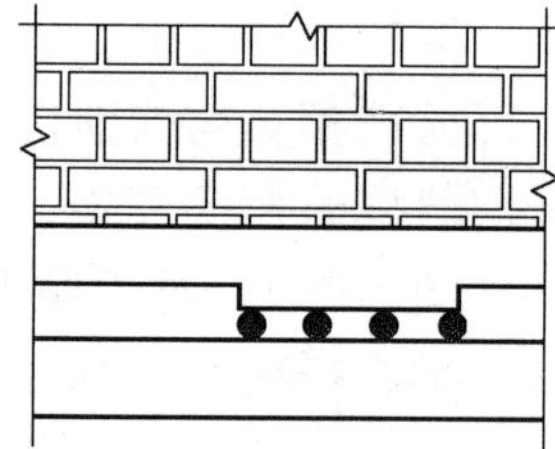

图 2-29　墙下滚轴局部布置图

双梁式托换梁即在原结构墙体的两侧设置托换梁，每隔一段距离，在两个托梁之间设置连接键。托换梁的截面宽度不宜小于 200mm，连接键的间距取 1.2～2.0m 为宜。墙体的重量通过连接键以及托换梁与墙体的摩擦传递到托换梁上。对于纵向托换梁，通常要在连接键的位置布置滚轴或顶升点，因此，纵向托换梁和横向托换梁的受力方式和力学模型也有所不同。

双梁式托换梁，托换梁下部受到滚轴或顶升点的支撑力，可近似地看做集中力，内侧受到墙体的摩擦力，可看做均匀分布荷载，计算简图见图 2-30。因此，托换梁可按在墙

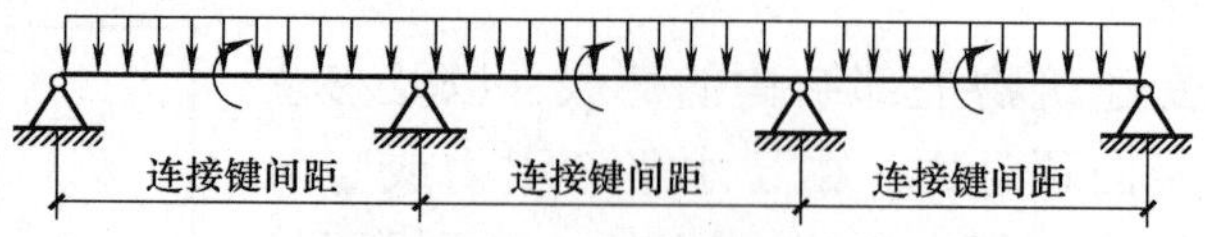

图 2-30　托换梁计算简图

体摩擦力产生的均布荷载和扭矩共同作用下的连续梁进行计算。

双梁式托换连梁，内侧受到墙体摩擦力和连接键传来的集中力的作用，因此，其托换连梁可按在连接键集中力及墙体摩擦力产生的均布荷载和扭矩共同作用下的墙梁进行计算，计算简图见图 2-31。

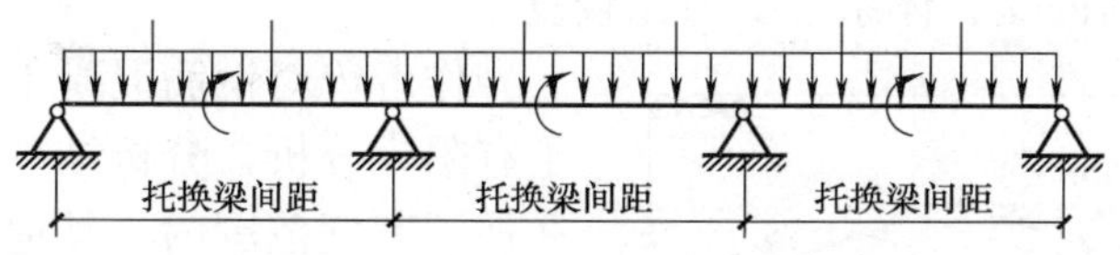

图 2-31 托换连梁计算简图

关于通过连接键和托换梁与墙体的摩擦传递的竖向荷载分配，以前的文献资料认为，上部墙体的荷载传递到托换梁上和连接键上的比例为 0.5：0.5[33]。但最近试验研究结果表明[34]，上部墙体的荷载大部分通过托换梁与墙体之间的结合面传递，连接键按构造设置即可，并且，托换梁可参照墙梁的有关计算公式进行设计。

根据实际工程中连接键的受力状况和截面特征，连接键可近似的按均布荷载作用下的简支深梁进行计算，深梁的跨度取墙体两侧托换梁中心的距离。

2）柱托换梁

柱的托换方式有四面包裹式托换和单梁式托换两种，其滚轴或顶升点的布置方式也分托换梁柱下布置和柱下不布置两种。托换梁柱下不布置滚轴或顶升点时，柱与基础的分离切割比较容易，但托换梁的柱外部分受力较大，其截面尺寸也就较大。托换梁柱下布置滚轴或顶升点时，托换梁的柱外部分受力较小，其截面尺寸也就较小，而柱与基础的分离切割相对困难，见图 2-32。

柱下托换梁伸出柱外的外延长度，在确保托换梁和轨道梁在滚轴或顶升点的作用下局部抗压能够满足的前提下，不宜外伸太长，否则托换梁柱根部位的弯矩和剪力会增大，刚度会降低。托换梁的截面尺寸应根据受力的大小来确定，为了保证托换结构的刚度，托换梁的截面高度与外伸长度的比值不宜小于 1：3，且应同时保证柱内纵向受力钢筋有足够的锚固长度。

单梁式托换即直接在柱下设置托换梁，荷载传递明确，但其施工难度和对上部结构破坏较大，应用较少，只有在有特殊要求和上部荷载较小时采用。采用单梁式时梁宽宜大于柱宽，梁内钢筋不能截断。单梁式托换梁主要受到下部滚轴或顶升点向上的支撑力，以及建筑物移动时与滚轴之间的摩阻力。根据托换梁外伸长度与高度的比值，可按固定在柱上的倒置牛腿和倒悬臂梁进行内力和配筋计算。

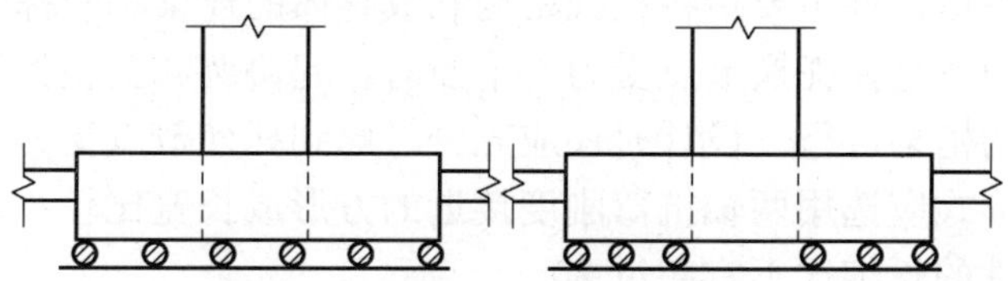

图 2-32 框架柱下滚轴布置形式

包裹式托换即在柱的四边均设置托换梁，将建筑物移位方向托换梁适当延长，通过托换梁与柱表面的摩擦将柱上荷载传递到托换梁上。因该种托换方式主要通过托换梁与柱侧面的摩擦传递荷载，为确保荷载的有效传递，不发生冲切破坏，柱表面应彻底凿毛，并用插筋连接托换梁与框架柱。托换梁外伸部分主要受到下部滚轴或顶升点向上的支撑力，以及建筑物移动时与滚轴之间的摩阻力，包柱部分主要受到内侧摩擦力的作用。四面包裹式托换结构是一个空间的受力体系，受力比较复杂。

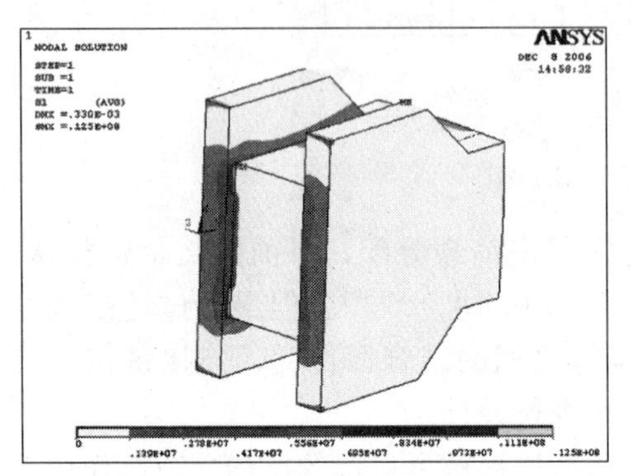

图 2-33 托换节点底部应力分布

作者曾对钢筋混凝土包裹式托换节点进行了有限元分析，分析结果表明：应力主要分布在柱子宽度范围内，其他部位的应力较小，且较均匀；在柱底与托梁交接处的主应力最大，存在明显的应力集中现象；在托梁上表面，主应力分布梯度较大，见图 2-33、图 2-34。在设计中柱与托梁交接处的连接应予以加强，施工中应确保新旧混凝土的连接，以防止结合面开裂。

对于滚动式、滑动式移位和顶升移位，托换梁的混凝土还应满足局部抗压要求。通常在托换梁与滚轴或滑块设置钢板或槽钢，来提高托换梁的局部抗压能力，并可防止建筑物移动过程中，托换梁的碾压破坏。

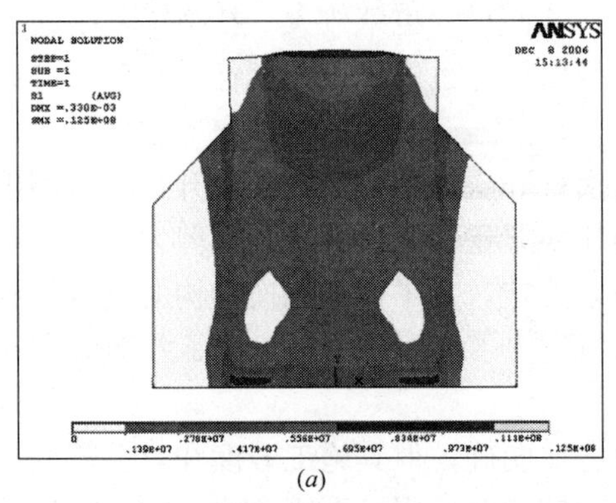

(*a*)

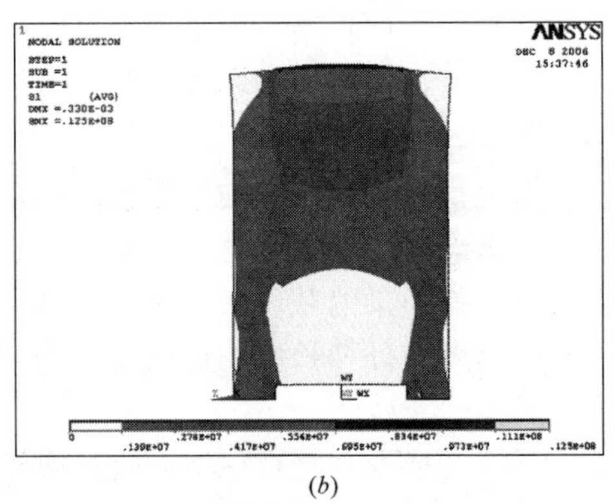

(*b*)

图 2-34 托换梁剖面的应力分布

(*a*) 行走方向托换梁剖面应力分布；(*b*) 托换连梁剖面应力分布

(4) 其他构件的设计

托换结构中的其他构件主要指将托换结构联成整体的连梁和斜撑，其作用一方面是传递水平力，另一方面就是在托换节点受力不平衡时，起协调和调整作用。其内力计算主要是按水平力作用下的桁架进行。设计时还应充分考虑到托换节点受力不平衡，可能产生的附加内力，其截面形式应选用两轴抗弯刚度接近的方形或长宽比较小的矩形截面形式。对于混凝土结构，构件的长细比不宜超过 30。

(5) 柱托换节点的试验研究

1) 试验设计

关于移位建筑物托换结构的设计计算，国内外均未提出明确的设计计算理论和方法[35]，各设计单位均依据自己的经验进行设计，设计或过于保守或安全度不够。为明确托换结构的受力性能，作者进行了柱包裹式托换节点的试验研究，研究了托换节点外挑部分与包柱部分的承载力、托换梁的外挑长度与截面高度的比值、混凝土强度、纵筋配筋率、配箍率、混凝土结合面的处理方式等因素的关系[36~39]。

根据正交试验[40,41]设计理论设计了四水平、五因素正交表，除混凝土强度取两个水平数，其余四个影响因素均分别取四个水平数，设计了相互正交的16组托换节点的缩尺模型，模型试件的平面示意图见图2-35，托换梁混凝土强度均比柱提高一个等级，两者分批浇筑，柱达到设计强度之后进行凿毛植筋，之后进行托换梁的浇筑。

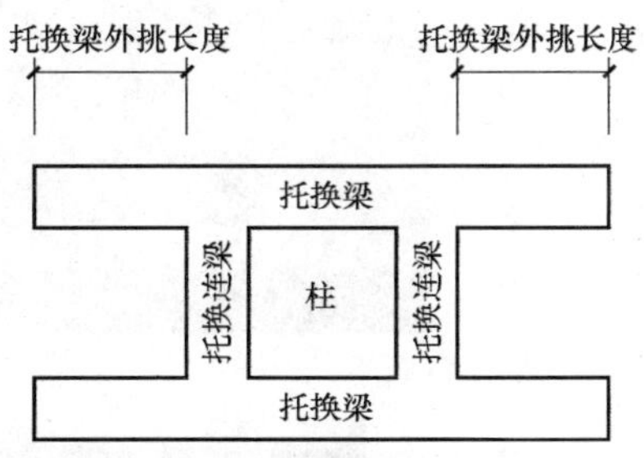

图2-35　柱托换节点平面示意图

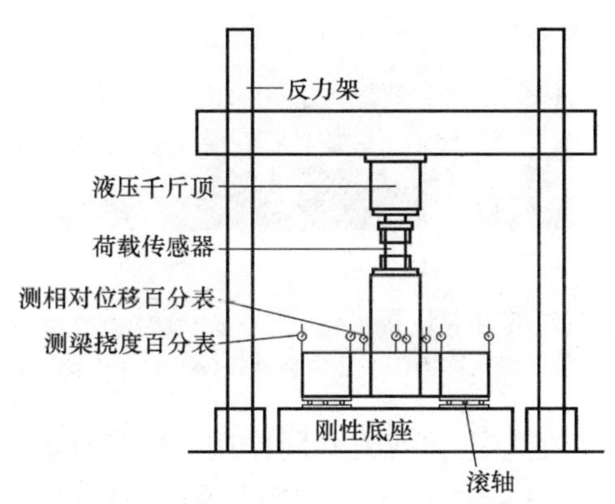

图2-36　加载示意图及实验现场

试验在山东建筑大学结构工程实验室进行，通过安装在反力架上的液压千斤顶对试件进行加载。试件的支座为建筑移位工程中常用的圆钢滚轴，滚轴直径30mm，只在行走梁外挑部分的下面放置滚轴，模拟实际工程中原柱截断时柱托换节点的最不利受力状态，加载示意图和试验加载的现场见图2-36。

同时，制作了与JD1、JD2、JD3、JD4、JD13、JD14、JD15、JD16完全相同的对比构件，但新旧混凝土结合面均未设置插筋，分别编号为JD1B、JD2B、JD3B、JD4B、JD13B、JD14B、JD15B、JD16B，研究托换梁下均匀布置滚轴的情况。

2）试验现象及结果

① 加载方式1（柱下不布置滚轴）

试件加载过程中裂缝最先出现的位置有两种情况：一种是托换梁剪跨范围内的受弯裂缝或者弯剪裂缝，出现在跨中或者支座边缘，见图2-37（*a*）、（*b*）；另一种是连梁的跨中竖向裂缝或者梁上部的斜裂缝，见图2-37（*c*）、（*d*）。16组试件中，14组首先出现托换梁剪跨范围内的受弯裂缝或者弯剪裂缝，随着荷载的增加逐渐发展成斜向弯剪裂缝，而连梁上裂缝的出现晚于托换梁。首先在连梁上部出现斜裂缝的2组试件，是剪跨比最小的情况。可以表明，随剪跨比的减小或者说梁高的增加，相对于托换梁，托换连梁成为薄弱环节。

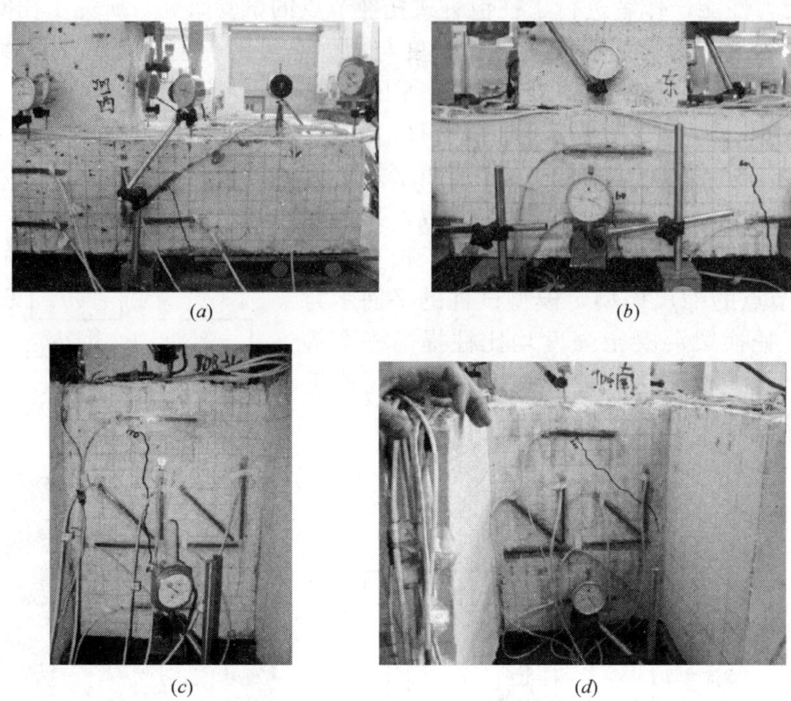

图 2-37　试件的开裂位置

(*a*) 托换梁跨中裂缝；(*b*) 托换梁支座边缘裂缝；(*c*) 连梁跨中竖向裂缝；(*d*) 连梁上部斜裂缝

最终的破坏形态可以分为两种：一种是在弯矩和剪力共同作用下的弯剪破坏形式，有 13 组试件；另一种是托换梁的受弯破坏，有 3 组试件。弯剪破坏的主要特征是托换梁上形成拱形主裂缝（图 2-38*a*），部分伴有连梁的剪坏和拱形主裂缝（图 2-38*b*）。受弯破坏的主要特征是托换梁沿柱两侧位置形成竖向主裂缝（图 2-38*c*），竖向主裂缝在托换梁底面沿柱边贯通（图 2-38*d*），同时造成了连梁与柱结合面的失效，表现为行走梁跨中挠度和连梁与柱相对位移的突增。受弯破坏的试件是剪跨比较大的试件。

② 加载方式 2（托换梁下滚轴均布）

所有 8 个构件的开裂荷载、破坏荷载均高于相对应的采用加载 1 的构件，除 JD14B 外，其他 7 个构件均发生了沿梁柱结合面的冲切破坏，其典型的破坏形式见图 2-39。

根据柱与托换梁顶的相对位移曲线也可知，加载至一定荷载时，曲线有明显拐点，柱与托换梁顶的相对位移突然增大，结合面发生相对滑移破坏。

3）试验结果的分析

① 托换梁破坏试验结果分析

运用正交试验的极差分析法分别对 16 组试件的破坏荷载进行分析，可知各影响因素中托换梁剪跨比对试件破坏荷载的影响程度最大，其次是纵筋配筋参数、配箍率和插筋配筋参数。

对破坏荷载的均值与剪跨比的散点进行回归分析和曲线拟合（图 2-40），可知试件破

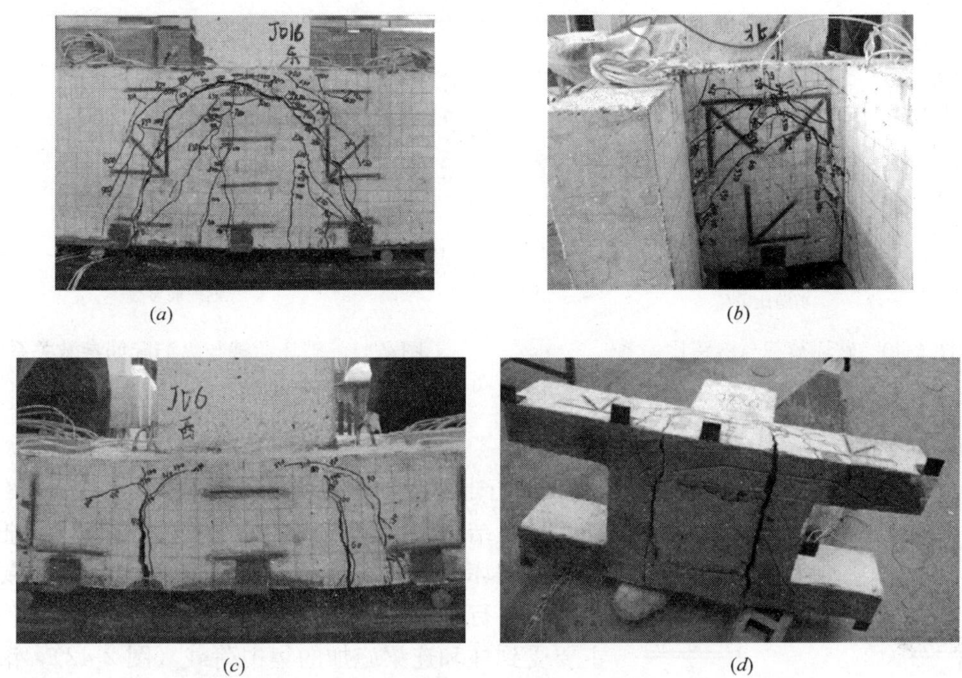

(a) (b) (c) (d)

图 2-38 试件的最终破坏形态

(a) 托换梁拱形主裂缝；(b) 连梁的剪坏和拱形主裂缝；(c) 托换梁竖向主裂缝；(d) 托换梁底面裂缝贯通

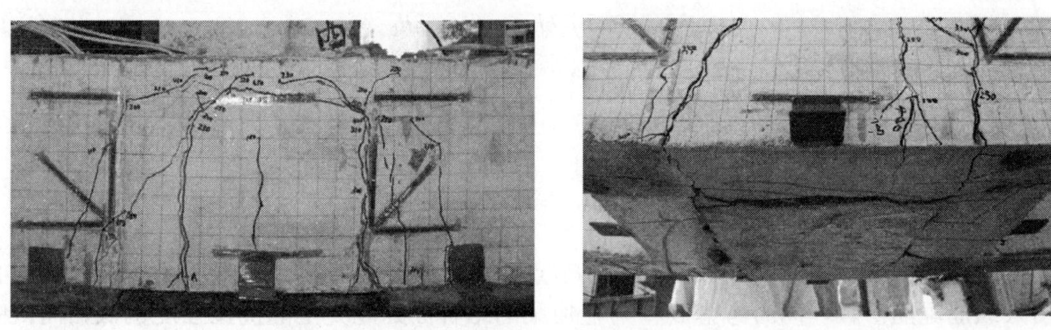

图 2-39 JD15B 的最终破坏形态

坏荷载与剪跨比之间具有较好的线性关系。

由于试验中采用的钢筋强度不同，采用纵筋配筋参数（即纵筋配筋率与屈服强度的乘积）进行分析，纵筋配筋参数和破坏荷载之间关系见图 2-41，由图可见，托换梁纵筋配筋参数与构件的破坏荷载间具有较好的线性关系。

另外，从配箍率对破坏荷载的影响曲线可知，破坏荷载随配箍率增大而增大，两者之间近似于线性关系。从插筋配筋参数对破坏荷载的影响曲线可知，插筋对构件破坏荷载的影响不明显。

② 梁柱冲切破坏试验结果分析

因节点沿梁柱冲切破坏是沿新旧混凝土结合面发生的，假定结合面上的剪应力是均匀分布的，得出结合面的破坏荷载 P_j 与结合面面积 A_j 比值，可知该比值接近 $0.7f_{tk}$（f_{tk}为

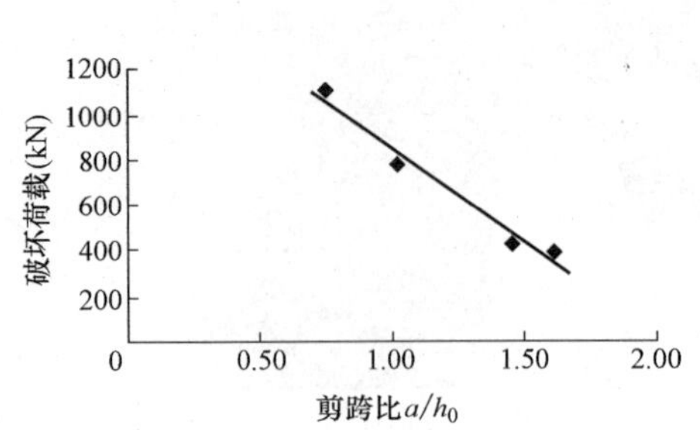

图 2-40　破坏荷载与剪跨比关系

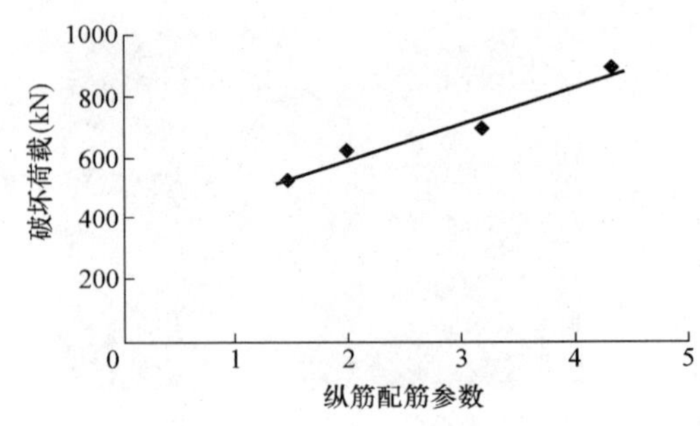

图 2-41　破坏荷载与纵筋配筋参数关系

混凝土抗拉强度标准值）或大于 $0.7f_{tk}$。

4）托换节点承载力公式的推导

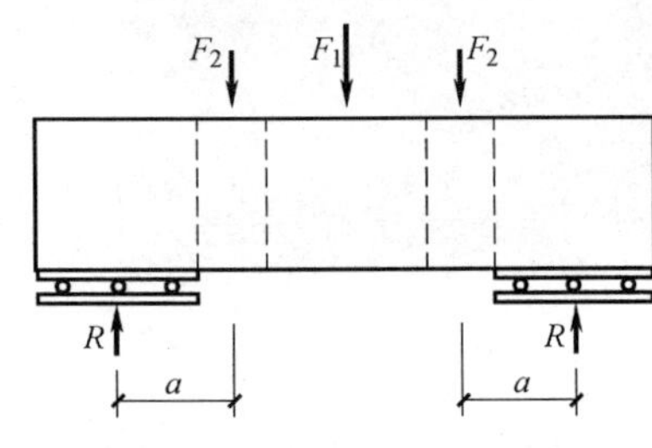

图 2-42　托换梁计算模型简图

① 行走梁受剪承载力的计算公式

试验结果表明，设计参数合理的托换节点托换梁以弯剪破坏为主，托换梁的受剪承载力是首先要保证的。现将行走梁假设成为受集中荷载作用的简支梁，主要受到柱和连梁施加的集中荷载（图 2-42），滚轴的合力可以等效成铰支座，支座位置近似在中间滚轴位置。参考集中荷载作用下小剪跨比简支梁受剪承载力按式（2-1）计算[42]：

$$V_u = 0.7f_t bh_0 + f_{yv}\rho_{sv}bh_0 \tag{2-1}$$

式中　f_t——混凝土轴心抗拉强度设计值；

b——截面宽度；

h_0——截面有效高度；

f_{yv}——箍筋抗拉强度设计值；

ρ_{sv}——竖向箍筋的配筋率。

试验结果表明，纵筋配筋情况对托换节点受剪承载力的影响十分显著，所以公式中必须引入纵筋配筋参数，同时考虑到柱与托换梁的结合面处混凝土的抗拉强度偏低，而试验中大多数构件的破坏起源于结合面的开裂，根据结合面的试验数据，结合面处混凝土的抗拉强度约为较低构件混凝土抗拉强度的 0.7 倍左右，保守的将公式中前一项的系数调为 0.42。托换节点托换梁受剪承载力的计算公式假设为式（2-2）形式：

$$V_u = 0.42f_t bh_0 + c\rho f_{yv}\rho_{sv}bh_0 \tag{2-2}$$

式中　ρ——纵筋配筋率；

c——考虑纵筋影响系数。

其系数根据试验结果采用待定系数法确定。

通过将试验结果的分析比较，运用待定系数法，将每组试件的承载力反算回去，得到托换节点托换梁受剪承载力计算公式中的常数 c 取值情况为：纵筋为 HPB235 级钢筋时，c 取 45；纵筋为 HRB335、HRB400 级钢筋时，c 取 66；另外，根据试验结果的分析可知，λ（为剪跨比 $\lambda = M/Vh_0 = a/h_0$，a 为集中荷载至支座的距离）取值 0.5～1.0 时，该公式具有较好的适用性。同时在实际设计时，纵筋是必须配置的，建议不应低于梁受弯时的最小纵筋配筋率0.2%。

根据以上设计公式，分别计算出每组试件对应的$\frac{V_u}{f_t b h_0}$值和$\rho_{sv}\frac{f_{yv}}{f_t}$值，分别以两数值作为纵轴和横轴，将试验结果以散点标出，式（2-2）计算结果以直线标出，检验下包线的包络情况，如图2-43所示。可以看出，下包线均在散点下方，包络效果较好，试验值与回归公式计算值之比为1.32～2.24。

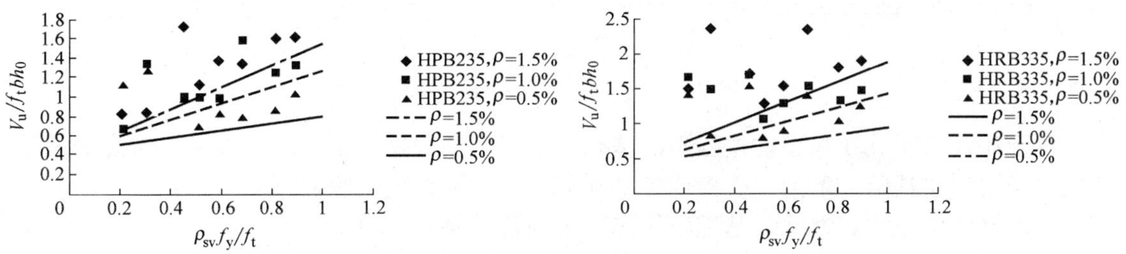

图2-43　柱托换节点公式计算结果与试验结果对比图

② 托换高度的计算公式

假定新旧混凝土结合面上的剪应力均匀分布，结合面的冲切承载力仅与结合面面积与结合面的强度有关，不考虑托换梁配筋情况对结合面冲切破坏的影响。可得，结合面高度按式（2-3）计算h_j：

$$h_j=\frac{N}{kf_tC_j} \tag{2-3}$$

式中　k——新旧混凝土结合面混凝土强度的折减系数；

C_j——柱截面周长。

依据试验结果，回归分析得$k=0.7$，即托换节点新旧混凝土结合面的高度h_j：

$$h_j=\frac{N}{0.7f_tC_j} \tag{2-4}$$

试验值与回归公式计算值之比为0.89～1.58。

经过十余栋移位建筑物的检验，考虑施工现场条件与试验室条件的差异，新旧混凝土结合面的处理程度，构件受力的均匀性等，将上式调整为：

$$h_j=\frac{N}{0.6f_tC_j} \tag{2-5}$$

为确保柱内钢筋的锚固h_j不宜小于柱内纵向钢筋的锚固长度和柱短边尺寸。

2.2.3　轨道结构及地基基础设计

（1）设计原则

轨道结构的作用就是为上部结构提供移动的基础，同时把上部结构的荷载传递到地基，因此，它的设计必须满足：应严格控制其沉降变形；与建筑物的移动方向一致，顶面尽量的平整光滑，以减小建筑物移动的摩擦力；在移位工程中，能提供水平反力；具有足够的强度，保证在上部结构荷载和牵引荷载的作用下不发生破坏；具有足够的刚度，不能因其变形过大而在上部结构中产生附加应力，造成上部结构的破坏或增大移动阻力。

（2）轨道结构地基基础的设计

轨道基础的设计可分为三部分，即建筑物新址处的基础、移动过程中的中间基础和建筑物原位处的基础（图2-44）。轨道梁应对应托换梁采用单梁或双梁，轨道梁的宽度宜大于托换梁的宽度。

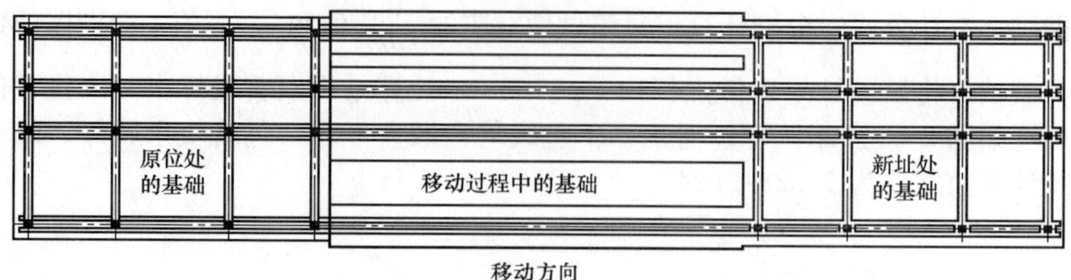

图 2-44　建筑物移位基础示意图

对于建筑物新址处和移动过程中的基础，形式需要根据上部荷载与地基承载力的关系确定，采用独立基础、条基、筏板或桩基和箱基。而移位建筑物必须要考虑到轨道梁的形式与轨道梁协调一致。因此，基础应优先考虑与建筑物移动方向一致的条形基础，条基不满足时，可采用筏板或桩基。

在建筑物新址处，轨道梁（地基梁）及地基基础应满足现行国家标准《建筑地基基础设计规范》GB 50007 的要求。其轨道梁（地基梁）按上部荷载作用在各个不利位置时的内力包络图设计，地基基础的承载力和沉降应保证上部荷载移动到最不利位置时仍能满足要求。若建筑物到达新址后，部分仍落在旧基础上，设计时应严格控制地基的不均匀沉降，充分考虑可能出现的地基不均匀沉降对上部结构的影响。一般情况下可将新加部分的基础加强，以沉降变形来控制基础的设计，必要时可设置防沉桩或锚杆来减小地基的沉降量。

建筑物移动过程中的基础，其设计方法和新基础一样。不过由于建筑物在移位施工时其可变荷载并没有达到最不利的数值，且建筑物在此段基础上作用的时间比较短。因此，此段基础的设计可按建筑物移位时的实际荷载状况设计。

建筑物原位处的基础，其设计原则就是要尽量利用原基础来承载，不足的部分进行加固处理。由于原基础的形式不同，其加固处理方法也不同。当建筑物原基础为条基时，由于建筑物原来可能是纵横双向承重，而现在变成了沿建筑物移动方向一个方向承重，因此，基础的承载力可能不足，需做加宽处理，或在大房间的中间增加轨道，见图 2-45。如建筑物的原基础为柱下独立基础，一般的处理方法为在两基础之间增加钢筋混凝土条基或桩基，见图 2-46。如建筑物原基础为桩基，通常是将地基承载力不足的地方进行补桩处理，见图 2-47。

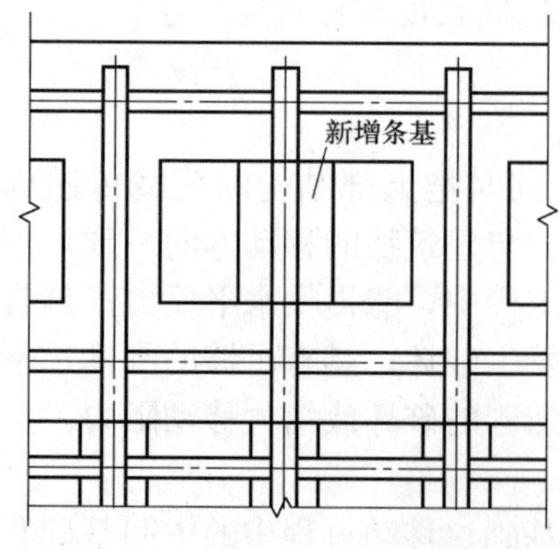

图 2-45　条基的轨道布置方式

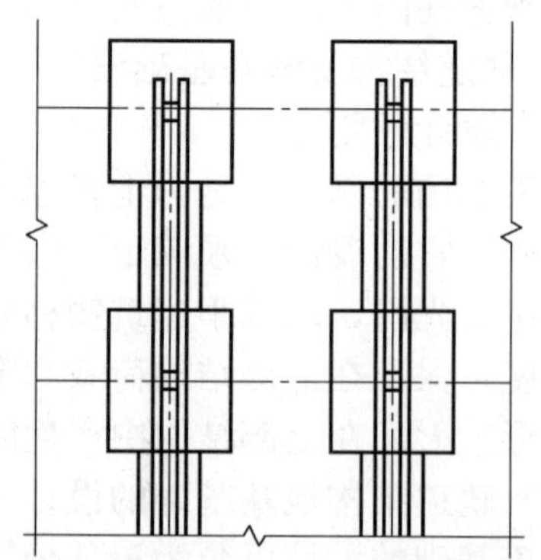

图 2-46　柱下独立基础的轨道布置方式

另外，根据现场情况，桩基也可选用便于室内作业的人工挖孔桩（墩）或压入式预制混凝土短柱。

建筑物的轨道梁可按倒置连续梁或弹性地基梁计算，必须保证上部荷载作用在各个不利位置时其承载力和变形能满足要求。为了保证其顶面的平整性和局部抗压性能，轨道梁顶面一般做20～50mm厚细石混凝土找平层，建筑物重量较大时，找平层内应铺设钢筋网。

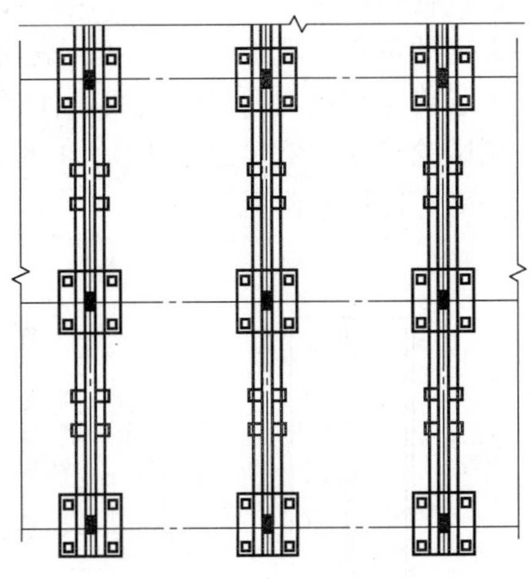

图 2-47 柱下桩基础的轨道布置方式

2.2.4 水平移位牵引系统的设计

牵引系统设计主要包括牵引力的计算和牵引动力施加方式的设计。目前，移位工程中牵引力的确定大多依靠试验和经验，缺少简单实用的计算公式，牵引动力的施加方法也在不断地改进完善中，作者在此方面做了一些研究工作。

（1）水平移位方式

目前国内外水平移位主要有三种方式：滚动式、滑动式和轮动式。

滚动式移位既是在建筑物的托换梁与轨道梁之间安放滚轴，施加动力使建筑物在滚轴上滚动，来实现建筑物移位的目的。目前，国内建筑物移位多采用此种方法，其优点是阻力小，移动速度较快，移位过程中振动相对较小，施工简单且方向可控性好。缺点是如果建筑物自重较大，其滚轴承受的荷载也加大，因此，导致托换构件和轨道的截面尺寸加大。滚动式移位中滚轴的布置方法有满布和局部布置两种（图 2-8、图 2-9）。对于受力较大的墙承重结构，可选满布式，其滚轴受力较小，在托换梁内引起的内力较小。如采用局部布置，局部铺设长度宜大于 0.5m，间距可控制在 1.2～2.5m，上部荷载小时间距可大些，最好不要超过 3m。对于柱承重结构，优先选局部布置的方式，滚轴间距应满足托换梁、轨道梁局部抗压和滚轴本身受压承载力的要求，直径应保证上部结构和原基础切割分离的操作空间，工程中常用的滚轴直径为 40～100mm。滚轴应有一定的抗变形能力，目前工程中常用的有实心钢滚轴、无缝钢管内注高强膨胀混凝土滚轴、无缝钢管内注聚合物滚轴和工程塑料合金滚轴等几大类。

滑动式是在建筑物的托换梁与轨道梁间安放滑块，施加动力使建筑物通过滑块与轨道产生相对滑动，来达到建筑物移位的目的。其优点是移位平稳，抗振动、抗风荷载性能好。传统滑动式的缺点是滑块易破坏，一旦部分滑块发生破坏就造成托换梁跨度和内力的突然增大，致使上部结构发生局部变形，甚至出现严重开裂。近几年在传统滑动式的基础上发展了一种内力可控的滑动支座，即用液压千斤顶代替普通滑块，千斤顶下设置滑动材料，通过实时调整千斤顶的反力，能有效地避免轨道的不平整和滑块破坏对上部结构的影响。但其造价和对计算机控制系统的要求较高，适用于地基较差的建筑物移位工程。

轮动式移位是将建筑物托换在一种特殊的平板拖车上，用拖车带动建筑物移位。此方法适用于长距离荷重较小的建筑物，国外应用较多，我国工程实践较少。

（2）牵引力计算公式

建筑物移位牵引力大小的确定是移位工程的关键所在，影响牵引力大小的因素很多，如建筑物的重量、轨道的平整度、滚轴直径等。

为了确定牵引力的设计公式，作者曾进行了九层建筑物的模型试验。

该试验是在一缩尺比例为 1∶4 的九层建筑物的模型上进行的，模型层高 750mm，标准层平面、底层平面见图 2-48。

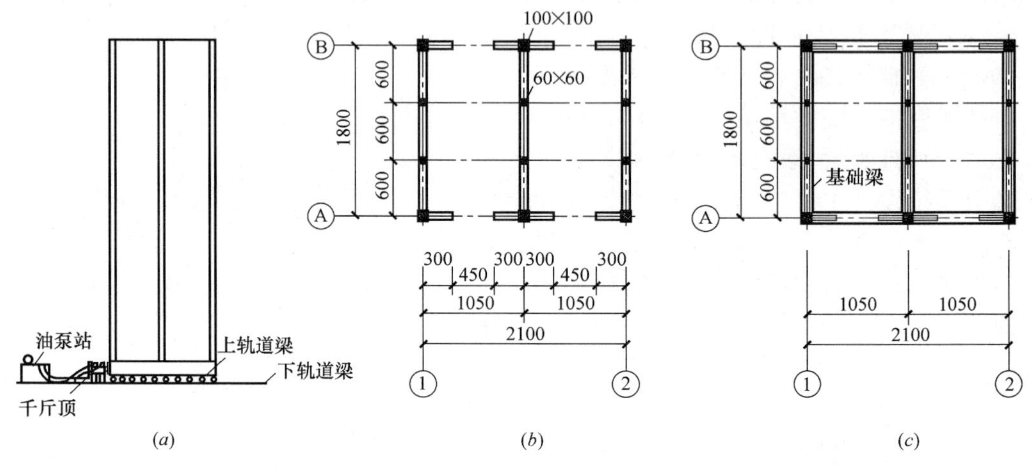

图 2-48　试验模型

(*a*) 立面图；(*b*) 标准层平面图；(*c*) 底层平面图

图 2-49　试验现场

本试验采用实心钢滚轴，间距采用 200mm，为了得出滚轴直径对牵引力的影响，本试验采用三种滚轴直径，分别记为 18mm，40mm，60mm。

测出建筑物的总重 G 为 111kN，通过在楼层上加配重改变建筑物的重量，分别为 1.19G 和 1.39G，移动装置采用电动油压千斤顶（图 2-49）。

测出建筑物重量与滚轴直径的九种组合中，牵引力与移动位移的关系曲线见图 2-50～图 2-52。从图中可以看出，建筑物移位时启动牵引力要大于移位过程中的牵引力，大约高出 25%，因此，设计时应以启动时的牵引力作为控制值。

牵引力与建筑物重量的关系曲线见图 2-53，可以看出移位牵引力与建筑物重量的比值是变化的。滚轴直径相同时，建筑物的重量越大，其比值就越大，这主要是因为建筑物重量大时，会造成轨道变形。滚轴直径越大，移位牵引力与建筑物重量的比值越小，但滚轴直径也不能无限增大，目前，移位工程中多选用 40～100mm 直径的滚轴。试验中得出的结果为：

当滚轴直径为 60mm 时：

建筑物自重为 G 时，　　　$F \approx G/64$

建筑物自重为 1.19G 时， $F \approx G/63$

建筑物自重为 1.39G 时， $F \approx G/57$

当滚轴直径为 40mm 时：

建筑物自重为 G 时， $F \approx G/61$

建筑物自重为 1.19G 时， $F \approx G/58.6$

建筑物自重为 1.39G 时， $F \approx G/40$

当滚轴直径为 18mm 时：

建筑物自重为 G 时， $F \approx G/50.4$

建筑物自重为 1.19G 时， $F \approx G/46.5$

建筑物自重为 1.39G 时， $F \approx G/34$

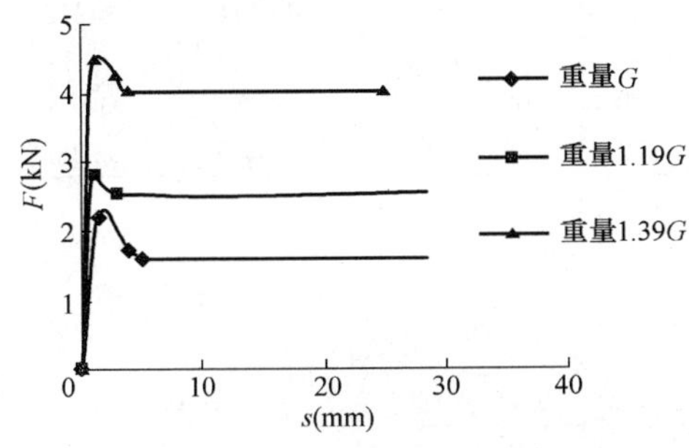

图 2-50 滚轴直径为 18mm 时牵引与移动位移关系曲线

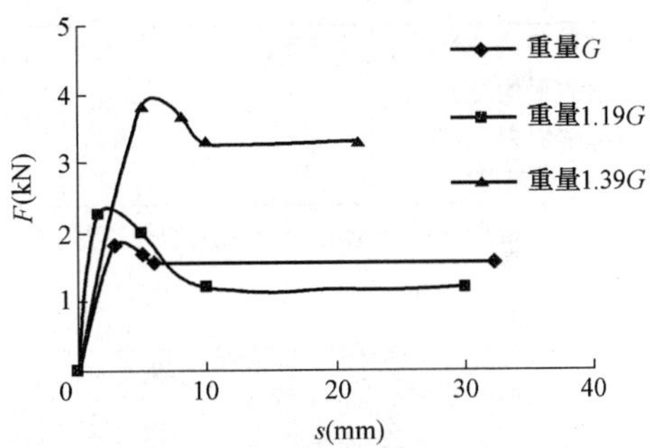

图 2-51 滚轴直径为 40mm 时牵引与移动位移关系曲线

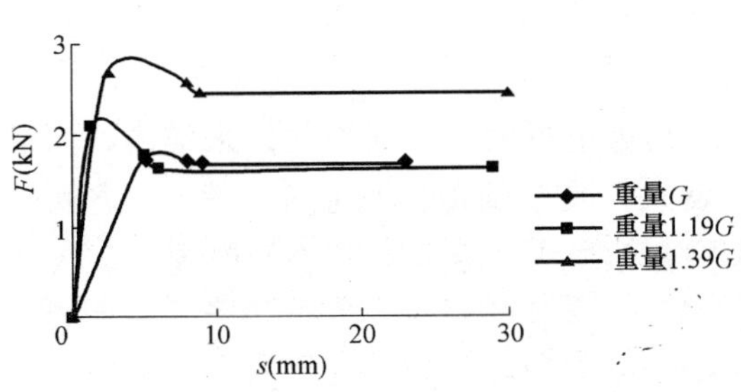

图 2-52 滚轴直径为 60mm 时牵引与移动位移关系曲线

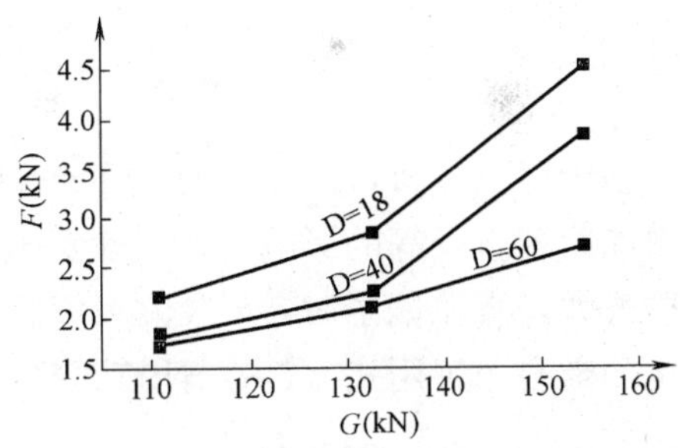

图 2-53 牵引力与建筑物重量的关系曲线

从试验结果可得出，在采用钢-钢摩擦时，建筑物移位的摩擦系数随建筑物的重量（滚轴压力）和滚轴直径的变化而变化，建筑物重量（滚轴压力）越大，滚轴直径越小，摩擦系数则越大。

自 1998 年以来，作者共完成了 20 余栋建筑物的移位设计和施工，在已完成的工程中，建筑物的托换梁预埋⊏25 或⊏32 的槽钢，轨道表面平铺 10mm 或 12mm 厚的钢板，滚轴采用直径 60mm 实心钢滚轴。表 2-1 为 7 个典型实际工程的实测启动牵引力与摩阻系数。由表中看出，建筑物的移位启动摩阻系数约为建筑物重量的 1/12～1/28。

根据表 2-1 可得出建筑物重量与启动牵引力的关系见图 2-54，可见，在工程应用的范围内，建筑物重量与启动牵引力之间基本属于线性关系。

由于实际工程的建筑物重量比试验室模型大得多，使滚轴及轨道变形较大，而且实际工程的轨道平整度与滚轴受力的均匀性比试验环境要差，因此，实测摩阻系数比试验结果大。从工程实测的数据看出，建筑物重量与启动牵引力之间基本属于线性关系，但因为滚轴压力不同，摩阻系数不是一个常数，滚轴压力越大，摩阻系数也越大。实测摩阻系数的最大值和最小值与其平均值的差均未超过 30%。

实际工程的启动牵引力与摩阻系数　**表 2-1**

工程名称 / 参数	临沂国家安全局办公楼（8 层框架）	沾化农发行住宅楼（4 层砌体）	济南种子公司办公楼（4 层砌体）	济南王舍人供电所（3 层砌体）	莒南岭泉信用社（3 层砌体）	东营桩西采油厂礼堂（单层排架）	莱芜高新区管委会办公楼（16 层框剪）
建筑物重量(kN)	52243	33800	28300	19300	17400	11600	349900
单个滚轴的平均受力(kN)	170.3	82.8	79.2	67.5	64.3	49.2	218.3
启动牵引力(kN)	4227	1830	1459	923	811	452	12400
启动摩擦系数	1/12.4	1/18.5	1/19.1	1/20.9	1/21.4	1/24.7	1/28.2

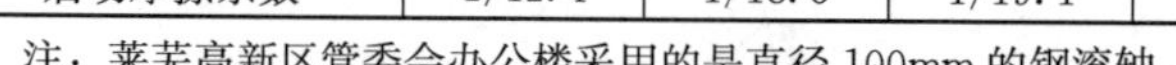

注：莱芜高新区管委会办公楼采用的是直径 100mm 的钢滚轴。

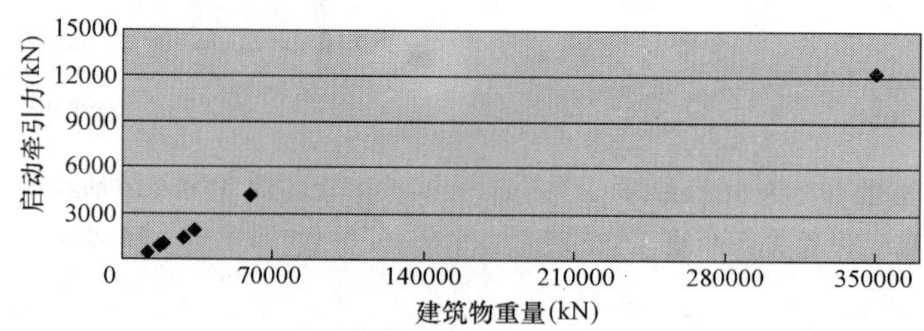

图 2-54　建筑物重量与启动牵引力的关系

基于以上分析，滚动式移位的牵引力与建筑物重量可用一个线性关系来描述，而滚轴压力和滚轴直径等的影响可用一个综合系数 k 反映，其取值范围可在 1.5～2.0 之间。滚轴压力大，直径偏小时，k 取偏大值。在轨道平整度满足一定施工要求的前提下，滚动式移位的牵引力可用式（2-6）计算[43]：

$$F = kfG \tag{2-6}$$

式中　F——建筑物的牵引力；

k——综合系数，取值为 1.5～2.0，受滚轴压力、直径和轨道平整度的影响，由试验或施工经验确定，滚轴压力大，直径偏小，轨道平整度差时，k 取偏大值；

f——摩阻系数，取 1/15；

G——建筑物的重量。

式（2-6）中未考虑轨道涂抹润滑油等的影响，现场实测表明，轨道涂抹润滑油可降低牵引力 25%。

根据已有的移位工程实测结果，若采用聚四氟乙烯板做滑动支座进行滑动式移位，其牵引力亦可参照式（2-6）进行设计。

（3）动力施加方式的设计

常用的动力施加方法有推力式、拉力式和推拉结合式等。

1）推力式

推力式即是在建筑物移动方向后侧的基础上设置反力架，在反力架上固定千斤顶，通过千斤顶的行程来推动建筑物向前移动（图 2-55）。此方法施工简单，但在建筑物移动的过程中，需要随时移动反力架和千斤顶的位置或在千斤顶前加设垫块，保证千斤顶将推力施加到建筑物上，且此方式完全依靠摆放滚轴的方向来控制建筑物的移动方向，使用于长距离移位中难度较大。因此，推力式适用于建筑物移动距离较短的工程。

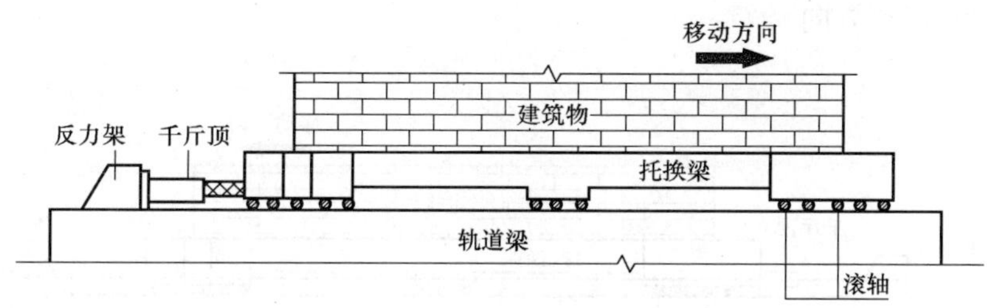

图 2-55　推力式移位示意图

2）拉力式

拉力式即是在建筑物移动方向前方的基础上设置反力架，在反力架上固定千斤顶，然后将高强钢筋或钢绞线一端固定在建筑物内或后端，一端固定在千斤顶上，通过千斤顶的行程来拉动建筑物向前移动（图 2-56）。此方法省略了反力架和千斤顶移动的工作量，张紧的钢筋或钢绞线可协助控制建筑物的移动方向。该种千斤顶两端分别安装工作锚和工具锚，使钢绞线始终处于张紧状态。

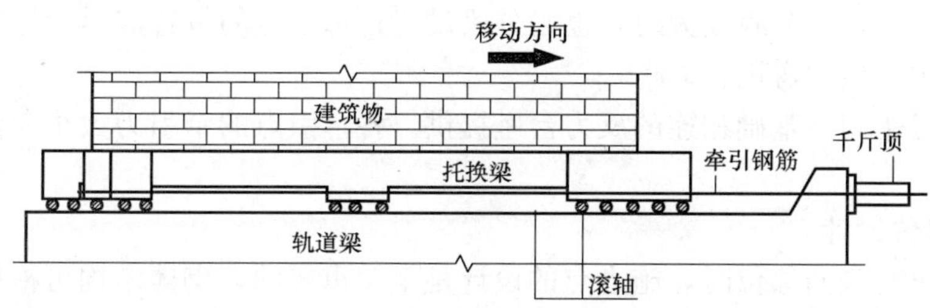

图 2-56　拉力式移位示意图

3）推拉结合式

推拉结合式即是在建筑物移动方向前后端的基础上都设置反力架和千斤顶，通过前后千斤顶同时施力来带动建筑物前进。此方法适用于建筑物重量较大，需要的牵引力较大的移位工程。

4）新型推力式

结合普通推力式和拉力式的特点，作者在部分工程中采用了一种新型的推力式动力施加方法，即利用预应力张拉技术，在建筑物移动方向的前后方都设置反力架，安装移动系统时，将高强钢筋或钢绞线的两端分别固定在前后两个反力架上，并施加约等于建筑物正常移动时牵引力的预拉力，将钢筋或钢绞线张紧。预先穿在钢筋或钢绞线上的千斤顶固定在建筑物的后侧，千斤顶后端内设锚具，此锚具在千斤顶施力时，阻止千斤顶与钢绞线的相对位移，通过千斤顶的行程来推动建筑物向前移动，而在千斤顶回油时，此锚具松开，千斤顶向前移动一个行程。如此往复，推动建筑物前进（图 2-57）。此方法中，反力架的位置是固定的，千斤顶随建筑物一起移动。而且钢筋或钢绞线已预先张拉，千斤顶施力时，钢筋或钢绞线不再产生变形。千斤顶施力时，建筑物即可移动，不浪费千斤顶的有效行程，移动效率较高。同时，由于张紧的钢筋或钢绞线和千斤顶内锚具的限制，减小了建筑物启动时由于摩阻力的突然减小而造成的建筑物的振动。另外，张紧的钢筋或钢绞线还可控制建筑物的移动方向。

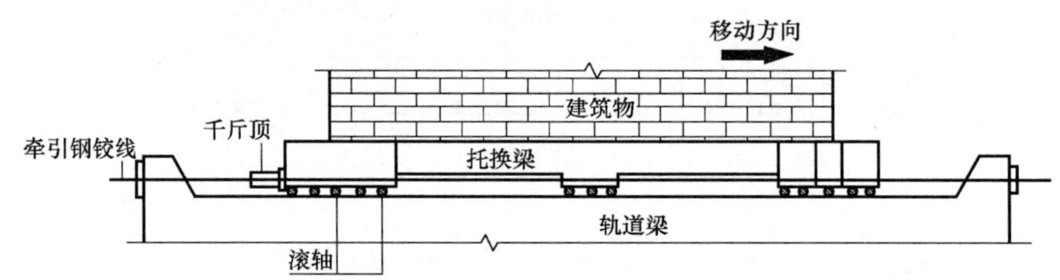

图 2-57　新型推力式移位示意图

（4）牵引点的设计

牵引点的设计首先根据动力设备的动力性能和建筑物的结构特点，设计施力点数量，然后进行施力点布置，布置原则包括：应尽量使每个轴线上的阻力和动力平衡，减小对结构的扭转效应和在托换结构中产生的附加应力。牵引力的合力点尽量与建筑物的重心重合；尽量使托换结构构件在移位过程中受压，不要产生拉应力。通常施力点均设置在建筑物移动方向的末端，当荷载较大时，也可分段设置；牵引点的位置应尽量靠近托换梁，减小在托换结构中产生的弯矩。

牵引反力可采用与基础相连的反力台座提供。各牵引点的牵引力大小应保证建筑物的同步移动。

2.2.5　竖向移位设计

当建筑物进行竖向移位时，施力点的设计是至关重要的。砌体结构可根据线荷载分布布置施力点，施力点间距不宜大于 1.5m，应避开门、窗、洞及薄弱承重构件位置。框架结构应根据柱荷载大小布置施力点。

竖向移位动力设计时，应合理布置施力点，动力合力与建筑物重心宜重合，施力点的数量根据式（2-7）计算：

$$n=k\frac{N_k}{P_a} \tag{2-7}$$

式中　k——安全系数，取 2.0；

N_k——建筑物总荷载标准值；

n——千斤顶数量；

P_a——单个千斤顶额定荷载值。

其中安全系数 k 的取值主要考虑施工过程中，各施力点受力的不均匀性。

托换结构和基础之间除应设置千斤顶外必须设置临时辅助支顶装置。升降移位时，建筑物的重量全部由升降设备承担，升降设备若不能保持荷载或突然卸载，会导致托换结构受力严重不均甚至破坏进而危及建筑物的安全。因此，要求必须设置临时辅助支顶装置。

升降移位设计时，托换结构体系、顶升机械、临时辅助支顶装置和基础结构体系应构成稳定的竖向传力体系。升降移位的托换体系在平面上应连续闭合，且上下组成一组受力结构体系。常用形式见图 2-58。

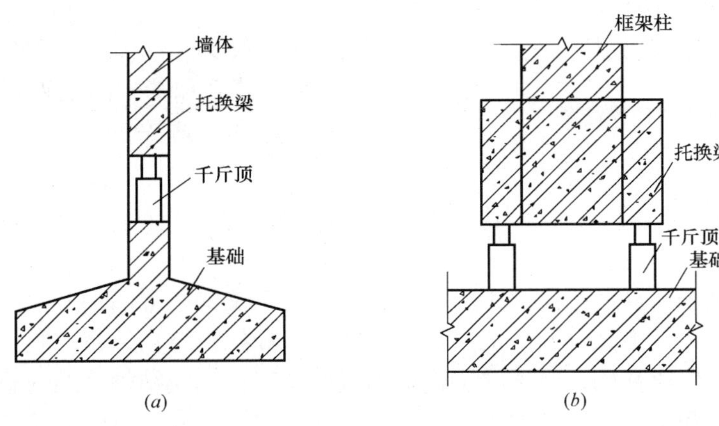

图 2-58 顶升示意图
(a) 砌体结构；(b) 框架结构

升降移位应严格控制竖向位移同步，并应采取措施防止建筑物在竖向移位过程中可能发生的水平位移和偏转。门窗洞口下不宜设置顶升点，若设置顶升点应进行加固处理。顶升点处的托换结构还应进行局部抗压计算。

2.2.6 拖车移位设计

拖车移位一般应用于建筑物较大距离的移位工程，其移动路线一般是压实或普通硬化路面或一般城市道路或公路，必然存在局部不平整或坡道，为控制移位过程中建筑物托换结构受力均衡与稳定，要求拖车应具有自升降和自我调平功能，以保证托盘的平整度、水平度在建筑物允许的范围内。因此，拖车移位所采用的运输设备应具有自行式液压升降平台，确保建筑物在运输过程中各支点不发生不均匀沉降。同时，需要采取措施使建筑物各支点的压力和反力保持平衡，保证建筑物受力均匀。

建筑物下部的托换结构必须具有足够的刚度，具有一定的调整不均匀沉降和不平衡反力的能力。除满足以上要求外，拖车移位还应满足竖向和水平移位的有关要求。

2.2.7 连接设计

建筑物就位后的连接，应满足稳定性和抗震的要求。

对于多层砌体结构（高宽比不大于 2，层数小于 6 层）的墙体和基础的空隙应用不低于 C20 细石混凝土填实，确保建筑物的安全；框架结构、层数超过 6 层的砌体结构（高宽比大于 2）等，需经计算分析确定其连接形式。

计算时，应根据基础对建筑物上部结构的实际支承情况，对建筑物进行整体分析，确

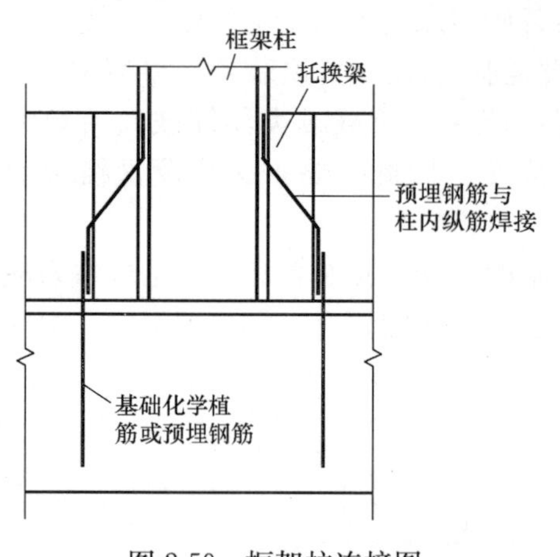

图 2-59　框架柱连接图

定承重墙或柱与基础的连接方式与配筋。目前，框架柱固结连接常采用的连接方式为在托换梁和轨道梁上分别预埋钢筋或设置预埋件，等建筑物到达新址时，用钢板或短钢筋将托换梁和轨道梁的预埋钢筋或预埋件进行连接（图 2-59）。

建筑物就位后，托换结构体系需拆除时，砌体结构的构造柱和框架结构柱的纵向钢筋应与基础中的预设锚固筋连接或采取其他可靠连接措施。

抗震设防烈度较高（大于 7 度）的地区，宜考虑托换结构体系和基础间设置隔震支座，将移位后的建筑物设计成隔震建筑。

2.3　移位工程施工

建筑物移位是一项复杂的系统工程，移位工程施工主要包括四个方面的内容：(1) 托换结构体系的施工，其中又分为轨道结构体系的施工和托换结构体系的施工。轨道结构体系的施工主要包括轨道基础、轨道梁、轨道钢板的施工；托换结构体系的施工则主要包括托换梁、托换连梁和支撑斜梁的施工。(2) 移位建筑物与原基础之间的截断施工，也就是将移位建筑物的上部结构与原基础分离。对截断施工的总体要求是：对原结构的损坏和影响尽可能小，截断面尽可能平齐，施工时产生的振动、噪声尽可能小。一般推荐采用机械静力切割，严禁用大锤进行野蛮的敲砸施工。(3) 移位施工，是建筑物移位工程的中心环节，也是技术含量最高的环节。移位施工主要是动力的施加和位移、速度的监控，同时还有沉降变形和整体倾斜的监测，以及行走机构的安放和调整。在国内的移位工程中，动力施加与位移、速度监控技术差别很大，有计算机集中控制的单泵站——同步液压千斤顶施力系统，也有计算机集中控制的多泵站——同步液压千斤顶施力系统，还有人工控制的多泵站—同步液压千斤顶施力系统（不完全同步），最简单则是无泵站的手动液压千斤顶或螺旋千斤顶施力系统。位移的监测可以用大行程位移传感器、百分表、激光测距仪、米尺等。在此推荐采用计算机集中控制的单泵站或多泵站——同步液压千斤顶作为移位的施力系统，以利于同时利用计算机和位移传感器远距离实时监测建筑物移动的距离和速度是否同步、均匀。沉降变形监测一般用精密水准仪，整体倾斜监测一般用全站仪或经纬仪。(4) 连接与恢复施工，其中连接极为重要，必须有可靠的施工措施和检测手段保证连接施工能够达到设计要求，否则可能影响整栋建筑物的结构安全或抗震性能。室内地面与室外散水的恢复一般按正常的要求进行施工即可。当有其他特殊要求时，应按相应的标准进行施工。

由于移位工程施工的特殊性，施工时受到各种条件的制约，如移位建筑物的结构形式、移位的方向及移动距离、使用的动力设备及行走机构、移位施工场地、地基沉降、地下水位等因素均对施工方法有一定的影响。因此，移位工程的施工方法与一般的建筑施工有很大的不同。在确定移位施工方法时必须考虑各种可能的影响因素，施工前应根据移位建筑物的具体情况编制详细的施工技术方案和施工组织设计，并对移位过程中可能出现的各种不利情况制定应急方案。

建筑物整体移位工程施工前应注意以下问题：(1) 施工前应对建筑物进行外观检查，并作详细记录；参加检查的人员一般应由建设方、监理方、设计方和施工方四方组成。施工后进行复检，以判断施工中是否产生新的裂缝，原裂缝是否发展，从而为迁移建筑物安全性评估提供依据。(2) 对整体性较差的建筑物和鉴定需要进行加固的建筑物，应明确哪些加固措施必须在移位施工前或施工后进行，迁移施工前进行的加固措施应达到设计要求方可进行整体移动。(3) 施工前应对相邻建筑物及地下设施进行一次检查和测量，要与对方协商或签订协议，采取必要的保护措施。(4) 施工前应充分考虑地基沉降变化情况，以及移位过程中和就位后地基可能的持续变形，提前做好防范和加固措施。(5) 对就位后新旧基础部分重合的移位工程，应首先进行地基处理或托换加固施工。(6) 施工前应充分估计各种突发情况，制定相应措施。(7) 正式移位施工前需要进行现场试验性施工，以便选定合理的施工参数，对原设计施工方案进行调整和补充。

2.3.1 轨道结构体系施工

在建筑物移位工程中，轨道结构体系要承担移位建筑物的全部荷载，因此，除了保证轨道结构体系的承载力以外，还要考虑轨道结构体系施工过程中对移位建筑物的影响。另外，尽量减小轨道对移位过程中行走机构的阻力是轨道施工中要特别注意的问题，要减小轨道对行走机构的阻力，一要保证轨道的平整度，二要尽量减小轨道的局部变形。

轨道结构体系主要包括：轨道基础、轨道梁、轨道钢板（或型钢）三部分。

轨道基础一般分为建筑物原址内的基础、移动路线和新址的基础。轨道基础的形式可以是条形基础、筏板基础、桩基等。移动路线和新址的基础施工与一般建筑物的基础施工没有明显的差别，应满足有关施工规范的要求。建筑物原址内的轨道基础除应满足有关施工规范的要求外，还必须考虑开挖、托换等对建筑物的影响，轨道基础的施工一般应分段进行，分段的大小应根据验算的结果确定。在保证上部结构安全的前提下宜尽量减少分段的数量，必须考虑轨道基础与原基础的连接，应根据轨道基础及原基础的材料及形式采取恰当的连接措施，尽量提高轨道基础与原基础的共同工作性能，减小轨道基础的沉降变形。

轨道梁也分为建筑物原址内的轨道梁、移动路线和新址的轨道梁。轨道梁的形式可以采用钢筋混凝土梁也可以采用型钢（H 型钢或工字钢等）制作。当轨道梁为钢筋混凝土梁时，一般还要在梁顶铺设轨道垫板。由于钢筋混凝土能够很好地与基础形成一个整体，因此，一般情况下应尽量采用钢筋混凝土制作轨道梁。

施工钢筋混凝土轨道梁时必须保证梁顶面的平整度和沿移位方向的平直度，梁顶面的不平整度不应超过 1/1000，且不宜超过 5mm；不平直度不宜超过 10mm。移动路线和新址的轨道梁除应满足移位施工要求的平整度及平直度外，与一般基础梁的施工没有明显的差别。原址内的轨道梁施工相对室外的轨道梁施工难度要大。建筑物原址内的轨道梁施工一般也是分段分批进行的，在保证安全的前提下宜尽量减少分段的数量。在轨道顶面平整度的控制上和轨道梁内钢筋的连接方面应采取可靠的措施，为了保证轨道的平整度，一般应通过精密水准仪在建筑物的一定高度处设置标高线。原址内每一段的轨道梁施工完后，必须等材料达到一定强度后，方可铺设轨道钢板（或型钢）、安装滚动或滑动装置、施工托换梁（图 2-60）。每段轨道梁的纵向钢筋宜采用焊接连接，焊接长度应满足受力的要求，连接接头宜尽量错开，接头错开施工确实有困难时，应适当增加焊接的长度。

轨道钢板或型钢是建筑移位过程中的行走轨道，其铺设的牢固程度及平整度对建筑物

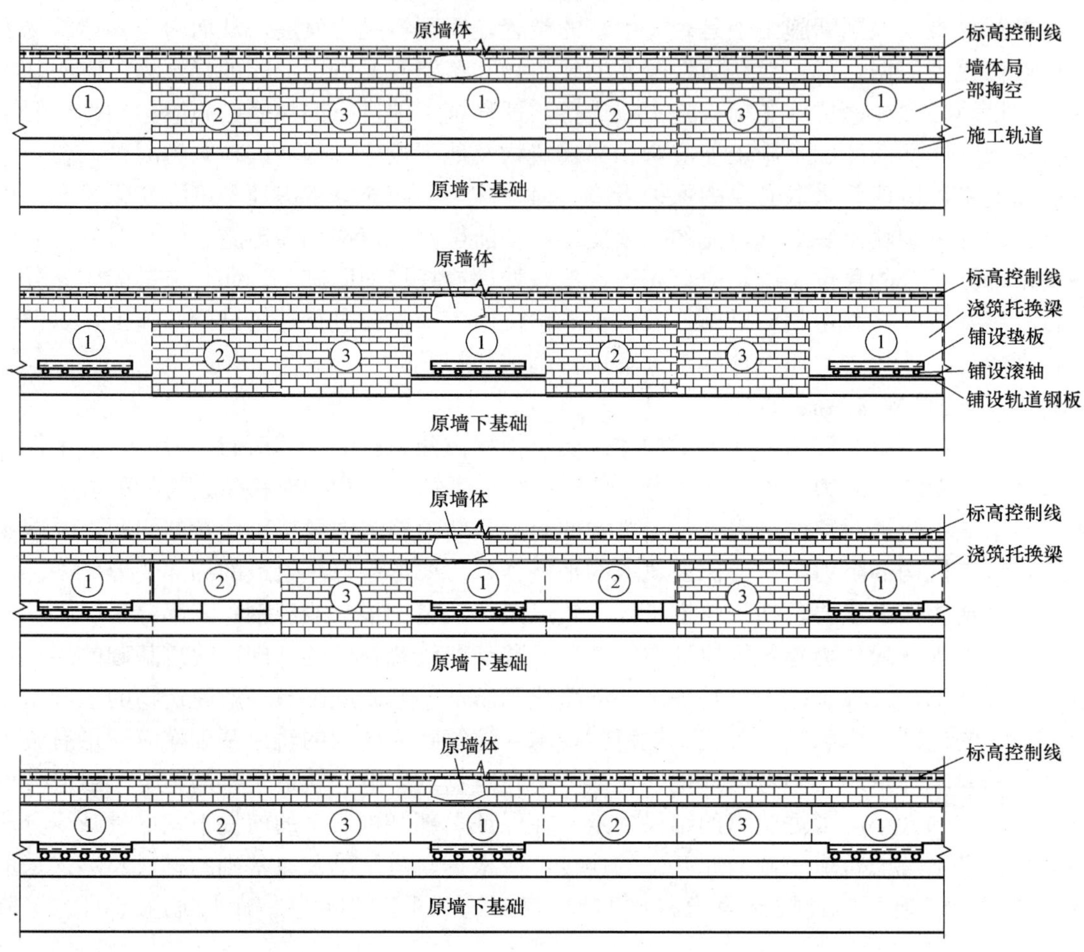

图 2-60　墙体分段托换施工示意图

移位的平顺性、降低移位阻力起着非常关键的作用，为了保证轨道钢板或型钢的平整度，一般应在铺设钢板或型钢以前，先在轨道梁顶面抹 30～50mm 厚的高强度等级水泥砂浆或细石混凝土找平层，找平层的顶面高差宜控制在 2～3mm 以内，找平层的强度达到受力要求后方可铺设轨道钢板或型钢及滚动或滑动行走机构。

在轨道基础梁上直接铺钢板的轨道施工简单，成本低，可直接在轨道梁上皮找平（图 2-61）。

轨道基础梁浇筑时，上皮标高低于设计标高 20～40mm，然后支模板，模板采用硬塑料长模板或铝合金长模板，模板上精确找平，固定牢固，模板水平度控制在 2mm 内。在轨道基础梁混凝土终凝前用高强水泥砂浆找平，砂浆强度等级应比轨道梁混凝土高一级，表面抹平。铺钢板前均匀铺设 1～3mm 粉细砂。

铺设槽钢的找平方法施工略复杂（图 2-62），但找平效果好，表面槽钢不易变形

错位。

将槽钢铺设到轨道基础梁上，上皮标高误差控制在 2mm 内，然后与轨道基础梁固定，固定方法可以用短钢筋焊接在轨道梁中的预埋钢筋上，也可以用水泥砂浆嵌固，槽钢中间每隔 200～300mm 打有直径 30～40mm 的孔，沿孔灌水泥浆，灌注时轻微振捣，以灌注密实，避免使槽钢位置发生改变。

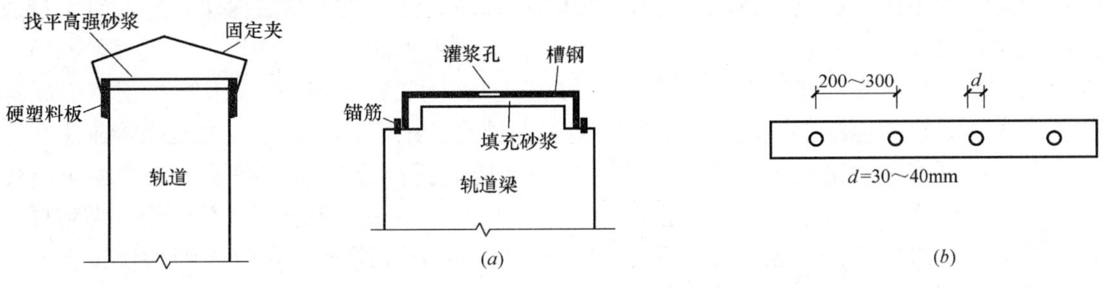

图 2-61　轨道找平方法一

图 2-62　轨道找平方法二

(a) 横截面示意图；(b) 槽钢平面图

预制轨道由槽钢、钢板和填充的细石混凝土组成（图 2-63）。铺设预制轨道施工速度快，轨道刚度大，不易变形。

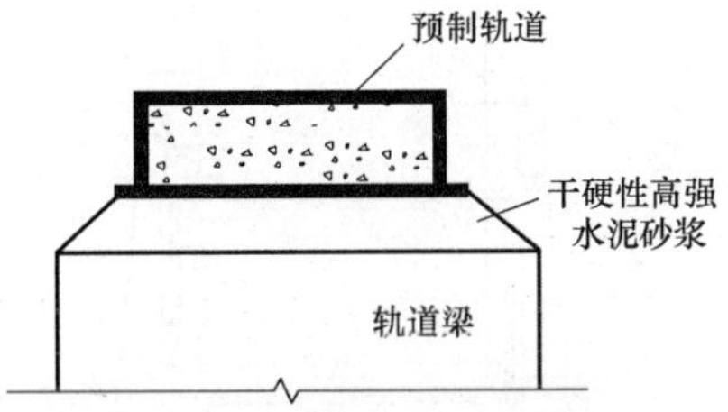

轨道基础和原基础之间的新旧混凝土连接施工时，按设计要求，应充分凿毛，保证二者较好的结合。

图 2-63　预制轨道铺设示意图

2.3.2　托换结构体系施工

托换梁的施工应在相应位置的轨道梁满足托换梁的施工要求后进行。

(1) 框架柱的托换施工

对于钢筋混凝土框架结构，在移位的过程中，框架柱承担的全部荷载都要通过托换梁传给行走机构，而单个框架柱承担的荷载一般都较大。因此，施工托换梁时，必须特别注意托换梁与框架柱的连接，托换梁与混凝土柱的结合面应凿毛增糙，且应采用化学植筋的办法在结合面上增设连接钢筋，以保证柱子与托换梁的可靠连接。在国内，托换结构体系一般多采用钢筋混凝土结构，也有采用钢结构或钢-混凝土组合结构的。当托换梁采用包裹式结构时，每个柱下的托换梁宜一次性浇筑完成。当托换梁采用单梁结构时，托换梁内的纵向受力钢筋应穿透柱子贯通，每个柱下的托换梁宜一次性浇筑完成，待托换梁混凝土强度达到设计要求后，再截断柱子。

包裹式托换结构施工步骤为：新旧混凝土结合面凿毛增糙，界面处理；在柱面植筋设计位置用电钻钻孔，孔径大于钢筋直径 2mm，深度误差不大于 10mm；注入植筋胶，植入钢筋，植筋胶数量应保证植入钢筋后溢出孔口；绑扎托换节点四周托换梁钢筋；绑扎托换梁钢筋，托换梁钢筋深入托换节点的长度应满足锚固长度；支托换节点和托架梁的模板；浇筑混凝土。

对拉螺栓法是通过对螺栓施加预应力，使得原有柱与托换梁之间产生预压力，从而提高新旧混凝土之间的界面摩擦承载力。型钢对拉螺栓托换节点由包柱型钢、对拉螺栓、填充混凝土和上部围护结构组成[44]（图 2-64*a*）。为增加托换能力，将型钢翼缘和柱接触部位的混凝土保护层凿除，将型钢卡入。型钢外部刚度薄弱部位应设加劲肋。为保证填充混凝土填充饱满，可加入膨胀剂。

型钢对拉螺栓柱托换的一般施工步骤：柱表面标出穿柱螺栓的位置，并成孔；凿去柱保护层，露出主筋，在型钢翼缘卡入位置切槽；在轨道梁钢板上摆放滚轴；在滚轴上摆放型钢夹梁，并穿入螺杆，拧紧螺母；在柱两侧和夹梁垂直的方向焊槽钢，从上面的预留孔向夹梁和槽钢内部灌注细石膨胀混凝土；绑扎托换梁钢筋，将托换梁钢筋和型钢夹梁焊接；支模板，浇筑混凝土。因柱中穿孔会对柱截面尺寸削弱，因此，应分批间隔施工。

斜撑法托换一般是柱上的荷载非常大，用一般的托换方法无法满足承载力要求时使用。用型钢或钢筋混凝土斜撑与托换梁一起进行托换，斜撑主要起到分荷作用，即将柱上的一部分荷载直接分到托换梁上，而不是仅仅通过新旧混凝土结合面传到托换梁上。这样，就大大减小了原有柱和托换梁界面处的荷载，提高了工程的安全度。斜撑法多适用于托换高层建筑或大型建筑，如图 2-64（*b*）所示。

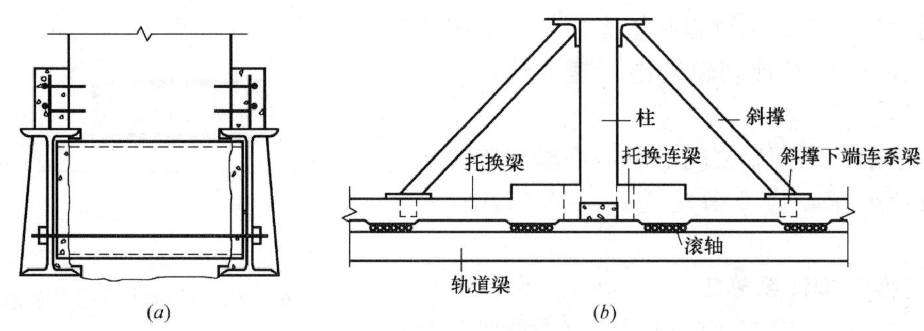

图 2-64　柱托换构造

（*a*）对拉螺栓托换；（*b*）斜撑托换柱节点

（2）墙体的托换施工

砌体结构托换分为单梁式托换（图 2-65）和双梁式托换（图 2-66），双梁式托换施工方便，施工速度快，对墙体削弱面积小，但材料用量大，成本略高，适用于各类墙体托换。单梁式托换施工难度高，施工速度慢，材料用量小，由于其施工期间对墙体削弱较大，仅适用于具有较高强度储备的墙体托换。

当采用墙下单梁式托换梁时，应分批、分段掏空墙体后施工托换梁，逐步将墙体直接

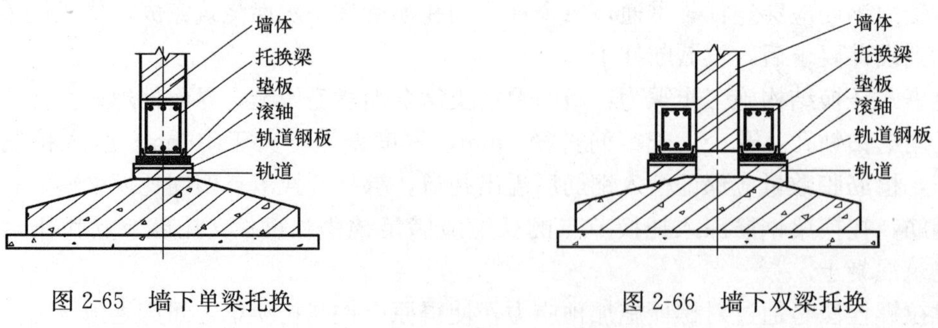

图 2-65　墙下单梁托换

图 2-66　墙下双梁托换

传递到基础的荷载托换到托换梁上。

单梁式托换的一般施工步骤：将墙体两侧开挖到托换梁设计标高以下；对墙体进行分段；将其中一段墙体凿洞，洞口高度同托梁设计高度；安放钢板及滚轴（或滑块），浇筑混凝土，并甩出托换梁钢筋头；当本段混凝土强度达到设计强度时，将第二段开洞，第二批托换墙段与第一批托换墙段宜间隔布置；按顺序依次施工各墙段托换梁，直至全部完成。

当采用墙下双梁式托换梁时，托换梁应尽量一次完成施工，应将原墙面的抹灰清理干净、并适当湿润，浇筑轨道混凝土前应涂刷界面处理剂或素水泥浆，以利于托换梁混凝土与墙体的良好结合。双梁式托换的一般施工步骤：在已施工完毕的轨道梁上，安放钢板及滚轴（或滑块）；在双梁设计部位砖墙上，墙体中每隔1～1.5m打一个小洞，穿入横向拉梁钢筋；绑扎托换梁钢筋，支模板；清洗墙体表面和拉梁洞口，浇筑混凝土；托换梁混凝土达到设计强度后，截断墙体。

2.3.3 截断施工

建筑移位截断方法按自动化程度划分为人工切割和机械切割。

人工切割是指电锤、风镐等方法将柱或墙体截断，其工人劳动强度大、扰动大、工期长、需要的工作面较大。

机械切割指采用金刚石轮片机、取芯机或线锯切割。机械方法所需设备较多、需要专门技术人员操作、成本高，但其无振动、工作效率高。

取芯机切割适用于能够安装取芯机部位的墙体或柱截断。

轮片机切割设备包括电动动力设备（电动机）、金刚石轮片，其工作原理简单，类似砂轮。轮片机需要的操作空间较大、适用于大面积钢筋混凝土墙体切割。

线锯切割设备包括液压机、驱动设备和驱动轮（主动轮）、导轨、线锯。其工作原理是电动设备驱动主动轮旋转，带动线锯高速运动，线锯将被切割构件截断。液压设备施加压力使主动轮在导轨上移动，以保证线锯随切割进度随时拉紧，并保持相对稳定的拉力（图2-67）。金刚石线锯切割柱的施工步骤：用电钻在被切割柱周围结构上打孔；安装固定线切割锯导轨；安装导向滑轮、线锯、辅助水管；切割；拆除切割设备。金刚石线锯切割，适用于操作空间狭小的结构截断。

2.3.4 水平移位施工

水平移位施工前，应严格检查各项准备工作和前期工作，进行详细的技术交底，建立

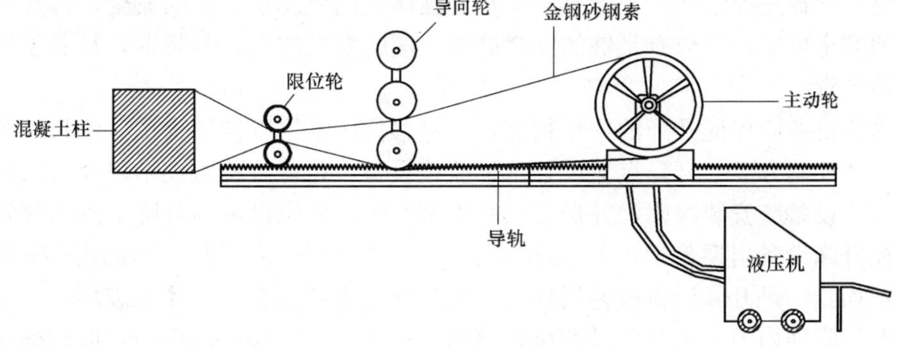

图2-67 线锯切割柱示意图

完善的管理体制。托换梁及轨道梁结构体系必须通过验收，对移动装置、反力装置、卸荷装置、动力系统、控制系统、应急措施等各方面进行认真检查。移动摩擦面应平整、直顺、光洁，不应有凸起、翘曲、空鼓。

按设计的千斤顶及位移监控点布置图安装千斤顶和位移传感器或监控标尺，开机试运行，检查高压泵站、比例阀、分油阀、油管、千斤顶、位移传感器、监控系统等工作是否正常，人员协调是否一致等。

正式移位前应先进行试移位，以准确测定每个轴线的移位阻力。先根据理论分析初步确定每个轴线的移位阻力，并根据理论阻力及千斤顶的数量初步确定每个轴线上千斤顶的供油压力。试移位时，先加至理论油压的 50%，并以 10%的步幅缓慢增加，在逐渐加压的过程中，实时监测每个位移监控点的位移变化，建筑物开始移动后，根据每个轴线的移动速度调整相应轴线上千斤顶的供油压力，直到所有轴线的移动速度完全相同。按比例调整各油路的供油压力，使移动速度控制在 60mm/min 左右，并以此时的供油压力作为正式移动的供油压力。

正式移位时，根据试移位确定的供油压力分别向千斤顶同时供油，推动建筑物向预定的方向移动。由于轨道平整度不可能完全一样，移动过程中，每个轴线的移动阻力可能发生一定的变化，因此，应根据各位移监控点移动速度的快慢随时调整相应千斤顶的供油压力，以保证建筑物各点位移的同步。

移位实施过程中应注意的问题：(1) 水平移位应遵循均匀、缓慢、同步的原则，速度不宜大于 60mm/min，应设置偏斜限制装置和偏斜量报警装置，并及时纠正前进中产生的偏斜量。(2) 移动行走机构的行走面应平整、直顺、光洁，不应有凸起、翘曲、空鼓。(3) 为减少移位阻力，应选择摩擦系数较小的材料并辅以润滑剂。(4) 移位设备应有测力装置，并保证同步精度。(5) 应及时对建筑物的位置和倾斜度等进行阶段验收。(6) 整体移位施工中应加强现场监测，施工中随时根据监测结果调整设计参数或施工方案。(7) 整体移位施工中，当建筑物仍在使用时，应设置可靠的安全防护设施，确保工人、用户和建筑物的安全。(8) 施工期间应严密监视相邻较近的建筑及其他设施的变化情况，经常检查其保护措施的状况，严防出现问题。(9) 移位施工中出现设计中没有预想到的新情况、新问题时，应及时根据现场实际情况的改变调整施工技术方案。

2.3.5 竖向移位施工

竖向移位时，建筑物的重量全部由升降设备承担，竖向移位设备若不能保持荷载或突然卸载，将会导致托换结构受力严重不均甚至破坏进而危及建筑物的安全，因此，要求升降设备必须安全可靠，并应有足够的安全储备，同时要求应有自锁装置，且必须设置可靠的辅助支顶装置。

竖向移位设备应保证升降的同步精度，升降移位应采用以位移为主、位移与升降力同时控制的升降控制方案。升降点应设置位移监控设备，并将位移监控结果及时反馈。

竖向移位设备应安装稳固，并保证其垂直度。竖向移位设备与升降支点的接触面应受力均匀，在升降设备出现偏斜的情况下应停止施工。竖向移位设备在使用过程中出现偏斜、受力不均，一是升降设备极易损坏，二是升降点容易出现局部受压破坏，三是会在托换结构中产生附加内力，都会危及移位建筑物的安全。竖向移位过程中，应根据建筑物的结构形式、整体刚度及高宽比严格控制各升降点之间的升降差。

竖向移位工程中最常见的为建筑物的整体顶升，该类工程施工流程一般包括：(1) 基础开挖；(2) 托换结构和顶升支点位置定位放线；(3) 施工千斤顶反力支座或顶升垫块支座基础；(4) 托换结构施工，托换结构下皮与千斤顶反力支座上皮应保留足够的空间用以安装千斤顶；(5) 托换结构和反力支座达到设计强度后，安装千斤顶，施加压力，使千斤顶顶紧托换结构；(6) 上部结构与基础分离；(7) 施加压力，进行预顶升，待无异常情况后，再正式顶升；(8) 顶升达到一级设计行程后，在基础和托换结构之间设顶升垫块；(9) 千斤顶分级卸载，取出千斤顶；(10) 在千斤顶下部加垫块，进行第二次顶升；(11) 重复上述步骤，直至达到设计标高；(12) 就位连接。

2.3.6 拖车移位施工

拖车移位一般应用于长距离迁移建筑物，由于移动路线一般为城市道路或公路，故应选用具有液压升降的平板拖车。途经城市道路或公路时可能要经常停车和启动，为避免停车、启动时产生过大的加速度，要求低速行进且启动和刹车应缓慢、平稳。

城市道路或公路特别是桥梁有其相应的设计负荷，而一般移位建筑物的重量较普通车辆的高度、宽度、重量都要大很多，因此，当需进入城市道路或公路时，应根据移位建筑物的重量确定是否对移位路线进行压实或硬化，同时还必须考虑道路、桥梁的通行能力及地面、空中障碍。

托换结构在拖车上的支点应按照设计要求布置，且支点与拖车托盘之间应加设橡胶垫。拖车托起建筑物时，应先进行称重，并确定建筑物的重心，托起过程应缓慢、平稳、建筑物受力均匀、托换结构处于水平状态。顶升施工应按照竖向移位的施工要求进行。如拖车受力不均衡，应通过增加配重或改变拖车升降油缸供油压力进行调整。在建筑物托起或移位的过程中，应进行纵、横两个方向倾斜或水平监测，重要构件或部位应进行变形监测或内力监测。设置倾斜或水平监测装置后，可以在建筑物托起或移位过程中实时监测其水平状态。建筑物移位至指定位置后，将建筑物安放至新基础的过程中应缓慢、平稳，使其受力均匀。

2.3.7 就位连接施工

由于移位时已将上部结构与原有基础切割分离，移位后如何使上部结构与基础重新连接，以保证建筑物具有良好的整体性能和抗震性能。对于砌体结构，由于承重结构为墙体，因此，其关键在于墙体与新基础之间的处理，一般采用浇筑素混凝土的方法。

对于框架结构或框架-剪力墙结构，由于荷载主要由框架柱或剪力墙承担，框架柱或剪力墙钢筋应与下部结构钢筋进行可靠焊接。当上述要求无法满足现行国家有关规范或规程要求时，应对其进行加固处理。

(1) 砌体结构就位连接施工

分段在砖墙的托换梁下加入预制混凝土垫块，卸下滚轴或不取出滚轴，在砖墙两侧支模，模板位置在托换梁外侧 50～100mm，在两侧浇筑≥C20 且不低于砌体抗压强度的细石混凝土，振捣密实，养护。对于上部结构顶升迁移工程，就位连接部位的空缺墙体高度较高，此时可砌筑不低于原强度等级的砖墙，保留 100～200mm 高度，在保留的空间内浇筑细石混凝土。

(2) 框架柱连接施工

由于施工空间狭小，纵筋的焊接质量和混凝土密实度是施工的关键。框架柱就位连接施工步骤为：在新基础内预埋钢筋，位置、直径和墙、柱纵筋对应；将设计就位连接节点位置处的基础表面凿毛洗净；用预制混凝土垫块支撑柱托换节点，卸下滚轴；微调预埋钢筋位置，对中钢筋；焊接钢筋，应保证焊接质量和焊接长度；支模浇筑膨胀细石混凝土，振捣密实。混凝土强度应比原强度提高一个等级。

连接施工时，应检查预设连接锚筋、连接预埋件的位置，避免错漏。焊接连接时应交叉施焊并宜采取降温措施。当钢筋的焊接接头不能错开时应加大焊接长度，焊接长度增加50％。托换结构与新基础之间的空隙最好采用微膨胀混凝土、砂浆或无收缩灌浆料浇灌填充，以确保填充密实。

在顶升工程中，因同一柱子钢筋不会出现太大的错位，一般可做到比较精确的对中，所以可采用挤压套筒的机械连接方法，当达到Ⅰ级接头的标准时，同一截面接头百分率可不受限制（有抗震设防要求的框架梁端、柱端箍筋加密区除外），特别适用整体切割后的钢筋连接。

（3）隔震技术连接施工

当采用隔震连接时[45~47]，应按照隔震连接设计施工，应保证托换结构以上的荷载全部通过隔震支座传至基础，应采取可靠的施工措施保证隔震支座受力均匀。隔震支座安装后的水平度、位置应满足现行国家标准《建筑抗震设计规范》GB 50011 的有关要求。

移位后建筑物与基础的隔震连接不同于新建建筑物的隔震连接，新建时是在基础上安装好隔震支座后再施工隔震层以上的部分，因此，作用于隔震支座的荷载是逐步施加的。移位建筑物隔震支座的安装是在隔震层上、下的结构均已完成的情况下进行的，因此，应特别注意隔震支座安装的水平度和受力的均匀性。参考《叠层橡胶支座隔震技术规程》CECS 126，安装完成后隔震支座顶面的水平度误差不宜大于8‰，隔震支座中心的平面位置与设计位置的偏差不应大于5.0mm。

上部结构、隔震层部件与周围固定物的竖向隔离缝（防震缝）及托换结构与基础之间预留的水平隔离缝，是允许隔震层在罕遇地震下发生大变形的重要措施，因此，必须严格按设计施工，上部结构、隔震层部件与周围固定物的水平间隙不应小于设计规定，施工过程中使用的临时支承、材料必须清理干净，施工后必须填塞时不应采用刚性材料。

2.3.8　施工监测

建筑物移位过程中，其中一些工艺可能对结构安全产生不利影响。目前相关研究较少，还不能完全通过设计和施工组织设计来完全保证结构或构件的可靠性。为此，施工中采用现场实时监测的方法进行质量控制，以保证结构安全和移位工程的顺利进行。

（1）轨道平整度监测

轨道平整度监测多采用水准仪法。轨道平整度控制应包括两个方面的内容：一是局部凹凸，另一是轨道坡度。局部凹凸值过大，将导致滚轴受力不均匀，建议局部凹凸控制限值为2mm，轨道坡度将影响移位牵引力的大小，并且使上部结构产生倾斜，其限值建议取1/1000，且总值不得超过5mm。

（2）沉降和沉降差监测

沉降监测采用水准仪观测方法。建议移位工程的沉降差控制指标定为距离的1/1000。

测点的布置应选择易于观测的关键受力部位，如房屋四角、受力较大点、柱距较大处、楼梯间和电梯间等部位。房屋为移动体，测点选择直接影响水准仪固定位置，测试中应尽量减少水准仪的移动次数。对于框架结构，可选择上述位置监测柱的沉降差，对于砌体结构房屋，可选定墙段两端作为测点。

（3）移动速度、行程和结构扭转监测

移动速度不宜大于60mm/min，由于移动速度较慢，一般认为移动速度大小并不影响结构安全和稳定，一般是通过监测移动行程来控制移动速度。移动行程的监测一般有两种方法：一种是用大行程位移传感器（如拉线式位移传感器）和计算机实时监测建筑物的移动距离，另一种是设置标尺监测移动距离。移位工程中应尽量采用位移传感器监测建筑物的移动距离或速度，因为利用位移传感器和计算机可以实现远距离、多点的实时位移监控，且当采用计算机控制的液压施力系统时，可以实现移动速度的自动监控。

（4）关键部位裂缝监测

对关键受力部位进行裂缝观察是确定结构是否安全最直观的方法。移位工程中，根据受力情况应着重观察以下几个部位：轨道梁的较大弯矩和剪力部位；轨道结构构件；柱根部和梁柱节点部位；托换梁较大弯矩和剪力部位；主要承重墙体和柱，门窗洞口部位的墙体，楼梯间、电梯井墙体；托换梁顶推或牵引点应力集中部位；挑梁根部等。

（5）移位加速度应力监测

建筑物移位过程中，加荷、卸荷、调整滚轴等施工过程将会对上部结构产生振动加速度，轨道平整度的变化以及施工中可能出现的牵引钢索或钢筋崩断、顶推千斤顶失稳等也会引起结构的振动，为了判断振动加速度的大小和振动对结构安全的影响程度，需要对移位工程中的建筑物进行加速度实时监测，以保证结构移位过程中的安全性和平稳性。

（6）移位建筑物的实时监测

针对建筑物移位施工的特殊性，对于重要建筑物的移位施工，均需进行全方位的实时监控，监控内容包括：结构的受力状态（托换结构及原结构构件的应力、应变等），整体倾斜与沉降，移动速度及移动动力，建筑物的动力特性、裂缝等。

（7）桥梁顶升监测

桥梁盖梁顶升过程是一个动态过程，随着盖梁的提升，盖梁的纵向偏差、立柱倾斜率、伸缩缝处的板梁间隙等会发生较大变化，盖梁的各支承点的相对高差变化对盖梁受力状态将会发生变化。为盖梁顶升能顺利进行，在顶升施工中，必须设置监测系统，通过所测得数据来指导控制顶升施工。

1）扩大基础沉降观测。顶升系统中的扩大基础是指浇筑在原承台两侧的钢筋混凝土结构，顶升过程中，尤其是立柱截断、承载体系转换后，扩大基础的承载状况及顶升体系的安全性是通过扩大基础沉降观测数据来反映的。

2）桥面标高观测。桥面连续缝拆除后，在连续缝左右两侧设置几个桥面高程观测点，测点设在原混凝土铺装层上（因原沥青混凝土铺装层以后需要铣刨）。在顶升之前先测定初始值，并与设计标高比较，另考虑调换支座高度的差值，来推算每个桥墩的实际顶升高度。

3）盖梁底面标高测量。在顶升过程中及顶升以后，若立柱位置的盖梁支点相对高差误差较大，则会对盖梁产生附加内应力。切割立柱之前先测定盖梁底的初始标高，当盖梁顶升至预定标高后，测量盖梁底标高，若支点的相对高差误差超出控制范围，调整相应支承杆的高度，观察24h后复测一次并再调整支承杆的高度，直至满足盖梁支点的相对高差在 5mm 以内为止。

4）盖梁纵向位移观测。为了对顶升过程中盖梁纵向位移及立柱垂直度的观测，在每根立柱外侧面用墨线弹出垂直投影线，墨线须弹过切割面以下，在垂直墨线的顶端悬挂一个垂球或用全站仪监测，通过垂球线与墨线的比较来判断盖梁的纵向位移及盖梁是否倾斜，每顶升一次同时观测一次，以指导顶升顺序调整，使盖梁纵向位移控制在最小值。

5）伸缩缝间隙观测。随着盖梁顶升到一定高度，桥面纵坡发生了变化，在伸缩缝的两侧板梁上端部间隙会发生变化，有的甚至会相碰，而造成板梁纵向位移人为增大。为此在伸缩缝的两侧板梁上设置钢纤测点，并在钢纤上凿眼，通过测定两眼之间距离来观测板梁间隙的变化。每个顶升阶段观测一次，特别当顶升至一定高度可能会发生相碰时，要加强观测，避免由于两端板梁相碰而造成纵向位移增大。

6）液压千斤顶行程观测。在顶升过程中盖梁的扁担梁支点位置相对误差控制在 15mm 以内，每只盖梁配有数个液压千斤顶，为确保顶升时盖梁受力均匀，每只千斤顶装行程标尺，千斤顶行程标尺读数可反映千斤顶的行程及位移同步情况，从而通过调整供油量，使每只千斤顶同步顶升。

2.4　移位工程设备与控制系统

建筑物移位设备主要由动力设备和配套设备组成，动力设备一般由动力源和千斤顶或拖车组成，动力源为建筑物移位提供动力，千斤顶或拖车和配套设备共同作用于建筑物，使其产生移位、顶升或旋转等移位方式，配套设备在移位设备中还包括行走机构，确保建筑物定向移动。

动力设备根据动力源的不同可分为液压动力设备和机械动力设备两大类。液压动力设备的动力源根据其组成及控制方法的不同，分为电动液压泵站（可实现 PLC 液压同步控制）、手控液压泵站或动力源与千斤顶或拖车合一的动力设备（如螺旋千斤顶、专用卷扬机和拖车）。

常用的液压千斤顶有超薄型千斤顶、薄型千斤顶、自锁式千斤顶、大吨位千斤顶、大行程千斤顶、穿心式千斤顶和螺旋千斤顶等。有特殊要求的千斤顶可委托制造商专项加工制作。

千斤顶的牵引力（或顶推力）是根据被移位物的整体结构总荷载（总重量）和牵引（或顶推）时采用滚动（或滑动）方式移动的摩阻系数，计算出总的牵引力（或顶推力）。再根据被移位建筑物的整体结构形式，确定所选择千斤顶的承载能力（吨位）、台数和分布的位置。千斤顶的顶升力根据被顶升建筑物的重量和结构形式确定。

合理选用同步顶（提）升（或水平移位）的成套设备，泵站统一控制，必要时采用 PLC 液压同步控制系统进行控制多台液压泵站组成的成套设备。PLC 液压同步控制系统由液压系统（泵站、千斤顶和液压管路等）、电控系统、反馈系统、计算机控制系统等组成。液压系统由计算机控制，从而全自动完成同步移位施工。

动力设备的选择必须考虑动力施加点的多少和动力的大小及施加方式，当施力点多和力大且不均或移位中需采用牵引和顶推相配合的综合方式施加动力时，应优先选用 PLC 液压同步控制系统的动力设备；当施力点较少或采用单一的顶（提）升或移位中单一采用顶推或牵引方式施加动力时，可以选用同步性较好的人工电动控制的单（或多）泵站组成的动力设备（具有调速装置或同步装置的更好）；当移位建筑物的重量轻且移动距离也小时，可以采用手动液压千斤顶或手动螺旋千斤顶作为动力设备。

移位设备的配套设备还有支撑件、连接部件或行走机构和移位监测系统等。

行走机构一般有滚动行走机构、滑动行走机构、轮式行走机构等。国内最常用的是滚动行走机构，滚轴一般有实心圆钢或钢管（管内一般用填充材料填实）等；滑动行走机构是利用滑动摩擦系数较小的材料做成滑块和滑道，采用滑动行走机构时一般应设置导向装置；国外发达国家则一般采用带有升降装置的行走机构。选用行走机构时，必须考虑移位建筑物的荷载大小、行走机构自身的摩阻系数、实施的难易程度以及可靠性、耐用性、经济性等。

总之，移位设备是实施建筑物移位的关键设备，它关系到建筑物移位过程中的安全性和平稳性、移位的速度（时间）和经济性。移位设备的选择原则是在满足安全可靠性和平稳性的前提下，既要尽可能缩短移位施工工期，又要尽可能降低成本，取得好的经济效益。

2.4.1 动力设备

目前，建筑物移位所使用的动力设备主要有液压动力设备和机械动力设备两种。随着液压动力设备技术的不断完善，特别是液压自动控制技术的推广应用，国内外的建筑物移位工程中，主要采用机控同步液压动力设备，机械式的动力设备由于动力小且很难实现同步控制，目前已很少采用。近几年出现了一种自带动力设备且具有液压升降功能的多轮平板拖车，既是行走机构又能为移动提供动力。

（1）液压动力设备

液压动力设备根据其动力源的不同可分为PLC液压同步控制的液压千斤顶简称为机控同步液压千斤顶和手控电动液压千斤顶及手动液压千斤顶等三种。液压泵站通过油管、控制阀与液压千斤顶相连组成液压系统。手动液压千斤顶，其动力源为与千斤顶连接成一体的手动式油泵。由于手动液压千斤顶无法保证各施力点的动力同步施加，且施力的大小由于操作人员操作时间和用力大小的差异很难同步控制，所以手动液压千斤顶在移位工程中很少使用。下面主要介绍机控同步液压动力设备和手控电动液压动力设备。

机控同步液压动力设备或手控电动液压动力设备主要均由液压泵站和液压千斤顶组成。

1）液压泵站

液压泵站是为液压动力设备提供动力，是动力设备的心脏。液压泵站根据液压油的流量变化可分为定量泵站和变量泵站两种。定量泵站即泵站在整个工作过程中液压油的输出流量不变，变量泵站即泵站在工作过程中液压油的输出流量是变化的．变量泵站又可以分为双流量泵站和变频泵站。双流量泵站一般是在低压时为大流量输出，而在高压时为小流量输出。变频泵站则是通过变频电机实现泵站输出流量的改变，即通过改变电机的工作频率改变油泵的流量输出。由于变频泵站一般可以在一定的流量范围内实现输出流量的连续可调，能够使泵站的输出流量与千斤顶工作所需的流量尽可能的一致，减少泵站输出高压油的溢流，进而降低能源的消耗和因高压油溢流产生的热量，提高设备的运行可靠性和使用寿命，因此，建筑物移位中应优先采用变频泵站作为移位动力设备的动力源。

液压泵站根据控制方式的不同可分为电控电动泵站和手控电动油泵。手控电动油泵（图 2-68*a*）一般具有体小轻便超高压的特点，可以配备单台千斤顶使用，也有配备多台千斤顶的，往往应用在移位现场相对较小的场合。

液压泵站通过油管、控制阀与单（多台）液压千斤顶连接组成液压系统。电控电动泵站（图 2-68*b*）是多油路输出的泵站即一台泵站可以有一种压力或两种以上的压力输出，不同的供油油路可以提供不同压力，但每一条油路连接的千斤顶的供油压力是相同的。一台泵站连接的千斤顶数量应根据泵站的流量、油箱的容量以及所需的移位速度等因素综合考虑确定。

(*a*)

(*b*)

图 2-68　液压泵站
(*a*) 手控电动油泵；(*b*) 电控电动泵站

当所用的液压泵站是单油路输出时，如需要多台千斤顶的动力不同时，可以采用多台泵站分别控制千斤顶，也可以采用单台泵站同时控制不同型号的千斤顶实现。当所用的液压泵站是多油路输出时，只要泵站的流量和压力满足设计要求，就可以采用一台泵站提供不同的压力实现多台千斤顶的不同动力的需求。目前，国外发达国家的建筑物移位一般采用一台多油路泵站，其输出油路可以多达几十个，操控方便且自动化程度很高。

根据额定压力的不同，用于建筑物移位的液压泵站一般有高压泵站和超高压泵站。国内高压泵站的最高额定压力一般为 31.5MPa，超高压泵站的最高额定压力可达 50～80MPa，实际使用时应根据液压千斤顶的额定压力合理选用液压泵站，一般来讲，高压泵站系统比较容易实现同步、压力和流量的自动控制，而超高压泵站系统实施自动控制的难度相对较大。但采用超高压泵站系统时，千斤顶的体积和重量较小，现场使用和移动方便。

2）液压千斤顶

根据千斤顶工作方式的不同，液压千斤顶主要有三种：顶推液压千斤顶、穿心张拉液压千斤顶和松卡式液压千斤顶。顶推千斤顶用于采用顶推（顶升）方式的移位工程中，张拉千斤顶主要用于采用牵引方式的移位工程中，采用张拉千斤顶时，还要有合适的锚具（或夹具）、牵引钢绞线（或钢棒）与之配套使用。

如 1999 年 6 月，位于美国卡罗莱纳州海岸的一座高灯塔为了免于不断地海岸侵蚀进行了水平移位，其移动动力设备为同步液压顶推千斤顶，动力施加均衡、平稳，移动速度达到 0.76m/min。2000 年 12 月，位于山东省临沂市的国家安全局 8 层办公大楼，先向西移动了 96.9m，又向南移动了 74.5m，移动时采用了 12 台同步张拉千斤顶（图 2-69），移动平稳、移位速度约 2m/h。2009 年 6 月，位于福建省泉州市某专家楼，先向西水平移位 78m，而后向北移位 50m，采用穿心液压千斤顶作为移位动力设备（图 2-70）。

（2）机械动力设备

用于建筑物移位的机械式动力设备一般有螺旋千斤顶、专用的卷扬机和机械拖车。

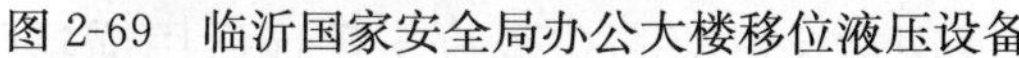

图 2-69　临沂国家安全局办公大楼移位液压设备

图 2-70　穿心式千斤顶（松卡式千斤顶）

螺旋千斤顶在国内外早期的楼房移位工程中应用比较普遍，采用螺旋千斤顶虽然不能保证各施力点动力的同步，但可以基本做到位移的同步，基本可以保证建筑物的同步移位。国外早期的移位工程中有的曾采用卷扬机或拖车作为建筑物移动的动力设备。

2.4.2　动力的施加方式

建筑物移位动力的施加方式应根据移位的建筑物的大小、重量、移动距离、行走机构的类型、移动阻力的大小及动力设备的特点综合确定。动力施加方式的确定原则是：动力应连续可调且易于控制；各点施力同步；启动平稳、移动速度均匀且易于调控；动力设备安装操控方便；安全可靠。由于同步液压千斤顶已成为目前国内主要的移位动力设备，在此主要介绍液压动力设备的动力施加方式。

（1）顶推方式

顶推动力设备一般采用液压千斤顶或螺旋千斤顶，应优先采用同步液压千斤顶，在保证安全的前提下应优先选用大行程的千斤顶，千斤顶的反力装置应有足够的安全储备。反力装置可以是固定式也可以是移动式，当建筑物的移动距离较小时一般采用固定式的反力装置，当建筑物的移动距离较大时，反力装置应设置成移动式。顶推时，千斤顶一般布置在移位建筑物的后端。

当采用固定式的千斤顶反力装置时，顶推千斤顶完成一次顶推，移位建筑物向前移动千斤顶一个工作行程的距离，千斤顶的活塞收回后，在千斤顶与移位建筑物之间的空隙加设适当尺寸的垫块，顶推千斤顶通过垫块将顶推力作用于移位建筑物，如此反复，逐渐将建筑物移位到预定位置。

顶推方式的优点：千斤顶的顶推力直接或通过垫块作用于移位建筑物，建筑物的移位速度及位移量与顶推千斤顶的活塞推出量同步；建筑物移位平稳。

顶推方式的缺点：千斤顶完成每一个工作行程就需要加设一次垫块，移位过程中的垫块需要量大，劳动强度高，工作效率低；加设垫块数量较多时，容易出现失稳现象，且千斤顶工作行程的有效利用率低；长距离建筑物的移位工程中，千斤顶反力装置的移动频率高；当长度较大的建筑物纵向移位时，施力点的布置不灵活。

图 2-71　自动跟进式顶推千斤顶

在充分分析顶推方式的优缺点的基础上，作者提出了一种自动跟进式动力施加方法，见图 2-71，反力架跟着移位建筑物移动，不必使用垫块。

(2) 牵引方式

1) 液压张拉牵引

穿心式液压张拉牵引动力设备由穿心式液压张拉千斤顶与高强钢绞线或钢索及相应的锚具配套组成。千斤顶的反力装置可以是固定的也可以是移动的，当建筑物的移动距离不是很大时一般采用固定式的反力装置，当建筑物的移动距离较大时，反力装置应设置成移动式。

在建筑物移位方向的最前端设置固定式的牵引反力装置。此时张拉千斤顶固定在反力装置上，牵引钢绞线或钢索穿过穿心式张拉千斤顶后用锚具固定于移位建筑物的托换结构体系中，在千斤顶的前后端还应分别设置牵引和止回锚具。建筑物移位过程中，钢绞线始终处于张紧状态，实现连续移位。

2) 松卡式液压牵引

松卡式液压连续牵引设备由液压泵站、松卡式千斤顶、连接系统和移位监控系统等组成。液压泵站具有液压控制、调速同步和温控功能；松卡式千斤顶由一个穿心式油缸、上、下两个卡头组成，在牵引过程中具有自动松卡和紧卡（自锁）功能，使牵引杆向一个方向移动，并能减少钢绞线的变形，实现连续、平稳作业；连接系统是用牵引杆（可用钢棒或粗钢绞线）与被移位的建筑物连接。钢棒因长度有限，需要连接或拆卸[48]（图 2-72）。当采用粗钢绞线，可一根粗钢绞线直接与被移位的建筑物连接，真正实现了连续平稳作业[49]。实现移位（图 2-72）。

图 2-72　松卡式千斤顶移位工程

（3）顶推牵引综合方式

将顶推方式与牵引方式综合应用，即在移位建筑物的后端布置一定数量的顶推千斤顶，同时在移位建筑物的前方布置一定数量的牵引千斤顶，通过合理分配顶推千斤顶的顶推力与牵引千斤顶的牵引力，发挥顶推与牵引的优点，保证建筑物的平稳移动。

顶推牵引综合方式尤其适用于较重建筑物的大距离移位。顶推施力点布置于移位建筑物的后方，牵引施力点可以通过牵引钢绞线灵活布置于移位建筑物的内部，使得施力点的布置更加均匀，施力点可以就近克服移动阻力，减小移动动力或阻力在托换结构体系中的累积及托换结构体系的不均匀受力。由于减少了顶推千斤顶的数量，也可以减少顶推反力装置或垫块的数量，降低搬运顶推反力装置及加设垫块的工作量。

2.4.3　行走机构及控制系统

建筑物移位中使用的行走机构一般有滚动式行走机构、滑动行走机构、轮式行走机构等。目前，国内最常用的是滚动式或滑动式行走机构，而在发达国家拖车式行走机构的应用已经比较普遍。

（1）滚动行走机构

滚动行走机构一般由轨道板、滚轴、垫板组成。滚轴的材料可以是圆木、钢管、圆钢、工程塑料圆棒等。采用钢管作为滚轴时，钢管内一般用水泥砂浆或细石混凝土灌注密实，也可以用工程塑料或硬橡胶填充密实，以提高滚轴的承载力和抗变形能力。钢管内灌注水泥砂浆或细石混凝土在国内早期的移位工程中应用较多，但由于其承载力相对降低，且钢管内的填充料在滚轴的滚动过程中容易压碎，导致钢管承载力降低、变形过大。钢管内填充工程塑料或硬橡胶是近几年出现的一种新型滚轴，其优点是承载力高、变形恢复能力好，对轨道板的不平整度有一定的适应能力。

圆钢作为滚轴在国内的移位工程中应用比较普遍。因为圆钢的径向承载力高、变形小，在移位过程中，圆钢滚轴一般不会因承载力不足、变形过大失效。

滚动行走机构取材容易、结构简单、移动阻力小、方向可控性好、承载力高，适用于建筑物的直线移动，尤其是荷载较大的建筑物的直线移动。但对托换结构、轨道的平整度要求较高，转移和摆放滚轴的工作量较大，滚轴的摆放方向、间距易受人为因素影响，当滚轴摆放不正时，移动方向容易出现偏斜，且会增加移动阻力。

（2）滑动行走机构

滑动行走机构主要由滑动支座和滑道组成，滑动支座通过滑块与滑道接触，滑块用滑动摩擦系数较小的材料做成，滑道的材料应根据滑块材料确定，以滑块在滑道上的滑动摩擦阻力最小为原则。滑块一般用聚四氟乙烯制作，因为聚四氟乙烯与钢板之间的滑动摩擦系数很低且不需要润滑。聚四氟乙烯滑动支座一般由聚四氟乙烯滑块和钢支座组成（图2-73）。

采用滑动支座时，可以在滑动支座上加设自动升降装置（液压千斤顶），用于补偿建筑物移位过程中的竖向不均匀变形（见图2-74）。

滑动行走机构因各向摩阻力相同，一般需设置专门的导向装置，否则移位过程中容易偏离设计行走方向，对轨道滑板的平整度、光洁度要求较高，在高压应力作用下，滑块的磨损较快，一般不适于进行较重的建筑物远距离移位。

（3）轮式行走机构

20 世纪末，国外发达国家在大距离的建筑物的移位工程中开始采用拖车式行走机构，其所用轮式行走机构主要是橡胶轮胎组或重型托盘车，轮胎组或拖车上一般设有液压自动升降装置。采用这种带有液压升降装置的轮胎式行走机构移位建筑物时，建筑物的全部重量通过托换梁系作用于拖车式行走机构，其行走的路径只是需要简单的平整和硬化。由于有液压自动升降装置，当轮子的行走面不平或地基出现不均匀沉降时，行走机构上的液压自动升降装置可以补偿这种竖向的不均匀变形，保证建筑物在移位过程中的安全。

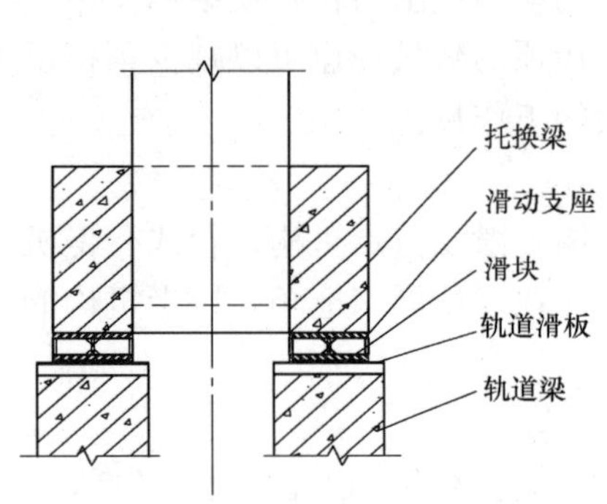

图 2-73　滑动行走机构

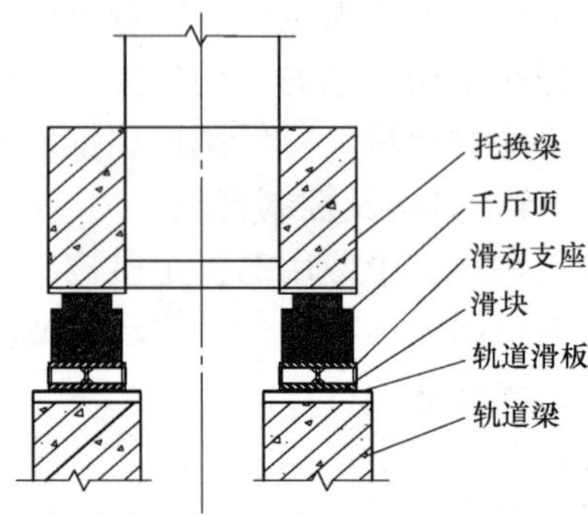

图 2-74　设自动升降装置的滑动行走机构

另外一种轮式行走机构是重载滚轴滑车，其滚轴由圆钢或高强度工程塑料制成，滚轴通过轴承安装在滑车座上（图 2-75）。这种滚轴滑车的工作原理与轮胎组或拖车类似，但由于其滚轴直径较小，在移位建筑物时需要设置轨道。这种滚轴滑车也可以设置液压自动升降装置，以补偿建筑物移位过程中的竖向不均匀变形。

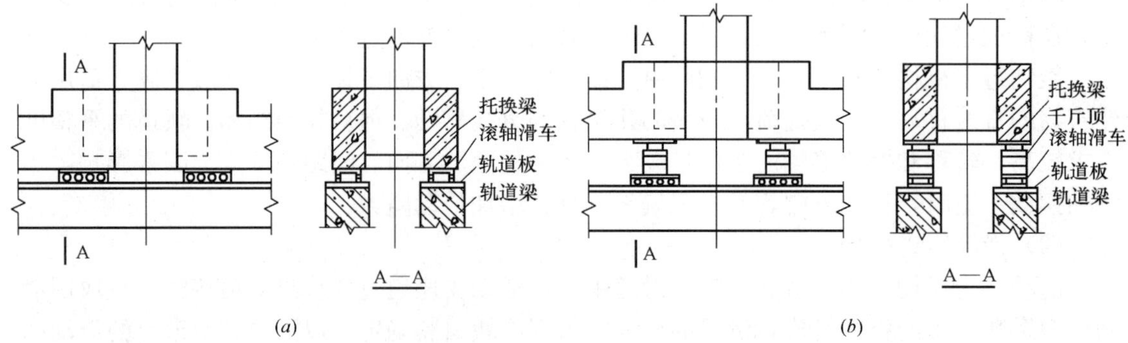

图 2-75　滚轴滑车

(*a*) 不带升降装置的滚轴滑车；(*b*) 带升降装置的滚轴滑车

轮式行走机构安装时一般需要将移位建筑物整体顶升，顶升系统的控制较为复杂，一般不适于进行荷载很大的建筑物的移位。

(4) 移位控制系统

建筑物整体移位的同步控制是关系到建筑物移位是否成功的关键步骤，如果移位建筑物出现不同步，会使建筑物产生扭转，偏离移位路线，并会在托换结构与上部结构中产生较大的附加应力，造成托换结构与上部结构的损坏。作者自主开发了基于 PLC 控制技术的建筑物移位自动控制系统。同步液压控制系统工作原理：通过控制器A设置每个同步液压千斤顶H的工作油压和高压油的流量。工作时，液压泵站E通过高压油管F、控制阀组G向千斤顶H供油，控制阀组上的液压传感器实时检测供向千斤顶的油压并通过电器盒B反馈给控制器A，在高压油的作用下千斤顶的活塞伸出并通过夹具J牵引钢绞线K牵引建筑物向前移动，此时位移传感器D实时检测各位移监控点的实际位移量并通过电器盒B反馈给控制器A。若移动速度过慢，可通过控制器A调整液压泵站增加向千斤顶的供油量；若移动速度过快，可通过控制器A调整液压泵站减小向千斤顶的供油量；若某个位移监控点的移动速度过慢，则控制器A可相应调增该处千斤顶的供油量，加快该处的移动速度；若某个位移监控点的移动速度过快，则控制器A可相应调减该处千斤顶的供油量，减慢该处的移动速度。整个移动过程中控制器A实时监测、显示千斤顶的供油压力及各位移监测点的移动距离及移动速度，并可以保证建筑物的同步移动（图2-76）。

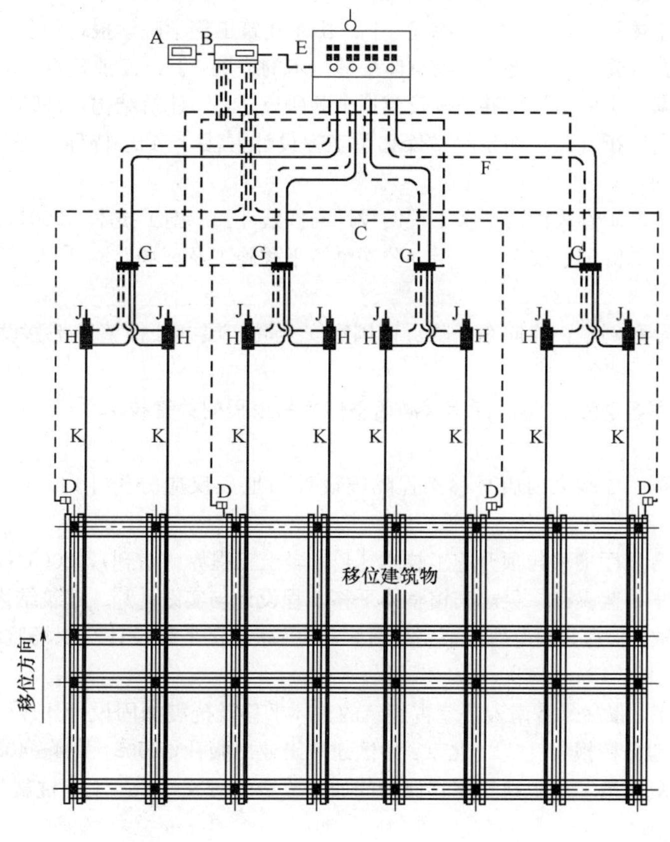

图2-76

A—控制器；B—电器盒；C—信号电缆；D—位移传感器；E—液压泵站；F—高压油管；G—控制阀阻；H—牵引千斤顶；J—夹具

参考文献

［1］　张鑫，贾留东，魏焕卫，夏风敏．建筑物平移与纠倾技术［M］．北京：中国水利水电出版社，

2008. 4
[2] Lamar Kay, Pan Deitz and Stan Barber. Photo from Southcombe's Collection, New Plymouth, New Zealand [J]. The Structural Mover, 1999, 17 (1): 40
[3] Lamar K, Pan D, Stan B. University of IOWA Work [J]. The Structural Mover, 1999, 17 (1): 11～14
[4] 唐业清，建筑物改造与病害处理 [M]，中国建筑工业出版社，2000. 10
[5] Pryke, J. F. S, The Pynford underpinning method . In Thorburn, S. and Littlejohn, G. S. (Ed): Underpinning and Rentention, Second edition, Blackie Academic & Professional, an imprint of Chapman & Hall, Glasgow, UK, 1993, 157～197
[6] Brownie K. From Boca Raton to Fort Pierce [J]. The Structural Mover, 1999, 17 (1): 5～8
[7] Etalco. The Shubert theater was self-propelled [J]. The Structural Mover, 1999, 17 (2): 11～15
[8] Jim Anders. The hatteras Lighthouse [J]. The structural mover, Vol. 18 No. 1-April 2000
[9] John Lewis. Forged master cylinder gives lighthouse a lift. Design news, Boston, Nov. 1, 1999
[10] Koster G.. Supermove 99 Copenhagen Airport [J]. The Structural Mover, 2000, 18 (1): 24～31
[11] 张鑫. 建筑物整体平移技术的发展综述 [J]. 山东建筑工程学院学报，2005，20 (5): 75～81
[12] 张鑫，徐向东，都爱华. 国外建筑物整体平移技术的进展 [J]. 工业建筑，2002，32 (7): 1～3
[13] 姚国中，黄自新. 房屋整体平移技术及模拟试验研究 [J]. 建筑结构，1995 (11): 53～57
[14] 张新中，武宗良，崔万杰. 建筑物整体移位工程设计方法 [M]. 特种工程新技术，中国建材工业出版社，2006. 6
[15] 李小波，谷伟平. 阳春大酒店平移工程的设计与实践 [J]. 施工技术. 2001，30 (2): 24～26
[16] 张鑫，贾留东. 临沂国家安全局八层办公楼整体平移施工及现场监测 [J]. 工业建筑，2002 (7): 11～13
[17] 贾留东，张鑫，孙剑平，徐向东. 临沂市国家安全局 8 层办公楼整体平移设计 [J]. 工业建筑，2002，32 (7): 7～10
[18] 卫龙武，吴二军，李爱群 等. 江南大酒店整体平移工程的关键技术 [J]. 建筑结构，2001 (12): 6～8
[19] 赵世峰，李爱群. 江南大酒店平移工程隔震设计与地震反应分析 [J]. 建筑结构，2001 (12): 9～10
[20] 蓝戊己. 上海音乐厅平移与顶升施工技术 [J]. 岩土工程界 (增刊)，2005 (2): 9～11
[21] 尹天军，朱启华，蓝戊己. 吴忠宾馆整体平移工程设计与实践 [J]. 建筑结构，2006，36 (9)
[22] 贾留东，夏风敏，张鑫，张爱社. 莱芜高新区 15 层综合楼平移设计与现场监测 [J]. 建筑结构学报，2009，30 (6): 134～141
[23] 夏风敏，贾留东，张鑫. 济南宏济堂古建筑的整体平移及抗震加固设计 [A]. 汶川地震建筑震害调查与灾后重建分析报告 [C]. 北京：中国建筑工业出版社，2008: 404～408
[24] 刘涛，张鑫，夏风敏. 历史建筑平移保护与加固改造的研究 [J]. 工程抗震与加固改造 2009，31 (6): 84～87
[25] 蓝戊己，张志军，顾远生，张任杰. 南浦大桥东主引桥整体同步顶升工程 [J]. 城市道桥与防洪，2009，26 (10): 22～25
[26] 徐祥兴. SQD 型液压牵引设备整体连续平移石化装置施工技术 [J]，安装，2007 年第 9 期
[27] 唐业清，林立岩，崔江余. 建筑物移位纠倾与增层改造 [M]，中国建筑工业出版社，2008. 3
[28] 中国工程建设标准化协会标准 (CECS 146). 碳纤维片材加固混凝土结构技术规程 [S]. 北京：中国工程建设标准化协会
[29] 中国工程建设标准化协会标准 (CECS 77). 钢结构加固技术规范 [S]. 北京：中国工程建设标准

化协会

[30] 中华人民共和国国家标准（GB 50165）. 古建筑木结构维护与加固技术规范［S］. 北京：中华人民共和国

[31] 中华人民共和国国家标准（GB 50367）. 混凝土结构加固设计规范［S］. 北京：中国建筑工业出版社

[32] 中华人民共和国国家标准（GB 50009）. 建筑结构荷载规范［S］. 北京：中国建筑工业出版社

[33] 张新中，武宗良，崔万杰. 建筑物整体移位工程设计方法［J］. 特种工程新技术，中国建材工业出版社，2006. 6

[34] 颜丙冬. 砌体结构平移托换结构受力性能的试验研究［D］. 山东建筑大学工学硕士学位论文. 2011

[35] 杜健民，袁迎曙，向伟. 框架柱托换体系抗冲剪承载力预计模型研究［J］. 中国矿业大学学报，2007，36（1）：60～64

[36] 王恒. 托换梁剪跨比对柱托换节点受力性能影响的试验研究［D］. 山东建筑大学工学硕士学位论文. 2009

[37] 司道林. 托换梁纵筋配筋对柱托换节点受力性能影响的试验研究［D］. 山东建筑大学工学硕士学位论文. 2009

[38] 李玉平. 托换梁配箍率对柱托换节点受力性能影响的试验研究［D］. 山东建筑大学工学硕士学位论文. 2009

[39] 谭天乐. 移位建筑柱托换节点梁柱结合面受力性能试验研究［D］. 山东建筑大学工学硕士学位论文. 2009

[40] 熊仲明，王社良. 土木工程结构试验［M］. 北京：中国建筑工业出版社，2006. 7

[41] 姚振纲，刘祖华. 建筑结构试验［M］. 上海：同济大学出版社，1996. 9

[42] 中华人民共和国国家标准（GB 50010—2002）. 混凝土结构设计规范［S］. 北京：中国建筑工业出版社，2002

[43] 都爱华，张鑫，赵考重. 建筑物整体平移技术的试验研究［J］. 工业建筑，2002（7）：4～6

[44] 吴二军，李爱群，郭彤，卫龙武，刘先明. 型钢对拉螺栓柱托换节点抗剪性能试验研究［J］. 东南大学学报，2003，33（5）：631～634

[45] 朱玉华，吕西林，施卫星 等. 多向地面运动作用时铅芯橡胶隔震房屋模型试验振动台试验研究［J］，结构工程师，2001，17（1）

[46] 中国工程建设标准化协会标准. CECS 126：2001 叠层橡胶支座隔振技术规程［S］. 北京：中国工程建设标准化协会，2001

[47] 中华人民共和国国家标准. GB 50011—2010 建筑抗震设计规范［S］. 北京：中国建筑工业出版社，2010

[48] 徐祥兴，费慧慧，徐磊铭，朱启贤 . SQD 型松卡式液压牵引设备在平移大楼中的应用 . 特种工程新技术（2009）. 北京：中国工业建材出版社，65～72

[49] 徐祥兴，束七元，费慧慧，李水镜 . 洛阳石化加热炉双向平移施工技术 . 安装 .2011 年第 11 期 59～60

第3章　建筑物纠倾技术

建筑物（包括构筑物，以下简称建筑物，必要时加以区别）纠倾技术，即扶正倾斜建筑物的技术，是伴随着建筑物倾斜病害的出现而逐渐发展的一门专业技术。建筑物纠倾技术是建筑物改造与病害处理的主要技术，具有重要的工程意义。

3.1　建筑物纠倾技术发展简介

3.1.1　建筑物纠倾技术现状与进展

作为一门专业技术，建筑物纠倾扶正最早出现在国外，但是长期以来，相关的报道比较少。较早的典型实例要算加拿大的特朗斯康谷仓（Transcona Grain Elevator）纠倾工程。该构筑物建于1913年，长59m，宽23m，高31m，由65个圆柱形筒仓组成，采用筏形基础，地基为16m厚的软黏土。谷仓在装谷物的过程中，发生整体滑移失稳，西侧陷入地基土层深达8.8m，东侧抬高了1.5m，仓身倾斜约27°。事故发生后，通过采用388个50t的千斤顶进行成功顶升纠倾，但整体标高降低了4m。作为经典的安全教育，特朗斯康谷仓事故多次被编写在我国土力学与地基基础教材之中。意大利的比萨斜塔（The Leaning Tower of Pisa）也是建筑物纠倾加固历史上一个引人注目的实例。比萨斜塔的建设前后经历了近200年，塔高54m，于1370年竣工。在漫长的建设阶段中，比萨斜塔发生了不均匀沉降，塔顶最大水平偏移量曾达到5.27m。经过长时间的论证，意大利专家采用斜孔掏土法，于2001年成功地使比萨斜塔回倾了442mm。

古代，我国民间就有“白胡仙”拯救斜塔的神话传说，有百姓向地基中灌水矫正斜屋的偶然成功，也有工匠利用生石灰桩抬平单层房屋的工程实践。我国建筑物纠倾扶正专业技术是在中华人民共和国成立后，特别是在国家改革开放、大规模经济建设中逐渐发展起来的。

建造在东南沿海地区软弱地基土上的较大的建筑物和构筑物，容易发生倾斜现象。对于倾斜建（构）筑物，其建设者与使用者都颇感烦心，拆除难，重建难，置之不理也很难。建（构）筑物一旦发生倾斜，多数继续发展，日趋严重。因此，将倾斜建（构）筑物纠倾扶正，同时进行防复倾加固，使之改斜归正，益寿延年，方为最好的出路。20世纪50年代，江苏省有一个“房屋牮正工程队”，以牵拉、撑顶等简单方法矫正一些体型较小、结构简单的倾斜砖木房屋，在江苏、广东等地都有成功的范例。20世纪60年代，广州市北区房管所曾采用千斤顶成功顶升了3层砖混结构建筑物。随后，基底掏土纠倾法、加压纠倾法、振捣纠倾法、浸水纠倾法、锚杆静压桩加固纠倾法等纠倾技术在福建、广东以及北方一些省份成功应用。

20世纪90年代之前，我国的建筑物纠倾扶正技术还处于探索阶段。在此期间，建筑物纠倾与加固的工程实践集中于多层建筑物与一般构筑物，其基础形式多为浅基础，信息化施工也仅限于一般的监测技术（如水准仪、经纬仪、吊线观测等）。

20 世纪 90 年代，我国各地相继成立了一些建筑物改造与病害整治机构和专业性学术团体。例如，中国老教授协会房屋增层改造技术研究委员会于 1991 年成立，积极开展学术研究和工程实践，推动了我国建筑物纠倾与加固技术的发展。20 世纪 90 年代中后期，我国的建筑物纠倾与加固工作进入了一个新的阶段，涌现出一批专业性的特种公司（如：黑龙江省四维岩土工程有限责任公司、大连久鼎特种建筑工程有限公司、中铁西北科学研究院有限公司、广州市胜特建筑科技开发有限公司、上海天演建筑物移位工程有限公司、山东建筑大学工程鉴定加固研究所、江苏东南特种技术工程有限公司、浙江省岩土基础公司、上海华铸地基技术有限公司、广州市鲁班建筑防水补强有限公司等），技术水平与施工组织也都上了一个新台阶。截止 2012 年，成功纠倾的具有代表性的高层建筑物有：哈尔滨齐鲁大厦（框架-剪力墙结构，钢筋混凝土箱基，建筑高度 96.6m，倾斜量 525mm，1997 年成功纠倾加固），中科院盐湖所 4 号商住楼（主楼地下 2 层、地上 31 层，框支剪力墙结构，建筑高度 101.6m，建筑面积约 26000m^2，筏板基础，素混凝土桩复合地基，桩长 3～6m，大楼整体向北偏移 398mm，倾斜率达 3.88‰，2011 年成功纠倾加固），等；成功纠倾的具有代表性的高耸构筑物有：山西化肥厂烟囱（高 100m，独立基础，强夯地基，向北倾斜量达 1530mm，1993 年成功纠倾加固），某热电厂烟囱（高 120m，筏板基础，粉喷桩复合地基，倾斜量达 538.5mm，2004 年成功纠倾加固），等。

另外，我国的专家学者对建筑物纠倾与加固理论也进行了总结与探讨，使建筑物纠倾与加固工程这门学科逐步由实践上升到理论，并由理论指导实践。

我国建筑物纠倾扶正技术经过 20 多年的实践与发展，在全国各地进行了大量的建筑物纠倾加固工程实践，挽救了大批危险建筑物，避免了严重的经济损失。

2010 年 3 月 12 日，在 CCTV12《大家看法》两会特别节目《我建议》中，住房和城乡建设部副部长郭允冲用“不断提高，总体受控，还有问题”12 字概括了我国房屋建筑质量情况，并首度公布了 30 年来发生倒塌的建筑物数据：第一阶段 20 世纪 80 年代初期，我国房屋倒塌情况，大概是一年 100 栋左右；第二阶段 1996 年以后，降到十位数以下；第三阶段，2000 年以后基本没有了。

3.1.2 建筑物纠倾技术相关规定

经过检测与鉴定，确认有继续使用或保护价值的倾斜建（构）筑物，应进行纠倾处理。

建筑物纠倾工程的设计与施工，应全面考虑工程地质和水文地质条件、地基与基础情况、上部结构类型、使用状态、环境条件、气象条件等因素，做到因地制宜、节约资源、精心设计、精心施工、精心监控。

建筑物纠倾工程的设计与施工，应考虑上部结构、基础和地基相互作用，对不满足纠倾要求的结构构件应适时进行加固补强。

建筑物纠倾工程应遵循协调、平稳、安全、可控、环保的原则进行设计与施工。纠倾工程必须进行施工监测，实施信息化施工，并应根据现场监测资料及时修改纠倾设计方案和参数，调整施工程序。

纠倾工程竣工后，应继续进行倾斜观测，一般建筑物观测时间不宜少于 3 个月，重要建筑物观测时间不宜少于半年，并符合相关规定。

3.1.3　建筑物纠倾技术相关规范

截止 2012 年，我国关于建筑物纠倾工程的专业规范共有 3 部。早在 20 世纪 90 年代，唐业清教授率领国内相关专家，在总结工程经验和科研成果的基础上，编写了我国第一部建筑物纠倾技术行业规范，即 1997 年颁布的《铁路房屋增层和纠倾技术规范》TB 10114—97。10 年后，我国又颁布了中国工程建设标准化协会标准《建筑物移位纠倾增层改造技术规范》CECS 225：2007。住房和城乡建设部又于 2008 年组织编写行业标准《建（构）筑物纠倾技术规程》，目前，此规程正在审核之中。以下将上述 3 部建筑物纠倾规范进行简要介绍。

（1）《铁路房屋增层和纠倾技术规范》

中华人民共和国行业标准《铁路房屋增层和纠倾技术规范》TB 10114—97 于 1997 年颁布与实施，开创了我国建筑物纠倾规范的先河。

1）《铁路房屋增层和纠倾技术规范》特点

该规范在建筑物纠倾技术方面的特点可总结为三个方面，①规定了建筑物和构筑物倾斜量的允许值；②建立了对建筑物进行迫降（或抬升）的计算模型，给出了建筑物迫降量（或抬升量）的近似计算公式；③对建筑物纠倾工程的设计与施工进行了规范。

2）《铁路房屋增层和纠倾技术规范》关于纠倾标准的规定

该规范规定了建筑物倾斜量的允许值（表 3-1）。当建筑物产生的倾斜超过了该表中的规定、影响正常使用及特殊要求时，则需要进行纠倾与加固。同时，该房屋允许倾斜值也可作为倾斜建筑物纠倾加固时的回倾标准。

房屋的允许倾斜值 S_H　　表 3-1

结构类型	建筑高度(m)	允许倾斜值
钢筋混凝土承重结构	$H_g \leqslant 18$	$S_H \leqslant 0.005H_g$
	$18 < H_g \leqslant 24$	$S_H \leqslant 0.004H_g$
砌体承重结构	$H_g \leqslant 21$	$S_H \leqslant 0.004H_g$
高层建筑	$24 < H_g \leqslant 60$	$S_H \leqslant 0.003H_g$
	$60 < H_g \leqslant 100$	$S_H \leqslant 0.002H_g$
	$H_g > 100$	$S_H \leqslant 0.0015H_g$
高耸构筑物	$H_g \leqslant 20$	$S_H \leqslant 0.008H_g$
	$20 < H_g \leqslant 50$	$S_H \leqslant 0.006H_g$
	$50 < H_g \leqslant 100$	$S_H \leqslant 0.005H_g$
	$100 < H_g \leqslant 150$	$S_H \leqslant 0.004H_g$
	$150 < H_g \leqslant 200$	$S_H \leqslant 0.003H_g$
	$200 < H_g \leqslant 250$	$S_H \leqslant 0.002H_g$

注：H_g 为自室外地面起算的建筑物高度（m）。

（2）《建筑物移位纠倾增层改造技术规范》

中国工程建设标准化协会标准《建筑物移位纠倾增层改造技术规范》CECS 225：2007 于 2008 年颁布与实施，使建筑物纠倾工程的设计和施工进一步走向规范化。

1）《建筑物移位纠倾增层改造技术规范》特点

《建筑物移位纠倾增层改造技术规范》中的纠倾工程适用于倾斜值超过相关标准、影响使用功能的建筑物（包括古建筑物），其主要特点为以下几个方面：

① 对相关的名词术语进行界定

目前，我国新旧建筑物的界定尚未有统一的规定，存在地域差别和专业差别。《建筑物移位纠倾增层改造技术规范》CECS 225：2007 规定，竣工、验收后 2 年及 2 年以内的建筑物为新建建筑物，其纠倾合格标准应满足有关新建工程标准要求；竣工、验收后超过 2 年的建筑物为旧建筑物，其纠倾合格标准见表 3-2。

《建筑物移位纠倾增层改造技术规范》CECS 225：2007 综合考虑了各种建筑物的建筑质量验收标准、实际工程的各方面因素（如建筑物立面的砌筑质量、建筑物各方向的刚度等），认为确定建筑物倾斜值的标准不宜按两个方向倾斜值进行矢量合成，规定建筑物的倾斜值主要按其结构角点棱线单向最大水平偏移值确定。对于锥形、圆台形、曲线形等奇特造型的建筑物以及由于各层平面相异造成立面不垂直的建筑物，其倾斜值宜按中轴线顶点水平偏移值确定。

② 根据纠倾工程实践对纠倾合格标准进行修正

《建筑物移位纠倾增层改造技术规范》CECS 225：2007 规定的倾斜建筑物纠倾合格标准（表 3-2）较《铁路房屋增层和纠倾技术规范》TB 10114—97 中的“房屋的允许倾斜值 S_H”略有放宽，主要考虑了以下各种因素：一些体型复杂、立面砌筑质量较差以及复杂地基上的建筑物纠倾达标存在一定的困难；建成时间较长、上部结构已出现破损和弯曲等病害的建筑物，过大的回倾量会对建筑物结构、基础产生不利影响。通过大量的纠倾实践进行验证，本纠倾合格标准满足建筑物的正常使用要求。

《建筑物移位纠倾增层改造技术规范》CECS 225：2007 规定的倾斜构筑物纠倾合格标准（表 3-2）较《铁路房屋增层和纠倾技术规范》TB 10114—97 中的高耸构筑物允许倾斜值 S_H 略加严格，主要原因是考虑了构筑物在正常使用状态下的观感效果以及一些特殊构筑物的使用要求。

③ 对纠倾工程设计进行详细规范

《建筑物移位纠倾增层改造技术规范》CECS 225：2007 从纠倾工程设计原则、纠倾工程设计规定、纠倾工程设计计算、迫降法纠倾设计、抬升法纠倾设计、纠倾工程监测系统设计等方面进行了比较详细的规范，特别是对纠倾需要调整的沉降量（或抬升量）给出了严格的理论计算公式。另外，该规范对纠倾设计的步骤与方法也作了详细介绍。

④ 增加古建筑物纠倾工程

古建筑是人类文明的财富，是历史的见证和劳动人民的智慧性创造。古建筑物保护是整个社会的责任，更是每个建筑技术工作者义不容辞的义务。该规范增设古建筑物纠倾加固工程，意在将古建筑物保护提高到一个新层次和新水平。

《建筑物移位纠倾增层改造技术规范》CECS 225：2007 对古建筑物纠倾加固工程的准备工作、设计原则和施工要点进行规范，并对古塔迫降顶升组合协调纠倾法进行了详细的介绍。

⑤ 对纠倾施工方法进行补充

《建筑物移位纠倾增层改造技术规范》CECS 225：2007 对纠倾施工进行了总体规范，对施工方法进行了一定取舍与补充，特别是对一些常用的纠倾方法进行了完善，使其更富有可操作性。

⑥ 整体要求

《建筑物移位纠倾增层改造技术规范》CECS 225：2007 确定了纠倾工程设计和施工原则为协调、平稳、缓慢、安全；明确了纠倾工程必须进行信息化施工，应根据现场监测资料及时修改纠倾设计方案，调整施工程序；强调纠倾工程竣工后，应继续进行倾斜观测，一般建筑物的观测时间不宜少于 3 个月，重要建筑物的观测时间不宜少于半年，并符合相关规定。

2）《建筑物移位纠倾增层改造技术规范》关于纠倾标准的规定

中国工程建设标准化协会标准《建筑物移位纠倾增层改造技术规范》CECS 225：2007 规定了建筑物纠倾工程的合格标准（表 3-2），为倾斜建筑物的纠倾扶正提供了依据。

建筑物纠倾合格标准　　**表 3-2**

建筑类型	建筑高度(m)	纠倾合格标准
建筑物	$H_g \leqslant 24$	$S_H \leqslant 0.0045H_g$
	$24 < H_g \leqslant 60$	$S_H \leqslant 0.0035H_g$
	$60 < H_g \leqslant 100$	$S_H \leqslant 0.0025H_g$
	$100 < H_g \leqslant 150$	$S_H \leqslant 0.002H_g$
构筑物	$H_g \leqslant 20$	$S_H \leqslant 0.0055H_g$
	$20 < H_g \leqslant 50$	$S_H \leqslant 0.004H_g$
	$50 < H_g \leqslant 100$	$S_H \leqslant 0.003H_g$
	$100 < H_g \leqslant 150$	$S_H \leqslant 0.0025H_g$

注：1. H_g 为自室外地面起算的建筑物高度，S_H 为建筑物纠倾水平变位设计控制值；

2. 对建成时间较长、上部结构已出现破损（或弯曲）等病害或较大回倾量对上部结构产生不利影响时，纠倾合格标准可在表 3-2 的基础上增加 $0.001H_g$；

3. 对纠倾合格标准有专门要求的工程，尚应满足相关规定。

倾斜建筑物（构筑物）的类型很多，规范中的纠倾合格标准难以包罗万象，所以，《建筑物移位纠倾增层改造技术规范》CECS 225：2007 的条文说明中对于一些特殊情况还作了灵活处理的规定，如：

① 对于严重弯曲的高耸构筑物（建筑物），其中轴线顶点回倾量过大时，重心偏离基础形心，此类情况宜采用构筑物（建筑物）重心与基础形心逼近作为纠倾合格标准；

② 对于厂房、简易建筑物等，严重倾斜可能造成局部破坏或整体分离，此类情况宜将建筑物纠倾与局部改造结合进行；

③ 对于结构施工中发生倾斜的建筑物，过大的回倾量会造成室内装修物（如地板、吊顶等）反向倾斜；还有一些业主，基于其他方面的考虑，要求对自己倾斜建筑物（构筑物）的纠倾适当放宽标准；这些特殊情况宜参考“纠倾合格标准（表 3-2）”，进行灵活处理。

(3)《建（构）筑物纠倾技术规程》

目前，中华人民共和国行业标准《建（构）筑物纠倾技术规程》的送审稿已经完成，正在审批过程中。

1）《建（构）筑物纠倾技术规程》（JGJ 送审稿）特点

① 规范的基本框架、纠倾设计与计算、纠倾施工等主要内容与《建筑物移位纠倾增层改造技术规范》CECS 225：2007 基本一致。

② 规范增设了强制性条文。

③ 增设"施工监测"一章，对沉降监测、倾斜监测、裂缝监测、水平位移监测等进行了规范。

④ 对迫降法的最大控制顶部回倾速率进行了修订，规定其宜在5～20mm/d范围内，较《建筑物移位纠倾增层改造技术规范》CECS 225：2007"回倾速度应根据建筑物的结构类型、整体刚度以及工程地质条件确定，宜控制在10～50mm/d范围内"的规定较为谨慎。

2）关于纠倾标准的规定

《建（构）筑物纠倾技术规程》（JGJ送审稿）的"纠倾合格标准"与《建筑物移位纠倾增层改造技术规范》CECS 225：2007的"纠倾合格标准"相一致。

《建（构）筑物纠倾技术规程》（JGJ送审稿）规定，竣工验收2年以上产生倾斜的建（构）筑物的纠倾设计和施工验收必须满足纠倾合格标准（同表3-2）的要求；竣工验收2年以内（含2年）产生倾斜的建（构）筑物，其纠倾合格标准应符合有关新建工程标准的要求；对纠倾合格标准有特殊要求的工程，尚应符合特殊要求。

《建（构）筑物纠倾技术规程》（JGJ送审稿）的条文说明对纠倾合格标准作了进一步的解释：一般说来，旧的建（构）筑物发生倾斜后，其结构刚度和构件材料强度都会有所降低或削弱，纠倾难度相对较大。对于一些体型复杂、立面砌筑质量较差或复杂地基上的建筑物，纠倾达标难度大。对于建成时间较长、上部结构已出现破损和弯曲等病害的建筑物，过大的回倾量对建筑物结构、基础会产生不利影响。所以，综合考虑技术、经济等几方面因素，建成后使用时间较长的既有建（构）物的纠倾工程合格标准应比新建建（构）筑物放宽一些。

3.2　建筑物倾斜原因分析

造成建筑物倾斜的原因可分为人为因素和自然因素两大类，其中人为因素较为复杂，包括建设规划问题、场地勘察问题、建筑设计问题、建筑施工问题、业主（或建设单位）管理问题、用户使用问题、人为干扰以及一些其他问题等；自然因素主要是自然灾害问题。近年来，自然灾害造成建筑物开裂、倾斜、甚至破坏的数量远远超过了人为因素造成病害的建筑物数量。在多数情况下，自然灾害造成建筑物倾斜的同时，也严重破坏了上部结构。因此，受重大自然灾害重创后的建筑物多数被彻底拆除。

建筑物纠倾工程实例调查统计（不包括因过量倾斜或破损而拆除了的建筑物）表明，由于建设规划问题造成建筑物倾斜事故约占被调查事故总数的4%，勘察工作失误造成建筑物倾斜事故约占总数的4%，建筑设计问题造成建筑物倾斜事故约占总数的43%，建筑施工问题造成建筑物倾斜事故约占总数的20%，业主（或建设单位）管理问题造成建筑物倾斜事故约占总数的6%，建筑物使用过程中的问题造成建筑物倾斜事故约占总数的10%，人为干扰和自然灾害影响造成建筑物倾斜事故约占总数的10%，其他原因造成建筑物倾斜事故占总数的3%左右。

3.2.1　建设规划中的问题

建设规划不当导致建筑物倾斜的问题，多发生在软弱地基土地区、北回归线附近及其以南地区。主要的问题是建筑物密度过大，导致地基土中附加应力叠加。

在旧城改造中，规划部门扩展街道，迫使一些建筑物后退，导致建筑物上部结构重心严重偏离其基础形心。

3.2.2　场地勘察中的问题

建筑场地的岩土工程勘察是建设工程中重要的一环，也是地基基础设计和施工的关键依据。但是，一段时间以来，勘察市场供大于求，各勘察单位竞相压价，勘察费用偏低，造成了一些混乱局面，给工程建设质量造成隐患，具体表现在以下几个方面：

（1）工程勘察深度不足

根据《岩土工程勘察规范》，详细勘察应查明建筑物范围内或对建筑物有影响地段内的各种洞室的形态、位置、规模、围岩和岩溶堆物性状，地下埋藏特征，评价地基的稳定性。但是，一些勘察单位对岩溶地区进行勘察时，未查明溶洞准确边界线。有的岩土工程勘察甚至连岩溶土洞、墓穴、废弃的人防地道和废弃的毛石基础等也被忽视，使新建的建筑物发生严重开裂、下陷、倾斜或不均匀沉降等。

（2）勘察工作不细致

工程勘察等级应根据工程安全等级、场地等级和地基等级，综合分析确定。详细勘察的勘探点布置、勘探点数量，应满足《岩土工程勘察规范》要求，尤其是在复杂地质条件下或特殊岩土地区应适当增加勘探点，否则，工程勘察报告不能全面地、客观地反映地基土情况。调查中发现存在如下的问题：

1）勘探点的布置远离建筑物，使得勘察结果误差较大。

2）勘探点间距过大，复杂条件下的地基土层连不成完整的剖面图，责任心不强的工程师便随意勾画地层分界线，造成建筑物不均匀沉降。

3）勘探点数量不足，间距过大，或只借鉴相邻建筑物的地质资料，对建筑场地没有进行认真勘察评价，因而没有掌握局部存在的暗浜、古河道、古墓、古井、局部软弱夹层或厚薄不均的填土层，使建筑设计对局部软弱地基土不加处理，上部结构建成后，地基产生不均匀沉降，引起建筑物倾斜。

4）勘探点间距过大，对频繁起伏的基岩顶面标高描述失真，造成基础桩承载力相差悬殊，桩基产生不均匀沉降，建筑物发生倾斜。

5）土工试验所取的原状土样过少，缺乏代表性，勘察报告不能真实反映地基土力学性能。或未布置原状取土孔，未进行取样试验，给工程设计埋下了隐患。

6）地基土分层失误，勘察报告将淤泥土夹层与相邻的粉细砂层混为一层进行编制，导致基础设计与施工都没有重视软弱下卧层的存在。基础开挖过程中，大型施工机械反复扰动软弱下卧层，导致淤泥土强度降低，建筑物产生倾斜。

7）勘察数据处理失误，提出的地质勘察报告不能真实反映场地条件。

8）岩土工程勘察报告过于粗糙，仅指出场地下存在暗浜，却没有详述暗浜的位置、规模以及形成年代等，导致地基处理设计和基础设计失误。

（3）主观臆断

由于工程地质的复杂性，岩土工程勘察中存在一些主观臆断的现象。另外，对于一些较为熟悉的场地，勘察工程师也容易产生麻痹思想，不按科学程序进行勘察，凭经验办事，靠主观判断，使勘察结果严重失真。

1）勘察工程师自以为对场地熟悉，主观判断其为简单场地，绝大部分钻孔深度过浅，只进入黏土层便终止，殊不知有机土与泥炭就在其下。勘察报告误导设计人员既未对软弱土地基进行处理，也未对建筑物结构采取加强措施，导致建筑物产生不均匀沉降，墙体开裂等。

2）对场地地下水位的变化没有进行长期细致的观察，所估计的变化范围与实际情况严重不符，造成建筑物箱基在施工阶段产生上浮、倾斜等严重事故。

3）建筑物增层的补充勘察中，提出的原地基土承载力增长计算以及增层后地基沉降计算缺乏科学依据，导致建筑物增层后产生倾斜。

3.2.3 建筑设计中的问题

设计工作失误是建筑物发生倾斜的一个主要原因，特别是有些设计人员对地基基础问题的重要性认识不足，常把复杂的地基基础问题简单化处理，导致建筑物基础产生不均匀沉降，上部结构发生倾斜。建筑设计中存在的问题包括设计依据不足、基础方案失误、地基处理方案不当、设计承载力不足、地基变形过大、建筑物上部结构严重偏心、持力层选择不当、基础埋深不当、设计概念模糊和设计工作过粗等多方面原因。

（1）设计依据不足

1）没有进行建筑场地的岩土工程勘察（有的是勘察报告不详尽，也有的是施工图设计采用可行性研究阶段的勘察报告），设计人员靠经验盲目设计，或参考附近场地的工程地质资料和水文地质资料进行地基基础设计。但是所参考的建筑物距离较远，其工程地质与水文地质情况不能完全代表设计场地，设计人员也没有进行详细的现场调查访问，导致建筑物持力层选择失误，如恰好遇到多年前草率回填了的泥塘、泥沟等，造成浅基础建筑物局部地基承载力不足，局部地基土压缩模量突然降低，在施工过程中便产生不均匀沉降，并且随着上部结构逐步增高，建筑物倾斜量逐渐加大。也有的是局部的泥塘、泥沟等，使其中的单桩承载力严重不足，桩基建筑物产生倾斜。调查中还发现，同一场地中的构筑物参考了相距 50m 远的建筑物地质资料，结果由于地基承载力相差悬殊，导致该构筑物发生倾斜。

2）不进行建筑场地的岩土工程勘察，设计人员按经验对地基承载力进行估算，估算的地基土承载力往往偏差较大，多数情况下估算值偏于保守，造成隐性浪费；也有的犯冒进错误（如某工程对填土地基承载力取 200kPa 等），导致事故发生。总之，估算地基承载力，很难准确把握，原本是为了节省工程投资，其结果适得其反。

3）设计人员对岩土工程勘察报告中存在的明显问题（例如地质剖面图与当地的地质结构、地貌等严重不符，钻孔深度严重不足，钻孔平面布置极不合理等）视而不见，没有及时提出补充勘察的要求，从而使得设计依据（地质勘探报告）不符合实际情况，造成建筑物倾斜事故。

4）设计人员没有认真研究岩土工程勘察报告，产生误解，造成设计事故。

（2）基础方案失误

基础方案的选择在设计中起着重要的作用，它不仅严重影响着工程造价和工程进度，同样影响工程的安全性。调查发现，一些建筑物基础设计时，由于没有把握好地基土特性，缺乏认真的基础方案比选，采用的基础形式不当造成了建筑物倾斜事故。

1）在深厚淤泥软土、饱和粉细砂地基上，错误选用沉管灌注桩、沉管夯扩桩等基础形式，施工过程中产生较大的超静孔隙水压力，桩管打不到设计位置，拔管过程中淤泥挤孔造成混凝土桩缩颈，甚至断桩等桩体缺陷，使桩基施工质量难以保证，承载力达不到设计要求，建筑物产生倾斜。

2）在深厚淤泥地基中，预制桩布置过密，桩打不下去，大量截桩，部分桩尖未达到设计持力层，使桩基发生不均匀沉降，建筑物倾斜或开裂。

3）承受强大动力作用的钢塔架，荷载偏心，而采用分离式柱下独立基础（4 根钢柱下采用相同的分离式浅基础），强大的动力作用导致黄土地基发生不均匀沉降，塔架发生倾斜。

4）同一栋建筑物下选用两种或两种以上形式的基础（例如，1/3 的混凝土独立基础与 2/3 的毛石混凝土条形基础混合使用；1/3 的沉管灌注桩基础与 2/3 的钻孔灌注桩基础混合使用；1/3 的钢筋混凝土条形基础与 2/3 的钢筋混凝土筏板基础混合使用等），或将基础置于刚度不同的地基土层上，在建造或使用过程中，建筑物产生不均匀沉降，发生倾斜事故。

5）考虑桩土共同工作时，桩间土分担的荷载比例过大，布桩数量较少，使房屋发生过量沉降或倾斜。

6）在厚薄不匀的填土、软土或湿陷性黄土等地基上，采用条形或筏板等基础，由于地基土的工程性质差，受力后附加沉降大，加之厚薄不匀，导致建筑物不均匀沉降，发生倾斜。

7）基础埋深过浅，地基土强度低，且受自然力影响大，导致建筑物产生倾斜、破坏等。

（3）持力层选择不当

1）为节省投资，地基持力层选择在浅层的淤泥、杂填土、泥炭质土、湿陷性黄土等不稳定的软弱土层上，建筑物产生不均匀沉降。

2）埋置在弱冻胀、冻胀和强冻胀土中的建筑物基础，地基下残留冻土层厚度较大，严寒季节里，地基土中的水冻结成冰，体积增大，产生冻胀，向上挤压，形成冻胀力。由于冻胀的不均匀性以及建筑物各部位的自重和刚度不尽相同等原因，使建筑物产生不均匀变形。气温变暖后，地基土中的冰融化，土体强度减弱，造成建筑物下沉。由于地基土分布和其含水量的不均匀性，融化速度不同，使地基产生不均匀沉降，建筑物倾斜、破坏。

3）天然地基建筑物，其筏板基础埋深较浅，一部分基础位于细砂地基上，另一部分基础却放置在湿陷性粉土上，地基浸水后，差异沉降大，建筑物倾斜。

4）基桩的桩尖没有进入合适的持力层，基础产生较大的沉降和不均匀沉降。

5）在基岩起伏较大的场地，建筑物的基桩长度相等，导致部分桩的承载力差异较大，建筑物产生不均匀沉降。

（4）地基变形过大

1）仅按地基承载力进行设计计算，忽略了地基变形验算（尤其在软土地基），使建筑物发生不均匀或过量沉降。

2）形体复杂的建筑物各部分之间没有设置沉降缝，局部的不均匀沉降造成建筑物整体倾斜，各部分连接产生破坏。

3）多层建筑持力层中存在软弱下卧层，承载力较大的持力层厚度较薄，软弱下卧层厚度变化较大，压缩模量小，成为地基的主要压缩层。软弱下卧层的差异沉降导致建筑物倾斜。

4）忽略软弱下卧层厚度变化，导致地基土变形过大；或没有揭示出正确的基岩面起伏变化，更多的情况是地基土软弱不均的复杂分布没有被查明，不能进行有效的处理，造成严重的不均匀沉降。

（5）上部结构重心严重偏离其基础形心

1）建筑物基础设计时，上部结构重心投影严重偏离基础形心，荷载偏心矩过大，基底附加压力分布不均，使建筑物发生严重倾斜或损坏。调查中发现，尤其在软弱场地中，荷载偏心更容易造成建筑物倾斜。

2）建筑物楼层平面设计时，非均匀布置，如大量单面悬挑、局部加层、局部设置大型构造物等，使得建筑物上部结构重心严重偏向一侧，而基础未做相应处理，产生较大的偏心矩，建筑物倾斜。

3）由于场地的限制，基础平面布置时未将上部荷载较大一侧的基础外伸，造成基础平面形心偏离，建筑物倾斜。

（6）设计承载力不足

1）对形体复杂、高度变化较大的建筑物，没有按照上部结构的传力详细计算每一个基础面积，建筑物基础总面积满足要求，但基底压力较大的基础（高层部分）其基础底面积不足；而基底压力较小的基础（低层部分）其基础底面积过大，造成同一栋建筑物中，有的地基承载力满足要求，有的严重不足，导致建筑物倾斜。

2）软土地基上的相邻建筑物间距过小，地基与基础设计时，忽视了相邻建筑物地基应力叠加影响，没有采取必要的措施，造成建筑物相向倾斜。

3）对于欠固结的填土、淤泥等地基，采用桩基方案时，设计计算忽视了欠固结土的负摩擦力作用，造成桩的数量不足，桩基产生过量沉降、断桩等严重事故，建筑物倾斜。还有由于成层地基土场地设计计算时忽略了上层欠固结填土对桩基的负摩擦力影响，造成桩基承载力不足，建筑物倾斜。再有一种情况是，城市化进程中，一些建筑场地选择在城郊的农田、池塘、小溪等处，由于回填土（如塘渣等）厚度较大，原已固结了的淤泥质地基土重新产生固结沉降。因不同厚度回填土的影响，各个基桩所受的负摩擦力不同，造成部分桩基承载力不足，建筑物倾斜。

4）在同一标高处大量接桩，在同一平面上形成薄弱层，桩体很难保持原来的方向，不仅会产生附加应力，严重降低单桩承载力，而且在水平推力作用下，往往使接桩的部位首先发生破坏，造成严重事故。

（7）地基处理不当

1）对于承载力较低的地基土，采用换填垫层法处理地基时，由于垫层的厚度比较小，起不到扩散附加应力的作用，导致地基承载力不足，建筑物产生倾斜。

2）湿陷性黄土地区的条形基础建筑物，利用灰土挤密桩处理地基。但是，灰土挤密桩处理的深度和范围严重不足，附近地下管道破裂造成地基土湿陷，建筑物很快便发生倾斜。

3）建筑物设计时，没有对场地中的残留物（如废弃防空洞、地道、残留管道等）进行有效的处理。防空洞、地道等在建筑物的附加压力作用下顶部塌落，其上的地基土随之产生沉陷，造成建筑物倾斜。

4）软土场地地基处理不当，甚至不进行地基处理，采用天然地基匆忙进行基础施工，建筑物在建设过程中便发生倾斜，并日渐严重。

5）对地基土分布不均匀，特别是存在暗浜、古河道等情况，没有认真地进行地基处理，使建筑物产生不均匀沉降。

6）在持力层起伏较大的地带，建筑物基础的一部分放置于天然原状土之上，而另一部分放置于经夯实后的回填土上，回填土厚度较大，而夯实的效果达不到设计要求（承载力不足，压缩量较大），建筑物产生不均匀沉降。

7）在深厚软弱黏性土中采用碎石桩法处理地基，置换率较低，并且桩尖不穿透软弱层，形成复合地基后也没有进行加载预压，在建筑物荷载作用下，产生大的沉降变形，上部荷载偏心时伴随着不均匀沉降产生。这是因为软弱黏性土的渗透性较小，灵敏度高，成桩过程中产生的超孔隙水压力不能及时消散，挤密效果较差，而且扰动破坏了地基土的天然结构，降低了土的抗剪强度。

8）在采用强夯技术处理地基时，由于夯击能量不足，影响深度不够，没有有效地消除填土或黄土的湿陷性，造成很大隐患。

9）在深厚泥炭土场地，采用粉喷桩处理地基，又不进行现场试验，水泥与泥炭土胶结性差，桩身完整性差，粉喷桩强度低，单桩承载力低，达不到设计要求，造成很大的隐患。

（8）既有建筑物改造方案失误

既有建筑增层改造时，只对墙柱承载力进行了验算，却忽略了增层荷载对原地基与基础的不利影响，没有进行相应的地基处理，使得增层后的地基承载力不能满足要求，地基土发生不均匀压缩变形，建筑物倾斜。更有不利的情况是，增层建筑物在新的沉降过程中，破坏了原有的上下水管道，造成水浸地基土，增层建筑物发生更大的倾斜。

（9）设计工作粗枝大叶

1）对于带地下室的箱基，浮力计算中采用的地下水位不正确，也没有考虑遭遇暴雨与洪水时基础抗浮的应急措施。当地下水位大幅度上升时箱基上浮，导致施工中的建筑物产生倾斜。

2）距离大型建筑物较近的附属用房（小型建筑物，且距离小于勘探点间距）设计时，不进行专门的地质勘探，而是参考相邻大型建筑物的勘察报告。但基槽开挖后又忽视了钎探工作，或者是钎探工作不认真，场地中的局部填坑、洞穴等不良地基造成建筑物局部沉降。

3）在烟囱设计中，埋在地下的烟道没有保温措施，或保温隔热措施不力，使通向烟囱的烟道底部地基土长期受高温烘烤，使土体含水量减少至缩限以下，土体体积缩小，地基土产生沉降，造成烟囱倾斜。

（10）设计概念不清楚

概念设计是指在设计中，要求工程师运用“概念”，而不仅仅是依赖于计算对整个结构工程进行分析，作出判断，采取相应措施。概念设计在结构工程设计中起着把握全局的作用，概念设计的失误会对建筑物产生严重问题。

1）软弱地基土场地设计概念模糊。在局部软弱地基土场地的设计中，混淆了强度和变形的概念，不进行地基处理，认为只要加大基础面积，将基底压力降低到设计承载力之下就解决问题了（即同时满足强度和变形的要求），造成同一栋建筑物的基础宽度五花八门，但同时由于地基土的变形过于悬殊，造成建筑物不均匀沉降。

2）在复合地基设计时，认为整个桩的数量计算无误就万事大吉了，在桩的平面布置时忽略了上部荷载的分布情况，导致复合地基局部承载力不足或局部沉降量过大，基础产生不均匀沉降，这种事故曾多次出现过。

3.2.4　建筑施工中的问题

建筑施工中存在的问题包括施工方案违反相关规程、施工质量低劣、施工记录造假、配套设施影响、相邻工地施工影响、对基地土保护不力、未及时采取补救措施等。其中，建筑施工质量低劣、偷工减料、弄虚作假以及施工方法不当等是造成建筑物发生倾斜的又一个重要原因。

（1）施工方案违反相关规程

1）钻孔桩或挖孔桩的孔底虚土、残渣没有清理干净，使得桩端承载力严重不足，建筑物产生不均匀沉降。

2）预制桩施工时，施工单位打桩速度过快，在地基土中产生较大的超静孔隙水压力，致使已打进的桩产生倾斜，甚至断桩，大大降低了单桩承载力。同时，后面的桩打不到位，造成大量截桩，地基土大量隆起。但是经过一段时间后，超静孔隙水压力慢慢消散，导致未到位桩的承载力严重不足。总之，前后打入的许多预制桩的承载力达不到设计要求，在建造或使用阶段建筑物产生不均匀沉降。

3）沉管灌注桩施工不到位，吊脚现象严重，导致桩基承载力不足，建筑物发生倾斜。

4）桩头处理不当，常见的是截桩时敲击过猛，使桩身产生损伤；或桩头截去量过多，在软土地区补桩头时，将桩头周围的泥土混入，较小的上部荷载就将桩头压裂，甚至压碎；或接桩较长，但草率从事，桩的接长段与原桩体不在一条垂线上，形成折线形，严重降低单桩承载力，建筑物产生不均匀沉降。

（2）施工质量低劣、弄虚作假，造成隐患

1）基础施工时，施工单位随意减少了基础板的挑出长度，造成基础板形心移动，上部结构荷载相对偏心，产生倾斜。

2）为了减少工作量，施工单位在基础施工时随意减少基槽开挖深度，减小基底埋深，使得修正后的地基承载力特征值减小，地基承载力不足，建筑物发生倾斜。

3）采用强夯法处理地基时，由于夯击能量不足，影响深度达不到加固深度的要求，没有彻底消除填土或黄土的湿陷性，建筑物在使用过程中地基进水，造成建筑物严重下沉、倾斜或裂损。

4）施工单位交工时没有将污水管道接通，使室内污水灌入建筑物地基中，造成地基土浸水软化，基础下沉。

5）隐蔽工程质量低劣，不经验收便回填使用。例如化粪池一经使用便大量渗漏，造成湿陷性黄土地基浸泡，建筑物倾斜。

6）地下消防水池的防水质量差，消防水泄漏后浸泡地基，导致建筑物倾斜。

7）桩基施工中，桩长随着监理（或业主）是否在场而变化，甚至一些桩的实际长度仅为设计桩长的一半；或在基岩起伏的场地中，桩长一致，使得有些桩尖落在岩石表面，另一些桩尖下还保留着一定厚度的泥土。有的施工单位将木桩的大头截去做门窗，留下小头做桩。这些情况均可造成部分基桩的承载力相差悬殊，建筑物产生不均匀沉降。

8）桩体质量不合格，水泥掺入量严重不足。

9）采用劣质材料，减少钢筋（2011年的南方某工程事故中，竟然发现用竹片代替钢筋，施工单位称之为“竹筋”），降低砖石、砂浆、混凝土强度等级，甚至缩小基础尺寸。还有的施工单位擅自将桩头的形式改变等，在上部荷载作用下，基础（桩）出现破损、酥碎、断裂等质量事故。

10）沉管灌注桩的施工记录，应包括每米的锤击数和最后一米的锤击数，必须准确测量最后三阵，每阵十锤的贯入度和落锤高度。但是，一些施工队弄虚作假，施工记录隐瞒真相，不能停锤时便终止打入，造成沉管灌注桩承载力不足，建筑物倾斜。

（3）施工中未能保护好地基土

1）施工单位在基础施工过程中，没有做好防水、排水工作，没有及时回填基础，使暴雨浸泡基槽，地基土承载力降低，压缩模量降低，尚未完工的建筑物便产生不均匀沉降。

2）基础开挖施工时，没有保护措施，造成地基土严重扰动，建筑物产生不均匀沉降。

3）建筑物增层改造工程设置新基础或加固原有基础时，开挖施工、基槽降水等工作造成原地基土应力状态的改变，附加应力增加，建筑物产生不均匀沉降。

（4）地基处理措施不当

1）施工单位对建筑地基中的防空洞、土石坑以及降水坑等用混凝土进行填封，相当于人为设置“混凝土支承墩”，导致地基沉降量差异较大，建筑物产生倾斜。

2）半挖半填的山区建筑场地中，由于处理措施不当、施工质量差、填土地基压实度不足、或压实度不均匀等，造成一栋建筑物下存在欠固结和超固结两种地基土，建筑物产生不均匀沉降，甚至倾斜。

（5）相邻工地施工影响

1）在高层建筑基础工程施工中，由于深基坑的开挖、支护、止水等技术措施不当，造成支护结构倒塌或过大变形；基坑施工大量降水、漏水、涌土、失稳等，引起基坑周边地面开裂、塌陷，地基土向基坑方向位移，使已建成或正在建造的相邻建筑物向基坑方向倾斜，详见建筑物倾斜实例1和倾斜实例2。

2）相邻工地进行打桩施工，由于打桩振动引起粉细砂层的振动液化和超孔隙水压力的侧向挤压，引起既有建筑物下地基土的再次固结，对相邻基础会产生不利影响。

3）配套工程施工时，忽略了对主体工程的保护，例如地下车库、化粪池开挖距离建筑物过近，使主体结构基础外侧产生较大的临空面，基础下的淤泥土侧向挤出，引起主体结构倾斜，详见建筑物倾斜实例3；又如，室外配套管网开挖后，未及时回填，或回填后未夯实，雨水灌入后，使黄土地基湿陷，造成建筑物不均匀沉降。

4）在软土地区，相邻建筑物场地进行人工挖孔桩施工时，首先降低场地地下水，然后进行人工挖孔作业。降低地下水位会引起地基土不均匀沉降，而人工挖孔桩则相当于地基土的应力解除孔，桩孔周围地基土的强度和变形模量均呈下降趋势，软土向桩孔运移，带动相邻建筑物向桩孔方向倾斜。

3.2.5 建设管理中的问题

业主或建设单位在工程建设管理中存在的问题，也是造成建筑物倾斜的一个方面。而且，随着市场经济的发展，业主或建设单位在建设工程中的主导作用得到强化，容易造成瞎指挥、强人所难等问题。

(1) 建设场地选址不当

建筑场地应处于安全环境之中，应避开断裂带、土坡边缘、故河道和可能塌方、滑坡等地质上的危险地段。业主基于一些其他方面的考虑（如投资、运营、政绩、关系等），错误选择建筑场地，带来了潜在的危险。例如建筑场地距离露天矿较近，矿物开采导致地层长期整体蠕动变形，地表建筑物产生不均匀沉降、倾斜等病害。

(2) 业主操作失误

1）业主不按建设程序进行工程建设，任意发包建设工程，造成一些不够资质的设计单位，甚至是施工单位进行工程设计，造成工程质量低劣，建筑物产生倾斜。

2）业主暗中地将建筑物的基础外移，越过建筑红线，事情败露后，无奈将建筑物退回原处。然而筏板基础已经做好，只好反方向再加长筏板，导致上部结构的重心与筏板基础的形心严重偏离，建筑物产生倾斜。

3）业主将桩基外移，越过建筑红线，最外排桩已做好时被发现，只有在最外排桩内侧补做一排桩，才能使建筑物退回原处，这样一来，建筑物最外侧基础下为双排桩，而其余基础下仍维持原设计的单排桩，上部结构施工后，桩基产生不均匀沉降，建筑物倾斜。

4）业主暗中将其建筑物的基础外伸至相邻场地，同时没有处理好与旧基础之间的关系，致使新旧建筑物基础重叠相压，两者产生相向倾斜。

5）业主背着设计单位擅自大量增加阳台（甚至有的业主将阳台压在相邻建筑的屋面上），造成上部结构偏心过大，建筑物发生倾斜。

6）业主强迫施工单位减少基桩数量，造成建筑物不均匀沉降。

7）在不进行地质勘察的情况下，业主委托设计院进行设计。由于对地质情况缺乏了解，地基处理不当，使建筑物发生倾斜。

8）业主按一幢住宅楼进行场地勘察，按一幢住宅楼进行设计，但是在施工阶段，套用该勘察资料和设计图纸进行多幢重复建设，由于场地变化，造成勘察资料和设计图纸不配套，发生建筑物不均匀沉降。

(3) 开发商或业主管理不善

1）商住楼以毛坯房形式竣工后，为了管理和销售方便，开发商首先集中售出了一侧住房，其余的暂未出售。先买房的户主便开始集中装修，装修荷载和使用荷载在短时间内集中加到了住宅楼的一侧，造成上部荷载偏移，建筑物的重心偏离基础形心，住宅楼发生倾斜。

2）户主装修时随便拆除承重墙体，致使承载结构裂损，各种病害发生后没有及时维修，造成建筑物开裂或倾斜破坏。

3.2.6 建筑物使用过程中的问题

我国建筑物结构可靠度采用的设计基准期一般取 50 年。在 50 年甚至超过 50 年的服役中，各种不正确的使用会对建筑物造成损坏、倾斜等。

(1) 建筑物上下水管道破裂、自来水为长流水、或化粪池渗漏等，长期得不到维修，地基周围长期积水；或污水井堵塞，污水流入地基等，使地基土浸水湿陷。场地排水不畅，雨后建筑物周围（或其一侧）长期积水，造成地基土强度降低，压缩性增大，建筑物产生不均匀沉降。

（2）建筑物年久失修，其散水、排水沟破损，墙根常年积水，造成地基土湿陷，建筑物倾斜。经常可观察到的另一种现象是，建筑物外墙上的雨落管下半部脱落，屋面雨水从某层开始便沿外墙倾泻，破坏散水，浸泡地基，造成建筑物不均匀沉降。

（3）安全生产意识淡漠，管理不善，生产废水、废液无组织排放，不断渗入地下，邻近的建筑物地基遭到浸泡，基础产生不均匀沉降。

（4）防范意识差，值班制度不健全。节假日无人值守，水管破损，水漫建筑物。特别是春节长假里，严寒地区管道冻裂，得不到及时修理，自来水大量流失，建筑物的地基土严重浸泡、冻胀，造成建筑物沉降、不均匀沉降、甚至破坏。

（5）建筑物使用时间较长，甚至超过结构可靠度的设计基准期后，还未得到有效的维修保护，基础老化、受腐蚀，其抗剪强度下降，局部破坏。

（6）在既有建筑物的附近大量堆载（如建筑材料，弃土或产品等），使其一侧的地基承受较大的附加压力，引起地基的不均匀沉降。此种病害多次发生在软弱土场地。

（7）随着社会的发展和技术的进步，业主追求更高的建筑艺术形式，对既有建筑物进行超级装修，加装了过重的钢结构挂件、使用了过多的大理石等装饰材料，却没有进行地基与基础加固，导致建筑物装修后地基承载力不足，建筑物发生倾斜，详见建筑物倾斜实例 4。

3.2.7　人为干扰和自然灾害的影响

近年来，人为干扰和自然灾害对既有建筑物的影响呈上升趋势，特别是各种矿物开采和破坏性较大的自然灾害更是造成建筑物倾斜、破损的重要原因。

（1）采空区沉陷。地下矿层大面积采空后，上部岩层失去支撑，产生移动变形，原有平衡条件被破坏，随之产生弯曲，塌落，以致发展到使地表下沉变形，形成移动盆地。移动盆地的面积一般比采空区面积大，其位置和外形与岩层的倾角大小有关。采空区上方岩层变形的不断扩大并向上发展，往往波及地表，产生连续的地表变形、不连续的地表变形和不明显的地表变形等。位于移动盆地上的建筑物随着移动盆地的形成，发生变形、开裂、倾斜、破损等病害，甚至连开采井架和一些其他开采构筑物也发生倾斜等事故。

（2）城市地下工程施工影响。城市修建地铁、地下街道、地下建筑物、大型地下管道（包括大型地下顶管施工）等，没有采取有效的支护措施，导致附近地面下沉，地表建筑物产生不均匀沉降、开裂、倾斜等病害，详见建筑物倾斜实例 5。

（3）由于农田浇水、取土、填土、改变用途（如农田改造成鱼塘等）时，没有对位于农田附近的构筑物（如古塔、输电铁塔等）和建筑物的地基与基础进行有效的保护，造成这些构筑物和建筑物地基发生不均匀沉降。

（4）长期的振动引起建筑物倾斜，如火车线路附近的建筑物发生倾斜等。

（5）地下水位的变化，导致建筑物发生倾斜。地下水位降低时，原水位与新水位之间的地基土，其有效自重应力增加，地基下沉；地下水位上升时，地基土含水率增加，土的物理和力学性质发生变化，产生土体抗剪强度降低、湿陷等问题。

（6）受洪水冲刷、泥石流冲撞，建筑物上部结构受到较大的水平力作用，产生倾斜、破坏。

（7）洪水冲刷建筑物，淘空地基土，导致建筑物上部结构产生裂缝，建筑物整体倾斜、倒塌，详见建筑物倾斜实例 6。洪水冲刷地基土，造成铁塔基础裸露、下沉，铁塔倾斜。

（8）严重的冰雪灾害，导致电力线的冰雪荷载剧增，输电铁塔部分主材和斜材弯曲，铁塔整体倾斜。

（9）狂风产生较大的水平荷载，造成铁塔等高耸构筑物产生倾斜。

（10）山体滑坡、江河岸坡失稳，导致附近建筑物突然倾斜，甚至破坏，详见建筑物倾斜实例 7。

（11）海啸、水灾、泥石流等造成地基土被淘空，基础滑移，引起建筑物倾斜。

（12）强烈的地震使地基土液化、喷砂，产生不均匀沉陷，引起建筑物倾斜，甚至倒塌。强大的地震力还可以使建筑物的上部结构产生较大的变形，同样引起建筑物倾斜或破坏。

3.2.8　其他原因

除了上述因素引起建筑物发生倾斜外，还存在着一些其他直接或间接方面的因素。

（1）建筑行业的不正之风。例如无照设计，无照施工，所提供的地基处理手段或基础施工方法均不符合现行规范，甚至是十分错误的，从而导致建筑物发生倾斜。

（2）地下水位的升降引起地基土性改变。由于大量超限开采、抽汲地下水，地下水位下降等，引起地基下沉；由于修建水库或其他原因，有些地区地下水位上升，也会改变或降低地基承载力，引起地基下沉和建筑物病害。

以上就规划、勘察、设计、施工、管理、使用、自然灾害等方面的原因对建筑物倾斜进行了分析。但是一般说来，多种不利因素更容易共同引发建筑物的倾斜。所以，我们在具体分析一起建筑物倾斜事故时，不能顾此失彼，只有全面分析研究，才能弄清问题的真相，也才能分清主次矛盾，为倾斜建筑物的纠倾扶正工作奠定必要的基础。

3.2.9　建筑物倾斜实例分析

（1）建筑物倾斜实例 1——上海某厂房倾斜原因分析

2012 年 2 月 28 日上海松江某 3 层大厂房，在投入使用 6 年后，由于业主在其一侧开挖基坑，基坑侧壁变形造成软弱地基土侧向位移，该厂房一端下沉 1.5m，向基坑方向整体倾斜，见图 3-1。

（2）建筑物倾斜实例 2——深圳某住院楼倾斜原因分析

2012 年 3 月 23 日 10 点左右，深圳南山西丽人民医院新主体大楼工地，因基坑施工不当，地下水管爆裂，地基土浸水软化，导致相邻的 6 层住院大楼地面和墙体出现多处裂缝，大楼严重倾斜（图 3-2）。医院紧急疏散病人及家属，现场混乱。下午 2：00 楼内 246

图 3-1　基坑开挖引起厂房倾斜

图 3-2　基坑开挖引起住院大楼倾斜

名病人及 400 多名医护人员全部撤离大楼，近百台救护车转送病人到其他医院。

（3）建筑物倾斜实例 3——上海莲花河畔景苑 7 号楼倾倒原因分析

2009 年 6 月 27 日 5：30，一场倾盆大雨中，上海市闵行区在建小区“莲花河畔景苑”内传来一声巨响，7 号住宅楼轰然倒塌，造成一名作业工人死亡、直接经济损失 1946 万元的严重后果。

7 号住宅楼地上 13 层，采用预应力高强度混凝土管桩（PHC 管柱，直径 400mm）基础。主体结构完工后，施工单位一方面进行装修，另一方面开始配套工程（如南侧地下车库等）建设。如图 3-3 所示，地下车库紧靠 7 号楼南侧，开挖出的土体堆到 7 号楼北侧的防汛墙边（淀浦河南岸）。6 月 26 日，7 号楼已经开始倾斜，且倾斜持续发展，导致建筑物重心投影点严重偏离基础，倾斜加速，最终整体倾倒。据现场目击者反映，7 号楼倾倒过程仅持续了 10s 左右的时间。如图 3-4 所示，7 号楼整体刚度较大，倾倒后上部结构并未粉碎，基础抬起的一侧，桩基被拉断、拔出。

图 3-3　7 号楼倾倒示意图

图 3-4　倾倒后的 7 号楼

由 14 位专家组成了事故调查专家组，调查结果称，经现场补充勘测，原勘察报告符合规范要求，经复核原结构设计符合规范要求，经检测大楼所用 PHC 管柱质量也符合规范要求。事故调查专家组认定，7 号楼倾倒的主要原因是紧贴 7 号楼北侧在短期内堆土过高（最高处达 10m 左右）；与此同时，紧邻大楼南侧的地下车库正在开挖基坑（开挖深度 4.6m），大楼两侧压力差使土体发生水平位移，过大的水平力超过桩基的抗侧能力，导致房屋倾倒。即：造成 7 号楼倾倒的主要原因是北侧近距离大量堆土与南侧地下车库开挖同时进行，造成软弱地基土侧向移动。另外，事发前几日的连续大雨是大楼倾倒的诱发因素。

紧邻的 6 号楼与倾倒的 7 号楼可谓“双胞胎”、“姊妹楼”，也存在北面堆土、南面开挖的问题，也有所倾斜。但因距离其山墙还有一段未开挖，微小差别使 6 号楼幸免于难。通过采取填土等一系列抢险措施后，6 号楼向北回倾了 29mm，排除了倾倒的隐患。

2010 年 2 月 11 日，上海市闵行区人民法院对“莲花河畔景苑”倒楼案其他 6 名被告人已作出一审判决，分别以重大责任事故罪，判处上海梅都房地产开发有限公司“莲花河畔景苑”项目负责人秦永林有期徒刑 5 年，上海众欣建筑有限公司原法定代表人、总经理张耀杰有期徒刑 5 年，众欣公司项目安全负责人夏建刚有期徒刑 4 年，众欣公司项目经理陆卫英有期徒刑 3 年，土方开挖项目原承包人张耀雄有期徒刑 4 年，上海市光启建设监理有限公司“莲花河畔景苑”工程原总监理乔磊有期徒刑3年。

2010年4月21日上午10点，上海市第一中级人民法院一审宣判，被告人梅陇镇原“镇长助理”阙敬德贪污罪名成立，判处无期徒刑，剥夺政治权利终身，并处没收个人财产200万元；被告人梅都公司（开发商）原法定代表人张志琴犯贪污罪、犯挪用资金罪、犯重大责任事故罪，数罪并罚，决定执行无期徒刑，剥夺政治权利终身，并处没收个人财产500万元。两名被告的一切违法所得予以追缴。

（4）建筑物倾斜实例4——三亚某法院办公楼倾斜原因分析

三亚市某法院办公楼于1994年3月动工兴建，1996年11月投入使用，占地面积4196.40m^2，建筑面积15689.65m^2。主楼共12层，1998年又建两座副楼，总建筑面积共计3万m^2。

2008年该法院办公楼出现了屋面漏水、墙体破裂、饰面老化等建筑质量方面的问题，特别是法庭安全系统、网络办案系统等方面的硬件设施亟须建设和完善。该院经集体研究决定，申报办公楼改造装修项目的立项和建设。在该项目的装修改造中，三亚市财政分立面改造、室内装修、审判庭装修、副楼扩建四项工程，共计拨款2733万元。该法院办公楼改造装修工程于2010年5月开始动工，期间，由于设计变更、工程漏算及主体结构需要加固等原因，导致装修费用增加，装修资金出现短缺，该院向三亚市政府申请了第二次工程概算。三亚市政府在了解情况后认为二次工程概算较大，所以没有批准该院的申请，并决定收回该院装修中的办公楼及用地，装修工程于2011年6月3日暂时停工，见图3-5。

图3-5 装修施工中的法院办公楼

法院办公楼改造装修工程，除了大楼从内到外焕然一新之外，还在外立面和楼顶增添一些钢结构挂件，试图让这座大楼显得更威严和气派，“更有型”。因此，即便施工单位已经进场施工之后，装修计划和施工图纸还变动了好几次。该办公楼改造装饰工程的原定工期为150天，但由于施工图纸的多次修改与变更，工程量也随之增多，工期不得不一再延长。但是，改造装修过程中加装了过重的钢结构和使用了过多的大理石等装饰材料，导致这座大楼的地基无法承受超重的负荷。大约在2011年3月，施工单位的技术人员通过监测发现，办公楼出现了一定幅度的倾斜。2011年4月，三亚市有关部门委托了专业机构对办公楼进行了检测，初步结果是办公楼楼体已经严重超负荷，属于“危楼”。

由此可见，该法院办公楼的大型改造与豪华装修设计，更多地考虑了建筑物的造型、体量、立面、质感、色彩等艺术效果，忽略了建筑物上部结构的二次加载问题（或考虑不周），更忽略了超级装修加载后原建筑物地基与基础的强度与变形等问题。办公楼在改造与装修过程中，加装了过重的钢结构，使用了过多的装饰材料，使上部结构荷载急剧增大，且分布不均匀，形成了较大的偏心力矩，导致基础底面处的平均压应力过大，荷载偏心距过大，基础产生较大的不均匀沉降，建筑物发生倾斜。

（5）建筑物倾斜实例5——伦敦大本钟倾斜原因分析

图 3-6　伦敦大本钟

世界文化遗产、英国地标性建筑、伦敦著名古钟——大本钟（Big Ben），即威斯敏斯特宫报时钟，安装在西敏寺桥北英国议会大厦（the Houses of Parliament）东侧高 95m 的圣斯蒂芬钟楼上（图 3-6）。钟重 13.5t，钟盘直径 6.7m，时针和分针长度分别为 2.75m 和 4.27m，钟摆重 305kg。作为伦敦市的标志以及英国的象征，大本钟巨大而华丽。大本钟于 1859 年建成，当年 5 月 31 日开始运转，同年 7 月 11 日第一次整点报时。大本钟采用人工上弦，2 名钟表师每周一、三、五爬上钟楼上弦约 90min。根据格林尼治时间，大本钟每隔一小时敲响一次。现在大本钟的钟声仍然清晰、动听。投入使用后，英国政府每隔五年就要对大本钟实施维护，包括清洗钟体、更换大本钟的报时轮系和运转轮系等，期间大本钟曾两度因开裂而重铸。

英国议会大厦原来并没有镶嵌大本钟，1834 年因有人在议会大厦炉子里大量焚烧政府文件而引起火灾，把大厦夷为平地。1840 年议会大厦开始重建，1859 年大本钟建于议会大厦主体的东北角，由当时的工务大臣本杰明·霍尔爵士监制，耗资 2.7 万英镑。为了纪念他的功绩，取名为大本钟，本是本杰明的昵称。大本钟是精湛机械技术的杰出典范。150 多年来，大本钟的报时声成为伦敦生活一大标志。经由英国广播公司（BBC）电台，它的钟声传遍世界各地。

2011 年 10 月 9 日，英国《星期日电讯报》报道说，英国伦敦最重要的地标性建筑大本钟正在倾斜，大本钟顶部最高点已朝西北方向偏移大约 43.5cm，与垂直线夹角 0.26°，仅凭肉眼就能观察到（图 3-7）。

伦敦地铁公司与政府议会房产部门对大本钟钟楼进行了检测。测绘仪器显示，以前大

图 3-7　倾斜后的大本钟

本钟的倾斜速度很慢，每年倾斜大约 0.65mm。但从 2003 年起倾斜加速，顶尖每年偏移达到 0.9mm。现在钟楼顶部与垂直面的距离几乎达到 1.5 英尺。目前整个钟塔的倾斜度为 0.26°，相当于比萨斜塔的 1/16。测量专家指出，这种倾斜度还不会对建筑本身造成破坏性影响。如果按目前的速度，大本钟要达到比萨斜塔那样的倾斜度，还需要四千多年的时间。

按照我国《建筑物移位纠倾增层改造技术规范》CECS 225：2007，目前大本钟的水平偏移率为 $S_{H1}/H_g=0.0046$，超出了构筑物的纠倾合格标准：即：当 $50m<H_g\leqslant 100m$ 时，$S_H\leqslant 0.003H_g$。

这座钟楼位于威斯敏斯特，大本钟的外围地面出现了不均匀下沉。目前其北侧地基的下沉速度明显快于南侧。因此大本钟也就一点点地往北倾斜，即朝泰晤士河（Thames River）堤岸倾斜。地面不均匀下沉源于多年来在大本钟附近的开发，其地下挖掘长达几十年。钟楼地下建筑包括有银禧线地铁站（Jubilee line station）、地下停车场和一些下水道等。这种地面下沉的趋势也对该地区其他建筑物造成了危害，例如大本钟后面的下议院墙面上也出现了裂痕。

为此，英国议会成立了一个专门委员会，探讨如何防止议会建筑物及大本钟楼进一步倾斜，委员会也正在就是否需要暂停议会，对大本钟及威斯敏斯特宫进行翻新及保护展开讨论。甚至还有议员建议国会出售威斯敏斯特宫，迁入新的办公楼。

（6）建筑物倾斜实例 6——瑞典达拉纳市某住宅倾倒原因分析

2012 年 7 月 10 日，瑞典中部城市达拉纳突降暴雨，河流暴涨，河水将一座住宅的部分地基淘空、部分基础冲毁，建筑物发生倾斜，见图 3-8。

（7）建筑物倾斜实例 7——肇庆某 8 栋居民楼倾倒原因分析

2010 年 8 月 10 日，广东肇庆市封开县江口镇旧城区东方二路长 500m、宽 15m 范围的河岸边坡出现明显裂缝，附近 44 栋居民楼受到影响，部分建筑物墙体出现裂缝，有 43 户、254 名群众生命财产安全受到威胁。封开县政府立即组织有关部门在 15 时前将群众转移。16 时 10 分，先有 2 栋楼房慢慢向江中倾斜，承重柱断裂后整栋房子散架，倾覆在河堤上。随后，相邻的 6 栋楼房也在不断加剧的倾斜中重心偏离，陆续倒塌。由于墙体断裂，大部分楼房在倾斜后都变成了废墟，倾塌在河堤上，见图 3-9。但中间一栋 5 层居民楼，因承重柱没有断裂，在河堤上翻滚了两圈后落入江中。地质灾害发生原因是之前贺江堤岸长时间受洪水浸泡，洪水退后，河岸边坡失稳形成滑坡地质灾害。

图 3-8 河水冲毁住宅部分基础

图 3-9 河岸居民楼倾倒现场

3.3　建筑物纠倾工程设计与计算简介

在充分掌握相关资料和信息、全面考虑各种因素的基础上，通过对建筑物倾斜原因进行分析，找到真正的病害所在，方能对症下药地进行建筑物纠倾工程设计。

建筑物纠倾工程的设计与计算是纠倾工程的核心工作，也是建筑物纠倾施工的指导性文件。因此，建筑物纠倾工程设计应重视纠倾方法的灵活运用和纠倾方案的优化，应适时、有效地进行防复倾加固，应根据施工中反馈的信息及时修改设计，做到信息化设计、信息化施工。对特殊性岩土地区、地震区的建筑物以及复杂建筑物，尚应针对其复杂性采取有效措施。

3.3.1　建筑物纠倾工程设计准备工作

建筑物纠倾工程设计前，应认真搜集相关资料和信息，当原始设计文件、施工文件缺失时，应在检测与鉴定时补充有关内容。对于没有进行岩土工程勘察或岩土工程勘察资料不能满足纠倾工程设计要求的建筑物，应进行补充勘察，补充勘察应符合相关规范的要求。掌握翔实的资料与信息，就掌握了建筑物纠倾工程的主动权。

相关的资料和信息主要包括以下内容：

（1）原设计、施工文件，岩土工程勘察资料，气象资料；

（2）检测与鉴定报告；

（3）使用现状及改扩建情况；

（4）相邻建筑物的基础类型、结构形式、质量状况及周边地下设施的分布情况；

（5）补充勘察报告；

（6）相关的技术标准。

3.3.2　建筑物纠倾工程设计原则

建筑物纠倾工程设计应把握全局，遵循协调、平稳、安全、可控、环保的原则。纠倾设计应明确有效措施，确保施工阶段结构安全，避免建筑物产生失稳、结构破坏以及过量的附加沉降等。

建筑物纠倾工程设计应符合以下要求：

（1）全面分析建筑物倾斜原因。

（2）纠倾方法的选择应根据建筑物的倾斜原因、倾斜量、裂损状况、结构及基础形式、整体刚度、工程地质条件、水文地质条件、环境条件和施工技术条件等，并结合各种纠倾方法的适用范围、工作原理、施工程序等因素综合确定。

（3）合理选择建筑物纠倾方法，综合考虑防复倾加固措施，尽可能取得一举两得的效果。

（4）纠倾方案比选应本着安全可靠、技术先进、经济合理、保护环境、方便施工等原则，对纠倾程序、参数（如沉降速度、回倾量、回倾速度等）以及安全防护措施进行优化，确定最佳方案。

（5）纠倾工程设计时，应对受影响或已破损的结构构件和关键部位进行承载力、稳定和变形验算，并结合防复倾加固措施在纠倾前（后）进行相应的结构改造与加固补强。

（6）纠倾设计时，应提出有效措施，确保纠倾施工过程结构安全，避免建筑物产生失稳、结构破坏和过量的附加沉降等。

（7）纠倾设计应根据纠倾工程的具体情况规定迫降量（抬升量）和回倾速率的预警值。

（8）纠倾前，对于沉降未稳定的建筑物，在沉降较大一侧宜进行限沉；纠倾过程中，为防止建筑物沉降发生突变，必要时应进行防复倾加固；纠倾后，为防止建筑物可能再次发生倾斜，保证纠倾成果和建筑物长期稳定，必要时进行防复倾加固。

（9）纠倾设计应考虑纠倾施工对相邻建筑物、地下设施的影响，并提出相应的保护、防范措施。

（10）纠倾工程设计应根据信息化施工的监测数据，及时调整相关的设计参数。

3.3.3 建筑物纠倾工程设计步骤

建筑物纠倾工程设计步骤包括以下几个方面：

（1）倾斜原因分析：根据建筑物的检测与鉴定报告和相关资料，对倾斜原因进行分析确认，提出处理方案。

（2）纠倾方法选择，综合考虑防复倾加固措施。

（3）纠倾方案比选，确定最佳纠倾方案。

（4）纠倾设计动态优化：纠倾设计应对所选用的纠倾方案进行纠倾程序优化和纠倾参数优化，其主要参数为沉降速率、回倾速率、回倾时间等。

（5）防复倾加固：根据场地工程地质情况、建筑物的回倾情况等，进行必要的防复倾加固设计。

3.3.4 建筑物纠倾工程设计文件

纠倾工程设计文件宜包括以下内容：

（1）倾斜建筑物概况。

（2）倾斜建筑物检验与鉴定结论。

（3）工程地质条件和水文地质条件。

（4）建筑物倾斜原因分析。

（5）纠倾目标控制值。

（6）纠倾方案比选。

（7）纠倾设计与施工要点。

（8）观测点的布置及监测要求。

（9）结构改造及加固设计。

（10）防复倾加固设计。

（11）安全及防护技术措施、应急处理方法。

（12）环境保护措施等。

3.3.5 建筑物纠倾工程设计计算内容

纠倾工程设计计算内容主要包括以下几个方面：

（1）根据倾斜建筑物的倾斜值、倾斜率和倾斜方向，确定纠倾设计迫降量或抬升量、回倾方向等。

（2）计算倾斜建筑物重心高度、基础形心位置、上部结构传至基础顶面的竖向力、偏心距等。

（3）计算基底压力和基底附加压力。

（4）验算地基承载力及软弱下卧层承载力，并进行地基变形计算或估算。

（5）确定纠倾转动轴位置。

（6）确定纠倾实施部位及相关参数，如迫降孔的位置和数量、顶升位置和顶升机具数量以及相关参数等。

（7）防倾覆加固设计计算。

3.3.6　建筑物纠倾迫降量或抬升量计算

如图 3-10 和图 3-11 所示，建筑物的设计迫降量（或抬升量）以及纠倾过程中需要调整的迫降量（或抬升量）按式（3-1）、式（3-2）计算。

$$S_{\mathrm{V}}=\frac{(S_{\mathrm{H1}}-S_{\mathrm{H}})b}{H_{\mathrm{g}}} \tag{3-1}$$

$$S'_{\mathrm{V}}=S_{\mathrm{V}}\pm a \tag{3-2}$$

式中

S_{V}——建筑物设计迫降量、抬升量（mm）；

S'_{V}——建筑物纠倾施工需要调整的迫降量、抬升量（mm）；

S_{H1}——建筑物水平偏移值（mm）；

S_{H}——建筑物纠倾水平变位设计控制值（mm）；

H_{g}——自室外地坪算起的建筑物高度（mm）；

b——纠倾方向建筑物宽度（mm）；

a——预留沉降值（mm）。

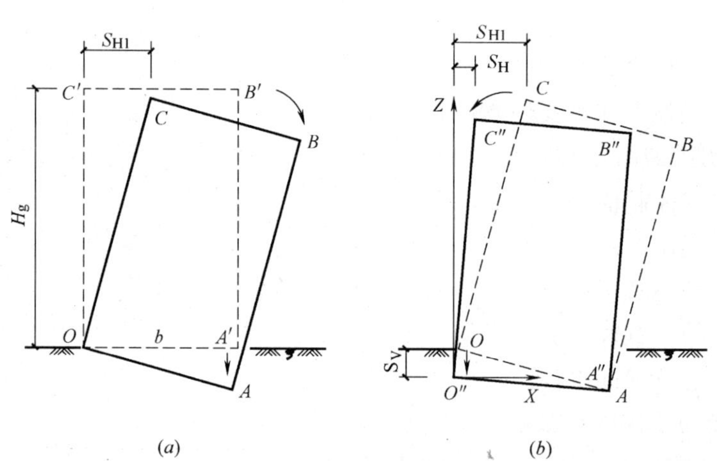

图 3-10　迫降法纠倾计算示意图

（a）纠倾前；（b）纠倾后

建筑物回倾方向应取倾斜建筑物水平变位合成矢量的反方向。建筑物设计迫降量（或抬升量）计算公式为理论计算公式，其中 H_{g} 为自室外地面起算的建筑物高度（即建筑物纠倾前自室外地面起算的高度），b 为建筑物的原始宽度。因为纠倾过程中自室外地面起

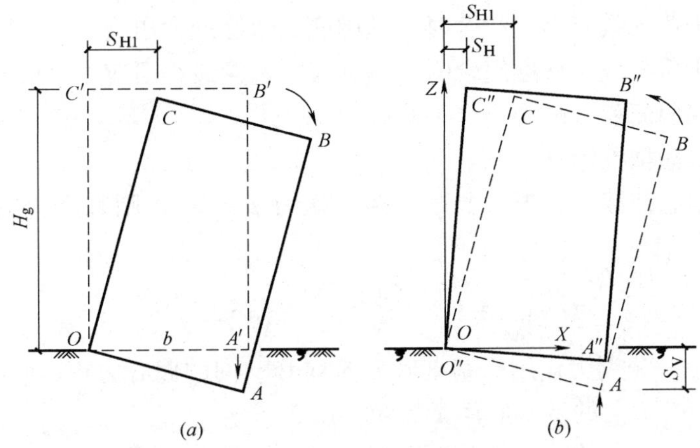

图 3-11　抬升法纠倾计算示意图

(*a*) 纠倾前；(*b*) 纠倾后

算的建筑物高度为一变量，建筑物宽度的水平投影也随着不均匀沉降的发展而变化，均不宜作为公式中的常量参与计算。另外考虑到纠倾结束后建筑物尚有一定量的不均匀沉降，所以需要进行微量调整。抬升法纠倾时，需要调整的抬升量为：$S'_V=S_V+a$；迫降法纠倾时，需要调整的沉降量为：$S'_V=S_V-a$。

3.3.7　建筑物纠倾工程地基承载力验算

(1) 倾斜建筑物基础底面的力矩值按式 (3-3) 计算：

$$M_p=(F_k+G_k+F_T)\times e'+M_h \tag{3-3}$$

式中　M_p——建筑物基础底面的力矩值 (kN·m)；

F_k——相应于荷载效应标准组合时，建筑物上部结构传至基础顶面的竖向力，(kN)；

G_k——基础自重和基础上的土重 (kN)；

e'——建筑物偏心距（即原设计偏心距与倾斜产生的附加偏心距之和）(m)；

F_T——纠倾施加的竖向附加荷载 (kN)；

M_h——相应于荷载效应标准组合时，水平荷载作用于基础底面的力矩值 (kN·m)。

(2) 计算基础底面压力

在单向偏心荷载作用下，当基底最小压力 $p_{min}>0$ 时，基础底面压力按式 (3-4)～式 (3-6) 计算（见图 3-12）：

$$p_k=\frac{F_k+G_k+F_T}{A} \tag{3-4}$$

$$p_{kmax}=\frac{F_k+G_k+F_T}{A}+\frac{M_p}{W} \tag{3-5}$$

$$p_{kmin}=\frac{F_k+G_k+F_T}{A}-\frac{M_p}{W} \tag{3-6}$$

图 3-12　地基压应力图

式中

p_k——相应于荷载效应标准组合时，基础底面平均压应力（kPa）；

p_{kmax}——相应于荷载效应标准组合时，基础底面边缘最大压应力（kPa）；

p_{kmin}——相应于荷载效应标准组合时，基础底面边缘最小压应力（kPa）；

A——基础底面面积（m^2）；

W——基础底面抵抗矩（m^3）。

基础在双向偏心荷载作用下，当基底最小压力 $p_{min}>0$，则基底边缘四个角点处的压力可按式（3-7）计算：

$$p_{\substack{kmax \\ kmin}}=\frac{F_k+G_k+F_T}{A}\pm\frac{M_{xp}}{W_x}\pm\frac{M_{yp}}{W_y} \tag{3-7}$$

式中　M_{xp}、M_{yp}——分别为作用于基础底面 x 向和 y 向的偏心力矩（kN·m）；

W_x——x 向的基础底面抵抗矩（m^3）；

W_y——y 向的基础底面抵抗矩（m^3）。

在纠倾过程中，建筑物基础底面边缘最大压应力（p_{kmax}）和基础底面边缘最小压应力（p_{kmin}）发生变化。建筑物纠倾扶正后，基础底面边缘最小压应力（p_{kmin}）较纠倾前增大，基底应力分布趋于均匀。

（3）地基承载力计算：

当基础宽度大于 3m 或埋置深度大于 0.5m 时，按照载荷试验、其他原位测试和工程经验等确定的地基承载力特征值，按式（3-8）进行修正：

$$f_a=f_{ak}+\eta_b\gamma(b-3)+\eta_d\gamma_m(d-0.5) \tag{3-8}$$

式中　f_a——修正后的地基承载力特征值（kPa）；

f_{ak}——地基承载力特征值（kPa），宜由补充勘察确定；

η_b、η_d——基础宽度和埋深的地基承载力修正系数，按现行规范执行；

γ——基础底面以下土的重度（kN/m^3），地下水位以下取浮重度；

γ_m——基础底面以上土的加权平均重度（kN/m^3），地下水位以下取浮重度；

b——基础底面宽度（m），当基宽小于 3m 按 3m 取值，大于 6m 按 6m 取值；

d——基础埋置深度（m）。

（4）基底压力应满足要求：

1）轴心荷载作用时：

$$p_k\leqslant f_a \tag{3-9}$$

2）偏心荷载作用时：

$$p_k\leqslant f_a, p_{kmax}\leqslant 1.2f_a \tag{3-10}$$

3.3.8　建筑物迫降纠倾法设计要点

建筑物迫降法纠倾设计首先应确定迫降顺序、位置和范围，确保建筑物整体回倾和变位协调；计算迫降基础沉降量，确定预留沉降值。

迫降法纠倾时，回倾速率应根据建筑物的结构类型、建筑高度、整体刚度以及工程地质条件和水文地质条件确定。《建筑物移位纠倾增层改造技术规范》CECS 225：2007 规定，回倾速度宜控制在 10～50mm/d 范围内，条件较好时，尚可适当加大。《建（构）筑物纠倾技术规范》（JGJ 送审稿）规定，迫降法纠倾时最大控制顶部回倾速率宜在 5～20mm/d 范围内。回倾速率在纠倾开始与结束阶段取小值，中间阶段取大值。

迫降法纠倾时，建筑物回倾速率的大小是一个比较敏感的问题，也是一个关键问题。长期以来，对建筑物回倾速率的控制有着不同的意见。在早期，人们普遍认为回倾速率不宜过大，避免建筑物在快速回倾过程中结构产生应力集中而开裂、或者由于惯性作用影响其稳定。《铁路房屋增层和纠倾技术规范》TB 10115—97 规定，建筑物回倾速度宜控制在 3～15mm/d 范围内。《既有建筑地基基础加固技术规范》JGJ 123—2000 规定，一般情况下沉降速率宜控制在 5～10mm/d 范围内。《湿陷性黄土地区建筑规范》GB 50025—2004 条文说明中规定，在湿陷性黄土地区采用浸水法纠倾时，地基下沉的速率以 5～10mm/d 为宜。

近年来，人们在更多的建筑物纠倾实践中发现，较小的回倾速率严重影响着工程进度，甚至带来一些不必要的麻烦。随着纠倾技术的发展，大回倾速率在不同的项目中进行了有效的尝试，并取得了一些经验。回倾速率应根据建筑物的结构类型、整体刚度、工程地质条件以及纠倾方法进行确定，及时终止高速追降所产生的惯性是稳定建筑物回倾的关键。相关资料显示，国内某建筑物利用掏土法进行建筑物纠倾时，在严格控制排土量、加固回倾侧基础、及时密封排土井孔等措施下，该建筑物回倾速率曾达到 360mm/d。但是，提高建筑物回倾速率是一个非常严肃的问题，应经过多方论证、确认可行时，方可实施。切不可为了追赶施工进度，盲目加大建筑物回倾速度，避免造成一些不利影响。

3.3.9 结构抬升纠倾法设计要点

结构抬升法适用于重量相对较轻的建筑物纠倾工程。抬升纠倾法包括结构抬升法和地基抬升法。结构抬升法是在建筑物沉降量较大的一侧基础下或结构的适当部位，利用机械工具将建筑物局部抬升，有效调整建筑物的沉降差，达到建筑物纠倾目的。

(1) 结构抬升法纠倾设计应符合下列规定

1) 原基础及上部结构不满足抬升要求时，必须先进行加固设计；

2) 抗震设防烈度为 7、8、9 度的地区，砖混结构建筑物抬升不宜超过 7、6、4 层，框架结构建筑物抬升不宜超过 8、6、4 层；

3) 抬升托换结构体系的强度、刚度应满足相关规范要求，并在平面内连续闭合；

4) 确定千斤顶的数量、位置、布置范围和顶升荷载等参数；

5) 应在满足建（构）筑物的结构安全和使用功能的条件下，进行防复倾设计；

6) 锚杆静压桩抬升法、坑式静压桩顶升法等带基础抬升后，其地基应进行填实或加固处理。

(2) 砖混结构建筑物托梁顶升法纠倾设计要点

砌体结构建筑物的顶升梁可参照倒置弹性地基墙梁设计，其计算跨度为相邻三个支承点的两边缘支点的距离。砌体结构顶升梁的设计必须使上部的顶升托梁与下部基础梁组成一对上下受力梁体系，并在平面内连续闭合。顶升梁、千斤顶以及底座应组成稳定的整体。此外，还应确定顶升间隙和千斤顶位置处的砌体开洞填充材料和要求。

(3) 框架结构建筑物托梁顶升法纠倾设计要点

框架结构的托换结构体系应验算正截面受弯承载力、局部受压承载力和斜截面受剪承载力，以及断柱前、后框架结构柱端的承载力。

托换梁体系包括托换节点和连系梁。连系梁应有足够的刚度，并在平面内连续闭合，保证顶升纠倾过程中结构的整体性。

应采取有效措施，保证托换结构新旧混凝土结合面协同工作，以及顶升纠倾结束后截断处结构连接的可靠性。

3.4　建筑物纠倾方法简介

本节简要介绍一些主要的建筑物纠倾方法，包括其纠倾原理、适用范围、技术特点、注意事项等。建筑物纠倾工程的设计与施工则在本套丛书的第三分册《建筑物纠倾工程设计与施工》中进行详细分解。

3.4.1　建筑物纠倾方法分类

目前，建筑物纠倾方法共有四十多种，根据其处理方式可归纳为迫降法、抬升法、预留法、横向加载法和综合法等五大类，详细分类如表 3-3 所示。

建筑物纠倾方法分类　　**表 3-3**

第一大类	第二大类	第三大类	第四大类
A. 迫降法	掏挖法	浅层掏挖法	基底成孔掏土法 基底冲水掏土法 基底掏垫层法 基础抽砖石法
		深层掏挖法	地基应力解除法 斜孔掏土法 斜孔射水法 辐射井射水法
	软化法	浸水法	基础侧坑式浸水法 基础外孔式注水法 基础下孔式注水法
		扰动法	注浆法 触变法
	降水法	轻型井点降水法 大口(沉)井降水法	
	加压法	堆载加压法 卸载反向加压法 增层加压法 锚索加压法	
	振捣法	振捣密实法 振捣液化法 振捣触变法	
	桩基卸载法	桩顶卸载法 桩身卸载法 桩端卸载法 承台卸载法 负摩擦力法	

续表

第一大类	第二大类	第三大类	第四大类
B. 抬升法	结构抬升法	抬墙梁法 锚杆静压桩抬升法 门式钢架抬升法 坑式静压桩顶升法 墩式顶升法 地圈梁顶升法 托梁顶升法 钢筏托换顶升法	
	地基抬升法	地基注化学浆液抬升法 地基注高压水泥浆抬升法 桩体复合地基抬升法	
C. 预留法	预倾法 预垫砂层抽砂法 预留顶升孔法 预留压桩孔法		
D. 横向加载法	牵引法 顶推法		
E. 综合法	以上方法中的两种或多种方法相结合		

3.4.2 建筑物纠倾方法选择

建筑物纠倾方法的选择应该根据建筑物基础情况、地基土性质以及建筑物结构类型等进行确定，做到对症下药。建筑物纠倾工程常用方法的选择参见表 3-4 和表 3-5。高层建筑、沉降量较大的建筑物以及复杂建筑物的纠倾，宜采用综合法。综合法设计时宜将纠倾与防复倾加固结合进行，取得一举两得的效果。

浅基础建筑物纠倾常用方法选择参考表 **表 3-4**

纠倾方法	无筋扩展基础				扩展基础，柱下条形基础，筏形基础			
	黏性土粉土	砂土	淤泥	湿陷性土	黏性土粉土	砂土	淤泥	湿陷性土
浅层掏土法	√	√	√	√	√	√	√	√
辐射井射水法	√	√	√	√	√	√	√	√
地基应力解除法	×	×	√	×	×	×	√	×
浸水法	×	×	×	√	×	×	×	√
轻型井点降水法	△	√	△	×	△	√	△	×
大口(沉)井降水法	△	√	△	×	△	√	△	×
堆载加压法	√	√	√	√	√	√	√	√
卸载反向加压法	√	√	√	√	√	√	√	√
增层加压法	√	√	√	√	√	√	√	√
振捣液化法	△	√	√	×	△	√	√	×
振捣密实法	×	√	×	×	×	√	×	×
振捣触变法	×	×	√	×	×	×	√	×

续表

纠倾方法	无筋扩展基础				扩展基础,柱下条形基础,筏形基础			
	黏性土粉土	砂土	淤泥	湿陷性土	黏性土粉土	砂土	淤泥	湿陷性土
抬墙梁法	√	√	√	√	√	√	√	√
静力压桩法	√	√	√	√	√	√	√	√
锚杆静压桩法	√	√	√	√	√	√	√	√
地圈梁顶升法	√	√	√	√	√	√	√	√
托梁顶升法	√	√	√	√	√	√	√	√
地基抬升法	√	√	△	√	√	√	△	√
预留法	√	√	√	√	√	√	√	√
横向加载法	△	△	△	△	△	△	△	△

注：表中符号√表示比较适合；△表示有可能采用；×表示不宜采用。

桩基础建筑物纠倾常用方法选择参考表 **表 3-5**

纠倾方法	桩基础				纠倾方法	桩基础			
	黏性土粉土	砂土	淤泥	湿陷性土		黏性土粉土	砂土	淤泥	湿陷性土
辐射井射水法	√	√	√	√	振捣法	×	√	√	×
浸水法	×	×	×	√	桩顶卸载法	√	√	√	√
轻型井点降水法	△	√	△	×	桩身卸载法	√	√	√	√
大口(沉)井降水法	△	√	△	×	桩端卸载法	√	√	√	√
堆载加压法	△	△	△	△	承台卸载法	△	△	△	△
卸载反向加压法	△	△	△	△	负摩擦力法	√	√	△	√
增层加压法	√	√	√	√	托梁顶升法	√	√	√	√

注：表中符号√表示比较适合；△表示有可能采用；×表示不宜采用。

3.4.3 浅层掏挖纠倾法

建筑物浅层掏土纠倾法是指从建筑物沉降较小一侧的基底下掏挖出适量的地基土、垫层，或抽取一定的基础砖石，引起建筑物新的沉降，有效调整其沉降差，以达到纠倾目的。浅层掏土纠倾法包括基底成孔掏土法、基底冲水掏土法、基底掏垫层法和基础抽砖石法等。其中，基底成孔掏土法、基底冲水掏土法和基底掏垫层法都是在基础底面以下掏挖土体，削弱基础下土体的承载面积，在上部结构荷载的作用下，使附加应力产生集中效应，掏土孔产生压扁变形，孔壁土体局部破坏，地基土产生新的附加沉降变形。基础抽砖石法在古塔纠倾中曾经使用过，是在刚筏及支撑刚筏的千斤顶保护下，通过在刚筏下的塔身上采用分期分批逐渐加密的方法进行钻孔掏砖进行迫降纠倾，详见“古建筑物纠倾技术”。

浅层掏土纠倾法一般适用于处理碎石土、砂土、黏性土、粉土、淤泥和淤泥质土、填土等天然地基上（或经浅层处理后）的浅基础建筑物，并且要求其结构的刚度和整体性较好，处于安全状态。对于基础埋深较大、荷载较大的工程，应慎重选择。

浅层掏挖纠倾法具有操作简单、安全可靠、适用性强、工期短、造价低、无振动、无污染等优点，得到了广泛应用，是多层建筑物纠倾工程中最早应用和最常应用的纠倾方法之一。但是，该方法也存在着变形易于集中、基底受力不均匀、土方开挖量大、劳动条件差等缺点。

(1) 基底成孔掏土法

如图 3-13 所示，基底成孔掏土法是在基础底面下以开孔的形式掏挖土体，进行迫降纠倾。对于不同形式的基础、不同的地基土，基底成孔掏土法通常采用室外开沟掏挖、截角掏挖、穿孔掏挖以及分层掏挖等作业方式。

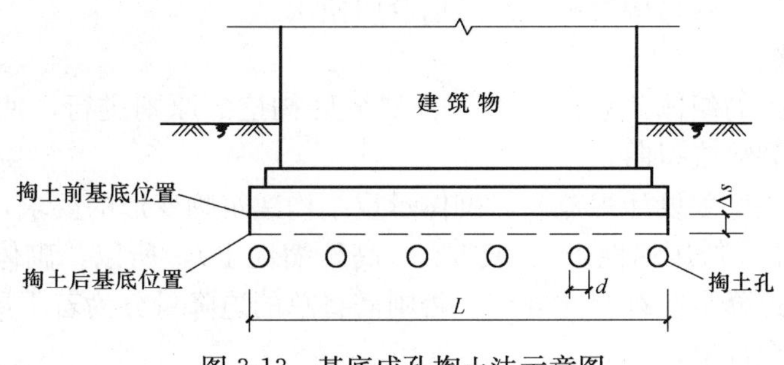

图 3-13 基底成孔掏土法示意图

1) 基底成孔掏土法一般规定

① 掏土孔的间距应根据建筑物的基础形式、倾斜状况、整体刚度、基础类型、工程地质和水文地质等选择，一般可取 0.5～1.0m；分层钻孔掏土时，相邻孔口应成梅花状布置，相互错开，孔距不应小于 0.5m；

② 掏土孔直径应根据回倾速率和地基土软硬情况等确定，一般可取 0.1～0.2m；

③ 掏土孔深度不宜超过转动轴线位置；

④ 同一孔口进行分层成孔时，两孔之间夹角不应小于 15°；

⑤ 应根据建筑物场地的工程地质条件、掏土的范围、回倾速率的要求以及施工机具等确定掏土的顺序、批次、级次等。

2) 室外开沟掏土法

开沟掏土是在建筑物沉降较小的一侧，在地基上从室外向室内开挖垂直沟槽，使该侧地基支承基础的面积减少，在上部结构荷载的作用下，地基的附加应力增大，地基沉降增加，从而逐渐调整地基两端的沉降差。

室外开沟掏土法，早期在福州地区比较流行，逐渐被各地所接受。福州地区一般把沟槽挖成圆锥体，即开口大、尾部小。这样做一是容易开挖，二是适应地基变形的要求，有利于房屋的平稳下沉。其他地方的沟槽多采用梯形截面，必要时可在靠近基础一侧进行支护，沟底灰浆罩面，并做成一定坡度（一般取 5‰），沟端排水。

开沟掏土纠倾主要是以变形控制操作，故应强化变形观测手段。该方法由于不需破坏室内地坪及设备，节省费用，施工方便，不但可用于筏形基础，条形基础也可有选择地选用。但对于双向倾斜房屋的纠偏则不如分层掏挖法那样易于控制。

3) 截角掏土法

对于采用独立基础或柱下条形基础的倾斜建筑物，则可采用对地基进行截角掏土或对角线对称截三角块掏土的办法进行纠倾。具体办法是在下沉较小的基础一侧逐渐挖去角部的地基土，使地基的承载面积减少，从而使地基的附加压力增加，地基下沉。

4）穿孔掏土法

穿孔掏土法是在沉降较小的一侧条形基础底面下，用有倒钩的小钢管从基底的两边水平打入地基土内，然后将钢管拔出，带走管内的地基土，如此反复掏挖，使该处地基支承基础的面积减少，导致地基土的附加压力增大，地基的沉降增加，从而达到纠倾目的。穿孔掏土法的机理与室外开沟掏土法大同小异。由于可以通过打入管的疏密去计算挖土量，使它又与分层掏挖法相似，具有以排土量和变形控制操作的优点。此法适宜于开挖地下水位较高，用分层掏挖、截角掏挖不方便的场合中使用。

5）分层掏土法

对于迫降量较大的纠倾工程，应按照分层分区掏挖的原则进行，使上部结构平稳就位，避免构件出现裂缝或扭曲。

按照《建筑地基基础设计规范》对砌体承重结构建筑物变形的要求，其基础的局部倾斜允许值为 2‰（中、低压缩性土）、或 3‰（高压缩性土），所以，砌体承重结构建筑物分层掏土纠倾时，迫降量应符合此规定。否则需将总的迫降量分为若干层，使每层迫降量均应小于局部倾斜允许值。

施工时把沉降差分为若干层，先掏挖其中的一层，此层差异沉降消失后，暂停掏挖 1～2d，再继续掏挖。相邻孔口应成梅花状布置，相互错开。

分层掏土法是用掏土量和变形控制进行操作，它只用铁钩、铁铲等简单工具，操作方便，无论单向倾斜或双向倾斜的建筑物都可用它进行纠倾。

（2）基底冲水掏土法

基底冲水掏土法是采用水力方式成孔掏土纠倾，其他方面（如纠倾原理、孔位布置、作业方式等）与基底成孔掏土法基本相同。

在基底冲水掏土纠倾法中，冲水工作槽（孔）的间距一般取 2.0～2.5m，槽宽（孔直径）一般取 0.2～0.4m，槽深可取 0.15～0.3m，槽底应形成坡度。水冲压力宜控制在1～2MPa，流量宜控制在 40L/min 左右。

对于软弱地基土，为了减少冲水的连带效应，可在掏土孔入口处设置套管，套管进深不宜超越基础外边缘，套管直径一般比冲水管直径大两号。

冲水掏土时应先从沉降量较小的一侧开始，逐渐过渡，依序进行，同时做好检测和防护措施。

（3）基底掏垫层法

对于基础埋深较大、垫层较厚的建筑物纠倾工程，若垫层强度较小时，可采用成孔掏垫层法或冲水掏垫层法进行建筑物纠倾，降低纠倾工程造价，缩短纠倾工程时间。

（4）建筑物浅层掏挖纠倾法设计要点

1）根据建筑物迫降量、地基土性质、基础类型、基础埋深以及附加应力分布范围等因素，确定掏土范围、沟槽位置、沟槽宽度与深度、掏土量、掏土顺序、掏土级次等设计参数。必要时，可通过现场试验具体确定。

浅层掏挖纠倾法设计时，纠倾建筑物转动轴位置的确定是一个比较关键的问题，即掏土范围对建筑物纠倾效果产生较大的影响。大量的纠倾工程实践以及一些计算机数值模拟表明，浅层掏挖纠倾法的掏土范围在沉降量较小一侧、且为基础面积的 70%左右。

2）根据掏土顺序、掏土量设计必要的安全措施，防止沉降突变。

3）确定取土孔（槽）的回填材料及回填要求。

目前的纠倾工程实践主要依据经验法、附加应力控制法、附加沉降变形控制法和地基土塑性变形控制法等进行设计。

（5）建筑物浅层掏土纠倾法施工要点

1）设置观测点

纠倾施工应将多种观测相结合，除了对整个建筑物进行沉降、倾斜监测外，还应设置室内的一些简易观测点，尤其对结构受力薄弱部位。

2）开挖工作坑槽

按照设计宽度进行人工或机械施工。人工掏挖深度应以比基础底面低 150～200mm，采用机械掏土其深度应满足机械设备要求，并做基坑的防护措施，地下水位较高时应采取降水措施。

3）掏土施工

按纠倾设计要求进行掏土施工，注意观测房屋的回倾变化情况，加强房屋各受力点的观测，检查是否出现较大的位移、损坏、裂缝等，以便及时调整掏挖方式、进度，必要时可对房屋进行加固和支撑。

4）防复倾加固

掏土法纠倾在一定程度上引起地基承载力下降，因此，防复倾加固可采用扩大基底面积、增设新的基础或采用桩基托换等形式，也可以采用注浆、高压旋喷等加固地基。

3.4.4 地基应力解除纠倾法

地基应力解除法，亦称钻孔排泥纠倾法，是在倾斜建筑物沉降较小的一侧垂直钻孔，按计划有次序地清理孔内淤泥，造成地基土侧向应力解除，使基底淤泥向外挤出，从而引起该侧地基下沉，最终达到纠倾目的（图 3-14）。地基应力解除法适用于建造在厚度较大的软土（如淤泥、淤泥质土、泥炭、泥炭质土、冲填土等）地基上的建筑物纠倾。

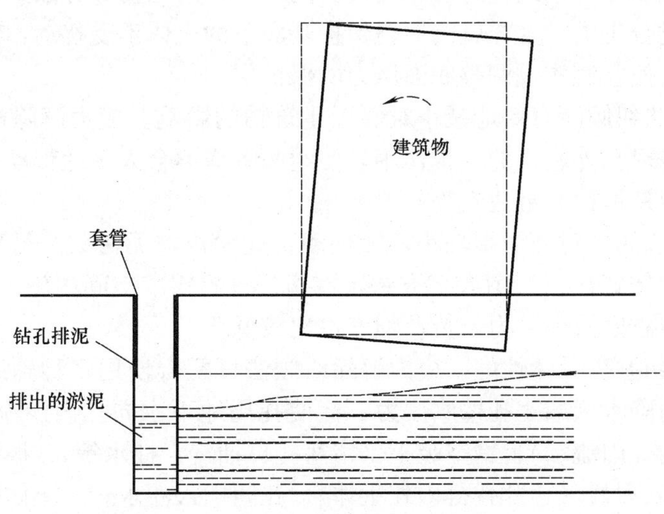

图 3-14 地基应力解除法纠倾示意图

(1) 地基应力解除法工作原理

地基应力解除法的工作原理简单总结为“解除”和“均化”，具体如下：

1) 解除建筑物原沉降较小的一侧沿应力解除孔孔周的径向应力。扰动后的区域地基土的强度降低，其变形模量也随之降低，地基应力随之调整，应力解除孔附近的地基土向孔方向连续运移，将应力解除孔由圆形挤压成不规则的椭圆形。在应力解除孔中深掏土，依靠吸拔软土所产生的真空吸力，引导软土进一步向应力孔流动，形成土质流场，带动建筑物回倾。

2) 解除建筑物原沉降较小的一侧沿应力解除孔孔身的竖向抗力，有利于沿应力解除孔一侧土体竖向错移。

3) 利用软土触变性强的特点，钻孔的扰动，可以大大降低应力解除孔周围土体的抗剪强度。

4) 通过一定规律的清孔（辅之以孔内降水，临时降低孔壁水压力）有利于软土向其中移动、填充。

5) 基本不动原沉降量大一侧的地基土。

6) 地基土变形模量与基底压力均匀化。应力解除法纠倾过程，使原沉降小一侧的硬土产生一定的剪切变形，其变形模量均匀化。另外，基底压力不断进行调整趋于均匀，促使纠倾呈良性循环。

(2) 地基应力解除法纠倾特点

1) 应力解除法有良好可控性。工程实践表明：用应力解除法进行建筑物纠倾时，一旦封孔，建筑物沉降速率衰减比纠倾前快得多，达到稳定沉降的时间将大大缩短。应力解除法的最大优点是完全可控，不怕矫枉过正，只怕纠而不动。纠倾到位封孔后，建筑物的回倾率和沉降速度都会迅速趋于停止。

2) 应力解除纠倾法有别于一般掏土法。地基应力解除法表面看来似乎属于一种软掏土纠倾法，但在本质上有重大的区别。应力解除纠倾法原则是：掏下不掏上、掏软不掏硬、掏（基底）外不掏（基底）里等。一般说来，能产生有效应力解除时，清孔才单一使用，否则必须辅之以多种辅助应力解除措施。同时，将清孔任务分散到尽可能大的工作面上完成，而不应过分集中。这样就能严格保护基底下的土体不受扰动，并且保护基底面下一定厚度的垫层，使它们构成调整底面压力的保护层。

3) 应力解除法纠倾能有效地减小对邻近建筑物的影响。应力解除法有效地隔离硬侧在纠倾沉降过程中对孔外基土的牵带作用，使纠倾沉降不会太多地带动孔外地基土一起向下移动，从而有效地保护邻近建筑物。

4) 应力解除法纠倾对环境影响小，无振动，无噪声，无污染。另外，应力解除法纠倾对施工场地要求较宽松（如用人工方法可在宽 3m 的狭窄空间内施工等），工期短，效率高，费用低，节省财力和人力，劳动强度也比较低。

5) 应力解除纠倾法灵活性好。应力解除纠倾法可配合使用多种辅助措施促进地基应力解除，如：孔内降水（减小孔壁水压力，促使孔周地下水向孔内渗流，形成动水压力，使地基土更容易向孔内流动）、真空吸土（堵塞孔口抽气、抽水等）、振动掏土（使软土触变流动）、孔间插入刀片（切开孔排内外土体）、孔间插入注水管（土体致裂）等。

6) 采用地基应力解除法纠倾后的建筑物是否进行加固要持谨慎态度。实践证明，不适当的加固方法会导致软侧的地基土产生附加沉降，并且沉降速率衰减得很慢。同时，加固施工过程也会引起较大的不均匀沉降，这两个附加沉降往往超出加固方法本身在日后所能起到的限沉作用。所以，只有经过论证，认为十分必要时才进行加固。

3.4.5 辐射井射水纠倾法

辐射井射水纠倾法是在建筑物沉降较少的一侧设置辐射井，在面向建筑物一侧的辐射井井壁上留有射水孔，由孔内向地基土中压力射水并把部分地基土带出孔外，加大持力层局部土体应力集中，促使基底土压缩变形，达到纠倾目的（图 3-15）。

辐射井射水纠倾法适用范围广，对于砂土、黏性土、粉土、淤泥和淤泥质土、填土等天然地基上（或经浅层处理后）的浅基础建筑物以及箱形基础和墩台基础等深基础建筑物都具有很好的纠倾作用。对于碎石土地基上的建筑物，可根据碎石含量和粒径大小等具体情况，采用以辐射井射水纠倾法为主、其他纠倾方法（如掏土、振捣等）相配合进行纠倾。

根据建筑物的整体刚度、基础类型、工程地质和水文地质条件、场地环境、回倾量的要求等因素确定射水井的位置、尺寸、间距、深度，以及射水孔的位置、数量和射水方向等参数，并确定射水的顺序、批次、级次。

辐射井应设置在建筑物沉降较小的一侧，井外壁距基础边缘 0.5～1.0m。一般地，辐射井间距一般可取 6～15m。辐射井间距较小时则迫降施工较为容易，但增加了建井成本；反之建井成本较低但迫降速度较慢，工人施工劳动强度较大。因此，迫降量较大、要求工期短时宜取小值，反之取大值。

辐射井可采用圆形混凝土沉井、砖砌沉井（图 3-16）或钢板井，并应进行结构验算。井的内径一般为 1.0～1.2m，井身的混凝土强度等级不应低于 C20，砖强度等级不应低于 MU10，水泥砂浆强度等级不应低于 M5。井壁采用预制钢筋混凝土井圈时，每节长 1～1.5m，内径 1～1.2m，壁厚 200～240mm。辐射井的井口应设置防护设施。

辐射井应在井壁上设置射水孔。射水孔尺寸宜为 150mm × 150mm、200mm ×

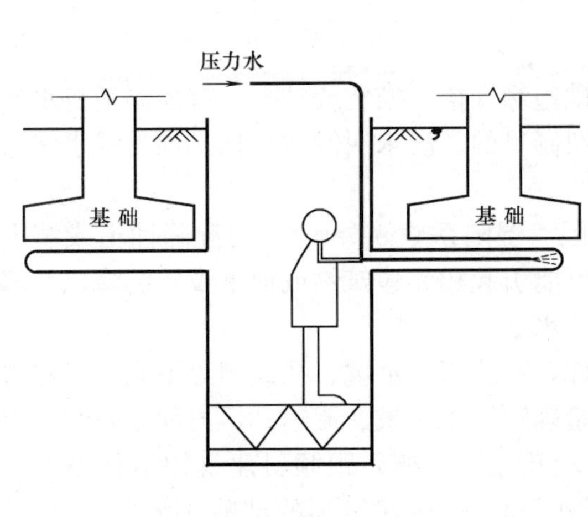

图 3-15 辐射井射水纠倾示意图

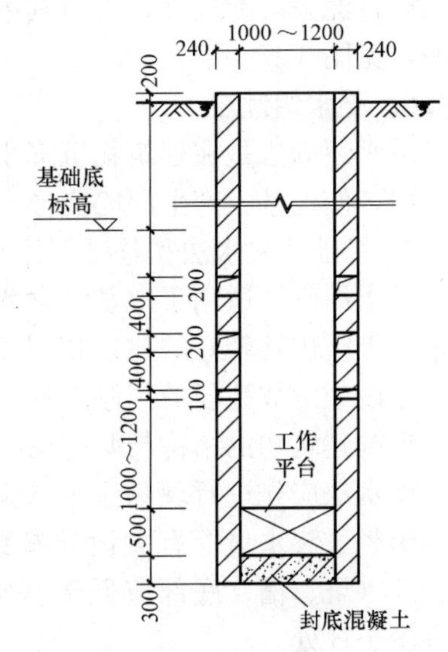

图 3-16 砖辐射井构造图

200mm、或 $\phi63\sim\phi110$mm。射水孔位置应根据基础回倾下沉量，设置在基底下适当深度。但一般情况下需保留原基础下的地基硬层（包括素混凝土垫层、密实硬土层等），使其在建筑物回倾过程中起变形的调节作用。所以，射水孔一般距基底不宜小于 0.5m，地基中有换填层时，射水孔距换填层不宜小于 0.5m。辐射井宜封底，井底至射水孔的距离不宜小于 1.8m。

对于比较复杂的成层地基土，射水孔位置尽可能选择在力学性质最差的土层上，通常距上一好土层界面 1m 左右，这样不仅纠倾速度快，而且对原地基土承载力影响较小，纠倾后容易很快稳定。当纠倾房屋处于大面积回填塘渣之上且塘渣层充满地下水时，沉井深度宜进入塘渣层之下土层 6m 以上，并在射水孔位置设置 500mm 长，管径大于射水管直径 30mm 的钢套管，防止射水时井筒外壁水土先行进入辐射井，造成井周土体坍塌。

高压射水孔长度原则上以不超过纠倾转动轴为宜，最长不宜超过 20m。射水孔方向宜平行及垂直于主倾方向，在平面上呈网格状交叉分布时，最大网格面积不宜小于 2m^2。

辐射井射水取土通过多级泵提供高压水源，高压水通过高压胶管送入射水枪（图 3-17）。射水管直径宜为 $\phi32\sim\phi50$mm，射水枪喷嘴直径为 $\phi4\sim\phi6$mm。射水压力宜为 0.5～2MPa，流量宜为 30～50L/min，并根据现场试验性施工调整射水压力及流量。

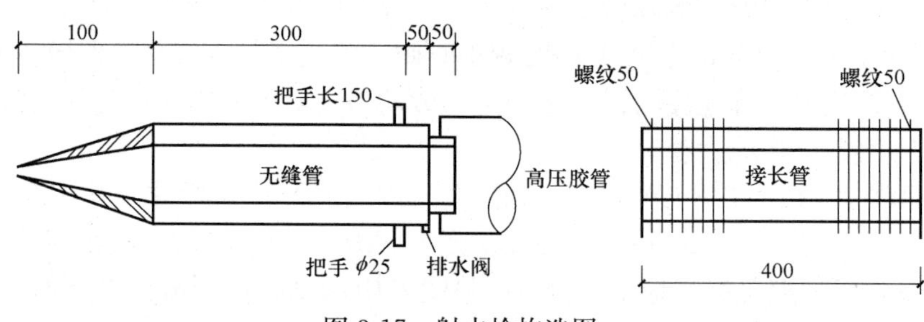

图 3-17　射水枪构造图

对于水资源比较紧张的地区，宜采用循环用水的办法，即将辐射井中的回水提升到沉淀池进行泥浆沉淀处理，再将其中的清水抽送到供水池，以供水池作为辐射井射水取土的水源，见图 3-18。

3.4.6　浸水纠倾法

浸水纠倾法是在建筑物沉降小的一侧基础边缘开槽、挖坑或钻孔，有控制地将水注入地基内，使地基土产生湿陷变形，从而达到纠倾目的。浸水纠倾法包括基础外浸水法（图 3-19）、基础外注水法和基础下注水法。

浸水纠倾法适用于地基土含水率小于塑限、湿陷系数 $\delta_s>0.05$ 的湿陷性土或填土地基上基础整体性较好的建筑物纠倾工程。对可能引起相邻建筑物或地下设施沉降以及靠近边坡地段或滑坡地段的纠倾工程，不得采用浸水法。

根据建筑物的结构与基础情况和场地条件，可选用注水坑、孔或槽等不同方式注水。

浸水法应先进行现场注水试验，通过试验确定注水流量、流速、压力和湿陷性土层的渗透半径、渗水量等有关设计参数。注水试验孔（坑、槽）距倾斜建筑物不宜小于 5m，试验孔（坑、槽）底部应低于基础底面以下 0.5m。一栋建筑物的试验注水孔（坑、槽）不宜少于 3 处。

根据试验确定的设计参数，计算沉降量与回倾速率，明确注水量、流速、压力和浸水

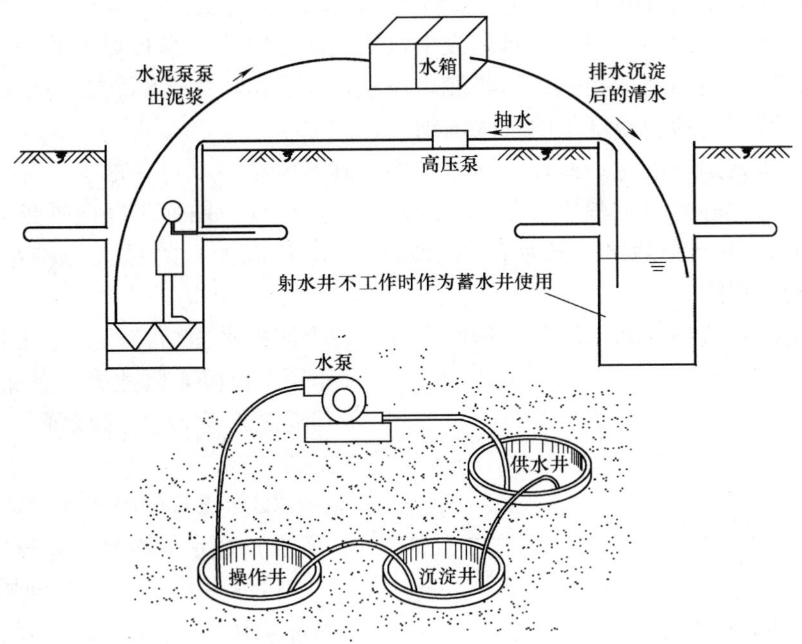

图 3-18　循环用水示意图

深度，确定注水孔（坑、槽）的位置、尺寸、间距、深度和注水量。

注水孔（坑、槽）深度应达到湿陷性土层，并应低于基础底面以下 0.5m。各注水孔（坑、槽）底部既可设在同一标高，也可设在不同标高。在注水坑（孔、槽）开挖过程中，发现土层中有渗水砂层时，注水坑（孔、槽）的水位，应低于渗水砂层底面高程。

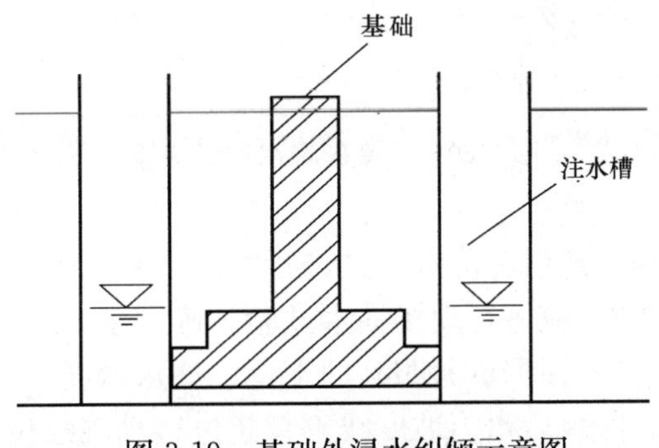

图 3-19　基础外浸水纠倾示意图

注水时应采取措施保持正常的渗水速度，并防止雨水流入注水坑（孔、槽）内。

根据基础类型、地基土湿陷性等因素，预留停止注水后的滞后沉降量。对于中等湿陷性地基上的条形基础、筏板基础，滞后沉降量宜为纠倾沉降量的 1/10～1/12。

纠倾结束后，应及时用不渗水材料夯填注水坑（孔、槽），恢复原地面和室外散水等设施。

3.4.7　降水纠倾法

降水纠倾法是通过降低建筑物原沉降较小一侧的地下水位，使其地基土失水固结，产生新的沉降，达到纠倾目的。降水法主要包括轻型井点降水法、大口井降水法、沉井降水法等。

降水纠倾法适用于地下水位较高、可失水固结沉降的砂性土、粉土以及渗透性较好的黏性土地基上的建筑物纠倾工程。降水井深度范围内有承压水或可能引起相邻建筑物或地下设施沉降时，不得采用降水法。

（1）降水纠倾法机理分析

饱和地基土是由固体土颗粒、水和极少量的气体所组成。当孔隙中的一些自由水被排除后，在上部压力的作用下孔隙体积将随之缩小，孔隙水压力逐渐转变为土颗粒骨架承受的有效应力，这便是饱和地基土的失水固结过程。

降水纠倾法就是应用这一原理，在建筑物原倾斜较小一侧打井抽水，降水后的地下水位是以降水井为中心的一个漏斗形曲面，随着降水的持续，曲面半径向外延伸，降水影响半径也在增加。在上海地区，长期降水（持续一个月以上）的最大影响半径可达 $10H$（H 为水位下降深度）。

对于浅基础建筑物，降水后漏斗形曲面以上的土体失水固结，地基土在上部结构荷载作用下沉降，降水井一侧的建筑物浅基础随之产生较大的沉降，建筑物回倾，见图 3-20。

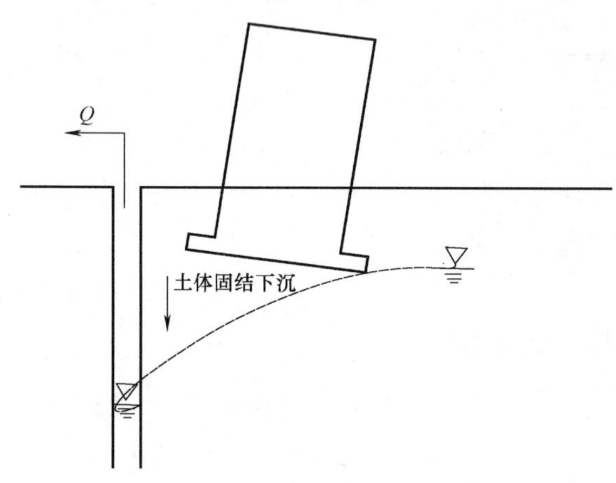

图 3-20　浅基础降水纠倾法原理图

（2）浅基础降水纠倾法设计

1）降水井选择与布置

降水井可根据工程地质和水文地质条件采用大口井（大口径深井）、沉井或轻型井点等。一般地，对于碎石土、粉土场地的浅基础倾斜建筑物，可采用轻型井点降水方式，使地基土产生附加沉降，引起基础下沉，达到纠倾目的。对于碎石土、砂土或砂土互层场地上基础埋深较大的倾斜建筑物，可采用大口径深井或沉井降水方式进行纠倾。

2）应进行现场抽水试验，确定水力坡度线、水头降低值、抽水量和影响半径等。

3）根据试验明确抽水量、抽水深度、抽水顺序，抽水井和观察井的位置、数量和深度。降水后水力坡度线不宜超过转动轴线位置。

4）一般说来，应考虑将地下水位下降到主要压缩层以下一定深度。

5）应预留停止抽水后发生的滞后沉降量。

6）应采取有效措施，防止对相邻建筑物产生不利影响。采用地下止水墙进行隔水时，止水帷幕的深度应达到降水漏斗曲线以下，不宜过浅，否则深层降水时止水失效。止水帷幕在平面上应封闭被保护的建筑物，平面长度不宜过短。回灌井的补水作用不可低估，降水纠倾过程中，要坚持全天候回灌。当降水深度较浅时，可在降水的保护侧开挖一条沟槽，进行连续回灌，也可收到良好的效果。

7）确定抽水井和观察井的回填材料及回填要求。

3.4.8　桩顶卸载纠倾法

对于支承在岩层或砂卵石层上的端承桩、桩长很大的摩擦桩或端承摩擦桩可将承台下基桩的桩顶切断，使承台下沉，达到建筑物纠倾目的，此方法即桩顶卸载法，也就是常说的截桩法。对于原设计承载力不足的桩基，桩顶卸载法还可以在纠倾的同时进行补桩，使其沉降很快收敛。对于原桩顶质量有缺陷的桩基，桩顶卸载法在纠倾的同时可对原桩顶进行有效地修复，达到纠倾与加固的双重目的。桩顶卸载法具有适用性广、费用低、分级下沉量容易控制等优点。在我国的建筑物纠倾工程中，桩顶卸载法有着许多成功的实例。

桩顶卸载法分别应用于单桩基础和群桩基础时，其作用原理不同。对于单桩基础，应首先设置托换体系，用特殊设计的扁平铲在底板将桩头与底板的联结截断，或者将桩周凿穿约 200mm 的宽缝，锯断钢筋，使桩与承台完全脱离，再通过降低千斤顶使承台下沉，建筑物回倾到位后，重新做桩头与底板连接，即直接截桩纠倾法。

对于群桩基础，则通过截断部分桩头，在切断部位设置断桩荷载调控装置，通过抽出钢垫片和升降千斤顶，使柱顶荷载重新分配到另一些桩上，造成未断桩或相邻断桩荷载的改变，迫使桩基础下沉或调控承台梁下沉变位，建筑物缓慢回倾，即桩顶荷载调控纠倾法。该法适用于群桩基础、地基土为深厚淤泥、饱和软土层或一般粉土、黏性土层，地基中不具备夹砂透水层，桩端持力层为密实土层、砂层、卵石层或岩层的建筑物纠倾。

(1) 直接截桩法纠倾设计

1) 直接截桩法纠倾设计计算主要包括以下内容：

① 根据建筑物的倾斜值、倾斜率和倾斜方向，确定纠倾设计迫降量或顶升量；

② 计算倾斜建筑物重心高度、基础底面形心位置和作用于基础底面压力值；

③ 验算地基承载力及软弱下卧层承载力；

④ 估算地基变形值；

⑤ 确定纠倾转动轴位置、纠倾实施部位及相关参数；

⑥ 进行防复倾加固设计计算。

2) 直接截桩法设计应符合下列规定：

① 根据补充勘察资料，验算原桩基承受的竖向力和单桩竖向承载力特征值；

② 若承载力或沉降不能满足《建筑桩基技术规范》要求，则应进行补桩设计。通常采用树根桩、小型钻孔桩、静压桩等进行补桩；

③ 根据桩的类型、桩身质量、工程地质条件、倾斜状况和上部结构形式等确定卸载部位、卸载方法和卸载桩数，并确定桩顶卸载顺序和批次；

④ 根据建筑物倾斜程度和平面尺寸，计算各桩的设计沉降量，并确定沉降级数、各级沉降量以及预留沉降值等；

⑤ 根据建筑物的结构类型、建筑高度、整体刚度以及工程地质条件等确定回倾速率；

⑥ 确定安全防护措施，防止桩顶卸载过程中桩基失稳和突降；

⑦ 通过现场试验性施工调整有关设计参数；

⑧ 计算截桩数量和各基桩顶部的截桩长度，基桩顶部截断长度不宜小于纠倾设计迫降量。根据断桩顺序、批次验算截断桩后的承台承载力，当不满足要求时，应进行加固。图 3-21 为某素混凝土复合地基直接截桩法施工照片。

3) 安全防护措施

① 采用由牛腿、千斤顶和承台组成的托换体系（图 3-22）时，应验算托换结构的正截面受弯承载力、局部受压承载力和斜截面受剪承载力。千斤顶的选型应根据需支承点的竖向荷载值确定，千斤顶工作荷载取其额定工作荷载的 80%，再取安全系数 2.0；

② 在桩颈下部加约束钢箍，以防桩体破坏过量造成难以控制的局面，并在各桩边准备好足够的钢垫板，再按设计沉降量顺次截桩，并随凿随垫钢板；

图 3-21　某素混凝土桩复合地基直接截桩法施工照片

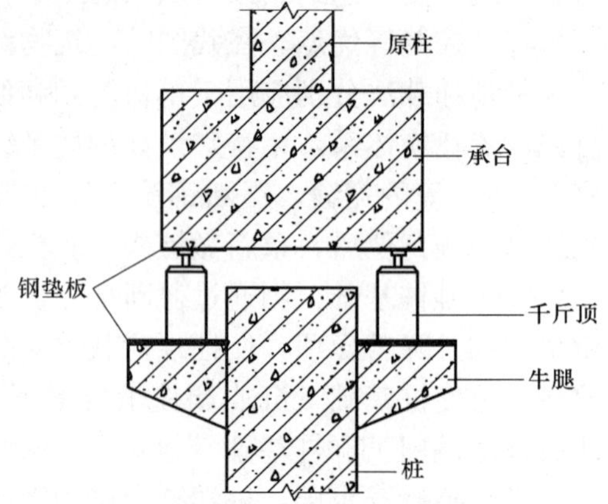

图 3-22　断桩托换安全措施示意图

③ 如桩承载力不能满足设计要求，可进行补桩。

(2) 调整桩头荷载法设计

桩端持力层为土质地基时，桩顶荷载调控是通过拔出垫片（垫片顶部与承台梁底有 5～10mm 空间)，使该桩所承受的竖向力为零，而相邻基桩所承受的竖向力由原来的 P 增至 $P+P/2$ 或 $P+P$，迫使该桩顶承台（梁）下沉接近钢垫片（或压至钢垫片）时，通过观察各桩无异常突变后，再拨出一片钢垫片（垫片间已涂抹黄油)，又造成相邻基桩荷载加大的局面，以此类推直至达到设计要求为止。

桩尖持力层为基岩地基时，桩顶荷载调控是采用钢垫片与千斤顶交错布置，通过拨出一片钢垫片，千斤顶再缓慢回油，促使承台梁下沉的办法进行纠倾复位，这样既安全可控，又可使承台梁（或基础）有不断下沉的空间。

3.4.9　桩身卸载纠倾法

桩身卸载纠倾法是通过减小建筑物原沉降量较小一侧基桩的侧阻力，使卸载基桩产生显著沉降，建筑物回倾。

(1) 桩身卸载纠倾法设计与施工

桩身卸载纠倾法通常是在建筑物原沉降量较小一侧基桩的周围形成一定深度的卸载孔，减小桩侧与地基土的接触面积，暂时消除部分桩侧阻力，迫使基桩产生新的沉降（图 3-23)；或者，对建筑物原沉降量较小一侧基桩周围的地基土进行一定深度的扰动，暂时减小桩侧地基土的侧阻力，使基桩产生新的沉降。

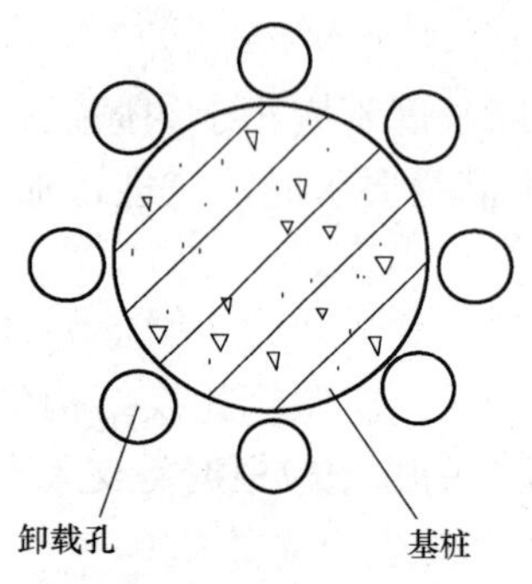

图 3-23　桩身卸载法卸载孔布置示意图

对于短桩基础的建筑物，桩身卸载纠倾法施工一般可在桩周采用常压射水的方式，其中，钢管射水枪长 2～4m，钢管管径 $D25$，枪嘴 $\phi6$，水泵采用普通离心泵或普通潜水泵。对于端承摩擦桩和摩擦端承桩，仅实施桩身卸载法，其纠倾效果不十分理想，如果能减小部分端阻力，纠倾效果会更明显。

短桩基础建筑物的回倾规律大致为：桩侧摩阻力减少 50％时，建筑物开始回倾，其回倾量为 1～3mm/次；桩侧摩阻力减少70%时，建筑物回倾量为2～4mm/次；桩侧摩阻力减少90%时，建筑物回倾量为4～7mm/次。每个回合的“桩身卸载”中，当完成预定50%工作量时，建筑物开始回倾；当完成预定全部工作量时，建筑物回倾量达到本次总回倾量的50%；在之后的4～5h以内，建筑物再回倾50%，再后的时间里建筑物基本不动。

短桩基础的建筑物，桩身卸载纠倾法施工也可利用长振动棒在桩周进行振捣触变（对于含水量较小的地基土，多联合采用射水和振捣方式），使桩周地基土的侧阻力暂时减小，达到纠倾目的。

对于长桩基础的建筑物，桩身卸载纠倾法施工一般可在桩周采用高压射水，或者采用高压水枪与振动棒组合，也可以采用水、气两重管法（中压水泵、普通空压机）实施。

(2) 注意事项

在淤泥和饱和砂土地基中利用洛阳铲进行桩身卸载纠倾时，由于水的作用，洛阳铲只能取出少量的土，而且泥水随时回填取土孔，效果很不理想。

对于桩身强度较小的基桩（或复合地基中的增强桩体），必须保证未卸载的桩头不会出现裂缝、压损等事故，必要时应进行加固处理。

3.4.10 负摩擦力纠倾法

负摩擦力纠倾法是通过降低桩基建筑物原沉降较小一侧的地下水位，降水漏斗形曲面以上的土体失水固结，有效应力增加，并产生显著沉降，对桩侧产生负摩阻力，形成下拉荷载，迫使桩基下沉，建筑物回倾，见图3-24。

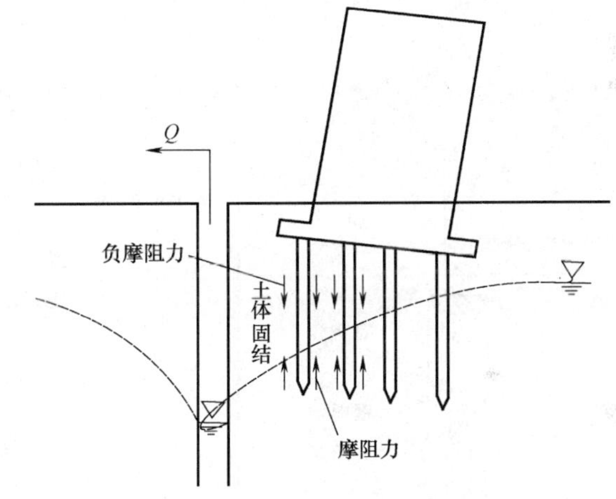

图3-24 负摩擦力纠倾原理图

大口井（大口径深井）降水纠倾过程中，井体周围地基土也会发生不同程度的流失，流失量的大小与地基土的性质密切相关，如粉细砂流失严重。所以，钢筋笼井管在降水过程中产生变形，井孔直径大小应考虑潜水泵的工作与维修情况。一般地，深井井孔取650～800mm，井深较小时取小值，井深较大时取大值。井管钢筋笼的直径一般为400～600mm，钢筋笼的主筋可取ϕ14～ϕ18，根据土压力和水压力沿深度的变化，内箍筋直径可分段取值，一般为ϕ14～ϕ18，浅部内箍筋直径取小值，深部内箍筋直径取大值。钢筋笼外侧外包裹两层100目的纱网及保护层（如竹笆等）。钢筋笼外围以碎石料紧密充填，作为滤水隔砂之用（图3-25）。

深井内也可以设置单螺旋专业降水井管，代替钢筋笼井管。降水井管外包裹两层100目的纱网，用钢丝捆紧。井底预留降水井沉砂段。

对于半边降水深井，井管（或钢筋笼井管）外侧外包裹两层100幕的纱网，再半边外侧包裹防水布两层，其余做法不变。

采用负摩擦力法纠倾，群桩建筑物的回倾规律可总结为：间歇式降水的每次持续时间一般控制在10～15h。当水位降至1/2桩长时，建筑物开始回倾，每次回倾量约为6～

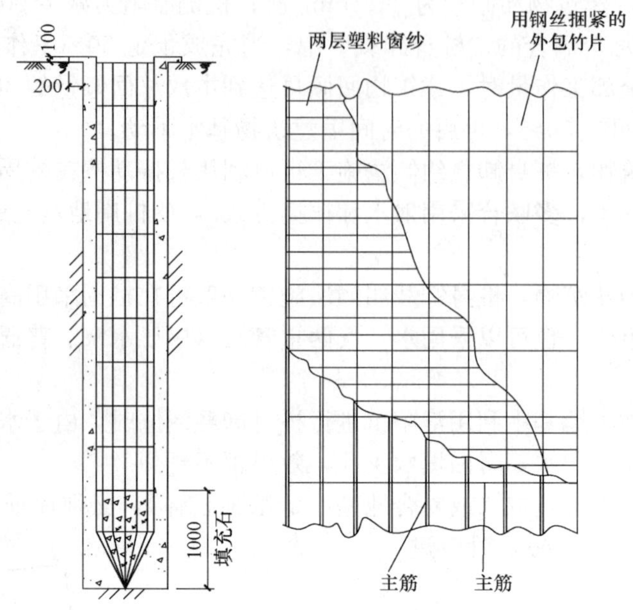

图 3-25　大口井构造示意图

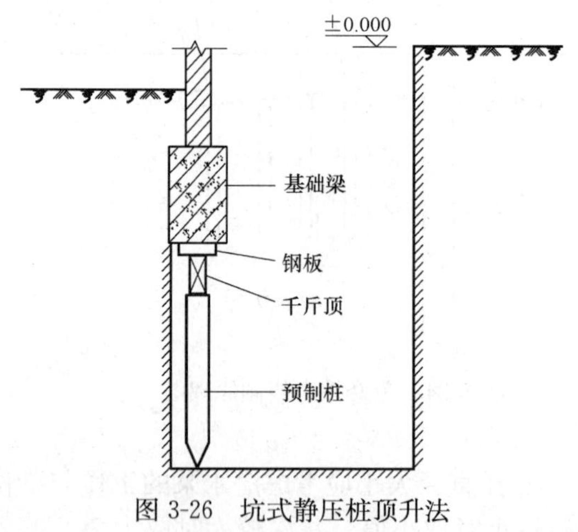

图 3-26　坑式静压桩顶升法

9mm。当水位降至 3/4 桩长时，每次回倾量约为 9～15mm。对含砂地基土需慎重，降水持续时间应根据监测数据确定。

3.4.11　坑式静压桩顶升纠倾法

坑式静压桩顶升法是在建筑物基础下开挖托换坑，用千斤顶将预制好的钢管桩段或混凝土桩段接长后逐段压入土中，利用设置在桩顶上的千斤顶顶升建筑物，达到纠倾目的（图 3-26）。

坑式静压桩顶升法适用于黏性土、粉土、湿陷性黄土和人工填土地基，且持力层埋深较浅、地下水位较深、上部结构较轻的建筑物纠倾工程。对于不均匀沉降速度较大、倾斜发展较快的建筑物，静力压入钢管桩的施工速度快，可起到迅速止倾作用。待倾斜建筑物不均匀沉降稳定后，再利用已压入的钢管桩作为反力支点，进行顶升纠倾。

坑式静压桩顶升法设计应符合下列规定：

1）应进行单桩承载力特征值试验，试验可采用现场单桩竖向静载荷试验及其他原位测试方法。

2）压入桩的桩径、桩长、桩数、桩位、压桩力大小等，应根据设计计算确定。

3）桩位宜布置在纵横墙基础交汇处、承重墙基础的中间、独立基础的中心或四角等部位，不宜布置在门窗洞口等薄弱部位。

4）各千斤顶的顶升量根据设计计算确定。

5）预制方桩边长不宜小于200mm，混凝土强度等级不宜低于C30；钢管桩直径不宜小于159mm，壁厚不得小于6mm。

6）应根据压入桩的位置确定工作坑的平面尺寸及深度，确定开挖顺序，并应计算开挖对建筑沉降的影响。

7）桩的压入深度宜采用压桩力和桩长双控，最终压桩力取单桩竖向承载力特征值的1.5倍。

3.4.12 锚杆静压桩抬升纠倾法

锚杆静压桩纠倾法是利用建筑物自重，在原建筑物沉降较大一侧基础上埋设锚杆，借助锚杆反力，通过反力架用千斤顶将预制桩逐节压入基础中，当压桩力达到1.5倍桩的设计荷载时，将桩与基础用膨胀混凝土填封，达到设计强度后，压入桩便能立刻承受上部荷载，并能及时阻止建筑物的不均匀沉降，迅速起到纠倾加固作用（图3-27）。一般情况下，封桩是在不卸载的条件下进行的，可对桩头和基础下一定范围内的土体施加一定的预应力。施加预应力后，基础不会产生沉降，甚至有一定量的回弹。这样可减少上部土层的压力，有利于将上部荷载通过桩传到下部较好的持力层，有利于调整差异沉降。对于荷载较小的建筑物，锚杆静压桩纠倾效果也较理想。对于软土场地的倾斜建筑物以及倾斜量继续发展的建筑物，许多纠倾工程选择了加固与纠倾的组合方法，即首先采用锚杆静压桩加固原沉降量较大一侧的地基与基础，然后（或同时）选择合适的方法进行纠倾，比较奏效。

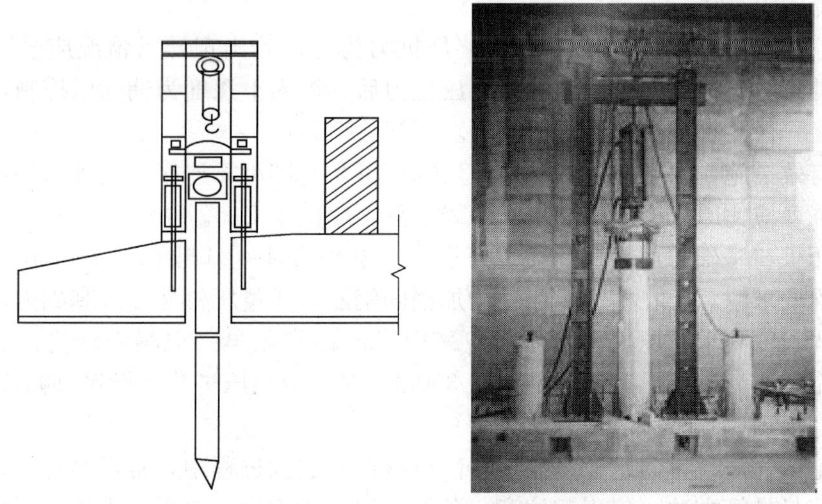

图3-27 锚杆静压桩纠倾加固作业图

锚杆静压桩用于建筑物的抬升纠倾时，可按照设计方案先逐个将所有的锚杆静压桩压入各自预定的深度后，不封桩头，而是采用三角铁将各桩临时锁定，然后用若干台千斤顶分组对称地进行二次压桩，用以调整各桩的均匀受力，同时进行抬升纠倾。每次抬升量要小，反复多次进行。千斤顶的数量、吨位、各自位置均由设计计算确定，力求用少量的千斤顶进行整体抬升，但要避免发生明显的应力差，避免基础破损。纠倾扶正后，再封好桩头，即完成了建筑物的纠倾扶正与加固工作。

（1）锚杆静压桩纠倾加固技术特点

1）静压桩纠倾技术是预先对所采用的各桩施加一个预加压力，使基础产生微量回弹，以便减少基底压力或原基桩荷载，为上部继续增加荷载提供了条件，并且消除了托换桩卸载后出现的回弹现象。

2）静压桩法受力明确、传力途径简单。静压桩穿过薄弱的土层后，使上部荷载由基础传递给静压桩，再通过桩传递给承载力较高的地基持力层。所用各种施工机械制作简单、轻便、强度可靠、便于安装。

3）锚杆静压桩纠倾法施工时无振动，无噪声，设备简单，操作方便，移动灵活，可在场地和空间狭窄条件下施工（如室内施工），也可在不停产和不搬迁情况下施工。该方法工期短，费用省，加固和纠倾效果较好。

（2）锚杆静压桩纠倾设计与施工

1）锚杆静压桩抬升法适用于淤泥质土、粉土、粉砂、细砂、黏性土、填土等无块石和树根等障碍物地基，采用钢筋混凝土基础且上部结构自重较轻的建筑物纠倾工程。

2）锚杆静压桩纠倾设计时，应查明建筑物地层分布情况，确定桩端持力层的位置。

3）锚杆静压桩的设计应包括锚杆直径、锚固长度、静压桩尺寸、压桩孔尺寸与位置、桩数及其排列、压桩力、桩持力层位置以及反力架、千斤顶等的确定。

4）采用锚杆静压桩纠倾时，应对原基础进行抗冲切、抗剪切和抗弯能力的验算。如不满足要求，应采取必要的加固措施。

5）接桩时应保证上、下节桩的轴线对准，保证接头接触面受力均匀；接桩方法可采用焊接法或硫磺胶泥法。

6）封桩：压桩施工的标准以设计最终压桩力为主，若出现异常情况应会同有关方分清原因妥善处理。当桩压达到设计的最终压桩力后，桩入土深度为辅加以控制，浇灌微膨胀早强混凝土，待封桩混凝土满足强度要求后卸除荷载。

应采取有效措施，保证抬升纠倾结束后锚杆桩与基础可靠连接。基础修补或加固、封桩的混凝土强度应比原混凝土提高一个等级，且不应低于 C30。

锚杆静压桩与基础的连接应满足以下要求：桩头应伸入基础 50～100mm；如桩承受拉力或有特殊要求时，可在桩顶上四角增加锚固钢筋，通过压桩孔伸入基础内，其长度应满足钢筋锚固长度要求；压桩孔内一般应采用 C30 微膨胀早强混凝土浇捣密实，使桩与基础形成一个整体。当基础底板厚度小于 350mm 时，应在压桩孔上设置桩帽梁。

（3）注意事项

在软土地区，对既有建筑物采用锚杆静压桩纠倾加固过程中，常常会有一些附加沉降出现，且无定量计算方法，应引起注意。预制桩沉桩过程中，对周围土体的影响主要表现为挤土效应和拖带下沉效应，其中，挤土效应是主要方面。挤土效应对桩周土体产生扰动作用，导致土的强度和变形模量降低，地基土产生新的附加沉降。

3.4.13　托梁顶升纠倾法

顶升在建筑工程中的应用最早是构件顶升，如顶升屋盖以加大空间或加层。后来在工业高炉维修改造中也采用了顶升技术。但是这个阶段所顶升物体的重量较小，顶升工艺也比较简单。

顶升纠倾法是根据顶升原理，对倾斜建筑物沉降较大处进行顶升，而沉降较小处仅作分离及同步转动，达到建筑物纠倾扶正目的。常见的顶升法有上部结构托梁顶升法、地圈梁顶升纠倾法、墩式顶升法等。顶升纠倾设计的关键在于托换体系的设计、顶升荷载和顶升点的确定，保证在顶升过程中整体结构的安全。

顶升纠倾法的适用性较广，尤其对于标高不宜再降低的建筑物，该纠倾法显示出较大的优势。但由于顶升纠倾法需要克服上部荷载作用，实施时往往困难比较大。所以，顶升纠倾法适用于上部结构荷载较小、不均匀沉降较大以及特殊工程地质条件的建筑物纠倾，砖混结构建筑物顶升不宜超过 7 层，框架结构建筑物顶升不宜超过 8 层。

上部结构托梁顶升法包括砌体结构托梁顶升法和框架结构托梁顶升法。

(1) 砌体结构托梁顶升法

砌体结构托梁顶升法是在砌体墙下设置托梁或在墙两侧设置夹墙梁形成墙梁体系，由墙梁体系和千斤顶形成新的传力体系，通过千斤顶顶升达到纠倾目的。图 3-28 为某托梁顶升纠倾施工照片。

图 3-28 托梁顶升法纠倾施工

砌体结构建筑的荷载是通过砌体传递的，根据顶升技术原理，顶升时砌体结构的受力特点相当于墙梁作用体系，由墙体和托换梁组成墙梁，其上部荷载主要通过墙梁下的支座传递。也可将托换梁上的墙体作为无限弹性地基，托换梁作为在支座反力作用下弹性地基梁。因为托换梁是为顶升专门设置的，所以在施工阶段对托换梁应按钢筋混凝土受弯构件进行正截面受弯承载力和斜截面受剪承载力及托换梁支座上原砌体的局部承压的验算。当原墙体强度验算不能满足要求时，应进行调整，必要时对原砌体进行加固补强。《建筑物移位纠倾增层改造技术规范》CECS 225：2007 规定，砌体结构建筑物的顶升梁可按倒置弹性地基墙梁设计，其计算跨度为相临三个支承点的两边缘支点距离。

(2) 框架结构托梁顶升法

框架结构托梁顶升法是在框架结构首层柱适当位置设置托换梁体系，由托换梁体系、千斤顶、框架柱和基础形成新的传力体系后，截断原框架柱，通过千斤顶顶升达到纠倾目的。

框架结构荷载是通过框架柱传递的，顶升时上升力应作用于框架柱下，但是要使框架柱能够得到托换，必须增设一个能支承框架柱的结构体系。因此，托换梁柱体系宜按后增牛腿来设计，利用增设的牛腿作为托换过程、顶升过程及顶升后柱连接的承托支座。框架结构顶升纠倾设计，首先应对原结构进行内力计算，包括剪力、轴力和弯矩。因为原框架结构本身为整体超静定结构，柱脚为固定端，而托换后顶升时，柱脚成为自由端，原框架结构内力有所改变。为了解除内力改变对结构变形的影响，托换前应增设连系梁相互拉结，解除柱脚的变位问题。另外，设计时应考虑构件正截面受弯承载力、局部抗压强度、抗剪强度以及后浇牛腿的处理问题。《建筑物移位纠倾增层改造技术规范》CECS 225：2007 规定，框架结构建筑物的顶升梁（柱）体系可按后设置牛腿设计，验算断柱前、后相邻框架结构柱端内力，并对牛腿受弯、受剪和局部承压进行验算。

3.4.14 地基抬升纠倾法

地基抬升纠倾法是在建筑物原沉降较大一侧地基土层中根据设计布置若干注浆管，有计划地注入规定的化学浆液，使其在地基土中迅速地发生膨胀反应，起抬升作用，从而达到建筑物纠倾扶正目的；或者高压注入水泥浆（也可与化学浆同时使用），对土体进行挤压，同时起到纠倾与加固的作用；更为常见的是利用生石灰桩、双灰桩（生石灰＋粉煤灰）等加固沉降量较大的一侧地基，利用生石灰作为主膨胀材料进行抬升纠倾。在地基中利用注浆法加固地基是一种传统的地基处理方法，而用注入膨胀剂抬升法进行建筑物纠倾则是注浆加固地基方法的深化。但是，纵观建筑物地基抬升法纠倾的历史，注浆材料一直是困扰人们的难题，它需要自身具有较大的膨胀性能，一旦注入地基，即能释放较多的膨胀能。截至目前，膨胀量与压力关系的定量研究以及对地基膨胀的控制技术等研究还不成熟。

另外，《建筑地基处理技术规范》JGJ 79—2002 中共有 9 种复合地基处理方法，灰土挤密桩法和土挤密桩法是唯一没有承载力估算公式的复合地基处理方法。所以，建筑物地基抬升纠倾法还需要进行系统的理论研究与更多的实践。目前，注入膨胀剂抬升纠倾法一般应用在一些小型建筑物纠倾工程实践中，更多时候则是作为一种加固地基、微量抬升地基、并与迫降法综合使用的一种辅助纠倾方法。

以下的地基抬升法纠倾加固实例是根据原松江建筑勘察设计所石锦洪先生的资料进行整理的，意在给相关读者提供建筑物纠倾史上一些有益的线索。

某水塔纠倾加固工程实例

1）工程概况

松江某机械厂水塔，砖砌体塔身，钢筋混凝土水箱，钢筋混凝土环形基础，塔高 25m，水箱容积 25m^3，总重量达 180t。建成后的水塔尚未充水便发生了不均匀沉降，塔顶水平位移量达 120mm，倾斜率 4.8‰，沉降速度 1～4mm/d。

2）工程地质

岩土工程补充勘察表明，该场地自上而下的工程地质为：①浜土（承载力 49kPa）；②粉质黏土（褐黄色，厚度 3～4m，承载力 78.4～88.2kPa）。

3）倾斜原因

该水塔的倾斜原因主要是地基持力层选择失误，浜土承载力不足，压缩性大，且分布不均匀，导致水塔产生不均匀沉降。

4）纠倾与加固

防护措施：分别将 4 根缆绳的一端固定在水箱底部，另一端地锚，并用花篮螺栓进行调节，防止水塔倾倒。

石灰桩地基抬升纠倾：挖去水塔四周覆土，在沉降量较大一侧的基础边缘下钻孔，孔径 260～280mm，孔深 4m，进入粉质黏土 1m 深左右。钻好桩孔后，立即填灌生石灰块、水泥和粗砂混合料，其体积比为 6∶1∶3，生石灰块的块径为 50～70mm。填料至地面 0.5m 时，用混凝土封桩头。9 根石灰桩施工完毕后，桩体随即膨胀，桩头普遍凸出地面 200～300mm，有的桩头凸出更高，局部地基土抬升，水塔回倾至 30～40mm，回倾了 80～90mm，地基抬升纠倾成功。

鉴于地基土软弱，在水塔原基础外一周又布置了 18 根砂桩，然后将原钢筋混凝土基础拓宽，并增设环梁和辐射状肋梁，环梁与肋梁的交点下设置钢筋混凝土灌注桩。

5）小结

该纠倾工程于1985年上半年完成，是我国纠倾工程中比较早的成功实例，同时也是为数不多的构筑物地基抬升纠倾实例。

利用石灰桩进行地基抬升纠倾时，为了确保石灰桩充分发挥抬升作用，必须对石灰桩的膨胀量作出比较准确的估算。虽然生石灰遇水熟化时其体积可膨胀2～3倍，但是，生石灰块之间的孔隙较大，生石灰膨胀后会因此损失较大的膨胀量，即有效膨胀量减小。所以，地基抬升石灰桩应采用一定量的粗砂作填充料，填充生石灰块之间的孔隙，利用少量的水泥增加桩体强度。

3.4.15 辅助纠倾法

在建筑物纠倾工程中，一些纠倾方法可独当一面，经常独立完成一项纠倾工程。另有一些纠倾方法常与其他纠倾方法配合使用，起着辅助纠倾作用，如加压法、振捣法等。

加压法是通过在倾斜建筑物沉降较小的一侧增加荷载对地基加压，形成一个与建筑物倾斜相反的力矩，加快该侧的沉降速率，或（也可同时）在沉降较大的一侧减小荷载，减缓该侧的沉降速率，从而达到纠倾目的。加压法包括堆载加压法、卸载反向加压法、增层加压法以及锚索加压法等。从应用的情况来看，堆载加压法和卸载反向加压法简单、直观，便于操作，使用的频率较高，经常配合其他方法纠倾。特别是对于倾斜量较大、而且还在发展的倾斜建筑物，首先应考虑用堆载加压法和卸载反向加压法来阻止（或减缓）建筑物的继续倾斜，同时因地制宜地采用主要手段进行纠倾。

振捣法则是针对不同的地基土，采用相应的振动工具和手段分别获取振动密实、振捣液化、振捣触变效果，配合其他纠倾方法进行建筑物纠倾。振捣法包括振捣密实法、振捣液化法、振捣触变法等。

（1）堆载（卸载反向）加压纠倾法

1）堆载（卸载反向）加压纠倾法机理

堆载加压法的做法是在建筑物沉降量较小一侧的地面、楼面或基础周围堆砂石料（或其他材料），甚至在建筑物沉降量较小一侧的基础顶面、承台顶面压钢锭。卸载反向加压法的做法是将建筑物沉降量较大一侧楼层上的活荷载，甚至于不必要的墙体、水箱等统统取消。总之，堆载加压法与卸载反向加压法分别是增大建筑物原沉降较小一侧的重量、减轻建筑物原沉降较大一侧的重量，从指导思想来讲，都是要使建筑物的重心暂时偏向原沉降较小一侧，形成一个与建筑物倾斜相反的力矩，阻止（或减缓）建筑物的继续倾斜（图3-29）。

堆载加压法和卸载反向加压法可用于黏性土、粉土、砂土、淤泥、湿陷性土等地基上的建筑物纠倾工程。尤其对于在施工过程中就发生倾斜的建筑物，可不失时机地调整施工程序，利用整个建筑物沉降尚未结束的宝贵时间，采用堆载加压法和卸载反向加压法进行纠倾，可收到良好的效果。另外，对于地基土压缩性较高的倾斜建筑物，可以采用较小的荷载进行长期加压，充分利用地基土压缩性大的特点和时间效应，获得良好的纠倾效果。

2）堆载加压法和卸载反向加压法设计应符合下列规定：

① 根据建筑物的形状、结构形式、沉降速率、倾斜情况、基础类型、地基土特性、堆载加压材料等因素确定堆载加压的形状、重量、级次及每级堆载的重量，确定卸载的时

间、重量、级次等。

② 堆载加压宜采用梯形分布堆载。

③ 堆载加压范围应从基础外边线起，不宜超过基础转动轴线，并根据堆载加压设计进行定位。

④ 堆载加压材料应遵循就地取材的原则，最好采用后续工序的建筑材料，获得一举两得的效果。一般可选择密度较大、易于搬运码放的袋装砂、石、机制砖、实心混凝土砌块等。

⑤ 堆载加压宜分级进行，每级堆载加压应从建筑物沉降量最小的区域开始，每级堆载加压应有一定时间间隔。

⑥ 卸载的时间应根据建筑物的倾斜情况、设计沉降量、设计回倾量等因素确定。

⑦ 应复核验算堆载处相关结构构件的承载力，当强度和变形不能满足要求时，设计应考虑保证堆载过程中结构安全的措施。

3）堆载（卸载反向）加压法设计步骤

① 根据建筑物倾斜情况确定纠倾沉降量，并按照建筑物倾斜力矩值和土层压缩性质估计所需要的地基附加应力增量，从而确定堆载量或加压荷载值。

② 确定合理的堆载部位，并设置可靠的锚固系统和传力构件。复核有关结构或基础底板的刚度和承载能力，必要时做适当补强。

③ 根据地基土的强度指标确定分级堆载加压数量和时间。在堆载加压过程中应及时绘制荷载—沉降—时间曲线，并根据监测结果进行调整。

④ 确定卸载时间，并根据卸载后建筑物复倾的可能性，进行必要加固。

4）堆载加压法设计注意事项

① 采用加压法时，应根据地基土的性质和上部荷载情况，确定卸载后地基反弹的影响。

② 堆载对结构安全影响较大，堆载前，应采取必要的结构安全保护措施；堆载过程中，严格控制每级的堆载重量和形状，防止因堆载过大导致建筑物产生沉降突变。

（2）增层加压纠倾法

增层加压纠倾法是建筑物增层技术和纠倾技术的结合，即在沉降较小一侧的建筑物顶部进行局部增层改造，借助于增层部分新施加的压力，迫使建筑物在原沉降较小一侧发生新的沉降，从而将建筑物纠倾扶正，取得一举两得之功效（图 3-29）。

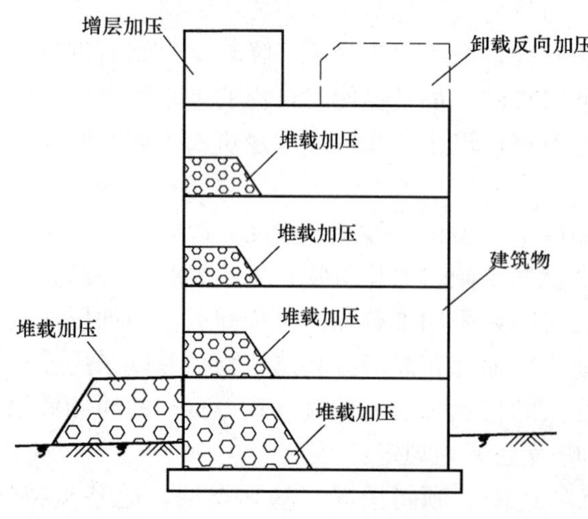

图 3-29　加压纠倾法示意图

使用增层加压法对建筑物进行纠倾扶正时，必须对建筑物的地基、基础以及上部结构进行认真的检查、鉴定，验算加层后墙体的承载能力、高厚比（稳定性）是否满足要求，同时，应计算加层后建筑物各点的沉降量。另外，应对裂缝部位进行加固处理，使原建筑物保持较大的整体刚度。增层施工过程中，应加强检查与监测。

（3）锚索加压纠倾法

锚索加压纠倾法是将预应力锚索技术引入到建筑物纠倾控制领域中，并与基底水平成孔掏土等其他纠倾法有机结合，通过减少地基承载面积和锚索加压增大基底附加应力的双重效应，促使地基局部沉降，达到纠倾目的（图 3-30）。加力系统由液压千斤顶、电动油泵及锚索共同组成，测力系统由传感器及油压表组成并相互校验。加力时锚索受拉，基础受压，地基应力增大，进而加速原沉降量较小一侧的地基沉降变形，消除基础差异沉降。锚索加力越大，基础下沉越大，故通过控制加力的大小可控制建筑物回倾速率，通过调整建筑物周边不同竖井内锚索的受力，便能控制建筑物的回倾方向。该方法最大的优点是可控性好，精确度高，安全稳妥。

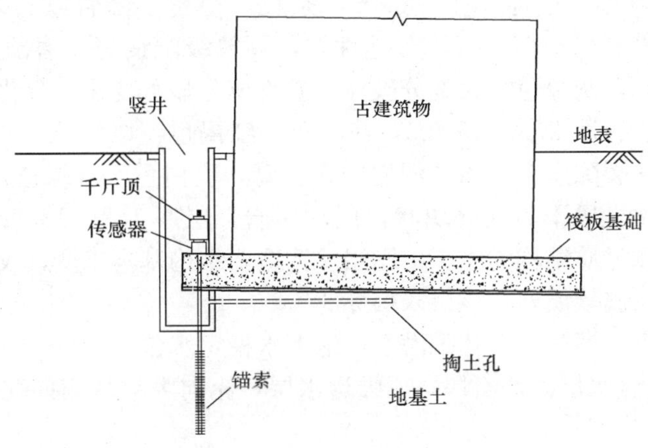

图 3-30　掏土与锚索加压综合纠倾示意图

因为施力大小通过油压表、压力传感器精确显示，加载与卸荷通过电动油泵旋钮精准控制，若与电脑联机则可控性更高。倘若千斤顶加力过大，基础下沉幅度亦大，则锚索张力随之自动减小，进而降低了基础受力，减缓了基础的沉降速率，这种“自动刹车”功能以及油压表和传感器的双重校核机制，极大地提高了纠倾过程中的安全可靠性、降低了风险。此外，锚索加压纠倾装置占用空间小、加载吨位大、操作简单易行，与单纯掏土迫降纠倾法相比，可减少掏土工作量，节省纠倾时间，提高纠倾效率。特别是纠倾完成后，给锚索施加适当预应力并锁定在基础上，可提高建筑物的稳定性，有效防止复倾。

以下的锚索加压法纠倾加固实例是根据中铁西北科学研究院有限公司王桢总工的资料进行整理的，进一步展示锚索加压纠倾法的工程实践。

中科院盐湖所 4 号商住楼纠倾加固工程实例

1）工程概况

中科院盐湖所盐湖小区位于青海省西宁市，其 4 号商住楼由主楼及裙楼组成，主楼地下 2 层、地上 31 层（裙楼地下 2 层，地上 3 层），框支剪力墙结构，地面以上高 101.6m，总重约 320000kN；建筑面积约 26000m^2；采用筏板基础，筏板底面设计标高为－11.9m；地基为人工成孔素混凝土桩复合地基，素混凝土桩直径 0.8m，正方形布置，桩间距为 1.8m，桩长 3～6m 不等。

2009 年 11 月底主体结构封顶。随后不久，发现大楼产生不均匀沉降，北侧沉降多、南侧沉降小，差异沉降达 10mm，主楼与裙楼之间产生明显错位。随即，业主委托西安一家单位进行纠偏，一年后倾斜情况更加恶化。2011 年 4 月 26 日，南北两侧的最大差异沉降量达到 48.8mm，大楼整体向北偏移 398mm，倾斜率达 3.88‰，远超过国家相关规范的允许值（2‰），致使大楼电梯无法安装，难以交付验收。

2）工程地质与水文地质

该场地地貌单元属于湟水河一级阶地，地层自上而下分为 6 层：①杂填土：层厚 0.3～1.5m，灰色，以粉土为主，含大量建筑垃圾，结构松散；②黄土状土：层厚 1.6～4.0m，褐红色，以黏粒为主，次为粉粒，大孔隙发育，稍湿，呈硬塑状态，干强度低；③粉土：层厚 0.3～1.3m，土黄色，以粉粒为主，次为黏粒，含大量云母碎片，干强度低，韧性低；④卵石层：层厚 1.1～4.4m，杂色，稍密，母岩以石岩为主，粒径大于 20mm 的占总质量的 52%～57.3%，分选性差，颗粒级配良好，磨圆度较好；⑤强风化泥岩：厚 4.0～8.0m，灰绿色，大部分破坏，矿物成分显著变化，分化裂隙发育，遇水易软化；⑥中风化泥岩：厚 2.5～16.0m，棕红色—红褐色，以泥质结构为主，层状构造，结构部分破坏，风化裂隙发育。该层泥岩中含石膏，乳白色—灰绿色，局部呈层状分布，有裂隙，遇水易软化，风干后成碎块状，属软质岩，层厚 1.2～13.9m。⑦微风化泥岩：棕红色—红褐色，以泥质结构为主，中厚层状构造，结构基本未变，仅节理面有少量风化裂隙，岩体较完整，属软质岩，该层未揭穿。

场地地下水发育，属第四系孔隙潜水，地下水稳定水位：4.1～6.0m，最大稳定水位高差为 2.3m。主要含水层为卵石层，属强透水层，流向大致从南向北，主要靠大气降水补给。

3）倾斜原因分析

导致 4 号商住楼向北产生倾斜的原因为以下 4 种不利因素组合：

① 地基泥岩风化不均。该地基为复合地基，复合地基是桩土共同受力。大楼基础坐落在强风化泥岩上，泥岩风化不均，南侧风化轻，北侧风化重，强风化层厚度不等，即北侧薄，南侧厚，造成了南北两侧地基承载力有差异，南侧强、北侧弱。

② 地下水非常发育。强风化泥岩裂隙发育，泥岩中含有大量的可溶盐，加之地下水丰富，裂隙为地下水提供了良好通道，当北侧开挖地下车库长时间降水时，地下水流速加快，基础下泥岩中的可溶盐被水大量带走。

③ 南北两侧压差不等。地形南高北低，南侧大楼施工在先，北侧地下车库开挖在后。车库基坑开挖时，使大楼北侧形成临空面，造成大楼南北两侧土压力不对等，南侧大、北侧小。地下水自南向北流，水量丰富、终年不断，且地下水位高于基础筏板，从而在大楼南北两侧形成一定的水头压力，南侧大于北侧。

④ 桩底清渣不彻底。筏板下的基桩为人工开挖，局部桩底虚土没有清除干净。

4）纠倾设计与施工

4 号商住楼纠倾工程由中铁西北科学研究院有限公司采用了“堆载促沉＋平洞掏土＋截桩迫降＋锚索加压调控”的综合纠倾加固方案。纠倾工程于 2011 年 4 月 10 日正式开工，2011 年 6 月 15 日完成。

① 堆载加压促沉

在大楼的地下1层、地上1～3层室内南侧紧靠南墙堆载，包括如钢材、砂石料等，总荷重6000kN，以增大南侧的地基应力，加大南侧的地基沉降量。

② 竖井及平洞开挖

竖井开挖：分别在4号楼的主楼东西两头裙楼地下室内开挖2个竖井，作为开挖巷道的通道。竖井平面尺寸为3.7m×3.7m，自筏板向下深4.5m；

平洞开挖：先在大楼南侧筏板下沿东西向开挖一主巷道，贯通两个竖井，并延伸到筏板边缘；然后通过该巷道开挖13道南北向的巷道，沿大楼长度方向均匀分布，长为12.8m，巷道的断面尺寸为1.7m×0.8m。

③ 开挖应力释放槽

在大楼南侧墙外自西端至东端开挖应力释放槽，东端沿东墙折向北4.0m，宽0.8m、深4.0m，总长50.0m。

④ 截桩迫降纠倾

截桩分批次、分期进行，并时刻关注监测数据的变化，从而决定是否进行下一批次的截桩。截桩采用间隔钻孔方式，孔与孔之间留有一定条带，力图形成渐进破坏，使“脆性突沉”变为“柔性压缩”变形。严格掌握“截桩至临界，加压致破坏”原则。

⑤ 锚索加压调控

在大楼南侧室内主楼筏板边缘设置两排锚索，第一排9根，第二排22根，呈梅花形布置，横向间距为1.8m、纵向间距为0.6m，锚索孔径为130mm，锚索长32.5m、锚固段长12m，设计最大拉力分别为900kN（7束）、1170kN（9束）。锚索加压分三个阶段进行（图3-31），分别为：

纠倾前准备阶段：锚索加压至450kN锁定，与堆载结合，辅助巷道开挖，防止大楼突沉；加压调控阶段：对纠倾速率和回倾量进行微调，做到人为可控，提高纠倾精度和安全度；纠倾完成后，锚索预留适当拉力锁定：根据剩余的倾覆力矩大小决定锁定荷载。

5）防复倾加固

纠倾完成后，对筏板下地基进行加固，并对筏板定位锁固。

① 基桩修补恢复，对实施截桩纠倾的基桩采用C30豆石混凝土修补恢复，振捣密实后插入ϕ22螺纹钢筋，钢筋长度不小于0.8m；

② 将锚索与筏板相连接并适当加力锁定，以防复倾；

③ 对开挖的水平巷道，采用砂砾石土进行分层夯实回填，并预留两道注浆管待填充密实后进行二次压浆处理；

④ 对竖井用C40混凝土填筑，形成定位墩，并使定位墩通过植筋与筏板基础连成整体，确保纠倾成果及大楼的长期稳固；

⑤ 纠倾结束后，对应力释放槽采用三七灰土分层夯填至自然地面高度。

6）小结

截止2011年6月15日，大楼南北向倾斜率由原来的3.88‰降低至0.42‰，远小于《建筑地基基础设计规范》及《建筑物移位纠倾增层改造技术规范》规定的允许倾斜值2‰。

通过多次检查，大楼基础及上部结构物没有产生任何裂缝、破损现象。电梯得以顺利安装（图3-32）。

图 3-31　锚索加压调控现场

图 3-32　扶正后的 4 号商住楼

(4) 振捣液化纠倾法

根据土力学原理，含水量较高的土体在受到振动的情况下，会发生触变现象，土粒重新排列，土体孔隙水压力升高，有效应力和内摩擦角大大降低，抗剪强度降低，变形增大，呈流塑状态。此时土体趋于密实，承载力显著减小，沉降明显加大。振捣液化纠倾法正是运用这个原理，对于一般黏性土和粉土地基，在倾斜相反的一侧地基土中注水，并将振动棒插入，进行反复振动，使土体液化呈流塑状态，从而加速沉降，以达到矫正倾斜的效果。

对于饱和粉土和饱和粉细砂，可直接在建筑物沉降较小一侧的地基土中插入振动棒或振冲器进行振动，使地基土呈现局部液化状态进行纠倾。

(5) 振捣密实纠倾法

对于松散的干砂土地基，采用振冲密实器进行振动，使地基土原来的平衡状态遭到破坏，细颗粒砂填充到粗颗粒砂形成的孔隙中，地基土的孔隙比减小，密实度增加，呈现新的沉降，从而达到建筑物纠倾目的。

(6) 淤泥触变纠倾法

淤泥触变纠倾法适用于淤泥或淤泥质土地基上的建筑物的纠倾。它是对倾斜相反的一侧地基土，采用旋喷、定喷或摆喷等高压射水方法或者采用振冲器进行振动引起淤泥触变，使其瞬间丧失强度，在上部荷载的作用下，地基土产生沉降，造成建筑物回倾。

触变喷射孔位，应选择在建筑物沉降小的一侧，或直接设置在基底下。触变喷射孔位的数量和距离的选择，应视建筑物纠倾量和地质情况而定，纠倾量小时可采用封闭式喷射孔，纠倾量大时选择连通式喷射孔。纠倾量可通过调整喷射孔距、触变深度、控制喷射压力和调整喷射时间等参数确定。

采用淤泥触变法进行建筑物纠倾时，应加强观测，控制回倾量，并严格保证相邻建筑物的安全。

3.4.16　综合纠倾法

综合纠倾法是将两种或两种以上独立纠倾方法相组合，对同一栋倾斜建筑物进行纠倾扶正的方法。综合法纠倾过程中，多种独立纠倾方法之间相互取长补短，可取得事半功倍的效果。综合纠倾法适用于以下几种情况：

1）倾斜建筑物基础、地基土层情况复杂，纠倾施工难度大。

2）倾斜建筑物沉降未稳定，且沉降量大、沉降速率较大。

3）倾斜建筑物体型较大或体型复杂，发生双向倾斜。

4）地基承载能力不足造成建筑物发生倾斜。

5）纠倾过程中可能对建筑物地基承载能力造成影响，需要对地基承载能力进行加强。

（1）综合纠倾法设计的一般规定

1）综合纠倾法应根据建筑物倾斜状况、倾斜原因、结构类型、基础形式、工程地质条件、水文地质条件、各独立纠倾方法特点及适用性等进行纠倾方法比选，同时应考虑所采用的各独立纠倾方法在实施过程中相互之间的不利影响，进行一种最佳组合，并确定施工顺序。另外，综合法设计宜将建筑物纠倾与防复倾加固结合进行，获取一举两得、事半功倍的效果。

2）明确各种方法的施工顺序和实施时间。

3）在采用迫降法对沉降未稳定、且沉降量、沉降速率较大的倾斜建筑物进行纠倾时，应先对建筑物沉降较大的一侧进行限沉，待建筑物沉降稳定后进行纠倾。

4）对于地基承载能力不足造成建筑物倾斜的情况，应在纠倾前（或纠倾后）对建筑物地基进行加固，宜选用能同时提高地基承载能力的纠倾方法。

（2）综合纠倾法注意事项

1）迫降与抬升不宜同时施工，抬升法实施宜在基础沉降基本稳定后进行。

2）压入锚杆桩宜隔桩施工，由疏到密进行。

（3）常用的综合纠倾法

通常采用的综合法见表 3-6。

建筑物纠倾常用综合法一览表 **表 3-6**

序号	纠倾方法组合顺序			备注
	第一方法	第二方法	第三方法	
1	浅层掏挖法	堆载加压法		
		锚杆静压桩法		
		振捣法	锚杆静压桩法	
		锚索加压法		
		托梁顶升法		
		钢筏托换顶升法		
2	地基应力解除法	堆载加压法	锚杆静压桩法	
		锚杆静压桩法	浅层掏土法	
3	辐射井射水法	堆载加压法		
		锚杆静压桩法	堆载加压法	
4	浸水法	堆载加压法		
		锚杆静压桩法		

续表

序号	纠倾方法组合顺序			备注
	第一方法	第二方法	第三方法	
5	降水法	掏土法		
		堆载加压法		
6	桩身卸载法	堆载加压法		
		承台卸载法	堆载加压法	
		桩端卸载法	堆载加压法	
		锚杆静压桩法	堆载加压法	
7	负摩擦力法	堆载加压法		
8	斜孔掏土法	锚杆静压桩法	堆载加压法	
		堆载加压法		
9	锚杆静压桩法	浅层掏挖法		
		堆载加压法	锚索加压法	
		地基应力解除法		

3.5　古建筑物纠倾技术简介

古建筑物是指具有一定历史年代和保护价值，作为市级以上文物保护单位予以保护的各类建筑物，如宫殿、古塔、庙宇、楼阁、民居、园林、古堡、碉楼、城墙等。

古建筑是一定历史时期人类文明发展的产物，表现出丰富多彩的物质文化遗存。这些实物性文化遗存是人类文明信息的一种储存形式，包含着特定历史时期的历史、文化、艺术、宗教、政治、军事、科技等各种信息，对于人类今天所进行的生产活动和科学研究来说，它们都是极有价值的资料，是“不可多得，失而不复”的宝贵资源。要使这些文化遗存能长久地为人类文明的发展服务，首先必须保护好其物质形态载体。

中国建筑结构的发展源远流长，从原始的巢居、穴居开始，到木构架结构成熟，建筑的种类繁多、功能齐全，并且历久而弥新。若从浙江余姚河姆渡遗址算起，迄今至少已有7000年的历史。中国古代建筑艺术的发展过程无一不在建筑形式绚丽多姿的文采菁华中体现。在发展过程中，中国建筑艺术形成了多样化、多层次的模式，具体而形象地记录了我们祖先在创造力上的高超智慧与才能。

中国的古代建筑遗存是几千年中国古老文明的宝贵遗产，也为世界文明作出了重要贡献。通过认识与了解中国建筑艺术独具特色的规律和特点，对于增强民族自信心和民族自豪感都会有所推动。然而，由于建造年代久远、自然灾害、战乱和人为破坏，仅存的文物古迹弥足珍贵。因此，保护古代建筑遗存的重要性就显得尤为突出。

随着国民经济的发展和科技进步，建筑物加固纠倾扶正技术，已逐渐成为一门专业性很强的综合实用技术，对恢复缺陷建筑物的使用功能，拯救危险建筑物，特别是保护那些具有历史意义的特殊建筑物和文物古迹起着极为重要的作用。

3.5.1 古建筑物倾斜原因分析与判断

古建筑物倾斜原因的分析判断，是古建筑物纠倾加固方案选择的最重要依据，只有找准了造成倾斜的真正原因，才能使纠倾加固方案具有针对性。只有消除了倾斜原因，才能保证纠倾后古建筑物的长期稳定。所以说古建筑物倾斜原因的分析判断，是古建筑物纠倾加固极其重要的一个组成部分，必须引起高度的重视。

古建筑物倾斜原因的分析判断，其实质是古建筑物倾斜变形过程的分析，由于这个过程是在一定历史时期发生的，现代的人们无法亲身体验，只能根据遗留下来的变形迹象、现存的地基基础状况和有记载的历史事件、地质灾害等因素加以综合分析推断，所以它是一个极其复杂的分析判断过程。

古建筑物倾斜的原因应该说是多种多样的，地基不均匀沉降、场地斜坡不稳定、偏心荷载、自然营力作用、人为破坏等都可以使古建筑物倾斜。对一个具体对象而言，就需要对具体的情况进行具体分析。逐一排查，从整体到局部，从地基到塔体，从内因到外因，逐一进行分析比对，并进行必要的检算和反演计算，找出“病根”的确切证据。对于指导纠倾加固而言，找到了“病根”，也就是找到造成古建筑物倾斜最直接的原因或主要的原因，在进行倾斜原因分析判断时，一定要主次分明。造成古塔初始倾斜的原因，往往是单一的，这就是所谓的“病根”，促使倾斜逐渐加剧则多数是多因素影响的结果。倾斜以后偏心荷载的存在，就会使倾斜率不断增大，而且不会自行消失，像这种原因，就不是造成倾斜的真正原因，除非该塔在修建时就已经倾斜。所以纠倾完成以后，仍不能保证塔体长期稳定的外在因素，就是造成塔体倾斜的“病根”。

(1) 古建筑物常见破坏因素

造成古建筑物破坏的因素很多、很复杂，总的来说可以分成两大类，即自然营力作用和人为因素作用，见图 3-33。

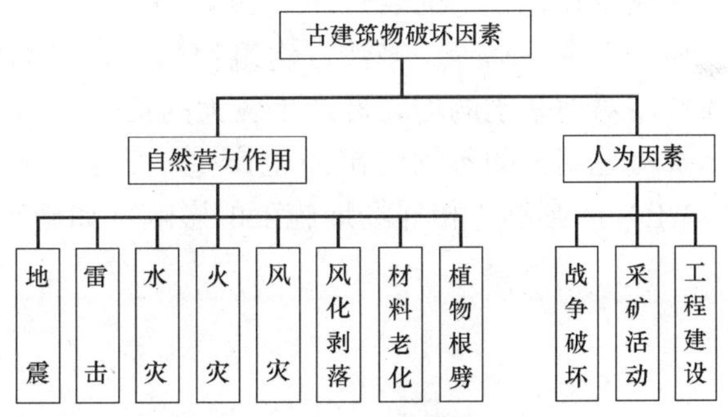

图 3-33 古塔常见的破坏因素

自然营力作用造成古建筑物破坏。其中地震、雷击、洪水、大火、台风是突然和快速的，人力无法抗拒。古塔是高耸建筑物，打雷时容易产生高压放电，而过去的塔刹并没有金属接地装置，木塔遭受雷击时可能起火，砖塔数遇雷击也会使塔身遭受损害甚至劈裂。风化剥蚀及材料年久逐渐老化是缓慢的。自然风化作用对古建筑物的损坏主要是风吹、日晒、雨淋等，造成建筑物材料强度的衰减。由于古建筑物的北面和南面日照有别，含水程度有差异；另外，大风侵袭也有一定的方向性，这样日积月累、经年不断，造成古建筑物四周材料风化不均，即建筑物一侧强度高，另一侧强度低，当强度衰减低于材料的允许强度后，风化严重的一面产生屈服破坏，造成古建筑物局部破坏或倾斜。风化破坏作用往往在建筑物的下部较为严重。一旦古建筑物倾斜以后，重心偏移产生偏心弯矩。在偏心弯矩的作用下，古建筑物的倾斜程度会越来越大，如果不采取加固或纠倾措施，难逃倒塌之厄运。

人为因素作用使古建筑物遭受破坏，这种破坏是迅速的，甚至是致命性的。

（2）古建筑物常见破坏类型

古建筑物的破坏类型，一般可归纳为以下几种类型：斜坡不稳定型、地基不均匀沉降型、基础不均匀压缩型、上部结构不均匀型、综合型。在这些直接原因之中，还应该找出其中的间接原因，如斜坡不稳定，是因为滑坡，还是侧向侵蚀造成应力松弛？地基不均匀沉降是两侧的岩性不同，还是由于含水情况不同（特别是湿陷性黄土地区），还是其他什么原因；建筑物自身不均匀破坏，是差异风化造成的，还是其他外力作用造成的，如地震、水害、风力、战争破坏等。

1）坡体不稳定型

当古建筑物处于坡体之上，由于坡体本身不稳定使古建筑物倾斜，就属于此种类型，见图 3-34。坡体不稳定的原因很多，如滑坡、边坡坍塌、切坡使应力松弛（包括河岸冲刷）等，都可以使斜坡失稳。古建筑物随着斜坡的变形而变形，其倾斜方向一般与坡体变形方向相同，而且古塔倾斜变形动态与坡体变形动态相一致。兰州白塔倾斜的主要原因就是因为白塔处在斜坡上，塔院存在两个滑坡，以后殿南侧东西一线为界，以北为北滑坡，以南为南滑坡，白塔就坐落在南滑坡的斜坡上，随着南滑坡的向南向下蠕动而倾斜，倾斜方向为 SW7.7°，斜坡松弛，差异增湿及地震影响加剧了白塔的倾斜。南京方山定林寺塔，由于山北修筑公路切坡产生新的临空面，影响了坡体的稳定性，使堆积层向北缘慢行，造成塔身倾斜，速度加快。延安宝塔、九江锁江楼塔均属于此种类型。这种类型的倾斜，问题出在坡体，所以纠倾以前一定要查清坡体失稳的性质和病害类型，加固坡体，使坡体处于稳定状态，古塔纠倾以后才能保持稳定。

2）地基不均匀沉降型

地基土的不均匀性是造成古建筑物倾斜的重要原因。如地基土薄厚分布不均，一侧薄，一侧厚；地基土的岩性不一样，一侧硬，一侧软；或是一侧含水量大，一侧含水量小；地下水位下降等。多数古建筑物包括古塔的倾斜就属于此类，见图 3-35 所示。不良地质作用对地基土的均匀性产生较大的负面影响，如局部洞穴、采空、暗沟、暗浜等。外部干扰对地基土的不均匀沉降也产生一定影响，如相邻建筑物的荷载影响，大面积堆载（或填土）的影响，相邻场地施工的影响（如施工降水、地基处理产生的振动和挤压、地

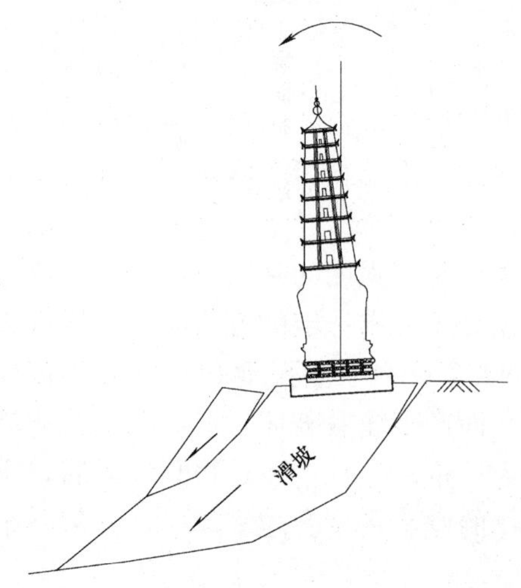

图 3-34　坡体不稳定型示意图

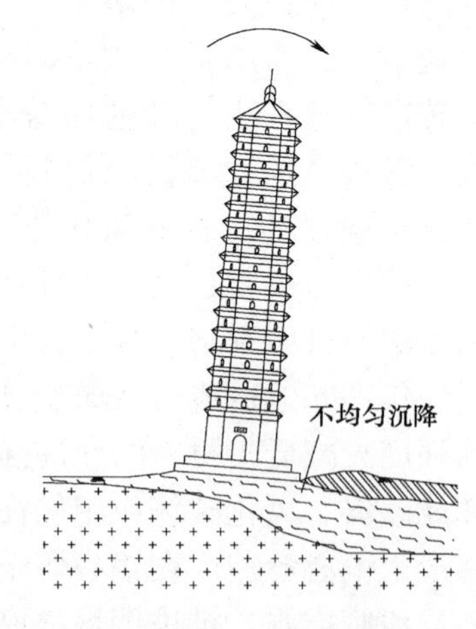

图 3-35　地基不均匀沉降型示意图

基施工产生土体松弛）等。

地基土蠕变也是造成不均匀沉降的一个方面。蠕变不仅与荷载作用的时间相关，而且与土体应力水平有关。古建筑物地基土在不均匀的基底附加压力长期作用下，产生不均匀的蠕变，加剧古建筑物不均匀沉降。

特殊地基土（如膨胀土、湿陷性黄土、冻土、红黏土等）在相应不利的条件下产生不均匀沉降是古建筑物倾斜的又一个原因。常见的有湿陷性黄土地基遇水湿陷变形、膨胀土地基遇水体积膨胀、失水体积收缩变形等。

3）地基承载力不足型

古代岩土工程勘察技术尚未成熟，不能科学地认识与把握地基强度问题，容易造成古建筑的地基承载力不足。地基承载力不足时，地基产生塑性变形，严重时会形成塑性滑动面，引起地基土剪切破坏，丧失稳定性。比萨斜塔的地基承载力就严重不足。比萨斜塔基底压力大，约为500kPa，超过了持力层粉砂的承载力，导致地基产生较大的塑性变形。比萨斜塔建造了2层时就发生倾斜，第3层便通过调整墙柱高度来保证楼面水平。好在比萨斜塔的一期工程仅建造了4层，1994年后复工续建。一、二期工程间隔时间较长，地基土经过长期压缩固结后，强度大为增长，避免了地基土失稳。

4）基础不均匀压缩型

建筑物的重量先是传至基础上，再由基础传至地基上。基础也是受力体，且古建筑物的基础材料多种多样，有的古建筑物基础在地面以上、有的埋入地面以下，有的一半在地上、一半在地下，受周边环境的影响、砌体材料风化程度的差异或是地震力的作用，古建筑物基础也会产生不均匀压缩变形，从而使古建筑物产生倾斜。特别值得一提的是，一旦建筑物产生倾斜，基础受力失去均衡，必然一侧受力小、一侧受力大，更加剧了不均匀压缩变形，形成恶性循环。

5）上部结构不均匀型

由于古代技术条件的限制，古建筑物建造时的垂直度就较差，有的在建造过程中通过调整上部荷载的分布来调节垂直度（如比萨斜塔），造成上部结构荷载偏心，导致基底附加压力分布不均（图3-36）。另外，古建筑物多采用砖、石、木等建筑材料，通过石灰或黄泥砌筑，容易造成不同截面上的不均匀压应变。

古建筑物在外力（如地震、洪水、雷击、炮击等）作用下，或在差异风化条件下使古建筑物本体产生不均匀破坏而倾斜。此类倾斜一般发生在年代久远，风化破坏严重的古建筑物中。四川省都江堰奎光塔就是一个典型的实例，通过调查分析奎光塔有较完整的条石基础，条石基础之下为卵石土垫层（一层卵石，一层土交替分层填筑）、密实，垫层以下为天然砂卵石层。奎光塔地基承载力是足够的，地基未发现不均匀沉降的迹象，基础虽有不均匀压缩，但值很小。经过详细的勘察分析，认为造成奎光塔倾斜的主要原因是地震力作用下，塔体东侧被压裂（酥），西侧塔体拉裂造成不均匀破坏而向东倾斜，以后的继续发展除地震力的影响以外，还与风荷载产生的附加力、砖体本身的强度衰减、偏心荷载的逐渐加剧有关。此种类型的倾斜还有应县木塔等。

属于此种倾斜原因的古建筑物纠倾，首先必须对古建筑物本体进行有针对性的加固，增强古建筑物本身的强度和整体刚度、提高抗震能力等。

6）组合型

此种类型不是单因素原因，而是两种或两种以上的因素共同作用的结果，这种类型的破坏原因在实际中普遍存在（图 3-37）。似乎单一因素，很难促使古建筑物倾斜。在这种情况下也应该在众多原因中尽可能根据其影响程度，分清主次，逐一对症施治。

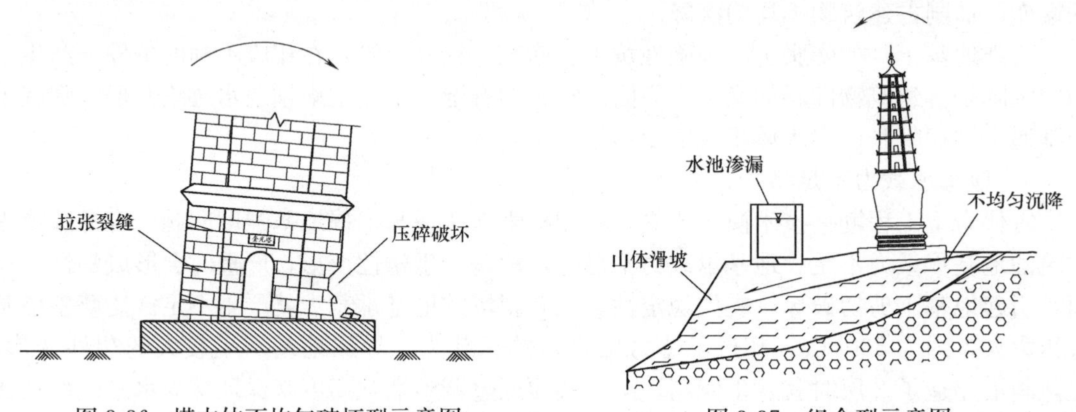

图 3-36　塔本体不均匀破坏型示意图　　图 3-37　组合型示意图

以上只是大的分类，对于古建筑物纠倾加固工程而言这还不够，还需要进一步查明直接原因，如斜坡不稳定型。造成斜坡不稳定的原因很多，如滑坡、坍塌、切坡造成应力松弛等，各种不同的原因其加固措施是不一样的，只有找准直接原因才有可能对症施治。同样，古建筑物本体不均匀破坏型，是外力的作用，还是差异风化，其加固措施也大不相同，设计依据也不一样，故倾斜原因分析必须深入透彻、工作做深做细。

3.5.2　古建筑物加固纠倾方法

古建筑物纠倾加固工程具有其特殊性，其纠倾方法有：基底成孔掏土法、斜孔掏土法、辐射井射水法、基础外成孔浸水法、地基应力解除法、顶升法，综合法等。古建筑物的一些纠倾方法与一般建筑物纠倾方法基本相同，在此不再赘述。针对古建筑物的特殊性，以下简要介绍古建筑物综合纠倾法：

（1）钢筏托换顶升＋基础掏砖石纠倾法

钢筏托换顶升＋基础掏砖石纠倾法是在古建筑物底部以上一定范围内形成整体刚度较大的刚性筏板，先在刚筏下用千斤顶支撑，再通过在刚筏下的塔身上采用分期分批逐渐加密的方法进行钻孔掏砖，当千斤顶储力达到设计值时进行迫降纠偏（图 3-38）。

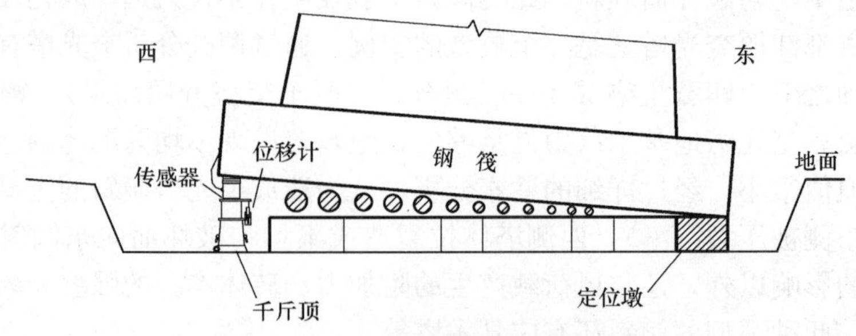

图 3-38　基础掏砖石纠倾示意图

钢筏是该纠倾方法的关键项目。它是在塔身底部以上一定范围内定向钻孔（多为东西向与南北向），孔内插入钢轨，灌注水泥砂浆，加上外围布置的钢轨，形成多层的钢筋混凝土筏式托盘，并与各面纵横向钢筋连接，用C25混凝土浇筑成一新的杯形基础。

一般钻孔从中间开始，向两侧间隔交替进行，并逐渐加密，直至全部完成。钻完一个孔后，立即插入钢轨，灌注水泥砂浆，使其尽快恢复原有受力状态。为防止浇注钢筏及纠偏之前该重量作用在原建筑物上，故在浇注前在钢筏下空余部分夯填水泥土以增加承重面积。

根据掏砖设计放置的孔位进行钻孔（$\phi80\sim\phi188$mm），钻孔采用干钻冲击方式钻进，以免循环水渗入地基。由于砖砌体的强度与试验值有一定的差异，因此，掏砖钻孔采用分期分批逐渐加密的方法进行。在掏砖过程中要严密监视古建筑物的变形，特别是千斤顶的受力变化，当千斤顶的受力状态开始有规律性的增加时，则证明掏砖使边缘部位的应力已超过砖砌体的抗压强度，此时仍可继续掏砖，当千斤顶储力达到设计值时，停止掏砖，开始纠偏。纠偏时，测量人员需不断反馈测量数据，依此绘制塔身重心位移轨迹线，现场指挥人员根据测量数据指挥千斤顶加载、卸载等，直至古建筑物重心和塔底形心重合。在定位墩顶部调整钢板，打入钢楔。然后回填干硬性混凝土和塔底灌浆处理。

纠偏是采用无外荷加载方式进行，即把储存在千斤顶上的力，逐级加到钢筏上去，促进砖砌体的渐进破坏过程，此时应特别注意钢筏的线性问题，特别是开始产生张开区时，应施加上顶力，以抵消新产生的倾覆力矩，保持钢筏的线性，促进塔体的回复，如此往复进行，直至千斤顶储力完全消除为止，开始进行第二轮掏砖。在纠偏过程中要及时进行数据处理，如绘制实时应力图形，新一轮掏砖设计，电算程序计算及绘图、塔身位移轨迹图，根据这些数据的反馈信息，重新调整各种纠偏参数，特别是要注意纠偏方向是否存在偏差等。

(2) 掏土+加压纠倾法

掏土+加压纠倾法是在钢筏托换后（钢筏托换起扩大基础作用，并与结构加固体刚性连接，提高古建筑物的结构强度、刚度和整体性，使古建筑物具备整体变位的条件），在古建筑物沉降量较小的一侧掏土，使基底土不发生屈服破坏，仅具备侧向挤出变形而沉降的条件。然后，通过锚桩横梁反力装置加压使基底土逐渐发生屈服破坏，基础沉降回落，进而使回倾纠倾成为可能（图3-39）。加压还起平衡作用，保证古建筑物不偏不倚地回倾。另外，通过压力灌浆，利用浆液稠度的变化和压力释水作用，使基底土发生一定的附加沉降，进而调整倾向，并使浆液充填掏土空隙，凝固后稳定基础。

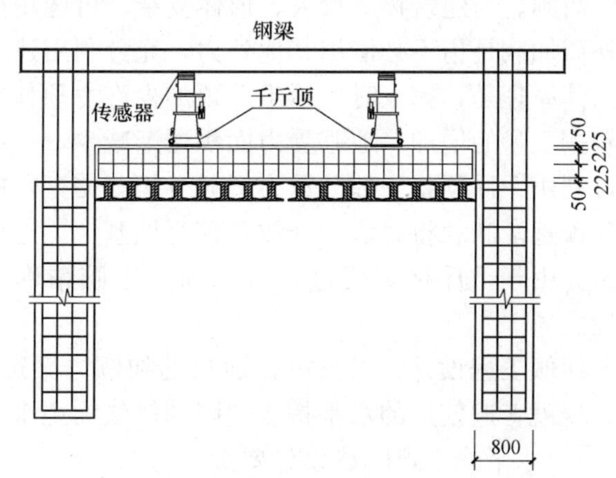

图3-39　锚桩横梁反力加压装置图

3.5.3　古建筑物加固纠倾设计与计算

(1) 设计原则

《威尼斯宪章》明确了古建筑物保护维修的原则：古建筑的保护和维修，其原则是从风貌、结构、材质方面都要保留历史的“可读性”，要修旧如旧，而不能修旧如新，另外，维修应有“可逆性”，万一维修效果不理想，要易于恢复到维修前的残损状态，另外，还要有一定的“持久性”，比如满足古建筑维修周期 100 年或更长的时间。古建筑物的纠倾加固设计原则如下：

1）古建筑物作为文物进行加固纠倾，应该遵循修旧如旧的原则，无论是抗震加固还是结构补强加固，均不能改变古建筑物的原始风貌。纠倾加固完成之后，复旧处理工作必不可少。

2）所有纠倾加固工程必须隐蔽，尽量不留痕迹或少留痕迹，应符合文物修缮相关规范要求。

3）文物不能再生，纠倾加固方案不仅要保证施工和技术人员的安全，更重要的是必须确保文物的绝对安全。

（2）加固工程设计

加固工程与古建筑物倾斜原因有很大的关系，不同的倾斜原因，有不同的加固重点。古建筑物纠倾加固工程的施工顺序一般遵循先加固，后纠倾；先上部结构后地基基础，先场地后主体，最后进行复旧处理。但对于那些倾斜严重，且在急剧发展的古建筑物而言，先抢救是必要的，如先止倾，或纠倾一部分再进行加固。对于那些不会造成倾斜恶化的工作，可以同时进行，以节省时间。用掏土迫降纠倾的工程，地基加固（注浆加固）应放在纠倾完成以后进行。

1）上部结构加固设计，如果是上部结构不均匀破坏型，则加固设计的重点为上部结构加固、地震加固、局部修缮等。

2）地基基础加固设计，如果是地基基础不均匀压缩，沉降型，则加固设计的主要内容为地基补强加固，基础加固或基础托换。

3）场地加固设计，如果是斜坡不稳定型则主要内容为斜坡加固，如滑坡治理，边坡支挡工程，河岸防护工程，洞穴填埋等。

4）纠倾工程所需的临时加固工程设计，如围箍、支撑、托换等。临时加固工程，尽可能与永久工程兼顾起来，减少投资。

凡方案所涉及的加固工程，均需进行详细的施工图设计，且应合有关规范要求。

（3）纠倾工程设计

纠倾方法多种多样，约有几十种，最好是根据建筑物的特点及地基基础情况，因地制宜选用。当建筑物形体简单，重量轻，可先用顶升法纠倾，或采用掏土迫降法及外力加荷方法纠倾。当建筑物重量大、形体复杂，可选用掏土迫降法及无外荷加载方法纠倾，所谓无外荷加载是指不必借用其他外力，充分利用建筑物自身的重量压坏迫降区地基土使其沉降。其原理是，掏土时，给千斤顶加少许力顶住筏板基础，先不让建筑物产生沉降变形，随着掏土量的增加，地基受力面积逐渐减少，一部分地基土产生屈服破坏，千斤顶必然受力，利用千斤顶将一部分重力暂时分担（储存）起来，待千斤顶储力达到一定程度，再对千斤顶逐渐卸载将力缓慢释放转移至地基上，这样利用建筑物自身重力达到外荷载加力的效果。由于千斤顶卸荷过程可以通过电脑精确可控，这样大大提高了纠倾中的人为可控性。

纠倾工程设计，根据审查通过的纠倾方案进行，不同的纠倾方案，有不同的设计内容，现就普遍使用的水平掏土迫降纠倾法为主来加以说明其设计要点。

1）水平掏土迫降法设计要点

① 纠倾部位的确定：采用水平掏土纠倾，首先要确定掏土的部位，一般而言选择在

基础以下的地基土中，深度不宜过大。当地基土为非均质土如卵石层，则可考虑特殊钻具和工艺，如根管钻进，问题是要考虑施工方便易行。

② 掏土孔的布置：掏土孔的布置方向可以有两种选择，一是平行于倾斜方向布置，一是垂直倾斜方向布置，可根据施工条件选择。掏土孔的孔位与孔经设计，需根据地基土的承载能力与荷重情况所需造就的应力图形而定，即造就的应力图形应成线性，使迫降过程平稳，使建筑物不产生附加应力。

③ 迫降法施工人为控制措施设计：如定位桩、定位墩、锚杆静压桩、千斤顶控制等设计。确保施工的安全。

2）顶升法纠倾设计要点

① 顶升梁、钢筏等托换工程的设计一定要满足在顶升力作用下的刚度要求，变形不能过大，否则会造成建筑结构的第二次破坏。千斤顶反力支座的设计可结合地基基础加固进行。

② 顶升千斤顶的设计配置，需根据建筑物自重选择千斤顶的数量，额定顶升力，平面布置等。千斤顶使用安全系数可取1.5～2.0。

③ 迫降顶升组合协调纠倾法设计要点

迫降顶升组合协调纠倾，关键在变位协调，首先必须确定是迫降为主还是顶升为主，一般讲在无特殊要求的情况下以迫降为主是合适的，确定好迫降与顶升的比例关系以后，就可根据这一比例关系来设计掏土孔，计算出所造就的应力图形。然后根据，变位协调原理设计顶升力的大小。实践经验证明，迫降顶升组合协调纠倾法，对于古塔纠倾而言，由于跨度小，是一种科学的组合，优点很多，在条件允许时尽可能采用此法。

（4）监测系统设计

严密、可靠、快速的监测系统和信息反馈系统，是古建筑物加固纠倾的重要保证，也是贯彻信息化施工的重要组成部分。

观测的内容主要包括沉降观测、倾斜观测、建筑物同步变位观测、应力监测等方面。主要的作用是了解在纠倾过程中沉降是否成线性，回倾与沉降是否同步，塔身有无附加应力出现，沉降速度是否合适，是否存在方向偏差等，根据这些反馈的信息，随时调整纠倾参数。

监测系统和信息反馈系统的设计，主要是测试仪器的配置，设置位置和数量的选择，监测时间的安排，信息反馈系统的形成等。应做到多种监测手段并用，定时监测，相互校核，其精度应能满足变形观测的需要。及时绘制应力—时间曲线、变位—时间曲线及沉降—时间曲线。

（5）安全防护系统设计

安全防护系统的设计是施工图设计的一个重要的组成部分，纠倾工程的安全特别是古建筑物纠倾工程，安全是放在第一位的。尽管在纠倾方案的选择时，就充分考虑了安全问题，但在实施过程中，还应考虑安全防患硬件设计，如缆拉防护、定位墩防护、千斤顶防护等技术措施和特殊情况下的应急预案，确保工程的绝对安全。安全防护措施不能单独一种，要做到多种防护措施同时并用，甚至要有应急预案，确保万无一失。

3.5.4 古建筑物纠倾施工

（1）纠倾前的技术准备工作

在古建筑物纠倾前，为避免直接对建筑物本体施力，造成古建筑物的破坏，一般要对基础进行托换处理，将基础托换成整体性好的筏板基础，使建筑物坐在其上，所以纠倾前要对筏板的刚度进行测试。

1）所有量测设备的安装、调试、标定。量测设备包括千斤顶压力传感器、位移计、手动位移计、倾斜盘、钢筋计、控制变形测量仪等；

2）设计各种测试数据的采集（包括集中采集、人工采集）、汇总、整理、分析方法、程序和图表；

3）制定安全控制系统的设计及操作程序；

4）掏土程序设计，并制定稳定标准；

5）进行筏板基础刚度试验，并确定有关参数；

6）建立数据采集分析中心；

7）成立纠倾指挥部。

（2）纠倾施工

传统的纠倾方法及操作程序在相关文献里耳熟能详，本章介绍一种新的可控精确组合纠倾方法，该方法首次将预应力锚索技术引入到建筑物纠倾控制领域中，并与基底水平钻孔掏土纠倾法有机结合，通过掏土减少地基承载面积，锚索加压增大基底附加应力的双重效应，促使地基局部沉降，达到纠倾的目的。加力系统由液压千斤顶、电动油泵及锚索共同组成，测力系统由传感器及油压表组成并相互校验，加力时锚索受拉，基础受压，地基应力增大，进而加速少沉侧地基沉降变形，消除基础差异沉降。锚索加力越大，基础下沉越大，故通过控制加力的大小可控制建筑物回倾的速率；通过调整建筑物周边不同竖井内锚索的受力，便能控制建筑物的回倾方向。该方法最大的优点是可控性好、精确度高、安全稳妥，因为施力大小通过油压表、压力传感器精确显示；加载与卸荷通过电动油泵旋钮精准控制，若与电脑联机则可控性更高，倘若千斤顶加力过大，基础下沉幅度亦大，则锚索张力随之自动减小，进而降低了基础受力，减缓了基础的沉降速率，这种“自动刹车”功能以及油压表和传感器的双重校核机制，极大地提高了纠倾过程中的安全可靠性、降低了风险。此外，锚索加压纠倾装置占用空间小、加载吨位大、操作简单易行，与单纯掏土迫降纠倾法相比，可减少掏土工作量，节省纠倾时间，提高纠倾效率，特别是纠倾完成后，给锚索施加适当预应力并锁定在基础上，可提高建筑物的稳定性并防止复倾等诸多优点。

总之，纠倾施工是一项极为细致的工作，不要急于求成。

纠倾达到预定目标以后，应在定位墩上打入钢楔进行锁定，并向掏孔区四周填塞干硬性混凝土，塔底进行压力灌浆，抽掉千斤顶，浇注混凝土。

对于一般掏土迫降纠倾而言，须根据地基土的具体情况预留一定的沉降量，避免纠倾过度。

（3）纠倾施工注意事项

纠倾加固工程施工与其他工程施工一样，首先应根据设计图纸的要求，进行施工组织设计，将机具、材料、人员准备好。针对古建筑物纠倾加固工程施工而言，应特别做好以下几点工作：

1）施工方法和施工工艺的选择，应符合古建筑物修缮的特殊要求。

古建筑物属于不可移动文物，对它进行修缮、保养，必须遵守不改变文物原状的原则，因此在选择施工方法和施工工艺时，应尽量避免对文物原貌的破坏。加固工艺要做到隐蔽，与周边场地环境和谐。对纠倾临时拆下的构件要按顺序编号、拍照甚至录像妥善保存，等纠倾完成以后进行复原。

2）施工过程中如发现古建筑内藏有文物遗存，须立即上报文物主管部门，进行清理，听候安排处理。

3）施工进度安排，要根据实际情况循序渐进，不能单纯追求进度。

4）一定要确保工程施工安全，加强施工过程中的监测，随时反馈各种变形信息，进行信息化施工。

5）掏土

根据掏土设计布置的孔位、孔径、孔向及孔深循序渐进掏土，尽量使迫降区掏土均匀，避免局部梗阻，产生应力集中现象。若采用机械钻孔掏土时，尽量采用振动小的钻机、不加水干钻，以免循环水渗入地基。由于土体的强度与试验值有一定的差异，故掏土钻孔采用分期分批逐渐加密的方法进行。在掏土过程中要严格监测建筑物的变形，当千斤顶的受力状态开始有规律的增加时（千斤顶初始不受力），则证明掏土使迫降区边缘部位的应力已超过土体的抗压强度，此时仍可继续掏土，当千斤顶储力达到设计值时，停止掏土，开始纠倾。

当采用掏土及外力加荷纠倾时，掏土可至临界破坏状态，即基础有少量的沉降变形可停止掏土，通过人为方便可控的加力系统促使古建筑物迫降，简言之："掏土至临界，加压到破坏"。

3.6 建筑物纠倾工程实例简介

随着建筑物纠倾加固技术的不断发展，许多倾斜建筑物得到了及时的处理，避免了严重的经济损失。以下对国内其他同行专家的 63 项典型的建筑物纠倾加固实例进行简要介绍，见表 3-7。更多的建筑物纠倾工程实例，详见本套丛书的第三分册《建筑物纠倾工程设计与施工》。

建筑物纠倾工程实例 **表 3-7**

序号	工程名称	工程概况	工程地质	工程事故原因分析	纠倾加固方法
1	黑龙江省杜尔伯特蒙古族自治县某住宅楼	5 层框架结构，建筑面积 542m²，粉喷桩复合地基，1989 年竣工后交付使用，1999 年 11 月向西最大倾斜率 28.2‰	素填土（厚 0.3m）；粉质黏土（厚 4.02m，软塑）；泥炭土（厚 6.58m，软塑）；中砂（厚 1.63m，饱和）；粉质黏土（厚 2.47m，硬塑）；强风化花岗岩	采用粉喷桩处理深厚泥炭土地基、也没进行现场试验，是严重的地基处理方案失误；粉喷桩施工质量较差，桩长、桩身强度和桩身完整性等指标达不到设计要求；相邻建筑物实施人工挖孔桩，使软弱地基土产生侧向移动	首先在建筑物沉降量较大一侧采用锚杆静压桩加固基础，然后在沉降量较小一侧采用应力解除法纠倾，并向孔内射水促沉。建筑物回倾到位后，利用应力解除孔压桩加固

续表

序号	工程名称	工程概况	工程地质	工程事故原因分析	纠倾加固方法
2	黑龙江省望奎县某住宅楼	7 层砖混结构，建筑高度 21.94m，钢筋混凝土筏板基础，埋深 2m。该住宅楼竣工后 2 个月（2000 年 10 月）便产生不均匀沉降，倾斜率（向南）7.1‰	粉质黏土； 地下水位－3m	地基内原有一纵向砖砌地道，其中心线距离南侧筏板边缘 3m，顶板距离基础板底 2m。由于未对地道进行处理，建筑物荷载导致地道变形、塌落，建筑物基础产生不均匀沉降	首先对南侧基础进行桩基托换，然后水下灌注混凝土对地道进行加固处理，最后在建筑物北侧采用基底钻孔（孔径 50mm）掏土法进行纠倾
3	辽宁省丹东某住宅楼	6 层框架结构，建筑高度 17.37m，采用钢筋混凝土梁式筏板基础，基础埋深 1.65m，2005 年竣工后不久便产生不均匀沉降，最大倾斜率（向北）9.4‰	淤泥质粉质黏土	上部荷载偏心严重，建筑物重心投影点向北偏离基础形心 420mm	采用基底成孔掏土法＋堆载加压法进行综合纠倾。即在南侧基础下水平成孔掏土迫降，孔径为 300mm，间距为 600mm，孔深 3m
4	山东省东营某大型立式储罐	2 个 2 万 m^3 立式圆筒形钢制储罐，采用 CFG 桩与砂桩混合法进行地基处理，基础环梁沉降差超出规范允许值	素填土； 粉土； 粉质黏土		采用基底成孔掏土法纠倾
5	山东省东营某办公楼	4 层与 5 层组合的 L 形砖混结构建筑物，筏板基础，始建于 1996 年，使用过程中产生了不均匀沉降，最大倾斜量 127mm	素填土； 粉土； 淤泥质黏土； 粉土； 粉质黏土	4 层与 5 层交汇处应力叠加，但基础未作处理，软弱下卧层承载力不足	采用辐射井射水法＋井点降水法综合纠倾
6	山东省某住宅楼	7 层砖混结构，筏板基础，埋深 1.5m。该住宅楼于 1989 年 9 月竣工投入使用，但其沉降不断发展，最大倾斜率（向西）达 16.8‰	软塑状淤泥质土	软塑状淤泥质土自西向东尖灭，厚度悬殊；建筑物地基中的废弃巷道发生冒顶，围岩产生塑性大变形	利用粉煤灰、煤矸石等材料对用模板封闭了的巷道进行填充与注浆加固；对软弱地基土进行注浆加固；然后在沉降量较小一侧采用应力解除法纠倾（应力解除孔径 300mm）

续表

序号	工程名称	工程概况	工程地质	工程事故原因分析	纠倾加固方法
7	山西省太原某商住楼	2层砖混结构，建筑高度6.6m，钢筋混凝土条形基础。在建筑物竣工使用5年后的春节里，地基浸水事故造成部分基础断裂，墙体破损，最大倾斜量(向西)350mm，倾斜率达到了53‰	素填土； 粉土； 自重湿陷性黄土； 粉质黏土； 粉土； 粉质黏土	春节假期中，室外自来水管道冻裂后大量跑水，导致建筑物地基土浸水湿陷、冻胀；使用单位在屋顶的西侧擅自增加一层临时用房，造成上部结构偏心；商住楼西南角基础坐落在防空洞上方，防空洞浸水后冒顶，导致上方的地基土产生大变形	首先在沉降量较大一侧间隔开挖导坑进行基础下静力压桩(ϕ219钢管桩，壁厚8mm，桩长10～13m)，有效制止了倾斜量的发展；然后在原沉降量较小一侧的基础两侧钻孔(2排注水孔梅花形布置，孔深5～7m，间距1m)，采用浸水法纠倾；在建筑物稳定后，利用钢管托换桩提供反力，采用千斤顶进行静力压桩顶升，最后用螺栓紧固垫板后，焊接封桩
8	山西省运城某住宅楼	7层砖混结构，建筑高度20.7m，钢筋混凝土条形基础，共3个单元，2、3单元之间设有沉降缝。建筑物竣工使用后不久便发生倾斜，倾斜率6.03‰	素填土； 粉土		采用预压托换桩顶升法纠倾，其余基础采用静压桩加固
9	山西省某煤矿住宅楼	5层砖混结构，平面尺寸为15.3m×10m，建筑高度15m，钢筋混凝土条形基础，整体换填垫层厚2.5m。该住宅楼建于1986年，1990年倾斜率(西北)达14.9‰	地处汾河二级阶地，自重湿陷性黄土	1988年12月，相距3.5m的室外地沟内供热管道漏水，导致局部地基土湿陷	在原沉降量较小的东南侧联合采用基础侧坑式浸水法和基础下孔式注水法纠倾，并在原沉降量较大的西北侧布置注浆孔采用水玻璃加固地基土
10	河北省张家口气象局雷达楼	7层框架结构塔形建筑物，平面尺寸10m×13m。1978年竣工时就发生倾斜。2002年检测表明，建筑物向东倾斜160mm	细砂；粉土(中等湿陷性，厚度0.6～3.5m，$\delta_s=0.07$)；粉质黏土	地基持力层不一致，建筑物基础西部位于细砂上，东部却位于粉土之上，粉土地基浸水湿陷，建筑物倾斜	在东部基础底下0.3m，采用基底水平成孔掏土法纠倾，并以掏土孔内灌水作为辅助措施

续表

序号	工程名称	工程概况	工程地质	工程事故原因分析	纠倾加固方法
11	河南省洛阳下清宫道土塔	七级八角形密檐式实心砖塔(砖尺寸为:300mm × 150mm × 70mm),高 8.8m,建于明正德年间。该塔向西北方向偏移 0.78m,倾斜约 10°,采用 3 根木柱支护,以防倒塌	粉土	塔基下 4m 处地宫墓室塌陷;地面堆土	采用托梁顶升法纠倾。场地平整,搭设脚手架,塔身裂缝灌浆加固,塔体钢木保护,分层开挖—基础托换(8 根人工挖孔桩,桩径 500mm,桩长 12m),施工承台梁(基础下顶推空心混凝土箱体,插入钢筋笼,浇筑混凝土),塔体顶升纠倾—塔身砖体处理
12	湖北省某综合楼	6 层框架结构,钢筋混凝土筏板基础(厚度 0.4m),于 1992 年竣工投入使用,2001 年发现严重倾斜,最大倾斜率(向西)20‰	填土; 淤泥质粉土; 砂岩	淤泥质粉土分布严重不均(西部厚 4m,东部则缺失);上部荷载偏心,西侧为通长阳台,而西侧基础却没有外伸	采用基底成孔掏土法纠倾。在沉降量较小的东侧室外,开挖 1.5m 宽沟槽(深至基础下 0.5m),然后用洛阳铲在基础下 0.3m 处从沟槽向里垂直开挖直径 100mm、深 4m、间距 2m 的水平孔,进行水平成孔掏土纠倾
13	湖北省武汉某住宅楼	6 层砖混结构,建筑高度 19.5m,钢筋混凝土筏板基础(厚 0.4m)。该住宅楼竣工后不久便产生不均匀沉降,平均倾斜率(向北)9.7‰	填土; 淤泥质土; 密实黏土	淤泥质土分布不均,薄厚差异较大,导致不均匀沉降	在建筑物南侧布置 20 个直径 0.4m 的应力解除孔,孔深 10m,套管长 5m,采用应力解除法纠倾
14	湖北省汉口某住宅楼	8 层框架结构,采用砂桩(桩径 425mm,桩长 15m)与水泥搅拌桩(桩径 600mm,桩长 13m)进行地基处理,梁板式筏基,1992 年交付使用后产生不均匀沉降,最大倾斜率达 11‰	湖塘填埋后作为地基	地基持力层起伏较大,部分桩端位于淤泥质土层;住户用砖封阳台造成上部荷载偏心	采用桩顶卸载法纠倾。 间隔 2 排桩截掉一排桩(截桩长度 1.5m),形成 5 个作业通道后,然后进行间隔截取桩头 200mm,并用质地较好的砂袋配合木楔塞紧,通过打孔掏砂控制回倾速度

续表

序号	工程名称	工程概况	工程地质	工程事故原因分析	纠倾加固方法
15	湖北省武汉某综合楼	7层砖混结构综合楼，条形基础，粉喷桩复合地基(桩径500mm，桩长9m，间距1.5m)。该综合楼于1995年竣工投入使用，2000年重新装修时发现建筑物整体向南倾斜，最大倾斜率为12‰	软土		采用地基应力解除法纠倾。在建筑物北侧外轮廓线处布置应力解除孔，孔径400mm，间距2.5m，套管长度4m，采用外径 ϕ380mm、螺距180mm的大型螺旋钻掏土，掏土深度9～10m，掏土4～5轮，每轮每孔掏土0.3～0.5m^3
16	湖南省某住宅楼	6层砖混结构，建筑高度18m，钢筋混凝土条形基础，埋深1.6m。该住宅楼在施工过程中产生不均匀沉降，最大倾斜率(向南)3.3‰	粉质黏土； 淤泥质粉质黏土； 淤泥质粉土； 含砂圆砾	上部荷载偏心；软弱下卧层(淤泥质粉质黏土)分布不均匀，南厚北薄，压缩量不一	第一阶段，在室内各楼层进行堆载加压纠倾；第二阶段，采用锚杆静压桩对沉降量较大一侧进行加固；第三阶段，利用钻机采用斜孔掏土法(孔径150mm，孔深6m，间距2m)在北侧基础下斜向取土纠倾
17	江苏省某花苑住宅楼	砖混结构住宅楼，建筑高度17.5m，粉喷桩复合地基。2004年竣工入住后发现建筑物倾斜	杂填土； 粉质黏土； 粉砂； 粉土； 粉砂； 粉土	地基处理施工时偷工减料，粉喷桩的实际长度仅为3m，而设计桩长为6m；上部结构荷载偏心	先采用锚杆静压桩对沉降量较大一侧进行加固，然后采用基底冲水掏土法对沉降量较小一侧进行迫降纠倾
18	江苏省南京某住宅楼	7层住宅楼，1～2层为框架结构，3～7层为砖混结构，筏板基础，水泥搅拌桩复合地基(桩径500mm，桩长15.5m)。1995年竣工，2003年倾斜率达9.5‰	素填土； 黏土； 淤泥； 粉质黏土		采用基底成孔掏土法纠倾，掏土孔投石注浆加固
19	江苏省南京某住宅楼	7层两单元复式砖混结构住宅楼，中间设沉降缝，沉管灌注桩＋条形基础。1993年竣工入住后，西单元向北倾斜，最大倾斜率达9.78‰	填土； 粉质黏土； 淤泥质粉质黏土； 粉砂	粉砂层南北高差5m，桩长却保持一致，导致南侧桩进入砂层5m，北侧桩刚抵砂层顶面，南北两侧桩基实际承载力悬殊，建筑物产生不均匀沉降	先采用锚杆静压桩加固北侧基础，然后采用桩身卸载法对南侧桩基进行卸载纠倾

续表

序号	工程名称	工程概况	工程地质	工程事故原因分析	纠倾加固方法
20	江苏省南京某住宅楼	该住宅楼为筏板基础,深层搅拌桩复合地基,建筑高度21m,1999年向东倾斜率达4.95‰	填土; 粉质黏土; 淤泥质粉质黏土; 粉质黏土夹粉砂	建筑场地一半为池塘回填,但清淤不彻底,造成地基承载力悬殊较大	东侧压力注浆加固地基,然后采用基底成孔掏土法在西侧迫降纠倾
21	江苏省南京某住宅楼	7层点式住宅楼,建筑高度22.8m,条形基础,水泥搅拌桩复合地基。2007年3月底平均倾斜率达16.04‰	淤泥质粉质黏土; 粉土; 粉细砂	建筑物西侧15m处开挖地铁站(基坑宽48.2m,深17.5m),基坑开挖与降水导致住宅楼倾斜	利用钻机在东侧进行斜孔掏土纠倾,采用锚杆静压桩加固基础
22	江苏省某教学楼	4层外廊式砖混结构,素混凝土基础,1985年竣工并投入使用。1999年增加2层后产生不均匀沉降,最大倾斜率(向北)达11‰	耕土;粉质黏土(厚1.1~1.6m);淤泥质土(4.2~6m);粉土	岩土勘察工作不细致,没有详述暗浜的位置和规模;相邻深基坑开挖、降水引起地基土变形	采用压力注浆加固地基土,采用基底成孔掏土法进行迫降纠倾
23	江苏省盐城某住宅楼	6层砖混结构,筏板基础,竣工时产生不均匀沉降,向东偏移200mm	填土; 淤泥质土; 粉质黏土; 淤泥质粉质黏土; 淤泥; 淤泥质粉土; 黏土	基坑开挖后没有认真验槽,暗沟、古墓等隐患未能有效处理;换土垫层碾压不实,未形成较好的持力层	首先采用树根桩(桩径200mm,桩长12m)加固地基,然后采用斜孔掏土法(孔径150mm,孔深10m,共30个掏土孔)在西北侧基础下斜向取土纠倾
24	安徽省芜湖某商住楼	7层框架结构,筏板基础。主体完工后不久,该建筑物便发生不均匀沉降,部分外梁出现裂缝,最大倾斜量113mm	杂填土; 淤泥质土; 粉质黏土	软弱地基土厚度变化较大;筏板基础浇筑结束后,规划部门要求建筑物后退300mm,上部结构后退后,但没有调整基础板尺寸,造成上部结构重心与基础形心偏离,基底附加压力不均匀分布	采用地基应力解除法纠倾,压力注浆加固地基
25	上海某住宅楼	6层砖混结构,建筑高度17m,筏板基础(厚0.3m),使用过程中不均匀沉降持续发展,最大倾斜率达到15.6‰	填土; 粉质黏土; 淤泥质粉质黏土	地基中存在较大的暗浜,施工时清除暗浜填土至老土,并用毛石混凝土砌筑换填至基础底面。但南北两侧毛石区边缘距离基础外边缘的宽度相差较大,造成基础不均匀沉降	利用120mm的麻花钻在沉降量较小一侧进行斜孔掏土纠倾,同时在沉降量较大一侧采用锚杆静压桩加固基础,并推迟沉降较大一侧的封桩。沉降较小一侧的也采用锚杆静压桩加固基础

续表

序号	工程名称	工程概况	工程地质	工程事故原因分析	纠倾加固方法
26	上海某住宅楼	6层住宅楼，共5个单元，一道沉降缝（宽120mm）将建筑物分为东西两个部分，其中东部3个单元，西部2个单元，条形基础，粉喷桩复合地基（桩径500mm，桩长9m，间距1.1m），结构封顶后，建筑物沉降量较大，并且沉降缝两侧单元对倾碰顶	粉质黏土； 淤泥质土； 粉砂夹砂质粉土	地基中附加应力叠加和局部应力集中（偏心）是沉降缝两侧建筑物对倾的主要原因	在沉降缝附近区域采用锚杆静压桩加固基础，达到控制沉降和纠倾目的
27	上海某商住楼	6层砖混结构，桩（桩长8m）筏基础，始建于1980年，一年后东侧新建一栋6层住宅，基础相连，上部留变形缝。20余年后，该商住楼向东倾斜率达8‰	填土； 淤泥质土； 局部有暗浜	上部荷载偏心；地基附加应力叠加	先采用锚杆静压桩加固基础，再采用辐射井（直径1.2m，壁厚10mm的钢管沉井）射水法进行纠倾（射水孔位于桩端以下）
28	上海某学校宿舍楼	6层砖混结构，建筑高度22m，钢筋混凝土条形基础，埋深1.5m。该宿舍楼始建于1985年，使用过程中发生不均匀沉降，2010年7月，向北倾斜率达了8.5‰，向东倾斜率达4.54‰	填土； 粉质黏土； 淤泥质粉质黏土； 黏土； 粉质黏土	没有进行岩土工程勘察，凭经验设计。北侧的东西向明浜引起建筑物向北倾斜；另外，1997年，紧邻东侧新建教学楼，其复合桩基引起宿舍楼附加沉降	先在建筑物北侧采用锚杆静压桩加固基础，并立即封桩。然后在南侧采用斜孔掏土法纠倾（一点三孔，倾角30°～45°），最后采用锚杆静压桩加固南侧基础
29	上海某建筑物	3层建筑物，筏板基础，天然地基，施工装修时发现其倾斜，倾斜率达7‰	淤泥质土		先采用锚杆静压桩加固基础，再采用地基应力解除法进行纠倾
30	浙江省舟山某大型储罐	1万m^3内浮顶圆筒形钢制储罐，直径28.5m，罐高15.85m，采用深层搅拌桩（桩径0.6m，桩长20m，间距1.5m）进行地基处理，用1.0m厚的砂垫层调节不均匀沉降，基础采用钢筋混凝土环梁基础，环梁高1.1m。1996年竣工并投入使用，2009年基础出现不均匀沉降（最大累计沉降量711mm，最小累计沉降量625mm），灌顶偏移195mm	软塑状粉质黏土； 淤泥质粉质黏土； 淤泥质黏土； 粉质黏土	软弱地基土长期固结产生较大沉降；相邻储罐地基附加应力叠加，造成不均匀沉降	采用基底冲水掏土法进行纠倾

续表

序号	工程名称	工程概况	工程地质	工程事故原因分析	纠倾加固方法
31	浙江省杭州某焊接车间	单层装配式排架结构，24m 跨度 T 形钢屋架，脊高 15.5m，钢筋混凝土变截面排架柱，预应力屋面板，杯形独立基础，砂垫层，1980 年竣工投入使用。2004 年倾斜率（向南）达 10‰，车间吊车无法运行	软黏土厚达 36m	南侧相邻的建筑基坑施工影响	首先对东南侧基础进行加大截面和加固截面处理，再采用锚杆静压桩进行加固，控制沉降；各排架柱安装斜拉双索，变角复位；利用小型门式钢架对东南侧独立基础进行抬升纠倾；采用地基应力解除法对北侧基础进行迫降纠倾，基底注浆加固
32	浙江省定海某住宅楼	5 层砖混结构，粉喷桩复合地基（桩径 500mm，桩长 12m）。1997 年竣工后逐渐倾斜，2000 年倾斜率达 8.6‰	杂填土； 粉质黏土； 淤泥质土； 粉质黏土； 黏土	地基持力层倾斜较大，建筑物东侧粉喷桩的桩尖进入粉质黏土层，而西侧粉喷桩的桩尖却在淤泥质土中，造成地基承载力悬殊较大	先采用锚杆静压桩加固基础，再采用桩顶卸载法＋基底掏土法进行综合纠倾
33	浙江省温州某住宅楼	4 层砖混结构，钢筋混凝土条形基础，建筑高度 13m，建筑面积 762.36m²。该宿舍楼始建于 1984 年，最大倾斜率 20‰	杂填土； 黏土； 淤泥质土； 黏土		先采用锚杆静压桩加固基础，再采用托梁顶升法进行纠倾
34	浙江省宁海县某学校宿舍楼	3 层砖混结构，钢筋混凝土条形基础，建筑高度 11m。该宿舍楼始建于 1999 年，2003 年平均倾斜率（向南）10.9‰	粉质黏土； 淤泥质土； 粉质黏土	单挑外廊，上部结构荷载不均匀；持力层和下卧层的承载力都不满足要求	先用锚杆静压桩加固南侧基础，然后在北侧采用斜孔掏土法纠倾（一点三孔，倾角 30°～45°），最后采用锚杆静压桩加固北侧基础
35	浙江省上虞某水泥厂提升房	该提升房高度 18m，筏形基础，基础面积 24.4m²，总重量 300t。该构筑物始建于 1980 年，最大倾斜率 32‰	粉土； 粉质黏土； 淤泥质土； 黏土	1985 年，相邻该提升房一侧建设一水泥立库，立库（重量 3800t，干重量 2400t）在地基中产生较大的附加应力，导致提升房倾斜	先用锚杆静压桩加固提升房基础，然后采用辐射井射水法纠倾
36	福建省福州某住宅楼	5 层砖混结构，钢筋混凝土筏形基础，换砂垫层厚 3m，1985 年竣工投入使用，1991 年最大倾斜率（向北）11.6‰，地基土固结沉降尚未结束	深厚淤泥	上部结构荷载偏心；地基承载力不足	采用基底成孔掏土法成功纠倾

续表

序号	工程名称	工程概况	工程地质	工程事故原因分析	纠倾加固方法
37	福建省厦门某住宅楼	4层砖混结构，平面尺寸为10.2m×10.3m，钢筋混凝土筏形基础，毛石灌砂垫层厚1～3m。该住宅楼原设计为5层，1983年施工至4层时便发生不均匀沉降，随即封顶。竣工后住宅楼继续倾斜，最后与相邻的另一住宅楼碰顶	淤泥(厚20m)	地基中附加应力叠加	采用托梁顶升法纠倾
38	福建省某办公楼	7层框架结构，钢筋混凝土柱下条形基础，天然地基，建筑高度23.1m，始建于1989年，最大倾斜量180mm，最大倾斜率11.5‰	素填土； 粉质黏土； 黏土	附近地下生活及生产用水管道发生渗漏，地基土遭浸泡	先采用锚杆静压桩加固基础，然后采用托梁顶升法进行纠倾
39	福建省某建筑物	7层砖混结构，钢筋混凝土筏形基础，1989年竣工投入使用，建筑物在使用过程中产生不均匀沉降，最大倾斜量(向西)255mm，最大倾斜率16.8‰	淤泥质土	地基土强度不足；地基中的废弃巷道发生冒顶，其围岩产生大变形	首先利用粉煤灰、煤矸石等材料填塞巷道封堵段(长16m)，并进行加压注浆；对西侧地基土进行注浆加固；利用地基应力解除法在东侧进行迫降纠倾，并在解除孔降水促沉
40	福建省某综合楼	7层框架结构，钢筋混凝土基础，天然地基，封顶后发现不均匀沉降，最大倾斜量76mm	次生红黏土； 黏土； 粉质黏土； 黏土	持力层和下卧层的承载力均偏小，却没有进行地基处理；上部荷载偏心	采用基底成孔掏土法+堆载加压法进行综合纠倾，采用锚杆静压桩加固
41	广东省深圳某住宅楼	7层框架结构，建筑高度22.8m，柱下独立基础，基础埋深2.3m，施工至外墙装修时发现建筑物倾斜，最大倾斜率11.8‰	填土； 淤泥质土； 砾砂； 强风化片麻岩	该私宅设计时没有进行岩土工程勘察，事故后的补勘表明，地基承载力不足	拓宽原基础(并预留压桩孔)，利用锚杆静压桩加固，然后采用断柱顶升法纠倾。以中排柱作铰支点，一侧顶升，另一侧放沉

续表

序号	工程名称	工程概况	工程地质	工程事故原因分析	纠倾加固方法
42	广东省湛江某小区住宅楼	8 号、9 号楼均为 6 层框架结构，桩筏基础，北侧与南侧桩长分别为 15m 和 9m；12 号、13 号楼为 5 层框架结构，桩筏基础，桩长 7m；1996 年竣工后发生倾斜，该 4 栋建筑物最大倾斜量分别为 276mm、289mm、214mm、209mm	填土； 黏土； 淤泥质粉质黏土； 淤泥质粉土； 粉质黏土； 淤泥质粉土	桩基设计不当；大面积堆载	采用桩端卸载＋降水法综合纠倾。第一阶段在距离外墙 18m 处斜向钻孔（ϕ300mm），掏挖桩端土体进行纠倾，最大钻孔斜长 41m，并在孔内放置钢管准备降水；第二阶段降水纠倾，并将压缩空气送入孔内，降水抽泥，加速回倾
43	广东省佛山某办公楼	7 层框架结构，建筑高度 23.1m，柱下条形基础，天然地基，始建于 1989 年，使用过程中发生不均匀沉降，最大倾斜率 11.5‰	填土； 粉质黏土； 黏土	办公楼附近兴建了多栋高层建筑，造成地下给水管道渗漏，地基土遭浸泡，地基承载力下降	加宽加厚原基础，利用锚杆静压桩进行加固，然后采用断柱托梁顶升法纠倾
44	广东省新兴县某住宅楼	3 层框架结构，建筑高度 11.3m，柱下条形基础，基础埋深 1.5m，始建于 1992 年，1996 年最大倾斜率 14.34‰	淤泥质土	原设计时没有进行岩土工程勘察，地基承载力及变形均按经验估算；补勘表明，淤泥质土地基中夹有一层厚度不均的泥炭层，软弱下卧层承载力不足及压缩量不一，造成建筑物倾斜	采用斜孔掏土法纠倾，并向孔内射水，提高纠倾速度
45	广东省珠海某电力塔架	钢结构电力塔架，高 28m，总荷载 600kN，钢筋混凝土筏板基础 7.65m × 7.65m × 1m，以海相沉积的淤泥作为天然地基，基础埋深 1.0m。该电力塔架始建于 1992 年，送电 10 年后产生倾斜，最大倾斜率 5‰	流塑状淤泥； 软塑状淤泥； 黏土（含砾）	电力塔架西南侧 5m 处降水开挖池塘，流塑状淤泥产生侧向移动	首先采用钢管桩（桩径 150mm，桩长 25m，共 12 根，桩内灌注砂浆后插入钢筋）和木桩在筏板基础四周加固，然后用螺旋钻采用斜孔掏土法纠倾。纠倾达到目标后，拓宽原筏板基础，与加固桩结合
46	广东省高明县某宿舍楼	4 层砖混结构，矩形平面，建筑高度 14m，钢筋混凝土条形基础，砂垫层厚 1m。1988 年该宿舍楼最大倾斜率（向北）达到 18.5‰	软塑黏土； 淤泥； 淤泥质土； 粉质黏土	上部结构偏心；砂垫层密实度不均匀；建筑物使用过程中地面严重渗水	采用基底掏砂垫层法成功纠倾

续表

序号	工程名称	工程概况	工程地质	工程事故原因分析	纠倾加固方法
47	广东省某住宅楼	8层框架结构，钻孔灌注桩基础。2000年竣工交付使用，2003年最大倾斜率22.4‰	淤泥质土		先采用锚杆静压桩加固基础，然后采用托梁顶升法进行纠倾
48	广东省某相邻两住宅楼	两栋相邻住宅楼，5层框架结构，独立基础。主体竣工后便发生不均匀沉降，相向倾斜碰顶，水平位移量分别为450mm和390mm	填土； 淤泥质粉质黏土； 粉质黏土	两栋建筑物相距较近，地基中附加应力叠加	在两栋建筑物相邻的两个侧墙基础下（即原沉降量较大处），采用水泥—水玻璃注浆抬升纠倾（地基抬升量达到130mm），在原沉降量较小的基础下采用冲水掏土法迫降纠倾
49	广东省东莞某教学楼	3层砖混结构，钢筋混凝土筏板基础（板厚0.4m），建筑高度10.4m。该教学楼施工中便发生倾斜	淤泥质土	单外廊形成较大的偏心荷载	在沉降量较大一侧采用水泥—水玻璃注浆抬升纠倾，在原沉降量较小的一侧采用堆载加压法纠倾（堆载100t）
50	广西壮族自治区南宁某办公楼	4层框架结构，单面挑廊，筏板基础，粗砂垫层，最大倾斜率10.7‰	杂填土； 粉质黏土； 细砾； 风化泥岩	上部结构荷载偏心；杂填土层没有清底（尚留存0.5m厚），地基承载力低，压缩性大；砂垫层厚薄不均	采用基底成孔掏土法纠倾
51	四川省某高速公路大桥	雅泸高速公路高山庙大桥，上部结构采用预应力混凝土简支T形梁，下部结构采用半幅桥宽双柱桥墩，桥墩基础为钢筋混凝土嵌岩桩。该桥梁安装后发现右幅桥面向外偏移，最大偏移量447mm	饱和坡积土； 强风化泥岩； 弱风化泥岩	建设场地为高山陡坡地段，坡度45°～50°，大量的施工弃土（2～6m厚）挤压是造成桥梁偏移的主要原因。另外强风化层滑移造成桩身出现多道裂缝、破损（混凝土崩落，钢筋变形），桩基偏移	采用牵引法＋顶推法进行综合纠倾。开挖基坑—基坑支护—2道锚索牵引纠倾＋千斤顶侧推纠倾—更换支座—基础托换—增设桩基
52	四川省某水塔	$50m^3$水塔，塔高20m，砖混结构，毛石基础，位于嘉陵江畔的宝成铁路线左侧路堤边坡上，竣工后便向嘉陵江一侧（南侧）倾斜，最大偏移量285mm	黄土厚20m	没有进行岩土工程勘察，缺乏工程地质资料；地基承载力不足，斜坡地基稳定性差	采用圈梁顶升法＋基础外钻孔注水法综合纠倾

续表

序号	工程名称	工程概况	工程地质	工程事故原因分析	纠倾加固方法
53	四川省某住宅楼	6 层砖混结构，钢筋混凝土条形基础，建筑高度 21m。该宿舍楼始建于 2006 年，2008 年最大倾斜率 9‰		使用不当；“5.12”汶川地震影响	首先进行托梁施工，然后采用托梁顶升法进行纠倾
54	贵州省某教职工住宅楼	7 层住宅楼，下部 2 层为框架结构，上部 5 层为砖混结构，建筑面积 $2288m^2$，建筑高度 23.12m，基础为墙下毛石混凝土条形基础与柱下钢筋混凝土独立基础两种形式。该住宅楼于 2000 年竣工，2003 年一场大雨后发生倾斜，最大倾斜量达 379mm，最大倾斜率 16.4‰	杂填土； 粉质黏土； 淤泥质粉质黏土； 淤泥； 粉土； 卵石； 中风化泥岩	地基承载力不足；基础形式不一致；上部结构荷载偏心	先采用锚杆静压桩加固基础，再用基底成孔掏土法纠倾
55	甘肃省兰州某硅铁厂高炉	高炉直径 4.3m，高度 10m，总重量 120t，钢筋混凝土独立基础，高炉顶端水平位移 327mm，倾斜率达到 32.7‰	湿陷性黄土	高炉地基浸水湿陷	利用 3 台 25t 千斤顶，于 1989 年成功顶升纠倾
56	甘肃省兰州某教学楼	6 层局部 7 层框架结构，建筑高度 25.8m，平面呈 L 形布置，用变形缝分为 5 个区，两端基础为灌注桩、中间基础为筏板。主体结构施工至 5 层时发现不均匀沉降，变形缝缩小，并产生倾斜	填土 12.4 ～ 28.7m 厚； 黄土； 粉细砂； 卵石	附近地下排水管道开裂，污水浸入地基土，造成湿陷；基础形式欠妥；地基中附加应力叠加	采用基底冲水掏土法进行纠倾
57	甘肃省兰州某住宅楼	6 层砖混结构，建筑高度 17m，平面呈 U 形布置，分为 3 个部分，砖砌条形基础，基础埋深 2.5m，其下为 0.5m 厚毛石混凝土垫层，再下是 0.6m 厚 3∶7 灰土垫层、1m 厚碾压填土。该住宅楼 1982 年竣工交付使用，使用过程中左侧建筑物发生倾斜，最大倾斜率 24‰	Ⅲ级自重湿陷性黄土	雨水渗漏以及地下排水管道开裂，地基土遭浸泡后产生湿陷	采用基础下孔式注水法纠倾。在沉降量较小的一侧室外，开挖 1m 宽沟槽（深至基础下 1m），然后从沟槽向基础下垂直开挖直径 250mm、深 6m、间距 2.42m 的水平孔，进行孔式注水纠倾

续表

序号	工程名称	工程概况	工程地质	工程事故原因分析	纠倾加固方法
58	甘肃省兰州某住宅楼	6层、局部7层框架结构，建筑高度24m，钢筋混凝土筏板基础（厚0.5m），基础埋深2.5m，其下为2.5m厚原土翻夯垫层。该住宅楼1985年竣工交付使用，使用过程中发生倾斜，最大倾斜率14.3‰	杂填土； 粉质黏土（Ⅱ-Ⅲ级自重湿陷性黄土）； 卵石； 砂岩	地基土浸水湿陷以及局部堆载造成建筑物不均匀沉降	在每个柱下采用静压钢筋混凝土预制桩（桩长约18m）进行托换，然后以托换桩为支点进行顶升纠倾
59	新疆维吾尔自治区乌鲁木齐某住宅楼	地上6层、地下1层砖混结构建筑物，浆砌片石基础，3∶7灰土垫层。该住宅楼于2007年2月竣工，5月便发生不均匀沉降，向东南方向倾斜，最大单向偏移476mm	粉土； 基岩	地表水汇集于低洼处、流入电缆沟，引起地基土湿陷；地基中的3个洞穴未经处理	首先采用坑式静压桩对东南侧基础进行加固，阻止建筑物继续倾斜，桩长4.8～6m，桩截面200mm×200mm，桩尖进入基岩。然后采用地圈梁顶升法在首层地面下进行顶升纠倾
60	某住宅楼	6层砖混结构，平面呈倒“L”形，钢筋混凝土筏板基础（厚0.35m），粉喷桩复合地基（桩径500mm，桩长8.3m）。该住宅楼竣工后不久便发生倾斜，最大倾斜率为11.19‰		地基土厚薄悬殊；粉喷桩含灰量过低，施工质量较差	首先采用钢管桩在沉降量较大一侧进行托换加固，然后采用应力解除法（并进行孔内射水）进行纠倾
61	某办公楼	3层砖混结构办公楼，筏板基础，2005年底竣工，投入使用后发生不均匀沉降，沉降差达585mm	素填土； 粉质黏土； 强风化石英闪长岩； 中分化石英闪长岩	填土厚度不均匀；附近排水管道渗漏，地基土遭浸泡	首先注浆加固地基土，树根桩加固基础，然后在建筑物沉降量较小一侧开沟，安装钻机，进行基底钻孔掏土迫降纠倾
62	某电力支架	该电力支架为独立基础，基础平面尺寸1.5m×1.5m，基础埋深2m。2005年的一场秋雨后，基础产生不均匀沉降，沉降差80mm，支架产生倾斜	湿陷性黄土	基础回填土不密实，黄土地基浸水湿陷	采用顶升法纠倾

续表

序号	工程名称	工程概况	工程地质	工程事故原因分析	纠倾加固方法
63	某铁道工业厂房	单层排架结构厂房，长度168m，跨度19.5m，柱距6m，柱高11.7m，钢筋混凝土独立矩形基础。该厂房始建于1972年，投产后部分柱产生倾斜，柱顶最大水平位移120mm，出现吊车卡轨、脱轨现象	该厂房位于伊河阶地，工程地质自上而下为：填土；粉质黏土；中粗砂；砂砾石	地面堆载过大（荷载达200～350kPa）；铁道荷载偏压作用；地基土浸水；地基与基础施工质量存在问题	首先在沉降量较大的每个基础下设置2个混凝土托换墩，采用墩式顶升法成功纠倾

第4章　建筑物增层技术

4.1　既有房屋增层改造的意义

对既有建筑进行增层改造，在20世纪50～60年代即已有之，而大规模的增层改造工程，则始于20世纪80年代。刚进入改革开放的我国，百废待兴，要开始进行大规模的建设，但资金严重短缺，各类生产、公用、居住房屋严重不足，北京市提出人均居住面积$6m^2$为奋斗目标；上海工人住宅区有不少是三代同堂，一家人只能挤住在一间$10m^2$的房间里，十分窘迫。在这种形势下，单靠新建工程来解决全国房屋严重不足的重大困难是不现实的，因此，各地首先从有条件的低层多层房屋开始，进行改扩建和增层改造工程，资金多为自筹，工程规模有限，但颇有效。有些大单位自力更生，先解决居住面积甚挤的住房，增加小客厅、厨房、卫生间等面积，缓解矛盾；有些机关、商场、学校，在原有的低层多层房屋上进行增层改造，扩大房屋的使用面积；也有的城市房管部门，选择最困难的小区进行增层改造，以较少的资金投入，取得立竿见影的显著成效；在广州，沿街有许多居民楼，但商业店铺门面严重不足，他们有针对性地对其进行增层改造，改变底层房屋结构，使其适合于商业店铺的需要。这对推动商业的发展也是颇有贡献的。全国许多城市都进行了房屋的增层改造，同时也对旧房进行必要的加固补强，这不仅缓解了各类用房严重不足的燃眉之急，也延长了旧房的使用寿命，增加了房屋的安全性。我国人口众多，土地资源有限，每年的基本建设、工业废料堆积又占用大量的土地。按设计基准期50年计算，我国约有几十亿平方米的建筑物已进入了“中年”或“老年”服役阶段，若全部推倒重建，将会造成大量人力、物力、财力的浪费，这样既不经济又不现实，但若对其施行加固改造，既可满足新的使用要求，也能产生良好的经济与社会效益。近几十年来，国内外在既有建筑物的加固改造理论与技术的研究与应用方面发展很快，并且取得了显著的社会效益和经济效益。

第二次世界大战后，世界上经济发达的国家大致经历了三个不同的发展阶段：①大规模新建；②新建与维修改造并重；③旧房屋更新改造。20世纪70年代末以来，经济发达国家就已步入第三阶段，目前维修、加固、改造费用占总建设投资的70%以上，英国20世纪80年代进行的建筑物维修改造工程，已占英国建筑工程总量的1/3。瑞典1983年用于旧房的维修改造投资已占建筑工程总投资的50%。我国旧建筑物改造工程发展很快，出现了许多具有特色的增层改造工程，如上海市在20世纪60～70年代就已通过增层增加房屋面积58万m^2。

正如唐业清教授在20世纪90年代初对《南方周末》报记者所述：“向空中要住房，向旧房要面积，用新建与旧房增层改造两条腿走路的办法解决我国各类用房的严重不足”。在这“用两条腿走路”的办法下，我国旧房增层改造事业得到了迅猛的发展。然而，当我们从另外一个角度，来观察方兴未艾的增层改造工程形势时，可以说，它真正顺应了可持续发展的建设节约型社会的方针，避免了一些本可以增层改造升值继续使用的既有建筑，变成有碍环境的“建筑垃圾”，是一件厉行节约、积累财富、利国利民的大事。

目前，我国对既有建筑的增层改造工程，由单栋房屋的小面积增层改造，发展到成片住宅区的增层或大面积建筑物的增层；由民用建筑的增层改造，发展到工业建筑的增层改造；由住宅房屋的增层改造，发展到大型商店和公共建筑的增层改造；由在砖混结构上直接增层，发展到采用外套框架增层及外扩结构增层；由对旧建筑进行增层改造，发展到对新建建筑的增层改造；总之，在大规模对既有建筑进行增层改造的高潮中，发展很快，数量众多，结构形式多样，工程繁简不一，增加的楼层高低各异，增层与改造紧密结合，出现了许多具有特色的增层改造工程。

在中国老教授协会土木建筑（含病害处理）专业委员会的主持下，已经召开了九次全国性的房屋增层改造交流会，为提高我国建筑物增层改造技术水平作出了巨大的贡献。实践证明：旧房通过增层改造，不仅提高了土地使用率，减低了工程造价，而且延长了旧建筑物的使用寿命。通过增层向旧房要面积，以新建工程和旧房增层改造两手抓的办法，可以缓解我国用地紧张、各类用房不足的矛盾。另一方面，由于缺乏总体规划和设计理念的局限，导致很多过去建造的旧建筑都存在环境设计、房屋布局、层高等不合理现象，特别是随着人民生活水平的提高，建筑功能越来越不满足人们的需要。因此对低层数的房屋进行增层改造，并合理改变结构体系及建筑布局，从而改善其使用功能是具有现实的意义措施。

近年来，既有房屋增层改造以其独特的技术经济优势赢得了人们的青睐，成为既有房屋维修改造中占比例很大的一块。在旧建筑物上增层，可增加建筑面积、节约投资和材料，又可避免拆迁等繁杂琐事，还可节约各项公共生活设备和市政设施，一举多得。增层改造对缓解城市建设用地紧张，改善生产、居住条件，加快城区改造都具有现实意义，是适合我国国情和经济技术条件的一项利国利民的技术政策。其优势主要有下列几个方面：

1）对建筑物的增层可以扩大建筑面积，增加单位土地面积住房的容积率，充分利用城市空间，解决我国用房紧张的矛盾，对建筑物的增层可以大大改善原有建筑使用功能，满足生产生活需求。

2）我国 20 世纪 70 年代以前建造的房屋大多未考虑抗震设计，因此可将抗震加固和增层改造结合起来考虑，既增加了使用面积，又增强了房屋抗震能力，延长建筑物使用年限。

3）增层改造的同时对建筑平、立面进行调整和室内外装修，使旧房焕然一新，既改善了人们的居住条件，又保持了原建筑的特色和风貌，美化了城市环境。

4）充分利用旧房屋在长期荷载作用下地基承载力的增长值，在地基不需要处理或略微处理的情况下，原有建筑物的承载力潜力可以大大降低增层过程中的工程造价，其经济效益十分显著。

5）增层过程中对原有建筑物的使用功能影响较小，可以在原有建筑物中工作学习，而增层部分同时施工，无形中也可以节约出很大部分开支。对于生产生活急需扩大房屋使用面积的单位，在不影响正常生产、办公、居住的条件下进行施工，可很好地解决住户临时安置问题。

综上所述，对既有建筑物进行增层改造具有很大的必要性和优越性，是符合我国国情的一项举措，提高既有建筑的经济、社会效益的一条有效途径。因此，既有建筑增层改造的理论和技术具有重要的研究意义。

4.2 房屋增层技术研究现状

随着增层技术在我国房屋增层与改造中的广泛应用，与之相关的技术问题的研究越来越受到工程界的普遍重视。由于具体工程现场状况的不同，增层结构体系在结构布置上存在着多样性，因而其抗震计算分析也就各有不同，应该具体问题具体分析。在这方面，国内外的一些研究工作者作了许多研究工作，主要是针对增层结构新、老房屋协同抗震性能以及减震、隔震措施在增层结构中的应用作了一定的研究与分析。

据有关调查资料，英、美两国在 1985 年的建筑维修改造市场进入全盛时期，仅商业、工业及办公建筑的改造投资就达 965 亿美元。其增层改造的房屋已由多、低层发展为高层增层，如美国的 Julsa Oklahoma 中州大楼的增层改造，就是在原 16 层建筑内构造一个筒体结构来承担上部 21 层增层建筑，成为世界上增层层数最多的增层改造建筑，见图 4-1。

福建莆田鸿立大厦是我国首座经过空间房地产开发技术后改造成功的项目。它原建于 1993 年，为 6 层商住楼。在采用空间房地产开发技术加固、加层后，建成了一座 20 层的综合楼宇，新加 14 层建筑的总高度达 73.75m，新增面积 16700m^2，见图 4-2。该项目被住房和城乡建设部列为国家“十一五”示范工程，并通过住建部科研立项。

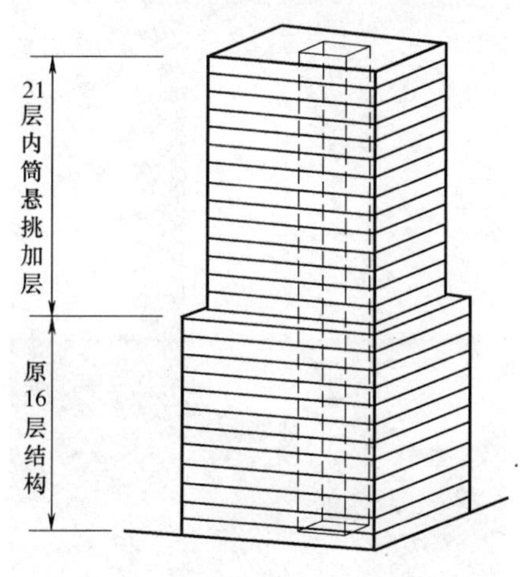

图 4-1 美国 Julsa Oklahoma 中州大楼

图 4-2 福建莆田鸿立大厦加层改造工程

中国建筑科学研究院研究员、全国超限高层建筑工程抗震设防审查专家委员会委员王亚勇说，莆田鸿立大厦已在中国建筑科学研究院抗震实验台成功做了 8 度以上抗震实验，是迄今中国建筑行业抗震加固、加层领域中的标志性工程。

中国电力技术进出口公司办公楼位于北京市东城区六铺炕，效果图见图 4-3。原结构建于 1953 年，为 4 层砖混结构，层高 3.75m，总高 15.6m。两条伸缩缝将主体分为三段，外墙厚 500mm，内墙厚 360mm，基础为墙下条形基础。为满足公司业务需要，改善办公条件，决定在原有结构上续建 4 层。采用分离式外套钢框架的加层方法，将原结构与新增结构彻底分开，各自独立工作。根据建筑专业的要求，需设置全新的竖向交通系统和接待空间，因此拆除原有中段结构，中段新建 8 层钢框架，东西两段采用分离式外套钢框架加建 4 层。中段和东西段新建结构连为整体。在东西段，层 5 为桁架转换层，承托上部荷载。结构中东西段“鸡腿柱”从基础顶部到层 4 顶板总高 16.9m，柱距 8m×16m，采用 500mm×800mm 的矩形钢管柱。这些“鸡腿柱”承担着结构绝大部分的竖向力和水平力，是此类结构中的关键构件，中段和东西段连为整体带来的好处是中段新建结构落地柱较多且每层有楼面结构，抗侧刚度较强，东西段外套框架的“鸡腿”结构抗侧刚度较弱，抗震超静定次数低，两者连为整体可以为东西段“鸡腿”结构增加一道抗震防线，增加其抗震安全冗余度，提高整体结构的鲁棒性。

北京国际金融中心位于金融街 A 区 6 号地块，西临西二环路，原设计为地下 3 层，地上裙房 5 层，裙房上部设有转换层（兼设备层），转换层以上为两座塔楼，一座塔楼 12 层，另一座塔楼为 16 层，均为酒店式公寓。建筑主体结构采用钢筋混凝土框架 2 剪力墙结构，每座塔楼中间分别设有两个剪力墙核心筒。当建筑施工至地上层 2 顶板时，业主根据市场情况，决定改变该建筑的使用功能并增加增层数。其中地下层 1～3 和地上层 1～4 的使用功能不变，地下层 2，3 用做停车库和设备用房；地下层 1 用做夜总会和职工餐厅等；地上层 1～4 用做金融营业办公用途，地上层 5 改为酒店大堂及餐饮设备层，转换层上两座塔楼均增加为 19 层，一座塔楼为五星级酒店，另一座塔楼为高档写字楼。建筑效果图见图 4-4。

图 4-3　中国电力技术进出口公司办公楼

图 4-4　北京国际金融中心

除大量的工程实例、实验研究外，国内外的相关技术规程规范有：《建筑抗震加固技术规程》JGJ 116—2009、《砖混结构房屋增层技术规范》CECS 78：96、《现有建筑抗震鉴定与加固规程》DGJ 08—81—2008、《钢结构加固技术规范》CECS 77：96、《建筑抗震设计规范》GB 50011—2010。

4.3 既有建筑增层改造的方法

房屋增层改造是一项对原有建筑进行改造、扩充、挖潜、加固等的综合性活动，是在原有结构、建筑基础上，进行新的建筑创作，在安全、可靠、经济合理的前提下，满足新的功能标准和各项改善要求。增层改造与新建不同，由于其涉及已有建筑和新建建筑两部分，影响因素多，技术难度大，必须妥善处理好设计和施工等技术问题。因此，采用合理、可靠、可行的结构形式对房屋增层改造尤为重要。

结构的增层基本可以归结为两大类方式：直接增层法和外套结构增层法。除这两种方法外，还有诸如室内增层、地下增层等方法，由于在实际工程中应用较少，在此不做详细叙述。

4.3.1 直接增层法

直接增层法是指在旧房主体结构上直接加高，增层的荷载全部或部分由旧房基础、梁、柱承担的方法。直接增层法适用于原结构的墙体和基础的承载力有一定富余和潜力的前提下，且开间较小，而增层改建也无大开间要求的情况，这时直接增层方案的经济性较好，工期较短，应予以优先考虑。但是，直接增层往往会造成原结构的主体承重结构或地基基础难以承受过大的增层荷载，或原有结构抗震措施不力，会对原结构的抗震很不利，而大规模的加固原结构不仅费时费力而且很不经济；此外还有其他一些原因使直接增层法受到很大限制，如新增结构的建筑布局受制于原结构，或用户搬迁困难，增层施工时不能停止使用等。而改变既有房屋的结构布置和荷载传递路径通常只能解决局部构件承载力不足的问题，在很大程度上还要借助原房屋的承载力，增加的层数也不宜超过 3 层，往往不能满足业主增加多层的要求。

结构直接增层主要分以下几种情况：

（1）多层砖混结构房屋增层

通常，要求增层改建的建筑物大多数为 20 世纪50～70 年代建造的，且层数为 4 层以下砖混结构。此类建筑就其墙体自身承载力而言，在原高度上增加 1～3 层，总层数控制在 5～6 层以下，困难不会很大。因此，当原结构为小开间的砖混结构而对加层无大开间要求的工程，在对地基基础和墙体承载力进行复核验算后，确认原承重结构的承载力及刚度能满足增层设计和抗震设防要求时，可不改变原结构的承重体系和平面布置，尽可能在原来的墙体上直接砌筑砌体材料（图 4-5），然后架设楼板和屋面板。

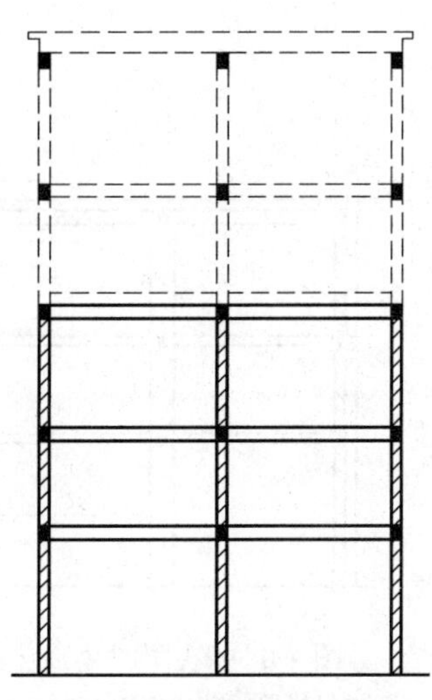

图 4-5 多层砖混结构增层

若原结构体系不能承受加层后的全部荷载，还可以将非承重墙改为承重墙，即原房屋为横墙承重，增层部分为纵墙承重；原建筑为纵墙承重，增层部分为横墙承重。最大限度地发挥原结构的潜力。采用这种加层方案，结构布置应尽量使上、下柱网相对应，传力途径明确，与原结构的连接牢固可靠。注意：不得采用将上层承重墙布置在下层无承重墙体上的做法，同时，应优先采用轻质材料，以减轻加层部分的重量。值得重视的是：必须在刚性方案和抗震要求的间距内布置上下连贯的刚性横墙，同时按构造要求设置壁柱或构造柱，并在每层楼板处设置圈梁。

(2) 多层内框架砖房和底层全框架房屋的增层

原建筑物为多层内框架结构，增层不改变原结构体系，结构布置与下部结构相同。内框架钢筋混凝土中柱、梁、砖壁柱设置至顶（图4-6）。这种类型的增层，抗震横墙的最大间距应符合现行国家标准《建筑抗震设计规范》GB 50011—2010的要求。新加层的抗震纵横墙可采用普通砖或砌体。根据抗震要求，层层设置钢筋混凝土圈梁，房屋四个边角设抗震构造柱。加层的可行性取决于原钢筋混凝土内柱及带壁柱砖砌体的承载能力及其补强加固的可能性。

多层内框架砖房的增层，可根据需要在外墙设钢筋混凝土外加柱，外加柱与梁的连接宜视构造情况采用铰接或刚接。在地震区，原框架的配筋及梁、柱节点必须满足抗震规范的要求，当不能满足要求时应在加固后进行加层。

原结构为底层框架结构，上部增层部分一般采用刚性砖混结构。由于上部加层而增加了底层框架的垂直和水平荷载，对经过复算可以满足加层要求的底框结构，一般应设置抗震纵、横墙。其抗震横墙的最大间距应符合现行国家标准《建筑抗震设计规范》GB 50011—2010的要求。新增的抗震墙应沿纵横两个方向均匀对称布置，其第二层与底层侧移刚度的比值，在抗震设防烈度为7度时不应大于3，8度和9度时不应大于2，新增的抗震墙应采用钢筋混凝土墙，并与原框架可靠连接。

对经过复核验算不能满足加层强度或抗震要求的底层框架结构，也可采用"□"形刚架与原框架形成组合梁柱进行加固加层（图4-7）。

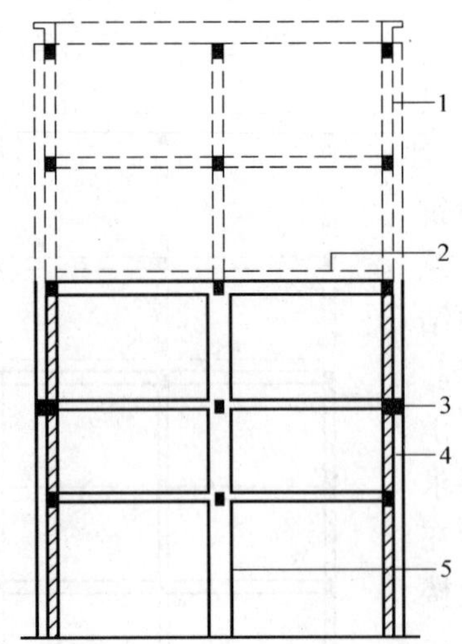

图4-6 多层内框架结构增层
1—新加纵横墙用砖或框架填充用加气混凝土块；2—原旧房屋面坡用加气块找平；3—二层无圈梁采取外加圈梁；4—四边角抗震构造柱；5—原内框架中柱、砖壁柱

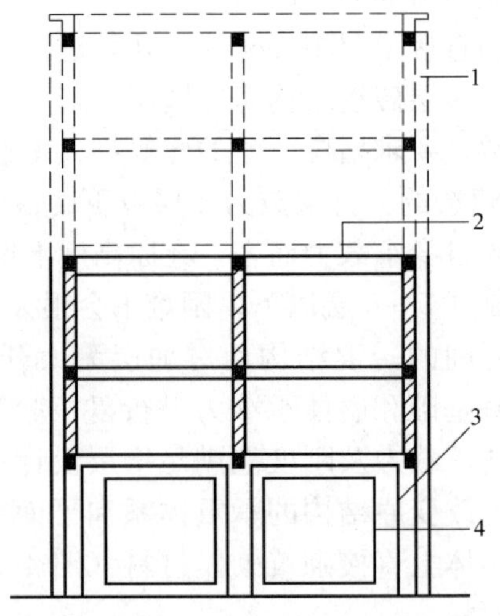

图4-7 底层框架上部砖混结构增层
1—新加纵横墙；2—原旧房屋面坡找平；3—原底层框架；4—"□"形刚架加固（代抗震墙）

多层钢筋混凝土框架结构的增层宜采用框架或框架-抗震墙结构。有的工程为了减轻结构自重，也可采用钢框架。当需增设新的抗震墙时，应采用钢筋混凝土墙，并与原框架的梁、柱或抗震墙有可靠连接。外扩结构与原结构连接形成新结构时，连接部分应满足传力要求。也就是说，外扩结构与原有结构之间若脱开时，应彻底脱开，若连在一起时应连接得十分牢靠，切忌似连非连。似连非连不仅无效而且有害。因为当地震袭来时，外扩结构与原有结构的连接处往往是受力集中的地方，最容易遭到破坏。

框架结构增层时，常遇需加抗震墙才能通过抗震计算。当加抗震墙有困难时，可采用耗能支撑，以减小结构的地震反应，这类做法的工程已有很多。底部全框架上部砌体的结构形式和多层单排柱内框架的结构形式，仅适用于非地震区，地震区可采用底部框架-剪力墙上部砖房或多层多排柱内框架的结构形式。底层或底部两层框架-剪力墙结构，其底层或底部两层具有一定的抗侧力刚度和一定的承载能力、变形能力及耗能能力；上部多层砖房具有较大的抗侧力刚度和一定的承载能力，但变形和耗能能力相对较差。这类结构的整体抗震能力既决定于底部和上部各自的抗震能力，又决定于底部和上部各自的抗侧力刚度和抗震能力的相互匹配程度，亦即不能存在特别薄弱的楼层。震害调查和试验研究表明，当底层无抗震墙或抗震墙数量较少时，底部框架-抗震墙的震害集中在底部框架部分，且墙比柱重，柱比梁重。原因在于结构上刚下柔且底层地震作用相对较大，使底部框架-抗震墙变形过分集中而丧失承载能力。当底层设置的抗震墙太多时，一般为第二层墙体（即过渡层）破坏严重。因此规范规定了层刚度比的控制值。内框架结构由内部梁板柱框架结构和砌体外墙组成。这两种不同材料组成的混合结构，其抗震性能较差。砖墙弹性极限变形很小，在水平力作用下，随着墙面裂缝的发展，抗侧移刚度迅速降低，而框架则具有相当大的变形能力。震害表明砖墙破坏较重，且“上重下轻”，说明其上部动力反应较大。《建筑抗震设计规范》GB 50011—2001 取消了单排柱内框架结构，保留多排柱内框架结构。原因在于单排柱内框架结构的抗震性能更差些。因此，对内框架结构的增层更应慎重。

4.3.2 外套增层法

外套增层法是指在原结构外增设外套结构（框架-剪力墙或框架等），使增层后的荷载通过外套结构传给新做基础的一种增层方法。所谓外套结构增层法，就是在原房屋外面增设新的结构形式，将原结构“套”或“包”在里面，所以形象地称之为外套结构或套建结构。外套结构的形式很多，但本质上分别属于分离式或整体式两种，其中最常用的是外套框架，其他的外套结构形式都是由外套框架概念衍生而来的。外套增层法较直接增层法具有以下几个优点：

1）外套增层的荷载通过外套结构直接传至新设置的基础，再转至地基。

2）外套增层的施工期间不影响原建筑物的正常使用，即原建筑物内可不停产、不搬迁。

3）外套增层结构横跨原建筑的大梁，一般跨度均较大，有的可达十几米，甚至更大。因此，大梁的结构形式应采用比较先进的技术，如预应力结构、钢混组合结构、桁架结构、空腹桁架结构、钢结构等。这样，可减小大梁的断面，相应减小新外套增层的层高和总高。

4）外套增层的层数可根据具体情况和需要，几层至十几层，甚至更多。使建筑场地的容积率加大几倍至十几倍，实现更有效地利用国土资源。

5）外套增层的外套部分和增层部分是完全新建的建筑，其建筑立面、装修风格等可与周围建筑物相协调。特别是在旧城改造进行新的规划时，采用外套增层可满足城市规划的外观要求，提高城市现代化整体水平。

6）可不受旧房不合理的平面限制和结构类型的限制，因此，可选用各种新的建筑材料和采用新的、先进的结构形式，可使建筑立面全新，美化市容，无增层痕迹。

7）外套增层与原建筑完全分开时，二者的使用年限的差别得到解决。原建筑达到使用年限需拆除时，不影响外套增层建筑的继续使用。

8）外套增层结构与原建筑结构协同工作时，抗震计算较为复杂。目前，对这种结构形式的抗震性能的试验、研究还不够。

9）外套增层结构的刚度沿竖向的分布是不均匀的。特别是首层较高时，形成了“高鸡腿”结构，首层与二层刚度突变，对抗震非常不利。选择增层方案、进行设计、确定节点构造时，应高度重视。

根据外套增层结构与原建筑结构的受力状况，可分为分离式结构体系和协同式受力体系。

(1) 分离式结构体系

分离式是指新增结构同原结构彻底分开，无任何连接，新旧结构体系之间留有足够宽的抗震缝，新旧结构各自独立地承担竖向荷载和抵抗侧力。增层部分完全按新结构设计，原结构按抗震鉴定标准进行鉴定加固。分离式加层具有传力路径明确、计算简图明晰、对原结构影响较小、且增加的结构平面布置灵活、不受原结构的限制等优点，因而应用较广。如《规范》所述“增层部分为外套混凝土结构，新老结构完全脱开”。对某些原建筑物层数不多，结构较薄弱（如砌体结构）的情况，采用此种结构体系。此时，外套结构“鸡腿”较短，结构竖向刚度均匀性较好，增加的层数可多些，原建筑物结构与新外套增层结构的使用年限不同的问题可以得到解决。见图 4-8、图 4-9。外套增层框架柱“鸡腿”计算长度，应按《规范》的有关规定执行。

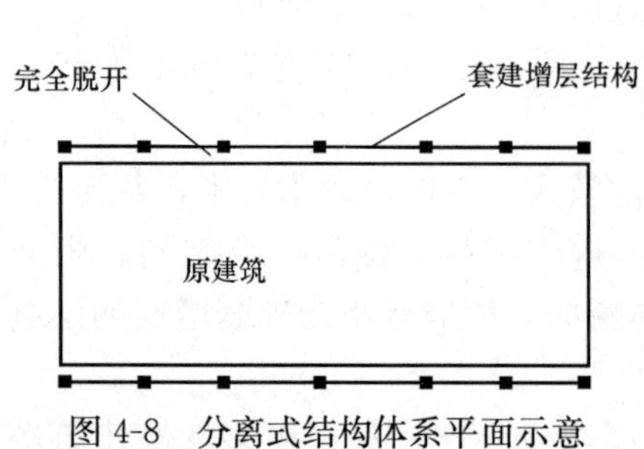

图 4-8　分离式结构体系平面示意

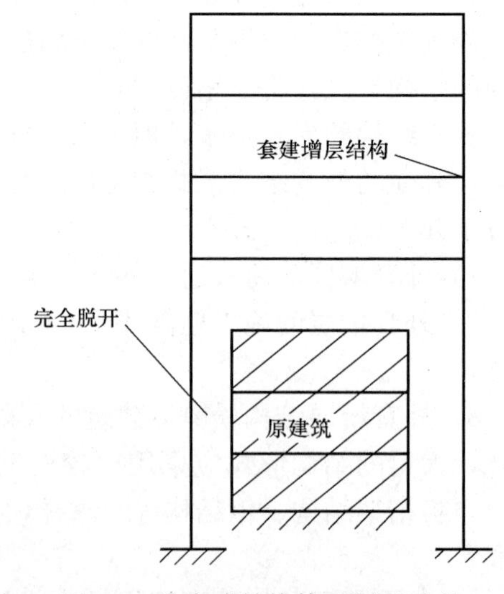

图 4-9　分离式结构体系剖面示意

(2) 协同式受力体系

如图 4-10 所示，整体式外套结构，即将新旧结构采用某种连接构造连接起来形成整体来共同抵抗侧力。在充分利用原结构的抗震潜力，通过连接的作用使新旧结构互相制约，彼此传递能量，共同抵抗侧力，改善结构整体抗震性能。整体式减小了底层柱的计算长度，提高了抗侧刚度。但增层后新旧结构之间作用不明确，新旧结构交织在一起，竖向和水平传力路径复杂，难以形成清晰明确的计算简图。由于缺乏试验数据和震害资料的实证，无法验证新旧结构的实际受力情况是否和计算模型相符。

根据连接节点的构造，可形成铰接连接和刚接连接。原建筑结构与新外套增层结构均为混凝土结构时，连接节点只传递水平力，不传递竖向力。即原建筑结构、新外套增层结构各自承担各自的竖向荷载。在水平荷载作用下，二者协同工作。此连接为铰接。如《规范》所述"新老结构均为混凝土结构，新结构的竖向承重体系与老结构的竖向承重体系互相独立，新结构利用老结构的水平抗侧力刚度抵抗水平力"。

原建筑结构与新外套增层结构均为混凝土结构，连接节点传递水平力，也传递竖向力。原建筑结构与新外套增层结构共同承担竖向荷载和水平荷载，组成了新的结构体系。此连接为刚接。

(3) 外套增层的结构形式

《规范》指出"应根据原有结构的特点、新增层数、抗震要求等因素，采用框架结构、框架-剪力墙结构或带筒体的框架-剪力墙结构等形式。"

这里所说的原有结构特点是指原有结构体系，是砌体结构、框架结构还是其他结构形式；建筑结构的原有建筑层数、地基基础状况；目前建筑结构的质量情况及检测鉴定的结论，尚有多少潜力等。对原有建筑结构的充分了解和论证，是决定采用合纵受力体系进行外套增层的重要依据之一。

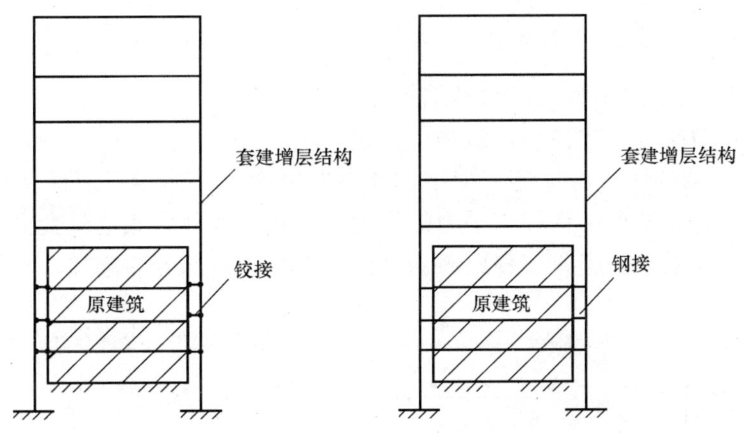

图 4-10 协同式受力体系剖面示意

1) 外套结构为框架的增层结构形式

该种结构形式适用于原建筑物层数不多、增层层数也不多的情况。一般原建筑物为砌体结构时，则采用完全脱开式的分离式结构体系。若原建筑物为混凝土结构时，也可采用协同式结构体系。

2) 外套结构为框架-剪力墙或带筒体的框架-剪力墙结构的增层结构形式

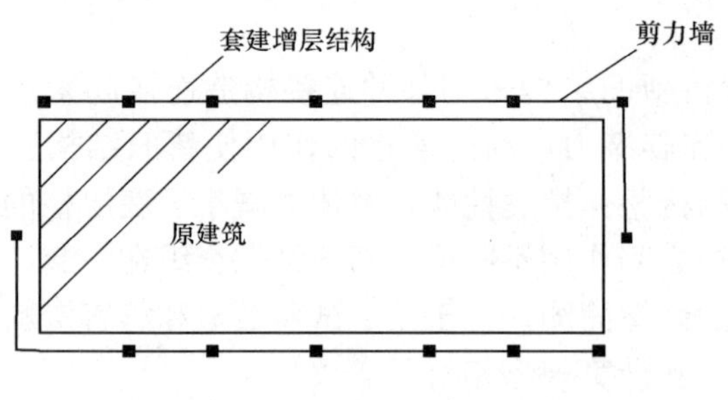

图 4-11　套建框架-剪力墙结构

该种结构形式适用于原建筑物和外套增层的层数较多的情况。设有剪力墙或带筒体的剪力墙可有效地增加套建结构的刚度，提高结构抗侧力的能力。特别是采用调整各层剪力墙的数量或改变其尺寸的办法，使外套首层与其上各层的刚度不产生突变。见图 4-11、图 4-12。

3）外套增层与直接增层相结合的结构形式

当原建筑物结构及基础与地基有一定潜力时，通过核算，地震区尚需通过抗震整体计算，根据具体情况，可采用在原建筑上直接增加一层或几层，其他所需增层部分采用外套增层结构形式，见图 4-13。

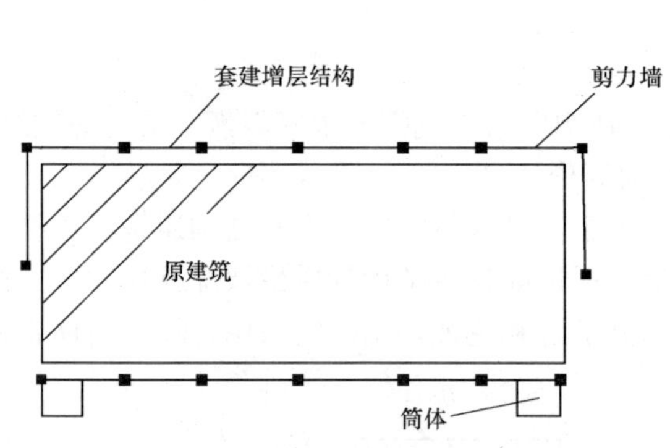

图 4-12　套建框架—带筒体剪力墙结构

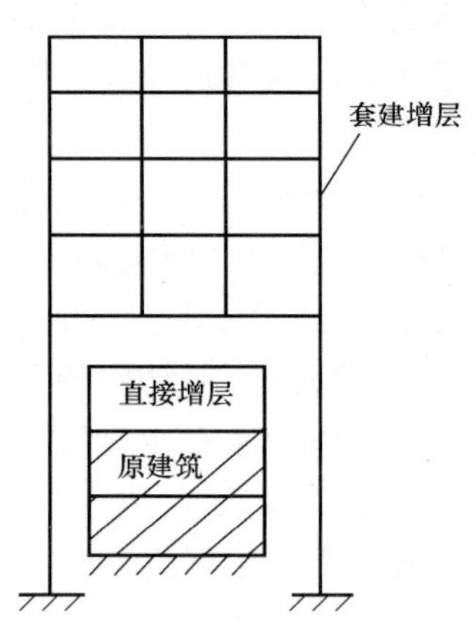

图 4-13　外套与直接增层相结合

4）外套增层与扩建工程相结合的结构形式

在进行外套增层时，往往与建筑物扩建相结合。此时应注意的问题是：

① 外套增层结构体系与扩建工程结构体系应协调，平面布置应保持对称性，不可造成较大的偏心，防止整个结构在水平力的作用下扭转。此种形式的外套框架底层是结构体系的薄弱部位，应采取措施，加强此薄弱部位与两端扩建部分的连接，见图 4-14。

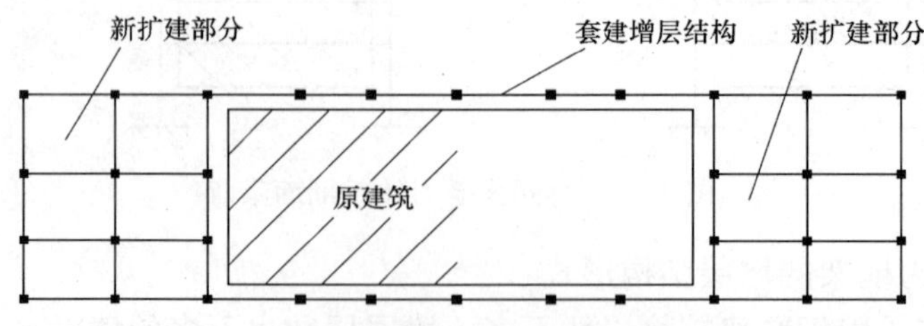

图 4-14　外套增层与扩建工程相结合形式

② 外套工程与扩建工程由于受到条件限制，不对称时，应该在外套工程与扩建工程间设缝分开。根据具体情况，此缝可为沉降缝或抗震缝，见图 4-15。

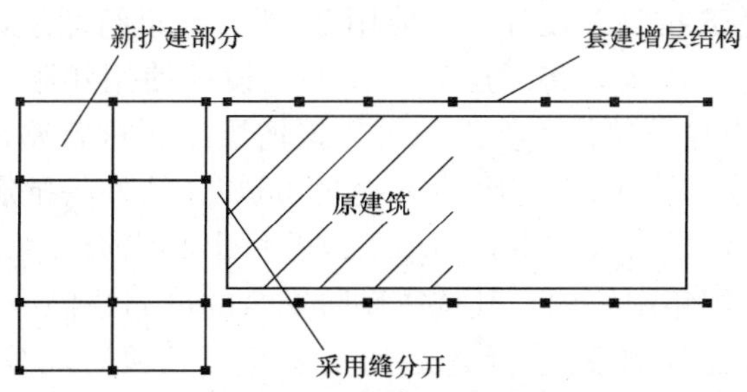

图 4-15 外套增层工程与扩建工程设缝分开

4.4 房屋增层改造后的“设计使用年限”问题

设计使用年限是设计时选定的一个时期，在这一给定的时间内，房屋建筑只需进行正常的维护，而不需进行大修就能按预期的目的使用，完成预定的功能。结构在规定的设计使用年限内，应具有足够的可靠度，满足安全性、适用性和耐久性的要求。对大多数需增层的既有建筑来说，一般已使用多年，从“设计使用年限”方面来说，它不能与新建筑等同。也就是说，存在所谓“剩余设计使用年限”问题，因此，增层后的建筑，其“设计使用年限”也不能与新建筑等同，且其“设计使用年限”一般是从增层工程完工后起算的。我们可将其称作“增层设计使用年限”。

根据目前的工程抗震理论，如以设计使用年限 50 年的地震作用为 1.0 时，不同设计使用年限对应的地震作用调整系数如表 4-1 所示。

设计使用年限及调整系数 **表 4-1**

设计使用年限	10	20	30	40	50	60	70	80	90	100
调整系数	0.35	0.56	0.74	0.88	1.00	1.11	1.21	1.29	1.37	1.45

同理，相对应的抗震构造措施也可进行调整。抗震构造措施主要是根据抗震的概念设计原则，结合震害调查和构件试验结果制定的。抗震设计中采用一个定量的构造措施指标是非常困难的。但是，我们不妨将构造措施进行数值化，看看在不同设计使用年限时，其对应的构造措施调整系数的大小（表 4-2），以便得到一个抗震构造措施方面的概念，这样可以做到心中有“数”。

设计使用年限调整系数 **表 4-2**

设计使用年限	20	30	40	50	60	70	80	90	100
调整系数	0.48	0.64	0.91	1.00	1.09	1.16	1.23	1.29	1.36

根据以上论述，为使增层工程达到安全、适度、可实施性强、经济合理的目标，《规范》认定：增层后新老结构成为一个整体的建筑，增层时应根据房屋的现状、使用要求、建造年代、检测鉴定结果等因素，与建设单位共同商定增层后房屋的设计使用年限，即“增层设计使用年限”，在设防烈度不变的前提下，增层改造后的新结构应满足相关规范的要求。

例如，某工程按“78 抗规”设计，已使用 25 年，在进行增层改造设计时，经与建设单位共同协商和专家论证认为，将增层后房屋的“设计使用年限”定为 25 年是合适的，同时决定在 25 年后，由建设单位负责组织再对该增层工程进行检测与鉴定。当“设计使用年限”为 25 年时，地震作用相当于 50 年时的 65%。另外，抗震构造措施也可适当降低。因而，结构加固工作量大大减少，为增层改造付出的代价大大降低。而增层改造后的结构，在“增层设计使用年限”内，其抗震设防安全的可靠性仍可达到新建工程要求的概率水准。最后，该增层工程顺利进行并达到了安全、适度、可实施性强、经济合理的目标。

在具体增层改造工程中，当增层设计使用年限确定后，风载和雪载可从《建筑结构荷载规范》GB 50009 附录 D 中按重现期 n 查得（或按公式 D. 3. 4 进行计算）。建筑做法、结构自重、使用荷载宜按实际情况并参照《建筑结构荷载规范》GB 50009 的规定取用。地震作用可按《建筑抗震设计规范》GB 50011 的规定值乘以表 4-2 中的调整系数后得到。若增层设计使用年限为 40 年，即地震作用取重现期 40 年，地震作用调整系数为 0. 88，抗震构造应满足《建筑抗震设计规范》GB J11—89 的要求，若增层设计使用年限为 30 年，即地震作用取重现期 30 年，地震作用调整系数为 0. 74，抗震构造应满足《建筑抗震鉴定标准》GB 50023—95 的要求。应注意的是，在地震作用已按“增层设计使用年限”折减后，承载力抗震调整系数应按《建筑抗震设计规范》GB 50011 取用，不再次折减。

4.5　增层工程的地基与基础

4.5.1　概述

（1）增层工程地基与基础加固的重要性

建筑物是通过基础将荷载传递到地基中去，因此，地基基础的设计在建筑工程设计中占有举足轻重的地位。为保证建筑物的安全和正常使用，基础应保证有足够的强度、刚度和耐久性，而地基作为承重地层，与基础、上部结构共同工作，其性状与基础的变形息息相关。

增层工程首先遇到和要解决的是地基基础问题。对于增层工程由于以下几种因素，对地基基础的评价、计算与加固显得尤为重要：

1）修建和增层时所依据的规范已更新，原有建筑的设计是否满足现行规范尚需确定。

2）修建年限已久，采用的材料及施工质量不同，加上浸水、地震、荷载作用、地质条件等诸多因素的影响，原有基础已有破坏或裂缝。

3）增层必然直接增加了建筑物上部的荷载，建筑物地基与基础将可能不满足承载力和变形要求，从而需重新进行计算与分析。

（2）增层工程地基与基础加固的流程

要解决增层工程地基基础工程，需通过既有建筑地基与基础的检验与评价、加固设计和施工等过程来完成，其流程详见图 4-16，具体步骤如下：

1）了解工程概况：在既有建筑进行增层设计前，需对建筑物的历史和现状应有一个全面地了解，并结合使用要求对其增层的可行性作出初步判断，并初步确定增层的合理性。

2）上部结构设计并提出基础荷载：根据增层设计要求，进行相关结构设计，并根据结构设计结果，提出基础荷载，其中，在需考虑地震作用的地区，需进行抗震验算。

3）地基基础的检验与评价及勘察：根据增层设计要求，对建筑物进行地基和基础检验，必须对地基基础进行检验与评价，并对地质条件进行详细勘察。

4）基础承载力验算及变形计算与分析：根据地基基础的评价及勘察结果，对基础承载力进行验算，并考虑上部结构、基础和地基的共同作用，进行基础变形分析，确定其沉降及不均匀沉降是否满足规范及设计要求。

5）确定地基基础加固方案：根据前期收集和取得的资料，分别从地质条件、场地条件、预期效果、施工难易程度、材料来源和运输条件、施工安全性、对邻近建筑和环境的影响、机具条件、施工工期和造价等方面进行技术经济分析和比选，选定最佳的加固方法。

6）施工与质量监控：根据地基基础加固设计方案、施工场地等条件编制确实可行的详细施工方案和质量控制方案，施工人员应掌握所承担工程的地基基础加固目的、加固原理技术要求和质量标准等，并严格按照设计和施工方案进行施工，施工中应有专人负责质量控制。

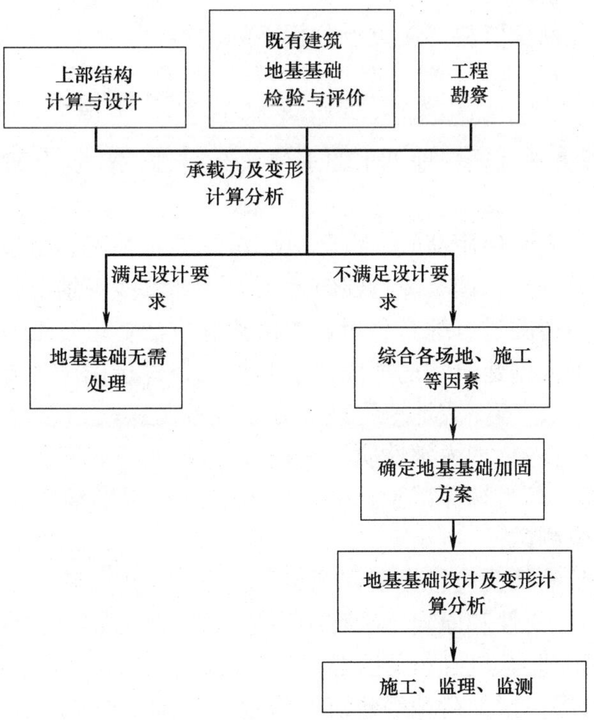

图 4-16　增层工程地基基础加固流程图

7）监理：施工过程中应有专门机构负责质量监理，施工结束后进行工程质量检验、验收。

8）监测：对地基基础加固的建筑，应在施工期间进行沉降观测，对重要的或对沉降有严格要求的建筑，尚应在加固后继续进行沉降观测，直至沉降稳定为止。对邻近建筑和地下管线也应同时进行监测。

国家现有法规明确规定，既有建筑地基和基础的鉴定、加固设计和施工，应由具有相应资质的单位和有经验的专业技术人员承担。

（3）目前适用的规范及规程

目前，地基与基础进行鉴定遵循的现行规范有《民用建筑可靠性鉴定标准》GB 50292、《工业厂房可靠性鉴定标准》GBJ 144、《工业构筑物抗震鉴定标准》GBJ 117、《危险房屋鉴定标准》JGJ 125 等。地基基础加固设计遵循的主要规范有：《混凝土结构加固设计规范》GB 50367、《既有建筑地基基础加固技术规范》JGJ 123、《建筑抗震加固技术规程》JGJ 116 以及各地方标准等。

4.5.2　既有建筑物地基的检验与评价

增层工程的首要工作是查清工程地质及水文地质条件，即进行岩土工程勘察和地基检验，其中既有建筑的岩土工程勘察报告不满足现行规范要求，则需要进行重新勘察。

（1）既有建筑地基的检验要求

根据《既有建筑地基基础加固技术规范》JGJ 123，既有建筑地基的检验应符合下列要求：搜集场地岩土工程勘察资料、既有建筑的地基基础和上部结构设计资料和图纸、隐蔽工程的施工记录及竣工图等；

（2）对原岩土工程勘察资料，应重点分析下列内容：

1）地基土层的分布及其均匀性，软弱下卧层、特殊土及沟、塘、古河道、墓穴、岩溶、土洞等；

2）地基土的物理力学性质；地下水的水位及其腐蚀性；砂土和粉土的液化性质和软土的震陷性质；场地稳定性。

调查建筑物现状、实际使用荷载、沉降量和沉降稳定情况、沉降差、倾斜、扭曲和裂损情况等，并进行原因分析；调查邻近建筑地下工程和管线等情况；根据加固的目的，结合搜集的资料和调查的情况进行综合分析，提出检验方法，进行地基检验。

（3）地基的检验可根据建筑物的加固要求和场地条件选用下列方法：

1）采用钻探、井探、槽探或地球物理等方法进行勘探；

2）进行原状土的室内物理力学性质试验；

3）进行载荷试验、静力触探试验、标准贯入试验、圆锥动力触探试验、十字板剪切试验或旁压试验等原位测试。

（4）既有建筑地基的检验应符合下列规定：

1）根据建筑物的重要性和原岩土工程勘察资料情况，适当补充勘探孔或原位测试孔，查明土层分布及土的物理力学性质，孔位应靠近基础；

2）对于重要的增层、增加荷载等建筑，尚宜在基础下取原状土进行室内土的物理力学性质试验或进行基础下的载荷试验。

（5）既有建筑地基的评价应符合下列规定：

1）应根据地基检验结果，结合当地经验，提出地基的综合评价；

2）应根据地基与上部结构现状，提出地基加固的必要性和加固方法的建议。

（6）地基承载力确定方法

建筑物增层时地基承载力特征值应采用原位测试的结果，并按《既有建筑地基基础加固技术规范》JGJ 123—2000 附录 A 或《建筑物移位纠倾增层改造技术规范》CECS 225：2007 附录 C 的规定综合确定，即采用原位基础下载荷试验，如图 4-17 所示，该原位试验适用于地下水位于基底以下。

除原位试验外，根据《建筑物移位纠倾增层改造技术规范》CECS 225：2007，增层建筑地基承载力尚可根据以下原则取得：

1）外套结构增层和需单独新设基础的室内增层，其地基承载力特征值应按新建工程的要求确定。

2）沉降稳定的建筑物直接增层时，其地基承载力特征值可适当提高，并按式（4-1）估算：

$$f_{ak}=\mu[f_k] \tag{4-1}$$

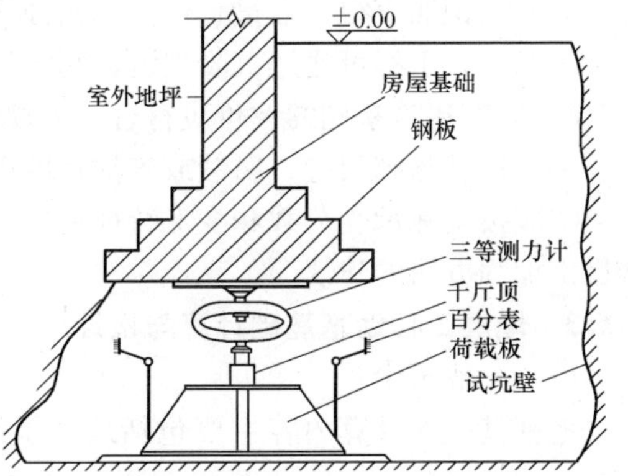

图 4-17 既有建筑基础下地基土载荷试验示意图

式中 f_{ak}——建筑物增层设计时地基承载力特征值（kPa）；

$[f_k]$——原建筑物设计时采用的地基承载力特征值（kPa）；

μ——地基承载力提高系数，按表 4-3 采用。

地基承载力提高系数 μ **表 4-3**

已建年限(年)	5～10	10～20	20～30	30～50
μ	1.05～1.15	1.15～1.25	1.25～1.35	1.35～1.45

注：1. 对湿陷性黄土地基、地下水位上升引起承载力下降的地基、原地基承载力特征值低于 80kPa 的地基，上表不适用；
2. 对于砂土和碎石土地基，μ 值不宜超过 1.25；
3. 当有成熟经验时，可采用其他方法确定 μ 值；
4. 当原建筑物为桩基础且已使用 10 年以上时，原桩基础的承载力可提高 10%～20%。

3）直接增层或增层荷载直接作用于原基础上的室内增层，f_{ak} 为原建筑物基础下修正后的地基承载力特征值；对外套结构或增层荷载作用于新设基础上的室内增层，f_{ak} 为新基础地基修正后的承载力特征值。

（7）既有建筑物基础的评价

基础作为上部结构与地基之间的重要建筑结构构件，起到“承上启下”的作用，其形式、设计标准、施工质量等因素均影响到其性状，因此有必要查清既有建筑物基础的各种参数，并进行相关评价。

1）既有建筑基础的检验应按下列步骤进行：

①搜集基础上部结构和管线设计施工资料和竣工图，了解建筑各部位基础的实际荷载；

②现场调查，通过开挖探坑验证基础类型、材料、尺寸及埋置深度，检查基础开裂、腐蚀或损坏程度。判定基础材料的强度等级。对倾斜的建筑尚应查明基础的倾斜、弯曲、扭曲等情况。对桩基应查明其入土深度、持力层情况和桩身质量。

2）既有建筑基础的检验可采用下列方法：

①目测基础的外观质量；

②用手锤等工具初步检查基础的质量，用非破损法或钻孔取芯法测定基础材料的强度；

③检查钢筋直径、数量、位置和锈蚀情况；

④对桩基工程可通过沉降观测，测定桩基的沉降情况。

3）既有建筑基础的评价应符合下列规定：

①应根据基础裂缝、腐蚀或破损程度以及基础材料的强度等级，判断基础完整性；

②应按实际承受荷载和变形特征进行基础承载力和变形验算，确定基础加固的必要性和提出加固方法的建议。

4.5.3　增层工程地基基础计算与设计

（1）一般规定

地基基础的计算内容主要包括地基承载力、基础强度和沉降变形等，按照以下原则进行：

1）地基承载力按本节第二部分的原则确定。

2）对建造在斜坡上的增层建筑物，尚应验算地基的稳定性。

3）建筑物增层后的地基变形应满足增层的要求且符合下列规定：

① 直接增层结构的地基变形计算范围可根据原有建筑的使用年限、新增层数、建筑物的重要性和地基土的类型等因素确定；

② 外套结构增层的地基变形按新建工程计算；

③ 新旧结构通过构造措施相连接，新基础单独设置时，除满足地基承载力条件外，尚应分别对新旧结构进行地基变形计算，按变形均等原则进行设计。

增层建筑物的地基变形允许值可按《建筑地基基础设计规范》GB 50007 确定。

（2）承载力验算

1）既有建筑物增层时，地基承载力特征值应符合下列要求：

当轴心荷载作用时

$$p_k \leqslant f_a \tag{4-2}$$

式中　p_k——相应于荷载效应标准组合时，增层后基础地面处的平均压力值（kPa）；

f_a——修正后的地基承载力特征值（kPa）。

当偏心荷载作用时，除符合式（4-2）的要求外，尚应符合式（4-3）的要求：

$$p_{kmax} \leqslant 1.2 f_a \tag{4-3}$$

式中　p_{kmax}——相应于荷载效应标准组合时，增层后基础底面边缘的最大压力值（kPa）。

2）增层后，基础底面的压力

当轴心荷载作用时，基础底面的压力值按式（4-4）确定：

$$p_k = \frac{F_k + G_k}{A} \tag{4-4}$$

式中　F_k——相应于荷载效应标准组合时，上部结构传至基础顶面的竖向力值（kN）；

G_k——基础自重和基础上的土重（kN）；

A——基础底面面积（m^2）。

当偏心荷载作用时，基础底面的压力值按式（4-5）确定：

$$p_{kmax}=\frac{F_k+G_k}{A}+\frac{M_k}{W} \tag{4-5.1}$$

$$p_{kmin}=\frac{F_k+G_k}{A}-\frac{M_k}{W} \tag{4-5.2}$$

式中 M_k——相应于荷载效应标准组合时，作用于基础底面的力矩值（kN·m）；

W——基础底面的抵抗矩（m^3）；

p_{kmin}——相应于荷载效应标准组合时，增层后基础底面边缘的最小压力值（kPa）。

当偏心距 $e>b/6$ 时，其中 b 为力矩作用方向基础底面边长，p_{kmax}应按式（4-6）计算：

$$p_{kmax}=\frac{2(F_k+G_k)}{3la} \tag{4-6}$$

式中 l——垂直于力矩作用方向的基础底面边长（m）；

a——合力作用点至基础底面最大压力边缘的距离（m）；

当上述验算不能满足要求时，应通过地基处理、基础加宽、加深或改变基础形式等方法解决，当基础有裂纹时应进行加固处理。

当地基受力层范围内有软弱下卧层时，尚应进行软弱下卧层地基承载力的验算。

（3）地基变形计算

既有建筑增层后的地基变形计算值，不得大于国家现行标准《建筑地基基础设计规范》GB 50007 规定的地基变形允许值。

对增层后的既有建筑，其基础最终沉降量按式（4-7）计算确定：

$$s=s_0+s_1+s_2 \tag{4-7.1}$$

$$s_1=\psi_s\sum\frac{p_{zi}-Up_{zi}}{E_{si}}H_i \tag{4-7.2}$$

$$s_2=\psi_s\sum\frac{\Delta p_{zi}}{E'_{si}}H'_i \tag{4-7.3}$$

式中 s——基础最终沉降量（mm），对应于荷载效应准永久组合，下同；

s_0——地基增层前已完成的基础沉降量（mm），可由沉降观测资料确定或根据当地经验估算；

s_1——原建筑荷载下尚未完成的基础沉降量（mm），可由沉降观测资料推算或根据当地经验估算。当原建筑荷载下基础沉降已经稳定时，此值应取零；

s_2——增层所增加的荷载产生的基础沉降量（mm），可由沉降观测资料推算或根据当地经验估算；

p_{zi}——第 i 层土在原建筑物荷载作用下产生的附加应力（kPa）；

U——增层时地基土的固结度；

E_{si}、E'_{si}——分别为第 i 层土在原建筑物修建前和增层时的地基压缩模量（MPa）；

H_i、H'_i——分别为第 i 层土在原建筑物修建前和增层时的土层厚度（m）；

Δp_{zi}——增层荷载在地基中产生的附加应力（kPa）；

ψ_s——沉降经验系数，根据地区沉降观测资料和经验确定，也可按现行有关规范确定。

当原建筑物地基土固结度达 85%以上时，可认为原地基已经稳定，原荷载下的残余变形可忽略。当原地基基础不能满足增层工程要求时应进行地基或基础加固。

4.5.4　增层工程的基础加固

根据既有建筑物地基基础的鉴定及评价结果，以及增层后基础所受荷载等情况，可以确定地基基础加固的方法。对于基础来说，一般常用基础补强法、加大基础底面积法和改变基础形式法等，以增大基础支撑面积、加强基础刚度或增大基础的埋置深度等。其中改变基础形式法不但增加了基础底面积，同时加大了基础的刚度。

（1）基础补强注浆加固法

由于基础材料老化、不均匀沉降、机械损伤、浸水、冻胀、施工质量、地震或其他原因引起基础开裂或损坏时，原有地基基础强度已不再满足荷载要求，再考虑增层增加荷载，因此该基础必须进行加固，此时可采用基础补强注浆（亦称灌浆）加固法加固基础（图 4-18）。其具体做法就是在基础损伤处钻孔，然后将水泥浆或环氧树脂等浆液从钻孔中注入，对基础进行加固。

施工时可在基础中钻孔，注浆管的倾角一般不超过 60°，且一般不小于 30°，孔径应比注浆管的直径大 2～3mm，注浆管直径一般为 25mm，孔距可取 0.5～1.0m。对单独基础每边打孔不应少于 2 个，浆液可由水泥浆或环氧树脂等制成，注浆压力可取 0.2～0.6MPa，当 15min 内水泥浆没注入则应停止注浆，注浆的有效直径约为 0.6～1.2m。对条形基础施工应沿基础纵向分段进行，每段长度可取 1.5～2.0m。

对有局部开裂的砖基础，还可采用钢筋混凝土梁跨越加固，如图 4-19 所示。

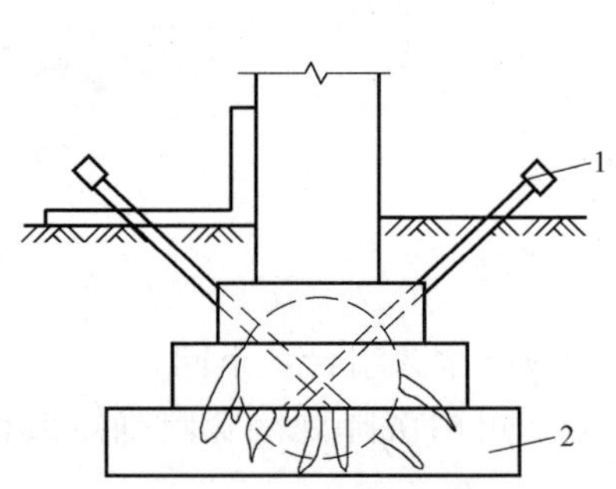

图 4-18　基础灌浆加固

1—注浆管；2—加固的基础

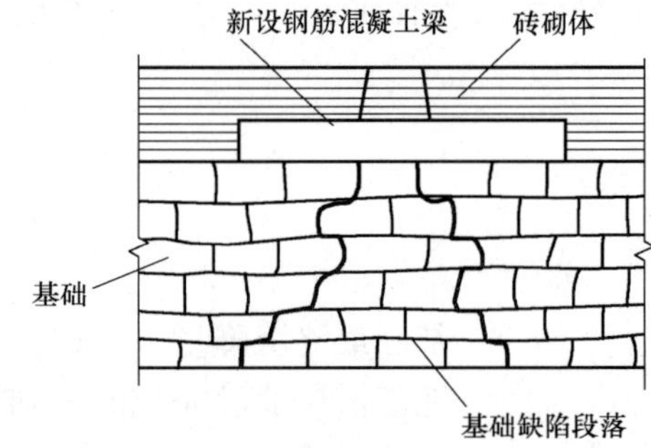

图 4-19　用钢筋混凝土梁跨越缺陷段基础加固示意图

（2）加大基础底面积法

1）当基础采用扩大面积加固时，通常采用混凝土套或钢筋混凝土套加固，该方法施工简单，所需设备少，因而得到较多的应用。当采用混凝土套或钢筋混凝土套时，应注意以下几点设计和施工要求：

① 当基础承受偏心受压时，可采用不对称加宽；当承受中心受压时，可采用对称加宽。

② 基础加大后刚性基础应满足混凝土刚性角要求，柔性基础应满足抗弯要求。

③ 为使新旧基础牢固连接，在灌注混凝土前应将原基础凿毛并刷洗干净，再涂一层

高强度等级水泥砂浆，沿基础高度每隔一定距离应设置锚固钢筋；也可在墙脚或圈梁钻孔穿钢筋，再用环氧树脂填满，穿孔钢筋须与加固筋焊牢。

④ 当采用混凝土套加固时，基础每边加宽的宽度其外形尺寸应符合国家现行标准《建筑地基基础设计规范》GB 50007 中有关刚性基础台阶宽高比允许值的规定，沿基础高度隔一定距离应设置锚固钢筋。

⑤ 当采用钢筋混凝土套加固时，加宽部分的主筋应与原基础主筋相焊接。

⑥ 对加套的混凝土或钢筋混凝土的加宽部分，其地基上应铺设的垫料及其厚度，应与原基础垫层的材料及厚度相同，使加套后的基础与原基础的基底标高和应力扩散条件相同和变形协调。

⑦ 对条形基础应按长度 1.5～2.0m 划分成许多单独区段，分别进行分批、分段、间隔施工，决不能在基础全长挖成连续的坑槽和使全长上地基土暴露过久，以免导致地基土浸泡软化，使基础随之产生很大的不均匀沉降。

2）根据原有基础的不同性状，采用不同的加固方式，主要分为柔性基础和刚性基础。

① 柔性基础改为刚性基础（素混凝土套加固）

采用素混凝土套加固时，基础可加宽 200～300mm，见图 4-20。

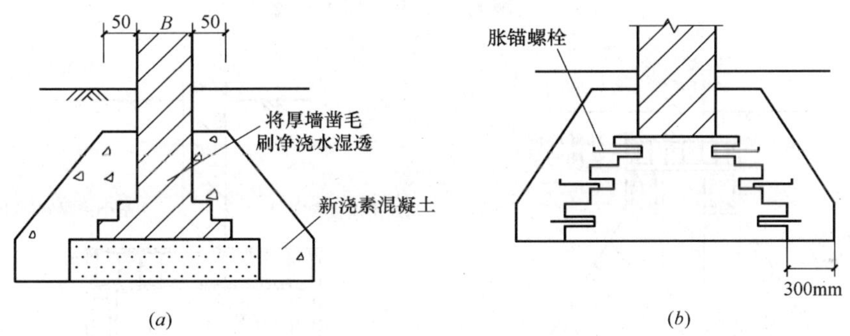

图 4-20 素混凝土套加固示意图

② 刚性基础

对于刚性基础，对条形基础可采用单侧加宽或双侧加宽，对独立基础可采用四边加宽。

a. 单侧加宽原基础

当原基础承受中心荷载时，可采用双面加宽；当原基础承受偏心荷载，或受相邻建筑基础条件限制，或为沉降缝处的基础，或为了不影响室内正常使用时，可在单侧加宽原基础。详见图 4-21。

基础单面加宽不够安全可靠，因为挑梁长度大，变形大，建议采用双面加宽为宜。

b. 双侧加宽原基础

当采用钢筋混凝土套加固时，可加宽 300mm 以上，如图 4-22 所示。

当采用双面加宽时，应优先采用图 4-23（*a*）的形式，因其与图 4-23（*b*）相比有如下优点，后加的基础挑梁挑处长度小，变形小，安全可靠。只有当浅基础加宽后基础埋深不能满足图 4-23（*a*）刚性角要求时，再采用图 4-23（*b*）的形式。不论采用何种形式，

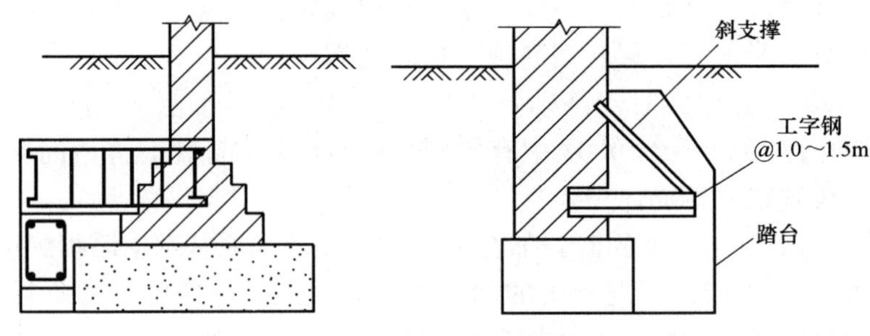

图 4-21　条基单侧加宽示意图

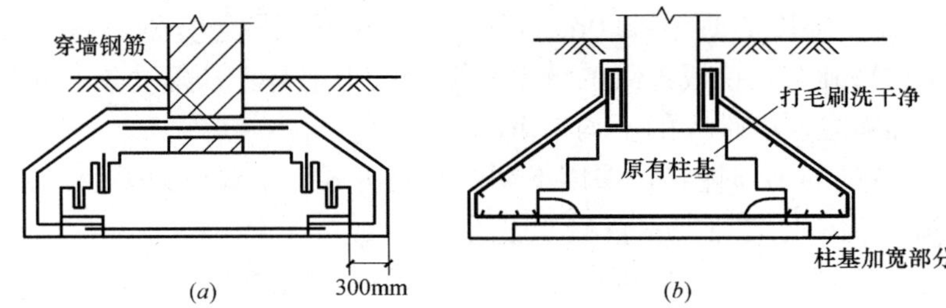

图 4-22　钢筋混凝土套加固示意图

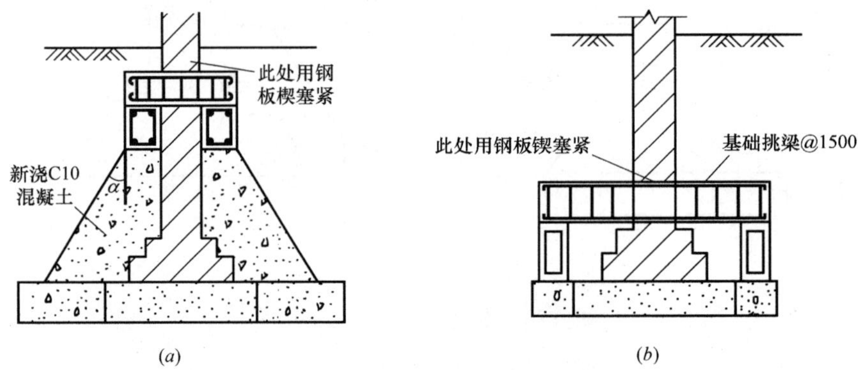

图 4-23　基础双面加宽示意图

均应注意以下各点：

a. 后加基础挑梁的平面位置应避开一层门窗洞口。不能避开时，应对挑梁上的门窗洞口采取加强措施。

b. 在基础挑梁的根部必须用钢板锲塞紧。

c. 如果只计算后加基础挑梁和基础连续梁的强度，不计算其挠度，造成有的梁不能保证使用安全。因此，必须计算基础挑梁、连续梁的挠度。

d. 应验算基础挑梁、连续梁根部支承处砖墙的局部承压强度。其中图 4-23（*b*）加固法亦可变为图 4-24 的加固方式。

3）独立柱基加固方法

圆形柱基可直接加大直径或者改为方形，方形柱基可加大基础长宽或者改为带形基础。具体详见图 4-25 方式加固。

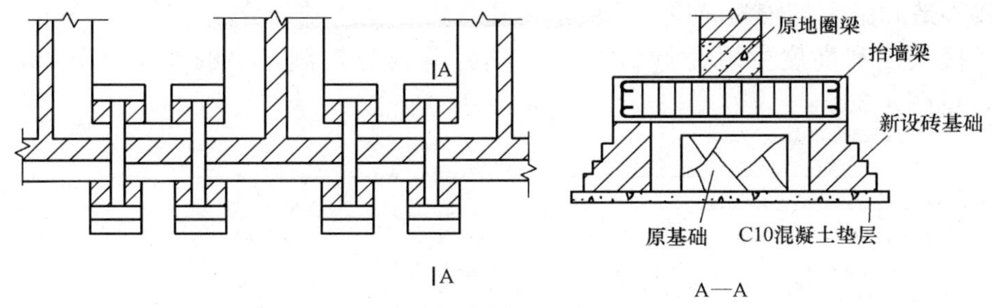

图 4-24 抬墙梁加固示意图

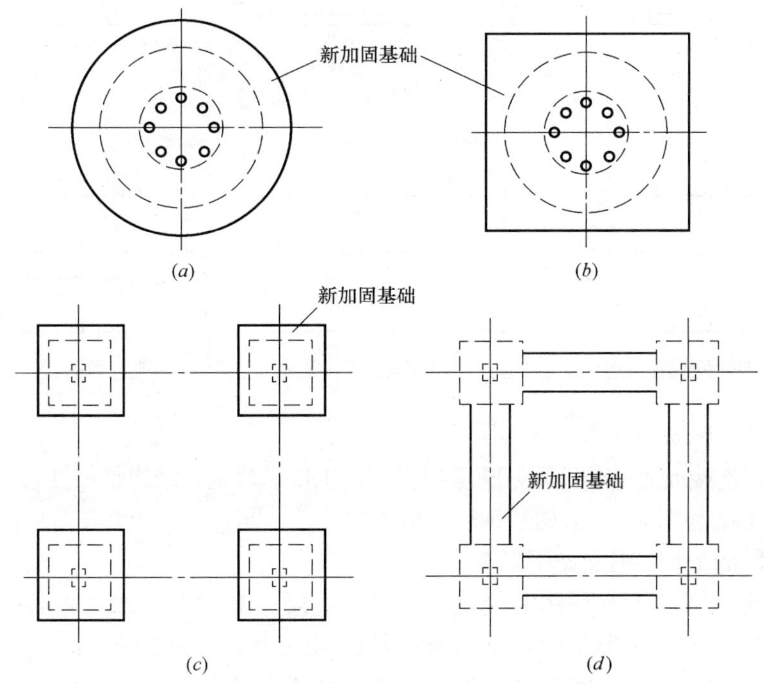

图 4-25 柱基加宽平面图

(a) 圆形底面积扩大；(b) 圆形改为方形；(c) 框架柱基扩大；(d) 单独柱基改为带形基础

(3) 改变基础形式法

当不宜采用混凝土套或钢筋混凝土套加大基础底面积时，可采用改变基础形式法，如将独立基础改为条形基础，将条形基础改为十字交叉条形基础或筏基，将原筏形基础改为箱形基础等，这样不但更能扩大基底面积，用以满足地基承载力和变形的设计要求，另外，由于加强了基础刚度和整体性，从而减少地基的不均匀变形。

1) 独立柱基改条形基础

新增条形基础截面形式有平板式和肋梁式，新旧基础连接方式有铰接和刚接。原基础净距较小，且本身承载力较富裕时，可采用平板式，否则宜采用肋梁式。平板厚度 h 一般取 $h=l_n/(3\sim5)$，且≥400mm，l_n 为原基础净距。肋梁高度 h 一般取 $h=l_c/(4\sim8)$，l_c 为柱距；翼板（底板）厚度 h_f 不应小于 200mm，当 $h_f>250$mm 时，宜做成变截面，坡度 $i\leqslant1:3$，边缘厚 200mm，根部厚 $h_f=b_f/(7\sim8)$，且≥300mm，b_f 为翼板宽度。

铰接构造和施工均较为简单，只要求传递剪力，新基础部分嵌入原基础底面即可，新旧基础铰接长度和高度主要为局部受压和受剪承载力控制，一般取长≥100mm，高≥200mm，见图 4-26。

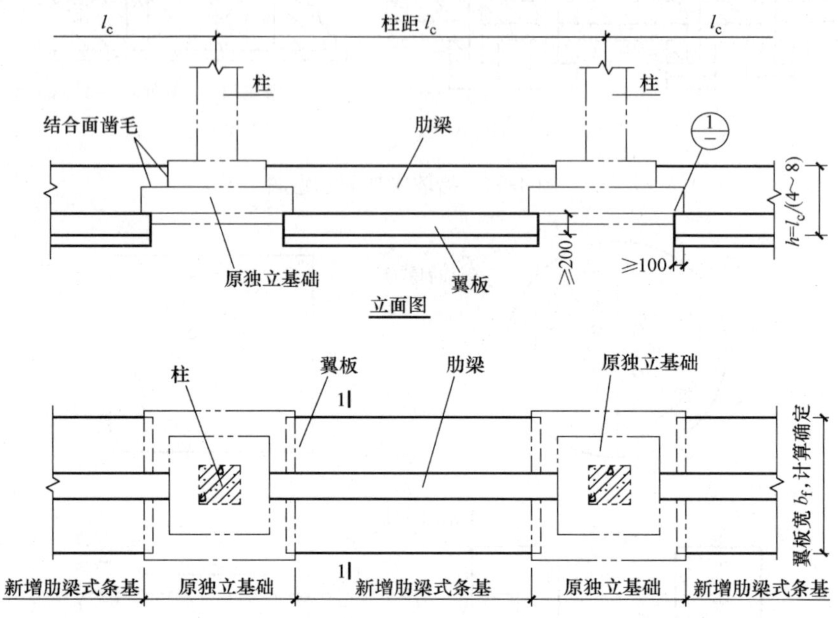

图 4-26　独立柱基改条形基础（肋梁式、铰接）

新旧基础应连接成为一个整体，既承担剪力，也传递弯矩，结构整体性较好，但新旧基础底部受力钢筋宜彼此焊接，部分构造钢筋应植入原基础，同时，结合面应凿毛，见图 4-27。

2）条形基础改十字正交条形基础

一字形条形基础若不宜采用混凝土套或钢筋混凝土套加大基础底面面积时，可在原条形基础垂直方向增设新条形基础，新旧条形基础组成十字正交条形基础，共同承担上部结构荷载。与原基础相比，十字正交条形基础不仅底面积显著增大，而且垂直方向整个基础

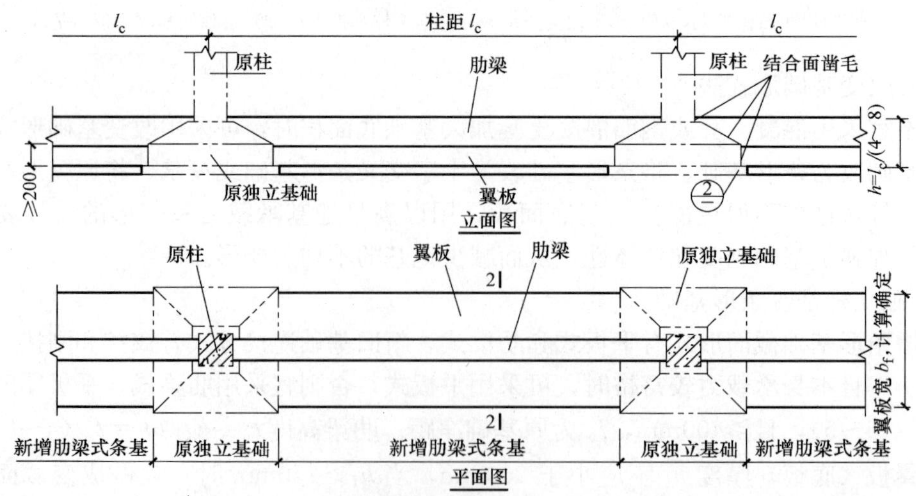

图 4-27　独立柱基改条形基础（肋梁式　刚接）

结构刚度和整体性也大幅度增强。具体详见图 4-28。

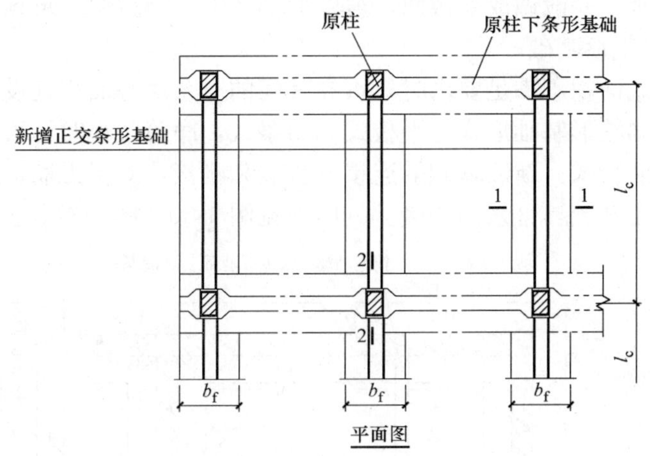

图 4-28　条形基础改十字正交条形基础

新增条形基础截面形式一般为肋梁式。新旧基础连接方式，当原基础为钢筋混凝土时，可采用刚接；当原基础为无筋结构时，应采用铰接。刚接时，梁底新旧受力钢筋应焊接连接；铰接时，新旧肋梁底板应部分嵌入原基础底面。具体详见图 4-29。

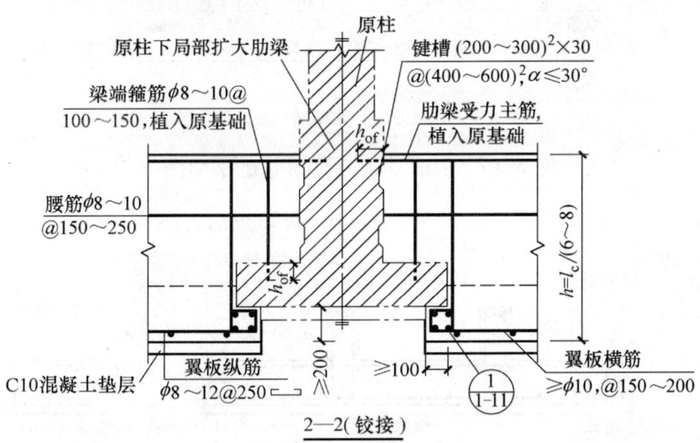

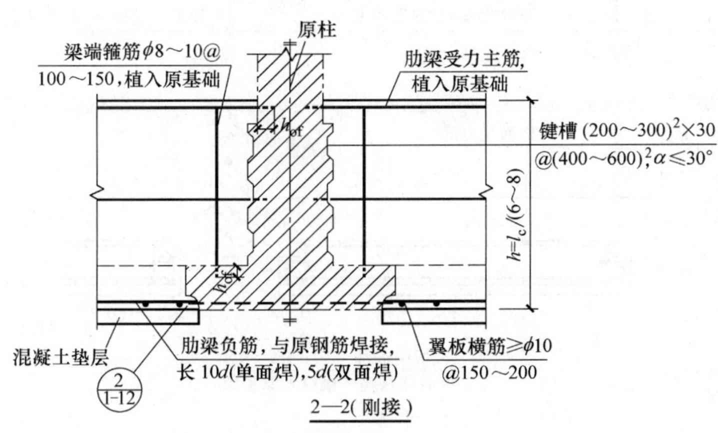

图 4-29　条形基础改十字正交条形基础

肋梁截面总高 h，刚接时取 $h=l_c/(6\sim8)$；铰接时取 $h=l_c/(4\sim6)$，l_c 为原条基间距。肋梁底板（翼板）一般做成变截面，坡度 $i\leqslant1:3$，边缘厚 200mm，根部≥300mm。

3）条形基础改筏形基础

正交条形基础底面积不满足要求时，可在其间的空余房心面积处设置筏板，与原基础组成筏形基础。新增筏形基础形式分平板式和肋梁式，净跨较小时可采用平板式，否则应采用肋梁式或双向肋梁式。新旧基础的连接分铰接和刚接，对于无筋扩展基础，应采用铰接，对于钢筋混凝土基础，可采用刚接。具体详见图 4-30、图 4-31。

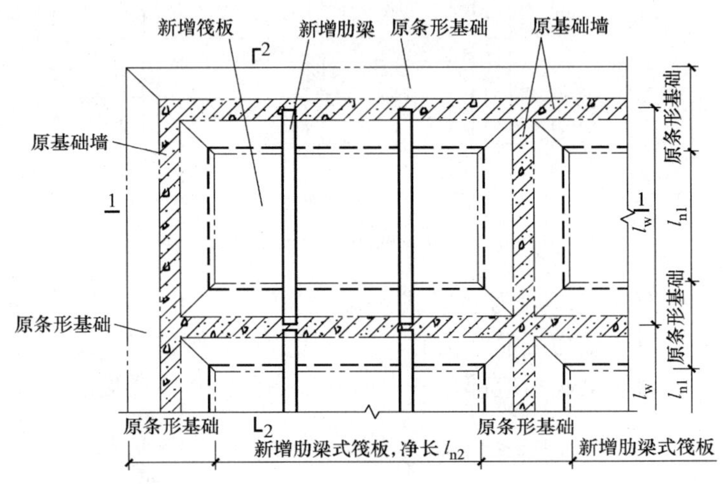

图 4-30　条形基础改筏形基础平面图

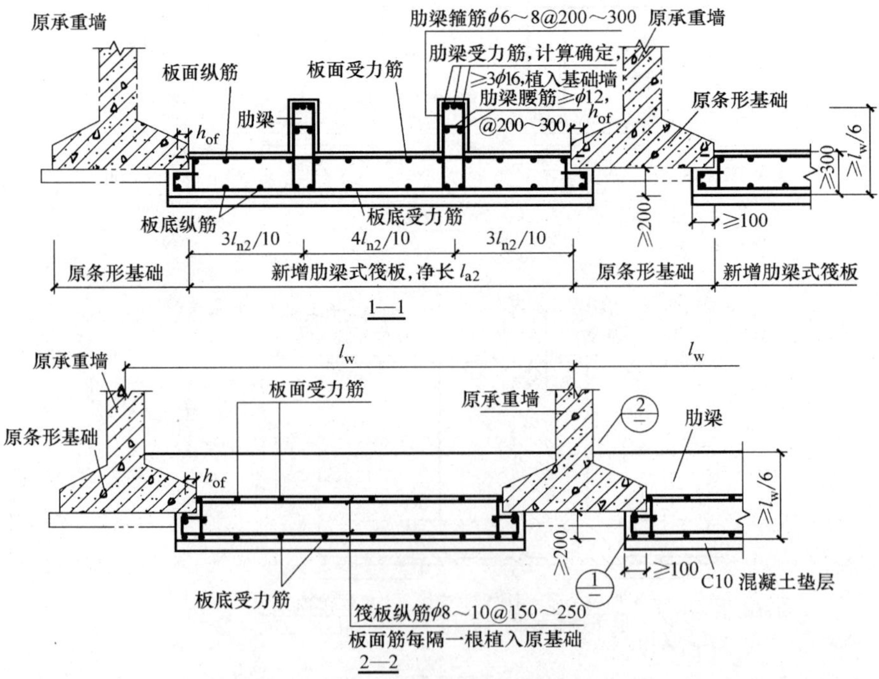

图 4-31　条形基础改筏形基础剖面图

① 平板铰接：新增筏板应部分嵌入原基础底部，深度应≥100mm。平板厚度一般取≥$l_{n1}/12$，且≥400mm，l_{n1}为短向净跨。对于厚度较大（≥490mm）的砖砌基墙，亦可采用局部凿槽办法嵌入原基墙。

② 肋梁式铰接：一般采用倒T形板，底板嵌入原基础底面，肋梁顶受力筋应植入原基墙，其余构造筋可部分植入原基墙和基础。肋梁沿原正交条形基础短向布置，间距2～3m，肋梁截面高度一般取≥$l_w/6$，l_w为短向墙距或柱距，底板厚应≥300mm。

③ 平板刚接：新旧基础底面齐平，新增筏板底面受力钢筋应与原基础底面钢筋焊接连接，筏板顶面受力钢筋采用化学植筋方法每隔一根植入原基础，且整个结合面凿毛，以增强其抗剪承载力。新增筏板厚度一般取$l_{n1}/4$，且≥400mm，l_{n1}为短向净距。

同时，新增的片筏基础可以设置在原条形基础下方，亦可在条形基础上设置有键销的片筏基础，分别见图4-32和图4-33。

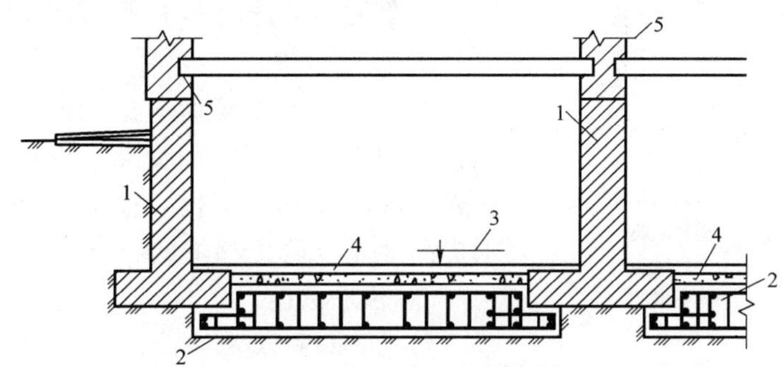

图4-32 在条形基础下方设置片筏基础示意图

1—原有条形基础；2—新设置的片筏基础；3—地下室地面标高；4—夯实的粗砂；5—砖墙

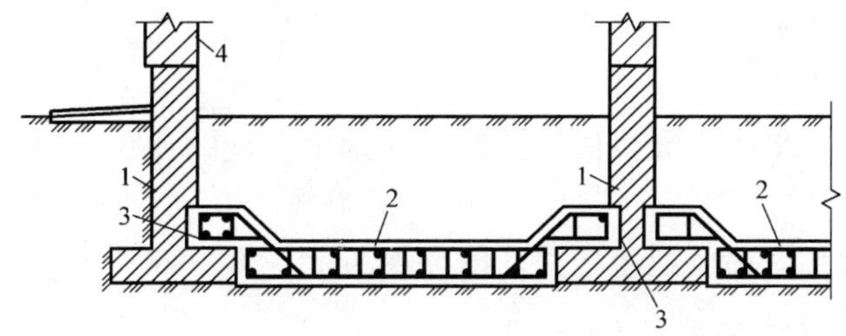

图4-33 在条形基础上设置有键销的片筏基础示意图

1—原有条形基础；2—新设置的片筏基础；3—浇筑在基础内的混凝土键销；4—砖墙

4.5.5 增层工程的地基加固

任何建筑物的荷载最终都要传递到地基上。当上部结构材料强度高，而地基土强度相对较低、压缩性相对较大时，应通过设置一定结构形式和尺寸的基础才能够解决这个矛盾。基础的作用是承上启下，它一方面处于上部结构的荷载及地基反力的共同作用下，另一方面基础底面的反力又作为地基上的荷载，使地基产生应力和变形。故除保证基础结构本身具有足够的强度和刚度外，同时还需要选择合理的基础方案和尺寸，以及合理改变地基的性状，使地基的强度和沉降保持在容许范围之内。

针对增层工程，地基加固方法主要有注浆加固法、高压喷射注浆法、树根桩法和石灰桩法等。

（1）注浆加固法

1）基本介绍

注浆加固法（grouting）是利用液压、气压或电化学原理，通过注浆管把某些能固化的浆液注入地层中土颗粒的间隙、土层的界面或岩层的裂隙内，使其扩散、胶凝或固化，以增加地层强度、降低地层渗透性、防止地层变形、改善地基土的物理力学性质和进行托换技术的地基处理技术。

注浆加固中所用的浆液是由主剂（原材料）、溶剂（水或其他溶剂）及各种外加剂混合而成。灌浆材料可分为粒状浆材和化学浆材两个系统，根据材料的不同又可分为不稳定浆材、稳定浆材、无机化学浆材及有机化学浆材等四类。通常可按图 4-34 进行分类。

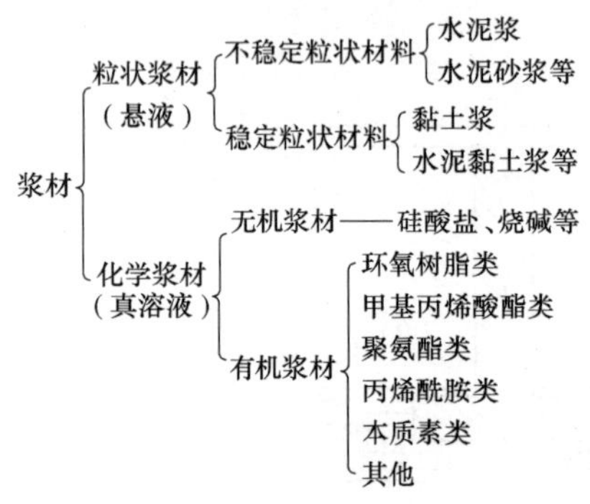

图 4-34　灌浆法按浆液材料分类

2）注浆设计方法

注浆加固设计内容主要包括以下几个方面：

① 注浆标准

指要求地基注浆后应达到的质量指标，随着加固目的和要求的不同而变化。例如对于湿陷性黄土首先要求消除其湿陷性，而对于杂填土或软土则要求提高地基承载力和降低压缩性。

② 灌浆材料

包括浆材种类和浆液配方设计。

③ 加固范围

包括加固深度、长度和宽度。

④ 浆液有效加固半径

指浆液在设计压力下所能达到的灌注孔中心至有效加固体边缘的平均距离。

⑤ 确定设计参数

根据浆液有效加固半径和灌浆体设计厚度，确定合理的孔距、排距、孔数和排数。

⑥ 注浆压力

规定不同深度的允许最大灌浆压力。既要尽可能扩大有效加固半径，又要以不破坏地基土或上部结构为原则。

3）施工方法

① 注浆设备

注浆用的主要设备是钻孔机械、注浆泵、浆液搅拌机等，对于双液注浆如水玻璃加水泥浆还需要浆液混合器。钻孔机具及注浆泵型号很多，可根据工程需要及施工单位现有装备条件选用。

② 注浆工艺

注浆施工工艺流程如下：

定孔位 → 钻孔 → 埋管 → 注浆 ——————→ 拔管 → 封孔口

（注浆 → 提管 → 复插管 → 复注浆 → 拔管）

复注浆情况为需要二次注浆时，当一次注浆进浆量过大或设计重点加固区段，就需要进行二次注浆。

注浆孔径一般为70～110mm，垂直度偏差小于1%。注浆管可采用在管下段环周钻眼的花管或不钻眼的一般钢管。注浆压力与加固深度处的上覆压力、建筑物荷载、浆液黏度、灌注速度等有关。注浆过程中压力是变化的，一般情况下每加深1m压力增大20～50kPa。

灌浆结束后要及时拔管并清洗，否则由于浆液凝结会造成拔管困难或注浆管堵塞。

为改善浆液性能，可在水泥浆中掺入水玻璃或膨润土等添加剂。水玻璃为速凝剂，其模数应为3.0～3.3，掺量一般为水泥用量的0.5%～3.0%；膨润土起防止浆液离析沉淀的作用，其掺量一般为水泥用量的3%～5%。

冒浆是注浆施工中常见的现象。当注浆深度浅而注浆压力又过大的情况下常会造成地层上抬，导致浆液顺上抬裂缝外冒，有时也可能沿管壁上冒。当出现冒浆时，应暂停注浆，待浆液凝固后再注，如此反复几次即可将上抬裂缝通道堵死，或者改变配比，缩短浆液凝固时间，使其一流出注浆管后在很短时间内就能凝固。

③ 注浆质量检验

注浆效果评估可通过静力或动力触探试验确定加固土密实度及强度的变化，钻孔取样测定加固土的抗压强度，开剖量测加固体外形尺寸，静载荷试验或浸水载荷试验确定加固土体承载力及湿陷性消除效果等。必要时还可通过钻孔弹性波试验测定加固土体动弹性模量和剪切模量，或用电探法与放射性同位素法测定浆液注入范围等。

(2) 高压喷射注浆法

1) 基本介绍

高压喷射注浆法（High Pressure Jet Grouting）是利用钻机把带有喷嘴的注浆管钻进至土层的预定位置后，以高压设备使浆液或水成为20～40MPa的高压射流从喷嘴中喷射出来，冲击破坏土体；同时，钻杆以一定速度渐渐向上提升，将浆液与土粒强制搅拌混合，浆液凝固后，在土中形成一个固结体。

高压喷射注浆法20世纪60年代后期创始于日本，我国于1975年首先在铁道部门进行单管法的试验和应用。此后，我国许多科研院所和高等院校相继进行了三重管喷射法、干喷法的试验和应用研究。

2) 高压喷射注浆法的种类

高压喷射注浆法按注浆管类型、喷射流动方式和置换程度进行如下分类：

① 按喷射流的移动方向，可以分为旋转喷射（旋喷）、定向喷射（定喷）和摆动喷射（摆喷）三种形式，如图4-35所示。

旋喷法施工时，喷嘴边喷射边旋转提升，固结体呈圆柱状。主要用于加固地基，提高地基的抗剪强度；也可组成闭合的帷幕，用于截阻地下水流和治理流沙；也可用于场地狭窄处做围护结构。

定喷法施工时，喷嘴边喷射边提升，但喷射的方向固定不变，固结体形如板状或壁状。

摆喷法施工时，喷嘴边喷射边提升，喷射的方向呈较小角度来回摆动，固结体形如较厚墙状。

定喷和摆喷两种方法通常用于基坑防渗、改善地基土的水流性质和稳定边坡等工程。

② 按高压喷射注浆法的工艺类型可分为单管法、二重管法、三重管法和多重管法等

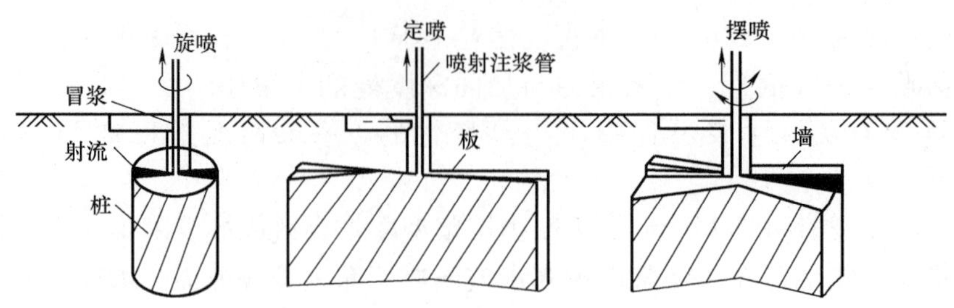

图 4-35　高压喷射注浆的三种形式

四种。

3）高压喷射注浆法的适用范围

高压喷射注浆法适用于处理淤泥、淤泥质土、黏性土、粉土、黄土、砂土、人工填土和碎石土等地基。

当土中含有较多的大粒径块石、坚硬黏性土、大量植物根茎或有较多的有机质时，应根据现场试验结果确定其适用程度。

对地下水流速过大、浆液无法在注浆管周围凝固的情况，对于填充物的岩溶地段、永冻土以及对水泥有严重腐蚀的地基，均不宜采用高压喷射注浆法。

4）工程勘察要求

工程勘察内容包括基岩的产状、分布、埋藏深度和物理力学性质；各土层的埋藏深度、种类、颗粒组成、化学成分和物理力学性质；基岩裂隙通道或岩溶洞穴情况等，附必要的柱状图和地质剖面图；钻孔的间距，可按《岩土工程勘察规范》GB 50021 中对建筑场地详细勘察阶段的要求进行，但当地层水平方向变化较大时，宜适当加密孔距。用旋喷固结体作端承桩时，应注意持力层顶面的起伏变化情况，钻孔深度应钻达至持力层下 2～3m；如在此范围内有软弱下卧层时，则应予钻穿，并达到厚度不小于 3m 的密实土层。用旋喷固结体做摩擦桩时，应注意土层的不均匀性和有无软弱夹层；调查地下水位高程；各土层的渗透系数；附近溶沟和暗河的分布和连通情况；地下水特性；硫酸根和其他腐蚀性物质的成分及含量；地下水的流量和流向等。试验项目见表 4-4。

高压喷射注浆土质与水质试验项目　　　　表 4-4

土类 \ 工程重要性 \ 土工试验项目		物理性质											力学性质			化学分析			
		天然重度	土粒相对密度	孔隙比	饱和度	土的颗粒分析	天然含水量	液限	塑限	渗透系数	压缩系数	标准贯入试验	无侧限抗压强度	黏聚力	内摩擦角	酸碱度	土中水溶盐含量	有机质含量	碳酸盐含量
砂土	重要	*	*	*	*	*	*			*		*		*	*	*	*	*	*
	一般	*		*		*						*				*	*		*
黏性土	重要	*	*	*	*	*	*	*	*	*	*	*	*	*	*	*	*	*	*
	一般	*		*	*	*		*	*			*	*			*	*		*
黄土	重要	*	*	*	*	*	*	*	*	*	*	*	*	*	*	*	*	*	*
	一般	*		*		*		*	*			*	*			*			*

注：1. 符号 * 为必做试验项目；

2. 黄土须考虑渗透系数的各向异性。

(3) 树根桩法

1) 基本介绍

树根桩是一种小直径钻孔灌注桩，小直径钻孔灌注桩也有人称为微型桩，小直径钻孔灌注桩可以竖向、斜向设置，网状布置如树根状，故称为树根桩。其直径通常为100～250mm，有时也采用300mm。先利用钻机钻孔，满足设计要求后，放入钢筋或钢筋笼，同时放入注浆管，用压力注入水泥浆或水泥砂浆而成桩，亦可放入钢筋笼后灌入碎石，然后注入水泥浆或水泥砂浆而成桩。

树根桩适用于黏性土、粉土、砂土、碎石土、黄土和人工填土等各类地基土，树根桩不仅可承受竖向荷载，还可承受水平荷载。

树根桩施工时，国外一般是在钢套管的导向下用旋转法钻进。在托换工程中使用时，往往要穿越既有建筑的基础进入地基土中设计标高处，然后清孔后下放钢筋（钢筋数量由桩径决定）与注浆管，利用压力注入水泥浆或水泥砂浆，边灌、边振、边拔管，最终成桩。有时也可放入钢筋后再放入些碎石，接着灌注水泥浆或水泥砂浆而成桩。国内上海等地区进行树根桩施工时都是不带套管的，直接成孔，然后放钢筋笼并灌浆成桩。根据需要，树根桩可以是垂直的，也可以是倾斜的；可以是单根的，也可以是成排的；可以是端承桩，也可以是摩擦桩。

树根桩应用于托换工程的优点：

① 所需的施工场地较小，只要平面尺寸1m×1.5m和净空高度2.5m则可施工；

② 施工时噪声及振动都比较小，对周围环境影响不大；

③ 托换加固时对墙身不存在危险，对地基土也无扰动，且不影响建筑物的正常使用；

④ 所有操作都可在地面上进行，施工比较方便；

⑤ 经托换加固后，结构物整体性得到大幅度改善；

⑥ 适用范围广；

⑦ 加固后建筑不会改变原有建筑的外貌和风格，对于古建筑的修复显得尤为重要。

2) 树根桩法的设计

树根桩加固地基的设计计算内容与树根桩在地基加固中的效用有关，视工程区别对待。

树根桩一般为摩擦桩，与地基土体共同承担荷载，压力注浆使桩的外侧与土体紧密结合，使桩具有较大的承载力，视为刚性桩复合地基。树根桩与桩间土共同承担荷载，树根桩的承载力发挥还取决于建筑物所能容许承受的最大沉降值。容许的最大沉降值愈大，树根桩承载力发挥度愈高。容许的最大沉降值愈小，树根桩承载力发挥度愈低。承担同样的荷载，当树根桩承载力发挥度低时，则要求设置较多的树根桩数。

在进行单桩树根桩设计的时候，先根据被托换加固建筑物的具体情况，如建筑物的强度和刚度、沉降和不均匀沉降、墙身或各种结构构件的破损情况，计算判断经托换加固后该建筑物所能承受的最大容许沉降量 S_m，然后结合该树根桩的载荷试验 P-S 曲线可求得相应的单桩使用荷载 P_m，然后可按一般的桩基设计方法进行。一般情况下，托换后建筑物的沉降量 S_a 常常小于最大容许沉降量 S_m，其单桩使用荷载 P_a 也通常小于荷载 P_m。也就是建筑物只有部分荷载是由桩来承受的，而另外一部分荷载仍然由原基础下的地基土所承担。因此用于托换加固时，树根桩并不能充分发挥桩本身所有的承载能力，我们可不必

关心比 P_m 大很多的桩的极限承载力 P_u（图 4-36）。另外，树根桩单桩竖向承载力的确定，还应该考虑既有建筑地基变形条件的限制以及桩身材料的强度要求。如桩身混凝土强度等级不应小于 C20，钢筋笼外径应小于设计桩径的 40～60mm，且主筋不宜少于 3 根。对于软弱地基，如果树根桩主要承受的是竖向荷载时，则钢筋长度不得小于 1/2 桩长；如果树根桩主要承受的是水平荷载时，则应全长配筋。

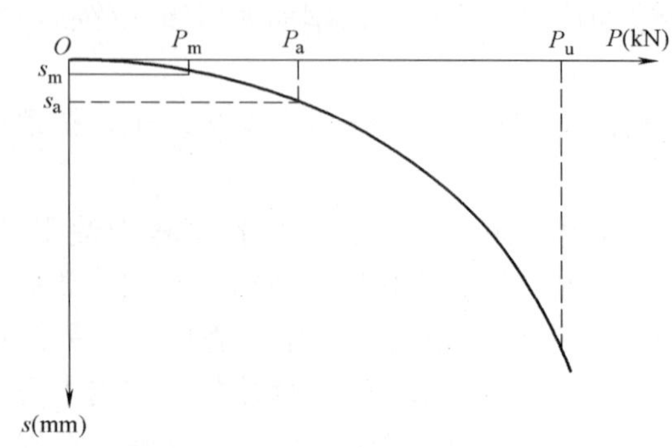

图 4-36　直桩型树根桩荷载试验曲线

用树根桩进行托换时，可认为在施工期间，桩是不承受荷载的。当建筑物产生沉降，即使沉降量非常小，桩将承受建筑物传递下来的部分荷载，沉降量越大，桩体承受的荷载也越大，直至全部荷载由桩体所承担为止；与此同时，基础下的基底压力逐渐减小，直至为零。不过无论在何种情况下，最大沉降也限制在几毫米之内。

对于网状树根桩，可视为修筑在土体中的三维结构，设计时以桩和土间的相互作用为基础，由桩和土组成复合土体的共同作用，将桩与土围起来的部分视为一个整体结构，其受力犹如一个重力式挡土墙结构一样。

3）树根桩法的施工

尽管在不同类型的工程中树根桩的形式和施工工艺均有所差别，但基本上遵循下列施工步骤：

① 定位和校正垂直度

在开挖工程中，桩位偏差应控制在 20mm 之内；对新建工程，可放宽到 50mm。树根桩的垂直度误差应不超出 1/100。

桩位和垂直度对开挖工程尤为重要，墙体渗漏的主要原因往往是桩位和垂直度偏差大造成的，这项重要因素也是施工单位最容易忽视的。

② 成孔

通常采用湿钻法成孔，除端承桩的钻孔必须下套管，以确保桩身截面均匀外，一般仅在孔口附近下一段护套筒，不用套管。在成孔过程中采用从孔口不断泛出的天然泥浆护壁。由于天然泥浆很稀，习惯上称作清水护壁。在钻孔遇到复杂地层极易缩颈和塌孔时，应采用人造泥浆护壁。钻孔至设计标高以下 10～20cm 停钻，通过钻杆继续压清水清孔，直至孔口基本上泛清水为止。

钻孔可以选用各种类型的钻头，以圆筒形钻头为佳，这种钻头的端部镶焊了一圈合金钻牙，可以钻穿混凝土之类的地下障碍物，同时有利于维持钻孔的垂直度。当混凝土层较厚时，可在钻进时加钢粒以提高钻进速度。

③ 吊放钢筋笼和注浆管

吊放钢筋笼时应尽可能一次吊放整根钢筋笼，因为钻孔暴露时间愈长就愈容易产生缩颈和塌孔现象。当受净空和起吊设备限制需分节吊放时，节间钢筋搭接焊缝长度应不小于 10 倍钢筋直径（单面焊），且尽可能缩短焊接工艺历时。钢筋笼外径宜小于设计桩径 40～

60mm。常用的主筋直径为12～18mm，箍筋直径6～8mm，间距150～250mm，截面主筋不少于3根。承受垂直荷载的钢筋长度不得小于1/2桩长；承受水平荷载一般在全桩长配筋。注浆管可用直径20mm的铁管，用于二次注浆的注浆管只在注浆深度范围内的侧壁开孔，呈花管状。

在吊放钢筋笼的过程中，若发现缩颈、塌孔而使钢筋笼下放困难时，应起吊钢筋笼，分析原因后重新钻孔。

④ 填灌碎石

碎石粒径宜在10～25mm范围内，用水冲洗后定量填放。填入量应不小于计算空间体积的0.8～0.9倍。当填入量过小时应分析原因，采取相应的措施。在填放碎石的过程中，应利用注浆管继续冲水清孔。

⑤ 注浆

注浆浆液分为水泥浆和水泥砂浆两种。注水泥浆时，浆液的水灰比以0.4～0.5为佳，可按实际施工需要加入适量的减水剂和早强剂。用做防渗堵漏时，可在水泥浆液中掺磨细粉煤灰，掺入量不超出30%。

注水泥砂浆时，常用的重量配比为水∶水泥∶砂＝0.5∶1.0∶0.3，受砂浆泵的限制，砂粒径一般不大于0.5mm。

注浆时应控制压力和流量，最大工作压力应不小于1.5MPa，使浆液均匀上冒，直至在孔口泛出。一般不宜在注浆过程中上拔注浆管。当桩长超过20m或出现浆液大量流失现象时，可上拔注浆管到适宜的深度继续注浆。

在注浆过程中，应及时处理常见的窜孔、冒浆和浆液沿砂层或某一地下通道大量流失的现象。窜孔是指浆液从邻近已完工的桩顶冒出的现象，常用的措施是采用跳孔工序施工，跳一孔或二孔，在浆液中加入适量的早强剂。冒浆是指浆液从附近地面冒出的现象，大多出现在表层是松散填土层的现场，常用的措施是调整注浆压力和掺适量的早强剂。浆液大量流入邻近河、沟或人防通道、废井等地下构筑物的现象应严加防范。在地质勘探时，首先应弄清可能造成浆液流失的隐患，事先采用防范措施。在施工时，若出现注浆量超出按桩身体积计算量的3倍时，应停止注浆，查清原因后采取相应的措施。

在注浆过程中，浆液除了充填桩身之外，同时向四周土层渗透，甚至产生劈裂注浆现象。在上海地区，注浆量达到按桩身体积计算量的2倍属正常现象，即有不少于1/2的浆液注入了周围的土层。渗浆是不均匀的，砂性愈重的土层进浆量愈多。

在地下水位很低的地区，这种注浆成桩的工艺往往会造成大量浆液流失，甚至无法成桩。因此，有的工程采用不填石子，直接用导管灌入浓浆、砂浆或混凝土的工艺，这种树根桩更像小直径灌注桩。

二次注浆是利用预埋的第二根注浆管进行的，注浆应在第一次注浆的水泥达到初凝之后进行，一般约45～60min。注浆应有足够的压力，一般要求2～4MPa。注浆量应满足设计要求，并不应采用水泥砂浆和细石混凝土。

⑥ 拔注浆管、移位

拔起注浆管后桩顶会陷落，应采用混凝土填补桩至设计标高。当需要对桩身强度进行质检时，在填补前取样做试块。

4）检测检验

树根桩属地下隐蔽工程，施工条件和周围环境都比较复杂。控制成桩过程中每道工序的质量是十分重要的。施工单位按设计要求、现场条件及相关规范制定施工大纲，经现场监理审查后监督执行。施工过程中应有现场验收施工记录，包括钢筋笼的制作、成孔和注浆等各项工序指标考核。桩位、桩数均应认真核查、复测，桩顶混凝土强度采用现场取样做试块的方法进行检验，通常每 3～6 根桩做 1 组试块，每组 3 块边长 15cm 立方体，按国家标准《混凝土结构设计规范》GB 50010 进行测试。

采用静载荷试验是检验桩基承载力和了解其沉降变形特性的可靠方法。各种动测法也常用于检验桩身质量，如裂缝、缩颈、断桩等。动测法检测这类小直径桩效率高，但在判别时也要依赖于工程经验。

（4）石灰桩法

1）基本介绍

石灰桩是指桩体材料以生石灰为主要固化剂的低粘结强度桩，属低强度和桩体可压缩的柔性桩。

石灰桩法适用于处理饱和黏性土、淤泥、淤泥质土、素填土和杂填土等地基；用于地下水位以上的上层时，宜增加掺合料的含水量并减少生石灰用量，或采取上层浸水等措施。

石灰桩的加固机理分为物理和化学两个方面：

物理方面有成孔中挤密桩间土、生石灰吸水膨胀挤密桩间土、桩和地基土的高温效应、置换作用、桩对桩间土的遮拦作用、排水固结作用以及加固层的减载效应。

化学方面有桩身材料的胶凝反应、石灰与桩周土的化学反应（离子化作用、离子交换—水胶连接作用、固结反应、碳酸化反应等）。

石灰桩的桩体材料由生石灰（块体或粉状）和掺合料（粉煤灰、炉渣、火山灰、矿渣、黏性土等常用掺合料以及少量附加剂如石灰、水泥等）组成。掺合料可因地制宜选用上述材料中的某一种。生石灰与掺合料的配合比宜根据地质情况确定，生石灰与掺合料的体积比可选用 1∶1 或 1∶2，对于淤泥、淤泥质土等软土可适当增加生石灰用量，桩顶附近生石灰用量不宜过大。当掺石膏和水泥时，掺加量为生石灰用量的 3%～10%。

掺合料的作用是减少生石灰用量和提高桩身强度，应选用价格低廉方便施工的活性材料。在实际工程及试桩中采用过砂、石屑、粉煤灰、火山灰、煤渣、矿渣、钢渣、黏性土，电石渣等作主要掺合料，粉煤灰应用最多，火山灰、煤渣次之。各地应因地制宜，优先选择工业废料作掺合料。

上述掺合料的含水量对施工有一定影响，如人工施工，掺合料含水量宜在 30%左右，太小则难以击实，影响质量，同时又有环境污染。机械施工时掺合料含水量可低于 30%。

掺合料中加入生石灰用量 3%～10%的石膏或水泥均可提高桩身强度，但增加造价及施工难度，仅在地下水渗透速度较大等特殊场合采用。

石灰桩具有以下特点：

① 能使软土迅速固结，即使是松散的新填土，在加固深度范围内，成桩后 7～28d 即可基本完成固结。

② 可大量使用工业废料，比较环保，社会效益显著。

③ 造价相对比较低廉。

④ 设备简单，可就地取材，便于推广。

⑤ 生石灰吸水使土产生自重固结，对淤泥等超软土的加固效果独特。

2）设计方法

石灰桩设计桩径 d 一般为 300～400mm。根据上部结构及基础荷载，按桩端下卧层承载力及变形计算决定桩长。同时应考虑将桩端置于承载力较高的土层上，避免置于地下水渗透性大的土层。桩距及置换率应根据复合土层承载力计算确定，桩中心距一般采用 3～2d，相应的置换率为 0.09 ～0.20，膨胀后实际置换率约为 0.13～0.28。桩土荷载分担，桩分担 35%～60%的总荷载，桩土应力比在 2.5～5 之间。桩间土承载力：置换率、施工工艺、土质情况和桩身材料配合比是影响桩间土承载力的主要因素。复合地基承载力标准值应根据现场实测数据确定，一般为 120～160kPa，不宜超到过 180kPa。以载荷试验确定复合地基承载力时，沉降比 s/B 视建筑物重要性分别采用 0.012～0.015。一般情况下只在基础内布桩，不设围护桩。在施工需要隔水或加固 f_k＜60kPa 的超软土时，在基础外围加打 1～2 排围护桩。一般情况下桩顶不设垫层；需要考虑排水通道时，设 0.1～0.2m 厚的砂石垫层；需要减小基础面积时，通过计算可设厚度 0.5m 以上的垫层。大量的测试结果表明，由于上覆压力及孔底地下水或清孔影响，石灰桩桩体强沿深度变化较大，中部强度最高，下部及上部较差，设计时应予考虑。

试验表明，当石灰桩复合地基荷载达到其承载力标准值时，具有以下特征：土的接触压力接近达到桩间土承载力标准值，说明桩间土的发挥度系数为 1.0，桩间土可以充分发挥作用。桩顶接触压力达到桩体材料的比例界限，桩可充分发挥作用。桩土应力比趋于稳定，其值在 2.5～5.0 之间，一般为 3～4。桩分担了总荷载的 35%～60%。桩土变形协调，桩的刺入很小，可以将复合地基看做人工垫层进行计算。

3）施工方法

石灰桩工艺流程如下：

定位→十字镐、钢钎或铁锹开口→人工洛阳铲成孔→孔径孔深检查→孔内抽水→孔口拌合桩料→下料→夯实→再下料→再夯实→封口填土→夯实。

在增层加固改造工程中，石灰桩最常用的施工工艺是洛阳铲成孔，包括人工洛阳铲和机械洛阳铲。其中人工洛阳铲不受场地限制，机动灵活，缺点是施工效率较低，人工费用较高、成孔深度受到限制（一般不宜超过 6m）；机械洛阳铲达到机械化施工，施工效率高，缺点是施工机械高度有要求，室内净空往往不足。

成孔后为保证桩孔的标准，用图 4-37 所示的量孔器逐孔进行检查验收。量孔器柄上带有刻度，在检查孔径的同时，检查孔深。

成桩时可采用人工夯实（图 4-38）或机械夯实。填料时必须分段压（夯）实，人工夯实时每段填料厚度不应大于 400mm。管外投料或人工成孔填料时应采取措施减小地下水渗入孔内的速度，成孔后填料前应排除孔底积水。

施工过程应注意以下问题：

① 石灰材料应选用新鲜生石灰块，有效氧化钙含量不宜低于 70%，粒径不应大于 70mm，含粉量（即消石灰）不宜超过 5%。

② 掺合料应保持适当的含水量，使用粉煤灰或炉渣时含水量宜控制在 30%左右。无经验时宜进行成桩工艺试验，确定密实度的施工控制指标。

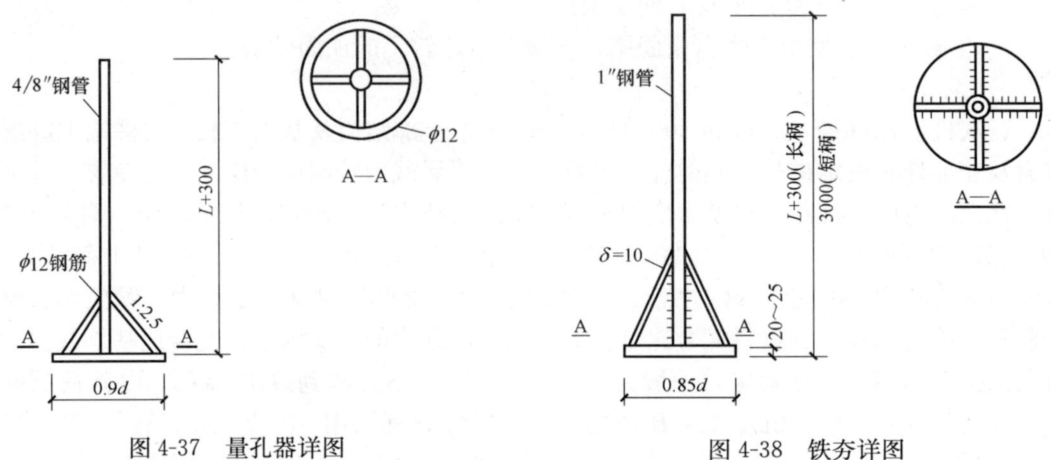

图 4-37　量孔器详图　　　　图 4-38　铁夯详图

③ 施工顺序宜由外围或两侧向中间进行。在软土中宜间隔成桩。

④ 穿过地下水下的砂类土及塑性指数小于 10 的粉土则难以成孔，当在地下水下或穿过杂填土成孔时需要熟练的工人操作。

⑤ 石灰桩施工检测宜在施工 7～10d 后进行；竣工验收检测宜在施工 28d 后进行。

⑥ 施工检测可采用静力触探、动力触探或标准贯入试验。检测部位为桩中心及桩间土。

⑦ 石灰桩地基竣工验收时，承载力检验应采用复合地基载荷试验。

4.6　增层改造工程施工

4.6.1　增层改造工程施工的一般原则

(1) 增层改造工程应选用具备相应技术实力和具有相应加固资质的施工单位进行施工。

(2) 增层工程施工前，结构加固设计单位应按审查批准的施工图，向施工单位进行技术交底。施工单位应编制施工组织设计。如遇障碍不能按原图纸施工时，需经设计单位变更设计后方可施工。

(3) 增层工程施工现场质量管理，应有相应的施工技术标准、健全的质量管理体系、施工质量控制与质量检验制度以及综合评定施工质量水平的考核制度。

(4) 增层施工应遵守国家现行标准和各项施工质量验收规范的规定，并符合增层设计的要求。

(5) 增层施工用的材料、构件、产品等应进行进场验收。凡涉及安全、卫生、环境保护用的材料和产品应进行见证抽样复验；其送样应经监理工程师签封。复验不合格的材料和产品不得使用。

(6) 增层施工的每道工序完成后应进行检查验收；必要时尚应按隐蔽工程的要求进行检查验收，并完整记录；合格后方允许进行下一道工序的施工。

(7) 相关各专业工种交接时，应进行交接检验，并应经监理工程师检查认可。

（8）结构加固施工前，应对原结构、构件进行清理、修整和支护；施工时，应采取措施保证加固层与原构件牢固结合和共同工作。

（9）施工时，应采取避免或减少损伤原结构的措施，替换构件、拆改结构时，当可能出现倾斜、开裂或倒塌等不安全因素时，施工前应采取安全措施。

（10）施工中发现原结构或相关工程隐蔽部位的构造有严重缺陷时，应暂停施工，会同加固设计单位采取有效措施，消除原结构构件的缺陷与破损，保证加固层的强度与原结构构件的牢固结合，然后方可继续施工。

4.6.2 增层改造工程施工注意事项

（1）增层改造施工测量放线时应首先找到原建筑物施工的坐标控制网进行复测，然后与实物的位置、间距、标高进行复校，两者相符合后方可施工，若增层部分与原结构尺寸不符，应通知设计单位调整后方可继续施工。

（2）当原房屋为平屋面时，增层前应对原有屋面防水层、保温隔热层进行拆除、清理和修补找平；当原房屋为坡屋面时，应将原屋盖系统全部拆除，按设计要求处理后，进行增层施工。

（3）增层施工时严禁施工超载。不得在旧房顶集中堆料，不得将模板支柱直接支撑在旧房梁板上。

（4）对原建筑结构局部拆除或开设洞口时，宜采用静力拆除方法或采用人工和小型机械进行凿除，应避免损伤原结构。

（5）开挖基槽时应注意对原建筑物的影响，对其主要承重结构应进行临时支撑，必要时，尚应采取卸荷措施。

（6）新旧混凝土构件结合部位应采取下列施工措施：

1）原构件的连接部位应进行凿毛，除去浮渣、尘土，冲洗干净后，涂刷水灰比为0.4～0.45的水泥浆或界面处理剂一层；

2）对需进行钢筋焊接的部位，应将原构件保护层凿掉，主筋外露，满足钢筋施焊的要求；新旧钢筋均应除锈处理，在受力钢筋上施焊，应采取卸荷或支顶措施，逐根分段、分层焊接。

（7）模板的设计、组装、拆除应符合现行混凝土工程施工质量验收规范模板工程相关章节的规定。

（8）增层的墙体在砌筑前，应将新旧墙体结合部位清除干净，用水冲刷湿润，并应按增层设计图规定或采取有效的施工措施，保证新旧墙体之间连接可靠。

（9）增层施工时新增楼层柱与原结构一般采用植筋连接，而原结构柱头钢筋往往比较密集，不易于施工。植筋钻孔前应采用钢筋定位仪或采用剔除保护层的方法查明原结构主筋位置后再进行钻孔施工。

（10）增层施工前应在原有建筑物四角和关键部位设置沉降观测点，增层施工过程中定期对建筑物沉降情况进行监测，监测过程中发现沉降监测数据异常应立即停止施工，查明原因后方可继续施工。

4.6.3 增层改造施工的安全措施

（1）增层改造施工前应根据设计要求，对增层改造施工中涉及的危险构件、受力大的构件进行的改造加固，应编制专项安全施工方案，并应得到监理总工程师的批准。

(2) 增层改造施工前，应熟悉建筑物周边情况，了解增层改造结构受力和传力路径的可能变化。对结构构件的变形、裂缝情况应设专人进行检测，并做好观测记录备查。

(3) 增层改造施工涉及对原建筑物进行局部拆除，应按《建筑拆除工程安全技术规范》JGJ 147的规定进行。

(4) 加固工程搭设的安全支护体系和工作平台，应定时进行安全检查并确认其牢固性。

(5) 在增层改造施工过程中，若发现结构、构件突然发生变形增大、裂缝扩展或条数增多等异常情况，应立即停工、支顶并及时向安全管理单位或安全负责人发出书面通知。

(6) 当施工现场或周边环境有影响施工人员健康的粉尘、噪声、有害气体时，应采取有效的防护措施。

(7) 当使用化学浆液（如胶液和注浆料等）时，尚应施工现场保持通风良好。化学材料及其产品应按危险化学品存放要求，并远离火源、通风良好的储藏室内，并应密封存放；

(8) 工作场地严禁烟火，并必须配备消防器材；现场若需动火应事先申请，经批准后按规定用火。

4.6.4 增层改造施工对原建筑物的防护措施

(1) 增层改造施工涉及对原建筑物进行局部拆除时，应采用保护性拆除技术，包括确定拆除方法；选择合适的材料、拆除机械；制定切实可行的保护措施等。一般采用由上至下、逐层分段拆除，也可根据具体结构的特点，对每一项拆除项目合理安排，确定拆除顺序。所有与原建筑物连接的拆除部位，边拆除边防护，保护好未拆除的各类管线接口。对不能移动的排水口、通风口等应进行特殊的防护。

(2) 增层改造施工时除搭设必要的水平防护棚、防护围墙外，还应尽量减少噪声，控制尘土飞扬。

(3) 对原有建筑物基础进行加固时，基础开挖前应先查明地下管线布置情况，避免对管线造成破坏，在对原有基础旁的土方进行开挖或对原建筑物基础进行加固时，应避免对原地基土层造成扰动，从而导致原建筑物发生沉降。

(4) 施工过程中涉及对原结构主要承重构件进行改造加固时，应先对该结构构件及周边相关构件进行可靠支撑和防护，若荷载或变形较大时还有采取一定的顶升卸载措施，以确保结构安全。

(5) 增层改造施工时考虑到施工通道、材料运输等往往需要使用原结构的楼梯、电梯、通道等，为避免施工对现有结构或装修造成损伤和污染，对原结构容易破坏的部位如楼梯踢脚、电梯内壁、通道墙面等部位应采取必要的覆盖保护。

4.6.5 增层改造施工用材料

(1) 水泥

1) 混凝土结构加固用的水泥，应优先采用强度等级不低于32.5级的硅酸盐水泥和普通硅酸盐水泥；也可采用矿渣硅酸盐水泥或火山灰质硅酸盐水泥，但其强度等级不应低于42.5级；必要时，还可采用快硬硅酸盐水泥。当混凝土结构有耐腐蚀、耐高温要求时，应采用相应的特种水泥。配制复合砂浆用的水泥，其强度等级不应低于42.5级，且应符合复合砂浆产品说明书的规定。

2）水泥的性能和质量应分别符合现行国家标准《硅酸盐水泥、普通硅酸盐水泥》GB 175、《快硬硅酸盐水泥》GB 199 和《矿渣硅酸盐水泥、火山灰质硅酸盐水泥》GB 1344 的规定。

3）加固用混凝土中严禁使用安定性不合格的水泥、含氯化物的水泥、过期水泥和受潮水泥。

（2）混凝土

① 结构加固用的混凝土，其强度等级应比原结构、构件提高一级，且不得低于 C20 级。

② 结构加固用的混凝土，允许使用商品混凝土，但其所掺的粉煤灰应是 I 级灰，且其烧失量不应大于 5%。

③ 当结构加固工程选用聚合物混凝土、微膨胀混凝土、钢纤维混凝土、合成短纤维混凝土或喷射混凝土时，应在施工前进行试配，经检验其性能符合设计要求后方可使用。

1）骨料

配制结构加固用的混凝土，其骨料的品种和质量应符合下列要求：

① 粗骨料应选用坚硬、耐久性好的碎石或卵石。其最大粒径：对现场拌合混凝土，不宜大于 20mm；对喷射混凝土，不宜大于 12mm；对短纤维混凝土，不宜大于 10mm；粗骨料的质量应符合现行行业标准《普通混凝土用卵石和碎石质量标准及检验方法》JGJ 53 的规定；不得使用含有活性二氧化硅石料制成的粗骨料。

② 细骨料应选用中、粗砂；对喷射混凝土，其细度模数尚不宜小于 2.5；细骨料的质量应符合现行行业标准《普通混凝土用砂质量标准及检验方法》JGJ 52 的规定。

2）水

混凝土拌合用水应采用饮用水或水质符合现行行业标准《混凝土拌合用水标准》JGJ 63 规定的天然洁净水。不得使用铝粉作为混凝土的膨胀剂。

3）外加剂

普通混凝土中掺用的外加剂（不包括阻锈剂），其质量及应用技术应符合现行国家标准《混凝土外加剂》GB 8076 及《混凝土外加剂应用技术规范》GB 50119 的要求。

结构加固用的混凝土不得使用含有氯化物或亚硝酸盐的外加剂；上部结构加固用的混凝土还不得使用膨胀剂。必要时，应使用减缩剂。

现场搅拌的混凝土中，不得掺入粉煤灰。当采用掺有粉煤灰的预拌混凝土时，其粉煤灰应为 I 级灰，且烧失量不应大于 5%。混凝土检验机构出具的粉煤灰烧失量检验报告。

（3）钢材及焊接材料

1）混凝土结构加固用的钢筋，其品种、质量和性能应符合下列要求：

① 应优先选用 HRB335 级热轧带肋钢筋或 HPB235 级（Q235 级）的热轧钢筋；当有工程经验时，尚允许使用 HRB400 级或 RRB400 级的热轧带肋钢筋；

② 钢筋的质量应分别符合现行国家标准《钢筋混凝土用热轧带肋钢筋》GB 1499、《钢筋混凝土用热轧光圆钢筋》GB 13013 和《钢筋混凝土用余热处理钢筋》GB 13014 规定；

③ 钢筋的性能设计值应按现行国家标准《混凝土结构设计规范》GB 50010 的规定；

④ 不得使用无出厂合格证、无标志或未经进场检验的钢筋以及再生钢筋。

2）混凝土结构加固用钢板、型钢、扁钢和钢管，其品种、质量和性能应符合下列要求：

① 应采用Q235级（3号钢）或Q345级（16Mn钢）钢材；对重要结构的焊接构件，若采用Q235级钢，应选用Q235-B级钢；

② 钢材质量应分别符合现行国家标准《碳素结构钢》GB/T 700和《低合金高强结构钢》GB/T 1591的规定；

③ 钢材的性能设计值应按现行国家标准《钢结构设计规范》GB 50017的规定采用；

④ 不得使用无出厂合格证、无标志或未经进场检验的钢材。

3）当混凝土结构锚固件为植筋时，应使用热轧带肋钢筋，不得使用光圆钢筋。植筋用的钢筋，其质量应符合《混凝土结构加固设计规范》GB 50367—2006第4.3.1条的规定。

当锚固件为钢螺杆时，应采用全螺纹的螺杆，不得采用锚入部位无螺纹的螺杆。螺杆的钢材等级应为Q345级或Q235级；其质量应分别符合现行国家标准《低合金高强结构钢》GB/T 1591和《碳素结构钢》GB/T 700的规定。

当承重结构的锚固件为锚栓时，其钢材的性能指标必须符合表4-5或表4-6的规定。

碳素钢及合金钢锚栓的钢材抗拉性能指标　　表4-5

性能等级		4.8	5.8	6.8	8.8
锚栓钢材性能指标	抗拉强度标准值 f_{uk}(MPa)	400	500	600	800
	屈服强度标准值 f_{yk}或 $f_{s,0.2k}$(MPa)	320	400	480	640
	伸长率 δ_5(%)	14	10	8	12

注：性能等级4.8表示 $f_{stk}=400$MPa；$f_{yk}/f_{stk}=0.8$。

不锈钢锚栓（奥氏体A1、A2、A4、A5）的钢材性能指标　　表4-6

性能等级		50	70	80
螺纹公称直径 d(mm)		≤39	≤24	≤24
锚栓钢材性能指标	抗拉强度标准值 f_{uk}(MPa)	500	700	800
	屈服强度标准值 f_{yk}或 $f_{s,0.2k}$(MPa)	210	450	600
	伸长值 δ(mm)	0.6d	0.4d	0.3d

4）混凝土结构加固用的焊接材料，其型号和质量应符合下列要求：

① 焊条型号应与被焊接钢材的强度相适应；

② 焊条的质量应符合现行国家标准《碳钢焊条》GB 5117和《低合金钢焊条》GB 5118的规定；

③ 焊接工艺应符合现行行业标准《钢筋焊接及验收规程》JGJ 18或《建筑钢结构焊接规程》JGJ 81的规定；

④ 焊缝连接的设计原则及计算指标应符合现行国家标准《钢结构设计规范》GB 50017的规定。

5）对有抗震设防要求的框架结构，其纵向受力钢筋强度检验实测值应符合现行国家标准《混凝土结构工程施工质量验收规范》GB 50204的规定。

对受力钢筋，在任何情况下，均不得采用再生钢筋和钢号不明的钢筋。

（4）预应力加固用钢材及机具

1）预应力加固专用的钢材符合现行国家标准《钢筋混凝土用余热处理钢筋》GB 13014、《预应力混凝土用钢丝》GB/T 5223、《预应力混凝土用钢绞线》GB/T 5224 和《碳素结构钢》GB 700、《低合金强度钢》GB 1591 等的规定。

2）千斤顶张拉用的锚具、夹具和连接器等应符合现行国家标准《预应力筋用锚具、夹具和连接器》GB/T 14370 等的规定。

3）绕丝用的钢丝符合现行国家标准《一般用途低碳钢丝》GB/T 343 的规定，关于"退火钢丝"的抗拉强度最低值不应低于 490MPa。

注：若直径 4mm 退火钢丝供应有困难，允许采用低碳冷拔钢丝在现场退火。但退火后的钢丝抗拉强度值应控制在 490～540MPa 之间。

4）结构加固用的钢丝绳网片符合现行国家标准《不锈钢丝绳》GB 9944 和行业标准《航空用钢丝绳》YB 5197 等的规定。

制作网片的钢丝绳，其公称强度不应低于现行国家标准《混凝土结构加固设计规范》GB 50367 的规定值。

注：单股钢丝绳也称钢绞线，但不得擅自将 6×7＋IWS 金属股芯不松散钢丝绳改称为钢绞线。若施工图上所写名称不符合本规范规定，应要求设计单位和生产厂家书面更正，否则不得付诸施工。

结构加固用的钢丝绳网片，其经绳与纬绳的品种、规格、数量、位置以及相应的连接方法应符合设计要求，其连接质量应牢固，无松弛、错位。

（5）纤维和纤维复合材

1）生产纤维增强复合材料（以下简称纤维复合材）用的纤维应为连续纤维，其品种和性能应符合下列要求：

① 承重结构加固用的碳纤维，必须选用聚丙烯腈基（PAN 基）12k 或 12k 以下的小丝束纤维，严禁使用大丝束纤维；

② 承重结构加固用的玻璃纤维，必须选用高强度的 S 玻璃纤维或含碱量低于 0.8％的 E 玻璃纤维，严禁使用 A 玻璃纤维或 C 玻璃纤维；

③ 纤维（复丝浸胶后）的主要力学性能必须符合《混凝土结构加固设计规范》GB 50367—2006 附录 C 表 C.0.1 的规定。

2）结构加固用的纤维复合材必须采用连续纤维与改性环氧树脂胶粘剂复合而成。其安全性及适配性应符合表 4-7 或表 4-8。

碳纤维复合材安全性及适配性检验合格指标　　表 4-7

类别 / 项目	单向织物(布)		条形板	
	高强度Ⅰ级	高强度Ⅱ级	高强度Ⅰ级	高强度Ⅱ级
抗拉强度标准值 $f_{f,k}$(MPa)	≥3400	≥3000	≥2400	≥2000
受拉弹性模量 E_f(MPa)	≥2.4×10^5	≥2.1×10^5	≥1.6×10^5	≥1.4×10^5
伸长率(％)	≥1.7	≥1.5	≥1.7	≥1.5
弯曲强度 f_{fb}(MPa)	≥700	≥600	—	—
层间剪切强度(MPa)	≥45	≥35	≥50	≥40

续表

类　别 / 项　目	单向织物(布)		条形板	
	高强度 Ⅰ级	高强度 Ⅱ级	高强度 Ⅰ级	高强度 Ⅱ级
仰贴条件下纤维复合材与混凝土正拉粘结强度(MPa)	≥max{2.5, f_{tk}}，且为混凝土内聚破坏			
纤维体积含量(%)	—	—	≥65	≥55
单位面积质量(g/m^2)	200、250、300	200、250、300	—	—

注：1. 表中 f_{tk} 为原构件混凝土的抗拉强度标准值，按现行国家标准《混凝土结构设计规范》GB 50010 的规定采用。

2. L 形板的安全性及适配性检验合格指标按高强度Ⅱ级条形预成型板（条形板）采用。

玻璃纤维单向织物复合材安全性及适配性检验合格指标　　表 4-8

项目 / 类别	抗拉强度标准值(MPa)	受拉弹性模量(MPa)	伸长率(%)	弯曲强度(MPa)	仰贴条件下纤维复合材-混凝土粘结正拉强度(MPa)	单位面积质量(g/m^2)	层间剪切强度(MPa)
S 玻璃	≥2200	≥1.0×10^5	≥3.2	≥600	≥max{2.5, f_{tk}}，且为混凝土内聚破坏	300～450	≥40
E 玻璃	≥1500	≥7.2×10^4	≥2.8	≥500		300～450	≥35

3）对符合安全性及适配性检验要求的纤维织物复合材或板材，当它与其他改性环氧树脂胶粘剂配套使用时，必须按下列项目重新做适配性检验。

① 抗拉强度标准值；

② 仰贴条件下纤维复合材与混凝土正拉粘结强度；

③ 层间剪切强度。

4）纤维复合材的安全性及适配性检验指标的测定方法应符合下列规定：

① 抗拉强度、受拉弹性模量及伸长率，采用现行国家标准《定向纤维增强塑料拉伸性能试验方法》GB/T 3354 进行测定；

② 抗弯强度，采用现行国家标准《单向纤维增强塑料弯曲性能试验方法》GB/T 3356 进行测定；

③ 层间剪切强度，采用《混凝土结构加固设计规范》GB 50367—2006 附录 D 进行测定。

④ 仰贴条件下纤维复合材与混凝土正拉粘结强度，采用《混凝土结构加固设计规范》GB 50367—2006 附录 E 的有关规定进行测定；

⑤ 纤维体积含量，采用现行国家标准《碳纤维增强塑料纤维体积含量试验方法》GB/T 3366 进行测定；

⑥ 纤维织物单位面积质量，采用现行国家标准《增强制品试验方法第 3 部分：单位面积质量的测定》GB/T 9914.3 进行测定。

5）当进行材料性能检验和加固设计时，纤维复合材截面面积的计算应符合下列规定：

① 纤维织物应按纤维的净截面面积计算。净截面面积取纤维织物的计算厚度乘以宽度。纤维织物的计算厚度应按其单位面积质量除以纤维密度确定。

② 单向纤维预成型板应按不扣除树脂体积的板截面面积计算，即应按实测的板厚乘以宽度计算。

注：纤维密度应由厂商提供，并应出具独立检验或鉴定机构的抽样检测证明文件。

6）承重结构的现场粘贴加固，严禁使用单位面积质量大于 300g/m² 的碳纤维织物或预浸法生产的碳纤维织物。

7）纤维织物和纤维预成型板的尺寸偏差应符合表 4-9 规定。

纤维材料尺寸偏差允许值 **表 4-9**

检验项目	纤维织物	纤维预成型板	检验项目	纤维织物	纤维预成型板
长度偏差(%)	±1.5	±1.0	厚度偏差(mm)	—	±0.05
宽度偏差(%)	±0.5	±0.5			

（6）结构加固用胶粘剂

1）承重结构用的胶粘剂，按其基本性能分为 A 级胶和 B 级胶；对重要结构、悬挑构件、承受动力作用的结构、构件，应采用 A 级胶；对一般结构可采用 A 级胶或 B 级胶。

承重结构用的胶粘剂，安全性检验，其实测的粘接抗剪强度标准值应根据置信水平 C=0.90、保证率为 0.95 的要求，按《混凝土结构加固设计规范》GB 50367—2006 第 3.2.3 条计算确定。

2）浸渍、粘接纤维复合材的胶粘剂必须采用专门配制的改性环氧树脂胶粘剂，其安全性检验指标应符合表 4-10 规定。承重结构加固工程中不得使用不饱和聚酯树脂、醇酸树脂等做浸渍、粘接胶粘剂。

碳纤维复合材浸渍/粘接用胶粘剂安全性检验合格指标 **表 4-10**

性能项目		性能要求		试验方法标准
		A 级胶	B 级胶	
胶体性能	抗拉强度(MPa)	≥40	≥30	GB/T 2568
	受拉弹性模量(MPa)	≥2500	≥1500	
	伸长率(%)	≥1.5		
	抗弯强度(MPa)	≥50	≥40	GB/T 2570
		且不得呈脆性(碎裂状)破坏		
	抗压强度(MPa)	≥70		GB/T 2569
粘接能力	钢-钢拉伸抗剪强度标准值(MPa)	≥14	≥10	GB/T 7124
	钢-钢不均匀扯离强度(kN/m)	≥20	≥15(—)	GJB 94
	与混凝土的正拉粘结强度(MPa)	≥max{2.5, f_{tk}}，且为混凝土内聚破坏		GB 50367—2006 附录 F
不挥发物含量(固体含量)(%)		≥99		GB/T 2793

注：1 表中括号（—）表示 B 级胶不用于粘贴预成型板；
2 表中的性能指标，除标有强度标准值外，均为平均值；
3 表中 f_{tk} 为被加固构件混凝土的抗拉强度标准值，应按现行设计国家标准《混凝土结构设计规范》GB 50010 的规定采用；
4 当预成型板为仰面或立面粘贴时，其所使用胶粘剂的下垂度（40℃时）不应大于 3mm。

3）底胶与修补胶应与浸渍、粘接胶粘剂相适配，其性能应分别符合表 4-11 和表 4-12 的要求。

底胶的主要性能指标　　表 4-11

性能项目	性能要求		试验方法标准
钢-钢拉伸抗剪强度标准值(MPa)	当与 A 级胶匹配：≥14	当与 B 级胶匹配：≥10	GB/T 7124
与混凝土的正拉粘结强度(MPa)	≥max{2.5, f_{tk}}，且为混凝土内聚破坏		GB 50367—2006 附录 F
不挥发物含量(固体含量)(%)	≥99		GB/T 2793
混合后初黏度(23℃时)(MPa·s)	≤6000		GB/T 12007.4

修补胶的主要性能指标　　表 4-12

性能项目	性能要求	试验方法标准
胶体抗拉强度(MPa)	≥30	GB/T 2568
胶体抗弯强度(MPa)	≥40 且不得呈脆性(碎裂状)破坏	GB/T 2570
与混凝土的正拉粘结强度(MPa)	≥max{2.5, f_{tk}}，且为混凝土内聚破坏	GB 50367—2006 附录 F

注：1. 表中的性能指标均为平均值。
2. 粘贴纤维和混凝土的胶粘剂按其工艺的不同分为两种类型：一类由配套的底涂、修补胶和浸渍、胶粘剂组成；另一类为免底涂，且浸渍、粘接与修补兼用的单一胶粘剂；可根据工程需要任选一种类型，但厂商应出具免底涂胶粘剂的证书，使用单位应留档备查。

4）粘贴钢板或外粘型钢的胶粘剂必须采用专门配制的改性环氧树脂胶粘剂，其安全性检验指标符合表 4-13 规定。

粘钢及外粘型钢用胶粘剂安全性检验合格指标　　表 4-13

性能项目		性能要求		试验方法标准
		A 级胶	B 级胶	
胶体性能	抗拉强度(MPa)	≥30	≥25	GB/T 2568
	受拉弹性模量(MPa)	≥4.0×10^3	≥3.0×10^3	
	伸长率(%)	≥1.3		
	抗弯强度(MPa)	≥45	≥35	GB/T 2570
		且不得呈脆性(碎裂状)破坏		
	抗压强度(MPa)	≥65		GB/T 2569
粘接能力	钢-钢拉伸抗剪强度标准值(MPa)	≥15	≥12	GB/T 7124
	钢-钢不均匀扯离强度(kN/m)	≥16	≥12	GJB 94
	钢-钢粘接抗拉强度(MPa)	≥33	≥25	GB/T 6329
	与混凝土的正拉粘结强度(MPa)	≥max{2.5, f_{tk}}，且为混凝土内聚破坏		GB 50367—2006 附录 F
不挥发物含量(固体含量)(%)		≥99		GB/T 2793

5）种植锚固件的胶粘剂，必须采用专门配制的改性环氧树脂胶粘剂或改性乙烯基酯类胶粘剂（包括改性氨基甲酸酯胶粘剂），其安全性检验指标符合表 4-14 规定。

种植锚固件的胶粘剂，其填料必须在工厂制胶时添加，严禁在施工现场掺入。

锚固用胶粘剂安全性检验合格指标　　　　表 4-14

<table>
<tr><th colspan="3" rowspan="2">性能项目</th><th colspan="2">性能要求</th><th rowspan="2">试验方法标准</th></tr>
<tr><th>A级胶</th><th>B级胶</th></tr>
<tr><td rowspan="3">胶体性能</td><td colspan="2">劈裂抗拉强度(MPa)</td><td>≥8.5</td><td>≥7.0</td><td>GB 50367—2006 附录 G</td></tr>
<tr><td colspan="2">抗弯强度(MPa)</td><td>≥50</td><td>≥40</td><td>GB/T 2570(注 3)</td></tr>
<tr><td colspan="2">抗压强度(MPa)</td><td colspan="2">≥60</td><td>GB/T 2569</td></tr>
<tr><td rowspan="3">粘接能力</td><td colspan="2">钢-钢(钢套筒法)拉伸抗剪强度标准值(MPa)</td><td>≥16</td><td>≥13</td><td>GB 50367—2006 附录 J</td></tr>
<tr><td rowspan="2">约束拉拔条件下带肋钢筋与混凝土的粘结强度</td><td>C30
$\phi 25$
$l=175$mm</td><td>≥11.0</td><td>≥8.5</td><td rowspan="2">GB 50367—2006 附录 K</td></tr>
<tr><td>C60
$\phi 25$
$l=175$mm</td><td>≥17.0</td><td>≥14.0</td></tr>
<tr><td colspan="3">不挥发物含量(固体含量)(%)</td><td colspan="2">≥99</td><td>GB/T 2793</td></tr>
</table>

注：1. 表中各项性能指标，除标有强度标准值外，均为平均值；
2. 当按现行国家标准《树脂浇注体弯曲性能试验方法》GB/T 2570 进行胶体抗弯强度试验时，其试件厚度 h 应改为 8mm。

6）钢筋混凝土承重结构加固用的胶粘剂

① 钢-钢粘接抗剪性能必须经湿热老化检验合格。湿热老化检验应在50℃温度和98%相对湿度的环境条件下按《混凝土结构加固设计规范》GB 50367 附录 L 规定的方法进行；老化时间：重要构件不得少于 90d；一般构件不得少于 60d。经湿热老化后的试件，应在常温条件下进行钢-钢拉伸抗剪试验，其强度降低的百分率（%）应符合下列要求：

a. 对 A 级胶不得大于 10%；

b. 对 B 级胶不得大于 15%。

② 混凝土结构加固用的胶粘剂必须通过毒性检验。对完全固化的胶粘剂，其检验结果应符合实际无毒卫生等级的要求。

③ 在承重结构用的胶粘剂中严禁使用乙二胺作改性环氧树脂固化剂；严禁掺加挥发性有害溶剂和非反应性稀释剂。

④ 寒冷地区加固混凝土结构使用的胶粘剂，应具有耐冻融性能试验合格的证书。冻融环境温度应为－25～35℃（允许偏差－0℃；＋2℃）；循环次数应不应少于 50 次；每一次循环时间为 8h，试验结束后，试件在常温条件下测得的强度降低百分率不应大于 5%。

7）加固工程中，严禁使用下列结构胶粘剂产品：

① 过期或出厂日期不明；

② 包装破损、批号涂毁或中文标志、产品使用说明书为复印件；

③ 掺有挥发性溶剂或非反应性稀释剂；

④ 固化剂主成分不明或固化剂主成分为乙二胺；

⑤ 游离甲醛含量超标；

⑥ 以“植筋-粘钢两用胶”命名。

注：过期胶粘剂不得以厂家出具的"质量保证书"为依据而擅自延长其使用期限。

（7）混凝土裂缝修补材料

1）混凝土裂缝修补胶应符合现行国家标准《混凝土结构加固设计规范》GB 50367 及《建筑结构加固工程质量验收规范》GB 50550—2010 的要求，见表 4-15。

裂缝修补胶（注射剂）基本性能指标　　表 4-15

检验项目		性能或质量指标	试验方法标准
钢-钢拉伸抗剪强度标准值(MPa)		≥10	GB/T 7124
胶体性能	抗拉强度(MPa)	≥20	GB/T 2568
	受拉弹性模量(MPa)	≥1500	GB/T 2568
	抗压强度(MPa)	≥50	GB/T 2569
	抗弯强度(MPa)	≥30，且不得呈脆性(碎裂状)破坏	GB/T 2570
不挥发物含量(固体含量)		≥99%	GB/T 14683
可灌注性		在产品使用说明书规定的压力下能注入宽度为 0.1mm 的裂缝	现场试灌注固化后取芯样检查

注：当修补仅为封闭裂缝，而不涉及补强、防渗的要求时，可不做灌注性检验。

2）混凝土裂缝修补用注浆料的基本性能指标符合表 4-16 的规定。

修补裂缝用聚合物水泥注浆料基本性能指标　　表 4-16

检验项目		性能或质量指标	试验方法标准
浆体性能	劈裂抗拉强度(MPa)	≥5	GB 50367—2006 附录 G
	抗压强度(MPa)	≥40	GB/T 2569
	抗折强度(MPa)	≥10	GB 50367—2006 附录 H
注浆料与混凝土的正拉粘接强度(MPa)		≥2.5，且为混凝土破坏	GB 50367—2006 附录 F

4.6.6 增层改造工程中常用的施工方法

（1）植筋施工

1）植筋施工流程：定位→钻孔→清孔→钢筋除锈→锚固胶配制→植筋→固化、保护→检验。

2）定位：按设计要求标示植筋钻孔位置、型号，但若基材上存在受力钢筋，钻孔位置可适当调整（宜在 $4d$ 范围内），但均宜植在箍筋内侧（对梁、柱）或分布筋内侧（对板、剪力墙）。

3）钻孔：钻孔宜采用冲击电锤，也可用水钻成孔，如遇不可切断钢筋应调整孔位避开，对于高效结构胶，钻孔直径 $d+(4\sim8)$mm，锚固长度 $20d$，均能保证所植钢筋达到屈服直至拔断。钻孔孔壁宜保持干燥，但孔壁轻微潮湿（孔内无积水）对锚固力基本没有影响。在钻孔过程中，若遇到钻孔部位钢筋太密而无法按设计要求位置钻孔时，可在其附近钻一附加孔洞，植入钢筋，原钢筋仍按正确位置放置（即搁在正确钻孔部位上）。如果偏移距离≤35mm，则可在其间焊接长为 $5d$ 的适当规格的连系筋，把两者联系在一起，使其受力转移。焊接采用双面焊，每隔 600mm 焊一个连系筋。当偏移距离＞35mm 时，则可采用"L"连系筋将其连系在一起并且转移受力，采用双面焊，每间隔 800 设一道。

4）清孔：钻孔完毕，孔内粉尘用压缩空气将孔内粉屑吹出，然后用毛刷将孔壁刷净（宜反复进行 2 次），然后检查孔深、孔径，处理完毕，用丝棉将洞口塞紧，避免水流入孔内或其他杂物落入其中，保持孔洞干燥。

5）钢筋除锈：钢筋锚固长度范围的铁锈应清除干净（新钢筋的青色外皮建议也清除），并打磨出金属光泽。采用角磨机和钢丝轮片清除速度较快。植筋锚固长度为 $20d$，预留长度应能满足设计要求的搭接长度，视具体情况而定，且相邻两根错开 $35d$。钢筋加工完毕，应进行除锈处理。普通没有严重锈蚀的钢筋，应用钢丝刷将埋植部分的浮锈清刷干净，严重锈蚀的钢筋不能作为植筋使用。若钢筋粘有油污，应用丙酮进行清洗。

6）胶粘剂配制：可采用桶装成品胶或散装植筋胶。散装结构胶为 A、B 两组分，取洁净容器（塑料或金属盆，不得有油污、水、杂质）和称重衡器按说明书配合比混合，并用搅拌器搅拌约 5～10min 至色泽均匀（金属灰色）为止。搅拌时最好沿同一方向搅拌，尽量避免混入空气形成气泡。

7）植筋：若采用桶装植筋胶，则采用专用胶枪将植筋胶缓慢均匀的注入植筋孔内，注胶量约为孔洞深度的 1/3。若采用散装植筋胶，将配置的锚固胶手撮成条放入孔内，若孔较深可用细钢筋轻微捣实，锚固胶填充量以插入钢筋后有少量料剂溢出为宜。该锚固胶不流淌，水平孔、倒垂孔也可轻松植筋。将经过除锈处理的钢筋插入灌有结构胶的孔内，并旋转钢筋，反复的插入拔出，将孔壁残存的灰尘搅入结构胶内，直至附在钢筋上的结构胶表面不带有灰尘。将钢筋扶正固定，在胶固化前不能扰动钢筋，以免影响锚固效果。

8）结构胶在常温、低温下均可良好固化，若固化温度 25℃左右，48h 即可负载使用。若固化温度 5℃左右，72h 可负载使用。植筋后 12h 内不得扰动钢筋，若有较大扰动宜重新植筋。

9）植筋的时间要求：结构胶初凝时间很快，从拌胶到植筋完毕整个工序应在 30min 内完成，植筋完成 24h 后即可进行下道工序施工。结构胶初凝结硬后，不可再用于植筋。

10）检验：植筋完成后按《混凝土结构后锚固技术规程》JGJ 145—2004 要求抽检进行拉拔试验。

11）施工注意事项

① 结构胶应有出厂合格证，并在有效期内使用。

② 结构胶的配比一定要准确合理。

③ 每层试验植筋，由质检单位进行抗拉拔试验，合格后方可全面展开施工。

④ 对于原结构钢筋较密的植筋部位，在钻孔过程中应探明构件钢筋，将其避开进行钻孔，不能切断原构件的主筋。

⑤ 无论用哪种方法钻孔，孔内部必须清理干净，有水和粉尘将会影响锚固。

⑥ 植筋用的钢筋必须选用螺纹钢，并保证表面洁净，无严重锈蚀、油渍。钢筋应有足够的长度以便于植筋、检测及搭接。

⑦ 钻孔的孔径和深度应符合设计要求。

⑧ 应采用硬塑毛刷、压缩空气进行清孔，不宜用水冲洗。

⑨ 在雨天植筋时，钻孔、清孔、植筋应连续进行，并采取相应措施保证孔壁干燥、洁净。否则应暂停施工。

⑩ 注射器的混合管应伸入孔底开始注胶，边注射边提升，保证植筋胶均匀分布。混

合管不够长时应使用延长管。注胶量应以插入钢筋后少许溢出为准。

⑪ 植筋完毕后，应保证植入的钢筋在植筋胶固化前不受外力影响。植筋完成后 24h，方可进行钢筋搭接及钢筋网绑扎。

（2）新旧混凝土结合面处理

1）新旧混凝土结合面施工处理

旧混凝土表面的装饰层、抹灰层均应铲除，当旧混凝土质量较好时，应根据对粘结强度的需要将结合面进行凿糙处理，露出石子，或进行一般刷糙处理。当旧混凝土面层已软化、风化、变质或严重破坏时，一般应尽量将其彻底消除，直至坚实层为止。

浇筑混凝土前，在旧混凝土结合面上涂刷水泥净浆、掺有水性胶粘剂或铝粉（为水泥重的 0.5/1000～2/1000）水泥净浆或抹一层高强度等级水泥砂浆，均能大大提高新、旧混凝土的粘结强度，并增强结合面的抗渗能力。

2）新混凝土的水灰比和坍落度要求

新浇的混凝土强度愈高，水灰比和坍落度愈小，则结合面粘结力就愈大，因此，新浇混凝土宜采用流动性低、水灰比小、强度高的混凝土。如果新浇混凝土厚度较大，可考虑在结合面附近浇一层流动速度低、水灰比小、强度高的混凝土作为过渡层。

3）振捣密实

加固层厚度一般不厚，钢筋较密，振捣比较困难，尤其新混凝土在旧混凝土下部的水平方向，振捣最困难，粘结效果最差，必要时配以喇叭浇捣口，使用膨胀水泥等措施，仔细振捣，使之密实。

4）加强养护

浇筑 12h 内就开始养护，养护期为 14d。如果养护不及时、早期脱水、过早受振动等影响，将降低粘结强度、严重时还会造成结合面开裂。

（3）墙钢筋网砂浆面层加固法

1）凿除原粉刷层至原砖墙墙面；

2）清底、钻孔并用清水冲刷（先清除松散部分砌筑砂浆，1∶2 水泥砂浆抹平）。钻孔时，应标出穿墙筋位置，并用电钻打孔，孔直径为锚筋直径的 2.5 倍，锚筋插入孔洞后，用 1∶2 水泥砂浆高压填实。

3）孔内干燥后植入锚筋或拉结筋，并铺设钢筋网（竖向钢筋靠墙并用钢筋头支起）。

4）浇水润湿墙面，抹 M15 水泥砂浆并养护 14d（先在墙面刷素水泥浆一道再分层抹灰，每层厚度不超过 15mm）。墙体水泥砂浆施工优先采用喷射施工，喷射前应调整砂浆流动性，以保证砂浆上墙后与墙体能够较好的粘接。如果采用人工抹水泥砂浆时，应先在墙面刷水泥一道，再分层抹灰，每层厚度不超过 15mm。层面应浇水养护，防止阳光暴晒。

5）面层砂浆为水泥砂浆，砂浆面层厚度 35mm，钢筋外保护层厚度不小于 10mm，钢筋网片与墙面空隙不小于 5mm。

6）钢筋网片宜采用直径 $\phi4$ 冷拔钢筋，网格尺寸一般为 150mm×150mm。双层钢筋网片应采用 $\phi6$ 穿墙拉接筋连接，梅花布置，间距为 900mm。

7）钢筋网片四周锚入 QL（圈梁）或 GZ（构造柱），每根钢筋焊在对应的锚筋上。

8）当钢筋遇有门窗洞口时，将两侧钢筋在洞口闭合。

9）恢复粉刷装饰层。

（4）裂缝灌浆法

1）裂缝灌浆施流程：搭设施工工作平台→确认灌浆裂缝→构件裂缝混凝土表面处理→调配灌浆嘴底座胶粘剂→粘贴灌浆嘴→封闭裂缝表面→密封效果检查→配制灌浆材料→灌浆→结束封口→效果检验→清除灌浆嘴。

2）搭设施工平台：用脚手架等搭设施工平台，确保施工平台稳固、安全、实用。

3）裂缝的检查及标注：裂缝灌浆前，必须查清裂缝发生的部位及裂缝宽度、长度、深度和贯穿情况，并了解裂缝含水及渗漏情况，并做好记录和标志，以便做好各项准备工作。

4）裂缝清理及表面处理：对需处理的裂缝，将裂缝表面两侧 3～4cm 范围内的灰尘、浮浆用手铲、铁锤、钢刷、毛刷依次处理干净，视情况，用吹风机把裂缝中的杂质吹去，如遇裂缝部位不够干燥，采用喷灯烘干，将构件表面整平，凿除突出部分，然后清除裂缝周围的污渍，清洗时注意不要将裂缝堵塞。如有必要，视情况沿裂缝开“V”形槽，同样要清理干净“V”形槽至无浮尘、无松动颗粒和无污渍。

5）标定灌浆点位：用钢卷尺沿裂缝走向测量并标定灌浆点位，根据裂缝走向、缝宽等具体情况，确定灌浆点位间距为 15～40cm。

6）埋设灌浆嘴：根据裂缝宽度、大小、长度埋设灌浆嘴，间距一般为 15～40cm，宽缝疏布置、微细缝密布置，深缝宜密布置，浅缝宜疏布置，在裂缝交叉处、较宽处、端部及裂缝贯穿处应布置，采用无损贴嘴法对准且骑缝粘贴在预定位置，并用胶粘剂固定灌浆嘴。灌浆嘴必须对准缝隙保证导流畅通，灌浆嘴应粘贴牢靠。同时把灌浆嘴底盘四周封闭。一条裂缝上必须设有进浆嘴、排气嘴、出浆嘴。

7）裂缝封闭：封缝表面封闭是为防止浆液外漏，保证灌浆压力，使浆液在压力作用下能渗入裂缝深部，以保证灌浆质量。为使混凝土缝隙完全充满浆液，并保持压力，同时又保证浆液不大量外渗，必须对已处理过的裂缝表面（除孔眼及灌胶底座外）用环氧浆基液沿裂缝走向从上而下或从一端到另一端均匀涂刷，先沿缝两侧约 50mm 清洗，用环氧基液沿缝走向骑缝均匀涂刷，然后用高分子改性化学胶泥封闭。注意避免出现气泡，封缝是灌浆成功的关键，裂缝封闭工序应细心。

8）检查封缝效果：裂缝封闭后养护一段时间且待封缝胶泥有一定强度后，进行压气试漏，检查封缝和灌胶底座密闭效果，漏气处应予修补密封至不漏为止。

9）配制浆液：化学灌浆材料为双组分材料，先配制好主剂和固化剂，按照不同浆材的配比配制浆液，浆液一次配制数量，根据每次灌浆施工估算用浆量，据此估算需配制的浆液量，应根据凝固时间及进浆速度确定。

10）灌浆：待封缝胶泥固化并有一定强度后，将浆液用手动灌浆泵从灌浆嘴灌入裂缝中。灌浆是整个化学灌浆处理裂缝的中心环节，需待一切准备工作完成后再进行。灌浆操作程序如下：

① 灌浆前对整个灌浆系统进行全面检查，在灌浆机具运转正常，管路畅通情况下，方可灌浆。

② 灌浆时应采取由里到外、从下至上，或裂缝一端至另一端，或从两头向中间逐步封闭，直到下一个排气嘴出浆时立即关闭灌浆泵的转芯阀，以保证浆液充满裂缝。

③ 灌浆时将调好的主剂和固化剂两种浆材，按一定比例混合后用灌浆机注入灌浆嘴，灌浆时遵循少量多次的原则，灌浆压力初始用0.2MPa，应由小至大逐渐增加，不宜骤然加压，压力控制在0.3～0.5MPa，注意保压、稳压和充填饱满，有的细微裂缝灌浆压力可适当增大，达到规定压力后稳压，保证浆液的渗透和灌浆效果。

④ 灌浆结束标志为吸浆率小于0.1L/min，再恒压5～10min方可结束灌浆。

⑤ 灌浆压力、灌浆量情况，在灌浆压力原则上先小后大，逐步加压，灌浆量以起压情况控制。

⑥ 根据灌浆压力、灌浆量情况，在灌浆过程中适当调整灌浆参数、改变浆液稀稠程度及类型。

⑦ 灌浆结束后，立即拆除管道并清洗干净。密切观测进浆的速度和进浆量，直至整条裂缝都充满浆液为止。

11）封口结束：待浆液完全固化硬结后，拆下灌浆嘴，用胶泥或水泥浆液将灌浆嘴处封口抹平。

12）检查：灌浆结束后，检查补强质量和效果，发现缺陷及时进行灌浆补救，确保工程质量。

13）施工注意事项

① 灌浆机械检查：灌浆机具、器具及管线在灌浆前应进行检查，运行正常时方可使用。接通管路，打开灌浆嘴上阀门，用压缩空气将裂缝通道吹干净。

② 材料选择：选择合理、有效的灌浆材料，是工程质量保证的首要条件，本工程选用的化学灌浆材料，完全能满足本工程桥梁裂缝补强的要求。

③ 现场根据需修复加固部位面积大小，确定采用单孔浆或分区多孔灌浆。

④ 裂缝表面必须处理干净，以保证灌浆嘴粘贴牢固及封缝密实。

⑤ 灌浆嘴的间距应布置合理，以保证补强的每条裂缝内灌入的浆液饱满，灌浆嘴的粘贴应牢固可靠。

⑥ 待封缝的胶泥应具有一定强度后，并经检查确认密封效果良好，方可进行灌浆施工。

⑦ 浆液配制要有专人负责，以减少人为误差，保证原材料配比准确，浆液搅拌均匀；应控制好灌浆压力和灌浆量，确保裂缝内浆液充填饱满，灌浆结束的标准为浆液外溢或压力骤变，然后在较高压力条件下稳压3～5min。

⑧ 保证足够的灌浆量、灌浆时间，保持较高的灌浆压力，以实现浆液在钢筋混凝土中扩散、充填、压密；为保证浆液的渗透性和灌浆效果，一定做好稳压工作，并且随裂缝不同部位的灌浆情况，调整灌浆压力。

⑨ 灌浆时应待下一个排气嘴出浆时立即关闭转芯阀，如此顺序进行。灌浆压力应逐渐升高，防止骤然加压，达到规定压力后，应保持压力稳定，以满足灌浆要求。

⑩ 灌浆停止是在高灌浆压力条件下吸浆率较小，再继续压注几分钟即可停止灌浆。

⑪ 灌浆结束后，应检查修复效果和质量，发现缺陷及时补救，确保工程质量。

⑫ 修复加固部位应保证不受现场施工用水或雨水的淋湿。

（5）粘贴钢板加固法

1）施工工艺流程：搭设施工工作平台→粘钢区域混凝土表面处理→钻孔植埋螺栓→

粘贴钢带现场配套打孔与扁钢带粘贴面表面处理→配制环氧胶砂粘贴扁钢带→加压固定→固化检验→扁钢带表面防腐处理。

2）搭设施工平台：用脚手架等搭设施工平台，确保施工平台稳固、安全、实用。

3）粘钢区域混凝土表面处理：按设计图纸要求并结合现场测定位情况，在粘钢加固补强表面放出粘钢位置大样，先凿除粘钢区域表面6～8mm厚的表层砂浆，使坚实的混凝土外露，并形成平整的粗糙面，表面不平处用尖凿轻凿整平，再用钢丝轮清除表面浮浆，剔除表层疏松物，最后用无油压缩空气吹除表面粉尘或清水冲洗干净，待完全干燥后用脱脂棉沾工业丙酮擦拭表面。

4）钻孔植埋螺栓：依照设计图纸，放出需钻孔的位置，钻孔植埋全螺纹螺杆，其距粘贴钢板端部的距离控制在5～10cm之间，植埋螺杆钻孔打盲孔前，用钢筋混凝土保护层测试仪查明混凝土钢筋布置，然后钻孔，避免钻孔打盲孔时碰及钢筋，盲孔孔径和孔深严格按设计要求施工。

5）粘贴钢带现场配套打孔与钢板粘贴面表面处理：依据现场实际放样进行粘贴钢板下料，并据现场植埋的螺杆，先对待粘贴的钢板的扁钢带进行配套打孔，然后对钢板的粘贴面用磨光砂轮机或钢丝刷磨机进行除锈和粗糙处理，打磨粗糙度越大越好，打磨纹路与钢板受力方向垂直，最后用脱脂棉沾工业丙酮将扁钢带粘贴面擦拭干净。

6）配制环氧胶砂粘贴钢板；先用工业丙酮清洗处理粘钢区域混凝土表面和扁钢带粘贴面，再在混凝土表面和扁钢带粘贴面涂抹一层薄而均匀的环氧树脂结构胶，胶层厚度在2～4mm，然后将扁钢带贴合上。

7）压固定：当埋植螺杆并将钢板贴合上后，加垫片，紧固螺母，交替拧紧加压螺杆，以使多余的胶砂沿板缝挤出，达到密贴程度，加压固定的压力不小于0.15MPa，同时要不断轻轻敲打扁钢带，及时检查扁钢带下环氧胶砂的饱和性。加固用钢板条尽量采用通长布置，若下料长度小于最大粘贴钢板长度，应用两条钢板对接焊成整体，焊接施工必须在打孔前完成，要求焊接断面强度不低于钢材本身强度，同一条钢板最多允许有一个焊接面，打孔位置距离焊点不小于10cm。

8）检验：完成粘贴扁钢带24h后，用小锤轻轻敲击粘贴扁钢，判断粘贴固化效果，若发现钢带粘贴固化面积小于90%，则此粘贴扁钢带无效，应剥下重新粘贴。

9）钢带表面防腐处理：经检验确认钢板粘贴固化密实效果可靠后，清除钢板表面污垢和锈斑，钢板表面除锈。

（6）碳纤维加固法

1）工艺流程：定位放线→基层处理（混凝土面层处理）→找平处理→涂刷底层树脂→粘贴碳纤维片材→涂刷面料→固化养护→竣工验收。

2）定位放线：按设计要求在需粘贴碳纤维布部位放线，放线宽度应在粘碳投影面外围加宽20mm，这样在用丙酮或酒精擦拭混凝土面时，便可减少对粘贴面的污染。

3）基层面处理

① 用电锤将原混凝土面层剔除（如有抹灰层，亦应剔除），露出原混凝土基层，用角磨机打磨混凝土表面浮浆层，打磨宽度为每边比片材宽度多1～2cm，去除表面水泥灰浆直至露出混凝土坚实层，粗糙程度越大越好。用压缩空气机除去灰尘，粘贴前用棉丝蘸丙酮或酒精刷拭表面除去浮尘及油污。

② 转角处曲面半径：梁边、墙角直角处用角磨机进行倒角处理，转角的曲面半径 R 不小于 20mm，以保证碳纤维在转角处的圆滑过渡，并不会损伤碳纤维丝。

③ 表面处理完之后，用压缩空气机将粉尘完全吹净。

4）涂刷底层树脂：用滚筒刷将底层树脂均匀涂抹于混凝土表面。待树脂表面指触干燥时即进行下一步工序施工。

5）找平处理：配制找平材料，找平胶与固化剂的重量比为 4∶1，充分搅拌至颜色完全均匀。打底胶每平方米使用量为 0.2kg 左右。混凝土表面若有局部凹凸不平往往造成碳纤维粘结不良，用修复材料修补至平缓。待修复材料表面指触干燥时即可进行下一步工序施工。

6）粘贴片材；按设计要求的尺寸裁剪片材，需注意的是，碳纤维布裁剪应沿着纤维丝的方向（由其受力方式决定），且裁剪后的碳布不可折叠以避免损伤纤维丝，而应小心的卷起。配制浸渍树脂并均匀涂抹于所要粘贴的部位。按照放线的位置沿纤维方向粘贴片材。用罗拉沿纤维方向多次滚压，挤出气泡并使浸渍树脂充分浸透碳纤维布。滚压时不准损伤片材。

此外，粘贴施工中常发生以下问题，按如下方法处理：

① 转角部位（如梁、柱）粘贴时容易发生粘结不牢、纤维布浮起现象，此时应增加浸渍树脂的用量；

② 降雨时的雨水、刮风时的沙尘容易附着时，应使用苫布及时遮盖加以保护；

③ 施工中出现结露现象时，应采取用干燥的布擦拭等应急措施。

7）固化养护：为减少雨水、砂、灰尘等对施工质量造成的不利影响，在粘贴完碳纤维后应加强成品的养护措施，并根据环境温度的不同确定养护周期的长短。环境温度在 20℃以上时，初期硬化养护时间约 1d，养护 1 周后方可进行施工质量检测；环境温度在 10～20℃时，初期硬化养护时间约 1～2d，养护 1～2 周后方可进行施工质量检测；环境温度在 10℃以下时，初期硬化养护时间约 2d，养护 2 周后方可进行施工质量检测。粘贴后初期硬化期内，不允许对片材进行锤击、移动或高温处理。

8）竣工验收：施工过程中，施工班组随时进行自检；完工后，首先由质检员进行初验，然后请甲方、监理方根据《碳纤维片材加固混凝土结构技术规程》CECS 146 的要求进行验收。

（7）喷射混凝土加固法

1）施工准备

① 施工场地布置（原材料堆放 机具 配管布置等）。

② 脚手架搭设，施工安全用于喷射混凝土作业的台架必须牢固可靠，并设置安全护栏。

③ 环保措施：喷射作业区有良好的通风和有效的降低粉尘量措施。

2）施工工艺及具体操作方法

① 根据设计要求准备各种原材料。

② 对砌体结构表面清除装饰层，对受侵蚀砌体或疏松灰缝进行局部拆除，修复，将灰缝剔除 5～10mm。

③ 按图纸施工先钻孔锚固钢筋。

④ 安装钢筋网片。钢筋绑扎，严格按设计图纸进行。

⑤ 在安装好的钢筋网片中，每平方米设置 3～4 个厚度点。

⑥ 喷射混凝土前应支设边框模板，边框模板应牢固。

⑦ 安装喷射混凝土各种机械设备（空压机设备、混凝土喷射机），喷射混凝土前应对空压机、喷射机进行试运转，经检验运转正常后，应对混凝土拌合料输送管道进行送风试验、对水管进行通水试验，不得出现漏风、漏水情况。

⑧ 根据施工现场情况，对非喷射区加防护设备，做好护、包、盖、封防护，对于喷射混凝土在门窗留洞处设置模板，以免下道工序剔凿混凝土。

⑨ 喷射作业前，用高压加水清除墙面浮尘，在进行喷混凝土作业，作业时，高压机风量应不小于 $9m^3/min$，气压 0.2～0.5MPa，喷头水压不小于 0.15MPa，喷射间距控制在 0.6～1m，应和墙面尽量保持垂直，以保证喷射强度，喷射厚度应为设计墙厚减 20mm（20mm 为预留下道工序，人工抹灰找平厚度，平整度控制在±20mm）。

3）注意事项

① 采用符合质量要求的外加剂，掺外加剂后的喷射混凝土性能必须满足设计要求；在使用速凝剂前，应做与水泥的相容性试验及水泥净浆凝结效果试验，初凝不应大于 5min，终凝不应大于 10min。

② 应控制喷射混凝土作业的回弹率，墙面不宜大于 20%。落地的回弹料宜及时收集并打碎，防止结块。回弹料应过筛分类，其粒径满足有关规程要求的可再利用，已污染的回弹料不得再用于结构加固。

③ 根据气温情况，可适当采用墙面洒水养护。

④ 喷射后的墙面需人工找平后一次轧光成活，达到初装修的标准。

4）喷射混凝土的养护

① 喷射混凝土厚度达到设计要求后，应刮抹修平，且在混凝土初凝后及时进行。修平时不得扰动新鲜混凝土的内部结构及其与基层的粘结。

② 待最后一层混凝土终凝 2h 后，应淋水养护，养护时间不应少于 14d。

③ 当气温低于+5℃时，不宜喷水养护，应采取保水养护。

5）检查

① 检查喷射混凝土厚度，施工时可用测针、预埋短钢筋，还可以支测模板加以控制。喷射施工结束后 8h 以内，可用电钻、风钻钻孔检查喷射混凝土的加固层厚度，若发现喷层厚度不够，应及时补喷。喷射混凝土加固层厚度的允许偏差值+8mm 或－5mm。

② 喷射混凝土强度的检验，抗压强度是喷射混凝土的主要性能指标，质量检查时一般只要求做抗压强度试验。按《混凝土结构工程施工质量验收规范》GB 50204—2002 中对混凝土强度检查的规定。

6）工程验收

① 采用喷射混凝土加固修复的工程应按分项工程验收。

②加固修复工程验收时应核查的技术文件和资料如下：

a. 原材料出厂（场）合格证，材料复检试验报告。

b. 喷射混凝土强度和外观尺寸等的检查和试验报告。

c. 隐蔽工程检查验收记录。

d. 喷射混凝土加固修复工程的施工记录。

e. 变更设计的文件和记录。

f. 工程重大问题处理文件。

g. 加固结构的竣工图。

h. 对设计要求进行监控量测的工程项目，验收时同时提交相应的报告。

（8）梁、柱增大截面加固

1）施工工艺流程

增大截面原构件表面处理→卸载→钢筋绑扎、焊接→支模板→浇筑→拆模、清理→养护。

2）增大截面原构件表面处理

应将原构件混凝土存在的缺陷清理至密实部位，并将表面凿毛或打成沟槽，沟槽深度不宜小于6mm，间距不宜大于箍筋间距，被包混凝土棱角应打掉，同时应除去浮渣、尘土。原有混凝土表面应冲洗干净，浇注混凝土前，原混凝土结合面应以水泥浆或其他界面剂进行处理。当设计要求新增加的钢筋需与原钢筋焊接时，应将原结构构件剔凿出主筋或箍筋。

3）卸载

卸载施工工艺具体见卸载施工方案。

4）钢筋绑扎、焊接

按设计要求的钢筋的品种、规格、间距、数量绑扎钢筋，当新增钢筋需要与原混凝土构件连接时应采用植筋的办法，提前24h将钢筋植好，然后采用焊接接头接长。受力钢筋搭接接头的焊接长度，单面焊接不小于$10d$，双面焊接不小于$5d$（d为钢筋直径）。

对原有和新设受力钢筋应进行除锈处理；如在受力钢筋上施焊，则施焊前应采取卸荷或支撑措施，并应逐根分区分段分层进行焊接，以减少焊接热影响区对钢筋的影响。钢筋绑扎完毕后应请现场监理或建设单位代表检查验收，合格后方可进行下道工序施工。

5）支模板

模板采用选用竹模板。模板的支搭应牢固，密不漏浆。符合《混凝土结构工程施工质量验收规范》GB 50204—2002的要求。

6）浇筑

浇筑前应将模板内的垃圾、泥土等杂物及钢筋上的油污清除干净，并检查钢筋的水泥砂浆垫块是否垫好。如使用木模板时应浇水使模板湿润。柱子模板的扫除口应在清除杂物及积水后再封闭。

按要求采用搅拌机械拌制加固型混凝土，严格控制用水量，待达到较好流易性为止。拌好后应及时送到浇筑地点。采用专用工具灌入模板内。浇筑过程中应随时检查模板情况，发现问题及时处理。

7）拆模、清理

当浇筑的加固型混凝土达到拆模要求的设计强度后，可以拆除模板。模板拆除过程中应注意对新浇筑的混凝土的棱角的保护，拆除过程中应注意安全。模板拆除完毕后，应对结构楼层进行全面清理。

8）养护

灌注完毕后，应采取必要的加热或保温措施，同时应根据现场同条件制作，同条件养护的试块的实际强度决定拆模时间，以保证新增梁的强度能够进行下道工序施工。

4.6.7 增层工程中地基基础加固处理方法

（1）锚杆静压桩

1）主要材料

① 锚杆植筋采用植筋胶，植筋深度不小于 $15d$。

② 锚杆桩采用钢筋混凝土预制桩，或钢管桩。

2）工艺流程（图 4-39）

定位放线→开凿桩孔→清理桩孔→植入锚杆→桩机就位→吊桩插桩→桩身对中调直→静压沉桩→接桩→再静压沉桩→送桩→施加预应力（或进入下步施工）→封桩。

3）主要施工工艺

① 压桩孔

先在被托换的基础上标出压桩孔和锚杆的位置。桩位孔和锚杆孔的开凿使用电动机械进行施工。压桩孔形状应满足设计要求，以利于基础承受剪力，然后埋设锚杆，锚杆埋深为 12 倍锚杆螺栓直径，用结构胶作胶粘剂。

② 压桩

a. 压桩施工前应对现场的土层地质情况了解清楚，同时应做好设备的检查工作，保证使用可靠。

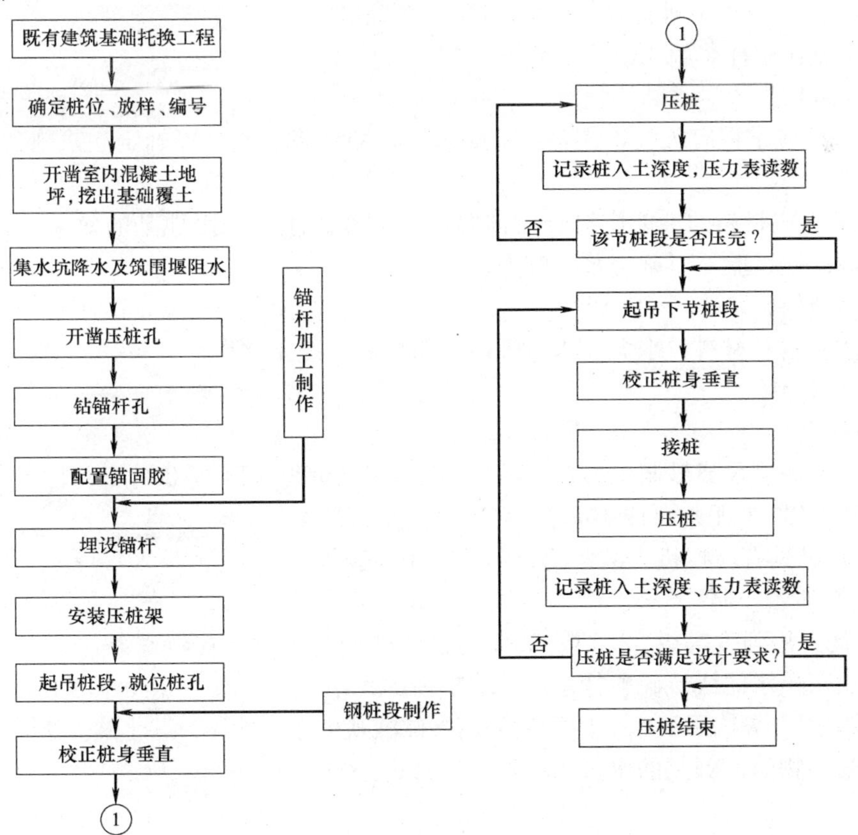

图 4-39 锚杆静压桩施工流程框图

b. 压桩架要保持垂直，应均衡拧紧锚固螺栓的螺母，桩段就位必须保持垂直，使千斤顶与桩轴线保持在同一垂直线上，在压桩施工过程中，应随时保持轴心受压，若有偏移要及时调整。

c. 压桩时采用电动千斤顶。压桩施工应对称进行，防止基础受力不平衡。压桩时必须使千斤顶与桩段轴线保持垂直，千斤顶与桩顶间应设置钢板垫块。

d. 桩段长度为 1.5～2.5m，采用混凝土桩时桩接头采用硫磺胶泥接桩或预埋角钢焊接接桩，采用钢管桩时采用焊接接桩，上下接桩时必须使上下桩面对齐，防止桩面错位。

e. 接桩时，应保证上、下节桩的轴线一致，并尽可能地缩短接桩时间，要求准备工作充分，工序配合紧密；接桩时应将上、下节对准，保证接头接触面受力均匀。

f. 压桩时不宜中途停歇，否则会因间歇时间过长使压桩阻力增大，难以施工。压桩力达到设计的最终压桩力。

g. 量测压力等仪表应注意保养，及时检修和定期标定，以减少量测误差。

h. 压桩施工的标准以设计最终压桩力为主，桩入土深度为辅加以控制，若出现异常情况应会同有关方分清原因妥善处理。

③ 封桩

a. 当桩压到设计的最终压桩力后，必要时应带应力封桩（封装应力根据基础上部荷载情况确定），浇灌微膨胀早强混凝土。待封桩混凝土满足强度要求后卸除。

b. 如桩顶未压到设计位置，对外露的桩头必须进行切除。

c. 基础锚杆用 $\phi16$ 钢筋对角交叉焊接。

（2）地基压密注浆施工

1）技术准备

a. 施工前应掌握有关技术文件，并应通过现场注浆试验，以确定注浆施工技术参数、检测要求等。

b. 浆液组成材料的性能应符合设计要求，为确保注浆加固地基的效果，施工前应进行室内浆液配比试验，以确定浆液配方。

2）主要材料

水泥注浆地基材料：水泥、水、细砂、粉煤灰、黏土浆等。

3）主要机具

① 钻孔机

压浆泵：泥浆泵或砂浆泵。常用的有 BW-250/50 型、TBW-200/40 型、TBW-250/40 型、NSB-100/30 型泥浆泵或 100/15（C-232）型砂浆泵等。

② 配套机具有搅拌机、灌浆管、阀门、压力表等。

4）材料质量控制

① 水泥：用强度等级 32.5 或 42.5 的普通硅酸盐水泥；在特殊条件下亦可使用矿渣水泥、火山灰质水泥或抗硫酸盐水泥，要求新鲜无结块。

② 水：用一般饮用淡水，但不应采用含硫酸盐大于 0.1%、氯化钠大于 0.5%以及含过量糖、悬浮物质、碱类的水。

5）施工工艺

① 水泥注浆地基工艺流程：

钻孔→下注浆管、套管→填砂→拔套管→封口→边注浆边拔注浆管→封孔。

② 注浆孔布置，为保证质量要求进行跳点注浆。

③ 垂直孔孔斜误差不大于1%，初凝时间一般控制在30min以上。

④ 插管过程中如发现砖块等障碍物，孔位可移动0.2m重插。

⑤ 注浆顺序原则上先注四周，后注中间，插管到底，由深至浅注浆，每拔管0.4m注一次浆。

6）注浆方案

① 要求按压密注浆孔位、孔深、有效注浆段及压密注浆地基加固孔位平面布置图布设及施工。

② 对注浆孔可先用钻机按设计注浆孔位打孔，后插入注浆管，用振动器将注浆管逐节振至设计深度，垂直孔孔斜率误差不大于1%。

③ 采用符合配合比参数的浆，由深而浅逐段连续压浆，每次提管高度为0.4m。

④ 严格按配合比配制浆液，并及时通过注浆泵向注浆孔内压浆。

水泥浆搅拌时间要求大于90s。

注浆压力为0.35MPa。

注浆速度：注浆速度20～25L/min。

⑤ 注浆采用一次加密法，即先注1、3、5，后注2、4、6间隔，发现冒浆，用水玻璃封堵，待应力消失后，继续注浆。孔口冒浆，立即封堵，防止浆液流失。

⑥ 施工中必须做好各项报表记录，做到及时全面真实反映施工原始数据。

参考文献

[1] 黄兴棣. 建筑物鉴定加固与增层改造［M］. 北京：中国建筑工业出版社. 2008

[2] 唐业清. 建筑物移位纠倾与增层改造［M］. 北京：中国建筑工业出版社. 2008

[3] 徐志钧，易亚东，李景. 建（构）筑物移位纠倾增层改造加固实用手册［M］. 机械工业出版社. 2008

第5章　建筑物加固改造技术

5.1　建筑物加固改造概况

建筑物的检测鉴定与加固改造是一门古老而新兴的学科，建设工程是一个古老又传统的专业，然而对建筑物的鉴定和加固是一个新兴的领域。我国近年来大规模的建设工程，每年新建建筑面积约20亿m^2，同时还有大量的既有建筑物，据统计我国既有建筑物面积约600亿m^2，经过多年的使用后，近200亿m^2的建筑物需要进行检测、鉴定与加固、改造。由于经济的快速发展和既有建筑物的增多，政府也重视既有建筑物使用期间的安全性，2005年原建设部就开展了建筑物全寿命周期质量安全管理制度的研究课题，以及大型公共建筑质量安全管理的研究课题。自2008年汶川地震后，全国开展了中小学、幼儿园校舍的抗震鉴定与加固改造，在三年内完成了加固改造的设计与施工。大城市为提高城市抗灾能力，也对老旧建筑物开展了抗震和安全性鉴定与综合加固改造工程，北京市从2011年5月开始对既有房屋进行定期的安全评估工作，重点针对大型公共建筑。随后国家机关和部队对老旧住宅和医院进行了大规模的检测鉴定与加固改造工程。

5.1.1　建筑物加固改造的需求及工作流程

建筑物是一次性产品，在使用期间可能由于各种原因，需要进行加固改造。①原设计标准低，不能满足现在的要求；②设计失误或施工质量差需要加固处理；③使用功能改变或要求提高；④灾害影响，如使用期间发生水灾、火灾、爆炸、飓风、地震、撞击等灾害，对建筑物造成影响；⑤环境影响，工业厂房等周围存在有害介质，有机材料本身有老化现象，沿海的建筑物氯离子侵蚀，建筑物附近有深基坑开挖设计、施工不当，地铁施工、高速公路施工以及邻近建筑物地基施工过大的振动等影响；⑥建筑物到了设计基准期还需要继续使用，需要进行检测、鉴定和加固等。

工作流程：检测→鉴定→加固改造设计→加固改造施工→工程验收。

5.1.2　鉴定与加固改造的相关标准

我国现已制定的建筑物检测方面的标准、规范有几十本，比较全面、系统检测的规范为2004年12月开始实行的《建筑结构检测技术标准》GB/T 50344—2004，关于混凝土抗压强度的检测、评定规范，有混凝土回弹法、超声回弹综合法、取芯法、拉拔法，剪压法、后锚固法等。新编制和修编的规范有《砌体工程现场检测技术标准》GB/T 50315—2011，《钢结构现场检测技术标准》GB/T 50621—2010，建筑物裂缝和变形检测可采用《建筑变形测量规范》JGJ 8—2007。

建筑物鉴定规范有《危险房屋鉴定标准》JGJ 125—1999，主要是各地房管系统的房屋安全鉴定部门使用；《工业建筑可靠性鉴定标准》GB 50144—2008，《民用建筑可靠性鉴定标准》GB 50292—1999，两标准主要是对工业和民用建筑物的安全性和适用性进行评定；如果需要对建筑物的耐久性进行评定，可依据《混凝土结构耐久性评定标准》CECS 220：2007；此外还有《建筑抗震鉴定标准》GB 50023—2009，《火灾后建筑结构鉴定标准》CECS 252：2009 等，对建筑物的抗灾害性能进行鉴定。

加固、改造规范最先出现的规范是 1990 年的《混凝土结构加固技术规范》CECS 25：90，该规范已修编为国家标准《混凝土结构加固设计规范》GB 50367—2006，已经于 2006 年 11 月 1 日开始实施。到目前已有的加固规范还有《砌体结构加固设计规范》GB 50702、《钢结构加固技术规范》(CECS 77：1996)，《古建筑木结构维护与加固技术规范》GB 50165，《碳纤维片材加固混凝土结构技术规程》CECS 146：2003。《混凝土结构后锚固技术规程》JGJ 145，《建筑结构加固工程施工质量验收规范》GB 50550、《工程结构加固材料安全性鉴定技术规范》GB 50728，《镇（乡）村建筑抗震技术规程》JGJ 161—2008，《建筑震后应急评估与修复技术规程》编制中；

我国是个多地震的国家，87％的行政区域属于地震区，在 1976 年 7 月 28 日唐山大地震前的建筑物没有考虑抗震设防，因此老建筑物的抗震性能可参见《建筑抗震加固技术规程》(JGJ 116—2009) 进行加固。对于建筑物的地基基础不满足要求时，可采用《既有建筑地基基础加固技术规范》JGJ 123—2000 进行处理，此外还有《民用建筑修缮工程查勘与设计规程》JGJ 117—1998，对于建筑物需要加层改造、出现过大的倾斜变形、根据城市规划的要求需要移位等，可采用《砖混结构房屋加层技术规范》CECS 78：1996 和由中国工程建设标准化协会编制的《建筑物移位纠倾增层改造技术规范》CECS 225：2007，《灾损建（构）筑物处理技术规范》CECS 269：2010，《房屋裂缝检测与处理技术规程》CECS 293：2011 等。

5.2 检测与鉴定

5.2.1 既有建筑物改造加固前的检测与鉴定

既有建筑物改造加固前需要全面了解原建筑结构的安全与抗震性能，才能提出有的放矢的加固方案和针对改造带来的结构安全与抗震性能问题应采取的有效措施，这就是我们通常所说建筑结构安全与抗震鉴定。为了搞好建筑结构安全与抗震鉴定，需要了解结构的现状缺陷、损伤和结构材料强度、截面尺寸、配筋等结构参数，这就是我们通常所说的结构检测。

既有建筑结构改造前的结构检测属于掌握结构现状损伤、施工质量和结构性能参数的环节，只有切实掌握了需要改造的建筑结构的实际情况，才能做出恰当的结构安全与抗震性能的分析、找出存在的问题和薄弱环节，给出结构改造的可行性及其需要加固的范围等。

(1) 既有建筑物改造加固前检测与鉴定的目的

了解所检测鉴定房屋建筑现状质量与损伤是既有建筑物改造加固前的基础工作之一。既有建筑使用了一段时间，其设计和建造中的施工质量问题会暴露出来，比如因结构设计与使用功能不相适应造成构件承载力不足或引起正常使用的变形过大等；地基不均匀沉降、结构变形和构件开裂等；还有可能出现使用超载引起构件开裂等损伤。所以，调查建筑结构现状质量、变形与损伤和分析产生构件变形与损伤的原因，才能在建筑结构安全与抗震鉴定中考虑损伤的影响，才能做出符合实际的鉴定结论，为建筑结构改造与加固提供符合实际的计算参数和加固处理方案的依据。

既有建筑结构检测鉴定的目的决定了结构检测的范围、内容、项目及检测抽样方案。对于既有建筑结构检测可区分为局部、专项与整体等。局部是指需要检测的部位，包括结构工程的若干构件、楼层，对于建筑结构的楼板或地下室墙体裂缝检测以及若干构件、楼层的构件材料强度检测等均属于这一类；专项则是结构检测的一个项目，是相对于结构全面检测而言的。比如火灾受损程度及其影响范围的检测、钢筋保护层厚度的检测等。

（2）建筑物的初步调查与检查

在深入进行建筑结构检测鉴定之前，到需要对所检测鉴定的建筑物进行初步调查与检查。对既有建筑结构检测鉴定初步调查与检查应包括建筑物使用条件、使用环境和工作现状。应采取收集图纸资料及施工资料和现场查看的方法进行。现场查看则可进一步了解结构的现状质量与损伤，有无地基不均匀沉降、结构损伤及损伤的部位、程度，结构有无进行过改造，使用功能有无改变以及结构现状与竣工图的差异等。

（3）结构现场检测

1）抽样，《建筑结构检测技术标准》GB/T 50344—2004 给出了结构连接构造的检测，选择对结构安全影响大的部件进行抽样。在实际工程中，相同结构构件所在的楼层及其位置不同对结构整体安全与性能的贡献也是有差异的。而且还应根据结构的现状缺陷，区分重点检测区域和一般检测区域。即使是对既有建筑的安全性鉴定，其检测也应区分重点楼层和主要受力构件等，对于重点楼层和主要抗侧力构件可采取加严抽样方案，对于一般楼层和次要受力构件可采用一般的抽样方案，对于非结构构件则也可采用放宽的抽样方案等。

2）选择合适的检测方法，建筑结构检测方法选择的这些原则是相辅相成、互相联系、缺一不可的。如建筑结构检测的目的决定是全面检测还是局部或专项检测，不同检测目的决定着检测项目的多少；而建筑结构的质量状况又与建筑结构检测的目的和项目选择相联系；对建筑结构质量缺陷较为突出的楼层（或部位）的构件其检测项目可能会较现状良好的楼层要多，还会直接影响整个建筑结构检测项目的确定。

不同的检测项目采用不同的检测方法。就同一检测项目中有多种方法可供选择时，应根据建筑结构状况和现场条件选择相适应的方法。

在实际检测中，对每个检测项目都要严格按照相应检测方法标准的抽样数量实施，不能随意减少抽样数量。所检项目的抽样数量与标准给出结果推定方法是相配套的；与推定结果直接相连的。也就是说不按相关检测标准的抽样数量去检测，则很难保证检测结果的正确性。

（4）建筑结构安全与抗震鉴定

1）既有建筑结构安全、可靠性鉴定与抗震性能评定依据的标准

建筑结构安全与抗震能力评定依据的标准，根据建筑结构的建造年代和建筑结构安全等级与建筑抗震重要性类别等来决定。可分为以下几种情况：

① 对于新建工程的结构质量不满足施工质量验收规范的要求，需要进行建筑工程结构的安全鉴定与抗震能力评定，以确认该工程是否满足设计规范的最低安全要求的，以现行的设计规范为标准。即对于按 2010、2011 版的现行规范设计的建筑工程，其结构安全

性评价应采用现行的设计规范，包括相应规范的荷载、地震作用取值和结构构件承载力验算及构造措施的要求等。

② 对于既有建筑工程结构进行安全检测鉴定与可靠性鉴定（不包括抗震鉴定）以《工业建筑可靠性鉴定标准》GB 50144、《民用建筑可靠性鉴定标准》GB 50292 等现行鉴定标准为准。

③ 对于在抗震设防区的建筑结构抗震能力的鉴定，根据建筑的建造年代和今后使用年限，按《建筑抗震鉴定标准》GB 50023—2009 相应的类别进行鉴定。

2）重视建筑结构布置和结构体系的检查

尽管建筑工程的损伤原因较为复杂，但归根结底不外乎建筑材料选择不当、设计考虑欠缺、施工质量存在问题以及周围环境的影响等。在建筑工程出现损伤后的鉴定中，建筑结构的设计复核是其中的一个环节。建筑结构的设计复核应根据结构损伤的状况进行结构布置、结构体系、构造措施和构件承载能力（包括抗震承载能力）的鉴定。对于结构布置和结构体系以及构造措施的鉴定，主要是依据该建筑工程建造年代所采用的设计规范进行，对于不符合相关设计要求，除指出外，还应和构件承载能力验算结果一起，综合评价引起结构损伤的原因和对结构整体安全性的影响。

3）建筑结构承载力验算

结构承载力（含抗震承载力）验算应注意选用的标准，作为对建筑结构安全的评价以相应建造年代的标准、规范为依据。其基本原则可概况为以下几点：

① 验算采用的结构分析方法，符合相应建造年代的国家设计规范或鉴定标准；

②验算使用的计算模型，符合其实际受力与构造情况；

③ 结构上的作用，经调查或检测核实；

④ 结构构件上作用的组合、作用的分项系数及组合值系数，按相应的国家标准《建筑结构荷载规范》GB 50009、《建筑抗震设计规范》GB 50011 及其他相关规范的规定执行；当结构受到温度、变形等作用，且对其承载力有显著影响时，应计入由此产生的附加内力；

⑤ 材料强度的标准值，原设计文件有效，且不怀疑结构有严重的性能劣化或者发生设计、施工偏差的，可采用原设计的标准值；调查表示实际情况不符合上款要求的，应进行现场检测；

⑥ 结构或构件的几何参数应采用实测值，并应计入锈蚀、腐蚀、风化、局部缺陷或缺损以及施工偏差等的影响。

4）建筑工程抗震能力的综合评价

建筑工程的抗震性能是由结构布置、结构体系、构造措施和结构与构件抗震承载能力综合决定的。不能仅从结构构件承载能力是否满足要求这一个方面来衡量。结构布置的合理性能使结构构件的受力较为合理，在地震作用下减少扭转效应；结构体系的合理性不仅使结构分析模型的建立较为符合实际，而且使结构的传力明确、合理和不间断；结构和构件承载力应包括结构变形能力和构件承载能力，结构变形能力又分为“小震”作用下的弹性变形和“大震”作用下的弹塑性变形；结构构造与结构和构件的变形能力及结构破坏形态、整体抗震能力关系很大。对于抗震构造措施严于设计规范要求的，若仅个别构件的承载力不满足相应规范的要求，则应根据该层其他构件承载能力的情况和考虑内力重分布及相应的构造措施等进行综合评价。

5.2.2　使用条件环境和结构现状调查与抽样检测

(1) 既有建筑物改造加固前结构现状调查和抽样检测

1) 收集有关资料和查勘现场

结构检测鉴定单位接受委托方委托后在签订合同前应进行资料检查与现场查勘，这是确定检测项目、检验批划分和现场检测重点以及鉴定关注主要损伤等的基础环节。对出现损伤的建筑工程，现场查看，可以大体了解损伤的范围、严重程度，以便合理的制订检测鉴定方案。根据建筑工程损伤的情况、类型来确定检测鉴定应收集的有关资料，这些资料包括建筑结构设计竣工图和所需要的施工资料等。对于因改变建筑用途而造成的结构损伤，还应收集有关改变建筑用途等审批资料和有关设计资料等。当缺乏有关资料时，应向有关人员进行调查。

2) 既有建筑现状区分[2]

根据现场查勘，宜将既有建筑物的现状初步区分为良好、一般和较差三种状况。

3) 既有建筑改造检测鉴定分类

对既有建筑改造的检测鉴定，可依据资料提供情况、建筑物状况和建筑物功能的重要性分为三类：

Ⅰ类：1990 年及以后建造的、抗震设防类别为丙类建筑，能提供有效、完整的设计资料和施工资料，建筑物状况良好，使用功能与设计相符。

Ⅱ类：符合下列情况之一者：①1990 年及以后建造的、抗震设防类别为丙类建筑，能提供有效、完整的设计资料，建筑物状况良好，但使用功能与设计不相符；②1990 年及以后建造的、抗震设防类别为丙类建筑，能提供有效、完整的设计资料，建筑物的使用功能与设计相符，建筑物状况一般；③1990 年以前建造的、抗震设防类别为丙类的建筑，能提供有效、完整的设计资料，建筑物状况良好或一般，使用功能与设计相符。

Ⅲ类：符合下列情况之一者：①1990 年及以后建造的、抗震设防类别为丙类建筑，无有效设计资料或关键资料缺失；②1990 年及以后建造的、抗震设防类别为丙类建筑，虽有完整有效设计资料，但建筑物状况较差。③1990 年以前建造的、抗震设防类别为丙类的建筑，不能提供有效、完整的设计资料，或建筑物状况较差，或使用功能与设计不相符；④抗震设防类别为乙类建筑。

4) 不同现状和重要性类别的既有建筑物结构的检测基本要求

建筑物安全性检测鉴定与新建工程质量验收的性质不同，新建工程的质量验收应强调随机抽样，建筑物安全性检测鉴定应选取对结构安全影响较大的构件及其连接节点和损伤的部位进行抽样。当采用局部破损检测方法时，宜选择结构构件受力较小的部位，例如截取钢筋，不能从受弯构件弯矩比较大的部位取样，也不能从轴压比较大的柱、墙构件中取样等。在结构现场检测方案应体现结构资料与现状损伤的差异，不同现状和重要性类别的既有建筑物结构的检测基本要求也不同。

5) 不同现状和重要性类别的既有建筑物结构检测抽样

不同现状和重要性类别的既有建筑物结构检测抽样的具体要求。一般来讲既有建筑结构现场检测抽样应符合《建筑结构检测技术标准》GB/T 50344—2004 中 B 类的要求，当按《建筑结构检测技术标准》GB/T 50344—2004 的规定进行抽样检测时，应先统计各检测批的容量，根据检测类别确定样本最小容量，检测批的最小样本容量不宜小于表 5-1 的限定值。

建筑结构抽样检测的最小样本容量　　表 5-1

检测批的容量	检测类别和样本最小容量			检测批的容量	检测类别和样本最小容量		
	A	B	C		A	B	C
2～8	2	2	3	501～1200	32	80	125
9～15	2	3	5	1201～3200	50	125	200
16～25	3	5	8	3201～10000	80	200	315
26～50	5	8	13	10001～35000	125	315	500
51～90	5	13	20	35001～150000	200	500	800
91～150	8	20	32	150001～500000	315	800	1250
151～280	13	32	50	＞500000	500	1250	2000
281～500	20	50	80	—	—	—	—

注：检测类别 A 适用于一般施工质量的检测，检测类别 B 适用于结构质量或性能的检测，检测类别 C 适用于结构质量或性能的严格检测或复检。

6）结构强度检测检验批划分

不同现状和重要性类别的结构强度检测检验批划分应有所区别，由于既有建筑相邻楼层建造时间差异已不存在龄期的较大差异，可采用下列方法划分检验批：

Ⅰ类建筑物：强度等级相同的同类构件可作为一个检验批；Ⅱ类建筑物：第一层同类构件应作为一个检验批，第一层以上各层可将强度等级相同的相邻两层中同类构件作为一个检验批；Ⅲ类建筑物：每层的同类构件可作为一个检验批。

7）建筑结构体系与结构布置的检查与检测

建筑结构体系与结构布置、结构主要构件的检查与检测，可分为有、无施工图与施工图不全等情况，按下列规定区别对待：①有施工图的建筑物，应检查实际结构体系、布置、主要受力构件等与施工图相符合程度，核查结构布置或构件是否有变动，分析结构、构件与图纸不符合或变动的部分对结构安全性影响。②图纸不全的建筑物，除检查实际结构与已有图纸的符合程度外，应对缺少图纸部分的结构进行重点检查和检测。③对于没有施工图的建筑物，除通过现场检查确定结构类型、体系、布置外，要通过检测确定结构构件的类别、材料强度、构件几何尺寸、连接构造等，钢筋混凝土构件还要确定主筋与箍筋配置及钢筋保护层等；并宜在检查与检测的基础上绘制所缺少的主要结构布置图。

（2）既有建筑物改造加固前的使用条件和环境调查与检测

1）结构上的作用调查

既有建筑改造前的安全与抗震鉴定需要了解结构状况和作用条件与环境，其使用条件和环境的调查与检测应包括结构上的作用、建筑所处环境与使用历史情况等。对于结构上可变作用的调查，应根据建筑使用功能、装饰装修情况来确定，必要时应进行抽样检测。

2）建筑物的使用环境调查

建筑物的使用环境应包括周围的气象环境、地质环境、结构工作环境和灾害作用环境，环境类别和环境条件等级，建筑物所处的振动环境调查应查明振源的类型、频率范围及相关振动工程的概况；振源与被鉴定建筑物的地理位置、相对距离及场地地质情况；根据待测振动的振源特性、频率范围、幅值、动态范围、持续时间等进行振动测试；当确定振源对结构振动的影响时，应在振动出现的前后过程中，对上部结构构件的损伤进行跟踪观测和检查。

（3）建筑结构现状的调查与检测

建筑现状的调查与检测属于仔细进行结构检测的阶段，应包括地基基础、上部结构和围护结构三个部分。

1）地基基础现状调查与检测：①查阅岩土工程勘察报告以及有关图纸资料，调查建筑实际使用荷载、沉降量和沉降稳定情况、沉降差、上部结构倾斜、扭曲、裂缝，地下室和管线情况。当地基资料不足时，可根据建筑物上部结构是否存在地基不均匀沉降的反应进行评估；必要时，可对场地地基进行近位勘察或沉降观测。②基础的种类和材料性能，可通过查阅图纸资料确定；当资料不足且基础有损伤或虽然资料基本齐全但有怀疑时，可开挖检测，查明基础类型、尺寸、埋深；检验材料强度，并检测基础变位、开裂、腐蚀和损伤等情况。

2）上部结构现状调查与检测：①结构体系及其整体性的调查与检测，应包括结构平面布置、竖向和水平向承重构件布置、结构抗侧力作用体系（支撑系统）、抗侧力构件平面布置的对称性、竖向抗侧力构件的连续性、房屋有无错层、结构间的连系构造等；对砌体结构还应包括圈梁和构造柱体系。②结构构件及其连接的调查与检测，应包括材料强度、结构、构件几何参数、承载能力、稳定性、抗裂性、延性与刚度，预埋件、紧固件与构件连接，结构间的连系等；对混凝土结构还应包括短柱、深梁的承载性能；对砌体结构还应包括局部承压与局部尺寸；对钢结构还应包括构件的长细比等。③结构缺陷、损伤和腐蚀的调查与检测，应包括材料和施工缺陷，施工偏差，构件及其连接、节点的裂缝、损伤和腐蚀（包括钢筋和钢件的锈蚀、砌体块体和砂浆的酥碱、粉化，木材的腐朽等）。④结构位移和变形的调查与检测，应包括结构顶点和层间位移，受弯构件的挠度与侧弯，墙、柱的侧倾等。

3）结构与构件材料性能、几何尺寸、变形、缺陷和损伤调查与检测：①结构与构件材料性能检测，当图纸资料明确且无怀疑时，可采用设计资料给出的结果；当缺少资料或存在有怀疑问题时，应按《建筑结构检测技术标准》GB/T 50344 等有关检测标准的规定进行现场检测。②结构和构件几何尺寸的检测，当图纸资料完整时，可进行现场抽样复核；当缺少资料或存在有怀疑问题时，应按《建筑结构检测技术标准》GB/T 50344 等有关检测标准的规定进行现场检测。③结构与构件变形的检测，应在普查的基础上，对整体结构和其中有明显变形的构件，按《建筑变形测量规范》JGJ 8 进行检测。④对结构的缺陷、损伤和腐蚀应进行全面检测，测定缺陷、损伤和腐蚀部位、范围、程度和形态，并绘制其分布图。⑤当需要进行结构构件承载能力和结构动力特性测试时，应按《建筑结构检测技术标准》GB/T 50344 等有关检测标准的规定进行现场测试。

4）各类结构的检测重点：①混凝土结构和砌体结构检测时，应区分重点部位和一般部位，以结构的整体倾斜和局部外闪、构件酥裂、老化、构造连接损伤、结构、构件的材质与强度为主控检测项目。②钢结构和木结构检测时，应以构件及节点的变形和裂缝、构造连接的损伤及缺陷为主控检测项目，必要时应复验材料性能。

5）围护结构的现状检查：围护结构的现状检查，应在查阅资料和普查的基础上，针对不同围护结构的特点进行重要部件及其与主体结构连接的检测；必要时，尚应按现行有关围护系统设计、施工标准的要求进行抽样检测。

5.2.3　既有建筑混凝土结构检测

（1）混凝土强度检测方法

结构混凝土强度的现场检测可分为三种类型，一种称为局部破损法，它以在不严重影响结构构件承载能力的前提下，在结构构件上直接进行局部破坏试验或直接取样，将试验所得的值换算成特征强度，作为检测结果。属于半破损法的有钻芯法、拔出法、射钉法、剪压法、后锚固等。另一种称为非破损法，它以某些物理量与混凝土强度之间的相关性为基本依据，在不破坏结构混凝土的前提下，测出混凝土的某些物理特性，并按相关关系推算出混凝土的特征强度作为检测结果。属于非破损法的主要有回弹法、超声脉冲法、超声-回弹综合法、射线法等。第三种方法是局部破损法与非破损法的综合使用，可同时提高检测效率和检测精度，因而受到广泛重视。

（2）构件外观质量与裂缝检测

1）外观质量缺陷

混凝土构件制作时需要模板支撑等，待混凝土达到一定的强度时，拆除模板，混凝土开始受力，拆除模板后有时会发现蜂窝、麻面、孔洞、夹渣、露筋、裂缝、疏松区和不同时间浇筑的混凝土结合面质量差等外观质量缺陷。

混凝土构件外观缺陷，可采用目测、尺量与照片等方法检测，外观质量与缺陷检测数量，对于建筑结构工程质量检测时宜为全部构件。混凝土构件外观缺陷的评定方法，可按《混凝土结构工程施工质量验收规范》GB 50204 确定，分为一般缺陷和严重缺陷。

混凝土内部缺陷或浇筑不密实区域的检测，可采用超声法、冲击反射法等非破损方法，必要时可采用如钻心等局部破损法对非破损的检测结果进行验证。采用超声法检测混凝土内部缺陷时，参照《超声法检测混凝土缺陷技术规程》CECS 21：2000 的规定执行。

2）裂缝

混凝土结构易出现裂缝，宽度 0.05mm 以上的裂缝是人的眼睛可以看见的，裂缝检测是裂缝原因分析和危害性评定必不可少的最基本的调查，结构或构件裂缝的检测，应包括裂缝的位置、裂缝的形式、裂缝走向、长度、宽度、深度、数量、裂缝发生及开展的时间过程、裂缝是否稳定，裂缝内有无盐析、锈水等渗出物，裂缝表面的干湿度，裂缝周围材料的风化剥离情况等。裂缝的记录一般采用结构或构件的裂缝展开图和照片、录像等形式。

裂缝深度，可采用超声法检测或局部凿开检查，必要时可钻取芯样予以验证；裂缝长度采用尺量；裂缝宽度采用裂缝刻度放大镜、裂缝对比卡，裂缝宽度较大时，可采用塞尺等，同一条裂缝沿长度裂缝宽度是不同的，检测时应首先观测确定裂缝宽度最大的部位，量测裂缝的最大宽度。

裂缝的性质可分为稳定裂缝和活动裂缝两种，活动裂缝亦为发展的裂缝，对于仍在发展的裂缝应进行定期观测，在构件上作出标记，用裂缝宽度观测仪器如接触式引申仪、振弦式应变仪等记录其变化，或骑缝贴石膏饼，观测裂缝发展变化。

（3）钢筋配置与钢筋锈蚀检测

1）间距和保护层厚度

钢筋位置和保护层厚度采用磁感仪和雷达仪检测。磁感仪是应用电磁感应原理检测混凝土中钢筋间距、混凝土保护层厚度及直径的方法。雷达仪是通过发射和接收到的毫微秒级电磁波来检测混凝土中钢筋间距、混凝土保护层厚度的方法。

钢筋间距和保护层厚度的检测应根据构件配筋特点，确定检测区域内钢筋可能分布的状况，选择适当的检测面，检测面应清洁、平整，并应避开金属预埋件。一般情况下，板、墙类构件测量受力钢筋的间距和保护层厚度；梁、柱类构件测量箍筋的间距和主筋的保护层厚度。钢筋间距应测量至少 6 个值，保护层厚度数量为检测面的主筋数量。

非破损的方法检测保护层厚度存在误差，要提高检测精度，可采用在钢筋位置的表面少量钻孔、剔凿，直接量测保护层厚度对非破损测量结果进行修正，钻孔、剔凿的时候不得损坏钢筋，实测保护层厚度采用游标卡尺量测，量测精度为 0.1mm。

混凝土保护层厚度检测结果应记录检测部位、钢筋保护层设计值、钢筋公称直径、保护层厚度检测值、厚度平均值及验证值；钢筋间距检测结果应记录检测部位、设计配筋间距、检测值、验证值，并给出被测钢筋的最大间距、最小间距和平均钢筋间距。

2）钢筋直径

应采用以数字显示值的钢筋探测仪来检测钢筋公称直径，对于校准试件，钢筋探测仪对钢筋公称直径的检测误差应小于±1mm。当检测误差不能满足要求时，应以剔凿实测结果为准。建筑结构常用的钢筋外形有光圆钢筋和螺纹钢筋，钢筋直径是以 2mm 的差值递增的，螺纹钢筋以公称直径来表示，因此对于钢筋公称直径的检测，要求检测仪器的精度要高，如果误差超过 2mm 则失去了检测意义。由于钢筋探测仪容易受到邻近钢筋的干扰而导致检测误差的增大，因此当误差较大时，应以剔凿实测结果为准。

钢筋的公称直径检测应采用钢筋探测仪检测并结合钻孔、剔凿的方法进行，钢筋钻孔、剔凿的数量不应少于 30％的该规格已测钢筋且不应少于 3 处。钻孔、剔凿的时候不得损坏钢筋，实测采用游标卡尺量测，根据游标卡尺的测量结果，可通过相关的钢筋产品标准查出对应的钢筋公称直径。

3）钢筋锈蚀

混凝土结构中钢筋生锈需要有水和氧气与金属作用，都是电化学反应，钢筋锈蚀后，钢筋截面积减小，锈蚀产物体积膨胀 2～4 倍，使钢筋与混凝土的粘结力降低，锈蚀产生的膨胀力还会引起混凝土顺筋裂缝，严重时保护层剥落。

检测钢筋锈蚀的方法有剔凿法、取样法、自然电位法和综合分析判定法。

4）钢筋性能检测

结构构件中钢筋性能包括力学性能和化学成分分析等，力学性能有钢筋拉伸试验、冷弯试验，一般采用破损法，即凿开混凝土，截取钢筋试样，然后对试样进行力学试验，以此确定钢筋的屈服强度、抗拉极限强度、延伸率等，同一规格的钢筋应抽取两根，每根钢筋再分成两根试件，取一根试件做拉力试验，另一根试件做冷弯试验。在拉力试验的两根试件中，如其中一根试件的屈服点、抗拉强度和伸长率三个指标中有一个指标达不到钢筋标准中的数值，应再抽取钢筋，制作双倍（4 根）试件重做试验，如仍有一根试件的一个指标达不到标准要求，则不论这个指标在第一次试件中是否达到标准要求，拉力试验项目为不合格。在冷弯试验中，如有一根试件不符合标准要求，应同样抽取双倍钢筋，重做试验。如仍有一根试件不符合标准要求，冷弯试验项目为不合格。

既有结构钢筋抗拉强度的检测，也可采用非破损的检测方法，如里式硬度仪测试钢筋表面硬度，检测钢筋强度与取样检验相结合的方法。

（4）变形检测

混凝土结构或构件变形的检测可分为水平构件的挠度检测、竖直构件的倾斜检测和建筑物整体倾斜与基础不均匀沉降检测。

1）挠度检测

混凝土构件的挠度，可采用激光测距仪、激光扫平仪、水准仪或拉线等方法检测。

梁、板结构跨中变形测量的方法是在梁、板构件支座之间用仪器找出一个水平面或水平线，然后测量构件跨中部位、两端支座与水平线（或面）之间的距离，数值简单计算分析即是梁板构件的挠度。

2）倾斜检测

混凝土构件或结构的倾斜，可采用经纬仪、激光定位仪、三轴定位仪或吊锤的方法检测，倾斜检测时宜区分倾斜中施工偏差造成的倾斜、变形造成的倾斜、灾害造成的倾斜等。

检测墙、柱和整幢建筑物倾斜一般采用经纬仪测定，其主要步骤有：①经纬仪位置的确定；②数据测读，据测算结果，综合分析四角阳角的倾斜度及倾斜量，即可描述墙、柱或建筑物的倾斜情况。

3）基础不均匀沉降检测

混凝土结构的基础不均匀沉降，可用水准仪检测；当需要确定基础沉降的发展情况时，应在混凝土结构上布置测点进行观测，观测操作应遵守《建筑变形测量规范》JGJ 8—2007 的规定；混凝土结构的基础累计沉降差，可参照首层的基准线推算。

沉降是否稳定由沉降与时间关系曲线判断，一般当沉降速度小于 0.1mm/月时，认为沉降已稳定。沉降差的计算可判断建筑物不均匀沉降的情况，如果建筑物存在不均匀沉降，为进一步测量，可调整或增加观测点，新的观测点应布置在建筑物的阳角和沉降最大处。

5.2.4 砌体结构工程现场检测

砌体结构的检测可分为砌筑块材、砌筑砂浆、砌体强度、砌筑质量与构造以及损伤与变形等项内容。具体实施的检测工作和检测项目应根据结构鉴定和改造工作的需要和现场的检测条件等具体情况确定。

（1）砌筑块材的检测

常用的砌筑块材有烧结普通砖、烧结多孔砖、蒸压灰砂砖、蒸压粉煤灰砖、混凝土砌块以及石材，这些材料均有相应的产品标准用于检测和评价其质量。

砌筑块材的检测可分为砌筑块材的强度及强度等级、尺寸偏差、外观质量、抗冻性能、块材的品种等检测项目，现场检测主要是对其强度进行检测。

1）砌筑块材强度检测试样、测区及检验批的要求

①砌筑块材强度的检测，应根据设计图纸和检测的具体要求，将块材品种相同，强度等级相同，质量相近，环境相似的砌筑构件划为一个检测单元。

鉴定工作需要依据砌筑块材强度和砌筑砂浆强度确定砌体强度时，砌筑块材强度的检测位置宜于砌筑砂浆强度的检测位置对应。

②取样检测的块材试样和块材的回弹测区，外观质量应符合相应产品标准的合格要求，不应选择受到灾害影响或环境侵蚀作用的块材作为试样或回弹测区；块材的芯样试件，不得有明显的缺陷。

2）回弹法检测烧结普通砖抗压强度

烧结普通砖强度的现场检测可采用回弹法，回弹仪选用采用 HT75 型回弹仪，检测的回弹值与换算抗压强度之间换算关系应确定。

3）混凝土砌块等其他砌筑块材的强度检测

混凝土砌块、蒸压灰砂砖等其他砌筑块材的强度检测，应以取样结合回弹法检测，其中强度以取样检测为主，回弹作为材料匀质性的判别手段。当条件具备时，其他块材的抗压强度也可采用取样修正回弹的方法检测。

（2）砌筑砂浆的检测

砌筑砂浆的检测可分为砂浆强度及砂浆强度等级、品种、抗冻性和有害元素含量等项目。检测时应遵守下列规定：

1）砌筑砂浆的强度，宜采用取样的方法检测，如拔出法，筒压法，砂浆片剪切法，点荷法等。

2）砌筑砂浆强度的匀质性，可采用非破损的方法检测，如回弹法，贯入法，超声法，超声回弹综合法等。当这些方法用于检测既有建筑砌筑砂浆强度时，宜配合有取样的检测方法。

3）推出法、回弹法的检测操作应遵守《砌体工程现场检测技术标准》GB/T 50315 规定；采用其他方法时，检测操作应遵守相应检测方法标准的规定。

4）遇到下列情况之一时，采用取样法中的点荷法、剪切法、冲击法检测砌筑砂浆强度时，除提供砌筑砂浆强度必要的测试参数外，还应提供受影响层的深度：

① 砌筑砂浆表层受到侵蚀，风化，剔凿，冻害影响的构件；

② 遭受火灾影响的构件；

③ 使用年数较长的结构构件。

5）工程质量评定或鉴定工作有要求时，应核查结构特殊部位砌筑砂浆的品种及其质量指标。

6）砌筑砂浆的抗冻性能，当具备砂浆立方体试块时，应按《建筑砂浆基本性能试验方法标准》JGJ/T 70—2009 的规定进行测定，当不具备立方体试块或既有结构需要测定砌筑砂浆的抗冻性能时，可按下列方法进行检测：

采用取样检测方法；将砂浆试件分为两组，一组做抗冻试件，一组做比对试件；抗冻组试件按《建筑砂浆基本性能试验方法标准》JGJ/T 70—2009 的规定进行抗冻试验，测定试验后砂浆的强度；比对组试件砂浆强度与抗冻组试件同时测定；取两组砂浆试件强度值的比值评定砂浆的抗冻性能。

7）砌筑砂浆中氯离子的含量，可参照标准提出的方法测定。

砌筑砂浆的检测分为取样法和原位法两大类，两大类检测方法都有其长处和不足之处。

点荷法、筒压法等取样法，取样一般会增加工作量，取样一般在砌体的角部、窗台、女儿墙等部位，在砌体中部取样可采用钻芯机取出砂浆试样。

取样检测可通过选择试件排除局部缺陷对检测结果的影响，还可以消除砌体中应力和约束对检测结果的影响以及环境因素对检测结果的影响，因此，取样检测的测试精度较高。

回弹法、贯入法等原位检测方法优点是可以现场测定，测点数量多，操作方便，缺点是测试结果离散性大，而且存在较大的系统误差。

为了提高检测精度，发挥各自优点，克服彼此缺点，可采用综合法进行检测。所谓综合法以原位测试方法为基础，取得足够多的数据。在部分原位测点对应部位取样检测，利用取样检测数据对原位测试数据进行修正。修正可采用一一对应修正系数法或对应样本修正量法。综合法检测得到数据量多、检测精度高，可以更准确、全面反映砌体中砌筑砂浆强度。

（3）砌体强度的检测

砌体强度的检测分为间接法和直接法，间接法是通过分别测定砌体中块材和对应位置砂浆的强度，并考虑砂浆的饱满程度及砌筑质量，根据一定的计算公式和折减系数来计算砌体强度。直接法是直接测取砌体的某一单项强度（如抗压强度、抗剪强度等），砌体强度直接法检测可采用取样的方法或现场原位的方法检测。

现场原位法检测砌体强度主要有以下 4 种方法：原位轴压法、扁顶法、原位单剪法和单砖原位双剪法。其中烧结普通砌体的抗压强度，可采用扁式液压顶法或原位轴压法检测；烧结普通砖砌体的抗剪强度，可采用双剪法或原位单剪法检测。

（4）砌筑质量与构造

1）砌筑质量检测

砌筑构件的砌筑质量检测可分为砌筑方法、灰缝质量、砌体偏差和留槎及洞口等项目。既有砌筑构件砌筑方法、留槎、砌筑偏差和灰缝质量等，可采取剔凿表面抹灰的方法检测。检测时，应检测上、下错缝，内外搭砌等是否符合要求。灰缝质量检测可分为灰缝厚度、灰缝饱满程度和平直程度等项目，其中灰缝厚度的代表值应按 10 皮砖砌体高度折算。灰缝的饱和程度和平直程度按《砌体结构工程施工质量验收规范》GB 50203 规定的方法进行检测。

2）砌体结构的构造检测

砌体结构的构造检测可分为砌筑构件的高厚比、梁垫、壁柱、预制构件的搁置长度、大型构件端部的锚固措施、圈梁、构造柱或芯柱、砌体局部尺寸及钢筋网片和拉结钢筋等项目。

砌体中拉结筋的间距和长度，可采用钢筋磁感应测定仪和雷达测定仪进行检测。检测时，首先将探头在纵横墙交接处或构造柱边缘附近的墙体垂直移动，以确定拉结筋的水平位置和间距；然后沿已确定的拉结筋的水平位置水平移动，以确定拉结筋的长度。应取 2～3 个连续测量值的平均值作为拉结筋的间距和长度代表值。拉结筋的直径应采用直接抽样测量的方法检测。

圈梁、构造柱或芯柱的设置，可通过测定钢筋状况判定；其尺寸可采用剔除表面抹灰的方法实测；圈梁、构造柱或芯柱的混凝土施工质量，可按混凝土的相关方法进行检测。

构件的高厚比，其厚度值应取构件厚度的实测值。跨度较大的屋架和梁支撑面下的垫块和锚固措施，可采取剔除表面抹灰的方法检测。预制钢筋混凝土板的支撑长度，可采用剔凿楼面面层及垫层的方法检测。

砌块砌体的灌孔率可采用超声对测的方法检测，灌孔后的砌体超声声速明显大于灌孔前的砌体超声声速，通过密布超声测点，可以检查砌块砌体的灌孔率。

（5）变形与损伤

砌体结构的变形与损伤的检测可分为裂缝、倾斜、基础不均匀沉降、环境侵蚀损伤、灾害损伤及人为损伤等项目。

1）砌体结构裂缝的检测

砌体结构裂缝的检测应遵守下列规定：对于结构或构件上的裂缝，应测定裂缝的位置、裂缝长度、裂缝宽度和裂缝的数量；必要时应提出构件抹灰确定砌筑方法、留槎、洞口、线管及预制构件对裂缝的影响；对于仍在发展的裂缝应进行监测和定期的观测，提供裂缝发展速度的数据。

将结构或构件上的裂缝实际情况，翻样到记录纸上，得到裂缝的分布特征和形状特点示意图，必要时，可以拍摄照片和摄像，以便于对裂缝原因进行分析。

裂缝宽度检测主要用 10～20 倍放大镜、裂缝对比卡及塞尺等工具。裂缝长度可用钢卷尺测量，裂缝不规则时，可分段测量。裂缝深度可用极薄的钢片插入进行粗测，也可钻芯或用超声仪进行检测。

裂缝的监测和定期的观测可以采用粘贴石膏饼法，将厚度 10mm 左右、宽约 50～80mm 的石膏饼牢固地粘贴在裂缝处，定期观察石膏是否裂开；也可采用粘贴应变片测量变形是否发展。

2）砌体结构变形的检测

砌筑构件或砌体结构的变形包括砌体倾斜、地基不均匀沉降以及建筑物倾斜等，常用的仪器有水准仪、经纬仪、激光测距仪、全站仪、吊锤、靠尺等。

基础不均匀沉降，可根据建筑物水准点进行观测用水准仪检测，观测点宜设置在建筑物四周角点、中点或转角处及沉降缝的两侧，一般沿建筑物周边每个 10～20m 设置一点。当需要确定基础沉降的发展情况时，应在结构上布置测点进行观测，观测操作应遵守《建筑变形测量规范》JGJ/T 8 的规定；结构的基础累计沉降差，可参照首层的基准线推算。

砌筑构件（墙、柱）的倾斜，可用经纬仪、激光定位仪、三轴定位仪或吊锤及 2m 托线板等方法检测，检测时宜在两个相对面同时检测，必要时，应剔除表面抹灰层，宜区分倾斜中砌筑偏差造成的倾斜、抹灰造成的倾斜、变形造成的倾斜等。

砌体结构（建筑物）的倾斜，可按标准规定的方法检测，观测点宜设置在建筑物四周角点，每个角点沿建筑物高度方向设置上、下两点或上、中、下三点作为观察点，检测时在离建筑物距离大于建筑物高度的地方放置经纬仪或全站仪，以下观测点为基准，测量其他点在相互垂直的两个方向上的水平位移。对各测点的偏移情况，应绘制在建筑物的平面图上，以便于分析区分倾斜中砌筑偏差造成的倾斜、变形造成的倾斜、灾害造成的倾斜等。

3）砌体结构损伤的检测

对砌体结构受到的损伤进行检测时，应确定损伤对砌体结构安全性的影响。对于不同原因造成的损伤可按下列规定检测：对环境侵蚀，应确定侵蚀源、侵蚀程度和侵蚀速度；对冻融损伤、应测定冻融损伤深度、面积，检测部位宜为檐口、房屋的勒脚、散水附近和出现渗漏的部位；对火灾等造成的损伤，应确定灾害影响区域和受灾影响的构件，确定影响程度；对于人为的损伤，应确定损伤程度。

砌体结构损伤的检测可以采用超声检测，必要时应进行取样验证和修正。

5.2.5 钢结构工程现场检测

钢结构构件中的型钢一般是由钢厂批量生产，并需有合格证明，因此材料的强度及化学成分是有良好保证的。检测的重点在于加工、运输、安装过程中产生的偏差与误差。另外，由于钢结构的最大缺点是易锈蚀，耐火性差，在钢结构工程中应重视涂装工程的质量检测。如果钢材无出厂合格证明，或对其质量有怀疑，则应增加钢材的力学性能试验，必要时再检测其化学成分。

（1）构件平整度的检测

梁和桁架构件的整体变形有平面内的垂直变形和平面外的侧向变形，因此要检测两个方向的平直度。柱的变形主要有柱身倾斜与挠曲。检查时，可先目测，发现有异常情况或疑点时，对梁 、桁架可在构件支点间拉紧一根铁丝，然后测量各点的垂度与偏差。

对柱的倾斜或挠曲可用经纬仪检测，其主要步骤有：1）经纬仪位置的确定；2）数据测读；3）结果整理。

（2）构件表面缺陷的检测

构件的表面缺陷可用目测或10倍放大镜检查。如怀疑有裂缝等缺陷，可采用磁粉和渗透等无损检测技术进行检测。

（3）连接的检测

钢结构事故往往出在连接上，故应将连接作为重点对象进行检查。譬如，重庆綦江彩虹桥，于1996年建成投入使用，1999年1月4日垮塌，其主要原因是该桥的主要受力拱架钢管焊接质量不合格，存在严重缺陷，个别焊缝有陈旧性裂痕。

连接板的检查包括：①检测连接板尺寸（尤其是厚度）是否符合要求；②用直尺作为靠尺检查其平整度；③测量因螺栓孔等造成的实际尺寸的减小；④检测有无裂缝、局部缺损等损伤。

对于螺栓连接，可用目测、锤敲相结合的方法检查。并用扭力扳手（当扳手达到一定的力矩时，带有声、光指示的扳手）对螺栓的紧固性进行复查，尤其对高强螺栓的连接更应仔细检查。此外，对螺栓的直径、个数、排列方式也要一一检查。

焊接连接检查其缺陷。焊缝的缺陷种类不少，如图5-1所示，有裂纹、气孔、夹渣、未熔透、虚焊、咬边、弧坑等。检查焊缝缺陷时，可用超声探伤仪或射线探测仪检测。在对焊缝的内部缺陷进行探伤前应先进行外观质量检查，如果焊缝外观质量不满足规定要求，需进行修补。

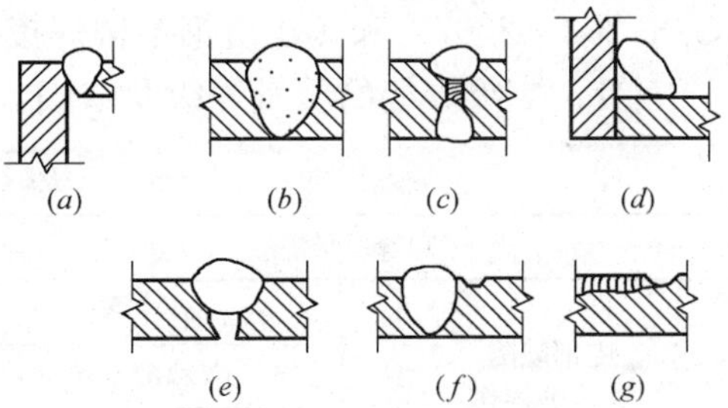

(*a*) (*b*) (*c*) (*d*)

(*e*) (*f*) (*g*)

图5-1 焊缝的缺陷

(*a*) 裂纹；(*b*) 气孔；(*c*) 夹渣；(*d*) 虚焊；(*e*) 未焊透；(*f*) 咬肉；(*g*) 弧坑

1）焊缝外观质量检查

焊缝的外形尺寸一般用焊缝检验尺测量。焊缝检验尺由主尺、多用尺和高度标尺构成，可用于测量焊接母材的坡口角度、间隙、错位及焊缝高度、焊缝宽度和角焊缝高度。

焊缝表面不得有裂纹、焊瘤等缺陷，《钢结构设计规范》GB 50017规定焊缝质量等级分为一、二、三级。一级焊缝为动荷载或静荷载受拉，要求与母材等强度的焊缝；二级焊缝为动荷载或静荷载受压，要求与母材等强度的焊缝；三级焊缝是一、二级焊缝之外的贴角焊缝。一级焊缝不允许有外观质量缺陷。二、三级焊缝外观质量应符合表5-2的要求。

二、三级焊缝外观质量标准（mm） **表5-2**

项目	允许偏差	
缺陷类型	二级	三级
未焊满(指不足设计要求)	≤0.2+0.2t,且≤1.0	≤0.2+0.4t,且≤2.0
	每100.0焊缝内缺陷总长≤25.0	
根部收缩	≤0.2+0.2t,且≤1.0	≤0.2+0.04t,且≤2.0
	长度不限	
咬边	≤0.05t,且≤0.5;连续长度≤100.0,且焊缝两侧咬边总长≤10%焊缝全长	≤0.1t且≤1.0,长度不限
弧坑裂纹	—	允许存在个别长度≤5.0的弧坑、裂纹
电弧擦伤	—	允许存在个别电弧擦伤
接头不良	缺口深度0.05t,且≤0.5	缺口深度0.1t,且≤1.0
	每1000.0焊缝不应超过1处	
表面夹渣	—	深≤0.2t长≤0.5t,且≤20.0
表面气孔	—	每50.0焊接长度内允许直径≤0.4t,且≤3.0的气孔2个,孔距≥6倍孔径

注：表内t为连接处较薄的板厚；三级对接焊缝应按二级焊缝标准进行外观质量检验。

2）焊缝内部缺陷的超声波探伤和射线探伤

碳素结构钢应在焊缝冷却到环境温度，低合金结构钢应在完成焊接24h以后，进行焊接探伤检验。钢结构焊缝探伤的方法有超声波法和射线法。《钢结构工程施工质量验收规范》GB 50205—2001规定，设计要求全焊透的一、二级焊缝应采取超声波探伤进行内部缺陷的检验。超声波探伤不能对缺陷作出判断时，应采取射线探伤，其内部缺陷分级及探伤方法应符合现行国家标准《钢焊缝手工超声波探伤方法和探伤结果分级》GB 11345或《金属熔化焊焊接接头射线照相》GB 3323的规定。

焊接球节点网架焊缝、螺栓球节点网架焊缝及圆管T、K、Y形节点相差线焊缝，其内部缺陷分级与探伤方法应分别符合国家现行标准《钢结构超声波探伤及质量分级法》(JG/T 203—2007)和《建筑钢结构焊接技术规程》JGJ 81的规定。

一级、二级焊缝的质量等级及缺陷分级应符合表5-3的规定。

一、二级缝质量等级及缺陷分级 **表5-3**

焊缝质量等级		一级	二级
内部缺陷超声波探伤	评定等级	Ⅱ	Ⅲ
	检验等级	B级	B级
	探伤等级	100%	20%
内部缺陷射线探伤	评定比例	Ⅱ	Ⅲ
	检验等级	AB级	AB级
	探伤比例	100%	20%

注：探伤比例的计数方法按以下原则确定：

1 对工厂制作焊缝，应按每条焊缝计算百分比，且探伤长度不应小于200mm，当焊缝长度不足200mm时，应对整条焊缝进行探伤；

2 对现场安装焊缝，应按同一类型、同一施焊条件的焊缝条数计算百分比，探伤长度不应小于200mm，并不应少于1条焊缝。

(4) 钢材锈蚀的检测

钢结构在潮湿、存水和酸碱盐腐蚀性环境中容易生锈，锈蚀导致钢材截面削弱，承载力下降。钢材的锈蚀程度可由其截面厚度的变化来反应。检测钢材厚度的仪器有超声波测厚仪和游标卡尺，精度均达 0.01mm。

超声波测厚仪采用脉冲反射波法。超声波从一种均匀介质向另一种介质传播时，在界面会发生反射，测厚仪可测出探头自发出超声波至收到界面反射回波的时间。超声波在各种钢材中的传播速度已知，或通过实测确定，由波速和传播时间测算出钢材的厚度，对于数字超声波测厚仪，厚度值会直接显示在显示屏上。

(5) 防火涂层厚度的检测

钢结构在高温条件下，材料强度显著降低。譬如 2001 年 9 月 11 日受恐怖袭击的美国纽约世贸中心就是典型的例子，造成大厦倒塌的重要原因是撞击后引起的大火，燃烧引起的高温可达 1000℃，传至下部的温度也有几百度，钢柱受热后失去强度，使上层荷载塌下，并后加到下一层。在设计上，楼板只承受本层的荷载，上层塌落后荷载全部加在下层，使下层超负荷，所以整个大厦是一层层垂直塌下的，后受撞击的先塌，是因为后受撞击的大厦撞击的部位更靠近下部，钢柱的荷载更大，所以先塌。可见，耐火性差是钢结构致命的缺点，在钢结构工程中应十分重视防火涂层的检测。

薄涂型防火涂料涂层表面裂纹宽度不应大小 0.5mm，涂层厚度应符合有关耐火极限的设计要求；厚涂型防火涂料涂层表面裂纹宽度不应大小 1mm，其涂层厚度应有 80%以上的面积符合耐火极限的设计要求，且最薄处厚度不应低于设计要求的 85%。防火涂料涂层厚度测定方法如下：

1) 测针（厚度测量仪）

测针由针杆和可滑动的圆盘组成，圆盘始终保持与针杆垂直，并在其上装有固定装置，圆盘直径不大于 30mm，以保证完全接触被测试件的表面。如果厚度测量仪不易插入被插材料中，也可使用其他适宜的方法测试。

测试时，将测厚探针（图 5-2）垂直插入防火涂层直至钢基材表面上，记录标尺读数。

2) 测点选定

a. 楼板和防火墙的防火涂层厚度测定，可选两相邻纵、横轴线相交中的面积为一个单元，在其对角线上，按每米长度选一点进行测试。

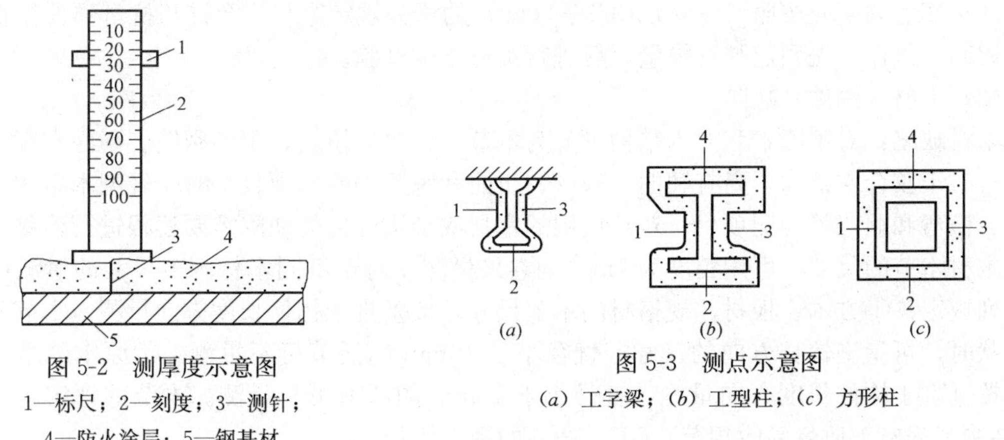

图 5-2 测厚度示意图

1—标尺；2—刻度；3—测针；4—防火涂层；5—钢基材

图 5-3 测点示意图

(a) 工字梁；(b) 工型柱；(c) 方形柱

b. 全钢框架结构的梁和柱的防火层厚度测定，在构件长度内每隔 3m 取一截面，按图 5-3 所示位置测试。

c. 桁架结构的上弦和下弦每隔 3m 取一截面检测，其他腹杆每根取一截面检测。

3）测量结果

对于楼板和墙面，在所选择的面积中，至少测出 5 个点：对于梁和柱在所选择的位置中，分别测出 6 个和 8 个点。分别计算出它们的平均值，精确到 0. 5mm。

5. 2. 6　木结构工程现场检测

木结构是以木材为主制作的结构，承重结构用材有原木、锯材（方木、板材、规格材）和胶合板。木结构构件连接有齿连接、螺栓连接、钉连接和齿板连接。木结构工程现场检测可分为木材的性能、木材的缺陷、尺寸与偏差、连接与构造、变形与损伤等项工作。

（1）木材性能

木材性能的检测可分为木材的力学性能、含水率、密度和干缩率等项目。木材力学性能可分为抗弯强度、抗弯弹性模量、顺纹抗剪强度、顺纹抗压强度等检测项目。

结构检测时，需要确定木材的强度等级。当木材的材质或外观与同类木材有显著差异时或树种和产地判别不清时，可取样检测木材的力学性能，确定木材的强度等级。《木结构设计规范》GB 50005—2003 附录 C 规定，当取样检验一批木材的强度等级时，可根据其弦向静曲强度的检验结果进行判定，对于承重结构用材，应要求其检验结果的最低强度不得低于表 5-4 规定的数值。

木材强度检验标准　　**表 5-4**

木材种类	针叶材				阔叶材				
强度等级	TC11	TC13	TC15	TC17	TB11	TB13	TB15	TB17	TB20
检验结果的最低强度值（N/mm^2）不低于	44	51	58	72	58	68	78	88	98

根据国家标准《木材物理力学试验方法总则》GB/T 1928—2009 的有关规定，应将试验结果换算到含水率 12％的数值。《木材抗弯强度试验方法》GB/T 1936. 1—2009 规定木材抗弯试样尺寸为 300mm×20mm×20mm，长向为顺纹方向，试样制作要求和检查、试样含水率的调整应按照（GB/T 1928—2009）的相关规定进行。允许与抗弯弹性模量的测定用同一试样，先测定弹性模量，后进行抗弯强度试验。

（2）木材（构件）缺陷

木材缺陷：对于圆木和方木结构可分为木节、斜纹、扭纹、干缩裂缝、髓心和腐朽等项目；对于胶合木结构，尚有翘曲、顺弯、扭曲和脱胶等检测项目；对于轻型木结构尚有扭曲、横弯和顺弯等检测项目。对承重用的木材或结构构件的缺陷需要逐根进行检测。

木材木节的尺寸，可用精度为 1mm 的卷尺量测，对于不同木材木节尺寸的量测应符合下列规定：①方木、板材、规格材的木节尺寸，按垂直于构件长度方向量测。木节表现为条状时，可量测较长方向的尺寸，直径小于 10mm 的活节可不量测。②原木的木节尺寸，按垂直于构件长度方向量测，直径小于 10mm 的活节可不量测。木节的评定，应按《木结构工程施工质量验收规范》GB 50206 的规定执行。

斜纹的检测，在方木和板材两端各选 1m 材长量测 3 次，计算其平均倾斜高度，以最大的平均倾斜高度作为其木材的斜纹的检测值。对原木扭纹的检测，在原木小头 1m 材上量测 3 次，以其平均倾斜高度作为扭纹检测值。

胶合木结构和轻型木结构的翘曲、扭曲、横弯和顺弯，可采用拉线与尺量的方法或用靠尺与尺量的方法检测；检测结果的评定可按《木结构工程施工质量验收规范》GB 50206 的相关规定进行。

木结构的裂缝和胶合木结构的脱胶，可用探针检测裂缝的深度，用裂缝塞尺检测裂缝的宽度，用钢尺量测裂缝的长度。

(3) 尺寸与偏差

木结构的尺寸与偏差可分为构件制作尺寸与偏差和构件的安装偏差等。木结构构件尺寸与偏差的检测数量，当为木结构工程质量检测时，应按《木结构工程施工质量验收规范》GB 50206 的规定执行；当为已有木结构性能检测时，应根据实际情况确定，抽样检测时，抽样数量可按标准要求。木结构构件尺寸与偏差，包括桁架、梁（含檩条）及柱的制作尺寸，屋面木基层的尺寸，桁架、梁、柱等的安装的偏差等，可按《木结构工程施工质量验收规范》GB 50206 建议的方法进行检测。木构件的尺寸应以设计图纸要求为准，偏差应为实际尺寸与设计尺寸的偏差，尺寸偏差的评定标准，可按《木结构工程施工质量验收规范》GB 50206 的规定执行。

(4) 木结构连接检测

木结构的连接可分为胶合、齿连接、螺栓连接和钉连接等检测项目。当对胶合木结构的胶合能力有疑义时，应对胶合能力进行检测；胶合能力可通过对试样木材胶缝顺纹抗剪强度确定。

当工程尚有与结构中同批的胶时，可检测胶的胶合能力，胶的胶合能力的检测应符合下列要求：

1) 被检验的胶在保质期之内；

2) 用与结构中相同的木材制备胶合试样，胶合试样的制备工艺应符合《木结构设计规范》GB 50005 胶合工艺的要求；

3) 检验一批胶至少用两个试条，制成八个试件，每一试条各取两个试件做干态试验，两个做湿态试验；

4) 试验方法，应按现行《木结构设计规范》GB 50005 的规定进行；

5) 承重结构用胶的胶缝抗剪强度不应低于表 5-5 的数值；

对承重结构用胶的胶合能力的最低要求 **表 5-5**

试件状态	胶缝顺纹抗剪强度值(N/mm^2)	
	红松等软木松	栎木或水曲柳
干态	5.9	7.8
湿态	3.9	5.4

6) 若试验结果符合表 5-5 的要求，即认为该试件合格，若试件强度低于表 5-5 所列数值，但其中木材部分剪坏的面积不少于试件剪面的 75%，则仍可认为该试件合格。若有一个试件不合格，需以加倍数量的试件重新试验，若仍有试件不合格，则该批胶被判为

不能用于承重结构。

当需要对胶合构件的胶合质量进行检测时，可采取取样的方法，也可采取替换构件的方法；但取样要保证结构或构件的安全，替换构件的胶合质量应具有代表性。

齿连接按下列方法检测：

① 压杆端面和齿槽承压面加工平整程度，用直尺检测；压杆轴线与齿槽承压面垂直度，用直角尺量测；

② 齿槽深度，用尺量测，允许偏差±2mm；偏差为实测深度与设计图纸要求深度的差值；

③ 支座节点齿的受剪面长度和受剪面裂缝，对照设计图纸用尺量，长度负偏差不应超过 10mm；当受剪面存在裂缝时，应对其承载力进行核算；

④ 抵承面缝隙，用尺量或裂缝塞尺量测，抵承面局部缝隙的宽度不应大于 1mm 且不应有穿透构件截面宽度的缝隙；当局部缝隙不满足要求时，应核查齿槽承压面和压杆端部是否存在局部破损现象；当齿槽承压面与压杆端部完全脱开（全截面存在缝隙），应进行结构杆件受力状态的检测与分析；

⑤ 保险螺栓或其他措施的设置，螺栓孔等附近是否存在裂缝；

⑥ 压杆轴线与承压构件轴线的偏差，用尺量。

螺栓连接或钉连接可按下列方法检测：

① 螺栓和钉的数量与直径；直径可用游标卡尺量测；

② 被连接构件的厚度，用尺量测；

③ 螺栓或钉的间距，用尺量测；

④ 螺栓孔处木材的裂缝、虫蛀和腐朽情况，裂缝用塞尺、裂缝探针和尺量测；

⑤ 螺栓、变形、松动、锈蚀情况，观察或用卡尺量测。

（5）变形与损伤

木结构构件损伤的检测可分为木材腐朽、虫蛀、裂缝、灾害影响和金属件的锈蚀等项目；木结构的变形可分为节点位移、连接松弛变形、构件挠度、侧向弯曲矢高、屋架出平面变形、屋架支撑系统的稳定状态和木楼面系统的振动等。实际工程中检查到的木结构构件断裂和火灾烧伤照片见图 5-4 和图 5-5。

图 5-4　木结构杆件断裂

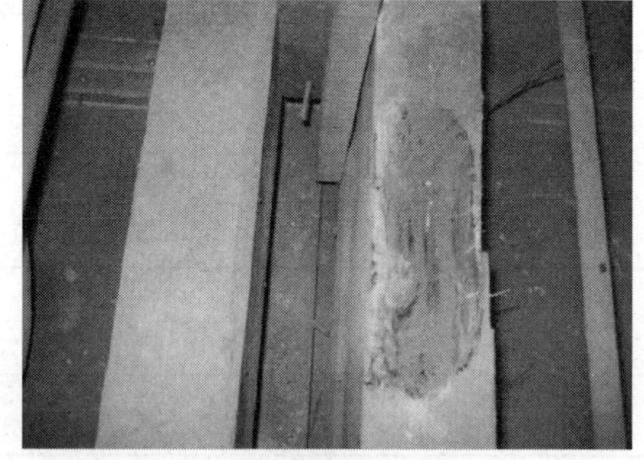

图 5-5　木结构杆件烧伤

木结构构件虫蛀的检测，可根据构件附近是否有木屑等进行初步判定，可通过锤击的方法确定虫蛀的范围，可用电钻打孔用内窥镜或探针测定虫蛀的深度。当发现木结构构件出现虫蛀现象时，宜对构件的防虫措施进行检测。

木材腐朽的检测，可用尺量测腐朽的范围，腐朽的深度可用除去腐朽层的方法量测。当发现木材有腐朽现象时，宜对木材的含水率、结构的通风设施、排水构造和防腐措施进行核查或检测。对于受损构件要采取相应的处理措施。

木结构和构件变形可以采用尺量、拉线、水准仪等仪器进行检测，基础沉降可以采用线锤、经纬仪等仪器进行检测。木楼面系统的振动，可按相应方法检测振动幅度。

必要时可对木结构的防虫、防腐、防火措施进行检测。木结构的防虫、防腐、防火措施检测，可按《木结构工程施工质量验收规范》GB 50206、《木结构设计规范》GB 50005和《建筑设计防火规范》GB 50016等标准和设计图纸的要求进行检测。

5.2.7 既有建（构）筑物改造加固前的安全鉴定

（1）概述

在既有建筑的鉴定方面，我国也相继颁布了一些鉴定规范，如1990年颁布了《工业厂房可靠性鉴定标准》GBJ 144—90，1995年颁布了《建筑抗震鉴定标准》GB 50023—95，1999年颁布了《民用建筑可靠性鉴定标准》GB 50292—1999等。对于《工业厂房可靠性鉴定标准》和《民用建筑可靠性鉴定标准》均未包括抗震鉴定要求的内容，对于地震区的结构还应进行抗震鉴定。这些规范对于既有建筑结构的可靠性评定和抗震鉴定工作方面起到了积极的作用。

在建筑鉴定标准中《危险房屋鉴定标准》JGJ 125—1999（2004年版），该标准适用于房屋危险程度的鉴定，但不能用于结构可靠性鉴定、房屋安全鉴定。房屋不危险不等于安全性符合要求。安全性不符合要求的房屋必须经过处理才能使用。因此《危险房屋鉴定标准》不能代替可靠性鉴定，也不能代替结构安全鉴定。

对于房屋改造加固前的可靠性鉴定最基本的是进行房屋安全鉴定和耐久性评价，以便根据房屋安全与耐久性存在的问题与改造的需要合理地制定改造加固方案。房屋安全鉴定应该包括结构安全鉴定和围护结构或非结构构件的安全鉴定。

按《建筑结构可靠度设计统一标准》GB 50068—2001规定：结构在规定的设计使用年限内承受可能出现的各种作用的能力。或凡属于承载能力极限状态考虑的问题均应归于结构安全性范畴，凡是不属于结构或构件承载能力极限状态的问题不宜归于结构的安全性。

按《建筑结构可靠度设计统一标准》GB 50068—2001规定，承载能力极限状态是指结构或构件达到最大承载能力或不适于继续承载的变形。该标准列举的承载能力极限状态如下：

当结构或结构构件出现下列状态之一时，认为超过了承载能力极限状态：

① 整个结构或结构的一部分作为刚体失去平衡（如倾覆）；

② 结构构件或连接因超过材料强度而破坏（包括疲劳破坏），或因过度变形而不适于继续承载；

③ 结构转变为机动体系；

④ 结构或结构构件丧失稳定（如压屈等）；

⑤ 地基丧失承载能力而破坏（如失稳等）。

建筑结构的安全问题只是建筑物安全问题中的一部分。如建筑物的防雷击、防火、防盗、室内空气品质、装修材料的污染和环境的污染等都可归为建筑物的安全问题，并非是建筑结构的安全。

建筑结构还有使用安全问题，如栏杆扶手高度和栏杆的间距等。建筑结构的使用安全问题，应归于建筑结构的适用性，也不归为建筑结构的安全性。

区分建筑的安全性与建筑结构的安全性，区分建筑结构的安全性与建筑结构的使用安全，其目的有两个：①在进行结构安全鉴定时，不能疏漏了建筑的安全和结构的使用安全；并要提醒委托方注意建筑的安全和建筑结构的使用安全的问题；②建筑结构存在的安全性问题，要靠采取相应的加固措施来解决；而加固措施解决不了有些建筑的安全问题，如防火安全问题；用加固措施解决使用安全问题则会造成不必要的浪费。

（2）建筑结构安全鉴定内容与方法

1）建筑结构安全鉴定的内容

建筑结构的安全鉴定应包括地基的稳定性、基础和上部结构的安全性以及围护结构的安全性三个方面。

① 地基的稳定性评定应包括地基检查是否出现不均匀下沉和产生结构整体与局部变形、损伤等。

② 基础与上部结构的安全鉴定的工作分成结构布置与结构体系、构件承载能力和结构构造评定等内容。

③ 围护结构安全性评定应包括围护结构本身的承载能力、与主体结构的连接构造等。

2）建筑安全鉴定的基本方法

建筑结构安全评定的基本方法是以设计和鉴定规范的要求为基准。通过对具体结构的建筑结构体系、结构与构件承载能力和结构构造措施的分析，综合评定结构的安全性。

① 从结构体系方面来看，我国一些建筑结构设计规范对建筑结构的结构形式、建筑高度、层数、主要承重和抗侧力构件的布置有相应的规定，这些规定都是建筑结构评定的依据。

② 从构件承载能力方面来看，结构评定所采用的计算公式与相应的结构设计规范提供的公式相同，但是在计算中要考虑结构的实际尺寸与偏差，构件实际材料强度和构件的损伤情况。

③ 结构的构造措施按其性能可分为分三种情况：一是涉及构件承载能力和变形能力的构造要求，二是涉及结构构件间的连接和锚固，三是涉及构件使用性能的构造要求，在结构抗震中还有非结构构件与主体结构构件的连接等。涉及构件承载能力的构造要求是构件承载能力能够按设计规范提供计算公式计算的保障，一般情况下应该按设计规范的要求进行评定。

3）结构安全评定的适用标准

关于现存结构安全鉴定目前有三种观点：①按建造时规范的规定进行安全鉴定；②按现行规范评定的规定进行安全鉴定；③现存建筑结构应该满足现行规范的安全水平。

比较合适的评定原则应该是：即要保证现存结构符合现行规范要求的安全水平，又要尽量减少国家和业主的经济负担，减少加固工程量。这样的评定原则符合国家可持续发展的政策，且与国际上通行的原则是一致的。特别是在逻辑上要没有问题。这就是第三种观点的基本原则。

4）建筑结构改造的安全鉴定

① 建筑结构改造的安全鉴定分类与鉴定内容

建筑结构改造的安全鉴定是针对建筑结构改造前的鉴定，有其相应的特点。建筑结构改造较为复杂，按照其改造的范围可划分为局部改造和整体改造以及加层改造等类型。这三种类型房屋安全鉴定的范围、内容等是既有共同点又有差异的。共同点就是房屋安全鉴定的内容、方法、适用标准以及在结构改造之前应进行建筑结构的状况调查等都是相同的。其不同点主要是安全鉴定的范围有所差异，应针对建筑结构改造的需求进行影响范围内的结构构件或结构整体安全鉴定。建筑结构改造的影响范围根据建筑结构改造的范围来划定。

② 建筑改造结构安全鉴定方法

根据建筑改造的特点，其安全鉴定包括按正常使用不进行改造的结构安全鉴定和按改造要求进行的安全鉴定，这两种安全鉴定特别是根据改造要求进行的安全鉴定的目的是了解结构改造带来的结构安全影响和问题；所以应给出所改造结构在结构体系、结构布置、构件承载能力、变形能力和连接改造等方面存在的问题，以便在结构改造设计中综合考虑加固的措施，为结构改造必须进行的加固提供技术依据。根据这个目的，应直接给出结构构件承载能力的分析结果，而没有必要在对各构件分析的基础上在进行上部结构、地基基础与围护结构的安全评级。

5）基础与地基安全性评定

既有建筑均正在使用，受现场条件限制，很难进行大面积的基础和岩土工程检测，既有建筑投入使用一段时间其地基会因上部建筑的重力作用而下沉和对地基压实，其地基的承载能力有不同程度的提高。同时，地基基础与上部结构不相适应引起的不均匀沉降以及地基承载力不满足要求等问题会暴露出来。因此，建筑物地基基础的安全性评价可遵循下列原则：

① 宜通过核查资料、观察或量测上部结构倾斜率及裂缝、核查地基变形观测资料以及检查上部结构荷载是否超出设计值等进行综合评定，必要时，通过地基基础检测及承载力验算进行评定。这个原则是基于对于已建成 3 年以上的建筑物，采用地基变形观测资料和地基不均匀沉降引起上部结构的裂缝来评价地基基础的安全性是可行的。因此，在进行地基基础安全性鉴定时，应首先选用按地基变形观测资料和地基不均匀沉降引起上部结构的裂缝等进行综合评定。当地基基础变形资料不足或结构存在的损伤怀疑是由地基基础承载力不足引起时，应进行地基基础检测和地基基础承载力评定。建筑物地基和基础资料与现场检查，应包括以下项目：

a. 核查岩土工程勘察报告、基础施工图及基础竣工资料等资料的有效性；

b. 建筑物倾斜状况，必要时可通过量测确定倾斜量；

c. 检查地基不均匀沉降引起的上部结构、构件及非结构构件的裂缝状况，应量测裂缝位置、长度、宽度等；

d. 同一建筑物的不同单元采用不同类型的基础或基础埋深不同时，应重点检查不同类型基础或基础埋深改变部位的上部结构和基础的变形与损伤。

② 对于建筑物位于可能出现滑坡、泥石流等地质灾害影响范围内，或建在斜坡场地上时，应要求委托方委托相关单位进行地质灾害的调查、监测或稳定性评价。

③ 对于处于腐蚀环境中的建筑物，必要时可对基础所处环境土壤中的腐蚀介质进行取样测定。

④ 进行地基承载力计算时，应选择符合建筑物实际的地基承载力。当原设计所依据的岩土工程勘察报告有效时，可采用原设计依据的地基承载力；当缺少岩土工程勘察报告，或持力层土的类别、土层分布资料不全时，应由委托方委托岩土工程勘察单位进行岩土工程补勘，或用其他方法获取土层性质数据。补勘孔位宜布置在建筑物的周边、角部或其他有沉降现象的部位，尽量靠近基础，勘察点数不宜少于3处。

⑤ 对于需要检测的浅埋基础，应通过开挖进行检测。单栋建筑物中，每种类型的基础宜选择有代表性的位置开挖1个，查看基础类型、量测截面尺寸及埋深、检测材料强度和外观质量等，必要时应检测混凝土基础的钢筋配置和钢筋锈蚀状况。对于深基础，则应通过小范围局部开挖进行检测。

6）结构体系与构件布置的评定

建筑结构的形式按材料划分有混凝土结构、钢结构、混合结构、木结构、砌体结构等；按层数分有：超高层、高层建筑，多层建筑，底层和单层建筑，层数的多少也与结构的形式有关，可分成排架结构、刚架结构、拱结构、框架结构、剪力墙结构、框架-剪力墙结构、板柱-剪力墙结构、筒体结构等；大跨结构有网架结构、索膜结构等。

结构体系与构件布置的评定可以有下述主要评定项目：①基础与地基情况是否匹配；②基础与结构形式是否匹配；③结构形式与建筑高度和跨度是否匹配；④屋盖体系与结构形式是否匹配；⑤构件的布置是否合理；⑥传力途径是否合理且不间断；⑦变形缝、沉降缝、抗震缝等的设置情况等。

对现存结构的结构体系与构件布置评定来说，应该以现行结构设计规范为评定依据，必要时要参考已经被替代的规范和标准。

在依据现行规范标准评定现存结构的结构体系与构件布置时，有些评定项目可适当放宽。例如房屋的总高度、高宽比、楼层高度等计量评定的项目可以适当的放宽。实际上，建筑的总高度等高出现行规范规定值1～2m对结构的安全性不会有太大的影响。而对于一些计数评定的项目则不放宽，例如房屋的层数，原因是房屋层数高出一层的影响要明显得多。

有些结构形式在现行结构设计规范中已经被取消，有些结构已经不再使用，有些则是已经明令禁止使用。在评定时应分清这些结构形式被取消或被禁止使用的原因。

如烧结黏土实心砖，许多城市都明令禁止使用，原因是制作烧结黏土实心砖毁坏耕地，浪费能源。而不是烧结普通黏土砖墙存在安全问题。空斗墙，在新的《砌体结构设计规范》GB 50003—2011中取消了空斗墙，取消的原因是其抗震性能差。因此在对有空斗墙的现存结构安全鉴定时，特别是在安全性、适用性和耐久性评定时，可以参考已经被替代的《砌体结构设计规范》GBJ 3—88的有关规定。在结构抗震性能的评定时，要特别予以重视，尽量增加保证结构整体性的处理措施。

我国有大量结构构件的标准图集都已作废，而现存结构中有大量这样的构件，在遇有这类构件的现存结构评定时应该特别注意。要了解标准图集作废的原因，根据具体情况作出相应的判断，确定评定的重点工作。

在结构体系与构件布置情况评定时，应该采取图纸审查与现场检查相结合的方法。没有设计资料会增加评定工作的难度，同时容易产生误判。应仔细进行现场调查和检测。即使有了设计资料，现场的检查与核实也是必不可少的。

7）结构构件承载力分析

建筑改造的结构构件承载力分析是加固改造中必须进行的环节，根据建筑改造的范围进行影响范围内的结构构件的承载力分析。一般情况下均应进行建筑结构构件不进行改造和进行改造两种工况的结构构件承载力分析。结构不进行改造情况下的结构构件承载力分析是了解该建筑结构在正常使用条件下的安全状况；结构进行改造情况下的结构构件承载力分析主要是了解该建筑结构在改造条件下的安全状况和是否适用相应的改造方案以及所需要进行的加固等。

① 建筑改造与加层的结构构件承载力与安全评价中的荷载与作用取值

结构构件承载力分析的前提是对结构构件计算参数和结构上作用的把握，对于结构构件计算参数涉及构件材料强度、配筋、缺陷与损伤等，对于结构上的作用则包括恒载、楼（屋）面活荷载、风荷载、雪荷载，在抗震设防区还应包括地震作用以及其他灾害作用等。

建筑改造与加层的结构构件承载力与安全评价中的荷载与作用取值的原则是采用建筑实际承担的荷载与作用，不能按照原设计的取值。

② 计算构件截面承载力时可计入构件缺陷、损伤或修复加固的影响

构件缺陷、损伤对构件承载能力的影响是结构承载力分析应考虑的问题。根据构件缺陷、损伤的情况可按下列原则考虑：a. 对于可以量化的构件损伤或缺陷，可将其反映在截面尺寸中，并单独进行该构件的承载力分析。如可以量化的框架柱端部缩颈和梁、板施工起拱引起截面尺寸减小，或施工偏差等，可通过改变构件计算截面尺寸进行承载力计算；对于个别构件因施工偏差引起的变形，应进行附加变形的分析。b. 对于不能量化的构件损伤或缺陷，或虽能量化但不能在构件承载力计算中反映时，可先按无损伤或缺陷的构件计算其构件承载力，再根据损伤或缺陷程度评价其对承载力的影响，确定构件承载力。如构件存在受力变形和出现受力裂缝等损伤时，可先按无缺陷的构件计算其截面承载力，再根据损伤程度按现行国家标准《民用建筑可靠性鉴定标准》GB 50292 或《工业建筑可靠性鉴定标准》GB 50144 的规定考虑损伤与变形对构件承载力的影响。c. 如果构件中的损伤或缺陷可修复，且确认采取修复处理措施时，可按修复处理后的构件计算承载力。计算采取修补措施后的构件截面的承载力，所得结果不但可以用于评价修复措施的有效性，也可在最终鉴定报告中指出，只有经过必要的修复处理措施，结构才能安全使用。

8）构造与连接的评定

构造与连接的评定是结构安全鉴定的重要项目，按现行结构设计规范的规定进行评定。建筑结构设计规范中关于构造的规定大致有三大类：a. 保证结构构件锚固、构件之间连接整体性的构造；b. 保证构件承载能力、变形能力和控制构件破坏形态的构造与连接；c. 保证构件适用性与耐久性的构造与连接。

各类建筑结构的构造与连接的评定以现行结构设计规范的规定为依据进行评定。对于不满足现行规范要求的构造与连接项目均应根据不满足的情况和区分构造对结构整体安全和抗震性能的影响程度及考虑处理与加固的难易程度等因素，提出可行的不同处理措施的方案。

5.2.8 既有建筑的抗震鉴定

(1) 建筑抗震鉴定的范围与类别

建筑的抗震鉴定原来是指未经抗震设防的建筑物，以及该地区抗震设防烈度提高了，需要对重要的建筑物轻重缓急的进行抗震鉴定等。我国的建筑抗震设计规范的正式颁布为1974 年，即《工业与民用建筑抗震设计规范》（试行）TJ 11—74，以后又多次进行了修订，形成了《工业与民用建筑抗震设计规范》TJ 11—78，《建筑抗震设计规范》GBJ 11—89、《建筑抗震设计规范》GB 50011—2001 和《建筑抗震设计规范》GB 50011—2010。随着我国经济建设的发展和建筑使用功能的提高，按 TJ 11—74、TJ 11—78 和 GBJ 11—89 规范设计的房屋中有些已经不满足建筑使用功能的要求，需要进行改造或加层，这就提出了对这些已经经过抗震设防的建筑工程进行抗震性能评价及其改造或加层的可行性研究问题，这也属于我们通常讲的建筑抗震鉴定。

建筑抗震鉴定主要分为两类：一类是未经抗震设防的房屋和构筑物，由于我国第一本正式颁布的抗震设计规范为 1974 年，在这之前建造的建（构）筑物没有可能进行抗震设计，在这类中还应包括该城市的抗震设防烈度提高了，则该城市的既有建筑都应区分轻重缓急进行抗震鉴定；另一类则是按不同时期建筑抗震设计规范进行抗震设防的建筑，这些建筑中有的由于建筑抗震类别提高了如中小学校舍建筑由原来的丙类提高为乙类，则需要按照乙类建筑进行抗震鉴定和加固处理；还有的需要进行改变使用功能的局部改造或加层等也需要进行抗震鉴定，以及在使用过程中发现结构出现损伤或怀疑建筑抗震不满足要求等应进行的检测鉴定。

这两类抗震鉴定（未经抗震设防的建筑物和已经过抗震设防但需要进行改造或加层的建筑物）有其共同点：评价确定建筑物的抗震性能，其抗震鉴定的内容、步骤、程序和采用的方法等基本一致，目的是确保被鉴定的建筑物的安全。不同点：工作对象有差异，未经抗震设防的建筑物的已经使用年限较经过抗震设防的建筑物要长；鉴定的依据和设防标准有差异，未经抗震设防建筑物的鉴定标准要比经过抗震设防的建筑物要低。这就提出了已经使用了较长时间而今后使用年限又不可能达到 50 年的既有建筑抗震鉴定的标准问题。

关于不同年限地震作用的取值问题，从概率统计方面来看，与时间变化有关的活荷载（包括楼面活荷载、雪荷载、风荷载）和地震作用等都可用随机过程来进行分析。除地震作用外的活荷载均可用平稳二项式随机过程来描述；而地震作用由于有平静期（能力量积累阶段）和活跃期（能量释放阶段）之分。其随机过程的描述也比较复杂。在编制“89 规范”的过程中，运用地震危险性分析方法对我国华北、西北、西南 45 个城市的地震危险性进行了分析，给出了各个地震烈度在 50 年内可能发生的超越概率，并在此基础上对地震烈度和地震作用的概率模型及其统计参数进行了分析，给出了地震烈度符合极值Ⅲ型分布和地震作用符合极值Ⅱ型分布的结论。运用地震烈度符合极值Ⅲ型分布的概率模型对在 50 年设计基准期内的抗震设计“小震”与“大震”的取值进行了分析，确定了“小震”为在 50 年的超越概率为 63.2%，其重现期为 50 年，也就是 50 年一遇的地震；设防烈度为在 50 年的超越概率为 10%，其重现期为 475 年；“大震”为在 50 年的超越概率为 2%～3%，其重现期为 2000 年左右。“2001 规范”和“2010 规范”继续沿用了“89 规范”的研究成果。

为了区分不同重要性建筑和不同抗震性能设计中考虑采用不同设计基准期的需求，运用地震烈度的概率分析可给出不同设计基准期构件截面验算和罕遇地震变形验算与设计基准期为50年的地震作用取值的关系，列于表5-6和表5-7。

不同设计基准期构件截面验算与设计基准期为50年的地震作用取值的比　　表5-6

设计基准期(年)	30	40	50
计算值	0.74	0.88	1.0
建议取值	0.75	0.90	1.0

不同设计基准期罕遇地震变形验算与设计基准期为50年的地震作用取值的比　　表5-7

设计基准期(年)	30	40	50
建议取值	0.70	0.85	1.0

对于既有建筑的抗震能力评价不同采用同一个标准，需要根据实际情况区别对待和处理，使之在现有的经济技术条件下分别达到其最大可能达到的抗震防灾要求。《建筑抗震鉴定标准》GB 50023—2009给出了按今后不同使用年限采用不同地震作用水平的抗震鉴定方法和相应的抗震鉴定要求：

① 在20世纪70年代及以前建造经耐久性鉴定可继续使用的既有建筑，其后续使用年限不应少于30年；在20世纪80年代建造的既有建筑，宜使用40年或更长，且不得少于30年。后续使用年限30年的建筑（简称A类建筑），应按《建筑抗震鉴定标准》GB 50023—2009规定的A类建筑抗震鉴定方法。

② 在20世纪90年代（按当时施行的抗震设计规范系列设计）建造的既有建筑，后续合理使用年限不宜少于40年，条件许可时应采用50年。后续使用年限40年的建筑（简称B类建筑），应按《建筑抗震鉴定标准》GB 50023—2009规定的B类建筑抗震鉴定方法。

③ 在2001年及以后（按当时施行的抗震设计规范系列设计）建造的既有建筑，后续合理使用年限宜采用50年。后续使用年限50年的建筑（简称C类建筑），应按现行国家标准《建筑抗震设计规范》GB 50011的要求进行抗震鉴定。

(2) 建筑工程改造或加固与加层抗震鉴定的基本要求

根据地震灾害经验和各类建筑物震害规律的总结以及各类建筑物抗震性能的研究成果，给出既有建筑物抗震鉴定的原则和指导思想，对既有建筑物的总体布置和关键的构造进行宏观判断，力求做到从多个侧面来综合衡量与判断既有建筑的整体抗震能力。我们把这方面的抗震鉴定称之为抗震鉴定的基本要求。

1) 建筑的综合抗震能力的判断

以往的抗震鉴定及加固，偏重于构件、部件的鉴定，缺乏总体抗震性能的判断。只要某部位不符合鉴定要求，则认为该部位需要加固处理，增加了房屋的加固面；或者鉴定加固后形成新的薄弱环节，抗震安全性仍不保证。例如，天津市第二毛纺厂的3层框架厂房，加固时忽视了整体观点，局部加固形成新的明显的薄弱层，导致在地震中倒塌；有的砖房加固时新增的构件引起地基不均匀沉降使墙体开裂。因此，要强调整个结构总体上所具有的抗震能力，并把结构构件分为具有整体影响和局部影响两大类，予以区别对待。前者不符合鉴定要求时，则对综合抗震能力影响较大；后者不符合鉴定要求时只影响局部，有的在判断总体抗震能力时可予以忽略，只需结合维修处理。

综合抗震能力还意味着从结构布置、结构体系、抗震构造和抗震承载力两个侧面进行综合。新建工程抗震设计时，可从承载力和变形能力两个方面分别或相互结合来提高结构的抗震性能；抗震鉴定时，若结构现有承载力较高，则除了保证结构整体性所需的构造外，延性方面的构造鉴定要求可稍低；反之，现有承载力较低，则可用较高的延性构造要求予以补充。

结构的现有承载力取决于：①长期使用后材料现有的强度标准值；②构件（包括钢筋）扣除各种损伤、锈蚀后实际具有的尺寸和截面面积；③构件承受的重力荷载代表值。

在鉴定标准中引进"综合抗震能力指数"，就是力图使结构综合抗震能力的判断，有个相对的数量尺度。

2）建筑现状良好的评定

"现状良好"是既有建筑现状调查中的重要概念，涉及施工质量和维护、维修情况。它是介于完好无损和有局部损伤需要补强、修复二者之间的一种概念。

抗震鉴定时要求建筑的现状良好，即，建筑所存在的一些质量缺陷是属于正常维修范畴之内的。现状良好可包括下列几点：

① 砌体墙无空鼓、酥碱，砂浆饱满，支承大梁或屋架的墙体无竖向裂缝；

② 混凝土构件的钢筋无暴露、锈蚀，混凝土无明显裂缝和剥落；

③ 木结构构件无明显变形、挠曲、腐朽或严重开裂，节点无松动；

④ 钢结构构件无歪扭、锈蚀；

⑤ 构件连接处、墙体交接处等连接部位无明显裂缝；

⑥ 结构无明显的沉降裂缝和倾斜，基础无酥碱、松散或剥落；

⑦建筑变形缝的间隙无堵塞。

3）建筑重点部位与一般部位的划分

基于房屋综合抗震能力的判断，抗震坚定时只需按结构的震害特征，对影响整体抗震性能的关键、重点部位进行认真的检查。这种部位，对不同的结构类型是不同的，对不同的烈度也有所不同。例如：

① 多层砖房的房屋四角、底层和大房间等墙体砌筑质量和墙体交接处是重点，屋盖的整体性也有重要影响；底层框架砖房，底层是检查的重点，而内框架砖房的顶层是重点，其底层是一般部位；

② 框架结构的填充墙等非结构构件是检查的重点；8 度、9 度时，框架柱的截面和配筋构造是检查的重点；

③ 单层钢筋混凝土柱厂房，6 度、7 度时天窗架是可能的破坏部位；有檩和无檩屋盖中，支承长度较小的构件间的连接也是检查的重点；8 度、9 度时，不仅要重视各种屋盖系统的连接和支承布置，对高低跨交接处和排架柱变形受约束的部位也要重点检查。

4）场地条件和基础类别的利弊

既有建筑的抗震鉴定，以上部结构为主，而地下部分的影响也要适当注意。例如：

① Ⅰ类场地的建筑，上部结构的构造鉴定要求，一般情况可降低一度采用；

② 对全地下室、箱基、筏基和桩基等整体性较好的基础类型，上部结构的部分鉴定要求可在一度范围内适当降低，但不可全面降低；

③ Ⅳ类场地、复杂地形、严重不均匀土层和同一单元存在不同的基础类型或埋深不同，则有关的鉴定要求相对提高；

④ 8 度、9 度时，尚应检查饱和砂土、饱和粉土液化的可能并根据液化指数判断其危害性。

5）建筑结构布置不规则时的鉴定要求

既有建筑的“规则性”是客观存在的，抗震鉴定遇到不规则、复杂的建筑，则需采用专门的手段来判断，并注意提高有关部位的鉴定要求。至于规则与复杂的划分，则包含诸多因素的综合要求。

沿高度方向的要求是：

① 突出屋面的小建筑尺寸不大，局部缩进的尺寸也不大（如 $B_1/B\geqslant5/6\sim3/4$）；

② 抗侧力构件上下连续，不错位，无抽梁、抽柱、抽墙，且横截面面积的改变不大；

③ 相邻层质量变化不大（如 $m_1/m_2\geqslant4/5\sim3/5$）；

④ 相邻层刚度及连续 3 层的刚度变化平缓（如 $K_i/K_{i+1}\geqslant0.85\sim0.7$，$K_i/K_{i+3}\geqslant0.7\sim0.5$）

⑤ 相邻层的楼层受剪承载力变化平缓（如 $2V_{yi}/(V_{y,i+1}+V_{y,i-1})\geqslant0.8$）。

沿水平方向的要求是：

⑥ 平面上局部突出的尺寸不大（如 $L\geqslant b$，且 $b/B<1/5\sim1/3$）；

⑦ 抗侧力构件、质量分布在本层内基本对称布置；

⑧ 抗侧力构件呈正交或基本正交分布，使抗震分析可在两个主轴方向分别进行；

⑨ 楼盖平面内无大洞口，抗震横墙间距满足要求，可不考虑侧向力作用下楼盖平面内的变形。

6）结构体系的合理性检验

抗震鉴定时，检查既有建筑的结构体系是否合理，可对其抗震性能的优劣有初步的判断。除了在结构布置中的规则性判别外，可有下列内容：

① 多层砖房、多层内框架和底层框架砖房、钢筋混凝土框架房屋，在不同烈度下有各自的最大适用高度；当房屋高度超过时，鉴定时要采用比较复杂或专门的方法；

② 竖向构件上下不连续等，如抽柱、抽梁或抗震墙不落地，使地震作用的传递途径发生变化，则需提高有关部位的鉴定要求；

③ 要注意部分结构或构件破坏导致整个体系丧失抗震能力或承受重力荷载的可能性；

④ 当同一房屋有不同的结构类型相连，如部分为框架，部分为砌体，而框架梁直接支承在砌体结构上，天窗架为钢筋混凝土，而端部由砖墙承重；排架柱厂房单元的端部和锯齿形厂房四周直接由砖墙承重等。由于各部分动力特性不一致，相连部分受力复杂，要考虑相互间的不利影响；

⑤ 房屋端部有楼梯间、过街楼，或砖房有通长悬挑阳台，或厂房有局部平台与主体结构相连，或不等高厂房的高低跨交接处，要考虑局部地震作用效应增大的不利影响。

7）构件形式的抗震检查

抗震鉴定时，要注意结构构件尺寸、长细比和截面形式等与非抗震的要求有所不同：

① 砌体结构的窗间墙、门洞边墙段等的宽度不宜过小，不应有砖璇式的门窗过梁，不宜有踏步板竖肋插入墙体内的梯段；

② 单层砖柱厂房不宜有变截面的砖柱；

③ 钢筋混凝土框架不宜有短柱，纵向钢筋和箍筋要符合最低要求；钢筋混凝土抗震墙的高厚比也不宜过大；

④ 单层钢筋混凝土柱厂房不应Ⅱ形天窗架、无拉杆组合屋架；薄壁工字形柱、腹板大开孔工字形柱和双肢管柱等也不利抗震。

这些构件，或者承载力不足，或者延性明显不足，或者连接的有效性难于保证，均不利于抗震。

8）抗震结构整体性构造的判断

建筑结构的多个构件、部件之间要形成整体受力的空间体系，结构整体性的强弱直接影响整个结构的抗震性能。可从下列方面检验：

① 装配式楼、屋盖自身连接的可靠性，包括有关屋架支撑、天窗架支撑的完整性；

② 楼、屋盖和大梁与墙（柱）的连接，包括最小支承长度，以及锚固、焊接和拉结措施等可靠性；

③ 墙体、框架等竖向构件自身连接的可靠性，包括纵横墙交接处的拉结构造、框架节点的刚接或铰接方式，以及柱间支撑的完整性。

9）非结构构件的震害评定

非结构构件包括围护墙、隔墙等建筑构件，女儿墙、雨棚、出屋面小烟囱等附属构件，以及各种装饰构件。对其倒塌伤人或加重震害的鉴定要求，与新建工程的设计要求大体相当，体现为：

① 女儿墙等出屋面悬臂构件要锚固，无锚固时要控制最大高度；人流入口尤为重要；

② 砌体围护墙、填充墙等要与主体结构拉结，要防止倒塌伤人；对于布置不合理，如不对称形成扭转，嵌砌不到顶形成短柱或对柱有附加内力，厂房一端有墙一端敞口或一侧嵌砌一侧贴砌等，均要考虑其不利影响；对于构造合理、拉结可靠的砌体填充墙，可作为抗侧力构件及考虑其抗震承载力；

③ 较重的装饰物与主体结构应有可靠连接。

10）材料实际强度等级的最低要求

既有建筑控制材料最低强度等级的目的与新建建筑有所不同：

① 受历史条件限制，对既有建筑材料强度，鉴定的要求略低于对新建建筑的设计要求；

② 鉴定时控制最低强度等级，不仅可使既有建筑的抗震承载力和变形能力有基本的保证，而且在一定程度上可缩小抗震验算的范围。

综合运用结构抗震的上述概念，即可对结构整体抗震性能作出第一级综合评定，从而简化抗震鉴定工作，提高效率。

（3）既有建筑抗震设防目标和标准

1）建筑工程抗震设防目标和标准的进展

建筑工程抗震设防目标和标准是与大量的震害经验总结、深入的地震危险性分析和各类结构的抗震性能研究及城市地震灾害与次生灾害的影响等研究进展有关。其建筑工程抗震设防目标和标准经历了从单一的设防目标——设防烈度不倒；到低于设防烈度不坏、设防烈度可修、高于设防烈度不倒的概念和基于概率的三个烈度水准的定量取值，到基于功能的抗震设防要求等不同阶段。这些抗震设防目标和标准的进展，反映了人类对抵御地震灾害的认识和科研成果。

建筑的抗震设计的设防标准，是根据一个国家的经济力量、科学技术水平恰当地制订，并随着经济力量的增长和科学水平的提高而逐步提高。

我国正式颁布的“74 规范”和“78 规范”的设防原则是“保障人民生命财产的安全，使工业与民用建筑经抗震设防后，在遭遇相当于设计烈度的地震影响时，建筑的损坏不致使人民生命和重要设备遭受危害，建筑不需修理或经一般修理仍可继续使用”。

通过对唐山大地震的震害经验总结和深入的工程抗震科学研究，工程抗震界对抗震设防的目标——保证人民生命财产安全有了更深入的理解和共识，明确提出了“小震不坏、中震可修、大震不倒”抗震设防目标。随着地震危险性分析研究与工程应用的深入，通过运用概率方法对我国抗震设防的基本烈度进行了概率标定，给出了我国抗震设防的基本烈度为 50 年超越概率为 10%的地震烈度，并给出了抗震设防标准的“小震”、设防烈度和“大震”的概率意义和定量的取值。即一个地区的抗震设防依据是设防烈度（即中震），相应的大震和小震是相对于设防烈度而言，并非绝对意义上的大震和小震[7]。《建筑抗震设计规范》GBJ 11—89 和《建筑抗震设计规范》GB 50011—2001 及 GB 50011—2010 规范的设防目标是“当遭受低于本地区抗震设防烈度的多遇地震影响时，主体结构不受损坏或不需修理可继续使用，当遭受相当于本地区抗震设防烈度的地震影响时，可能发生损坏，但经一般性修理仍可继续使用，当遭受高于本地区抗震设防烈度的罕遇地震影响时，不致倒塌或发生危及生命的严重破坏”。我国抗震设防的三个烈度水准取值及概率意义见表 5-8。

三个烈度水准设防的取值及概率意义 **表 5-8**

类别	重现期	50 年超越概率	A_{max}			
			6	7	8	9
“小震”	50 年	0.632	0.04 (18gal)	0.08 (36gal)	0.16 (72gal)	0.32 (144gal)
设防烈度	475 年	0.10	0.11 (0.05g)	0.23 (0.1g)	0.45 (0.2g)	0.90 (0.4g)
“大震”	约 2000 年	0.03～0.02	0.30 (150gal)	0.50 (222gal)	0.90 (400gal)	1.40 (622gal)

《建筑工程抗震设防分类标准》GB 50223—2008 考虑到我国经济已有较大发展，按照“对学校、医院、体育场馆、博物馆、文化馆、图书馆、影剧院、商场、交通枢纽等人员密集的公共服务设施，应当按照高于当地房屋建筑的抗震设防要求进行设计，增强抗震设防能力”的要求，提高了某些建筑的抗震设防类别。并强调了对需要比普通建筑提高抗震设防要求的建筑控制在较小的范围内，并主要采取提高抗倒塌变形能力的措施等。

2）我国现行建筑抗震规范的抗震设防目标和标准

① 我国现行建筑抗震规范给出的抗震设防目标和标准

建筑抗震设防类别是根据建筑破坏造成的人员伤亡、直接和间接经济损失及社会影响的大小；建筑使用功能失效后，对全局的影响范围大小、抗震救灾影响及恢复的难易程度；以及城镇的大小、行业的特点、工矿企业的规模等因素的综合分析确定。从《建筑工程抗震设防分类标准》GB 50223—95 到《建筑工程抗震设防分类标准》GB 50223—2008 均把建筑抗震类别分为甲类、乙类、丙类和丁类四个抗震设防类别，并给出了城市及各行业的甲、乙和丁类建筑的抗震设防要求。但只给出了丙类建筑的抗震设防目标，即《建筑抗震设计规范》GB 50011—2010 的总则第 1 条“当遭受低于本地区抗震设防烈度的多遇地震影响时，主体结构不受损坏或不需修理可继续使用，当遭受相当于本地区抗震设防烈度的地震影响时，可能发生损坏，但经一般性修理仍可继续使用，当遭受高于本地区抗震设防烈度的罕遇地震影响时，不致倒塌或发生危及生命的严重破坏”。该抗震设防目标是针对丙类建筑的，在《建筑工程抗震设防分类标准》GB 50223—2008 给出了甲、乙和丁类建筑抗震设防的要求，但没有明确给出相应的抗震设防目标。

② 我国现行建筑工程规范抗震设防目标

a. 我国建筑抗震设计规范给出的抗震设防目标是丙类建筑的抗震设防目标

建筑抗震设规范给出的“当遭受高于本地区抗震设防烈度预估的罕遇地震影响时，不致倒塌或发生危及生命的严重破坏”的设防目标中的高于本地区抗震设防烈度预估的罕遇地震影响是指 50 年超越概率 2%～3%的地震烈度，比基本烈度高 1 度作用，其烈度重现期为 2000 年作用。该设防目标对于甲、乙类建筑的抗震设防目标偏低，其甲、乙类建筑的抗震设防目标应比高于设防烈度 1 度还要多的更大地震影响时，不致倒塌才合理。对于丁类建筑又偏高，丁类建筑为临时或仓库，这类不必满足高于基本烈度 1 度不致倒塌，应满足基本烈度不倒较为恰当。

虽然甲类没有给出多大的地震不至于倒塌，但是其地震作用和抗震构造措施均比当地的高；除 9 度设防区外，一般都提高 1 度或采用地震危险性分析给相应的“小震、中震和大震”，在建设单位和设计人员是较为明确的，即比当地设防烈度高 1 度地震作用下处于中等破坏。

乙类建筑仅是抗震措施的提高，对于建设单位和设计人员都不明确乙类建筑的抗震设防目标是什么，究竟比丙类建筑的抗震设防目标高多少规范没有给出，建设单位和设计人员从设防要求上也无法得出。乙类建筑的抗震设计不提高地震作用，结构的构件截面和配筋等不会增加，构造措施的提高对合理的破坏机制和变形能力上会有较大提高；这样设计的乙类建筑，其结构构件的承载能力提高不大，所以不能很大程度上延缓结构构件的开裂和钢筋屈服，这就不能使通信设施和网控实施正常运行，不能发挥生命线工程救灾等作用。

因此，从严格意义上讲，我国现行建筑工程抗震设防分类标准和建筑抗震设计规范给出的抗震设防目标和标准并没有明确给出甲、乙和丁类建筑的抗震设防目标。

b. 除丙类外的建筑抗震设计没有形成与其抗震功能相配套的要求

由于没有明确不同重要性建筑抗震设防的目标，所以抗震设防标准和要求也不够完善，在抗震规范中没有形成与达到其抗震功能相配套的系统要求。所谓乙类建筑指地震时使用功能不能中断或需尽快恢复的生命线相关建筑，以及地震时可能导致大量人员伤亡等重大灾害后果，需要提高设防标准的建筑。地震时使用功能不能中断的建筑，这就要求该建筑在预估的罕遇地震作用下不仅仅是不倒塌，而且房屋的破坏程度应基本保持在中等破坏以内、房屋的变形不应超过设备功能不能中断的范围内。

四川汶川大地震的大量震害，特别是中小学校舍和通信等生命线工程的倒塌，使得学校人员伤亡所占比例加大和生命线工程在抗震救灾的作用不能很好地发挥。总结汶川大地震的经验教训，不仅仅是把中小学校舍列为乙类建筑，而且要探讨和明确甲类、乙类建筑的抗震设防目标及标准。

c. 不同重要性建筑的抗震设防目标

综合我国国内外的研究成果，给出的不同重要性建筑的抗震设防的总体设防目标是：当遭受本地区不同重要性建筑类别规定年限抗震设防烈度的多遇地震影响时，一般不受损坏或不需修理可继续使用，当遭受相当于本地区不同重要性建筑类别规定年限抗震设防烈度的地震影响时，经一般修理或不需要修理仍可继续使用，当遭受高于本地区不同重要性建筑类别规定年限抗震设防烈度预估的地震影响时，不致倒塌或发生危及生命的严重破坏。并建议了不同重要性建筑相应的设防标准应为规定年限的63.2%、10%和3%～2%的三个烈度水准：其规定年限，甲类建筑200年，乙类100年（75年），丙类建筑50年，丁类建筑30年。

3）抗震鉴定标准的既有建筑的设防目标和设防标准

① 抗震鉴定标准中既有建筑的设防目标

对于未经抗震设防的既有建筑，《建筑抗震鉴定标准》GB 50023—1995给出的现有房屋经抗震鉴定和加固后的设防标准为在遭遇相当于抗震设防烈度地震影响时，一般不致倒塌伤人或砸坏重要生产设备，经修理后仍可继续使用。这意味着：

a. 不仅要求主体结构在设防烈度地震影响下不倒塌，而且对人流出入口处的女儿墙等可能导致伤人或砸坏重要生产设备的非结构构件，也要防止倒塌；

b. 既有建筑的设防目标低于新建建筑；在设防烈度地震影响下，前者的目标是“经修理后仍可继续使用”，后者的目标是“经一般修理或不经修理可继续使用”，二者对修理程度的要求有明显的不同。

《建筑抗震鉴定标准》GB 50023—2009的第1.0.1条给出了“符合本标准的既有建筑，在预期的后续50年内具有相应的抗震设防目标：后续使用年限50年的既有建筑，具有与现行国家标准《建筑抗震设计规范》GB 50011相同的设防目标；后续使用年限少于50年的既有建筑，在遭遇同样的地震影响时，其损坏程度略大于按后续使用年限50年鉴定的建筑。”

无论是哪本建筑抗震鉴定标准都是与抗震设计规范一样仅给出了现有丙类建筑设防目标。

②《建筑抗震鉴定标准》GB 50023—2009的设防标准

在《建筑抗震鉴定标准》GB 50023—2009第1.0.3条给出了“既有建筑应按现行国家标准《建筑工程抗震设防分类标准》分为四类，其抗震措施核查和抗震验算的综合鉴定应符合下列要求：

丙类建筑，应按本地区设防烈度的要求核查其抗震措施并进行抗震验算。

乙类建筑，6～8度应按比本地区设防烈度提高1度的要求核查其抗震措施，9度时应适当提高；抗震验算应按不低于本地区设防烈度的要求采用。

甲类建筑，应经专门研究按不低于乙类建筑要求核查其抗震措施，抗震验算应按高于本地区设防烈度的要求采用。

丁类建筑，7～9度时，应允许按比本地区设防烈度降低1度的要求核查其抗震措施，抗震验算应允许比本地区设防烈度适当降低要求；6 度时应允许不做抗震鉴定。”

上述规定仅是现有甲类、乙类、丙类和丁类建筑抗震鉴定时所采用抗震鉴定标准。该鉴定标准应是确保达到既有建筑的设防目标。而实际上现有甲类、乙类建筑的抗震鉴定标准明显高于该鉴定标准给出的设防目标，现有丁类建筑的抗震鉴定标准则低于该鉴定标准给出的设防目标。

③ 现有乙类建筑抗震鉴定标准相应的设防目标

无论是现有乙类建筑抗震鉴定中 6～8 度应按比本地区设防烈度提高 1 度的要求核查其抗震措施，9 度时应适当提高，抗震验算应按不低于本地区设防烈度的要求采用；还是甲类建筑抗震鉴定中应按经专门研究按不低于乙类建筑要求核查其抗震措施，抗震验算应按高于本地区设防烈度的要求采用；都明确了甲类、乙类建筑的抗震鉴定标准高于丙类建筑，至于高的程度有所不同，甲类比乙类更高一些。因此，应分析讨论与现有甲类、乙类鉴定标准相适应的抗震设防目标。

A. 现有乙类建筑中的 B 类抗震设防标准相应的设防目标

根据乙类建筑的抗震鉴定标准，可得出 B 类建筑的抗震措施提高 1 度均较按新建工程丙类建筑的抗震措施还要高的结论。这是由于后续使用年限 40 年的 B 类抗震鉴定标准基本是《建筑抗震设计规范》GBJ 11—89 的内容，而 GBJ 11—89 规范的抗震构造大体与 GB 50011—2001 规范相同，所以，6～8 度应按比本地区设防烈度提高 1 度的要求核查其抗震措施则意味着核查其抗震措施的要求高于该地区新建工程丙类的抗震措施。

B. 现有乙类建筑中的 A 类抗震设防标准相应的设防目标

关于乙类建筑中的 A 类较为复杂，需要从《建筑抗震鉴定标准》GB 50023—2009 所给出的各类结构的乙类建筑抗震措施进行分析。

a. 乙类多层砌体房屋的 A 类建筑构造措施中的构造柱设置与 B 类建筑相同，也就是说乙类多层砌体房屋的 A 类建筑 6～8 度时，按比本地区设防烈度提高一度的要求核查其抗震措施则意味着核查其抗震措施的要求高于该地区新建工程丙类的抗震措施。

b. 乙类多层钢筋混凝土房屋的 A 类建筑构造措施是按烈度给出的，与 B 类和 C 类按抗震等级采用相应的核查抗震措施是有所差异的。对于总高度不大于 25m 的丙类框架结构，7 度为三级、8 度为二级、9 度为一级。现有乙类建筑中的 C 类抗震设防标准相应的设防目标

后续使用年限 50 年的乙类既有建筑中的 C 类，其核查抗震构造措施提高 1 度，因此其抗震设防目标实际应高于现行国家标准《建筑抗震设计规范》GB 50011 的设防目标。

4）现有中小学校舍乙类建筑鉴定与加固抗震设防目标和抗震验算地震作用取值

① 现有中小学校舍乙类建筑鉴定与加固抗震设防目标

全国抗震设防区内正在进行中小学校舍的抗震鉴定和加固设计。这是一项从根本上提高现有中小学校舍工程抗震能力的伟大工程。搞好中小学校舍的抗震鉴定和加固设计是确保提高现有中小学校舍的抗震能力的基础工作。要做好中小学校舍的抗震鉴定和加固设计，首先应明确中小学校舍的抗震鉴定和加固设计的设防目标和相应的标准。由于现行的《建筑抗震鉴定标准》GB 50023—2009 仅给出了现有丙类建筑抗震鉴定的设防目标，很有必要对现有中小学校舍乙类建筑鉴定与加固抗震设防目标进行探讨。

根据中小学校舍乙类建筑为人员集中场所，现有中小学校舍乙类建筑鉴定与加固

抗震设防目标应高于现行的《建筑抗震鉴定标准》GB 50023—2009 给出的现有丙类建筑抗震鉴定与加固的设防目标。无论是后续使用年限 30 年的 A 类和后续使用年限 40 年的 B 类均不应低于现行国家标准《建筑抗震设计规范》GB 50011 的设防目标。对于后续使用年限 50 年的 C 类应高于现行国家标准《建筑抗震设计规范》GB 50011 的设防目标。

中小学校舍乙类建筑鉴定与加固抗震设防目标建议为：现有中小学校舍乙类建筑 A、B 类鉴定与加固抗震设防目标的总体应是当遭受低于本地区抗震设防烈度的多遇地震影响时，一般不受损坏或不需修理可继续使用；当遭受相当于本地区抗震设防烈度的地震影响时，可能损坏，经一般修理或不需要修理仍可继续使用；当遭受高于本地区抗震设防烈度预估的地震影响时，建筑结构不应发生危及生命的严重破坏、疏散通道和楼梯的破坏不致影响安全使用、非结构构件不应垮塌。对于 C 类，应是当遭受高于本地区抗震设防烈度预估的地震影响时，建筑结构包括疏散通道和楼梯的破坏状态应控制在中等致严重破坏、非结构构件不应垮塌。

② 乙类既有建筑的 A 类、B 类抗震鉴定与加固设计抗震验算地震作用取值

地震作用无论在时间、地点和强度上的随机性都是很强的，从既安全又经济的抗震原则出发，建筑抗震设计采用的三个烈度水准的设防目标也是与建筑设计基准期 50 年相一致的。对于已使用了 20 年以上，若这些房屋的抗震设防目标同新建房屋相一致，其抗震设防水平有明显的提高，且也不符合确定抗震设防目标的原则和抗震减灾政策。所以，在《建筑抗震鉴定标准》GB 50023—2009 对于丙类既有建筑 A 类和 B 类的抗震验算地震作用取值较 C 类有所降低，大体上与从全国华北、西北、西南 45 个城市地震危险性分析结果的统计概率模型导出的 30 年、40 年和 50 年规定年限的地震作用概率水平相当。

对于现有乙类建筑的抗震设防目标和抗震验算地震作用取值应高于丙类建筑。在《建筑抗震鉴定标准》GB 50023—2009 的第 1.0.1 条给出了乙类建筑的抗震验算应按不低于本地区设防烈度的要求采用。

结构的抗震性能是由结构体系、结构布置、结构承载能力、变形能力和构造措施等方面综合决定的。其中，结构承载能力大小决定结构在地震作用下构件开裂和钢筋屈服的程度，在同一地震作用下，结构承载能力较小的结构构件会较早的开裂和钢筋屈服，相反，结构承载能力较大的结构构件会较晚的开裂和钢筋屈服。在地震作用下，结构依靠结构构件的承载能力和变形能力来消耗地震的能量。对于同一类结构，若结构承载能力较小，则对变形能力的要求会更高才能满足抗震设防的要求。由于抗震加固后的结构抗震性能取决于良好的概念设计、新增构件或部分与原有构件的连接和共同工作的协调性等，一般来讲，新增构件或部分与原有构件连接后形成的构件变形能力较同类新建工程构件要差，所以，乙类中小学校舍既有建筑的 A 类、B 类抗震鉴定与加固设计抗震验算中适当提高地震作用取值，这样才能满足中小学校舍乙类建筑为人员集中场所的抗震功能要求。

建议乙类中小学校舍既有建筑的 A 类、B 类抗震鉴定与加固设计抗震验算地震作用取值比本地区的现有丙类建筑要高，应取本地区的设防烈度要求，即与 C 类建筑抗震鉴定与加固设计抗震验算地震作用取值一样。

5.3　基本规定及加固材料

5.3.1　基本规定

（1）加固改造工作流程

加固改造设计之前，应首先对建筑物进行现状调查和结构检测，进行可靠性鉴定，根据详细鉴定的结果，进行加固修复设计及施工。

建筑物结构检测应包括结构损伤、构件材料强度、结构体系和布置、构件截面尺寸、抗震构造措施和结构与构件变形的检测，为结构可靠性鉴定与抗震鉴定提供可靠的计算参数，根据现场检测结果，对地基和结构体系、结构布置、结构整体性、构件承载力、构造措施和结构抗震能力及结构现状质量与灾害损伤状况等进行结构鉴定，建筑抗震鉴定应包括结构构件与非结构构件，以及整体性的构造连接和非结构构件的连接构造。

修复和加固设计时，抗震设防烈度采用现行《建筑抗震设计规范》GB 50011 规定的抗震设防烈度和设计基本地震加速度，建筑物的重要性类别及相应的抗震验算和构造分类，应按现行国家标准《建筑抗震设防分类标准》GB 50223 确定设防类别，并应符合国家标准《混凝土结构加固设计规范》GB 50367、《建筑抗震设计规范》GB 50011 及行业标准《建筑抗震加固技术规程》JGJ 116 等有关标准的规定。

加固施工应符合相应的施工验收规范要求，特别是符合国家现行标准《建筑结构加固工程施工质量验收规范》GB 50550 的规定。

（2）设计方案选择

建筑物的修复和加固设计，应由有资质的设计单位承担，并应符合规划要求。加固设计方案根据鉴定结果、后续使用年限、抗震设防烈度等综合确定。

1）修复和加固对策

对于建筑物地震后修复和加固应根据地震损坏程度、适修性及重建设防烈度等综合确定，宜按表 5-9 的选择对策。

建筑物震后修复和加固的对策　　**表 5-9**

重建设防烈度	建筑地震破坏等级				
	基本完好	轻微破坏	中等破坏	严重破坏	倒塌
低于遭遇烈度	A	B	C	D或E	E
等于遭遇烈度	A	C	D	D或E	E
高于遭遇烈度	X	D	D或E	E	E

注：A—不需修复就可以继续使用；B—需要修复；C—以修复为主，局部加固为辅；D—加固为主；E—拆除；X—按重建设防烈度进行鉴定，并采取措施处理。

2）后续使用年限确定

加固设计应注明后续使用年限，后续使用年限是对既有建筑经抗震鉴定后继续使用所约定的一个时期，在这个时期内，建筑不需重新鉴定和相应加固就能按预期目的的使用、完成预定的功能。新建工程结构设计都应有设计使用年限，加固改造工程也应有后续使用年限的要求。

《建筑抗震鉴定标准》GB 50023—2009 首次明确引入了后续使用年限的概念，并冠以强制性条文，后续使用年限主要依据建筑物的建设年代确定，分为30年、40年和50年三种。30年为A类建筑，抗震鉴定（基本沿用95标准方法），40年为B类建筑，抗震鉴定（相当于89设计规范方法），50年为C类建筑，抗震鉴定（现行设计规范方法）。标准中给出的是最低后续使用年限，有条件时宜选择更长的后续使用年限，不得随意减少后续使用年限。

后续使用年限的确定方法：

① 在20世纪70年代及以前建造经耐久性鉴定可继续使用的既有建筑，其后续使用年限不应少于30年（A类）；在20世纪80年代建造的既有建筑，宜采用40年或更长（B类或C类），且不得少于30年（A类）。

② 在20世纪90年代（按当时施行的抗震设计规范系列设计）建造的既有建筑，后续使用年限不宜少于40年，条件许可时应采用50年（B类或C类）。

③ 在2001以后（按当时施行的抗震设计规范系列设计）建造的既有建筑，后续使用年限宜采用50年（C类）。

《工业建筑可靠性鉴定标准》GB 50144规定，根据使用历史、当前技术状况和今后使用维修计划，由委托方和鉴定方共同商定后续使用年限。

在后续使用年限内，楼面活荷载折减系数，风荷载、雪荷载效应和荷载分项系数的取值，应符合国家标准规定。

3）明确抗震设防类别

抗震设防烈度是按国家规定的权限批准作为一个地区抗震设防依据的地震烈度。一般情况下，采用中国地震动参数区划图的地震基本烈度或现行国家标准《建筑抗震设计规范》GB 50011规定的抗震设防烈度。标准中规定了我国主要城镇抗震设防烈度、设计基本地震加速度和设计地震分组。建筑物从6度开始抗震设防，抗震设防烈度分别为6度、7度、8度、9度，相应的设计地震基本地震加速度6度是0.05g、7度是0.10g和0.15g、8度是0.2g和0.3g、9度是0.4g。设计地震分组为第一组、第二组、第三组。设计基本地震加速度是50年设计基准期超越概率10%的地震加速度的设计取值。

所有既有建筑应按现行国家标准《建筑工程抗震设防分类标准》GB 50223确定其设防类别。分为四类：甲类、乙类、丙类、丁类。

4）加固方法选择

安全性鉴定属于可靠性鉴定，要求构件按现行规范的可靠度水平进行分析，允许可靠指标降低0.25，若降低0.5则需要加固。抗震加固重点是结构整体的综合抗震能力，提高结构承载力、整体性和构件延性，整体加固优于构件加固。抗震加固设计原则是提高综合抗震能力的原则，针对原结构存在的缺陷，找出使结构达到设防目标的关键，尽可能消除原结构不规则、不合理、薄弱层等不利因素。结合使用功能、施工方法、环境影响和经济方面的要求，选择相应的加固方案。刚度和重量变化不大时，可不重新计算地震作用；加固计算宜采用专门的公式，砌体结构引入增强系数；钢混凝土构件给出专门公式，计算时应采用实际有效截面、材料强度和新旧构件协同工作程度的影响。

针对鉴定结果，选择下列加固方案：

① 提高承载力和刚度，两者均需提高时，可增设构件、加大构件截面；仅需提高承载力时，可采用钢构套、粘钢、粘碳纤维布加固；仅需提高变形能力时，增设连接构件、

钢构套加固。

② 结构体系明显不合理，优先增设构件予以改善；同时提高承载力和变形能力。

③ 整体性连接不良，增设拉结构件，以提高变形能力为主。

④ 局部构件的构造不符合要求，可选择不转移薄弱部位的局部处理；或改变结构体系，由增设的构件承担地震力来保护局部构件。

⑤ 非结构构件的构造不符合要求，优先对可能倒塌伤人的部位处理。

⑥ 砌体结构超高超层处理，超高不超层时，提高承载能力、加强约束措施；超层处理方案有：改变结构体系，如将砌体结构夹板墙加固，变成钢混凝土抗震墙结构；或拆除超层部分，减少层数；或改变用途，如设防为乙类建筑，变为抗震设防为丙类的建筑。

(3) 加固设计方案

加固设计方案应包括，结构体系的整体加固及单个构件的加固处理，还应对地震或灾害等造成的损伤部位进行修复加固，尽可能减少对原结构构件的损坏；加固构件与原结构有可靠的连接；加固后应避免出现新的薄弱层；保证新旧构件的协同工作；充分利用地基基础现有承载能力，尽可能减少地基加固工程量；加固所增重力不大时，可不做地基验算与地基处理。通过多种加固方案的比较，确定经济合理、便于施工的优化方案。

1) 结构加固设计应遵循下列原则：

① 当原结构沿高度和沿平面设置的构件及其刚度分布符合规则性要求时，对新增设构件的布置，必须保持原结构的规则性；若原结构在某个主轴或两个主轴方向的布置不符合规则性要求时，宜利用新增设构件的不规则布置，使加固后的结构能消除或减少不规则性；

② 对原结构合理的传力途径，应使新增构件后仍能得到保持、对原结构有缺陷的传力途径，应利用新增构件予以改变；

③ 应根据结构损伤的程度，分析损伤的原因，并通过有效的加固措施使结构损伤的部位得到加强；

④ 应防止新增设构件形成新的薄弱层，并应利用所增设构件的位置，尺寸和厚度的变化，消除或减轻原有薄弱层的不利影响；

⑤ 当原有建筑的不同部位有不同类型的承重结构体系时，应对不同类型结构相连部位采取消除原布置影响的构造措施，使之具有比一般部位更高的承载能力或更强的变形能力；

⑥ 当原结构构件处于明显不利的状态时，如短柱、强梁弱柱等，应在加固设计中采取能改善该构件的受力状态，或将地震作用转移到新增设的、受力状态合理的构件上的措施。

2) 结构加固内力分析和构件承载力验算，应符合下列要求：

① 结构的计算简图，应根据加固后的荷载、地震作用和实际受力状态及力学模型确定；

② 结构构件的计算截面尺寸，应采用实际的截面尺寸；

③ 结构构件承载力验算时，应计入实际存在的偏心、结构构件变形造成的附加内力、结构损伤对承载能力的影响，以及加固后的实际受力程度、新增部分的应变滞后和新旧部分协同工作程度对承载力的影响；

④ 既有结构承载力验算时，应考虑截面损伤，钢筋锈蚀、大量存在的裂缝、受到灾害影响后变形对承载力的影响；采用材料强度的实际检测结果，如抗震加固设计时，对受损并已经修复的结构构件，其承载能力宜乘以 0.8～1.0 的震损系数。

3）多层砌体房屋的加固，可采用下列修复加固措施：

① 拆砌原墙重新砌筑，墙体裂缝宽度大于 15mm 且墙角砖被压碎、砂浆强度低于 M1.0，墙体承载力明显下降时，宜拆除墙体重新砌筑。

② 注浆加固，墙体裂缝宽度在 0.3～15mm 且砂浆强度不低于 M1.0，可采用压力注浆修补，对砌筑砂浆饱满度差或砌筑砂浆强度等级偏低的墙体，可采用满注浆加固。

③ 面层或板墙加固，墙体承载力不足时，在墙体的一侧或两侧采用水泥砂浆面层、钢筋网水泥砂浆面层或钢筋混凝土板墙等加固，并采取有效措施保证新旧两部分界面的粘结牢固。

④ 外加构造柱加固，构造柱设置不满足要求时，在墙体交接处采用钢筋混凝土构造柱或组合柱加固。加固设计和施工时应保证构造柱与圈梁、墙可靠拉结，或与现浇钢筋混凝土楼、屋盖可靠连接。

⑤ 外套钢筋混凝土加固，对承载力或延性不足的砖柱（墙垛）用现浇钢筋混凝土套加固。

⑥ 增设圈梁加固，当圈梁设置不满足要求时，可增设圈梁。外墙圈梁宜采用现浇钢筋混凝土，内墙圈梁可用钢拉杆代替。

⑦ 增设托梁加固，当楼、屋盖构件支承长度不满足要求时，采用增设托梁或采取增强楼、屋盖整体牢固性的措施加固。

4）钢筋混凝土结构修复加固，采用下列方法：

① 采用增设消能支撑、钢筋混凝土抗震墙、柱间支撑、翼墙、改变梁端底部钢筋的锚固状态、加固节点等措施，改善结构整体抗震能力和总体刚度水平。

② 采用粘钢或外包钢、增大截面、粘贴碳纤维、粘贴玻璃纤维复合材等加固方法，弥补构件承载力不足。

③ 采用增设支托并加强连接处锚固等措施弥补楼面、屋面板支承长度的不足。

④ 采用增设拉结钢筋等措施，改善砌体墙、填充墙和柱、梁之间的连接水平。

⑤ 取加强柱子强度、静态切割增设结构缝等方法，减小原墙体或各类平台布置所形成的短柱或柱子附加内力。

⑥ 当部分受损的结构构件无法利用，以及女儿墙、门脸等非结构构件不符合现行有关标准规定时，应采用无震动切割等方法予以拆除或截短。

⑦ 对贴砌在框架柱平面外的围护墙体，当缺少构造柱或圈梁的约束已损坏时，应更换为嵌砌在框架柱平面内的轻质墙体。轻质墙体应与主体结构可靠拉结，同步受力变形。

⑧ 对破坏严重和设置在拐角处的楼梯，以及高层框架-剪力墙结构或剪力墙结构采用的与框架填充墙连接的楼梯，除应加固楼梯本身外，尚应对支撑楼梯的框架柱进行增大承载能力的加固；并应对楼梯梁和墙体与框架柱的连接进行加固。

⑨ 加固前应对构件的局部损伤和裂缝进行处理和修复。

5）钢结构加固和修复，采用下列方法：

① 提高结构整体性可采用增设构件和支撑的方法；提高构件承载力和刚度可采用加

大截面法；增设构件和支撑应保证加固件有合理的传力途径；加固件宜与原有构件的支座或节点有可靠的连接，连接可采用焊接、螺栓连接、铆接等，一般优先采用焊接。

② 钢结构构件裂缝的修补有焊接修补、嵌板修补、附加盖板等方法。

③ 构件连接节点的加固，可焊缝连接、高强度螺栓连接、铆接和普通螺栓连接：

a. 对焊缝连接的加固：直接延长原焊缝的长度，如存在困难，也可采用附加连接板和增大节点板的方法，增加焊缝有效高度；增设新焊缝；

b. 对高强度螺栓连接的加固：增补同类型的高强度螺栓；将单剪结合改造为双剪结合；增设焊缝连接；

c. 对铆接和普通螺栓连接的加固：全部或局部更换为高强度螺栓连接；增补新铆钉、新螺栓或增设高强度螺栓；增设焊缝连接。

④ 当受压构件或受弯构件的受压翼缘破损和变形严重时，为避免矫正变形或拆除受损部分，可在杆件周围包以钢筋混凝土，形成劲性钢筋混凝土的组合结构。为了保证二者的共同工作，应在外包钢筋混凝土的部位上焊接能传递剪力的零件。

⑤ 钢结构的加固有卸荷加固和负荷加固两种形式。负荷加固时，必须对施工期间钢构件的工作条件和施工的过程进行控制，确保施工过程的安全。

5.3.2　加固材料

（1）混凝土

加固所用混凝土应选择收缩性小、粘结性好，强度等级宜与被加固构件的混凝土强度相同或至少提高一级，且不应低于 C20。混凝土主要用于加大截面法加固，提高混凝土强度等级是为了保证新旧界面的粘结强度，又有减小加固部分体积的作用，降低对原有结构空间的影响，如果被加固构件的混凝土强度等级≥C40 时，新加混凝土强度等级可与被加固构件相同。结构加固用的混凝土，可使用商品混凝土，但所掺的粉煤灰应为Ⅰ级灰，且烧失量不应大于 5%。

当结构加固工程选用聚合物混凝土、微膨胀混凝土、钢纤维混凝土、合成短纤维混凝土或喷射混凝土时，应在施工前进行试配，经检验其性能符合设计要求后方可使用。不得使用铝粉作为混凝土的膨胀剂。

（2）灌浆料

灌浆料是一种微膨胀、早强高强的水泥基粉状灌浆料，其显著特点是具有超早强、高强、微膨胀、抗油渗、耐腐蚀、免振捣自密实、自流平的特性。并且使用简单，可灌性好。实际密度在 2.3～2.5g/cm^3。灌浆料适用于紧急抢修工程，如桥梁、港口码头加固、铁路机床病害整治、公路路面修补、机场跑道抢修补强、快速锚固工程、隧道灌浆及堵漏工程、截水堵漏灌浆、快速支护工程、基层灌浆加固工程、预制楼板、构件的灌浆或粘结等。

（3）砂浆

加固和修补所用砂浆包括高强度水泥砂浆、环氧砂浆、聚合物砂浆、玻化微珠保温砂浆等，应强度高，粘结性能好，收缩变形小。混凝土结构或砌体结构外观缺陷及截面损伤修补常常采用砂浆，加大截面加固法也会采用砂浆，要求砂浆的收缩性小、粘结性高，避免产生表面裂缝。

1）渗透性聚合物砂浆，在工厂生产、包装，在工地现场按比例混合搅拌。其特点为材料强度比较高，并早期强度增长快；具有渗透性，粘结性能好，如使用界面剂，粘结强度还会提高；收缩性小，基本不会发生收缩裂缝；密实度高，二氧化碳的透过性差，可以延缓混凝土的碳化；抗氯化物的渗透性好，可以防止内部钢筋的腐蚀；力学性质与混凝土相近，长期粘结性能很好，耐久性很好；耐其他化学药品的阻抗性很好；该砂浆材料无毒，对人体无害。

2）玻化微珠保温砂浆，以无机玻璃质矿物材料——玻化微珠作为保温骨料、水泥为胶凝材料，并掺入其他外加剂，经过充分搅拌加工而成的建筑外墙保温砂浆材料。作为一种无机保温砂浆，玻化微珠保温砂浆具有优良的保温隔热性能和抗老化、耐候及防火性能，强度高，粘结性能好，无空鼓、开裂现象，现场施工加水搅拌即可使用，可直接施工于干状墙体上。与用聚苯颗粒或普通膨胀珍珠岩作轻质骨料的保温砂浆相比，玻化微珠保温砂浆克服了膨胀珍珠岩吸水率大、易粉化、料浆搅拌过程中体积收缩率大、易造成产品后期保温性能降低和空鼓、开裂等不足之处，同时又弥补了聚苯颗粒有机材料易燃、防火性能差、高温下产生有害气体和耐老化、耐候性能差、和易性差、施工中反弹性大等缺陷。

3）界面砂浆，是建筑物加固中常用的一种材料，它是一种聚合物改性水泥干粉砂浆，主要用于增强两种不同材料层之间粘结性的界面处理，能够增大对基层的粘结力和粗糙度，具有良好的耐水性能、耐湿热性能、抗冻融性能等，避免了抹灰层空鼓、起壳等弊端现象的产生，从而可以代替人工凿毛处理的界面处理，施工方便可行。具有①施工方便，根据现场要求，可直接刷涂、机械喷涂、扫帚甩涂或用带有细纹的专用抹子直接刷涂；②生产运输方便；③可有效增强与基材的粘结力等特点。

4）高强混凝土修补砂浆是水泥基高强混凝土修补材料。该产品主要适用于混凝土结构的空洞、蜂窝、破损、剥落、露筋等表面损伤部分的修复，以恢复混凝土结构的良好使用性能。也可作为碳纤维加固用找平砂浆、高性能砌筑砂浆以及建（构）筑物使用钢绞线加固的抹灰找平保护砂浆。该产品因加有多种高分子聚合物改性剂、胶粉及抗裂纤维，因此具有良好的施工和易性、粘结性、抗渗性、抗剥落性、抗冻融性、抗碳化性、抗裂性、钢筋阻锈性能并具有高强度等性能。

（4）钢材

宜优先选用 HPB235、HRB335 级钢筋，也可选用 HRB400 级和 RRB400 级钢筋等；受力构件采用化学植筋时，应选用热轧带肋钢筋；钢筋的质量应分别符合现行国家标准《钢筋混凝土用热轧带肋钢筋》GB 1499、《钢筋混凝土用热轧光圆钢筋》GB 13013 和《钢筋混凝土用余热处理钢筋》GB 13014 的规定；钢筋的性能设计值应按现行国家标准《混凝土结构设计规范》GB 50010 的规定采用；不得使用无出厂合格证、无标志或未经进场检验的钢筋以及再生钢筋。

受力构件采用钢螺杆时，应选用 Q345 级、Q235 级全螺纹钢螺杆；钢板、型钢、扁钢和钢管，宜优先选用 Q235 钢、Q345 钢，对重要结构的焊接构件，若采用 Q235 级钢，应选用 Q235-B 级钢；也可选用 Q390 钢、Q420 钢等，钢材质量应分别符合现行国家标准《碳素结构钢》GB/T 700 和《低合金高强结构钢》GB/T 1591 的规定；钢材的性能设计值应按现行国家标准《钢结构设计规范》GB 50017 的规定采用；不得使用无出厂合格证、无标志或未经进场检验的钢材。

加固结构有二次受力、组合结构的特点，后加部分高强钢材在结构破坏时很难充分发挥其强度，低强度等级的钢材还有可焊性好的优点。当采用预应力加固法时，可选用高强度等级的钢材，如近几年新推出的不锈钢绞线及镀锌钢丝绳等。

（5）纤维复合材料

应用于建筑领域的纤维增强复合材料一般包括三种：以聚丙乙烯或中间沥青原材料经高温碳化制成的直径 5～8μm 的碳纤维；有机材料、高分子聚合物形成的芳纶纤维；主要成分为二氧化硅的玻璃纤维。

碳纤维从性能上分为高强度和高弹性模量两种，从其组成形式和形状上又有片材、棒材和型材之分，碳纤维片材是碳纤维布和碳纤维板的总称；碳纤维棒材是指有肋棒材、无肋棒材、集束棒材，类似于钢筋混凝土结构中的钢筋和钢绞线；碳纤维型材包含碳纤维棒材组成的网格形、碳纤维板组成的工字形、层压形、矩形等。

碳纤维材料具有单向抗拉强度高，是普通钢筋的 10 倍左右；质量轻，质量只有普通钢筋的四分之一；弹性模量高，尤其是高弹性模量的碳纤维片材，在加固结构中能发挥较大的作用；体积小，对加固结构的外形和建筑物的外观影响小，如常用碳纤维布的纤维单位面积质量有 200g/m^2、300g/m^2、450g/m^2、600g/m^2，其计算厚度分别为 0.111mm、0.167mm、0.250mm、0.333mm，碳纤维板的厚度通常为 1.0mm，最大不超过 2.0mm；适用于潮湿、侵蚀性环境中，因纤维增强复合材料和粘结用树脂化学性能稳定，能抵抗酸、碱、盐和水的侵蚀，防水效果好，抗腐蚀性能好；抗疲劳性能好，广泛应用于桥梁等工程；施工性能超群，首先他们易于剪裁，对所需的形状和尺寸有很高的适应能力；体积小，对施工的操作空间要求可达到最低限度；重量轻，可手工操作，不需要大型的机具、设备；在结构表面粘贴，不需要凿毛、剔除混凝土保护层等费时、费力的过程，施工速度快、周期短，对加固结构的生活、生产影响小等优点。但也存在单向抗拉强度高，横向强度低，抗弯、抗折强度非常低，因此，当沿纤维方向遇到加固构件的转角时，必须将转角表面处理成曲率半径不小于 20mm 的圆弧形，且在粘贴之前，构件表面需要用找平树脂填补平整；由于强度高，延伸率低，断裂时的极限应变低，加固构件的破坏形式为脆性破坏。由于需要树脂将纤维片材粘贴在构件表面，树脂多为有机材料，遇高温和火灾时，树脂性能改变，因此，防火性能差，对于树脂的耐久性、抗老化性还有待进一步的试验研究和已有加固工程的现场观测、考察等缺点。

（6）粘结材料

粘结材料是指建筑物加固中使用的将不同建筑材料粘结在一起的各种材料，粘结范围包括：混凝土之间粘结（修补混凝土裂缝）；混凝土—钢之间粘结；混凝土—纤维增强材料之间粘结等。

1）裂缝修补材料，以有机高聚合物为基料的各种胶粘剂和密封剂，或掺入定量水泥的混合物。常用的高分子聚合物有环氧树脂、丙烯酸树脂、聚醋酸乙烯、聚乙烯醇缩甲醛缩甲醛（107 胶）、甲基丙烯酸酯（甲凝）、丙烯酰胺（丙凝）、聚氯乙烯、硅酸钠（水玻璃）、有机硅、氯丁橡胶、丁苯橡胶等。由于性能及价格差异较大，应根据裂缝成因、结构类型及修补目的合理选用。目的在于恢复结构承载力和耐久性时，应选用粘结力强、强度高的热固性或热塑性胶粘剂；目的在于密封防水时，应选用极限变形值大的弹性体密封剂；对于钢筋混凝土承重结构，一般应选用强度高的胶粘剂及密封剂；对于砌体结构，因砌体本身强度较低，且存放大量缝隙，可选用低强度的聚合物水泥浆；对于活动性裂缝，应选用延伸率大的弹性材料。

2）灌缝胶，当混凝土由于种种原因产生裂缝时，会引起渗漏、钢筋腐蚀、结构持久强度的降低，因此，必须对裂缝进行修补。持续低压注射修补法是将低黏度的金灌缝胶通过注胶器灌入混凝土的微细裂缝中，利用其高渗透性、高粘接强度将混凝土裂缝修复。产品特点：①强度高；②黏度很低，极强的渗透力；③不含挥发性溶剂，硬化时不收缩；④固化后具有优异的韧性和抗冲击能。适用于建筑物混凝土梁、柱、板大于 0.2mm 的微细裂缝，桥梁、隧道混凝土裂缝等各种混凝土静裂缝和活裂缝。与碳纤维等方法共同使用可以达到内外同时加固混凝土的作用，效果更好。

3）封缝胶，适用于封堵混凝土等基材的裂缝，也用于灌钢（湿包钢）加固封缝和混凝土蜂窝麻面的修复与找平，广泛应用于建筑物加固改造施工中。

产品特点：封缝胶可操作时间可调整；可在负温条件下正常施工；粘结力大，强度高。

4）聚氨酯堵漏胶，遇水迅速封堵裂缝，有立即止漏的效果，永久性止水；膨胀性大，无收缩，粘结力强；单液注浆，施工简便，清洗容易；低温可使用。广泛应用于地铁、隧道、桥梁、涵箱、底盘改善、水库、水池、水塔、港湾工程、顶板、裂缝、施工缝、地下室裂缝等渗漏水部位的止漏工程。

5）植筋型锚固胶（植筋胶），在混凝土、砖墙、岩石、等基材上钻孔，然后放入植筋胶，再放入钢筋或型材，胶固化后将钢筋或型材与基材接为一体。植筋胶是由高分子材料、无机填料及化学助剂组成的粘接材料。具有①施工方便，水平、顶孔均易施工，并能保证孔内充满胶；②可在负温下（－10℃）正常施工，承载快、粘结力大、抗疲劳、耐老化、抗震动；③可采用焊接的方法延长锚固钢筋或在后埋件上焊接支架。广泛应用于建筑物加固改造的钢筋锚固。

6）粘钢胶，由高分子材料及配料组成，双组分混合使用，可将钢板、型钢与混凝土基材进行粘贴。具有粘结力大；抗震动、耐老化；易施工、触变性好等特点。主要应用于梁、板、柱及新开门洞等混凝土结构加固，也可应用于装饰工程中的金属材料与石材、混凝土基材之间的粘贴。

7）灌钢胶，采用泵压灌注的施工方法用于钢板和混凝土之间的粘结，由高分子材料及配料组成，双组分混合使用。具有粘结力大；抗震动、耐老化；易施工，可采用高压泵直接灌注等特点。适用于钢板、角钢及金属型材与混凝土、岩石、实心砖等基材的粘结，广泛用于建筑物梁、柱、楼板、新开门洞等结构加固改造施工。

8）混凝土和纤维复合材料粘结

粘碳纤维较采用改性环氧树脂制成，具有强度高、粘结力大、低挥发、适用温度范围宽等特点，可与各种碳纤维布配套使用。根据施工工序要求又分为以下三种：①打底胶，用于混凝土表面，具有一定的渗透作用，可使混凝土表面形成一个硬化层并有利于找平胶和浸润胶的粘结。②找平胶，当混凝土表面不够平整时，要用找平胶修复，以便使碳纤维能够平直的粘在混凝土表面。③浸润胶，将碳纤维粘结在混凝土表面，起到传力作用，使碳纤维共同作用，因此在施工中浸润胶应充分浸透碳纤维。适用于碳纤维、芳纶纤维、玻璃纤维等的粘结。由于这些纤维具有高强度、重量轻、耐久性及优良的施工性，在桥墩、楼板、梁柱及烟囱等加固方面使用效果良好。

（7）连接材料

1）焊接选用的焊条，应符合现行国家标准的规定，焊条型号应与被焊接钢材的强度相适应；对直接承受动力荷载或振动荷载且需要检验疲劳的结构，宜采用低氢型焊条。焊条的质量应符合现行国家标准《碳钢焊条》GB 5117 和《低合金钢焊条》GB 5118 的规定；焊接工艺应符合现行行业标准《钢筋焊接及验收规程》JGJ 18 或《建筑钢结构焊接规程》JGJ 81 的规定；焊缝连接的设计原则及计算指标应符合现行国家标准《钢结构设计规范》GB 50017 的规定。

2）螺栓、铆钉应符合现行国家标准《钢结构设计规范》GB 50017 的规定。化学植筋、锚栓、钢螺杆应符合现行《混凝土结构后锚固技术规程》JGJ 145 的规定，当混凝土结构锚固件为植筋时，应使用热轧带肋钢筋，不得使用光圆钢筋，植筋用的钢筋其质量应符合规范的规定。当锚固件为钢螺杆时，应采用全螺纹的螺杆，不得采用锚入部位无螺纹的螺杆。螺杆的钢材等级应为 Q345 级或 Q235 级；其质量应分别符合现行国家标准《低合金高强结构钢》GB/T 1591 和《碳素结构钢》GB/T 700 的规定。

3）界面处理剂

建筑物加固施工中，砂浆与各种石材、瓷砖以及混凝土界面结合力非常弱，为改善砂浆与这些材料以及新旧混凝土之间的粘结力，研制出了干粉混凝土界面处理剂，该产品主要由水泥、砂、高分子聚合物等组成，为单组分界面剂，主要用于混凝土基层的抹灰，新旧混凝土之间的粘结，陶瓷面砖、石材等饰面材料与混凝土或砂浆的粘结以及墙、地面修补。主要依靠水泥胶凝材料、高分子聚合物等与混凝土界面粘结，增加了有机材料与无机材料的亲合性，粘结力更强。当胶浆在混凝土表面固化后，增大了基层表面的粗糙度，进一步提高涂抹材料与旧有基体的机械结合力。具有①施工方便，不受时间限制；②施工性能好，速度快；③可有效增强与基材的粘结力。适用于桥梁道路的修复、混凝土基层抹灰、陶瓷面砖、石材等饰面材料与混凝土或砂浆的粘结以及墙、地面修补等。

（8）高强抗磨料

高强抗磨料是一种高强、高耐磨性的水泥基干粉材料，是由高强水泥、矿物质掺合料、高莫氏硬度的耐磨骨料及有机添加剂复配而成。材料现场加水搅拌即可使用，易于施工操作，涂在有特殊需要的建筑物表面能形成一定厚度的耐磨层，经过正常养护即可达到技术要求，具有耐磨性高，与基础混凝土或钢筒仓的粘结强度高，耐冲击性好，抗压强度高，耐久性好等特点。适用于煤炭系统、火力发电厂、焦化厂中的卸煤槽、煤料斗、料筒仓（包括钢筒仓）、灰库等的内衬耐磨层；冶金、矿山系统中的冲渣沟、矿槽、料仓等的内衬耐磨层；水泥、化工等系统的圆筒仓、料斗、库壁等内衬耐磨层；水利水电、港口码头等有耐冲刷、耐磨要求的混凝土耐磨层。

5.4　混凝土结构改造加固技术

在混凝土结构改造时，经常要求改变室内空间和平面布局，以适应新的使用功能，称为功能性改造，这种改造是通过扩小变大、增大柱间距提高楼层高度或局部层高，剪力墙拔除等形式多样，如公共建筑首层改大堂，既有建筑内某层改影剧院、大型会议厅、酒店、酒楼或需改仓库，改变用途增加荷载等。

5.4.1 托梁拔柱技术

托梁拔柱是托屋架拔柱、托梁拆墙及托梁拔柱的总称，是在不折或少折上部结构的情况下实施拆除、更换、接长柱子的一门综合性技术，包括相关结构加固技术、上部结构顶升技术及断柱技术等。适用于因使用功能改变及生产工艺更新，要求改变平面布局、增大使用空间的旧房改造及老厂改造。与传统的大掀盖改造相比，托梁拔柱法具有对生产及生活影响较小、改造时间短、费用低等优点，其缺点是技术要求较高，安全措施必须周密。托梁拔柱按施工方法的不同分为有支撑托梁拔柱与无支撑托梁拔柱。无支撑托梁拔柱按构件做法的不同又分为双托梁反牛腿及凿孔高空焊制托架两种做法。双托梁反牛腿托梁拔柱适用于钢柱情况，是采用两榀托梁对称设于两边支承柱内外侧，并在被拔柱保留的上柱部分设置反向牛腿，上部结构的重量及支承关系是通过反牛腿来进行转换。凿孔焊制托架方案一般适用于工字柱或双肢柱情况。无支撑托梁拔柱较为经济，但技术难度较大。

（1）抽柱法

通过在框架的柱列中切除部分柱子，减少柱子后，增大桩子间距，满足建筑室内功能使用要求。由于切除柱子后，梁的跨度增大，必须对梁进行加固；梁两端的支柱及支桩基础也因少了一个中柱而增加荷载，应验算其承载能力；整个框架由于抽柱，改变了侧向受力刚度和性能，应对建筑物改造厅的结构重新作整体验算后根据结果及现状对桩邻结构及基础做加固设计，在改造时还应事先明确加固和拆除之间的时间配合确保施工安全问题。

（2）抽柱增柱法

在原框架中抽除部分柱列，使柱网尺寸增大，为不使梁跨度增大过多，造成梁加固的困难，又在抽除的柱列间增设新的柱列。新增的柱列可以通过两方向的连梁与柱连成榀（横向与原有梁相连接，纵向新设梁与相邻柱到的柱相连接），对原框架结构损害较小。

由于抽柱又增加柱，涉及的周边柱、梁以及增加柱，增加桩基础和周边柱基础却有可能需要加固，此时需要对建筑物改造后的结构重新整体计算。

（3）抽柱断梁法

减少柱子、提高层高，将多跨框架的中柱和与其相交的某层梁、板抽掉，形成大跨度，大中空结构，适用于改造酒店和办公楼的首层及各种会议厅等既有建筑物门厅的功能改造。

通过抽柱、抽梁后的周边柱计算高度发生改变、连续梁已不连续，连续板已不连续、柱荷载转移等，此时需要对建筑物改造后的结构重新整体计算，根据计算结果及现状对相邻及基础做加固设计，在改造时亦应遵循先加固后抽柱抽梁的施工原则。

5.4.2 楼板、剪力墙开洞技术

在改造加固过程中，由于房屋功能改变及新增部分电梯楼梯，需要对部分楼板或剪力墙进行拆除，其中最大的难点就是对整体结构产生的不良影响，从而留下安全隐患。按传统的风镐破碎施工方法，由于局部的框架梁及楼板拆除，势必会造成牵引力的减弱而影响整体结构，加上风镐破碎所产生的震动，不仅会使被切割断面本身受损，而且会波及周围的结构造成破坏。风镐拆卸所产生的粉尘污染及施工周期长也是一个突出的问题。目前无损切割已基本代替了风镐，采用的机械有液压碟锯、绳锯切割系统，钻石钻孔机等，配合钻石切割锯片及链条，完成钢筋混凝土无振动切割拆除。

(1) 拆除部位加固设计

拆除过程中必须考虑结构的稳定性及安全性，混凝土结构切割施工前，梁板底等部位应采取临时支撑措施，关键部位需对原结构进行加固，待加固构件达到设计要求后方可进行后续混凝土切割工作。剪力墙按洞宽 a. 300～500mm；b. 510～1000mm；c. 1010～3000mm，采用不同的加固方法。楼板开洞口加固做法有 a. 粘钢补偿；b. 粘贴碳纤维补偿；c. 增设型钢梁补偿。

(2) 切割拆除主要关键点

1) 在拆除结构构件前，确保外荷载均已被清除、移走或卸载，同时，保证拆除的构件已被固定，符合方案要求后，方可进行拆除工作。

2) 在拆除过程中如发现下列情况，施工单位应立刻通知设计师，待设计师确认后，方可继续施工：①现有结构变形；②现有结构钢筋锈蚀；③现有结构出现裂缝；④现有结构与图纸不符。

3) 若图纸中要求原配钢筋要保留时，在拆除过程中施工人员应查明其位置，并采取妥善措施对其进行保护。

4) 拆除原则：拆除框架结构建筑，优先按楼板、次梁、主梁的顺序进行施工。自上而下，顺序逐层、逐跨进行拆除，杜绝立体交叉作业。拆除作业按照建筑施工的逆顺序进行。

5) 当进行高处拆除作业时，对较大尺寸的构件或沉重的材料，必须采用起重机具及时吊下。拆卸下来的各种材料应及时清理，分类堆放在指定场所，严禁向下抛掷。

(3) 混凝土楼板和剪力墙无损切割施工要点

1) 施工顺序：搭设脚手架→现场清理→依设计准确定位放线→水钻静力切割原结构板→清除废渣。

2) 施工前期准备：①现场清理：清理切割区域场地，主要包括地面建筑及装饰垃圾的清理，影响切割的各种管线（风管、电线管、雨水管等）。②定位放线：按照图纸要求同有关人员进行定位放线，确定拆除部位，并报请监理验收审核后方可施工。

3) 脚手架工程：安装临时支撑。由于切割时将原结构截断，必须对剩余结构安装临时支撑，以保证结构安全。

4) 水钻切割技术要求：根据切割所设计的切割线进行拆除，所切割每块钢筋混凝土重量不得超过 250～300kg。进行原结构水钻切割的施工过程中，应离保留部分一定距离，留出与新增结构的钢筋的搭接和锚固长度，对钢筋的搭接和锚固长度范围内结构部分的拆除采取人工进行。

5) 混凝土块的吊装：放至下层楼面或地面上切割好的混凝土用空压机再次进行破碎，以便于运输，能及时清理出场。

(4) 结构变形监测

切割拆除过程中，应在拆除区域附近楼板设置沉降变形观测点，采用高精度水准仪进行变形观测，防止拆除过程中建筑结构变形过大产生意外。

结构拆除施工过程中，应派专人观测支撑系统的工作状态，观测人员发现异常时应及时报告施工负责人，施工负责人应立即通知施工人员暂停作业，情况紧急时应采取迅速撤离人员的应急措施，并进行加固处理。

(5) 安全施工要求及措施

1) 使用前，应检查并确认电动机、电缆线均正常，保护接地良好，防护装置安全有效，锯片选用符合要求，安装正确。

2) 启动后，应空载运转，检查并确认锯片运转方向正确，升降机构灵活，运转中无异常、异响，一切正常后，方可作业。

3) 混凝土切割操作人员，在操作切割机时，不得强行进刀。

4) 切割厚度应按机械出厂铭牌规定进行，不得超厚切割。

5) 混凝土切割时应注意被切割混凝土的力变化。防止卡锯片、绳锯等。

6) 混凝土切割作业中，当工件发生冲击、跳动及异常音响时，应立即停机检查，排除故障后，方可继续作业。

7) 切割的混凝土块大小应严格计算重量，不得超出起吊允许范围。

8) 严禁在运转中检查、维修各部件。

9) 作业后，应清洗机身，擦干锯片绳锯，排放水箱余水，收回电缆线，并存放在干燥、通风处。

5.4.3 结构构件的加固改造技术

(1) 柱子的加固改造

柱子的加固改造归纳为以下几种类型，每种加固类型采取相应的加固对策。

1) 安全性加固

①抗压强度不足，一般指偏心受压承载力不足，可用加大截面法、粘钢加固、贴碳纤维布加固等常用方法进行加固；

②抗剪强度不足，当抗压强度足够，仅抗剪强度不足时，可用绕钢丝法，贴碳纤维箍条法进行加固；

③抗震构造措施不足，构造措施有许多内容，宜针对具体不足部分有针对性地加固；

④延性不足，由于轴压比超过限值引起的加固，根据轴压比超值的程度，分别用绕钢丝法、外围叠合混凝土法等进行加固。

2) 耐久性加固

柱的混凝土保护层过薄、强度过低、混凝土配制不当（水泥骨料、掺合料、外加剂选择不当）以及时间、冻融、环境介质等因素引起混凝土性能退化，裂缝开展，钢筋 锈蚀等现象，影响柱子使用的耐久性。处理方法常用的有修补裂缝，在混凝土表面涂刷化学液剂起防护阻锈作用，也可减缓混凝土的炭化作用。当条件允许，在原柱外围外包一圈新的强度高的钢筋混凝土，是对原有柱的最好保护。

3) 综合加固

有的柱子各项指标大都不合格，那就要采取众多加固手段进行综合整治。

(2) 楼板的加固改造

楼板的加固通常有楼板增荷，提高楼盖整体性，增强耐久性，楼板开大洞时的加固等。现将常用的方法介绍如下：

1) 粘钢板或粘纤维布

加固位置选择应根据楼板的使用状况决定。一般楼面已做装修或板支座有墙时，可在楼板跨中下表面粘贴，在结构验算时采用弯矩塑性调幅方法，即将支座弯矩调向跨中。当楼面要重新装修时，则可在板支座上表面粘贴，同样采用将跨中弯矩调向支座。当楼板上、下面均可粘贴时，则不需弯矩调幅了。

2）板面做混凝土叠合层，板支座加负弯矩钢筋法

由于施工原因造成板厚不足、配筋不足或混凝土强度不足使板承载力不满足设计要求，或者板荷载等级增大导致板承载力不足，或者板的挠度过大，整体性差，当楼面处于未装修状况（或将已有饰面凿除）时，采用板支座加配负筋是一种较好的补强方法。

根据设计荷载要求，计算出跨中弯矩与支座弯矩，当跨中配筋不满足跨中弯矩时，以跨中配筋折算的弯矩承载力为跨中弯矩对支座弯矩进行调幅，以调幅后的支座弯矩进行支座截面负筋量计算，其与原配钢筋量之差值即为需加固的负钢筋。

3）板跨中加钢梁法

在板的跨中加型钢梁，使板在钢梁支承处截面上部开裂形成简支支座。若在钢梁支承处的板上面加支座负筋，则此支座仍为连续梁支座。由于板跨度减少，从而使板的内力大幅度降低，从而使板能承受更大的荷载。

4）板面加型钢法

对于一些局部楼面需临时加荷载或因急需加荷载时，可以采用楼板面加铺型钢面层与原楼板形成叠合层共同承担楼面荷载。结构设计时除了按增加荷载作用的弯矩设计选用型钢外，另外为了让型钢层充分发挥承载作用，尚应计算型钢层在增加荷载作用下产生的跨中挠度 f，在支座处加厚度为 f 的垫层将型钢层的支座垫高。

（3）梁的加固改造

1）梁跨度不变情况下的加固改造，为了提高梁的承载能力、减小挠度、提高抗裂性，常用以下几种方法：①粘钢板及粘碳纤维片材加固；②加大截面法加固；③外包钢加固法；④预应力加固法。

2）梁扩跨后的加固改造，当框架结构实行“抽柱”改造时，框架梁的工作条件有很大变化，常用的方法有以下几种：①梁加固：一般梁在柱子支承处底部纵向筋是分离的，为了使“抽柱”后梁在柱子处能承受正弯矩，在“抽柱”前应将底部纵筋焊接在一起。并以此构造进行梁抗弯承载力计算，当抗弯承载能力不足时，再用外包钢等加固法提高承载力。②梁两侧钢桁架加固 对于楼层下梁两侧有足够的高度空间可用于加固处理时，在梁两侧各设计一榀型钢桁架，并使两榀桁架之间及与原梁之间锚接。由于抽柱后钢桁架的支端压力对两边柱增加的荷载，需对边柱及边柱地基基础进行抗压验算，并采取加固处理。为了避免地基基础的加固处理，亦可在下一楼层采用类似的梁两侧加钢桁架处理措施，将两边柱的荷载又传回上层抽去柱的柱子及地基基础。③上层反梁加固：当抽柱的一层层高受限制不便采用梁加固及钢桁架加固时，可以在上一楼层，尤其是屋面层采用现浇钢筋混凝土反梁加固，反梁宜设计为预应力钢筋混凝土梁。④上层托架加固：有些公共或商用建筑为了使底层形成较大的平面空间，往往需要抽柱。由于此类建筑原有柱网及荷载均较大，因此底层柱的荷载就较大，抽柱后将荷载传给相邻柱较好的改造方案是上层托架加固。

5.4.4　基础的加固改造技术

（1）柱下独立基础的加固改造

1）扩大基础底面积法：该法是中小型建筑中最常用的基础加固方法，通过减少基底

压力，达到加强基础，减少基础不均匀沉降的目的。

2）增设连梁扩散荷载法：在柱下独立基础之间增设刚度较大的连梁，连梁的底宽较大，以便将柱子传来的荷载传道到连梁，再传给地基。这种方法不仅提高了基础的承载能力，而且提高了基础的整体性对抗震性能的改善尤为有利。

3）增设筏板，封闭地基法：在扩展基础中不论柱下独立基础或墙下条形基础，均可将各基础之间的平面空隙用封闭的筏板填堵，当然筏板和原基础之间应通过植筋进行有效锚固，形成带正、反柱帽的筏形基础。由于增设封闭的筏板，使原基础的填深可以从室外地坪算到基础底面，增加了基础埋置深度，也增加基础底面的宽度（由单个基础底宽扩展到整个基底宽度），则通过深宽修正，使地基承载力特征值得以提高，也有效地减少了整个基础的沉降量，增加了基础的稳定性。

4）减荷加固：如果原来的基础的埋置深度较深（因好的持力层标高较低），按增设筏板，封闭地基后，可以增加一层架空层，即在±0.00m标高处新增一层混凝土楼盖，将楼盖以下到筏板之间的土全部挖除，等于减除了土重，因减小了传给整个房屋地基的压强。

（2）筏形基础的加固改造

原有筏形基础已经使用多年，今欲增层或其他结构改造，柱子荷载增加，原来的筏板的厚度不满足抗冲切、抗剪切要求，应予加固改造，常用的方法有以下几种：

1）加厚筏板：在原筏板上面，在地下室层高允许的范围内，适当增加浇筑一层新的混凝土，其效果是：①增加了抗冲切锥体的斜面积；②减小了冲切反力的设计值。因而提高筏板的抗冲切和抗剪切承载力。

2）加粗柱子：在地下室使用条件允许下，加粗柱子或增设柱裙，都可达到与第1段所述的加固效果，即将冲切锥体的位置向外扩大，既增加抗冲切锥体的斜面积，又减小了冲切反力的设计值。

3）加混凝土墙或短肢混凝土墙：在地下室中，在不影响使用功能的情况下，在两个柱子之间加混凝土墙，新加的墙应与原柱子和顶部的框架梁良好连接，使能共同受力并扩散由柱传来的荷载。对筏板提高其抗冲切和抗剪承载力。当两柱间无法布置通长混凝土墙时，亦可在柱边布置短肢混凝土墙，也能扩大冲切锥体的面积，提高筏板的抗冲切和抗剪承载力。

（3）桩基的加固改造

1）加固连梁，提高梁的抗弯刚度，以便减小柱端弯矩传给桩的附加轴力。

2）加厚、加宽承台，承台分担部分荷载，减小承台的转动。

3）在原承台四周作一圈扩大的承台，然后在新的承台上做锚杆静压桩以增强原有桩基。

5.4.5 混凝土结构各种加固方法

（1）混凝土加固方法

1）混凝土结构加固方法选择

混凝土结构补强加固方法常用的有加大截面法、外包钢加固法、外部粘钢加固法、预应力加固法等、增设支点加固法、托梁拔柱技术、增设支撑体系和剪力墙加固法，以及各处裂缝修补技术等，分别适用于不同情况（表5-10）。加固方法的选择，应根据可靠性鉴定结果、结构功能降低及加固原因（如完好情况下及受损状态下的加固），结合结构特点、当地具体条件、新的功能要求等因素，并按加固效果可靠、施工简便、经济合理原则，综合分析确定。注意，静力加固必须考虑结构二次受力问题，加固重点侧重于结构承载力的提高；抗震加固一般不必考虑结构二次受力，加固重点侧重于结构的延性和整体性。

混凝土结构常用加固方法的特点及适用范围　　**表 5-10**

加固方法	主要特点	适用范围
加大截面法	传统加固方法。以同种材料增大构件截面面积，提高结构承载能力	梁、板、柱、墙等一般结构
外包钢加固法	截面尺寸和外观影响很小，承载能力提高较大，施工简便，现场工作量较小，受力较为可靠	大型结构及大跨结构
外部粘钢加固法	国际上较先进的加固方法。简单、快速，对生产和生活影响很小	正常环境下的一般受弯、受拉构件，及中轻级工作制吊车梁
预应力加固法	卸荷、加固及改变结构受力三者合而为一的加固方法。承载力、抗裂性及刚度可同时得以提高	大跨结构及大型结构
增设支点加固法	增设支承点，减少结构跨度和内力，相应提高结构总体承载能力	梁、板及桁架等
托梁拔柱技术	不拆或少拆上部结构情况下，拆除、更换、接长柱子的技术	改变使用功能及增大室内空间的旧房改造
增设支撑体系及剪力墙加固法	增强结构抗水平荷载能力和侧向刚度及稳定性	抗侧力加固及抗震加固
增设拉结连系加固法	于房屋周边、纵向、横向、竖向增设相应的拉结连系，增强结构整体稳定性，防止偶然事故下发生连续倒塌	装配式结构抗连续倒塌及抗震加固
裂缝修补技术	恢复或部分恢复结构因裂缝所丧失的承载能力、耐久性、防水性及美观等	各种混凝土结构

2）卸荷对加固结构承载力的影响

加固结构的新加部分，因应力、应变滞后而不能充分发挥其效能，尤其是当原结构工作的应力、应变值较高时，对于以混凝土承载力为主的受压构件和受剪构件，往往会出现原结构与后加部分先后破坏的各个击破现象，致使加固效果很不理想或根本不起作用。相反，加固时若进行卸荷，情况则完全不同；由于应力、应变滞后现象得以降低，乃至消失，破坏时，新旧两部分就可同时进入各自的极限状态，结构总体承载力可显著提高。卸荷对加固结构承载力的提高影响，主要表现在原结构第一次载荷应力、应变水平指标（如 β、ε 值）的降低方面，如前所述，这对于以混凝土围套加固的受压结构及增设支点加固的受弯结构，效果特别明显。

卸荷加固结构的截面承载力计算，原则上仍按二次受力结构进行，但当卸荷达到一定程度，可近似简化按一次受力组合结构计算，特别是以钢筋为主要承载力的受拉、受弯及大偏心受压结构。

卸荷可以是直接卸荷，也可以是间接卸荷。直接卸荷，是全部或部分地直接搬走作用于原结构上的可卸荷载。间接卸荷，是用反向力施加于原结构，以抵消或降低原有作用效应。直接卸荷直观、准确，但可卸荷载量有限，一般只限于部分活荷载。间接卸荷量值无限，甚至可使作用效应出现负值。间接卸荷有楔升卸荷和顶升卸荷，前者以变形控制，误差较大；后者以力控制，较为准确。预应力加固法使加固与卸荷合而为一，是将原结构所受荷载，通过预应力手段部分地转移到新加结构上面的一种方法。

为保证和提高结构加固的实际效果，加固时原结构的应力水平指标 $\beta=S_k/R_k$，不得超过表 5-11 限值 β_b，否则必须进行卸荷加固，使 $\beta\leqslant\beta_b$。

必须卸荷加固的原结构应力水平指标限值 β_b　　　　**表 5-11**

受力特征	结构破损情况	
	裂缝及变形在规范允许范围之内	裂缝及变形超出规范规定
轴心受压、偏心受压、斜截面受	0.95	0.80
剪、受扭、局部受压受弯、轴心受拉、偏心受拉	1.00	0.90

（2）增大截面加固法

加大截面加固法是采用钢筋混凝土或钢筋网砂浆层，来增大原混凝土结构截面面积，达到提高结构承载能力的目的。在我国，加大截面法是一种传统的加固方法，优点是工艺简单，适用面广，可广泛用于一般梁、板、柱、墙等混凝土结构的加固；缺点是现场湿作业工作量大，养护期较长，对生产和生活有一定影响，截面增大对结构外观及房屋净空也有一定影响。加大截面法的加固效果与原结构在加固时的应力水平、结合面构造处理、施工工艺、材料性能以及加固时是否卸荷等因素直接相关。

加大截面加固法在设计构造方面必须解决好新加部分与原有部分的整体工作共同受力问题。加固结构在受力过程中，结合面会出现拉、压、弯、剪等各种复杂应力，其中关键是剪力和拉力。在弹性阶段，结合面的剪应力和法向拉应力主要是靠结合面两边新旧混凝土的粘结强度承担；开裂后及极限状态下，则主要是通过贯穿结合面的锚筋或锚栓所产生的被动剪切摩擦力传递。由于结合面混凝土的粘结抗剪强度及法向粘结抗拉强度远远低于混凝土本身强度，因此，结合面是加固结构受力时的薄弱环节，即或是轴心受压，破坏也总是首先发生在结合面。因此，对结合面，从设计构造上配置足够的贯穿于结合面的剪切摩擦筋或锚固件将两部分连接起来，是确保结合面能有效传力，并使新旧两部分整体工作的关键。

加大截面法中新加的受力钢筋，应根据不同情况采用相应的可靠的锚固措施。对于框架柱中的新加受力钢筋，应通长设置，中间不得断开。下端应根据基础埋深及柱根弯矩大小的不同，采用化学植筋技术锚固于基础，或仅伸至基础顶面；中间穿过各楼层，上端伸至加固层上楼板或屋面板表面，并环抱梁后相互搭焊。

加大截面加固法在施工中必须保证新旧混凝土（或砌体）具有较高的结合强度。其施工要点是原构件结合面基层应坚实，表面应粗糙、清洁，新浇混凝土收缩应小，粘结性能应好，尽量采用喷射法施工。

（3）置换混凝土加固法

在钢筋混凝土框架结构施工中，因多种原因导致框架柱混凝土实际强度明显低于设计要求的情况时常发生。一旦出现这种情况，结构将不能正常通过工程验收，必须根据这些柱的位置、数量及混凝土强度不足的程度采用相应的加固处理方法。实践表明，用高强材料置换柱外周部分截面的加固方法有不改变原设计截面、受力明确、操作简便的特点。

高强混凝土或灌浆料置换柱截面外周的低强度混凝土，使其新旧组合截面的平均折算强度满足加固设计要求，使柱内纵筋位于高强置换材料截面内，补偿或增大框架柱因混凝土强度不足而降低的承载力，降低柱的轴压比。使用该方法时，被加固柱应具备剔凿施工条件，对柱实际承受的轴向荷载需认真复核，谨慎核算并设置受力支撑，对被加固柱的位置无限制，加固后柱的配筋、截面同原设计。因柱纵向配筋不足导致其承载力不满足设计规范要求，及无剔凿施工条件的地下室连墙柱，不适用此方法进行加固处理。

置换柱的外周截面应使用高强细石混凝土或高强无收缩灌浆料（简称灌浆料）。其强度通常不低于 C50，使用较小粒径粗骨料，有较大坍落度、较好流动性、较高早期强度等特性，按常规浇注、振捣与养护，成形后略有收缩，材料价格较低，主要用于柱混凝土强度偏低不多的情况。相对于被加固柱的混凝土原设计强度，置换混凝土的强度应至少提高两个等级。

加固施工时，应尽量卸除被加固柱上部楼面的临时堆载或活载，不考虑地震作用，以合理降低柱内力。被加固柱周围需设经过验算和预紧的受力支撑，以避免实际弯矩对柱在剔凿后、填补前的不利影响。如果加固设计考虑芯柱作用，为确保芯柱与后浇置换材料良好结合、共同承担设计弯矩与设计轴力，应满足以下构造条件：芯柱混凝土强度大于 C20，剔凿面无疏松层，芯柱与置换材料的界面横穿足够多且均匀布置的复合箍筋或植筋。

加固施工的程序如下：确认加固部位→安装、预紧受力 P 辅助支撑→支撑验收→剔凿混凝土→检查剔凿量→清理剔凿面→整理外露钢筋→隐检验收→安装模板→浇注置换材料、制作试块→常规养护→确认试块强度→拆除支撑与模板→柱表面清理→加固施工验收。

（4）外加预应力加固法

预应力加固法是采用外加预应力钢拉杆或型钢撑杆对结构构件或整体进行加固的方法，特点是通过预应力手段强迫后加部分——拉杆或撑杆受力，改变原结构内力分布并降低原结构应力水平，致使一般加固结构中所特有的应力应变滞后现象得以完全消除，因此，后加部分与原结构能较好地共同工作，结构的总体承载能力可显著提高。预应力加固法具有加固、卸荷、改变结构内力的三重效果，适用于大跨结构加固，以及采用一般方法无法加固或加固效果很不理想的较高应力应变状态下的大型结构加固。

预应力法加固按加固对象的不同，分为预应力拉杆加固及预应力撑杆加固。预应力拉杆加固主要用于一般梁板结构、框架结构、桁架结构、网架结构及大偏心受压结构；预应力撑杆加固主要用于轴心受压及小偏心受压框架柱。预应力拉杆加固根据加固目的及被加固结构受力要求的不同又分为水平式（或直线式）、下撑式（或折线式）及混合式等几种拉杆布置方式。预应力撑杆加固按被加固柱受力要求加固，单侧撑杆适用于受压筋配筋量不足或混凝土强度过低的弯矩不变号的大偏心受压柱的加固。

预应力加固法设计构造的关键是拉杆或撑杆的锚固及与构件的连接，其准则是，锚固承载能力必须大于拉杆或撑杆本身承载能力。为达到目的同时，对于预应力拉杆加固梁（板）及桁架，可采用钢靴、钢套及钢板箍等方法锚固。对于框架梁，可采用型钢套箍、穿孔螺栓或化学植筋锚固。拉杆与锚固件的连接，当采用钢筋且直径较小时，可直接焊接，当受力较大或采用锚夹具或螺栓锚固头连接，以便于预紧和调直。

拉杆与构件之间的连接，若期望拉杆在受力过程中能随同被加固构件一道挠曲或侧向位移（如预应力拉杆加固梁），应每隔 1m 采用 U 形箍焊接或膨胀螺栓锚接，并用水泥砂浆嵌填抹灰，若无此要求（如预应力拉杆加固桁架），则可每隔 2～3m 用定位铁钩或锚固铁卡固定。对于预应力型钢撑杆加固框架柱，为保证撑杆预应力及内力的有效传递，在梁—柱—基础相交的阴角部位，应嵌粘锚固承压角钢，并配焊传力顶板于撑杆两端，撑杆的预应力及受力时产生的压力应通过顶板与承压角钢的抵承作用传递。型钢撑杆与柱之间的结合与湿式外包钢加固相同。撑杆预应力若采用手动螺栓横向张拉，张拉前撑应弯成弓形，张拉点的角钢应剖口，以降低抗弯刚度，便于弯折；剖口后角钢截面被削弱，故应用相同截面的钢板补焊。

预应力拉杆或撑杆的锚固件施工时，应用乳胶水泥或铁屑砂浆，并通过膨胀锚固在坚实的混凝土基层上，结合面应进行粗糙和清洁处理。拉杆或撑杆预应力施加方法应根据施工条件及预应力值大小确定。预应力值较大时（＞150kN），宜用机械法张拉或电热法张拉，预应力值较小时，可用横向张拉、竖向张拉及花篮螺栓等张拉方法；对于预应力撑杆还可以采用钢楔楔顶法。对于变形控制的横向张拉和竖向张拉，张拉前后应进行预紧和调直。对于大跨结构高空作业，为便于拉杆能准备就位，宜用锥螺栓张拉头或花篮螺栓作为辅助的就位措施，此时，应于拉杆两端或中部焊上相应的螺丝端杆；对于直接焊接连接，拉杆应在绷直定位的情况下与锚件焊接。电热法、横向张拉、竖向张拉及楔顶法等预应力施加方法，其变形控制量 Δ，应以拉杆或撑杆真正开始受力时的值作为张拉的起始点（零点）。多点横向张拉及竖向张拉，各点张拉螺栓应同步进行拧紧。拉杆、撑杆张拉控制应力值 σ_{con}，不宜超过第三节第四款规定的数值，对于预应力撑杆，σ_{con}取值还必须受施工阶段的稳定要求控制，否则应采用多道专用卡具等辅助防失稳措施。预应力撑杆加固柱，撑杆与构件之间宜采用环氧树脂灌浆湿式连接，此时，缀板（连接箍板）宜紧贴构件结合表面与角钢平焊连接。为避免撑杆因焊接受热而产生过大的预应力损失，施焊应采取上、下缀板轮流进行。

预应力拉杆、撑杆、缀板及各种锚固连接件，均应采用有效的防腐、防火保护措施。

（5）外粘型钢加固法

外包钢加固法是以型钢（一般为角钢）外包于构件四角（或两角）的加固方法。优点是施工简便，现场工作量较小，受力较为可靠。适用于使用上不允许增大原构件截面尺寸，却又要求大幅度地提高截面承载能力的混凝土结构加固或砌体结构加固。

外包钢加固结构设计，尤其是框架结构，节点区受力最为复杂，构造处理相当别扭。为保证力的有效传递，在加固区，框架柱的外包角钢应通长设置，中间不得断开。下端，应视柱根弯矩大小，伸到基础顶面或锚固于基础；中间应穿过各层楼板；上端应延伸至加固层的上层楼板（或屋面板）底面。对于框架梁或连系梁，梁角钢无法连续通过梁柱节点，可于梁上下面相应位置的柱设置加强型钢箍，并采用化学植筋或附加弯折钢筋与梁角钢相互焊接传力，加强型钢箍、植筋或弯筋截面面积应不小于梁受力角钢截面面积，并考虑弯折角度对拉（压）力的增大影响。对于二阶排架柱，上下柱交接节点或牛腿节点，应用斜杆特别加强，加强范围，从牛腿上下沿算起，各取梁高，且不小于 500mm；上柱内侧角钢应插入节点，并保证与下柱角钢的搭接长度不小于 500mm，对比，在整体节点区段，此角钢可改换成相同截面面积的角钢；原柱顶部埋设件（承受钢板）应与角钢相互焊接，以增强柱端抗剪能力。

梁柱受力角钢应用封闭式扁钢箍或钢筋箍焊接固定，扁钢箍截面不小于 35mm×3mm，钢筋箍直径不小于 10mm，间距分别不大于 500mm 和 400mm，节点区减半。对于 T 形梁，为减少钻孔工作量，封闭箍筋间距可适当加大，但箍筋直径亦相应增大。外包受力角钢最小截面尺寸，对于柱为∟75×6，对于梁为∟50×5。节点区梁高范围内，应附加 M8@300 膨胀螺栓对柱外包角钢进行描固。

施工要求：1）构件表面处理：为增强结合能力，湿式外包钢构件，应凿去结合面风化酥松层、碳化锈裂层及严重油污层，直至完全露出坚实基层（平式外包钢可免去此道工序）。在此基础上将结合面打磨平整，四角磨出小圆角，并用钢丝刷刷毛，用压缩空气吹净。角钢及箍板结合面应除锈，并打磨出金属光泽，然后用丙酮、二甲苯等洗涤剂擦净。2）环氧树脂灌浆工艺：①用卡具将角钢及扁网箍卡贴于构件预定结合面，经校准后彼此焊接（平焊）固定。②用环氧胶泥将型钢架全部构件边缘缝隙嵌补严密，在利于灌浆的适当位置钻孔，粘贴灌浆嘴（一般在较低处），并留出排气孔，间距为 2～3m。待胶泥完全固结时，通气试压。③以 0.2～0.4MPa 压力将环氧树脂浆从灌浆嘴压入；当排气孔出现浆液后停止加压，以环氧胶泥封堵排气孔；再以较低压力维持 10min 以上，以环氧胶泥堵孔。以此，由下至上，由左至右，依法进行灌注，直至全部灌完为止。注意，灌浆后不应再对钢架进行锤击、移动和焊接。3）乳胶水泥粘贴工艺：①配制乳胶水泥浆，乳胶（聚醋酸乳液）含量为水泥重量的 5%～10%，水泥一般采用 42.5 级硅酸盐水泥，加水适量，拌合成黏稠膏状体。②将乳胶水泥浆刮抹于构件及角钢的预定贴合面上，厚约 3～5mm，立即将角钢粘贴上，并用卡具在 x 和 y 两个方向将角钢卡紧，校准，卡具间距不宜大于 500mm。③将扁钢箍或钢筋箍与角钢焊接（搭焊）。注意，分段施焊，整体焊接宜在胶浆初凝前完成。4）干式外包钢加固工艺：①用卡具从 x 和 y 两个方向将角钢卡贴于构件预定部位，并校准。②将扁钢箍或钢筋箍与角钢焊接（搭焊）固定。③钢架杆件与构件之间的缝隙用 1∶2 水泥砂浆干捻塞紧、填实。

外包钢加固，钢架表面应进行防腐处理，最简单有效的方法是用 1∶3 水泥砂浆，抹 25mm 厚保护层。

（6）粘贴纤维复合材料加固技术

碳纤维加固具有：①不增加恒载及断面尺寸；②可适应不同构件形状；③施工简便无需大型设备、模板、夹具及支撑，操作起来简单易行，因而施工时所需工作面小，在作业空间受限制时，该优点是其他加固方法无法比拟的；④采用碳纤维布加固补强，对原结构不产生新的损伤；⑤能有效地封闭混凝土的裂缝；⑥碳纤维布（片）具有优良的耐化学腐蚀性；⑦不影响结构的外观的优点。

根据《混凝土结构设计规范》GB 50010—2002 和《混凝土结构加固设计规范》GB 50367—2006，由于柱顶局部混凝土强度极低主要使其竖向抗压承载力和抗剪强度不足。柱粘贴碳纤维布加固原则：沿柱全长连续粘贴环向碳纤维布条，即环向围束法，对轴心受压柱正截面承载力进行间接加固，其原理与配置螺旋箍筋的轴心受压构件相同；采用环向围束碳纤维布条带对钢筋混凝土柱进行斜截面受剪加固，粘贴成环形箍，作用原理同箍筋；粘贴环向围束碳纤维布条带对因延性不足的钢筋混凝土柱进行抗震加固，环向围束碳纤维布条带作为附加箍筋。粘贴碳纤维布的纤维方向与柱纵轴线垂直。

施工工艺流程：施工准备→混凝土表面处理→找平处理→涂刷底层树脂→配制胶粘剂→卸荷→粘贴碳纤维片材→表面防护。

施工操作要点：a. 施工准备；b. 混凝土表面处理；c. 找平处理；d. 涂刷底胶；e. 配制胶粘剂（浸渍胶）；f. 卸荷；g. 粘贴碳纤维片材；h. 表面防护。

施工注意事项：①粘接质量不符合要求需割除修补时，应沿空鼓边沿，将空鼓部分的碳纤维割除，以每边向外缘扩展 100mm 大小同样碳纤维材料，用同样胶粘剂，补贴在原处。②强度达不到要求时，应将抽样检验所代表的部位的碳纤维复合材料，全部剥去重做。③一般碳纤维施工后的自检方式为目视（敲击）检查。检测标准：补强表面平整不得有胶，间隙、干纱、皱折、气泡、凹陷等缺点产生。④梁粘贴碳纤维片材按《碳纤维片材加固混凝土结构技术规程》CECS 146：2003 中的相关规定进行施工。

（7）粘贴钢板加固法

粘钢加固法是在混凝土构件表面用特制的建筑结构粘贴钢板，以提高结构承载力的一种加固法。该法始于 20 世纪 60 年代，优点是简单、快速、不影响结构外形，施工时对生产和生活影响较小，在国际上它是一种适用面较广的先进加固方法，不仅建筑，而且公路桥梁也普遍采用。

在建筑业中，胶的种类很多，分别适用于不同的场所及对象。混凝土结构加固用胶，必须是强度高，粘结力强，耐老化，弹性模量高，线膨胀系数小，具有一定弹性。除高强混凝土外，胶本身强度及其粘结强度总是大于混凝土的强度，然而，胶的弹性模量仅为混凝土的几分之一到几十分之一，胶的线膨胀系数却为混凝土的 6～7 倍。因此，结构加固用胶，应选用那些弹性模量较高、温度变形较小的刚性胶种。为此，目前国内外均采用环氧树脂作为主剂，并在配方及工艺方面进一步采取降低变形及抗老化的措施，以满足混凝土结构加固用胶的需要。

外部粘钢加固钢板的锚固至关重要，必须保证钢板在拉断之前不发生脱胶等粘结破坏现象，即要求钢板在锚固区的粘结受剪承载力必须大于钢板的受拉（受压）承载力。对于单纯以胶粘结锚固时，钢板在其加固点（受力上完全不需要点）外的锚固长度不得小于构造规定长度。对于受拉锚固，不得小于 $160t_a$，亦不得小于 480mm。对于大跨结构或可能经受反复荷载的结构，锚固区尚宜增设锚栓或 U 形箍板等附加锚固措施。

粘钢加固施工应严格按下列工艺流程进行，并由专业施工队伍施工。

表面处理→$\left\{\begin{matrix}\text{配胶}\\\text{卸荷}\end{matrix}\right\}$→粘结→固定及加压→固化→检验→防腐处理

（8）增设支点加固法

增设支点加固法是用增多支承点来减小结构计算跨度，达到减小结构内力和提高其承载能力的加固方法。其优点是简单可靠，缺点是使用空间会受到一定影响。这种方法是适用于梁、板、桁架、网架等水平结构的加固。该法按支承结构的变形性能，又分为刚性支点和弹性支点两种情况。

1）刚性支点法是通过支承结构的轴心受压或轴心受拉将荷载直接传给基础或柱子的一种加固方法，由于支承结构的轴向变形远远小于被加固结构的挠曲变形，对被加固结构而言，支承结构可简化按不动支点考虑，结构受力较为明确，内力计算大为简化；

2）弹性支点法是以支承结构的受弯或桁架作用间接传递荷载的一种加固方法，由于支承结构和被加固结构的变形同属一数量级，支承结构只能按可动点——弹性支点考虑，内力分析较为复杂。

刚性支点加固对结构承载能力提高影响较大，弹性支点加固对结构使用空间影响较小。增设支点加固法支承结构所受外力，应根据被加固结构是否预加支承力，分为两种情况计算。对于有预加支承力时，支承预加力可视作外力计算，由于此力与外荷载方向相反，因此，对结构内力减少较多；对于无预加力时，在正常合用工作状态下被加固结构所能传给支承结构的力，一般只是加固后使用中所增加的荷载 Δ_q 量值较大情况外，为充分发挥支承结构潜力，提高结构加固效果，在增设支点的同时，一般都要采用预加支承力或卸荷等辅助措施，尤其是弹性支点加固。

增设支点加固法，对支承结构与被加固结构在支承点的连接及支承结构另端的固定，应根据支承结构的类型及受力性质的不同，分别采用干式连接、湿式连接及混合连接。当支承结构为型钢时，可采用干式连接；当支承结构为钢筋混凝土时，可采用湿式连接或混合连接。混合连接是干式与湿式的组合。支承结构另端直接支承于地面时，应按一般地基基础构造要求设置基础。

增设支点加固法施工工艺上应保证支承点的紧密结合和支承结构的有效传力。支承节点若采用湿式连接，节点被连接部位的梁或柱，其周围保护层应全部凿掉，露出箍筋，表面凿毛，清除浮渣，洒水湿润，然后浇注微膨胀混凝土。为增强粘结力，浇注前最好先于结合面涂刷一层混凝土界面剂。若采用型钢套箍干式连接，型钢套箍与梁柱接触面间应用干捻砂浆填塞紧密。采用预加力增设支点加固时，支点预加力原则上应采用测力计控制。若采用打入钢楔以变形控制，则应进行计算分析，最好辅以必要的试验，在确知支承力 X、变形 Δ 的关系后，方可应用。对于楔块楔顶预加力时，楔顶完毕，应将所有楔块与锚板焊接，再用环氧砂浆封闭。

（9）高强度钢丝绳网片-聚合物砂浆外加层加固技术

丝绳网片-聚合物砂浆外加层加固技术是钢丝绳网片通过粘合强度及弯曲强度优秀的渗透性聚合物砂浆附着，与原本的混凝土形成一体，共同承担荷载作用下的弯矩和剪力，适用于承受弯矩和剪力的混凝土构件正截面、斜截面承载力加固，但加固后对原结构的外观有一定的影响，该力法能降低被加固构件的应力水平，不仅使加固的效果好，而且还能较大幅度地提高结构整体的承载力。聚合物砂浆是一种既具有高分子材料的粘结性，又具有无机材料耐久性的新型混凝土修补材料，其抗压强度高，固化迅速，粘结性能好，有很好的保水性能和抗裂性、高耐碱性、耐紫外线。钢丝绳网片-聚合物砂浆加固技术是加固混凝土楼板、混凝土梁及桥梁等加固的理想材料。

钢丝绳网加固施工流程：

混凝土表面处理→高压水或气压缩机清洗除尘→喷涂胶粘剂→张拉钢丝绳网片→固定钢丝绳网片→聚合物砂浆施工→表面养护、检验。

具体施工方法如下：

① 施工准备：采用钢丝绳网片加固混凝土结构，应由熟悉该技术施工工艺的专业施工队伍承担并应有施工技术措施，熟悉图纸，进行脚手架搭设等各种准备工作。

② 表面处理：对加固混凝土体进行凿毛、清理、修补，除去表层浮浆、油污等杂质，

直至完全露出混凝土结构新面，用高压水枪清洗被加固构件的表面，清除酥松混凝土。对有裂缝的混凝土加固构件要先进行修补，当原构件钢筋有锈蚀现象时应对外漏的钢筋进行除锈及阻锈处理；若原构件钢筋经检测，认为已处于有锈蚀可能的状态，但混凝土保护层尚未开裂时，宜采用喷涂型阻锈剂进行处理，聚合物砂浆修补后，再进行下一道工序。

表面处理之后，抹聚合物施工前应用高压水冲洗并保持潮湿状态，以减少聚合物砂浆在固化过程的水分流失，有利于聚合物砂浆的充分固化，使之达到设计强度值。湿润用水的水质达到普通混凝土或砂浆的用水要求。

③ 定位放线：按设计图纸要求，对绷网部位的钢丝绳方向进行确认，并用墨线弹线弹出。

④ 打固定孔：固定钢丝绳网片的固定销栓的直径为 6.5mm，打固定孔时用直径 6mm 金刚钻头，打孔深为 3.5cm，按图纸要求固定孔呈梅花形布置（也可在钢丝绳网绷紧后打孔）。

⑤ 钢丝绳网片固定：纵筋在上，横筋在下。对钢丝绳网片进行剪裁，在钢丝绳网片的端头套上专用紧固环，并使紧固环扎紧钢丝绳线头；将钢丝绳网片的一端先用固定销栓固定或锚固，在另一端用紧线器夹紧钢丝绳网片，对钢丝绳网片进行张拉，使钢丝绳网片处于绷紧待加固状态；用 T 型销栓在网的纵横交叉处打孔固定或用锚固件锚固，相互间距为 380mm，呈梅花形布置。绷网的松紧要求：以纵筋手捏有弹性即可。不得出现有弯曲和未绷紧现象。

⑥ 喷涂胶粘剂：在加固构件表面均匀涂刷一层 1～2mm 左右厚加强粘结的胶粘剂，使原结构和钢绞线网结合良好，共同受力。

⑦ 喷涂聚合物砂浆：根据设计要求及渗透性聚合物砂浆相关配比使用说明进行材料配制，搅拌均匀无结块，配好的浆料应保证在半小时内用完。

可采用喷射器或人工抹压方式进行渗透性聚合物砂浆施工，砂浆厚度应控制在20～30mm，保护层厚度不小于 10mm。涂抹聚合物砂浆时，周围环境温度不宜高于 30℃，避免大风、阳光暴晒。

⑧ 表面养护：聚合物砂浆喷抹好后，进行喷水养护，保证表面湿润，条件允许可以采用覆盖养护，养护时间不得少于 7d。

⑨ 检验：施工前应确认钢绞线网、渗透性聚合物砂浆的合格证明，其指标应满足工程设计的要求，确保按照上述工序要求进行施工。聚合物砂浆涂抹质量检验评定，可参照抹灰质量要求进行检验。钢丝绳网片-聚合物砂浆外加层加固规定应按照《混凝土结构加固设计规范》GB 50367—2006 进行设计及施工。

设计规定：a. 采用本方法时，原结构、构件按现场检验结果推定的混凝土强度等级不应低于 C15，且混凝土表面的正拉粘结强度不应低于 1.5MPa。b. 钢绞线网-聚合物砂浆外加层应采取下列构造方式对混凝土结构构件进行加固；板和墙，可采取单面的外加层构造；也可采用对称的双面外加层构造。采用本方法加固的混凝土结构，其长期使用的环境温度不应高于 60℃。处于特殊环境下（如介质腐蚀、高温、高湿、放射等）的混凝土结构，其加固除应采用耐环境因素作用的聚合物配制砂浆外，尚应遵守现行国家标准《工业建筑防腐蚀设计规范》GB 50046 的规定，并采取相应的防腐措施。c. 当被加固结构、构件的表面有防火要求时，应按现行国家标准《建筑防火设计规范》GB 50016 规定的耐火等级及耐火极限要求，对钢丝绳网片-聚合物砂浆外加层进行防护。d. 对于重要构件的加固，应采用改性环氧类聚合物砂浆。对于一般构件的加固，可选用改性环氧类聚合物砂浆或改性丙烯酸酯共聚物乳液配制的聚合物砂浆。e. 承重结构用的聚合物砂浆分为Ⅰ级和Ⅱ级，应分别按下列规定采用：板、墙加固，当构件混凝土强度等级为 C30～C50 时，应采用Ⅰ级聚合物砂浆。当构件混凝土强度等级为 C25 及以下时，可采用Ⅰ级或Ⅱ级聚合物砂浆。梁和柱的加固，均采用Ⅰ级聚合物砂浆。

构造规定：①网片应采取小直径不松散的高强度钢丝绳制作，绳的直径在 2.5～4.5mm 范围内，当采用航空用高强度钢丝绳时，也可使用规格为 2.4mm 的高强度钢丝绳。钢丝绳的结构形式应为 6×7＋IWS 金属股芯右交互捻钢丝绳或 1×I9 单股左捻钢丝绳（钢绞线）。②网片的主筋（即纵向受力钢丝绳）与横向筋（即横向钢丝绳，也称箍筋）的交点处，应采用同品种钢材制作的绳扣束紧，主筋的端部应采用带套环的绳扣（如压管套环等）通过加压进行锚固。套环及其绳扣或压管的构造与尺寸经设计计算确定。

（10）裂缝修补

修补裂缝的目的在于使结构因开裂而降低的功能和耐久性得以恢复。对于因承载能力不足所产生的裂缝，单纯修补已很不够，尚需进行补强加固。裂缝修补的根据是裂缝调查、原因分析及危害性评定。裂缝修补范围及规模的确定，裂缝修补方法及材料的选择，主要根据功能要求、开裂原因、裂缝性状、结构类型及环境条件等因素确定。

建筑结构裂缝修补方法，主要有表面处理法、灌浆法、填充法及表面涂渗透性防水剂法等，分别适用于不同情况，应根据裂缝成因，裂缝性状，如裂缝宽度、裂缝深度、裂缝是否稳定、钢筋是否锈蚀，以及修补目的不同选用。

修补裂缝所用材料主要是以有机高聚合物为基料的各种胶粘剂和密封剂，或掺入定量水泥的混合物。常用的高分子聚合物有环氧树脂、丙烯酸树脂、聚醋酸乙烯、聚乙烯醇缩甲醛（107 胶）、甲基丙烯酸酯（甲凝）、丙烯酰胺（丙凝）、聚氯乙烯、硅酸钠（水玻璃）、有机硅、氯丁橡胶、丁苯橡胶等。由于性能及价格差异较大，应根据裂缝成因、结构类型及修补目的合理选用。目的在于恢复结构承载力和耐久性时，应选用粘结力强、强度高的热固性或热塑性胶粘剂；目的在于密封防水时，应选用极限变形值大的弹性体密封剂；对于钢筋混凝土承重结构，一般应选用强度高的胶粘剂及密封剂；对于砌体结构，因砌体本身强度较低，且存放大量缝隙，可选用低强度的聚合物水泥浆；对于活动性裂缝，应选用延伸率大的弹性材料。

表面处理法是针对微细裂缝（裂缝宽度小于 0.2mm），采用弹性涂膜防水材料、聚合物水泥膏及渗透性防水剂等，涂刷于裂缝表面，达到恢复其防水性及耐久性的一种常用裂缝修补法。该法施工简单，但涂料无法深入到裂缝内部。表面处理法分骑缝涂复修补及全部涂复修补。对于稀而少的裂缝，可骑缝涂复修补；对于细而密的裂缝应采用全部涂复修补。表面处理由于涂层较薄，涂复材料应选用粘着力强且不易老化的材料。

表面处理法的施工要点是，先用钢丝刷将混凝土表面刷毛，清除表面附着污物，用水冲洗干净，干燥后先用环氧胶泥、乳胶水泥等嵌补混凝土表面缺损，最后才用所选择的材料涂复。注意，涂复应均匀，不得有气泡。

灌浆法又称注入法，是采用各种黏度较小的胶粘剂及密封剂浆液灌入裂缝深部，达到恢复结构整体性、耐久性及防水性的目的。适用于裂缝宽度较大（≥0.3mm）、深度较深的裂缝修补，尤其是受力裂缝的修补。

填充法又称凿槽法，是沿裂缝将混凝土开凿成“U”形或“V”形槽，然后嵌填各种修补材料，达到恢复防水性和耐久性，以及部分恢复结构整体性的目的，适用于数量较少的宽大裂缝（>0.5mm）及钢筋锈蚀所产生的裂缝修补，填充法所使用的嵌填材料视修补目的而定，有环氧树脂或可挠性环氧树脂胶泥、环氧砂浆、聚合物水泥砂浆或纯水泥砂浆、聚氯乙烯胶泥以及沥青油膏等。对于活动性裂缝，应采用极限变形值较大的延伸性材料。对于锈蚀裂缝，应先展宽加深凿槽，直至完全露出钢筋生锈部位，彻底进行钢筋除锈，然后涂上防锈涂料，再填充聚合物水泥砂浆及环氧砂浆等，对增强界面粘结力，嵌填时应于槽面涂一层环氧树脂浆液。

5.5　既有建筑的抗震加固技术

5.5.1　概述

在20世纪70年代的海城和唐山大地震后，根据我国20世纪70年代以前建造的工业与民用建筑没有进行抗震设防的实际状况，在抗震设防区的城市开展了抗震鉴定和加固工作。房屋和生命线系统的抗震鉴定和加固实践促进了抗震加固技术的研究。2008年四川汶川地震和2010年青海玉树地震后受损房屋的抗震加固以及全国抗震设防区的中小学校舍抗震鉴定加固实践，促进了一些新的抗震加固技术的应用，丰富了抗震加固的经验。

（1）用外加钢筋混凝土柱加固砖墙，提高抗震性能

在强烈的地震作用下，多层砖房遭到了严重破坏甚至倒塌。在唐山大地震中，位于地震烈度为10度地区的唐山市区有几幢采用钢筋混凝土构造柱的多层砖房，虽然产生了严重破坏，但没有倒塌。基于这个震害经验，工程抗震研究者提出了采用外加钢筋混凝土柱、钢拉杆与圈梁加固多层砖房的方案，并做了试验研究，抗震试验结果表明，墙体与外加柱的变形协调，能共同工作；钢拉杆的主要作用是保证外加钢筋混凝土柱与砖墙的共同工作，共同约束墙体以阻止开裂后墙体的塌落，从而提高墙体的整体性和抗倒塌能力。

（2）用钢筋网砂浆面层加固砖墙，提高抗震性能

未经抗震设防的多层砖房中，由于层数和砖墙数量、砌筑砂浆等级的差异，使得一些房屋与抗震设防的要求相差较多，对于这些多层砖墙仅靠外加钢筋混凝土构造柱与钢拉杆加固还不能达到既有建筑的抗震要求。这就提出了采用钢筋网砂浆面层的方法，用以提高墙体的承载能力和变形能力。试验研究表明，钢筋网砂浆面层可大幅度提高原有墙体的抗侧力刚度与受剪承载力，原有墙体的砌筑砂浆强度等级越低，其提高的比值就越大。

（3）用外包角钢加固钢筋混凝土框架柱，提高抗震性能

未经抗震设防的多层钢筋混凝土框架房屋，在抗震承载能力和变形能力上存在着薄弱环节。针对现有钢筋混凝土框架结构中在使用功能上不能增设钢筋混凝土抗震墙的状况，增强框架柱和节点的承载能力、变形能力，能够达到提高框架结构整体抗震能力的目的。试验研究表明，采用外包角钢加固后，柱具有一定的匀质性，呈现比较对称的破坏状态，变形能力可得到较充分的发挥。其层间位移角较未加固柱提高一倍左右，当单纯采用外包扁钢箍加固柱时，也有类似的作用，但效果较差，而且扁钢箍的间距必须很密。

5.5.2　既有建筑抗震加固的基本要求

(1) 加固目标与抗震验算

既有建筑进行抗震加固的目标是达到《建筑抗震鉴定标准》GB 50023 的 A、B、C 类的抗震设防要求。当然，加固设计时，受到构件尺寸模数化、最低构造要求及施工技术的限制，其综合抗震能力往往高于建筑抗震鉴定标准的规定值，但不应高出过多。同时，还须注意抗震加固与抗震鉴定的密切联系。

抗震加固设计中，结构的抗震验算仍可采用抗震鉴定时的方法，但计算参数要按加固后的状况取值：

当抗震设防烈度为 6 度时（建造于Ⅳ类场地的较高的高层建筑除外），以及木结构和土石结构房屋，可不进行截面抗震验算，但应符合相应的构造要求结构的计算简图，应根据加固后的荷载、地震作用和实际受力情况确定；当加固后结构刚度和重力荷载代表值的变化分别不超过原来的 10%和 5%时，应不计入地震作用变化的影响；在条状突出的山嘴、高耸孤立的山丘、非岩石的陡坡、河岸和边坡边缘等不利地段，水平地震作用应按现行国家标准《建筑抗震设计规范》GB 50011 的规定乘以增大系数 1.1～1.6；结构构件承载力计算时，应计入实际荷载偏心，结构构件变形等构造造成的附加内力；并应计入加固后的实际受力程度、新增部分的应变滞后和新旧部分协同工作的程度对承载力的影响。当采用楼层综合抗震能力指数继续结构抗震验算时，体系影响系数和局部影响系数应根据房屋加固后的状态取值，加固后楼层综合抗震能力指数应大于 1.0，并应防止出现新的综合抗震能力指数突变的楼层。采用设计规范方法验算时，也应防止加固后出现新的层间受剪承载力突变的楼层。

(2) 加固方案

1）针对鉴定的结果和房屋的实际情况，确定使房屋总体抗震能力达到规定设防要求的关键，确定是整个房屋加固还是区段加固或构件加固，以避免扩大加固量。

2）对结构的加固，要进行"内加固"或"外加固"的比较，从房屋内部加固便于保持外立面，但加固时对生产、生活的干扰较大；从房屋外部进行加固，干扰较小并可与外立面的更新相结合，但抗震墙间距过大等情况时不容易达到预期效果。

3）增设抗震墙或支撑等抗侧力构件时，可保持或改变原有的结构体系，使地震作用相应地基本保持或显著加大，要进行二者的比较分析，包括普遍加固方案的比较，结合使用功能的要求和改造等确定。

4）加固后结构质量、刚度、承载力和变形能力都发生变化，当采用以提高承载力为主的方案时，要使承载力的提高超过因质量、刚度加大导致地震作用的加大；当采用以提高变形能力为主的方案时，要衡量现有承载力是否达到相应的最低要求；在可能的条件下，还可考虑加固后结构自振周期与场地卓越周期之间的关系，避免引起加固后地震作用过多增大。

5）提高结构抗震安全性与房屋使用功能、外观改善等出现矛盾时，需要通过几种加固方案的比较使之达到综合平衡。

6）加固方法要便于施工，减少对原结构承载能力的损伤，已有的损伤也要一并处理，以便在材料消耗、施工工效、环境影响和抗震能力提高之间取得最佳方案。

(3) 加固布置的合理性

合理的加固布置，大致可考虑以下几个方面：

1）规则性治理。当原结构沿高度和沿平面的构件、刚度等的分布符合规则性要求时，增设构件的布置要保持原有的规则性；原结构在某个主轴或两个主轴方向不符合规则性要求时，可利用增设构件的不规则布置，使加固后的结构消除或减少不规则性。

2）地震作用传递途径更为合理。可利用新增设的构件保持或改变原有的传递途径，应保持原结构合理的传递途径，消除或减轻原结构传递途径的缺陷。

3）抗震薄弱层的增强。不仅要防止新增设构件形成新的薄弱层，而且要利用所增设构件的位置、尺寸和厚度的变化，消除薄弱层或减轻原有薄弱层的薄弱程度。

4）当原有建筑的不同部位有不同类型的承重结构体系时，对不同类结构相连部位，加固布置要使之具有比一般部位更高的承载力或更强的变形能力。

5）当原结构构件处于明显不利的状态时，如短柱、强梁弱柱等，加固布置要改善其受力状态，或设法把地震作用吸引到新增设的受力状态合理的构件上。

（4）地基基础现有承载能力的利用

对于地基基础在静载下未发现问题的既有建筑，6 度、7 度时不作基础抗震鉴定，也就无须加固；8 度、9 度时，只对液化等级为严重且建筑对液化敏感的地基进行处理，对软弱土和明显不均匀土层上的建筑，多采取措施提高上部结构抵抗不均匀沉降的能力。

减少既有建筑地基基础的加固量，一是考虑到地基基础加固的难度较大；二是加固的目标在于设防烈度地震影响下可修，而地震造成的地基震害，如液化、软土震陷、不均匀土层的差异等，一般尚未导致建筑的坍塌或丧失使用价值，采取提高上部结构抵抗不均匀沉降能力的措施，即可减轻结构的震害。

减少对既有建筑地基基础的加固，要充分利用现有地基的潜力，例如：

1）遇软弱土层时，根据唐山地震的震害，当基础底面下的厚度不大于 5m，或 8 度、9 度时静承载力标准值分别大于 80kPa 和 100kPa，可不考虑地震下的沉陷；

2）由于地基土在建筑荷载的长期作用下土体固结压密，土与基础底面接触处发生一定的物理、化学变化，孔隙比和含水量减少，可使黏土、粉土、砂性土、砾石土的地基静承载力有一定的提高，因此，当加固后构件所增加的重力不超过地基土长期压密提高值时（工程经验和试验发现，有时可提高 30%），可不做地基的抗震验算；

3）遇有柱间支撑的柱基、拱脚等，需进行抗滑验算时，可考虑基础底面与土的摩擦力、基础侧面的被动土压，有时尚可利用刚性地坪的抗滑力；

4）加固后，在地震作用下，基础的竖向压力超过地基土承载力在 10%以内时，可不做地基处理，仅提高上部结构抵抗不均匀沉降的能力。

（5）减轻非结构构件危害的处理

非结构构件在地震中的破坏后果，大致分两类：其一只影响非结构构件自身，其二则危及生命或重要生产设备。二者的加固要求不同。

前者不符合抗震要求时，通常可结合维修处理；后者必须进行治理，以减轻相关的损失。

对非结构构件的治理，可根据具体情况和使用要求，选用拆除、拆矮、剔缝分开和增设拉结措施等。

5.5.3　多层砖房抗震加固技术

(1) 多层砖房加固方案

砖房抗震加固时，应根据抗震鉴定的结果，针对房屋存在的具体问题，综合选择合理、有效的加固手段。下面列举一些基本的综合方法：

1) 多层砖房和底层框架砖房的上部各层，当某楼层承载能力明显不足时，凡属静力荷载下明显不足者，必须对有关墙段用补强、拆换或面层加固；而仅地震作用下明显不足，可选择普遍补强、拆换、面层加固的方案，也可选择集中于若干墙段用面层或板墙加固形成安全区以吸收地震作用的加固方案。

2) 对于承载力明显不足的砖柱（墙垛），可选择在砖柱的单面或双面加设面层的方案，也可选择在柱间增设墙体的方案。

3) 变形缝一侧的敞口墙，抗震加固时可选择增设墙体、混凝土框的加固方案等。

4) 整体性不良的各类砖房，一般用圈梁、拉杆、锚杆、构造柱加强，也可用配筋面层或板墙加固外墙替代圈梁和构造柱。

5) 楼（屋）盖构件支承长度不足时，可选择增设托梁方案，也可选择增强楼（屋）盖整体性的措施。

6) 承重墙段宽度过小，可选择面层加固等，也可结合构造柱加固。

7) 超高女儿墙、烟囱等可选择降低高度的方案，也可结合屋面防水维修增设锚固措施。

8) 墙段承载力稍差而整体不良时，可不直接加固墙段而利用构造柱提高其承载力。

(2) 抗震加固设计

1) 多层砌体房屋的抗震加固方法

对多层砌体房屋的抗震能力和薄弱环节进行抗震鉴定的基础上，采用有针对性的采取抗震加固方法，以确保抗震加固后的房屋满足既有建筑的抗震设防要求。在选择抗震加固中应着重提高房屋的整体抗震能力和加固后房屋沿竖向抗震承载能力的均匀性，避免局部加强后而出现新的薄弱楼层或部位。多层砌体房屋的抗震加固，可分为下列方法：

① 当房屋抗震承载力不满足要求时，可选择下列加固方法：

a. 拆砌或增设抗震墙。b. 对已开裂的墙体修补和灌浆。c. 面层或板墙加固。d. 外加柱加固。e. 在柱、墙角或门窗洞边用型钢或钢筋混凝土包角镶边；柱、墙垛还可用现浇钢筋混凝土套加固。f. 支撑或支架加固：对刚度差的房屋，可增设型钢或钢筋混凝土的支撑或支架加固。

② 房屋的整体性不满足要求时，可选择下列加固方法：

a. 当墙体布置在平面内不闭合时，可增设墙段或在开口处增设现浇钢筋混凝土框形成闭合。b. 当纵横墙连接较差时，可采用钢拉杆、长锚杆、外加柱或外加圈梁等加固。c. 楼、屋盖构件支承长度不满足要求时，可增设托梁或采取增强楼、屋盖整体性能的措施；对腐蚀变质的构件应更换；对无下弦的人字屋架应增设下弦拉杆。d. 当构造柱或芯柱设置不符合鉴定要求时，应增设外加柱；当墙体采用双面钢筋网砂浆面层或钢筋混凝土板墙加固，且在墙体交接处增设相互可靠拉结的配筋加强带时，可不另设构造柱。e. 当圈梁设置不符合鉴定要求时，应增设圈梁；外墙圈梁宜采用现浇钢筋混凝土，内墙圈梁可用钢拉杆或在进深梁端加锚杆代替；当墙体采用双面钢筋网砂浆面层或钢筋混凝土板墙加固，且上下两端增设加强带时，可不另设圈梁。f. 当预制楼、屋盖不满足抗震鉴定要求时，可增设钢筋混凝土现浇层或增设托梁加固楼、屋盖。

③ 对房屋中易倒塌的部位，可选择下列加固方法：

a. 承重窗间墙宽度过小或抗震能力不满足要求时，可增设钢筋混凝土窗框或采用钢筋网砂浆面层、板墙等加固。b. 隔墙无拉结或拉结不牢，可采用镶边、埋设钢夹套、锚筋或钢拉杆加固；当隔墙过长、过高时，可采用钢筋网砂浆面层进行加固。c. 支承大梁等的墙段抗震能力不满足要求时，可增设砌体柱、组合柱、钢筋混凝土柱或采用钢筋网砂浆面层、板墙加固。d. 支承悬挑构件的墙体不符合鉴定要求时，宜在悬挑构件端部增设钢筋混凝土柱或砌体组合柱加固，并对悬挑构件进行复核。e. 出屋面的楼梯间、电梯间和水箱间不符合鉴定要求时，可采用面层或外加柱加固，其上部应与屋盖构件有可靠连接，下部应与主体结构的加固措施相连。f. 出屋面的烟囱、无拉结女儿墙、门脸等超过规定的高度时，宜拆矮或采用型钢、钢拉杆加固。g. 悬挑构件的锚固长度不满足要求时，可加拉杆或采取减少悬挑长度的措施。

④ 当具有明显扭转效应的多层砌体房屋抗震能力不满足要求时，可优先在薄弱部位增砌砖或现浇钢筋混凝土墙，或在原墙加面层；也可采取分割平面单元，减少扭转效应的措施。

⑤ 现有的空斗墙房屋和普通黏土砖砌筑的墙厚不大于 180mm 的房屋需要继续使用时，应采用双面钢筋网砂浆面层或板墙加固。

2）各种加固方法

① 水泥砂浆和钢筋网砂浆面层加固：

采用钢筋网砂浆面层加固墙体的目的是为了提高墙体的承载能力、变形能力和墙体的整体性能，同时也能增加楼板的支撑长度。根据大量的试验研究，在统计分析基础上，提出了加固增强系数的计算公式和构造要求。

② 钢绞线网-聚合物砂浆面层加固：

采用钢绞线网-聚合物砂浆面层加固墙体的目的和钢筋网砂浆面层一样，是为了提高墙体的承载能力、变形能力和墙体的整体性能，同时也能增加楼板的支撑长度；其加固效果好于钢筋网砂浆面层。

钢绞线网-聚合物砂浆面层与钢筋网砂浆面层加固的主要区别是，采用钢绞线网片，与原有墙体连接采用锚固在砖块上的专用金属胀栓，在墙体交接处需设置钢筋网等加强与左右两端墙体的连接。

③ 新增设砖墙段的加固

对于因横墙间距过大而承载能力不足或外纵墙开洞率过大而形成局部尺寸不满足和窗间墙过窄等，在使用功能允许的情况下，可采取增设墙段的加固方案。增设砖墙段能提高房屋的承载能力和减少薄弱部位。

新墙砖墙段后房屋的抗震能力计算方法为，将新增墙段的截面面积应计入楼层的抗震能力中；其增强系数，无筋时取 $\eta_{ij}=1.0$；设现浇带取 $\eta_{ij}=1.12$；设焊接网片，240mm 墙取 1.10，370mm 墙取 1.08。

④ 混凝土板墙和新增混凝土墙加固

对于因横墙间距过大而承载力不足且在使用功能上又不允许增加较多的砖抗震墙时，

可采用增设钢筋混凝土墙的方案。对于采用混凝土面层（混凝土板墙）加固砖墙时，面层厚度为 60～100mm，混凝土强度等级 C20，竖向钢筋 ϕ10～ϕ12，横向钢筋 ϕ6，间距150～200mm；混凝土板墙应设基础，埋深与原砖墙基础同；混凝土板墙与砖墙的锚筋 ϕ8，形状同砂浆面层，仅锚拉点在每 m^2 内不少于 2 根。混凝土板墙四周与原结构的连接要求，可参照砂浆面层加固方法。

新增混凝土墙适用于原砖墙的砌筑砂浆不低于 M2.5 的情况，混凝土强度等级 C20，构造配筋、基础、与原构件的连接要求同砖墙。根据试验研究结果，考虑混凝土墙与砖墙工作性能的差异，板墙的增强系数取值，原墙体的砌筑砂浆为 M10 时取 1.8；为 M7.5 时取 2.0；为 M2.5 和 M5 时取 2.5。双面板墙加固且总厚度不小于 140mm 时，其增强系数可按增设混凝土抗震墙加固法取值。

⑤ 外加钢筋混凝土构造柱、圈梁和钢拉杆加固：

利用外加构造柱、圈梁和拉杆在三个方向把多层砖房和类似砖房的墙段加以分割包围，主要是加强房屋的整体性，提高抗倒塌能力，这不仅为试验所验证，也已为大震震害所证明。

a. 综合抗震能力指数的提高。砖房整体性加强后，体系影响系数 Ψ_s 可取 1.0，有关墙段的局部影响系数 Ψ_{ij} 也可取 1.0。

鉴于设置构造柱后，墙段的承载力略有提高，而延性有较大提高，这样，墙段抗震能力指数尚应乘以加固后的增强系数 η_{ij}，对不高于 M2.5 砌筑的实心砖墙：墙段一端设置，$\eta_{ij}=1.1$；墙段两端设置，无洞 $\eta_{ij}=1.3$，有一门洞 $\eta_{ij}=1.2$；窗间墙中部设置，$\eta_{ij}=1.2$；对大于和等于 M5 砌筑的实心砖墙：墙段一端设置，$\eta_{ij}=1.0$；墙段两端和窗间墙中部设置，$\eta_{ij}=1.1$。

b. 外加柱布置和构造要求。外加柱的设置，可根据鉴定时砖房的破坏等级估计并参照《建筑抗震设计规范》GB 50011 的规定布置。外加柱一般布置在有横墙的位置，沿房屋全高贯通，受阳台等阻挡时应采取可靠锚固等措施；外加柱与圈梁、拉杆形成墙体的约束系统。

c. 新增圈梁布置和构造要求。新增圈梁的目的有两种，其一是以加强楼、屋盖整体性为主的，其二是既加强楼、屋盖的整体性又改善纵横墙连接的可靠性。加固设计时根据砖房鉴定的结果分别选用。

（3）多层砌体校舍房屋抗震加固探讨

1）多层砌体校舍房屋抗震性能的主要问题

① 结构布置与结构体系

a. 建筑结构平面绝大多数基本上为矩形，对于超过规范长度或结构平面为∟形等不规则的均设置了抗震缝；结构构件——砌体抗震墙布置对称、规则，在地震作用下的扭转影响比较小，对结构抗震有利；但也有一部分教学楼的平面为∟形、三个肢等构成。

b. 在 8 度设防区的多层砌体校舍工程的建筑总层数多为 2～4 层，总层数为 5 层的是极个别的。横墙很少的多层砌体教学楼的设防烈度 6 度、7 度、8 度时，不应超过 5 层、4 层和 3 层。对于校舍建筑总层数超过总层数限值的，应在综合分析其抗震能力的基础上提出加固等处理建议。

c. 楼（屋）盖多为钢筋混凝土预制板，内廊式的房间和走廊多为纵墙承重，由于外纵墙开洞率大和横墙间距大，使得这类房屋的抗震能力大为降低。

d. 楼梯间在1992年以前建造的基本设置在端部，且楼梯平台板多为预制板，楼梯间墙体因楼梯斜梁的作用而刚度增大，楼梯间的预制平台板削弱了楼梯的整体性，使得这些校舍的楼梯间成为了房屋抗震的薄弱环节。

e. 外纵墙开洞率大，使得窗间墙的高宽比大于1.0；对于外纵墙的窗间墙高宽比大于1.0时，其外纵墙的抗震能力相对比较差。

f. 外廊建筑的纵墙均为外墙，两个外纵墙的开洞率均比较大，使得外廊建筑的抗震能力较内廊式的多层砌体校舍还差。

g. 个别房屋结构体系不合理；也有个别结构是局部框架、砌体房屋与单层构件混凝土排架结构组合、砌体房屋上部增设轻钢结构以及阶梯教室等大教室的井字梁楼盖等状况，其结构体系不合理。一些教学楼的开间为4开间，楼（屋）盖仍采用预制混凝土板，其横墙间距大、预制板的水平刚度小而使纵墙变形大产生弯曲破坏。

② 构件承压与抗震承载力方面存在的主要问题：

a. 砌筑砂浆强度比较低，特别是20世纪90年代以前一些建筑的砂浆强度等级低于M2.5，个别20世纪80年代的建筑还低于M1，这些校舍工程的构件承压与抗震承载力比较差。

b. 开洞率大的局部墙垛的构件承压与抗震承载力不满足要求。

c. 纵墙承重的结构，当横墙间距较大时，其抗震承载力不满足要求。

d. 少数工程的横梁下未设梁垫，其局部承压不满足要求。

e. 在结构体系方面存在的预制钢筋混凝土空心板形成纵墙承重和外纵墙开洞率大等问题，削弱了外纵墙的抗震能力，也就削弱了房屋的整体抗震能力。

③ 抗震构造措施

在抗震构造措施方面与中小学校舍作为乙类建筑的要求存在一定的差距，特别是1992年以前建造的中小学校舍的抗震构造措施方面的差距会更大一些。

a. 由于《建筑抗震设计规范》GBJ 11—89 于1992年7月以后才正式实施，在1992年以前按《工业与民用建筑抗震设计规范》TJ 11—78 设置构造柱的多层砌体校舍房屋相对比较少，多数横墙很少的教学楼房屋仅在外墙四角、楼梯间四角、内横墙与外纵墙交接处设置。这主要是由于该规范把构造柱作为超高的措施运用。《建筑抗震设计规范》GBJ 11—89 和《建筑抗震设计规范》GB 50011—2001 把构造柱和圈梁一起作为约束脆性砖墙而达到提高多层砌体房屋整体抗震能力的构件，按照这两本抗震规范设计的多层砌体校舍的构造柱设置较为合理，但也存在内纵墙构造柱设置偏少的问题。

b. 多层砌体房屋校舍中楼（屋）盖多数都采用预制钢筋混凝土空心板，其钢筋混凝土圈梁设置非常重要。在1992年以前建造的多层砌体房屋校舍圈梁的设置不够合理，基本上是有横墙处才设置圈梁，使得横向圈梁的间距均在9.0m以上。对于1992年以后建造的多层砌体房屋校舍其圈梁设置较为合理，在纵墙承重的结构体系的每开间构造柱设置的部位采用250mm宽现浇配筋板带作为圈梁，形成了纵横向圈梁与构造柱相连接约束砖墙的作用。

c. 多层砌体房屋校舍中部分横墙承重结构的承重梁下没有设置混凝土梁垫，虽然没有出现承重梁下砌体因局部承压不足产生的破坏，但是在地震作用下支承承重梁的墙体是薄弱环节，会率先破坏并导致楼板的垮塌。

2）多层砌体校舍抗震加固的若干问题

① 良好的抗震加固概念设计应贯彻抗震加固设计的始终

抗震加固设计与新建工程一样，其良好的抗震概念是非常重要的，而良好的抗震概念设计应贯彻抗震加固设计的始终。

a. 提高既有建筑的综合抗震能力是抗震加固的基本原则。其综合抗震能力应包括结构布置与结构体系的合理性、结构构件承载能力与变形能力、抗震构造措施的合理性和连接的可靠性等。由于地震作用是地面运动，结构抗震性能取决于结构的整体抗震能力而不是个别构件加固越强越能满足要求；而加固设计是结构的整体加固，应从整体上增强结构的抗震能力，避免个别构件失效后对周围构件的影响以及避免加固薄弱楼层后的相邻楼层出现新的薄弱楼层等。

b. 抗震加固应确保加固设计措施的有效性，包括应尽可能减少对原结构构件的损坏，新加固构件与原结构应有可靠的连接和锚固，加固后应避免出现新的薄弱层以及在原有构件上加固应保证新构件与原构件的协同工作等。

② 做好现场检查和补充必要的检测

加固设计单位的项目负责人应深入项目现场，深入检查结构荷载作用、受损部位情况、变形裂缝、损伤破坏等方面情况和建筑所处环境与使用历史情况等。对结构现状质量的深入了解有助于增强加固设计方案和加固部位实施的有效性和与该建筑功能相结合。

3）抗震加固设计方案应针对结构抗震存在问题进行合理地选择

应根据所加固工程的检测鉴定报告给出的结构抗震的主要问题和抗震概念设计的要求，探讨加固设计方案的合理性。加固设计方案合理性的关键是应按照该地区地震烈度、概念设计要求和校舍工程抗震能力及存在主要问题的实际等进行分析比较。下面探讨可供参考的选择：

① 对于墙体砌筑砂浆小于 0.5MPa 的总层数为 2 层的校舍建筑和墙体砌筑砂浆小于 1.0MPa 总层数为 3 层及其以上的校舍建筑，考虑到抗震能力较低和加固量涉及所有的墙体，其抗震加固费用已经超过新建工程的 70%，以及存在由于砂浆强度太低很难达到加固效果等问题，对这类校舍房屋应拆除重建。

② 对于砌筑砂浆不小于 1.0MPa，但不大于 M2.5 的情况，校舍房屋总层数和总高度均在乙类建筑横墙很少或较少的范围内，其砖墙抗震承载能力与抗震设防要求有一定的差距，通过采取加固措施可以使结构的抗震承载力满足要求；在结构体系方面为预制钢筋混凝土空心板的纵墙承重，或存在井字梁楼（屋）盖等，以及在抗震构造上构造柱、圈梁设置不合理等。对于这类校舍工程应从提高房屋的整体抗震能力进行整体加固，包括墙体加固、内外纵墙增设钢筋混凝土构造柱和钢拉杆以及楼梯间三面墙体加固等。

③ 对于砂浆强度等级基本满足设计要求，校舍房屋总层数和总高度均在乙类建筑横墙很少或较少的范围内，其墙体抗震承载力也满足设防要求，但存在抗震构造柱、圈梁设置不合理或楼梯间设置在端部等校舍工程，对于这类校舍工程应从提高房屋的整体抗震能力的抗震构造进行加固，可采取在内外纵墙增设钢筋混凝土构造柱和钢拉杆以及楼梯间三面墙体加固等的局部加固措施。

④ 对于横墙很少的教学楼总层数没有超过规定的限值时，但总高度超过了限值的要求，可按原结构体系进行抗震加固，但应采取较严格的抗震构造措施加强构造柱的配筋、

增强预制楼板的刚度和在墙体内的搭接长度、楼梯间特别是顶层楼梯间的三面墙体加固等，在抗震承载力方面也给以适当提高。

⑤ 对于横墙很少的教学楼总层数超过规定的限值 1 层时，可考虑在横向和纵向增设一定数量的钢筋混凝土板墙，使其变成钢筋混凝土墙与砖墙的组合结构，其砖墙可采用钢筋网砂浆面层等进行提高变形能力的加固以增强与新加混凝土板墙的协调工作和耗能能力。

⑥ 对于横墙很少的教学楼总层数超过规定的限值 2 层及其以上时，可考虑在横向和纵向增设较多数量的钢筋混凝土板墙，使其变成钢筋混凝土墙抗震墙结构。

⑦ 对于横墙较多的学生宿舍楼不满足乙类建筑抗震设防要求时，应区分承载能力不满足还是抗震措施不满足而采取相应的加固措施，但对这类结构宜尽量按原砌体结构加固，提供这类结构的整体抗震能力。

⑧ 当具有明显扭转效应的砌体校舍房屋抗震能力不满足要求时，可在薄弱部位增设砌砖墙或在原墙增加钢筋网砂浆面层等减少扭转效应的措施。

⑨ 对房屋中非结构构件等不满足要求时，可采取拆除、拆矮和增设拉结等措施。

⑩ 对于所加固工程存在的承重梁、楼梯梁不满足抗震承载力要求的以及楼板开裂等混凝土构件，应采取加固补强的措施；对于存在墙体渗漏等情况，应采取维护措施以确保校舍工程的耐久性。

4）超过《建筑抗震鉴定标准》GB 50023—2009 规定层数的多层砖房教学楼的抗震加固方案

《建筑抗震鉴定标准》GB 50023—2009 对后续使用 40 年的 B 类和后续使用 50 年的 C 类的乙类校舍建筑的总层数和总高度给予了规定。

对于横墙较多的中小学砌体房屋乙类建筑一般都是学生宿舍楼，对于横墙较少的中小学砌体房屋乙类建筑一般为图书馆、阅览室，而中小学砌体房屋乙类建筑教学楼是横墙很少的房屋。在 6～8 度抗震设防区，中小学砌体房屋校舍建筑中的教学楼一般均在 5 层及 5 层以下，极个别的为 6 层。根据既有中小学教学楼总层数的实际和对多层砌体房屋抗震能力的分析，提出以下加固方案：

① 对于总层数和总高度均不超过标准规定的，其抗震加固应根据检测鉴定结果给出的房屋抗震能力方面存在的问题从提高整体抗震能力和增加构造约束墙体及增强楼梯间的抗震能力等方面进行。

② 对于总层数没有超过但总高度超过标准规定的，其抗震加固可仍按多层砌体房屋的结构体系进行抗震加固，应根据检测鉴定结果给出的房屋抗震能力方面存在的问题从提高整体抗震能力而采取更严格一些的构造措施进行加固，如增加钢筋网砂浆面层的配筋量、增加墙体构造柱（暗柱）的约束和增强楼梯间的抗震能力等。

③ 对于中小学多层砌体教学楼的总层数和总高度均超过标准规定的，其加固方案可区分不同烈度或超过层数的多少而分别对待：

对于 6 度、7 度区（不包括设计基本地震加速度为 $0.15g$）横墙很少的教学楼总层数超过规定的限值 1 层时，可仍按多层砌体房屋的结构体系进行抗震加固，应根据检测鉴定结果中房屋抗震能力方面存在的问题从提高整体抗震能力而采取更严格的构造措施进行加固，如增加钢筋网砂浆面层的墙体数量、增加墙体构造柱（暗柱）的约束和增强楼梯间的抗震能力等。

对于7度（设计基本地震加速度为0.15g）、8度（包括设计基本地震加速度为0.30g）横墙很少的教学楼总层数超过规定的限值1层时，可考虑在横向和纵向增设一定数量的钢筋混凝土板墙，使其变成钢筋混凝土墙与砖墙的组合结构，其余砖墙可采用钢筋网砂浆面层等进行提高变形能力的加固以增强与新加混凝土板墙的协调工作和耗能能力。

对于7度（基本地震加速度为0.15g）、8度（包括设计基本地震加速度为0.30g）、9度横墙很少的教学楼总层数超过规定的限值1层但其抗震能力相对比较差时，可考虑在横向和纵向增设较多的钢筋混凝土板墙，使其变成钢筋混凝土墙为主的组合结构，其余砖墙可采用钢筋网砂浆面层等进行提高变形能力的加固以增强与新加混凝土板墙的协调工作和耗能能力。

对于8度（包括设计基本地震加速度为0.30g）、9度横墙很少的教学楼总层数超过规定的限值2层时，可考虑在横向和纵向墙体全部增设钢筋混凝土板墙，使其变成钢筋混凝土抗震墙的结构体系。

当房屋层数超过最大限值或高度超过最大限值的加固费用超过新建采用钢筋混凝土框架-剪力墙教学楼结构造价的70%时，应采取拆除重建的抗震减灾措施。

④ 采用钢筋混凝土板墙加固后结构体系的抗震性能

当全部纵横向墙体均有双面钢筋混凝土板墙加固时，则该结构变成了多层钢筋混凝土抗震墙结构。多层钢筋混凝土抗震墙结构的抗震性能，取决于加固方案的合理性，其合理性主要是控制钢筋混凝土墙的高宽比和在底部的边缘构件的约束。对于加固设计为改变结构体系的工程，应给出加固后结构抗震能力的分析结果和是否存在薄弱楼层以及对薄弱楼层采取的改善措施等。

⑤ 砌体墙与钢筋混凝土墙组合结构的抗震性能

对于多层砌体结构的纵横向增设钢筋混凝土板墙后改变了结构体系。当采用多层砌体结构的纵横向增设一定数量的钢筋混凝土板墙后改变为砌体墙与钢筋混凝土墙组合结构体系。

文献［7］对砖墙与钢筋混凝土墙组和结构的抗震性能进行了一系列的模型试验和分析研究，研究结果表明砖墙与钢筋混凝土组合结构较多层砌体房屋具有更好的抗震性能。但应根据这类房屋受力和变形的特点，提出能满足抗震三个设防水准要求的抗震设计规定。

⑥ 多层砖房教学楼抗震加固为砌体墙与钢筋混凝土墙组合结构的抗震设计方法

试验与分析表明用砌体墙与钢筋混凝土墙组合结构的具有较好的抗震性能，所以在砌体墙具有一定的抗震能力的总层数和总高度均超过标准规定要求的情况下，应进行把所有纵横墙全部增设双面钢筋混凝土板墙形成钢筋混凝土板墙结构体系还是对一部分纵横向墙体增设双面钢筋混凝土板墙而形成砖墙与钢筋混凝土墙的组合结构体系的比较，包括抗震性能、加固施工和造价等方面的比较分析，通过比较确定合理的加固方案。

对于砖墙与钢筋混凝土墙的组合结构有其剪弯型的受力特点，应采用符合这种结构体系的变形和受力特点进行整体分析，可采用类似钢筋混凝土框架-抗震墙结构的协同计算方法。钢筋混凝土板墙为弯曲构件，砖墙为剪切构件，按各道砖墙的高宽比计算各墙段的抗剪刚度，按各道钢筋混凝土墙的高宽比等计算其抗弯刚度，通过各层的楼（屋）盖协同作用计算和分配地震作用。

5.5.4 钢筋混凝土房屋的抗震加固技术

(1) 混凝土结构加固方案

混凝土房屋抗震加固时，应根据该房屋抗震鉴定的结论，针对结构存在的具体问题，综合选择一种或多种加固手段，来达到预期的目标。以下列举一些基本的综合方法：

1) 对于单向框架，可通过梁端底部钢筋的锚固改变为双向框架体系，也可同时增强楼盖的整体性和增设抗震墙、抗震支撑等，提高另一方向的抗震能力。

2) 单跨框架不符合抗震鉴定要求时，应在不大于框架-抗震墙的抗震墙最大间距且不大于 24m 的间距内增设抗震墙、翼墙、抗震支撑当抗侧力构件或将对应轴线的单跨改为多跨。

3) 框架梁柱配筋不符合鉴定要求时，可采用钢构套加固或钢筋混凝土套加固，也可采用粘钢、碳纤维布、钢绞线网-聚合物砂浆面层加固的方法，视具体的施工技术条件和经济条件而定。例如，单层钢筋混凝土柱厂房，除了柱脚用钢筋混凝土套加固外，其余部位用钢构套加固。

4) 框架柱轴压比不符合鉴定要求时，可采用现浇钢筋混凝土套等加固。

5) 当结构的总体刚度较弱、地震作用下变形过大或有显著的扭转效应时，可选择增设抗震墙的方案，也可用设置翼墙的方案；对厂房还可选择设置柱间支撑的方案。

6) 当框架梁柱实际受弯承载力的关系不符合鉴定要求时，可采用钢构套、现浇钢筋混凝土套或粘贴钢板等加固框架柱；也可通过罕遇地震作用下的弹塑性变形验算确定对策。

7) 钢筋混凝土抗震墙配筋不符合鉴定要求时，可加厚原有墙体或增设端柱、墙体等。

8) 当楼梯构件不符合鉴定要求时，可粘贴钢板、碳纤维布、钢绞线网-聚合物砂浆面层等加固。

9) 当构件有局部损伤时，首先要恢复原有承载力，然后再做相应的抗震加固。避免因内在缺陷使新增构件不能发挥预期效果。

10) 厂房柱间支撑的下节点位置不符合要求时，可采用加固柱子的方案，也可加固节点或改善支撑受力的传递等。

11) 屋面板支承长度不足，可选择增加支托或加强连接的措施。

12) 砌体墙和柱、梁连接不符合要求，可增设拉结钢筋、钢夹套等加强连接；在墙体自身有足够稳定性的情况下，采用柔性连接或脱开的处理方案。

13) 墙体、工作平台布置成短柱或柱子附加内力过大，可采取剔缝分开、改变布置或加强相应柱子的处理方案。

(2) 抗震加固设计

钢筋混凝土框架的抗震加固，是以“综合抗震承载力指数”度量的，即通过加固后构件现有抗震承载力来获得结构加固效果的评价。单层钢筋混凝土柱厂房的抗震加固，则主要以满足构造要求来度量。

1) 新增混凝土墙或翼墙的加固设计

增设混凝土墙或翼墙的作用是提高整个结构的抗震承载力和抗侧力刚度，并通过内力重分布减少薄弱环节。

框架结构增设钢筋混凝土墙后，结构可作为框架-抗震墙结构计算综合抗震承载力指数。增设翼墙与原框架柱形成的构件，可按整体的偏心受压构件计算。但计算中，增设的混凝土、钢筋的材料强度，均应乘以折减系数 0.85。此外，增设抗震墙后，抗震墙之间楼、屋盖长宽比的局部影响系数应作相应改变。

2）钢筋混凝土外套加固设计

在原有的钢筋混凝土构件外设钢筋混凝土外套，混凝土可用浇注或喷射方式扩大原有构件截面，以提高构件的承载能力，称为钢筋混凝土外套加固。试验表明，外套中混凝土和钢筋的应力和原有构件不完全相同。在现有抗震承载力计算中，为简化，常将加固的截面作为整体构件截面计算，但新增的混凝土和钢筋的材料强度，均乘以反映实际应力状态的折减系数 0.85。加固后，梁柱箍筋和轴压比等体系影响系数，可取 1.0。

3）框架梁、柱钢构套加固设计

用角钢和扁钢缀板等制成的钢构架外包原有的钢筋混凝土构件，通过约束原构件而不增大构件截面的加固方法，称为钢构套加固。其设计要点如下：

① 综合抗震承载力计算

在综合抗震承载力计算中，加固后梁柱箍筋构造的体系影响系数可取 1.0。

考虑钢构套与原有构件受力的差异，对框架梁，角钢作为纵向钢筋、缀板作为箍筋，但材料强度乘以折减系数 0.80。对框架柱，加固后现有的受弯、受剪承载力为原有的受弯、受剪承载力和钢构套承载力之和。

考虑构套的受力状态，其现有正截面受弯、斜截面受剪承载力取为：

$$M_y = M_{y0} + 0.7 A_\alpha f_{\alpha y} h \tag{5-1}$$

$$V_y = V_{y0} + 0.7 f_{\alpha y} (A_\alpha / s) h \tag{5-2}$$

式中　M_{y0}、V_{y0}——分别为原柱现有正截面受弯、斜截面受剪承载力；

$f_{\alpha y}$——角钢、扁钢的抗拉屈服强度；

A_α——柱一侧外包角钢、扁钢的截面面积或同一柱截面内扁钢缀板的截面面积；

h——验算方向柱截面高度；

s——扁钢缀板的间距。

② 梁柱钢构套的构造要求见表 5-12 和图 5-6。

梁柱钢构套的构造要求　　**表 5-12**

项目	要　求
截面	角钢不宜小于∠50×6，缀板不小于 40mm×4mm
缀板间距	不应大于单肢角钢截面最小回转半径的 40 倍，且不应大于 400mm
角钢连接	用于柱的角钢应穿过楼板上下相连且伸到基础顶，顶层的角钢、扁钢应与屋面板可靠连接；用于梁的角钢应与柱角钢焊连或用扁钢绕柱焊连
构套连接	钢构套的角钢与梁柱混凝土表面应采用胶粘剂粘结

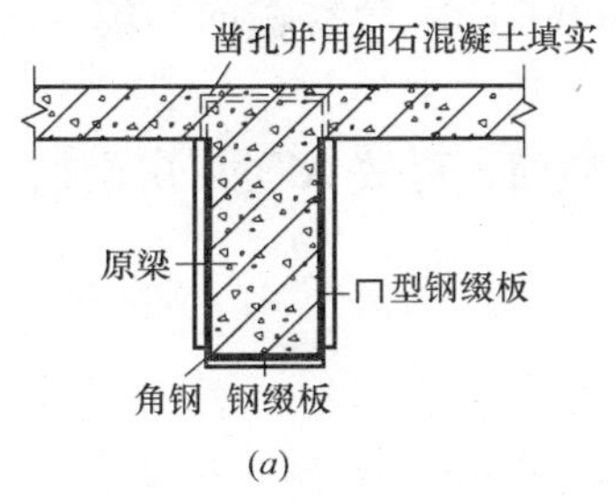

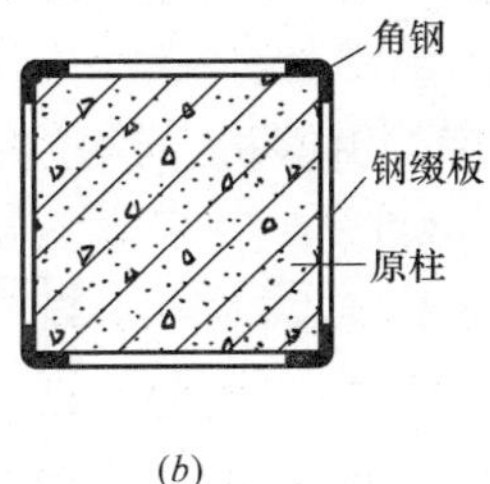

图 5-6 钢构套加固

(*a*) 加固梁；(*b*) 加固柱

4）排架柱钢构套的加固设计

排架柱钢构套的构造，可按烈度和场地分三级：第一级，7 度Ⅲ、Ⅳ类场地和 8 度Ⅰ、Ⅱ类场地；第二级 8 度Ⅲ、Ⅳ类场地和 9 度Ⅰ、Ⅱ类场地；第三级，9 度Ⅲ、Ⅳ类场地。

① 排架上柱柱顶的钢构套不做抗震验算，但应满足下列构造要求（图 5-7）：

角钢截面，不应小于∠63×6；缀板截面，第一级 A 类厂房 50×6，第一级 B 类厂房 60×6，第二级 A 类厂房 60×6，第二级 B 类厂房 70×6，第三级 A 类厂房 70×6，第三级 B 类厂房 85×6；钢构套长度不应小于 600mm，且不应小于柱截面高度。

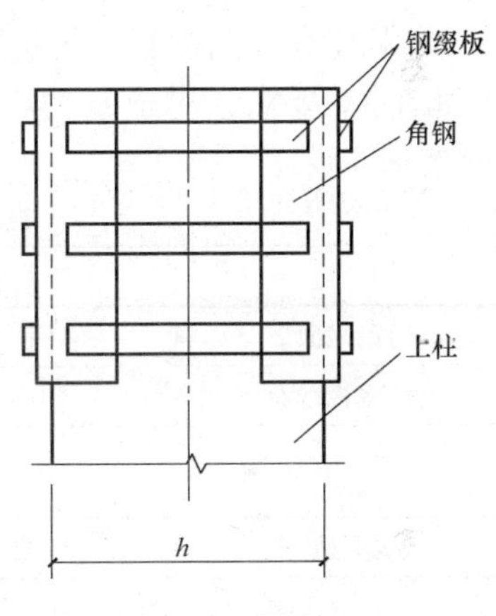

图 5-7 柱顶加固

② 排架牛腿钢构套加固，不等高厂房支承低跨屋盖的牛腿，可采用角钢和缀板组成的钢构套加固，也可采用型钢横梁和钢拉杆组成的钢构套加固（图 5-8）。

当低跨的跨度不大于 24m 且屋面荷载不大于 3.5kN/m² 时，大量计算发现，对于 A 类厂房只要钢构套满足下列构造要求，可不做抗震验算（图 5-8）：

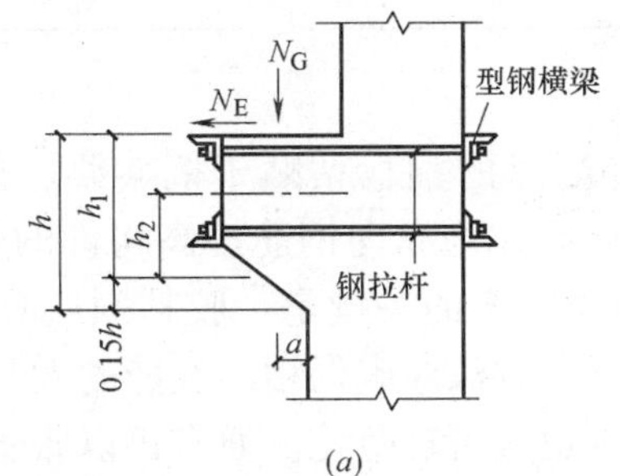

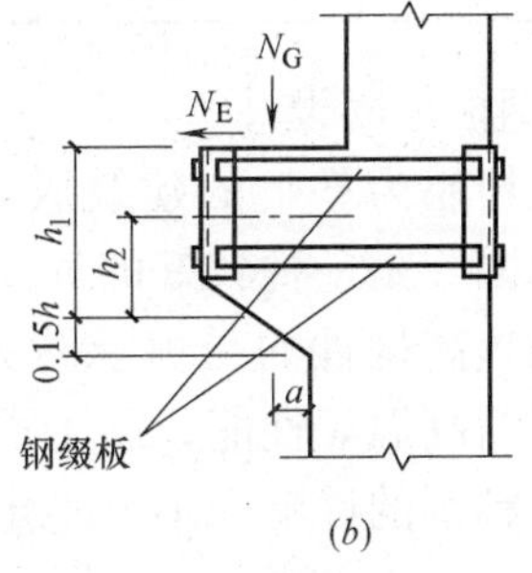

图 5-8 柱牛腿加固

对钢缀板构套，第一级 60×6，第二级 70×6，第三级 80×6。

对横梁-拉杆构套，横梁截面：第一级∠75×6（柱宽 400mm）和∠90×6（柱宽 500mm），第二级为∠90×8（柱宽 400mm）和∠110×8（柱宽 500mm），第三级为

∠110×10（柱宽400mm）和∠125×10（柱宽500mm）；拉杆截面：第一级 ϕ16，第二级 ϕ20，第三级 ϕ25。

对于B类厂房，钢缀板、钢拉杆和钢横梁的截面，可按A类厂房增加15%采用。

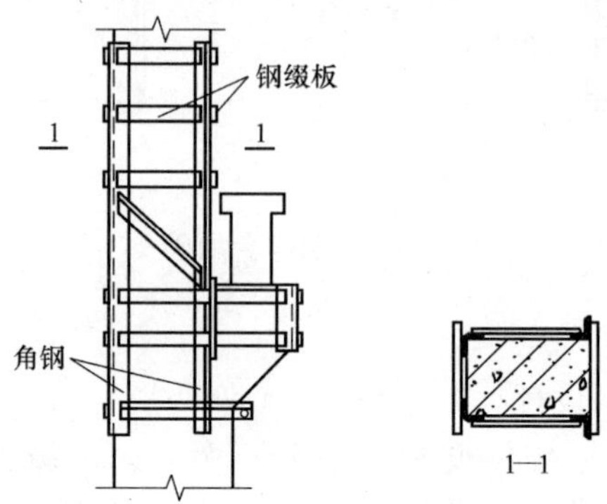

图5-9　上柱底部加固

③ 上柱底部钢构套，与牛腿的钢构套连成一体。其构造应符合表5-13和表5-14及图5-8和图5-9要求，对于B类厂房高低跨上柱底部采用的角钢和钢缀板的截面宜比表5-13相应增加15%。

A类厂房高低跨上柱底部钢构套构造要求　　表5-13

构　造	第一级	第二级	第三级
角钢截面	∠63×6	∠80×8	∠100×12
上柱缀板截面	∠60×6	∠100×8	∠120×10

吊车梁上柱底部钢构套构造要求　　表5-14

构　造		第一级	第二级	第三级
角钢截面	（A类厂房）	—	∠75×8	∠100×10
	（B类厂房）	∠75×8	∠90×8	∠100×12
缀板截面	（A类厂房）	—	60×6	70×6
	（B类厂房）	60×6	70×6	85×6

5）粘贴钢板加固设计

用以环氧树脂为基料的建筑胶，将2～5mm厚的钢板粘贴于框架梁、柱等构件上，对构件进行加固，是一种较好的加固方法。它可以作为纵向钢筋提高构件的受弯承载力，又可作为箍筋提高构件的受剪承载力。这种加固技术的关键是：胶粘剂应具有粘结强度高、耐久性、耐高温等性能；施工操作程序和操作方法应确保粘结性能的发展。

目前，胶粘剂的性能尚不够稳定，操作技术也有待规范化。通常仍以胀管螺栓作为辅助的粘结手段。

6）粘贴纤维布加固设计

采用粘贴纤维布加固主要是提高梁、板的受弯承载力和梁、柱的受剪承载力。碳纤维的受力方式应设计成仅承受拉应力作用。当提高梁的受弯承载力时，碳纤维布应设置在顶面或底面的受拉区；当提高梁的受剪承载力时，碳纤维布应采用U形箍加纵向压条或封闭箍方式；当提高柱受剪承载力时，碳纤维布宜沿环向螺旋粘贴并封闭；当矩形界面采用封闭环箍时，至少环绕3圈且搭接长度应超过200mm。粘贴纤维布在需要加固的范围以外的锚固长度，受拉时不应少于600mm。纤维布和胶粘剂的材料性能、加固的构造和承载力验算，可按现行构件标准《混凝土结构加固设计规范》GB 50367的有关规定执行，其中，对构件承载力的新增部分，其加固承载力抗震调整系数宜采用1.0，且对A、B类钢筋混凝土加固，原构件的材料强度设计值和抗震承载力，应按现行国家标准《建筑抗震鉴定标准》(GB 50023)的有关规定采用。

7）钢绞线网-聚合物砂浆面层加固设计

采用钢绞线网-聚合物砂浆面层加固主要是提高梁、板的受弯承载力和梁、柱的受剪承载力。钢绞线网-聚合物砂浆面层加固梁的承载力验算，可按现行构件标准《混凝土结构加固设计规范》GB 50367的有关规定执行，其中，对构件承载力的新增部分，其加固承载力抗震调整系数宜采用1.0，且对A、B类钢筋混凝土加固，原构件的材料强度设计值和抗震承载力，应按现行国家标准《建筑抗震鉴定标准》GB 50023的有关规定采用。

8）砌体墙与梁柱的连接加固设计

当砌体墙与梁柱连接不符合鉴定要求时，通常采用拉结筋增强连接（图5-10*a*）其构造要求。

① 拉筋直径ϕ6，其长度不应小于600mm，沿柱高间距不宜大于600mm；

② 拉筋一端锚入柱内斜孔或用胀管螺栓焊连；

③ 拉筋另一端弯折后锚入砌体墙的灰缝内，并用1∶3水泥砂浆将墙面抹平。

当墙顶与梁底连接不牢时，除用类似于墙柱的拉结筋加强外，也可用钢夹套（图5-10*b*）加强。钢夹套沿梁轴线每隔1m布置；其角钢不小于∠63×6，螺栓不小于2M12。

9）女儿墙加固设计

超高的厂房女儿墙、封檐墙，可采用角钢或钢筋混凝土的竖杆加固，其构造要求见图5-11以及表5-15和表5-16。对于B类厂房，角钢和钢筋的截面面积宜相应增加15%。

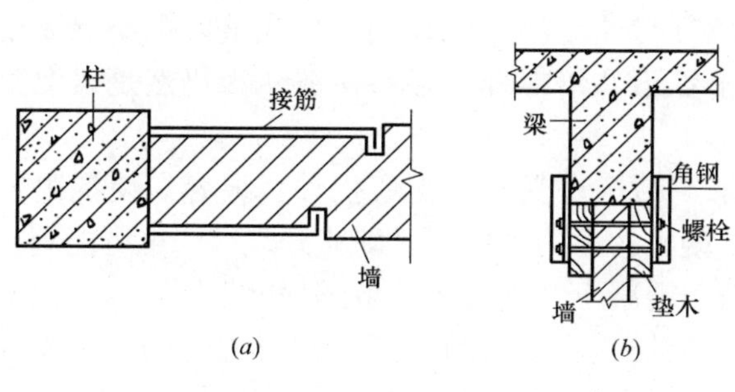

图5-10 砌体墙与梁柱的连接加固
(*a*) 拉筋连接；(*b*) 钢夹套连接

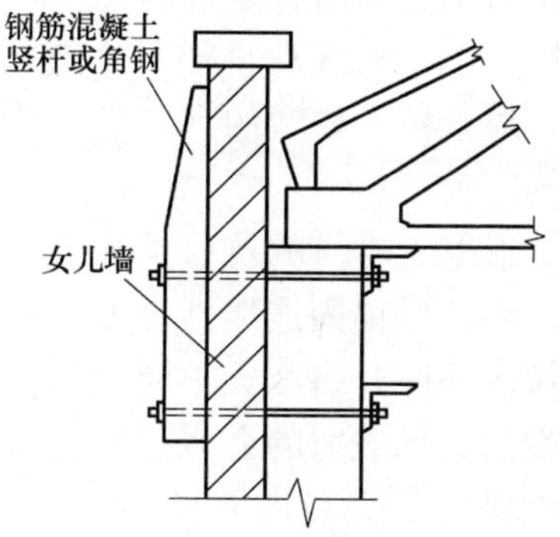

图5-11 女儿墙加固

女儿墙加固竖杆位置和材料 **表5-15**

项 目	要 求
位置	应设置在排架柱对应的墙外
材料	角钢用Q235，混凝土用C20

A类厂房女儿墙加固竖杆截面　表5-16

截　面		7度Ⅰ、Ⅱ类场地	7度Ⅲ、Ⅳ类场地和8度Ⅰ、Ⅱ类场地	8度Ⅲ、Ⅳ类场地和9度Ⅰ、Ⅱ类场地	9度Ⅲ、Ⅳ类场地
角钢	$h\leqslant1$m	2∠63×6	2∠63×6	2∠90×6	2∠100×10
	1m<$h\leqslant$1.5m	2∠90×8	2∠90×8	2∠100×10	2∠125×12
竖杆截面	$h\leqslant1$m	120×120	120×120	120×150	120×200
	1m<$h\leqslant$1.5m	120×120	120×150	120×200	120×250
竖杆配筋	$h\leqslant1$m	4ϕ10	4ϕ10	4ϕ14	4ϕ16
	1m<$h\leqslant$1.5m	4ϕ10	4ϕ14	4ϕ16	4ϕ16

注：h为女儿墙、封檐墙高度。

5.6　后锚固技术

20世纪80年代末后锚固技术引入中国，在人民大会堂内部装修和加固改造中应用，此后后锚固技术被逐渐广泛应用于对既有建筑物的加固改造工程，并渐渐被工程界认可、熟悉，各类后锚固产品经历了20多年的发展后，仍方兴未艾。我国已编制了《混凝土结构后锚固技术规程》JGJ 145—2004，该标准正在修编，已在报批阶段。随着中国大规模建设，越来越多的基础设施、城市建筑需要进行改造或加固，而后锚固技术将发挥越来越大的作用。

5.6.1　后锚固连接的组成

后锚固技术是通过相关技术手段在既有混凝土结构上的锚固措施。在既有结构上增加锚固件，用来安装结构或非结构构件，后锚固相关主要部件由原结构（基材）、后锚固连接件以及新增设备或结构三部分组成。

（1）后锚固基材

后锚固基材肯定是混凝土，混凝土内还可能配筋。对于植入深度比较大的（有效锚固深度大于8倍螺杆直径）一般认为植入螺杆与原结构共同作用，形成整体钢筋混凝土结构；对于植入较浅的（有效锚固深度小于等于8倍螺杆直径）一般认为仍然是素混凝土结构。

混凝土本身的抗拉承载力很低，如果原结构是受拉、受弯构件，很容易使混凝土开裂，因此后锚固连接件有可能被固定在混凝土构件的受压区，即非开裂区；也可能固定在受拉区，即开裂区。不同后锚固连接件对于混凝土开裂与否的敏感程度不同，即在混凝土开裂后其承载力的衰减程度有所不同。一般的对于安装在开裂混凝土中的锚栓，只有那些仍能保持20%以内变异系数的锚栓才能认为是可靠的，这项要求并不比非开裂混凝土低，也就是说，锚栓在各类基材中表现出的承载能力差异应该是相同的。欧美的大量试验证明，合格锚栓在开裂混凝土中的变异系数为15.8%，而在非开裂混凝土中的变异系数为15.5%，并没有明显变化。

另一方面，其衰减后的极限承载力一般不低于非开裂混凝土基材中的60%，这样才有比较经济、合理的使用价值，产品才有市场竞争力。我国的产品标准对开裂混凝土内的锚栓抗拉锚固系数做了相应规定，《混凝土用膨胀型、扩孔型建筑锚栓》JG 160中规定开裂与非开裂混凝土中，锚栓的抗拉承载力的比值不小于0.56，也是基于这个原因。

(2) 后锚固连接件

后锚固连接件种类非常丰富，大体上可以分为锚栓和化学植筋两类。

1) 锚栓

锚栓按材质又可分为金属锚栓、塑料锚栓和化学锚栓；金属锚栓按安装方式和受力机理又可分为切底锚栓、膨胀锚栓和敲击式锚栓（位移控制型锚栓）；化学锚栓按照安装方式不同可分为配套药剂包（管）式和注射式两种。各类锚栓有各自的优缺点和合适的应用范围，这就需要广大工程设计人员根据实际情况选用合适的产品。

一般来说，金属锚栓的抗湿热老化、耐高温、低温能力好于化学锚栓，且容易保存，不会变质，安装后可立即进行下一步施工作业，无需等待，另外对孔内积灰不敏感；这类锚栓存在价格偏高，安装方法相对复杂等问题。化学锚栓价格便宜，安装方式简单，但耐候性差，不易保存，存在保质期，安装后不能立即受荷，对清孔效果敏感。实验证明，环境因素，例如孔中积水、积灰未清除彻底，化学锚栓的承载力可以降低50%以上。需要强调的是，化学锚栓或植筋，其连接刚度明显高于金属锚栓连接，即在同等受力状态下，二者的初位移不同，因此二者不能混用。在很多加固工程中，为了降低工程造价，发现二者混用在同一组锚板中，造成多颗锚栓无法共同发挥作用，这是非常危险的。无论是金属锚栓还是化学锚栓，需要达到其设计强度和承载力，必须正确使用、安装。事实上，锚栓的安装是一个系统工程，其配件可以多达20多件。在加固施工现场，如果不能完全达到生产商制定的安装要求进行安装，那么设计师应加以考虑并对设计承载力加以折减。当然，如何折减、折减多少都是很难明确回答的问题，需要大量实验数据的支持。因此，这种方法并不值得推荐，施工人员应努力满足供应商的安装需要，或根据自身情况选择合适的产品。例如大部分切底锚栓需要特殊钻孔设备和安装工具，而化学锚栓有时会要求压缩空气清孔，施工单位可根据自身条件选择使用切底锚栓或化学植筋。另外，注射式化学药剂不利于向上施工，药剂会顺着钻孔向下流出，针对这种情况可以考虑更换药剂包式化学锚栓或金属锚栓，如果不愿意更换产品，也可增加向上施工的活塞式设备。在美国，化学植筋向上施工，必须由通过专业培训的技工持证上岗完成，否则即是违法行为，总包、监理方会受到严厉惩处。可见锚栓的使用效果与施工方式正确与否有直接的联系。

2) 化学植筋

化学植筋的钢筋是定型产品，但是植筋胶目前还没有统一的产品标准，虽然经历了20多年的发展，市场仍然比较混乱。目前从事生产、制备建筑结构胶的企业已经多达300家。植筋胶的研发是广大化学工程师与结构工程师通力合作的结果，单纯依靠化学工程师在实验室内调配方，是不可能生产出最适合的产品的。目前，建筑结构胶有待解决的两大难题是耐候性问题和耐久性问题。

耐火、耐候性是指结构胶在高温、高湿、酸碱气体、海水等各类不利环境下能否保证其强度、韧性等物理力学性能。耐久性包括两个方面，一个方面要耐老化，即胶体本身不能老化，变脆变软；另一方面要耐长期荷载，不能出现过大蠕变。

(3) 锚栓的破坏模式及其评判依据

混凝土椎体破坏和钢材破坏与锚栓本身无太大关联，影响混凝土椎体破坏时的承载力因素有两个，即混凝土基材强度和埋深，见式（5-3）；影响钢材破坏时的承载力因素也有两个，即钢材强度和钢螺栓的直径，见式（5-4）。

$$N_{\mathrm{Rk,c}}^{0}=7.0\sqrt{f_{\mathrm{cu,k}}}h_{\mathrm{ef}}^{1.5} \tag{5-3}$$

$$N_{\mathrm{Rk,s}}^{0}=f_{\mathrm{y}}A_{\mathrm{s}} \tag{5-4}$$

由此可见，保证钢材破坏的方法无外乎有三：或增加有效埋深，或提高混凝土基材强度，或降低使用钢材屈服强度。对于加固工程，提高混凝土基材强度难度较大，可以想方设法满足另外两个条件。适当使用较低屈服强度的钢材制作的锚栓反而更为安全，容易达到钢材破坏，即延性破坏的要求，一味使用高强度螺杆，不但不能充分利用螺杆的钢材强度，失去了经济性，且一旦发生锚固破坏，就会出现基材混凝土大面积开裂的现象，其实并不安全。广大设计工作者应全面考虑被加固构筑物的具体情况，选用合适的锚栓和埋深。

（4）被锚固件

在加固工程中，一般使用锚栓固定钢板，再将预制的钢梁焊接在钢锚板上。如果是现浇混凝土梁，则需要通过植筋连接新旧结构。有时也需要通过锚栓，将一些附属的机械设备等固定在楼板、墙体上。这里需要强调的是，结构附属物或非结构构件连接失效带来的人员伤亡和财产损失往往并不比结构构件小，因此我国的加固设计规范、抗震加固设计规范等标准都明确要求，附属设备的连接也需要考虑抗震要求。汶川地震中，四川省的一些工业厂房中的机器设备未按要求进行抗震连接，在地震中螺栓被剪断，设备倾倒、损坏，保险公司拒绝理赔，给这些企业带来了巨大的经济损失。

5.6.2　锚栓的性能

（1）开裂混凝土中锚栓的承载性能

对于普通化学锚栓而言，混凝土裂缝对承载力的影响更为显著。这是由于其主要通过化学粘结承载，如果裂缝穿过粘结面，会造成粘结力的显著下降。试验研究显示，与非开裂混凝土相比，开裂混凝土中的拔出破坏承载力一般会下降 50％左右，而且只有通过测试才能确定具体的粘结强度并用于承载力验算。

（2）锚栓的抗震性能

国内外对后锚固所做的抗震性能试验分为两类。一类是将地震荷载近似为循环作用的静力荷载，荷载可以施加于单个锚栓，也可以施加于依靠后锚固连接的结构。美国的 ACI 规范中已经建立了一套标准的抗震测试方法，用于判定锚栓的抗震性能，给出地震反复荷载作用下锚栓发生拔出破坏的抗拉承载力和发生钢材破坏的抗剪承载力，这些数据直接用于该规范中的抗震验算方法。另外一类抗震性能试验是利用振动台测试的方法，研究锚栓在多个自由度方向的惯性力作用下的动力性能。试验发现，变形与锚栓抵御地震力的性能之间有相关性：振幅系数保持不变时记录的变形越大，那么（局部或整体）破坏发生处的振幅系数就越小。在轴向和垂直方向变形最小而地震抗力最大的就是扩底型锚栓。其余两种锚栓也有不错的表现，其破坏对应的承载力都超出了标称地震的 500％。

（3）锚栓的长期性能

对于化学锚栓而言，现代锚固胶中使用最多的两类分别为乙烯基酯树脂和环氧树脂。由于有机高分子材料在持续荷载的作用下有发生蠕变的趋势，锚栓的长期性能试验十分必要，特别是对于主要依靠粘结承载的普通化学锚栓。

国外已进行了很多化学锚栓的长期性能试验，根据试验结果也建立了完善的标准试验方法和判定标准。考虑到锚栓的实际应用条件，特别是存在承受永久拉力荷载的工况，ACI 和 ETAG 标准中都把长期性能试验列为必做项目。国内目前还没有化学锚栓的长期性能试验标准。

（4）锚栓的温度性能

该试验仅针对化学锚栓。根据试验研究，化学锚栓的承载性能受到基材环境温度的显著影响，不同种类的锚固胶对于温度变化的敏感程度也有差异。以环氧树脂为例，一般40℃以上就开始软化，粘结强度也开始下降，一般允许其使用的最高短期温度（短的时间间隔内变化的温度，例如昼夜循环和冻融循环）为 70℃左右。

国内目前还没有化学锚栓的温度性能试验标准。

（5）锚栓的冻融性能

化学锚栓在冻融循环下的性能，国内外标准都要求进行相应的试验。

ETAG 001 的第 5 部分规定的试验条件为：基材：C60 抗冻混凝土；温度范围：－20 ～ ＋20℃；循环次数：50 次；循环周期：24h；性能要求：循环过程中，位移的增长率趋于零；循环结束后，粘结强度下降不大于 10%。国内目前没有化学锚栓的冻融循环性能试验标准。

（6）锚栓的耐久性

对于机械锚栓来说，耐久性主要指金属的抗腐蚀性能。一般来说，ETAG 和 ACI 的标准中不要求对锚栓的抗腐蚀性能进行专门的试验，产品认证中规定的锚栓应用环境是基于一般的研究结果。对于化学锚栓来说，除了金属腐蚀外，还需要特别考虑的是锚固胶的老化问题。造成有机高分子材料性能随着时间而下降的环境因素有很多：紫外线的照射，酸碱腐蚀，潮湿，温度的作用等。考虑到化学锚栓的实际使用条件，影响比较普遍和显著的因素是酸碱腐蚀和潮湿。目前国内标准中还没有类似的耐久性测试方法。

（7）锚栓安装性能

由于后锚固连接是在已经固化的混凝土上通过专门的工具和方法进行安装，安装的质量自然是保证锚栓达到预定性能的一个重要因素。

对于机械锚栓来说，安装时可能面临新旧钻头造成的钻孔直径偏差，安装扭矩的偏差以及安装位移的偏差。具有良好的安装性能的锚栓应该对这些偏差不敏感，承载力的下降在规定的范围内。

无论是机械锚栓还是化学锚栓，以上安装性能试验中的承载力下降都有一个定量的要求，而这个要求是与锚栓的承载力计算中的安全系数取值紧密相连的。在 ETAG 和 ACI 的计算方法中有一个专门的安装性能分项安全系数 γ_2，在欧美的强制认证体系下，γ_2 可以根据不同产品的安装性能取 1.0，1.2 和 1.4 三档。这样的话，即使承载力标准值相同，那些经过专门研发、具有优良安装性能的锚栓可以使用更高的承载力设计值。

国内标准采取了一刀切的方法，安装系数的取值基本对应于 1.2。

5.6.3 后锚固技术的相关规范

随着后锚固技术的发展，我国住房和城乡建设部组织相关单位编制了不少相关规范，对后锚固、加固工程进行了有效的规范和管理，起到了很好的指导性作用，相关规范见表 5-17。

后锚固技术相关规范　　表 5-17

规范编号	规范名称	分类	相关行业
GB 50367—2006	混凝土结构加固设计规范	设计	加固、改造
GB 50550—2010	建筑结构加固工程施工质量验收规范	验收	加固、改造
GB 50728—2011	工程结构加固材料安全性鉴定技术规范	材料	加固、改造
JGJ 145—2004	混凝土结构后锚固技术规程	设计	后锚固
JG 160—2004	混凝土用膨胀型、扩孔型建筑锚栓	产品	产品生产
JG/T 340—2011	混凝土结构工程用锚固胶	产品	产品生产

中国建筑科学研究院主编的《非结构构件抗震设计规程》已经把后锚固技术应用在非结构构件的抗震技术纳入到国家规范中，说明我国的工程技术人员已经对此给予了充分的重视。

5.7　质量控制与验收

5.7.1　基本要求

建筑改造与加固工程的质量控制是指施工单位在整个加固改造施工过程中所进行质量控制，包括施工图纸交底和会审、施工方案和各工序施工与检验标准、材料进场验收、结构加固施工前对原结构的清理与修整和支护、施工工序操作、工序质量自检和工序间的质量交接检验以及不合格项的整改等。有分包单位的还包括总包单位对分包单位施工质量检验等。

建筑改造与加固工程的质量验收可分为三种情况，一是按《建筑结构加固工程施工质量验收规范》GB 50550—2010 规定的程序所进行的工序、检验批、分项工程、分部工程的检验与验收，检验批、分项工程、子分部工程的施工质量验收均是在施工单位检验合格的基础上，由建设单位或监理单位的技术负责人（或专业技术负责人）组织施工单位有关人员进行现场抽样检验，当抽样检验结果满足相应验收规范的质量要求时，则通过验收；二是当所检验的检验批、分项工程、分部工程的检验结果不符合验收规范的合格规定时，应由有资质的检测单位检测鉴定，并依据检测鉴定的结果来确定是否能够验收；三是当检测鉴定结果不满足相应验收规范、且应进行整改或加固时，则整改或加固完成后按照验收标准要求再次进行验收。在这几种情况验收的依据均是《建筑工程施工质量验收统一标准》GB 50300 和《建筑结构加固工程施工质量验收规范》GB 50550 及与其相配套的各结构专业工程验收规范。

（1）对建筑结构加固工程验收

建筑改造与结构加固工程的施工质量验收与新建工程施工质量验收的基本要求和原则是一样的，但有以下特点：1）建筑结构加固是在原有建筑结构上进行，为保证新加部分与原构件的粘结与加固效果必须对被加固结构构件的清理、修整；2）每栋建筑结构加固可能会涉及不同的加固方法，如增大截面法加固框架柱、粘结碳纤维布加固框架梁等，每种加固方法为一个子分部工程，每栋建筑结构加固的所有子分部工程综合为结构加固分部工程。3）对于仅进行建筑结构加固工程不会形成单位工程，所以不涉及单位工程验收问题。但对于同时进行设备改造、装饰装修等分部工程的，则应在各个分部工程验收的基础上进行单位工程的验收。

（2）对加固施工前原结构的清理、修整和支护的验收

对于建筑结构加固工程质量控制的工作之一是施工前对原结构的清理、修整和支护，这是建筑结构加固工程有别于新建工程的特点之一。对原结构加固部位的清理是为了便于施工，主要是拆迁原结构上影响施工的管道和线路及其他障碍物；原结构加固部位的修整主要是对原结构构件已有的缺陷、损伤进行处理等；对原结构的支护主要是搭设安全支撑及工作平台，这些是为了保证整个加固施工过程中的顺利进行和加固质量与施工安全。当发现原结构整体牢固性不良时，还必须设置保证结构安全的支撑。

1）原结构、构件加固部位的修整。2）卸载与支顶。对于设计有要求卸载的应进行卸除原结构构件的荷载或采用支顶的方法进行局部卸载。3）建筑结构加固施工的全过程应有可靠的安全措施，包括搭设安全支护体系和工作平台，对危险构件、受力比较大的构件加固时应以切实可行的安全监控措施等。

（3）对加固改造施工工序检验

建筑结构加固分部工程可按工种、材料和施工工序划分为分项工程，对于分项工程可按楼层、施工段划分为若干检验批，各道工序的质量控制是整个施工质量过程控制最基本的和最重要的。施工单位对每道工序均应按相应的技术标准进行质量控制，使之达到建筑改造与加固工程施工质量验收规范的要求。

各工序的质量检验体现了施工单位的预控、过程控制和自行检查评定。只有在施工单位自检合格的基础上才能填写检验批验收报验单。再由监理单位的专业监理工程师组织施工方质量检查员等进行抽样检验，以确认所验检验批的质量。在自检控制过程中发现的问题应及时纠正处理，施工技术负责人和该工序的班组长一起分析原因、制订纠正措施等。

（4）检验批的质量检验和验收

《建筑工程施工质量验收统一标准》GB 50300 把建筑改造与加固工程的质量验收划分为单位（子单位）工程、分部（子分部）工程、分项工程和检验批。对于实际加固工程是由一道道工序组合起来完成的，作为建筑改造与加固工程的验收应从检验批开始。所谓检验批应是按同一生产条件或按规定的方式汇总起来供检验用的，由一定数量样本组成的检验体。比如新建现浇钢筋混凝土框架结构的第一层柱钢筋检验批、柱模板检验批，若结构体型比较大还可以按施工段来进一步划分，如把一层中施工段轴线柱钢筋安装划分为一个检验批等，其目的是为了便于及时验收。对于既有建筑结构加固工程的增大截面法的第一层柱的清理与修整原结构构件检验批、柱植筋检验批、柱钢筋检验批、模板检验批和浇筑混凝土检验批等。

检验批是工程质量验收的最小单位，是分项工程及至整个建筑改造与加固工程质量验

收的基础。对于检验批的质量验收，根据验收项目对该检验批质量影响的重要性又分为主控项目和一般项目，主控项目是对检验批的基本质量起决定性作用的检验项目，因此必须全部符合有关专业工程验收规范的规定。一般项目的质量标准较主控项目有所放宽，但也不允许出现严重缺陷和过大的超差。

（5）分部工程的抽样检验

《建筑工程施工质量验收统一标准》GB 50300 规定"对涉及结构安全和使用功能的重要分部工程应进行抽样检测"。分部工程的抽样检测均是在各分项工程验收合格的基础上进行的，是对重要项目进行验证性的检验，其目的是为了加强该分部工程重要项目的验收，真实地反映该分部工程重要项目的质量指标，确保结构安全和达到使用功能的要求。在《混凝土结构工程施工质量验收规范》GB 50204 中规定，对影响结构安全的混凝土强度和主要受力构件的钢筋保护层厚度进行实体抽样检测。

5.7.2 加固改造工程质量控制

建筑改造与加固工程质量控制应包括施工准备阶段、施工过程和质量验收控制等。

（1）施工准备阶段的质量控制

施工准备阶段不是仅指工程开工前的场地、临时水、电等作为工程开工必需的人力物力准备。施工准备阶段的质量控制，还应主要包括以下内容：

1）备齐和熟悉建筑结构加固施工图纸；2）制订建筑结构加固施工各道工序的施工程序或方案书；3）加固施工技术交底；4）所有建筑结构加固材料必须经进场验收合格才能使用；5）各道加固工序建筑材料标记、摆放等应满足材料规格标记清晰，应保证不能搞混乱，材料摆放应保证不能变质或污染等；6）各道加固工序中所用的施工工具确认符合正常使用要求；7）各道加固工序施工中的安全施工和保护环境的措施等。

上述这七项施工准备内容是各道加固工序施工准备的共性内容，对不同加固方法的施工工序应进一步具体化。比如，不同工序建筑材料的标记和摆放就有其特殊的要求，建材钢材的摆放要求是：已经验收而又合格的钢筋，与那些未经验收的钢筋是分开来摆放的，并且都加上了记号，以便于辨别，不会搞错的。对于不同大小的钢筋也同样要分开摆放。在摆放已验收好的钢筋下面一定要垫木头，不能直接放在泥地上，遇到下雨的时候，就要用预备好的防水帆布遮住，以免生锈。

（2）施工过程的质量控制

在做好施工准备阶段工作后，施工过程的质量控制就显得尤为重要。这是每道工序由建筑材料通过施工操作变为构件实体的过程，因此是工序施工质量的关键阶段。其控制内容主要包括以下内容：

1）针对不同加固施工工序制订相应的质量控制计划，其质量控制计划是以完善质量管理体系、施工工艺标准和质量检查制度为基础的；2）各道加固施工工序使用的原材料，在使用中应严格按有关标准进行核对、检查，对于涉及结构安全使用与功能的建筑材料应通过见证取样送样检验，确认其满足标准、设计或施工方案要求后才能使用；3）施工单位应严格按照各道加固工序的施工程序或施工方案的要求进行，包括该施工工序中各工种间的配合等，施工前应做好班组的施工技术交底；4）设置各道加固施工工序的质量控制点进行预控，质量控制点是在分析施工中可能发生的质量问题和隐患，可能产生原因的基础，制定的有效措施进行预控；5）采取有效手段对施工技术环境（包括不同季节的温湿度环境）和劳动环境（包括劳动组合、劳动工具、工作面等）进行合理有效控制；6）严格执行隐蔽工程验收程序，经检验有关方确认满足要求后才能实施；7）严格进行各道加固工序质量检验验收和工种、工序及专业间的交接检验与验收。

5.7.3 建筑结构改造与加固工程质量检验

建筑结构改造与加固工程质量检验主要是结构加固材料的进场检验、工序检验、隐蔽工程检验和实体检验等。

（1）材料的进场检验

结构加固的建筑材料性能是否满足设计和有关规范的要求直接关系到结构加固后的结构能否满足安全与抗震性能要求的问题。因此，对于结构加固所用的涉及结构安全的建筑材料均应进行见证检验和进场验收。建筑结构加固涉及的建筑材料相对比较多，除了混凝土原材料、钢筋原材料、水泥砂浆原材料外，还有钢型材、结构胶、纤维材料、聚合物砂浆、锚栓、裂缝修补注浆料、混凝土用结构界面剂等。加固材料进场检验的要求、抽样数量、检验方法等见《建筑结构加固工程施工质量验收规范》GB 50550。

（2）工序质量检验

所谓建筑工程的工序在新建工程与既有建筑结构的结构加固中是有一定的差异的，对于新建结构工程是形成每类构件的步骤，对于建筑结构加固是每种加固方法的在每类构件的实施步骤。

各类工程施工工序质量的过程控制是施工单位通过实施质量管理指导下的施工工序的班组和质量检查员实施。对于在工序的施工过程和工序完成的质量检验中发现的问题，应及时纠正处理；施工技术负责人、质量检查员和该工序的班组长一起分析原因、制订纠正措施等。施工单位的质量检查员和班组长应对每道工序完成后进行质量检验，相关各专业工种之间，还应进行交接检验，以确认是否满足下道工序和相关专业的施工要求。

对于既有建筑混凝土构件增大截面法工程的是由清理与修整原结构构件、安装新增钢筋及与原钢筋连接、界面处理、模板、混凝土浇筑与养护等工序构成的。其工序质量控制与检验应依据《建筑结构加固工程施工质量验收规范》GB 50550 有关混凝土构件增大截面法施工工序的质量控制要求。一个楼层的梁柱均采用增大截面法进行加固，则该楼层所有的构件的同样工序组成检验批，若楼层面积比较大还可以按抗震缝或施工段划分为若干个检验批。对于工序检验是对一个一个构件工序的检验，把检验批所含构件的同类工序进行汇总就形成了检验批的质量检验。对于检验批中某类工序存在问题比较多时，除对不符合的进行处理外，还应查找原因和采用纠正措施。

在《混凝土结构工程施工质量验收规范》GB 50204 和《建筑结构加固工程施工质量验收规范》GB 50550 中给出了各分项工程、检验批的质量检验与验收标准。对于施工单位的工序、检验批质量检验标准不能低于 GB 50204 和 GB 50550 的验收标准。当施工单位具有针对不同工程质量控制和检验的企业标准时，应按企业标准进行质量控制和检验。

5.7.4 加固改造工程质量验收

建筑工程质量验收应是由建设单位或建设单位的代表监理单位的专业工程师进行组织施工单位专业质量、技术负责人进行验收对每个检验批的施工质量进行抽样检验与验收。由于一些建筑结构加固工程的工程量相对比较小，有些不请施工监理，而是由建设方直接负责，其验收的组织则应由建设方负责。对于子分部和分部工程应由监理单位总监理工程师（建设单位项目负责人）组织施工单位项目质量、技术负责人进行验收。

（1）检验批和分项工程质量检验

建筑结构加固工程的每类加固方法均可划分为一个子分部工程。由于建筑结构加固方法比较多，而且同一建筑结构的结构也可采用两种以上的加固方法。所以，全面介绍各类加固方法所包含的分项工程与检验批花费的篇幅比较多。

如前所述，同一楼层或施工段的同样类型的工序构成了检验批，而整个建筑工程同类工序的集合为分项工程。依据《混凝土结构工程施工质量验收规范》GB 50204—2002（2011 年版）和《建筑结构加固工程施工质量验收规范》GB 50550—2010 有关增大截面法的有关检验批和分项工程验收标准的介绍。对于增加截面法可划分为清理与修整原结构构件、安装新增钢筋及与原钢筋连接、界面处理、模板、混凝土浇筑与养护等分项工程。对于各分项工程又可按楼层、施工段和变形缝等划分为检验批。

（2）检验批、分项工程、分部（子分部）工程和单位工程施工质量验收

在《建筑工程施工质量验收统一标准》GB 50300 和相应的专业施工质量验收规范中给出了检验批、分项工程和分部工程及单位工程质量验收的项目、方法、程序和组织。而基础的验收是检验批的验收。

建筑工程质量验收的合格标准，包括检验批、分项工程、分部（子分部）工程和单位工程的验收合格标准，其分别为：

1）检验批的合格质量标准；2）分项工程的质量验收合格标准；3）分部（子分部）工程质量验收合格标准；4）单位（子单位）工程质量验收合格标准；5）建筑工程质量不符合要求时的处理。

参考文献

[1]　高小旺，邸小坛主编. 建筑结构检测鉴定手册. 中国建筑工业出版社，2007

[2]　高小旺，刘佳，高炜. 不同重要性建筑抗震设防目标和标准的探讨. 建筑结构，第 39 卷增刊，2009

[3]　沈聚敏，周锡元，高小旺，刘晶波编著. 抗震工程学. 中国建筑工业出版社，2000

[4]　高小旺，鲍蔼斌. 地震作用的概率模型及其统计参数. 地震工程与工程振动，1985

[5]　高小旺，鲍蔼斌. 用概率方法确定抗震设防标准. 建筑结构学报，1986

[6]　高小旺等. 工程抗震设防标准若干问题的探讨. 土木工程学报，1997

[7]　中国工程建设标准化协会标准. 建筑工程抗震形态设计通则. CECS 160：2004

第 6 章　灾损建（构）筑物处理技术

6.1　灾损建（构）筑物处理的基本要求

6.1.1　灾损建（构）筑物评估、鉴定加固原则

（1）灾损建（构）筑物抗灾设防预防为主的原则

1）坚持预防为主的原则能够有效地提高建（构）筑物的抗灾能力。

2）各种灾害的预防为主的原则应适合各自灾害的特点。

（2）抢险阶段的建（构）筑物的影响程度的应急评估

救援抢险阶段在灾害发生的开始阶段，其主要任务是尽量减少人员伤亡，使受灾人员得到基本安置，以及最大限度地把灾害限制在较小的范围内和防止次生灾害的发生。

1）灾害的应急勘查评估的分区原则

对于各类灾害的应急评估均应现场勘察每个建（构）筑物破坏程度，然后通过汇总确定灾损的分区。每个建（构）筑物破坏程度的确定是汇总划分区域的基础工作，对于各灾损程度划分有标准规范规定的，应以规范规定的各类灾害划分的建（构）筑物破坏等级表示。

2）地震灾后建（构）筑物的应急评估，现场检查顺序宜为先建（构）筑物外部，后内部。破坏程度严重或濒危的建（构）筑物，若破坏状态显而易见，也可不再对内部进行检查。

3）对于受冰雪灾害区域的建（构）筑物，其应急评估的重点是轻钢结构房屋、钢结构塔架等构筑物，城市和乡镇的老旧民房及道路桥梁等。

4）对于受洪水灾损建（构）筑物，应调查洪水灾害规模和灾损程度，建（构）筑物的洪水灾损评估内容包括建（构）筑物开裂、变形和破损程度，地面沉降变形特征等，并对受损建（构）筑物、道路、涵洞或水工结构等提出临时处理的建议。

5）对于受火灾损伤建（构）筑物，应根据受火灾影响的单体建（构）筑物或成片的建（构）筑物的损伤程度进行评估分区，一般可分为四个区：完好区域，没有受到火灾的影响，可不采取措施；轻微损伤区，受火灾影响较小，不显著影响建（构）筑物功能，但需采取一定的处理措施才能恢复其功能；中等损伤区，构件有一定的损伤并显著影响建（构）筑物功能，必须采取处理措施才能恢复其功能；严重损伤区，构件损伤严重或部分构件垮塌，该区的建（构）筑物功能已丧失，需更换。

（3）灾损建（构）筑物检测鉴定与处理原则

应急检查鉴定多数只是外观损伤的检查，检查结果不能作为灾损建（构）筑物恢复重建的加固依据。对于恢复重建前的检查鉴定应是全面的检查鉴定。其检查鉴定的原则主要有：

1）灾损建（构）筑物检测鉴定与修复加固应在预期灾害已由当地救灾指挥部判定为对结构不会造成破坏后进行，对于地震灾害应为造成房屋损伤的较大余震不会再发生，对于洪水和冰雪灾害应为洪水和冰雪的季节已过去等等，只有这样才能保证检测鉴定工作的顺利进行和防止新的灾害的影响。

2）灾损建（构）筑物进行处理前检测鉴定，为建（构）筑物的处理提供技术依据。一般应针对轻微破坏和中等破坏的建（构）筑物进行。严重破坏的建（构）筑物的处理量和难度会比较大，所以对严重破坏的建（构）筑物应根据处理难度和处理后能否满足抗灾设防要求及处理的费用等综合给出处理或拆除重建的结论。当加固处理费用大于新建此类工程费用的 70％时应拆除重建。对于因地震条件复杂，在原场所重建对抗灾不利的，应给出该单体建（构）筑物异地重建的建议。

3）处理前检测鉴定属系统性的全面检测鉴定，应包括结构检测和常规的可靠性鉴定与抗灾鉴定及损伤修复难易程度鉴定等；由于灾后的检测鉴定是灾损工程加固处理的依据，其检测鉴定应包括结构检测、可靠性和抗灾鉴定。结构检测应包括材料强度检测、结构损伤范围和程度的检查检测、整体与构件变形检测、结构体系与结构布置检查、连接构造检查检测等；通过检查与检测给出处理时的材料取值和结构现状参数。结构抗灾鉴定应与可靠性鉴定相结合，其目的是对于不满足安全性、适用性和耐久性要求的问题一起处理。

4）灾损建（构）筑物的加固处理设计是一项技术性和政策性都很强的工作，对于加固处理方案的确定，应根据处理前检测鉴定结论，综合各种有效的处理方法，进行不同处理方案的比较，选择能够满足安全与抗灾要求的既经济又便于施工最佳方案。并应由有资质的设计、施工单位实施，使建筑物满足结构安全与该地区灾害设防的要求。

5）对于建（构）筑物的加固处理施工，应包括施工质量的过程控制、工序检验，和对批、分项、分部工程的验收，确保工程质量满足相应施工质量验收规范的要求。

6）对于灾损文物建筑的加固和修复除满足上述要求外，还应同时满足有关古建筑加固技术规范的规定。

6.1.2　灾损建（构）筑物修复鉴定、加固的抗灾设防目标

建（构）筑物的抗灾设防目标决定了抗灾设防标准和设计要求。

《建筑抗震鉴定标准》GB 50023—2009 第 1.0.3 条给出了现有建筑应按现行国家标准《建筑工程抗震设防分类标准》GB 50223 分为四类，其抗震措施核查和抗震验算的综合鉴定应符合下列要求：

（1）丙类建筑，应按本地区设防烈度的要求核查其抗震措施并进行抗震验算。

（2）乙类建筑，6～8 度应按比本地区设防烈度提高一度的要求核查其抗震措施，9 度时应适当提高；抗震验算应按不低于本地区设防烈度的要求采用。

（3）甲类建筑，应按不低于乙类建筑要求核查其抗震措施，抗震验算应按高于本地区设防烈度的要求采用。

（4）丁类建筑，7～9 度时，应允许按比本地区设防烈度降低一度的要求核查其抗震措施，抗震验算应允许比本地区设防烈度适当降低要求；6 度时应允许不做抗震鉴定。

上述规定仅是现有甲类、乙类、丙类和丁类建筑抗震鉴定时所采用抗震鉴定标准。该鉴定标准应是确保达到现有建筑的设防目标。而实际上现有甲类、乙类建筑的抗震鉴定标

准明显高于该鉴定标准给出的设防目标，现有丁类建筑的抗震鉴定标准则低于该鉴定标准给出的设防目标。

其他灾损建（构）筑物抗灾鉴定和加固设计的设防目标应与抗震鉴定和加固的设防目标相同，也应区分抗灾的类别，一般情况下应符合国家现行设计规范的设防规定。对于重要性的防灾建（构）筑物抗灾鉴定和处理设计的设防目标，应高于一般灾损建（构）筑物，并不应低于国家现行设计规范一般灾损建（构）筑物的设防标准和目标。

6.1.3 灾损建（构）筑物灾害调查与检测鉴定

（1）灾损调查、检测的工作

民用房屋、工业建筑、道路、桥梁等建（构）筑物遭受地震、冰雪、洪水、风沙、滑坡、泥石流、沉陷、火灾等自然或人为的灾害后，要进行灾损调查。灾损调查一般包括初步调查、资料收集、实地调查、提出现状调查报告。现状调查，可以多种形式进行，包括灾后的应急勘查、初步调查和排查，以及相应的决策（是否拆除、重建或修复）等，目的是确定受损建（构）筑物是否有修复价值和修复条件。

首先对灾损作用进行先期现状调查，了解作用过程，确定影响区域；对结构整体及构件进行初步判断，选择检测内容和项目；对有垮塌危险的结构构件，应首先采取防护措施。

其次灾损调查是通过现场调查，同时辅以间接的或远距离的调查，如相关的技术资料、影像资料等，来判断灾损的范围、程度和损失大小，对有修复价值和修复条件的建（构）筑物，可进行下一步灾损检测和综合评估，为抢险救灾，尽快修复、恢复建（构）筑物的使用功能提供技术依据。

调查与检测工作的内容包括资料收集、灾损调查与检测，以满足结构评估或鉴定，以及下一步处理设计和施工等相关工作需要，一般需要编写书面调查与检测报告。

对有特殊要求的建（构）筑物，尚应进行专项检测。对于设计资料不全的建（构）筑物，应测绘结构的平面、立面布置及构件截面尺寸等几何参数，绘制工程现状图。受损构件的检测的主要内容有材料强度、构件尺寸、变形与裂损、构造与连接等情况。

检测的原则可按《民用建筑可靠性鉴定标准》GB 50292、《工业建筑可靠性鉴定标准》GB 50144 及《建筑结构检测技术标准》GB/T 50344 等国家现行相关标准中的要求进行，一般可采用外观目测、锤击回声、探测仪、开挖探槽（孔）等手段检查。

（2）灾损调查、检测的工作程序

灾损建（构）筑物的调查和检测的侧重点各有不同，但工作程序大体上一致分为以下几个阶段：

1）任务委托；

2）灾损调查；

3）详细调查或检测；

4）评估、鉴定。

（3）灾损建（构）筑物的检测鉴定

通过现场检查与检测全面掌握灾损建（构）筑物的损伤范围与程度，并给出每个符合具体灾损建（构）筑物实际的鉴定与加固设计基本参数。

检测鉴定包括确定结构现有的承载能力、抗灾能力和使用功能。对灾损建（构）筑物检测，应先进行损伤情况的现状调查。现场检测宜选用对结构或构件无损伤的检测方法。当选用局部破损的取样检测方法或原位检测方法时，宜选择结构构件受力较小的部位，并应不损害结构的安全。

灾损建（构）筑物的可靠性鉴定与抗灾检测鉴定应同时进行，针对不同灾害的特点，采取相适应的检测方法和有代表性的抽样部位。对灾损后建（构）筑物的抗灾鉴定，应对影响灾损建（构）筑物结构抗灾能力的因素进行综合抗灾能力分析，并给出明确的检测结论和鉴定意见与处理建议。

灾损建（构）筑物的检测鉴定报告是检测鉴定单位对工程检测鉴定成果的表述，应给予充分的重视。报告应做到信息完整、表述准确、检测鉴定结果详细、鉴定结论有说服力。

6.1.4　灾损建（构）筑物结构加固与处理设计

灾损建（构）筑物结构加固与处理设计是使其达到抗灾要求的关键环节。而这项工作较新建建（构）筑物的设计显得更为复杂，不仅需要设计人员充分掌握所处理工程的灾损状况，而且灾损建（构）筑物的加固处理具有很强的针对性。这就需要加固与处理设计单位高度重视，设计人员深入灾损建（构）筑物现场了解灾损状况和检测鉴定报告的完整性，并完成实际情况及周围环境的调查等。当检测鉴定还不能满足设计要求时，应请检测鉴定单位补充检测鉴定，必要时尚应进行地基和基础的补充勘察和检测。

(1) 灾损建（构）筑物结构加固与处理设计的目标

灾损建（构）筑物结构加固与处理设计的目标是灾损建（构）筑物通过处理后，使结构达到国家现行标准规定的抗灾性能水平，满足建（构）筑物的使用功能。

国家现行标准规定的抗灾性能水平有两层意思，一是国家根据灾损情况对当地抗灾设防标准的修改，若当地的抗灾设防标准提高了，则应按照国家规定的抗灾设防标准进行加固处理设计；二是应根据国家标准规定的灾损建（构）筑物的不同抗灾重要性和今后使用年限的抗灾设防目标和标准进行灾损建（构）筑物的结构加固与处理设计，使所设计灾损建（构）筑物能够达到相应的抗灾性能水平要求。

(2) 灾损建（构）筑物结构加固与处理设计的原则要求

对于灾损建（构）筑物结构加固与处理设计的要求在《灾损建筑物处理技术》的各章中有更具体的阐述。这里只谈有关的原则要求，不做展开讨论。

1) 灾损建（构）筑物结构薄弱部位或楼层及不同类型结构的连接部位，其承载能力宜比一般部位要求要高，加固设计中应对现有灾损建（构）筑物结构加固的总体布置和关键构造进行控制，使抗灾加固后达到相应的抗灾设防目标的要求。

2) 灾损建（构）筑物加固的结构布置和连接构造应符合下列要求：

① 加固总体布局，应优先选用增强结构整体抗灾性能的方案，消除不利抗灾因素，改善结构的受力状况。

② 加固新增构件的布置，宜使加固后的结构平面上对称布置、结构的质量和刚度、承载力沿竖向均匀分布，应避免由于局部加固导致结构刚度或楼层承载力的突变。

③ 增设的构件与原有构件之间应有可靠连接，增设的钢筋混凝土抗震墙、柱等竖向构件应有可靠的基础。

(3) 灾损建（构）筑物结构加固设计应从下列方面注意结构布置的合理性：

1）当原结构沿竖向和沿平面的分布符合规则性要求时，增设构件的布置要保持原有的规则性；原结构在某个主轴或两个主轴方向不符合规则性要求时，可利用增设构件的不规则布置，使加固后的结构消除或减少不规则性。

2）可利用新增设的构件保持或改变原有的传力途径，应保持原结构合理的传力途径，消除或减轻原结构传力途径的缺陷。

3）检查结构损伤的程度和分析损伤的原因，通过加固使结构损伤的楼层和部位得到加强。

4）不仅要防止新增设构件形成新的薄弱层，而且要利用所增设构件的位置、尺寸和厚度的变化，消除或减轻原有薄弱层的薄弱程度。

5）当原有建筑的不同部位有不同类型的承重结构体系时，对不同类结构相连部位加固布置，使之具有比一般部位更高的承载力或更强的变形能力。

6）当原结构构件处于明显不利的状态时，如短柱、强梁弱柱等，加固布置要改善其受力状态。

(4) 建（构）筑物处理的设计，应根据实际灾损情况，考虑结构损伤和新老构件的结合。设计方案应保证结构安全、合理经济。

(5) 灾损建（构）筑物处理的设计应贯彻采用新技术、新材料和就地取材、降低成本和可再生能源利用的原则。

6.1.5 灾损建（构）筑物加固施工质量控制与验收

(1) 灾损建（构）筑物的处理施工质量控制

灾损建（构）筑物的处理施工是把设计方案、意图和措施变为处理结果的步骤，其施工质量控制关系到处理后建（构）筑物能否达到设计要求和抗灾性能要求。施工单位应搞好灾损建（构）筑物处理施工的全过程质量控制。灾损建（构）筑物处理施工的现场应有完善的质量管理和工序检验制度。灾损建（构）筑物处理所使用的主要材料、建筑构配件等应进行进场验收。灾损建（构）筑物处理工程应做到精心施工。

(2) 灾损建（构）筑物处理施工的质量检验与验收

建（构）筑物处理的监理单位或建设单位应对施工质量按照《建筑工程施工质量验收统一标准》GB 50300—2001 和相应的专业验收规范的规定，进行批、分项、分部工程施工质量的验收，对于不合格的加固工程应返工重做，以确保灾损建（构）筑物加固后的安全和正常使用。对于灾损建（构）筑物的工程验收，施工单位应按照验收标准进行自检评定，对于不满足要求的应按程序进行相关处理，施工单位检验评定合格后，应由监理单位或建设单位组织相关单位进行验收。

6.1.6 灾损建（构）筑物防治若干问题的探讨

灾损建（构）筑物防治应包括灾害预测和预防、灾害评估、灾害治理等内容，其中灾损建（构）筑物处理是灾害治理的内容之一。这里要讨论的是与灾损建（构）筑物处理有关的灾害作用相互影响和综合处理的问题。

(1) 灾害作用的相互影响

城市综合防灾是在近些年来城市抗震防灾、防洪和防火等单种灾害研究的基础上，对城市防灾进行更系统和更全面的研究。城市综合防灾既涉及城市各灾种的成灾模型、设防区划，又涉及灾种间的相互影响；伴随发生的机理和综合设防区划，既涉及工程建设、生命线工程抗单种灾害的能力分析和薄弱环节，又涉及多种灾害的影响和综合防灾能力的易损性模型以及损失评价等等，是一项涉及面非常广泛的研究课题。

在综合防灾研究中，凭借地理信息系统的强大功能，可使工程建设的管理信息与综合减灾相结合，做到日常的信息管理与综合防灾的要求融为一体，充分发挥现代化科学管理的作用。

(2) 综合防灾体系

要把防灾资源合理的运用，就要在对城市或地区各种灾害现状、灾害设防区和灾害之间相互影响、伴随发生或次生模型分析的基础上，建立相应的综合防灾体系，即充分考虑各种灾害的抗灾防灾要求，分析现有的抗灾能力，最大限度的进行综合治理，让有限的资金发挥更大的防灾作用。而这种综合防灾体系是建立在城市综合防灾知识决策系统分析基础上的。

综合防灾知识决策系统，应包括灾害源信息、成灾模型、单种灾害设防区划和综合防灾设防区划知识系统；工程地质、工程建设和生命线工程信息系统；房屋、生命线系统易损性模型、抗灾能力评价和损失估计知识系统；灾害间相互影响、次生灾害危险评价知识系统以及综合防灾对策和防灾资源合理配置决策等。其实施步骤可概括为图6-1所示的框图。

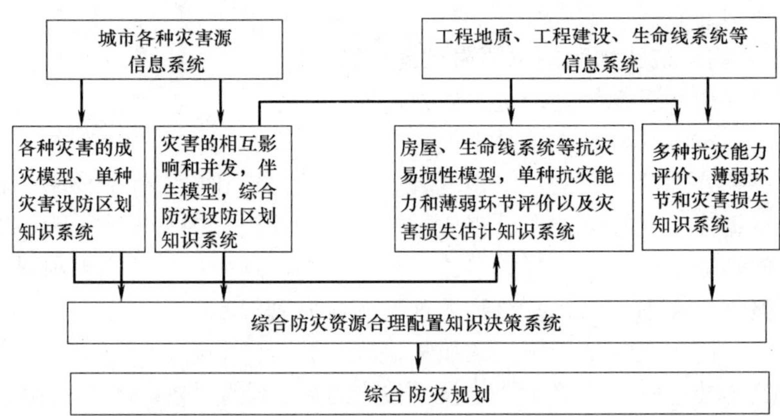

图6-1　综合防灾知识决策系统框图

这种综合防灾系统应结合不同城市和地区的基本情况来进行。

6.2　地震灾损处理

6.2.1　地震对建（构）筑物的损害

(1) 地震对建筑物的损害特征

地震时，地震波引起地面震动产生地震力作用于建（构）筑物。地震对建筑物产生的地震力，实际上就是建筑物自身的惯性力。因此，地震力与建筑物自重是成正比的。建筑物自重越大，地震力对建筑物造成的水平推力等也越大；反之，建筑物自重越轻，地震力就越小，建筑物的破坏程度也越小。此外，地震引起的次生灾害如滑坡、泥石流灾害、地面塌陷、错动，以及地基土的液化等都能使各类建（构）筑物产生一定的破坏甚至倒塌，如基础受剪破坏，上部结构产生裂缝，建筑物发生水平位移、沉降过大、差异沉降，建筑物倾覆等。

地震中各种结构类型，如砖混结构、砖木结构、底框结构、框架结构等的震害表现为完全倒塌、部分倒塌和局部破坏三种。

1）框架砖房震害特征

底层框架砖房是指底层为框架承重而上部各层为砖墙承重的多层房屋。底层框架无剪力墙，首层现浇混凝土楼盖厚重，上层砖混结构质量较大，有“头重脚轻”、“底柱软弱”的特点。震损主要特征是：

① 底层倒塌倾斜或裂缝；

② 底层框架砖房过渡层的震害。

地震灾区城镇临街部位广泛采用底层（或者底部两层）钢筋混凝土框架结构（极少数房屋配备一定数量的剪力墙），上部数层为砌体墙（砖或小砌块）承重的多层结构形式；部分建筑底层使用框架与砖墙混合承重。考虑 2 层以上楼层与底层沿房屋纵向和横向的抗侧移刚度大小，可将底框结构分为“上刚下柔”和“上柔下刚”两种类型。

当底框结构房屋的上部采用较密的纵横砌体墙承重，层数多而层高又较低时，上部结构的抗侧移刚度比底层的钢筋混凝土框架结构高很多，形成了“上刚下柔”的结构体系。强震时，“上刚下柔”结构薄弱底层将率先屈服，混凝土构件进入塑性工作阶段并产生大变形，以致出现过大的侧移而严重破坏，甚至坍塌。

“上柔下刚”型建筑多见于村镇居民自建房，底层采用现浇钢筋混凝土框架结构，柱间嵌砌砖墙（主要是山墙和后侧外纵墙），抗侧刚度较大；上部建筑层数较少，而且建造的随意性较强，墙体材料、砌筑方式、结构布置、屋面形式及构造做法等方面因素造成上部抗侧移刚度较底层低，震害往往发生在上部。

2）砖混结构震害特征

砖混结构即墙体为砖砌体构件，楼板或梁为钢筋混凝土构件组成。这类房屋主要为多层建筑的住宅，其震害特点为：

① 房屋的层数越多、高度越高，破坏越严重。

② 不同烈度时的破坏部位变化不大，破坏程度有显著差别。

③ 住宅类砌体结构横向墙体数量相对较多、开洞较少，抗震能力相对要高，地震时开裂破坏轻微，但对于教学楼、医院等横墙数量较少的建筑，破坏比较严重。

④ 多层砌体结构纵向开有较多的门窗洞口，抗震能力低，地震时易开裂破坏，裂缝发生在窗间或窗下墙部位，产生 X 形裂缝或单向斜裂缝，贯穿整个墙段。

⑤ 纵横墙连接薄弱，地震致使外纵墙大片闪落，唐山大地震中此类震害较为明显。随着抗震设计对砌体结构纵横墙连接的重视，此类震害相应减少，但农村自建房中仍有此类震害发生。

⑥ 墙体转角部位应力集中容易产生破坏，尤其是房屋的四角，兼受扭转等复合应力，特别容易产生破坏，甚至引起倒塌。

⑦ 历次震害表明，砌体结构设置圈梁、构造柱是提高结构整体性与防倒塌的重要措施。

⑧ 木屋盖整体性差，地震时木屋架易塌落，顶层墙体破坏严重。屋面局部突出的部

位破坏严重。预制空心板间如无可靠连接，楼屋盖整体性差，地震破坏严重。

⑨ 非结构构件的破坏中，女儿墙偏高，无任何拉结措施，或拉结措施不当，地震时易开裂或闪落，外廊栏板无拉结措施，地震时也易闪落。

3）钢筋混凝土框架结构震害特征

框架结构抗震性能稍好于底框砖房和砖混结构，但是框架底柱较细且无剪力墙支撑，抗侧能力差，地震时底柱多在柱端（柱顶、柱脚）及钢筋连接处压溃，偶有整体倒塌。破坏多呈“强梁弱柱”的形态。单跨框架整体刚度小，地震时位移大，单跨框架仅有框架作为抗震防线且冗余度小，因而在地震中很容易破坏继而倒塌，填充墙及框架柱破坏严重。

多层框架震害特点：

① 整体倒塌或倾覆；

② 薄弱层倒塌（底层破坏、顶层塔楼破坏、中间层破坏）；

③ 柱节点破坏；

④ 带有填充墙的框架破坏；

⑤ 短柱破坏；

⑥ 楼梯柱破坏；

⑦ 平面刚度不均匀破坏；

⑧ 框架梁破坏；

⑨ 梁柱节点。

4）钢筋混凝土框架-抗震墙结构震害特征

钢筋混凝土框架和钢筋混凝土抗震墙组成两类抗侧力构件，抗震墙提供比框架大得多的抗侧移刚度，承受整体弯曲能力的 70%以上。由于框架、抗震墙协同工作时，抗震墙顶部框架的反向水平力将使抗震墙各个截面弯矩大幅度减小，墙体弯曲变形以及由此产生的侧移和层间侧移显著减少，震害也相对减轻，砖围护墙和填充墙的震害显著减轻。

5）全剪力墙结构震害特征

钢筋混凝土抗震墙结构一般用于多层特别是高层民用建筑的住宅，其震害较轻，小开间现浇抗震墙也只出现轻微裂缝。建筑顶、侧的凸起部分，由于鞭梢效应高层建筑反应强烈，容易失去周边扶持，也容易遭受震损或倒塌。

6）钢结构建筑震害特征

钢结构建筑物在地震作用下能充分发挥钢材的强度高、延性好、塑性变形能力强等优点，地震中表现优于砖混结构。钢结构震害特征：

① 节点连接破坏；

② 构件破坏；

③ 结构倒塌；

④ 非结构构件破坏。

7）内框架砖房震害特征

内框架砖房指内部为框架承重、外部为砖墙承重的房屋，包括内部为单排柱到顶、多排柱到顶的多层内框架房屋以及仅底层为内框架而上部各层为砖墙的底层内框架房屋（见图 6-2）。由于内外不同材料组成的复合结构，对于抗震性能都是不利的。底层内框架上刚下柔，对于底层是“内柔外刚”，不利于抗震，现行设计规范不允许采用这类结构。

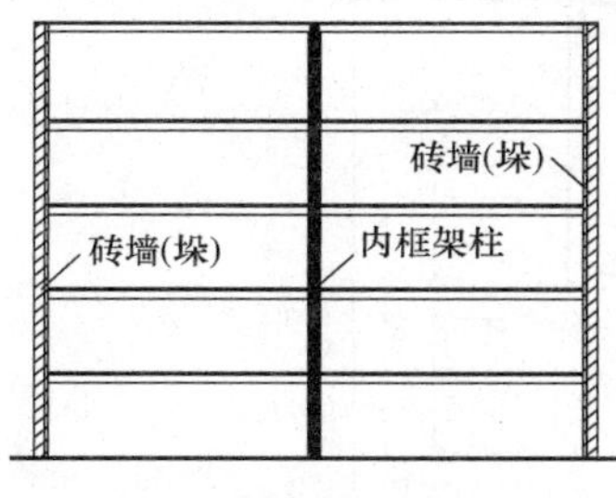

单排柱内框架结构

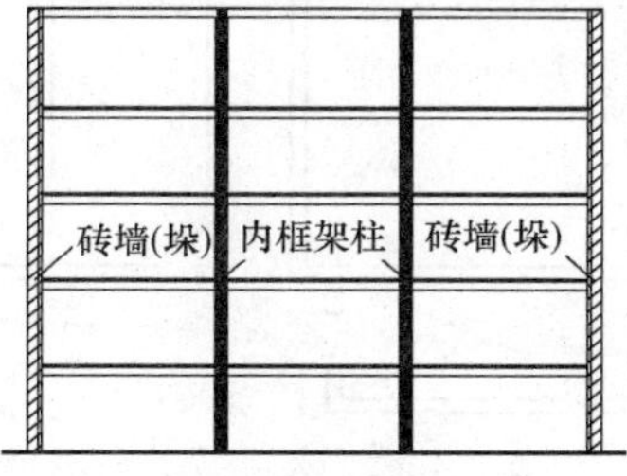

两(多)排柱内框架结构

图 6-2.1 内框架砖房结构

内框架砖房的破坏特征如下：

① 单排柱内框架砖房的破坏比双排柱和多排柱要严重。

② 两排柱的内框架砖房，当两排柱间距离较小、边跨柱距大时，震害严重。

③ 平面不规则的内框架砖房震害加重。

④ 横墙间距越大，横墙与山墙以及毗连的纵墙震害加重。

⑤ 开（敞）口的内框架砖房震害加重。

⑥ 下面各层设置内柱、顶层为无内柱的空旷房屋震害加重。

⑦ 底层内框架砖房多数是底层倒塌。

⑧ 顶层砖墙：外纵墙是顶层破坏最严重的部位；端横墙也是顶层震害较重的部位。

⑨ 底层横墙破坏严重。

⑩ 纵墙出现平面外弯曲、倾斜、倒塌和沿墙面的交叉或单向斜裂缝。

⑪ 内框架柱破坏比墙体轻。

⑫ 在墙体内设置钢筋混凝土构造柱的内框架砖房震害显著减轻。

8）结构和砖石结构震害特征

木结构都采用榫卯连接，榫头在榫卯节点处可轻微转动；柱与基础之间具有滑动能力；以及厚重的屋盖通过穿斗或斗拱连接与内柱、檐柱体系连成一体，能保证木结构房屋的整体性，这些特性使得大多数木结构建筑震害较轻。常见的破坏形式有：围护墙体倒塌；榫头脱落、柱头破损或者木构件折断；木屋架扭曲、倾斜或倒塌；柱脚滑移；屋面溜瓦等。

砖木结构是木结构与砖混结构之间的一种过渡形式，主要承重构件是由砖和木两种材料制成，并且一般采用木屋架。因而，砖木结构的破坏形式兼有二者的特点。

这种结构的砌体墙和砌体柱强度不高，且大多年代较长，地震中底部砖混顶部为木屋架的房屋，木屋架多有倒塌。

9）排架结构与网架结构

排架结构具有跨度大、屋架重、柱间连接弱的特点，加上一些年久失修等原因，地震中破坏严重，坍塌较多，其中单跨比双跨震害重，重屋架比轻屋架震害重，破坏形式主要表现为围护结构的破坏、屋面板和屋架的破坏、天窗架的破坏等。网架结构的常见破坏情况为屋面整体失稳坍塌、屋架构件以及构件连接点受力屈服或产生大变形、螺栓剪断等。

10）框架结构、框剪结构

一般钢筋混凝土框架结构、框剪结构的抗震性能较好。地震中，填充墙的破坏最为常见，出现贯通的斜裂缝、X 裂缝、开裂甚至倒塌。

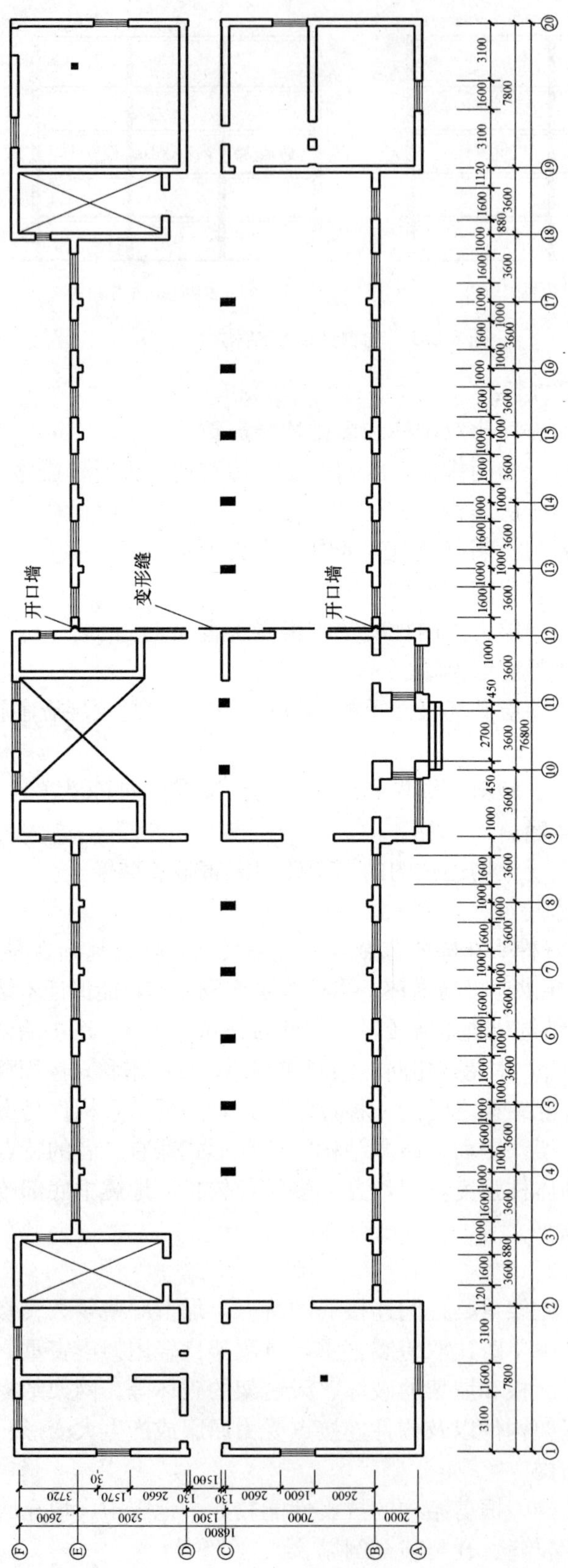

图 6-2.2　开（敞）口的内框架砖房结构

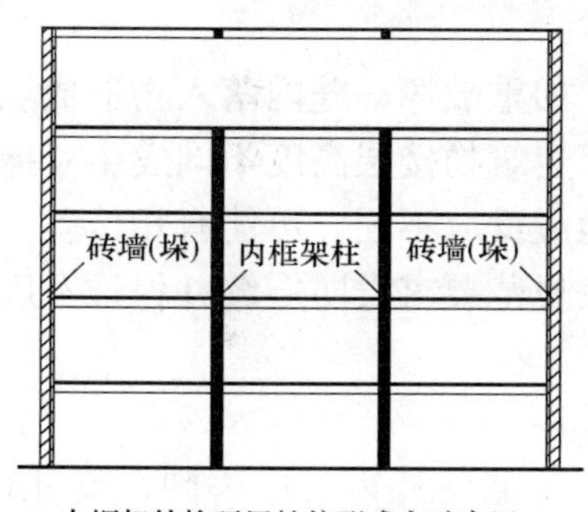

内框架结构顶层抽柱形成空旷房屋

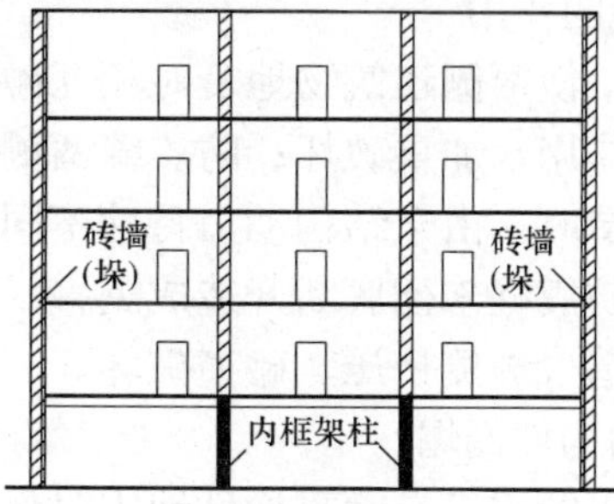

底层内框架

图 6-2.3 底层内框架砖房结构

11）农村民居

矮、轻、柔的传统木结构房屋震害轻微；高、重、硬的砖混结构房屋大多倒塌、损失惨重。

12）单层厂房

单层厂主要由砌体墙、钢筋混凝土柱、钢筋混凝土屋盖组成，厚重的混凝土屋盖大多塌落，以及砖砌体柱子剪切错位，山墙开裂、外闪塌落，钢筋混凝土柱开裂损坏，屋架端部填充墙损坏，屋架杆件损坏、断裂，柱与吊车梁连接处出现水平裂缝，天窗架杆件断裂等。

(2) 震害原因及效应分析

1）平立面规则效应

平面不规则产生扭转震害加重，立面不规则，楼层与楼层之间产生刚度差，震害加重。

2）边角效应

震损或倒塌多发生在房屋端部或角隅，原因是水平惯性力作用下缺乏横向支撑。框架结构角柱破坏比边柱严重，边柱比中柱严重。

3）鞭梢效应

突出于建筑顶、侧的凸起部分，由于地震力加大很多倍，易失去周边扶持，产生过大的位移，也容易遭受破坏或倒塌。

4）峰腰效应

结构平面的薄弱峰腰部位，易产生刚度突变和应力集中，往往成为震损最集中的区域。

5）底层效应

地震时结构底层内力（弯矩、轴压、剪力）最大，结构破坏集中于底部。表现为底层墙、柱的压溃，并引起倒塌，造成伤亡。水平构件梁、板则多为次生破坏。

6）楼梯效应

地震时框架变形，楼梯遭受反复拉、压作用而断裂，并影响柱的内力。楼梯在平面中的位置很重要，不宜布置在端头。在地震往复作用下，楼梯板相当于斜撑，受力为拉压弯构件，而在以往的结构设计中，仅将梯板当受弯构件计算。楼梯梁在承受地震力的同时，还承受来自双方向楼梯板的剪切扭转作用。

7）防震缝的作用

缝宽不足，使两侧建筑物地震时相互碰撞，加重破坏；缝内落入物造成填塞，地震时不能起到缝的作用，加重破坏；防震缝两侧相邻建筑物楼层高度不同发生互撞时，缝两侧为不同材料建造时，由于结构动力特性不同，地震反应不同，可能有相位差，地震时碰撞的震害加重；防震缝未彻底断开造成震害。应按规范要求设防震缝并保证宽度，不得取消或填塞。避免造成缝侧挤压、碰撞破坏。

8）非结构构件倒塌

填充墙、隔断墙等自承重构件地震时倒塌，幕墙、外窗、广告牌、女儿墙、栏杆板、雨罩等地震时脱落、下坠而引起伤亡，应重视此类构件连接构造的设计和施工，消除安全隐患。

9）悬挑构件

单边走廊的教学楼或宿舍楼震坏严重，特别是悬挑式外走廊震害严重。

10）施工质量影响

施工质量是保证结构安全的重要方面，是房屋安全的主要因素，应加强和规范施工质量的实体检验和验收。

11）年代特征

建造年代对结构破坏程度的影响有两方面：使用年限的长短和设计规范的后续使用年限。

12）加固改造的影响

不合理的改造加重震害，如填充墙不能随意拆除（包括框架结构）。

13）结构形式分析

破坏程度严重而应立即拆除和停止使用所占的比例来看，不同结构形式的抗震性能按以下顺序依次增强：砌体结构——砌体-框架混合结构——框架结构——框架-剪力墙（核心筒）结构/钢结构。除了各类结构本身抗震性能的差别以外，结构体系和施工质量的离散程度也对结构的抗震性能有一定的影响。

14）工业建筑构造连接影响

单层钢筋混凝土排架厂房支撑系统的完整可靠是其防倒塌的重要措施。

6.2.2　震损建筑物的调查、检测与鉴定

（1）震损建筑物的抗震鉴定的工作程序

1）震后救援抢险阶段

震后救援抢险阶段的主要工作是应急调查、勘察和排险，主要是指震后对震损灾区的建筑进行紧急的宏观勘查、评估与排险。工作内容有：

① 立即对震灾区域的建筑进行紧急的宏观勘查，并根据勘查结果划分为不同受损区。

② 对灾损建筑现有的承载能力和抗震能力进行应急评估，根据勘查和应急评估结果划分建筑的破坏等级；按照《地震灾后建筑抗震鉴定与加固技术指南》，划分为五个等级：基本完好级、轻微损坏级、中等破坏级、严重破坏级、局部或整体倒塌级。

2）灾后恢复重建阶段

灾后恢复重建阶段主要是依据应急调查和排查阶段的结果，对中等破坏程度以内的建筑进行系统鉴定。

① 恢复重建阶段震损建筑的抗震设防目标，应以国家批准的标准和规范为准

对于地震受损建筑进行鉴定和加固，主要针对基本完好级、轻微损坏级、中等破坏级的震损建筑。其抗震灾后恢复重建阶段的设防目标，有别于新建建筑。参照《地震灾后建筑鉴定与加固技术指南》，鉴定时的设防目标，对于标准设防类（原为丙类建筑）及重点设防类（原为乙类建筑）类，可以概括为"中震不坏或可修，大震不倒"。对于政府指定为地震避险场所的建筑，可以概括为"中震不坏，大震可修"。

② 恢复重建阶段震损建筑的鉴定原则

一般来说，恢复重建阶段的建筑抗震鉴定对象，主要为中等破坏及有恢复价值的严重破坏的建筑。受地震损坏的建筑应在应急评估确定其结构现有抗震能力和使用功能的基础上，根据恢复重建的抗震设防目标，进行结构可靠性鉴定与抗震鉴定相结合的系统鉴定。

（2）震损建筑物的抗震鉴定

依据现行的国家标准《建筑抗震鉴定标准》GB 50023—2009，对"已投入使用的现有建筑"进行抗震鉴定。

1）对不同年代的建筑，规定了不同的、合理的"后续使用年限"，与抗震鉴定的"后续使用年限"相应，不同后续使用年限房屋的抗震鉴定要求分为三档：

① 后续使用年限 30 年的建筑（简称 A 类建筑），应采用该标准各章规定的 A 类建筑抗震鉴定方法；

② 后续使用年限 40 年的建筑（简称 B 类建筑），应采用该标准各章规定的 B 类建筑抗震鉴定方法；

③ 后续使用年限 50 年的建筑（简称 C 类建筑），应按现行国家标准《建筑抗震设计规范》GB 50011—2010 的要求进行抗震鉴定。

2）抗震鉴定的内容和要求

① 抗震鉴定内容和要求

现有建筑的抗震鉴定应包括下列内容及要求：

a. 搜集建筑物的勘察报告、施工和竣工验收的相关原始资料。

b. 调查建筑现状与原始资料相符合的程度、施工质量和维护状况，发现相关的非抗震缺陷。

c. 根据各类建筑结构的特点、结构布置、构造和抗震承载力等因素，采用相应的逐级鉴定方法，进行综合抗震能力分析。

d. 对现有建筑整体抗震性能作出评价，对符合抗震鉴定要求的建筑应说明其后续使用年限，对不符合抗震鉴定要求的建筑提出相应的抗震减灾对策和处理意见。

现有建筑的抗震鉴定分为两级。第一级鉴定应以宏观控制和构造鉴定为主，进行综合评价；第二级鉴定应以抗震验算为主，结合构造影响进行综合评价。

A 类建筑的抗震鉴定，当符合第一级鉴定的各项要求时，建筑可评为满足抗震鉴定要求，不再进行第二级鉴定；当不符合第一级鉴定要求时，除本标准各章有明确规定的情况外，应由第二级鉴定作出判断。

B 类建筑的抗震鉴定，应检查其抗震措施和现有抗震承载力后再作出判断。当抗震措施不满足鉴定要求而现有抗震承载力较高时，可通过构造影响系数进行综合抗震能力的评定；当抗震措施鉴定满足要求时，主要抗侧力构件的抗震承载力不低于规定的 95%、次

要抗侧力构件的抗震承载力不低于规定的 90％，可不要求进行加固处理。

② 鉴定中的抗震验算

设防烈度为 6 度和《建筑抗震鉴定标准》GB 50023—2009 有具体规定时，可不进行抗震验算；当 6 度第一级鉴定不满足时，可通过抗震验算进行综合抗震能力评定；其他情况，至少在两个主轴方向分别按《建筑抗震鉴定标准》GB 50023—2009 各章规定的具体方法进行结构的抗震验算。当未给出具体方法时，可采用现行国家标准《建筑抗震设计规范》GB 50011—2010 规定的方法，按式（6-1）进行结构构件抗震验算：

$$S \leqslant \frac{R}{\gamma_{RE}} \tag{6-1}$$

式中　S——结构构件内力（轴向力、剪力、弯矩等）组合的设计值；计算时，有关的荷载、地震作用、作用分项系数、组合值系数，应按现行国家标准《建筑抗震设计规范》GB 50011—2010 的规定采用；其中，场地的设计特征周期可按《建筑抗震鉴定标准》GB 50023—2009 中的表 3.0.5 确定，地震作用效应（内力）调整系数应按该标准各章的规定采用，8 度、9 度的大跨度和长悬臂结构应计算竖向地震作用；

R——结构构件承载力设计值，按现行国家标准《建筑抗震设计规范》GB 50011—2010 的规定采用；其中，各类结构材料强度的设计指标应按本标准附录 A 采用，材料强度等级按现场实际情况确定。

γ_{RE}——抗震鉴定的承载力调整系数，除该标准各章节另有规定外，一般情况下，可按现行国家标准《建筑抗震设计规范》GB 50011—2010 的承载力抗震调整系数值采用，A 类建筑抗震鉴定时，钢筋混凝土构件应按现行国家标准《建筑抗震设计规范》GB 50011—2010 承载力抗震调整系数值的 0.85 倍采用。

③ 可调整的部分

现有建筑的抗震鉴定要求，可根据建筑所在场地、地基和基础等的有利和不利因素，作下列调整：

a. Ⅰ类场地上的丙类建筑，7～9 度时，构造要求可降低一度；

b. Ⅳ类场地、复杂地形、严重不均匀土层上的建筑以及同一建筑单元存在不同类型基础时，可提高抗震鉴定要求；

c. 建筑场地为Ⅲ、Ⅳ类时，对设计基本地震加速度 0.15g 和 0.30g 的地区，各类建筑的抗震构造措施要求分别按抗震设防烈度 8 度（0.20g）和 9 度（0.40g）采用；

d. 有全地下室、箱基、筏基和桩基的建筑，可降低上部结构的抗震鉴定要求；

e. 对密集的建筑，包括防震缝两侧的建筑，应提高相关部位的抗震鉴定要求。

3）多层砌体房屋的抗震鉴定

抗震鉴定时，房屋的高度和层数、抗震墙的厚度和间距、墙体的砂浆强度等级和砌筑质量、墙体交接处的连接以及女儿墙和出屋面烟囱等易引起倒塌伤人的部位，应重点检查；7～9 度时，尚应检查楼、屋盖处的圈梁，楼、屋盖与墙体的连接构造，墙体布置的规则性。

① 第一级抗震鉴定

对于砖墙体和砌块墙体承重的多层房屋，其高度和层数不宜超过表 6-1 所列的范围。对隔开间或多开间设置横向抗震墙的房屋、墙厚为 220mm 的房屋，其适用高度和层数宜比下表的规定分别降低 3m 和一层。

多层砌体房屋的最大高度和层数 **表 6-1**

墙体类别	墙体厚度(mm)	6 度		7 度		8 度		9 度	
		高度(m)	层数	高度(m)	层数	高度(m)	层数	高度(m)	层数
实心黏土砖墙	≥240	24	八	22	七	19	六	13	四
	180	16	五	16	五	13	四	10	三
多孔砖墙	180～240	16	五	16	五	13	四	10	三
空心黏土砖墙	420	19	六	19	六	13	四	10	三
	300	10	三	10	三	10	三		
黏土砖空斗墙	240	10	三	10	三	10	三		
混凝土中型空心砌块墙	≥240	19	六	19	六	13	四		
混凝土小型空心砌块墙	≥240	22	七	22	七	16	五		
粉煤灰中型实心砌块墙	≥240	19	六	19	六	13	四		
	180～240	16	五	16	五	10	三		

抗震隐患检查时，房屋的高度和层数、抗震墙的厚度和间距、墙体的砂浆强度等级和砌筑质量、墙体交接处的连接以及女儿墙和出屋面烟囱等易引起倒塌伤人的部位，应重点检查；7～9 度区尚应检查楼、屋盖处的圈梁，楼、屋盖与墙体的连接构造，墙体布置的规则性。

② 第二级抗震鉴定

多层砌体房屋采用综合抗震能力指数的方法进行第二级鉴定时，应根据房屋不符合第一级鉴定的具体情况，分别采用楼层平均抗震能力指数方法、楼层综合抗震能力指数方法和墙段综合抗震能力指数方法。

楼层平均抗震能力指数、楼层综合抗震能力指数和墙段综合抗震能力指数应按房屋的纵横两个方向分别计算。当最弱楼层平均抗震能力指数、最弱楼层综合抗震能力指数或最弱墙段综合抗震能力指数大于等于 1.0 时，可评定为满足抗震鉴定要求；当小于 1.0 时，应对房屋采取加固或其他相应措施。

4）内框架和底层框架砖房的抗震鉴定

① 第一级抗震性鉴定

内框架和底层框架砖房应重点检查表 6-2 所列部位。

内框架和底层框架砖房的总高度和层数不宜超过表 6-3 的规定。

内框架和底层框架砖房应满足相应的结构体系、整体性连接构件的规定。

② 第二级抗震鉴定

内框架和底层框架砖房的第二级鉴定，一般情况下，可采用综合抗震能力指数的方法，采用现行国家标准《建筑抗震设计规范》GB 50011—2010 的方法进行抗震承载力验

应重点检查的部位　　表 6-2

检查内容	烈度			
	6	7	8	9
检查房屋的高度和层数、横墙的厚度和间距、墙体的砂浆强度等级和砌筑质量、底层框架和底层内框架砖房底层楼盖类型及底层与第二层的侧移刚度比、多层内框架砖房的屋盖和纵向窗间墙宽度	√	√	√	√
检查圈梁和其他连接构造		√	√	√
检查框架的配筋			√	√

总高度（m）和层数的限值　　表 6-3

房屋类型	墙体厚度（mm）	烈度							
		6		7		8		9	
		高度	层数	高度	层数	高度	层数	高度	层数
底层框架砖房	⩾240	19	六	19	六	16	五	11	三
	180	13	四	13	四	10	三	7	二
底层内框架砖房	⩾240	13	四	13	四	10	三		
	180	7	二	7	二	7	二		
多排柱内框架砖房	⩾240	16	五	16	五	14	四	7	二
单排柱内框架砖房	⩾240	14	四	14	四	11	三	不宜采用	

算，并可按照本节规定计入构造影响因素，进行综合评定。

底层框架、底层内框架砖房采用综合抗震能力指数方法进行第二级鉴定时，应符合下列要求：

底层的砖抗震墙部分，烈度影响系数为 6、7、8、9 度时，可分别按 0.7、1.0、1.7、3.0 采用。

框架承担的地震剪力可按现行国家标准《建筑抗震设计规范》GB 50011—2010 的有关规定采用。

多层内框架砖房采用综合抗震能力指数方法进行第二级鉴定时，应符合下列要求：

纵向窗间墙不符合第一级鉴定时，其影响系数应改按体系影响系数处理，烈度影响系数为 6、7、8、9 度时，可分别按 0.7、1.0、1.7、3.0 采用。

其外墙砖柱（墙垛）的现有受剪承载力，可根据对应于重力荷载代表值的砖柱轴向压力、砖柱偏心距限值、砖柱（包括钢筋）的截面面积和材料强度标准值等计算确定。

内框架砖房的砌体部分和底部框架的砌体部分可按多层砌体房屋的相关规定进行鉴定，在此不再赘述。

5）单层砖柱厂房的抗震鉴定

① 检查重点与有关规定

对单层砖柱厂房抗震鉴定时，影响厂房整体性、抗震承载力和易倒塌伤人的关键薄弱部位，应进行重点检查。

单层砖柱厂房的抗震鉴定，既要考虑抗震构造措施鉴定，又要考虑抗震承载力评定。对于 A 类、B 类厂房，其抗震构造措施鉴定都要求检查结构布置、构件形式、材料强度、整体性连接和易损部位的构造等，但它们在鉴定时要求的宽严程度、依据的标准不同。

当关键薄弱部位不符合鉴定要求时，应进行加固或处理；一般部位不符合鉴定要求时，可根据不符合的程度和影响的范围，提出相应对策。

② 抗震措施鉴定

包括结构布置和构件形式、砖柱（墙垛）的材料强度等级、整体性连接构造、易损部位及其连接构造的鉴定。

③ 抗震承载力验算

A类单层砖柱厂房，对下列部位应按现行《建筑抗震设计规范》GB 50011—2010的规定进行纵、横向的抗震分析，并按抗震验算公式（6-2）进行结构构件的抗震承载力验算，但结构构件的内力调整系数、抗震鉴定的承载力调整系数等，均应按A类建筑的相应规定采用。这些部位包括：7度Ⅰ、Ⅱ类场地，单跨或多跨等高且高度超过6m的无筋砖墙垛、高度超过4.5m的等截面无筋独立砖柱和混合排架房屋中高度超过4.5m的无筋砖柱及不等高厂房中的高低跨柱列；7度Ⅲ、Ⅳ类场地的无筋砖柱（墙垛）；8度时每侧纵筋少于3ϕ10的砖柱（墙垛）；9度时每侧纵筋少于3ϕ12的砖柱（墙垛）和重屋盖厂房的配筋砖柱；7～9度时开洞的水平截面面积超过截面总面积50%的山墙；以及8、9度时，高大山墙壁柱平面外的截面抗震验算。

B类单层砖柱厂房，对于6度和7度Ⅰ、Ⅱ类场地，柱顶标高不超过4.5m，且两端均有山墙的单跨及多跨等高B类砖柱厂房，当抗震构造措施符合上述规定时，可评为符合抗震鉴定要求，不进行抗震承载力验算；对于其他情况，应按现行《建筑抗震设计规范》GB 50011—2010的规定进行纵、横向的抗震分析，并按抗震验算公式（6-2）进行结构构件的抗震承载力验算，但结构构件的内力调整系数和抗震鉴定的承载力调整系数等，均应按B类建筑的相应规定采用。

6）混凝土房屋的抗震鉴定

对钢筋混凝土结构房屋的抗震鉴定，应依据现行国家标准《建筑抗震鉴定标准》GB 50023—2009给出的鉴定方法和有关规定。对不符合鉴定标准要求的建筑，根据其不符合要求的程度、部位及对结构整体抗震性能影响的大小，以及有关的非抗震缺陷等实际情况，结合使用要求进行分析，提出相应的维修、加固、改变用途或更新等抗震减灾对策。

7）单层钢筋混凝土柱厂房的抗震鉴定

① 检查重点与有关规定

单层钢筋混凝土柱厂房的震害表明，装配式结构的整体性和连接的可靠性是影响厂房抗震性能的重要因素。单层钢筋混凝土柱厂房的抗震鉴定，既要考虑抗震构造措施鉴定，又要考虑抗震承载力评定。

当关键薄弱环节不符合鉴定要求时，应进行加固或处理，这是提高厂房抗震安全性的经济而有效的重要措施；一般部位的构造、抗震承载力不符合鉴定要求时，可根据不符合的程度和影响的范围等具体情况，提出相应对策。

② 抗震措施鉴定

抗震措施鉴定包括以下各个项目：结构布置，构件形式，屋盖支撑布置和构造，排架柱的构造与配筋，柱间支撑，结构构件的连接构造，黏土砖围护墙的连接构造和砌体内隔墙的构造。

③ 抗震承载力验算

对于 A 类厂房，一般情况下，不需进行抗震承载力验算；但对 8、9 度时，厂房的高低跨柱列、支承低跨屋盖的牛腿（柱肩）、高大山墙的抗风柱、锯齿形厂房的牛腿柱，双向柱距不小于 12m、无桥式吊车且无柱间支撑的大柱网厂房，以及 7 度Ⅲ、Ⅳ类场地和 8 度时结构体系复杂或改造较多的其他厂房，可按现行《建筑抗震设计规范》GB 50011—2010 的规定进行纵、横向的抗震计算，并按现行《建筑抗震鉴定标准》GB 50023—2009 规定的验算公式（6-2）进行结构构件的抗震承载力验算，但结构构件的内力调整系数、抗震鉴定的承载力调整系数等，均应按 A 类建筑的相应规定采用。

$$S \leqslant \frac{R}{\gamma_{Ra}} \tag{6-2}$$

式中　S——结构构件内力；

R——结构构件承载力设计值，其中材料强度等级按现场实际情况确定；

γ_{Ra}——抗震鉴定的承载力调整系数 。

B 类厂房，除 6 度和 7 度Ⅰ、Ⅱ类场地，柱高不超过 10m，且两端有山墙的单跨及等高多跨厂房外，当抗震构造措施符合上述鉴定要求时，可不进行构件截面的抗震验算；其他 B 类厂房，应按现行《建筑抗震设计规范》GB 50011—2010 的规定进行纵、横向的抗震计算，并按上述抗震验算公式（6-2）进行结构构件的抗震承载力验算，但结构构件的内力调整系数和抗震鉴定的承载力调整系数等，均应按 B 类建筑的相应规定采用。

（3）震损建筑物鉴定评估

抗震鉴定评估分为两类：一类是应急评估又称一级鉴定，是指受到地震影响后为抢险救援进行的简单鉴定；另一类是详细鉴定又称系统鉴定，是指受到地震的影响建构筑物在恢复重建阶段，根据震害程度，确定恢复重建（加固）的数量和规模，为政府决策提供依据，或未受到地震影响但需要对其抗震能力进行评估的，针对本地区的抗震设防目标，对抗震构造措施和地震承载力等进行详细的检测、全面的评定。

1）震损建筑应急评估

根据《建筑地震破坏等级划分标准》建设部（1990）建抗字 377 号，应急评估将建筑破坏等级划分为：基本完好（含完好）、轻微损坏、中等破坏、严重破坏、倒塌五个等级。

应急评估时建筑震害观测先外部后内部，严重破坏或局部倒塌可不再进行内部检查，在确保安全的情况下，方可进室内检查，远处可先用望远镜观察。外部重点检查部位有结构体系、层数、总高度，竖向构件或局部楼层倾斜，房屋整体倾斜，倒塌的位置、地基沉降变形等。内部检查重点是：结构类型、结构体系的合理性、构件类型及所处位置、构件的抗震性能较差的部位、对建筑抗震整体性能影响较大的楼层。

多层砖房的地震破坏时，应着重检查承重墙体和屋盖，并检查非承重墙体和附属构件。砖混结构评估分级见表 6-4。

钢筋混凝土框架（包括填充墙框架）房屋应着重检查框架柱，并检查框架梁和墙体（填充墙）。多层钢筋混凝土框架房屋的地震破坏等级应按下列标准划分，见表 6-5。

评定底层框架上部砖房地震破坏时，应着重检查承重墙体和底层框架柱，并检查框架梁和非承重墙体。底层框架砖房的地震破坏等级应按表 6-6 标准划分。

砖混结构评估分级 **表 6-4**

项目	基本完好	轻微损坏	中等破坏	严重破坏	倒塌
承重墙体及其连接	完好，轻微裂缝＜5％	轻微裂缝＜30％，出屋面小建筑明显裂缝	严重裂缝或倒塌＜5％，部分墙体明显裂缝＜30％	明显裂缝＞50％，严重裂缝＜30％，局部酥碎或倒塌＜5％	房屋残留部分不足50％
屋盖系统	完好	屋盖完好或轻微损坏	塌落构件＜5％	楼、屋盖塌落＜30％	房屋残留部分不足50％
次要墙体及其连接	轻微裂缝＜30％	明显破坏＜30％	非承重构件严重裂缝或局部酥碎＜5％	成片倒塌	房屋残留部分不足50％
附属构件	有不同程度破坏	开裂或倒塌	倒塌	倒塌	倒塌

钢筋混凝土框架结构评估分级 **表 6-5**

项目	基本完好	轻微损坏	中等破坏	严重破坏	倒塌
框架柱、梁及其连接	完好	轻微裂缝＜5％，出屋面小建筑明显破坏	轻微裂缝＜30％，明显裂缝＜5％	主筋压屈、混凝土酥碎、崩落＜30％	房屋残留部分不足50％
屋盖系统	完好	屋盖完好或轻微损坏	塌落构件＜5％	楼、屋盖塌落＜30％	房屋残留部分不足50％
次要墙体及其连接	轻微裂缝＜5％	明显裂缝＜30％	严重裂缝或局部酥碎＜5％	部分楼层倒塌	房屋残留部分不足50％
附属构件	有不同程度破坏	开裂或倒塌	倒塌	倒塌	倒塌

底层内框架砖房结构评估分级 **表 6-6**

项目	基本完好	轻微损坏	中等破坏	严重破坏	倒塌
承重墙体和底层框架柱、梁及其连接	完好	轻微裂缝＜5％，出屋面小建筑明显裂缝	墙体轻微破坏＜30％，柱轻微裂缝＜30％明显裂缝＜5％	墙体明显裂缝＞50％，严重裂缝＜30％，局部酥碎或倒塌。主筋压屈、混凝土酥碎、崩落＜30％	底层倒塌，房屋残留部分不足50％
屋盖系统	完好	屋盖完好或轻微损坏	塌落构件＜5％	楼、屋盖塌落＜30％	房屋残留部分不足50％
框架梁和非承重墙体及其连接	轻微裂缝＜5％	明显裂缝＜30％	严重裂缝＜5％	部分楼层倒塌	房屋残留部分不足50％
附属构件	有不同程度破坏	开裂或倒塌	倒塌	倒塌	倒塌

评定多层内框架砖房的地震破坏时，应着重检查承重墙体，并检查内框架柱、梁和非承重墙体。多层内框架砖房的地震破坏等级应按表 6-7 规定划分。

多层内框架砖房结构评估分级　　表 6-7

项目	基本完好	轻微损坏	中等破坏	严重破坏	倒塌
承重墙体和内框架柱、梁及其连接	完好	承重墙轻微裂缝<30%或明显裂缝<5%，梁、柱完好。出屋面小建筑明显破坏	承重墙体明显裂缝<30%，柱轻微裂缝	承重墙体严重裂缝或局部倒塌>50%，内框架柱主筋压屈<30%、混凝土酥碎崩落	墙体倒塌>50%，内框架梁和板塌落<30%
屋盖系统	完好	屋盖完好或轻微损坏	塌落构件<5%	楼、屋盖塌落<30%	房屋残留部分不足 50%
非承重墙体及其连接	轻微裂缝<5%	明显裂缝<30%或严重裂缝<5%	严重裂缝或局部酥碎	部分楼层倒塌	房屋残留部分不足 50%
附属构件	有不同程度破坏	开裂或倒塌	倒塌	倒塌	倒塌

评定单层钢筋混凝土柱厂房的地震破坏时，应着重检查屋盖、柱及其连接，并检查天窗架，柱间支撑和墙体（围护墙）。单层钢筋混凝土柱厂房的地震破坏等级应按表 6-8 标准划分。

单层钢筋混凝土柱厂房结构评估分级　　表 6-8

项目	基本完好	轻微损坏	中等破坏	严重破坏	倒塌
屋盖、柱及其连接	完好	屋面构件连接松动<30%；柱完好	屋面板错位；塌落<5%；柱轻微裂缝<30%	屋架塌落<30%；柱明显破坏<30%	屋盖塌落>50%；柱折断>50%
屋盖系统	完好	屋盖完好或轻微损坏	塌落构件<5%	楼、屋盖塌落<30%	房屋残留部分不足 50%
天窗架，柱间支撑和墙体（围护墙）	轻微裂缝<5%	天窗架明显破坏<5%；支撑完好；墙体明显裂缝或掉砖<30%	天窗架竖向支撑压屈<30%；柱间支撑明显破坏<30%；墙体倒塌<30%	支撑压屈或节点破坏<30%	房屋残留部分不足 50%
附属构件	有不同程度破坏	开裂或倒塌	倒塌	倒塌	倒塌

评定单层砖柱厂房地震破坏时，应着重检查砖柱（墙垛，下同）墙体，并检查屋盖及其与柱的连接。单层砖柱厂房的地震破坏等级应按表 6-9 标准划分。

单层砖柱厂房结构评估分级　　表 6-9

项目	基本完好	轻微损坏	中等破坏	严重破坏	倒塌
砖柱（墙垛）墙体	柱完好；山墙、围护墙轻微裂缝	柱、墙轻微裂缝<5%	柱、墙明显裂缝<30%	砖柱、墙严重裂缝或局部酥碎>50%	多数柱、墙倒塌>50%
屋盖系统	完好	屋盖完好或轻微损坏	塌落构件<5%	楼、屋盖塌落<30%	房屋残留部分不足 50%
屋盖及其与柱的连接	屋面与柱连接松动，溜瓦	屋面与柱连接处位移<5%	山墙尖局部塌落；屋面构件塌落<5%	屋盖塌落<30%	房屋残留部分不足 50%
附属构件	有不同程度破坏	开裂或倒塌	倒塌	倒塌	倒塌

评定单层空旷房屋地震破坏时，应着重检查大厅与前、后厅连接处和大厅与前、后厅的承重墙体，并检查舞台口悬墙、屋盖。单层空旷房屋的地震破坏等级应按下列标准划分：

① 基本完好：大厅与前、后厅个别连接处墙，有轻微裂缝；承重墙、柱完好。

② 轻微损坏：大厅与前、后厅部分连接处墙，有轻微裂缝；个别承重墙、柱轻微裂缝。

③ 中等破坏：大厅与前、后厅连接处墙，有明显裂缝；部分承重墙、柱明显裂缝，山墙尖局部塌落；舞台口承重悬墙有严重裂缝。

④ 严重破坏：多数承重墙、柱有严重裂缝；部分屋盖塌落。

⑤ 倒塌：房屋残留部分不足50%。

2）震损建筑详细鉴定评估

详细鉴定评估以现场检测数据为主，结合图纸资料和检测结果进行抗震构造措施核查和抗震承载力验算。鉴定流程如下：

① 确定建筑物的设防类别和设防烈度。

② 现有建筑应根据实际需要和可能，选择其后续使用年限。不同后续使用年限建筑的抗震鉴定原则：

A类30年建筑抗震鉴定（基本沿用95标准方法）；

B类40年建筑抗震鉴定（相当于89设计规范方法）；

C类50年建筑抗震鉴定（现行设计规范方法）。

标准中给出的是最低后续使用年限，有条件时宜选择更长的后续使用年限，不得随意减少后续使用年限。

③ 不同后续使用年限建筑的抗震设防目标及鉴定方法

后续使用年限50年的现有建筑，与现行国家标准《建筑抗震设计规范》GB 50011—2010相同的设防目标；后续使用年限少于50年的现有建筑，在遭遇同样的地震影响时，其损坏程度略大于按后续使用年限50年的建筑。

抗震鉴定分为两级：第一级，宏观控制与构造鉴定和简单的抗震能力验算。第二级：根据抗震验算和构造影响，评定其综合抗震能力，综合抗震能力包括承载能力和变形能力。

A类建筑采用逐级鉴定、综合评定的方法，第一级鉴定通过时，可不进行第二级鉴定，评定为满足鉴定要求。第一级鉴定未通过时，进行第二级鉴定，作出判断。

B、C类建筑并行鉴定、综合评定。需同时进行两级鉴定后，进行综合评定。

B类建筑中，抗震措施满足要求时，当主要抗侧力构件承载力不低于规定值的95%、次要抗侧力构件承载力不低于规定值的90%时，可不进行加固。

④ 提高重点设防类建筑的鉴定要求。

⑤ 现有建筑宏观控制和构造鉴定的基本内容及要求

a. 当建筑的平、立面，质量、刚度分布和墙体等抗侧力构件的布置在平面内明显不对称时，应进行地震扭转效应不利影响的分析；当结构竖向构件上下不连续或刚度沿高度分布突变时，应找出薄弱部位并按相应的要求鉴定。

b. 检查结构体系，应找出其破坏会导致整个体系丧失抗震能力或丧失对重力的承载能力的部件或构件；当房屋有错层或不同类型结构体系相连时，应提高其相应部位的抗震鉴定要求。

c. 检查结构材料实际达到的强度等级，当低于规定的最低要求时，应提出采取相应的抗震减灾对策。

d. 多层建筑的高度和层数，应符合本标准各章规定的最大值限值要求。

e. 当结构构件的尺寸、截面形式等不利于抗震时，宜提高该构件的配筋等构造抗震鉴定要求。

f. 结构构件的连接构造应满足结构整体性的要求，装配式厂房应有较完整的支撑系统。

g. 非结构构件与主体结构的连接构造应满足不倒塌伤人的要求；出入口及人流通道等处，应有可靠的连接。非结构构件指女儿墙等、悬臂构件，围护墙体、填充墙等自承重构件，外墙贴面和雨篷等。

h. 当建筑场地位于不利地段时，尚应符合地基基础的有关鉴定要求。

i. 构件布置重点检查多层砌体房屋窗间墙的宽度，框架柱的短柱，单层厂房的变截面砖柱等。

⑥ 抗震承载力验算

构件抗震承载力按式（6-3）验算：

$$S \leqslant \frac{R_c}{\gamma_{Ra}} \tag{6-3.1}$$

$$R_c = \psi_1 \psi_2 R \tag{6-3.2}$$

式中　R——结构构件承载力设计值；

S——结构构件内力（轴向力、剪力、弯矩等）组合的设计值；

ψ_1——构造的整体影响系数；

ψ_2——构造的局部影响系数；

γ_{Ra}——抗震鉴定的承载力调整系数。

B 类建筑：取现行规范值，考虑到与现行规范地震作用及效应的差异，相当于取后续使用年限 40 年。

A 类建筑：取现行规范值的 0.85 倍，地震作用计算按 B 类建筑方法，相当于地震影响系数取 0.85×0.88=0.75，即取后续使用年限 30 年。

⑦ 抗震鉴定的结论及处理建议

a. 满足抗震鉴定要求时，可继续使用，但应注明后续使用年限。

b. 对不符合鉴定要求的建筑，可根据不符合要求的程度、部位对结构整体抗震性能影响的大小，以及有关的非抗震缺陷等实际情况，结合使用要求、城市规划和加固难易等因素的分析，提出相应的维修、加固、改变用途或更新等抗震减灾对策。

c. 维修：少量次要构件不满足要求或外观质量存在问题时，可进行维修处理。

d. 加固：不满足抗震鉴定要求时，通过加固能达到鉴定要求的，按加固规程加固。

e. 改变用途：不满足鉴定要求，但可通过改变用途降低设防类别，使其通过加固或不加固达到新的鉴定要求。

f. 更新：结合规划拆除，短期使用的需采取应急措施。

6.2.3　震损建筑物处理

（1）震损建筑物加固处理方案选择

1）加固设计要以地震后的建筑结构检测鉴定报告为依据，并考虑应急处理措施的影响，通过多种加固方案的比较，确定经济合理、便于施工的优化方案。

建（构）筑物震后修复和加固的对策，宜符合表 6-10 的规定。

建（构）筑物震后修复和加固的对策　　表 6-10

重建设防烈度	建筑地震破坏等级				
	基本完好	轻微破坏	中等破坏	严重破坏	倒塌
低于遭遇烈度	A	B	C	D或E	E
等于遭遇烈度	A	C	D	D或E	E
高于遭遇烈度	X	D	D或E	E	E

注：A—不需修复就可以继续使用；B—需要修复；C—以修复为主，局部加固为辅；D—加固为主；E—拆除；X—按重建设防烈度进行鉴定，并采取措施处理。

2）建（构）筑物震后修复和加固设计时，首先确定建筑物的结构体系和传力路径，确定建筑结构安全等级、建筑物耐火等级、抗震设防类别和设防烈度、场地土类别、后续使用年限。

3）确定结构加固设计方案时，有明确的计算简图和合理的地震作用传递途径，避免因部分结构或构件破坏而导致整体结构丧失抗震能力，并避免因部分结构或构件破坏而导致丧失整个结构对重力荷载的承载能力。应按照强柱弱梁、强节点弱构件、强剪弱弯的原则进行设计，重点加固柱和承重墙体等主要构件，尽量减少梁板等受弯构件的加固量，重点加固构件和结构之间的连接节点，使节点的连接强度高于构件的强度，构件的抗剪承载力应大于抗弯承载力。

4）抗震加固设计应遵循下列原则：

① 当原结构沿高度和沿平面设置的构件及其刚度分布符合规则性要求时，对新增设构件的布置，必须保持原结构的规则性；若原结构在某个主轴或两个主轴方向的布置不符合规则性要求时，宜利用新增设构件的不规则布置，使加固后的结构能消除或减少不规则性。

② 对原结构合理的传力途径，应在新增构件后仍能得到保持；对原结构有缺陷的传力途径，应利用新增构件予以改变。

③ 应根据结构地震损伤的程度，分析损伤的原因，并通过有效的加固措施使结构损伤的部位得到加强。

④ 应防止新增设构件形成新的薄弱层，并应利用所增设构件的位置、尺寸和厚度的变化，消除或减轻原有薄弱层的不利影响。

⑤ 当原有建筑的不同部位有不同类型的承重结构体系时，应对不同类型结构相连部位采取消除原布置影响的构造措施，使之具有比一般部位更高的承载能力或更强的变形能力。

⑥ 当原结构构件处于明显不利的状态时，应在加固设计中采取能改善该构件受力状态，或将地震作用转移到新增设的、受力状态合理的构件上的措施。

5）地震受损建筑结构分析和构件承载力验算，应符合下列要求：

① 结构的计算简图，应根据加固后的荷载、地震作用和实际受力状态确定。

② 结构构件的计算截面尺寸，应采用实际的截面尺寸。

③ 进行结构构件承载力验算时，应计入实际存在的偏心、结构构件变形造成的附加内力、结构损伤对承载力的影响，以及加固后的实际受力程度、新增部分的应变滞后和新旧部分协同工作程度对承载力的影响。

④ 抗震加固设计时，对受损并已经修复的结构构件，其承载能力宜乘以 0.8～1.0 的震损系数。

6）地震受损建筑加固所用的材料，应符合相应国家有关标准规范的规定。加固方法和加固材料的选择应不影响建筑物的防火性能和适用性能，放射性污染和有害物质含量不超标。

（2）常用的加固方法

1）震损多层砌体房屋的抗震加固应根据震损情况，分别采用不同的抗震修复加固措施。有拆砌原墙加固、注浆加固、面层或板墙加固、外加构造柱加固、外套钢筋混凝土加固、增设圈梁加固、增设托梁加固。

2）震损的钢筋混凝土结构修复加固，应采用下列方法：

① 采用增设消能支撑、钢筋混凝土抗震墙、柱间支撑、翼墙、改变梁端底部钢筋的锚固状态、加固节点等措施，改善结构整体抗震能力和总体刚度水平。

② 采用粘钢或外包钢、增大截面、粘贴碳纤维、粘贴玻璃纤维复合材等加固方法，弥补构件承载力不足。

③ 采用增设支托并加强连接处锚固等措施弥补楼面、屋面板支承长度的不足。

④ 采用增设拉结钢筋等措施，改善砌体墙、填充墙和柱、梁之间的连接水平。

⑤ 采取加强柱子强度、静态切割增设结构缝等方法，减小原墙体或各类平台布置所形成的短柱或柱子附加内力。

⑥ 当部分受损的结构构件无法利用，以及女儿墙、门脸等非结构构件不符合现行有关标准规定时，应采用无震动切割等方法予以拆除或截短。

⑦ 对贴砌在框架柱平面外的围护墙体，当缺少构造柱或圈梁的约束已损坏时，应更换为嵌砌在框架柱平面内的轻质墙体。轻质墙体应与主体结构可靠拉结，同步受力变形。

⑧ 对破坏严重和设置在拐角处的楼梯，以及高层框架-剪力墙结构或剪力墙结构采用的与框架填充墙连接的楼梯，除应加固楼梯本身外，尚应对支撑楼梯的框架柱进行增大承载能力的加固；并应对楼梯梁和墙体与框架柱的连接进行加固。

⑨ 加固前应对构件的局部损伤和裂缝进行处理和修复。

3）震损的钢结构加固和修复，可采用下列方法：

① 提高结构整体性可采用增设构件和支撑的方法；提高构件承载力和刚度可采用加大截面法；增设构件和支撑应保证加固件有合理的传力途径；加固件宜与原有构件的支座或节点有可靠的连接，连接可采用焊接、螺栓连接、铆接等，一般优先采用焊接。

② 钢结构构件裂缝的修补有焊接修补、嵌板修补、附加盖板等方法。

③ 构件连接节点的加固，可焊缝连接、高强度螺栓连接、铆接和普通螺栓连接。

④ 当受压构件或受弯构件的受压翼缘破损和变形严重时，为避免矫正变形或拆除受

损，可在杆件周围包以钢筋混凝土，形成劲性钢筋混凝土的组合结构。为了保证二者的共同工作，应在外包钢筋混凝土的部位上焊接能传递剪力的零件。

⑤ 钢结构的加固有卸荷加固和负荷加固两种形式。负荷加固时，必须对施工期间钢构件的工作条件和施工的过程进行控制，确保施工过程的安全。

6.2.4 震损构筑物处理

（1）烟囱和水塔

1）地震对烟囱和水塔的损害

烟囱和水塔一般为钢筋混凝土结构、砌体结构和钢结构三种。历次地震震害表明，受到地震破坏的都是砖烟囱，钢筋混凝土结构烟囱受到地震破坏的几乎没有。强烈地震对烟囱的破坏是很大的，由于烟囱破坏，烟火很容易飘出炉外，引起火灾。

2）震损处理

① 烟囱的抗震加固设计首先应满足现行国家规范《烟囱设计规范》GB 50051—2002，水塔的抗震加固设计应执行《高耸结构设计规范》GB 50135—2006 及《建筑抗震设计规范》GB 50011—2010。

② 当烟囱和水塔出现倾斜时，首先应对其进行加固处理，再实施纠倾扶正。

③ 烟囱和水塔的抗震加固措施主要为增强强度、提高延性和加强整体性。

（2）储仓

1）地震对储仓的损害

震害调查表明无论方仓或圆筒仓，仓体的震害轻微，这是因为仓下层地震作用最大而其刚度反而最小，形成仓下薄弱层，因此规范建议在地震区宜采用筒壁支承形式。筒壁因其为壳体结构，刚度较大、变形适应能力强，抗扭转性能好，地震时刚度大的结构耗能明显加大，对地震作用效应的消能作用有明显的效果。对于柱支撑的方仓或圆形筒仓，其结构形式是典型的上大下小，上重下轻的结构，造成仓下支柱的轴压比较大，上部仓体与仓底支柱的连接处，刚度往往有较大的突变，造成支柱的延性差。在单排仓或群仓储料不对称时，地震效应的扭转作用将会加剧筒仓的破坏。仓顶建筑物在地震荷载作用下，受鞭梢效应的影响，有动力放大作用。

储仓结构类型很多：按计算方法的不同分为深仓和浅仓两大类；按平面形状的不同分为方形、矩形、圆形和多边形仓；按材料的不同分为预应力混凝土仓、钢筋混凝土仓、砌体仓和钢板仓。

2）震损处理

① 混凝土结构储仓

混凝土结构储仓震损处理时采用的混凝土结构强度等级，应比原强度等级提高一级，并不应低于 C25。混凝土结构储仓可根据震损部位、程度，选用增大构件截面面积、外包钢加固、预应力加固、外粘钢加固、碳纤维加固、改变结构传力途径等方法。对存放谷物及其他食品的储仓处理，严禁在混凝土中掺入有害人体健康的添加剂或做涂层。

② 砌体结构储仓

砌体结构储仓灾损处理，应符合下列要求：

a. 砌体结构处理不得使用原有严重风化、碱蚀、酥松的块材；

b. 砌筑砂浆的强度等级，应比原砂浆强度提高一级；

c. 根据砌体构件的受力状态和裂缝特征等因素，确定裂缝修补方法；

d. 散装谷物平房仓的纵横墙交接处咬槎有明显损坏，处理时应增设圈梁和构造柱；

e. 当屋架或大梁下砖砌体支座局部压碎或其下墙体出现局部竖向裂缝时，可增设梁垫。当支座损坏较严重，但尚未影响结构安全时，可在增设可靠的临时支撑后，用提高一级强度的砂浆与砌块填砌；

f. 空心砖墙和空斗墙不宜采用灌浆处理；

g. 空心砖墙不宜采用钢筋网砂浆面层处理。

③ 钢结构储仓

a. 震损钢结构储仓的处理应采用卸荷加固形式；

b. 震损处理钢材宜采用 Q235；

c. 震损处理钢构件采用的钢板厚不宜小于 4mm，钢管壁厚不宜小于 3mm，角钢不宜小于 56mm×36mm×4mm，铆接或螺栓不宜小于 50mm×5mm（长×直径）；

d. 利用原钢材或钢构件时，应进行材料检测，并按有关标准对钢材、钢构件进行强度复核；

e. 钢结构震损处理方法主要有加大构件截面、加大连接强度、粘钢法等；

f. 钢结构灾损处理宜采用焊缝连接、摩擦型高强度螺栓连接，或同时采用焊缝和摩擦型高强度螺栓的混合连接；

g. 钢柱损坏或稳定性不足时，可增设型钢柱或浇筑混凝土等；

h. 震损钢梁强度或稳定性不足时，可增设型钢、组合梁、支撑、系杆等；

i. 震损钢屋架强度、稳定性不足时，可增设加固弦杆、支撑、系杆。钢屋架倾斜时应采取纠偏措施。

④ 储仓倾斜与沉降

震损的筒仓出现倾斜时，可以根据筒仓加荷载的特点进行纠倾处理。当筒仓的沉降满足规范要求时优先采用控制储料加载法纠倾扶正。当倾斜筒仓沉降不满足规范要求时，采用控制储料加载方法纠倾扶正后再整体抬升。如果沉降超出规范要求，通过改造地下通廊设备达到使用要求，亦可不予顶升。可通过经济技术比较确定实施方案。

⑤ 储仓的其他要求

a. 对于震损储仓处理，首先应满足工艺要求；

b. 震损储仓处理为一般维修时，可不卸载施工；

c. 为了防止次生灾害的发生，当为加固、纠倾、抬升综合处理时，一般应在空仓条件下施工；

d. 震损倾斜的储仓处理，宜先加固后纠倾扶正；

e. 储仓周围大面积堆载会对基础产生不利影响，因此大量卸载时应考虑储物存放问题；

f. 卸载时应制定严格的顺序，以防仓体进一步的破坏；

g. 设置必要的和长期的沉降观测点，进行观测；

h. 通廊应重点检查地下通廊渗水情况，上通廊钢桁架及连接件处易产生弯曲、断裂、变形、支座明显滑移和局部塌落等现象。

（3）震损桥梁处理

1）地震对桥梁的损害

根据桥梁破坏程度、受损状况及损伤特性，按照结构功能丧失程度，将其震害等级由轻微至严重分为A、B、C、D、E五级，见表6-11。

桥梁震害分级表 **表6-11**

破坏等级	应急保通阶段使用情况	震后灾后重建处置	主要特征描述
A—无破坏	不需处置即可正常通行	不需处置	无
B—轻微震害	不需处置即可正常通行	需简单进行处置维修	主要构件无明显结构性损伤。①主梁发生轻微移位。移位在5cm以内；②桥墩无倾斜，也无开裂现象。③桥台轻度破坏，桥台背墙、翼墙轻微开裂
C—中等破坏	不需处置但需限制通行或处置后恢复正常通行	震后通过简单处理加固后，达到正常使用标准	①主梁发生移位，但仍有安全支撑，无落梁风险；移位在5cm以上，但未从支座垫滑落；②桥墩无明显倾向，桥墩轻微开裂或保护层剥落但未伤及核心区混凝土，但桥墩承载能力无明显下降；③桥台中度破坏，桥台背墙、翼墙开裂
D—严重破坏	需处置后满足应急抢险通行	震后需加固处置才可达到正常使用标准	①主梁发生严重移位，存在落梁风险；②桥墩明显倾向，桥墩严重开裂，形成主裂缝或形成多条剪切缝并延伸至核心区，桥墩承载能力明显下降；③桥台严重破坏，背墙、翼墙垮塌，桥台（帽梁）剪断
E—完全损毁或失效	完全丧失通行能力，已无修复必要	需要进行结构构件的更换或撤除重建	①全桥或部分联跨发生整体垮塌；②主梁发生整跨落梁；③桥墩出现剪断或压溃

2）为提高抗震救灾生命线的通行能力和通畅性，对瓶颈路段的受损桥梁应尽速采取多种修复、补强和加固方法。震后应急抢通阶段，对震害损伤较轻的桥梁可采取相关紧急修复技术，对结构受损部位予以修复，从而达到快速抢通的目的。紧急修复技术主要针对震害损伤较轻的桥梁，以时效性为优先考虑原则，主要内容包括：外包混凝土补强、粘贴钢板补强、粘贴纤维材料补强、裂缝灌浆补强、局部材料置换与修补、受损桥墩临时支护、裸露桥基保护等。

对于灾害中因落桥而阻断的桥梁，不论其受灾情形为完全落桥损毁或部分落桥损毁，应考虑采用紧急便道、便桥的形式予以紧急抢通。紧急便道、便桥一般以时效性为优先考虑原则，结构稳定性及安全性次之。便道、便桥等临时结构，可根据河川历史流量、现场地质环境、现场既有材料等因地制宜进行设置，主要包括：土堤便道、水泥涵管便道、钢涵管便道、集装箱货柜土堤便道、临时钢便桥等。震后应急保通阶段，为提高抗震救灾生命线的通行能力和通畅性，对瓶颈路段的受损桥梁应尽速采取第二阶段修复补强，即快速修复补强。快速修复补强技术原则上与紧急抢修技术相同，其差异处在于施工所需时间稍长。快速修复补强可采用的技术范围略大于紧急抢修技术，主要针对不属于紧急抢修范围的相关快速补强技术。

对于震后评价为“中等破坏”、“严重破坏”的桥梁，应采取快速加固或临时支撑的方式以解决临时通车的需要。因为地震的随机性和震后桥梁剩余承载能力的不确定性，紧急修复（加固）技术没有明确的性能目标要求。临时加固技术措施有防落装置设置法、钢板表面粘贴修补法、千斤顶临时支撑、铺设临时覆盖板法、纤维增强高分子复合材料补强法。

3）桥梁震后永久加固修复

① 桥梁上部结构加固

a. 可通过对上部结构施加体外预应力来提高震后能力；

b. 可通过设置平行于上部结构且沿纵桥向的连梁来改善上部结构的震后性能；

c. 通过增加上部结构横向连系梁的方法，提高桥梁整体性，改善上部结构的震后性能。

② 桥梁场地加固

a. 桥梁穿过断层或很接近断层时，应对下部结构塑性区增加额外的箍筋以提高延性变形能力；

b. 多跨简支梁桥穿过断层，宜仔细考虑是否采用使其上部结构保持连续的加固措施；

c. 在每个桥墩、桥台处可用弹性支座替换原有支座，支撑上部结构；

d. 近断层的竖向地震动加速度可能很大，应注意采取加固措施避免上部结构发生上拔的现象；

e. 对于重要桥梁位于或接近不稳定的斜坡，应仔细评价斜坡的稳定性，可采取清除岸坡、减轻重量等措施进行加固；

f. 对于重要桥梁，可将桥台设置在斜坡顶部的后边，增加两个边跨；

g. 对于预计可能发生液化的桥址场地，一是清除或改进有液化可能的场地条件，二是提高结构承受大位移的能力；

h. 当桥址场地的稳定性存在问题时，可采用降低地下水位、振捣压实、振动替换、竖向排水网（石头柱）、使用渗透性强的材料、压浆的加固方法。

③ 桥梁基础加固

a. 应特别注意考虑土的特性，基础构件的分析和设计应考虑土的强度和各种可能的破坏模式；

b. 提高承台的弯曲强度，可以通过在既有承台表面覆盖一层钢筋混凝土，并通过暗销与原有承台连接起来；

c. 通过增加承台的厚度增加截面的抗弯高度；

d. 承台加固中，钢筋的位置宜布置在距离墩柱的一倍承台厚度的范围内；

e. 如果暗销的抗拉能力不满足加固要求，可扩大承台并在承台周边的整个厚度内设置箍筋来代替暗销；

f. 可通过设置预应力筋来提高承台的正、负弯矩区的抗弯强度；

g. 通过增加承台厚度、穿过承台的竖向钢筋或预应力钢筋、水平向穿过承台的预应力筋等来提高承台的抗剪能力；

h. 在承台加宽部分设置额外的箍筋，对于提高承台的抗剪能力效果较差；

i. 承台、墩柱节点区的剪切强度加固，可采用承台剪切强度不足时的加固方法；

j. 墩、柱纵筋锚固不足的加固，可采用将承台直接锚固到地基或增加承台中的抗拉桩；

k. 承台倾覆抗力的提高可以通过扩大承台的平面尺寸，增加抗拉桩（桩数），直接锚固到地基或基岩等措施实现；

l. 如果桩基础破坏或承台滑动不会导致结构发生倒塌，则可采取震后加固或替换措施。

④ 桥台加固

当桥台的破坏影响重要桥梁的使用功能时，宜考虑对桥台进行加固。

a. 可通过设置桥台搭板，改善因填土破坏或桥台破坏导致的桥台过度沉降；

b. 为了减少震后桥台的不连续性，搭板至少长 3m；

c. 桥台平行于或垂直于桥台面的位移可通过设置锚杆得到改善。

⑤ 墩柱的加固

既有桥梁的钢筋混凝土桥墩、柱弯曲强度、延性变形能力和剪切强度的震后能力加固可采用钢管外包加固方法、复合材料加固方法、加大截面方法等一些加固技术进行。

⑥ 盖梁、节点区加固

a. 加强盖梁的抗弯能力；

b. 当盖梁是通过支座支撑上部结构时，可通过在盖梁两立面凿毛，其表面设置加筋的支撑梁来提高盖梁的弯曲强度，新的混凝土与旧的混凝土应该通过直接穿过既有盖梁的螺栓连接；

c. 当盖梁是通过支座支撑上部结构时，盖梁的弯曲强度可以通过设置在支撑梁内的预应力筋或体外预应力筋来提高，见图 6-3 所示；

d. 整体式盖梁的弯曲强度加固，可通过将支撑梁设置在盖梁底面来提高正弯曲强度，负弯曲强度提高可通过凿去顶部部分混凝土，设置附加钢筋来实现；

e. 整体式盖梁的弯曲强度加固，可通过设置体外预应力筋并在预应力管内压浆来提高盖梁正、负弯矩区的弯曲强度，如图 6-4 所示；

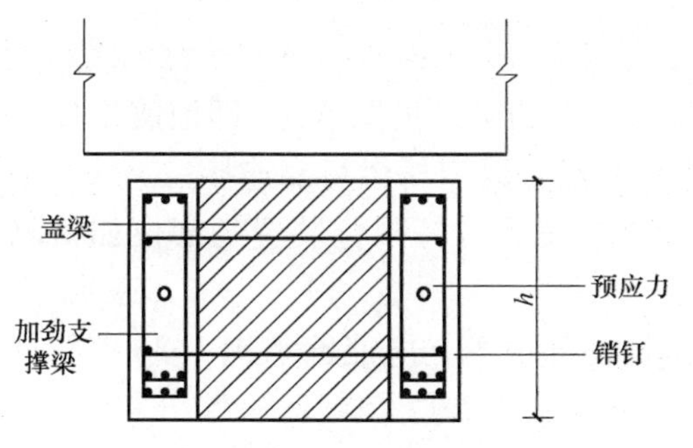

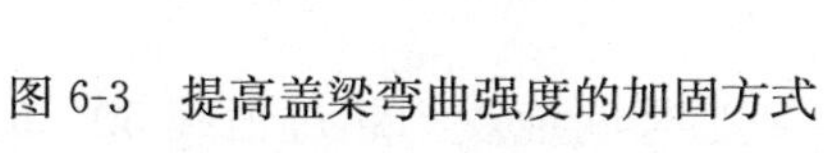
图 6-3 提高盖梁弯曲强度的加固方式

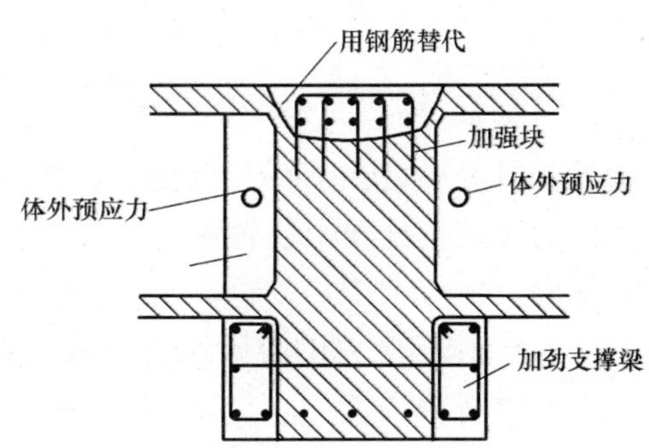

图 6-4 整体式盖梁的弯曲强度加固方式

f. 盖梁的剪切强度提高可通过设置全高度的支撑梁来实现；

g. 盖梁、柱节点区震后能力的提高可通过在既有节点区两侧面增加钢筋混凝土或完全更换节点实现；

h. 可通过在既有盖梁下部现浇一根连梁来改进盖梁的震后性能，如图 6-5 所示；

i. 采用增加连梁来加固盖梁，应对新塑性铰区的延性能力进行校核；

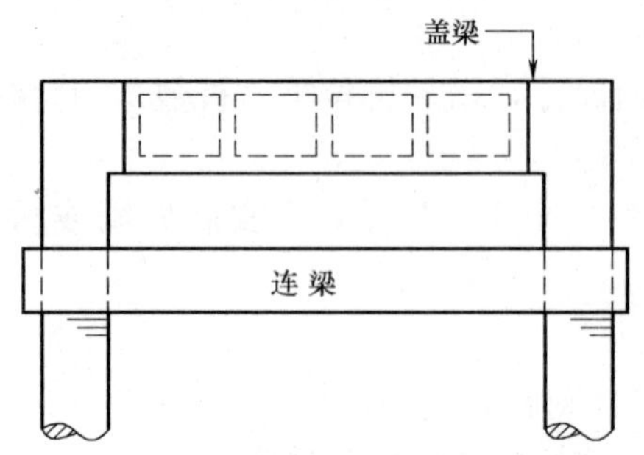

图 6-5　横向加固的连梁法

j. 盖梁抗扭能力的提高，可通过在桥墩面内从一排桥墩到另一排桥墩之间增加一个边梁（平行于主梁）来降低盖梁的扭矩来实现。

⑦ 支座、伸缩缝及防落梁措施加固

a. 可设置拉杆将桥梁相邻构件连接起来，以改善结构的震后能力；

b. 纵桥向伸缩缝处设置拉杆限位装置，可限制伸缩缝处的相对变形从而降低这些部位可能的损坏；

c. 纵桥向拉杆限位装置在最大地震力作用下应保持在弹性范围内；

d. 纵桥向拉杆限位装置应对称设置以免引入偏心约束；

e. 纵桥向拉杆限位装置应该沿着预期移动的主方向设置；

f. 当墩顶处设置伸缩缝时，则伸缩缝处的拉杆限位装置还应与桥墩连接；

g. 通过结构分析得到纵桥向限位装置的荷载和有效刚度，可以采用频谱法运用拉伸和压缩模型确定限位器荷载，或者在有些情况下采用近似静力的分析方法也可满足要求；

h. 重要桥梁限位器的承载能力应高于抵抗上部结构恒载的 0.35 倍所产生的等效静水平力；

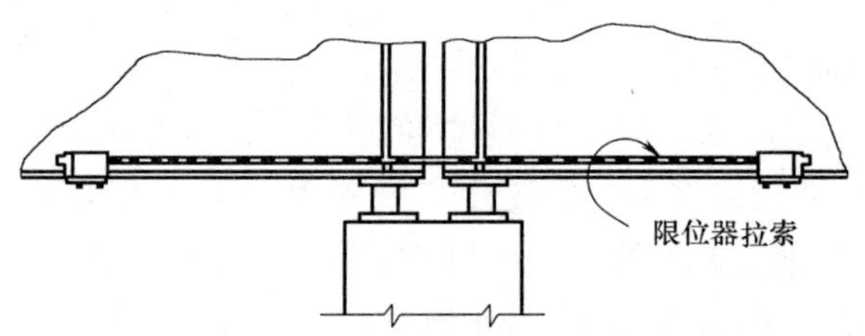

图 6-6　仅连接相邻跨的上部结构

i. 当满足下面一些条件时可以仅连接相邻跨的上部结构，见图 6-6，即地震作用下伸缩缝处相对变形足够小而不会发生落梁，且其中一跨已与既有桥墩可靠连接；

j. 为满足拉杆限位装置的传力要求，有时需要对安装拉杆限位装置的部位如横隔板进行加固；

k. 拉杆限位装置的附属连接装置、既有结构锚固部位等，应能够承担 1.25 倍拉杆限位装置的极限承载力；

l. 横向约束装置在地震作用下应保持弹性状态；

m. 防止地震作用下，上部结构发生竖向提离，或当竖向地震力超过恒载 50%时，采用竖向约束装置进行加固，见图 6-7；

n. 支座、伸缩缝处设置约束装置进行加固时，大多数要求在既有混凝土上钻孔，当需要钻孔时，应考虑：一钻孔装置需要的空间，二与主筋或预应力缆可能相交的情况；

o. 当约束装置不能避免丧失支撑能力时，应考虑加宽座宽（加宽支承面）；

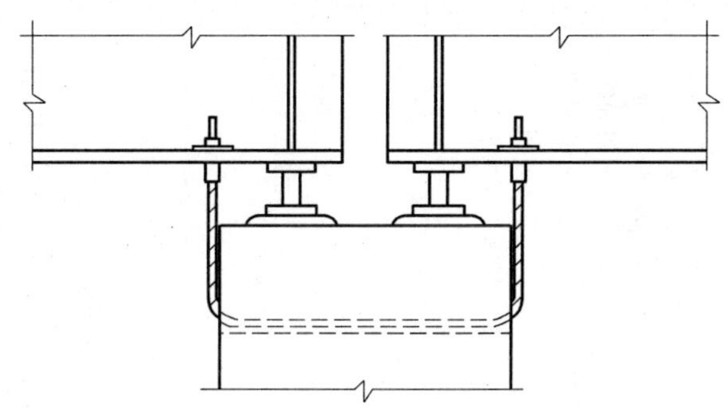

图 6-7 竖向位移限位器加固

p. 由于在地震作用下，加宽部分的座宽（支承面）将因上部结构落下而承受大的竖向力和水平滑动力，因此加宽部分应能够承受两倍的恒载加最大活载反力和竖向力、水平力等恒载数值乘以加速度系数；

q. 对于跨中伸缩缝处的座宽（支承面）加宽，可使用厚壁管作为延伸支承面来增加座宽；

r. 当支座破坏可能会导致结构倒塌或对于重要桥梁丧失其使用功能，则需考虑更换支座；

s. 在同一跨的活动支座或固定支座更换时应采用相同类型的支座，保证梁转动是相同的且满足对称性；

t. 更换支座后应校核垫块、座宽、支承能力是否满足新支座条件下的传力要求。

4）桥梁震后加固技术方法，见表 6-12。

5）后梁式桥加固后性能评价

对于震后加固的桥梁结构应进行承载力分析、多遇地震（设计地震 E1）和罕遇地震（设计地震 E2）作用下的内力和变形分析。加固后承载力分析可参考《桥梁设计规范》中的方法。加固后抗震分析方法分为两类：能力—需求比方法和 PUSHOVER 分析方法（延性能力分析方法或极限状态分析方法）。能力—需求比方法又可分为：基于地震系数法、基于反应谱法和基于时程法。应根据待评价桥梁的具体情况按现行规范的要求选用适当的分析方法。

（4）震损道路的处理

1）震损道路处理的基本原则

震损道路处理要以恢复原有道路使用功能和减灾水平为主，适当提高道路抗灾能力；恢复重建方案的选择应因地制宜、技术可行、经济合理，在保证使用功能的前提下，灵活采用技术指标；重视环境保护，合理利用土地资源，倡导采用节能技术，实现可持续发展。

震损道路的检测内容及方法可参照下表 6-13 执行。

2）震损道路处理应遵循下列原则

根据调查与检测结果对道路工程的安全性、修复可行性进行评估，分析公路的重要性、交通组成、地形、地质条件等因素，确定恢复或重建方案。

3）震损道路的处理应根据表 6-14 的方法处理。

震后桥梁加固技术适用表 表 6-12

加固技术	适用单元	适用范围	适用损坏形式	材料种类	材料易取性	施工速度	施工场所限制性	使用年限	强度需求
表面修补法	主梁、桥面板、横隔梁、帽梁、桥墩柱、基础构造、支承、防落装置、桥台	适合小断面的修复	裂缝、混凝土剥落、钢筋外露	水泥砂浆、环氧砂浆、沥青、甲基丙烯酸脂类、防锈材	极容易	快，视现场施工环境而定	低	5～10 年	无明确需求，以恢复构件单元外观及维持原构件单元强度
压力灌浆法	主梁、桥面板、横隔梁、帽梁、桥墩柱、基础构造、支承、防落装置、桥台、伸缩缝	适合裂缝的修复抑制裂缝扩大	裂缝、破裂、混凝土剥落、钢筋外露	水泥灌浆材、环氧树脂灌浆材、甲基丙烯酸脂类	容易	3.5～5.5m/工作日	低	5～10 年	无明确需求，以恢复构件单元外观及维持原构件单元强度
重新浇注法	主梁、桥面板、横隔梁、帽梁、基础构造、桥台	将构件部分或全部拆除而重新浇注混凝土或针对混凝土构件局部剥落而修复	裂缝、破裂、变形、压碎	水泥砂浆、混凝土	容易	快，视现场施工环境而定	中	10～25 年	维持原构件单元强度及耐久性
防落装置设置法	主梁、桥面板、横隔梁	主梁位移有落桥的可能、帽梁支承处破损产生高低差	倾斜、位移、沉陷、隆起	混凝土、环氧树脂胶粘剂；钢制托架；防落装置	可	2 工作日/块	中	5～10 年	防落装置无明确需求规定；防落长度规定 $N=50+0.25L+H$
钢板表面粘贴修补法	主梁、桥面板、横隔梁、帽梁、桥墩柱、桥台	修补裂缝、增加结构物强度与刚度	裂缝、破裂、混凝土剥落、钢筋外露	环氧树脂胶粘剂、钢板材料	可	快，视现场施工环境而定	低	5～10 年	维持原构件单元强度
千斤顶及临时支撑法	主梁、桥面板、横隔梁、帽梁、桥墩柱、基础构造、支承、防落装置、桥台	单元结构损伤变形，承载力降低	裂缝、破裂、变形、压碎、倾斜、位移、混凝土剥落、钢筋外露	千斤顶、型钢构件	可	5 工作日/座	中	5 年以下	恢复构件单元原位及提升桥梁单元结构稳定性

续表

加固技术	适用单元	适用范围	适用损坏形式	材料种类	材料易取性	施工速度	施工场所限制性	使用年限	强度需求
铺设临时覆盖板法	桥面板、引道、伸缩缝	桥面板发生高低差、伸缩缝开口	裂缝、破裂、变形、沉陷隆起	钢面板	容易	快，视现场施工环境而定	低	5年以下	无明确需求，旨在提升行车稳定性
桥面加铺加固法	桥面板	加高梁板的有效高度	裂缝、破裂、变形	混凝土或钢筋混凝土	容易	慢，视现场施工环境而定	低	5～10年	增加梁板的抗弯能力、改善荷载横向分布
钢板补强法	主梁、横隔梁、帽梁、桥墩柱	以承受暂时性载重为主	裂缝、破裂、混凝土剥落、钢筋外露	环氧树脂胶粘剂或板材料（钢皮夹克）	可	慢，视现场施工环境而定	中	10～25年	提高抗震能力、增加抗剪、抗弯及承重能力
纤维增强高分子复合材料法	主梁、桥面板、横隔梁、帽梁、桥墩柱、基础构造、桥台	材料具高强度、高抗腐性、重量轻、剪裁容易、造价较高，应用范围广	裂缝、破裂、变形、沉陷隆起	纤维材料（碳纤维、玻璃纤维、芳纶纤维）、环氧树脂	不易	60m/工作日	高	25～50年	提高抗震能力、增加抗剪、抗弯及承重能力
增主梁截面法	主梁、横隔梁、帽梁	当梁构件强度、刚度、稳定性及抗裂能力不足时	裂缝、破裂、变形	混凝土或钢筋混凝土、环氧树脂胶粘剂	容易	慢，视现场施工环境而定	中	10～25年	提高抗震能力、增加抗剪及抗弯能力
钢筋混凝土包覆法	桥墩柱	主要用于增加桥柱的强度及主筋截断部位补强	裂缝、破裂、混凝土剥落、钢筋外露	钢筋、混凝土	容易	慢，视现场施工环境而定	中	10～25年	提高抗震能力、增加抗剪、抗弯及承重能力
扩大基础板法	基础构造	欲稳固基础及增加基础板垂直及侧向承载力	裂缝、破裂、变形、压碎、混凝土剥落、钢筋外露	钢筋、混凝土	容易	慢，视现场施工环境而定	中	25～50年	增强垂直及侧向承载力
增桩补强法	基础构造	欲稳固基础及增加地工承载力	裂缝、破裂、变形、压碎、折断、倾斜、位移	钢壳桩材、预铸桩材、型钢材、混凝土	可	慢，视现场施工环境而定	高	25～50年	增强垂直及侧向承载力

续表

加固技术	适用单元	适用范围	适用损坏形式	材料种类	材料易取性	施工速度	施工场所限制性	使用年限	强度需求
增设连续壁法	基础构造	欲提升基础刚性，施工空间受限、施工时间成本高	裂缝、破裂、压碎、变形、折断、倾斜、位移、沉陷隆起、混凝土剥落、钢筋外露	稳定药液、钢筋、混凝土	可	慢，视现场施工环境而定	高	25～50年	提升基础刚性
加劲挡土墙法	桥台	欲抑制挡土墙身倾斜位移或沉陷	裂缝、破裂、变形、沉陷隆起倾斜、倾倒、混凝土剥落、钢筋外露	碎石材、加劲材、混凝土	可	慢，视现场施工环境而定	高	25～50年	增加墙身抗弯抗剪能力；稳定背填土、防止侧向位移
地锚补强法	桥台	抑制挡土墙身倾斜位移或沉陷	裂缝、破裂、变形、混凝土剥落、钢筋外露	预应力钢材、水泥砂浆	可	慢，视现场施工环境而定	高	25～50年	增加墙身抗弯抗剪能力；稳定背填土、防止侧向位移
置换伸缩缝法	伸缩缝	伸缩缝有错位或变形时应予以更换	破裂、变形、沉陷隆起	伸缩缝装置	可	快，视现场施工环境而定	中	10～25年	增加墙身抗弯抗剪能力；稳定背填土、防止侧向位移
置换/修补支承法	支承	支承有裂纹或变形时应予以更换	裂缝、破裂、变形、压碎、位移、脱落	无收缩水泥砂浆、支承装置	可	快，视现场施工环境而定	中	10～25年	主要目的在恢复支承原有功能
地盘改良法	基础构造	以固结灌浆、将低承载地盘地下水位或置入加劲材来增加土层承载力	沉陷隆起、位移、倾斜	灌浆/止水药液、水泥砂浆、砂料、生石灰		慢，视现场施工环境而定	中	25～50年	稳定软落土层、增加土壤承载力
增设连续壁法	基础构造	欲提升基础刚性，施工空间受限、施工时间成本高	裂缝、破裂、压碎、变形、折断、倾斜、位移、沉陷隆起、混凝土剥落、钢筋外露	稳定药液、钢筋、混凝土	可	慢，视现场施工环境而定	高	25～50年	提升基础刚性

续表

加固技术	适用单元	适用范围	适用损坏形式	材料种类	材料易取性	施工速度	施工场所限制性	使用年限	强度需求
加劲挡土墙法	桥台	欲抑制挡土墙身倾斜位移或沉陷	裂缝、破裂、变形、沉陷隆起倾斜、倾倒、混凝土剥落、钢筋外露	碎石材、加劲材、混凝土	可	慢，视现场施工环境而定	高	25～50年	增加墙身抗弯抗剪能力；稳定背填土、防止侧向位移
地锚补强法	桥台	抑制挡土墙身倾斜位移或沉陷	裂缝、破裂、变形、混凝土剥落、钢筋外露	预应力钢材、水泥砂浆	可	慢，视现场施工环境而定	高	25～50年	增加墙身抗弯抗剪能力；稳定背填土、防止侧向位移
置换伸缩缝法	伸缩缝	伸缩缝有错位或变形时应予以更换	破裂、变形、沉陷隆起	伸缩缝装置	可	快，视现场施工环境而定	中	10～25年	增加墙身抗弯抗剪能力；稳定背填土、防止侧向位移
置换/修补支承法	支承	支承有裂纹或变形时应予以更换	裂缝、破裂、变形、压碎、位移、脱落	无收缩水泥砂浆、支承装置	可	快，视现场施工环境而定	中	10～25年	主要目的在恢复支承原有功能
地盘改良法	基础构造	以固结灌浆、将低承载地盘地下水位或置入加劲材来增加土层承载力	沉陷隆起、位移、倾斜	灌浆/止水药液、水泥砂浆、砂料、生石灰		慢，视现场施工环境而定	中	25～50年	稳定软落土层、增加土壤承载力

震损道路的检测内容及方法　　表 6-13

部位	检测内容		检测方法
路基	路基沉降量、裂缝形态及宽度		水平仪、尺量等
混凝土构造物	混凝土强度		回弹法、超声波监测
路面	沥青路面	路面弯沉、平整度、抗滑性能、车辙等	自动弯沉仪、3m 直尺法、平整度仪、制动距离法等、必要时采用雷达检测路面结构内部受损情况
	混凝土路面	板底脱空、结构强度、回弹模量、接缝传荷能力等	回弹法超声波监测

震损道路的处理方法　　表 6-14

破坏形式		处理方法
路基	沉陷、开裂、扭曲变形	可选用注浆(砂)法、桩基法、夯填法、骨料置换等方法处理
	隆起、挤压破坏	清除隆起部位,用大吨位机具碾压密实
	路堤滑移	1. 先采取堆草袋、砌石、填夯等方法临时修复路堤,恢复交通; 2. 根据滑坡原因,选用抗滑挡墙、反压护道、抗滑桩等措施进行支挡加固处理,并辅以疏排地表水、地下水的工程措施; 3. 缺乏回填修复材料时,可采用桩基础的矮墩桥梁结构,以改变道路土质路基的稳定性
	路堑高边坡	锚杆(索)框架加固、锚杆(索)框架与抗滑桩联合处治,辅以截、排水措施
	滑坡	做好地表排水、地下排水、减载与反压工程、支挡加固工程、滑坡土改良、夯填滑坡裂缝等
	崩塌	清除危岩、支挡加固、遮挡与拦截
	支挡防护工程	整体垮塌时,可整体拆除重建;局部垮塌时,可对垮塌部位恢复重建
路面	损坏	灌缝、局部修补、罩面、补强等
	堆积物	路面有大量滑落孤石、树干、砂土碎石堆积物,路旁山体没有产生滑坡、泥石流,路基也没有滑塌时,路面堆积物可推移到合适地点存放、处理

6.3　冰雪灾损处理

6.3.1　冰雪灾害对建（构）筑物的损害

冰雪灾害是一种典型的气象灾害，是指由降雪、积雪、冰冻等引起的灾害。我国位于欧亚大陆的东南部，大部分地区为季风性气候。冬、春两季的降水，温度及风、云等天气要素的变化具有显著的多尺度的波动性、突变性，致使我国冰雪灾害种类多、分布广。

冰雪对建（构）筑物的破坏作用表现在：冰雪荷载作用；冻融作用破坏地基、砌体结构及影响钢筋混凝土工作性能；因冰雪消融引发的洪水、滑坡、泥石流等次生灾害等。不同建筑类型、结构形式受冰雪灾害的影响差异很大，其中钢结构建（构）筑物、道路、软弱地基上的建筑等常遭受严重损坏，甚至倒塌。

(1) 冰雪灾害的特点

冰雪灾害是一种常见的气象灾害，拉尼娜现象是造成低温冰雪灾害的主要原因。冰雪灾害主要有：冰雪洪水、冰川泥石流、暴风雪、冰湖溃决、雪崩、风吹雪等造成的灾害。

冰雪灾害由冰川引起的灾害和积雪、降雪引起的雪灾两部分组成。冰雪灾害的特点有：持续时间长，影响范围大，对建（构）筑物、道路的破坏较大，间接影响严重。

（2）冰雪灾害对建（构）筑物的损害

1）冰雪灾害造成房屋轻型钢结构的破坏形式有：屋面结构坍塌，檩条破坏，刚架梁、柱破坏，构件连接节点断裂，刚架柱脚锚栓被拔出，房屋垮塌等。

2）钢结构塔架包括输电塔和通信塔，其破坏形式主要有：塔架局部杆件破坏，杆件连接节点破坏，柱脚破坏，塔架整体破坏，以及输电塔导线被拉断等。

3）冰雪灾害对道路的影响主要是道路冻害引起路面冻胀，春季因冰雪融化而使路基翻浆使路基产生破坏，路基的不均匀冻胀和强度下降，危害道路的安全和正常使用。

6.3.2 冰雪灾损调查与检测

（1）轻钢结构房屋受灾分析

1）屋面结构坍塌（图 6-8.1），如支撑在钢筋混凝土屋面边梁上的波纹拱屋面因积雪过大而压垮；某体育馆网架结构屋面夹芯板被积雪压塌。

2）檩条弯扭变形过大（图 6-8.2），甚至造成与屋面梁连接撕裂。

3）门式刚架斜梁产生过大的弯扭变形。

4）刚架柱发生平面外的弯扭变形（图 6-8.3），甚至倾斜。

5）构件连接节点断裂（图 6-8.4），梁柱连接节点，梁屋脊节点接触面脱开，以及梁拼接节点栓孔处板受剪或受挤压破坏，或螺栓杆被剪断。

6）刚架柱脚破坏（图 6-8.5），锚栓被拔出，柱脚螺栓杆脱锚等。

7）房屋垮塌（图 6-8.6），部分柱完全丧失承载力导致房屋部分甚至整体垮塌。

图 6-8.1 屋面结构坍塌

图 6-8.2 檩条破坏

图 6-8.3 刚架柱破坏

图 6-8.4 构件连接节点断裂

图 6-8.5 刚架柱脚破坏

图 6-8.6 房屋垮塌

（2）砖木结构、生土木结构房屋受灾分析

当暴风雪袭来时，砖木和生土木结构的房屋最易受损害依然是屋面部分，这跟砖木和生土木结构的屋面构造有关。砖木结构和生土木结构的屋盖采用木制构件，屋面采用木檩条、木椽条（俗称檩子和椽子）承重；上铺芦苇束或红柳束、厚麦草做保温层；最后用草泥做屋面。对于这样的屋面构造，屋面承重是木质的材料，木头易受时间和周围的环境的影响，从而影响其受力，就避免不了在暴风雪袭来时遭受损坏，一般的损坏形式是屋面塌陷，对于年代久远的一些房屋，就容易引起整个墙壁的坍塌（图 6-9）。

图 6-9　灾损砖木结构和生土木结构的房屋

（3）输电塔及通信塔在雪灾中的破坏受灾分析

冰雪灾害中，多处高压输电塔及移动通信钢结构塔倒塌，严重影响了各地的供电系统正常工作和人民群众的生产生活。铁塔主要的破坏方式有整体垮塌和颈部扭折（图 6-10）。

图 6-10　灾损的输电塔及通信塔

（4）道路在冰雪灾害中的损害

多年冻土在我国分布非常广阔，占我国国土面积的 1/5（21.5%），约占世界多年冻土总面积的 10%，冻土是一种对温度极为敏感的土体介质。冬季，冻土在负温状态下就像冰块，随温度的降低体积发生剧烈膨胀，顶推上层的路基、路面。而在夏季，冻土随着温度升高而融化，体积缩小后使路基发生沉降，这种周期性变化往往很容易导致路基和路面塌陷、下沉、变形、破裂（图 6-11）。

此外，在我国北方季节性冰冻地区，道路不均匀冻胀的问题是必须注意解决的问题之一。在一些水文、地质较差的地区如果处理不当，路面就容易产生不均匀冻胀，形成隆起和高低不平的路面，影响道路的正常使用。其产生的原因主要有：土质、压实度和水分的供给。

（5）冰雪灾损的评估

1）评估的一般方法

图 6-11 灾损的路面

对建（构）筑物可靠性评估的方法主要有三种：传统经验法、实用鉴定法和概率法。

① 传统经验法是我国习用的方法。这种方法是在按原设计规程校核的基础上，根据当前规范和参考以前的规范凭经验判定。

② 实用鉴定法是在传统经验法的基础上发展起来的。它运用数学统计理论，采用现代化的检测技术和计算手段对建筑物进行多次调查、分析，逐项评价和综合评价。实用鉴定法一般需进行三次调查：a. 初步调查；b. 调查建（构）筑物的地基基础（基础和桩、地基变形及地下水），建筑材料（混凝土和钢材，砖的性能和外围结构的材料），建筑结构（尺寸、变形、裂缝、损伤、接头、抗震能力、振动特性及承载能力等）；c. 结构计算和分析，以及在实验室进行构件试验或模型试验。

③ 概率法，实用鉴定法得出的评价结论，虽较传统经验法更接近实际，但影响建（构）筑物的诸因素，如作用力 S、结构抗力 R 等都是随机变量，甚至是随机过程。因此，建（构）筑物的可靠度应通过计算失效概率去分析。建（构）筑物抗力 R，作用力 S 都是随机变量，概率法用它们之间的关系表示为：

当 $R>S$ 时，表示可靠；

当 $R=S$ 时，表示合格，到达极限状态；

当 $R<S$ 时，表示失效。

目前，在建（构）筑物的普查工作中，一般采用传统经验法或与实用鉴定法相结合的方法。对于重点检测的建（构）筑物，应采用实用鉴定法。

2）评估工作的流程（图 6-12）。

3）民用建筑可靠性鉴定

民用建筑可靠性鉴定，可分为安全性鉴定和正常使用性鉴定。鉴定的目的、范围和内容应根据委托方提出的鉴定原因和要求，经初步调查后确定。详细调查是可靠性鉴定的基础，其目的是为结构的质量评定、结构验算和鉴定以及后续的加固设计提供可靠的资料和依据。

鉴定评级过程中，如发现某些项目的评级依据尚不充分，或者评级介于两个等级之间，需要进行补充调查，以获得较正确的评定结果。撰写鉴定报告是整个鉴定过程的最后一项工作。鉴定报告一般应包括：建（构）筑物概况；鉴定的目的、范围与内容；检查、分析、鉴定的结果；结论和建议；附录。

鉴定评级包括安全性鉴定、正常使用性鉴定、可靠性鉴定和适修性鉴定。

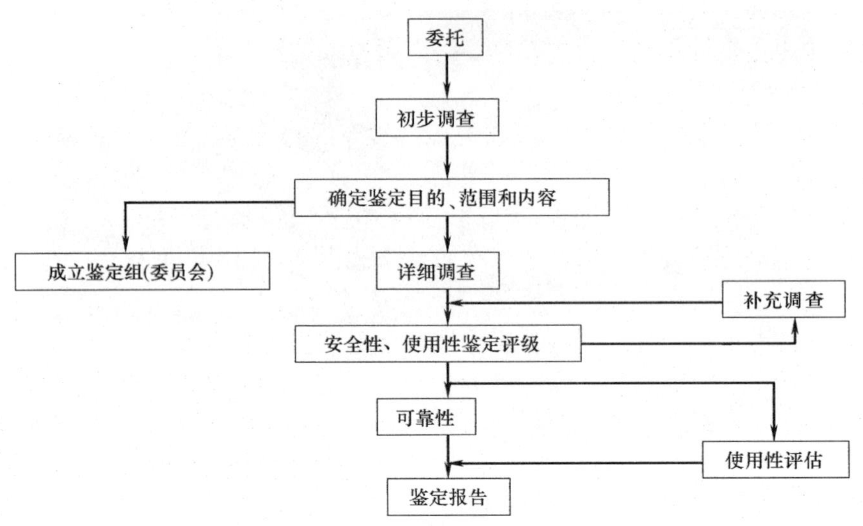

图 6-12　评估工作的流程图

4）民用建筑冰雪灾损可靠性鉴定

民用建筑可靠性鉴定，主要是安全性鉴定和正常使用性鉴定，冰雪灾害灾后建构筑物的鉴定评级主要是安全性鉴定和使用性鉴定。评估鉴定工作内容包括受理委托，成立鉴定小组，对建筑物进行全方位的调查，根据相应评级标准评级，提交鉴定评估报告等内容。

5）子单元的使用性鉴定评级

民用建筑正常使用性的第二层次鉴定，包括地基基础、上部承重结构和围护系统三个子单元。构筑物正常使用性的第二层次鉴定，包括地基基础和上部承重结构两个子单元。

① 地基基础的正常使用性根据上部承重结构或围护系统的工作状态进行评估。若安全性鉴定中已开挖基础（或桩）或鉴定人员认为有必要开挖时，也可按开挖检查结果评定单个基础（或单桩、基桩）及每种基础（或桩）的使用性。

② 上部承重构件子单元的安全性鉴定等级根据各种构件的安全性等级，以及结构侧向位移等级进行评定。当建筑物的使用要求对振动有限制时，还应评估振动（颤动）的影响。

6）民用建筑鉴定单元的安全性及使用性评级

民用建筑鉴定单元的安全性鉴定评级，应根据其地基基础、上部承重结构和围护系统承重部分等的安全性等级，以及与整幢建筑有关的其他问题进行评定。

7）民用建筑的可靠性评定

应按照划分的层次，以其安全性和正常使用性的鉴定结果为依据逐层进行。

8）工业建筑的可靠性鉴定

在《工业建筑可靠性鉴定标准》GB 50144—2008 中，对于工业建筑的鉴定评估采用了分级多层次综合评定方法。评定单元划分为结构布置和支撑系统、承重系统和围护系统等组合项目，每个组合项目又分为若干子项，从而形成子项、项目或组合项目、评定单元层次，每个层次分为四个等级，在三个层次上直接进行可靠性评级。该标准要适用于下列已建成工业厂房的可靠性鉴定：

① 以混凝土结构、砌体结构为主体的单层或多层工业厂房的整体厂房、区段或构件。

② 以钢结构为主体的单层厂房的整体厂房、区段或构件。

9）工业厂房结构的鉴定评级

① 结构布置和支撑系统的鉴定评级应包括结构布置和支撑布置、支撑系统长细比两个项目。

② 地基基础的鉴定评级包括地基、基础、桩和桩基、斜坡4个项目。

③ 单层厂房钢结构或构件项目鉴定评级包括承载力（含构造和连接）、变形偏差3个子项，其中承载力为主要子项。

④ 围护系统结构的鉴定评级包括使用功能和承重结构两个项目。

⑤ 工业厂房的综合鉴定评级可根据厂房的结构系统、结构现状、工艺布置、使用条件和鉴定目的，将厂房的整体、区段或结构系统划分为一个或多个评定单元进行综合评定。厂房评定单元的综合鉴定评级应包括承重结构系统、结构布置和支撑系统、围护结构系统3个组合项目的百分比确定。

6.3.3 冰雪灾损建（构）筑物处理

（1）灾损建筑物处理工作主要内容

冰雪灾损建（构）筑物的处理主要是对经过鉴定的结构构件进行加固或将损坏的构件进行拆除、更换等一系列处理措施。

1）加固方案的选择

对灾损建（构）筑物加固的方法各不相同，但是它们共同遵照方案制定的总体效应原则、材料的选用和取值原则、荷载计算原则、承载力验算原则等。

合理的加固方案应该达到下列要求：加固效果好，对使用功能影响小，技术可靠，施工简便，经济合理，外观整齐。

2）加固设计

灾损建（构）筑物加固设计，包括被加固构件的承载力验算、构造处理和确定施工步骤三大部分。

3）施工组织设计

加固工程的施工组织设计应充分考虑下列情况：

① 施工现场狭窄、场地拥挤等。

② 受生产设备、管道和原有结构、构件的制约。

③ 需在不停产或局部停产的条件下进行加固施工。

由于大多数加固工程的施工是在负荷或部分负荷的情况下进行的，因此施工时的安全非常重要。其措施之一是在施工前，尽可能卸除一部分外载，并施加预应力顶撑，以减小原构件中的应力。

（2）轻型钢结构的处理

轻型钢结构主要用于不承受大载荷的承重建筑。在低温环境中，钢材材料本身的强度也会有一定的下降，同时塑性和韧性性能下降。尤其是在构件的连接处，焊缝或锚栓的强度会有所降低，塑性性能下降，如果同时受到过大荷载作用，就会造成连接处破坏。因此钢结构房屋在冰雪灾害中的灾损情况最为严重。其中门式刚架轻型房屋和多层框架轻型钢结构房屋尤为突出。

1）在对灾损钢结构构件处理中的最主要的措施就是加固，其加固设计与施工的一般原则为：

① 冰雪灾损钢结构经可靠性鉴定需要加固时，应根据可靠性鉴定结论和委托方提出的要求，由专业人员按本标准进行加固设计。

② 加固后的钢结构的安全等级应根据结构破坏后果的严重程度、结构的重要性和下一个试用期的具体要求，由委托方和设计者按实际情况商定。

③ 钢结构加固设计应与实际施工方法紧密结合，并应采取有效措施，保证新增截面、构件和部件与原结构连接可靠，形成整体共同工作，应避免对未加固部分或构件造成不利影响。

④ 轻型钢结构加固应进行承载能力计算和正常使用极限状态验算。

⑤ 加固设计应综合考虑其经济效益。

⑥ 加固构件的布置，最好能够使加固后结构质量和刚度分布均匀、对称，应尽量避免由于局部加强所导致的结构刚度或强度突变，影响结构的力学性能。

⑦ 待加固钢结构，应对其材料质量状况进行评估；钢结构加固材料的选择，应按《钢结构设计规范》GB 50017—2003 规定。

⑧ 轻钢结构在负荷条件下，不准采用电焊加固；正确选择焊接工艺；注意环境温度影响；注意高温对结构安全的影响。

2）轻型钢结构加固的一般方法及选择

① 加固的一般方法

钢结构加固的方法有很多种，常用的方法有：减轻荷载法、改变原计算图形、加大原结构构件截面和连接强度、阻止裂纹扩展等，当有成熟经验时，亦可采用其他有效加固方法。经鉴定需要加固的钢结构，根据损害范围一般分为局部加固和全面加固。局部加固是对某承载能力不足的杆件或连接节点处进行加固，有增加杆件截面法、减小杆件自由长度法和连接节点加固法。全面加固是对整体结构进行加固，有不改变结构静力计算图形加固法和改变结构静力计算图形加固法两类。增加或加强支承体系，也是对结构体系加固的有效方法。增加原有构件截面的加固方法是最费料、最费工的方法（但往往是可行的方法）；改变计算简图的方法最有效且多种多样，其费用也大大下降。

加固结构的施工方法有：负荷加固、卸荷加固和从原结构上拆下应加固或更新的部件进行加固。加固施工方法应根据用户要求和结构实际受力状态，在确保质量和安全的前提下，由设计人员和施工单位协商确定。

② 加固方法的选择

A. 改变结构计算图形加固

改变结构计算图形加固法是指采用改变荷载分布状况、传力路径、节点性质和边界条件，增设附加杆件和支撑、施加预应力、考虑空间协同工作等措施对结构进行加固的方法。具体措施有：a. 增加结构或构件的刚度；b. 改变构件的截面内力。

B. 加大构件截面加固法

采用加大截面加固钢构件时，所选截面形式应有利于加固技术要求，并要考虑已有缺陷和损伤的状况。加固的构件受力分析的计算简图，应反映结构的实际条件，考虑损伤及加固引起的不利变形，加固期间及前后作用在结构上的荷载及其不利组合，对于超静定结构尚应考虑因截面加大，构件刚度改变使体系内力重分布的可能，必要时应分阶段进行受力分析和计算。加大截面，根据构件受力情况及原截面形式，选择适当的截面加固形式，并进行必要的计算。

3）轻型钢结构构件的加固

轻型钢结构的加固内容有以下几点：

① 钢柱的加固包括柱身加固、柱脚加固、柱加固承载力验算法；

② 梁柱节点加固，应采用增大体积的方法进行加固；

③ 钢梁的加固，应尽量在负荷状态下进行，不得已需卸荷或部分卸荷状态下加固时，可以采用临时支柱卸荷；对于实腹式梁设置临时支柱时，应注意临时支柱处实腹梁腹板的强度和稳定，以及翼缘焊缝（或栓钉）的强度；对于吊车梁来说，限制桥式吊车运行，即相当于大部分已卸荷。

钢梁的加固方法：

a. 改变梁支座部分连续方法进行加固；

b. 支撑加固梁方法；

c. 吊杆加固梁方法；

d. 下支撑构件加固梁方法；

e. 补增梁截面加固法。

④ 架（托架）加固，加固方法有：

a. 屋架体系加固法是将屋架与其他构件连系起来，或增设支点支撑，形成空间连续；

b. 整体加固法是为了增强屋架总承载能力，改变桁架的杆件内力；

c. 对杆件进行加固，采用加大截面法加固。

4）连接的加固和加固件的连接

① 钢结构加固工作中连接和节点加固占有重要位置。

结构加固连接方法有焊缝、普通螺栓和高强度螺栓连接，应根据加固原因、目的、受力状态、构造及施工条件，并考虑结构原有的连接方法确定。

② 荷载下连接的加固，必须采取合理的施工工艺和安全措施，并作验算以保证结构（包括连接）在加固负荷下具有足够的承载力。

③ 焊缝的加固

a. 焊缝连接的加固，可采用增加焊缝长度、有效厚度的方法或两者同时采用。

b. 新增加固角焊缝的长度和焊脚尺寸（焊缝高度）或熔焊层的厚度，应由连接处结构加固前后设计受力改变的差值，并考虑原有连接实际可能的承载力计算确定。

c. 负荷下用焊缝加固结构时，应尽量避免采用长度垂直于受力方向的横向焊缝，否则应采取专门的技术措施和施焊工艺，以确保结构施工时的安全。

d. 负荷下用堆焊增加角焊缝有效厚度的办法加固焊缝连接时，应按式（6-4）计算和限制焊缝应力。

$$\sqrt{\sigma_f^2+\tau_f^2}\leqslant\eta_f f_f^w \tag{6-4}$$

式中 σ_f、τ_f——分别为按角焊缝有效面积（h_e、l_w）计算的垂直于焊缝长度方向的应力和沿焊缝长度方向的剪应力；

η_f——焊缝强度影响系数，可按表 6-15 采用。

焊缝强度影响系数 η_f　　　　**表 6-15**

加固焊缝总长度(mm)	≥600	300	200	100	50	30
η_f	1.0	0.9	0.8	0.65	0.25	0

e. 加固后直角角焊缝的强度按式（6-5）计算，并可考虑新增和原有焊缝的共同受力作用，按式（6-4）计算通过焊缝形心的拉力、压力或剪力作用。当力垂直于焊缝长度方向时按式（6-5.1）计算，当力平行于焊缝长度方向时按式（6-5.2）计算。

在各种力综合作用下，σ_f和τ_f共同作用处按式（6-5.3）计算。

$$\sigma_f=\frac{N}{h_e l_w}\leqslant f_f^w \tag{6-5.1}$$

$$\tau_f=\frac{V}{h_e l_w}\leqslant 0.85 f_f^w \tag{6-5.2}$$

$$\sqrt{\sigma_f^2+\tau_f^2}\leqslant 0.95 f_f^w \tag{6-5.3}$$

式中　σ_f——按角焊缝有效截面计算的垂直于焊缝长度方向的应力；

τ_f——按角焊缝有效截面计算的沿焊缝长度方向的剪应力；

h_e——角焊缝的有效厚度，对于直角角焊缝等于 $0.7h_f$，h_f为较小焊脚尺寸；

l_w——角焊缝的计算长度，对每条焊缝为其实际长度减去 10mm；

f_f^w——角焊缝的强度设计值，根据加固结构原有和强度较低的加固用钢材，按《钢结构设计规范》GB 50017—2003 表 3.4.1-3 确定。

④ 螺栓连接的加固

a. 螺栓需要更换或新增加固其连接时，应首先考虑采用适宜直径的高强度螺栓连接。

b. 用焊缝连接加固螺栓连接时，应按焊缝承受全部作用力设计计算其连接，不考虑焊缝与原有连接件的共同工作，且不宜拆除原有连接件。

⑤ 加固件的连接

a. 加固件应具有足够的设计承载能力和刚度，同时与被加固结构有可靠的连接。

b. 加固件与被加固结构间的连接，应根据设计受力要求经计算并考虑构造和施工条件确定。

c. 加固件的焊缝、螺栓等连接的计算可按《钢结构设计规范》GB 50017—2003 第 7.1.1 条至第 7.1.4 条和第 7.2.1 条至第 7.2.3 条的规定进行，但计算时，对角焊缝强度设计值应乘以 0.85，其他强度设计值或承载力设计值应乘以 0.95 的折减系数。

⑥ 构造与施工要求

a. 焊缝连接加固时，新增焊缝应尽可能地布置在应力集中最小、远离原构件的变截面以及缺口、加劲肋的截面处。

b. 摩擦型高强度螺栓连接的板件连接接触面处理应按设计要求和《钢结构设计规范》GB 50017—2003 及《钢结构工程施工质量验收规范》GB 50205—2001 的规定进行。

（3）钢结构塔架

1）微波塔冰雪灾损处理

微波塔是负责微波发送和接收的电子系统钢结构塔架，一般在地势比较高的地方，且塔自身的高度也较高。

① 微波塔塔架的灾损处理：

a. 除冰，是灾损处理的第一步，目的是尽快减轻塔架的冰雪荷载，将灾损的程度降到最低。

b. 塔身构件灾损处理，对未发生破坏的塔架或构件实行加固方案；对已破坏的塔架、塔身局部或杆件实行加固或拆除更换方案。

② 塔身整体的加固

加固工作主要是在塔身每隔三分之一或二分之一处以及塔顶等部位设置拉杆或适度张紧的拉索，以加强结构抗侧力刚度。见图 6-13。

a. 塔架杆的加固

加固工作主要是增大杆件截面面积，其截面加固形式见图 6-14。并按式（6-6）和式（6-7）计算其强度和稳定性。

$$\frac{N}{A_{\mathrm{n}}} \leqslant 0.85 k_1 f \tag{6-6.1}$$

式中　A_{n}——加固后构件净截面积；

N——加固时和加固后构件所受总轴心压力；

k_1——轴心受力加固构件的强度降低系数。对非焊接加固的轴心受力或焊接加固的轴心受拉的直接承受动力荷载或震动荷载的构件 $k_1=0.85$；对仅受静力荷载或间接动力荷载作用的构件取 $k_1=0.9$。对焊接加固的受压构件按式（6-6.2）取值：

$$k_1=0.85-0.23\sigma_0/f_{\mathrm{y}} \tag{6-6.2}$$

式中　σ_0——构件未加固时的名义应力。

$$\frac{N}{\varphi A} \leqslant \eta k_1 f \tag{6-7}$$

式中　φ——轴心受压构件的稳定系数；

η——单面连接的单角钢强度设计值折减系数，等边角钢$=0.6+0.0015\lambda$ 但不大于 0.9；λ 为长细比，对中间无连系的单角钢压杆，应按最小回转半径计算，当 $\lambda<20$ 时，取 $\lambda=20$。

（注：在轻型钢结构中轴心受压杆件，若采用增大杆件截面面积的方法加固，其强度和稳定性都按上式进行计算。）

b. 塔身薄弱部位的加固

在塔身的薄弱部位施加隔撑结构来强化这一部位的强度，使其在更大荷载作用下不易发生破坏。

c. 连接的加固

对于焊接连接，加固工作主要是采取增加焊缝长度、有效厚度或两者同时增加的办法实现；当仅用增加焊缝长度，有效厚度或两者共同的办法不能满足连接加固的要求时，可

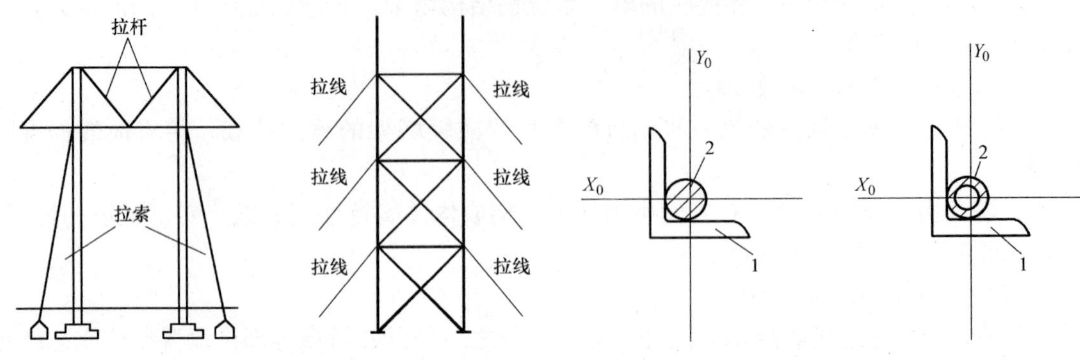

图 6-13　塔身整体加固示意图

图 6-14　塔架杆截面加固示意图
1—原结构；2—加固件

采用附加连接板的加固方法见图 6-15，附加连接板可以用角焊缝与基本构件相连（图 6-15*a*）；也可以采用附加节点板与元节点板对接（图 6-15*b*、*c*）。

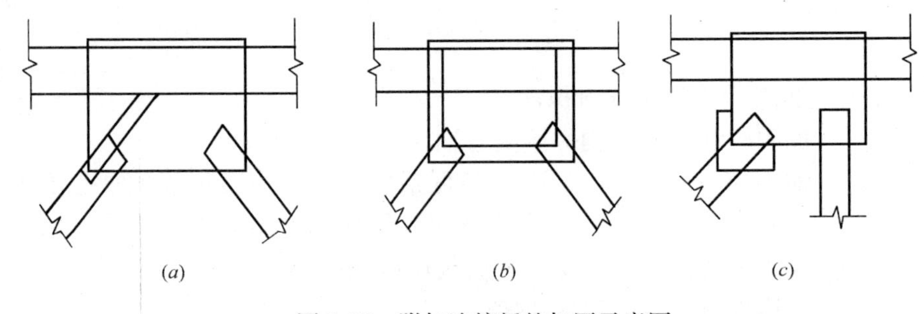

图 6-15　附加连接板的加固示意图
（*a*）角钢上贴附加焊缝；（*b*）加大节点板长和宽；（*c*）局部加大节点板

对螺栓和铆钉连接的加固，可采用更换、新增螺栓或铆钉加固；用摩擦型高强螺栓部分地更换结构连接的铆钉，组成高强螺栓和铆钉的混合连接；用焊接连接加固螺栓或铆钉连接。

③ 对塔架根部的加固

对塔架根部的加固，可采用对此处构件增大截面的加固方法，同时根据底部构件根部的具体情况，决定是否采取以下措施：重新浇筑底座混凝土，底部构件根部外包一定厚度的混凝土，见图 6-16。采取措施的同时要注意对塔架做好支撑。

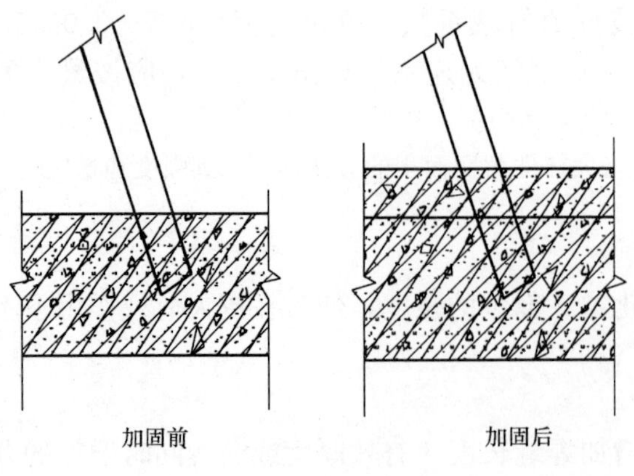

图 6-16　对塔架根部的加固示意图

④ 对微波塔基础的加固，见图 6-17。

加固工作主要是：如果上部塔身已出现倾斜，应首先进行纠倾，将塔身扶正后，做好临时支撑，然后对已出现裂缝的混凝土结构基础进行修复，处理方案有：a. 对裂缝进行表面封缝；b. 部分裂缝灌浆，然后湿式外包钢与植筋法结合加固基础柱墩；c. 所有裂缝灌浆，然后外包钢与自锁锚杆锚固法加固基础柱墩。

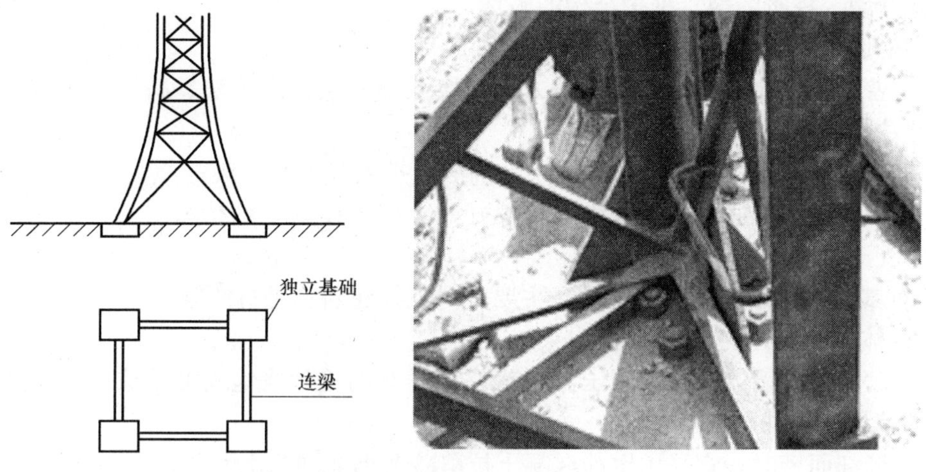

图 6-17 对微波塔基础加固示意图

2）输电塔的冰雪灾损的处理

输电铁塔是一种重要的工程结构，一般由角钢组成的超静定杆系结构系统。其作用是支持高压或超高压架空送电线路的导线和避雷线的钢结构构筑物，塔身结构与微波塔类似。

① 除冰

同微波塔一样，清除浮冰是输电塔灾损处理的第一步，目的是尽快减轻塔架的冰雪荷载，将灾损的程度降到最低。常见的除冰方案有机械除冰法和大电流融冰法。

② 塔身构件灾损处理

对输电塔的灾损处理主要包括塔身灾损处理和线路灾损处理，塔身处理主要是对未发生破坏的塔架或构件实行加固方案，对已经破坏的塔架、塔身局部或杆件，实行加固或拆除更换的方案。

a. 塔身加固，主要是在除冰之后，在塔身或塔顶等部位设置拉杆或适度张紧的拉索以加强结构刚度，拉杆或拉索要在四侧同时布置，同时应对承受荷载较大的杆件进行加固，可采用加大截面法；

b. 线路的加固，加固工作主要是在塔架档距之间，增设新塔架或支撑，并等距布置（图 6-18）；

c. 构件加固，主要是增大杆件截面面积；

d. 连接加固，根据连接的种类采取不同的加固方案，参照微波塔；

e. 基础的加固。

（4）建（构）筑物其他灾损部位处理

建（构）筑物按结构类型分主要包括：钢筋混凝土结构、砌体结构和普通钢

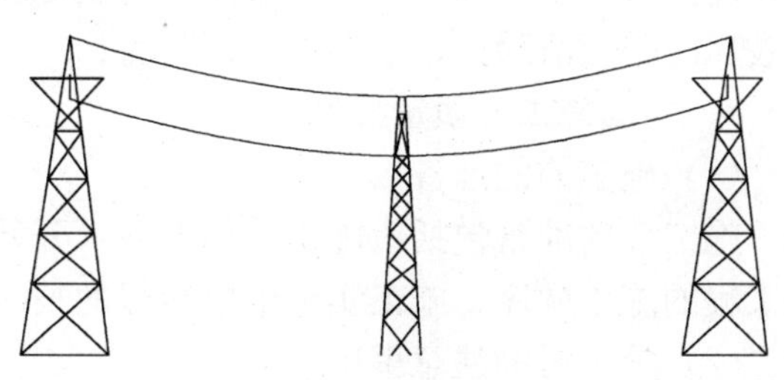

图 6-18 增设新塔架或支撑示意图

结构等。冰雪灾害对建（构）筑物破坏主要是通过冰雪灾害造成对地基的冻融、冻胀，从而对建筑物造成破坏，破坏形式主要有：基础混凝土开裂、基础以及上部结构倾斜、砌体结构墙体开裂、柱脚断裂、维护结构的破坏。

1）基础混凝土开裂的处理

① 冰雪灾害中的地基处理和加固方法：换土垫层法、注浆法、高压喷射注浆法、水泥土搅拌法；

② 基础的加固方法：基础补强注浆加固法、扩大基础底面法；

③ 加深基础法，适用于地基浅层有较好的土层可作为基础持力层，且地下水位较低的情况。

2）对基础上部结构倾斜的处理，主要是对灾损建筑物进行纠倾。

3）砌体结构墙体的处理

① 对已开裂的墙体，可采用压力灌浆修补，对砌筑砂浆饱满度差或砌筑砂浆强度等级偏低的墙体，可采用满墙灌浆；

② 裂缝细而密时，宜采用钢筋混凝土抗剪砖及钢筋网抹水泥砂浆方法进行处理；

③ 墙角用外粘型钢加固或钢筋混凝土包角或镶边；墙垛可用现浇钢筋混凝土套加固。

④ 局部更换和加强

4）对柱脚的处理，用外粘型钢加固，钢筋混凝土包角、镶边，用现浇钢筋混凝土套加固。

5）围护结构的处理

压型钢板屋面板：对于轻微变形，局部有一定挠度可不进行处理。出现较大变形，可对变形进行矫正，对连接处的破损可采用添加附加薄板进行焊接修复。对于连接处破坏严重的，可更换屋面板。

屋面排水系统：对堵塞严重的排水管道，可采取在外部安装升温融冰装置。对局部冻裂的管道，可在外部进行修补，外贴或焊薄钢板；对冻胀破坏严重的排水管道，可进行更换。

(5) 道路冰雪灾损处理

道路的处理应包括两方面：路面的覆冰积雪的清除和路面路基冻融破坏的处理。

道路冰雪灾损处理措施有：

1）道路除雪融冰：排除降雪，阻止积雪，融化冰雪。可通过人工除雪和除雪设备对道路积雪进行清理，对路面覆冰可采用撒沙、撒盐或喷洒除雪剂等措施。

2）道路的冻融破坏处理有置换法、隔温法、清除法等，置换法是以优质土置换软弱土，确保填土稳定和减少沉降量。隔温法是在路面中，铺设隔温材料。清除法是将冻融翻浆破坏的路面清除掉，重新铺设该路面。

6.3.4　加固施工与质量控制

(1) 施工前的准备

施工前的准备包括：施工前期准备、开始进入施工前的准备、施工组织设计、确定加固工程的施工顺序、施工实施中要掌握的技术要点和施工方法等。

(2) 施工时的注意事项

施工前期，在拆除原有损坏构件或清理原有构件时，应特别注意观察是否有与原检测情况不符合的地方。工程技术人员应亲临现场，随时观察有无意外情况出现。如有意外，应立即停止施工，并采取妥善的处理措施。在补加加固时，应注意新旧构件结合部位的粘结或连接质量。

加固钢结构的施工应遵循以下几点原则：

① 施工前应切断电源、关闭管道，以免造成施工事故或人员伤害。

② 结构加固方案要便于制作、施工，便于检查。

③ 必须保证结构的稳定。

④ 加固时，必须清除原有结构表面的灰尘，刮除油漆或锈迹，以保证加固件与原结构连接牢固。

⑤ 连接加固应尽可能采用高强螺栓或焊接。

⑥ 对结构上的缺陷、损伤（如位移、裂损、变形、挠曲等）一般应首先予以修复，然后才进行加固。

⑦ 在负荷状态下用焊接连接时，应慎重选择焊接参数（如电流、电压、焊条直径、焊接速度等），应避免由于焊接输入的热量过大，使结构构件过多的丧失承载能力，从而引发结构的进一步变形或危险情况。

⑧ 确定合理的焊接顺序，以使焊接应力尽可能减小，并能够促使构件卸荷。

⑨ 先加固修复最薄弱的部位和应力较高的构件。

⑩ 钢结构在加固施工过程中，若发现原结构或相关工程隐蔽部位有未预计的损伤或严重缺陷时，应立即停止施工，并会同设计者采取有效措施进行处理后再继续施工。否则，禁止继续施工。

⑪ 对可能会出现结构的倾斜、失稳或倒塌等不安全因素的钢结构，在加固之前应采取相应的临时安全措施，以防止事故发生。

⑫ 加固应尽可能做到不停产或少停产。

⑬ 建筑物的加固施工应速战速决，以减少因施工给用户带来的不便和避免发生意外。

（3）加固工程的质量控制

负责加固工程施工的单位应具有相应的资质，施工单位应有完善的质量管理和工程检验制度。

加固和修复处理所使用的材料、建筑构配件等应具有产品合格证，并进行进场验收。

对加固后新增焊缝质量进行检验，焊缝检验一般可用外观检查和内部无损检验。加固工程应按现行的施工技术标准进行质量控制。

（4）工程验收

加固竣工后，应由使用单位或其主管部门组织专业技术人员进行验收。

1）建（构）筑物加固工程可按处理技术方案和协商文件进行验收，并应符合相应的现行建（构）筑物施工质量验收规范的规定。

2）建（构）筑物加固工程施工质量验收，应提供下列文件备查和归档：

① 委托任务书及加固过程有关协议文件；

② 可靠性评估报告及有关文件；

③ 建（构）筑物施工图、加固设计及修改设计等有关文件；

④ 加固所用材料、连接材料（焊接料及紧固件）、油漆等材料质量证明书或检验

报告；

⑤ 焊缝外观质量检查及无损探伤报告；

⑥ 设计要求的其他相关资料；

⑦ 建（构）筑物加固工程的竣工验收报告。

3）经质量检验，加固工程的质量如果满足现行有关标准规范的规定时，可通过验收。

6.4　洪水灾损处理

6.4.1　洪水灾害对建（构）筑物的损害

洪水对建筑物及道桥、涵洞等水工结构的破坏作用主要为洪水的冲击、冲刷和波浪作用，淹没期浸泡及水退效应等，往往是由于多种作用的组合导致了建（构）筑物严重的损坏。

建（构）物在各种洪水作用下，地基、基础和上部结构会发生各种形式的破坏，甚至是整体坍塌。常见的破坏方式有失稳破坏、坍塌破坏和变形破坏三种形式。

（1）洪涝灾害对建（构）筑物的损害作用

1）泛洪期间洪水的冲击和冲刷作用

① 洪水对建筑（构）物的直接冲击作用；

② 洪水对地基土的冲刷和浸蚀作用；

③ 洪水长期浸泡对墙体结构的影响。

2）暴风雨对建筑物损坏作用

由于连续的暴雨，可使部分建筑物特别是旧建筑物的屋面损坏漏水。同时，与暴雨相伴的大风、台风、龙卷风也会使建筑的瓦材、屋面结构、悬挑结构损坏，严重的可造成建筑物的倒塌。

3）洪涝灾害中山体滑坡对建筑物损害作用

① 处于滑坡山体上的建筑物，其损坏形式有：

a. 建筑物倒塌：这类建筑物建于滑坡山体上，随山体滑坡的移动而倒塌。

b. 建筑物部分悬空：这类建筑物建于滑坡山体旁，当建筑物的部分地基土随滑坡山体滑动后，建筑物部分基础悬空而使建筑物倾斜，墙体开裂甚至局部倒塌。

② 处于滑坡山体下的建筑物

山体滑坡过程中，坡脚下的建筑易被泥砂冲击损坏、倒塌或被土体覆盖掩埋。

（2）洪水灾害对建（构）筑物损害

1）洪水灾害对建筑物的损害

① 地基及基础受损；

② 建筑倾斜沉降及不均匀沉降；

③ 砌体结构及砌筑砂浆的损害；

④ 钢筋混凝土结构损伤；

⑤ 屋盖系统漏水及结构损伤；

⑥ 钢结构构件浸水后的锈蚀。

2）洪水灾害对建筑物的损害作用

① 洪水直接冲击建（构）筑物

洪水在压力作用下，直接冲击建（构）筑物，造成破坏，见图 6-19。洪水冲刷建（构）筑物，淘空地基土，使上部结构产生裂缝，甚至使建（构）筑物倾斜、倒塌。

② 洪水浸泡建（构）筑物，见图 6-20。洪水淹没后，保持某一水位，经过一段时间后才能泄退。由于洪水浸泡，建（构）筑物的结构材料受到一定影响，结构材料的强度降低；地基土的抗剪强度指标发生变化，一般情况下地基承载力也会降低，从而引起建（构）筑物结构破损、整体倾斜、甚至破坏。

图 6-19　洪水冲毁建筑物

图 6-20　洪水浸泡建筑物

③ 洪水退水效应。洪水退水后，地下水位降低，浸泡后的地基土失水后，其物理力学性质再次发生变化，在对地下水反应程度不同的土层中产生不同的应力重新分布，从而产生不均匀沉降，导致结构与构件开裂，建（构）筑物发生倾斜。

④ 洪水引起滑坡。洪水引起滑坡，滑坡体上的建（构）筑物发生结构破坏、倾斜甚至倒塌；滑坡体下的建（构）筑物受到滑坡体的冲击，也会发生结构破坏、倾斜甚至倒塌，见图 6-21。

图 6-21　滑坡体下的建筑物受冲击破坏

3）建（构）筑物洪水灾损原因分析

建（构）筑物的体型、结构类型、建筑材料、使用年限、荷载大小和性质、工程地质和水文地质条件、基础形式与构造等决定建（构）筑物对洪水的抵抗能力。根据调查情况，造成建（构）筑物洪水灾损的原因较多，主要可归纳为建（构）筑物设计过程中存在的问题、施工过程中存在的问题、使用过程中存在的问题、自然灾害原因以及社会方面的原因等五个方面：

① 建（构）筑物设计过程中存在的问题

a. 建（构）筑物选址问题

随着我国人口的增长和建设用地的减少，一些建（构）筑物的选址对洪水灾害考虑不足，如防洪区建（构）筑物场地的地势过低、建（构）筑物基础底标高处于多年洪水线以下，造成洪水浸泡；场地边坡遭洪水冲刷，坡顶建（构）筑物的外边缘距离坡顶过近，造成倾斜、甚至垮塌；有的建（构）筑物建造到泄洪区、或基础伸入行洪区等，遭洪水冲毁；场地位于滑坡体脚下，水平距离过小，受到滑坡体的冲击。

b. 建（构）筑物设计问题

建（构）筑物设计问题主要表现为防洪区建（构）筑物软弱地基未经处理或处理不当，洪水浸泡场地后产生不均匀沉降；防洪区建（构）筑物基础形式不当，整体性差、刚度小，遭到洪灾后产生破损；防洪区建（构）筑物上部结构整体性差（如缺省圈梁等），抵抗洪水的能力低，易产生破坏；防洪区建（构）筑物的建筑材料选用不当（如采用土坯或过低强度等级的砌体等），遭遇洪水后产生严重破坏；防洪区建（构）筑物的工程做法不当，如地下部分未做防水处理、采用混合砂浆等，导致结构受损等等。

② 建（构）筑物施工问题

建（构）筑物施工问题主要表现为防洪区建（构）筑物施工质量差、偷工减料（如地基土压实系数不足，地基处理的宽度不足；砌体砌筑时砂浆强度等级达不到设计要求、砂浆不饱满、蜂窝麻面等），导致建（构）筑物遭受洪水袭击时，产生破坏。

③ 建（构）筑物使用问题

建（构）筑物使用问题主要表现为防洪区建（构）筑物在使用过程中，防水功能遭到人为地破坏，洪水到来后，建（构）筑物丧失应有的抗洪能力。如建（构）筑物散水严重破坏导致地基浸水；屋面严重渗水导致墙体渗水破坏等。

④ 自然灾害原因

洪水的水深、流速、历时以及洪水中漂浮物的大小与性质等决定了建（构）筑物所承受冲击力的大小。由于气候的变化，最近一段时间，多次发生超设计强度的洪水，引起建（构）筑物灾损。

⑤ 社会方面的原因

各地的防洪措施、防洪能力、防灾减灾意识以及恢复能力也严重影响建（构）筑物洪水灾损程度。

（3）洪水灾害对道路和桥梁的损害

1）道路、桥梁洪水灾损的特点

桥涵因洪水的冲击与冲刷而造成的破坏，包括沿河公路及其冲刷防护建筑物因洪水的顶冲和淘刷而造成的坍塌与破坏，各种小型排水构造物被冲毁等。另外，滑坡、崩塌、泥石流、路基下沉与滑动、路面翻浆等损坏的形成和发展过程中，水是一个关键因素，也属于道路水毁范畴。路基受损后形态有路基边坡坍塌、路基边坡滑移、路基沉陷、路基整体坍塌和路基冲断五类。桥梁构造物受损后形态有桥台破坏、桥墩破坏、拱圈开裂、桥梁上部附属结构物破坏和桥梁整体滑移或坍塌。

2）道路的洪水灾损的其他特点

① 灾损频率不高，但损失严重；大部分洪水均有季节性强的特点，多发于主汛期。同时，洪水又具有毁灭性的特点，特别是山洪，容易形成很大的瞬时流量，流速大、冲刷强、含砂量高、破坏力大，顷刻之间，就可对公路、涵洞、防护工程以及沿线设施造成毁灭性破坏，中断交通。另外，山洪还具有突发性的特点，山区多以变质岩、风化石灰岩、风化花岗岩组成，易冲蚀，汇流迅速，而且沟道调蓄能力小，坡度大，流程短，极易突发成灾。

② 防护工程的洪水灾损所占比重较大；

③ 人为破坏环境（包括破坏植被、改河造田、路旁去土、河床堆积），导致洪水灾损的威胁增大；

④ 道路洪水灾损的重复性较大。

3）洪水对道路、桥梁的灾损作用

① 路基水毁。受地形的限制，不少路段与河道并行，路基受洪水淘刷，造成坍塌与滑动；沿河溪路基无冲刷防护加固措施，或防护结构的基础埋深不足时，路基被洪水冲毁。这类破坏多发生在水流很急的顺直河道，以及河弯外侧的护岸、挡墙等；半填半挖路基、填方一侧的坡脚或挡墙基础遭到洪水冲击产生垮塌；或者水位较高时，边坡上部的小石块、石屑、土体被水流冲走，造成路基塌方；路基受到洪水长期浸泡，土体抗剪强度降低，沿松动面下坠，产生下沉和塌陷等，见图 6-22。

图 6-22 洪水冲毁路基

② 路面水毁。路面设计标高偏低时，洪水漫溢、顶冲，会造成路面破坏；洪水淹没道路，泥沙淤积，路面翻浆；道路紧靠山坡，洪水沿山坡汇流山沟，水流遇到乱石或跌坎猛烈飞溅，沥青混凝土路面产生坑槽、龟裂；滑坡、崩塌体堵挡路边冲沟，冲沟洪水漫溢，路面遭到破坏；涵洞位置不当、或孔径偏小、或洞底坡度不足，造成排水输砂不畅，洪水冲毁路面，如混凝土路面断板等，中断交通，见图 6-23。

③ 边坡失稳。边坡塌方、滑坡，土方堆积在路基上，增加路基荷载，造成路基滑移，随后遭洪水冲垮；路基上侧边坡未作支挡，路基上方坡体在洪水作用下产生滑坡，滑坡体覆盖道路，中断交通；路基位于滑坡体上，在洪水作用下，整个滑坡体产生滑移，道路断

图 6-23　路面被洪水浸泡成碎片和冲塌

裂；沿河路基对岸山坡出现塌方，造成河道堵塞使洪水改变流向，冲刷防护结构，造成路基边坡失稳，见图 6-24。

图 6-24　洪水造成道路边坡失稳和坍塌

④ 涵洞水毁。涵洞被洪水中的漂浮物或泥石流堵塞，失去排洪能力；洪水穿越道路，冲毁涵洞下游边坡，路基坍塌，甚至整个路基连同涵洞一起被冲走，造成道路中断，见图 6-25。

⑤ 构筑物水毁。洪水冲垮路基防护构筑物或其他各种小型排水构筑物，或者挡土墙基础在洪水冲刷下产生失稳，造成路基塌方与滑坡，见图 6-26。

图 6-25　洪水冲毁道路盖板涵洞

图 6-26　洪水冲垮路基防护构筑物

4）道路、桥梁经历洪水后出现损坏的原因分析

① 路基坍塌是指边坡地下水通过挖方一侧未压实土体渗入路基，其中一部分向填方一侧渗流，同时软化填方土体，另一部分沿填挖交界面边界流动，并向填方边坡下脚排

泄。如果坡脚等未进行必要的支护，在自重和荷载作用下发生滑移，可能使路基发生整体或局部滑移破坏。

② 路基沉陷是指路基在垂直方向上产生较大的沉降，路基的不均匀下陷，将造成局部路段的基层破坏，进而导致路面破损严重，出现大面积坑槽、松散和沉陷，降低路面行驶质量，影响行车安全，甚至中断交通。

③ 防护与加固工程损坏是指挡土墙、驳岸等防护工程不断受到水流冲刷时基础失稳，产生滑移、鼓肚等破坏。

④ 桥涵破坏是指在山洪暴发情况下，洪水冲刷淘空桥基，使桥梁失稳损坏或涵洞开裂。桥涵类水毁是公路水毁预防中的重中之重，应引起高度重视。

⑤ 道路、桥梁除了洪水、罕见暴雨等特殊自然原因和山体滑坡、地震等特殊地质原因造成的损坏外，其设计、施工与养护管理中存在的一些问题也是主要影响因素。

5）道路洪水灾损原因分析

洪水造成道路灾损的原因是多方面的，有人为的原因（如设计、施工、养护等方面的原因），也有自然方面的原因。

① 道路设计中存在的问题

认真分析各种道路洪水灾害可以发现，道路洪水灾害的主要原因是由于设计依据与实际情况不相符合，或者是设计时考虑的水利因素不够全面，具体表现在以下几个方面：

a. 边坡防护类型及形式选择盲目，犯经验主义，与实际情况出入较大；或边坡支护处理不当，导致边坡破坏。道路的边坡在降雨过程和降雨后的受力与变形状态各不相同。强降雨过程中锚杆的应力常有显著的增加，锚索框架梁应力增加速度稍慢。强降雨过后锚索应力常常是逐渐增加，而且要在降雨后较长的一段时间后才逐渐趋于稳定。浆砌片石、拱形骨架等浅表层防护对降雨的反应具有突然性，常常导致边坡崩塌，破坏过程具有瞬时性。

b. 道路与河道平行，一边傍山一边临河，路基（或路堤）多为半挖半填，边坡未采取防冲刷或加固措施，洪水淘涮造成路基（或路堤）出现缺口甚至坍塌。或者是，防护加固工程的位置不合理，挤压河道，引起局部冲刷，尤其是在弯道处，更容易引起局部冲刷。也有的是因为防护墙基础埋深不足，软弱地基土没有得到较好的处理。

c. 填方路段的填料选择不当，路基结构不尽合理，容易遭到洪水破坏。

d. 道路防洪标准偏低，路面设计防洪水位标高不足，造成洪水漫溢路面，甚至冲毁道路。

e. 路基和路面的排水坡度过小，积水现象严重。强降雨后，道路外部变形一般比较迅速，如边坡表层、冲沟等产生较大的变形。外部变形一般不可恢复，需要及时修补。降雨的下渗导致深部变形，所以深部变形比较滞后，而且变形速度一般增加较慢，常常在雨后一段时间才开始发展。强降雨初期深部变形很小，强降雨后一般仍然保持一定的速度并持续一个月左右。由于控制深部变形的加固方法以锚索等防护方式为主，锚索的刚度较小，受力后可发生较大的变形，深部变形的延续时间往往较长，所以道路积水的影响是深远的。但是，如果加固措施得当，降雨后的一段时间深部变形可以获得一定的补偿，变形呈减小的趋势，并逐渐趋于稳定。

f. 泄洪区或沿河路堤及桥头护坡设计不完善，没有针对性地对路堤进行防御性设计与验算，造成路长期浸水、变形、滑塌。

g. 洪水位骤降，道路边坡内形成了自道路向河道方向的退水与渗流，产生冲击力和渗透力，造成边坡失稳。

h. 排水设施存在缺陷（如排水沟的接口、端头等部位处理不当，导致排水不畅等），特别是边坡堑顶排水沟未修或排水沟已经堵塞的边坡，往往出现较大面积的冲沟甚至出现局部边坡崩塌的现象。道路的防排水设施与自然河沟、水利设施不协调时，也会造成相互影响。

i. 涵洞位置不当，孔径偏小，满足不了排洪要求。

② 道路施工中存在的问题

a. 施工管理不善，质量达不到设计要求，主要有如下几个方面：

构成路基的土质差，岩石风化严重，遇水软化；填料路段施工过程中超厚度碾压，压实系数达不到设计要求，路基在水流和漂浮物的冲击下，产生破坏。

挡土墙砌筑时砂浆强度等级达不到设计要求，砌筑砂浆不饱满，石料偏小，砌筑整体强度不足。挡土墙在水流与漂浮物的冲击下，出现断裂，形成匮缺。

b. 涵洞进口处理不当，泄洪时发生洪水流向偏差。

c. 植被遭到破坏，水土流失，径流冲击导致边坡塌方。

③ 道路养护中存在的问题

a. 预防为主，防治结合的工作未得到落实，忙于常规养护，忽视调查研究，未能给改造、维修提供详细的资料。

b. 全面养护工作不到位。在枯水期，河道的清淤、导流、河底铺砌、调治构造、涵洞清理等维修工作没有全面进行，导流设施起不到应有的作用，导致洪水灾损。

④ 自然灾害方面的原因

造成道路洪水灾害的原因，除了人为因素外还存在着自然方面的原因。

a. 洪水强度严重超越防洪设计标准。

b. 不良地质、地形路段的山体滑移，位于该山体上的道路随之滑移。

6.4.2　建（构）筑物洪水灾损鉴定

洪水灾害的形成有两方面条件，一是自然灾变，二是受灾体。自然灾变的形成具有自然与社会双重因素；受灾体包括社会受灾体、自然环境和资源受灾体。在自然灾变与受灾体两个基本条件制约下，自然灾害以受灾体的损毁程度显示出来，而受灾体的破坏损失，又将影响社会经济环境和自然环境，从而进一步影响致灾的自然因素与社会因素，从而削弱或加剧灾变。如此的联系和互馈，构成洪水灾害系统。

建（构）筑物和道路的洪水灾损的影响因素较多，主要可分为三大类：

1）致灾因子。洪水的流速、水深、历时等决定建（构）筑物和道路承受洪水冲击情况。

2）建（构）筑物和道路本身的性质。建（构）筑物和道路的结构形式、材料、使用时间、地理位置、空间形态等决定其对洪水的抵抗能力。

3）社会经济环境。各地采取的防洪措施不同，城市与农村的防洪抗灾能力不同，以及人们对防洪减灾的意识也存在着较大差别。

洪水引起建（构）筑物和道路丧失正常使用功能和损坏，对周围环境造成不利影响时，应进行灾损评估与灾损鉴定，并采取相应措施进行灾损处理。

(1) 洪水灾损评估步骤

1) 实地调查（或数值模拟、遥感分析），确定洪水淹没范围、淹没水深、淹没历时等致灾特性。

2) 现场调查洪水灾害的规模和灾损程度，搜集社会经济统计资料，对社会经济数据进行分析，反映社会经济方面的灾损指标。

3) 判断洪水灾害发生的类型和原因，将水情特征分布与社会经济特征分布进行对比，获取洪水影响范围内不同淹没水深下建（构）筑物和道路的数量及分布。

4) 选择具有代表性的典型地区、典型建（构）筑物和道路灾损案例分别作调查统计，搜集与灾损案例相关的水文地质资料、原设计文件、竣工资料和使用情况等，根据调查资料估算不同淹没水深、历时条件下，建（构）筑物和道路洪灾损失率。

5) 根据影响区内各类建（构）筑物和道路分布和洪灾损失率关系，计算洪灾损失。

(2) 建（构）筑物洪水灾损鉴定

建（构）筑物洪灾损失鉴定工作可根据建（构）筑物的重要性、建（构）筑物的用途、建筑面积、建筑体型、结构形式、荷载大小与性质、工程地质条件、水文地质条件等，分为初步鉴定和可靠性鉴定等。

1) 初步鉴定

建（构）筑物洪水灾损初步鉴定宜按又快又准的原则进行，尽快得出初步结论，尽量避免次生灾害发生。建（构）筑物洪水灾损初步鉴定可参考以下程序进行：

① 基本情况登记

建（构）筑物名称、地址、用途、建筑规模、结构形式、初步鉴定时间。

② 结构、地基与基础损伤情况鉴定

按照“轻微”、“中等”、“严重”三个级别，对建（构）筑物的结构、地基与基础中重要项目进行鉴定。

a. 建（构）筑物整体或部分倾斜；

b. 基础与上部结构错动程度；

c. 地基与基础淘空程度；

d. 柱损伤程度；

e. 梁损伤程度；

f. 楼板损伤程度；

g. 承重墙损伤程度；

h. 边坡损伤程度，对建（构）筑物影响程度。

③ 非结构构件损伤情况鉴定

按“轻微”、“中等”、“严重”三个级别，对建（构）筑物的非结构构件中的重要项目进行鉴定。

a. 填充墙损坏程度；

b. 外部装饰材料（如墙面）损坏程度；

c. 女儿墙、阳台损坏程度；

d. 门窗损坏程度；

e. 电梯损坏度；

f. 楼梯损坏程度；

g. 室外台阶、散水损坏程度；

h. 广告牌、招牌损坏程度；

i. 吊顶、地面损坏程度。

④ 室内设施损伤情况

按照“轻微”、“中等”、“严重”三个级别，对建筑物室内设施的重要项目进行鉴定。

a. 照明灯具及其线路损坏程度；

b. 给排水器具及其管道损坏程度；

c. 空调器、散热器及其管道损坏程度；

d. 通信机具及其线路损坏程度。

⑤ 初步鉴定结果

根据实际情况，初步鉴定结果应给出综合判断和处理建议，处理建议分别为：“可以继续使用”、“需要维修处理”、“需要处理并限制使用”、“宜拆除”等。

2）可靠性鉴定

灾损建（构）筑物应按照《危险房屋鉴定标准》JGJ 125—1999（2004版）、《民用建筑可靠性鉴定标准》GB 50292—1999、《工业建筑可靠性鉴定标准》GB 50144—2008等国家规范和行业标准进行危险性鉴定和结构可靠性鉴定等。

① 现场勘察

a. 收集图纸资料，如岩土工程勘察报告、设计计算书、设计变更记录、施工图、施工及施工变更记录、竣工图、竣工质检及验收文件（包括隐蔽工程验收记录）、定点观测记录、事故处理报告、维修记录、历次加固改造图纸等。

b. 了解建筑物历史，如原始施工、历次修缮、改造、用途变更、使用条件改变以及受灾等情况。

c. 根据资料核对实物，调查建筑物实际使用条件和内外环境、查看已发现的问题、听取有关人员的意见等。

d. 结构基本情况勘查，包括结构布置及结构形式，圈梁、支撑（或其他抗侧力系统）布置，结构及其支承构造；构件及其连接构造，结构及其细部尺寸，梁柱墙损坏部位、损坏程度、裂缝情况，钢斜撑的变形情况，钢板裂缝情况，以及钢结构构件的接头破坏情况等。

e. 结构使用条件调查核实，包括结构上的作用，建筑物内外环境，使用史（含荷载史）等。

f. 地基基础检查，包括场地类别与地基土（包括土层分布及下卧层情况），地基稳定性（斜坡），地基变形，或其在上部结构中的反应，评估地基承载力的原位测试及室内物理力学性质试验等，基础和桩的工作状态（包括开裂、腐蚀和其他损坏的检查），地基与基础淘空程度以及淘空基础占总基础的百分比，基础沉降量，基础不均匀沉降差等。

g. 材料性能检测分析，包括结构构件材料，连接材料，其他材料等。

h. 承重结构检查包括构件及其连接工作情况，结构支承工作情况，建筑物的裂缝分布。

i. 建（构）筑物倾斜与局部变形包括建（构）筑物的倾斜水平位移、倾斜方向、倾斜率等。

j. 结构动力特性。

k. 围护系统使用功能检查。

l. 室内设备与管道系统检查，包括电器设施、给排水器具及其管道、空调器、散热器及其管道、通信机具及其线路等。

② 洪水灾损危险建（构）筑物鉴定

洪灾建（构）筑物危险性鉴定根据《危险房屋鉴定标准》JGJ 125—1999 进行，分构件危险性鉴定、建（构）筑物组成部分（地基基础、上部承重结构、围护结构）危险性鉴定、建（构）筑物危险性鉴定等三个层次，其重点是判断洪灾建（构）筑物是否已经构成危险建（构）筑物，对未达到危险状态的结构构件不再进行区分。

洪灾建（构）筑物危险性鉴定的具体内容，在此不再赘述。

③ 洪水灾损建（构）筑物的可靠性鉴定

洪灾建（构）筑物的可靠性鉴定根据《民用建筑可靠性鉴定标准》GB 50292—1999、《工业建筑可靠性鉴定标准》GB 50144—2008 等国家规范和行业标准进行。洪灾建（构）筑物的可靠性鉴定是对受到洪水灾害损伤的建（构）筑物上的荷载效应、结构抗力及其相互关系的检查、测定、分析判断并得出结论的过程。结构的可靠性包括了安全性、适用性和耐久性。由于洪灾建（构）筑物的设计标准、服役时间使用情况以及损伤程度的不同，洪灾建（构）筑物的可靠性鉴定标准同样分为四个级别。

洪灾建（构）筑物的可靠性鉴定详见本著作的“灾损调查与检测”部分，在此不再赘述。

(3) 道路洪水灾损鉴定

道路洪水灾损鉴定工作主要分为外观检查和实体检测，检查项目的规定值或允许偏差按照《公路工程质量检验评定标准》JTG F80/1—2004 执行。

1）外观检查

① 路基土石方工程外观检查

路基外观检查的内容与标准为：路基边坡坡面平顺、边坡稳定，曲线圆滑，不得亏坡。

② 水工程外观检查

排水沟内侧及沟底应平顺，无阻水现象，外侧无脱空，砌体坚实、勾缝牢固。

③ 洞工程外观检查

涵洞工程外观检查的内容与标准为：涵洞进出口顺适，洞身直顺，帽石、八字墙、一字墙平直、无翘曲现象，洞内无杂物、淤泥、阻水现象；台身、涵底铺砌、拱圈、盖板无裂缝；涵洞处路面无跳车现象。

④ 支护结构工程外观检查

支护结构工程外观检查的内容与标准为：砌体坚实牢固，勾缝平顺，无脱落现象；沉降缝垂直、整齐，上下贯通；泄水孔坡度向外，无阻塞现象；墙身无裂缝，无局部破损；混凝土表面的蜂窝麻面不得超过该部位面积的 0.5%，深度不得超过 10mm。

⑤ 路面工程外观检查

路面工程外观检查的内容与标准为：混凝土板的断裂块数，高速公路和一级公路不得超过0.2%；其他公路不得超过0.4%；混凝土板表面的脱皮、印痕、裂纹、石子外露和缺边掉角等病害现象，高速公路和一级公路不得超过受检面积的0.2%；其他公路不得超过0.3%；路面侧石应直顺、曲线圆滑，接缝填筑应饱满密实，胀缝无明显缺陷。沥青混凝土面层、沥青碎石面层：表面应平整密实，不应有泛油、松散、裂缝、粗细料明显离析等现象，对于高速公路和一级公路，有上述缺陷的面积（凡属单条的裂缝，则按其实际长度乘以0.2m宽度，折算成面积）之和不得超过受检面积的0.03%，其他公路不得超过0.05%；搭接处应紧密、平顺、烫缝不应枯焦；面层与路缘石及其他构筑物应衔接平顺，不得有积水现象；沥青表面应平整密实，不应有松散、油包、波浪、泛油、封面料明显散失。

⑥ 交通安全设施外观检查

2）实体检测

① 路基土石方工程实体检测内容为：压实度，弯沉，路基边坡；

② 排水工程实体检测内容为：断面尺寸，铺砌厚度等；

③ 涵洞工程实体检测内容为：结构尺寸，流水面高程；

④ 支护结构工程实体检测内容为：混凝土强度，断面尺寸，表面平整度；

⑤ 路面工程实体检测内容为：沥青路面压实度，沥青路面弯沉，混凝土路面强度，混凝土路面相邻板块高差，混凝土路面平整度，混凝土路面的厚度、宽度和坡度。

根据工程质量外观检查和实体检测的结果，按《公路工程质量检验评定标准》JTG F80/1—2004对道路洪水灾损进行评定，分部工程质量等级分为合格、不合格两个等级。

6.4.3　建（构）筑物洪水灾损处理

建（构）筑物的洪水灾损的预防与处理是一个系统工程，包括防治对策、防洪设计，灾损处理等。

（1）建（构）筑物防洪设计

1）场地选择方案。为了保证建（构）筑物的防洪安全，其建设场地应避开大堤险情高发地段，避开地质灾害易发地段，避开不稳定土坡等不利地段，远离旧的溃口；宜优先选择地势较高的场地、或有防洪围护设施的地段作为建（构）筑物场地。

选择建（构）筑物场地时，首先要进行岩土工程勘察，取得可靠的工程地质和水文地质资料。另外，地形、地貌、降水量、地表径流系数、多年洪水位等也是建（构）筑物选址时必要的基础数据。

2）基础设计方案。建（构）筑物应采用对防洪有利的基础方案。基础宜坐落在沉降稳定的正常固结土或超固结土上，避开欠固结土地基。基础类型宜采用深基础，如桩基、箱基等，以增强建（构）筑物的抗倾覆、抗冲击性能。有些复合地基，如石灰桩复合地基、砂桩复合地基，在防洪区不宜采用。多层建筑物的基础浅埋时，应注意加强基础的刚度和整体性，如采用片筏基础，增设地圈梁等。

3）上部结构设计方案。为了抵抗洪水侵袭，建（构）筑物应加强上部结构的整体性。多层建筑物应设置足够的构造柱和圈梁。对于农村建筑，不能采用黏土作为砌筑材料，避免洪水浸泡后，造成整体垮塌。

4）建筑材料。防洪建（构）筑物应选择防水性能好、耐浸泡的建筑材料，如钢筋混凝土、混凝土等。砖砌体应设置防护面层，木结构应作防腐处理。

(2) 洪水灾损防治对策

建（构）筑物洪水灾损防治对策应从以下几个方面入手，全方位进行防治：

1) 增强防灾意识。各级主管部门要通过多种形式宣传洪水灾害的突发性和危害性，提高干部、职工、广大人民群众对洪水灾害的认识，统一思想，增强大家的防灾减灾意识，未雨绸缪，切实做好防御洪水灾害的准备。

2) 建立预报预警系统。管理部门应加大投入，逐步建立一系列完善的洪灾预报预警系统。要与当地的气象部门建立密切联系，加强短期的天气预报与监测，增长预见期。气象台站应经常通报灾害易发区的气象预报。管理部门要加强监测，及时发现异常情况。

3) 做好预防与抢修工作。管理部门应组织好由指挥、行政、后勤、抢险队员、医疗卫生人员组成的抢修队伍，准备实施抢险救灾任务。抢险队伍可分为专业队、常备队、预备队、抢险队以及机动抢险队等。

4) 实现综合治理。管理部门应按照统一规划、分工合作、近远期相结合以及先急后缓的原则，认真做好洪水灾害的摸底调查工作和防治方案的编制工作，逐步实现综合治理。根据不同地域的气象、水文、地理、地势、地貌以及人口数量等多种因素，分析洪水成灾几率和程度，分级划出警戒区域，制定综合治理方案，报相关部门批准并付诸实施。特别对于地质灾害易发地区，应划界立标，确定洪水灾害特级或以及警戒区，报请当地政府同意并发文，严格控制居住、生产和建设活动。

(3) 洪水灾损处理原则

1) 建（构）筑物灾损处理方案应根据灾损综合评估结论确定，并应完善其使用功能，兼顾美观。

2) 灾损造成的危险构件，应先采用施工工期短、方法可靠的应急措施进行加固。

3) 灾损处理设计方案应便于施工，并减少对生产或生活的影响。

4) 灾损处理施工时，应合理选择施工工艺，减少扰动。

5) 灾损处理应采用动态设计和信息化施工。

(4) 洪水灾损处理

1) 洪水灾损处理设计文件

洪水灾损处理设计文件的内容应包括：建（构）筑物现状、工程地质条件、处理方案比选、处理设计、施工要求、质量控制指标、环境及相邻设施的保护措施等。

2) 洪水冲击造成建（构）筑物灾损可采取下列措施进行处理：

① 根据结构损伤情况，可采用裂缝修补、加大截面、外包钢加固、预应力加固、增设支点加固、粘钢加固、粘贴纤维布加固、配筋水泥砂浆面层加固、捆绑式加固以及托换等方法对结构和构件进行处理。

② 根据基础损伤情况，可采用加大基础底面积、加深基础以及基础补强等方法进行基础加固。采用砖加固基础时，砖强度等级不宜低于 MU10，砂浆强度等级不宜低于 M5。

③ 根据地基灾损情况，可采用桩式加固、注浆加固以及换填等方法进行地基处理。

3) 洪水冲刷引起的灾损可采取下列措施进行处理：

① 轻微的地基掏空面，可采用干硬性混凝土或水泥砂浆进行充填；

② 严重的地基掏空面，可利用注浆法或树根桩进行处理；

③ 不均匀沉降较小时，可根据实际情况采用加强上部结构和增加基础刚度等方法进行加固。不均匀沉降较大时，可采用锚杆静压桩法、树根桩法、注浆法、高压喷射注浆法、硅化法、碱液法、加深基础法、加大基础面积法、抬墙梁法和基础补强法等进行加固；

④ 水冲刷引起建（构）筑物倾斜需要纠倾时，应结合防复倾加固措施，对受影响或已破损的结构构件和关键部位进行相应的结构改造与加固补强。

4）洪水浸泡引起的灾损可采取下列措施进行处理：

① 根据结构损伤情况，可采用裂缝修补、外包钢加固、粘钢加固、粘贴纤维布加固和网状配筋水泥砂浆面层加固等方法对水浸结构进行补强。采用注胶（浆）法进行裂缝处理施工时，先采取措施对裂缝进行清洁处理。对地下水位以下的结构裂缝处理应同时采取防渗措施。

② 洪水浸泡的钢结构，应重新进行防锈蚀处理。

③洪水浸泡的地下室，应进行结构与构件的补强和防水处理。

④ 根据地基浸泡情况，可采用加大基础底面积、加深基础、桩式加固、注浆加固、高压喷射注浆以及换填等方法进行地基加固。

⑤ 对于浸泡的湿陷性黄土地基，当湿陷变形较小并已趋于稳定时，可仅对上部结构进行加固。当湿陷变形较大或变形尚未稳定时，可采用双灰桩法、夯实水泥土桩法、坑式静压桩法、锚杆静压桩法、硅化法、碱液法以及灰土挤密桩围箍地基法进行处理。对于非自重湿陷性黄土地基，加固深度宜达到基底压应力小于湿陷起始压力之土层。对于自重湿陷性黄土地基，加固深度宜穿透全部湿陷性土层。在湿陷性黄土场地施工时，应采取有效措施防止施工用水或其他水再次浸泡地基。采用围箍地基法施工时，应先施工外排桩，由外及内、隔排隔孔成桩。

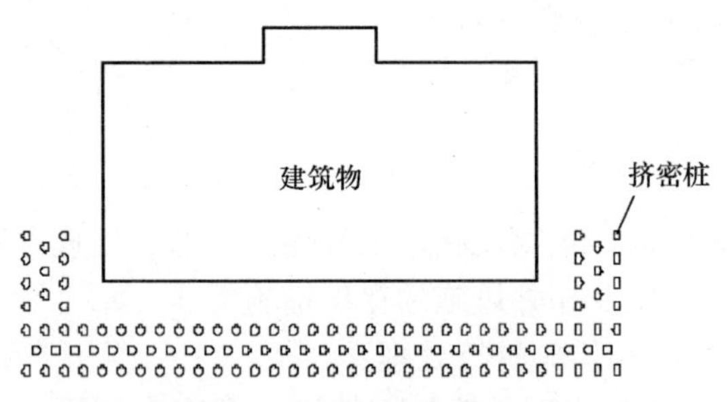

图 6-27　挤密桩围箍地基法平面

洪水浸泡湿陷性黄土地基，造成建（构）筑物湿陷变形时，采用双灰桩、夯实水泥土桩或灰土挤密桩围箍地基法（图 6-27）配合其他加固法进行处理，是一种可按一定施工程序边施工边观测、逐步逼近的有效方法。

一些工程实践证实，由于挤密作用，围箍地基施工过半时，建（构）筑物湿陷变形就大为收敛，围箍施工接近尾声时，建（构）筑物的裂缝已经开始合拢。所以，一些湿陷变形的建（构）筑物，仅通过围箍地基法便可达到加固、甚至纠倾的目的，与其配合的其他加固法可根据实际情况进行取舍。

采用双灰桩围箍地基时，应采用粒径不大于 50mm 的新鲜生石灰块，有效氧化钙含量不宜低于 70%。桩孔验收合格后，立即灌料、夯实，并且将生石灰与粉煤灰料随拌随灌。为了保证双灰桩的桩身密实度，每段填料厚度一般不大于 400mm。

⑥ 对于浸泡杂填土地基引起的不均匀沉降，可根据实际情况采用加强上部结构和增加基础刚度等方法进行处理。当不均匀沉降较大时，可采用注浆、树根桩、双灰桩、加深

基础、加大基础面积、抬墙梁和基础补强等方法进行加固。

⑦ 对于浸泡的膨胀土地基，可采用换填、土性改良等方法进行地基加固。施工时宜分段处理，快速作业，及时回填与封闭。

5）洪水引起滑坡的灾损可采取下列措施进行处理：

① 采用先治坡后治房的原则，统筹治理。可采用支挡、减载、反压和注浆等措施对滑坡体进行加固。

② 破损程度轻微的建（构）筑物，可采用裂缝修补等方法进行补强处理。

③ 破损程度较严重的建（构）筑物，可采用加大截面、外包钢加固、预应力加固、增设支点加固、粘钢加固、粘贴纤维布加固、配筋水泥砂浆面层加固、捆绑式加固以及托换等方法对结构和构件进行加固，必要时可采用锚杆静压桩、树根桩、注浆和高压喷射注浆等方法对地基进行加固。

6）对于重要的灾损建（构）筑物，可结合移位技术将建（构）筑物移至防洪有利地段，其基础底标高宜在多年洪水线以上，并与堤防有一定的安全距离。

7）洪水灾损处理施工前应编制施工技术方案和施工组织设计，并对施工过程中可能出现的不利情况制定应急措施。

8）洪水灾损处理施工过程中，应进行变形观测，必要时对相邻的建（构）筑物和地下设施同时进行监测。对重要的或对沉降有严格要求的建（构）筑物尚应在完工后继续观测，直到沉降稳定为止。

6.4.4 道路洪水灾损处理

（1）道路洪水灾损预防和抢修

1）预防检查

对于道路洪水灾害，应以预防为主，清除隐患。每年汛期前，各级道路主管部门要组织精兵强将对道路进行技术排查，防患于未然，精心设计，精心施工，修一处，保一处。另外，各地方每年都可能遭受不同程度的洪水灾害，对此应进行认真调查与总结，搜集大量的现场资料，寻找真正的原因，结合实际情况进行预防性设计与施工。同时，注意科技成果的采用，积极推广科技发展。

道路洪水灾害预防检查的主要项目有：①边沟、盲沟、跌水井等排水系统有无淤塞，路面、路肩的横坡是否正确，路肩上是否存在堆积物阻碍排水；②引坡、护坡、涵洞、挡土墙基础是否存在被淘空或损坏现象；③涵洞、透水路堤是否有淤塞、漂浮物、堆积物等影响排水；④沿河路段的路基有无孔洞或下沉现象；⑤浸水路堤和边坡路基有无松裂现象；⑥道班房屋的基础有无淘空，墙体有无裂缝，屋面防水层是否完好等等。

2）做好洪灾预警工作

洪灾预警工作的内容有：①清理、疏通各种排水系统；②修缮、加固各类道路构筑物；③采取措施，防止漂浮物大量下冲；④检修好水泵、管道、电器等相关的防洪排水设施。

3）加强汛期巡视工作

各管理机构应在汛期内组织工程技术人员进行巡视，检查涵洞、路基、路面、护坡以及构筑物。对小的隐患应当场排除，对严重破损危及交通安全时，应在两端设置警告标志或禁止交通标志，并及时报告上级。

4）确保物资供应

道路洪灾抢险需要大量的物资，包括砂石料、木桩、编织袋、绳索等；必备的工具有锄头、铁锹、钢铲、簸箕、推车等；必备的照明设备有发电机、电线、灯具等；主要运输工具有各类汽车；清除塌方的工具有铲车、挖掘机等。抢险材料可采用现场备料和物资部门备料两种方式。

5）统筹安排抢修工作

为了进行有效的抢修工作，应该统筹安排。易毁路段和构筑物应设置专门的抢修队伍守护，备足抢修材料、工具、用具以及救生、照明、通信设备等。当洪水对道路产生破坏时，应进行紧急抢修，防止灾害扩大。

（2）道路洪水灾损处理措施

1）路基洪水灾损处理措施

① 对于一般软弱场地上的路基洪水灾损处理，宜采用级配良好的砾类土、砂类土或碎石等对路基进行换填加固。对于欠固结土、淤泥、淤泥质土场地的路基，还可以采用石灰桩法、掺石灰法等进行加固。洪水浸泡过的灾损路基，可采用注浆、高压喷射注浆和桩式加固等方法进行处理。

当需要用透水性不同的土填筑路基时，应将透水性强的土填筑路基下层，将透水性弱的土填筑路基上层。在地下水位较浅的路段，应铺设砂砾层切断毛细水上升，以免影响路基的稳定性。

② 修缮路基排水设施。路基边坡的纵坡不应小于 0.5%，单向排水长度不宜超过 500m，分段设置排水沟，涵洞将水引出路基，以免排水积聚在边沟内下渗，影响路基稳定。

③ 路堑必须设置边沟，对于较长的路堑必须设置合理的纵坡，当纵坡较大且有冲刷可能时，应给予加固加深，或改用跌水井、急流槽等设施。路堑挖方上侧距离挖方坡口 5m 外应设置一道或多道截水沟，以便使地表水汇入截水沟引到排水沟，或由涵洞排出。

④ 对于半挖半填路段，两侧山体坡度必须开挖到位，必要时设置合理的碎落台，对于地质不良路段，采用浆砌毛石或骨架植物等方法进行坡面防护；防止山体滑坡或泥石流。

2）路堤洪水灾损处理措施

① 路堤填料应选择稳定性好的级配砾类土、砂类土以及石料。由于粒径过大的石料在碾压过程中很难移位和摊平表面，从而很难进一步破碎和压实，施工质量难以保证，所以，石料的粒径不宜过大，过渡层最大粒径应小于 150mm。另外，粒径较大的填料给施工质量检测也带来不便，影响施工质量控制。

② 用浆砌毛石或骨架植物等方法对新筑路堤进行坡面防护。

③ 膨胀土地区加固路堤时，宜采用非膨胀土或膨胀土进行掺灰处理，掺灰后的总胀缩率不宜大于 0.7%，并确保边坡防护质量；

④ 软土场地加固路堤时，路堤底部宜设置透水性水平垫层，厚度宜为 0.5m。

3）路面洪水灾损处理措施

① 路面基层应采用水泥土、二灰土、碎石土等以提高路面的水浸稳定性，面层宜采用密实型路面结构，以防雨水下渗。

② 提高路面级别。

4）防护工程洪水灾损处理措施

① 道路防护工程中，浆砌片石挡墙用得比较多，一方面用来支撑路堤填土确保道路宽度，同时又可以起到防御洪水对路堤、路基的冲刷作用。洪水强度越大，冲刷路基越深；当水流与挡墙正交时，冲刷最深。随着水深的增加，当水面与挡墙路面平齐时，冲刷深度达到最大值，洪水继续上涨漫溢路面，挡墙基础的冲刷深度不再增加。所以，挡墙基础按水位与路面平齐时的冲刷深度进行处理，安全可靠。

② 对于无冲刷地基，防护工程基础埋深不应小于 1.0m。对于冲刷地基，防护工程基础埋深应在冲刷线以下至少 1.0m。

③ 土墙应设置排水设施，以疏干墙后填土中的积水，防止积水产生静水压力、产生冻胀力、降低填土的抗剪强度等。

④ 路堑挡土墙后地面应做好排水处理，设置排水沟，必要时夯实地表土减少雨水或地面水下渗。墙趾前的边沟应进行铺砌加固，防止边沟水渗入基础。

⑤ 浆砌片石挡墙的泄水孔应视泄水量大小确定孔径。泄水孔间距一般为 2～3m，上下泄水孔应错开布置，下排泄水孔应高出地面。若为路堑墙，泄水孔应高出边沟水位 0.3m。若为浸水墙，泄水孔应设置在常水位以上 0.3m。

5）涵洞洪水灾损处理措施

① 对于山区沿溪道路，一般每隔 300m 设置一道涵洞，通常设置在凹凸曲线顶部或纵坡的陡缓变坡处，穿越村庄路段为排除村庄地面积水也应设置涵洞。涵洞应设置直径不小于 1000mm 的钢筋混凝土管涵、或墙深高度不小于 1000mm 的钢筋混凝土板涵或石拱涵。对于山区道路，涵洞不仅排水而且输沙，如果孔径太小，流沙或杂物堵塞涵洞后，人工清淤较难，涵洞排水功能减弱，一旦山洪暴发，涵洞极易被冲毁。

② 洞进水口应采用浆砌片石，当涵洞前排水沟纵坡较大时，应设置跌水井、急流槽等设施，以减缓洪水流速。

6.5 风沙灾害防治及灾损处理

6.5.1 风沙灾害

(1) 风沙灾害的基本特征

1）风沙灾害在时间上的分布特征

风沙灾害在时间上的变化特征仍然受制于自然和人为两大因素的变化及其相互影响。风沙灾害的年际变化主要受气候干湿波动、风况和人类活动对地表植被的影响程度的制约，持续干旱的年份或人类活动对植被破坏严重时，风沙灾害就大。反之，风沙灾害减小。

2）风沙灾害的空间分布特征

风沙灾害主要分布在我国北方广大的干旱、半干旱和部分半湿润地区以及青藏高原整个沙区。包括东北西部、华北北部和西北地区。

(2) 风沙灾害的特点

1）由风沙活动造成的人畜伤亡，村庄、粮田、牧场埋压，交通通讯设施破坏，土地生产能力的下降，大气环境质量恶化，各种运输机械和精密仪器毁损等共同组成的生态灾难。

2）风沙灾害常表现为大气环境污染，土地沙漠化加剧，并影响交通、供电、通讯等生命线工程，损坏各类建（构）筑物，引发交通事故，以及直接造成人员伤亡等。

3）强烈风沙活动的危害方式有沙埋、吹蚀、风力作用、污染大气以及降温等。随着全球气候的变暖，土地资源超载的局面短期内难以改善，加之水资源短缺的矛盾日趋尖锐，因而沙尘暴对人类的危害也将随之增大。

6.5.2　风沙灾损检测与鉴定

（1）对沙漠化灾害危险度的评估

沙漠化灾害危险度评估是风沙灾害评估的重要分支。沙漠化灾害危险度是指沙漠化对地区社会经济发展的直接危害与潜在威胁的程度。

（2）对土壤风蚀量的评估

野外测定土壤风蚀量一般是测定某一时段内土壤风蚀厚度。室内风洞实验则是测定出一定风蚀床面在一定时间内的风蚀表土的重量。然后通过对土壤内营养成分含量的分析，估算出一定区域在一定时段内营养成分的损失量。利用此类方法可以初步评估农田或牧场的风沙灾害。

（3）对区域风沙蚀积量的估算

对一定区域各不同类型的典型地段的输沙量进行测定，通过遥感解译和现场调查确定各不同类型的面积或输沙断面，然后求算出整个区域风沙的风蚀和堆积量。利用此类方法可以初步估算进入到水库、河道或交通线路的风沙量。

（4）沙漠地区交通线路风沙灾害程度的评估

塔里木沙漠公路贯穿塔克拉玛干沙漠，公路沿线各地段的风沙灾害程度不同，1997年，董治宝对其沙害程度建立了数学模型，见式（6-8）。

$$s=\frac{v^2}{H} \tag{6-8}$$

式中　s——输沙量；

v——平均风速；

H——空气相对湿度。即输沙量与平均风速的平方成正比，与空气相对湿度的8次方成反比。利用此公式可以定量的对沙漠公路沿线的风沙灾害程度进行评估。

（5）对风沙造成的直接经济损失的评估

对由风沙危害所导致的农作物或牧草产量的减少量进行评估，对一场大风或沙尘暴所导致的农田毁种、重播造成的经济损失进行估算，或对风沙造成的人畜伤亡、房屋倒塌、交通、通讯线路中断导致的损失进行评估，是日常工作中经常要进行的。

6.5.3　风沙灾害的预防

（1）风沙灾害防治的基本原理

在一般情况下，风沙灾害的防治，就是要最大限度地降低风沙活动的强度。风沙活动的实质是大于临界风速的起沙风，作用于沙质地表而产生风沙流的过程。风沙流是沙粒从地表被吹蚀、搬运和再沉积三个环节反复循环的宏观表现。风沙防治的实质在于削弱引起风沙流形成和沙丘移动的风力，减少气流中的含沙量和固结沙质地表、提高抗蚀能力。基于上述基本原理，目前风沙防治的基本方法有三类，即植物固沙、机械防沙和化学固沙。植物固沙包括对天然植被的恢复和人工植被的建立。植物治沙措施虽收效慢，但当植物长成并发挥防护作用后，防护时间较长，具有改造与利用相结合的特点，还具有改善局部小气候等多种功能，是风沙治理中最广泛应用的措施。但植物固沙常受到自然环境条件尤其是水分条件的制约。一般情况下，在无灌溉条件时，对多年平均降水量在200mm以上地带的风沙危害防治，可以植物固沙措施为主。对多年平均降水量在200mm以下地带的风沙灾害防治，则以机械固沙措施为主。机械防沙主要包括各类机械沙障和导风板等。机械防沙措施具有不受水分条件限制、见效快的特点，但防护期短暂，需要定期更新或维修。因此，往往适用于风沙严重危害的交通沿线、农田、居民点周围，并和植物固沙措施相配合。

化学方法治理风沙灾害，主要是喷洒人工加固剂，起阻止气流直接作用于沙面和固结流沙的作用。化学治沙措施收效快，但成本高，一般应用于风沙极为严重而植物措施又较困难的重要工矿居民点和交通沿线地区。但是无论哪种措施都很少单独采用，在具体应用时，往往针对沙害类型和自然条件等特点，将各类措施相互结合构成一定的防护体系，才能更有效地发挥防止风沙危害的作用。

（2）风沙灾害的防治措施

风沙灾害预防重于灾后处理，通过预测预报及合理的处理可以减轻损失。风沙治理应按近期和远期相结合的原则，近期目标以工程防沙措施为主，远期目标以植物防沙措施为主。

1）防沙治沙常规技术

工程常见的防沙治沙措施如表6-16所示。各类防治措施通过固、阻、输、导等作用，能减小风沙活动对居民点以及基础设施等的影响或者破坏，可结合现场条件选择、应用。

工程常见防沙治沙措施 **表6-16**

防沙措施	沙障名称
平铺式固沙措施	卵石、片石铺压；土埋、泥墁沙丘；平铺柴、草；土工布固沙；金属网固沙等
半隐蔽式固沙措施	草方格；黏土、碎石方格；尼龙网方格等
阻沙措施	复合沙障；枝条沙障；防沙栅栏；大网格（枝条、尼龙网）；阻沙袋；阻沙堤；截沙沟；挡沙墙等
输沙措施	下导风工程；浅槽等
导沙措施	导沙堤；导沙栅栏；羽毛排等
植物防沙	防沙林带、防沙生态示范园等
化学防沙	石油衍生物、高分子材料、水泥、石灰及各种固化剂等

2）防沙治沙新思路

① 沙区留茬固土保护性耕作技术；

② 覆膜防沙治沙技术；

③ 沙漠产业化。

沙漠产业化是指选择条件合适的沙漠地区，利用其充足的阳光、广阔的空间和宝贵的地下水，采用高新技术，创办沙漠农业工厂，提高植物的光合作用以获得经济、生态双赢。

(3) 道路工程的沙害预防

道路工程的风沙害的预防首先必须从建设初期选线阶段开始，风沙问题归根结底是一个环境问题，微地形地貌对风沙流的影响非常大，前期的详细调查工作非常重要。而常见的线路沙害有：路基风蚀、线路积沙、线路设备损害、恶化线路环境、列车设备的损坏和列车倾覆。

(4) 工民建的沙害预防

在风沙地区修建工业与民用建筑时，通常存在着没有充分考虑防风沙工作的严峻性，以近期临时防护工程代替远期的永久防护工程的问题。

目前在风沙方面的结构设计中，暂还没有成熟的规范专门对风沙流风压的计算进行规定。

风沙流的风压主要由两部分构成，即净风荷载和沙粒冲击荷载。净风荷载通过《建筑结构荷载规范》GB 5009—2001（2006 年版）计算所得，沙粒冲击荷载可由以下模型求得，具体方法如下：

首先假设沙粒为形状规则，大小均匀的球状颗粒，其与构筑物的撞击为弹性碰撞，碰撞方向为垂直于构筑物表面，反弹速度与撞击速度一致，这对于工程来说是偏于安全的。由动量公式：

$$mv_i-m(-v_i)=F\cdot\Delta t$$

可得

$$F=\frac{2mv_i}{\Delta t} \tag{6-9.1}$$

式中　Δt——时间内撞击沙粒的质量（kg）；

v_i——风沙流密度所对应的风速（m/s）；

m——撞击沙粒的质量（kg），按式（6-9.2）求得：

$$m=\rho_i\cdot s\cdot v_i\cdot\Delta t \tag{6-9.2}$$

式中　ρ_i——风沙流密度，是指大于起沙风速情况下某一风速所对应的单位体积空气中所含的沙粒质量（kg/m³），与距地表高度、风速大小等紧密相关，可由现场风沙流观测，按式（6-9.3）求得：

$$Q_h=\Sigma\rho_i A v_i T \tag{6-9.3}$$

式中　Q_h——输沙强度观测系统某一高度处的集沙总质量（kg）；

A——输沙强度观测系统的集沙器进沙口面积（m²）；

T——在取样时间内起沙风所持续的时间（s）。

所以，沙颗粒撞击墙体的冲击压强为：

$$\omega_2=\frac{2\rho_i\cdot v_i^2}{1000}=\frac{\rho_i\cdot v_i^2}{500}\ (\mathrm{kN/m^2}) \tag{6-10}$$

式中　ρ_i——大于起沙风速情况下，某一风速所对应的风沙流密度（kg/m³）；

v_i——风沙流密度所对应的风速（m/s）。

风沙引起建（构）筑物的荷载等于净风荷载和沙粒冲击压叠加的最大值。

(5) 农田的沙害预防

风沙危害农田是由风沙流活动所造成的。流动沙丘在风沙流的作用下，不断向前移动；沙质土地在风沙流的作用下，发生风蚀；半固定沙地和风蚀地在风沙流作用下，使沙源向顺风方向漫延。这样就造成了风沙对农田的危害。风沙危害农田可概括为：土壤风蚀、沙打禾苗、沙埋农田。这三种危害方式，是由耕作土壤风蚀过程中的沙粒吹扬、搬运、堆积和流动沙丘移动这一系列过程所造成的。

针对沙源来自耕地以外，农田遭受流沙埋压和外来风沙流的袭击，在治理上主要是营造防风固沙林带和封沙育草，以固定、控制和阻截沙源为主；针对沙源来自农田内部，即耕地土壤受风蚀而起沙，防治途径主要在于营造护田林网和采取农业耕作措施，以削弱近地面风力，改善土壤物理性质，增强土壤的抗风蚀能力为主。根据不同的沙源情况，风沙危害农田特点和自然条件，从治理的角度出发，归纳为绿洲灌溉农田、半干旱沙区农田和半湿润沙漠化区农田三种风沙防治类型。

绿洲灌溉农田的风沙防治措施有：封沙育草带的建设、防沙阻沙林带的营造、农田防护林网的设立，工程措施（黏土沙障、草沙障）、农业技术措施（合理选择和搭配作物、沙土耕作、播种技术）。

半干旱沙区农田的风沙防治措施有：①流沙治理，包括前挡后拉、顺风推进；乔灌木丘间低地造林、先造后固，乔灌结合、又造又固，乔灌草并举、综合治理。②封育保护带。③农田防护林带。

湿润半湿润沙漠化区农田的风沙防治措施有：

① 充分利用水资源发展灌溉农业，着重利用地下水发展机井灌溉、埋设塑料管道发展喷灌滴灌等节水技术，沙地利用由原来的一年一熟改为两年三熟或一年两熟，提高沙地的利用率。

② 建立以窄林带小林网，乔灌结合、灌草结合为主的防风沙体系。同时根据不同情况，在农田中利用带状覆盖种植，在沙丘地采用格状覆盖种植，利用棉花、玉米茬秆进行高秆留茬防止土壤风蚀。

③ 在沙地利用方面采用长短结合、以短养长的方式。

④ 部分活化沙丘、沙岗和沙梁可实行天然封育，3～5年时间可以恢复。也可采取人工措施促进沙丘固定。

农田沙害防治的目标是：建立既防治沙害又促进经济持续健康发展的防护体系。其防护措施主要是根据不同的自然条件、不同的治理对象，采取相应的措施，起到生态效益的作用。围绕农业沙害防治措施在干旱地带主要采取“护、阻、固、封”的措施，在半干旱地区主要采取“调、护、固、封”的措施，而在湿润半湿润地区主要采取“水、林、旅”相结合的措施，具体措施系统见图 6-28。

(6) 草场的沙害预防

加强沙区草场沙害的防治，对于保护和改善沙区生态环境、促进沙区社会经济，特别是畜牧业经济的发展具有重要意义。草场的沙害防治措施有：

1) 减轻放牧强度，采取合理放牧制度，使草场植被逐步恢复。

2) 封沙育草，植树造林，恢复植被。

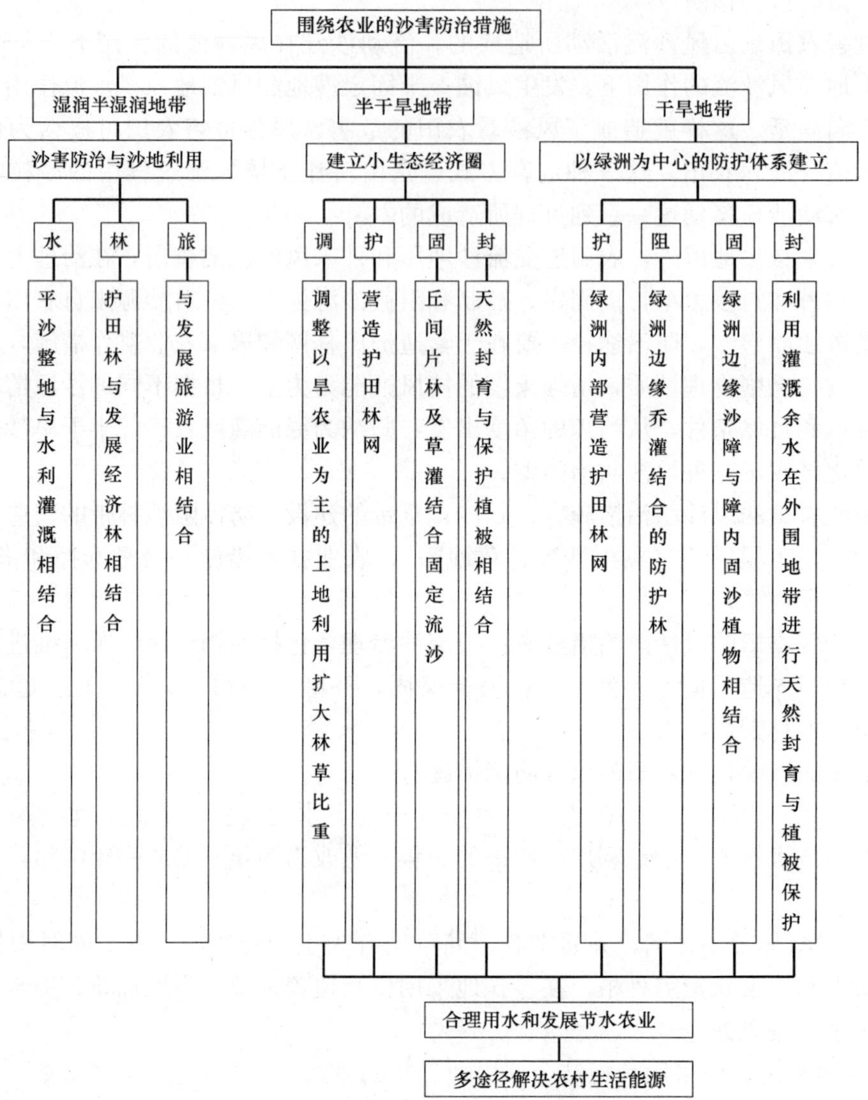

图6-28 农田沙害防护技术措施系统

6.5.4 风沙灾损处理

（1）工民建的灾损处理

工业与民用建筑的沙害类型主要是房前屋后积沙及构筑物的风沙磨损。其处理方法主要是清理积沙、建（构）筑物迎风侧部位加固和建（构）筑物迎风侧表面形态的改变，以此加大其抗风沙的磨损能力。

为了降低或减少风沙荷载对建（构）筑物所造成的倾覆或表面击打所造成的损失，建（构）筑物迎风侧表面为流线形或曲线形时，可以减少正面的风压和沙粒打击。房屋宜以节能保温建筑为宜，大风会造成大量热量散失，因此坐落位置应综合考虑太阳照射角度、当地主导风向、积沙可能堆积位置及防护治理措施等。墙体厚度宜充分考虑保温要求，房屋门窗宜采用密封措施。风沙地区建筑的设计宜充分考虑当地的风、热、光能等资源的利用。

(2) 道路的灾损处理

风沙灾损发生后，风沙地区公路沙害类型主要有两种：路基和路面的风蚀；以及路基、路面和桥涵的沙埋。铁道工程风沙灾害危害形式，包括危及行车安全、对线路设施的破坏以及对路基桥涵的损害。主要表现为：道床积沙，阻碍列车进路，使列车途停、脱险或颠覆；风沙流反复漫道，加速铁路设施的磨损；路基与路肩受强烈风蚀，影响线路质量。风沙灾害是一个区域环境内发生的问题，大风行走路线每年基本变化不大，掌握大风行走路线利用上下游发生灾害的时间差，完全可以减轻风沙灾害对下游地区造成的损失。

对于道路沙害的处理，主要是在找出沙害产生的根本原因，有针对性地进行防治。如针对路基和路面的风蚀可以采用加设挡风墙的形式，改变其风蚀部位，保证路基和路面的安全性；关于路基、路面和桥涵的沙埋现象，主要是采用一些工程治沙措施改变风沙的堆积地点，同时通过一些生物措施逐步改变当地的小气候，最终逐步达到长期治沙的目的；同时加强线路设施的抗风沙能力，一旦发现损坏，立即更换，以来此保证线路的安全运营。

6.6 滑坡、崩塌及泥石流预防和灾损处理

6.6.1 滑坡对建（构）筑物的损害

滑坡对建筑物的破坏作用与滑坡的性质、运动特征及与建筑物的相对位置有很大关系。有的滑坡运动缓慢，发生时征兆明显，仅造成建筑物开裂变形，不会产生大量人员伤亡事故；有的滑坡运动突然，使人防不胜防，不仅摧毁建筑物，还造成重大伤亡事件。

(1) 滑坡运动特征及类型

滑坡运动类型有：缓慢蠕动型，匀速滑动型，间歇性滑动型和高速滑动型，见图 6-29。高速滑动型滑坡能量大、速度快、滑距长，发生突然，破坏性强，往往会产生灾难性后果。

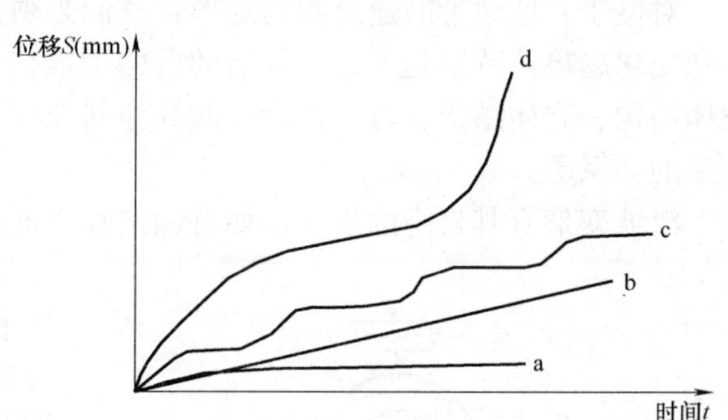

图 6-29 滑坡运动类型示意图

a—缓慢蠕动型；b—匀速滑动型；c—间歇性滑动型；d—高速滑动型

(2) 滑坡对建筑物的破坏作用

1) 建筑物位于滑坡后缘，后缘的拉张裂缝将建筑物拉裂，甚至造成建筑物坍塌。

2) 主滑壁接近建筑物，使建筑物前面临空，安全受到威胁。

3) 建筑物位于滑坡前缘，这是最危险的情况，轻者建筑物受滑坡的推挤而隆起、开裂、破坏；重者则会产生楼毁人亡的灾难性事故。

4) 建筑物位于滑坡体上，建筑物犹如“坐船”一般。

5) 铁路和公路路基、挡墙被滑坡拉断、错断抬升、掩埋的事例更多。铁路隧道被滑坡破坏危害更严重，防治更困难，破坏类型（图 6-30）有以下几种：

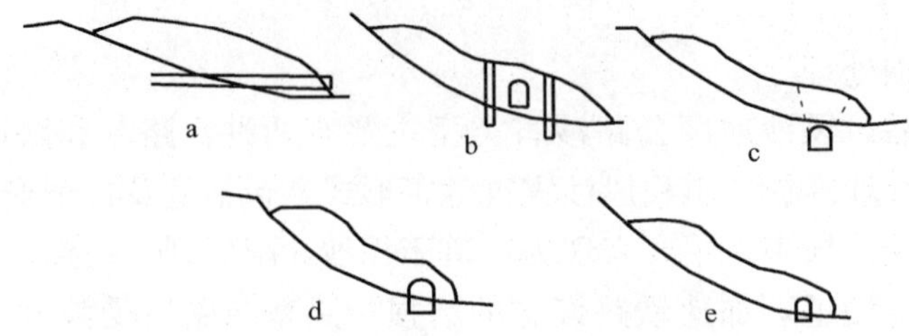

图 6-30　隧道变形与滑坡关系示意图

a—隧道进口段穿过滑体；b—隧道在滑体中部；c—隧道在滑面以下；
d—隧道在滑坡前部被剪断；e—隧道在滑坡前部被挤裂

① 隧道洞口位于古滑坡体上，洞口开挖造成滑坡局部复活，引起衬砌开裂。

② 隧道位于滑坡的中部，滑坡滑动将隧道错断。

③ 隧道位于滑坡滑动面以下，但深度不够，隧道开挖，岩体松动，引起滑坡滑动。

④ 隧道位于滑坡中前部，滑坡移动将隧道边墙剪断、拱圈错位，或隧道受挤压，拱顶混凝土脱落。

⑤ 隧道位于古滑坡（或错落）前缘，因滑坡蠕动挤压隧道变形、开裂。

滑坡造成建（构）筑物开裂破坏的情况很多，不再一一列举，从中已可看出其严重性。

（3）建（构）筑物变形裂缝的诊断

建（构）筑物是坐落在岩土体上的，其变形开裂和倾斜的原因，除结构本身的因素外，大多与地基的变形有关，或因地基岩土性质不同造成不均匀沉降，或因含水量过高的软弱地基固结下沉、滑动（如软土路堤滑坡），或因黄土地基的湿陷下沉等等。

对位于斜坡地带的建筑物的变形，我们必须把视野放得更大一些，注意斜坡的稳定条件和变化趋势，特别是人为工程活动后的可能变化。如坡体的工程地质、水文地质条件、坡体结构、岩体结构、有无古滑坡或其他斜坡变形现象，出现的建（构）筑物变形与斜坡变形的关系等。

滑坡变形有其自身的规律，如有倾向临空面的软弱层或软弱夹层存在才会形成滑坡，常与地下水活动有关。就滑坡的裂缝分布规律来说，平面上如图 6-31 所示，其上部后缘为受拉段（牵引段），常形成张拉裂缝带，有多条张裂缝大致平行分布，或有小的错台，其中有一条为主拉裂缝，是动体与不动体的分界，延伸长、张开最大、错距最高。中部主滑段为整体滑移段，没有或很少有拉张裂缝，只在滑坡的两侧受不动体的影响形成剪切裂缝，在剪切裂缝出现之前，常先发生羽状张裂缝，它是下滑力与两侧阻滑力一对力偶作用的产物。滑坡前部抗滑段受到主滑段和牵引段的推挤，是被动破坏，故其裂缝出现较晚，先出现大致平行滑动方向的放射

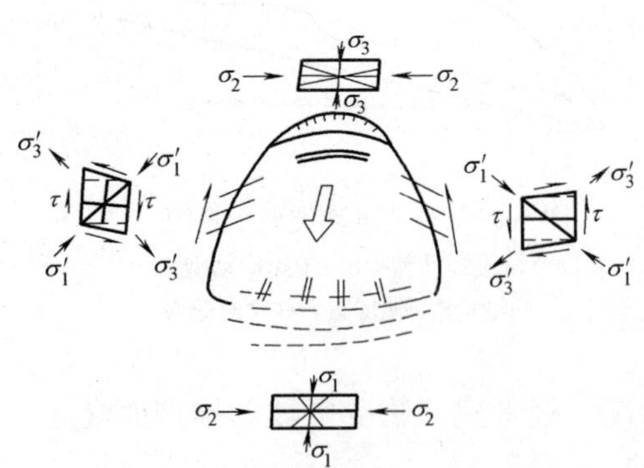

图 6-31　滑坡平面裂缝分布示意图

状张裂缝（受压而张裂），再出现滑坡前缘的鼓胀裂缝，垂直滑动方向，最后出现滑坡的剪出口裂缝，或顺坡，或反倾向山。了解这样的分布规律，可以帮助我们分析建（构）筑物在滑体上的什么部位，会发生什么性质的裂缝。同样，由建（构）筑物上发生的裂缝性质，也可帮助分析滑坡的规模大小。当然裂缝只是变形的表观现象，还必须结合坡体的地形地质条件，才能得出正确的结论。以上是简单的典型滑坡的裂缝分析，实际工作中遇到的滑坡要复杂得多，应该把工程地质学和岩土力学与工程有机结合起来才能作出正确的分析和诊断。

(4) 滑坡区建（构）筑物开裂的防治策略

1）在选线、选厂、选建筑物地址时应该对拟选的斜坡进行较充分的地质工作，避开古老滑坡、现有滑坡和顺层斜坡变形地带，以及开挖或堆填后可能发生滑坡的地段。

2）对施工后可能出现斜坡失稳的地段，设计中不能只考虑建（构）筑物本身，而应同时设计斜坡加固建筑物和排水系统，确保斜坡的稳定，以免斜坡变形引起建（构）筑物开裂。以往这种教训很多，主要是前期地质工作不足造成的。

3）对建在斜坡上已经出现变形开裂的建（构）筑物，应认真调查、勘探、试验、查清变形发生的原因，不仅要调查建筑物本身和地基，而且要调查斜坡的稳定情况，以便作出正确的判断，“对症下药”。

若无斜坡变形的影响，则只按建筑物本身和地基条件去处理。

若变形与斜坡变形如滑坡有关系，则必须在保证斜坡稳定的基础上处理建筑物变形。这里可能有两种情况：其一，治理滑坡十分昂贵，不如搬迁建筑物。其二，建（构）筑物难以搬迁，如为古建筑、重要建筑物等，则只能从稳定滑坡上采取措施。首先是消除作用于滑坡上的因素，如灌溉水下渗，生产生活用水下渗、管道漏水等，应截断和引出水源，加强排水。若是开挖、加载等引起，则应采用减重、压脚及支挡工程，如挡土墙、抗滑桩、预应力锚索抗滑桩、预应力锚框架等，根据具体情况采取不同措施。有时也可只保建筑物稳定而不必治理整个滑坡。

总之，地质条件千差万别，建（构）筑物的变形开裂情况也多种多样，只有较详细的调查勘探，全面而细致的分析，找出真正的病因，才能有针对性的做到预防和治理病害。

(5) 滑坡、崩塌和泥石流的灾损

滑坡、崩塌和泥石流同属于地质灾害范畴，但它们形成条件、发生机理和发展规律不尽相同。滑坡多发生在河流宽谷段的斜坡上、低山缓丘或黄土梁峁段斜坡上，自然坡度在40°以下，除大型崩塌性滑坡以外，多数滑坡产生缓慢移动变形，造成建（构）筑物拉裂或挤压变形。崩塌多发生在高山峡谷地段，自然坡度大于45°，远比滑坡发生突然，往往砸伤或埋没建（构）筑物。泥石流常发生在沟谷地段或自然斜坡上，沟谷纵坡及斜坡坡度大于25°，它的发生必须有松散的堆积物，合适的坡降及充分的水源条件，三者缺一不可。

6.6.2 滑坡、泥石流及沉陷灾损调查与检测

(1) 灾损的建（构）筑物的检测与鉴定

1）对建在滑坡体上已经出现变形开裂的建（构）筑物，应认真调查、勘探、试验、查清变形发生的真正原因，不仅要调查建（构）筑物本身和地基变形情况，而且要调查滑坡的稳定情况，以便作出正确的判断。

2）对受崩塌和泥石流灾损的建（构）筑物，首先要对崩塌和泥石流灾害进行评估，分析崩塌和泥石流灾害源的稳定程度和发生频度，若将来还有可能发生，或治理费用昂贵，则可考虑搬迁建（构）筑物躲避地质灾害。若崩塌和泥石流灾害源趋于稳定，或花费较小费用经过治理可以维持长期稳定，则可按一般灾损建（构）筑物进行检测鉴定。

（2）灾损道路的检测与鉴定

滑坡、崩塌和泥石流灾害还时常损坏铁路、公路及城镇道路，桥涵和隧道设施，中断交通运输。

6.6.3　预防和治理滑坡

（1）滑坡的防治原则

1）建（构）筑物选址应尽量避开大型滑坡和滑坡分布较集中的不良地段。

2）工程设施避不开的滑坡，不论是古老滑坡还是新滑坡，都应首先查清其性质和目前的稳定状态，然后分析工程建设对滑坡稳定可能造成的影响，应使工程布设尽量不破坏和影响滑坡的稳定性，必要时采取一定的预防措施，“预防为主，治理为辅”是基本原则。

3）对危害工程设施和人身安全的滑坡必须查清性质，“一次根治，不留后患”。只有对性质特别复杂的特大型滑坡，短期内难以查清其性质的，才考虑分期治理，先做应急工程，再做永久工程。

4）滑坡预防和治理是一项较复杂的系统工程，应对勘察、设计、施工、运营分阶段作出规划，提出要求，有机联系，分步实施。

5）滑坡治理应针对主要原因采取工程措施，同时辅以其他措施综合治理。有条件时，总应优先选择地面排水、地下排水、减重、反压（压脚）等容易实施和见效快的工程措施。在未查清滑坡性质之前，不宜在前缘盲目刷方。

6）滑坡的治理宜早不宜迟，宜小不宜大。最好把滑坡阻止在蠕动挤压阶段，以减少危害和治理工程投资。

7）防治滑坡的工程施工应安排在旱季，并应尽可能少扰动滑体的稳定，如先做地面排引水工程，支挡工程施工应分段跳槽开挖、加强支撑等。施工期应加强滑坡动态的监测，以免造成灾害。施工期的地质编录是不可缺少的工作。

8）防治滑坡的工程设施应加强养护维修，使其始终处于良好工作状态。

（2）滑坡的预防

1）防止古老滑坡复活的措施

① 不在古老滑坡体上进行灌溉耕作，变水田为旱田。

② 在滑坡前缘河沟中修建水库，必须论证滑坡的稳定性和可能造成的灾害损失。

③ 在古老滑坡区布设厂矿和线路等设施，必须论证滑坡的稳定性及复活的可能性。应尽量避开大型古老滑坡和滑坡连续分布地段。若受其他因素限制避不开时，应事先设计采取预防性稳定加固措施。

④ 应避免在某一级滑坡的抗滑地段做挖方削弱抗滑力，不在滑坡的主滑和牵引地段填方、堆料增加下滑力。应该在滑坡的抗滑段做填方加载（但不应堵塞地下水出口），在滑坡的牵引和主滑段做适当的挖方减重（但不应引起上方斜坡新变形）。

⑤ 大方案不能避开滑坡时，局部改移线路位置以减少对滑坡的扰动，并在滑体上加强地面排水工程。对大型滑坡最好用桥或隧道避开它。对小型滑坡可以用桥跨越它。实在

避不开的滑坡，则应设置必要的预防其复活的工程措施，如地面排水、地下排水、一定的支挡工程（如挡土墙、抗滑桩）、河岸防护等。

⑥ 避免在滑坡体上特别是滑体上部设置蓄水池或渠道等易漏水的设施。

⑦ 不得不在古老滑坡体前缘做挖方时，应在判断出古老滑坡可能剪出段深度的前提下，先做支挡工程后开挖，以免坡体因开挖松弛、水下渗而滑动。

2）防止已活动滑坡恶化的措施

① 进行滑坡体内、外地面和地下监测，掌握滑坡发展变化的动态规律。

② 堵塞已产生的地表裂缝，防止地表水灌入。切断对滑坡不利的水源。

③ 增做临时排水沟，把地表水引出滑坡区以外。

④ 尽快开展地质调查和勘探工作，查清滑坡的性质和原因，判断其可能发展的趋势和范围，以便制定防止恶化的措施。在未查清滑坡性质前，切忌在前缘盲目刷方。

⑤ 对危害严重的滑坡，立即在滑坡上部牵引和主滑段进行减载，常是有效防止恶化的措施，但不能因减载不当引起新的病害。有条件时，在滑体上部减重，下部压脚（反压）是常优先采取的快捷措施，但应注意填土下的疏排水措施及基底处理措施。

⑥ 已滑动的滑坡工程施工更应讲究方法，防止因施工削弱滑坡支撑，人为促使滑坡发展。

⑦ 有条件时，在地下水多的地段用平孔排水先排一部分地下水，常可抑制滑坡的发展。

（3）滑坡的治理措施（表 6-17）

主要滑坡治理措施分类表　　　　**表 6-17**

绕　避	排　水	力学平衡	滑带土改良
1. 改移线路 2. 用隧道避开滑坡 3. 用桥跨越滑坡 4. 清除滑体	1. 地表排水 ①滑体外截水沟 ②滑体内排水沟 ③自然沟防渗 2. 地下排水 ①截水盲沟 ②盲(隧)洞 ③平孔群排水 ④垂直孔群排水 ⑤井群抽水 ⑥虹吸排水 ⑦支撑盲沟 ⑧边坡渗沟 ⑨洞—孔联合排水 ⑩电渗排水	1. 减重工程 2. 反压工程 ①土堤(护道) ②片石垛 3. 支挡工程 ①抗滑挡墙 ②挖孔抗滑桩 ③钻孔抗滑桩 ④锚索抗滑桩 ⑤锚索 ⑥支撑盲沟 ⑦抗滑键 ⑧排架桩 ⑨刚架桩 ⑩刚架锚索桩	1. 化学注浆 2. 旋喷桩 3. 石灰桩 4. 石灰砂桩 5. 焙烧

根据滑坡产生原因、滑体及滑动特征、推力大小、危害程度等，选择滑坡治理措施和结构类型。一般多采用抗滑桩，锚索抗滑桩，抗滑挡墙，锚索框架，锚索地梁，支撑渗沟，地表排水，地下排水，刷方减重，填方反压等挡、支、排、减、压的综合治理工程措施。

6.6.4　崩塌灾害

（1）崩塌灾害的特征

1）速度快（一般为 5～200m/s），发生在 50°～70°的斜坡上，一般呈滚动式运动；发生在 70°～90°的陡崖上，呈弹跳式或是自由落体式运动。

2）规模差异大（小于 1～10000m^3），有的只是个别石块，不足 1m^3，称之为落石，有的崩塌上万方，山崩则更大。

3）崩塌下落后，崩塌体各部分相对位置完全打乱，大小混杂，形成较大石块翻滚较远的倒石堆。

（2）崩塌的灾害类型

1）根据坡地物质组成可分为：

① 崩积物崩塌。山坡上已有的崩塌岩屑和沙土等物质，由于它们的质地很松散，当有雨水浸湿或受地震震动时，可再一次形成崩塌。

② 表层风化物崩塌。在地下水沿风化层下部的基岩面流动时，引起风化层沿基岩面崩塌。

③ 沉积物崩塌。有些由厚层的冰积物、冲击物或火山碎屑物组成的陡坡，由于结构松散，形成崩塌。

④ 基岩崩塌。在基岩山坡上，常沿节理面、地层面或断层面等发生崩塌。

2）根据崩塌体的运动形式和速度可分为：

① 散落型崩塌。在节理或断层发育的陡坡，或是软硬岩层相间的陡坡，或是由松散沉积物组成的陡坡，常形成散落型崩塌。

② 滑动型崩塌。沿某一滑动面发生崩塌，有时崩塌体保持了整体形态，和滑坡很相似，但垂直移动距离往往大于水平移动距离。

③ 流动型崩塌。松散岩屑、砂、黏土，受水浸湿后产生流动崩塌。这种类型的崩塌和泥石流很相似，称为崩塌型泥石流。

（3）产生崩塌的条件

1）产生崩塌的内在条件

① 岩土类型。岩土是产生崩塌的物质条件。不同类型岩土所形成崩塌的规模大小不同，通常岩性坚硬的各类岩浆岩（又称为火成岩）、变质岩及沉积岩（又称为水成岩）的碳酸盐岩（如石灰岩、白云岩等）、石英砂岩、砂砾岩、初具成岩性的石质黄土、结构密实的黄土等形成规模较大的岩崩，页岩、泥灰岩等互层岩石及松散土层等，往往以坠落和剥落为主。

② 地质构造。各种构造面，如节理、裂隙、层面、断层等，对坡体的切割、分离，为崩塌的形成提供脱离体（山体）的边界条件。坡体中的裂隙越发育、越易产生崩塌，与坡体延伸方向近乎平行的陡倾角构造面，最有利于崩塌的形成。

③ 地形地貌。江、河、湖（岸）、沟的岸坡及各种山坡、铁路、公路边坡，工程建筑物的边坡及各类人工边坡都是有利于崩塌产生的地貌部位，坡度大于 45°的高陡边坡，孤立山嘴或凹形陡坡均为崩塌形成有利地形。

岩土类型、地质构造、地形地貌三个条件，又通称为地质条件，是形成崩塌的基本条件。

2）诱发崩塌的外界条件

① 地震，地震引起坡体晃动，破坏坡体平衡，从而诱发坡体崩塌，一般烈度大于 7

度以上的地震都会诱发大量崩塌。

② 融雪、降雨，特别是大暴雨、暴雨和长时间的连续降雨，使地表水渗入坡体，软化岩土及其中软弱面，产生孔隙水压力等从而诱发崩塌。

③ 地表冲刷、浸泡河流等地表水体不断地冲刷边脚，也能诱发崩塌。

④ 不合理的人类活动，如开挖坡脚，地下采空、水库蓄水、泄水等改变坡体原始平衡状态的人类活动，都会诱发崩塌活动。

还有一些其他因素，如冻胀、昼夜温度变化等也会诱发崩塌。

3）人类工程经济活动可能诱发崩塌

在形成崩塌的基本条件具备后，诱发因素就显得重要了。诱发因素作用的时间和强度都与崩塌有关。能够诱发崩塌的外界因素很多，其中人类工程经济活动是诱发崩塌的一个重要原因。

① 采掘矿产资源。我国在采掘矿产资源活动中出现崩塌的例子很多，有露天采矿场边坡崩塌，也有地下采矿形成采空区引发地表崩塌。较常见的如煤矿、铁矿、磷矿、石膏矿、黏土矿等。

② 道路工程开挖边坡。修筑铁路、公路时，开挖边坡切割了外倾的或缓倾的软弱地层，大爆破时对边坡强烈震动，有时削坡过陡都可以引起崩塌，此类实例很多。

③ 水库蓄水与渠道渗漏。这里主要是水的浸润和软化作用，以及水在岩（土）体中的静水压力、动水压力可能导致崩塌发生。

④ 堆（弃）渣填土。加载、不适当的堆渣、弃渣、填土，如果处于可能产生崩塌的地段，等于给可能的崩塌体增加了荷载，从而破坏了坡体稳定，可能诱发坡体崩塌。

⑤ 强烈的机械震动。如火车、机车行进中震动、工厂锻轧机械震动，均可引起诱发作用。

（4）崩塌发生的时间规律

1）降雨过程之中或稍微滞后。这里说的降雨过程主要指特大暴雨、大暴雨、较长时间的连续降雨，这是出现崩塌最多的时间。

2）强烈地震过程之中。主要指的震级在 6 级以上的强震过程中，震中区（山区）通常有崩塌出现。

3）开挖坡脚过程之中或滞后一段时间。因工程（或建筑场）施工开挖坡脚，破坏了上部岩（土）体的稳定性，常发生崩塌。崩塌的时间有的就在施工中，这以小型崩塌居多。较多的崩塌发生在施工之后一段时间里。

4）水库蓄水初期及河流洪峰期。水库蓄水初期或库水位的第一个高峰期，库岸岩、土体首次浸没（软化），上部岩土体容易失稳，尤以在退水后产生崩塌的概率最大。

5）强烈的机械震动及大爆破之后。

（5）崩塌发生的前兆现象

1）山崖下突然出现岩石压裂、挤出、脱落或弹出。

2）山崖岩石内部传出开裂和挤压的声音。

3）陡崖岩石内部有几个方向的裂缝，岩体破碎。

4）陡峭的山上有块石掉下来，小崩小塌时有发生。

（6）崩塌体边界的确定

崩塌体的边界条件特征，对崩塌体的规模大小起着重要的作用。崩塌体边界的确定主要依据坡体地质结构。

1）应查明坡体中所有发育的节理、裂隙、岩层面、断层等构造面的延伸方向，倾向和倾角大小及规模、发育密度等，即构造面的发育特征。通常，平行斜坡延伸向的陡倾角面或临空面，常形成崩塌体的两侧边界；崩塌体底界常由倾向坡外的构造面或软弱带组成，也可由岩、土体自身折断形成。

2）调查结构面的相互关系、组合形式、交切特点、贯通情况及它们能否将或已将坡体切割，并与母体（山体）分离。

3）综合分析调查结果，那些相互交切、组合，可能或已经将坡体切割与其母体分离的构造面，就是崩塌体的边界面。其中，靠外侧、贯通（水平或垂直方向上）性较好的结构面所围的崩塌体的危险性最大。

（7）崩塌形成的堆积地貌

1）崩塌下落的大量石块、碎屑物或土体堆积在陡崖的坡脚或较开阔的山麓地带，形成倒石堆。

2）倒石堆的形态规模不等，结构松散、杂乱、多孔隙、大小混杂无层理。倒石堆的形态和规模视崩塌陡崖的高度、坡度、坡麓边坡坡度的大小与倒石堆的发育程度而不同。边坡陡，在崩塌陡崖下多堆积成锥形倒石堆；边坡缓，多呈较开阔的扇形倒石堆。在深切峡谷区或大断层下，由于崩塌普遍分布，很多倒石堆彼此相接，沿陡崖坡麓形成带状倒石堆。

由于倒石堆是一种倾卸式的急剧堆积，所以它的结构呈松散、杂乱、多孔隙、大小混杂无层理。

3）倒石堆发育的三个阶段

根据崩塌作用的强度以及后期的风化剥蚀，可以把倒石堆划分为三个发育阶段：

① 正在发展中的倒石堆。陡峻，新鲜断裂面，坡度陡。

② 趋于稳定的倒石堆。较和缓的轮廓，岩块风化，呈上陡下缓的凹形坡，表面碎屑有一定固结。

③ 稳定的倒石堆。坡面和缓，呈上凹形，结构紧密，部分胶结，生长植被。

在高山峡谷区进行工程建设，特别是道路建设，常常会遇到倒石堆。那些不稳定的倒石堆，很容易发生崩塌，下推力很大，可造成严重后果。因此事先必须充分估计可能发生的剧变，采用各种有效措施。

（8）崩塌体的识别方法

对于可能发生的崩塌体，主要根据坡体的地形、地貌和地质结构的特征进行识别。通常可能发生的坡体在宏观上有如下特征：

1）坡体大于 45°且高差较大，或坡体成孤立山嘴，或凹形陡坡；

2）坡体内部裂隙发育，尤其垂直和平行斜坡延伸方向的陡裂隙发育或顺坡裂隙或软弱带发育，坡体上部已有拉张裂隙发育，并且切割坡体的裂隙、裂缝即将可能贯通，使之与母体（山体）形成了分离之势。

3）坡体前部存在临空空间，或有崩塌物发育，这说明曾发生过崩塌，今后还可能再次发生。

具备了上述特征的坡体，即是可能发生的崩塌体，尤其当上部拉张裂隙不断扩展、加宽，速度突增，小型坠落不断发生时，预示着崩塌很快就会发生，处于一触即发状态之中。

(9) 崩塌的预防和治理

1) 崩塌发生时如何应急自救

发生崩塌时，应迅速向崩塌体两侧跑，不能向崩塌物滚动的方向跑；雨季开车路过陡崖，一定要留心观察，看靠山侧是否有溜泥，路面是否有落石现象。

2) 如何防范崩塌

切忌在陡崖（探头石）附近停留、休息；不要在陡坎和危石突出的地方避雨；不要攀爬危岩；注意收听当地天气预报，避免大暴雨天进入山区旅行。

3) 防治崩塌的工程措施

崩塌防治主要工程措施有：遮挡、拦截、SNS边坡柔性防护系统、支挡、护墙、护坡、镶补勾缝、刷坡、削坡及排水。

① 遮挡，即遮挡斜坡上部的崩塌物。这种措施常用于中、小型崩塌或人工边坡崩塌的防治中，通常采用修建明硐、棚硐等工程进行，在铁路工程中较为常用。如图6-32所示。

图6-32 防止崩塌落石的铁路棚硐

② 拦截。对于仅在雨后才有坠石、剥落和小型崩塌的地段，可在坡脚或半坡上设置拦截构筑物。如设置落石平台和落石槽以停积崩塌物质，修建挡石墙以拦坠石；利用废钢轨、钢钎及钢丝等编制钢轨或钢钎栅栏来拦截，这些措施，也常用于铁路工程。

③ SNS边坡柔性防护系统

SNS (Safety Netting System) 系统是以高强度柔性网（菱形钢丝绳网、rocco环形网、高强度钢丝格栅）作为主要构成部分，并以覆盖（主动防护）和拦截（被动防护）两大基本类型来防治各类斜坡面地质灾害如崩塌、岸坡冲刷、爆破飞石、坠物等危害的柔性安全防护系统技术和产品。

SNS主动防护系统。该系统按主要构成分为钢丝绳网、普通钢丝格栅（常称铁丝格栅）和TECCO高强度钢丝格栅三类，前两者通过钢丝绳锚杆和/或支撑绳固定方式，后者通过钢筋（可施加预应力）和/或钢丝绳锚杆（有边沿支撑绳采用）、专用锚垫板以及必要时的边沿支撑绳等固定方式，将作为系统主要构成的柔性网覆盖在有潜在地质灾害的坡面上，从而实现其防护目的。

起加固作用的标准主动防护系统，在作用原理上类似于喷锚和土钉墙等面层护坡体系，但因其柔性特征能使系统将局部集中荷载向四周均匀传递以充分发挥整个系统的防护能力，即局部受载的整体作用，从而使系统能承受较大的荷载并降低单根锚杆的锚固力要求。此外，由于系统的开放性，地下水可以自由排泄，避免了由于地下水压力的升高而引起的边坡失稳问题；该系统除对稳定边坡有一定贡献外，同时还能抑制边坡遭受进一步的风化剥蚀，且对坡面形态特征无特殊要求，不破坏和改变坡面原有地貌形态和植被生长条件，其开放特征给随后或今后有条件并需要实施人工坡面绿化保留了必要的条件，绿色植物能够在其开放的空间上自由生长，植物根系的固土作用与坡面防护系统结为一体，从而抑制坡面破坏和水土流失，反过来又保护了地貌和坡面植被，实现最佳的边坡防护和环境保护目的，见图 6-33。

图 6-33　SNS 主动防护网

SNS 被动防护网。该系统是一种能拦截和堆存落石的柔性拦石网。与传统拦挡结构的主要差别在于系统的柔性和强度足以吸收和分散传递预计的落石冲击动能，即从观念上一改传统的刚性或低强度低柔性结构为高强度柔性结构来实现系统防护功能的有效性。

以落石所具有的冲击动能这一综合参数作为最主要的设计参数，避开了传统结构设计中以荷载作为主要设计参数时所存在的冲击动荷载难以确定的问题，实现了结构的定量设计，已开发完善了足以适应各种常见形式和规模的崩塌落石的不同标准化形式，其防护能量一般为 40～3000kJ，并已能对高达 5000kJ 的更高能级进行特殊设防。

系统的结构和基础形式简单化，并以两根钢柱之间的一跨为单元连续布置，使其对各种复杂地形具有极强的适应性。

整个系统由钢丝绳网或环形网（需拦截小块落石时附加一层铁丝格栅）、固定系统（锚杆、拦锚绳、基座和支撑绳）、减压环和钢柱四个主要部分构成，系统的柔性主要来自于钢丝绳网、支撑绳和减压环等结构，且钢柱与基座间亦采用可动铰联结以确保整个系统的柔性匹配。

起围护作用的被动防护系统，既凭借系统自重覆压作用给潜在崩塌滑落体提供一定的稳定加固作用，部分限制崩塌的发生，又允许落石在系统与坡面构成的相对封闭空间内有一定限制地顺坡滚落，从而使落石在控制条件下顺坡安全向下滚落直至坡脚或坡上平台而不危及安全防护区域，而不是阻止崩塌的发生，它对崩塌落石发生区域集中、频率较高或坡面施工作业难度较大的高陡边坡是一种非常有效而经济的方法，见图 6-34。

a. 支挡。在岩石突出或不稳定的大孤石下面修建支撑柱、支挡墙或用废钢轨支撑。

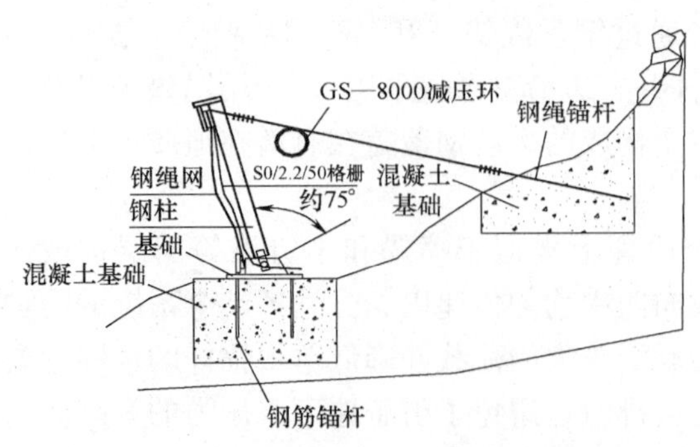

图 6-34　SNS 被动防护网

b. 护墙、护坡。在易风化剥落的边坡地段，修建护墙，对缓坡进行水泥护坡等。一般边坡均可采用。

c. 镶补勾缝。对坡体中的裂隙、缝、空洞，可用片石填补空洞，水泥砂浆勾缝等以防止裂隙、缝、洞的进一步发展。

d. 刷坡、削坡。在危石孤石突出的山嘴以及坡体风化破碎的地段，采用刷坡措施，清除危岩体，放缓边坡。

e. 排水。在有水活动的地段，布置排水构筑物，以进行拦截与疏导地表水。

6.6.5 泥石流的灾损及预防

(1) 泥石流的运动特性

1) 暴发突然，快速向下游运动，全过程历时短暂。

2) 堆积特性：一类具有整体搬运、整体停积的特性，沙、石、浆体不发生分选；还有一类具有整体搬运、分散堆积的特性，有龙头状和侧向条带状堆积。

3) 泥沙，石块在运动过程中易纳易出，重度及流量呈高度不均衡性和不稳定性。

4) 运动边界不稳定，变形显著。

5) 搬运能力大，惯性大，呈直进性，破坏能力极大。

(2) 泥石流的灾害

1) 泥石流的规模以其输移物质总量来计算，一般分四个等级。

巨型：泥石流输移总量＞50 万 m^3，$Q_c>300m^3/s$；

大型：泥石流输移总量 20～50 万 m^3，$Q_c=100\sim300m^3/s$；

中型：泥石流输移总量 2～20 万 m^3，$Q_c=10\sim100m^3/s$；

小型：泥石流输移总量＜2 万 m^3，$Q_c<10m^3/s$。

2) 泥石流灾害的强度

特强：沟口堆积扇规模很大，河型变化，形成区内松散体体积大，数量多且变形大；

强：沟口堆积扇规模较大，河主流偏移，形成区内松散体体积较大，数量较多且变形较大；

中强：沟口堆积扇规模有一定发育，河不受或少受影响，形成区内松散体体积较小，数量不多且变形较小；

弱：沟口堆积扇不发育，河不受影响，形成区内松散体体积小，数量少且变形小。

3) 泥石流灾害的危险性划分

泥石流可根据其危害程度划分为四个区域：极危险区、危险区、影响区和安全区。

极危险区：

① 洪水、泥石流能直接到达的地区

a. 历史最高水位或最高泥位线以下的地区；

b. 历史泛滥线以内。

② 河沟两岸已知及预测可能发生崩坍、滑坡的地区

a. 有变形现象的崩坍、滑坡活动区域；

b. 滑坡前缘可能到达的区域。

③ 因为堆积扇发育，而诱发的大河上、下游灾害区

a. 因挤压大河后，主流偏移而直接受灾的地区；

b. 因堵塞造成的上游淹没区，下游因溃坝造成的淹没区。

危险区：

① 历史最高水位或最高泥位线以上，因泥石流堵塞上游形成淹没区，在淹没水位以下地区。堵塞坝以下则按溃坝泥石流可能到达的范围。

② 河沟两岸崩坍、滑坡后缘裂隙以上 50～100m 范围内，或按实际地形确定。

③ 大河因泥石流堵江的，在极危险区以外仍可能发生灾害的区域。

影响区：与危险区相邻的地区，它不会直接遭受灾害，但仍有可能受到灾害牵连而发生某些次级灾害的地区。

安全区：影响区以外的地区为安全区。

上述划分标准只考虑泥石流流动过程及沟岸崩滑和大河堵塞而形成的危险区域，暂不考虑人工建筑物形成的某些“安全”因素对危险区圈划的影响。危险区的划定主要是便于防洪抗灾、科学管理，有效实施紧急避难，保证人的安全，减少灾害损失。

（3）泥石流沟的识别

1）物源依据：泥石流的形成，必须有一定量的松散土、石参与。所以，沟谷两侧山体破碎、疏散物质数量较多，沟谷两边滑坡、垮塌现象明显，植被不发育，水土流失、坡面侵蚀作用强烈的沟谷，易发生泥石流。

2）地形地貌依据：能够汇集较大水量、保持较高水流速度的沟谷，才能容纳、搬运大量的土、石。沟谷上游三面环山、山坡陡峻，沟域平面形态呈漏斗状、勺状、树叶状，中游山谷狭窄、下游沟口地势开阔，沟谷上、下游高差大于 300m，沟谷两侧斜坡坡度大于 25°的地形条件，有利于泥石流形成。

3）水源依据：水为泥石流的形成提供了动力条件。局地暴雨多发区域，有溃坝危险的水库、塘坝下游，冰雪季节性消融区，具备在短时间内产生大量流水的条件，有利于泥石流的形成。其中，局地性暴雨多发区，泥石流发生频率最高。

如果一条沟在物源、地形、水源三个方面都有利于泥石流的形成，这条沟就一定是泥石流沟。但泥石流发生频率、规模大小、黏稠程度，会随着上述因素的变化而变化。已经发生过泥石流的沟谷，今后仍有发生泥石流的危险。

（4）泥石流的预防措施

1）大地震以后，震区会进入滑坡、泥石流的活跃期，这个活跃期会持续好几年。应对整个地区的滑坡、崩塌及泥石流分布情况和灾害情况进行综合评估考察。

2）在抢险救灾和灾后重建过程中要谨防地震加剧山体滑坡、崩塌、泥石流灾害的发生，从而避免次生灾害的发生。

3）建筑物选址应避开河（沟）道弯曲的凹岸或地方狭小高度又低的凸岸，不要建在陡峻山体下，防止坡面泥石流或崩塌的发生。

4）长时间降雨或暴雨渐小之后或雨刚停，不能马上返回危险区，泥石流常滞后于降雨暴发；白天降雨较多后，晚上或夜间密切注意雨情，最好提前转移、撤离。

5）人们在山区沟谷中游玩时，切忌在沟道处或沟内的低平处搭建宿营棚。游客切忌在危岩附近停留，不能在凹形陡坡危岩突出的地方避雨、休息和穿行，不能攀登危岩。

6）减轻或避防泥石流的主要工程措施，有跨越工程、穿过工程、防护工程、排导工程和拦挡工程。对于防治泥石流，常采用多种措施相结合，比用单一措施更为有效。

① 跨越工程，是指修建桥梁、涵洞，从泥石流沟的上方跨越通过，让泥石流在其下方排泄，用以避防泥石流。这是铁道和公路交通部门为了保障交通安全常用的措施。

② 穿过工程，指修隧道、明硐或渡槽，从泥石流的下方通过，而让泥石流从其上方排泄，这也是铁路和公路通过泥石流地区的又一主要工程形式。

③ 防护工程，指对泥石流地区的桥梁、隧道、路基及泥石流集中的山区变迁型河流的沿河线路或其他主要工程措施，做一定的防护建筑物，用以抵御或消除泥石流对主体建筑物的冲刷、冲击、侧蚀和淤埋等的危害。防护工程主要有：护坡、挡墙、顺坝和丁坝等。

④ 排导工程，其作用是改善泥石流流势，增大桥梁等建筑物的排泄能力，使泥石流按设计意图顺利排泄。排导工程，包括导流堤、急流槽、束流堤等。

⑤ 拦挡工程，用以控制泥石流的固体物质和暴雨、洪水径流，削弱泥石流的流量、下泄量和能量，以减少泥石流对下游建筑工程的冲刷、撞击和淤埋等危害的工程措施。拦挡措施有：拦渣坝、储淤场、支挡工程、截洪工程等。

对于防治泥石流，常采用多种措施相结合，比用单一措施更为有效。

（5）泥石流灾害的预报方法

泥石流的预测预报工作很重要，这是防灾和减灾的重要步骤和措施。目前我国对泥石流的预测预报研究常采取以下方法：

1）在典型的泥石流沟进行定点观测研究，力求解决泥石流的形成与运动参数问题。

2）调查潜在泥石流沟的有关参数和特征。

3）加强水文、气象的预报工作，特别是对小范围局部暴雨的预报。因为暴雨是形成泥石流的激发因素。比如当月降雨量超过 350mm 时，日降雨量超过 150mm 时，就应发出泥石流警报。

4）建立泥石流技术档案，特别是大型泥石流沟的流域要素、形成条件、灾害情况及整治措施等资料应逐个详细记录，并解决信息接收和传递等问题。

5）划分泥石流的危险区、潜在危险区或进行泥石流灾害敏感度分区。

6）开展泥石流防灾警报器的研究及室内泥石流模型试验研究。

6.7 火灾灾损处理

6.7.1 火灾对建（构）筑物的损害

（1）火灾灾害

火灾是指在时间和空间上失去控制的高温燃烧所造成建（构）筑物、设施及人员财产损失的灾害。火灾发生的场所各有不同，有在森林、草原等自然界上发生的火灾，还有更多是在建（构）筑物中发生的火灾，此外，还有发生在汽车、船舶等交通工具上的火灾。引发火灾的因素多种多样，有因用火不当、电气、吸烟等直接引起的火灾，也有因雷电、地震、战争等其他灾害引发的次生火灾。

新中国成立以来，随着经济的不断发展，我国火灾数量及损失总体呈现出上升的趋势。我国建筑物火灾按发生场所大致可分为：公共场所火灾、居民住宅火灾、加油站火灾、隧道火灾、煤矿火灾、历史街区火灾、油库及油品码头火灾等，不同类型火灾的起因、规模、灾损程度不同。

当可燃物的燃烧在时间上和空间上处于不可控状态时，就会发生火灾。2008年11月4日发布的国家推荐标准《火灾分类》GB/T 4968—2008中，根据可燃物的类型和燃烧特性，将火灾分为A、B、C、D、E、F六类。根据2007年6月26日公安部下发的《关于调整火灾等级标准的通知》，新的火灾等级标准由原来的特大火灾、重大火灾、一般火灾三个等级调整为特别重大火灾、重大火灾、较大火灾和一般火灾四个等级。

（2）火灾对建（构）筑物的损害

1）火灾中建（构）筑物受损概况

遭受火灾的木结构、钢结构往往损毁严重，而钢筋混凝土建筑物，一般不会倒塌但结构会损伤、破坏，表现在混凝土表面颜色改变、构件产生裂缝、表层混凝土一定厚度的烧酥和剥落，以及损伤严重的梁产生挠度等。火灾后建筑结构受损的根本原因在于结构构件的材料性能受火灾作用而改变，使结构承载能力降低。

2）高温下混凝土的强度与弹性模量

混凝土是一种复合材料，在火荷载作用下，内外温差及混凝土组成材料各成分变形不相容引起的各种裂缝，如表面龟裂、垂直于混凝土表面往混凝土内部发展的横向裂缝、混凝土内部平行于混凝土表面的层层纵向剥开裂缝等。另一方面，水泥石受热分解，使胶体的粘结力破坏，出现裂缝、表面发毛、蜂窝状、边角溃散脱落、强度下降等现象。总体上，混凝土的力学性能随温度升高而降低。

3）高温对钢材、钢筋的力学性能影响

钢材虽为非燃烧材料，但不耐火。在火灾高温条件下，结构钢的强度和刚度都将迅速下降。因此，当建筑采用无防火保护措施的钢结构时，一旦发生火灾，结构很容易发生破坏。

4）高温对钢筋与混凝土粘结力的影响

袁广林等（2006）进行的高温下钢筋混凝土粘结性能的试验研究表明：高温下和高温后钢筋混凝土试件的极限粘结应力明显降低，并且达到极限粘结应力时的滑移量有所增加，试件的延性逐渐增强。

6.7.2　火灾灾损调查、检测与鉴定

建筑物在发生火灾后，应尽快进行火灾调查，统计直接经济损失，恢复建筑物的使用功能，要恢复建筑物的功能，就必须科学的判断建筑物的受损程度，确定合理的加固修复方案。这就需要对火灾后的建筑首先进行调查、检测和鉴定。

根据委托方提出的要求和目的，火灾后结构鉴定可分为初步鉴定和详细鉴定两级进行。根据初步鉴定或详细鉴定的结论提出鉴定报告。报告中应明确提出火灾后建筑结构的可靠性是否满足要求。若不满足要求，应提出修复、加固、更换或拆除的具体建议。

（1）检测鉴定程序和内容

1）检测鉴定程序

依据《火灾后建筑结构鉴定标准》CECS 252—2009的规定，建筑结构火灾后的鉴定程序，根据鉴定的需要分为初步鉴定和详细鉴定两个阶段进行（图6-35）。

2）初步鉴定应包括下列内容：

① 现场初步调查：现场勘察火灾残留状况，观察结构损伤严重程度；了解火灾过程；

制定检测方案。

② 火作用调查：根据火灾过程、火场残留物状况初步判断结构所受的温度范围和作用时间。

③ 查阅分析文件资料：查阅火灾报告、结构设计和竣工等资料，并进行核实；对结构所能承受火作用的能力作出初步判断。

④ 结构观察检测、构件初步鉴定评级：根据结构构件损伤状态特征，按相关技术要求进行结构构件的初步鉴定评级。

⑤ 编制鉴定报告或准备详细检测鉴定：根据相关技术要求对鉴定为Ⅱ$_b$级、Ⅲ级的重要结构构件，应进行详细鉴定评级；对不需要进行详细检测鉴定的结构，可根据初步鉴定结果直接编制鉴定报告。

3）详细鉴定应包括下列内容：

① 火灾作用详细调查与检测分析。根据火灾荷载密度、可燃物特性、燃烧条件、燃烧规律，分析区域火灾温度—时间曲线，并与初步判断相结合，提出用于详细检测鉴定的各区域的火灾温度—时间曲线，也可根据材料微观特征判断受火温度。

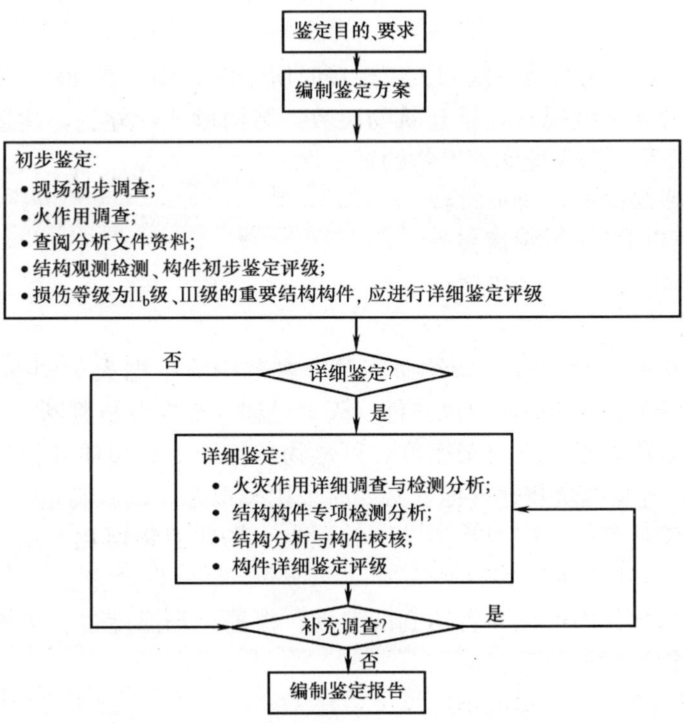

图 6-35 火灾后结构鉴定程序框图

② 结构构件专项检测分析。根据详细鉴定的需要作受火与未受火结构的材料性能、结构变形、节点连接、结构构件承载力等专项检测分析。

③ 结构分析与构件校核。根据受火结构的材质特性、几何参数、受力特征进行结构分析计算和构件校核分析，确定结构的安全性和可靠性。

④ 构件详细鉴定评级。根据结构分析计算和构件校核分析结果，按相关技术要求进

行结构构件的详细鉴定评级。

⑤ 编制详细检测鉴定报告。对需要再做补充检测的项目，待补充检测完成后再编制最终鉴定报告。

4）鉴定报告应包括下列内容：

① 建筑、结构和火灾概括（起火时间、主要可燃物、燃烧特点和持续时间、灭火方法和手段等）；

② 鉴定的目的、内容、范围和依据；

③ 调查、检测、分析的结果（包括火灾作用和火灾影响调查检测及分析结果，如检测项目、取样原则、实验方法、实验数据分析、结构分析与校核等）；

④ 结构构件烧灼损伤后的评定等级；

⑤ 结论与建议（应提出修复、加固、更换或拆除的具体建议，当可继续使用时，应剔除维护、修复和使用要求）；

⑥ 附件（包括相关照片、材质检测报告、证据资料等）；

⑦ 其他，如日期、委托人、承担鉴定的单位、签章、摘要。

（2）火灾现场调查

1）初步查勘

初步查勘是诊断工作组第一次到火灾现场时所做的工作。查勘的主要内容有：

① 初步了解建筑物概况，包括建筑物层数，结构形式，外貌，建造时间，建筑物使用功能，建筑位置及周围环境和建筑物的重要性。

② 了解火灾发生时间和灭火过程。

③ 收集消防部门的火灾灾情报告。

④ 火灾现场的目测调查和摄影记录。

2）火作用调查

① 火灾对结构的作用温度、持续时间及分布范围应根据火灾调查，结构表观状况，火场残留物状况及可燃物特性、通风条件、灭火过程等综合分析判断。

② 火场温度过程，根据火荷载密度、可燃物特性、受火墙体及楼盖的传热导性、通风条件及灭火过程等按燃烧规律推断，必要时采用模拟燃烧试验确定。

③ 构件表面曾达到的温度及作用范围，检查火场残留物熔化、变形、燃烧、烧损程度等。

④ 火灾后结构构件内部截面曾达到的温度，根据火场温度过程、构件受火状况及构件材料特性按热传导规律推断。

3）详细调查

详细调查包括：火灾前建筑物情况的调查和火灾后现场调查。

① 火灾前建筑物情况调查

a. 收集建筑物存档资料；

b. 调查建筑物内物品堆放及布置情况。

② 火灾后现场调查

火灾后现场调查包括：

a. 调查起火点，火灾原因，火灾持续时间和火灾蔓延的途径；调查火灾所影响到的楼层层数和面积；火灾时的通风通烟情况；调查灭火方式及灭火过程。

b. 调查现场物品（如家具，用品，电气设备，货物，门窗，建筑配件及装潢材料等）的烧损情况，并详细记录烧损物品的名称，位置和烧损程度，收集现场残留物。

c. 调查并记录火灾后受损构件的外观情况。

d. 通过摄影或摄像方式客观地反映建筑物遭受火灾后的损坏情况。

③ 现场调查的顺序及安全措施

a. 了解处于危险状态的结构构件的外貌，采取措施防止结构构件在调查检测过程中破坏或坍塌造成事故。

b. 判断有无结构构件在调查检测过程中会因振动等因素而破坏或坍塌，必要时做好标记和采取安全措施。

c. 正式进入现场调查。调查应从危险最小的一侧开始，逐个构件检查。调查过程中要随时观察是否存在响声等标志构件继续变形或发生坍塌破坏的预兆。调查混凝土结构构件外观损伤时，应特别注意受力主筋的状态，注意梁、板、柱构件的接头及支撑部位的受损情况，做好记录和标记。

（3）火灾现场检测

1）检测的内容

① 火灾后建筑结构鉴定调查和检测的内容包括火灾影响区域调查与确定、火灾温度过程及温度分布推定、结构内部温度推定、结构现状调查与检测。

② 火灾作用对结构可能造成的损坏，有直接烧灼损坏和温度应力作用损坏两个方面。

2）火灾温度判定

① 外观检查方法

② 混凝土表面特征推定法

③ 钢结构表面颜色推定法

④ 混凝土表面烧疏层厚度法

⑤ 由火灾燃烧时间推算火灾温度法

⑥ 碳化深度检测方法

⑦ 根据混凝土强度降低系数推定火场温度法

⑧ 混凝土烧失量测量法

⑨ 化学分析法

⑩ 电子显微镜分析方法

⑪ 颜色分析

⑫ 根据标准升温曲线法

⑬ 超声波方法

⑭ 根据钢结构损坏现象法

3）现场检测内容

现场检测应分区域进行，区域划分原则上是根据火灾温度区域确定，特殊情况下可根据现场调查的构件损坏情况确定。火灾现场检测内容包括：

① 火灾后混凝土结构现场检测，包括混凝土构件烧伤深度检测，混凝土爆裂检测

② 混凝土构件裂缝的检测

③ 火灾后混凝土强度检测

④ 火灾后钢筋材料性能检测

⑤ 结构变形检测

⑥ 结构性能试验

4）结构现状检测

① 结构现状检测应包括：结构烧灼损伤状况检查、温度作用损伤或损坏检查、结构材料性能检测。

② 对直接暴露于火焰或高温烟气的结构构件，应全数检查烧灼损伤部位。对于一般构件可采用外观目测、锤击回声、探针、开挖探槽（孔）等手段检查，对于重要结构构件或连接，必要时可通过材料微观结构分析判断。

③ 对承受温度应力作用的结构构件及连接节点，应检查变形、裂损状况。对于不便观察或仅通过观察难以发现问题的结构构件，可辅以温度作用应力分析判断。

④ 火灾后结构材料的性能可能发生明显改变时，应通过抽样检验或模拟试验确定材料性能指标；对于烧灼程度特征明显，材料性能对建筑物结构性能影响敏感程度较低，且火灾前材料性能明确，可根据温度场推定结构材料的性能指标，并宜通过取样检验修正。

（4）火灾后结构分析与校核

1）火灾后结构分析包括：火灾过程中和火灾后的结构分析。

2）结构内力分析，根据结构概念和解决工程问题的需要，在满足安全条件下，合理简化。

3）火灾后结构构件的抗力可根据下列原则进行分析确定：

① 一般情况下，考虑火灾作用对结构材料性能、结构受力性能的不利影响后，按照现行规范和标准的规定进行验算分析；

② 对于烧灼严重、变形明显等损伤严重结构构件，必要时采用更精确的计算模型进行分析；

③ 对于重要的结构构件，宜通过试验检验分析确定。

（5）火灾灾损结构鉴定

1）火灾灾损结构检测方法与标准（表6-18）

常用的灾损结构检测方法及标准　　表6-18

项目	检测方法	执行规范或标准	备注
A. 混凝土结构检测	回弹法测强	《回弹法检测混凝土抗压强度技术规程》JGJ/T 23—2001 《回弹法检测高强混凝土强度技术规程》Q/JY 17—2000	混凝土材料强度检测
	钻心法测强	《钻芯法检测混凝土抗压强度技术规程》CECS 03：2007 《钻芯法检测离心高强混凝土抗压强度实验方法》GB/T 19496—2004	
	后装拔出法测强	《后装拔出法检测混凝土抗压强度技术规程》CECS 69：94	
	超声-回弹综合法测强	《超声回弹综合法检测混凝土抗压强度技术规程》CECS 02：2005	
	抗渗性能	《普通混凝土力学性能试验方法标准》GB/T 50081—2002	
	抗冻性能	《普通混凝土拌合物性能试验方法标准》GB/T 50080—2002	

续表

项目	检测方法		执行规范或标准	备注
A. 混凝土结构检测	水泥或混凝土中氯离子含量检测		《建筑结构检测技术标准》GB/T 50344—2004 《冶金建设试验检验规程》YBJ 222—1990	
	钢筋直径及保护层厚度无损检测		《电磁感应法检测钢筋保护层厚度和钢筋直径技术规程》DB11/T 365—2006 《混凝土结构工程施工质量验收规范》GB 50204—2002	
	构件承载力试验		《建筑结构检测技术标准》GB/T 50344—2004 试验室抗压、抗弯、抗剪、抗扭试验	
B. 砖砌体结构检测	砌筑块材	回弹法	《砌体工程现场检测技术标准》GB/T 50315—2000 《贯入法检测砌筑砂浆抗压强度技术规程》JGJ/T 136—2001	
		试压法		
	砌筑砂浆强度检测	砂浆片剪切法		
		点荷法		
		推出法		
		筒压法		
		回弹法		
		射钉法		
		贯入法		
	砌体抗压强度检测	原位轴压法	《砌体工程现场检测技术标准》GB/T 50315—2000 《建筑结构检测技术标准》GB/T 50344—2004	
		扁顶法		
C. 钢结构检测	钢筋、钢材性能检验	力学性能	《钢筋混凝土用钢　第2部分:热轧带肋钢筋》GB 1499.2—2007 《钢筋混凝土用钢　第1部分:热轧光圆钢筋》GB 1499.1—2008 《碳素结构钢》GB/T 700—2006 《优质碳素结构钢》GB/T 699—1999 《预应力混凝土用钢丝》GB/T 5223—2002 《预应力混凝土用钢绞线》GB/T 5223—2002 《混凝土制品用冷拔低碳钢丝》JC/T 540—2006 《低合金结构钢》GB/T 1591—94 《合金结构钢》GB/T 3077—1999 《金属材料室温拉伸试验方法》GB/T 228—2002 《金属材料弯曲试验方法》GB/T 232—1999 《金属材料线材反复弯曲试验方法》GB 238—2002	
		延性		
		硬度		
	钢材及焊缝无损探伤	金属超声波探伤	《钢焊缝手工超声波探伤方法和探伤结果的分级》GB/T 11345—1989 《金属熔化焊焊接接头射线照相》GB/T 3323—2005 《无损检测　焊缝磁粉检测》JB/T 6061—2007 《无损检测　磁粉检测　第1部分:总则》GB/T 15822.1—2005 《无损检测　磁磁粉检测　第2部分:检测介质》GB/T 15822.2—2005 《无损检测　磁磁粉检测　第3部分:设备》GB/T 15822.3—2005 《现场设备、工业管道焊接工程施工规范》GB 50236—2011	
		磁粉探伤		
		射线探伤		
	螺栓连接		《钢结构用扭剪型高强度螺栓连接副》GB/T 3632—2008 《钢结构用高强度大六角头螺栓、大六角头螺母、垫圈与技术条件》GB/T 1231—2006	

续表

项目	检测方法		执行规范或标准	备注
D. 材料微观检测	混凝土 钢材	扫描电镜材料微观组织		
		显微镜金相组织		
E. 结构几何尺寸及变形检测			《建筑结构检测技术标准》GB/T 50344—2004 《工程测量规范》GB 50026—2007 《建筑变形测量规范》JGJ/T 8—2007 《建筑变形测量规范》JGJ 8—2007	

2）火灾灾损混凝土结构鉴定

① 混凝土结构受损分析内容包括：混凝土梁、混凝土柱和混凝土楼板。

② 火灾作用下混凝土材料的力学性能鉴定内容包括：抗压强度和抗拉强度、弹性模量、应力-应变关系。

③ 火灾作用下钢筋与混凝土的粘结性能鉴定。

3）火灾灾损钢结构鉴定。

火灾灾损钢结构鉴定内容包括：

① 钢结构受损分析。

② 火灾作用下钢材的力学性能，表现在两个方面：结构钢强度和弹性模量；高强度螺栓所用钢材及耐火钢的力学性能。

③ 火灾后钢结构的鉴定评估标准。

火灾后钢结构的损伤检测主要包括防火保护的受损情况、残余变形与撕裂、局部屈曲与扭曲以及构件的整体变形等。一般通过普通测试方法即可获得所需的消息。火灾后钢材力学性能的监测主要采用现场取样后的直接测试法，也可采用经专门标定后的硬度法。

4）火灾灾损砌体结构鉴定

① 火灾后砌体结构的鉴定

火灾后砌体结构的损伤检测主要包括外观损伤（高温冷却后引起剥落）、裂缝和构件变形。其检测方法主要为目测或采用常规的量测工具进行测量。砌体材料强度的检测法和普通砌体结构的检测方法类似，详见《砌体工程现场检测技术标准》GB/T 50315—2000。但对间接测试法，如回弹法、贯入法等，需要进行专门的标定以获得特定的测强曲线。

② 火灾作用下砌体的力学性能

灾损砌体结构的详细鉴定评级和一般既有结构构件安全性鉴定评级方法类似。

（6）火灾后结构构件的鉴定

1）火灾后结构构件的鉴定评级方法

① 火灾后的结构构件的评级分为初步鉴定评级和详细鉴定评级。

② 火灾后结构构件的初步鉴定评级，应根据构件烧灼损伤、变形、开裂（或断裂）程度来评定损伤状态等级。

③ 火灾后结构构件的详细评级，应根据检测鉴定分析结果，评为b、c、d级，火灾后的结构构件不评a级。

2）火灾后混凝土结构构件的鉴定评级

在对火灾后混凝土构件进行初步调查时，除了解混凝土构件设计、施工状况和被调查构件周围各种材料的高温变态情况外，主要还应了解火灾后混凝土构件外观特征情况，作为判断火灾的火场温度及构件灼着温度的主要依据。火灾后混凝土结构构件的鉴定评级包括：

① 火灾后混凝土楼板、屋面板的初步鉴定评级；

② 火灾后混凝土梁的初步鉴定评级；

③ 火灾后混凝土柱的初步鉴定评级；

④ 火灾后混凝土墙的初步鉴定评级；

⑤ 火灾后混凝土结构构件的详细鉴定评级。

a. 混凝土柱、梁、板的火灾截面温度场可按《火灾后建筑结构鉴定标准》（CECS 252：2009）附录 E 推断判定。

b. 火灾后混凝土和钢筋力学性能指标宜根据钻取混凝土芯样、取钢筋试样检验，也可根据构件截面温度场判定。火灾后钢筋与混凝土弹性模量、混凝土与钢筋粘结强度折减系数可根据构件截面温度场判定。

c. 火灾后混凝土结构或砌体结构构件承载能力可根据表 6-19 的分级进行鉴定评级，鉴定评级应考虑火灾对材料强度和构件变形的影响。

火灾后混凝土构件承载能力评定等级标准 **表 6-19**

构件类别		$R_f/(\gamma_0 S)$		
		b	c	d
重要构件	工业建筑	≥0.90	≥0.85	<0.85
	民用建筑	≥0.95	≥0.90	<0.90
次要构件	工业建筑	≥0.87	≥0.82	<0.82
	民用建筑	≥0.90	≥0.85	<0.85

注：1. 表中 R_f 为结构构件火灾后的抗力；S 为作用效应；γ_0 为结构重要性系数，按现行国家标准《建筑结构可靠度设计统一标准》GB 50068—2001 的规定取值。

2. 评定为 b 级的重要构件应采取加固处理措施。

3）火灾后钢结构构件的鉴定评级

① 火灾后钢结构构件的初步鉴定评级

一般应包括构件防火防护受损、残余变形与撕裂、局部屈曲与扭曲、构件整体变形四个子项。根据上述四个子项即可初步判断出哪些构件明显损坏（Ⅳ级），哪些构件火灾损伤较小（Ⅱ级），对于Ⅳ级构件一般情况下无需再进行进一步的检测。

② 火灾后钢结构连接节点的初步鉴定评级

火灾后钢结构连接节点的初步鉴定评级，应根据防火防护受损、连接板残余变形与撕裂、焊接撕裂与螺栓滑移及变形撕裂三个子项进行评定，并取按各子项所评定的损伤等级中的最严重级别作为构件的损伤等级。当火灾后钢结构连接大面积损坏、焊缝严重变形或撕裂、螺栓烧损或断裂脱落，需要拆除或更换时，该构件连接初步鉴定可评为Ⅳ级。

③ 火灾后钢结构详细鉴定评级的主要内容

火灾后钢结构详细鉴定评级应包括：受火钢构件的材料特性和承载力。

a. 对于无冲击韧性要求的钢构件，按表 6-20 评定构件承载能力等级。

火灾后钢结构连接（含连接）按承载力评定等级标准　　表 6-20

构件类别	$R_f/(\gamma_0 S)$		
	b 级	c 级	d 级
重要构件、连接	≥0.95	≥0.90	<0.90
次要构件	≥0.92	≥0.87	<0.87

注：1. 表中 R_f 为结构构件火灾后的抗力；S 为作用效应；γ_0 为结构重要性系数，按现行国家标准《建筑结构可靠度设计统一标准》GB 50068—2001 的规定取值。

2. 评定为 b 级的重要构件应采取加固处理措施。

b. 对于有冲击韧性要求的钢构件，当构件受火后，材料的冲击韧性不满足设计要求，且冲击韧性等级相差一级时，构件承载能力评定应评为 c 级；当其冲击韧性等级相差两级或两级以上时，构件的承载能力评定应评为 d 级。

4）火灾后砌体结构构件的鉴定评级

① 火灾后砌体结构初步鉴定

火灾后砌体结构初步鉴定，根据外观损伤、裂缝和变形分布进行初步鉴定评级。当砌体结构构件火灾后严重破坏，需要拆除或更换时，该构件初步鉴定可评定为Ⅳ级。

② 火灾后砌体结构构件的详细鉴定评级

a. 砌体结构构件火灾后截面温度场取决于构件的截面形式、材料的热性能、构件表面最高温度和火灾持续时间；

b. 火灾后砌体、砌块和砂浆的强度参照《砌体结构工程现场检测技术标准》GB/T 50315—2011 进行现场检测；也可现场取样分别对砌块和砂浆进行材料试验检测；也根据构件截面温度场按《火灾后建筑结构鉴定标准》CECS 252：2009 的附录 K 推定砖和砂浆强度。当根据温度场推定火灾后材料力学性能指标时，宜采用抽样法试验进行修正。

c. 火灾后砌体结构构件承载力指标，应按相关的评级标准执行。

6.7.3　火灾灾损处理

（1）火灾后建筑物加固处理的原则

依据《灾损建（构）筑物处理技术规范》CECS 269：2010 对火灾后建（构）筑物的加固处理措施的设计、施工和验收提供了依据。火灾后混凝土结构的加固处理措施应遵循以下原则：

1）根据初步调查，作出加固处理或拆除的结论。

2）火灾建（构）筑物的损坏加固修复设计应以鉴定评估结论为依据。

3）应满足建（构）筑物的使用功能和现行标准规定的抗火性能要求。

4）应确定合理使用年限。

5）加固修复设计时应充分发挥火灾后结构剩余承载能力。

6）应保证加固处理后结构或构件的整体工作性能。

7）应有加固处理过程中的安全措施。

8）应考虑加固处理结构的二次受力，尽可能减小其不利影响。

（2）混凝土结构的火灾灾损处理

1）火灾后混凝土梁板的加固处理

火灾后受损建筑结构在经过检测与鉴定，并计算剩余承载力的基础上，按照加固补强的原则，可以对受损结构进行修复和加固处理。混凝土结构的加固技术可分为直接加固法与间接加固法两大类。

① 混凝土结构的加固技术

A. 直接加固法

a. 加大截面加固法即采用增大构件的截面面积，以恢复其承载力而满足正常使用。

b. 置换混凝土加固法适用于火灾中受损严重的混凝土构件的加固或修复。

c. 粘贴钢板加固法即在混凝土构件外粘贴钢板，以提高受损构件承载力满足正常使用功能。

d. 外粘型钢加固法即在混凝土构件四周或受拉侧粘贴型钢、受压侧用钢板替代的加固方法。

e. 粘贴纤维复合材料（FRP，纤维增强塑料）加固法，常采用的 FRP 有 CFRP（碳纤维）、GFRP（玻璃纤维），目前也采用 HFRP（混杂纤维，由一种由以上纤维混合粘贴，或混合编制形成）。

f. 其他方法，如绕丝法、锚栓锚固法等。

B. 间接加固法

a. 外加预应力加固法，即采用外加预应力钢拉杆或钢绞线（分水平拉杆、下撑式拉杆和组合拉杆）或撑杆对结构进行加固的方法。

b. 增设支点加固法，该法是以减小结构的计算跨度和变形，提高其承载力的加固方法。

② 加固修复方案的选择

钢筋混凝土结构的加固方法很多，但应根据各种结构类型的特点、火灾损伤程度以及所需加固的部位，因地制宜地采用不同的修复加固方案。可按表 6-21 的进行选择。

火灾后混凝土结构构件不同烧损程度的处理方法 **表 6-21**

烧损程度	处理方法
基本完好 轻微破坏	清理表面烧损层、空鼓层至坚实层，修复砂浆修复及饰面处理
中等破坏	凿除烧伤层至坚实层，深层裂缝灌浆，表面修复；采用加大截面、喷射混凝土、增设支点、体外预应力、外粘型钢、粘贴钢板、粘贴纤维等方法处理
严重破坏	凿除烧伤层，深层裂缝灌浆，表面修复；采用加大截面、喷射混凝土、增设支点、体外预应力、外粘型钢、置换及托换等方法处理
局部倒塌 整体倒塌	置换、托换或拆除

③ 加固修复施工顺序

一般来说，火灾后对受损结构进行修复加固的施工顺序如下：

a. 根据结构受损程度，按设计要求在梁和板底部设置安全支撑，以免在修复加固的施工过程中构件损伤继续发展甚至断裂、倒塌；

b. 铲除构件原粉刷层、凿除烧疏层，进行烧伤层处理及截面修复工作；

c. 对梁进行结构加固施工；

d. 对楼板进行结构加固施工；

e. 恢复原装饰，或按要求进行新的装饰施工。

④ 梁的加固设计

a. 侧面加大截面法，即把烧损严重的混凝土铲除后，在梁两侧用混凝土对称加厚。

b. 底面（受拉区）加大截面法。

在受拉区增加受力钢筋以提高梁的抗弯承载力时，可采用底面（受拉区）增大截面法（当增加钢筋后，出现超筋则不可应用此方法），因为在梁顶负弯矩区增大截面时，会影响到建筑物的正常使用，因此常是采用底面增大截面法。

c. 粘贴钢板、纤维材料的方法。可采用在梁底、梁侧粘贴钢板或纤维材料的方法对火灾后的梁进行加固处理。

⑤ 板的加固设计

a. 预应力钢筋混凝土空心板

对于轻微破坏的预应力混凝土空心板，可剔除表面的损伤，采用混凝土、修复砂浆等材料进行修复即可。对于中等破坏、严重破坏的预应力混凝土空心板，宜采用现浇混凝土楼板进行置换。

b. 现浇混凝土楼板

一般情况下，楼板的跨中截面承载力降低幅度较小，只需把烧损严重的混凝土铲除，然后用细石混凝土复原截面即可，必要时可在板底粘贴钢板、纤维材料。现浇连续板支座截面，可用受压区粘贴钢板、纤维材料等方法加固。

2）火灾后混凝土柱的加固处理

钢筋混凝土遭受火灾后，与梁类似的是可以用小矩形条形成的梯形截面来代表，不同的是柱四周受火的情况较多，因此其折算后的截面如图 6-36 所示。

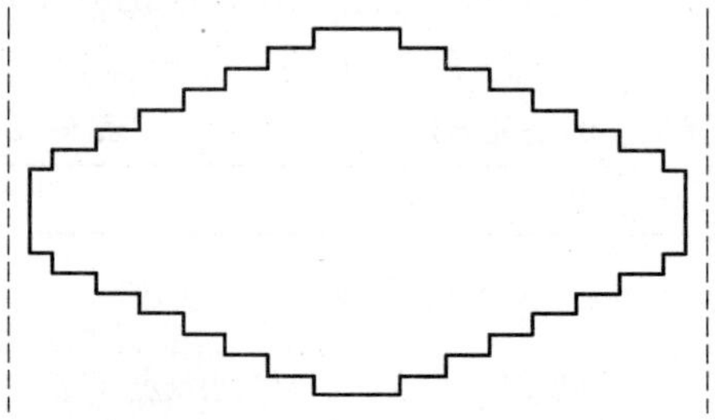

图 6-36　柱四周受火后的折算截面

① 矩形截面轴心受压柱

对于轴心受压柱，其火灾后的剩余承载力仍然主要由混凝土及受压钢筋两部分组成，不过混凝土的面积为折算后的面积 A_c^T，其强度仍取 f_c；钢筋的面积为折算后的面积 $k_s A_s'$，其强度仍为 f_s'，则火灾后轴心受压柱的剩余承载力按式（6-11）计算：

$$N_u^T = 0.9\varphi(A_c^T f_c + k_s A_y' f_y') \tag{6-11}$$

式中　N_u^T——火灾后柱受压承载力（N）；

φ——钢筋混凝土轴心受压构件的稳定系数，按《混凝土结构设计规范》GB 50010—2010 确定。

② 矩形截面大偏心受压柱（$x \leqslant \xi_{b0}^T$）

其截面形状如图 6-36 所示，仍可用常温下的计算方法建立承载力按式（6-12）计算。

$$x > 2a',\ N_u^T = \alpha_1 f_c A_c^T + k_s f_y' A_y' - k_s f_y A_y \tag{6-12.1}$$

$$x \leqslant 2a',\ N_u^T = \frac{k_s f_y A_s (h_0 - a')}{\eta e_i - h/2 + a'} \tag{6-12.2}$$

相应的截面抗弯承载力为：

$$M_u^T = N_u^T e_0 \tag{6-12.3}$$

式中 M_u^T——火灾后柱受弯承载力（N/mm）；

e_0——轴向力对截面重心的偏心距（mm），$e_0 = M/N$；

M、N——为柱设计弯矩和轴向力（N·mm、N）。

对于矩形截面小偏心受压柱（$x > \xi_b^T h_0$）可参照上述方法及常温下的方法进行计算。

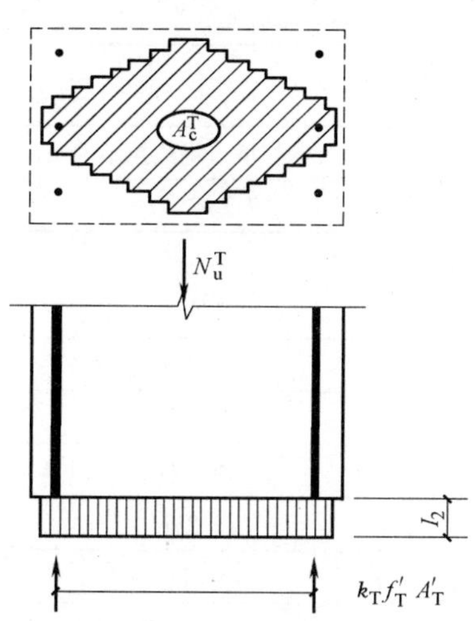

图 6-37 火灾后轴心受压柱的计算简图

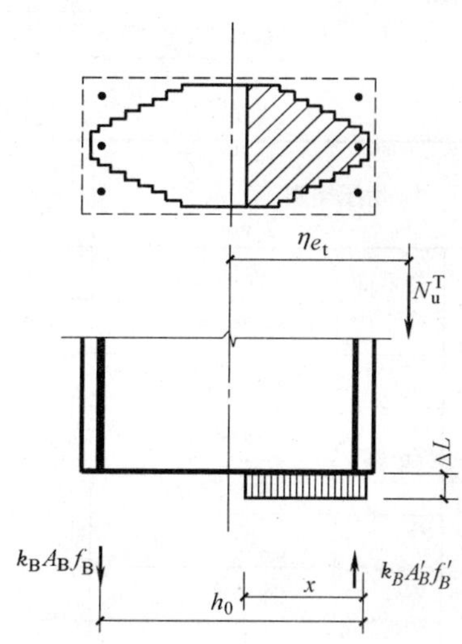

图 6-38 火灾后大偏心受压柱的计算简图

（3）砌体结构的火灾灾损处理

砌体由砌块和砂浆砌筑而成，块材（砖、砌块、石材等）和砂浆为两种性质不同的材料，他们在火灾作用下的性能变化就反映了砌体强度的变化。

火灾后砌体结构的加固修复，分为承载力的加固修复和裂缝修补。

1）砌体的承载力加固修复，常用的方法有：外加钢筋混凝土面层加固法、外加钢筋网水泥砂浆面层加固法、增设扶壁柱加固法等。

2）砖柱的承载力加固修复，常用的方法有：外加钢筋混凝土面层加固法、外包型钢加固法、外加撑杆加固法等。

3）高厚比 β 的计算

① 构件高厚比 β 可按式（6-13）进行计算：

对矩形截面
$$\beta = \gamma_\beta \frac{H_0}{h} \tag{6-13.1}$$

对 T 形截面
$$\beta = \gamma_\beta \frac{H_0}{h_T} \tag{6-13.2}$$

式中 γ_β——不同砌体材料构件的高厚比修正系数，按表 6-22 采用；

h——矩形截面轴向力偏心方向的边长，当轴心受压时为截面较小边长（mm）；

h_T——T 形截面的折算厚度（mm），可近似按 3.5i 计算；

i——截面回转半径（mm）；

H_0——受压构件的计算高度（mm）。

② 受压构件计算高度 H_0的确定

受压构件计算高度 H_0，应根据房屋类别和构件支承条件按表 6-23 采用。

高厚比修正系数 γ_β　　　**表 6-22**

砌体材料类别	γ_β
烧结普通砖、烧结多孔砖	1.0
混凝土及轻骨料混凝土砌块	1.1
蒸压灰砂砖、蒸压粉煤灰砖、细料石、半细料石	1.2
粗料石、毛石	1.3

受压构件的计算高度 H_0　　　**表 6-23**

<table>
<tr><th colspan="3" rowspan="2">房屋类别</th><th colspan="2">柱</th><th colspan="3">带壁柱墙或周边拉结的墙</th></tr>
<tr><th>排架方向</th><th>垂直排架方向</th><th>$s>2H$</th><th>$2H\geqslant s>H$</th><th>$s<2H$</th></tr>
<tr><td rowspan="3">有吊车的单层房屋</td><td rowspan="2">变截面柱上段</td><td>弹性方案</td><td>$2.5H_u$</td><td>$1.25H_u$</td><td colspan="3">$2.5H_u$</td></tr>
<tr><td>刚性、刚弹性方案</td><td>$2.0H_u$</td><td>$1.25H_u$</td><td colspan="3">$2.0H_u$</td></tr>
<tr><td colspan="2">变截面柱下段</td><td>$1.0H_l$</td><td>$0.8H_l$</td><td colspan="3">$1.0H_l$</td></tr>
<tr><td rowspan="5">无吊车的单层和多层房屋</td><td rowspan="2">单跨</td><td>弹性方案</td><td>$1.5H$</td><td>$1.0H$</td><td colspan="3">$1.5H$</td></tr>
<tr><td>刚弹性方案</td><td>$1.2H$</td><td>$1.0H$</td><td colspan="3">$1.2H$</td></tr>
<tr><td rowspan="2">多跨</td><td>弹性方案</td><td>$1.25H$</td><td>$1.0H$</td><td colspan="3">$1.25H$</td></tr>
<tr><td>刚弹性方案</td><td>$1.1H$</td><td>$1.0H$</td><td colspan="3">$1.1H$</td></tr>
<tr><td colspan="2">刚性方案</td><td>$1.0H$</td><td>$1.0H$</td><td>$1.0H$</td><td>$0.4s+0.2H$</td><td>$0.6s$</td></tr>
</table>

注：1. 表中 H_u为变截面柱的上段高度；H_l为变截面柱的下段高度；
2. 对于上端自由的构件，$H_0=2H$；
3. 独立砖柱，当无柱间支撑时，柱在垂直排架方向的 H_0应按表中数值乘以 1.25 后采用；
4. 表中 s 为房屋横墙间距；
5. 自承重墙的计算高度应根据周边支承或拉结条件确定。

4）砌体裂缝的修补

火灾引起砌体产生裂缝后应根据裂缝种类，选择相应的加固修复方法和材料。常用的材料主要有：水泥类材料，钢材，密封、嵌缝材料，纤维织物。砌体裂缝修补常用的方法有：填缝法、压浆法、外加网片法和置换法等。根据工程的需要，这些方法还可组合使用。

（4）钢结构的火灾灾损处理

火灾后钢结构加固修复常用的方法有：减轻荷载、改变计算图形、加大原结构构件截面和连接强度、阻止裂纹扩展等，当有成熟经验时，亦可采用其他的加固方法。经鉴定需要加固的钢结构，根据损害范围一般分为局部加固和全面加固。局部加固是对某承载能力不足的杆件或连接节点处进行加固，全面加固是对整体结构进行加固。

1）加固原则和程序

① 钢结构的加固设计和施工应满足下列技术要求：

a. 应遵循先鉴定，后加固的原则；

b. 设计与施工紧密结合；

c. 计算规定；

d. 荷载取值原则；

e. 施工时应有安全预案；

f. 施工时原结构构件名义应力的要求；

② 加固工作程序（图 6-39）

分析加固依据资料 → 加固方案选择 → 加固设计 → 施工组织设计 → 施工 → 验收

图 6-39 加固工作程序

③ 材料

a. 对待加固的钢结构，应对其材料质量状况进行评价：

b. 与待加固的钢结构匹配的连接的强度设计值，应按评定结果，按相关规定取值。

c. 钢结构加固材料的选择，应按《钢结构设计规范》GB 50017—2003 规定并在保证设计意图的前提下，便于施工，使新老截面、构件或结构能共同工作，并应注意新老材料之间的强度、塑性、韧性及焊接性能匹配，以利于充分发挥材料的潜能。

2）结构构件加固方法

① 改变结构计算图形法加固，指采用改变荷载分布状况、传力途径、节点性质和边界条件，增设附加杆件和支撑、施加预应力、考虑空间协同工作等措施对结构进行加固的方法。

② 增大截面法。

3）连接的加固，与加固件的连接，包括采用焊缝加固连接节点，采用螺栓加固连接节点，加固件的连接。加固件的连接需满足以下要求：

① 为加固结构而增设的板件（加固件），除需有足够的设计承载能力和刚度外，还必须与被加固结构有可靠的连接，以保证二者良好的共同工作。

② 加固件与被加固结构间的连接，应根据设计受力要求，经计算并考虑构造和施工条件确定。对于轴心受力构件，可根据式（6-14）计算；对于受弯构件，应根据可能的最大设计剪力计算；对于压弯构件，可根据以上二者中的较大值计算。

对于仅用增设中间支承构件（点）来减少受压构件自由长度的加固，支承杆件（点）与加固构件间连接受力，可按式（6-14）计算，其中 A_t取原构件的截面面积：

$$V=\frac{A_t f}{50}\sqrt{f_y/235} \tag{6-14}$$

式中 A_t——构件加固后的总截面面积（mm^2）；

f——构件钢材强度设计值（N/mm^2），当加固件与被加固构件钢材强度不同时，取较高钢材强度的值；

f_y——钢材的屈服强度（N/mm^2），当加固件与被加固件钢材强度不同时，取较高钢材强度的值。

③ 加固件的焊缝、螺栓、铆钉等连接的计算可按《钢结构设计规范》GB 50017—2003 的规定进行，但计算时，对角焊缝强度设计值应乘以 0.85 的折减系数，其他强度设计值或承载力设计值应乘以 0.95 的折减系数。

4）裂纹的修复与加固

① 裂纹修复有焊接修补法、嵌板修补法、附加盖板修补法等，应优先采用焊接方法。

② 吊车梁腹板裂纹修复。当吊车梁腹板上部出现裂纹时，应检查和先采取必要措施

如调整轨道偏心等，再按焊接修补法修补裂纹，此外尚应根据裂纹的严重程度和吊车工作制类别分别参照选用图（6-40）中的加固措施。

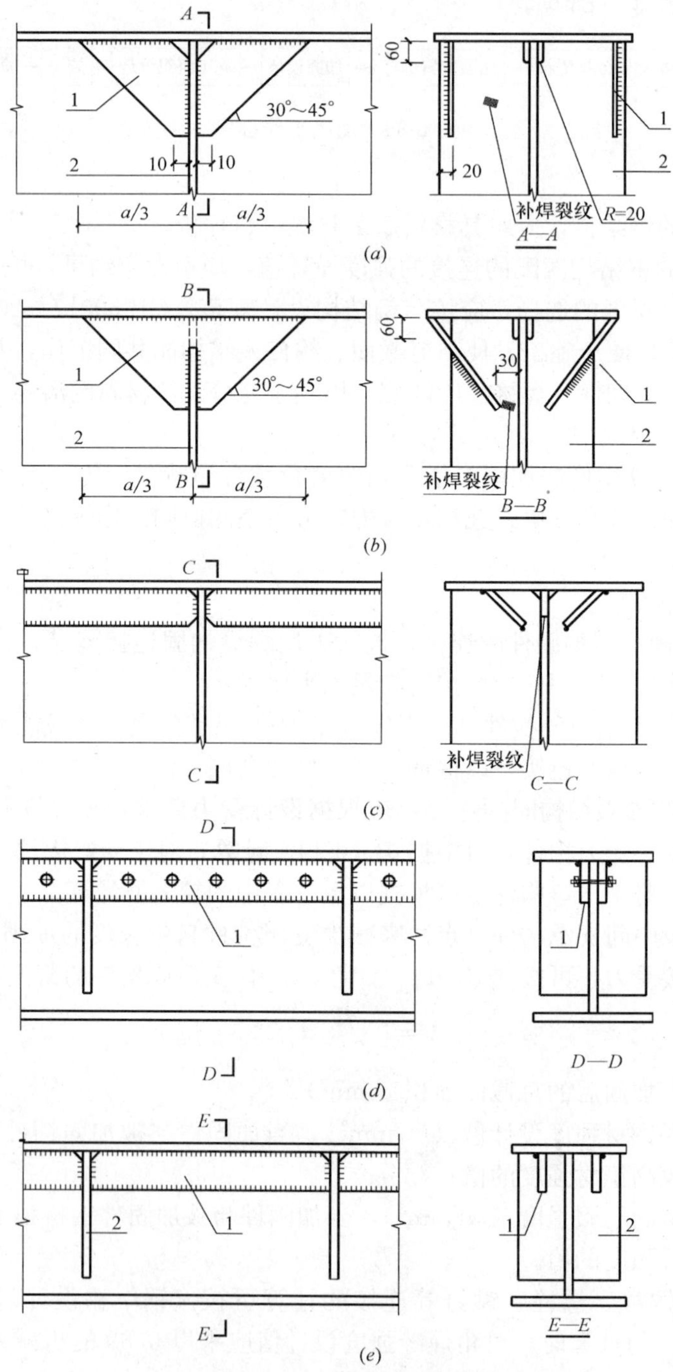

图 6-40　吊车梁加固方案

（*a*）翼缘附加焊接局部垂直肋板；（*b*）翼缘附加焊接局部斜肋板；（*c*）翼缘附加焊接全长斜肋板；（*d*）翼缘附加栓焊全长垂直肋板；（*e*）翼缘附加焊接全长垂直肋板

1—附加肋板；2—原有肋板

5）钢结构加固修复施工时的卸荷方法

钢结构加固时的施工方法有：负荷加固、卸荷加固和从原结构上拆下加固或更新部件进行加固。加固施工方法应根据用户要求、结构实际受力状态，在确保质量和安全的前提下，由设计人员和施工单位协商确定。钢结构加固施工需要拆下或卸荷时，必须措施合理、传力明确、确保安全。

① 梁式结构卸荷。梁式结构，可以在屋架下弦节点下设临时支柱（图 6-41*a*）或组成撑杆式结构（图 6-41*b*）张紧其拉杆对屋架进行改变应力卸荷。

② 柱子卸荷。柱子可采用设置临时支柱（图 6-42*a*）或“托梁换柱”（图 6-42*b*）。采用“托梁换柱”时，应对两侧相邻柱进行承载力验算。

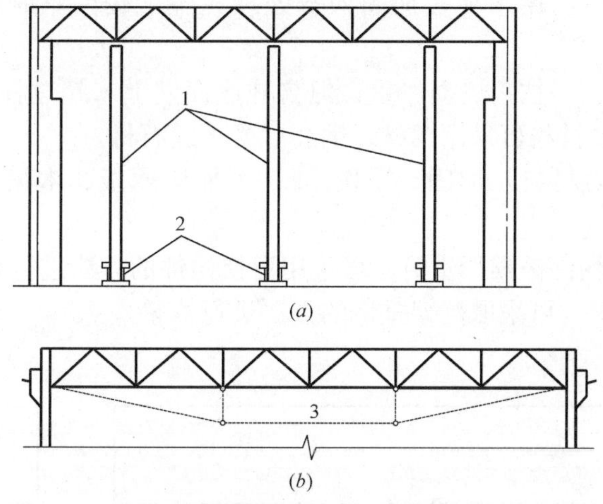

图 6-41　梁式结构卸荷示意图

（*a*）用临时支柱卸荷；（*b*）用撑杆式构架卸荷

1—临时支柱；2—千斤顶；3—拉杆

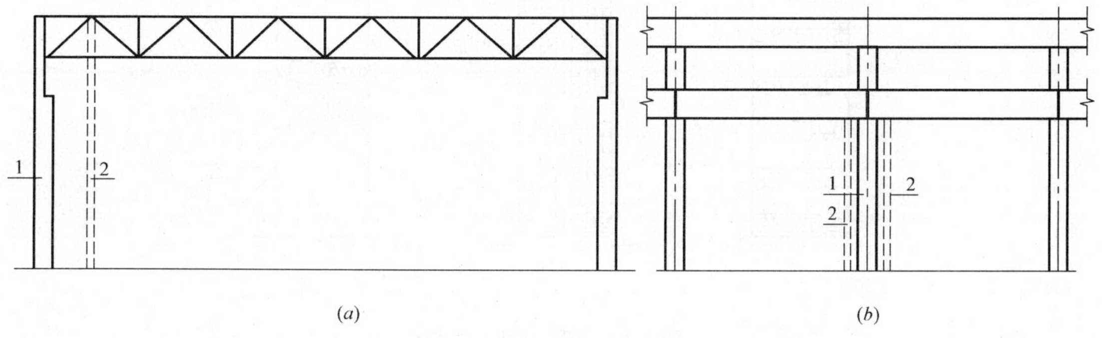

图 6-42　柱子卸荷示意图

（*a*）支撑屋架；（*b*）支撑吊车梁

1—被加固柱；2—临时支柱

（5）木结构的火灾灾损处理

木结构遭受火灾后，其处理应根据鉴定结果选择相应的加固方法。基本完好和轻微破坏的木结构可首先清理结构表面，对表面进行修复；中等破坏的木结构，可采用增设支点、夹接、托接、墩接或局部置换的方法进行处理；对严重破坏的木结构宜采取置换或托换的方法进行处理。

1）木结构的加固修复方法

木结构的加固修复方法主要有：

① 下撑式拉杆加固梁。梁枋构件的挠度超过规定的限值、承载能力不够以及发现有断裂迹象时，可采用增加下撑拉杆组成新的受力构件。在加固前，要特别注意检查木梁两端的材质是否腐朽、虫蛀，只有在材质完好的条件下才能保证拉杆固定牢靠。

② 采用夹接、托接方法加固梁。木梁在支承点人墙端易产生腐朽、虫蛀等损坏，可采取夹接或接换梁头。当用木夹板加固构造处理或施工较困难时，可采用型钢托接的方法。

③ 墩接法加固柱。当柱角烧损严重，但自柱底面向上未超过柱高的1/4时，可采用墩接柱角的方法，墩接材料可采用木材、钢筋混凝土或石材。

④ FRP（纤维复合材料）加固。采用FRP可加固木板、木梁、木柱以及节点连接（图6-43）。

⑤ 更换构件：当构件破损严重时，可采用更换构件的方法进行处理。需要更换的梁、柱、斗栱等构件较多时，可采取落架重修的方法进行修整。

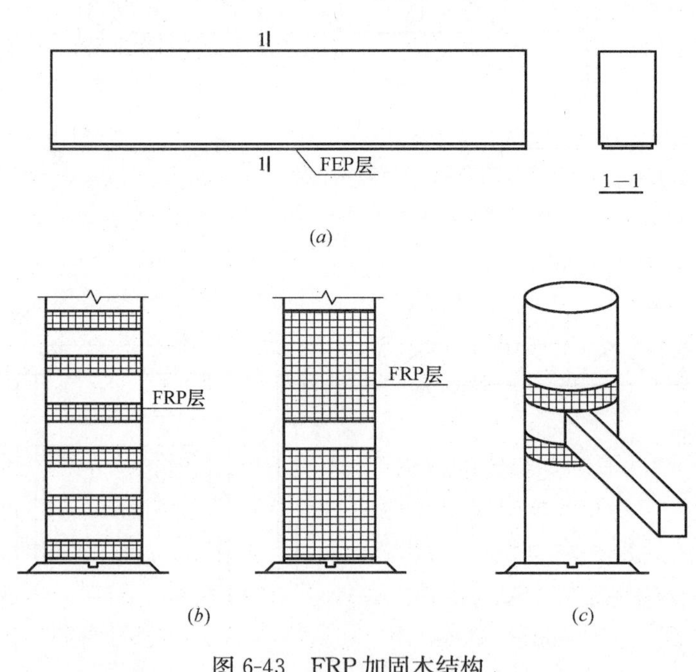

图6-43 FRP加固木结构

(*a*) 木梁；(*b*) 柱子；(*c*) 节点

2）木结构构件的加固修复

① 木柱

A. 当木柱有不同程度的烧损而需整修加固时可采用下列剔补或墩接的方法处理：

a. 当柱心完好，仅有表层烧损，且经验算剩余截面尚能满足受力要求时，可将烧损部分剔除干净，经防腐处理后，用干燥木材依原样和原尺寸修补整齐，并用耐水性胶粘剂粘接。如系周围剔补尚需加设铁箍或FRP箍2～3道。

b. 当柱脚烧损严重，但自柱底面向上未超过柱高的1/4时，可采用墩接柱脚的方法处理。墩接时，可根据烧损的程度、部位和墩接材料选用下列方法：

——用木料墩接：先将烧损部分剔除，再根据剩余部分选择墩接的榫卯式样，如“巴掌榫”、“抄手榫”、“螳螂头榫”等，见图6-44。施工时除应注意使墩接榫头严密对缝外，还应加设铁箍或FRP箍，铁箍应嵌入柱内。

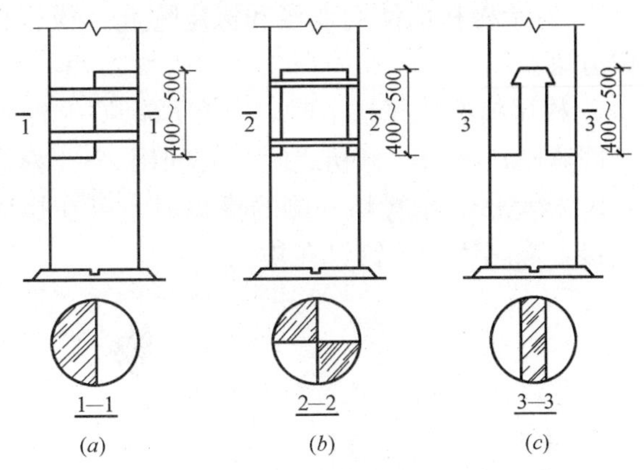

图6-44 柱木料墩接示意图
(a) 巴掌榫；(b) 抄手榫；(c) 螳螂头榫

——钢筋混凝土墩接：仅用于墙内的不露明柱子，高度不得超过1000mm，柱径应大于原柱径200mm，并留出400～500mm长的钢板或角钢，用螺栓将原构件夹牢。混凝土强度不应低于C25，在确定墩接柱的高度时应考虑混凝土收缩率。

——石料墩接：可用于柱脚烧损部分高度小于200mm的柱。露明柱可将石料加工为小于原柱径100mm的矮柱，周围用厚木板包镶钉牢，并有与原柱接缝处加设铁箍一道。

B. 当木柱严重烧损而不能采用修补加固方法处理时，可考虑更换新柱，新柱的材料选择应符合《木结构设计规范》GB 50005—2003的有关要求。置换柱子时，首先减轻梁架荷重。然后用千斤顶、牮杆支顶好柱上的梁、枋、斗栱等构件。最后将梁、枋、斗栱同时慢慢抬起，将坏柱子撤除，换上预先制作好的新柱子，再将梁、枋、斗栱归回原位，使榫卯吻合。

C. 在不拆落木构架的情况下墩接木柱时（负荷状态下墩接加固），必须用架子或其他支承物，将柱和柱连接的梁枋等承重构件支顶牢固，以保证木柱悬空施工时的安全。

② 梁枋

A. 当梁枋构件有不同程度的烧损而需修补、加固时，应根据其承载能力的验算结果采取不同的方法。若验算表明其剩余截面面积尚能满足使用要求时，可采用贴补的方法进行修复，贴补前，应先将烧损部分剔除干净，经防腐处理后，用干燥木材，按所需形状及尺寸以耐水性胶粘剂贴补严实，再用铁箍、FRP箍或螺栓紧固；若验算表明其承载能力已不能满足使用要求时，则须更换，构件更换时，宜选用与原构件相同树种的干燥木材，并预先做好防腐处理。

B. 当梁枋构件的挠度超过规定的限值或发现有断裂迹象时，应按下列方法进行处理：

a. 在梁枋下面支顶立柱；

b. 更换构件；

c. 若条件允许可在梁枋内埋设型钢或其他加固件。

C. 对梁枋脱榫的维修，应根据其发生原因采用下列修复方法：

a. 榫头完整，仅因柱倾斜而脱榫时，可先将柱拨正再用铁件拉结榫卯；

b. 梁枋完整，仅因榫头烧损断裂而脱榫时，应先将破损部分剔除干净，并在梁枋端部开卯口，经防腐处理后，用新制的硬木榫头嵌入卯口内。嵌接时榫头与原构件用耐水性胶粘剂粘牢，并用螺栓固紧。榫头的截面尺寸及其与原构件嵌接的长度应按计算确定，并应在嵌接长度内用 FRP 箍或两道铁箍箍紧。

D. 对承椽枋的侧向变形和椽尾翘起，应根据椽与承椽枋搭交方式的不同，采用下列维修方法：

a. 椽尾搭在承椽枋上时，可在承椽枋上加一根压椽枋，压椽枋与承椽枋之间用两个螺栓固紧压；椽枋与额枋之间每开间用 2～4 根矮柱支顶；

b. 椽尾嵌入承椽枋外侧的椽窝时，可在椽底面附加一根枋木，枋与承椽枋用以上螺栓连接，椽尾用方头钉钉在枋上。

第 7 章　建筑工程托换技术

7.1　托换技术发展背景和意义

我国城市人口不断增加，从长远来说将有 1/2 或 2/3 的人口居住在城市。随着我国经济的发展和城市化水平的提高，城市建筑用地越来越紧张，地价越来越贵，城市空间已越来越拥挤。许多城市将产生“城市综合症”即：交通堵塞、环境污染、资源短缺、生态恶化等。目前我国首都北京、上海、广州、深圳等特大城市均已出现了上述现象。

统计到 2009 年，我国既有建筑面积达 436.5 亿 m^2。由于城市化进程加快，设计、施工和管理使用存在先天不足，建筑物使用阶段可能遇到自然灾害、环境腐蚀或使用不当等，对建筑物造成损坏；或因增加荷载、移位、古建筑保护或为改善其使用功能而改建等，或受邻近新建建筑物、基坑开挖等的影响，都需要通过托换技术对建筑物进行处理。

托换技术在城市建设和既有建筑改造与病害处理中发挥着巨大的作用，主要表现在以下方面。

7.1.1　城市发展综合症的治理

随着收入水平和文化教育程度的不断提高，人们对居住环境、工作环境的要求也在发生着巨大的变化，特别是对建筑使用空间、使用功能等方面的要求也有了很大的提高。这样，相当一部分的老旧建筑物已不能满足现阶段人们的需求。“十二五”期间以及以后一段时间内，我们国家将进入城市化加速建设时期，随着城市化进程的不断发展，这些老旧建筑城区必将逐渐发展过渡成为商业区。作为商业区的建筑群体一般都需要有比较大的使用空间，而老建筑物往往由于建设年代久远，房屋开间和进深均比较小，难以满足商业经营对建筑空间的使用要求。

我国城乡既有建筑约有 30％～50％的建筑物出现安全性降低或进入功能衰退期。面对这一问题，大城市采用的解决方法一般是拆除原建筑，重新设计建造满足空间和功能要求的新建筑物。从 2002 年起，我国每年拆除的建筑面积都在 1 亿 m^2 以上，其中社会原因和质量原因各占 50％。在拆除的建筑中有一大部分仍具有较大的使用价值，只不过原设计建造时限于当时的经济、技术条件，开间或进深较小，不能满足现有的功能要求，这些建筑强制拆除给建设单位造成巨大的经济损失和大量的不可再生的建筑垃圾，拆除和安置重建工作直接影响建设单位的正常工作和居民的生活稳定。通过托换结构对既有建筑结构进行改造加固，扩大跨度，解决使用空间和功能等的新要求，就可以使既有建筑重新得到利用，使其再次焕发青春。

随着我国社会经济的全面快速发展，人们生活水平大幅提高，私人汽车数量激增，城市既有住宅小区（以下简称小区）停车难问题接踵而来。例如，北京 2010 年 9 月底，汽车保有量已经达到 450 万辆。每年摇号增长 24 万辆，而停车位仅有约 138 万，比例为

3.3∶1；太原 2010 年末拥有 46.06 万辆私家车，私家轿车 26.45 万辆；但太原中心城区车与车位的比例不足 10∶1，小区 80%的私家辆车停车难。按照国际通行惯例汽车与停车位比例应为 1∶1.2 适宜，青岛市内四区近千个居民小区，2010 年末拥有 34.76 万辆私家轿车，而市区停车泊位约有 6.8 万个，其中路内停车泊位 1.8 万个，85%的小区私家车辆存在停车难。广州截至 2010 年 10 月，汽车保有量已超过 155 万辆，而合法停车泊位约 63 万多个，为 2.5∶1；广州市某小区车位拍卖到 200 万元，虽是个案，但也彻底暴露了广州小区停车位严重不足的问题。2008 年初广州成立了由常务副市长任组长的“市解决停车难问题领导小组”，制定三年新增 15 万个泊车位，截止 2010 年 11 月止，已新增约 18 万个泊车位，超额完成预定目标，但这三年中广州市新增汽车超过 50 万辆，仅 2010 一年就增加 30 万辆。广州汽车年上牌增长率为 22%，停车位年增长率仅为 4%，可见国内城市停车位严重不足。小区的道路和绿化区已成为停车场，这对小区交通和绿化造成很大的影响，见图 7-1 和图 7-2。

图 7-1　小区道路成为停车场

图 7-2　小区绿化区成为停车场

全国第六次人口普查第 1 次主要数据公报显示：大陆 31 个省、直辖市、自治区总人口 13.4 亿人，总户数约 4 亿户。而 2010 年末全国私家车保有量 6539 万，小车保有量为 50/1000，目前世界小车保有量平均水平达到 124/1000，我国还是世界落后水准，跟美国几乎一人一车相比就相差更远。按目前增长速度，十年内中国达到平均每户一辆车，小车保有量为 149/1000；小区停车位如何解决？其前景不得不令人十分担忧！2010 年，我国百万人口以上的城市将达到 125 个左右，其中 200 万以上的特大城市达到 50 个左右（城市人口统计时还不包括短期流动人口）。

大批新建小区住宅建筑的主流为高层建筑，居住人口过万的小区在我国大中城市比比皆是。其结果势必会导致局部人口超级密集。马路狭窄，小区内外停车难。按照国际惯例，城市道路面积率应当是城市面积的 25%为宜，华盛顿为 43%、伦敦为 33%、东京为 13%、北京为 11%，广州为 2.65%，多数城市的道路面积还不到 0.8%。城市人口与城市空间布局极不均衡，大量人口集聚于城市中心。一般在密集的商业区，政府规定开发建造面积要与停车位相匹配，若建楼计划书中的车位少，政府应强制要求建筑面积与车位比例相适应。我国各大城市立体空间开发利用率较低，在日本有建筑就有停车场，有车位才有车牌，如果把东京所有地下停车场连成一片，几乎可以认为东京地下还有另外一座城市。在纽约市无论哪个区域开发建楼，方案中的停车位多少，售价多少，租价多少，都要得到政府的批准。

解决上述“城市综合症”问题的主要方法之一是向地下发展，建造地下铁道、地下商场、地下停车场、地下各种管道和其他许多地下设施，如地下空间立体开发综合利用，见图 7-3 (*a*)。广泛开发利用地下空间，是我国城市建设工程的重要课题。城市地下空间的开发和利用已成为实现城市经济发展与环境、资源相协调的可持续科学发展的重要内容。地下铁道、市政隧道等各种地下工程在地下立体交叉情况不断涌现，如各种地下通道（隧道）相互交叉情况，使地下空间设计和施工更加复杂，见图 7-3 (*b*)。目前，城市地价越来越贵，土地出让金的昂贵让开发商不得不充分利用有限的土地面积，楼房向上越来越高，向下越来越深。近十年来，我国高层建筑发展迅速，数量、高度等快速增长，与高层建筑同建的地下室数目也同样增长，而且面积较大。城市空间紧缺与城市功能不足，许多地下室利用还不够理想，我国各城市的地下空间管理部门正在探索多种高效利用地下空间的途径。地下开挖十几米～几十米深度的地下室项目越来越多；随着特大城市的建设，我国人口本来密度就大，再加上城市外来人口和外来车辆的集中涌进，就会出现住房困难、车位难找、道路堵车等等现象。这也是造成房价高高在上，车位难求的局面之一。

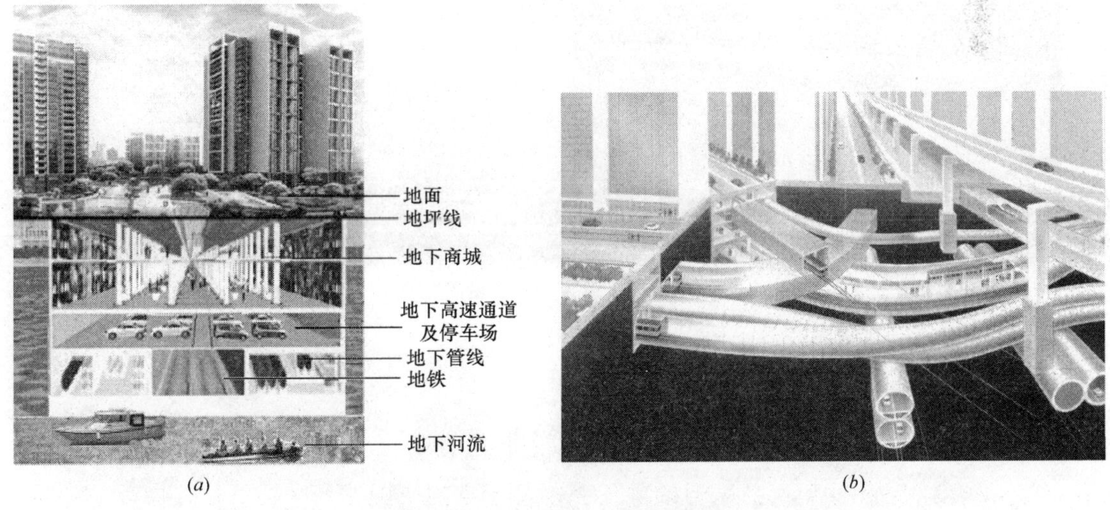

(*a*) (*b*)

图 7-3 城市地下空间开发利用

(*a*) 多功能地下空间开发；(*b*) 地下隧道相互交叉穿越

7.1.2 城市轨道交通建设

随着人口和汽车数量的猛增，汽车作为人们生活的一部分，方便了人们出行。可是大量的汽车拥挤在马路上，造成的交通瘫痪，也给人们带来了不便。此时人们就会将道路修建在高架桥上或者地下，因此城市地下交通的修建会更加的广泛，例如我国各大城市最近几年修建的地铁，大大缓解了路面上的交通压力，地铁已成为大城市必备的交通设施之一。据初步统计，至 2009 年底全国已建成通车的线路有 37 条，共计里程 962 公里；根据规划未来 10 年这一组数据将刷新为 176 条和 6200 公里；至 2050 年将建成 289 条线，共 11700 公里的线路。我国地铁建设已经进入新一轮的高速发展时期。目前我国已有 33 个城市轨道交通已正在建设或规划，其中已审批 28 个。在 2020 年之前，全国各地的城市轨道交通投资规模将超过 1 万亿元，其中主要是地铁投资。王梦恕院士说“我们用 10 年的时间就完成了发达国家 100 年走过的历程，未来还会更快。”据预测 21 世纪将是我国城市轨道交通发展的新纪元。北京地铁建设规划 2020 年前总里程将达到 600 公里；上海已建成轨道交通总长 400 多公里，目前是世界里程第二长的城市；广州拟建 14 条地铁线；南京拟建 7 条地铁线。城市地铁的大量修建，将大大促进城市轨道交通的发展。在城市地下工程施工建设中经常要涉及对已有地面建（构）筑物的保护和加固，因此建（构）筑物的托换技术必然成为城市地下工程经常采用的技术手段。如：地下空间开发（隧道施工）时对既有桥梁的托换措施，见图 7-3；地铁隧道穿越轻轨桥梁时的托换施工，见图 7-4（*a*）、（*b*）；古建筑物保护，见图 7-4（*c*）；建筑物保护，见图 7-4（*d*）。

城市发展是一个渐进的过程，大部分空间拓展都要在原有的脉络中进行，不可避免地与原有空间设施发生重叠与冲突。而城市地下空间在旧城保护与更新中发挥了较好的作用。应尽量在不破坏原有建筑物基础之上，进行房屋的改造和增层处理。托换技术就是针对这些特殊的情况和需要发展起来的一种建筑特种工程技术。如北京西单地下立体交通工程与地铁 4 号线西单站连接的相互关系剖面图，见图 7-5（*a*）；湖北武汉洪山广场车站设计效果图，见图 7-5（*b*）。

（*a*）　　　　（*b*）

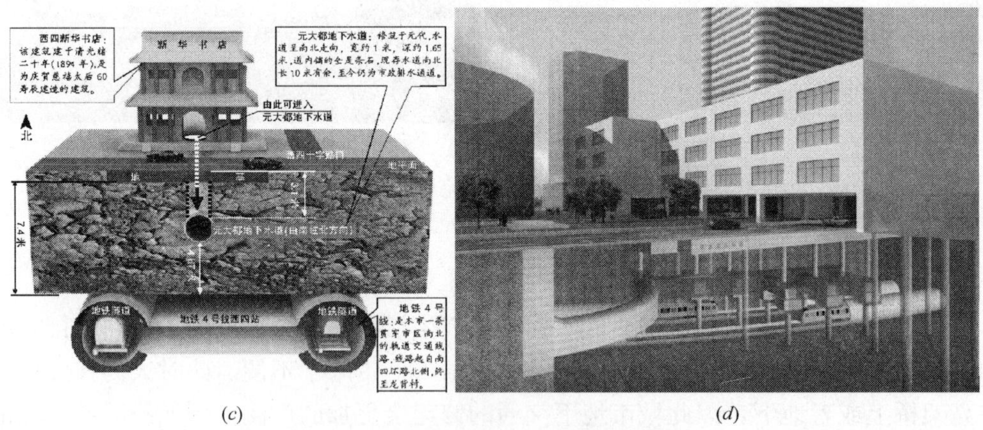

（*c*）　　　　（*d*）

图 7-4　地铁穿越桥梁和保护建筑托换

（*a*）桥梁桩基托换；（*b*）桥梁顶升；（*c*）古建筑物托换保护；（*d*）建筑物托换保护

7.1.3　既有建筑物和文物的保护

我国大部分建筑物建造还不到 30 年，达不到其使用年限，如果拆除重建，将会造成很大的资源浪费，同时还会产生大量的建筑垃圾，造成环境的污染；或者在楼房密度比较大的地方进行地下开发，会对周围的建筑安全造成很大影响。我国拥有众多历史文化名

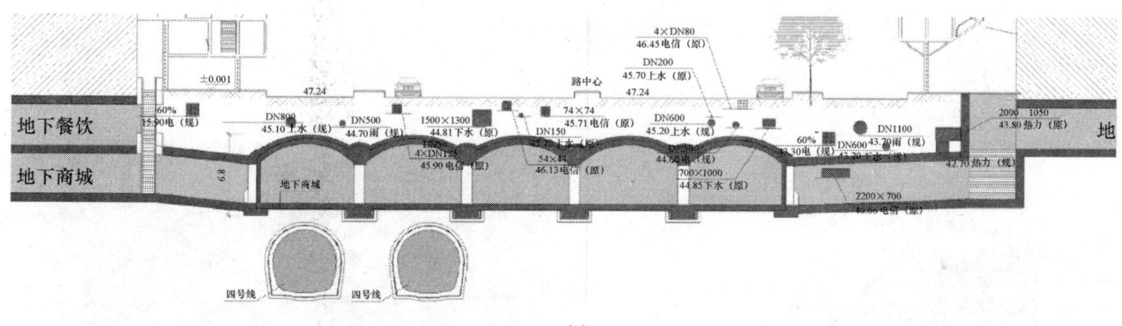

(*a*)

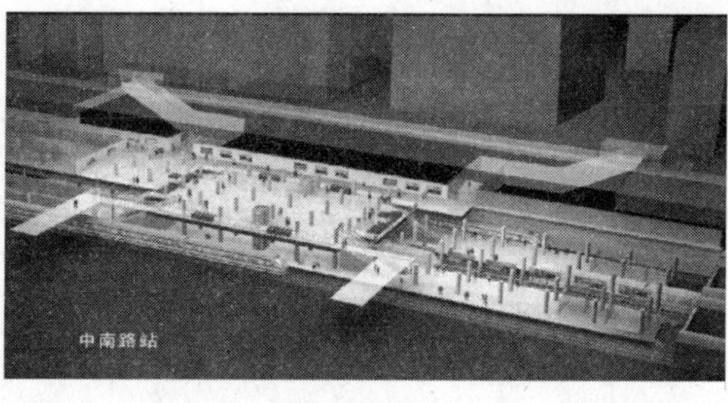

(*b*)

图 7-5 地下立体交通与隧道关系

（*a*）北京西单地下立体交通；（*b*）武汉洪山广场站效果

城，而且很多都是经济发达的大城市，如北京、上海、广州、西安、南京等等。这些城市都有大量需要保护的建筑物和文物。随着城市的发展，旧城保护意识与城市经济发展之间的矛盾也日益增加，地下空间的开发利用对旧城的更新改造和再生循环发挥着重要作用。

西安钟鼓楼广场是一个典型保护文物古迹的实例。它位于西安市中心，集地下空间资源有效利用、旧城改造、保护文物古迹、改善生态环境、繁华商贸旅游、缓解交通矛盾等多种作用于一身，是近年我国成功利用地下空间非常典型的代表。该地区原是城市的商业中心，近年来面临商业拓展需要，但考虑到保护建筑的问题，不宜建设大体量的商业建筑，因此设计时在广场下设置了两层地下商场，将大量商业空间下移，减小了地面商业建筑的体量。同时在地下商场一侧设置了一个大型下沉广场，使其完全开放，形成了一个低于周围城市道路的良好活动空间。下沉广场还连接着周围多条地下街道，解决了广场被城市道路隔离的问题（西安钟楼地下广场开发见图 7-6）。

7.1.4 地下工程建设中的事故处理

地下工程建设所遇工程地质、水文地质、周边环境条件的复杂性和不确定性；工程建设决策、管理、组织过程的复杂性和综合性；工程建设实施的机械设备、参与人员、技术方案的多样性、多层次性及复杂性；工程运营条件和环境的复杂性和多变性，在其建设的整个过程中，经济、安全、技术、工期、环境等各方面都存在巨大的风险，近年来连续出现的大型工程事故已经为我们敲响了警钟。一旦出现工程安全事故，将带来的经济和政治影响十分巨大。与此同时，人民的正常生活也将受到影响。为了尽可能地降低工程损失、减少人员伤亡以及环境影响，在工程建设的整个过程中，对风险进行科学有效的管理和控制是非常关键的，这也越来越得到相关人员和部门的共识。

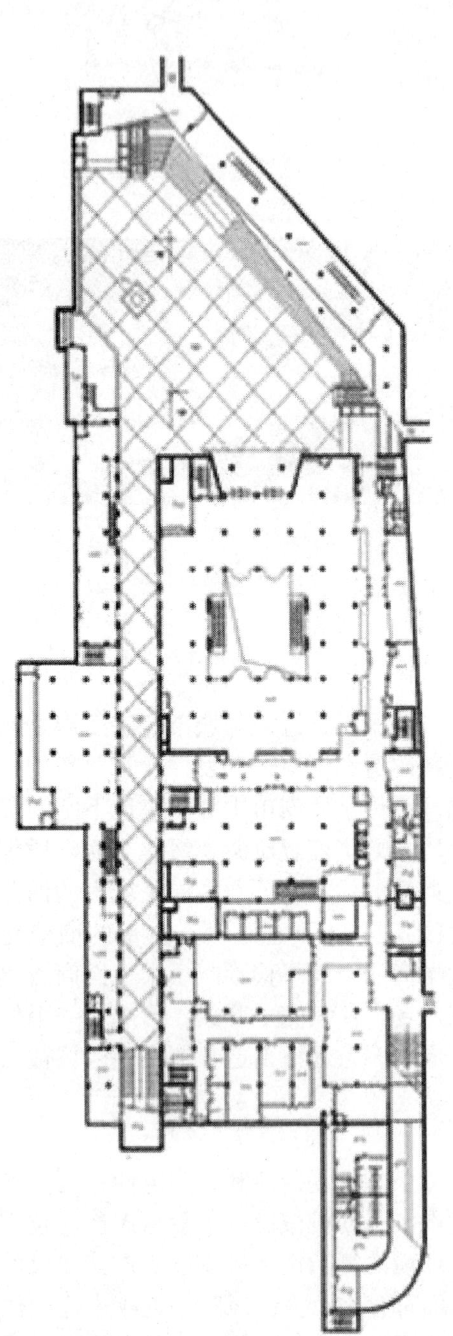

图 7-6　西安市钟楼广场及地下建筑

（1）遭遇灾害

我国是一个多自然灾害的国家。不仅有三分之二的大城市处于地震区，历次地震都在不同程度上对建筑物造成了损坏，而且风灾、水灾年年不断，仅风灾平均每年损坏房屋30万间，经济损失十多亿元，每年水灾损失更难准确统计。1991年仅江苏灾区就倒塌房屋57万多间，损坏房屋80余万间，而在安徽灾区仅倒塌房屋一项就多达110余万间。另外，随着国民经济的发展和城市化进程的加速，人口和建筑群的进一步密集，建筑物的火灾概率大大增加。我国平均每年发生火灾6万余起，其中建筑物火灾就占火灾总数的60%左右，这些意外的灾害，使不少建筑物提前夭折，使更多的建筑物受到严重损伤。

2008年5月12日发生的5.12汶川8.0级大地震，遇难人数超过8.7万人（因地震造成失踪的人生还希望很小，死亡的6.9万多人和失踪的1.8万多人），汶川地震造成直接经济损失8451.4亿元，其中四川的损失占到总损失的91.3%，甘肃占5.8%，陕西占2.9%。2010年4月14日发生的4.14玉树7.1级大地震，截至2010年4月23日17时，玉树地震已导致2192人死亡，失踪78人。地震局作出了评估，估算损失大致在6400亿元；而民政部的评估额在8000亿元以上（21世纪经济报，2010年4月23日报道）。

（2）先天性缺陷（勘察、设计、施工缺陷）、使用不当及环境劣化

1）勘察引起的缺陷

结构的先天不足首先表现在地质勘察不能准确反映地基土、地下水的真实情况，如勘察布点过稀、钻孔深度不够等，造成建筑物施工中、竣工后出现地基沉降等。

2）设计引起的缺陷

设计人员在设计建筑物时，虽然尽量考虑了影响建筑结构安全和使用的各种各样的因素，然而在建筑物竣工使用后，每个结构实际上都有自己的特性，它不可能完全被设计时采用的数学模型所描述。原先的设计构思总是与实际使用中发生的情况有一定距离。尽管建筑技术有了很大的进步和发展，但结构仍有可能由于先天不足而出现各种缺陷。同时，我国建筑结构设计冗余度较低，为其安全使用留下隐患。另外，还可能存在设计人员疏忽、失误造成的设计缺陷。

3）施工造成的缺陷

结构的先天不足还来源于施工。造成这类隐患的原因虽然很多，虽然近些年施工质量得到了改善，但当前最引起人们关注的是低素质队伍施工所造成的建筑物低质量的现状，以及管理部门引起的质量事故等。据1988年全国抽查，房屋建筑工程质量合格率不到50%，房屋倒塌率偏高，正在施工或刚竣工就出现严重质量事故的现象在全国屡见不鲜。所有这些都给建筑物正常使用留下大量隐患。

4）使用不当及环境劣化

建筑物的缺陷还来自恶劣的使用环境：如高温、重载、腐蚀、粉尘、疲劳、潮湿……，以及由于缺乏对建筑物正确的管理、检查、鉴定、维修、保护和加固的常识所造成的对建筑物管理和使用不当，致使不少建筑物出现不应有的早衰。如建筑物使用过程中，未经鉴定而增加荷载，装修时增加荷载，增设设备等；未经相关单位鉴定或加固即拆除承重构件，造成周围或上部构件承载力不足等。

这些建筑物中很大一部分都可以通过托换技术对其进行加固处理，使建筑物可以重新得到利用，减少损失。

（3）施工中引起的工程事故

近几年由于各种原因引起的工程安全事故很多，其中不乏一些举世震惊的事故。部分工程事故参见图 7-7。图 7-7（*a*）北京地铁 10 号线暗挖施工时导致东三环道路塌陷，图 7-7（*b*）杭州地铁 1 号线湘湖站基坑垮塌事故，图 7-7（*c*）广州地铁基坑事故，图 7-7（*d*）上海 4 号线董家渡暗挖联络通道事故，图 7-7（*e*）浙江省上虞市境内的春晖立交桥顶升时发生引桥坍塌，坍塌总长度 120m，最高落差 7m。事故造成引桥上 4 辆货车侧翻，3 人轻微伤。图 7-7（*f*）南京道路塌陷事故；国外在轨道交通建设中也出现过不少事故，见表 7-1。图 7-7（*g*）新加坡地铁 Nicholl Highway 站（2004.4），图 7-7（*h*）为法国某地铁施工事故。

(*a*)　(*b*)　(*c*)　(*d*)　(*e*)

图 7-7　地下工程事故

（*a*）北京地铁 10 号线光华路车站事故；（*b*）杭州地铁基坑垮塌事故；（*c*）广州地铁基坑事故；（*d*）上海 4 号线董家渡事故；（*e*）桥梁顶升垮塌事故

(*f*)

(*g*)

(*h*)

图 7-7 地下工程事故（续）

（*f*）南京道路塌陷事故（2003.7）；（*g*）新加坡地铁 Nicholl Highway 站（2004.4）；
（*h*）法国某地铁施工事故

世界范围内修建地下工程发生事故 **表 7-1**

编号	年份	事 故
1	1994	德国慕尼黑地下施工坍塌
2	1994	英国伦敦希思罗机场快干线地下施工坍塌
3	1994	中国台湾台北地下施工坍塌
4	1995	美国洛杉矶地下施工坍塌
5	1995	中国台湾台北地下施工坍塌
6	1996	广州地下 1 号线地下施工引起华贵路房屋坍塌
7	1999	英国 HULL Yorkshire 隧道施工坍塌
8	1999	意大利博洛尼亚隧道施工坍塌
9	2000	韩国大丘地下施工坍塌
10	2000	意大利博洛尼亚隧道施工坍塌（第二次）
11	2001	深圳地下施工竹子林车辆段基坑坍塌
12	2002	深圳一期 4 号线施工盾构施工导致路面沉陷
13	2002	广州地下 2 号线盾构穿越珠江施工发生喷涌
14	2002	中国台湾高速铁路隧道施工坍塌
15	2003	上海明珠线二期发生沉陷
16	2003	上海 M4 线浦东南路至南浦大桥区间沉陷
17	2003	北京崇文门车站工地，钢筋整体倾覆坍塌
18	2003	南京地下盾构遇到流砂层，开挖面失稳
19	2003	上海大连路隧道施工盾构引起地面沉降
20	2004	广州地下番禺大石 3 号线工地发生塌方
21	2004	中国台湾高雄捷运线盾构进洞穿越地下连续墙时路面坍陷
22	2004	广州 5 号线地质勘探引起煤气管道泄漏

续表

编号	年份	事　故	编号	年份	事　故
23	2004	广州 2 号线延长段一工地基坑局部塌方	28	2005	西班牙巴塞罗那地下施工坍塌
			29	2005	美国波士顿某交通隧道发生坍塌
24	2004	北京 4 号线施工卡壳,旁边一建筑物发生沉降	30	2008	广州地下 5 号线施工中突然涌水发生塌方
25	2004	韩国釜山地下 3 号线发生混凝土板崩塌事故	31	2008	深圳龙岗区 3 号线坍塌混凝土倾泻而下,5 人被埋
26	2005	日本辰野地下二期工程因施工不当导致路面下沉	32	2008	杭州萧山湘湖段地下施工现场发生塌陷事故
27	2005	广州地下 3 号线施工导致沿地面下严重坍塌事故	33	2008	北京苏州街塌方事故、京广桥塌方事故

通过统计 1981～2008 年间我国共 84 起轨道交通工程事故，得到了一些主要结论：

① 调查结果反映出了一些风险事故的规律，人的不安全行为仍然是部分事故发生的主要原因。从另一个侧面提示管理不规范的影响很大。

② 70％的地下工程事故发生在假日和夜间休息时间。

③ 凡建设轨道交通的城市几乎均发生过地下工程事故。而各地的地铁工程事故发生的类型、频次、影响性等又有不同，具有特殊性。

④ 易发生事故的部位主要是受力条件复杂部位及易被忽视的部位，地质条件复杂段。

⑤ 环境事故多，84 起中有 71 起与环境复杂有关，假设扣除公开事故原因不实等因素，保守估计环境因素导致工程事故也占 50％左右。

⑥ 84 起事故中，车站为 17 起，区间为 67 起。

⑦ 30％为突发事件，70％为缓变事件。

⑧ 总体分析事故原因，现有技术缺陷、教育不足及管理不当是事故的间接原因，工程的不安全状态和人的不安全行为是事故的直接原因。

这些隧道及地下工程的事故，在人们的内心里留下了不可磨灭的伤痕。仅从隧道及地下工程建设风险来看，就给人们带来了巨大的挑战，这一系列的问题都需要人们去思考去解决。要解决这些问题就必须先了解这些问题的来由，为什么发生，如何发生的？是否之前预先了解到事故的可能性、带来的后果，以及发生事故怎么应对处理，减小损失的措施。要很好地解决地下工程不发生事故或控制事故在人们可接受范围内，必然要用到本书介绍的托换技术和地下工程风险控制与管理。

7.1.5　既有桥梁改造顶升

改革开放以来我国桥梁建设发展突飞猛进，江、河、湖泊上或城市中建造许多铁路、公路或供车辆行人通行的桥梁等匆匆地便修建了。由于原设计标准低，预留桥下净空不足，常造成交通堵塞，通行不畅，加上水上交通工具的发展，其载重越来越大，甚至严重影响了航运船舶通航的吨位和效率，制约了交通和国民经济的发展，给生产、生活都造成许多不便，对已有各类桥梁，采取拆除重建或抬升托换加固都是可行的措施，而后者是经济适用、更环保、更容易被接受的可行方案，因此托换技术在旧桥抬升改造工程中更是被广泛采用的可行方法。

例如位于湖州市练市镇的岂风大桥，跨越湖嘉申航道。为使航道的通航等级由Ⅳ级提高到Ⅲ级，需顶升 2.5m，使通航净空由原来的 4.5m 增加到 7m，满足经济发展的需要。顶升总重量为 4320t，其中主桥顶升重量约为 1800t，单跨引桥顶升重量约为 210t，12 跨引桥顶升重量共计 2520t，如图 7-8 所示。

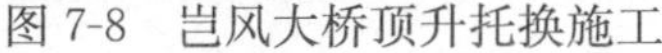

图 7-8　岂风大桥顶升托换施工

图 7-9　燕山立交高架桥托换施工

济南燕山立交连接工程采用新建高架桥直接与燕山立交的原高架桥连接方案，由于本项目设计高程的调整，需对原燕山立交一部分高架桥进行改造，改造的桥梁长度为 170m，另外拆除燕山立交原挡土墙 200m。如图 7-9 所示。为提高纵断面线形设计标准，改善行车条件，提高和平路附近燕山立交桥梁的桥下空间，将立交北侧的挡土墙全部拆除，同时，把原燕山立交的高架桥 35 号墩至 43 号台第一、二、三联桥梁顶升，顶升高度为 0.029～4.139m。并接长墩柱，然后再与新建高架桥相接。桥梁顶升施工实例，见图 7-10。

图 7-10　桥梁顶升托换工程

7.1.6　地下水变化引起既有建筑物破坏的处理

我国人均淡水严重不足，加上南北、东西水资源分布不均匀，部分城市淡水严重匮乏。许多城市都大量开发抽汲地下水，用以解决生产、生活必需的水源，长时间的积累深层地下水被抽取而地上渗透水不能及时补充地下水，使地下形成空洞。久而久之，这将造成地面长期而持久的下沉，许多建（构）筑物地面标高不断降低，地下管线或基础乃至整栋建（构）筑物都可能发生沉降或不均匀沉降等，见图 7-11。要解决这一难题的可靠手段，一方面要严格控制抽汲地下水，同时增设回灌井。但对已发生使用功能的过量沉陷建

(构)筑物，最有效的办法是采用托换技术对其进行纠倾扶正，恢复建(构)筑物的原来使用功能。

(a)　　(b)

图 7-11　抽取地下水引发工程事故

(a) 抽取地下水导致房屋开裂；(b) 抽取地下水导致地面开裂

7.1.7　地下旧巷道、岩溶土洞引起建筑物破坏的处理

我国许多矿区城市，废弃旧巷道没有按标准处理造成地面塌陷现象是很普遍的。此外还有城市旧人防工程、地下岩溶土洞等引发的地面下沉病害，对地面建(构)筑物造成的下沉，倾斜、开裂等病害更是比比皆是，见图 7-12。为了应对上述问题，对受损建(构)筑物采用改造加固工程更是急迫的，而托换技术在上述工程中地位和作用同样是显而易见的，为某矿区地面建筑物沉降情况。

(a)　　(b)

图 7-12　地下巷道、岩溶土洞引发工程事故

(a) 某矿区墙面开裂楼房破坏；(b) 某矿区产生的地表土塌陷

7.1.8　自然灾害导致建筑物破坏的处理

我国自然灾害频繁发生，如地震、洪水、滑坡泥石流、冰雪冻害以及火灾等，对国民经济和人民生命财产都会造成严重损失。为了减少各种灾害造成的损失，在救灾减灾工程中，经常要对有可继续使用价值的各类建(构)筑物进行加固改造恢复其正常使用功能，减少灾害造成的损失，比如火灾事故后建筑物往往会出现裂缝，钢筋及结构变形等等。托换技术更是这些工程中最主要和常用的工程技术，图 7-13 为自然灾害结构破坏情况。

(a)　(b)　(c)　(d)　(e)　(f)　(g)　(h)

图 7-13 各种自然灾害引发工程事故

(a) 地震后首层柱子破坏；(b) 滑坡泥石流；(c) 洪水；(d) 云娜台风 (2004 年，浙江)；(e) 冰雪冻害；(f) 风沙；(g) 某建筑物被火灾烧毁；(h) 爆炸引起建筑物破坏通常把改变结构传力路径，达到对结构进行改造加固目的的方法称为托换技术。“托换”二字是指有托有换，换的目的是为了对既有建筑物进行加固、纠倾、增层、扩建、移位、保护等。以前认为先让被托换的结构部分“退出工作”，再对“退出工作”的部分进行改造加固。现在的托换不一定先托后换，而是一个广泛的托换概念，比如复合地基理论的应用，就是说原来地基承载力不满足要求，经过桩的“托换”作用，桩土共同承载则满足了要求，再有地下空间开发利用中，经常会遇到对既有建筑物（或桥梁）的保护，为了保证建筑物正常使用而采取的各种措施从广义上也可称为托换技术。

从广义上讲既有建筑地基基础加固技术也认为是地基基础的托换技术，因从受力转换概念可认为地基基础加固是改变了原有地基基础的受力状态，为满足各种工程需要，既有建筑地基基础处理与常规的新建地基基础处理既有联系，又有区别。一方面是由于土力学理论的发展、地基处理技术及相应施工机械与监测技术的进步，另一方面是与日俱增的各种复杂建筑工程的客观需求。一些古建筑的倾斜和相继倒塌，迫使人们采取各种措施来保护现存的古迹和文物；新建建筑物由于勘察、设计、施工、使用维护管理以及自然灾害等多方面原因，产生倾斜、挠曲、开裂等病害，轻者影响建筑物的正常使用，严重时使其丧失使用功能，甚至倒塌破坏，造成重大经济损失和人员伤亡，迫使人们开始重视建筑物的托换加固技术，挽回可避免的经济损失。

由此可见托换技术在当前我国新建和既有建（构）筑物改造加固工程中是被广泛采用的技术，随着托换技术应用日趋广泛，形势要求这项技术得到快速发展和充实完善。无论在交通拥挤的大城市，还是偏远的矿区城市，以及随着建筑物的使用年限增长，房屋的加固及改造工程越来越多，托换技术具有它不可代替的作用。因此积极推动这项技术的进步和发展，有其重大和特殊的意义。

7.2　托换技术发展现状和应用范围

7.2.1　托换技术发展现状

托换技术的起源可追溯到古代，直到20世纪30年代美国纽约市兴建地下铁道时才得到迅速发展。近年来，世界上大型和深埋的结构物以及地下铁道的大量施工，尤其是古建筑的基础加固数量繁多，有时对既有建筑物还需要进行改建、加层和加大使用荷载，都需要采用托换技术，世界各国托换加固的工程数量日益增多，因而托换技术也有了飞跃的发展。尤其是德国在第二次世界大战后，在许多城市的扩建和改建工程中，特别是在修建地下铁道工程中，大量地采用了综合托换技术，积累了丰富的经验，取得了显著的成绩，并已将托换技术编入了德国工业标准（DIN）。我国的托换技术虽然起步较晚，但由于现阶段我国大规模建设事业的发展，其数量与规模在不断地增长，托换技术正处于蓬勃发展的时期。

现代城市建（构）筑物的体量大，对沉降、变形等控制要求严格，单一的托换施工技术已经不能满足要求，这也促使托换技术趋向大型化和综合性方向发展。

在穿越既有轨道线路的新建结构开挖时，无论是上跨还是下穿，都会对既有线路结构产生一些不可避免的影响，这些影响主要是既有结构的沉降、变形，反映到既有轨道线上即为轨道标高与轨距的变化。新建结构开挖施工时需要保证既有线路行车不中断，这就对既有结构的沉降与变形提出了较高的要求。导致土沉降变形的因素很多，情况复杂，设计时为简化计算，一般会对计算条件进行一定的简化，计算结果并不能完全与实际相符。另外土体的沉降变形存在时效性，如何在相当长一段时间内保持其沉降变形的稳定，是一个需要重点考虑的问题。在新建结构开挖施工时，为防止既有结构的沉降变形超限，影响既有线行车安全，最好在新建结构施工的各个阶段都能采取相应的措施，当既有线结构沉降变形超限时可以消除这些沉降变形。而这是传统的托换技术无法解决的，需要将建筑物顶升与纠偏施工的一些措施与托换技术综合到一起，共同作用，达到实时微沉降变形调整的目的。

基础托换技术已有数百年历史，托换工程的起源可以追溯到古代，早在 1882 年 HadeIlStock 总结了当时前人所做的一些工作，得出了富有哲理性的也是现在托换技术仍引用的名言即："实践是获得托换经验和理论的唯一途径"。

古代许多大型建筑物虽然其地基和基础存在很多问题，但当时缺乏对托换技术的一般认识，没有做好补救性托换工作，许多建造在中世纪的如英国的 Ely 和法国的 Bauvais 大教堂等均已倒塌。国外最早的大型基础托换工程之一是英国的 Winchester 大教堂（图 7-14），该教堂已持续下沉了 900 年之久，在 20 世纪初由一位潜水工在水下挖坑，穿越泥炭和粉土到达砾石层，并用混凝土包填实而进行托换，使其完好至今。该教堂至今还有纪念托换工程成功的纪念碑。因此托换技术既是古老技术，而今又是不断发展的新技术。

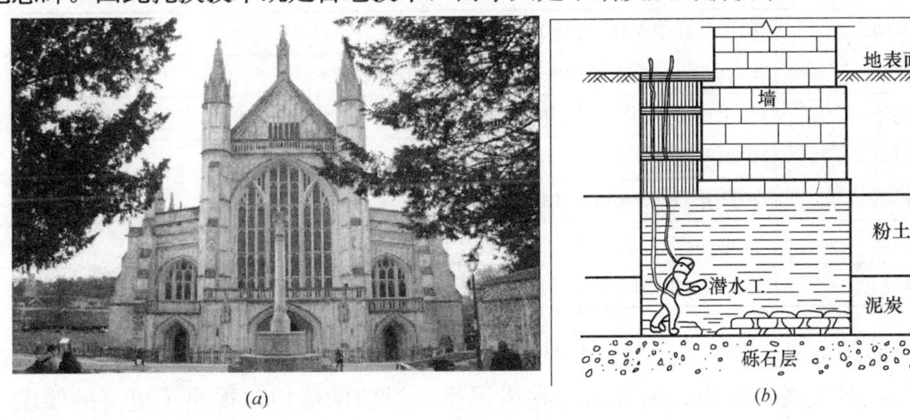

图 7-14 英国 Winchester 大教堂

(a) 现状；(b) 大教堂地基处理

(1) 托换技术是最近几十年来，由结构工程、岩土工程、材料工程和施工技术等相互交叉而形成的一项综合技术。图 7-15 为地铁盾构穿越古城墙的托换，图 7-16 为某地下隧道侧穿建筑物时的托换。

由于托换技术施工，一般都有既有建筑物的存在，而且又不能影响周围建筑物的正常使用。因此在托换技术施工中，支撑承受荷载大，要求变形控制极为严格。托换施工难度、风险等都比一般的土木工程要大得多。

(2) 当地下隧道（或地下铁道）必须穿越既有桥梁、建筑物桩基础时，传统的施工方法所需施工工期长，造价高，风险大，带来的交通压力等社会问题较大。而地基加固和托换技术的优点显而易见：节约工期、降低造价、降低风险。尤其是日本，在地下隧道穿越既有桩基工程问题上较多采用地基加固和托换施工方法，且积累了丰富的适合其国情的工程经验。

图 7-15　西安地铁穿越古城墙

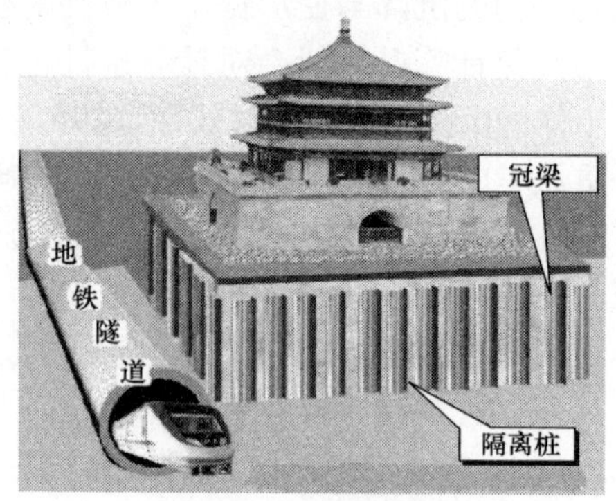

图 7-16　地下隧道从建筑物一侧

(3) 1863 年 1 月 10 日，英国伦敦建造了第一条地铁线路，目前，世界上已有 43 个国家的 118 座城市建有地铁。20 世纪 30 年代美国兴建纽约地下铁道时托换技术真正得到了发展。表 7-2 是美国地下铁路的发展情况。由于当时支撑技术已取得了很大的进展，因而使得托换工程在技术上已成为可行。

美国地铁建设发展历程　　**表 7-2**

波士顿	1897 年建成至今，已有 100 多年历史
纽约	1863 年开始有类似的铁道，1904 年地铁开始营运
华盛顿	20 世纪 70 年代(1967 年开始计划)
芝加哥	1892 年修建
洛杉矶	2002 年(1863 年以后 139 年)
旧金山	1996 年 12 月工程开幕典礼
费城	建于 20 世纪 20 年代

(4) 当前国内外的城市向大型化和现代化方向发展，大量高层建筑的兴建，城市人口的高度集中，对交通、环境、商业及其他人民生活设施的修建，提出了更高的要求。市区地面空间已越来越拥挤，唯一的出路是向地下发展，各种地下设施将越来越多，见图 7-3。

建造地下铁道、商场和其他许多地下设施，往往要穿越部分高层建筑或有重要历史意义的建筑物，加之古建筑所需托换的数量繁多，这就需要对原有建筑的基础进行托换加固处理；原有建筑物需进行改建、加层或加大使用荷载，也都需要采用托换技术，所以托换工程技术正趋向大型化和综合性方向发展。

7.2.2　托换技术的应用范围

托换技术的应用范围可概括为表 7-3。

托换技术的应用范围　　**表 7-3**

托换技术的应用	1)地下铁道、隧道与地下工程修建时，对地面建筑物的保护加固
	2)江、河、湖泊上桥梁的抬升，增加桥下通航净空
	3)城市地面下沉引发建筑物下沉、倾斜需纠倾加固
	4)矿区、城市既有旧巷道下沉、地下喀斯特岩溶土洞和人防工程引发建筑物病害的加固处理

续表

托换技术的应用	5)地震、洪水、冰冻、火灾、滑坡泥石流灾害引发受损建筑物灾损处理
	6)古建筑物和文物的抢救、加固、移位和纠倾
	7)建(构)筑物改扩建或增层改造
	8)地下商场、仓库、地下室改造、新建或加固处理
	9)军事工程的特殊要求处理
	10)其他特殊工程的改造、加固处理

综上所述，托换技术在土木工程领域有着重要的作用，其应用范围见图 7-17。

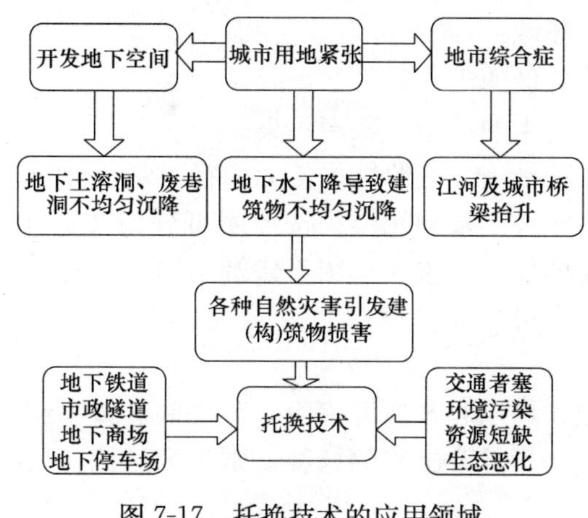

图 7-17 托换技术的应用领域

7.3 托换技术分类

7.3.1 托换技术

托换技术是对原有结构或地基基础受力进行调整或处理的综合技术，基础托换是指对原有建筑物的地基需要处理和基础需要加固，或在对既有建筑物基础下修建地下工程，其中包括隧道要穿越既有建（构）筑物，以及邻近需要建造新工程而影响到既有建（构）筑物的安全等问题的技术总称。基础需要托换的原因通常是由于基础承载力或变形不能满足使用要求，例如地下水位下降引起建筑物下沉，原有基础的腐蚀或损坏等；或者在现有建筑物之下进行隧道或其他地下建筑物施工时，保证建筑物的安全和正常使用功能。

基础托换的力学机理：将既有建筑物的部分或整体荷载经由托换结构传至基础持力层。但由于地基条件的复杂性、基础形式的不同、地基与基础相互作用以及托换原因和要求的差别等，复杂条件下的基础托换技术实际上是一项多学科技术高度综合、难度大、费用高的特殊工程技术，涉及结构、岩土、机械、液压、电控等多个方面，需要结构工程师、岩土工程师、电气工程师、液压工程师和测量工程师等的密切协作，还要求采取严密的监测反馈措施，实现施工过程的信息化。

基础补救性托换在早期地下铁道工程中，需要基础托换加固是大量的、多种类型和规模巨大的建筑物，而当时支撑技术已取得了很大的进展，使基础托换工程在技术上已成为可行，从而推动了基础托换工程得以迅速发展。

近年来世界上大型和深埋的结构物和地下铁道的大量施工；需要加固的古建筑的地基基础数量繁多；对现有建筑物还需要进行改建、加层或加大使用荷载时以及建（构）筑物的病害处理都需要基础托换措施。所以世界各国的基础托换工程量日益增多，基础托换技术也有了飞跃的发展。

利用建筑物托换技术对病害建筑物进行处理和既有建筑改扩建，具有以下优点：

（1）使既有建筑重新得到利用，使其再次焕发青春；

（2）拆除工作量小，工期短；

（3）减少建筑垃圾；

（4）有利于保护工作环境；

（5）节约了堆放建筑垃圾的土地；

（6）减少拆除过程中产生的粉尘、噪声污染。

托换技术是指通过某种措施改变原结构传力途径对结构进行改造加固的技术。托换技术按部位可分为上部结构托换、基础托换；按性质可分为改造托换、灾损事故处理托换、移位托换；按托换结构或构件是否永久作用于建筑结构可分为永久托换和临时托换。按不同的要求和目的托换技术又可分为多种方法。

7.3.2　建筑结构托换

在建筑物移位、纠倾、增层和改造过程中，可采取建筑物结构整体性加固、结构构件的加固补强和对既有建筑物裂缝及缺陷的修补。常见的结构托换类型见图 7-18。

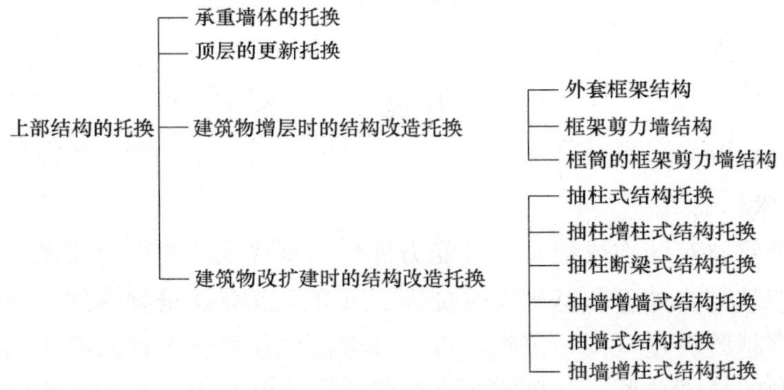

图 7-18　结构托换的类型

主要加固方法有结构钢支撑加固，结构改造加固法主要有：抽柱法、抽柱增柱法、抽柱断梁法、抽墙法、抽墙增墙法、抽墙增柱法，见图 7-19。抽柱法是在柱列中切除部分柱；抽柱增柱法是去掉多数内柱，重新增设少量新柱；抽柱断梁法是将多跨框架的中柱和与其相交的梁、板切除，形成局部大空间；抽墙法是在砌体结构中拆除部分承重墙，增设梁（托梁或吊梁）、柱（组合柱或混凝土柱）等；抽墙增墙法是抽掉原有墙后，增加新墙或加厚其他墙段；抽墙增柱法是抽掉原有墙后，增设混凝土柱代替墙承重。

采用上述方法改造工程必须对相关的梁、柱、墙和基础进行加固，满足建筑物整体性和抗震性能的要求。施工顺序应先加固，后断柱拆墙，特别是对于无支撑托梁拔柱的情况。某结构托换时梁加固施工的照片见图 7-20、图 7-21。

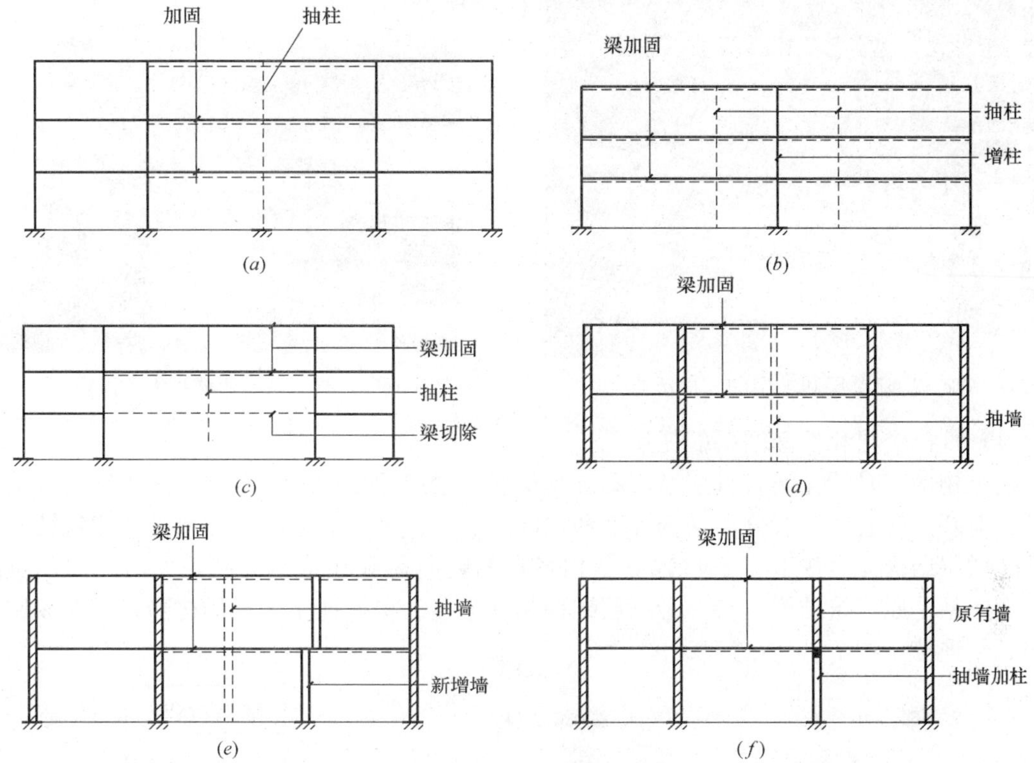

图 7-19 儿种典型的结构托换方法

(a) 抽柱法；(b) 抽柱增柱法；(c) 抽注断梁法；(d) 抽柱法；(e) 抽墙增墙法；(f) 抽墙增柱法

图 7-20 梁加固植入新筋

图 7-21 梁加固浇筑新混凝土

某大楼高 7 层，建筑面积 1 万 m^2，在完成主体结构的条件下，对框架结构进行托换改造，对基础进行加固，成功地拆除了首层和二层的 5 根承重柱，其中 1 根框架柱的托换荷载设计值高达 640t，使首层大堂的空间豁然宽敞。同时，在已建成的框架结构内，采用 HJ-1 胶粘剂种植钢筋技术加建 13m 跨度的楼盖，见图 7-22。

某商业楼为了扩大首层使用空间，需对主体结构进行改造和扩建。在加固基础和完成托换结构施工之后，截断了首层的两根钢筋框架柱，楼房没有发生任何开裂现象，顺利达到了托换改造目的，见图 7-23。

图 7-22　拆除首层和二层的 5 根承重柱

图 7-23　某商业楼扩大首层空间

（1）直接增层和外套增层的托换

建筑物增层时的托换有直接增层和外套增层，增层后新增荷载全部通过原结构传至原基础、地基。外套增层有分离结构体系和协同式受力体系。分离结构体系是原建筑结构与新外套增层结构完全脱开，各自独立承担各自的竖向荷载和水平荷载，见图 7-24。协同式受力体系是原建筑结构与新外套增层结构相互连接。根据连接节点的构造，可形成铰接连接和刚连接，图 7-25 和图 7-26。

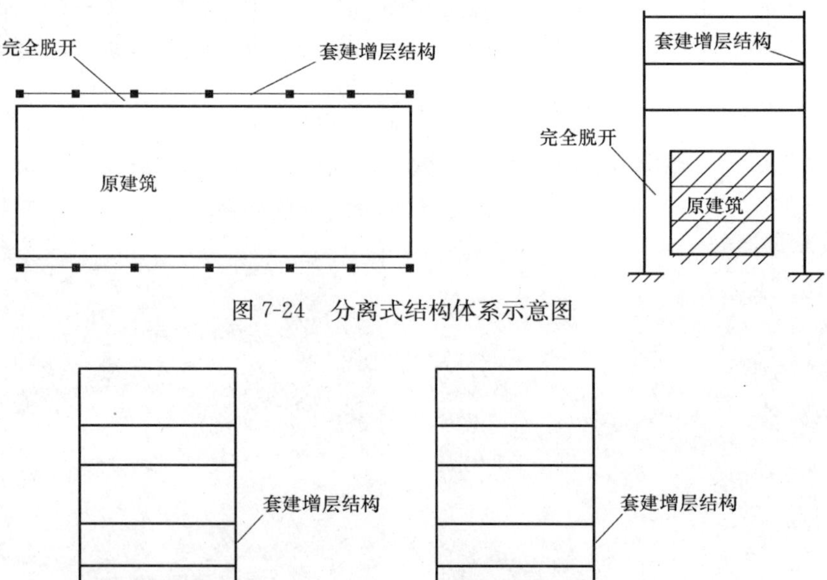

图 7-24　分离式结构体系示意图

图 7-25　协同式结构体系示意图

（2）地下增层的结构托换

地下增层是在旧房改造方面拓展了思维，在不拆除建筑物，不破坏原有环境及保护文物的情况下，将既有建筑物无地下室或地下室不足以进行地下空间开挖，达到建造新的地

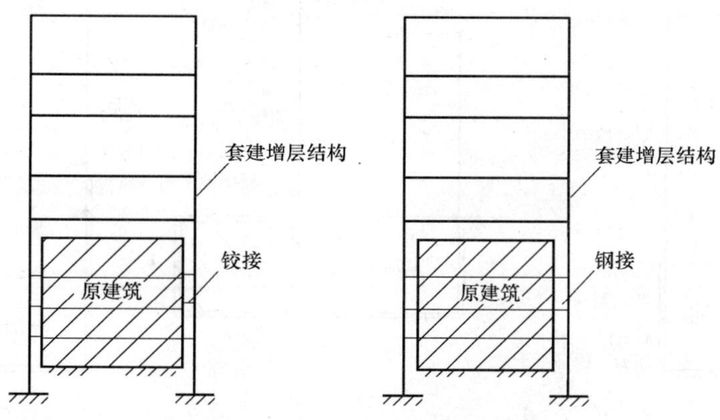

图 7-26 协同式结构体系示意图

下空间及地下隧道等。地下增层是一项复杂的技术过程，它包含了对原建筑物的基础托换、置换、开挖以及新构件制作与旧构件连接等一系列综合复杂的技术问题。

地下增层分类有延伸式增层（直接增层）、水平扩展式、混合式增层和地下空间改扩建增层。见图 7-27～图 7-31。

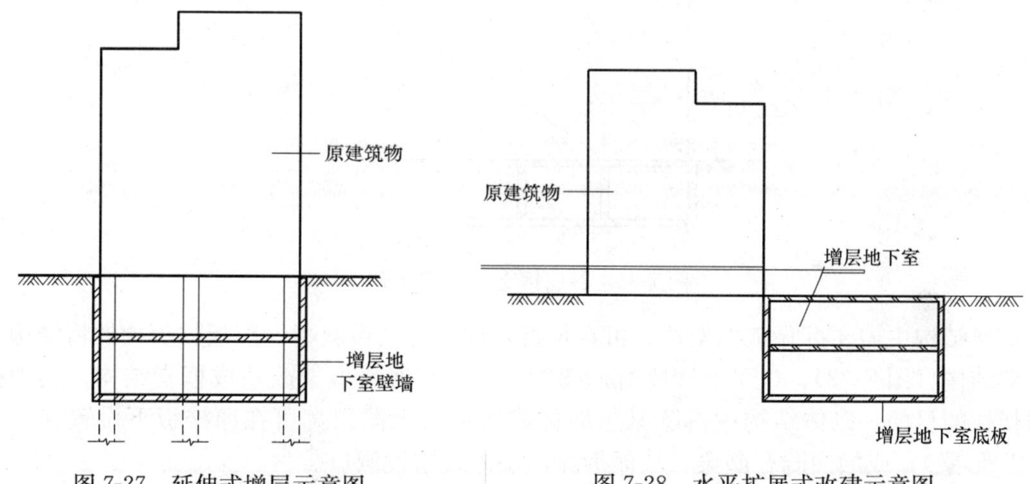

图 7-27 延伸式增层示意图

图 7-28 水平扩展式改建示意图

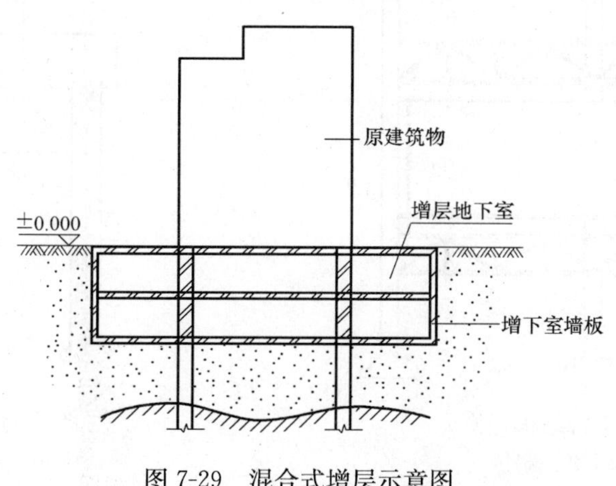

图 7-29 混合式增层示意图

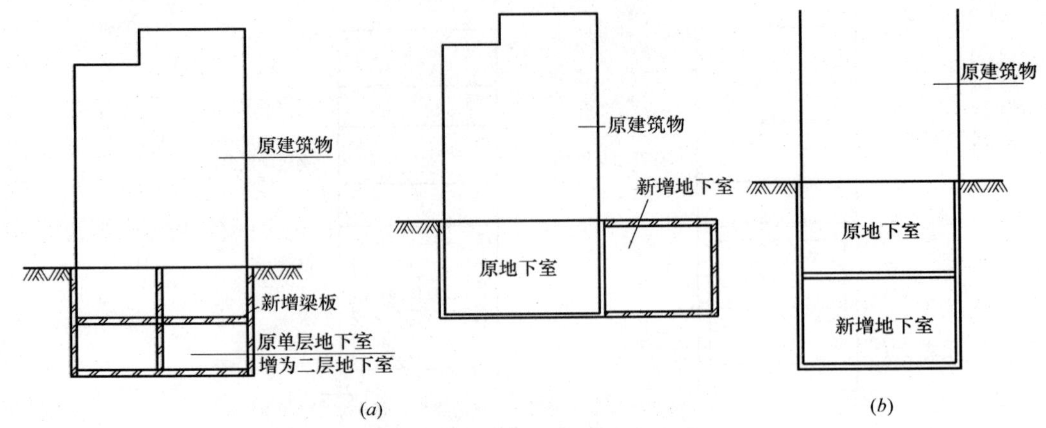

图 7-30　地下空间改建加层托换

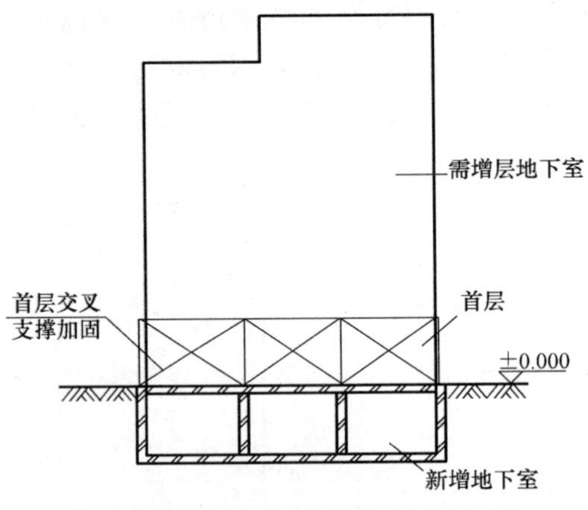

图 7-31　首层钢支撑加固方式

框架结构中需要拆除某框架柱，可在拟拆除柱上层增设斜撑、腹板柱等构件将结构变成桁架结构（图 7-32）；也可加固既有框架梁、柱，将普通框架改造成框支结构，实现拆除框架柱的目的。砌体结构中拆除某道墙体或增设较大洞口，可在原楼板下设置夹墙梁（“Π”形梁），或加固既有圈梁，从而拆除该墙体或增设洞口。

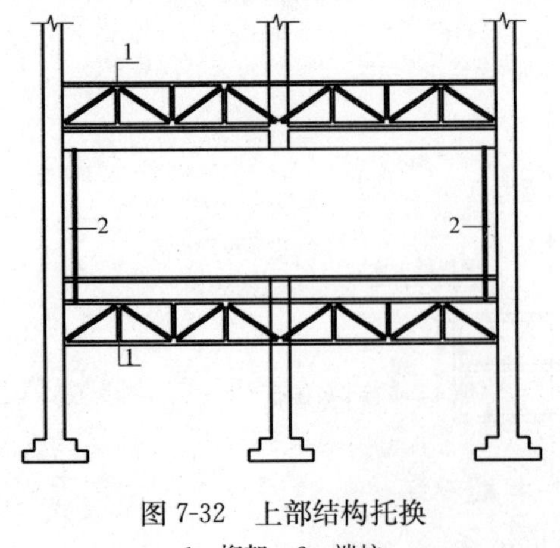

图 7-32　上部结构托换

1—桁架；2—端柱

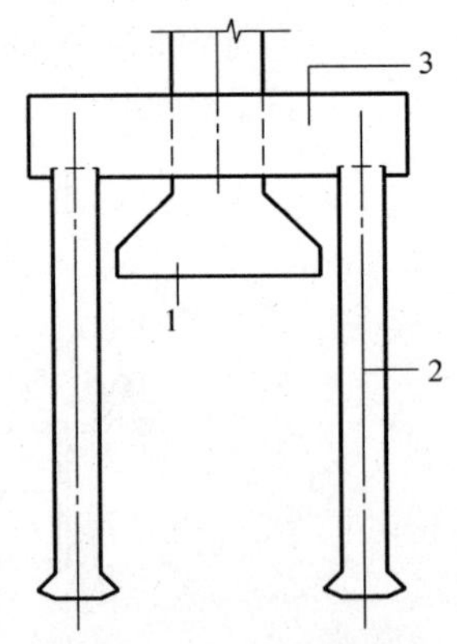

图 7-33　基础托换

1—原基础；2—新增柱；3—新增承台

7.3.3 地基基础托换

在结构和地基间设置构件或在地基中设置构件，改变原地基基础受力状态而采取托换技术进行地基基础加固措施的总称。包括既有建筑物的地基需要处理和基础需要加固；或解决既有建筑物基础下需要修建地下工程，其中包括隧道穿越既有建筑物，以及临近需要建造新工程影响到既有建筑物的安全等。如由于增加荷载，原基础不能满足增加荷载后的要求，可以通过增设"桩＋托梁"将新增加的荷载传递给新增桩并进而传递给下部较好持力层，实现基础的托换，见图 7-33。

（1）地基基础托换技术分类

托换技术各种方法，见图 7-34。

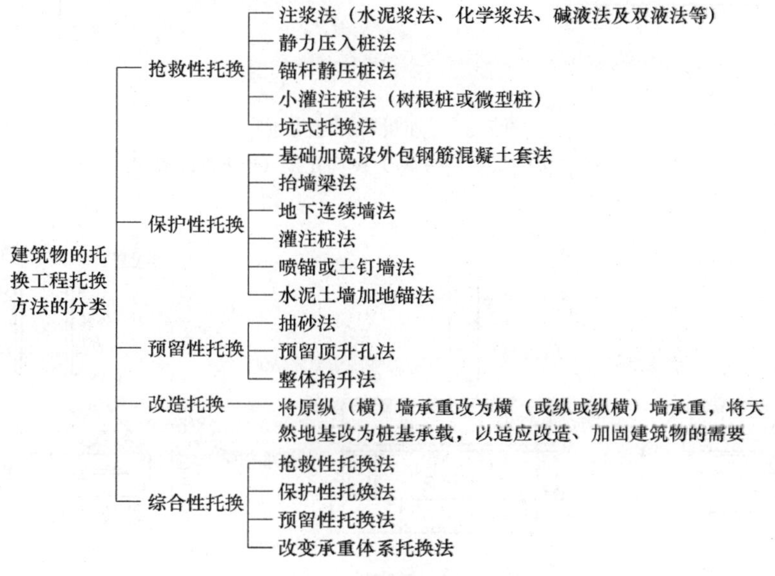

图 7-34 托换技术分类

常见的地基基础托换方法分类，见图 7-35。

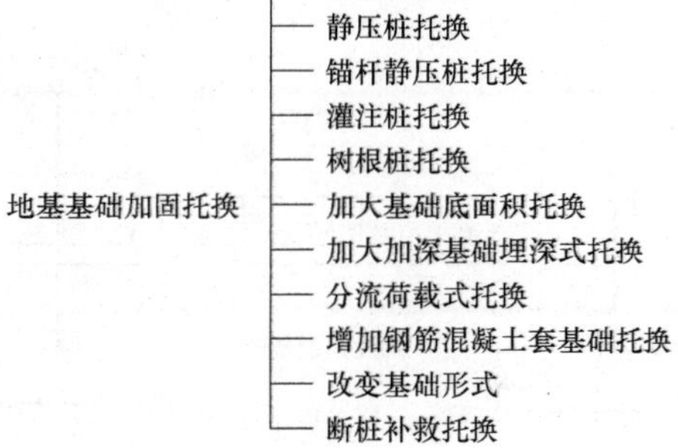

图 7-35 常见地基基础托换方法

总之，托换技术是一项高度综合性的技术，要用到各种各样的地基处理技术，因此在工程中要善于结合实际情况巧妙灵活地组合选用这些方法。

（2）基础托换加固

基础托换技术具有涉及专业类别多、技术含量高、环境保护问题突出等特点。基础托换即在既有建筑物上施作托换，把原来的柱（被托换柱）与托换梁连接起来，使上部的荷载转换到托换梁上，再通过托换梁传递到托换桩上，以替代原来的桩，承受上部的荷载。基础托换就是将既有桩基承受的上部荷载有效地转移到新托换结构上。基础托换技术的核心是新桩和老桩之间的荷载转换，要求在托换过程中托换结构和原有结构的变形限制在允许的范围内。地基加固包括隧道周围土体的加固和地基的加固。

各种基础加固托换形式，详见本系列丛书第7册《建筑物托换技术》。典型的地基基础托换加固见图7-36～图7-43。

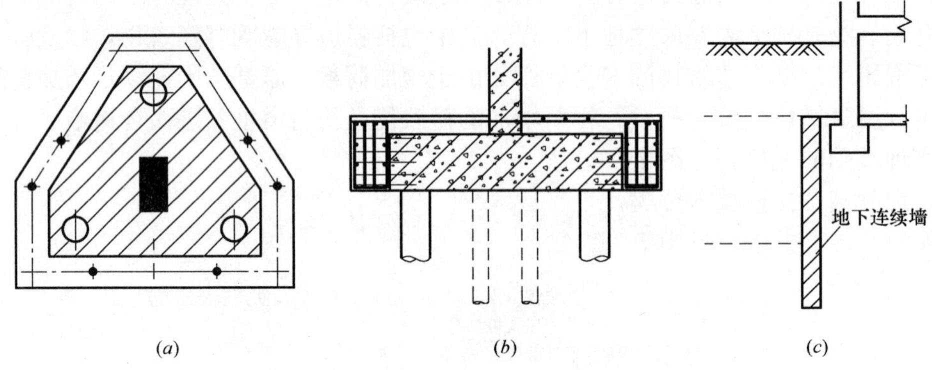

图7-36　加桩扩承台加固

(a) 加桩；(b) 扩大承台；(c) 侧向托换（地下连续墙式）

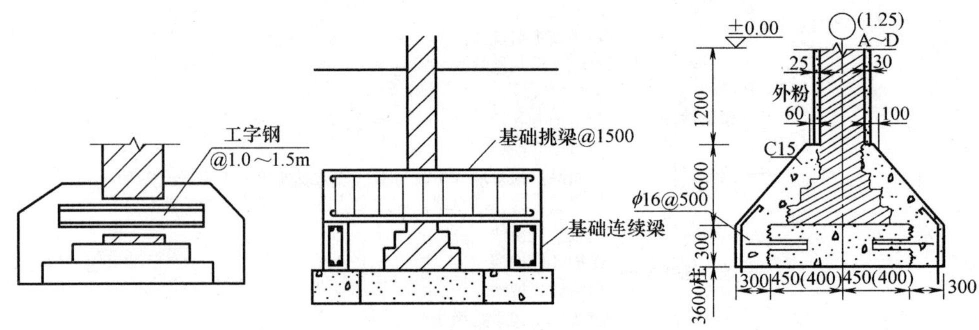

图7-37　双侧加宽基础

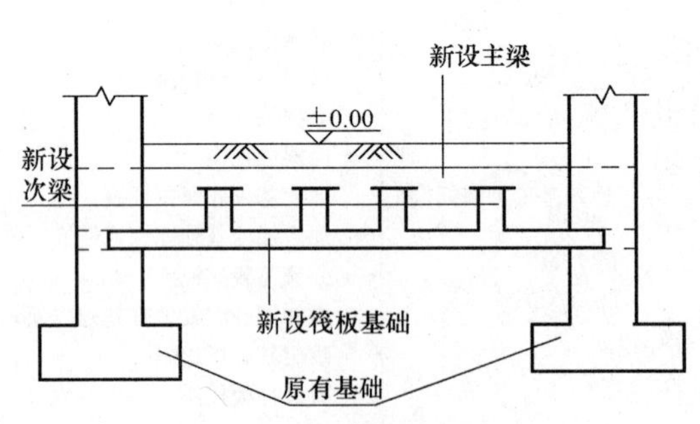

图7-38　基础板整体加固

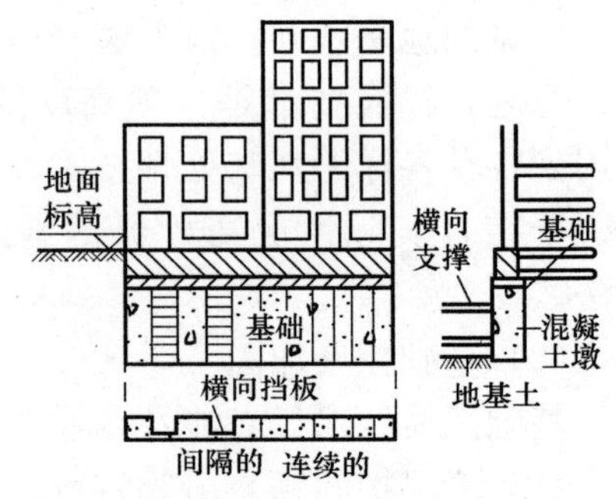

图7-39　间断与连续的混凝土墩式托换

(3) 地基加固

按地下工程穿越时距离既有建筑物的远近分：加固托换和分离托换两大类。如注浆、加筋、土工聚合物、锚杆、土钉、树根桩等为各种地基基础加固托换技术。典型的土加筋技术参见图7-44。

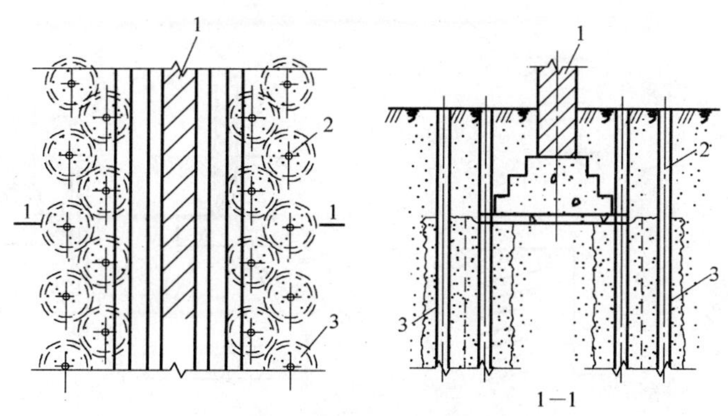

图 7-40 灰土挤密桩加固

1—基础；2—灰土挤密桩；3—灰土加固土体

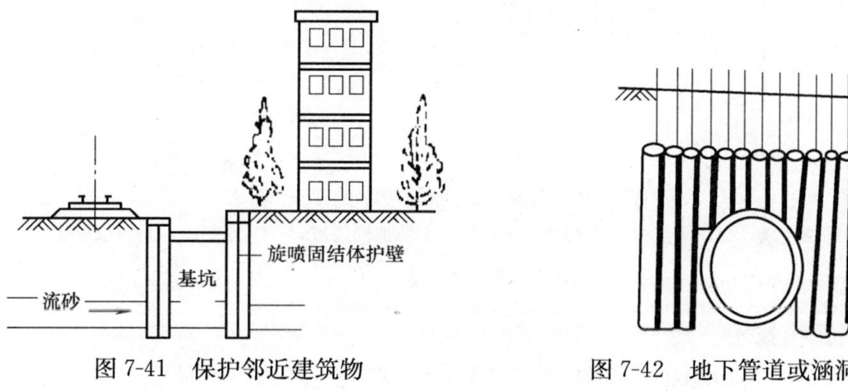

图 7-41 保护邻近建筑物

图 7-42 地下管道或涵洞护拱

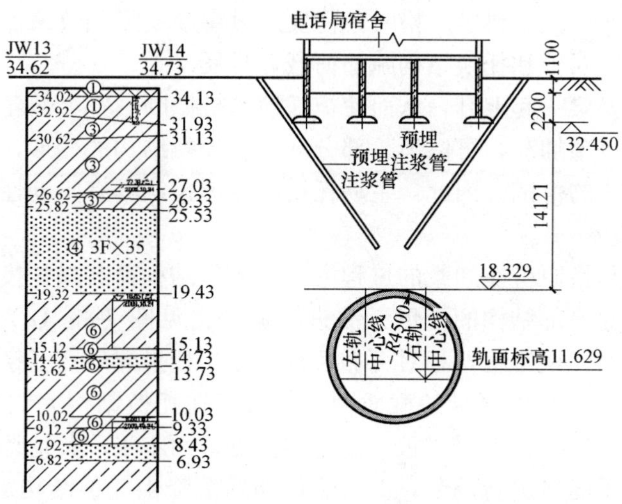

图 7-43 某隧道下穿建筑物注浆托换

(4) 被动托换和主动托换

按托换时变形可控性，桩基托换主要有两种类型，即主动托换和被动托换。

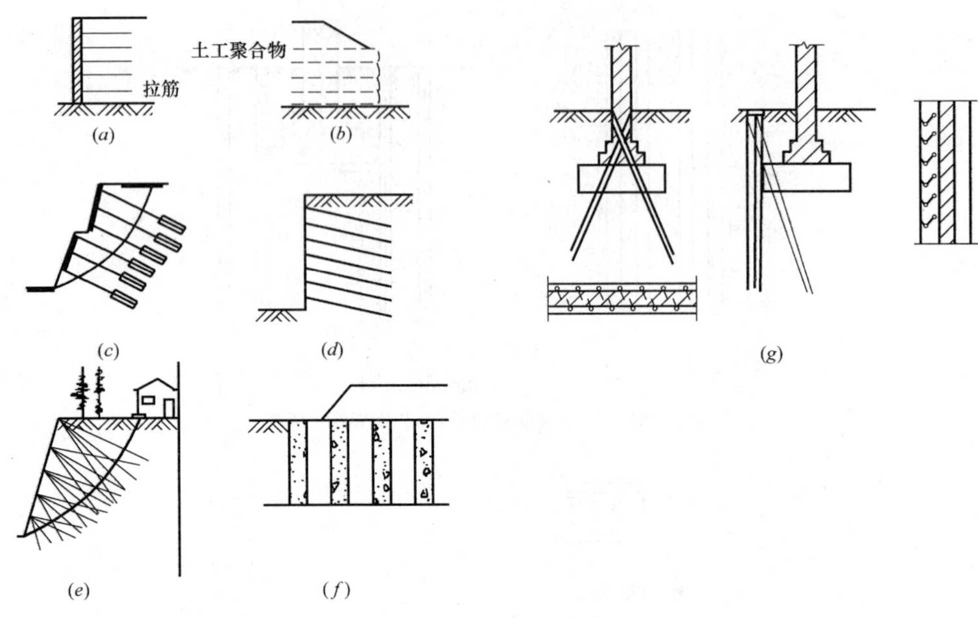

图 7-44　几种土的加筋技术的工程应用
(*a*) 加筋挡土墙；(*b*) 土工聚合物加筋土堤；(*c*) 土锚加固边坡；(*d*) 土钉；(*e*) 树根桩稳定边坡；(*f*) 碎石桩加固路基；(*g*) 树根桩加固地基

1) 主动托换技术

主动托换技术是指原桩在卸载之前，对新桩和托换体系施加荷载，以部分消除被托换体系长期变形的时空效应，将上部的荷载及变形运用顶升装置进行动态调控。当托换建筑物的托换荷载大、变形控制要求严格时，需要通过主动变形调节来保证变形要求，即在被托换桩切除之前，对新桩和托换结构施加荷载，见图 7-45 (*b*)、(*c*)，使被托换桩在上顶力的作用下，随托换梁一起上升，从而使被托换的桩截断后，上部建筑物荷载全部转移到托换梁上，同时通过预加载，可以消除部分新桩和托换结构的变形，使托换后桩和结构的变形可以控制在较小的范围。因此，主动托换的变形控制具有主动性。

2) 被动托换技术

被动托换技术是指原桩在卸载的过程中，其上部结构荷载随托换结构的变形被动地转换到新桩，托换后对上部结构的变形无法进行调控，见图 7-45 (*a*)。被动托换技术一般用于托换荷载较小的托换工程，相对可靠性较低。当托换建筑物托换荷载小、变形控制要求不严格时，依靠托换结构自身的截面刚度，可以在托换结构完成后，即将托换桩切除后，直接将上部荷载通过托换梁（板）传递到新桩，而不采取其他调节变形的措施。托换后桩和结构的变形不能再进行调节，上部建筑物的沉降由托换结构承受变形的能力控制，变形控制为被动适应。

(5) 补救性托换、预防性托换和维持性托换

按托换的要求不同可分为：补救性托换、预防性托换和维持性托换。

1) 补救性托换（Remedial Underpinning）是针对既有建筑物的地基土不满足地基承

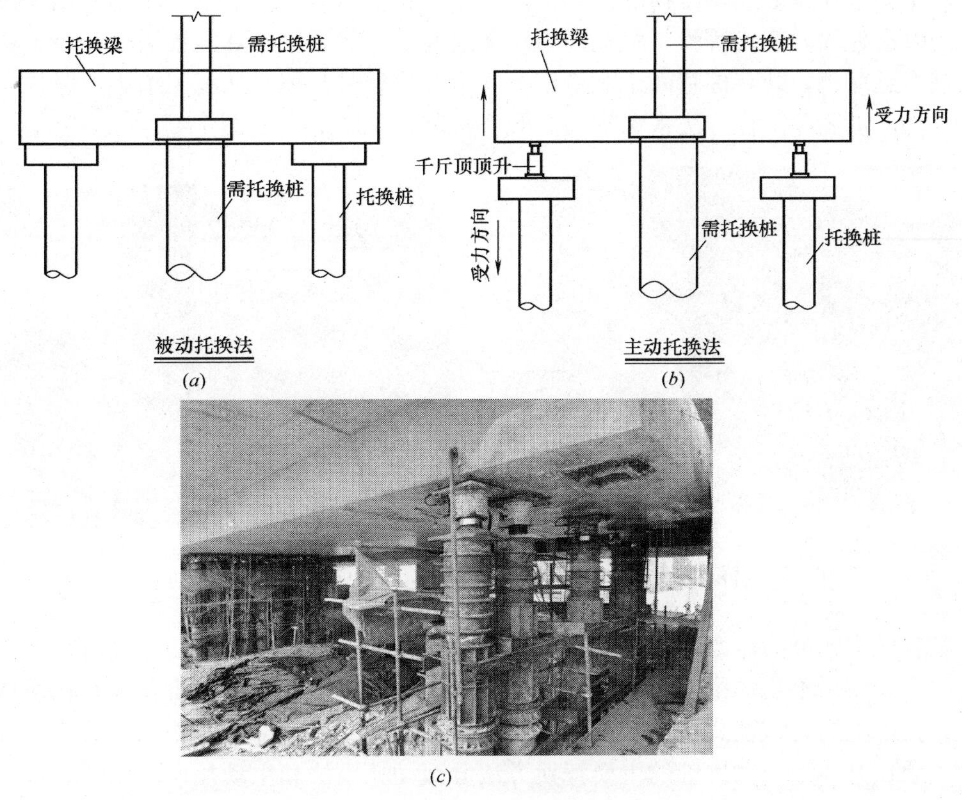

图 7-45 托换工程示意图
(*a*) 被动托换；(*b*) 主动托换；(*c*) 主动托换工程应用示意

载力和变形要求，而需要将原基础加深至比较好的持力层上；或因软土层很厚而加深原基础又会遇到地下水使施工困难，可扩大原有基础底面积等的基础托换。

2) 预防性托换（Precautionary Underpinning）是指既有建筑物基础下需要修建地下工程，包括地下铁道，或解决因邻近新建工程影响既有建筑物的安全时而需进行的托换；如基础托换方式采用平行于既有建筑物而修建比较深的墙体者，而需进行基础托换者，称为侧向托换（Lateral Underpinning）。

3) 维持性托换（Maintenance Underpinning）是指新建的建筑物基础上预留可设置顶升的措施，以适应事后不容许出现的地基差异沉降而需进行的托换。

（6）按托换施工方法分：基础加宽和加深法托换、桩式托换（静压桩、挤压桩、打入桩或灌注桩、灰土井墩、树根桩），灌浆托换（水泥灌浆、高压喷射灌浆），热加固托换，基础减压或加强刚度托换，纠偏托换（加压、掏土、降水、压桩、浸水、顶升）等。托换途径除处理地基和加固基础外，还可考虑改变荷载分布和传递，以及加强上部结构刚度等措施，以及改变和调整基底压力分布、减小建筑物差异沉降。

（7）桥梁桩基托换与顶升

桥梁桩基托换可分两种，一种是隧道需从既有桩基础下穿过，既有桩基已成为隧道掘进的障碍物；另一种隧道路线紧靠既有桩基，对桩基和其上部结构的稳定性造成严重损害。对于隧道穿越形成障碍物的桩基情况，目前大多数采取整体拆除该桥梁结构的方法，与此同时搭建临时替代桥梁，将地面道路交通改道，然后实施隧道推进。而对于隧道从既有桩基附近穿越，既有桩基尚未对隧道掘进形成障碍时，那么从施工措施上通常可以通过隔断、土体加固等工程方法来保护周围既有桩基，见图 7-46、图 7-47。

图 7-46　增宽桥梁基础

图 7-47　增加桥梁桩基

随着城市建设的需要，原来修建的一些桥梁不能满足行车需求，这样对一些桥梁需要进行改造。净空不足的桥梁需要整体抬高，理想方法之一就是采用桥梁顶升托换技术。整体顶升技术主要有包柱式托换和承台或整体夹梁体系支撑上部建筑物的荷载，并将荷载传递给支承顶升体系。对桥桩的主要托换方法分被动托换法和主动托换法两类。

(8) 按性质分类

既有建筑物地基基础加层或纠倾、移位托换；临近基坑开挖或地下铁道穿越托换等。

按性质可分为改造托换、灾损事故处理托换、移位托换。

1) 改造托换

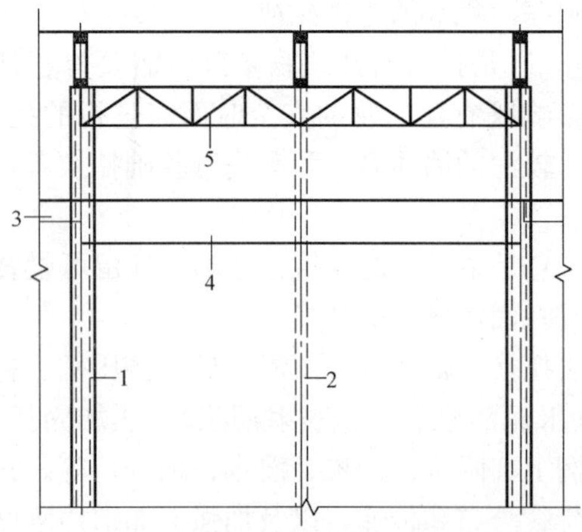

图 7-48　工业厂房抽柱扩跨改造示意图

1—加固柱；2—拟抽除柱；3—邻跨普通吊车梁；4—新增吊车梁；5—托架

当建筑物进行结构改造时，需要通过托换技术拆除某些构件而进行的托换。上部结构改造托换包括增加层高、改变开间或进深、墙体开设洞口等。如在既有工业建筑改造中，原来 6m 的柱距不能满足大型货物的运输，需要设置托架将吊车梁、屋架等承担的荷载传递给两侧的排架柱，拆除某个排架柱（图 7-48），这就是属于改造托换。

再如砌体结构的办公楼，原来的开间比较小，适应于当时封闭式办公的要求。现在随着办公条件和要求的不同，开敞式办公成为主流，需要由原来的小开间改造成大开间，某些墙体需要拆除。也有的临街的砌体结构办公楼，其商业价值更为突出，可能会变成营业性场所，这也要求变成大开间。这都是砌体结构的改造托换。与移位托换相比，改造托换结构的特点是：

① 一般是永久性的；

② 跨度较大；

③ 可不考虑水平力；

④ 只承担自身平面方向内墙体荷载。

2）灾损、事故处理托换

建筑物在遭受地震、水灾、火灾等灾害后，或施工中出现质量事故，如结构材料强度低、破坏，造成局部构件承载力大幅度降低，不满足安全要求。这时可通过对受损构件进行临时托换将低强材料或破坏材料剔除，再用高强材料填补，这属于临时托换；也可以直接通过托换结构或构件将受损构件承担的荷载永久传递到周围构件上，进行永久性托换。如 2008 年“5.12”地震后都江堰市某小区一栋住宅楼底层柱遭受破坏，加固修复过程中就是通过对受损柱进行支撑托换，将破损柱混凝土剔除，重新浇筑了较高强度等级，进行了临时托换处理。该工程考虑到都江堰市在“5.12”地震前后的烈度变化，通过损坏的底层柱内设置隔振支座，从而降低了上部结构的抗震要求，减小了加固修复投资，取得了非常好的社会、环境和经济效益。

再如，某框架一核心筒高层钢筋混凝土结构，23 层，当发现四层两个框架柱混凝土强度非常低时，施工已至 18 层，该柱承担的荷载非常大，在置换处理时，就设置了抱柱梁＋墙柱的临时托换体系，顺利置换低强混凝土，取得了非常好的加固效果。

图 7-49　降水纠倾

通过地基中降水来实现建筑物纠倾的目的，见图 7-49。

灾损、事故处理托换时的托换结构一般是临时性的。

3）移位托换（图 7-50）

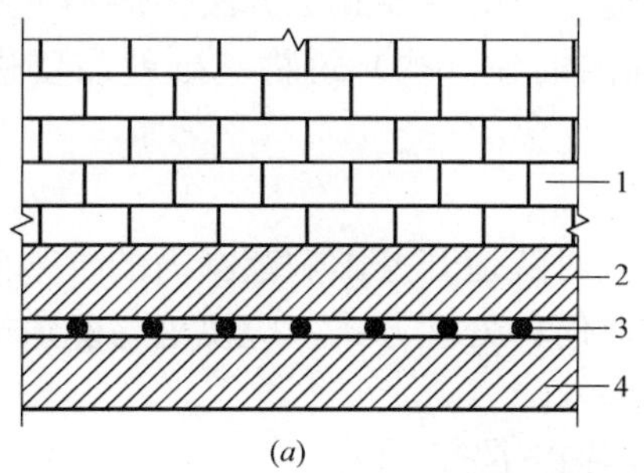

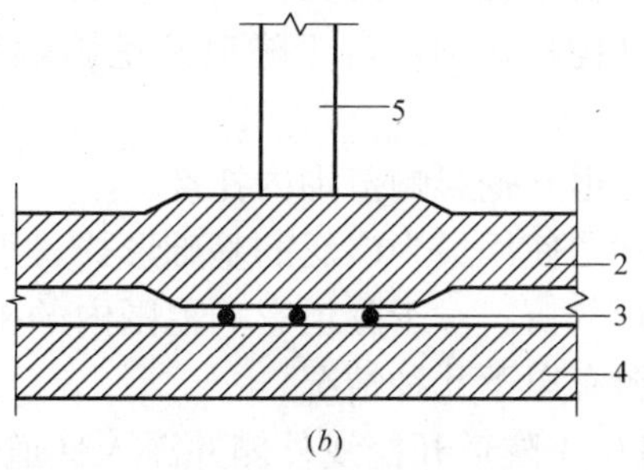

图 7-50　移位托换示意图

（a）砌体结构示意图；（b）框架结构图

1—上部砌体；2—托换结构；3—滚轴；4—轨道（基础）；5—框架柱

建筑物移位就是在建筑物基础的顶部或底部设置托换结构，在地基上设置行走轨道，利用托换结构来承担建筑物的上部荷载，然后在托换结构下将建筑物的上部结构与原基础分离，在水平牵引（顶推）力或竖向顶升力的作用下，使建筑物通过设置在托换结构上的托换梁沿轨道梁相对移动，最后达到新的位置。

关于移位工程的托换，本书不再介绍，读者朋友可参阅本系列丛书第 2 册《建筑物移位工程设计与施工》。

(9) 临时性托换和永久性托换

根据托换结构或构件是否永久作用于建筑结构可分为永久托换和临时托换。

1) 永久托换

在结构设置永久托换构件，该托换构件与被托换结构在改造后将共同承担、传递荷载，托换结构成为了结构的一个组成部分。托换用的桁架在改造后与原框架梁、框架柱一起工作，承担被抽除柱以上各层的荷载。在一些地下工程或者桥梁施工中，遇到的一些桩基托换，为减少浪费常用到永久托换。

2) 临时托换

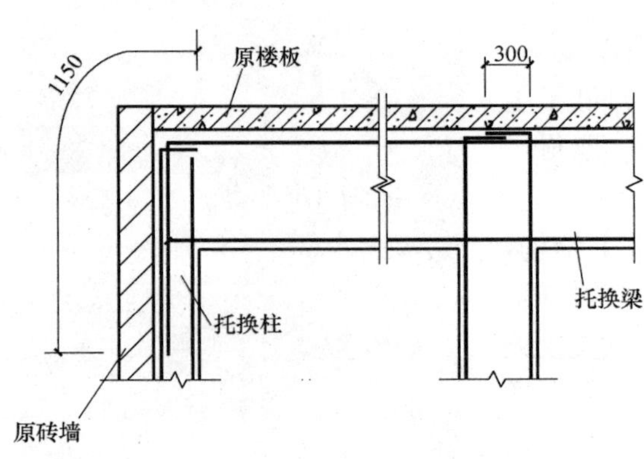

图 7-51　临时性托换施工

托换结构只在加固、改造过程中承担、传递荷载，当加固、改造完成并达到设计要求后，托换结构可以拆除。如进行低强混凝土置换时的托换结构就是临时托换结构。即所做的托换等不作为新建（或改造）建筑物的一部分，而是作为一个临时支撑的作用。在房屋梁加固改造时，临时托换会常常遇到。在纠倾工程中通过降水临时改变土体中的受力变化来调整建筑物的不均匀沉降等。图 7-51 为建筑物加固改造时的临时性托换。

7.3.4　城市隧道托换技术

为保持地面交通畅通，城市地下铁道施工应以尽量减小对地面交通的影响，采用暗挖施工基本不会干扰地面交通，成为城市地下铁道建设的主要施工方法，但不可避免的会下穿一些建（构）筑物，对于隧道开挖影响范围内的建（构）筑物基础就需要进行加固或托换。

(1) 隧道开挖影响范围内托换

桩基础是使用最为广泛的基础形式，下面就对隧道开挖影响范围内的桩基础加固处理或托换进行分析。对于隧道影响范围内的桩采取何种处理方式，应视桩与隧道的位置关系而定，主要有以下几种情况。

1) 桩位于隧道开挖线外侧并深入隧道开挖线以下。

对于这类桩，隧道开挖可能不会对桩基础造成多大的沉降，一般情况下不需要托换，但应根据桩的大小和上部建（构）筑物对附加变形的要求决定是否对桩周地层注浆加固。

2) 桩底位于隧道开挖线上方且在隧道坍落拱拱顶以上。

这类桩一般可以不采取特别加固措施，但要对桩周围的地基进行注浆，一是对桩周围地基土体进行加固，二是可以增加桩的摩阻力，阻止桩体下沉。

3）桩底进入隧道坍落拱内，但仍在隧道开挖线以上。

对于这类桩，应根据地质条件、桩的承载力和上部建（构）筑物对附加变形的要求，结合工程类比或数值分析的方式确定是否需要托换，若不需要托换，则应在对桩基周围土体进行注浆加固的同时，采取洞内加固的方法，即洞内超前支护、加密支护格栅间距、增大隧道支护刚度等措施，预加固坍落拱内的岩体，减少其松动，阻止桩基沉降。

4）桩底侵入隧道断面内，对于这类桩必须进行托换。

暗挖隧道下穿既有建（构）筑物桩基托换的方式主要有两种：一种是在隧道开挖到需要托换的桩基础之前将托换工作完成，隧道通过时直接在洞内截桩，称之为“地面桩基托换”，属于前面提到的主动桩基托换；一种是隧道施工过程中，逐步将侵入隧道内的桩基荷载转移到加强的隧道支护结构上，将隧道支护结构作为原桩新的持力层，完成托换工作，称之为“洞内桩基托换”，属于前面提到的被动桩基托换。

各种建（构）桩基础同隧道位置关系有以下几种，见图 7-52。

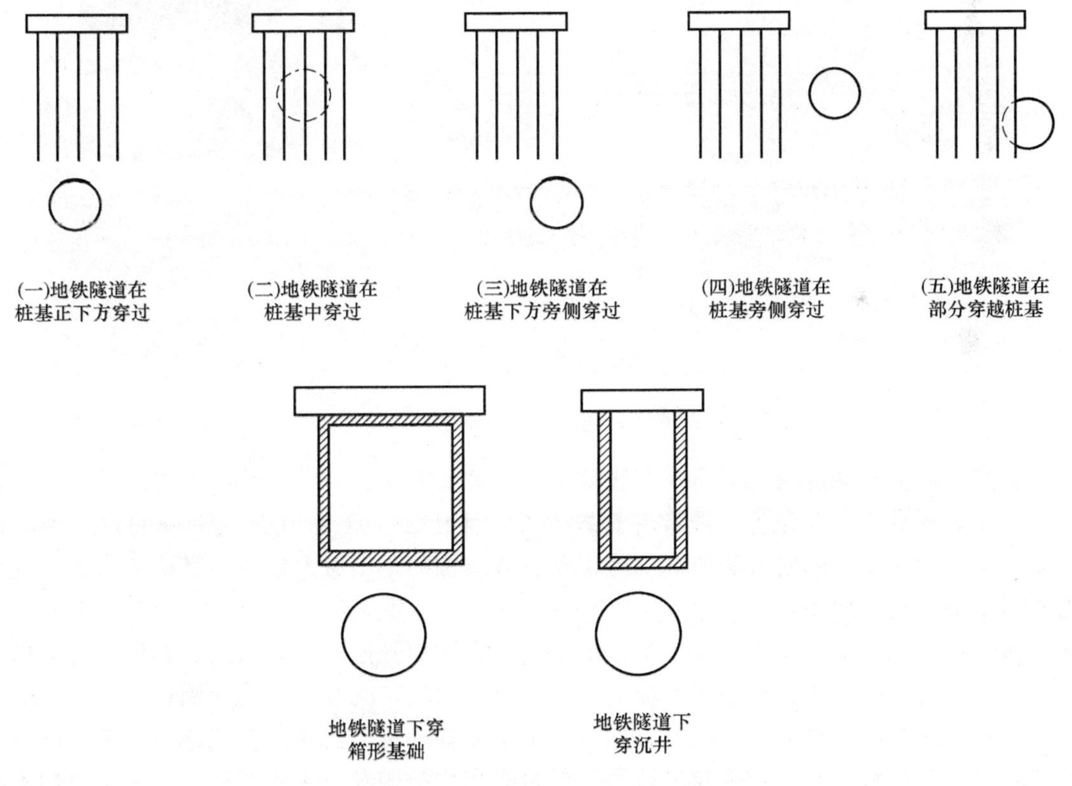

图 7-52 隧道与各种建筑物基础的位置关系

5）城市隧道穿越建（构）筑物托换方法

盾构隧道施工穿越建筑物桩基础，需对原桩基础进行切断，见图 7-53。

在城市快速轨道交通网的建设中必然遇到众多的节点车站，这样也必然存在车站及区间隧道的相互穿越的工程问题，仅北京的地铁建设中就已经出现了地铁 5 号线在崇文门和东单分别下穿和上穿地铁 2 号线和 1 号线，地铁 10 号线芍药居站下穿 13 号线和国贸站下穿 1 号线、机场线东直门站下穿 13 号线折返段，地铁 4 号线宣武门车站下穿 2 号线和西单站下穿 1 号线等诸多工程案例。在很多情况下，由于交通规划的多变性以及城市经济的快速发展，前期建设中没有预留新线的接口，或者预留接口工程的标准和条件不能满足要求，则必然造成新建线路在既有地铁构筑物附近施工的实际问题。事实上，新建地铁施工与既有地铁结构之间是相互影响的，既有结构的存在影响到新建工程的施工和安全，而新线施工则又必然对既有结构产生影响。在既有线正常运营的情况下顺利地完成施工，并确保运营和施工的安全是该类工程所面临的主要技术难题。

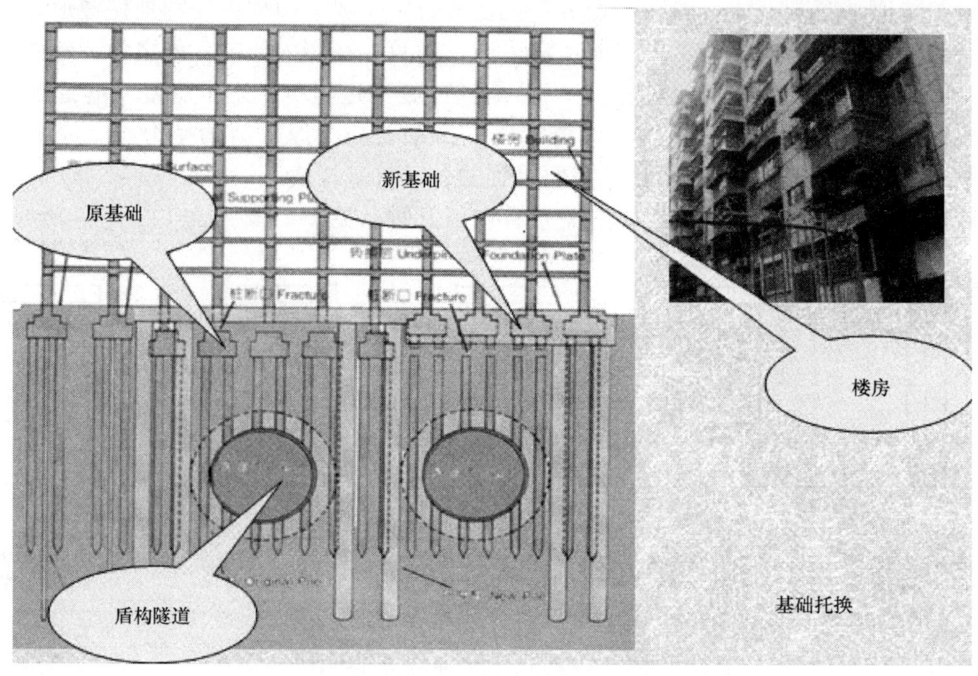

图 7-53　地铁穿越建筑物桩基基础托换示意图

新建地下工程穿越轨道交通既有线结构，依据新建地下工程与既有线结构的位置关系可分为下穿既有线、上穿既有线和邻近既有线 3 种形式，下穿既有线工程的技术难度最大。下穿既有线工程依据新建地下工程距既有线结构的距离可大致分为零距离穿越、近距离和远距离穿越 3 种形式。

而在隧道穿越既有线路的施工中，由于需要大断面开挖、取土卸荷、新建其他大量结构，在整个过程中，既有线路周围环境将发生巨大变化，既有线结构与周边环境原衔接方式，相互之间的作用也会随之改变。同时施工时的各种机械扰动，一些施工工艺对原有结构的影响，甚至某些突发事件或事故都可能对既有线结构发生大的变形。另一个更加不利的因素是，在隧道穿越施工时，既有线有可能处在不稳定的状态下，一些不利的影响很可能被放大，这就对托换施工提出了很高的要求，而这其中，对线路变形的控制最为关键。

6）国内外隧道穿越既有轨道线路工程实例

美国 I-93 州际公路在波士顿下穿地铁南站 Red Line 地铁工程，公路隧道距地铁车站最近处约 1.5m，以盖挖法施工穿越既有线，采用钢筋混凝土墙和梁托换车站结构，并对土体进行化学注浆，然后进行穿越结构施工。

英国伦敦地铁 Jubilee 延长线，下穿伦敦地铁环线、贝克鲁线和北线等。隧道距上部既有线路距离分别为 6m、8m 和 20m，以敞开式盾构和新奥法进行施工，采用超前管棚支护和土体注浆加固技术，保证新建隧道安全通过既有线。

意大利 Bologna 市郊公路隧道下穿三条高铁线路，采用暗挖法施工。在隧道轮廓边侧使用旋喷桩超前支护，工作面采用玻璃纤维加固，隧道初支采用钢拱架加 25cm 网喷混凝土支护。

上海轻轨 L1 线南梅区间地下横穿 M3 线漕河泾站的改造工程，由于在底板破除后应力会发生重分布，造成局部反力集中，故采用树根桩进行结构托换、旋喷桩对地基加固兼做基坑围护，取得了良好的技术及经济效果。

上海轨道交通 4 号线在上海体育场站，零距离穿越正在运营的 1 号线上海体育馆站。采用地层冻结技术施工，在 1 号线车站两侧施工了由 8 个钻孔灌注桩组成的托换体系。在下行线隧道停止冻结后，对冻结壁进行自然解冻，同时进行跟踪注浆。在穿越段施工的整个过程中，未发生严重质量与安全问题，对地铁 1 号线车站沉降控制在设计的范围之内，从而确保了 1 号线地铁的正常运营。

上海轨道交通 8 号线曲阜路—人民广场区间隧道采用 ϕ6340 土压平衡式盾构掘进，在人民广场上穿 2 号线，最近垂直距离 1.33m。为防止 2 号线因上部减载而上浮变形过大，盾构施工同时在 2 号线影响范围约 20m 范围内，在隧道拱底部位实施压载施工，平均压载量为 2.5t/m。同时对 2 号线影响范围内总数约 40 环的管片进行纵向拉紧联系，一方面增强施工阶段的隧道纵向刚度，防止下卧 2 号线的进一步隆起，另一方面防止盾构进洞时的水土流失和 8 号线区间管片接缝松动对 2 号线结构变形的影响。

广州地铁 3 号线横穿地铁 1 号线体育西路站，其下穿段采用新奥法施工。由于初支开挖面距离上部 1 号线车站底板最近仅为 670mm，为保证在施工中 1 号线的运营不中断，采用地层注浆加固、超前管棚支护的方法进行施工，成功的保证了 1 号线的正常运营。

北京地铁 5 号线崇文门车站与既有地铁 5 号线崇文门站东端区间立交，并从其下方穿过，采用“暗挖法”施工。新建车站在 1.98m 近距离内暗挖施工下穿既有地铁环线结构，采用 ϕ600 大管棚进行超前支护，全断面超前注浆的方法，大管棚与既有线之间采用跟踪补偿技术注无收缩速凝高强浆液，控制地层变形。在下穿既有线中洞施工完成后，在中洞天梁两侧与初支结构之间进行了注浆加固，加强对上方既有线基础土体加固的效果，同时在一定程度上也使既有线结构的沉降得到了恢复。该工程施工顺利，2 号线的沉降控制在允许范围之内。

北京地铁 5 号线东单站过长安街暗挖段长 63.8m，从地铁 1 号线区间隧道上部穿过，暗挖段与 1 号线区间隧道间土层厚度仅为 0.6m 左右。为保证在暗挖段施工中，不会因土方开挖后的卸载作用会造成 1 号线区间隧道上浮，使得既有线区间变形控制在限制标准内，不对地铁 1 号线正常运营造成影响。隧道开挖前，双向施做大管棚注浆，在 5 号线车站暗挖通过 1 号线段采取设计配筋加强，暗挖隧道底板衬砌厚度设计为 700mm 以加强刚度，同时用预注浆和锚杆对 1 号线进行地基加固。经施工监测证明，该施工工艺有效地控制了 1 号线的变形。

北京地铁 4 号线宣武门站从既有 2 号线宣武门站下穿过，为减小车站埋深，避让既有构筑物，车站采用中部单层结构、两端双层结构的“端进式”。单层段拱顶距既有站底板净距1.9m。工程要求既有线结构变形不大于30mm，轨距增宽不大于6mm，轨距减窄不大于2mm，单线两轨高差不大于4mm。采用ϕ600大管棚超前支护，辅以全断面注浆的方式，以交叉中隔壁法施工。该工程施工顺利，沉降控制良好。

目前隧道穿越既有轨道交通线路施工方案还是以传统隧道掘进支护工艺为主，通过大管棚超前支护、土层注浆等对隧道断面周围土层进行加固，进而保护上部既有轨道交通线路。然而该施工方法在隧道穿越既有轨道线路施工时尚存在一些不足：

首先，在隧道开挖中，由于下部土体的开挖，造成上部土层连同其中的或地面上的既有线轨道线路的变形将是不可避免的，而采用大管棚超前支护或土层加固注浆的方法虽然能够对隧道进行有效支护，减少上部沉降，但只能被动的进行适应，无法主动的对沉降进行精确的控制。而从《铁路线路修理规则》中对线路轨道的规定可知既有轨道线路差异沉降的要求一般只有几个毫米，这是传统的支护方式很难做到的。

其次，施工中一般都会要求保证既有轨道交通线路的正常运营，列车在行驶中产生的振动将会对隧道支护结构产生一定影响，进而反作用于既有结构，表现在既有结构产生的变形与沉降上。传统的管棚支护方案对此无法调整，注浆加固虽然在一定程度上能够调整土层的变形，减小沉降的发生，但不能即时进行，有一定的滞后性。

第三，若隧道与既有轨道线路结构穿越时间距很小、甚至是零距离穿越时，将没有足够的空间来施做超前管棚和进行土层注浆。

第四，对于那些采用桩基础的既有轨道交通线路，超前管棚和土层注浆通常不能对上部结构进行支护，必须在隧道掘进前对处于隧道断面影响范围内的桩基进行托换。

可以预见的是，在不远的将来，随着城市轨道交通的发展，将会出现越来越多的轨道交通线路交叉节点相互穿越的情况。如何选择有效的施工方法，使得类似工程施工能安全有效进行，具有十分重要的意义。

(2) 隧道内托换技术

在地铁隧道托换工程中依据“控制隧道变形为主，地基和房屋加固为辅”的原则，在保证安全的前提下，严格控制隧道开挖引起的地层变形，同时对地基和房屋进行必要的加固处理。防止地表下沉的主要措施是改善掌子面上方的围岩状况。同时，因地表下沉与掌子面的稳定性有关，因此，防止地表下沉的对策多与掌子面稳定对策同时实施。

稳定围岩和控制地表下沉的方法，主要有以下几种：

1) 隧道内注浆法

以加固围岩、止水为目的而采用的工法，向砂土注浆易于获得较好的效果，在黏性土中的效果不好。为进行有效注浆，要采用与围岩性质相适的药液和方法。

2) 冻结法

在山岭隧道中采用较少，但其加固围岩、止水的效果非常好，可靠性高。在软弱粉砂层、大量涌水围岩、接近结构物施工的场合是很适合的。缺点是从准备到发挥作用的时间很长。

3) 垂直锚杆法

垂直锚杆法是一种用锚杆从隧道上方加固地层的方法，一般从地表面钻直径60～125mm的钻孔，然后插入钢筋。其作用是：利用砂浆和周边围岩的凝聚力控制下沉、利用抗剪能力防止洞口滑坡。

4）管棚法

一般多在洞口施工时采用，根据使用的钢筋管直径分类，有小直径钢管管棚和中、大直径钢管的管棚。在埋深小的隧道，正上方有建筑物时，也可采用此法。

5）水平高压旋喷法

在掌子面与隧道轴线平行时，用特殊机械钻，同时向管体内高压喷射水泥浆液，形成直径 50～70cm 的圆柱体的工法。

材料 3d 的强度可达 8～10MPa，改善围岩的效果很好，是改善掌子面自稳性和控制地表下沉的较好方法。但施工设备多，系统庞大。

6）隔断墙法

一般作为止水的辅助工法采用，但也有用于作为控制地表下沉的对策而采用的。它可以降低开挖引起的地表下沉及向周围的传播。

在隧道两侧用刚性材料构筑地中墙，用以隔断下沉及向周围的波及。施工时要注意地表条件的影响。

① 隧道内注浆法

a. 注浆（Injection Grout），又称为灌浆（Grouting），它是将一定材料配制成的浆液，用压送设备将其灌入地层或缝隙内使其扩散、胶凝或固化，以达到加固地层或防渗堵漏的目的。

注浆理论是借助于流体力学和固体力学的理论发展而来，对于浆液的单一流动形式进行分析，建立压力、流量、扩散半径、注浆时间之间的关系。实际上浆液在地层中往往以多种形式运动，而且这些运动也随着地层的变化、浆液的性质和压力变化而相互转换或并存。注浆理论的研究成果主要有：渗透注浆理论、压密注浆理论、劈裂注浆理论、电动化学注浆理论等四种，其中以劈裂注浆理论在地铁隧道加固托换中运用最为广泛。

注浆设计是建立在注浆试验基础上，用注浆试验中获取的资料数据来论证所采用的注浆方法在技术上的可行性和可靠性、经济上的合理性，进而提出可行的施工程序与相应的注浆工艺、浆材、最佳浆液配比及注浆孔的布置形式、孔距、孔深、注浆参数等。在进行注浆设计时，需要进行初步设计，然后根据注浆试验的效果反馈修改设计参数。即所谓的注浆动态设计，以选择最佳的注浆参数和注浆方案。

小导管沿隧道周边布设，一般为单层布置；大断面隧道、软弱围岩地层亦可双层布置。环向间距为 30～40cm。小断面隧道钢拱架间距为 75～100cm，每开挖 2～3 循环安设一次；大断面隧道钢拱架间距 0.5m，每开挖 1～2 循环安设一次。小导管超前预注浆示意如图 7-54 所示。

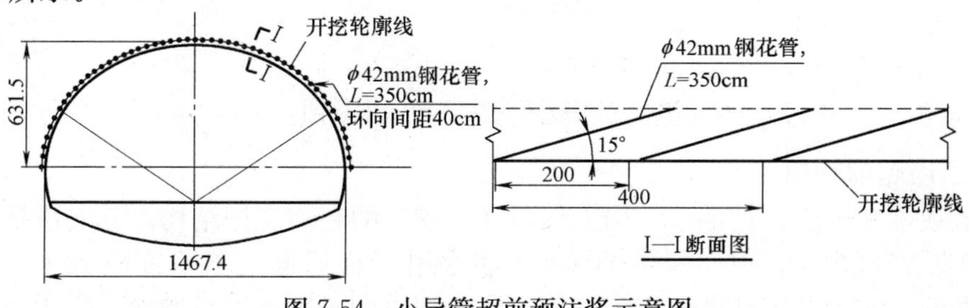

图 7-54 小导管超前预注浆示意图

b. 小导管的制作

超前小导管宜采用直径为 25～50mm 的焊接钢管或无缝钢管制作。

先把钢管截成需要的长度，在钢管的前端切割、焊接成 10～30cm 长的尖锥状，在钢管后端 10cm 处焊接 ϕ6mm 钢筋箍，以利套管顶进，管尾 10cm 车丝，和球阀连接。距后端钢筋箍处 90cm 开始开孔，每隔 20cm 梅花形布设 ϕ8mm 的溢浆孔。小导管制作如图 7-55所示。

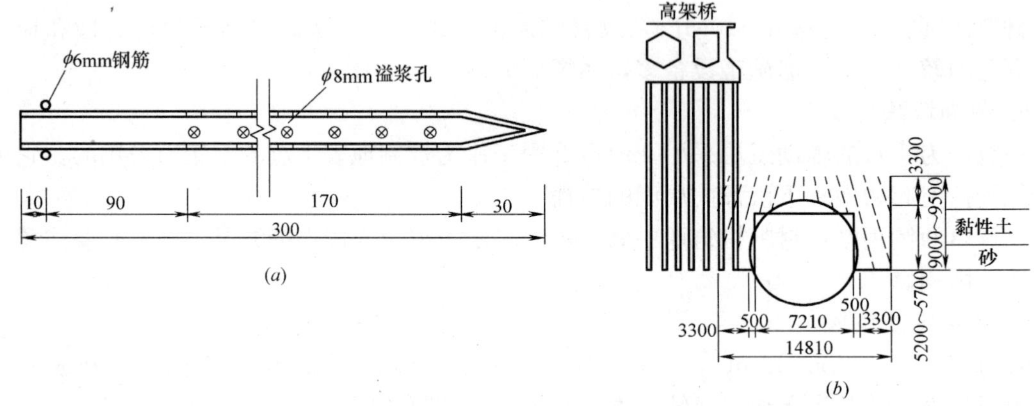

图 7-55　小导管注浆加固示意图

（a）小导管开孔；（b）侧穿桩基时的注浆

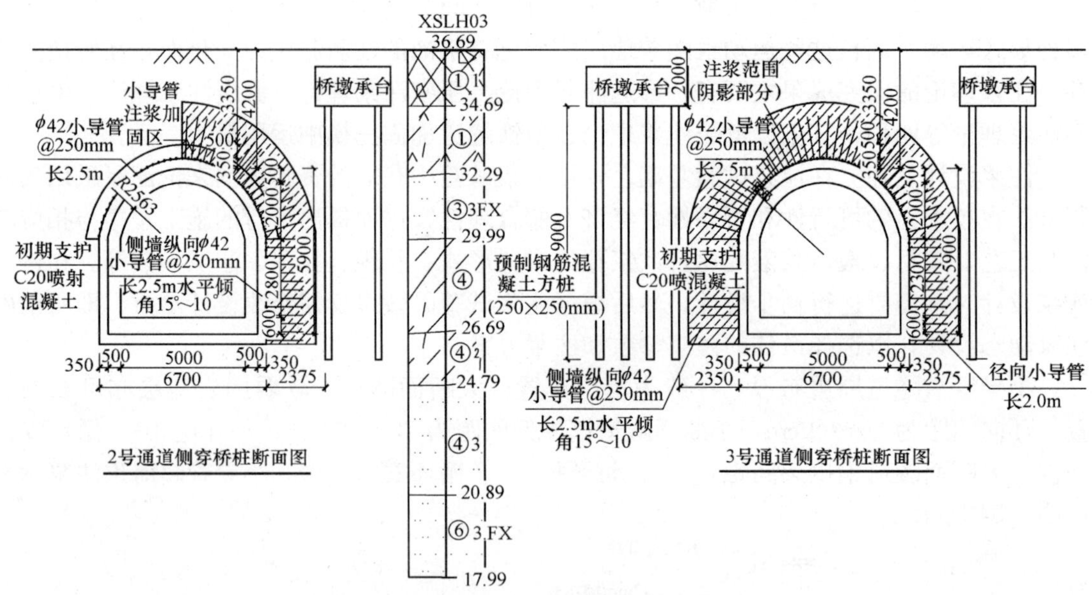

图 7-56　隧道内注浆加固示意图

② 隧道内超前管棚

管棚法或称伞拱法，是地下结构工程浅埋暗挖时的超前支护结构。其实质是沿开挖轮廓线周线 120°范围内，钻设与隧道轴线平行的钻孔，而后插入不同直径 70～1000mm 的钢管，并向管内注浆，固结管周边的围岩，并在预定的范围内形成棚架，形成简支梁支护体系，起临时超前支护作用，防止土层坍塌和地表下沉，以保证掘进与后续支护工艺安全运作。管棚技术，即水平定向钻进技术，属于非开挖技术，水平定向钻进技术特点是利用钻杆固有的刚度和柔性，在导向系统的监测下设计路线轨迹钻进，到达目的地，卸下钻头换上扩孔器进行回扩孔托管或直接在管头安装扩孔器，一次完成的安装。

管棚超前支护法是近年发展起来的一种在软弱围岩中进行隧道掘进的新技术。管棚法最早是作为隧道施工的一种辅助方法，在松散、软弱、砂砾地层或软岩、岩堆、破碎带，以及隧道进出口地段施做管棚，能够保证隧道开挖施工的安全，并尽可能循环通过上述地段。

管棚的布置形式是管棚设计中的最重要参数之一，它直接关系着管棚工程的钢管数量、施做时间，工程造价以及管棚的作用效果。

布置形式主要受管棚目的、地层特性、地层分布及稳定情况、隧道断面形式、跨度、隧道的开挖方法及相应的开挖断面等因素控制。根据现有的工程案例分析，管棚主要有弧形、门形等布置形式。

a. 弧形布置

管棚布置在隧道拱部，对应的圆心角一般为 120°～150°，这种布置形式主要用于防治拱部坍塌，且未采用管棚的边墙部位在开挖过程中能够保持稳定，如：杨梅岭隧道、官头岭隧道进口段管棚布置在拱部 150°范围；青岭隧道治理塌方段布置在拱部 148.95°范围内；磨石岭隧道管棚布置在拱部 120°范围。典型工程的布点分别如图 7-57 所示。

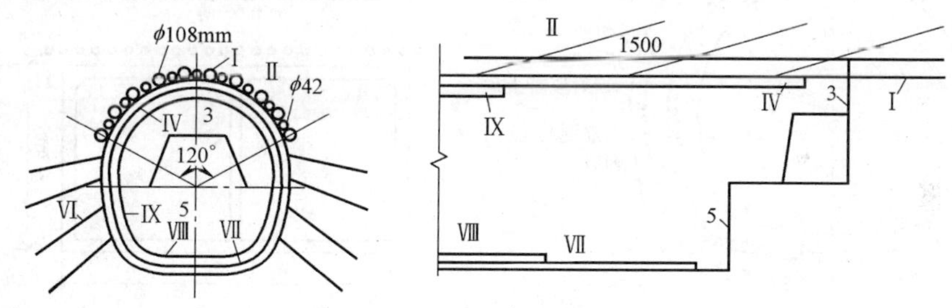

图 7-57　地铁某区间隧道管棚布置图

b. 半圆形布置

主要用于隧道上断面开挖过程中，拱部地层难以保持稳定的情况，隧道管棚布置在拱部 180°范围内，典型工程案例如图 7-58（*a*）所示。

c. 门形布置

隧道除底部外，布置成半圆——半封闭的门形。该布置形式适用于隧道底部稳定而断面内地层及上部地层不稳定的情况，典型案例如图 7-58（*b*）所示。

d. 全周布置

用于软弱、富水地层或膨胀性、挤出性围岩等隧道地质条件极差的情况，典型工程案例如图 7-58（*c*）所示。

e. 一字形布置

该布置形式一般用于在下穿公路、构筑物等，受环境限制拱部为坦拱形式或隧道距离穿越物比较近时，布置一字形可以减少管棚工作量，典型案例如图 7-58（*d*）所示。

f. 波浪形布置

该形式主要用于结构形式、施工方法特殊的地铁车站或多条并行隧道，典型案例如图7-58（*e*）所示。

g. 正方形布置

在城市和高速公路隧道中，经常遇到平顶直墙结构，为保证隧道上面道路或建筑安全，常采用如图7-58（*f*）所示的大管棚超前加固方式。

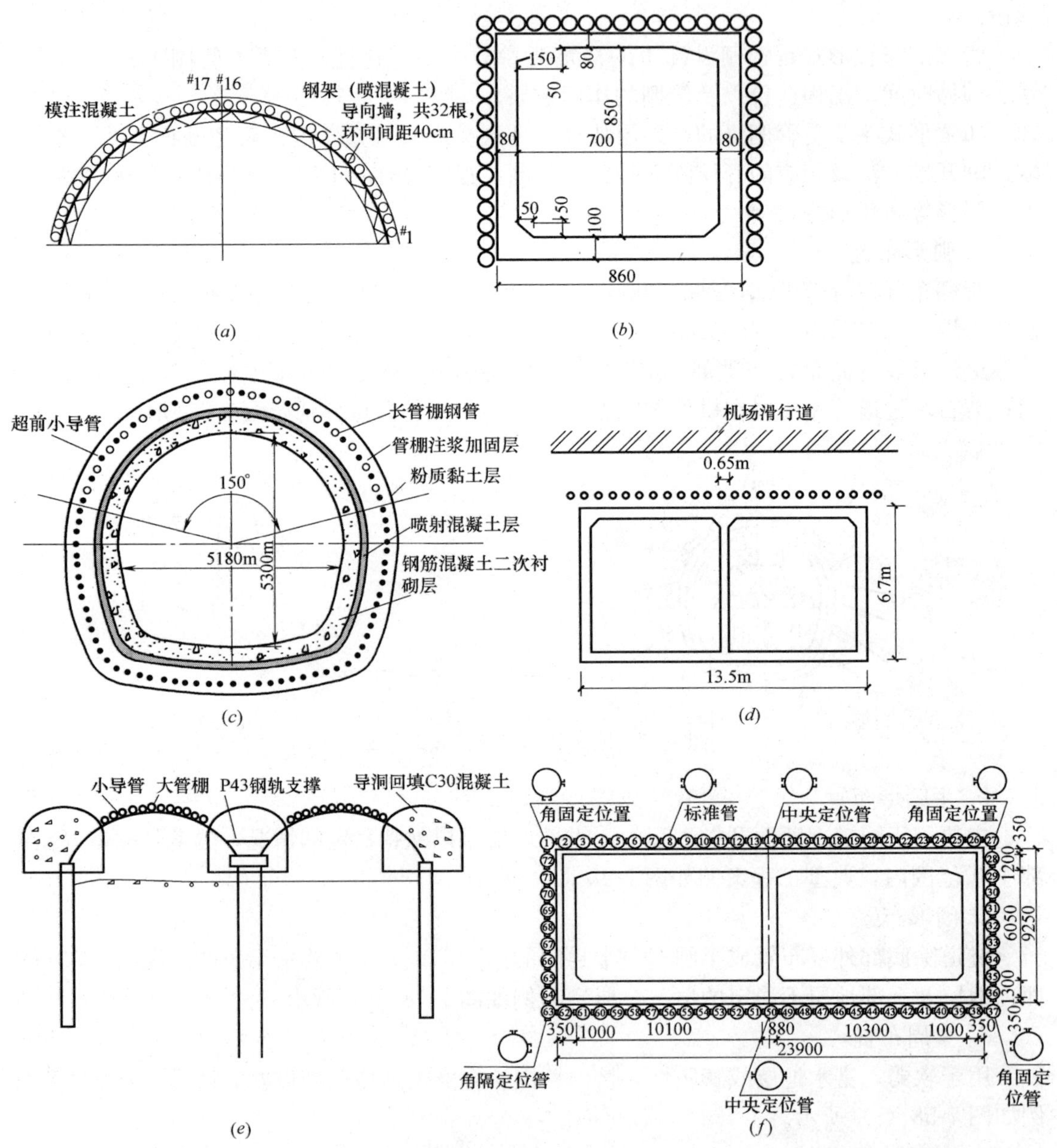

图7-58　隧道大管棚布置

（*a*）半圆形；（*b*）门形；（*c*）全周布置；（*d*）全周布置；（*e*）波浪形；（*f*）正方形

③ 水平高压旋喷桩

水平高压喷射注浆（High Pressure Jet Grouting）技术是20世纪60年代后期由日本日产冷冻有限公司开发的一种加固松软土体的技术。该技术采用钻机先钻进土层的预定位置，由钻杆一端安装的特别喷嘴把水泥浆液高压喷出，以喷射流切割搅动土体。同时，边旋转边提升，使土体与水泥浆混合凝固，从而造成一个均匀的圆柱状水泥加固土体，以达到加固地基和止水防渗的目的。这种地层加固方法，称之为旋转喷射注浆法，简称旋喷法。一般情况，钻机都为垂直钻孔，称为垂直旋喷注浆法。顾名思义，水平旋喷注浆法就是在土层中水平（亦可作小角度的俯、仰和外斜）钻进成孔，注浆管呈水平状，喷嘴由里向外移动进行旋喷、注浆。目前，垂直旋喷加固技术已经得到广泛的应用。但在一些需要采用旋喷加固的工程中，如果地面上不能给土体加固设备提供场地或场地太小设备不好安放，或由于管线、交通、垂直加固深度太深等原因以至很难或无法在地面进行垂直加固时，就需要采用水平旋喷加固方法加固土体。由于水平旋喷加固能防止隧道渗漏和坍塌、能有效控制地面沉降，水平旋喷加固技术已受到相关行业的重视和广泛关注，并在我国得到一定的应用。特别是随着我国城市地下空间开发建设和轨道交通建设的快速发展，21世纪初至中叶将是我国大规模建设地铁的年代，在建造地铁隧道、地下通道等时，常会碰到需要采用水平旋喷法进行土体加固。

图7-59（*a*）是隧道通过高架桥桩基时采用双层管瞬凝工法进行注浆的示意图，加固厚度3.3m；采用瞬凝悬浊型注浆材料。图7-59（*b*）为隧道内采用水平高压旋喷桩加固隧道周围土体。

近年来，在我国广州、深圳、北京等城市地下工程中，先后采用水平旋喷技术进行了隧道超前预支护，如广州地铁2号线新（港东站）—磨（碟沙站）区间，在YDK1＋940—YDK2＋020段穿越华南新干线高速公路，采用水平旋喷搅拌桩方案加固地层，在隧道周边施做止水帷幕。采用周边全封闭形式水平搅拌桩（两排直径500mm，间距350mm，咬合150mm）超前预支护，通过环向桩间咬合搭接，可有效地形成止水帷幕，防止涌水流沙事故的发生。

我国铁道科学研究院于1987年在内蒙古乌兰浩特附近轻亚黏土层进行了首次水平旋喷试验，各施工单位、高校、研究院也开始了这方面的研究，并将水平旋喷注浆技术应用于各种工程建设中，例如1998年神延线沙哈拉峁隧道洞口风积沙地层预支护工程、1999年宋家坪隧道洞内浅埋偏压段预支护工程，北京交通大学于2001年结合北京长安街热力隧道复线预支护工程、2005年北京北三环热力隧道下穿光熙门车站预支护工程等均对水平高压旋喷桩开展了大量研究工作。

国内外众多隧道工程实例已经证明，在软弱地层中应用水平旋喷注浆加固技术能够很好地加固地层，且具有施工时无公害、操作简单安全、材料价格低廉等特点。同时也可以把水平旋喷产生的固结体，当做地下工程结构的一部分，加强结构物的刚度和防水性能，防止隧道坍塌，有效控制地面沉降，保证临近既有建筑物的安全使用，对隧道的顺利施工起到良好的作用，这一技术值得引用和推广。

水平旋喷注浆加固技术同其他岩土工程领域的新技术一样，有着“先实践，后理论”的特点，大量的工程应用而没有系统的理论研究作指导，这不仅使得工程设计和建设主要以经验为主，造成大量的浪费和工程隐患，也严重的阻碍了这一高新技术进一步的发展和

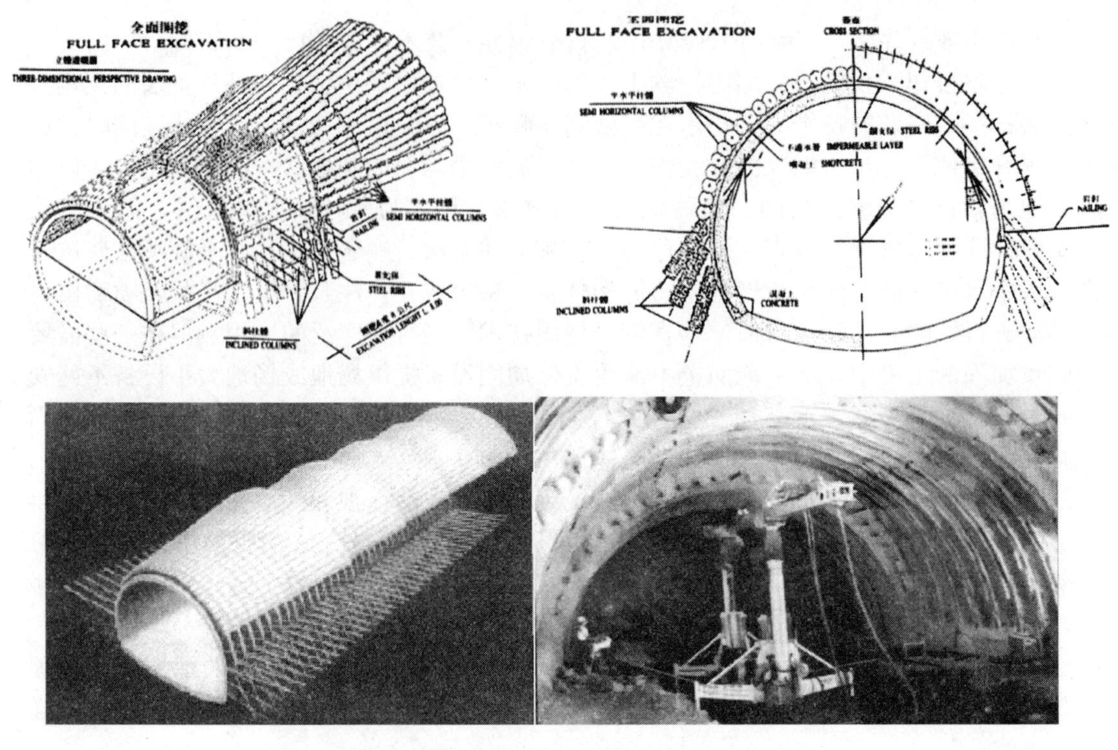

(a)

(b)

图 7-59　水平旋喷桩施工示意图

(a) 水平旋喷桩工法示意图；(b) 水平旋喷桩施工现场

推广应用。因此，该项目试图对水平旋喷注浆加固的机理进行深入细致的研究，以便进一步改进施工工艺，提高施工质量，降低建设成本，科学规范水平旋喷注浆加固的设计及施工，为社会主义现代化建设服务。

④ 洞桩法

洞桩法作为一种新兴的地铁车站施工方法，特别适合于地面交通繁忙，地下管线密布，对于地面沉降要求较高的条件。该方法跳出了传统地下工程设计思路，把地面建筑的某些施工方法引入到地底下，通过小导洞、挖孔桩、扣拱等成熟技术的有机组合，从而形成一种新的工法。该方法施工安全度较高，可大量减少临时支撑，造价相对较低、工期较短。图 7-60 为洞桩法施工保护既有桥梁。

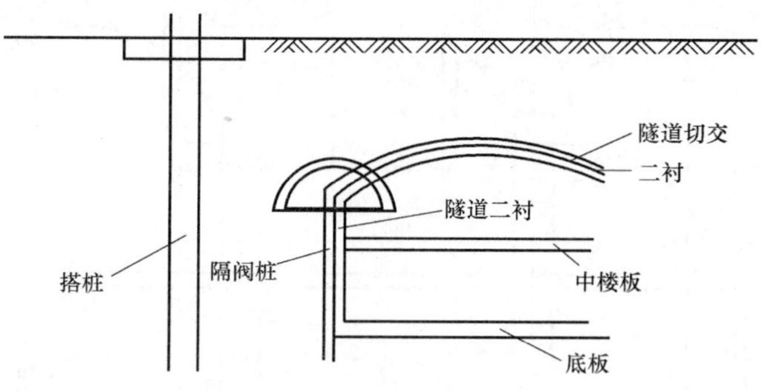

图 7-60 桩基保护示意图

洞桩法是在传统浅埋暗挖法的基础上创新地吸收盖挖法的技术成果形成的新工法。该工法是我国于 1992 年首次提出，最初称“桩梁拱法”，后来又称“洞桩法”、“桩洞法”、“桩桩法”等，现在普遍接受的提法为“洞桩法”，又称 PBA 工法。

PBA 工法将传统的盖挖法和暗挖法进行有机结合，即在地下暗挖小导洞内施做围护边桩、中柱、纵梁及顶盖，由桩、梁、拱构成的支撑框架体系承受施工过程的外部荷载，然后在顶拱和边桩的保护下逐层向下开挖土体，施做车站主体的内衬结构，最终形成由外围边桩及顶拱初期支护和内层二次衬砌组合而成的永久承载体系。由于 PBA 工法具有施工作业安全、施工引起的地表下沉量和拱顶下沉量小的优点，在近几年的地铁工程建设中得到越来越多的应用，尤其是北京地铁 10 号线呼家楼站、国贸站、劲松站等 7 座车站均采用了 PBA 法施工。典型的地铁车站采用洞桩法施工，见图 7-61。

PBA 工法每个小导洞横向间距通常大于 3m，上下层导洞间距通常 8m，大大减小了相邻洞室开挖引起地层沉降的叠加作用。PBA 工法采用了灌注桩加内支撑作为侧壁的支护结构，大大提高了侧向支护刚度，且支护桩在分层开挖前已经完成，限制了侧壁土层的变形，从计算结果来看，其最大水平收敛值仅有中洞 CRD 法的三分之一。PBA 工法“先繁后简”，在扣拱形成前要经过小导洞、边桩、中柱、纵梁体系等多道工序，各道工序相互制约，且边桩、中柱、纵梁的施工全部为洞内作业，环境较差，但在扣拱完成后，后续工作全部在已形成的拱盖、桩、柱、梁这一稳定的支撑体系下进行，因此能够有效控制地表沉降，可以保证施工在安全的环境中进行，风险相对较小。

第一步：自横通道进洞，施工导洞拱部超前支护结构，并注浆加固地层，台阶法开挖导洞并施工初期支护（台阶长度为 3～5），下导洞贯通后，开挖横导洞。开挖导洞时，先开挖上导洞后开挖下导洞，先开挖边导洞后开挖中导洞。如果先施工上导洞时，在下导洞施工过程中对上导洞施做支护结构，在下导洞施工过程中对上导洞支护结构加强监控量测。

第二步：在导洞及横导洞内施工条基，在两边上下导洞内施工挖孔桩及桩顶冠梁（挖孔桩须跳孔施工，隔 3 挖 1，导洞拱部开孔时仅凿除初支混凝土，格栅钢筋不切断），并在中间导洞内施工上下导洞间钢管混凝土柱挖孔护筒。

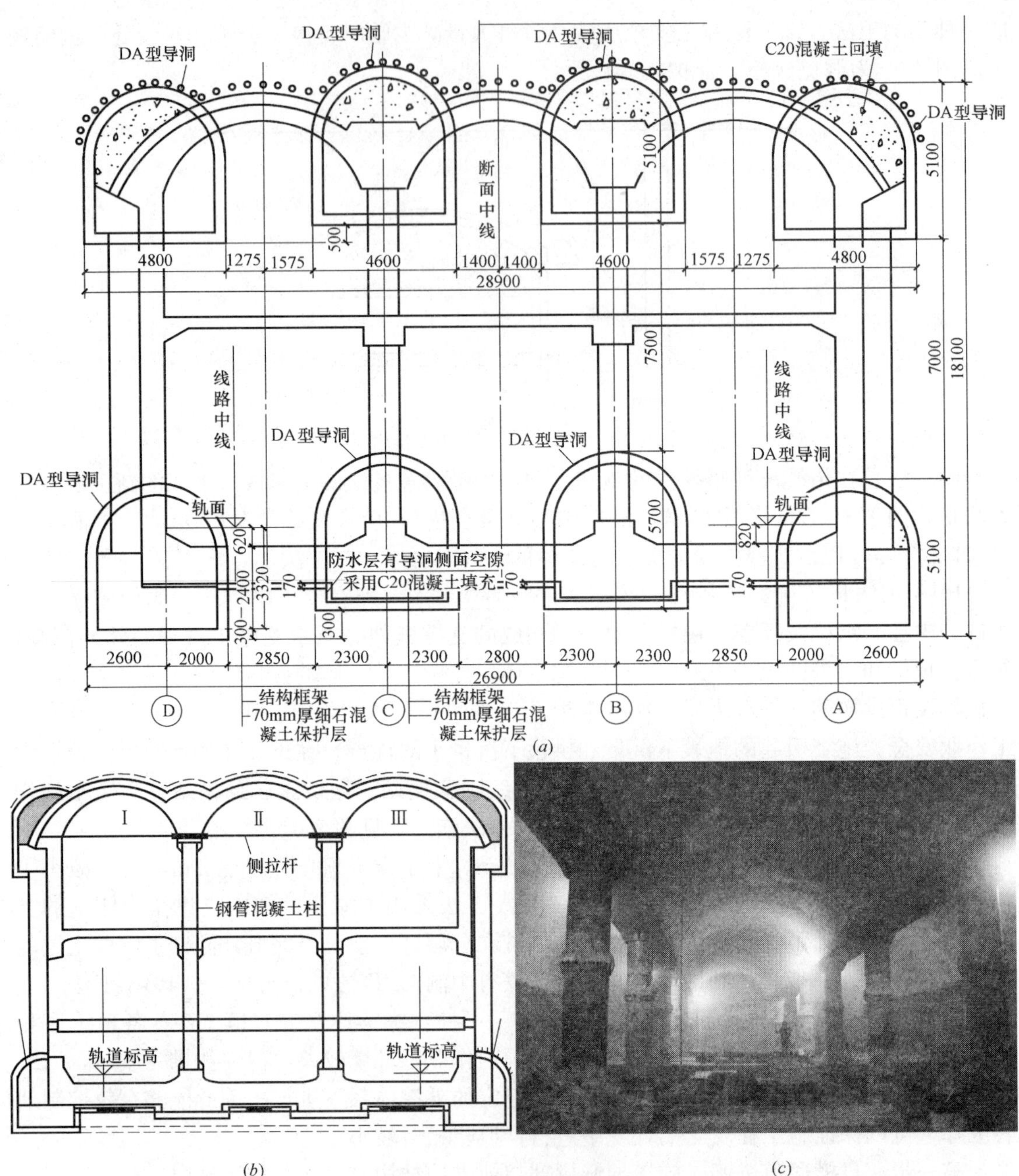

图 7-61　某地铁车站洞桩法施工

(a) 洞桩法施工车站剖面；(b) 车站结构施工；(c) 洞桩法施工车站照片

第三步：在下导洞内施工底板梁防水层及底板梁后，施工钢管混凝土柱（柱挖孔护筒与钢管混凝土柱间空隙用砂填实），然后在导洞内施工顶拱梁防水层及顶纵梁，并在顶纵梁中预埋钢拉杆。

第四步：施工洞室拱顶超前支护结构，并注浆加固地层。台阶法开挖导洞土体，施工顶拱初期支护，开挖步距同格栅间距，并加强监控量测。

导洞施工关键工艺应严格遵循浅埋暗挖法“管超前，严注浆，短开挖，强支护，早封闭，勤量测”的总施工原则。采用超前支护＋钢格栅＋网喷混凝土的支护体系。

a. 导洞开挖均采用预留核心土环形台阶法施工。从起拱线位置分为上、下两层台阶开挖。拱部采用人工分段分节开挖，顺着拱外弧线用人工进行环状开挖并留核心土，施工时在确保注浆效果较好的条件下，先开挖两侧起拱线位置侧土体，后开挖靠近拱部侧土体。开挖尺寸满足要求后，立即架立钢格栅，并用C25网喷混凝土及时封闭。施工中严格控制开挖进尺，避免冒进。保证开挖中线及标高符合设计要求，确保开挖断面圆顺，开挖轮廓线充分考虑施工误差、变形和超挖等因素的影响。

b. 开挖轮廓经检查满足设计要求后，即开始架立格栅钢架，依据断面中线及标高，准确就位。导洞上下台阶格栅连接板须紧贴，对不能密贴的连接板采用格栅钢架主筋同型号的钢筋进行帮焊，焊接长度满足单面焊≥10d，双面焊≥5d（d为格栅主筋直径）。格栅钢架间采用ϕ22纵向连接筋连接，内外双层、梅花形布置，环向间距@1000mm，纵向搭接长度满足规范要求（双面焊5d，单面焊10d，d为钢筋直径），保证焊接质量（焊缝饱满，平顺，无夹渣漏焊现象）。格栅钢架定位后，在迎土侧满铺ϕ6.5，150×150钢筋网片，搭接长度不小于一个网格，钢筋网与格栅钢架密贴，铺设平顺，用绑丝与格栅钢架绑扎牢固，确保喷混凝土时不松动脱落。锁脚锚管采用ϕ42×3.25mm钢管，长1.5m，锚管注浆同超前小导管注浆，与格栅钢架焊接。

c. 喷射混凝土

上述各项经检查符合要求并经监理工程师验收合格后，方可进行喷射混凝土封闭。喷射时由拱脚自下而上进行，先仰拱后边墙，保证混凝土喷射密实，厚度符合设计要求。

d. 回填注浆

在拱顶垂直于拱部切线方向预埋ϕ42×3.25mm回填注浆管，L＝0.8m，每2m布设一组，每组3根，封闭成环3m后回填注浆一次（注纯水泥浆），注浆压力宜控制在0.1～0.3MPa。

其施工工艺流程如图7-62所示。

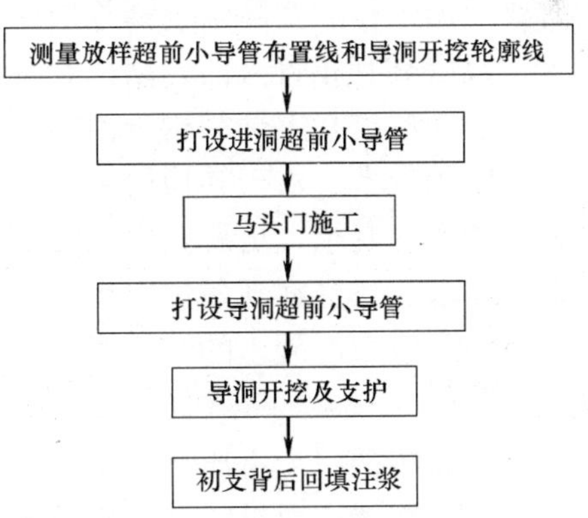

图7-62 导洞开挖支护施工工艺流程图

7.3.5 桥梁托换技术

桥梁托换就是将上部结构对桩基的载荷，通过托换的方式，转移到新结构和新建基础上。在隧道施工中可能存在以下两种情况：（1）隧道从桩侧、桩底近邻通过；（2）隧道穿过桩体本身，桩成为隧道施工的障碍，需要清除。

桥梁托换因上部结构的形式、重量等不同而有不同的施工方法。常见的有承压板方式、桩基转换层方式和桩基转换层与承压板共用方式。

（1）承压板方式

本方法是把基础桩的荷载尽可能地分布到隧道上部的地层中，来保护上部结构物的一

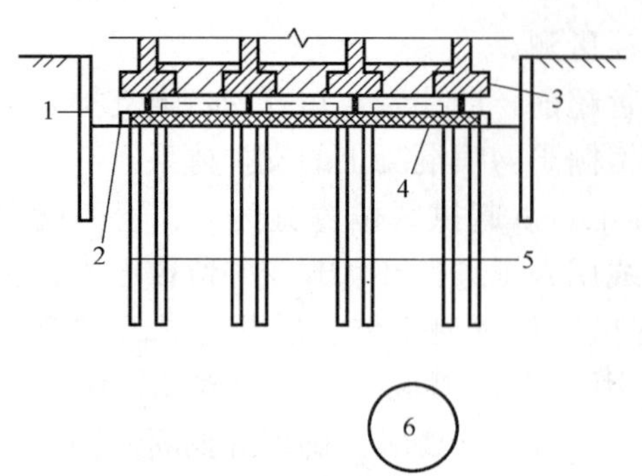

图 7-63　承压板方式施工

1—防塌支护桩；2—液压千斤顶和支撑千斤顶；3—现有建筑物；4—承压板；5—已有柱；6—盾构隧道

种方法。承压板的施工范围根据隧道推进对地层的扰动范围决定。设计时可以采用弹性地基梁或板模式计算，但应考虑隧道施工引起的地层松弛影响。

承压板方式宜用于重量较轻的建筑物。在软弱地层中承压板的承载力不充分时，应进行地层改良或设支承桩。承压板方式施工示意如图 7-63 所示。

(2) 桩基转换层方式

本方法是在不妨碍隧道施工的位置重新设桩，在原基础承台下或附近设置转换层，靠新建的桩和转换层来支撑上部结构物，从而把上部荷载传递到隧道以下深部地层或离隧道较远的地层。

首先进行新设桩和转换层结构的施工，然后采用液压千斤顶进行预加荷载施工，将现有桩基支撑的建筑物荷载托换到新建转换层和桩基上。

对于新建桩，要根据工程实际选择适宜的桩型。目前比较成熟的托换桩型有：

室内静压桩，微型钻孔桩，人工挖孔灌注桩，室内钻孔灌注桩等。同时，要注意新建桩的合理布局，尽量减少隧道施工对其影响，使新建桩与周围旧桩保持合理的间距，也应使转换层的跨度不要太大。新建桩对于旧桩及上部结构来说也是邻近施工，在施工时也要尽量减少对周围的影响。另外，为了提高新桩的承载力，减少新建桩的沉降变形，可在桩侧或桩底采用后压注浆施工。

在托换结构体系中，转换层承受上部结构传来的荷载并将这些荷载传递给下部托换桩基，起着承上启下的作用。转换层的结构形式有板式、梁板式、梁式、拱式、桁架式等。应用时要根据工程的实际来选择相应的形式。其中梁式转换层具有布置灵活、结构合理可靠、造价较低，便于原桩与上部结构分离等特点，在一般工程中应用较多。对于转换层结构来说，不仅要满足承载力的要求，更要具有足够的刚度以满足变形的要求。当受客观条件限制难以满足要求时，可采用预应力混凝土的结构形式来满足变形要求。

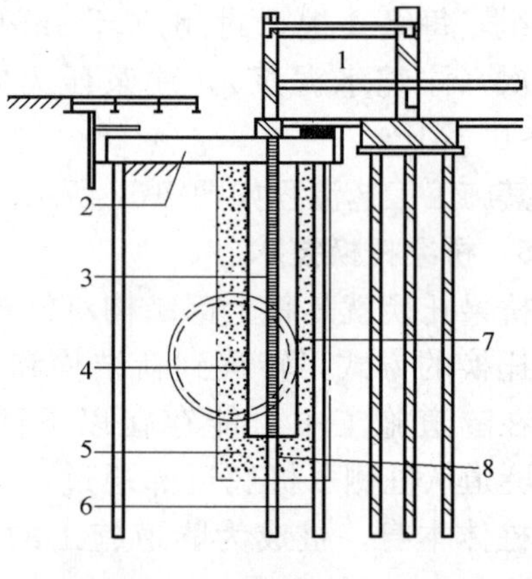

图 7-64　桩基转换层方式施工

1—现有建筑物；2—底撑结构物；3—障碍桩；4—采用深基础施工法清除障碍桩；5—地基改良；6—新设桩；7—盾构机通过位置；8—原有桩

(3) 桩基转换层与承压板共用方式

该方式是在隧道通过时新设桩受影响较大的情况下使用的。以新设桩和转换层为耐压板，在转换层与现有建筑物之间设置液压千斤顶和支撑千斤顶，然后，待地基松动稳定后进行主体托换及修复施工。

(4) 梁桥墩柱托换

梁桥墩柱托换分为两大类：切断式托换和非切断式托换。主要是根据桥梁顶升条件选择切断方式，一般情况当梁体顶升量为 $0 \leqslant h \leqslant 1000$mm 时，可采用非切断式托换；当顶梁体顶升量大于 1000mm 时，可采用切断式托换。由于某种需要桥梁需要降低标高时，必须对墩、柱在适当位置切断，故只能采用切断式托换。条文中给出了顶升的几种支撑形式，是针对现场施工条件的进一步细化。

1）切断式托换

切断式托换适用以下情况：

① 当梁体需要降低；

② 梁体顶升量较大；

③ 梁体需要整体移位；

④ 下部结构需要更换改造。

切断式托换可采用上抱柱梁与下抱柱梁式、下抱柱梁与盖梁式、承台与盖梁式、抱柱梁与承台式等方法施工。切断式托换主要类型见图 7-65（*a*）、（*b*）、（*c*）、（*d*）。

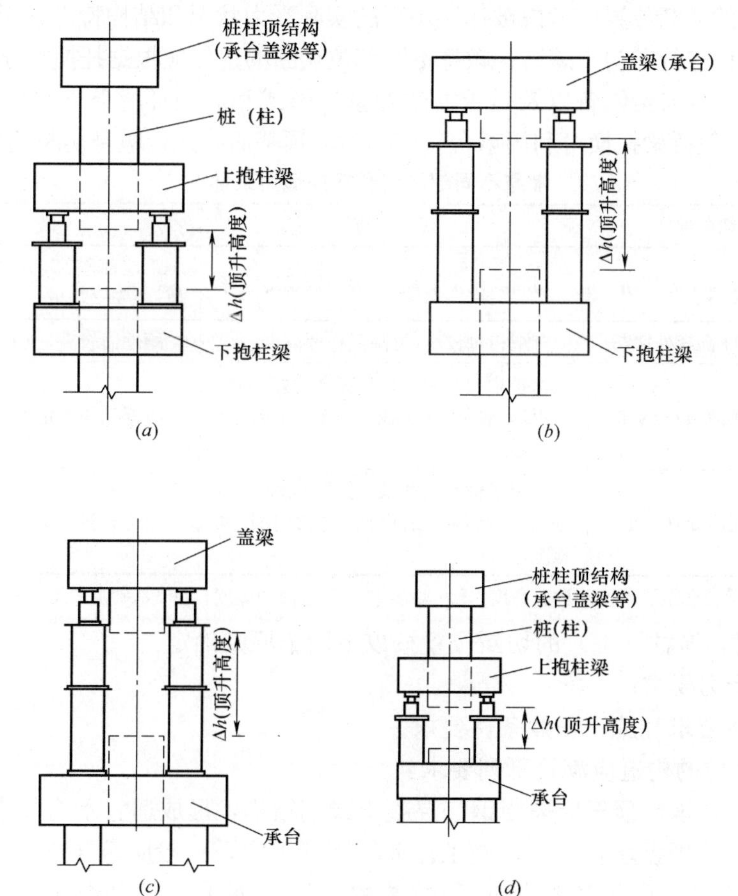

图 7-65　切断式托换主要类型

（*a*）上抱柱梁与下抱柱梁式；（*b*）下抱柱梁与盖梁式；（*c*）承台与盖梁式；（*d*）抱柱梁与承台式

切断式施工一般包括顶升基础处理、抱柱梁制作、支撑系统设置、施力系统设置、监测系统设置、切断、顶升或降低、结构连接和临时结构拆除等工序。

切断式施工应根据切断位置和不同的受力转换工况对地基基础进行验算，并采取相应措施进行处理，原受力构件应保证平稳转换到新设置构件上，包括抱柱梁的制作，支撑系统的设置及动力系统的受力转换，应加强监测，做到信息化施工。条文中给出了一般的切断施工切断式托换结构选用应符合下列要求：

a. 上下抱柱梁式适用于无承台、无盖梁结构；

b. 盖梁-抱柱梁式适用于无承台、有盖梁结构；

c. 盖梁-承台式适用于有承台、有盖梁结构；

d. 抱柱梁-承台式适用于有承台、无盖梁结构；

e. 当墩柱较高时，宜采用上下抱柱梁式、盖梁-抱柱梁式、抱柱梁-承台式。

根据不同的被托换桥梁结构形式，可分别选用这五种形式。对于无承台时，力转换只能增加上、下抱柱梁形成反力体系。对于有承台和有盖梁的结构体系，可根据托换力的大小及原结构体系的受力特点分别选用不同的形式（图 7-65）桩基切断托换结构，应符合下列适用条件：

切断式托换的切断位置应考虑被托换桥梁的实际受力状况和结构特点，根据我国近几年部分梁桥托换工程进行了初步总结，墩身不同部位切断的选择应根据托换桥梁顶升高度、工期、造价、原有墩身安全储备以及是否需改变基础形式和周边环境条件等因素综合分析选定，见表 7-4。一般桥梁托换可利用承台顶部作为支顶基面，配合墩身切断托换施工。

墩身不同部位切断托换适用条件　　表 7-4

序号	墩身切断部位	优　点	缺　点
1	距盖梁底部 d 处切断	切断部位重量轻，上部结构稳定性好	距地面较高，需高处作业，施工不便，有安全隐患
2	墩身 $1/2H$ 高度处切断	弯矩相对较小，可降低作业高度	距地面较高，施工作业不便
3	距基础顶面处 D 处切断	保护墩身完善，施工安全性好，易于利用基础顶面支顶托换施工，适合改变基础形式的施工	上部结构稳定性较差，顶升力增大
4	距承台底面处 d 切断	适用于桥台式托换，并适合增补新桩基施工，有利于采用插入抬梁托换法施工	土方开挖较深，需支挡或防水

注：d—盖梁或承台底至切断面的构造高度；H—墩身顶面至地面的高度；D—基础顶面至切断面的构造高度。

切断托换时，墩柱（桩）的切断位置按以下两个原则确定：

a. 墩柱的受力要求；

b. 墩柱构造要求和施工作业条件要求。

同时切断部位的构造应满足下列要求：

a. 盖梁底部及承台顶部应采用钢筋混凝土或钢结构，形成适宜承力的水平支撑面。

b. 切断部位应根据墩台构造、施工作业等因素确定，一般应避开弯矩最大处。

c. 墩台切断后，应设置纵横向限位装置。切断面上、下部位产生相对位移不大于 10mm。

上述规定切断部位的构造。对钢筋混凝土结构，应满足结构设计原理的基本要求，同时应考虑托换过程中的受力状况，采取必要的构造措施。在施工过程中应采取有效措施保证托换过程中不产生不必要的变形，以保证托换过程和托换后的安全。

2）非切断式托换

非切断式托换适用以下情况：

① 梁体顶升量较小；

② 需更换支座；

③ 梁体纵横向坡度需调整；

④ 沉降量需控制与调整。

非切断式托换可采用直接顶升式、牛腿式与分配梁式等方法施工。非切断式托换主要类型见图 7-66（*a*）、（*b*）、（*c*）。

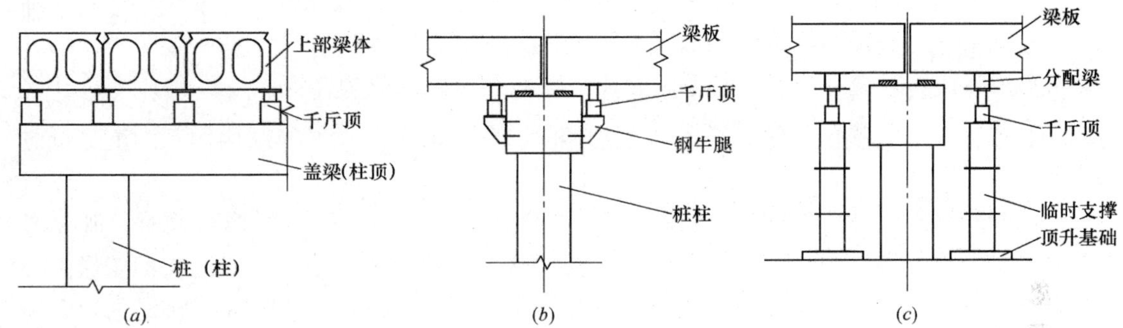

图 7-66 非切断式托换主要类型

（*a*）直接顶升式；（*b*）牛腿式；（*c*）分配梁式

非切断式施工一般包括顶升基础处理、支撑系统设置、施力系统设置、监测系统设置、顶升、结构连接和临时结构拆除等工序。

非切断式施工由于不存在原受力系统转换，但要保证反力装置的稳定性，设计整个托换体系应能将原桥梁平稳顶升到要求位置。条文中给出了一般的非切断施工过程。

非切断式托换，其构造应满足下列要求：

① 直接顶升式托换应在墩台帽上用千斤顶同步顶升主梁、置换支座或加高垫石。

② 牛腿式托换应在墩台侧面安装钢制牛腿或钢筋混凝土牛腿，在牛腿上置放千斤顶，同步顶升主梁、置换支座或加高垫石。

③ 分配梁式托换应将墩台侧地面临时处理作为支撑面基础，在支撑面上置放千斤顶，千斤顶上置放横向分配梁，同步顶升横向分配梁、置换支座或加高垫石。

④ 非切断式托换必须采用可靠措施保证千斤顶同步施力、同步顶升。

上述针对非切断式托换的主要形式及构造要求进行了规定，非切断式托换对桩、墩（柱）不破坏，直接顶升主梁（板），要保证主梁顶升过程中的平衡过渡，以防与支座出现差错，对多点施力一定要保证同步平稳顶升，严格控制纵横向偏位。

为了保证变形协调，对于连续梁桥的托换，宜将两个伸缩缝间的 n（$n \geqslant 1$）跨同步顶升。以确保连续梁内因顶升产生的附加应力最小。当无法实现 n 跨同步顶升而只能实现 m（$1 \leqslant m \leqslant n$）跨同步顶升时，顶升量必须小于该顶升点的允许挠度值。以保证顶升过程和顶升后桥梁的安全。

而对于不中断行车进行托换时，同步顶升的 m（$1 \leqslant m \leqslant n$）跨应设置从零到最大顶升量的递增递减曲线，减少行车对支撑系统的冲击。

对于连续梁桥和超静定异形板实施多跨多点同步托换时，其顶升量计算应综合考虑各点的设计高程、竣工高程、当前高程和托换后的高程，对各点不均匀沉降量的数值进行调整。主要考虑桥梁竣工高程误差，使用期的沉降对托换后高程的影响。

（5）隧道穿越桥梁托换应注意的问题

另外在进行托换设计和施工时，还要注意以下几个方面的问题：

1）对于托换结构体系来说，既有因托换荷载作用而产生的变形，又有受隧道施工影响所产生的变形。

2）对于被托换结构来说，已建好若干年，经历过一系列荷载作用与内力重分布过程，对托换及隧道施工造成的变形非常敏感，且托换结构体系大部分变形是在上部结构与基础分离后短时间内完成的，故托换工程对控制不均匀变形的要求比新建工程更高。

3）上部结构物一般仅是部分桩基进行了托换，而未托换桩基的沉降变形已经稳定，为避免托换区与非托换区的结构产生过大的相对沉降变形，要求托换结构体系的沉降量应尽量小。

4）钢筋混凝土结构在长期荷载作用下具有徐变性，采用其作为托换结构时，既要考虑其在托换时托换荷载作用的短期变形，又必须考虑托换完成后使用阶段的长期变形。

某单位于2010年3月15日成功地完成了0号、1号、2号、3号、4号桥墩的顶升施工，其平均顶升最高行程达73.700cm；施工内容包含桥墩侧限位装置安装、桥墩侧支撑顶升支座安装、桥板顶升处横钢梁及钢垫片制安（含植筋，螺杆焊接等）；顶升钢垫块制安、顶升施工、顶升监测等，见图7-67。

图7-67　桥梁托换顶升工程施工

图 7-67　桥梁托换顶升工程施工（续）

大连市东联路建设工程桥梁结构，为钢筋混凝土连续梁，梁宽 24.26m，长 90m（30m 3 跨）。下部柱直径 1.5m（上部放大为 1.5m×2.0m）高约 9.0m，支座为盆式支座，基础为桩基础，基础直径 2.0m。该桥梁 370～373号为 30m 跨，3 跨连续梁结构，该段桥梁在主体结构施工完成后发现 372-1 号、2 号支盆式支座底板断裂，该部位梁向下移动约 4cm，情况发生后对该段梁进行检查为发现结构有明显裂缝。为保证结构安全，需要对该梁段损坏支座进行更换，并对梁下移部位进行抬升使其恢复至原设计标高。见图 7-68。

图 7-68　大连某工程梁抬升更换支座

某桥梁抬升托换方法，见图 7-69。

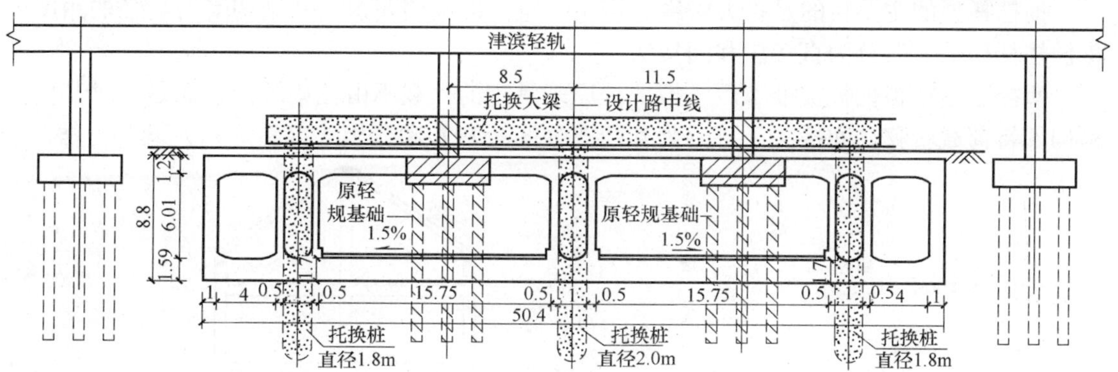

图 7-69　某工程桥梁抬升方法示意图

7.4　各种结构形式托换技术

7.4.1　混凝土结构的托换技术

钢筋混凝土结构是我国量大面广的一种结构形式，存量大，因此其存在改造、事故、加固等的绝对量就大，需要进行托换的工程量也比较大。

(1) 混凝土框架结构托换技术

1) 混凝土框架结构托换技术的发展和现状

较之排架结构的托换技术，框架结构的托换技术起步较晚，国内较早见诸文献的是 1990 年，如常州机电公司 12 层综合楼顶层歌舞厅抽柱改造[5]，上海市某 8 层楼顶层会议室抽柱改造等。同时新建建筑中抽柱后形成的非规则框架结构，与既有框架结构抽柱托换改造后形成的非规则框架结构有着相似的工作机理。华侨大学张云波等对底部两层抽柱后所形成的非规则框架，采用 6 种不同的计算简图（模型）进行力学计算，分析其对建筑功能的影响，最后得出结论：在满足建筑功能要求的情况下，适当增设一些斜柱对结构较为有利[6]。苏洁对钢筋混凝土框架底层抽柱形成的不规则框架结构受力性能及计算方法进行试验研究[7]。曾氧、陆铁坚对钢筋混凝土抽柱框架楼盖梁的设计进行了探讨[8]。

在工程改造领域，大量的框架结构抽柱托换工程实践得以实施。

大量文献根据工程实例，对钢筋混凝土框架结构的抽柱托换进行了讨论。通过对不同计算程序内力计算结果的比较，阐述了腹板柱（肋板）空腹桁架托换结构计算截面设计内力的方法，探讨了腹板柱的位置、刚度（截面尺寸）对腹板柱空腹桁架托换结构内力的影响[17]。其后该课题组，杨红芬、徐向东、李安起通过模型试验，对附加缀板式抽柱托换结构进行了抗剪加固试验研究，对竖向荷载作用下的破坏形式进行了分析，给出了荷载与挠度、荷载与钢筋及碳纤维应变的关系，并对结构破坏机理进行了研究，得出各跨梁的危险截面，使结构达到了预期的加固效果。

与丰富的、大量的工程实践相比，对于框架结构抽柱托换的科学研究较少，目前对框架结构抽柱托换的计算尚不系统。

2) 混凝土框架结构托换技术

① 抽柱托换法

抽柱托换的主要目的是扩大跨度，满足大空间的使用要求。从结构受力途径的角度可将抽柱托换的方法分为直接法和间接法。

间接法是指拟抽柱被抽除后，拟抽柱原来承担的荷载不由托梁承担，而是通过其他结构构件将荷载转移。间接法又可分为悬挂式（图 7-70）和分担式（图 7-71）两种方法。

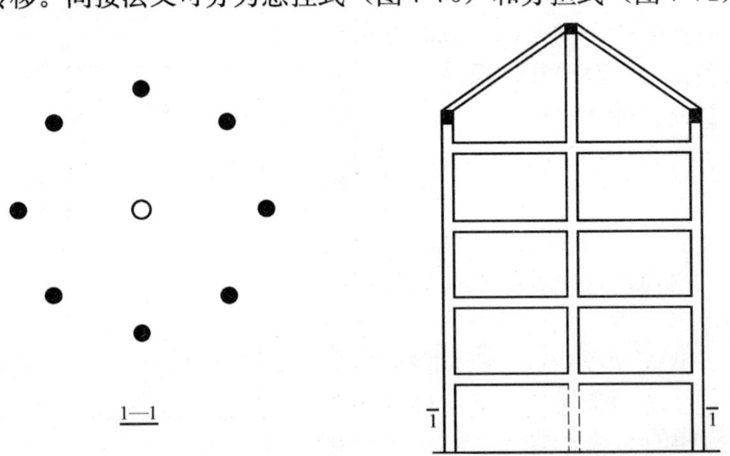

图 7-70　悬挂式托换示意图

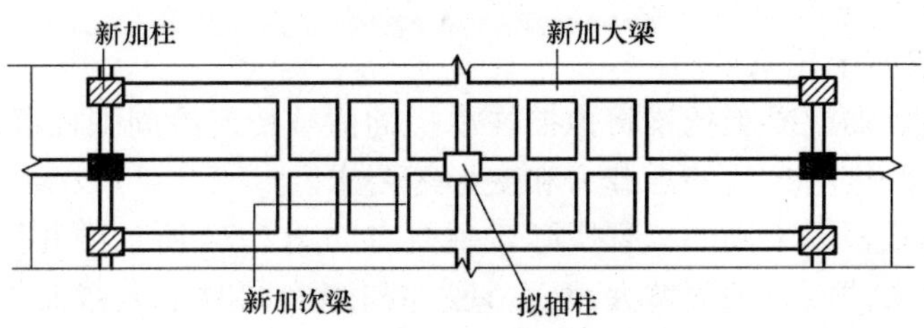

图 7-71 分担式托换示意图

直接法是通过对拟抽柱所支承的框架梁进行加固形成托梁（或转换结构），使原来由拟抽柱承担的荷载通过托梁传给周围的柱群（图 7-72）。其传力途径是：拟抽柱—托梁—框架柱—基础。

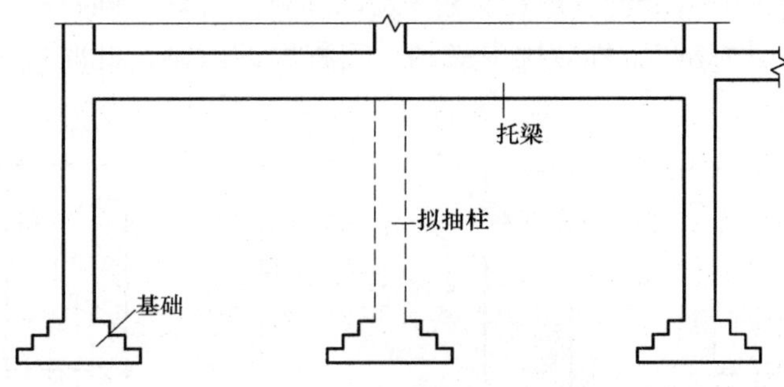

图 7-72 直接法托换示意图

钢筋混凝土框架结构抽柱托换的方法目前主要有托梁法、桁架（或刚架）法、斜撑法等。

② 框架结构抽柱托换的托梁法

托梁法往往是通过对原框架梁进行加固形成托梁，来承担被抽除柱原来承担的荷载并传递给周围柱。

托梁按材料类型可分为普通混凝土托梁、预应力混凝土托梁、钢-混凝土组合托梁以及钢托梁等。

下面首先介绍托梁的布置方法，然后分类介绍混凝土框架结构抽柱托换的几种托梁法：

A. 托梁布置方法

托梁在立面上可分为在拟抽除柱所在层的上层楼盖位置（图 7-72）、在屋面（或上部某合适层）设置吊梁（图 7-73）。当设置吊梁时，可采用钢拉杆或预应力钢拉杆将拟抽柱的荷载传递给吊梁；平面上根据其与框架主梁的方向，可分为沿框架主梁方向设置托梁和垂直于框架主梁方向设置托梁，也可两个方向都布置，因为沿两个方向都布置将导致需要加固的构件多，加固工程量大，因此除非特殊情况下，一般较少采用双向布

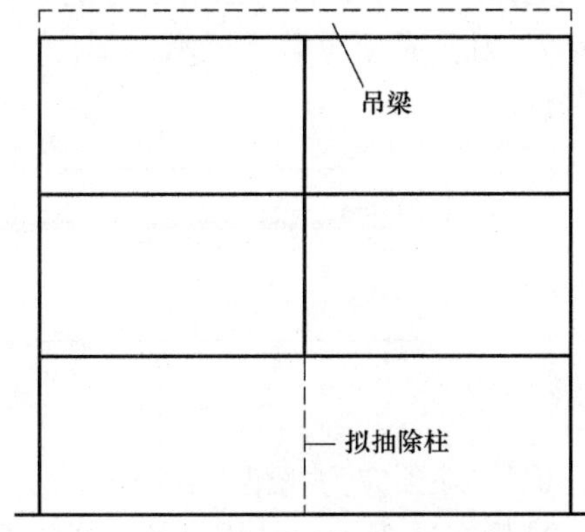

图 7-73 吊（托）梁布置示意图

置托梁的方案。

B. 普通钢筋混凝土托梁

是指利用普通钢筋混凝土托梁将拟抽柱承担的荷载传递给周围柱群。一般是增大梁的截面尺寸，以满足跨度增大后的承载力和变形等要求。

托梁的截面形式根据不同的工程实际，主要有如图 7-74 所示的几种：底部增大截面，底部和顶部同时增大截面，顶部增大截面，底部和侧面同时增大截面；还可分为单托梁、双托梁。

由于需要先施工托梁，因此普通混凝土托梁采用单梁时，存在框架柱钻孔直径或剔凿，原框架梁需要剔凿等，施工阶段是相对安全度较低的阶段，此时采用双梁法，可避免对原框架梁的剔凿，从而确保施工阶段的安全。

C. 预应力混凝土托梁

由于普通托梁法托梁截面高度大，变形大，抗裂能力差，同时梁的刚度明显高于柱的刚度，对抗震不利，因此在工程应用中受到一定程度的限制。此时可采用预应力托梁进行抽柱托换。

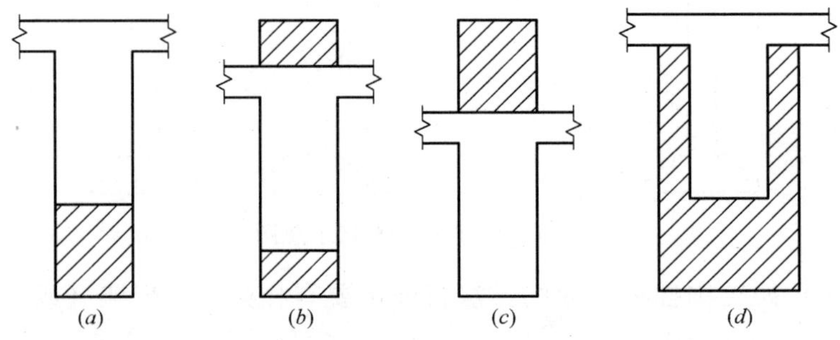

图 7-74　混凝土托梁的截面形式（图中斜线为增大截面部分）

a. 普通预应力托梁

在增大原框架梁截面的同时在新加截面部分布置预应力钢筋，变普通混凝土梁为预应力钢筋混凝土梁。

采用预应力托梁时，通常要加大原框架梁截面宽度及高度，以布置预应力钢筋。此时必须处理好新加部分与原有部分的结合，因为预应力的存在对新旧部分的结合要求更高。图 7-75 为普通预应力托梁示意图。

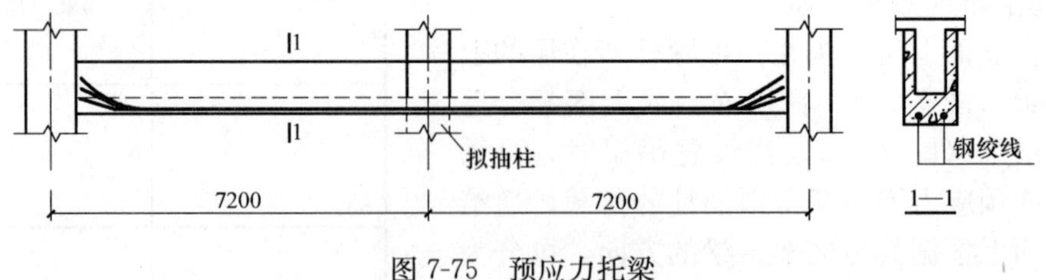

图 7-75　预应力托梁

b. 体外预应力托梁

是指布置于承载结构（梁）外的预应力钢筋或钢绞线张拉产生预应力（图 7-76），是后张无粘结预应力结构的重要分支之一，它与普通的体内预应力即传统的布置于混凝土截面内的有粘结或无粘结预应力结构技术相对应。

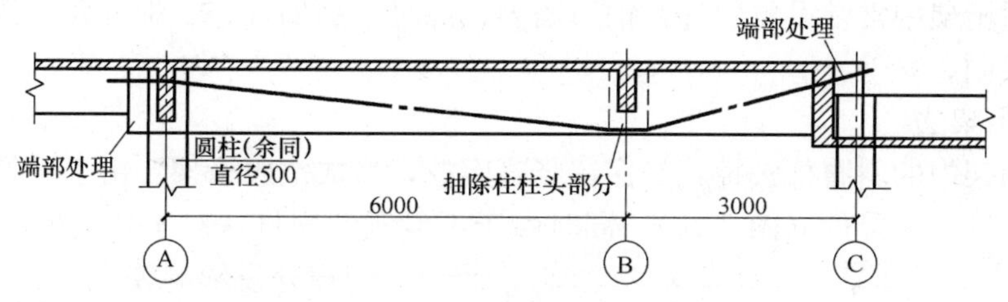

图 7-76 体外预应力托梁

与普通预应力托梁方法相同，体外预应力托梁抽柱托换也是一种主动加固技术，克服了一般方法普遍存在的应力滞后问题。

采用体外预应力，使用期间需经常维护，将会影响到建筑物的正常使用，同时对建筑的美观也有一定的影响。也可在体外预应力施加后，通过增加梁的截面或其他措施将预应力钢筋（钢绞线）加以保护。

c. 钢-混凝土组合托梁

在原钢筋混凝土框架梁的底部或侧面，通过型钢或粘贴钢板形成托梁。型钢主要有工字钢或 H 型钢、槽钢等。

该方法充分利用混凝土的受压强度高，钢材受拉强度高的优点，可以减小托梁的截面高度。但是该方法所要解决的问题是原混凝土梁与钢梁部分的可靠连接，以形成整体组合梁受力，所以必须增设剪力栓钉。同时钢结构的日常防护要求也较高。

钢-混凝土组合托梁的截面形式如图 7-77 所示。

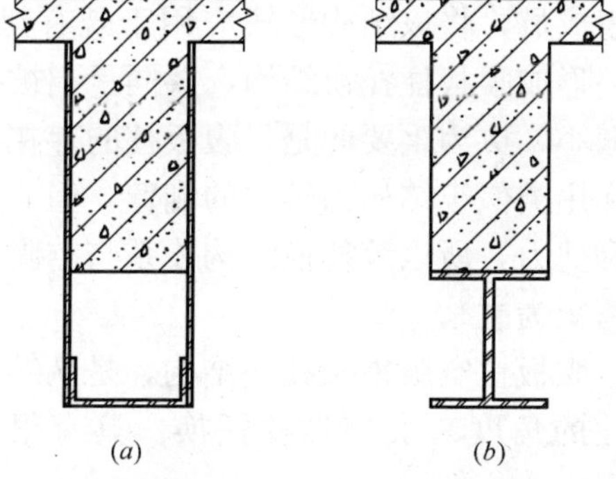

图 7-77 钢筋混凝土-钢组合托梁的截面形式
(a) 粘钢加固梁截面；(b) 钢筋混凝土—钢组合梁截面

d. 钢托梁

在抽柱托换时，也可采用钢托梁，利用新增加的钢托梁来承担被抽除柱原来承担的荷载，并传递给周围的框架柱。当在屋顶增设托梁时，可通过预应力钢索（钢绞线）将框架柱吊起。

③ 框架结构抽柱托换的桁架（刚架）法

在被抽除柱的以上楼层，在两层框架梁或多层框架梁之间设置腹杆形成桁架来分担被抽柱的荷载。桁架设置在两层梁之间，不影响被抽除柱所在层的使用高度。当然根据形成的桁架进行内力计算后，可能需对原框架梁进行适当的加固处理。

根据是否设置斜腹杆，桁架托换法可分为普通桁架法和空腹桁架法。

A. 普通桁架法

在两层梁之间通过设置腹杆，将原两层或多层梁变成桁架的弦杆，并形成桁架，来承担被抽除柱所承担的荷载。

桁架在平面内的刚度非常大，可大幅度降低抽柱层的上层柱的竖向变形，从而保证上部结构的安全和正常使用。

由于普通桁架中常常设置斜杆，钢筋锚固、混凝土浇捣等施工难度大，其实际应用受到了一定的限制。

B. 空腹桁架法

将托换桁架中的斜腹杆去掉，只保留竖直腹杆，形成空腹桁架。由于无斜腹杆，空腹桁架的施工难度大大降低（图 7-78）。同时由于不设置斜腹杆，对于托换桁架所在楼层的门窗开设影响较小。

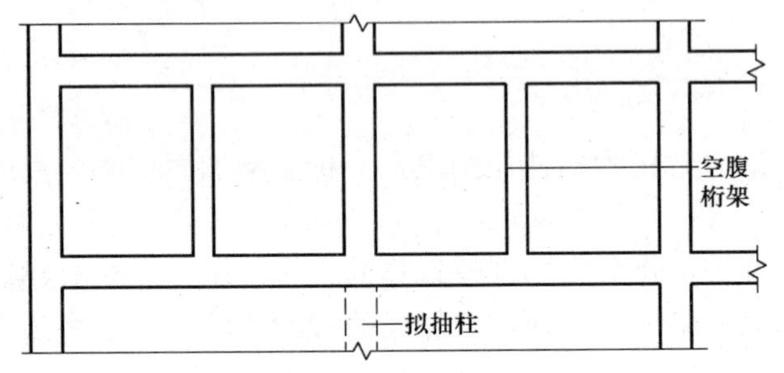

图 7-78　空腹桁架法托架示意图

采用桁架法进行抽柱托换时，腹杆与上、下弦（梁）之间为铰接，上、下弦类似于多跨连续梁，这样对上、下弦（梁）弯矩的调整取决于原来两根梁的刚度，不取决于腹杆的刚度，所以对内力的调节受到很大限制，不能根据实际情况在较大范围内对内力进行调整。

山东建筑大学赵玉星教授提出了一种在框架梁之间通过设置剪弯杆（腹板柱）来调整框架梁内弯矩峰值的方法，并将该方法主要用于新建建筑中。李安起、张鑫作为赵玉星课题组成员，将该结构形式应用于既有建筑的抽柱改造，利用后置腹板柱将框架梁联在一起，形成腹板柱托换结构，共同承担被抽除柱转移来的荷载，从而使每根梁分担的荷载相应减小，更为重要的是，腹板柱的存在，使框架梁的弯矩图形发生根本性的变化。弯剪杆的作用类似于结构力学中的刚臂，但非完全刚性，可以有一定的转动，其本身主要承担弯矩和剪力，所以该托换结构体系与空腹式桁架有所不同（空腹式桁架中的腹杆以承受轴力和弯矩为主）。

腹板柱空腹桁架托换结构，是从结构优化的角度来实施抽柱托换。具有很多优点：

a. 充分利用原有构件的承载能力；

b. 减小托梁截面高度，在层高既定的情况下提高净空（图 7-79）；

c. 施工简便。与预应力托梁法相比，其施工难度大大降低；与桁架托换法相比，由于没有斜杆也使得施工难度大大降低；

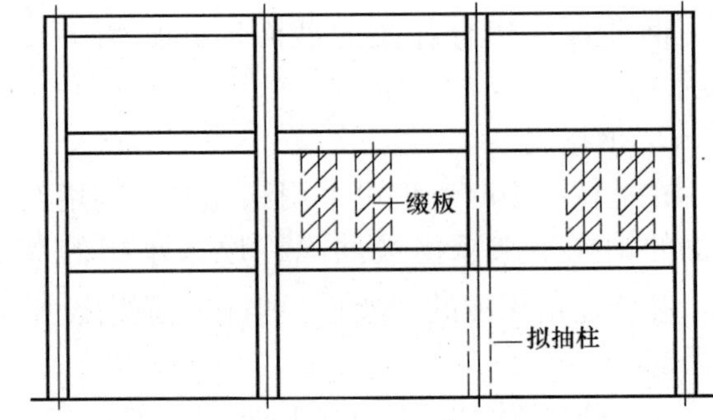

图 7-79　腹板柱后置托换示意图

d. 日常维护费用低。由于没有体外预应力，避免了日常维护，不存在日常维护费用。

④ 腹板柱托换结构的试验研究

后置腹板柱托换钢筋混凝土框架结构柱是一种新型的抽柱托换形式，它通过腹板柱的调节作用，使框架梁中出现多个弯矩峰值，并使弯矩峰值趋于均匀，李安起制作了 1∶3 模型，通过试验研究、理论分析和工程应用，研究了该托换方式的破坏机理和受力特性，结合前期研究，提出了设计建议，为该结构的推广应用提供了理论基础和工程实践经验。

腹板柱托换钢筋混凝土框架结构柱后，形成的托换结构对周围及上部或下部结构（抽柱托换可出现在中间层）产生影响，设计时也必须考虑。如该转换结构整体刚度较大，在水平荷载作用下，对上部或下部结构的影响是不应忽视的。

⑤ 框架结构抽柱托换的其他方法

框架结构的抽柱托换工程实践比较多，人们采取了很多的托换方法。除了上述常用的托梁法和桁架法，我们下面再介绍几种较为常见的托换方法：

a. 内支撑框架托换方法

内支撑框架托换技术则是采用在拔柱部位设立新的支撑框架的方法给失去柱支点的框架梁以承托，使拔柱后的新增荷载传递到支撑框架上，原框架梁、柱基本上不需进行加固。无论采用钢框架还是混凝土框架作内支撑进行托换，其原理基本相同。内支撑框架托换方法是通过内支撑框架与原框架梁之间设置支点，使得内支撑框架和抽柱后的原框架梁共同承担托换后的荷载（图 7-80）；根据变形协调的原则，在荷载的分担上，将基本遵循按刚度分配的原则，因此内支撑的框架梁的刚度不宜太小。

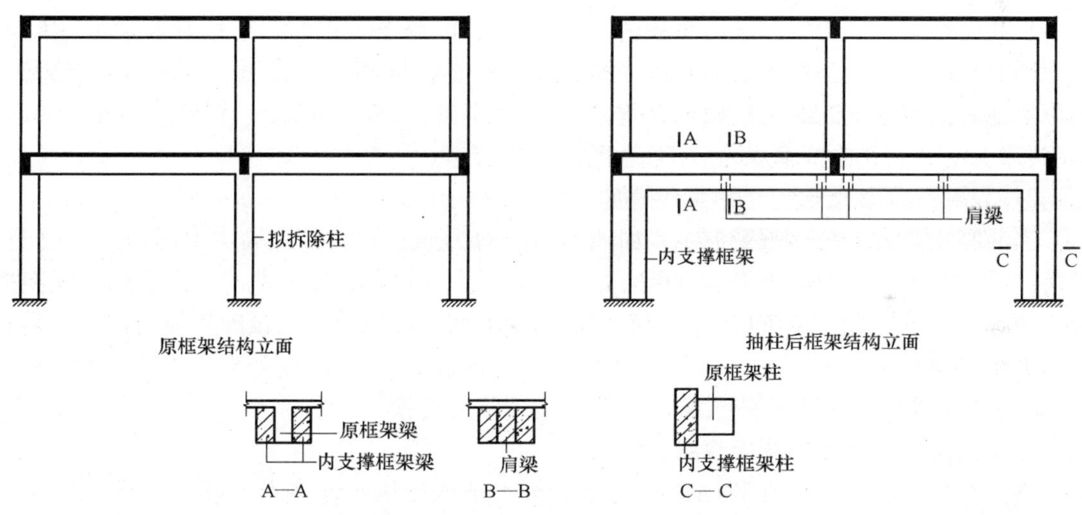

图 7-80 内支撑框架托换原理示意图

以上的托换方法主要用于结构的改造托换，属于永久性托换；当框架结构遭遇某种灾害损伤或出现事故时，可采用下述临时托换技术或方法。

b. 抱柱梁＋墙柱托换技术

抱柱梁＋墙柱托换技术主要用于框架结构柱遭遇灾害或混凝土强度过低不满足设计或安全要求，需要将损伤或过低强度的混凝土剔除置换，当被托换框架柱的轴向力较大，其他托换方法很难奏效时可采用附加墙柱的方法。其思路是通过上抱柱梁将该柱承担的竖向荷载传递到附加的墙柱上，然后再由附加墙柱传递给下抱柱梁，再由抱柱梁传递给拟置换部位以下的框架柱。

c. 钢支撑托换技术

当框架柱遭受损伤或混凝土强度较低，但该柱承担的荷载相对较小时，可采用钢支撑来进行框架柱的置换。

(2) 混凝土剪力墙托换技术

混凝土剪力墙结构的托换技术目前应用不太广泛，主要有开设洞口、遭受损伤或事故后临时托换情况下的置换，拆除整片剪力墙的工程实例较少。

1) 混凝土剪力墙开洞托换

对于普通剪力墙由于墙体水平截面面积大，因此一般情况下开设洞口时，竖向承载能力能够满足要求，主要应复核水平承载能力。

根据开设洞口的相对大小，剪力墙的处理可以采取不同的措施。

① 开设小洞口

当在剪力墙上开设的洞口较小，不超过墙面面积的 16%时（当只在某一层开设洞口时，墙面面积只考虑本层的面积），同时洞口不应该是高度较小而宽度较大的洞口，此时可不必对剪力墙进行复核验算，只需在洞口位置采取相应的加强措施即可。如上下层均开设洞口，使上下洞口间形成连梁时，应计算连梁的受弯、受剪承载力，在抗震设防区，尚应注意抗震构造要求。

② 开设较大洞口

当开设的洞口面积超过墙面面积的 16%，且洞口分布规则时，应按联肢墙复核验算剪力墙的承载能力以及整体结构的承载能力，当不能满足要求时必须采取加固处理措施。具体实施时按现行《混凝土结构设计规范》GB 50010、《建筑抗震设计规范》GB 50011、《高层建筑混凝土结构技术规程》JGJ 3 的要求进行。

2) 混凝土剪力墙置换时的临时托换

当混凝土剪力墙局部遭受灾害，如地震引起剪力墙开裂破坏，火灾引起混凝土爆裂、脱落，或因施工原因混凝土强度过低时，需要对剪力墙进行置换，此时可采取临时托换措施。这种措施可能是经分析局部改变剪力墙的受力情况，如不单独设置托换构件，而是利用剪力墙竖向承载力大的特点，进行局部分期、分批的拆除、置换处理；或通过临时剔除局部墙体形成洞口、在洞口内设置支撑等，实现临时托换。

(3) 混凝土排架结构托换技术

排架结构的托换技术在我国颁布的《混凝土结构加固技术规范》CECS 25：90 中有专门叙述，该规范将该技术称之为“托梁拔柱”法（本书将统称为托换或托换技术），并将其分为有支撑托梁拔柱、无支撑托梁拔柱及双托梁反牛腿托梁拔柱（适用于保留上柱的型钢结构的加固）等三类方案；除此之外，还有蔡新华、胡克旭提出的反力托架技术[26]。

1) 有支撑托换技术

是指先设临时支撑承托屋架，然后拆除排架柱，最后安装托架完成排架结构的托换。根据临时承托屋架的方式有支撑托换技术可分为两种：一种是《混凝土结构加固技术规范》CECS 25：90 介绍的从地面直接设置支撑格构柱承托屋架的方法（图 7-81）；另一种是陈再学在《施工技术》2003 年第 6 期上撰文提出的将支撑柱设置在拟抽除柱牛腿面上临时支撑屋架的方法[27]（图 7-82）。

从地面直接设置格构柱临时支撑，是在拟拆除柱旁另设临时性格构柱支撑，利用此支撑柱顶升上部屋盖结构，安装新增托架，然后将上部结构支承关系转换到增层的托架上，最后拆除排架柱。

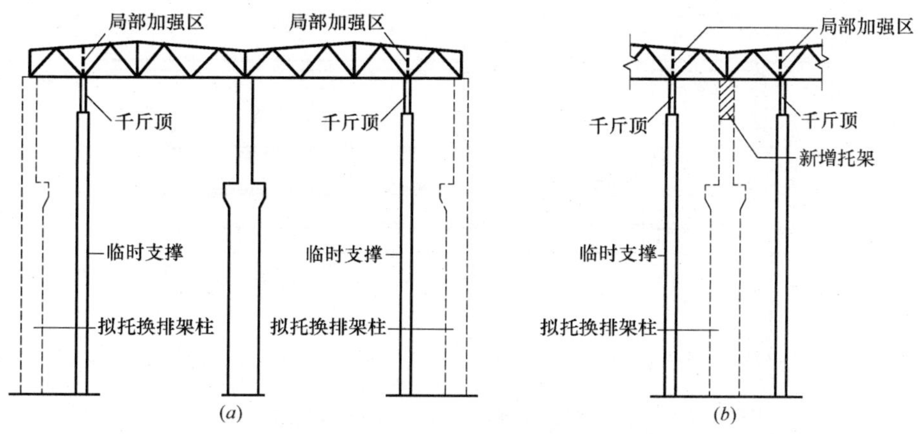

图 7-81 落地临时支撑托换技术原理图

（a）拆除边跨柱；（b）拆除中跨柱

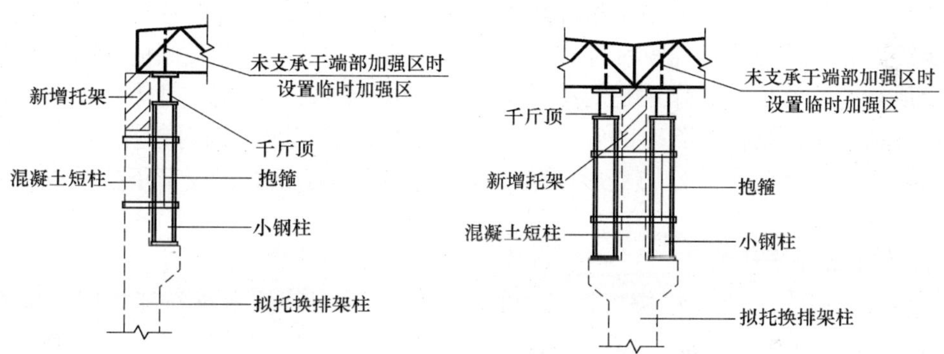

图 7-82 牛腿上设临时支撑托换技术原理图

从牛腿上设临时支撑，充分利用了原排架柱牛腿的承载力，因为此时吊车不再运行，所以牛腿一般有较大的承载力。在牛腿上设置小钢柱，为保证小钢柱的稳定性，可采用抱箍将小钢柱和原混凝土柱（混凝土短柱）连成整体，也可将两侧小钢柱、原混凝土柱连成整体。在小钢柱上安装千斤顶，顶升屋盖结构。安装新增托架，拆除拟抽除排架柱，千斤顶回油，将屋盖荷载转换到新增的托架上，抽掉小钢柱，从而完成托换。

2）无支撑托换技术

是利用原吊车梁及吊车架顶升上部结构；或先安装托架，利用托架本身顶升上部结构，实现支承关系的转换。施工时，首先在排架柱上打孔，然后完成托架上、下弦杆的安装，最后安装腹杆。整个托架安装完成后，用高强无收缩混凝土填塞孔洞，最后切断拟抽除排架柱。托架可以是一片，也可以是由两片组合而成。

武汉钢铁设计研究院的修洪德在 1995 年第 5 期的《工业建筑》中撰文《有关托梁拔柱的几个技术问题》[28] 中以安阳钢铁公司炼钢厂改造工程和柳钢中板厂改造介绍了这种方法。

预应力钢丝穿越托架弦杆及腹杆时可在杆件上开长圆孔，在杆件强度验算时对杆件开孔引起的截面削弱应予以考虑。体外预应力无支撑托换技术的原理图如图 7-83 所示。

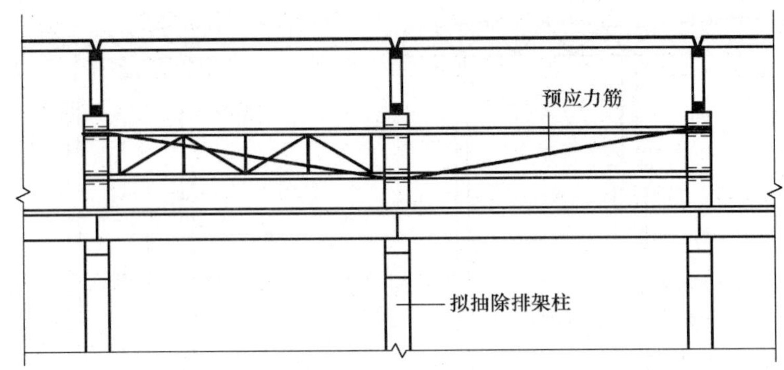

图 7-83　体外预应力无支撑托换技术原理示意图

3）双托梁反牛腿托换技术

双托梁安置在钢托梁上的千斤顶顶升穿入拟抽除排架柱的加荷反牛腿，完成对拟抽除排架柱的卸载过程，同时将原由拟抽除排架柱承担的屋盖荷载全部转移到钢托梁上。为使千斤顶能够撤除可采用在钢托梁和加荷短钢梁之间塞入支承钢梁并契紧的方法来处理。

千斤顶对屋架的顶升的作用是对拟抽除排架柱进行卸载，使其在基本不受荷的情况下被拆除，有利于保证结构拆除时的安全。同时，通过这项工作可以对钢托梁施加预压力，使其在正式工作前完成大部分的变形，减轻或基本消除由于钢托梁受荷下挠造成的屋面开裂问题。

4）反力托架托换技术

蔡新华在其硕士论文[26]中提出了反力托架技术。采用该技术进行托换时无需在排架上柱上开孔，在抽除柱前能通过安置于托架下弦的千斤顶卸除上柱所承受的荷载，而且由于托架上下弦杆与屋架上下弦杆紧贴，托架位置较高，所以对提高托架部位的净空高度十分有利。该方法对采用钢屋架的多跨排架厂房使用该法进行托换较为适宜。

该托换技术的原理为：利用安置在托架下弦顶面的千斤顶顶升上传力柱，通过上传力柱将顶力传递到托架上弦，利用腹杆未完全焊接的托架上弦产生的向上的变形趋势将顶力传递到屋架上弦，完成对拟拔排架柱上柱的卸载过程。卸载过程完成后安装下传力柱，撤除千斤顶。为保证托换完成后钢托架下弦能作为钢屋架的一个端支座，施工时采取在钢托架下弦与钢屋架下弦之间的间隙打入铁片塞紧、焊接的方法进行处理。

混凝土结构的托换目前工程实践越来越丰富，但需要不断总结、提炼，逐渐改变理论落后于实践的现状，用以指导以后的设计，并使托换施工规范化。

7.4.2　砌体结构的托换技术

砌体结构的托换技术目前主要用于三个方面。一是由于需要对砌体结构进行移位改造，需将上部结构与基础断开，通过采取托换技术将上部结构的重量传给轨道或基础，并考虑水平牵引力的作用；二是需要在墙体上开设洞口或拆除墙体进行结构改造（如小开间改造为大开间的扩跨改造等）；三是当砖墙遭受损害（如地震、化学侵蚀、浸泡等）造成其承载力不满足要求，或不适于继续承受荷载时，此时通过局部、临时的托换技术对遭受损害的砖墙进行置换。本书主要针对砌体结构改造时的拆墙托换、开洞托换和遭遇灾害或施工质量问题时临时托换（置换）进行介绍。

（1）砌体结构的拆墙托换

在工程中往往更多会遇到原来设计的小开间建筑物不满足现有使用功能的要求，需要拆除部分承重墙体，形成大开间，这就用到托换技术。但改造托换的托换结构形式多，按托换结构的材料可分为混凝土托换结构，钢结构。在混凝土托换结构中，主要采用托梁或框式托换技术，托梁的形式可分为墙下单梁托换，双梁（又称夹墙梁）等。在钢托换结构中有型钢（或焊接）梁托换、桁架托换、钢板托换等。另外也有采用预应力托换技术的工程实践。

拆除砌体结构的承重墙体时，应对该建筑整体进行验算分析，如不满足托换后的要求，应采取相应措施。

1）混凝土托换结构

① 钢筋混凝土单梁托换技术

单梁托换就是在待拆墙体的顶部，用一根托梁来替换待拆墙体见图 7-84，一般需要在新增梁两端下方增设混凝土柱，新增混凝土柱与原有墙体形成组合柱。

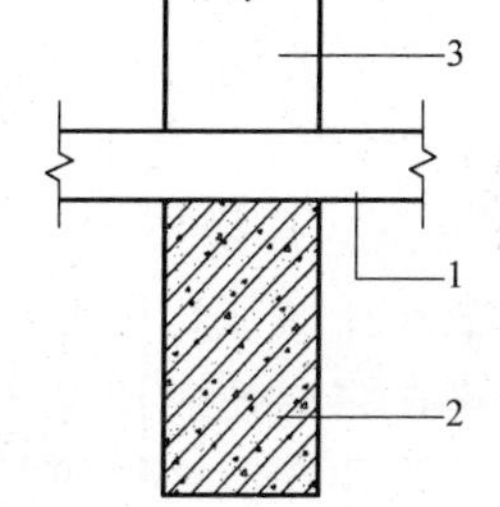

图 7-84　墙下单梁托换

单梁托换技术主要应用于砌体结构楼板下无圈梁时的托换改造工程；房屋层高较小时，扩大空间改造后不做吊顶的工程亦常采用。

② 钢筋混凝土双梁托换技术

又称夹墙梁，就是在待拆墙体顶部两侧增设两根对称托梁，通过穿越墙体的拉梁将双托梁形成整体（图 7-85），并在新增梁两端下方增设混凝土柱，新增混凝土柱与原有墙体形成组合柱。

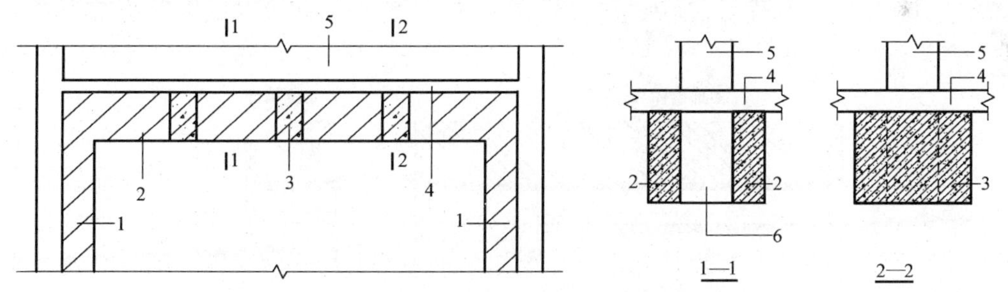

图 7-85　双梁托换技术（夹墙梁）

1—边框柱；2—夹墙梁；3—拉梁；4—楼板；5—上层保留墙体；6—夹墙梁范围内保留墙体

双梁托换可以先进行托换梁施工，待托换梁达到设计所需强度，上部荷载转移到托换梁上后，再拆除墙体。托换时先在墙体上打孔设置拉梁、托梁，上部墙体传来的荷载通过拉梁传递给托梁。双梁托换较单梁托换的承托能力更强，且对房屋净空高度的影响要小一些。

双托梁托换技术在板下有梁、板下无梁时拆除承重墙的扩大空间改造工程中均有较为广泛的应用。

采用钢筋混凝土双梁进行墙体托换的工程实例、文献较多。其差别主要在于双梁之间的连接形式，有拉梁、混凝土销键、拉筋等（图 7-86）。当拟拆除墙体顶部无圈梁时，拉梁设置在板底，有圈梁时，拉梁设置在圈梁底。

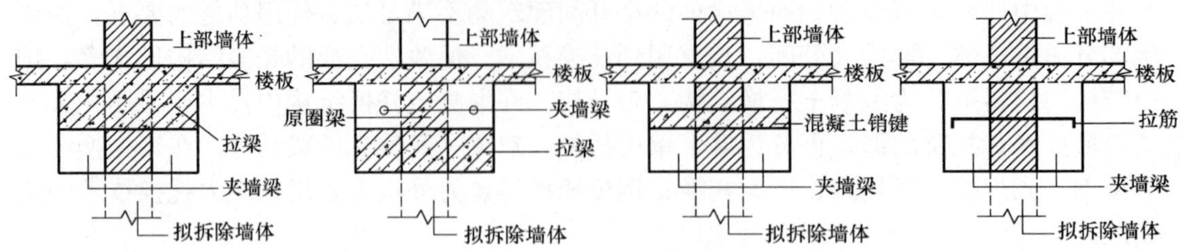

图 7-86　框式托换技术示意图

双梁的梁高可按下列方法确定，层数少时可不按墙梁考虑，此时梁高宜取 $l/(12\sim8)$；层数较多，且上部墙体满足墙梁的要求（或经过加固后满足墙梁的要求）时，按墙梁中的托梁取值，承重墙梁取 $l/(10\sim8)$，非承重墙梁取 $l/(15\sim12)$。

当采用钢筋混凝土夹墙梁时，在欲拆除墙体上端两侧设置钢筋混凝土夹墙梁，在夹墙梁的两端设置钢筋混凝土边柱。在夹墙梁范围内隔 1～1.5m 设置拉梁，拉梁截面宽度不宜小于 250mm，高度不宜小于夹墙梁高度。

③ 框式托换技术

框式托换就是用上、下夹墙梁和托换柱所组成的托换框架来替换需拆除的承重墙体，是一种在双梁托换技术的基础上加以改进而成的托换技术，托换结构由上夹墙梁、下夹墙梁、拉梁和托换柱组成封闭框架（图 7-87），封闭框架施工完成后拆除墙体。上托换夹梁支承上部墙体荷重，并与其上计算高度范围内的墙体组成墙梁结构，由两条矩形梁和多条连系梁组成。托换柱将上托换夹梁荷载传递到下托换夹梁上，柱宽与梁宽相同。下托换夹梁将由托换柱传来的上部荷载较均匀地传递到下部结构上。其结构形式与上托换夹梁相同。

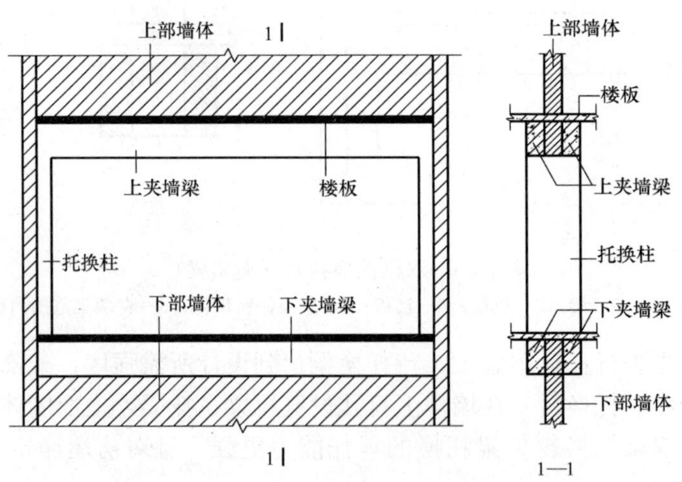

图 7-87　框式托换技术示意图

框式托换技术在砌体房屋不但可应用于下部露出的托换，上部楼层托换时同样适用[29]，也应用于托换荷载较大的情况。

④ 墙梁托换技术

上面所述三种混凝土托换结构中，托梁既可以是普通简支梁、框架梁，也可以是墙梁，但实际工程希望尽可能按墙梁进行设计。设计成墙梁，托换梁就成了墙梁的托梁，其承担的荷载小于一般的托梁，因此可以减小托梁的截面高度，能够较好地达到改造后空间大、要求净空也高的改造目的。但如果按墙梁进行设计，就需要考虑《砌体结构设计规范》GB 50003[30]对于墙梁的要求。由于托梁为新增构件，所以这些要求中对于托梁的要求能够满足，但对于计算范围内墙体、托梁所在层的楼板、翼墙等的要求就不一定能满足。因此需要采取措施，以满足墙梁的要求。托梁部分也应按规范要求进行加强。

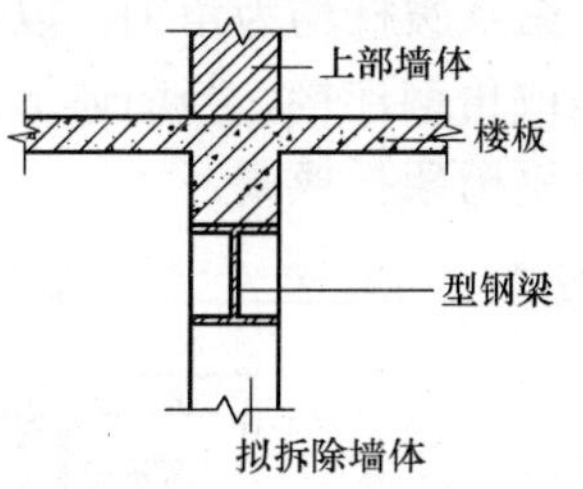

图 7-88 型钢单梁

2）钢托换结构

近些年来，钢结构托换结构在墙体托换中得到了应用，其形式有型钢（焊接）钢梁、钢桁架、钢-砌体组合托换梁、钢-混凝土组合托换。采用钢托换结构，不需要支护和施工模板、施工工期短、钢-砌体组合结构构件截面较小、结构自重小、不影响建筑美观，与传统托换技术相比有着很多优势。

钢托换的防火问题可以通过涂刷防火涂料或外包混凝土来解决。

① 型钢（焊接）钢梁托换技术

型钢（焊接）钢梁和混凝土托梁类似，也有单梁和双梁，当采用单梁时（图 7-88）一般采用工字钢或 H 型钢。但这种形式比混凝土单梁施工难度还要大，所以采用型钢梁的大部分情况是采用双梁。双梁的形式比较多，可采用图图 7-89（*a*）的形式，这种形式先剔除墙体的一部分，安放双梁中的一肢；经过对型钢梁与上部混凝土或墙体间空隙的填塞，型钢梁发挥作用（图 7-89*b*），此时再剔除剩余部分墙体时是比较安全的。型钢双梁的型钢可采用槽钢（图 7-89*a*）、工字钢或 H 型钢（图 7-89*c*）。采用型钢双梁时，也有不剔除墙体，而是在墙体外侧设置型钢梁（图 7-90*a*、*b*），但这种方式和混凝土双梁一样，两侧的柱子宽度较大，有时是不能够使用的。因此在型钢双梁中图 7-89（*a*）、（*c*）的形式是比较好的。当采用钢托梁时，钢托梁宜在墙体两侧对称设置，并通过穿墙螺栓等措施进行拉结。型钢双梁之间要用缀板相连，缀板的设置满足《钢结构设计规范》GB 50017 的规定。

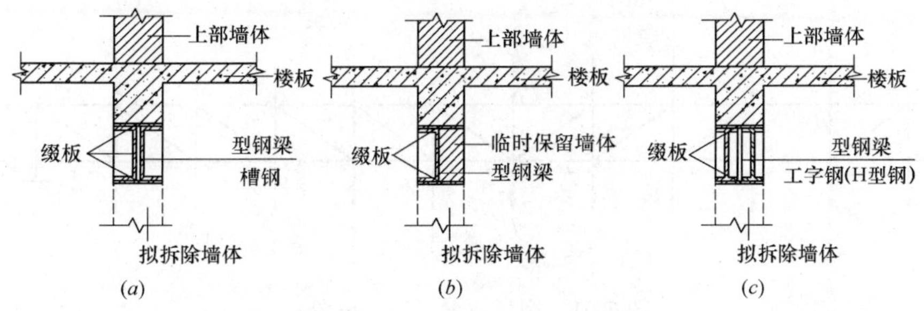

图 7-89 型钢双梁（墙内设置）

（*a*）槽钢双梁；（*b*）施工过程；（*c*）工字钢或 H 型钢双梁

实际工程中也可采用焊接的钢梁。

② 钢桁架托换技术

钢桁架托换梁具有不影响上部（甚至下部）建筑正常使用、便于施工、施工周期短、造价低等优点。程远兵，王三会介绍了钢桁架托换技术[31]。

A. 钢桁架的构造

钢桁架托换结构的构造如图 7-90 所示。在墙体的两侧设置 2 个平面桁架，桁架的上、下弦及腹杆均为角钢，以便在工厂或现场焊接。2 个平面桁架通过穿过墙体水平灰缝的扁钢或角钢连接，与墙体形成受力体系，墙体及其上部作用的荷载通过水平的扁钢或角钢传至钢桁架托换梁。

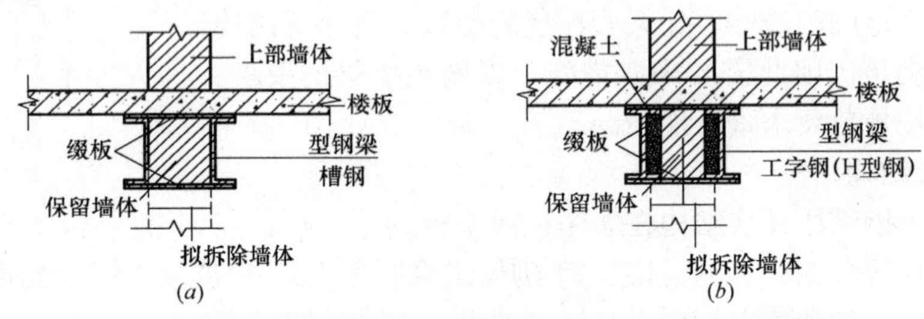

图 7-90　型钢双梁（墙外设置）

(*a*) 槽钢双梁；(*b*) 工字钢或 H 型钢双梁

B. 结构计算

由于梁与墙的连接为铰接，它们的变形具有一定的独立性，可不考虑它们的共同工作。因而，为偏于安全及计算方便，将上部墙体及楼板传来的荷载等效为间距 a 的结点荷载 F，梁的计算可简化为结点荷载作用下的平面桁架，单个平面桁架梁的计算简图如图 7-91(*c*) 所示。梁的计算内容包括：水平扁钢的抗剪强度，桁架梁杆件的强度，梁的挠度等。

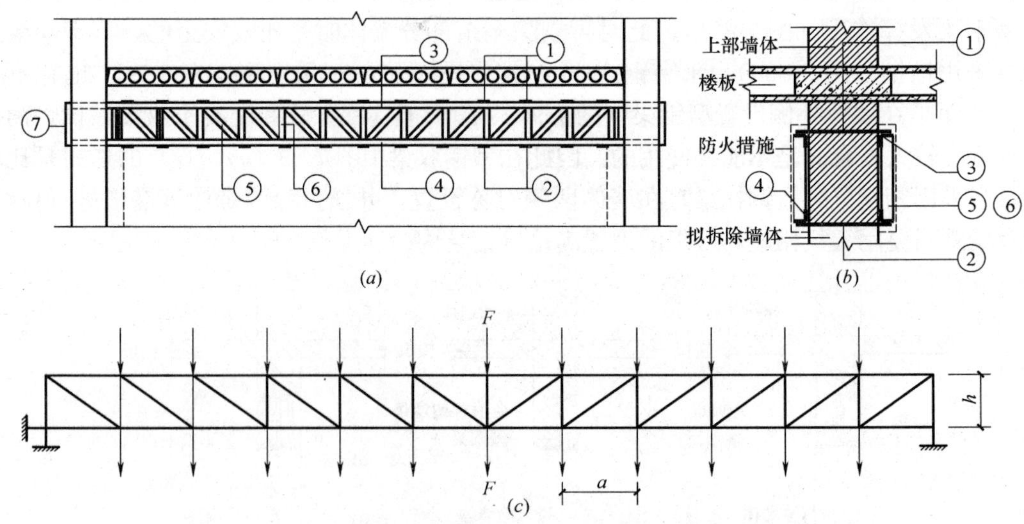

图 7-91　型钢双梁（墙外设置）

(*a*) 托换梁的纵立面图；(*b*) 托换梁的剖面图；(*c*) 托换梁的计算简图

C. 钢-砌体组合托换技术

在钢桁架托换技术中虽然钢桁架和砌体之间存在共同作用，但为便于计算往往不考虑二者的共同作用，只按钢桁架承担上部荷载来进行设计，这使得钢桁架的尺寸比较大。在钢-砌体组合托换方面，国内外都进行了一些工程实践和研究探索，目前主要集中于托换梁自身和托换梁与上部墙体形成墙梁两个方面。

a. 托梁

采用钢结构进行砌体结构托换时，更多的是用钢板或桁架与砌体形成组合结构来承担上部墙体。东南大学敬登虎、曹双寅、郭华忠采用后锚固技术将钢板外包在砖墙上，形成钢板-砖砌体组合结构（图 7-92）在某砖混建筑中进行拆墙托换。

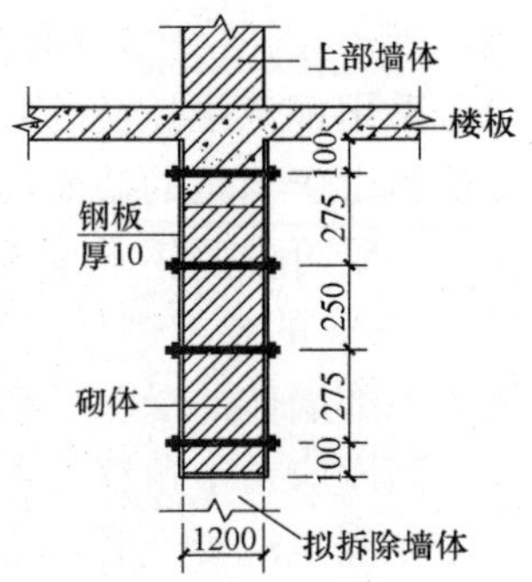

图 7-92 钢板-砌体组合梁

东南大学敬登虎、曹双寅、石磊等又进行了钢板-砖砌体组合梁在静载下力学性能的试验研究。通过对 4 根不同控制条件下的钢板-砖砌体组合梁进行静载试验，研究组合构件的破坏过程与形态、承载力、控制截面的应变分布及变形等。

b. 墙梁

不论是工程实际还是试验研究，大部分只考虑钢与砌体组合结构自身的作用，而忽略了托换梁与上部墙体的共同工作（即墙梁的作用），这与实际情况是不相符的。

英国威尔士大学的 Hardy 对型钢过梁承托砖墙的共同工作性能进行了理论分析，结果表明：型钢过梁承托砖墙的工作机理不同于一般的混凝土梁承托砖墙，主要体现在钢梁与砖砌体共同工作时其两端有效接触长度发生变化。并且认为型钢梁与上部墙体之间共同工作时的 3 个主要影响参数为型钢梁与砖砌体墙之间的摩擦系数、梁上部墙体的高度、相邻砌体。

山东建筑大学赵考重、工超、房晓鹏等进行了钢-砌体组合墙梁结构在砌体结构房屋托换改造中的试验研究[36,37]。考虑有无圈梁、构造柱，并对上部墙体进行钢筋-水泥网加固处理，共进行了 8 个构件的试验，得出的主要结论是：有无构造柱均可形成墙梁；但构造柱的存在可显著改善结构整体的承载能力；托换梁为偏心受拉构件，这与墙梁结构托梁受力形式是一致的。托换梁还有桁架受力特征，即角钢、钢缀板条与砖砌体墙（砖砌体墙与圈梁）三者组成了桁架受力体系。

D. 钢-混凝土组合托换技术

钢-混凝土组合托换技术目前主要有两种方法，一是在原圈梁下设置钢梁，使钢梁和原混凝土圈梁形成组合梁（图 7-93）；二是剔除墙体后设置型钢梁或钢桁架，然后浇筑混凝土，形成钢骨混凝土形式的组合梁（图 7-94、图 7-95）。

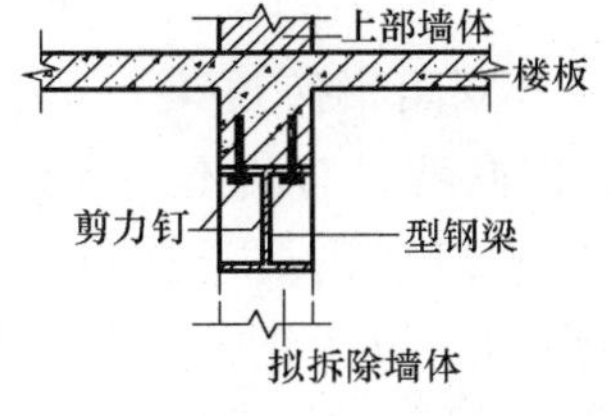

图 7-93 钢-混凝土组合托换梁

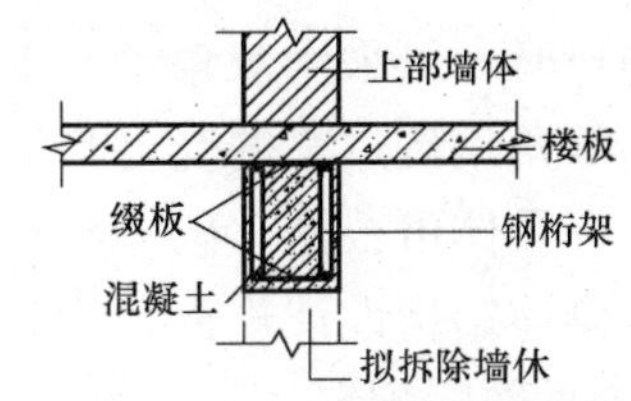

图 7-94 钢骨混凝土托换梁

a. 型钢+混凝土圈梁的组合托换梁

采用型钢+混凝土圈梁的组合托换梁时，圈梁的混凝土强度不宜太低，否则不能发挥各自的优势。这种组合梁需要解决的关键问题是混凝土与型钢梁之间的剪力传递，为了解决这个问题可设置化学锚栓，化学锚栓的数量应经过计算确定。大部分情况下，由于二者之间不是一次成形，因此设计时可按部分抗剪连接组合梁来进行。具体计算方法可参照《钢结构设计规范》GB 50017，并满足其相关要求。

b. 钢骨组合梁

钢桁架托换中，钢桁架位于墙体外侧，这样对于使用要求较高的房间就很难采用，此时可采用钢双梁托换的方法。文献［31］介绍了桁架＋混凝土形成的钢骨混凝土托梁，该文认为由于与梁的截面尺寸相比，托换梁中配置的型钢截面相对较小。因而。型钢-混凝土托换梁可参照钢筋混凝土墙梁进行计算。具体计算应按照现行《砌体结构设计规范》GB 50003 的要求进行，内容包括：托梁的正截面承载力计算、托梁的斜截面承载力计算、托梁上部墙体的受剪承载力计算、托换梁的端部局部受压承载力计算等。计算时，托梁的有效高度应自下角钢的重心算起。

在浇筑混凝土时，可在梁上部墙体中剔出浇筑及振捣孔（图 7-95）。

也可采用型钢梁＋混凝土形成钢骨混凝土的方案（图 7-96）此时由于所选型钢截面较大，可按钢骨混凝土的要求进行设计。这种情况，一般是采用型钢双梁的方式，这样梁的宽度可限定在原墙体宽度内，不影响结构的美观和使用。

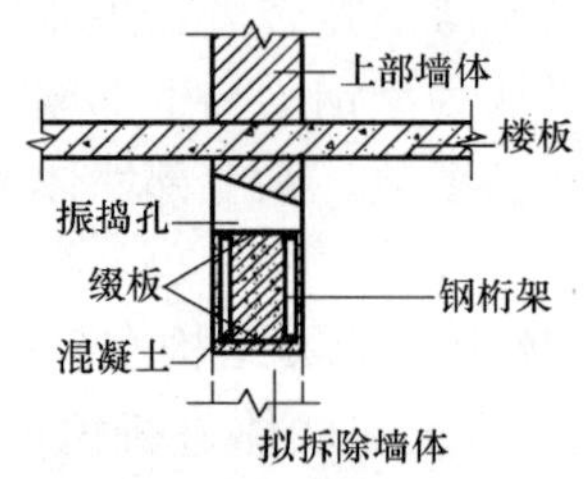

图 7-95 钢桁架-混凝土托换梁

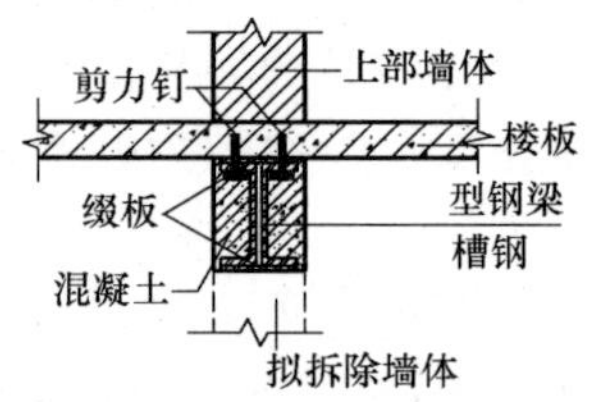

图 7-96 钢骨混凝土托换梁

混凝土浇筑时，第一次只能浇筑到型钢梁或桁架底，待混凝土强度达到后，可在梁底挂网抹高强度等级水泥砂浆替代混凝土。

（2）砌体结构的开洞托换

砌体结构承重墙体上后开始洞口的处理，应根据洞口的大小来确定采取的措施。开设洞口时，对于过梁，其荷载的计算、承载力的计算按《砌体结构设计规范》GB 50003 及《混凝土结构设计规范》GB 50010 的规定进行。

1）开设小洞口（洞口宽度不大于 1.0m）的处理

开设小洞口时，可采用双角钢与上部墙体形成过梁（双角钢砖过梁），从而实现开设洞口的目的。双角钢砖过梁的受力与钢筋砖过梁相似，但两者又有所不同。设计时可按钢筋砖过梁计算，具体可根据《砌体结构设计规范》GB 50003 中的要求进行，并满足其构造要求，按《砌体结构设计规范》GB 50003 中计算得到的受拉角钢（钢筋）的面积，建议乘以 1.15 的系数后配置。

开设小洞口时，且该墙体所有洞口总宽度不大于墙体长度的 1/3 时，应对该墙体的竖向承载力进行复核。

2）中洞口（洞口宽度在 1.0～2.4m 且洞口宽度不超过墙体水平投影长度的 1/2）的处理

开设的洞口宽度在1.0～2.1m之间时，可采用小洞口的处理方法，即采用双角钢与上部墙体形成过梁，洞口大时也可采用工字钢、槽钢等型钢，或采用混凝土过梁。洞口面积超过2.1m时，除应对过梁进行计算外，对于地震设防区的砌体结构改造，尚需考虑较大洞口（宽度超过2.1m的洞口）边的构造柱设置的要求。对于宽度大于1.5m的洞口，可考虑增加型钢加强框（图7-97）或混凝土加强框的措施，所采用加强框的材料、截面等根据洞口大小、荷载大小确定。对于不设加强框的洞口，应计算过梁下墙体的局部受压承载力。

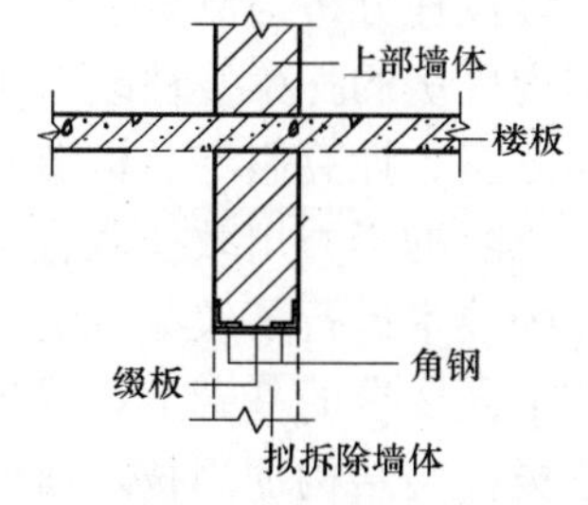

图7-97 小洞口时的处理

对于开设宽度大于1.0m的较大洞口的建筑，应对建筑物局部结构进行验算，并根据验算结果增加托换结构端柱，如加强框的承载能力满足端柱的要求，可设置加强框。

3）大洞口（洞口宽度超过2.4m或洞口宽度不超过墙体水平投影长度的1/2）的处理

开设大洞口时，应采用工字钢或槽钢托梁（过梁），或采用混凝土托梁（过梁），且应设型钢或混凝土加强框。对于处于地震设防区且不设加强框的洞口，则应设置构造柱。此时因洞口宽度较大，楼板传来的荷载一般需要考虑，因此所需截面较大；必须验算梁下墙体的局部受压承载力。

开设大于2.4m的大洞口，或洞口宽度超过该墙体长度1/2的洞口，应按拆除墙体的方法，进行整体验算，并根据验算结果采取加强措施。

（3）砌体结构的置换

当遭受灾害、墙体风化等损伤，或出现施工质量事故，使得墙体局部开裂，或承载力不满足要求时，应首先查清原因。对尚未影响承重及安全时，可直接进行置换，置换时将墙体局部拆除，并按提高砂浆强度等级一级的要求采用整砖填砌；对于已经影响承重或安全时，应先采取临时支撑措施，确保安全，然后进行置换。

置换墙体时，应根据墙体损伤情况或承载力情况分段进行，拆砌前应对支承在墙体上的楼盖（或屋盖）进行可靠的支顶。

局部置换墙体时，新旧墙交接处不得凿水平槎或直槎，应做成踏步槎接缝，缝间设置拉结钢筋以增强新旧墙的整体性。如遇置换墙体位于转角处或纵横墙交接处时，应采取相应的可靠措施进行拉结锚固。

7.4.3 钢结构的托换技术

（1）钢结构托换技术的发展

钢结构在我国建筑结构中所占比例，逐渐越来越多，但大部分钢结构都是新的结构，而托换主要是针对于既有建筑结构，因此钢结构的托换目前远少于钢筋混凝土结构和砌体结构。

对于钢结构的托换工程实践主要集中在工业厂房的抽柱托换（托梁拔柱）。1990年，中国京冶工程技术有限公司（原冶金部建筑研究总院）在邯郸中板厂二期改造，汉口轧钢厂Φ114技改项目中，尝试使用托梁拔柱方法拆除部分柱子，取得了很好的效果。中国京冶工程技术有限公司于2004年开始对当今常用结构形式的单层钢结构厂房托梁拔柱技术进行了系统开发研究，成果于2007年底通过了中冶集团技术中心鉴定，总体上达到了国际先进水平，并成功应用于两个典型单层钢结构厂房的拔柱改造工程中。在此基础上形成了《单层钢结构厂房托梁拔柱工法》。天津大学陈志华教授指导其研究生梁绍强对单层钢结构厂房结构体系的托梁拔柱改造进行了较深入的分析和研究，完成了硕士论文《钢结构厂房托梁拔柱分析与测试》[38]，以天津钢管公司 460 管加工车间改造工程为背景，研究单层钢结构厂房的托梁拔柱改造工程，总结了钢结构加固与改造的原则和常见方法，柱常见的加固方案、计算假定、构造和施工要求。西安建筑科技大学的郝际平教授和中冶集团建筑研究总院的李秀川教授联合指导研究生张溯结合工程实例，对钢结构厂房托梁拔柱以及结构加固技术进行了较深入的分析和研究，在对原有厂房进行详细的调查、现场实测并了解生产工艺要求的基础上，提出了合理的托梁拔柱改造方案，完成了硕士论文《钢结构厂房托梁拔柱与结构加固技术研究》[39]。

钢结构厂房的托换方法和混凝土排架结构的托换方法类似，本节不再重复，仅介绍钢结构托换的设计。

（2）钢结构托换的设计

1）托换前后结构计算校核

应对托换前、托换后的结构进行分析，在对托换方案进行必选优化的基础上，分析托换后受力变化的区域、构件，确定需要加固的构件、新增构件的类型、尺寸等。

2）结构构件设计

托换工程钢结构厂房结构中存在三类不同的结构构件，即：原有结构构件，需要加固处理的结构构件和新增结构构件，对它们应采用不同的结构设计规范分别进行设计[39]。

① 原有结构构件

应根据现场对构件实测的结果，综合考虑腐蚀、损伤对其截面的削弱影响，给出每个构件定量的承载力折减系数，然后依据《钢结构设计规范》GB 50017 和构件的折减系数对构件进行强度、稳定承载力的校核。

② 需加固处理的结构构件

根据其不同的受力状态和加固方式，依据《钢结构加固技术规范》CECS 77 中相应的设计方法对其进行强度、稳定等承载力的校核。对于需要加固处理的地基基础应根据相应规范要求进行设计。

③ 新增结构构件根据构件组合的最不利内力，依据《钢结构设计规范》GB 50017 中相应的设计方法确定其构件截面尺寸，并根据现场实际情况适当提高安全系数。

3）施工参数的确定

托换工程设计与新建工程设计不同，需要对部分施工参数给出控制指标。可参照中国京冶工程技术有限公司（原冶金部建筑研究总院）的《单层钢结构厂房托梁拔柱工法》。

7.4.4　木结构的托换技术

与古代的木结构托换（偷梁换柱）采用木材相比，现代的木结构托换可以用工字钢、槽钢、角钢焊接的格构梁或胶合木结构来代替原来的木梁，用钢结构的柱子代替原来的木柱等，这样不必拆除原来的木梁、柱，实现荷载的转移，施工的难度就大为降低。

（1）顶升托换

由于多种原因造成地基软化、沉陷、建筑物本身墙体酥碱，周围地势抬高，需要对木结构进行顶升处理。

1）木柱的顶升

当需要对木柱进行顶升时，首先核算该木柱承担的荷载，选择合适的临时托换梁，一般可采用槽钢、型钢或焊接的格构梁。

施工时，先确定临时吊起木柱的位置，采取措施对木柱该部位进行保护，如用棉布片将柱包裹，再用绳索等拴在这个部位，然后用挂在施工架上的导链将柱吊起，再把柱下的基础石抽去，放置事先打好孔的临时托换梁。临时托换位置在柱的正下方，然后将柱放下，随后进行顶升设备的安装。临时放置于柱底部，临时托换梁的两端设置穿孔，能够穿过丝杠或螺杆，然后通过丝杠或螺杆将结构顶升至指定的标高（图 7-98），加固基础[40]。当柱承担的荷载较大时，可采用千斤顶来顶升。

2）木屋架的顶升

需对屋架进行顶升时，可设置带有缀板的支柱，缀板是可装卸式的，缀板的竖向间距为千斤顶的有效行程，将千斤顶置于上、下临时托换梁之间，上托换梁顶紧拟顶升的屋架，千斤顶顶升，下临时托换梁提供反力，可将上临时托换梁和屋架一起顶起，顶起到一定高度。此时将装卸式缀板安装于上临时托换梁下，此时屋架的荷载由上临时托换梁承担。千斤顶回油，将下临时托换梁向上挪动，安放缀板。安放千斤顶，进行下一次的顶升。这样依次进行，逐渐将屋架顶升至所需高度（图 7-99）。要注意，支柱之间应进行可靠拉结，保证其稳定性和安全。

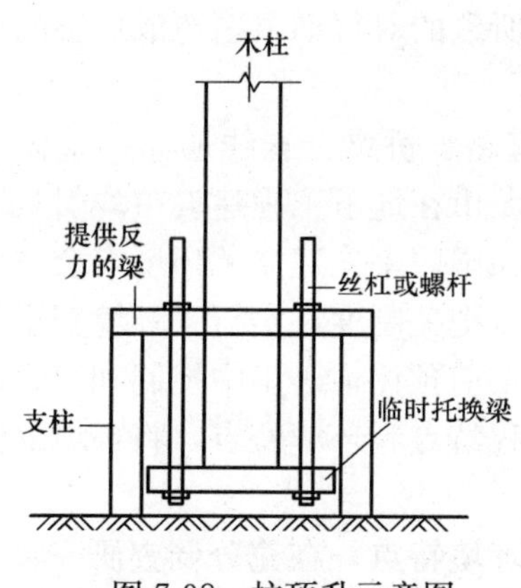

图 7-98 柱顶升示意图

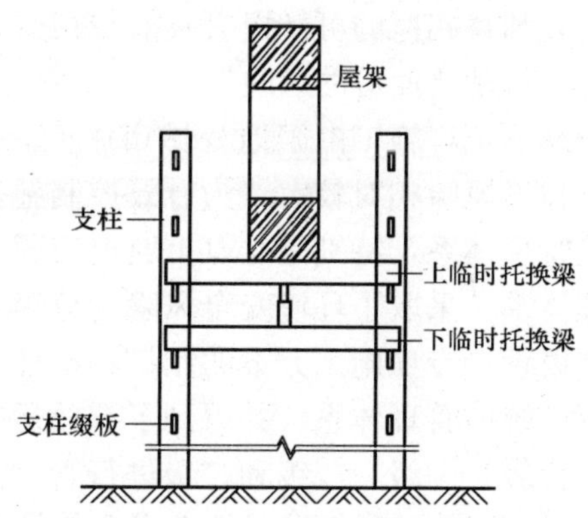

图 7-99 屋架顶升示意图

（2）改造托换

对于普通的木结构房屋（文物保护建筑和历史建筑除外）当需拆除某根木柱或某道墙体时，可采用增加托梁，或托换桁架的方法来进行。一般的木结构房屋的屋顶采用屋架，因此采取托换桁架的较多，或对原屋架进行改造，形成新的桁架；同时加强垂直方向的支撑，使各榀木屋架形成空间屋架的形式，以使荷载在整体结构上调整，达到拆除柱或墙体的目的。

7.5 地下工程安全风险管理与评估

风险管理源于 20 世纪 30 年代的美国。开始企业针对因经济危机而设立的保险管理部门，1938 年后，美国企业对风险管理采取科学的方法，1950 年风险管理发展成为一门学科，“风险管理”一词形成。标志着风险管理从原来意义上用保险方式处理风险转变为真正按照风险管理的方式处置风险。20世纪70年代后，美国的Einstein H H将风险分析引入到隧道与地下工程中去。20世纪90年代以来的隧道和地下工程施工的塌陷事故引起了人们的关注，从而风险管理在大部分地下工程中是不可缺少的一部分，因此近些年风险管理的研究也取得了一定的成果。

目前，在土木工程施工领域内风险的定义在认识上还未达到统一。Hertz和Thomas指出，风险就是伤害或是损失的机会；Jannadi和Almishari提到，风险为一任意事件的指标，关于其威胁可能性、严重程度跟暴露程度有关；郑灿堂指出，风险定义主要分成事故发生的不确定性与事故遭受损失的机率，其中不确定性不一定是负面的，遭受损失的概率则介于（0～1）之间；陈龙总结了四种不同的风险定义：

1）视为给定条件下可能会给研究对象带来的最大损失的概率；

2）把风险视为给定条件下研究对象达不到既定目标的概率；

3）把风险视为给定条件下研究对象获得的最大损失和收益之间的差异；

4）把风险直接视为研究对象本身所具有的不确定性。

上述关于风险的定义虽然都有一定的适用性，但都不全面，有的只是从概率等量方面来定义风险，不能将风险的含义全面阐述。风险是客观存在的，所以在实际中不能将其定义为一个数量化的指标，而是更多的要做阐述其定性分析。姜清航定义风险为：“若存在与初衷利益相悖的可能损失及潜在损失，则称该潜在损失所致的对行动主题造成危害的事态为该行动所面对的风险”。

地下工程施工由于地处城市中间，周围各种建筑、道路、桥梁、管线遍布，整体来说，施工风险相对较大。为有效控制施工风险，我国许多城市在地下工程建设中均引入了风险管理体系，特别是北京市轨道交通建设管理有限公司在国内率先建立了环境安全技术管理体系，采取了环境安全风险的分级管理制度和专家评审把关制度，实行了环境安全的专项设计、专项施工方案的制订和论证，以及安全风险的工前预评估、工中控制和工后评估等系统的管理体系，并得到了有效运行和实施。结合工程特点和环境特点，将环境安全分为特级、一级、二级和三级进行管理。

进行工程建设环境的安全分级时，可结合工程特点和环境特点，在充分调查研究及分析的基础上，可以把某一等级的环境安全风险工程项目按高一个等级或低一个等级进行安全风险管理。

安全性影响评估的关键是预测新建地下工程施工引起既有建筑物的变形，得到在该变形条件下既有建筑物内力的变化和最终内力状态，在此基础上评价既有建筑物结构是否安全。

地下工程安全风险主要针对周围建（构）筑物进行，评估思路和步骤：既有建筑物在新建地下工程施工前的现状作为初始状态→采用三维地层—结构模型预测新建地下工程施工引起的既有建筑物结构的变形作为附加变形→采用三维荷载—结构模型以叠加法计算既有建筑物的结构内力→验算既有建筑物的结构承载力→将结构内力与结构承载力进行比较，评估既有建筑物结构的安全性→试算得出既有建筑物结构所能允许的承载能力极限状态抗变形值和正常使用极限状态抗变形值→在综合考虑承载能力极限状态允许变形值、正常使用极限状态允许变形值和预测变形值的基础上考虑一定的安全系数，确定既有建筑结构变形的控制指标→提出针对性的措施建议。

近几年，全国城市轨道交通建设在环境资料掌握、环境风险评估和环境保护等方面的意识不断提高，不同程度探索和实践了周边环境风险的专项或综合性管控工作，取得了良好的风险管控效果和经济社会效益，值得总结和推广应用。

7.5.1 风险管理与流程

根据现行法律法规、规范性文件和北京、深圳等地的做法经验，城市轨道交通工程建设周边环境风险管控可包括环境调查、环境影响风险分级、现状检测与评估、环境保护专项设计与工程措施、施工过程环境风险现场监控巡视等贯穿建设全过程的关键环节或内容，每一环节又细分若干内容或过程，这个过程是动态、循序或闭环的。总体流程见图7-100。

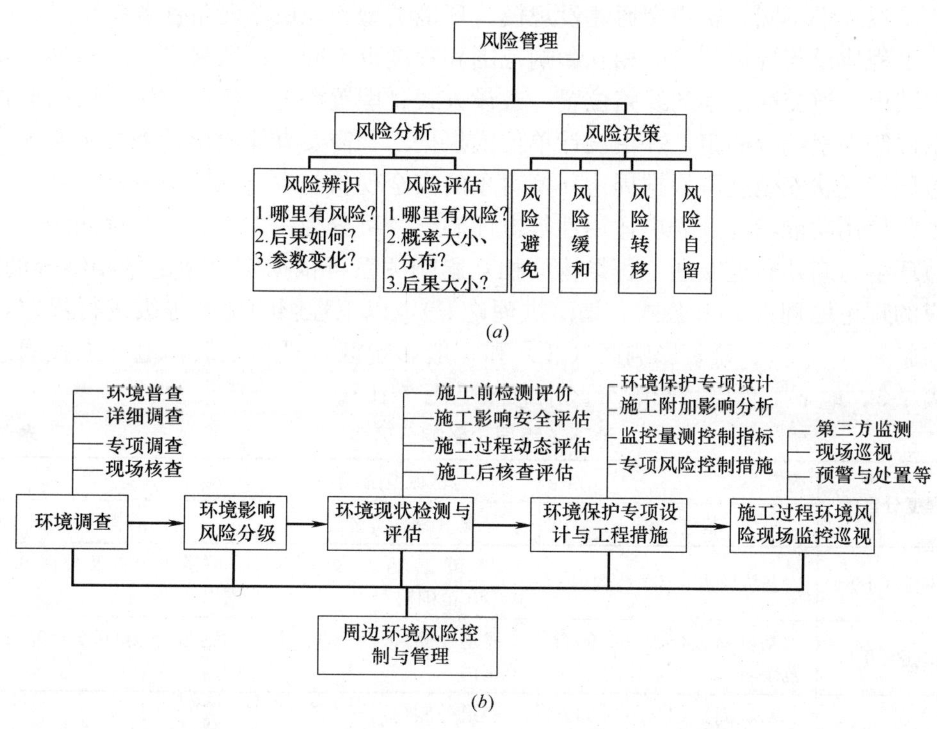

图 7-100 风险管理与基本流程

(*a*) 风险管理机构图；(*b*) 周边环境风险管控内容与基本流程

7.5.2 周边环境调查及分区

周边环境调查与基本建设程序一致，宜分阶段开展，可分为初步设计阶段普查、施工图设计阶段详细调查、专项调查和现场核查，不同阶段环境调查内容应满足相应深度要求。另外，可研阶段可通过收集地形图、管线图等方式获取周边环境资料，但对影响线路方案的重要周边环境（风险源），可实施详细调查。

初步设计阶段普查是通过查询收集资料、实地调查走访和必要的现场勘查探测等手段对工程周边环境的现状、条件进行全面调查，并编制环境调查成果资料，为初步设计、施工图设计提供尽量全面、翔实的周边环境资料。

施工图设计阶段应针对设计条件可能有所变化，或工程需要开展深入、补充性的详细或重点调查工作，以满足施工图设计的需要，如对处于较大施工影响区内的工程沿线建（构）筑物、管线、城市桥梁等重点环境对象，关键部位等进行详细调查。

地下管线、地表水体渗漏等是影响地下工程施工安全的易发多发风险源（因素），又由于其复杂性、调查困难性等，宜根据设计要求或工程需要开展专项调查，辅以必要的土体开挖、现场测量等工作。

由于环境资料及条件的复杂性，很难一次性调查清楚，任何参建单位（勘察、设计、施工等）在开展自身工作时，均有义务进行环境资料的核对或复查工作。尤其对施工单位，应核查确认环境成果资料，对因环境变迁或设计变更出现的新的环境对象进行补充调查，并特别注意地下管线和地下构筑物环境的调查。

环境调查应针对工程周边影响范围内的所有环境对象。我国各地铁建设城市的历史沿革、经济发展水平不同，轨道交通建设规模、环境类型和地质单元条件各有特点，以及施工不同，工程建设与周边环境的相互影响范围和程度也不同。一般来讲，周边环境调查范围宜根据城市轨道交通工程的线路位置、敷设方式、埋置深度、施工方法、结构形式及所处地质条件等因素综合确定，并由设计单位或根据工程需要具体给出调查技术要求。

周边环境现状安全度可根据周边环境对象的安全现状与现行国家地方标准规范的符合程度、当前使用功能状况及安全适用性等方面确定，可分为差、中、良、优四级。

周边环境与新建轨道交通工程结构的相互影响关系可依据定性和定量相结合的原则，根据相应的理论原理（peck 公式、塌落拱理论等），以工程影响分区等级进行界定，具体分为强烈影响区（Ⅰ）、显著影响区（Ⅱ）和一般影响区（Ⅲ）三级，地下工程周边影响分区见表 7-5，地下工程周边影响分区示意图见图 7-101。

地下工程周边影响分区表　　**表 7-5**

影响程度分区	区域范围(距离)		
	基坑工程	矿山法浅埋隧道	盾构法隧道
强烈影响区(Ⅰ)	基坑周边 $0.7H$ 范围内	隧道正上方及外侧 $0.7H_i$ 范围内	隧道正上方及外侧 $0.5H_i$ 范围内
显著影响区(Ⅱ)	基坑周边$(0.7\sim1.0)H$ 范围内	隧道外侧$(0.7\sim1.0)H_i$ 范围内	隧道外侧$(0.5\sim0.7)H_i$ 范围内
一般影响区(Ⅲ)	基坑周边$(1.0\sim2.0)H$ 范围	隧道外侧$(1.0\sim1.5)H_i$ 范围	隧道外侧$(0.7\sim1.2)H_i$ 范围

注：1. H—基坑开挖深度；H_i—矿山法施工隧道底板埋深或盾构法施工隧道底板埋深。
2. 本表适用于深度大于 5m 小于 35m 的基坑；大于 35m 的深基坑可参照接近度概念；适用于埋深小于 $3B$（B 为矿山法隧道毛洞宽度）的浅埋隧道；大于 $3D$ 的深埋隧道可参照接近度概念；适用于埋深小于 $3D$（D 为盾构隧道洞径）的隧道，大于 $3D$ 时可参照接近度概念。
3. 表中的数值指标为参考值（影响分区的内容摘自《北京地铁工程监控量测设计指南》）。

各地可根据本地区地质条件差异和工程经验等，适当调整调查范围。如对软土地区、岩溶区和敏感环境对象等应适当扩大调查范围。

周边环境调查的内容可分为共性调查内容和特殊调查内容。

无论何种环境对象，都存在一些共性和基本的环境属性信息，如调查对象的名称、类型（或用途），地理位置，与轨道交通工程的空间关系，修建年代或竣工日期，产权人或管理单位，竣工图纸情况，特殊保护要求等，是谓共性调查内容。

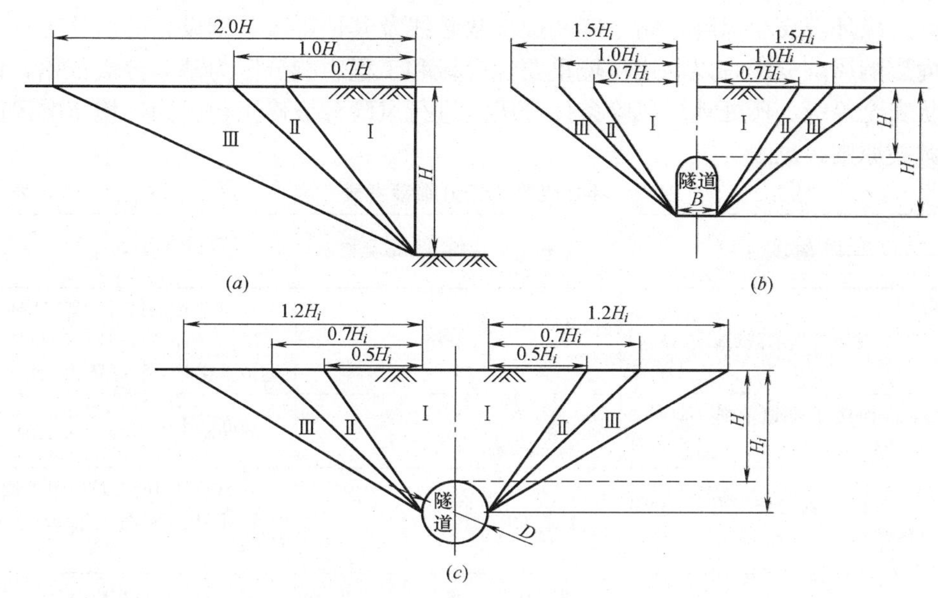

图 7-101 地下工程周边影响分区

(a) 基坑周边影响分区；(b) 矿山法浅埋隧道周边影响分区；(c) 盾构法隧道周边影响分区

特殊调查内容是针对不同的环境对象，除共性调查内容之外，有必要对其特殊环境属性信息进行调查的内容，如地下构筑物的结构形式、外轮廓尺寸、顶（底）板埋深（标高）、原施工方法、开挖范围及回填情况、围（支）护结构形式、抗浮措施等；地下管线的类型、功能、材质、规格、坐标位置、走向、埋设方式、埋深（标高）、施工方法以及管节长度、接口形式、拐折点坐标、管径变化位置、节（阀）门（或检查井）位置、载体特征（压力或充满度、流量、流向等）、使用情况（正常、废弃、渗漏）等；桥梁的结构形式、桥宽、桥长、跨度、基础形式及桥梁承载力、桥梁限载、限速、桥面破损情况、桩基参数（桩长、桩径等）；既有轨道交通设施的敷设方式、线路形式、道床形式、行车间隔、车辆荷载、轨道变形允许值等。

7.5.3 环境影响风险分级

环境影响风险分级是工程建设风险分级及安全风险评估的重要内容和环节。根据国家规范 GB 50652 和北京现行做法，以周边环境为承险体和风险管理对象的环境影响风险工程可分为特级、一级、二级、三级（风险程度由大到小）。环境影响风险分级应综合考虑周边环境的重要程度、现状安全状况、与新建地铁结构的相互影响关系（通过工程影响分区等确定）、所处地质条件、施工方法及周边环境保护方案可实施性与安全性等影响因素。

周边环境重要性程度可根据周边环境对象的类型、功能定位、使用性质、规模等，分为极重要、重要、一般、次要四级。

环境安全风险参照下述定性规定进行分级：

（1）特级环境安全风险，指下穿既有轨道线路（含铁路）的新建工程。

（2）一级环境安全风险，指下穿既有建（构）筑物、上穿既有轨道线路的新建工程。

（3）二级环境安全风险，指邻近既有建（构）筑物、下穿重要市政管线及下穿河流的新建工程。

（4）三级环境安全风险，指下穿一般市政管线及其他市政基础设施的新建工程。

环境影响风险分级宜以周边环境重要性等级和工程影响分区为基本分级依据，以周边环境现状安全等级、所处地质风险条件分级等进行风险分级修正，作为环境影响风险分级标准及调整原则，见表7-6。

环境风险工程分级参考表　　表7-6

风险等级	环境风险工程	新建工程与周边环境关系	备注
特级	矿山法下穿既有线(地铁、铁路)	下穿	1. 显著影响区外一般可降低一级。 2. 线间距大于12m的单线矿山法隧道下穿时一般可降低一级
一级	盾构法下穿既有线(地铁、铁路)	下穿	线间距小于12m时可上调一级
	矿山法、盾构法上穿既有线(地铁)	上穿	1. 线间距小于$2D$时可上调一级。 2. 矿山法断面大于9m时可上调一级
	矿山法邻近既有线(地铁)	非常接近范围内(距离小于$0.5B$)	其他邻近程度根据具体情况可降低一级
	盾构法邻近既有线(地铁)	非常接近范围内(距离小于$0.3D$)	其他邻近程度根据具体情况可降低一级
	明挖法邻近既有线(地铁)	非常接近范围内(距离小于$0.7H$)	其他邻近程度根据具体情况可降低一级
	盾构、矿山、明挖邻近重要桥梁	邻近，强烈影响区(穿越距离小于$2.5D$，且破裂面影响桩长大于1/2(D桩径))	1. 盾构法可降低一级。 2. 其他邻近程度根据具体情况可降低一级
	矿山法、盾构法下穿重要市政管线	下穿，强烈影响区	1. 盾构法可降低一级。 2. 强烈影响区外一般可降低一级
	矿山法、盾构法下穿重要既有建(构)筑物	下穿，显著影响区	1. 盾构法可降低一级。 2. 其他影响区范围结合建筑物特点可进行调整
	明挖法邻近重要既有建(构)筑物	邻近，强烈影响区(邻近距离小于$1.0H$，且破裂面影响基础面积大于1/2(H坑深)或者地基压力扩散角在基坑范围内)	其他邻近程度降低一级
	矿山法、盾构法下穿既有河流、湖泊	下穿	1. 盾构法一般可降低一级。 2. 具体还应根据河流、湖泊水量、水深等因素进行具体调整
二级	矿山法邻近既有线(地铁)	接近范围内($0.5B$～$1.5B$)	其他邻近程度降低一级
	盾构法邻近既有线(地铁)	接近范围内($0.3D$～$0.7D$)	其他邻近程度降低一级
	明挖法邻近既有线(地铁)	接近范围内($0.7H$～$1.0H$)	其他邻近程度降低一级
	盾构、矿山、明挖法邻近重要桥梁	邻近，显著影响区(穿越距离大于$2.5D$，且破裂面影响桩长小于1/2且大于1/3(D桩径))	1. 盾构法可降低一级。 2. 其他邻近程度根据具体情况可降低一级

续表

风险等级	环境风险工程	新建工程与周边环境关系	备注
二级	盾构、矿山法下穿重要市政管线	下穿，显著影响区	1. 盾构法降低一级。 2. 一般影响区根据具体情况可降低一级
	矿山法、盾构法下穿重要既有建(构)筑物	下穿，一般影响区	
	明挖法邻近重要既有建(构)筑物	邻近，显著影响区（邻近距离大于1.0H，且破裂面影响基础面积小于1/2且大于1/3（H坑深））	
	盾构、暗挖、明挖邻近重要桥梁	邻近，显著影响区（穿越距离大于2.5D，且破裂面影响桩长小于1/3(D桩径)）	
三级	盾构法、矿山法下穿一般市政管线	下穿，显著影响区	强烈影响区根据具体情况可上调一级
	盾构法、矿山法下穿一般市政道路及其他市政基础设施的工程	下穿，显著影响区	强烈影响区根据具体情况可上调一级
	矿山法、盾构法、明挖法邻近一般既有建(构)筑物、重要市政道路的工程	邻近，显著影响区	强烈影响区根据具体情况可上调一级

注：1. 以上风险分级还需根据产权单位的特殊要求进行调整。
2. 当表中不能涵盖时参考大体系进行分级。
3. 表中的数值指标为暂定值，供参考值。

7.5.4 环境现状检测与评估

为进一步掌握环境条件及与工程建设的相互影响程度，为工程设计施工提供可靠依据和相关参数指标，有必要对高等级（特级、一级）和有特殊要求的环境风险工程进行环境现状检测与评估。根据建设阶段的不同和设计施工的需要，可分为施工前现场检测评价、施工影响安全评估、施工过程动态评估、施工后核查评估。

施工前现场检测评价是在初步设计完成前，在环境调查资料分析的基础上，对环境外观、裂缝、变形缝等进行进一步调查和现场检测，确定评价等级、评价环境设施结构、设备等方面的使用及安全状态，为新建地铁工程初步设计和施工影响安全评估提供依据和提出建议。

施工影响安全评估是在初步设计完成后、施工图设计和专项设计完成前，通过对周边环境安全性进行必要的理论分析或模拟计算，根据不同的施工工况和工序，预测工程施工对环境的影响程度、范围，对环境安全性和工程风险进行进一步评价，并提供环境监控量测控制值和改善设计处理措施等建议，为环境影响风险工程的控制指标确定、环境保护安全专项设计、监控量测和制定专项施工措施（施工工艺工序、加固措施等）提供依据。

施工过程动态评估是对存在安全隐患或达到预警状态时的工前施工影响评估对象，结合关键工序的监测数据、现场巡视异常情况等，分析其在施工过程中受施工的影响程度、评估其结构本身及使用设备的安全状况，为信息化设计与施工提供依据。

施工后核查评估是对工前施工影响评估对象在新建地铁工程主体结构完工一年后，或环境对象监测变形稳定后，进行的施工前后环境对象安全状态变化及施工后安全状态的检测和评估，为工后修复设计和施工处理提供依据。

7.5.5 环境保护专项设计与工程措施

在环境调查、风险分级和检测评估的基础上，针对高等级环境风险工程，可进行环境保护专项设计，并结合施工附加影响分析等，明确给出监控量测控制值、第三方监测要求、环境保护专项措施或工程设计处理方案，进一步制定专项施工风险控制措施。

专项设计是单独的设计过程文件和补充文件（非正式蓝图文件），辅助对初步设计或施工图方案进行合理性论证，但有关现状评估与附加影响分析结果、监控指标、处理措施等关键内容应同时反映到正式初步设计或施工图设计文件中，且专项设计不应有超出施工图的工程量。

施工附加影响分析是根据工程特点、设计方案、现状评估成果，采用数值模拟、反分析、工程类比等方法，预测分析施工对工程环境所造成的附加荷载和附加变形影响，分析判断施工方案（工序、加固措施等）能否满足环境对象所允许的剩余承载能力和剩余变形能力。可单独完成或作为专项设计的一项内容。

监控量测控制值是确定工程监测预警的关键指标，必须慎重合理给定。可根据现行标准规范、产权单位要求，结合现状评估和施工附加影响分析结果、地质条件、施工工法和地区工程经验等综合分析确定，一般由设计单位给出，必要时进行专门研究或组织专家论证确定。

根据专项设计方案，可进行制定超前地层加固、隔离柱、环境对象结构加固或临时功能限制等环境保护专项措施或施工风险控制措施。

7.5.6 施工过程环境风险现场监控

根据专项设计方案和专项施工风险控制措施，对高环境风险对象和关键项目（如地表沉降或隆起、建（构）筑物沉降与倾斜、地下管线沉降与差异沉降、桥梁墩台沉降与差异沉降、既有地铁隧道轨道结构变形、隧道关键部位的围（支）护结构变形与开挖工作面等）开展第三方监测、现场巡视和动态评估，利用监测数据、巡视信息和相关风险管理记录，对施工过程中环境风险或安全状态进行动态跟踪与实时控制，及时地预警咨询、信息反馈与响应处理，是环境风险综合管控极为重要的一环。

1）周边环境既是地铁工程建设安全的风险源，又是工程建设的承险体，必须高度重视和实施对周边环境风险的管控。

2）周边环境风险管控需遵循综合、安全、经济和可操作的原则，可包括环境调查、环境影响风险分级、现状检测与评估、环境保护专项设计与工程控制措施、施工过程环境风险监控巡视等贯穿建设全过程的关键内容或环节，注重前期调查工作和施工过程环境风险动态控制。

3）鉴于工程的特殊性、重要性，建议尽快制定针对地铁工程建设周边环境风险管控的相关法规政策和标准规范。

7.6 托换工程监测技术

7.6.1 监测的必要性和意义

有针对性地进行内力和位形监测，除了要了解工程的具体特点及相关的场地地质构造等方面之外，还必须分析、了解特定工程产生变形的原因及潜在的变形内容，以便能针对不同的工程，在监测前制定出合理、有效的监测方案。分析、了解产生变形的各种原因，对工程监测是非常重要的。

进行内力和位形监测，不仅可对其安全运营起到良好的诊断作用，而且还能在宏观上不时地向项目管理决策者提供准确的信息。通过对其结构及周边环境实施监测，可得到各监测项目相对应的内力和变形监测数据，因而可分析和监视工建（构）筑物及周边环境的变形情况，能对其安全性及其对周围环境的影响程度有全面的了解，以确保工程的顺利实施；当发现有异常变形时，立即停止施工，及时分析原因，采取有效措施，以保证工程质量和施工的安全。

工程监测的意义就在于，通过监测和分析、了解其内力、变位情况和工作状态，掌握内力和变形的一般规律，对制定下一步施工处理方案（施工方法、施工顺序和施工参数）提供重要的参考数据；同时能及时发现存在的安全隐患：当发现不正常现象（变位不正常和结构开裂）时，适时增加监测频率，及时分析原因和采取措施，防止事故发生。

7.6.2 工程监测系统概况

（1）监测系统的组成及分类

一个监测系统可由一个或若干个功能单元组成，一般包括进行监测工作的荷载系统、测量系统、信号处理系统、显示和记录系统以及分析系统等几个功能单元。目前，国内的建（构）筑物工程监测系统一般有人工监测系统和自动化监测系统两类。

1）人工监测系统

由人工进行变换时间和地点的监测操作、各监测数据的读取与记录及向计算机进行输入，并进行内力和变形等结构性能分析所组成的系统，称为人工监测系统。它一般由监测设备和传感器、采集箱、测读仪器和计算机等组成。

① 监测设备和传感器

监测设备通常为传统的测量仪器和针对具体工程所设计的专用仪器。而传感器是指埋设在墙体、基础或结构构件中的测量元件，传感器通过感知（即测量）被测物理量，并把被测物理量转化为电量参数（电压、电流或频率等），形成便于仪器接受和传输的电信号。监测设备和传感器是进行建（构）筑物工程监测不可或缺的监测工具。

② 采集箱

采集箱是传感器与测读仪器的连接装置。利用切换开关可实现多个传感器对应一个测读仪器的连接。

③ 测读仪器

把传感器传输的电信号转变为可测读的数字信号，便于记录和后期处理成所需的物理量值。接收的数字量值成为监测值，运用相应的计算公式，由监测值计算得出物理量，最终形成监测成果。

④ 计算机

在人工监测系统中，计算机主要用于数据汇总、计算分析、制表绘图、打印监测报告等。

2）自动监测系统

利用特定的测量技术和监测设备（如测量机器人等）来进行建（构）筑物施工过程监测，以实现全天候、实时、自动监测。这种高效、全自动、实时地进行数据采集、分析与处理，并进行评估与预报（预警）的监测系统，即为自动监测系统。它一般由传感器、测量设备、数据采集仪、通讯设备和计算机系统等构成。

① 传感器和测量设备

自动监测系统中的传感器与人工监测系统中所采用的传感器基本相同，一般根据具体的监测项目选用。而测量设备一般是指一些高精度的自动电子测量仪，如全站仪、GPS 接收机等。

② 数据采集仪

数据采集仪通过计算机或自身进行自动切换，实现一台数据采集仪能快速读取数十个、甚至上百个测点的传感器，定时、定点地测读数据，具有数据采集、存储和显示功能，并可连接多种外围设备（如打印机、绘图仪等）。

③ 通讯设备

目前，工程自动监测系统采用的通讯设备的通讯方式有两种：有线通讯（图 7-102）、无线通讯（图 7-103）。

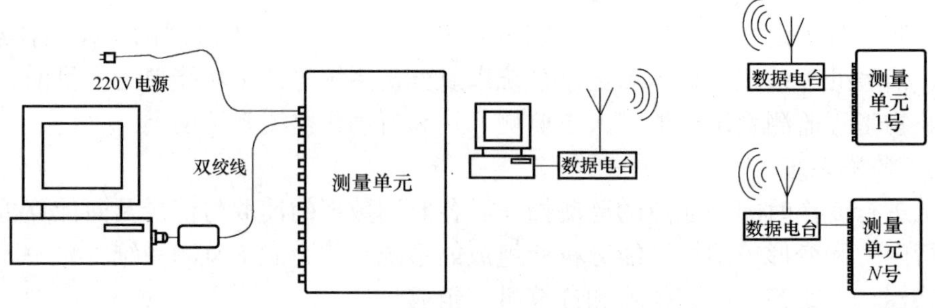

图 7-102　有线通讯监测系统示意图

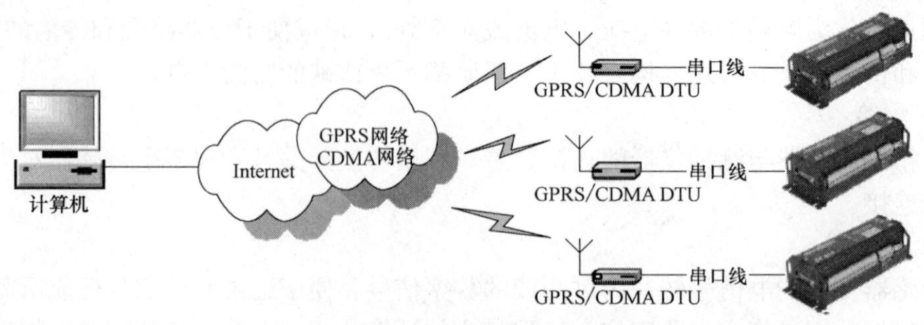

图 7-103　无线通讯监测系统示意图

④ 计算机

计算机系统包括主机系统、外围设备和功能强大的软件系统，其在自动监测系统中不仅可实现对整个监测系统的控制，而且能对监测数据进行实时处理、分析和评价，从而使许多先进的技术和手段能在监测系统中应用。

7.6.3　监测新技术及发展趋势

监测技术是一门集多学科为一体的综合技术。随着电子技术、计算机技术、信息技术和空间技术的发展，国内外监测方法和相关理论得到了长足的发展。常规监测方法趋于成熟，设备精度、性能都具有很高的水平。监测方法多样化、三维立体化；其他领域的先进技术逐渐向监测领域渗透。

(1) 监测技术发展趋势

1) 高精度、自动化、实时化

光学、电子学、信息学及计算机技术的发展，给监测仪器的研究开发带来勃勃生机，监测的信息种类和监测手段也越来越丰富，同时某些监测方法的监测精度、采集信息的直观性和操作简便性亦有所提高；充分利用现代通信技术，提高远距离监测数据传输的速度、准确性、安全性和自动化程度；同时提高科技含量，降低成本，为经济型监测打下基础。

2) 智能传感器的开发与应用

集多种功能于一体、低成本的智能监测传感技术的研究与开发，将逐渐转变传统的点线式空间布设模式，且每个单元均可以采集多种信息，最终可以实现近似连续的三维变形监测信息采集。

监测技术发展趋势，是一体化、自动化、数字化、智能化，将多媒体系统和仿真模拟技术应用于监测系统，在被监测目标破损刚开始或将要开始时实现安全预警功能。也就是说，在收集了前期的监测数据后，从物理力学角度运用多学科相关知识分析，输入仿真模拟系统进行下一时期的内力和变形预测；再不断地用后期收集的实测数据进行回代、校核，对比其可靠性，并加以修正。这样，仿真模拟技术成果趋于实际，并先于实际得出安全评估，以确保被监测目标安全，若发生故障则可及早补救。

3) 监测预报信息的共享

随着互联网技术的开发普及，监测信息可通过互联网在各相关职能部门间进行实时发布，如图 7-104 所示。各部门可以通过互联网及时了解相关信息，及时做出决策。

(2) 监测技术

随着科学技术的发展及对变形机理的深入研究，目前国内外变形监测技术方法已逐渐向系统化、智能化方向发展。监测内容、方法、设备日趋多样化，监测精度越来越高。近年来出现了一些有别于传统监测方法的新技术。

1) 传感器和光纤传感技术

传感器是自动化监测必不可缺的重要部件。从外部观测的静力水准、正倒锤、激光准直到内部观测的渗压计、沉降计、测斜仪、土体应变计、土压计，其自动化遥测都建立在传感器的基础上。由于用途不同，传感器的形式和精度也不相同，可分为机械式、光敏式、磁式、电式传感器（又分为电压式、电容式、电感式），目前运用最多的是电式和磁式传感器。

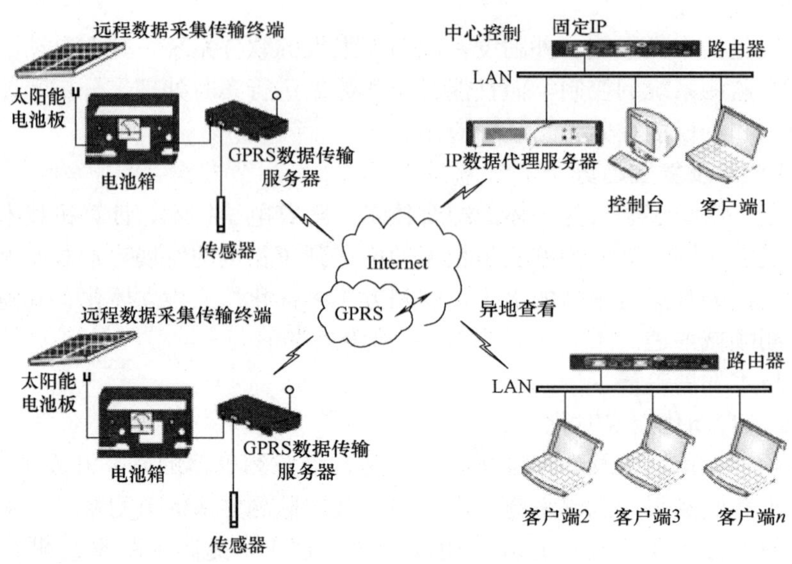

图 7-104　监测预报信息共享示意

光纤传感技术是以激光作载波，光纤作传输路径来感应、传输各种信息，是利用光纤对某些特定物理量的敏感性，将外界物理量转换成可直接测量的信号的技术。由于光纤不仅可以作为光波的传播媒质，而且光波在光纤中传播时表征光波的特征参量（振幅、相位、偏振态、波长等）因外界因素（如温度、压力、应变、磁场、电场、位移、转动等）的作用而间接或直接的发生变化，从而可将光纤用做传感元件来探测各种物理量。

光纤传感技术具有如下几个优点：

① 传感和数据通道集为一体、便于组成远程监测系统，实现在线分布式监测；

② 测量对象广泛，适用于各种物理量的监测；

③ 体积小、质量轻、非电连接；

④ 灵敏度高；

⑤ 通信容量大，速度快，可远程测量；

⑥ 耐水性、电绝缘好，耐腐蚀，抗电磁干扰；

⑦ 频带宽，有利于超高速测量；

⑧ 自动化程度高，仪器利用率高，性能价格比优。

光纤传感技术适用于建（构）筑物的温度、应力、位移、垂直位移等的测量，用以监测建（构）筑物关键部位的形变状况。尤其可以替代高雷区、强磁场区或潮湿地带等环境条件下的建（构）筑物监测工作。随着工程应用和不断改进，光纤传感技术在建（构）筑物及其他土木工程监测中应用将日益广泛。

2）GPS 定位监测技术

GPS 卫星定位技术已经渗透到科学技术的许多领域，尤其对测量界产生了深刻影响。GPS 监测系统安全可靠，抗干扰能力强，具有“全天候、实时、全自动化监测”等优点。今后，进一步改善 GPS 定位的工作模式和数据处理方法，开发相应的软件以提高 GPS 监测精度，是建（构）筑物监测亟待解决的问题。

7.6.4 监测方案设计

监测方案是监测工作的实施性指导文件，监测方案的好坏在一定程度上可以决定工程的成败。因此，为了有针对性的进行监测，以便为工程设计、施工提供第一手的基础数据资料，务必制定出合理有效的监测方案。

监测方案设计是监测工作中非常重要的一项内容，方案设计的好坏将影响到监测实施的成本和效果，影响到各项监测成果数据的精度和可靠性。所以应当在充分掌握各项基础资料和工程特点、设计方及业主方的具体监测要求的基础上，认真、仔细地进行监测方案设计。监测方案设计包括：相关工程资料的收集，监测系统、监测项目、测量方法的选择和确定，监测网布设，应达到的监测精度，监测周期的确定，监测结果处理要求和反馈制度等。

（1）监测方案的设计依据和设计原则

监测方案设计应在充分收集相关资料的基础上进行。一般来说，在进行监测方案设计之前，应收集的资料有：原设计和施工文件，岩土工程勘察报告，检测与鉴定报告，使用及改扩建情况，工程场区地形图和气象资料，周边地下设施分布状况，周边受影响区内的建（构）筑物等的基础类型、结构形式、质量状况，最新监测元件和设备样本，国家现行的有关规定、规范、合同协议等；结构类型相似或相近工程的经验资料等。然后，在详细分析这些资料的基础上，按照以下原则进行监测方案设计：

1）监测方案应以安全监测为目的，结合不同建（构）筑物的结构特点，针对监测对象安全稳定的主要指标进行方案设计。

2）根据建（构）筑物的重要性和工程的复杂程度确定监测工作的规模和内容，各监测项目和测点的布置应能够比较全面地反映出建（构）筑物的性能和状态。

3）设计科学、合理、实用的监测系统。采用切实可行的实用测试技术，选用效率高、可靠性强、有针对性的仪器和设备。监测系统通常采用两种以上方法，不同监测方法能相互佐证，以保证监测数据准确有效。现场监测的几种数据应能相互对照检查，不会因个别数据失效造成全部监测数据失效而需要重新建立一套新的监测体系。

4）为确保能提供可靠、连续的监测资料，各监测项目应能相互校验，以利于进行监测数据的处理计算、内力与变形分析和内力与变形状态及规律的研究。

5）监测方案应在满足监测性能和精度要求的前提下，力求减少监测元件的数量和各测试用的电缆长度，减低监测频率，以降低监测成本。

6）方案中临时监测项目（测点）和永久监测项目（测点）应相互衔接，一段时间后取消的临时项目应不影响长期监测和资料分析。

7）在确保工程安全的前提下，确定各元件的布设位置和监测的测量时间，应尽量减少与工程施工的交叉影响。

8）按照国家现行的有关规定、标准编制监测方案，不得与国家规定、标准相抵触。

（2）监测方案的设计步骤

监测方案的设计与编制，通常按如下步骤进行：

1）明确监测对象和监测目的；

2）收集编制监测方案所需的基础资料；

3）现场踏勘，了解周围环境；

4）编制监测方案初稿；

5）确定各类监测项目警戒值，并对监测方案初稿进行完善；

6）形成正式的监测方案。

正式的监测方案应送达工程建设有关的各方认定，认定后方可按监测方案实施，并将监测方案留存备档。

（3）监测方案内容

工程监测内容应视监测系统的类型、性质及监测目的的不同而异。要有明确的针对性，应全面考虑，以便方案的监测项目能正确地反映建（构）筑物状态信息的变化状况，达到安全监测和指导施工的目的。

建（构）筑物监测方案应包含以下主要内容：

① 监测目的；

② 工程概况；

③ 监测内容和测点数据；

④ 各类测点布置平面图；

⑤ 各类测点布置剖面图；

⑥ 各项目监测周期和频率的确定；

⑦ 监测仪器、设备的选用和监测方法；

⑧ 监测人员的配备；

⑨ 各类警戒值的确定；

⑩ 监测结果处理要求和反馈制度；

⑪ 监测注意事项等。

1）监测精度的确定

监测工作中各项监测项目监测精度的确定，取决于建（构）筑物的变形状态、结构重要性、变形允许值大小和监测目的等。一般来说，如果监测是为了确保工程中建（构）筑物的安全，则变形测量精度应达到允许变形值的 1/10～1/20 的精度水平；如果是为了研究建（构）筑物变形的过程以指导后续施工，则测量精度还应更高。普遍的观点是，应采用所能获取的最好的测量仪器和技术，达到其最高的精度，变形测量的精度愈高愈好。但是由于监测精度直接影响到监测成果的可靠性，同时也涉及监测方法和仪器设备，因而过高的监测精度标准也将会引起监测总费用的大幅度提高。为此，需根据建（构）筑物的具体特点、设计人员和业主的监测要求，合理确定监测精度。

2）监测部位和监测点的布置

变形监测点分为基准点、工作基点和监测点。对于基准点，要求建立在影响范围以外的稳定区，要具有较高的稳定性，其平面控制点一般应埋设带有强制定位装置的监测墩；对于工作基点，要求这些点在监测期间稳定不变，用以测定各变形点的高程和平面坐标，同基准点一样，其平面控制点一般应用强制定位装置来设置标志；对于监测点，是直接埋设在被监测建（构）筑物上的监测点，其各点位应设置在能反映建（构）筑物状态（几何和物理性能）的特征部位，不但要求设置牢固，便于监测，还要形式美观，结构合理，不破坏建（构）筑物的外观，不影响建（构）筑物的施工和正常使用，通常用一些特制的埋设元件来表征。

3）监测频率的确定

监测频率的确定取决于建（构）筑物变形状态、允许变形值和施工时的变形（沉降和倾斜）速率以及监测的目的。通常要求变形监测的次数既能反映出变化的过程，又不遗漏变化的时刻。应合理确定监测频率，以确保建（构）筑物的内力和变形在控制范围内，避免安全事故发生。

施工过程中的监测应根据施工进度及时进行，对特别重要的建（构）筑物，施工作业时应加大监测频率或采用计算机智能系统进行实时监测控制。

4）监测周期的确定

监测周期应根据建（构）筑的特点和重要性、变形速度和变形监测的精度要求确定。某些受外界影响较大的监测项目，还必须结合外界条件的变化，如工程地质条件等因素综合考虑；同时，还应根据建（构）筑物变形量的变化情况，适当调整监测周期。当三个监测周期的变形量小于监测精度所确定的允许值时，可作为无变形的稳定限值。

对于重要的建（构）筑物，工程完工后尚应继续监测，时间应满足工程技术要求和相关标准的规定。

7.6.5　沉降监测

（1）沉降监测方法

目前，沉降监测最常用的方法有几何水准测量法和液体静力水准测量法。建（构）筑物沉降监测是用水准测量的方法，周期性地监测建（构）筑物上的沉降监测点和水准基点之间的高差变化值。对于中小型厂房、土工建（构）筑物沉降监测可采用普通水准测量；对于高大重要的混凝土建（构）筑物，例如大型工业厂房、高层建（构）筑物等，要用精密水准测量的方法。

（2）沉降监测布置

建（构）筑物沉降监测布设主要包括水准基点的布设、沉降监测点的布设。

1）水准基点的布设

水准基点是固定不动且作为沉降监测高程基准点的水准点。它是监测建（构）筑物地基及主体变形的基准，一般设置三个（或三个以上）水准点构成一组，同时在每组水准点的中心位置设置固定测站，经常测定各水准点间的高差，用以判断水准基点的高程有无变动。通常水准基点应设置在建（构）筑物变形影响范围之外的地方。

2）沉降监测点的布设

沉降监测点的布设位置和数量的多少，应以能准确反映建（构）筑物沉降情况并结合建（构）筑物场地的地质情况、周边环境及建（构）筑物的倾斜情况、结构特点等情况而定，可较新建建（构）筑物适当增加观测点。

（3）沉降监测频率

沉降监测频率应根据建（构）筑物的特征、变形速率、监测精度和工程地质条件等因素综合考虑，并根据沉降量的变化情况适当调整。高层建筑在突然发生较大裂缝或大量沉降等特殊情况下，应增加监测次数。当建（构）筑物沉降速度达到 0.01～0.04mm/d 即视为稳定。要根据工程具体情况调节监测频率，如地面荷重突然增加、长时间连续降雨等一些对高层建筑有重大影响的情况；也可以根据监测时得出的变形速率确定下一步的监测频率。

（4）沉降监测精度

沉降监测精度的确定，取决于建（构）筑物重要性等级、沉降速率和允许沉降量的大小及监测目的。由于建（构）筑物的种类较多，工程复杂程度不同，监测周期各异，所以对沉降监测精度制定出统一的规定是十分困难的。根据国内外资料分析和实践经验，按照国家标准《建筑变形测量规范》JGJ 8 的要求，对建（构）筑物沉降监测的精度要求应控制在建筑允许变形值的 1/10～1/20 之间。

一般来说，应根据建（构）筑物的特性和业主单位的要求等选择沉降监测精度的等级。在无特殊要求的情况下，一般建（构）筑物施工监测，应采用二等以上水准测量的监测方法进行，以满足沉降监测工作的精度要求。

（5）沉降监测数据采集

高层建筑的沉降监测，通常使用精密水准仪配合铟瓦钢尺来施测，在监测之前应当对使用的水准仪和水准尺进行检校。在水准仪的检校中，应当对影响精度最大的 i 角误差进行重点检查。在施测的过程中应当严格遵循国家二等水准测量的各项技术要求，将各监测点布设成闭合环或附合水准路线，并需联测到水准基点上。沉降监测是一项较长期的系统监测工作，为了提高监测的精度，保证监测成果的正确性。同时为了正确地分析变形的原因，监测时还应当记录荷载重量变化和气象情况。这样可以尽量减少监测误差的不定性，使所测的结果具有统一的趋向性，保证各次监测结果与首次监测的结果具有可比性，使所监测的沉降量更真实。

对高层建筑沉降数据的采集，应根据编制的沉降监测方案及确定好的监测周期进行施测，然后采集各期完整的沉降监测数据。

（6）沉降监测成果整理

1）整理原始监测记录

每次监测结束后，应检查记录表中的数据和计算是否正确，精度是否合格；如果误差超限，则需重新监测，然后调整闭合差，推算各监测点的高程，列入成果表中。

2）计算沉降量

根据各监测点本次所测高程与上次所测高程来计算两次高程之差，同时计算各监测点本次沉降量、累计沉降量和沉降速率，并将监测日期和荷载情况等记入监测成果表。

3）绘制沉降曲线

为了更清楚地表示沉降量与时间之间的关系，应绘制各监测点的时间与沉降量的关系曲线，作为评定各点沉降变形的依据，并根据各点沉降变形的结果综合评定整个建（构）筑物的下沉情况。

时间与沉降量的关系曲线以沉降量为纵轴，时间为横轴。根据每次监测日期和相应的沉降量按比例绘出各点的位置，然后将各点依次连接起来，并在曲线上注明监测点号码。

4）沉降监测资料

① 基准点布置图；

② 沉降监测点布置图；

③ 沉降监测记录表；

④ 沉降量—时间关系曲线；

⑤ 沉降监测分析与评价报告。

7.6.6 裂缝监测

在施工过程中，如处理不当将导致结构构件因变形或应力过大而产生裂缝。建（构）筑物出现裂缝时，除了要增加变形监测次数外，还应立即进行裂缝监测，以掌握裂缝发展趋势。同时，要根据变形监测和裂缝监测的数据资料，研究和查明变形的特性及原因，用以判定建（构）筑物是否安全。

（1）裂缝监测方法

裂缝监测分静态监测和动态监测。裂缝静态监测可采用裂缝宽度对比卡、塞尺和裂纹观测仪等监测裂缝宽度，用钢尺等度量裂缝长度，用贴石膏片的方法监测裂缝的发展变化。

裂缝动态监测宜采用声发射监测系统，对反映裂缝存在及扩展的位移、应变、倾斜度、裂缝宽度等几何参量进行监测，亦对裂缝或裂纹的活动性、发展性等状态变化进行监测。

（2）裂缝监测布置

裂缝监测点，应根据裂缝的走向和长度分别布设，并统一进行编号。每条裂缝应至少布设两组监测点，其中一组应在裂缝的最宽处，另一组在裂缝的末端，且每组应使用两个对应的标志，分别设在裂缝的两侧。

建（构）筑物裂缝监测，需测定各裂缝的位置、走向、长度、宽度及变化情况。

（3）裂缝监测频率

裂缝监测频率应根据裂缝位置、裂缝变化速度而定。裂缝发生和发展期，应增加监测次数；当发展缓慢后，可适当减少监测。

（4）裂缝监测数据采集

裂缝处应用油漆画出标志，或在混凝土表面绘制方格坐标网，进行测量。对重要的裂缝，应在适当的距离和高度处设立固定监测站进行地面摄影测量。

根据裂缝分布情况，在裂缝监测时，应在有代表性的裂缝两侧各设置一个固定的监测标志，然后定期量取两标志的间距，即可得出裂缝变化的尺寸（长度、宽度和深度）。

（5）裂缝监测成果整理

建（构）筑物的裂缝监测成果一般包括下列资料：

1）裂缝分布图。将裂缝画在混凝土建（构）筑物的结构图上，并注明编号。

2）裂缝观测成果表。对于重要和典型的裂缝，可绘制出大比例尺平面或剖面图，在图上注明监测成果，并将有代表性的几次监测成果绘制在一张图上，以便于分析比较。

3）裂缝变化曲线图。包括裂缝长度、宽度等变化情况。

7.6.7 应力监测

（1）应力监测内容

对于钢筋混凝土结构，应力监测内容主要包括关键结构构件关键部位的混凝土应力和钢筋应力监测。

（2）应力监测布置

根据建（构）筑物的结构形式、结构特点、应力分布状况及施工状况，合理布置应力监测点，并与沉降监测、倾斜监测等结合布置，使监测成果能反映关键部位关键结构构件的应力分布、大小和方向，并与模型计算结果或试验成果进行对比，以确保建（构）筑物安全可靠。

(3) 应力监测设备

目前，钢筋或混凝土应力监测通常采用电阻应变片、振弦式应变计、压电元件、光纤光栅传感器等。

7.6.8 位移监测

(1) 位移监测方法

位移（或挠度，以下简称位移）监测是测定建（构）筑物在空间位置上随时间变化的移动量和移动方向。通常，建（构）筑物的位移监测，只需测定其在某一特定方向上的位移量，可采用视准线法、激光准直法和测边角法等方法。

(2) 位移监测布置

位移监测点应结合托换工程的结构形式、平面形状、地基等情况确定，通常布置在以下部位：

1) 建（构）筑物的主要墙角和柱基上以及建筑沉降缝的顶部和底部；

2) 当建（构）筑物开裂时，主要裂缝两边；

3) 大型构筑物的顶部、中部和底部；

4) 竖向主要构件的顶部、中部和底部；

5) 水平主要构件的两端和中部。

(3) 位移监测频率

位移监测频率（周期），应根据工程需要、场地的工程地质条件综合确定。

(4) 位移监测精度

位移监测精度的确定，取决于工程变形允许值的大小及监测的目的，其精度应满足相关标准规范的有关要求。

(5) 位移监测成果整理

1) 整理原始监测记录

每次监测结束后，应检查记录表中的数据和计算是否正确，精度是否合格；如果误差超限，则需重新监测，并记列入成果表中。工程施工过程中，当监测发现有过大的位移产生时，应停止施工，立即采取措施限制位移的发展，进一步分析原因及对结构安全性的影响程度。

2) 位移监测资料

① 位移监测记录表（成果表）；

② 位移监测点布置图；

③ 位移曲线；

④ 位移监测分析报告。

7.6.9 自动实时监测

(1) 监测方案设计原则

1) 实用性

自动监测系统应能满足建（构）筑物施工监测的需要，便于维护和扩充，每次扩充时不影响已建系统的正常运行，并能针对实际情况兼容各类传感器和常用测量设备。

能在工程现场气候和环境条件下正常工作，能防雷和抗电磁干扰，系统中各量测值宜变换为标准数字量输出。

系统操作简单，安装、埋设方便，易于维护。

2）可靠性

保证系统稳定、耐用，监测数据具有可靠的精度和准确度，能自检自校及显示故障诊断结果并具有断电保护功能；同时具有独立于自动测量仪器的人工监测接口。

3）先进性

自动监测系统的原理和性能应具备先进性。根据需要，采用先进技术手段和元器件，使系统的性能指标达到先进水平。

4）经济性

系统应价格低廉，经济合理，在同样监测功能下，性能价格比最优。除能在线及时测量和处理数据外，还应具有离线输入接口。

（2）监测方案设计

1）监测布置

自动监测布置应根据监测内容和监测目的确定。要有针对性，能正确反映建（构）筑物状态信息的变化状况，以保证安全施工。监测系统布置主要包括以下两种结构形式。

① 集中式

集中式系统是将传感器通过集线箱或直接连接到采集器的一端进行集中监测。在这种系统中，不同类型的传感器要用不同的采集器控制测量，由一条总线连接，形成一个独立的子系统。系统中有几种传感器，就有几个子系统和几条总线。

所有采集器都集中在主机附近，由主机存储和管理各个采集器数据。采集器通过集线箱实现选点，如直接选点则可靠性较差。

② 分布式

分布式系统是把数据采集工作分散到靠近较多传感器的采集站（测控单元）来完成，然后将所测数据传送到主机。这种系统要求每个监测现场的测控单元应是多功能智能型仪器，能对各种类型的传感器进行控制测量。

在这种系统中，采集站（测控单元）一般布置在较集中的测点附近，不仅起开关切换作用，而且将传感器输出的模拟信号转换成抗干扰性能好、便于传送的数字信号。

2）监测系统构成

① 电缆

监测系统的不同部位和不同仪器需要连接不同规格的电缆。

② 传感器

常用传感器包括电子水准仪、经纬仪、全站仪、静力水准仪、垂线仪、倾斜仪、测缝计、多点位移计、应变计、温度计、百分表等各种仪器，可感应建（构）筑物的变形、应力、温度等各种物理量，将模拟量、数字量、脉冲量、状态量等信号输送到采集站。通常选择对建（构）筑物安全起重要作用且人工监测又不能满足要求的关键测点纳入自动化监测系统，同时纳入自动监测系统的仪器，应预先经过现场可靠性鉴定，证明其工作性态正常。

③ 采集站（采集箱）

采集站由测控单元组成，通过选配不同的测量模块，实现对各种类型传感器的信号采集，并将所有监测结果保存在缓冲区中。

在断电、过电流引起重启动或正常关机时保留所有配置设定的信息，并具有防雷、抗干扰、防尘、防腐功能，能适用于恶劣温湿度环境。

可根据确定的监测参数进行测量、计算和存储，并有自检、自动诊断功能和人工监测接口。除与主机通讯外，还可定期用便携式计算机读取数据。根据确定的记录条件，将监测结果及出错信息与监控中心进行通信。

④ 监控中心

一个工程项目设一个监控中心。监控中心能实现以下功能：

a. 数据自动采集、分析、处理与管理；

b. 数据检查校核，包括软硬件系统自身检查、数据可靠性和准确度检查等；

c. 数据存储、记录、显示、打印、查询等；

d. 数据传输与通讯；

e. 安全评价、预报及报警等。

3）数据通讯

自动监测数据通讯有以下几种方式：

① 有线通讯

在传感器与采集站之间通常采用有线通讯，根据传感器种类不同可采用不同的电缆。在短距离情况下，这种方式设置简便、抗干扰能力强、工作可靠性高。一般适用于有效通讯距离约 3km。

② 光纤通讯

光纤通讯也属于有线通讯的范畴，但通讯介质不是金属，而是光缆，传送信息的媒体是激光。光纤通讯具有较强的抗电磁干扰和防雷电能力。一般适用于有效通讯距离约 15km 的情况。

③ 无线通讯

无线通讯传送高频电磁波，不受电力系统干扰，也不受雷电对线路的袭击。无线通讯具有很好的跨越能力，一般适用于有效通讯距离约 30km。

4）报警准则

① 进行实时监控和报警；

② 报警系统应可靠、有效；

③ 分级报警，即建立高低两次报警制度；

④ 将错误报警减至最少，保证真实报警能全部发送。

7.6.10　监测资料与监测报告

（1）监测资料整理

1）检查野外监测记录；

2）计算有关的监测结果；

3）绘制各种变形曲线。

资料检核是比较重要的工作。监测完成后应检查各项原始记录，检查各项监测值的计算是否错误。

（2）监测资料分析与处理

1）定性及成因分析。即对倾斜建（构）筑物加以分析，找出建（构）筑物变形产生的原因和规律。

2）统计分析及定量分析。根据定性分析结果，对所测数据进行统计分析，从中找出变形规律，必要时推导出变形值与有关影响因素的函数关系。

3）预报和安全判断。在定性定量分析的基础上，根据所确定的变形值与有关影响因素之间的函数关系，预测建（构）筑物未来的变形范围，并判断建（构）筑物的安全性等。

（3）监测资料提交

监测结束后，应根据工程需要，提交下列有关资料：

1）监测点布置图；

2）监测成果表；

3）变形曲线图、应力曲线图等；

4）监测成果分析报告等。

（4）监测报告

监测报告一般在工程完成后提交，但每次监测数据成果需进行分析，并递交建设方、设计方、监理方等相关单位。建（构）筑物的沉降量、沉降差、变形（挠度）等应在规范容许范围之内，如有数据异常，应及时报告有关部门，及时采取措施处理安全和质量隐患。若数据正常，应在竣工后将监测资料及数据分析判定得出的结论，提交给建设方作为质量验收的依据之一。

监测报告应包括以下内容：

1）工程项目名称；

2）委托人：委托单位名称（姓名）、地址、联系方式等；

3）监测单位：监测单位名称、地址、资质等级、联系方式等；

4）监测目的；

5）监测起始日期及监测周期；

6）项目概况：工程地质情况、现状描述等；

7）监测依据：执行的技术标准、有关本地区建（构）筑物变形监测实施细则等法规依据、其他依据等；

8）监测方法及相关监测数据、图表说明，主要有以下几个方面：

① 监测点等监测要素说明；

② 监测方法及测量仪器的说明；

③ 监测精度确定及依据；

④ 监测周期和频率的确定；

⑤ 监测数据处理原理与方法；

⑥ 警戒值的确定及依据；

⑦ 具体监测过程说明。

9）监测成果：

① 监测成果表及其说明；

② 监测点布置图

③ 变形关系曲线图、内力关系曲线图等；

10）监测注意事项；

11）其他需要说明的事项。

7.7　托换施工的基本要求及程序

7.7.1　建筑物托换的基本要求

（1）设计前的准备工作

建筑物托换工程是一项复杂的综合性工程，比新建工程的制约因素更多，除了要考虑建筑物新的使用功能、地基承载力等情况，还需要考虑既有建筑结构的实际情况，因此设计前的准备工作是非常重要的。

1）现场调查，收集资料

应了解工程地质资料，既有建筑结构的使用情况，建筑结构的改造历史和现状。必要时应对原有地基进行补充勘察。

2）托换设计应以既有建筑物鉴定结果为依据。

设计单位在进行现场调查、收集资料后，还必须有专门结构机构根据托换设计的特点对既有建筑物进行检测鉴定。

（2）托换设计

1）托换设计应遵循的基本原则

① 托换工程设计首先应遵循国家现行规范、标准。

由于是对既有建筑物进行托换处理，而既有建筑物是按当时的规范、标准进行设计、施工的，当时的规范、标准可能与国家现行的规范、标准不符，达不到国家现行规范、标准的要求。中华人民共和国国家标准《工程结构可靠性设计统一标准》GB 50153—2008[3]（第 3.4.3 条）规定“工程结构的设计应符合国家现行的有关荷载、抗震、地基基础和各种材料结构设计规范的规定”，中国工程建设标准协会标准《建（构）筑物托换技术规程》CECS 295：2011[4]（第 3.0.6 条）也规定“建（构）筑物的托换工程设计，应按相关国家现行有关标准，……”。因此当进行托换处理时，应根据国家现行规范、标准来复核验算和设计。

② 托换工程设计应充分利用既有建（构）筑物的承载力。

虽然由于种种原因既有建（构）筑物承载力或功能不满足新的使用要求，但既有结构还有一定的承载力，在保证安全的情况下，应尽可能利用既有建（构）筑物的承载力。这样做不但节约结构材料、降低工程造价，有利于环境保护，而且可以增强既有结构在托换时的安全性。

③ 托换工程设计，应满足建（构）筑物整体性和抗震性能的要求。

建（构）筑物的托换会对既有建（构）筑物结构的规则性有一定的影响，设计时应避免结构中出现薄弱构件、薄弱层、刚度突变部位，对被托换梁、柱、墙拆除后导致的该层刚度减小，应采取措施提高其他构件的刚度，使刚度均匀、对称，尽可能保证托换后的建（构）筑物规则。

④ 应对托换结构或构件进行设计、计算，根据计算结果采取相应处理措施。

托换工程是一种综合性很强的工程，除了砌体结构墙体局部开设小洞托换外，其他情况下都应根据既有建（构）筑物的实际情况、托换的原因和目的，进行计算、设计，不能仅凭经验。经计算不能满足要求者，应根据计算结果，采取相应处理措施，确保托换工程施工期间、施工后既有建（构）筑物的安全。

⑤ 应复核托换结构、被托换构件所能影响到的其他构件，并根据复核结果采取相应措施。

此处所指“复核”包括承载力、正常使用的验算复核，也包括构造措施的复核。通过设置托换结构，使周围构件的受力状况与原来发生变化，应对这种变化进行复核，以确定是否满足托换后的承载力和正常使用要求。例如框架结构在抽柱托换时，原来柱承担的荷载通过托换结构传给周围的框架柱，并通过周围的框架柱传递给基础，因此应复核周围柱及其柱下基础的承载力。同时在拆除某些构件后，周围构件可能发生跨度、侧向支承间距发生变化的情况，在复核承载力后，尚应复核其构造措施是否满足托换后的要求。如拆除某跨的梁后，某些框架柱可能会出现长细比过大的情况，在抗震设防地区其箍筋加密区长度等构造措施可能不满足要求，也应根据复核结果采取措施。

⑥ 当被托换结构出现不满足相关现行国家标准的质量指标时，应采取相应措施，或降低使用功能，但应满足安全使用要求。

因建筑物托换时，既有基础就已经发生沉降、倾斜等，既有结构已经发生了变形、开裂等，或者因遭受灾害而发生损坏，已经超过新建建筑相应的质量控制指标，因此建筑物托换工程的质量控制应以托换后的沉降、倾斜、变形、开裂为准，而不宜按新建建筑物的质量控制标准进行质量控制。当托换前的沉降、倾斜、变形、开裂等指标超过相关国家现行标准时，托换设计时应考虑到其影响，或者在设计时采取相应措施，或者根据托换工程的特点，降低使用功能。

2）托换结构应满足的要求

托换结构起着将原有结构的荷载传递、分担的作用，因此对托换结构自身应进行设计计算，并应满足相应要求。

① 与原结构的竖向受力构件有可靠的连接，保证原结构的荷载能有效的传递到托换结构上。

② 具有足够的强度，保证在上部结构荷载或水平牵引荷载的作用下不发生破坏。

③ 具有足够的刚度，不能因其变形过大而在上部结构中产生附加应力，造成上部结构的破坏（增大移动阻力）或影响适用、美观。

④ 具有足够的稳定性。

⑤ 在移位工程中，能明确而有效的传递水平力，不对上部结构产生不利影响。

（3）临时支撑

临时支撑设计与施工应符合下列规定：

1）支撑计算的荷载取值，应不小于欲拆除墙段或柱子承受的实际荷载值；当支撑在地面时，支撑的地基应进行承载力验算，必要时应设置临时基础；

2）应根据支撑力验算上、下端原有梁（板）的剪切（冲切）承载能力；

3）支撑构件可根据荷载情况选用钢管、圆木等，上下端应用钢板、木板等分散集中荷载；

4）支撑布置应根据上部梁、板的情况，宜布置在梁下；无梁时可布置在板下；

5）支撑下端应在相对方向用铁楔或木楔楔紧并焊接（钉）牢固；

6）重要工程宜在工程支撑旁用千斤顶临时支撑，加支顶力至设计要求后，楔紧工程支撑，千斤顶顶力值回零时，固定工程支撑，再卸除千斤顶临时支撑。

（4）托换施工

托换工程属于特种工程，具有一定的特殊性、风险性，因此无论是设计，还是施工都要慎重对待，严格按照相关规范要求进行，并根据托换工程的实际情况采取措施，以确保托换工程施工中和施工后使用的安全和正常使用要求。

1）施工应注意的问题

① 托换施工前应进行可靠支顶，托换结构完成并达到设计要求后方可进行拆除施工；

② 拆除施工时，应分期分批进行；

③ 拆除完成后，应监测至变形稳定。

2）施工方案

托换施工单位应根据托换工程的特点，编制科学合理的施工方案，确保托换工程的安全和质量。施工方案一般包括：编制依据、工程概况、施工部署、施工准备、施工工艺、管理措施等。

7.7.2　托换工程应注意的问题

托换工程是土木工程中最为困难的任务之一，它涉及上部结构、下部结构，并要考虑共同作用，同时在为实施基础托换与加固的各个环节中，诸如细致的调查研究、补充勘探、设计和施工等，都会遇到一系列彼此相关的技术难题，需要通过各个方面复杂的技术措施才能解决。地铁穿越部分或全部建筑物时，使得建筑物基础托换更加复杂，其原因显而易见。这就要求在施工前对于整个基础托换过程中和托换以后的情况进行系统的分析。主要问题有以下几个方面：

（1）对整体结构性能的了解是实施基础托换的前提条件。上部结构物一般仅是部分桩基进行了托换，而未托换桩基的沉降变形已经稳定，为避免托换区与非托换区的结构产生过大的相对沉降变形，要求托换结构体系的沉降量应尽量小。

（2）根据原结构包括地基基础各项性能指标和周围环境条件决定托换体系的类型及托换方法。托换方案的选择受到多种因素的制约，如场地的限制、降水、开挖等原因可能对结构本身或邻近建筑物产生重大影响。

（3）新老结构在托换点处的连接问题。

（4）托换对原结构的影响。被托换桩基在托换荷载施加过程中和桩截断之后对结构的影响。经验告诉我们，由于材料的选择错误和托换传力体系的不合理将导致被托换结构在施工过程中的倒塌。

（5）在基础托换中由于应力集中而导致结构出现部分损坏，在桩基托换过程中，结构的应力变化最大的部位在托换结构与被托换桩连接处，由于托换荷载过大有可能导致由于托换点的位移较大使得上部结构的梁端弯矩增加较多，从而使得梁柱结合部位出现剪切破坏。

（6）严格控制基础托换过程中及托换后建筑物的变形，被托换的建筑物无论使用何种托换手段都会出现位移，因此在基础托换过程中和托换以后会出现新老结构的共同作用。

对于托换结构体系来说，既有因托换荷载作用而产生的变形，又有受隧道施工影响所产生的变形。

（7）托换体系新浇筑的混凝土随时间的变化会由于收缩、徐变等因素而出现非线性位移变化，从而会影响上部结构的工作。钢筋混凝土结构在长期荷载作用下具有徐变性，采用其作为托换结构时，既要考虑其在托换时托换荷载作用的短期变形，又必须考虑托换完成后使用阶段的长期变形。

（8）对于被托换结构来说，已建好若干年，经历过一系列荷载作用与内力重分布过程，对托换及隧道施工造成的变形非常敏感，且托换结构体系大部分变形是在上部结构与基础分离后短时间内完成的，故托换工程对控制不均匀变形的要求比新建工程更高。

7.7.3 托换施工一般步骤及方法

托换施工的程序图见图 7-105。

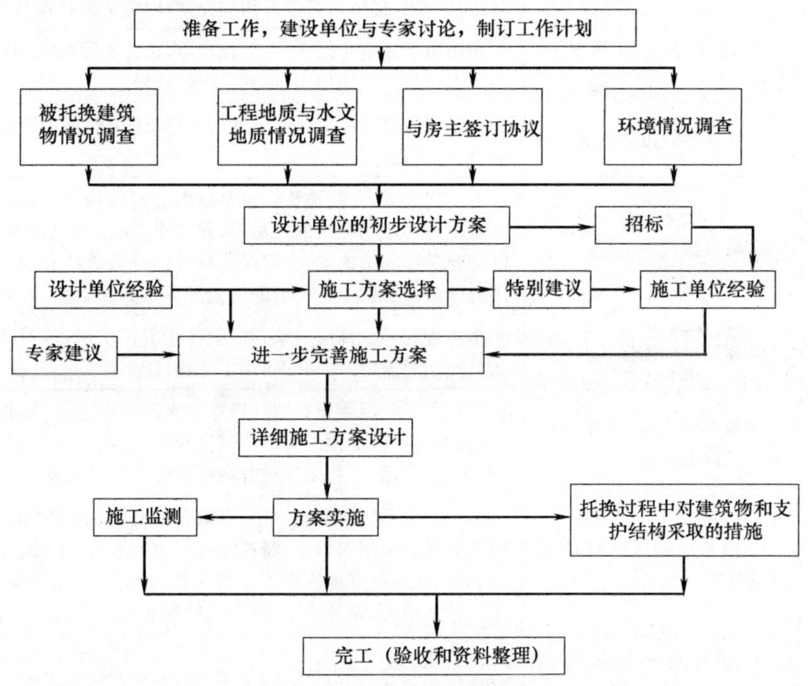

图 7-105 托换施工程序图

7.8 托换工程实例简介

我国已成功做了许多托换工程，表 7-7 是收集到近几年我国托换工程部分实例简介。

托换（顶升）工程统计表 表 7-7

类别	序号	工程名称	托换(顶升)简况
建筑	1	云南省昆明市东南部金刚塔顶升与纠偏	该塔建于 1458 年，长期以来地基沉降量大，并且塔基长期浸泡在水中，为保护该塔不再继续沉降倾斜，采用整体抬升及纠偏，顺利的达到了目标

续表

类别	序号	工程名称	托换(顶升)简况
建筑	2	广西壮族自治区贺州真武庙抬升	广西壮族自治区贺州武庙若撤除重建,民意难平,投资太大。本着保护文物,尊重民俗习惯的原则,采用建筑物整体顶升技术,整体提升该庙建筑,有效地减少投资,保持建筑原形
	3	铁通铁岭分公司营业楼托换改造	该营业楼,底层营业厅为几个小房间,改建后的营业大厅达 $100m^2$。此项工程改建投入使用后,受到铁通沈阳公司的好评并顺利拨付了改建楼的投资
	4	湖北省荆州市某宾馆托换改造	改造中,采用托梁换柱技术,并针对工程特点,辅之以夹墙梁等技术手段,有效地解决了上部结构的承重问题,成功地将原砖混结构改造成局部框架结构,扩大了底层结构的空间面积,施工后取得了良好的加固效果
	5	某住宅楼顶升纠偏工程	该楼为砖混结构,地基差异沉降严重,完全失去居住功能,采取对地基进行加固,楼体进行顶升纠偏技术,取得了很好效果
	6	武汉大学某建筑整体顶托	该楼由于建造年代久远,老化严重,结合实际现状,采取钢结构对原主体进行整体顶托加固,达到了很好效果
	7	某商场室内改造加固	本工程将原有7层改造成6层,且施工中商场不停业,最终顺利完成,取得了良好的社会效应
	8	南城百货托换工程	本工程实践,介绍地铁隧道穿越既有建筑物下方,对既有建筑物部分基础进行主动托换的方法,从而实现了地铁隧道顺利开挖和保证了既有建筑物的结构安全,取得了良好的社会效益和经济效益,为同类工程的设计提供了有价值的理论参考和实践经验
	9	某商厦玻璃顶棚抬升	本工程为一个商厦玻璃顶棚整体抬升的实例,通过前期计算,整体抬升和实时监控,顺利的达到了工程目标
	10	国家某部委礼堂舞台托梁换柱改造	本工程采用混凝土夹墙托换梁技术进行改造,扩大使用空间方便可靠,托换梁中施加预应力可使其提早参与受力,对于避免上部裂缝的产生尤为适用,工程采用该方案后取得了良好效果
	11	广州某地铁区间隧道建筑物桩基托换	本工程地质情况复杂,地层有破碎带夹层,场地紧邻河涌,托换梁主筋不能贯穿原建筑桩基,需在原桩上设上下两道钢套筒预埋件连接主筋,但是最终很好地完成了工程任务,建筑物桩基托换技术已经得到了广泛的应用,该技术可靠性强,经济效益显著
	12	广州地铁某楼房桩基托换	本工程采用钢筋混凝土结构、预应力混凝土结构和钻孔灌注桩作为托换结构主体,很好地完成了工程要求
	13	某办公大楼整体顶升	该大楼为框架结构,通过采取整体顶升技术,并克服上部结构质量不均匀的困难,最终很好地达到工程目标
	14	广州某3层住宅楼托换	该工程采用门式组合框架逆序托换方案,效果良好
	15	某国税局综合楼扩展托换改造	本工程通过采取基础加固、柱子加固、墙体加固和托换梁,顺利地达到了工程要求
	16	哈尔滨某三层住宅楼加固托换	本工程采用双液加固法,达到设计要求,取得显著经济效益和社会效益
	17	某氧化铝储存仓库地基加固托换	由于地基产生不均匀沉降,致使该建筑发生较大倾斜,通过采用井桩托换技术,达到了工程要求
	18	某小礼堂加固托换	由于礼堂产生裂损和下沉,采取加固补强和柱下托换技术,效果良好

续表

类别	序号	工程名称	托换(顶升)简况
建筑	19	某矿务局食堂托换抢救	由于食堂出现局部下沉和裂缝,采用压力注浆技术进行抢救工程,效果良好
	20	福建省某住宅楼托换加固抢救	该住宅楼出现大规模沉降,且倾斜值超出规范要求,采用锚杆静压桩技术进行抢救,效果良好
	21	兰州市某厂房基础托换	该厂房出现基础不均匀沉降,承重墙开裂严重,采用高压旋喷桩技术进行抢救,效果良好
	22	某化纤厂车间托换	本工程采用窄空间小吨位千斤顶精力复压钢管灌注桩技术进托换,取得了良好的经济效益
	23	南海某部队机库抬升	该工程采取切断混凝土柱并同步抬升屋架法,取得了良好的经济效益
	24	某建筑结构增层托换	为保证加层钢框架结构的抗震性能以及新旧结构的整体性,钢框架柱脚节点是关键,本工程介绍了钢筋混凝土框架的钢加层柱脚节点的一般做法,提出了一种柱脚刚性连接构造,经济效益显著
	25	某危房整体置换改造	对前后两幢临近(相距 6m)危房进行整体置换改造,在旧房内采用托换工艺建造新房(全新的框架体系),新房建成后拆除原结构除外墙外的其他构件。在没有先拆后建的情况下建成了一幢全新建筑
	26	某厂房基础侧移托换加固	本工程通过采用锚杆静压桩托换承台和注浆加固地基进行处理后,地基强度得到了提高,并有效地阻止了基础的进一步偏移。保证了的设备基坑的安全顺利开挖,为该厂房的施工投产节省了宝贵时间,并取得了较好的经济效益
	27	深圳地铁环中线某区间桩基托换施工	本工程中桩基托换采用梁式主动托换,通过简支梁将原桩荷载传递至区间隧道两侧的托换桩上,符合设计要求
	28	沈阳某机修厂托换加固	该厂房由于出现柱基不均匀沉降,采取爆扩桩技术进行托换加固,取得了良好的经济效益
	29	中央党校自习楼墙体和地基基础托换加固	该自习楼上下水渗漏严重,地基土常年浸泡在水中导致地基土软化,从而造成地基承载力下降,基础出现不均匀沉降。本工程采用增大基底面积和墙体裂缝补强加固来综合治理
	30	上海外滩天文台侧向托换加固	天文台桩台边线离隧道中心线 14.5m。为保证隧道安全下穿,离天文台外 4m 处,顺隧道推进轴线方向设置两排树根桩,并在桩顶浇筑横梁。为了减小施工时树根桩的侧向位移,在距排桩 16cm 处设置 46 根两群锚桩
	31	云南省昆明市某三层住宅楼某危房地基处理	该住宅楼基础下沉、墙体开裂,地基处理加固采用了树根桩托换及灌浆加固综合方案
	32	兰州市西固区某毛纺厂托换加固湿陷性黄土地基	由于地下水位上升和地表水的侵入引起厂房柱基下沉,选用压力注浆法对全部独立柱基进行加固补强
	33	某影剧院地基高压旋喷桩法加固	由于相邻住宅楼的变形影响及建筑物地基土不均匀变形,地梁产生了南北向裂缝。针对软弱地基土的处理以提高地基承载力,减少软弱下卧层沉降变形,采用高压旋喷桩法将原设计的独立基础和条基改为桩承台和基础梁
	34	在武汉泰合广场基坑管涌处理中高压喷射注浆技术的应用	基坑开挖过程中,因垂直防渗帷幕效果不佳,在承压水头作用下,形成管涌。采用高压喷射注浆法施工工艺进行加固处理

续表

类别	序号	工程名称	托换(顶升)简况
建筑	35	丰镇电厂 5 号机组发电机座水下静压桩加固	由于桩基施工中施工人员片面追求进尺效益，桩的施工质量发生了缩径、露筋和断桩。当时 1～4 号机组正在运转发电，地下水位高，基座底接近地下水面，增加了托换加固的难度。唯一可行的是在大型机座下带水进行静压桩托换
	36	石灰桩在某洗衣粉车间污水处理站地基加固和基坑围护工程中的应用	集水井采用双圈生石灰围护桩，排放水池采用混凝土沉管灌注桩和生石灰桩组合作为围护桩，集水井和排放水池基底加固生石灰桩。与天然地基相比，地基承载力特征值平均增加 1.1～1.3 倍
	37	兰武二线铁路黄羊段在湿陷性黄土地区地基加固技术	湿陷性黄土孔隙比较大而干密度小，采用灰土桩挤密法，桩径 $D=400mm$，桩长 $H=5.0m$，正三角形布置，桩距 1.3m，排距 1.13m，填料为 2∶8 灰土。取得了良好效果
	38	呼和浩特市政公司 1 号住宅楼基础加深加固	由于设计前没有进行勘察当宿舍楼施工到二层时才得知多数房屋地基土存在淤泥层，本工程将条形基础底面下的淤泥挖除，再将原基础加深，加深部分用 C20 素混凝土回填
	39	治理某高填方路基裂缝的压力注浆法	本次注浆加固工程，历时近 5 个月，共完成注浆孔 1275 个，注浆检测孔 42 个，钻孔总进尺 4851m，总注浆量 597.2m^3。通过注浆加固治理的路段效果良好，路基处于稳定状态
	40	在某学院教学主楼增层加固中锚杆静压桩和压力注浆法的综合应用	应用锚杆静压桩联合压力注浆法对地基进行处理，节约投资 20 余万元。而且通过加固处理，使接层工作顺利进行，提高了教学楼的使用面积
	41	山西某铝厂变电站的特殊地基土中锚杆静压桩的应用研究	地基土为赤泥，属于有害废澄，化学成分极其复杂，为强碱性土。地基土赤泥开挖回填 500mm 厚 3∶7 灰土垫层。静压桩尺寸为 250～250mm，单桩承载力标准值按 $P_s=300kN$ 进行设计
	42	深圳市港中旅花园一期某地下增层改造托换	基础托换采用微型钻孔嵌岩钢管灌注桩。采用小型钻机成孔入岩层至设计深度后，通长放置钢管，然后灌注细石混凝土而成。对于地下水的处理，本工程采用直径 500mm 旋喷桩止水，止水后开挖土体边坡采用钢筋混凝土锚喷支护
	43	建筑物整体移位中错位托换梁设计	某住宅楼因道路拓宽需要，拟将该建筑由南向北横向整体向后移位 8m。采取设置斜向水平力转换梁的方法，在移位过程中，每道轴线上轨道梁的实测水平推力约为 200kN，与理论计算值较为接近，整体移位效果好，取得良好的社会与经济效益
	44	珠海市华发世纪城三期综合楼托梁拔柱工程实例	为满足该建筑结构承载力及正常使用要求，采用多种加固改造方法对比分析，采用了断柱反顶、后张法预应力、加大截面及化学植筋等多种特种技术相结合的方法对原结构进行加固处理
	45	广州市某砖混结构房屋改造托换	首先对需要托换的墙体辐射区域进行有效支顶，包括墙体、梁系；支撑完毕后进行墙体托换处理。托换时应分段、错开相邻轴号进行；原构柱、圈梁、次梁加固及新梁柱浇筑
	46	成都市成绵乐铁路穿越 10 座桥托换工程	机场路隧道多次下穿既有公路和铁路桥，隧道区段与桥梁的部分桥墩基础发生交叉干扰，设计对桥梁采取必要的桩基托换措施
	47	深圳地铁 5 号线穿越创业立交桥托换	深圳地铁翻身站至灵芝公园站区间隧道穿越宝安区创业立交桥，与其中的四个桥梁桩基发生干扰。进行桩基托换，托换桩新桩采用 $\phi1200$ 钻孔灌注桩

续表

类别	序号	工程名称	托换(顶升)简况
建筑	48	北京地铁10号线穿越稻香园桥桩桩基托换	标段内地铁线路区间暗挖隧道结构在5号桥墩和4号桥墩之间穿过。对5号桥墩现状桥桩做加固和隔离保护处理;4号桥墩北侧两棵桥桩侵入地铁结构需将现状桥桩截断做承台体系托换处理;隧道施工时采取洞内加固措施处理
	49	成都地铁河中桥梁桩基托换	成都地铁2号线区间盾构隧道左线自东门大桥桩基中穿过,先分别在台后施工围护结构作为支护体系,再挖空台后土体,河中在台前分别围堰,开挖台前基坑,利用前后开挖出的空间在隧道范围外施工托换新桩,通过降水,将原有承台扩展,依靠托换桩和扩展承台将原桥支撑,下挖破桩通道,采用人工挖孔的方法将侵入隧道桩基破除
	50	深圳地铁5号线穿越南城百货商厦托换	深圳地铁5号线从南城百货商厦地下室东侧2根柱旁、7根柱正下方穿过。采用单边支撑托换方案,采用一托一吊的方式将隧道上方建筑物的原荷载成功转移
	51	上海某地铁隧道穿越桥梁桩基的托换	区间隧道将从位于城区主干道上的跨河桥梁的桩基中穿越,本工程中盾构穿越桥梁桩基时采用被动托换技术,即当阻碍盾构穿越的桩基被拔除后,桥梁的荷载将被转换到扩大的板式基础上
	52	上海10号线盾构穿越桥梁桩基的托换及除桩	区间隧道将从位于城区主干道四平路上的跨河桥梁——沙泾港桥的桩基中穿越,本工程将桥梁的桩基础托换成扩大的板式基础,即通过受力体系转换,将沙泾港桥由桩基础转换成底板基础
	53	天津2号线下穿高架桥桩基础主动托换	2号线铁路部分下穿津滨快速轻轨高架桥A339墩和A340墩的地道部分,进行桩基托换
	54	深圳地铁环中线静载托换桥梁	深圳地铁环中线区间与4根桩位置发生冲突,需对其进行托换施工。桩基托换采用梁式主动托换,通过简支梁将原桩荷载传递至区间隧道两侧的托换桩上,每桩设置托换梁1根,托换桩2根,预顶承台2个
	55	北京地铁机场线东直门站穿越地铁13号线折返段托换	上跨折返线结构采用明挖法施工方案,下穿折返线暗挖结构采用了洞桩托换施工方案,该方案先通过桩-梁体系支撑起折返线结构,然后进行结构暗挖施工,从而有效保证折返线的安全
桥梁	56	南宁市堤园路延长线顶升工程	南宁市江滨路延长线下穿湘桂铁路地道工程主钢架整体下沉,采用了在钢架底布置油顶整体顶升调整钢架标高的施工技术获得成功,确保了钢架施工质量,取得了宝贵经验
	57	安徽省某高速公路桥梁整体顶升	该高速公路曲线段3座桥由于超高侧净空未达到要求,严重影响行车安全,采用整体顶升技术将桥梁整体抬升,最终达到设计要求
	58	天津市狮子林桥梁顶升	由于建造时间较长,不能满足城市发展要求,特别是通航高度的不足,采用同步顶升桥梁上部结构,解决了该桥通航净空不足的问题
	59	杭州市余杭区东湖路立交桥顶升工程	由于沪杭铁路线电气化改造,该桥的主跨净空不能满足改造要求,必须增加净空高度采用同步顶升桥梁主跨结构,解决了该桥净空不足的问题
	60	上海市原吴淞大桥北引桥抬升改造	因上海中环线施工需要,对该引桥采用整体抬升技术加以改造,满足了环线施工要求
	61	大连市联东路某桥梁抬升	根据该桥支座的损坏及变形情况,结合该桥的相关设计资料,及现场施工条件,采用抬升法对该段桥梁进行整体抬升,抬升后对损坏支座进行更换,并对梁竖向位移进行恢复,达到了改造目的

续表

类别	序号	工程名称	托换(顶升)简况
桥梁	62	上海市南浦大桥东侧主引桥顶升	南浦大桥东侧主引桥部分的9跨进行顶升抬高,以便与即将建成的内环线高架桥连接起来。该顶升工程首先对8跨板梁采取断柱整体同步顶升,之后再进行1跨T梁和8跨板梁的调坡顶升
	63	天津某轻轨高架桥托换改造	本工程通过托换、柱,对原结构进行了托换改造,完成了设计要求,达到了工程目的
	64	济南燕山立交桥整体顶升	本工程介绍了多联多跨变面宽现浇箱梁整体顶升中的技术方案要点,包括支撑体系设计、同步控制体系设计、限位装置、监测方案等,同时介绍了施工过程中的有关难点及解决问题工程,为城市高架桥改造中提供了成功的案例
	65	昌九高速公路支线上跨桥顶升	根据对设计施工图受力分析,确定荷载大致分布,计算千斤顶的理论负载油压,设置千斤顶的油压。为了在顶升后便于安装和调整桥梁支座,顶升高度最小为30cm。顶升高度每次15cm,然后用临时木井架固定(作为保险支墩),如此两个循环,总顶程30cm,两组顶升设备同步顶升
	66	某桥梁整体抬升技术	该桥梁支盆式支座底板断裂,采用抬升法对该段桥梁进行整体抬升,抬升后对损坏支座进行更换,并对梁竖向位移进行恢复
	67	某桥梁柱墩混凝土缺陷加固技术	该柱墩混凝土未达到设计强度C35,后凿开混凝土表层,发现该柱墩内部存在混凝土振捣不密实现象。采取对该柱墩位置的梁、板进行卸荷处理,同时移除桥面外加荷载;其次,采用非金属超声仪对混凝土内部缺陷部位进行定位,对缺陷区域开设注浆孔,泵向缺陷区域注入无收缩灌缝浆液,待其充满混凝土内部疏松区域,再在柱墩表面植入钢筋,然后进行加大截面加固处理

7.9 托换技术的发展前景

托换技术在我国既是一项古老技术，又是一项新进取得很大进展的新技术，在既有建(构）筑物改选加固、救灾减灾、地下工程、城市地铁和轻轨交通、江、河、湖泊上的桥梁抬升改造工程等诸多方面，都被广泛应用的重要技术手段。

发达国家开发地下空间的历史表明，当各国人均国民生产总值（GDP）达到500美元以后，就进入开发利用地下空间阶段；人均国民生产总值超过3000美元，开发利用地下空间达到高潮。我国现阶段人均国民生产总值已超过600美元，沿海地区人均国民生产总值超过1000美元，上海、广州等地区人均国民生产总值已超过3000美元。同时，我国人口众多，土地资源十分紧缺，仅为世界平均水平的1/3。我国一些大城市人口压力、交通拥挤和环境污染的程度不亚于20世纪60年代发达国家的城市。进入20世纪90年代以后，我国大城市地价将继续上扬；不久的将来将进入人口密集、老龄化、生活快节奏的时期。鉴此，城市可持续发展的目标是努力建造方便、安全、舒适、富有发展动力的高品位的城市，以适应21世纪的生活方式。开发利用城市地下空间资源是完善城市功能设施、高效使用土地、方便生产生活、满足未来城市要求的唯一途径。

实践表明，我国许多城市已进入开发利用地下空间的阶段，部分大城市已经进入开发高潮。

随着我国经济、科学技术水平发展、城市化水平的提高及城市可持续发展战略的贯彻，开发利用城市地下空间越来越表现出巨大效益和潜力，我国城市地下空间开发利用必将向现代化、国际化、科学化的方向发展。具体说来，我国城市地下空间开发利用事业将出现下述几个发展趋势：

（1）综合开发利用的趋势。城市地下空间开发利用将不再是满足某一单项功能，将立足于城市的整体建设与功能要求，是多项城市功能的整合共容，如满足交通、商业、供给与环境等的大型综合体。同时，也不再是一种空间形态的孤立，而是由点、线、面、体等多种形态的空间灵活组合贯通的有机的、丰富的空间整体。

（2）规划与设计理论的发展。建立在城市可持续发展与城市三维立体发展的战略思路上，将地下空间作为城市三维发展的一个维度，地下空间规划与设计理论将会逐步充实完善，其将指导城市科学地向地下延伸。

（3）开发技术的发展。我国目前的地下空间开发的土木技术已接近或处于世界先进水平，但涉及一些关键辅助设备等技术，如机具技术、计算机与电气控制技术、自动化技术等等，与世界先进水平还有大的差距，会影响到地下空间开发的规模与成本，将来随着对引进技术的消化吸收和加大研制开发的投入，将会逐步缩小这些差距。

（4）法规与管理维护越来越完善。不仅有完备的法规、政策及管理措施和先进的维护技术水平，还将形成一整套推动地下空间综合开发利用的实体和管理部门。

（5）有人的城市地下空间设施会更加安全、高效，有人的城市地下空间设施会更加舒适、美观，地下空间内环境中的造景、幻境及地面环境模拟等技术会大大发展。同时，将更多地从环境保护、城市景观保护和历史文物保护的角度开发利用城市地下空间。

（6）新工艺与新材料不断涌现。为了降低城市地下空间开发的成本与难度，并适应多种形态的地下空间的组合，满足多种设施功能的交叉与共容，高效、经济的施工工艺将会不断产生，尤其是机械挖掘技术与施工自动化技术会有较大进步。同时，新的建筑装饰材料尤其是地下防水与环境改善的材料也会不断涌现。

参考文献

［1］ JGJ 123—2000，既有建筑地基基础加固技术规范［S］

［2］ 叶书麟，王益基，涂光祉等．基础托换技术——既有建筑物地基加固［M］，北京：中国铁道出版社，1991

［3］ GB 50153—2008，工程结构可靠性设计统一标准［S］．北京：中国建筑工业出版社，2009

［4］ CECS 295：2011，建（构）筑物托换技术规程［S］．北京：中国计划出版社，2011

［5］ 张继文，吕志涛．某综合楼顶层抽柱改造的设计与施工［J］．建筑结构，1996，26（2）：37～40

［6］ 张云波，欧阳煜．底部抽柱非规则框架计算简图的合理选取［J］．工程力学，1996，378～381

［7］ 苏洁．底层抽柱钢筋混凝土框架结构塑性内力重分布设计方法的可行性研究［D］．天津：天津大学，1999

［8］ 曾氧，陆铁坚．钢筋混凝土抽柱框架楼盖梁的设计探讨［J］．长沙铁道学院学报，1997，15（2）：106～112

［9］ 胡伟，洪湘．高层框架结构抽柱改造设计及工程实践［J］．建筑结构，1999，29（11）：37～38

［10］ 李春雷，范艳坤．加大截面抽柱扩跨的模型分析［J］．湖南城建高等专科学校学报，2001（3）：9～10

[11] 杨锦明．多层框架抽柱扩跨的粘钢加固法［J］．上海铁道科技，1999（1）：30～32

[12] 刘继明，曹中明．青岛澳柯玛办公楼抽柱后框架的加固设计［J］．建筑结构，2005，35（2）：44～45、40

[13] 张桂标．钢筋混凝土框架结构截柱扩跨该造采用实腹式托梁的应用研究［D］．广州：华南理工大学，2001

[14] 刘军进，张继文．预应力抽柱改造技术的设计计算方法［C］．建筑物鉴定与加固改造第五届全国学术讨论会论文集，汕头，2000：303～307

[15] 张继文，刘军进．体外预应力抽柱改造新技术的应用实践［C］．建筑物鉴定与加固改造第五届全国学术讨论会论文集，汕头，2000：539～543

[16] 陈大川，卜良桃，王济川．托梁抽柱的应用研究［C］．建筑物鉴定与加固改造第五届全国学术讨论会论文集，汕头，2000：562～567

[17] 李安起，张鑫，王继国．某框架结构抽柱托换工程实践［J］．四川建筑科学研究，2004，30（3）：56～58

[18] 杨红芬，徐向东，李安起．附加缀板式抽柱托换结构抗剪加固试验研究［J］．山西建筑．2006，32（13）：42～43

[19] 高峰，任晓崧，陈敏．框架结构局部抽柱的结构加固思路与实例分析［J］．四川建筑，2007，27（6）：128～132

[20] 黄泰赟．某大型报告厅抽柱改建结构设计［J］．广东土木与建筑．2005（6）：128～132

[21] 杨福磊，奚震勇，孙海．上海某大厦托梁拔柱工程的设计［J］．工业建筑．2005，35（4）：21～23

[22] 王勇．某商店底层抽柱的设计方案及比较［J］．淮南职业技术学院学报，2004，4（3）：116～118

[23] 宫安，刘振清．预应力结构在抽柱扩跨中的应用［C］．第八届全国建筑物鉴定与加固改造学术会议论文集，哈尔滨，2006

[24] 葛洪波，张伟斌，禹永哲，张明．扬州某综合楼抽柱改造设计［C］．第八届全国建筑物鉴定与加固改造学术会议论文集，哈尔滨，2006

[25] 周华林．上海世博浦西综艺大厅改建工程中的抽柱托梁施工技术［J］．建筑施工，2009，31（5）：344～346

[26] 蔡新华．房屋结构托换技术研究［D］．上海，同济大学，2007

[27] 陈再学．单层工业厂房抽柱改造设计与施工［J］．施工技术，2003，32（6）：29～30

[28] 修洪德．有关托梁拔柱的几个技术问题［J］．工业建筑，1995，25（5期）：3～8、12

[29] 毛桂平，黄小许．砌体结构承重墙体的框式托换技术［J］．建筑技术，2004，35（6）：441～442

[30] GB 50003，砌体结构设计规范［S］．北京：中国建筑工业出版社，2011

[31] 程远兵，王三会．两种简易可行的砖墙托换梁［J］．四川建筑科学研究，2005，31（4）：44～47

[32] 敬登虎，曹双寅，郭华忠．钢板-砖砌体组合结构托换改造技术及应用［J］．土木工程学报，2009，42（5）：55～60

[33] 敬登虎，曹双寅，石磊等．钢板-砖砌体组合梁、柱静载下性能试验研究［J］．土木工程学报，2010，43（6）：48～56

[34] Hardy S J. Design of steel lintels supporting masonry walls. Engineering Structures，2000，22（6）：597～604

[35] Hardy S J. Composite action between steel lintels and masonry walls. Structural Engineering Review，1995，7（2）：75～82

[36] 房晓鹏．钢-砌体组合墙梁结构在有构造柱砌体房屋托换改造中的试验研究［D］．济南：山东建筑大学，2011

[37] 王超. 钢-砌体组合墙梁结构在砌体结构房屋托换改造中的试验研究 [D]. 济南：山东建筑大学，2011

[38] 梁绍强. 钢结构厂房托梁拔柱分析与测试 [D]. 天津：天津大学，2007

[39] 张溯。钢结构厂房托梁拔柱与结构加固技术研究 [D]. 西安：西安建筑科技大学，2007

[40] 陈爱玖，朱亚磊，解伟等. 郑州文庙大成殿木结构整体顶升技术 [J]. 建筑结构，2007，37 (3)：40-42

[41] 建设综合勘察研究设计院. 建筑变形测量规范，JGJ 8—2007 [S]. 北京：中国建筑工业出版社，2008

[42] 中国有色金属工业协会. 工程测量规范 GB 50026—2007 [S]. 北京：中国计划出版社，2008

[43] 杨晓平. 工程监测技术及应用 [M]. 北京：中国电力出版社，2007

第8章　工程治沙新技术

8.1　我国沙漠化、荒漠化的严重性

我国国土沙漠化、荒漠化（包括水土流失、沙漠化、石漠化、盐碱化）的态势严重，全国荒漠化土地超过262万平方公里，占国土总面积的27%，超过耕地面积2倍多，而且每年还以2460平方公里的速度扩展，荒漠化的土地为法国国土的5倍多。每年经济损失超过2200多亿人民币，距北京最近 沙漠只有18公里。已严重影响国家建设、人民的生产和生活。因此制止国土沙漠化、荒漠化的发展，向沙漠夺回被侵占的耕地，发展沙产业，开创使沙漠变绿洲的“绿沙工程”，是关系到13亿中国人生存发展和子孙后代幸福生存的大事。

荒漠化、沙漠化的根本原因是人类对大自然过分索取造成的，由于气候变暖、大风、干旱少雨、超载放牧、乱砍滥伐、滥挖药材、破坏森林草地、污染水源等人与自然因素，使我国的生态环境不断恶化。我国目前已有13亿人口，到本世纪后期可达16亿，而森林、草地、耕地、淡水等赖以生存的条件和资源不足而且不断恶化。荒漠化与沙漠化土地治理与利用是关系到我国1/4国土的改造利开发。改善其他3/4国土生态环境和大气质量。开发大西北、建设大西北，关系到国家重大利益的大课题。

中国环境恶化和沙漠化的严重态势，是天灾与人祸造成的，据统计天灾的影响仅占5%，而人祸竟占95%，因此加强有关治沙的环保立法和执法，制止人为破坏是刻不容缓的。

从图8-1中可以看出沙漠化、荒漠化对生态环境造成严重的恶化与破坏，对人民生活和生产造成的严重恶果。北京、沈阳、内蒙古、大西北等许多地区频发的沙尘暴天气就是沙漠化进一步严重发展的必然结果。

图8-1.1　北京、沈阳、内蒙古、大西北等许多地区频发的沙尘暴天气

图 8-1.2　历史上沙漠化土地标志之一安的尔古城遗址

图 8-1.3　风沙危害的房屋和大棚

图 8-1.4　风沙危害的道路

8.2　荒漠、沙漠治理的正确道路

（1）荒漠、沙漠的治理须在政府的统筹下进行。出台能调动各方面积极性的政策，如低息贷款、减免税收等扶持性政策，符合国情、全面安排，国家、集体、个人各出其力。

（2）治理工程要走市场经济的路，走产业化之路，除国家在政策、资金方面扶持和投入外，还要吸收中外企业和投资者积极参与和资金支持，要形成许多沙漠开发、改造治理、科研和技术创新、沙漠产业化的经营公司且都能有利可图。

（3）治理工作要走高科发展之路，广泛吸收国内外成功经验与先进技术成果。结合国情积极开展科技创新，起到事半功倍的作用。同时可吸引大批不同档次人员参加（图 8-2）。

图 8-2　群策群力治风沙

8.3　治 沙 方 法

8.3.1　荒漠、沙漠治理方法的分类

（1）生物治沙法

选择合适地区，采用现代技术成果，通过封育，种植耐旱优良品种树木、草地、农作物，形成局部绿洲，再以局部绿洲效应扩大其生态效应。这是当前治沙、防沙的主要方法，成本较高。

（2）沙漠产业化法

选择合适地区，利用其充足阳光和丰富的地下水资源，采用高新技术，开创沙漠农业工厂，提高植物的光合作用以获经济、生态双丰收；

开发风力发电以及适合在沙漠地区生存和发展的企业，学习国内外在古漠上建绿洲城镇的好经验，对于人口众多的中国这是个很好的出路。

（3）工程治沙法

这是唐业清教授提倡、符合国情、大有前途、可大面积向沙漠夺田的强有力的方法，曾在 2006 年，在美国华文报纸上发表文章，积极推动工程治沙法和走综合治沙之路。

工程治沙法，就是把岩土工程和建筑地基处理工程中，能用于治沙技术与方法，结合治沙工程特点，能取得明显技术经济效果而且简单易行的方去。工程治沙法是通过采用各类大型土工机械和岩土工程技术手段，向沙漠夺田的十分有效方法。如面层覆盖法、沟式置换法、井式置换法、堆沙固沙法、孔内强夯法、振冲密实法、沙面固化法、土工合成材料法、挡沙堤法、集水井法以及混合法等。

（4）综合治沙法

根据沙漠地区的具体条件，可在上述方法中选择 2～3 种方法结合使用，会产生较大的治沙和巩固治沙成果，取得更大经济效益。为巩固治沙成果，通过治沙夺回的耕地开设大规模林场、农场、农业或其他产业工厂及其他新型产业等。

本章重点阐述工程治沙的新技术。

8.3.2 工程治沙法

（1）工程治沙法的前期工作

1）在政府设置的主管部门推动下，通过媒体大力宣传绿沙工程重大意义，推动鼓励建立治沙的专业公司、集团企业，为开展工程治沙和综合治沙创造条件，我国许多城市企业集团都有大量闲置土方机械，这是开展工程治沙的有利条件。

2）开展沙化土地的调研排查。根据资金和场地条件，分清轻重缓急有序的进行，摸清沙化土地的埋沙厚度、沙下土质、地下水情况，治理可行性和可利用价值的经济评估以及附近沙源的活动情况等。

3）根据调查结果，选择条件合适的场地，作为试验性施工场地，通过治沙试验性施工掌握有关参数和经验，为全面开展工程治沙创造条件。

4）根据场地埋沙厚度不同，地下水及土质情况不同，参照试验性施工数据，可选用不同的处理方案和处理方法，同时应进行方案比较，选择最佳处理方案。

5）为便于开展工程治沙、固沙、防沙，应对场地埋沙厚度进行分类，以便选用合适的治沙方法。建议根据沙层厚度可划分三类：

a. 埋沙厚小于 1.5m 的薄沙层：为近期沙化覆盖层；

b. 埋沙厚度为 1.5～3.0m 中厚沙层；

c. 埋沙厚度大于 3.0m 的厚沙层。

（2）10 项治沙、固沙、防沙技术

1）沟式置换治沙法

此法适用于 A 类场地，埋沙厚度在 1.5m 以内，沙层下有 5m 厚度以上土层，能掘出较多土料可供置换。此法施工应有挖土机、推土机等大型机械配套使用。并应根据沙层厚度计算开挖埋沙沟的宽和深度及各沟间距，且应分段施工分层碾压，距沟顶 1～1.5m 左右，再回填从沟中挖出可供耕植土层，且宜分层填沙边铺边碾压，要分段施工。沙层顶部要先铺防渗土工布然后再填沙，铺防渗土工布是为防土中水下渗。见图 8-3。

2）井式置换法

井式置换法适用于沙层厚度 1.5～3.0m 间的 B 类场地。沙层下有较厚的土层，钻机可钻进无障碍施工又能置换出宝贵的土料，当地下水位较高时可采取井外降水法配合施工。见图 8-4。

3）孔内强夯法

此法适用于 A 或 B 类场地，沙层下地层含有卵石、砾石层、孤石或枯树等，用钻机

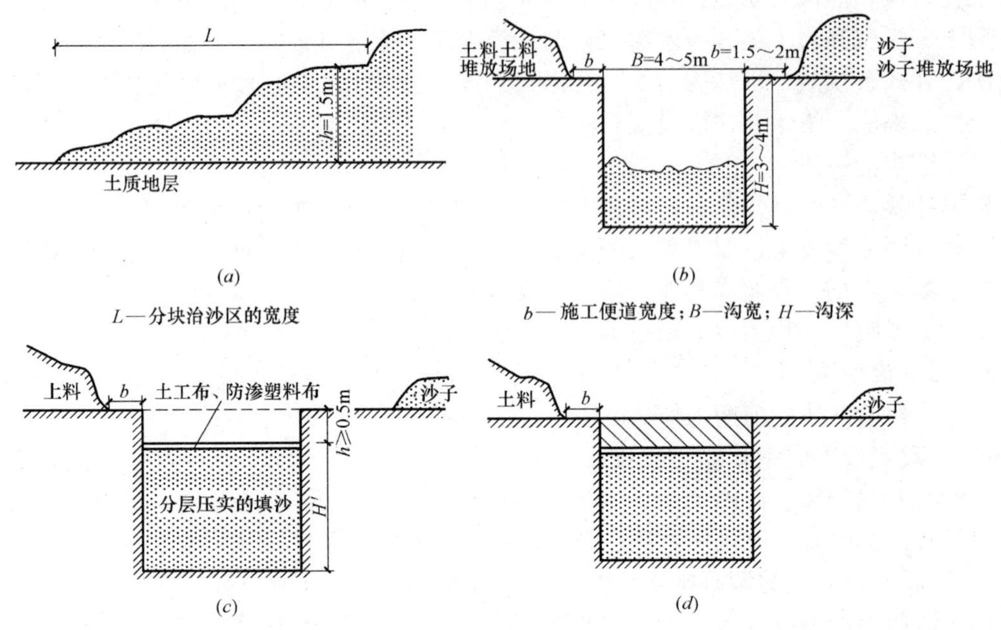

图 8-3　沟式置换治沙法

(a) A 类尘场地；(b) 挖沟埋沙；(c) 分层填沙及铺土分布；(d) 回填压实表层土料

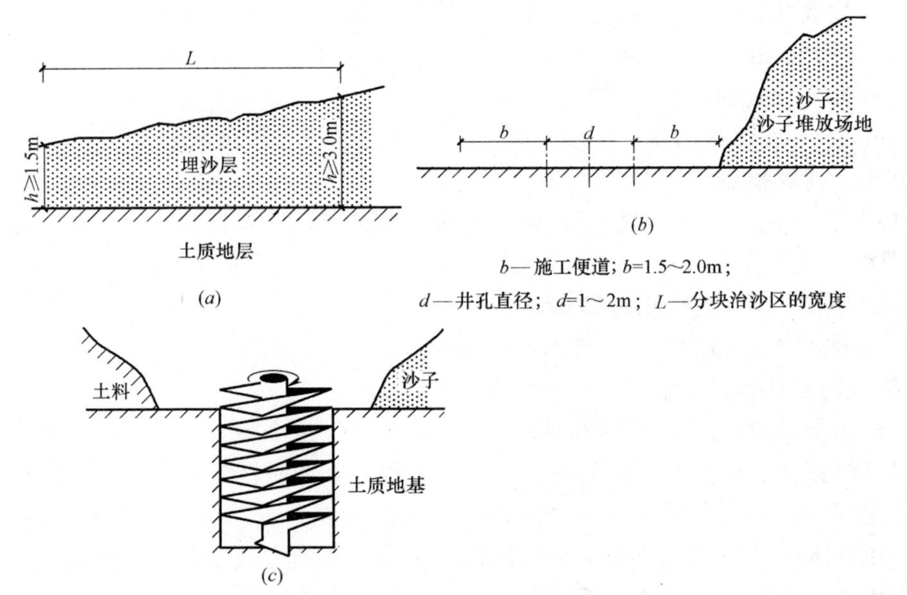

图 8-4　井式置换法

(a) B类治沙场地；(b) 清理施工场地定井位；(c) 钻机钻孔排土成孔

难于钻进取土。取出的各种石料粉碎后是沙区建筑好材料，见图 8-5。

4) 堤聚沙法

① 泥沙搅拌桩＋钢筋混凝土连续型挡沙堤

如果缺乏大型机械或沙层较薄，需要筑堤挡沙、防沙；作为道路路基；或用于分割沙

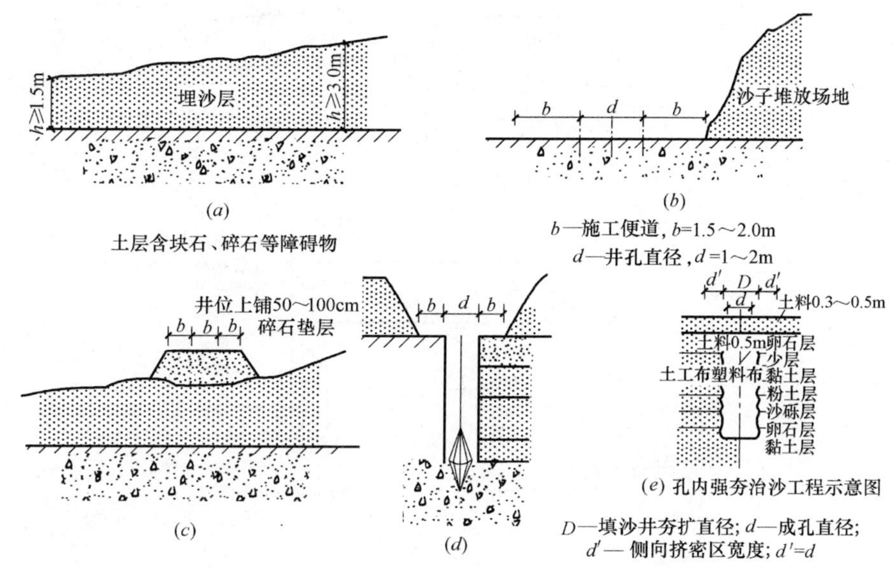

图 8-5 孔内强夯法

(a) A类或B类沙场地；(b) 埋沙层较薄时井位场地的清理及放线；(c) 沙层较厚时井位处铺设垫层及放线；(d) 橄榄锤夯击填沙井；(e) 孔内强夯治沙工程示意图

区时，均可采用此法。此法的要点是在沙层上铺设或构筑便于机械行走的施工便道，用水泥土搅拌桩机在拟构筑挡沙堤两侧，按设计要求实施搅拌水泥沙桩，搅拌桩至预定深度，并插入规定数量钢筋，在沙层面制作钢筋混凝土连续挡墙，上下钢筋连接。两侧桩或墙间根据挡沙堤高度不同，自原沙层面起设若干根横向钢筋或型钢拉捍。自堤外取沙向堤内分层压实填充至设计层顶，顶部再根据用途不同铺设 0.5～1.0m 厚带构造钢筋的混凝土层。其构造如图 8-6 所示。

② 钢桩＋水泥沙加固体＋预制钢筋混凝土板结构挡沙堤

其他要点与①相同，只是挡沙墙改为打入钢桩（钢管、钢板桩或其他型钢桩）。在原沙层高度范围内，在钢桩内侧按设计要求沙体实施灌注水泥浆，形成水泥沙加固体，在沙面上两侧钢桩内勾挂钢筋混凝土预制板，两侧桩间按设计要求设置水平拉杆。分层碾压充填和封顶，方法同①的要求。其构造如图 8-6（b）所示。

5）面层铺土工布＋耕植土层治沙法

此法适用于沙层厚度大于 3m 以上的 C 类稳定场地，场地有多余土料或附近有土丘可利用的土源，且有较稳定地下水可资利用。将沙层整平，按沙面坡度情况，分区施工，先把沙层面上整平，上铺防渗的土工布，然后分层回填土料，用羊足碾再继续碾压，每层厚回填土料约 30cm 左右，一般填 1m 厚即可。并按场地灌溉用水需要，分区构筑水井。如图 8-7 所示。

6）种植仿真塑料树固沙法

对于较厚沙层，为了防止风沙，可在沙面层种植防风档次的仿真塑料树，塑料树由工厂预制，树根分布便于掩埋固化，埋沙厚度不少于 30cm，面层为防止沙被风吹跑，需要用表层固化材料固化，固化材料可用塑料薄膜、水泥黏土固化面层等等仿真固化树高度，一般 50～100cm 左右，由工厂预制生产。这种固化方法适合大面积防风挡沙固沙，见图 8-8。

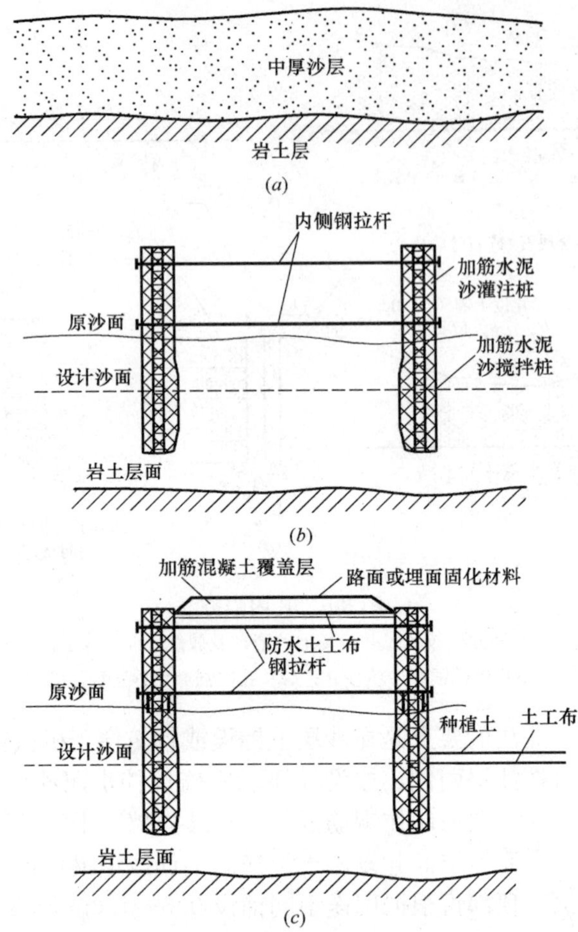

图 8-6　堤聚沙法

(*a*) 地层剖面图；(*b*) 置桩示意图；(*c*) 填沙后剖面图

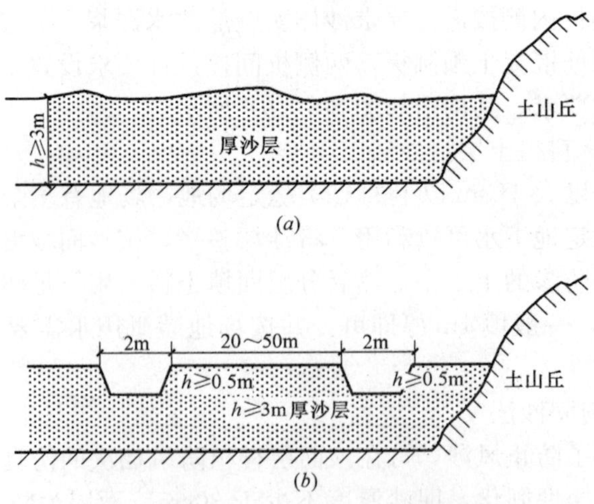

图 8-7　厚沙层填土示意图

(*a*) 有土丘的厚沙层场地；(*b*) 整平沙面并做沙沟

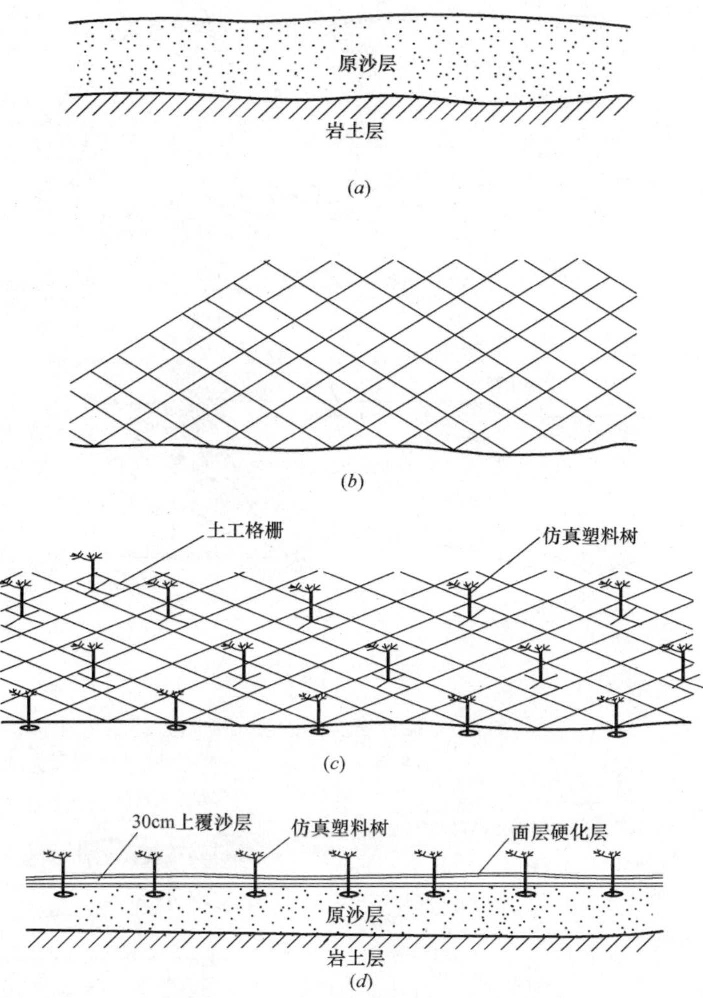

图 8-8　种植仿真塑料树固沙法示意图

(*a*) 沙层分布图；(*b*) 沙层面铺土工格栅；(*c*) 仿真塑料树的种植与土工格栅连接；(*d*) 完成造林后的仿真塑料树林

7）振冲密实固沙法

该法用于沙漠地区修筑建（构）筑物、道路时的地基处理，通过振冲可导致沙体密实，如与注浆加固结合，可极大增加沙基的稳定性和强度，见图 8-9。

8）沙面固化法

对于沙层较厚且不稳定，有可能流动、扬沙，危害相邻的铁路、公路、水渠、建筑物、已开发恢复生态的农场等，治理后也无水源不利植物生长的场地，应采用有效措施如：挡沙墙、挡沙堤等以面层的固沙方法处理。

图 8-10（*b*）的土工布包裹耐旱草籽防沙堤。

图 8-10（*c*）土工布防沙堤与面层固沙小桩土工格栅护面网。

图 8-10（*d*）土工布挡沙堤与小桩及喷射护面混合浆层（水泥、黏土、粉煤灰、生石灰等当地易取得的材料）。

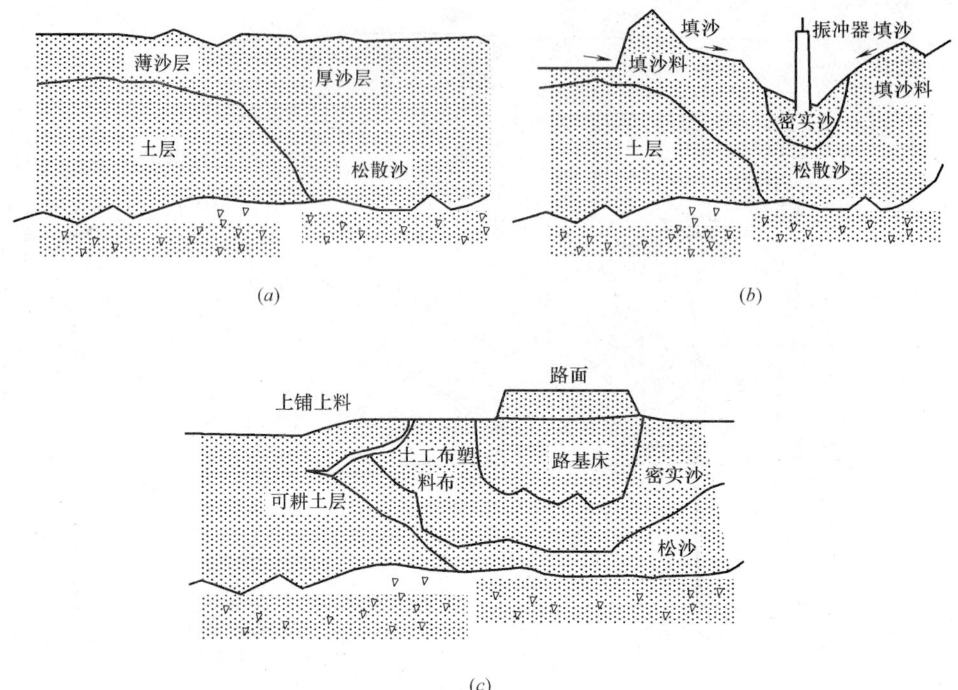

图 8-9　振冲密实固沙法示意图

(*a*) 厚薄不均匀沙地；(*b*) 振冲密实固沙法施工；(*c*) 振冲密实填沙及路基床

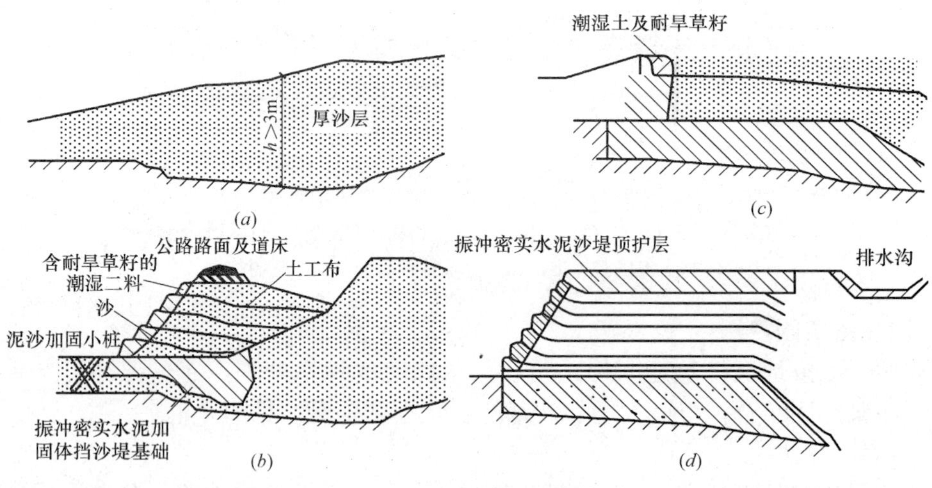

图 8-10　沙面固化法示意图

(*a*) 厚沙层场地；(*b*) 修筑挡沙堤；(*c*) 铺上层土工布及土、沙料；(*d*) 竣工后的土工布挡沙堤

9) 挡沙堤法

为保护已开发的沙漠变良田、树林、草地，或为防止沙化土地向前扩展，可采用挡沙堤法挡沙，见图 8-11。如图 8-12 (*a*)～(*d*) 是用土工布做成挡沙堤的施工过程。

图 8-11 挡沙堤示意图

在本章中前述的聚沙治沙法也是挡沙堤的一种形式。

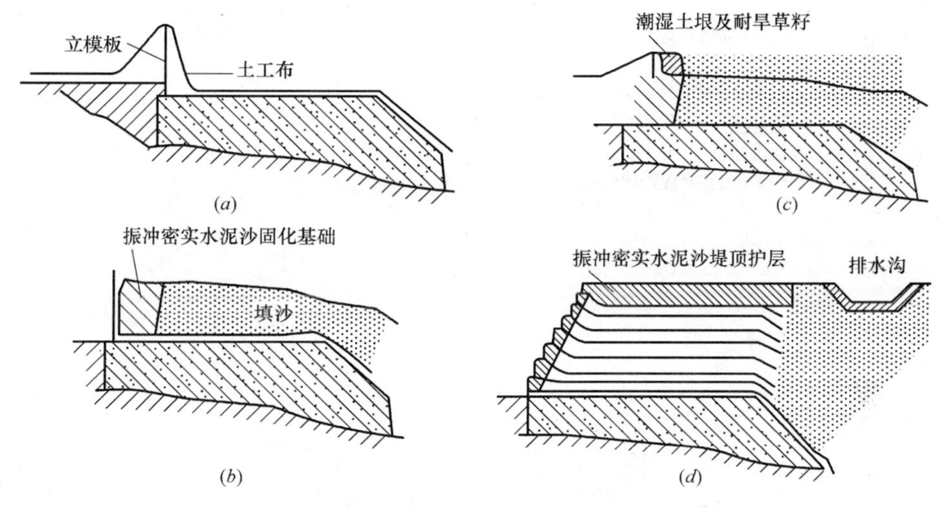

图 8-12 挡沙堤法示意图

(*a*) 铺土二布立模板；(*b*) 填土夹草及沙；(*c*) 铺上层土工布及土、沙料；(*d*) 竣工后的土工布挡沙堤

10）混合治沙法

在沙层薄厚不均的场地，可根据具体条件，分别采用沟式置换法、井式置换法、面层铺盖法、振冲密实法、孔内强夯等方法。把两种或两种以上治沙法结合使用，会产生更佳效果，如图 8-13 所示，包括三种形式的混合治沙法。也可将生物治沙法、工程治沙法和沙漠产业化法方结合起来，会有巨大效果，也是推荐的方法。

11）集水井

治沙场地的水是极为宝贵的，在前期场地勘察和治沙施工中，都要特别注意水资源的勘察，有丰富地下水资源的场地是治沙的首选场地。为保证沙区绿化和生产、生活用水，治沙的同时就应做好集水井的施工，在沙漠地区集水井的构造可根据使用年限不同采用以下不同形式集水井。

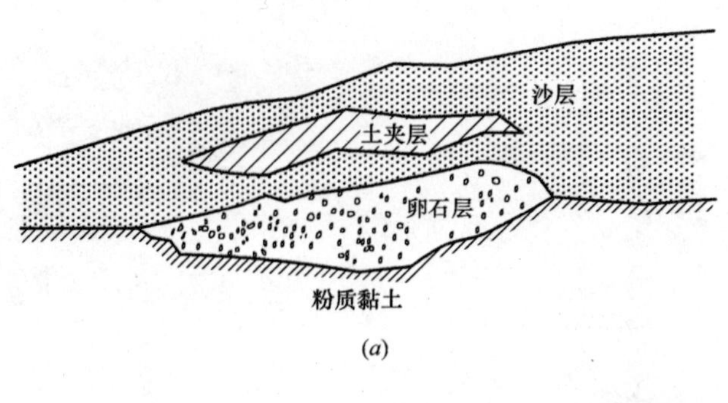

(a)

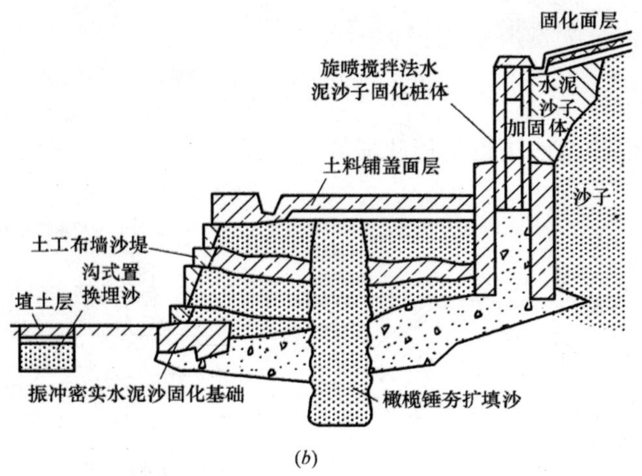

(b)

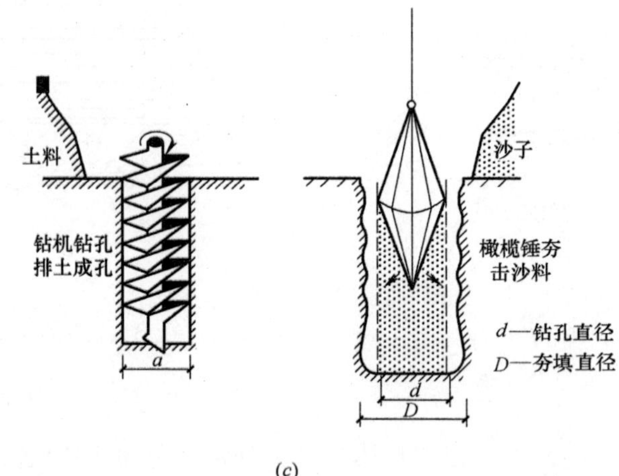

(c)

图 8-13　混合治沙法示意图

(a) 场地沙层厚薄不均；(b) 分层地基混合法治沙；(c) 土质地基混合治沙法

结语：

治沙工程是关系到 1/4 国土改良，3/4 国土生态环境改善，子孙们能安全幸福生存，国泰民安的重大事情。它的政策性很强，需要国家正确的政策，统一规划，有力的领导。

治沙工程是多学科、多专业的复杂课题。必须走产业化的道路，采用高科技综合治理

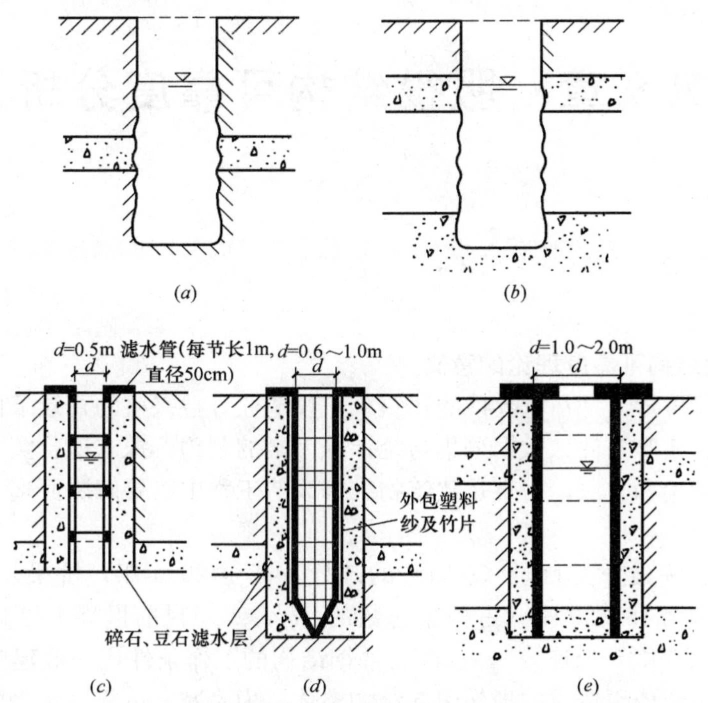

图 8-14 集水井构造示意图

(a) 井式置换法的井孔；(b) 孔内强夯法夯后井孔；(c) 滤水管式集水井；(d) 钢盘笼式集水井；(e) 钢筋混凝土井圈式集水井

手段，广泛吸收国外成功的经验，使各国治沙新技术、新成果能广泛被我国所用。治沙工程受大自然的控制影响因素较多，是财力、人力付出较多而收效较迟的基业工程。必须经过几代人“挖山不止”的努力奋斗，才能取得成效。

第9章 服役结构可靠度分析

9.1 概 述

9.1.1 研究服役结构可靠度理论的意义

服役结构可靠度理论是在世界性的建筑维修改造业日益兴盛的背景条件下产生的。由于受到理论分析、实验条件、数据采集与统计等因素的制约，探求适合实际应用的服役结构可靠性评估的理论和方法，一直是建筑物维修改造工程中需要解决而迄今为止尚未能很好解决的重要课题。

根据美国国家桥梁分类目录（NBI）的统计，截至2003年，桥梁总数约为588930座，而病害桥梁约为158859座（占桥梁总数的27%）[1]。目前世界上已建成的钢质导管架海洋平台约有2.0×10^3余座[2,3]，这些石油钢结构的工作条件比一般建筑结构所处条件还要恶劣，经过多年使用造成的损伤引起结构整体抗力衰减，可靠度水平降低。

我国现行的结构设计规范取定的安全度标准在世界上是偏低的，中西方混凝土结构规范安全储备比较见表9-1，表中K为安全系数。由于长期以来片面强调节约原材料，而忽视了耐久性，在我国的现有建筑物中，安全性严重低于规范要求的建筑物多，建筑倒塌事故多；缺乏科学管理，任意增加结构荷载，改变结构功能，破坏了结构的正常使用状态。随着服役期的增长，桥梁老化日益严重，2003年铁路秋季检查结果：全国铁路有损害桥梁7352座（占桥梁总数18.15%）[4]。根据国家统计局和原建设部2005年底对全国城乡31个省、市、自治区的统计，我国城镇现有房屋面积164.51亿m^2，据有关资料和专家预测，我国至少有50%的现有建筑物在2000年前就因安全度过低而面临退役的威胁[5,6]。

安全储备比较　　表9-1

K	梁					柱		板	基础	
	抗弯	抗剪			抗扭	大偏压	小偏压	抗冲切	抗弯	抗冲切
		均布荷载仅配箍筋	集中荷载仅配箍筋	均布荷载仅配弯筋						
中国	1.47	1.67	2.03	2.02	2.03	1.59	1.75	2.06	1.16	2.14
美国	1.80	2.41	2.43	2.41	2.43	2.34	2.50	1.54	1.75	4.79
英国	1.72	1.99	1.84	1.99	2.11	1.75	2.12	1.69	1.66	11.24

确定服役结构是维修还是拆除，合理选择最佳维修改造方案，都需要分析结构的服役状态，以结构可靠度为控制参数，对其进行可靠性评估。但是，由于服役结构本身存在着大量与结构的几何特征、材料特性、环境条件、失效准则等因素有关的不确定性信息，很难给出一种统一的评估模式；现今检测技术的发展水平又明显滞后于工程的迫切需求，很

多数据无法由实测获得；现行的可靠性鉴定标准与设计标准不相协调，仅从定性的角度给出了结构构件和系统的可靠性要求，致使服役结构可靠性评估理论的实用性研究仍处于艰难的探索阶段，至今尚未成体系。对服役结构进行综合评估、健康诊断，需要丰富的工程经验以及深入的多学科理论知识及数学手段。因此，研究服役结构可靠性评估的理论和方法，不仅能够顺应主流建筑业迅猛发展迫切的理论需求，而且还有助于结构设计规范、可靠性鉴定规范的进一步合理修订，为服役结构的科学管理提供依据，具有重要的科学价值、广泛的工程应用前景、重大的社会效益和经济效益。

9.1.2 可靠性基本概念

（1）可靠性

结构在规定的时间内，在规定的条件下，完成预定功能的能力，称为结构的可靠性。

（2）可靠度

结构在规定时间内，在规定条件下，完成预定功能的概率称为结构的可靠度。

（3）服役结构荷载基准期

服役结构荷载基准期为确定服役结构最大荷载所需的相当于基准期的时间。它不同于结构的设计基准期，也不同于服役结构的基准期，取决于服役结构的基准期、设计基准期和结构已使用的时间及所承受荷载的情况。

（4）设计基准使用期

即设计基准期，是指为确定荷载取值、计算结构可靠度而采用的基准时间，我国规定为 50 年。

（5）鉴定基准期

由业主和鉴定者根据结构、环境状况及使用要求，确定荷载取值、计算服役结构服役可靠度采用的基准时间，又称继续使用基准期。

（6）服役可靠度

结构在承载能力寿命终止之前的预期服役期内，随时间增加而动态变化的可靠度。

9.2 可靠性的基本原理

9.2.1 不同阶段的结构可靠度

（1）设计阶段结构可靠度

对于拟建结构，设计完成时预期的失效概率可按式（9-1）和图 9-1 表示。

$$
\begin{aligned}
P_{f0} &= Z(R-S<0) \\
&= \int_0^{\infty} f_S(S)\left[\int_0^{S} f_R(r)\,dr\right]dS \quad (9\text{-}1) \\
&= \int_0^{\infty} f_S(S)F_R(S)\,dS
\end{aligned}
$$

式中 P_{f0}——结构设计阶段预期的失效概率；

$f_S(S)$，$f_R(r)$——分别为结构荷载 S 和结构抗力 R 的概率密度函数；

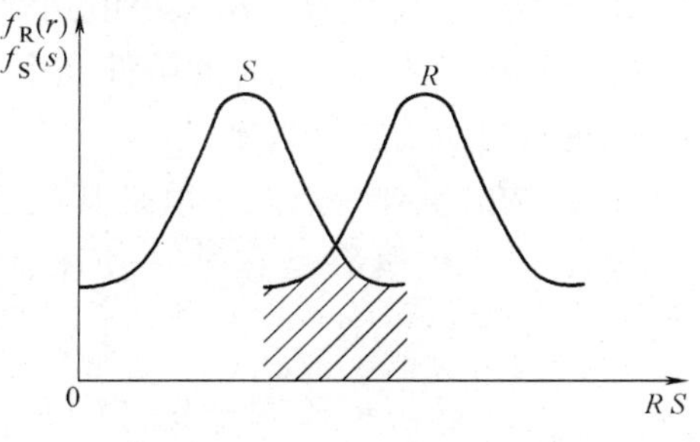

图 9-1 拟建结构 P_{f0} 示意图

P_{f0} 的大小与图 9-1 中阴影面积大小有关，

但不相等。

实际上，式（9-1）中所使用的 $f_S(S)$、$f_R(r)$ 都是通过已有资料统计得出的，所以式（9-1）求出的 P_{f0} 是指过去大量统计中 $Z<0$ 事件出现所逼近的概率。可以看出，用上述方法设计同样的一批结构，从设计角度讲，各个结构具有相同的预期可靠度。但是从使用角度来看，这样一批设计相同的结构在建造并使用一段时间后，所受到的损伤不同，经历的维修过程也不相同。所以，各个结构在未来服役期内会具有不同的可靠度[7]。

（2）施工阶段结构可靠度

处于施工期的结构，设已经施加的施工荷载为 b，此时结构的失效概率是在荷载 b 发生后的条件概率，按截尾分布概率计算可按式（9-2）和图 9-2 表示。

$$P_{f1}=Z(R'-S<0\,|\,R>b)=\int_b^{\infty}f_S(S)\left[\int_b^S f_{R'}(r)\mathrm{d}r\right]\mathrm{d}S \tag{9-2}$$

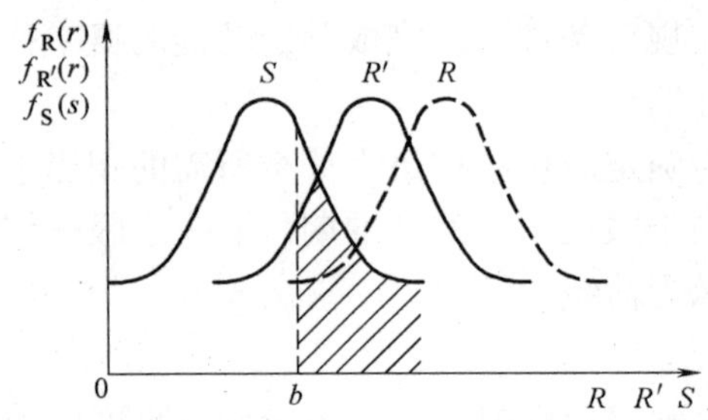

图 9-2　施工阶段 P_{f1} 示意图

由于施工阶段材料还没达到设计强度，结构还没有形成一个完整的超静定体系等因素，使得此时结构的抗力 $R'<R$，研究表明，若不改变结构的支承边界条件，结构最危险的阶段可能不是在建成之后，而是在施工阶段。

（3）正常使用期结构可靠度

1）某一时刻的失效概率

对于服役结构在某一时刻，如果仍按式（9-1）计算其失效概率，就表示抗力将被未来设计基准期内的极值荷载效应超过的概率，已不再具有统计频率的含义。这种分析不能反映该特定结构的特点，因为人们已经在其使用过程中得到其抗力与荷载效应的部分信息。

当某个具体结构的抗力 R 已知时，即 $R=r$ 时，式（9-1）变为式（9-3）：

$$P'_f=Z(R-S<0\,|\,R=r)=1-F_S(r) \tag{9-3}$$

式中　$F_S(r)$——荷载效应从最小值到取值等于 r 时的概率；

P'_f——在 $R=r$ 时的条件概率。

2）使用初期的失效概率

服役结构的重要特点之一就是其在已服役时间内受到了某种程度的荷载考验。结构在使用初期，其失效概率是在某一使用荷载 a 发生后的条件概率，按式（9-4）和图 9-3 表示。

$$P_{f2}=Z(R-S<0\,|\,R>a)=\int_a^{\infty}f_S(S)\left[\int_a^S f_R(r)\mathrm{d}r\right]\mathrm{d}S \tag{9-4}$$

截尾分布概率按式（9-5）计算：

$$P_{f2}=Z(R-S<0|R>a)=\frac{1}{1-F_R(a)}\left[P_{f0}-\int_0^a f_R(r)F_S(r)\mathrm{d}r\right] \tag{9-5}$$

由于去掉了抗力分布的一部分“尾部”，在荷载随机性不变的条件下，使得结构可靠度有所提高。

对于已经建成刚刚正常使用的结构，在保证结构失效概率不大于设计阶段失效概率的前提下，可以适当提高结构的荷载，此时结构的失效概率按式（9-6）和图 9-4 表示。

$$P_{f3}=Z(R-S'<0|R>a)=\int_a^{\infty} f_{S'}(S)\left[\int_a^S f_R(r)\mathrm{d}r\right]\mathrm{d}S \tag{9-6}$$

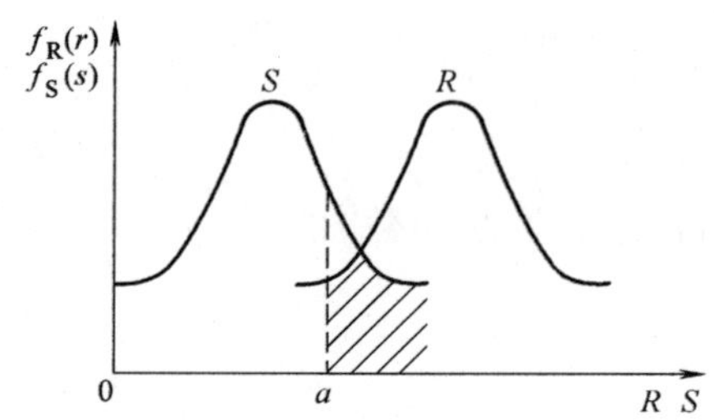

图 9-3　使用初期 P_{f2} 示意图

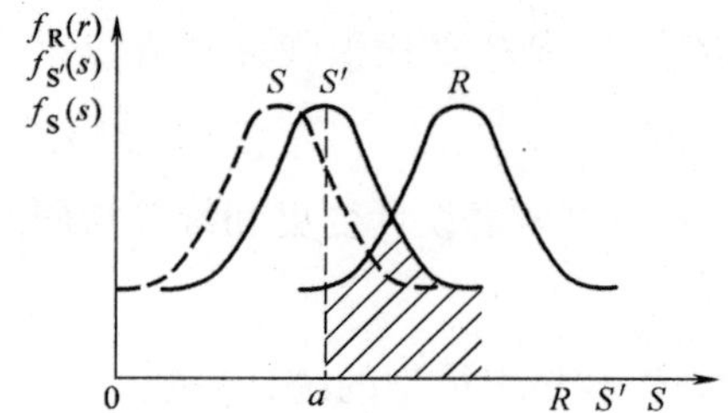

图 9-4　提高荷载后 P_{f3} 示意图

3）抗力的均值和标准差

假设结构受到某一荷载作用后没有破坏，相应的荷载效应为 R_p，则说明该结构抗力 $R>R_p$，R 的分布函数变为 $F_R^p(r)$，概率密度函数为 $f_R^p(r)$。设所施加的荷载没有降低结构抗力，如果验证荷载作用前抗力 R 的均值为 μ_R，标准差为 σ_R，则验证荷载作用后抗力的均值 μ_R^p，标准差 σ_R^p 可用式（9-7）和（9-8）表示[8]。

$$\mu_R^p=\int r f_R^p(r)\mathrm{d}r=\frac{1}{1-F_R(R_p)}\left[\mu_R-\int_{-\infty}^{R_p} r f_R(r)\mathrm{d}r\right] \tag{9-7}$$

$$\begin{aligned}\sigma_R^p&=\sqrt{\int_{-\infty}^{+\infty}(r-\mu_R^p)^2 f_R^p(r)\mathrm{d}r}\\&=\sqrt{\frac{1}{1-F_R(R_p)}\left[\sigma_R^2+(\mu_R^p-\mu_R)^2-\int_{-\infty}^{R_p}(r-\mu_R^p)^2 f_R(r)\mathrm{d}r\right]}\end{aligned} \tag{9-8}$$

（4）老化期结构可靠度

结构在使用后期，由于结构老化，抗力 R 将下降至 R''，结构的失效概率按式（9-9）和图 9-5 表示。

$$P_{f4}=Z(R''-S<0|R>a)=\int_a^{\infty} f_S(S)\left[\int_a^S f_{R''}(r)\mathrm{d}r\right]\mathrm{d}S \tag{9-9}$$

9.2.2 服役结构荷载概率模型

服役结构作为已客观存在的空间实体，其荷载信息越来越充实，而未来基准期一般相对较短，人们对未来情况的预测会更为准确，某些原设计中考虑的不确定因素会改变其不确定的程度或成为确定性因素。与拟建结构相比，服役结构荷载的概率模型具有自身的特点。

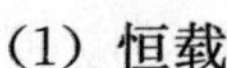

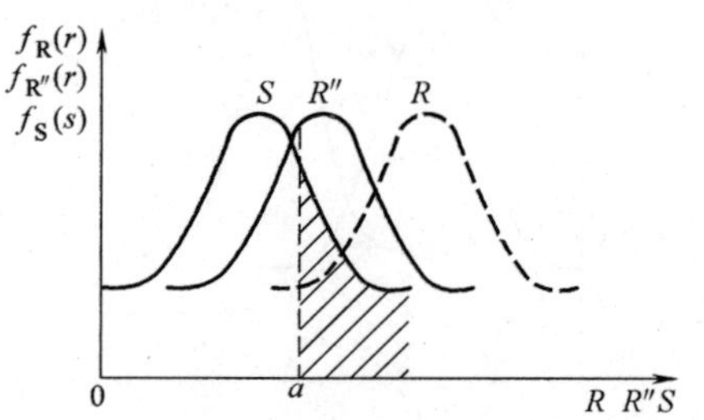

图 9-5　老化期 P_{f4} 示意图

（1）恒载

1）恒载标准值取值的变化[9]

① 考虑施工期内的设计变更和使用期内的维修加固改造等客观因素的服役结构恒载标准值 G_{ks} 应取构件的实际尺寸或竣工、修改后图纸上的标志尺寸乘以材料的标准容量。

② 一些原先设计时不按恒载处理的荷载由于使用中的变化和其确定性，这时可按恒载处理，这部分恒载为新增加部分，其标准值计为 ΔG_k。

因此，服役结构恒载标准值 G_{ks} 按式（9-10）：

$$G_{ks}=r_u r_d G_k \tag{9-10}$$

式中　r_u——荷载性质的变化对恒载标准值的影响系数；

G_k——拟建结构恒载标准值。

$$r_u=1+\Delta G_k/r_d G_k \tag{9-11}$$

式中　r_d——考虑设计变更和维修加固改造对恒载标准值的影响系数。

$$r_d=G_{kd}/G_k \tag{9-12}$$

2）恒载概率模型的统计参数

恒载 G 的概率模型可取为正态分布 $N(1.060G_{ks},\ 0.074r_z G_{ks})$。折减系数 r_z 的取值由施工验收等级、现场抽样检测决定。

（2）活载

对于可变荷载和偶然荷载，我国《建筑结构设计统一标准》采取等时段的平稳二项过程作为概率模型，它同样适用于服役结构。而对于具体的荷载类型，又可以细化为三种形式，见表 9-2。

活载的概率模型　　**表 9-2**

荷载的概率模型	荷载描述	适用范围
等时段的平稳二项过程	平稳变化的可变荷载	楼面、屋面活荷载
等时段的平稳矩形波过程	频繁变化的可变荷载	风荷载、雪荷载
复合泊松点过程	偶然荷载	临时性的人员荷载、检修荷载

（3）验证荷载

服役结构存在所谓的“验证荷载”，即结构已实际承受了某些荷载及其组合的作用，当构件未失效时，在荷载作用历史已知的情况下，可以确定构件抗力分位值的下限。这种验证荷载的存在，对服役结构可靠性的影响是既有利于结构可靠性评定的特殊信息，又有其不确定性（如模糊性）而增加分析难度。考虑验证荷载的存在这一特点时，由于消除了抗力的一部分尾部，结构的可靠度有所提高[10]。

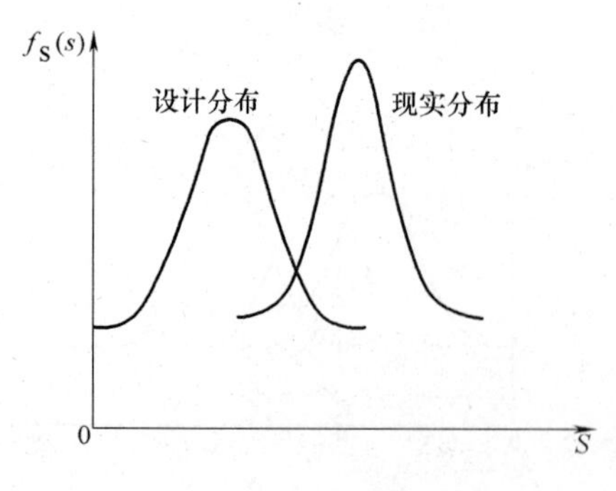

图 9-6　荷载效应分布对比

（4）荷载效应

荷载效应分布要比设计阶段的分布离散性小[11]，如图 9-6 所示。

由于长期作用，结构材料性能退化，结构截面变化及产生裂缝等损伤，造成结构的荷载效应与拟建结构不同。一般情况下，荷载效应都是随机过程。

（5）荷载概率模型的参数

对于荷载的概率模型的参数，拟建结构采用时空转换的方法[12]，即按随时间的变异，将荷载分为永久作用、可变作用和偶然作用，按随空间位置的变异，将荷载分为固定作用和可动作用；而服役结构，应尽量考虑其自身信息，通过时间序列分析或其他方法估计，其中，时间序列是指能够用依赖于离散时间参数的一族随机变量描述的随机现象的概率模型，几种常见的时间序列有：独立时间序列，马尔柯夫链，平稳时间序列和正态时间序列。

（6）荷载分布的后验性

拟建结构的荷载分布是先验的，作为假象的拟建结构，设计阶段的荷载分布是根据以往的经验，通过大量实例调查和实测结果统计而得到的；而服役结构荷载分布是后验的，这主要是由于服役结构已经历了施工荷载及部分使用荷载的检验，因此，结构的荷载历史可以提供大量的后续信息，可作为建筑物的鉴定、加固等工作的有益参考。

（7）荷载最大值

荷载最大值与结构的基准期有直接关系，拟建结构几种常遇的可变荷载最大值的概率分布函数和统计参数，是将其模型化为平稳二项随机过程，并对所取得的资料应用数理统计方法处理后得到的；服役结构鉴定基准期一般小于设计基准期，因此，服役结构的荷载最大值小于设计荷载[13]，其中，可变荷载标准值取值应予以修正。

9.2.3 服役结构抗力概率模型

目前结构耐久性研究的任务之一就是揭示结构在各种因素作用下其抗力和状态的变化规律。但这些规律主要描述的是拟建结构在整个设计基准期内其抗力和状态的统计规律[14,15]，但是，它们却无法应用于服役结构[16]。

（1）抗力的劣化

服役结构抗力效应比设计结构下降，这是服役结构抗力效应与拟建结构的最大区别。外部因素引起的结构抗力下降随机过程是有一定规律的[10]：抗力随服役时间递减，抗力速度、加速度随服役时间递增，且速度增幅比加速度增幅大，见图 9-7，但这一规律的前提是结构自然老化或疲劳损伤造成，而在某一次自然灾害之后抗力下降则规律难寻。

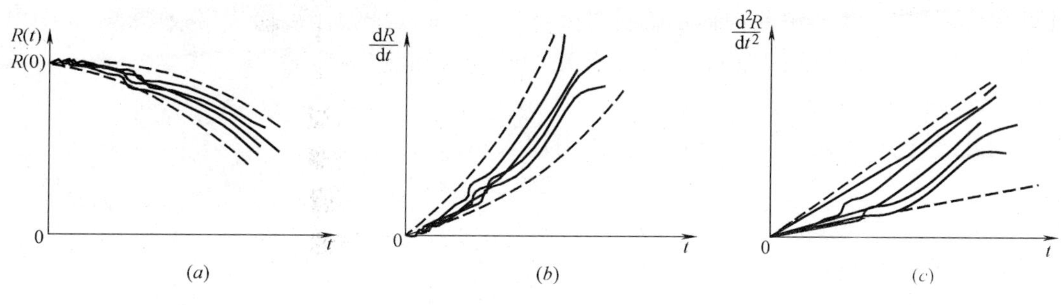

图 9-7 抗力衰减规律

（2）抗力的随机性

通常情况下，服役结构抗力随服役时间的增加有退化的趋势，抗力的不确定性也随之增长[17]。从理论上讲，作为客观存在的结构，决定其抗力效应的各种量是可测的确定性物理量，其统计特征应由同一条件下真实结构抗力实测值组成的统计样本分析确定。但实际上由于材料性能的不均匀性、量测的困难及误差，服役结构抗力的分析中仍需作随机变量看待[18]。

(3) 抗力计算模型

1) 抗力随机过程模型

计算结构在剩余寿命期内抗力的变化时，以 t_0 时刻的状态为起点，认为结构的抗力分布概率不随时间变化，同时假定结构 t_0 时刻抗力的随机性依赖于 $t=0$ 时刻抗力的随机性。则另有一些文献[19,20]直接将结构的抗力随机过程按式 (9-13) 表示。

$$R(t)=R_0\cdot\varphi(t) \tag{9-13}$$

式中　$\varphi(t)$——正常使用条件下结构抗力的确定性衰减函数，与结构的组成材料、环境等因素以及维护条件等有关，可以根据结构在已服役期间的材料性能变化规律、环境因素等进行确定。

则抗力平均值和变异系数分别为：

$$\mu_R(t)=\mu_R(0)\cdot\varphi(t) \tag{9-14}$$

$$\delta_R(t)=\delta_R(0) \tag{9-15}$$

2) 任意时刻抗力的概率密度函数

根据结构服役环境，分不同的使用条件直接对实际结构抗力衰减规律进行实测统计分析，找出抗力随机衰减过程分析模型。用非平稳随机过程模型，假设结构抗力任意时点分布为对数正态分布，则有任意时刻 t 抗力 $R(t)$ 的概率密度函数可以表示为：

$$f_R(r,t)=\frac{1}{\sqrt{2\pi}\beta_{Rt}r}\exp\left|-\frac{[\ln r-\alpha_{Rt}]^2}{2\beta_{Rt}^2}\right| \tag{9-16}$$

式中　α_{Rt}，β_{Rt}——参数，由抗力 $R(t)$ 的平均值和标准差确定。

(4) 抗力影响机制

服役构件的抗力取决于计算模式、材料性能和几何参数的不定性。结构在服役过程中，构件的材料性能和几何参数都将随时间劣化，结构的抗力随时间衰减。

以钢筋混凝土结构为例，计算模式不定性主要是抗力评价所采用的基本假定等引起的变异性，如损伤构件平截面假定、混凝土与钢筋之间的粘结力假定等；材料性能不定性和几何参数不定性主要指耐久性损伤的各种变异性，如锈蚀钢筋的力学性能、混凝土抗压强度、混凝土碳化、钢筋锈蚀截面损失、混凝土保护层剥落等。

1) 计算模式不定性

考虑计算模式不定性，服役构件抗力可以表示为：

$$R(t)=\Omega_P\cdot R_P(t) \tag{9-17}$$

式中　Ω_P——计算模式不定性随机变量；

$R(t)$——抗力随机过程；

$R_P(t)$——计算抗力。

则抗力平均值函数、标准差函数和变异系数可以表示为：

$$\mu_R(t)=\mu_{\Omega_P}\cdot\mu_{R_P}(t) \tag{9-18}$$

$$\sigma_R(t)=\delta_R(t)\cdot\mu_R(t) \tag{9-19}$$

$$\delta_R(t)=\sqrt{\delta_{\Omega_P}^2+\delta_{R_P}^2(t)} \tag{9-20}$$

式中 μ_{Ω_P}，δ_{Ω_P}——分别为随机变量 Ω_P 的平均值和变异系数；

$\mu_{R_P}(t)$，$\delta_{R_P}(t)$——分别为计算抗力 $R_P(t)$ 的平均值函数和变异函数。

2）材料强度随机过程模型

文献［21，22］通过调查分析给出一般大气环境中，混凝土强度和钢筋强度的统计参数随时间的变化规律，基本形式是将混凝土或钢筋强度初始时刻的统计参数乘以一个时间的确定性函数：

$$\mu_{cu}(t)=\mu_{cu}(0)\varphi_c(t)=\mu_{cu}(0)(1-8\times10^{-7}t^3) \tag{9-21}$$

$$\mu_y(t)=\mu_y(0)\varphi_y(t)=\mu_y(0)(1-2.2\times10^{-6}t^3) \tag{9-22}$$

$$\delta_{cu}(t)=\delta_{cu}(0) \tag{9-23}$$

$$\delta_y(t)=\delta_y(0) \tag{9-24}$$

式中 $\mu_{cu}(0)$，$\mu_y(0)$，$\delta_{cu}(0)$，$\delta_y(0)$——分别为初始时刻混凝土、钢筋强度的均值和变异系数。

3）混凝土碳化

混凝土与空气、土壤和地下水中的酸性物质 CO_2、SO_2 接触时，就会发生中性化的反应过程，称为混凝土的碳化。由于碳化生成物细度很高，而强度很低，因此碳化过程就是结构受力截面不断减小的过程。

空气中 CO_2 向混凝土内的渗透遵循 Fick 第一扩散定律，其碳化模型可以表示为[23]

$$D=\sqrt{\frac{2D_cC_0t}{M_0}} \tag{9-25}$$

式中 D——碳化深度；

D_c——CO_2 在混凝土内的扩散系数；

C_0——混凝土表面的 CO_2 浓度；

M_0——单位体积内混凝土吸收 CO_2 的量；

t——服役时间。

式（9-25）中的参数 D_c和 M_0一般很难测定。因此，工程中较常用的碳化模式为：

$$D=K_c\sqrt{t} \tag{9-26}$$

根据统计分析结果，用正态分布作为碳化深度的概率模型，其密度函数可以表示为：

$$f_D(x)=\frac{1}{\sqrt{2\pi}\sigma_D(t)}\exp\left\{-\frac{[x-\mu_D(t)]^2}{2\sigma_D^2(t)}\right\} \tag{9-27}$$

式中 $\mu_D(t)$，$\sigma_D(t)$——分别为混凝土碳化深度的平均值和标准差，均是服役时间 t 的函数。

4）钢筋锈蚀

混凝土为碱性物质，它可使钢筋表面形成一层钝化膜，以阻止钢筋的锈蚀，而碳化降低混凝土的碱性程度，促使钢筋去除钝化膜，从而激发锈蚀。钢筋锈蚀对钢筋混凝土强度有严重影响，使钢筋面积减小、强度降低、变形能力下降。人们曾一致认为，只有当混凝土保护层完全碳化后钢筋才开始锈蚀。但最近的一些实验表明，当未碳化的保护层为15mm 时钢筋已进入严重的锈蚀状态。另一方面，由于保护层的裂缝、不完整性，锈蚀时间会大大提前，锈蚀速率亦会大大提高。

① 锈蚀钢筋的屈服拉力

钢筋锈蚀后，塑性性能变差，锈蚀钢筋的锈坑产生的缺口效应和应力集中引起钢筋的屈服拉力的降低。对于老化的服役钢筋混凝土构件，文献[24]给出了锈蚀钢筋的屈服拉力式（9-28）。

$$F_y(t)=K_S[1-1.04J(t)]f_yA_{scor} \tag{9-28}$$

式中　$J(t)$——钢筋截面损失率；

f_y——未锈蚀钢筋的屈服强度；

A_{scor}——未锈蚀钢筋的截面积。

② 钢筋截面损失率的统计参数

文献[25]给出了一般大气环境锈蚀钢筋截面损失率的评估模型。截面损失率可简写为：

$$J(t)=g(A_s,d_1,c,K_c,D_0,t_{cr},J_{cr},P_{RH},t) \tag{9-29}$$

式中　d_1、c、A_s——分别为钢筋半径、混凝土保护层厚度和锈前钢筋截面积；

t_{cr}、J_{cr}——分别为锈蚀开裂时间和相应的截面损失率；

P_{RH}——空气相对湿度修正系数；

K_c——混凝土碳化系数；

D_0——氧气在混凝土中的扩散系数。

钢筋截面损失率的平均值函数和标准差函数可以表示为：

$$\mu_J(t)=g(\mu_{X_i}) \tag{9-30}$$

$$\sigma_J(t)=\left|\sum_i\left|\frac{\partial g}{\partial X_i}\right|_\mu\right|^2\sigma_{X_i}^2\Big|^{1/2} \tag{9-31}$$

式中　$g(\cdot)$——式（9-29）的函数关系；

X_i——式（9-29）中的各变量。其中，d_1、c、A_s的平均值和标准差可由文献[26]查得。

氧气扩散系数D_0的平均值和标准差可以表示为[24]：

$$\mu_{D_0}=0.01\left(\frac{32.15}{f_{cuk}}-0.44\right) \tag{9-32}$$

$$\sigma_{D_0}=0.3215\frac{\sigma_{f_{cu}}}{m_c f_{cuk}^2} \tag{9-33}$$

式中　$\sigma_{f_{cu}}$——混凝土立方体抗压强度的标准差；

f_{cuk}——混凝土立方体抗压强度标准值；

m_c——混凝土立方体抗压强度平均值与其标准值的比值。

③ 钢筋的锈蚀率

当混凝土的碳化超过保护层时，金伟良等人根据法拉第定律和 Fick 定律等得出钢筋锈蚀的预测计算方法[27]。

当$t_c\leqslant t\leqslant t_1$时，钢筋的锈蚀率按式（9-34）：

$$\rho_c=1.627\times10^{-6}\frac{P_H}{d_1}\int_{t_c}^{t_1}\frac{D(\tau)\arccos\dfrac{d_1+c-D_1}{d_1}}{D_1}\mathrm{d}\tau \tag{9-34}$$

当$t\geqslant t_1$时按式（9-35）：

$$\rho_c=1.627\times10^{-6}\frac{P_H}{d_1}\left[\pi\int_{t1}^{t}\frac{D(\tau)}{D_1}\mathrm{d}\tau+\int_{t_c}^{t_1}\frac{D(\tau)\arccos\dfrac{d_1+c-D_1}{D_1}}{D_1}\mathrm{d}\tau\right] \tag{9-35}$$

式中 t_1——钢筋表面全部锈蚀的时间（年）；

t_c——钢筋开始锈蚀的时间（年）；

t——预测钢筋锈蚀量时刻（年）；

$D(\tau)$——τ 时刻 CO_2 在混凝土中的扩散系数（mm/年）；

d_1——钢筋半径（mm）；

D_1——混凝土完全碳化深度（mm）；

P_H——锈蚀量的修正项，取大气相对湿度大于钢筋锈蚀临界相对湿度（60%）发生的概率。

④ 钢筋的锈胀力

在一般大气环境下，在混凝土保护层胀裂之前，埋置在混凝土中钢筋的锈胀力按式（9-36）[28,29]：

$$q=\frac{K\cdot\{[\sqrt{(n_0-1)\rho+1}-1]d_1\}^{1.71}}{\frac{(1+\nu_c)Rc^2+(1-\nu_c)d_1^3}{E_c(c^2-d_1^2)}+\frac{n_0\rho d_1}{140e^{-0.33\pi}(1.924n_0\rho+2-2\rho)}} \tag{9-36}$$

式中 K——调整量纲的系数（$mm^{-0.71}$）；

ρ——钢筋锈蚀率；

ν_c——混凝土泊松比；

E_c——混凝土弹性模量（MPa）；

n_0——铁锈膨胀率。

混凝土保护层表面胀裂时刻，钢筋的锈胀力按式（9-37）：

$$q'=\left[0.3+0.6\frac{c}{d}\right]\cdot f_{tk} \tag{9-37}$$

式中 f_{tk}——混凝土抗拉强度标准值（MPa）。

⑤ 锈蚀深度

钢筋在侵蚀介质——高浓度 SO_2 中的锈蚀深度 δ 由式（9-38）确定[30]：

$$\delta=a(t-t_c)+a(t_c-t_1)e^{-\frac{t-t_1}{t_c-t_1}} \tag{9-38}$$

式中 a——经验系数，$a=\mathrm{tg}\alpha$，钢构件 $\alpha=0.25$；

$0\sim t_1$——从开始使用到锈蚀开始时间；

$t_c\sim t_1$——混凝土中和的时间。

5）粘结性能的降低

钢筋锈蚀后，钢筋混凝土的粘结性能会发生变化，锈蚀发展到一定程度后，结构的承载能力和适用性会被削弱，严重的可导致结构坍塌。钢筋直径、钢筋种类、钢筋在混凝土中的位置和保护层厚度是影响锈蚀与极限粘结强度本构关系的主要因素。钢筋锈蚀开裂后，极限粘结强度下降速度可统一表达为式（9-39）。[31]

$$a=K_1\cdot K_2\cdot 100.183\cdot c^{-0.381}\cdot d^{0.413}\cdot f_{cuk}^{-0.0346} \tag{9-39}$$

式中 d——钢筋直径；混凝土强度标准值；

K_1——钢筋种类修正系数，圆钢 $K_1=1.0$，螺纹钢 $K_1=1.343$；

K_2——钢筋位置修正系数，角区位置 $K_2=1.0$ ，对于边、中位置 $K_2=0.537$。

考虑到少量锈蚀（≤0.6%）时，粘结强度有所增加，极限粘结强度与钢筋锈蚀率的本构关系为式（9-40）：

$$\tau_{max}(x)=\begin{cases}\tau_{max}(0) & 0\leqslant x\leqslant 0.6\% \\ \tau_{max}(0)-a(x-0.006) & 0.6\%<x\leqslant 1\end{cases} \tag{9-40}$$

式中 $\tau_{max}(x)$——相应于锈蚀率 x 的极限粘结强度（MPa）。

用 K_s 表示考虑钢筋和混凝土协同工作性能的变化的抗力降低系数，根据裂缝宽度，可按下述原则考虑[32]：

① 当纵裂宽度 $W\leqslant 0.5$mm 时，取 $K_s=1.0$；

② 当纵裂宽度 0.5mm$<W<$2.0mm 时，

取 $K_s=(1.1-0.09d/10)(1.12-W/9.4)$。

其中：当 $d\leqslant$16mm 时，取 $K_s=0.95$；$K_s>0.95$ 时，取 $K_s=0.95$。

③对于纵裂宽度大于 2.0mm 至保护层完全脱落的构件，当能够保证构件端头锚固时，K_s 位于 0.8～0.7 之间，并应考虑构件截面的损伤。

文献[21]根据试验结果，给出了与钢筋截面裸露周长有关的钢筋和混凝土协同工作系数表达式（9-41）：

$$K_s=1-0.3\frac{w}{\pi d} \tag{9-41}$$

式中 w——钢筋截面的裸露周长，当已有锈胀裂缝但混凝土保护层尚未脱落时，可用锈胀裂缝宽度代替；裂缝宽度小于 2mm 时，可取 $K_s=1$；

d——钢筋直径。

文献［33］揭示了受拉区混凝土脱落对受弯构件承载力的影响，K_m 为考虑钢筋与混凝土之间粘结力削弱对协同工作的强度影响系数按式（9-42）：

$$K_m=1-0.34e^{-(0.083/\lambda^{2.34})} \tag{9-42}$$

式中 λ——混凝土损伤的相对高度，$\lambda=(h_p-0.75d')/d'$；

h_p——混凝土的损伤高度；

d'——受拉区边缘至受拉钢筋形心的距离。

6）计算抗力的衰减模型

考虑计算抗力参数随时间的劣化，服役构件的计算抗力衰减模型可以表示为式（9-43）：

$$R_P(t)=K_S\cdot R[f_{ci}(t),a_i(t)] \tag{9-43}$$

式中 $R[\cdot]$——规范规定的抗力函数式；

$f_{ci}(t)$、$a_i(t)$——分别为第 i 种材料的时变材料性能、时变几何参数；

t——结构服役时间；

K_s——考虑钢筋与混凝土之间粘结力下降对协同工作性能的影响系数。

则计算抗力 $R_P(t)$ 的统计参数为：

$$\mu_{R_P}(t)=R[\mu_{f_{ci}}(t),\mu_{a_i}(t)] \tag{9-44}$$

$$\delta_{R_P}(t)=\sigma_{R_P}(t)/\mu_{R_P}(t) \tag{9-45}$$

$$\sigma_{R_P}(t)=\left|\sum_i\left|\frac{\partial R_P(t)}{\partial X_i}\right|_\mu\right|^2\sigma_{X_i}^2\Big|^{1/2} \tag{9-46}$$

式中 X_i——$R_P(t)$ 中的变量；

$|_{\mu}$——偏导数在平均值处取值。

从式（9-43）～式（9-46）可以看出，服役钢筋混凝土结构计算抗力统计参数的计算将归结为抗力基本参数，如材料强度、钢筋截面损失率、截面几何尺寸等统计特征的确定。

9.2.4 服役结构动态可靠度

结构的功能能否实现主要取决于它在整个服役过程中的表现。结构的全寿命过程可以分为三个主要阶段，即施工阶段、使用阶段和老化阶段。据统计，结构在全寿命过程中平均失效率高的是施工阶段和老化阶段，也是当前结构可靠性领域研究较少的阶段[34～36]，见图 9-8。

各国建筑结构设计规范都是以结构可靠性理论为基础得到修订和完善，以设计基准期为依据，按结构的正常使用阶段来考虑的，没有考虑结构系统的可靠性，也没有考虑结构的全寿命过程[37]。处于设计阶段的拟建结构与处于使用阶段的服役结构的可靠度水平见图 9-9。

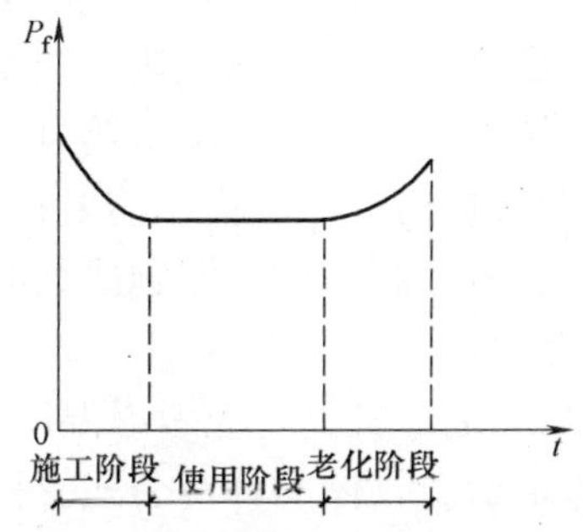

图 9-8 结构全寿命过程失效概率变化

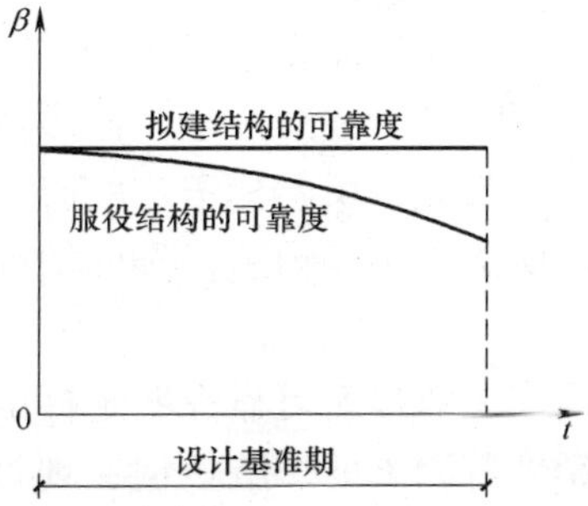

β
拟建结构的可靠度
服役结构的可靠度
0
t
设计基准期

图 9-9 拟建结构与服役结构可靠度对比

我国现行的结构设计规范中，可靠度分析模型尚未充分考虑到时间变化因素，是可靠度分析的静态模型。结构可靠度静态模型在以下两种情况下适用[38]：

① 抗力效应与荷载效应不随时间变化；

② 对结构设计基准期内某一时刻而言，抗力效应与荷载效应可假设为随机变量。

对于服役结构来说，其荷载效应和结构抗力都是随时间变化的随机过程，因此，服役结构的可靠度是一个动态变化的过程。所以，要研究时间因素对结构可靠度的影响，就必须用随机过程来描述结构的可靠性特征，这种考虑时间因素在内的可靠度分析模型为结构的动态可靠度分析模型，求得的可靠指标为动态可靠指标。

（1）功能函数的全随机过程

服役结构的某一极限状态的功能函数全随机过程为式（9-47）：

$$Z(t)=g[R(t),S(t)]=R(t)-S(t) \tag{9-47}$$

式中 $R(t)$、$S(t)$——分别为结构抗力、荷载效应随机过程。

在设计基准期 T 内结构可靠概率为式（9-48）：

$$P_s(T)=P\{Z(t)>0,t\in[0,T]\}=P\{R(t)>S(t),t\in[0,T]\} \tag{9-48}$$

相应的失效概率为式（9-49）：

$$P_f(T)=1-P_s(T)=P\{R(t_i)<S(t_i),t_i\in[0,T]\} \tag{9-49}$$

(2) 动态可靠指标

服役结构动态可靠指标可表达为式(9-50):

$$\beta(t)=\frac{\mu_Z(t)}{\sigma_Z(t)}=\frac{\mu_R(t)-\mu_S(t)}{\sqrt{\sigma_R^2(t)+\sigma_S^2(t)}} \tag{9-50}$$

式中　μ_R、σ_R——结构构件抗力的平均值和标准差;

μ_S、σ_S——结构构件作用效应的平均值、标准差，当 R、S 两个基本变量不按正态分布时，应首先将其当量正态化。

9.3　建筑工程改造的结构可靠性及实例

我国 20 世纪 50 年代、60 年代建造的工业建筑物，经过几十年的使用已有不同程度的损伤和老化，大多处于带病服役状态。特别是纺织、冶金、化工等生产系统的大量厂房由于环境条件恶劣，损伤老化更甚，亟需正确评定并对这些建筑物进行必要的维修加固。另一方面，随着我国经济的发展和人民生活水平的提高，有些工艺厂房，因生产工艺或使用功能发生变化，需要进行改造、改建。但是这批老旧建筑物的施工图及竣工档案资料大都经历业主更换，残缺不全，许多数据无从考证。本节的工程实例——沈阳热电厂碎煤机室 1 号甲输煤栈桥梁始建于 1958 年，历经多次维修改造，损伤严重。由于需要在不停产、原始资料匮乏、现场情况复杂的情况下对其进行可靠性鉴定，更增加了课题研究的难度和复杂性。

根据《工业建筑可靠性鉴定标准》GB 50144—2008 规定，验算时应考虑温度、变形、损伤、锈蚀等因素的影响，但在现行结构设计规范中并未给出具体的计算公式。另外，由于实际工程的复杂性，很多数据无法由实测获得，致使可靠性鉴定工作经常依靠经验和表面现象，缺乏深层次的理论分析。通过文献检索可知，以往考虑钢筋锈蚀及材料性能随时间劣化导致构件承载力降低的研究较多，但如果混凝土由于自然或人为等因素损伤严重，尤其当受拉区混凝土脱落使受拉钢筋裸露时，对于这种受损严重的钢筋混凝土受弯构件承载能力及其刚度方面的研究则很少涉及。本节在同时考虑混凝土损伤和钢筋损伤及材料强度随时间劣化的情况下，建立了多因素影响下服役构件的强度和刚度经时模型，讨论了随拉区混凝土脱落高度的增加，钢筋与混凝土之间粘结性能劣化，构件承载力及变形经时规律，并求得加固前后动态可靠指标。使得可靠性鉴定结果更加明确、科学，而且结果可以用于结构系统失效概率的计算和作为健康诊断的研究基础。

9.3.1　服役结构强度经时分析

(1) 服役钢筋混凝土构件强度经时分析

在同时考虑混凝土损伤和钢筋损伤及材料性能随时间劣化的情况下，对于服役钢筋混凝土构件强度经时模型为式(9-51):

$$R(t)=\Omega_p\cdot K_m\cdot R_p[f_{ci}(t),a_i(t)] \tag{9-51}$$

式中　Ω_p——计算模式不定性随机变量;

K_m——考虑钢筋混凝土之间粘结力削弱对协同工作的强度影响系数;

$R_p[\cdot]$——经时计算抗力函数;

$f_{ci}(t)$、$a_i(t)$——第 i 种材料的经时材料性能和几何参数;

t——结构服役时间。

$$K_m = 1 - 0.34e^{-(0.083/\lambda^{2.34})} \text{[33]} \tag{9-52}$$

式中 λ——混凝土损伤的相对高度，$\lambda=(h_p-0.75d')/d'$；

h_p——混凝土的损伤高度；

d'——受拉区边缘至受拉钢筋形心的距离。

其中，计算模式不定性随机变量的统计参数为：

均值：$\mu_{\Omega_p}=1.00$

变异系数：$\delta_{\Omega_p}=0.04$

（2）T形截面受弯构件经时计算抗力公式

T形截面受弯构件经时抗力按式（9-53）计算：

$$R_p(t)=F_{y1}(t)\left|h_0-\frac{F_{y1}(t)}{2b\cdot f_c(t)}\right|+F_{y2}(t)\left|h_0-\frac{F_{y2}(t)}{2(b_f'-b)\cdot f_c(t)}\right| \tag{9-53}$$

式中 $F_{y1}(t)$——与腹板混凝土承受弯矩相等的受拉钢筋的经时屈服拉力；

$F_{y2}(t)$——与翼缘混凝土承受弯矩相等的受拉钢筋的经时屈服拉力；

$f_c(t)$——混凝土经时抗压强度；

h_0——截面有效高度；

b——腹板宽度；

b_f'——翼缘计算宽度。

根据误差传递公式，计算抗力 $R_P(t)$ 的平均值函数 $\mu_{R_p}(t)$、变异系数函数 $\delta_{R_p}(t)$ 和标准差函数 $\sigma_{R_p}(t)$，可以表示为式（9-54）：

$$\mu_{R_p}(t)=R_p[\mu_{f_{ci}}(t),\mu_{a_i}(t)] \tag{9-54}$$

$$\delta_{R_p}(t)=\sigma_{R_p}(t)/\mu_{R_p}(t) \tag{9-55}$$

$$\sigma_{R_p}(t)=\left|\sum_i\left|\frac{\partial R_P(t)}{\partial X_i}\right|_\mu\right|^2\sigma_{X_i}^2\Big|^{1/2} \tag{9-56}$$

式中 X_i——$R_P(t)$ 中的变量；

$|_\mu$——偏导数在平均值处取值。

可见，抗力统计参数的计算归结为抗力基本参数（钢筋屈服拉力、混凝土抗压强度、钢筋截面损失率）统计特征的确定。

9.3.2 服役构件抗力统计参数

（1）钢筋经时屈服拉力

钢筋经时屈服拉力可以表示为式（9-57）[39]：

$$F_y(t)=F_{y_0}\cdot[0.986-1.038\cdot J(t)] \tag{9-57}$$

式中 $F_y(t)$——钢筋经时屈服拉力；

F_{y_0}——钢筋的初始屈服拉力；

$J(t)$——钢筋截面损失率。

钢筋经时屈服拉力的平均值函数和变异系数函数可表示为：

$$\mu_{F_y}(t)=\mu_{F_{y_0}}[0.986-1.038\mu_J(t)] \tag{9-58}$$

$$\sigma_{F_y}(t)=\delta_{F_y}(t)\cdot\mu_{F_y}(t) \tag{9-59}$$

$$\delta_{F_y}(t)=\sqrt{\delta_{F_{y_0}}^2+\left|\frac{1.038\sigma_J(t)}{0.986-1.038\mu_J(t)}\right|^2} \tag{9-60}$$

式中　$\mu_{\mathrm{J}}(t)$、$\sigma_{\mathrm{J}}(t)$——分别为钢筋截面损失率的平均值、标准差；

$\mu_{\mathrm{F_{y_0}}}$、$\delta_{\mathrm{F_{y_0}}}$——分别为钢筋初始屈服拉力的平均值、变异系数，可表示为：

$$\mu_{\mathrm{F_{y_0}}}=\mu_{\mathrm{f_y}}\cdot\mu_{\mathrm{A_s}} \tag{9-61}$$

$$\delta_{\mathrm{F_{y_0}}}=\sqrt{\delta_{\mathrm{f_y}}^2+\delta_{\mathrm{A_s}}^2} \tag{9-62}$$

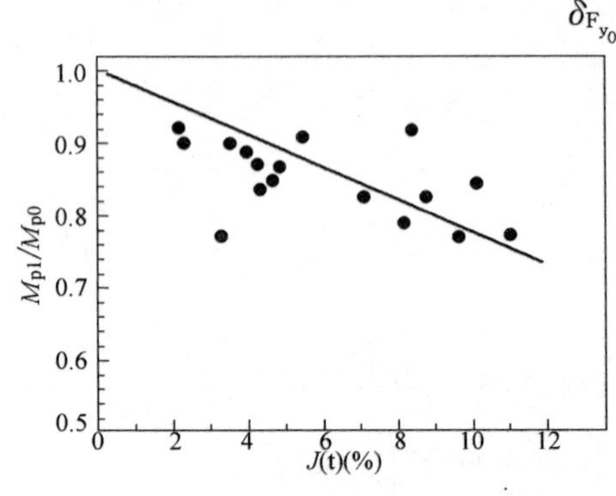

图 9-10　钢筋截面损失率与承载力

式中　$\mu_{\mathrm{f_y}}$、$\delta_{\mathrm{f_y}}$——钢筋强度的均值（MPa）、变异系数；

$\mu_{\mathrm{A_s}}$、$\delta_{\mathrm{A_s}}$——钢筋面积的均值（mm²）、变异系数。

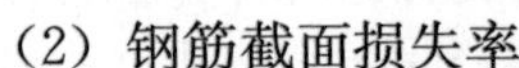

（2）钢筋截面损失率

钢筋锈蚀使其截面减小，强度降低。图 9-10 示出了锈蚀构件与正常构件相应承载力之比（$M_{\mathrm{p1}}/M_{\mathrm{p0}}$）与钢筋截面损失率的关系[40]。在实际工程中，如结构（构件）已有锈胀裂缝，可根据锈胀裂缝宽度计算钢筋截面损失率，也可按式（9-63）进行预测[41]。

$$J(t)=0.01\beta_1\beta_2\beta_3\left(\frac{4.18}{f_{\mathrm{ck}}}-0.073\right)(1.85-0.04c)\left(\frac{5.18}{d}+0.13\right)(t-t_{\mathrm{c}}) \tag{9-63}$$

式中　β_1——混凝土成型养护系数，一般取 $\beta_1=1.0$；

β_2——水泥品种影响系数，普通硅酸盐水泥 $\beta_2=1.0$，矿渣水泥 $\beta_2=1.7$；

β_3——环境作用系数，民用建筑室外环境系数按不同地区给出，北京地区 $\beta_3=1.00$，兰州地区 $\beta_3=1.29$，武汉地区 $\beta_3=1.26$，长春地区 $\beta_3=0.65$ 等，而室内结构则取室外值的 0.2～0.6 倍，工业建筑的 β_3 取相应地区民用建筑室外 β_3 值的1.5～2.0 倍，室内 β_3 值取室外值的 0.2～0.6 倍；

f_{ck}——混凝土抗压强度标准值（MPa）；

t_{c}——混凝土碳化到达钢筋表面的时间（年）；

c——保护厚度（mm）；

d——钢筋的直径（mm）。

钢筋截面损失率的平均值和标准差可表示为式（9-64）：

$$\mu_{\mathrm{J}}(t)=g(\mu_{\mathrm{x}_i}) \tag{9-64}$$

$$\sigma_{\mathrm{J}}(t)=\left|\sum_i\left(\frac{\partial g(\cdot)}{\partial x_i}\Big|_{\mu}\right)^2\cdot\sigma_{\mathrm{x}_i}^2(t)\right|^{\frac{1}{2}} \tag{9-65}$$

式中　$g(\cdot)$——式（9-63）中的函数式；

x_i——式（9-63）中的各随机变量。

（3）混凝土碳化系数

当混凝土碳化至钢筋表面时，钢筋开始锈蚀，据文献[42]，在室外或室内潮湿环境中的混凝土构件，钢筋锈蚀的开始时间为式（9-66）：

$$t_{\mathrm{c}}=\left(\frac{c}{K_{\mathrm{c}}}\right)^2 \tag{9-66}$$

式中　c——混凝土保护层厚度（mm）；

K_c——混凝土碳化系数（mm/$\sqrt{a}$），其平均值函数和标准差函数可由式（9-67）和式（9-68）求得[43]。

$$\mu_{K_c}=K_{el}K_{ei}K_t\left(\frac{24.48}{\sqrt{f_{cuk}}}-2.74\right) \tag{9-67}$$

$$\sigma_{K_c}=(0.00384t^2+5.19)/\sqrt{t} \tag{9-68}$$

式中 K_{el}——地区影响系数（北方地区为1.0，南方地区及沿海地区为0.5～0.8）；

K_{ei}——室内外影响系数（室内为1.87，室外为1.0）；

K_t——养护时间影响系数（一般施工情况取为1.50）；

f_{cuk}——混凝土立方体抗压强度标准值（MPa）。

（4）混凝土经时抗压强度

混凝土经时抗压强度 $f_c(t)$，可由经时立方体抗压强度 $f_{cu}(t)$ 换算：

$$f_c(t)=0.737f_{cu}(t) \tag{9-69}$$

$f_c(t)$ 的均值函数和标准差函数分别为：

$$\mu_{f_c}(t)=0.737\mu_{f_{cu}}(t) \tag{9-70}$$

$$\sigma_{f_c}(t)=0.737\sigma_{f_{cu}}(t) \tag{9-71}$$

混凝土立方体抗压强度 $f_{cu}(t)$ 的平均值函数和标准差函数可以表示为[44]：

$$\mu_{f_{cu}}(t)=\mu_{f_{cu0}}\cdot 1.4529e^{-0.0246(\ln t-1.7154)^2} \tag{9-72}$$

$$\sigma_{f_{cu}}(t)=\sigma_{f_{cu0}}(0.0305t+1.2368) \tag{9-73}$$

式中 $\mu_{f_{cu0}}$ 和 $\sigma_{f_{cu0}}$——分别为混凝土28d抗压强度的平均值和标准差。

若当前时刻有实测混凝土强度值（随机变量），可类似服役结构抗力随机过程模型的方法，通过实测值对式（9-70）、式（9-71）修正。若无当前时刻的实测值，则按式（9-72）、式（9-73）确定混凝土立方体抗压强度。

9.3.3 动态可靠度计算

动态可靠指标可表示为式（9-74）：

$$\beta(t)=\frac{\mu_Z(t)}{\sigma_Z(t)}=\frac{\mu_R(t)-\mu_S(t)}{\sqrt{\sigma_R^2(t)+\sigma_S^2(t)}} \tag{9-74}$$

式中 $\mu_R(t)$、$\sigma_R(t)$——结构构件经时抗力的平均值和标准差；

μ_S、σ_S——结构构件荷载效应的平均值和标准差，当 R，S 两个基本变量不按正态分布时，应首先将其当量正态化。

9.3.4 服役结构刚度经时分析

变形经时模型

承受均布荷载的简支梁的挠度公式为式（9-75）：

$$f_0=\frac{5}{384}\cdot\frac{g_k l_0^4}{B_l} \tag{9-75}$$

式中 g_k——荷载标准值；

l_0——梁的计算跨度。

在长期荷载作用下，钢筋混凝土受弯构件的挠度随时间而增大，即刚度随时间而降低。受拉区混凝土的应力松弛及钢筋与混凝土之间的粘接滑移徐变导致受拉区混凝土不断退出工作，因而使钢筋应变不断增大。因此，凡是影响混凝土徐变的因素，如服役时间、使用环境的温度和湿度，受压钢筋的配置数量等都对长期挠度的增长有影响。随着服役时间的增长，材料强度劣化、截面不断损伤，当受拉区混凝土脱落使受拉钢筋裸露时，服役钢筋混凝土受弯构件挠度可表示为式（9-76）：

$$f=K_{f}\cdot f_{0} \tag{9-76}$$

式中　K_f——考虑钢筋与混凝土之间粘结力削弱对协同工作的刚度影响系数；

f_0——构件初始挠度。

$$K_{f}=1+0.9e^{-0.023/\lambda^{2.34}} \text{[33]} \tag{9-77}$$

服役钢筋混凝土受弯构件经时变形模型为式（9-78）：

$$f(t)=\frac{5g_{k}l_{0}^{4}\cdot(1+0.9e^{-0.023/\lambda^{2.34}})}{384B_{l}} \tag{9-78}$$

9.3.5　工程实例

（1）工程概况及评级标准

1）工程概况

沈阳热电厂碎煤机室 1 号甲输煤栈桥始建于 1958 年，已使用 43 年。其承重 T 形主梁由于长期露天及人为铲车斗撞击，导致混凝土脱落严重，下部受力主筋和部分箍筋外露，纵向钢筋呈反拱形，钢筋由于锈蚀体积膨胀，主筋直径比设计增加 4%，见图 9-11。混凝土强度等级为 C20，保护层厚度 c 为 25mm，无混凝土抗压强度值。栈桥屋面、楼面预制钢筋混凝土板，除楼面东数第 18 块预制板损坏严重，其他部分良好。试对其加固前后进行可靠性鉴定。

图 9-11　栈桥受损 T 梁图

梁的跨度 12m，截面尺寸及配筋见图 9-12。其中（a）为加固前截面，（b）为加固后截面，图中所示钢筋为加固后增设。由于原施工图残缺不全，故有些数据无法获得。

2）评级标准

据《工业建筑可靠性鉴定标准》GB 50144—2008，工业厂房可靠性鉴定应按下列规定评定等级：

a 级　符合国家现行标准规范要求，安全适用，不必采取措施；

b 级　略低于国家现行标准规范要求，基本安全适用，可不必采取措施；

c 级　不符合国家现行标准规范要求，影响安全或影响正常使用，应采取措施；

d 级　严重不符合国家现行标准规范要求，危及安全或不能正常使用，必须采取措施。

（2）常规设计方法

通常在结构设计中，采用截面复核的方法估算构件的安全性。据原设计施工图计算得：$f_{y}A_{s}=913.0\text{kN}>f_{c}b_{f}'h_{f}'=495.0\text{kN}$，则判别为第二类 T 形截面。

式中　f_y——未锈蚀钢筋强度设计值；

A_s——受拉钢筋截面面积。

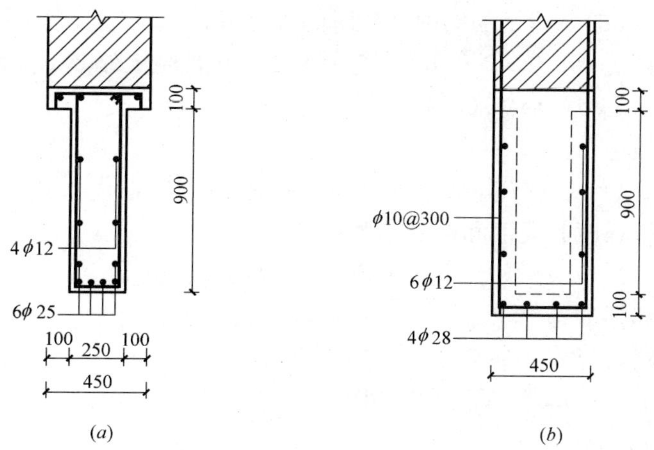

图 9-12 栈桥 T 梁加固示意图

混凝土等效受压区高度 x 的表达式为：

$$x=\frac{f_{y}A_{s}-f_{c}(b_{f}'-b)h_{f}'}{f_{c}b}=252.0\text{mm}$$

采用最危险截面（取跨中受损最严重截面，梁高 700mm），求得此梁所能承受的设计弯矩：

$M=f_{c}bx\left(h_{0}-\frac{x}{2}\right)+f_{c}(b_{f}'-b)h_{f}'\left(h_{0}-\frac{h_{f}}{2}\right)=508.8\text{kN}\cdot\text{m}$ 小于梁上实际荷载效应 741.6kN·m，因此需进行加固。

（3）经时可靠性分析

由于该栈桥梁服役时间已接近设计基准期（50 年），材料强度劣化严重，而现行结构设计规范并未考虑这一不利因素，故采用本书方法计算如下：

1）加固前

① 强度经时可靠性分析

a. 荷载计算

本实例中取鉴定基准期楼面活荷载修正系数为 0.95，经计算，恒载的均值和标准差、其效应的均值和标准差（按简支梁跨中截面计算）如表 9-3 所示。

荷载统计参数及分布类型 **表 9-3**

荷载类型	荷载均值 (kN/m)	荷载标准差 I (kN/m)	分布类型	荷载效应均值 (kN·m)	荷载效应标准差 (kN·m)
恒载	26.70	1.87	正态分布	497.52	34.83
活载	6.03	1.41	极值 I 型	108.60	25.22

b. 抗力计算

· 混凝土碳化系数

按沈阳地区室外环境和所用材料，取 $K_{el}=1.0$，$K_{ei}=1.0$，$K_{t}=1.5$，$f_{cuk}=20\text{MPa}$，按式（9-67）得混凝土碳化系数 $\mu_{K_c}=4.1$，近似取 $\mu_{K_c}=K_c$。

· 钢筋截面损失率

将 K_c 代入式（9-66），得钢筋锈蚀开始时间 $t_c=37a$。

取式（9-63）中 $\beta_1=1.0$，$\beta_2=1.0$，$\beta_3=1.3$，由混凝土结构设计规范 GB 50010—2002 $f_{ck}=13.4\text{MPa}$；得 $J(t)=0.0051$。

· 立方体抗压强度

据文献 [5]，$\mu_{f_{cu0}}=1.42f_{ck}$，$\delta_{f_{cu0}}=0.23$，并将 $t=43a$，代入式（9-72）、式（9-73）得混凝土立方体抗压强度的均值和标准差为：

$$\mu_{f_{cu}}(t)=26.2\text{MPa},\ \sigma_{f_{cu}}(t)=11.7\text{MPa}$$

· 抗力的均值和标准差

据设计所用材料、尺寸并参考文献 [45]，有：

$\mu_{F_{y0}}=1.1f_{y_k}$，$\sigma_{F_{y0}}=0.08$，$f_{y_k}=335\text{MPa}$；

$\mu_b=1.0b$，$\delta_b=0.02$；

$\mu_{h_0}=1.0h_0$，$\delta_{h_0}=0.03$；

$\mu_c=0.85c$，$\delta_c=0.30$。

由式（9-52）～式（9-65），并据误差传递公式得：

$K_m=0.75$，$\mu_J(t)=0.006$，$\sigma_J(t)=1.536\times10^{-3}$；

$\mu_{F_{y1}}(t)=775.9\text{kN}$，$\mu_{F_{y2}}(t)=287.4\text{kN}$；

$\mu_{f_{cu}}(t)=26.2\text{MPa}$，$\sigma_{f_{cu}}(t)=11.7\text{MPa}$；

$\mu_{f_{cm}}(t)=19.3\text{MPa}$，$\sigma_{f_{cm}}(t)=8.6\text{MPa}$；

$\mu_{R_p}(t)=994.1\text{kN}\cdot\text{m}$，$\sigma_{R_p}(t)=65.6\text{kN}\cdot\text{m}$。

结构构件的承载能力子项需按照 R/γ_0S 的比值评级，R 为结构构件的抗力设计值，按现行混凝土结构设计规范计算，应考虑环境温度、结构损伤、主筋锈蚀和过度变形对抗力的影响；S 为结构构件的作用效应设计值；γ_0 为结构重要性系数，按现行混凝土结构设计规范采用，对于安全等级为一级、二级、三级的结构构件，可分别取 1.1、1.0、0.9。可靠性鉴定标准评定等级本身与可靠指标意义对应关系见表 9-4。

混凝土结构或构件承载能力评定等级各项指标对照表　　表 9-4

结构或构件种类	指标种类	承载能力评定等级			
		a	b	c	d
屋架、托梁、屋面架、平台主梁、柱和中、重级工作制吊车梁	R/γ_0S	≥1.0	≥0.92	≥0.87	<0.87
	K	≥1.54	≥1.41	≥1.34	<1.34
	β	3.67～4.29	3.25～3.84	3.02～3.60	<3.02
一般构件（包括楼盖、现浇板、梁等）	R/γ_0S	≥1.0	≥0.90	≥0.85	<0.85
	K	≥1.40	≥1.26	≥1.19	<1.19
	β	3.25～3.84	2.45～3.17	2.14～2.94	<2.14

由式（9-74）得，$\beta(t)=1.7<2.14$[46]，查表 9-4 为 d 级。

$R/\gamma_0S=0.81<0.85$，查表 9-4 为 d 级。

② 刚度经时可靠性分析

混凝土结构或构件的变形子项应按表 9-5 评定等级。

混凝土结构或构件变形评定等级[1] 表 9-5

结构或构件种类		变形			
		a	*b*	*c*	*d*
单层厂房托架、屋架		$\leqslant l_0/500$	$>l_0/500$ $\leqslant l_0/450$	$>l_0/450$ $\leqslant l_0/400$	$>l_0/400$
多层框架主梁		$\leqslant l_0/400$	$>l_0/400$ $\leqslant l_0/350$	$>l_0/350$ $\leqslant l_0/250$	$>l_0/250$
其他：屋盖、楼盖及楼梯构件	$l_0>9$m	$\leqslant l_0/300$	$>l_0/300$ $\leqslant l_0/250$	$>l_0/250$ $\leqslant l_0/200$	$>l_0/200$
	7m$\leqslant l_0\leqslant$9m	$\leqslant l_0/250$	$>l_0/250$ $\leqslant l_0/200$	$>l_0/200$ $\leqslant l_0/175$	$>l_0/175$
	$l_0<7$m	$\leqslant l_0/200$	$>l_0/200$ $\leqslant l_0/175$	$>l_0/175$ $\leqslant l_0/125$	$>l_0/125$

由服役结构刚度经时变化分析，经计算得，$f_0=56.8$mm。

由式（9-77）得，$K_f=1.83$，代入式（9-78）得，

$f(t)=105.1\text{mm}>[f]=l_0/200$，为 d 级。

通过以上计算结果可知：

1 号甲输煤栈桥承重主梁承载能力及变形均达 d 级，已不符合规范规定，必须进行加固补强。进而，得出与常规设计方法一致的结论，并与现行的可靠性鉴定标准评级标准相吻合。

2）加固后

梁截面变为矩形，梁高 1100mm，梁底部增加受力主筋 4ϕ28，在砖砌墙体两侧增设钢筋网，上部增设压顶圈梁，并通过构造措施有效拉结，确保结构的整体牢固性。

经计算，梁上增加恒荷载 6kN/m。

矩形截面受弯构件经时抗力公式为式（9-79）[47]：

$$R_p(t)'=F_y(t)\left|h_0-\frac{F_y(t)}{2b'\cdot f_c(t)}\right| \tag{9-79}$$

式中 $F_y(t)$——受拉钢筋的经时屈服拉力；

$f_c(t)$——混凝土经时抗压强度，

h_0——截面有效高度；

b'——截面宽度。

由式（9-79）和误差传递公式，且不考虑截面尺寸的经时性因素，有 $R_p(t)'$的均值函数$\mu_{R_p}(t)'$和标准差函数$\sigma_{R_p}(t)'$为：

$$设\ \alpha(t)=\mu_{F_y}(t)/\mu_{b'}\cdot\mu_{h_0}\cdot\mu_{f_c}(t) \tag{9-80}$$

$$\mu_{R_p}(t)'=\mu_{F_y}(t)\cdot\mu_{h_0}\left(1-\frac{\alpha(t)}{2}\right) \tag{9-81}$$

$$\sigma_{R_p}(t)'=\mu_{F_y}^2(t)\cdot\mu_{h_0}^2\left|[1-\alpha(t)]^2\cdot\delta_{F_y}^2(t)+\frac{\alpha^2(t)}{4}[\delta_{b'}^2+\delta_{f_c}^2(t)]+\delta_{h_0}^2\right| \tag{9-82}$$

求得加固后各指标：

$\mu_{R_p}(t)'=1628.6\text{kN}\cdot\text{m}$，$\sigma_{R_p}(t)'=110.0\text{kN}\cdot\text{m}$。

$\beta(t)'=7.5>3.84$[48]，

$R/\gamma_0 S=1.31>1.0$，为 a 级。

$f(t)'=29.3\text{mm}<[f]=l_0/300$，为 a 级，符合规范要求。

根据计算结果可知：

① 服役结构在受拉区混凝土脱落、材料性能劣化、截面损失等多因素影响机制下，其强度和刚度随时间劣化，可靠度逐渐降低。

② 通过具体工程实例，将受弯构件加固前后计算结果对比分析，与常规设计方法得出一致的结论，并与现行的可靠性鉴定标准评级标准相吻合，表明文中建立模型的正确性。

③ 求得构件加固前后动态可靠指标，与标准中评级本身相对应，使得可靠性鉴定结果更加明确、科学，而且结果可以用于计算整体结构的失效概率和进行动态可靠度研究。

④ 抗力的均值在服役期内的变化规律为，结构在 t_c之前，抗力均值下降是由于混凝土强度下降引起，其变化相当缓慢，而当 $t>t_c$时，抗力均值下降是由于混凝土强度下降和钢筋锈蚀引起钢筋屈服拉力降低共同引起的。由计算知，抗力的标准差随时间缓慢上升，上升幅度很小。

9.4　桥梁工程改造的结构可靠性及实例

9.4.1　桥梁顶升后可靠度评估及寿命预测

(1) 引言

由于桥梁设计、施工远景预测的不准确性，桥梁净空不足问题日益增多，鉴于桥梁重建不可避免地会面临施工周期长、对原有交通影响大、施工成本高及危害环境等严重问题，桥梁顶升越来越多的被应用到桥梁改造工程。在这项新兴的改造工程应用的同时，依然没有一项对顶升改造工程可靠性研究或评估的理论体系，这也是政府及相关部门十分关注的问题，因此，探讨桥梁顶升工程可靠性是一项十分必要的课题。基于可靠性理论的桥梁设计、维修得到工程界的广泛认可，对桥梁顶升改造工程进行可靠性研究不仅可以为顶升工程的施工提供参考借鉴，而且能准确评估桥梁顶升后的状态，为改造后的桥梁在后续使用期中维护决策提供依据。本书的桥梁工程背景如下：

根据上海市建设规划，拟将南浦大桥与即将建成的高架桥连接起来，以改善上海市内环的交通现状。改建的南浦大桥东侧主引桥共 9 跨，从左至右分别为 12～21 号墩柱，如图 9-13 所示。

其配跨为 1×38.5m＋8×20m，宽度为 25.0m。上部结构：38.5m 的一跨为简支预应力 T 形梁；其余 8 跨为简支预应力板梁。下部结构：均为钻孔灌注桩、承台、立柱接盖梁。桥墩为双柱形式，立柱间距 13m，立柱截面宽为 3.0m×1.2m 的矩形空心薄壁墩构造，墩柱采用 C30 混凝土，纵向钢筋均为 HRB335 钢筋，钢筋直径 $\phi 22$，其分布情况见图 9-14 及表 9-6，其各墩柱加长高度见表 9-7。

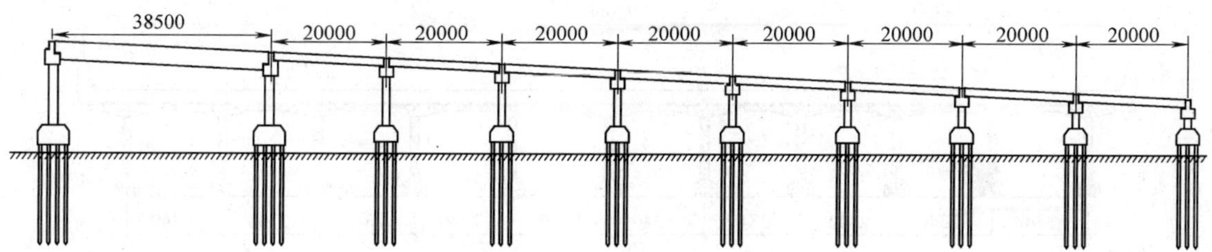

图 9-13 南浦大桥东侧主引桥图

桥墩柱截面钢筋分布表 **表 9-6**

钢筋位置	长边外侧	长边内侧	短边外侧	短边内侧
钢筋面积(mm)	8742.3	4181.1	3420.9	1520.4

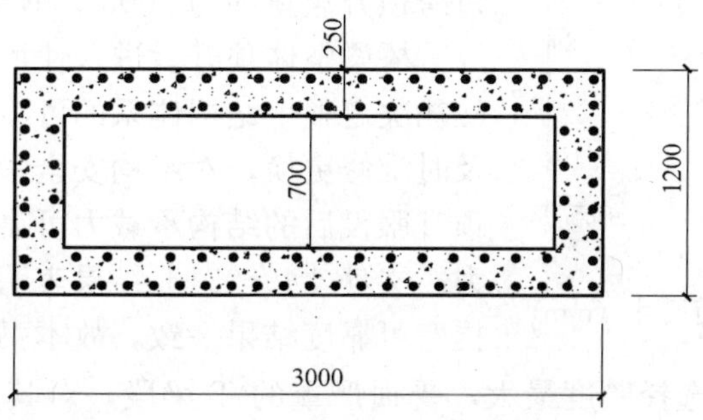

图 9-14 墩柱截面尺寸示意图

原主引桥下部结构尺寸表 **表 9-7**

墩柱号	跨度(m)	墩身原高(m)	顶升高度(m)
13	38.5	6.15	0.142
14	20	6.1	0.376
15	20	5.517	0.698
16	20	4.7	1.222
17	20	4.0	1.919
18	20	3.3	2.730
19	20	2.6	3.642
20	20	2.01	4.588
21	20	1.31	5.782

T形梁段桥梁为预应力钢筋混凝土简支梁桥，建于1990年。桥梁顶桥面布置为净宽25m（6车道)。计算跨径为37.5m，主梁翼缘板刚性联结，梁间距2.34m，混凝土强度等级为C40，钢筋等级为HRB335级，预应力筋为ϕ5.0低松弛碳素钢丝，共10束，每束由24丝组成，主梁横断面和单片主梁横截面分别如图9-15、图9-16所示。其中，T梁截面相关参数值为：混凝土设计强度为26.8MPa，截面面积为1.031500m^2；预应力筋设计强度为1280MPa，截面面积为0.004712m^2。

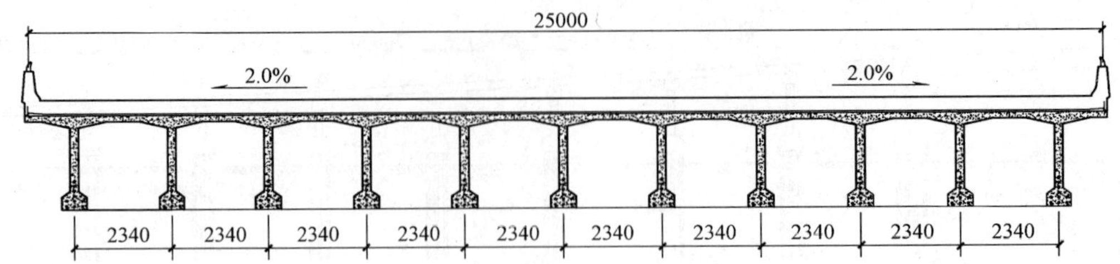

图 9-15　全桥 T 形梁布置图

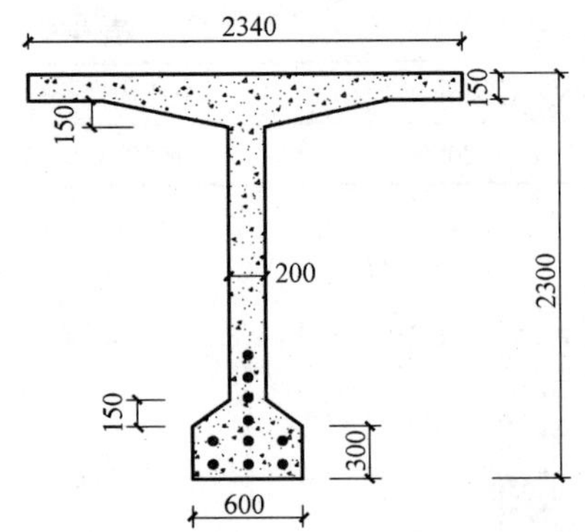

图 9-16　T 形梁跨中截面尺寸（mm）

根据总体交通规划，需将南浦大桥东侧主引桥部分的 9 跨进行整体反坡顶升，最大顶升高度 5.782m，顶升面积为 4982.35m^2。顶升重量：跨度为 38.5m 的单跨顶升重量约为 2000t，其余单跨 20m 的 8 跨，每跨顶升重量约为 1000t，顶升总重量约为 10000t。

桥梁整体顶升后进入使用阶段，结构的失效模式往往决定整个结构体系的可靠度。桥面板、支座可以及时维修更换，对结构安全影响并不大，因此，桥梁顶升服役后的结构承载力可靠度主要考虑主梁的承载力。文献［49～51］结果表明，主梁承载力可靠度与抗弯可靠度结果一致，故本书主要计算抗弯承载力可靠度。在顶升桥梁段，选择跨度最大，受损严重的 T 梁段，对其进行承载力动态可靠性评估。

（2）桥梁结构抗力衰减主要影响因素

1）混凝土抗压强度时变参数[44,52]

张建仁等[53]在湖南省和广东省境内十多座旧桥上采用回弹仪、超声波法和钻芯取样法进行了混凝土强度测试，由实桥统计参数对混凝土强度平均值和标准差的历时变化模型进行了修正：

$$\mu_{f_{cu}}(t)=\mu_{f_{cu0}}1.378e^{[-0.0187(\ln t-1.7282)^2]} \tag{9-83}$$

$$\sigma_{f_{cu}}(t)=\sigma_{f_{cu0}}(0.0347t+0.9772) \tag{9-84}$$

研究表明，在既有桥梁中，由于通常经过数年使用，混凝土强度较 28d 龄期强度有 10％～40％的增长幅度。已有统计表明：低强度等级混凝土强度增长幅度大一些，高强度等级混凝土强度增长幅度相对小一些。因此，现场应通过各种手段实际测试，以确定混凝土的实际强度，见图 9-17。

2）锈蚀钢筋屈服强度的时变参数统计

钢筋材料性能随时间的变化主要是由于钢筋锈蚀引起截面损失导致的，通常用钢筋锈蚀率指标 η_s 来衡量。屈服强度的降低将直接影响服役结构的抗力，严重的可能造成结构倒塌，因此，大量文献针对不同试验条件、不同样本进行了统计分析，得到了适用于不同锈蚀率范围的钢筋名义屈服强度公式，具有代表性的有下列文献的建议公式。

张平生等[54]试验所取试件的截面锈蚀率在 60％以内，建议锈蚀钢筋名义屈服强度计算按式（9-85）：

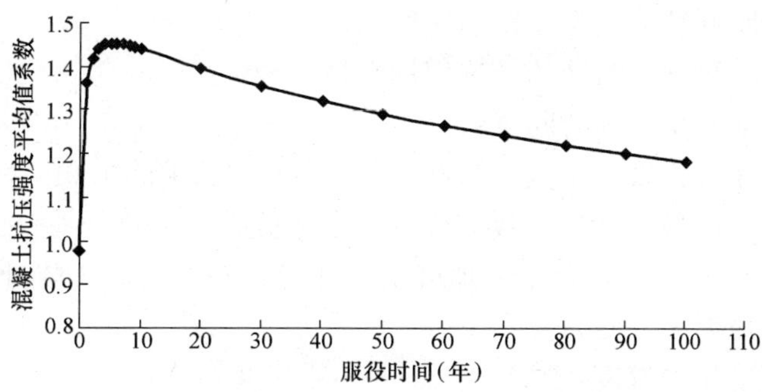

图 9-17 混凝土抗压强度平均值系数经时变化

$$f_{ys}=\alpha_{ys}f_{y0}=(0.986-1.1992\eta_s)f_{y0} \tag{9-85}$$

式中 f_{ys}——锈蚀钢筋名义屈服强度；

f_{y0}——未锈蚀钢筋的屈服强度；

α_{ys}——锈蚀钢筋名义屈服强度降低系数。

惠云玲等[55]认为，当 $\eta_s\leqslant 5\%$且均匀锈蚀的弱腐蚀钢筋的屈服强度与母材相同；当 $\eta_s>5\%$且小于 60%的锈蚀钢筋，建议屈服强度计算按式（9-86）：

$$f_{ys}=f_{y0}(0.985-1.028\eta_s) \tag{9-86}$$

牛荻涛等[56]建议当 $\eta_s\leqslant 15\%$时，按式（9-87）计算锈蚀钢筋名义屈服强度；当 $\eta_s>15\%$时按无屈服点的热轧钢筋处理。

$$f_{ys}=\alpha_{ys}f_{y0}=(1-1.077\eta_s)f_{y0} \tag{9-87}$$

将文献［54～56］锈蚀钢筋名义屈服强度降低系数进行比较，见图 9-18，可以看到计算结果十分接近。

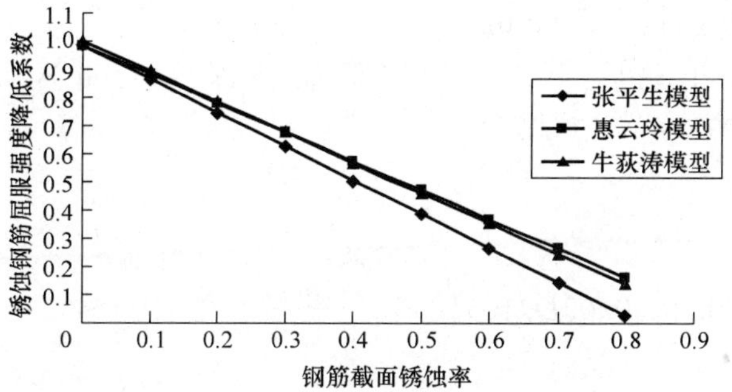

图 9-18 不同模型锈蚀钢筋屈服强度降低系数比较

对于 η_s的计算，一般采用牛荻涛简化计算模型[56]：

$$\eta_s(t)\approx\frac{4\delta_e}{D} \tag{9-88}$$

大气环境下，混凝土保护层胀裂前：

$$\begin{cases}\delta_{el}(t)=\lambda_{el}(t-t_i)\\ \lambda_{el}=46k_{cr}k_{ce}e^{0.04T}(RH-0.45)^{\frac{2}{3}}d^{-1.36}f_{cu}^{-1.83}\end{cases} \tag{9-89}$$

式中 $\delta_{el}(t)$——混凝土保护层锈胀开裂前的钢筋锈蚀深度（mm）；

λ_{e1}——锈胀开裂前的钢筋锈蚀速度（mm/a）：

t——相应于预测时间的结构使用年数（a）：

t_i——钢筋开始锈蚀时间（a）；

k_{cr}——钢筋位置修正系数，角部钢筋1.6，中部钢筋1.0：

k_{ce}——小环境条件修正系数，建议潮湿地区室外环境3.0～4.0，潮湿地区室内环境1.0～1.5，干燥地区室外环境2.5～3.5，干燥地区室内环境1.0；

T——环境温度（℃）；

RH——环境相对湿度（%）；

d——混凝土保护层厚度（mm）；

f_{cu}——混凝土立方体抗压强度（MPa）。

大气环境下，混凝土保护层胀裂后：

$$\delta_{e1}(t)=\begin{cases}\delta_{cr}+2.5\lambda_{e1}(t-t_{cr}) & (\lambda_{e1}>0.008)\\ \delta_{cr}+(4.0\lambda_{e1}-187.5\lambda_{e1}{}^{2})(t-t_{cr}) & (\lambda_{e1}\leqslant 0.008)\end{cases} \tag{9-90}$$

式中　$\delta_{e1}(t)$——混凝土保护层锈胀开裂后的钢筋锈蚀深度（mm）；

δ_{cr}——混凝土锈胀开裂时的钢筋锈蚀深度（mm）；

t_{cr}——混凝土锈胀开裂的时间（年），$t_{cr}=\delta_{cr}/\lambda_{e1}$。

3）锈蚀钢筋与混凝土协同工作系数计算模型

牛荻涛简化模型[56]：

$$k_b(t)=\begin{cases}1 & (\delta_e(t)\leqslant\delta_{cr})\\ 1-0.85[\delta_e(t)-\delta_{cr}] & (\delta_{cr}<\delta_e(t)\leqslant 0.3)\\ 0.745+0.7\delta_{cr} & (\delta_e(t)>0.3)\end{cases} \tag{9-91}$$

式中　$k_b(t)$——锈蚀钢筋与混凝土协同工作系数；

$\delta_e(t)$——钢筋锈蚀深度（mm）；

δ_{cr}——混凝土锈胀开裂时的钢筋锈蚀深度（mm），$\delta_{cr}=k_{crs}(0.008c/D+0.00055f_{cu,k}+0.022)$。

惠云玲模型[55]：

$$k_b(t)=\begin{cases}1 & w(t)\leqslant 0.5\text{mm}\\ (1.1-0.09D/10)\left(1.12-\dfrac{w(t)}{9.4}\right) & 0.5\text{mm}<w(t)\leqslant 2.0\text{mm}\\ 0.7\sim 0.8 & w(t)>2.0\text{mm}\end{cases} \tag{9-92}$$

式中　$w(t)$——胀裂裂缝宽度（mm）；

D——钢筋直径（mm）。

4）构件截面几何特征

构件边长b、h因混凝土碳化而导致尺寸减小，减小因子见式（9-93）[57]，其中，K_c为混凝土碳化系数。

$$\begin{cases}\alpha(b,t)=1-2K_c\sqrt{t}/b\\ \alpha(h,t)=1-2K_c\sqrt{t}/h\end{cases} \tag{9-93}$$

则构件时变边长$b(t)$、$h(t)$为：

$$\begin{cases}b(t)=\alpha(b,t)b(0)\\h(t)=\alpha(h,t)h(0)\end{cases}\tag{9-94}$$

5）其他影响因素

① 温度：包括高温、温差、冻融等；湿度：包括干湿循环；混凝土的收缩徐变、化学腐蚀等因素也会引起结构抗力的衰减，有时甚至占主要因素。

② 桥梁构造的影响：桥面上的各种附属设施、桥面铺装等在结构设计建成时均作为主梁的外部荷载，在进行主梁计算时，没有考虑它们参与主梁抗力和提高结构整体刚度的作用。实际上，它们与主梁有着很好的连接，参与主梁的共同作用，其影响应当适当考虑到抗力效应分析中。

③ 运营过程的影响：桥梁运营过程中会因为车辆超载、维护不当、车祸、认为事故或环境因素等造成一定的损伤，会造成局部构件承载能力的降低。因此，还要考虑结构损伤程度的影响。

（3）桥梁结构抗力计算

预应力混凝土构件抗弯承载力可表示为式（9-95）：

$$M=f_cbx(h_0-x/2)+f'_yA'_s(h_0-a_s)+\sigma'_{ya}A'_p(h_0-a_p)\tag{9-95.1}$$

$$f_yA_s+f_{pd}A_p=f_cbx+f'_yA'_s+\sigma'_{ya}A'_p\tag{9-95.2}$$

式中 f_c——混凝土轴心抗压强度设计值；

f_y、f'_y——纵向普通钢筋的抗拉强度设计值和抗压强度设计值；

f_{pd}——预应力钢筋的抗拉强度设计值；

A_p、A'_p——受拉区、受压区纵向预应力钢筋的截面面积；

A_s、A'_s——受拉区、受压区纵向普通钢筋的截面面积；

h_0——截面有效高度；

b——T形截面的腹板宽度；

a_s——受拉区普通钢筋的合力作用点至受拉区边缘的距离；

a_p——受压区预应力钢筋的合力作用点至受压区边缘的距离；

x——混凝土受压区高度；

σ'_{ya}——受压区混凝土最大有效预压应力。

经计算，本算例T梁中性轴在翼缘内，根据抗力预测概率模型，抗弯承载力随时间变化的计算模型可表示为式（9-96）：

$$R(t)=K_pk_{bs}(t)f_{pd}(t)A(t)\left[h_0(t)-\frac{f_{pd}(t)A(t)}{2f_{cu}(t)b(t)}\right]\tag{9-96}$$

式中 $R(t)$——考虑时变的抗弯抗力值；

K_p——计算模式不定性系数；

$k_{bs}(t)$——锈蚀主筋与混凝土协同工作系数；

$f_{pd}(t)$——考虑时变的有效预应力筋屈服强度标准值；

$f_{cu}(t)$——考虑时变的混凝土抗压强度标准值；

$A(t)$——预应力筋有效截面面积；

$b(t)$、$h_0(t)$——考虑时变的有效腹板宽度、截面有效高度。

根据实测数据与预测模型结合计算，其中T梁混凝土碳化计算采用牛荻涛碳化模型梁，混凝土强度修正系数 k_c 计算采用牛荻涛的一般大气环境下混凝土强度经时变化模型，主筋截面锈损率 η_s 计算采用牛荻涛钢筋锈蚀简化模型，锈蚀主筋与混凝土协同工作系数 k_{bs} 计算采用牛荻涛协同工作系数简化模型，以及锈蚀主筋屈服强度降低系数 k_{ys} 计算采用惠云玲钢筋屈服强度降低系数模型。

计算得纵向钢筋开始锈蚀的时间 $t=40$ 年；因本桥已服役 20 年，即再经历 20 年以后纵向钢筋开始发生锈蚀。计算得混凝土锈胀开裂时的钢筋锈蚀深度为 $\delta_{cr}=0.061\text{mm}$，混凝土锈胀开裂前的钢筋锈蚀速度 $\lambda_{e1}=0.0046\text{mm}/$年，混凝土锈胀开裂的时间 $t_{cr}=33.2$ 年。

① 钢筋锈蚀深度与钢筋锈蚀率随时间变化情况如图 9-19 与图 9-20，服役 20 年后钢筋开始锈蚀，33.2 年后钢筋锈蚀速度增加。

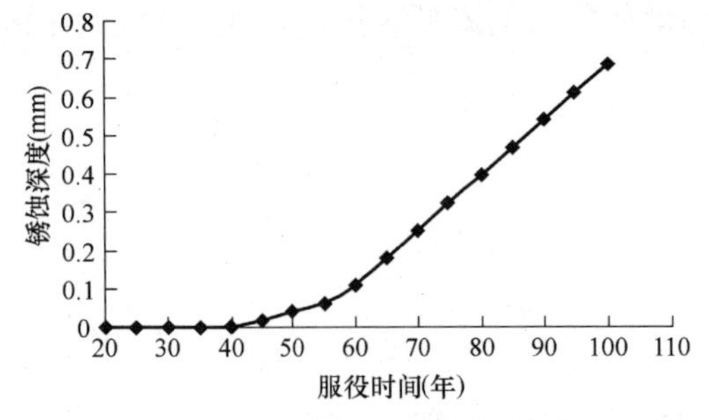

图 9-19　钢筋锈蚀深度随时间变化

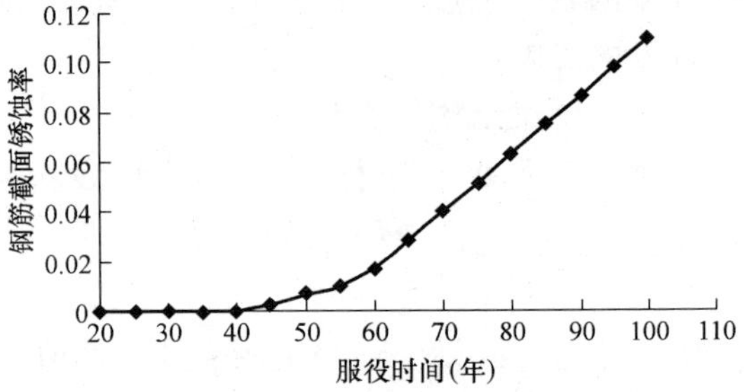

图 9-20　钢筋截面锈蚀率随时间变化

② 钢筋屈服强度降低系数如图 9-21 所示，钢筋屈服强度降低系数服役 40 年后开始降低。53.2 年后锈胀裂缝产生，钢筋屈服强度开始下降迅速。

③ 钢筋混凝土协同工作系数如图 9-22 所示，协同工作系数在服役 33.2 年混凝土锈胀开裂后开始下降，在服役 55 年后混凝土锈胀裂缝宽度达到 0.3mm，协同系数不再下降。

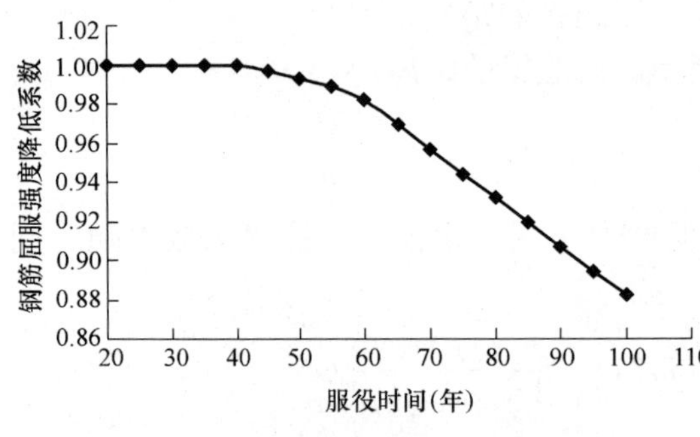

图 9-21　钢筋屈服强度降低系数随时间变化

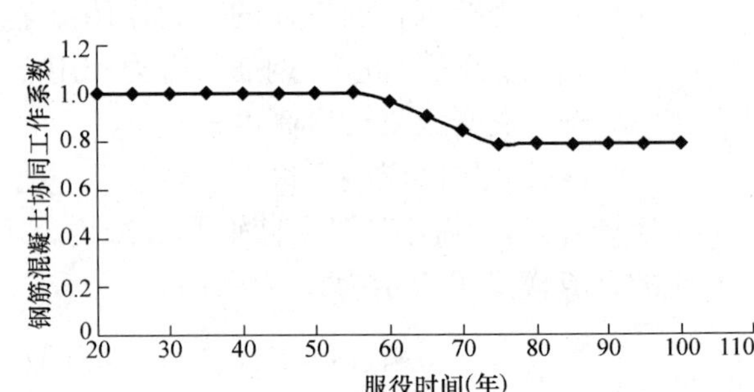

图 9-22　钢筋混凝土协同工作系数经时变化

④ 截面减小因子如图 9-23 所示。

考虑计算抗力影响系数，抗弯抗力随时间变化情况如图 9-24 所示，抗力效应服从对数正态分布。服役 55 年之前钢筋未发生锈蚀或锈蚀速度非常小，抗力衰减缓慢；服役 55 年之后钢筋锈蚀速度加快，且钢筋混凝土协同工作系数降低，导致抗力衰减速度加快；服役 80 年后，预应力筋锈蚀深度达 0.3mm，协同工作系数不再下降，致使抗力衰减速度略微减慢。

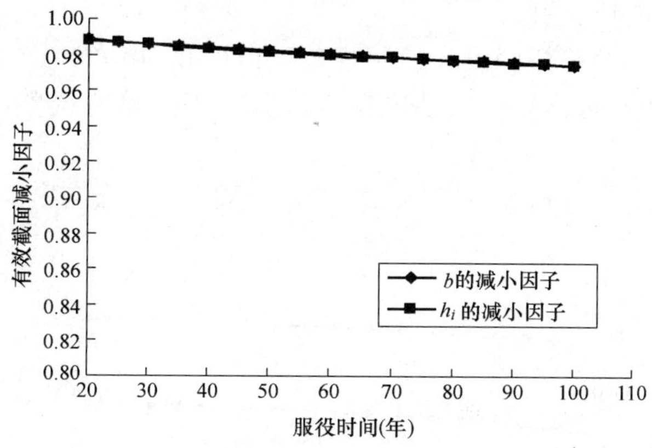

图 9-23 有效截面减小因子

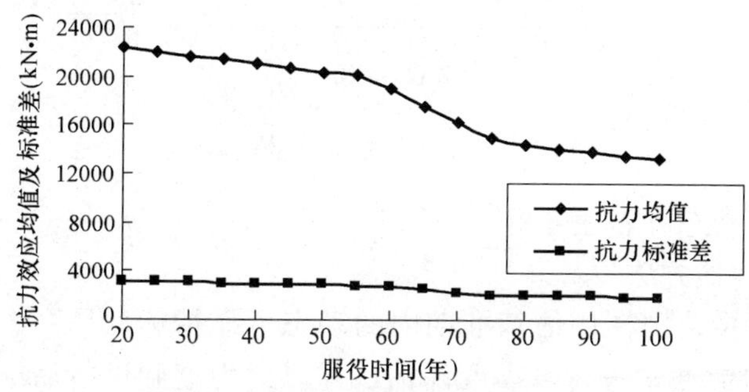

图 9-24 抗弯抗力随时间衰减变化情况

（4）荷载效应计算

1）恒载效应

桥梁顶升后，荷载发生了变化。恒荷载在顶升过程中为定值，将恒荷载效应考虑不随时间变化，计算结果如下：

均值：8424.22kN·m

标准差：363.08kN·m

2）可变荷载效应

可变荷载以多个参数影响着产生于桥梁结构上的作用效应，直接引入有较大困难，故可靠性计算的可变荷载考虑一般运行状态与密集运行状态，一般运行状态下用公路-Ⅱ级标准荷载，密集运行状态采用公路-Ⅰ级标准荷载[58]。跨中截面汽车荷载最大横向分布系数为 0.622，荷载效应计算采用式（9-97）。

$$S_q=(1+\mu)\xi m_c(P_k y_k+q_k\Omega) \tag{9-97}$$

式中 S_q——可变荷载作用下的弯矩效应；

μ——汽车荷载冲击力系数；

ξ——多车道汽车荷载横向折减系数；

P_k、q_k——车道集中荷载、均布荷载标准值；

y_k——与集中荷载对应的影响线竖标值；

m_c——横向分布系数；

Ω——弯矩影响线面积。

以上参数取值见《公路桥涵设计通用规范》JTG D 60—2004。对于服役桥梁可变荷载考虑长期效应，对不同目标评估基准期，其分布函数略有调整，故其可变荷载效应不同。

随服役时间的增长，其荷载效应随之增加，一般运行状态与密集运行状态荷载效应增加一致。如图 9-25 所示。

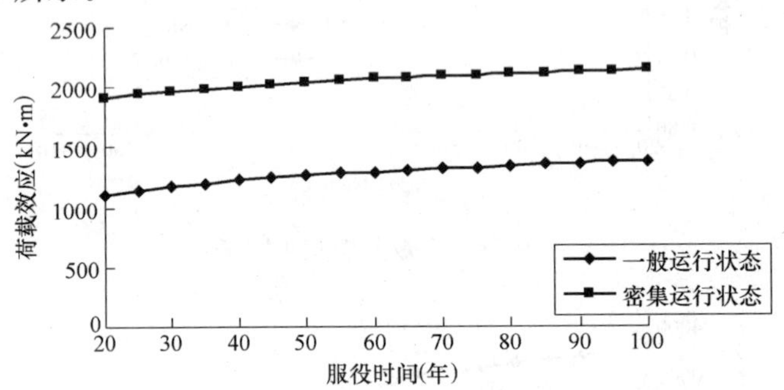

图 9-25　考虑评估基准期的活载效应

(5) 抗弯承载力动态可靠性分析

1) 动态可靠度评估方法

对于直接计算桥梁结构在评估基准期内的动态可靠指标，是一个复杂的多重积分问题[59]。为了方便计算，通常进行可靠度评估，并以此为基础进行后继使用期内的动态可靠性分析。首先，要对顶升后桥梁可能存在的安全度不足的因素（包括环境因素、抗力因素、荷载因素等方面）进行识别，使评估工作在客观中进行；其次，要对已识别的结构安全度不足因素进行定量分析，使其在评估模型中得以量化体现。抗力参数宜采用实测值，若实测有困难时，可考虑采用公式预测值。结构计算模型要反映真实受力状态，考虑构件之间的相互作用，根据结构的损伤情况或变化信息对计算模型进行修正。

最低可靠指标是判断桥梁可靠性的评估标准。确定最低可靠指标的方法主要有事故类比法、经济优化法、社会效应优化法以及经验校准法。经验校准法相对简单，应用较多。一般情况下，可将最低可靠指标对应的状态定义为结构在正常维护条件下，不需大修即可按其设计预定目的正常使用的状态，相应于三类桥梁中的最差状态。基本思想是：以当前时刻 t_0 为起点，取评估目标基准期 T_1 为一间隔递增，在每一个评估区间 $[t_0,\ t_0+T_1]$，抗力取该评估区间的最小抗力随机变量 $R(t_0+T_1)$，荷载效应取该评估区间的最大荷载效应随机变量，然后采用一次二阶矩验算点法计算可靠指标。

将评估基准期 T_1 等分成 n 时段，每一时段长度 $\tau=T_1/n$。设 $\tau=T_1^i\,(i=1\sim n)$ 是各个时段的右端点，跨越时间区域为 $(T_1^i-\tau,\ T_1^i)$。当 $i=n$ 时，$T_1{}^n=T_1$。定义 T_1^i 为子评估基准期，相应的评估荷载 $S_q(T_1^i)$。那么，与评估基准期 T_1 对应的评估荷集合则可以表示为 $U=\{S_q(T_1^1),\ S_q(T_1^2),\ \cdots,\ S_q(T_1^n)\}$。

$S_q(T_1^i)$ 的发生概率可近似表示为：

$$P\{S_q(T_1^i)\}=P\{S_q(T_1^i-\tau)<S_q<S_q(T_1^i)\} \tag{9-98}$$

根据全概率分析，有

$$\sum_{i=1}^{n} P\{S_q(T_1^i)\} = 1 \tag{9-99}$$

桥梁顶升服役后结构的失效概率为：

$$p_{f,t_0} = \sum_{i=1}^{n} (P\{S_q(T_1^i)\} P\{R_0 - S_G - S_q(T_1^i) < 0\}) \tag{9-100}$$

假定 $S_q(T_1^i)$，$i=1\sim n$ 相互独立，且发生的概率 $P\{S_q(T_1^i)\} = \dfrac{1/T_1^i}{\sum\limits_{j=1}^{n} T_1^j}$，则上述公式简化为：

$$P_{f,t_0} = \sum_{i=1}^{n} \left[\frac{1/T_1{}^i}{\sum\limits_{j=1}^{n} T_1{}^j} P\{R_0 - S_G - S_q(T_1{}^i) < 0\} \right] \tag{9-101}$$

考虑规范修改车辆荷载等级的不断提高；对实桥车辆荷载的调查也明显感觉到大荷载的发生概率在明显提高，有时候有必要偏安全的采用评估基准期荷载极大值进行构件可靠度计算。令 $P\{S_q(T_1^n)\}=1$，$P\{S_q(T_1^i)\}=0(i=1\sim n-1)$，则简化为：

$$P_{f,t_0} = \sum_{i=1}^{n} (P\{R_0 - S_G - S_q(T_1) < 0\}) \tag{9-102}$$

相应的可靠指标为：

$$\beta_{t_0} = \Phi^{-1}(1 - p_{f,t_0}) \tag{9-103}$$

2）抗弯承载力动态可靠度计算

动态可靠度计算中荷载效应和抗力的处理原则如下：①不考虑恒荷载效应随时间的变化；②对于车辆荷载效应，计入经济发展引起的交通量增加、车重增大等因素影响，考虑使用基准期的荷载影响参数，并采用 90%的一般运行状态与 10%密集运行状态；③抗力计算考虑多种影响因素，实验证明预应力结构的耐久性比较好，混凝土的碳化速度慢于普通混凝土[60]，故本算例未考虑碳化速度减缓。

根据 JC 法进行可靠度计算，由于可变荷载效应服从极值Ⅰ型分布，抗力服从对数正态分布，计算过程中必须进行当量正态化处理，使得计算工作十分繁复，因此采用 Matlab 编程，根据相应的功能函数进行计算，获得桥梁抗弯承载力的动态可靠指标（称为方法三），见图 9-26。

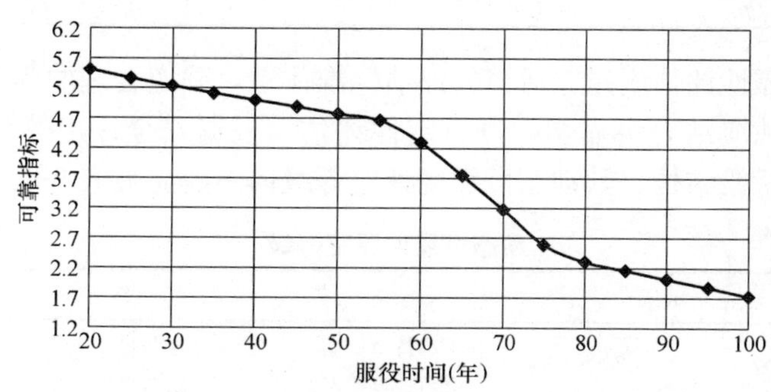

图 9-26 桥梁抗弯动态可靠度

采用方法一和方法二进行可靠度计算，计算结果如图 9-27 所示。

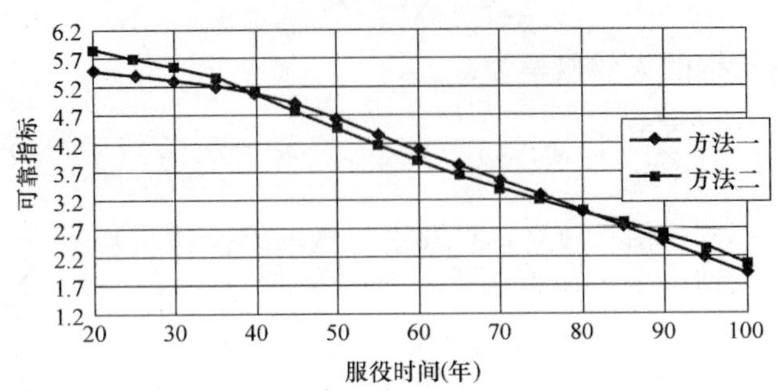

图 9-27　简化模型计算桥梁抗弯动态可靠度

由以上计算结果可以看出：

(1) 方法一为文献 [61] 简化理论模型算法，方法二为张建仁回归模型算法，方法三为本书考虑各种降低系数推导模型算法，三种方法抗弯可靠度质变时变曲线的规律基本一致；方法三考虑多方面影响抗力衰减的因素，方法一、方法二可靠指标略小于方法三，相差不过 0.3。

(2) 方法一从当前到服役 40 年，可靠指标下降缓慢，41 年后可靠指标下降速度加快，并成线性下降；方法二前期可靠指标略高，且下降较缓慢，41 年后下降加快，75 年后期下降略微减缓；方法三考虑多重因素，前期下降较缓慢，41 年后随钢筋开始锈蚀，但锈蚀率极小，故对可靠指标下降速度影响较小，55 年后出现锈蚀裂缝，钢筋锈蚀加快，且协同系数随之下降，故可靠指标下降较快，75 年后锈蚀深度达到 0.3mm，钢筋混凝土粘结强度基本失效，协同系数不再下降，因此，可靠指标下降速度减缓。

(3) 抗弯可靠度评估及寿命预测

对于承载能力极限状态，根据我国《工程结构可靠度设计统一标准》GB 50153 的要求、工程经验性要求以及我国公路桥梁结构构件的安全等级分类，建议在设计基准期 T 为 100 年内的目标可靠指标见表 9-8[62]。

不同结构等级的公路桥梁结构构件截面目标可靠指标的建议值　　表 9-8

构件破坏类型		一级	二级	三级
延性破坏	β_T	4.7	4.2	3.7
	p_f	1.0×10^{-4}	6.8×10^{-4}	34×10^{-4}
脆性破坏	β_T	5.2	4.7	4.2
	p_f	0.13×10^{-4}	1.0×10^{-4}	6.8×10^{-4}

对结构进行可靠性评估应建立适当的评估标准体系，确定合理的等级划分，基于可靠度理论的可靠性评估应结合可靠指标进行定性评估。根据安全评定等级与可靠指标的关系，对于二级公路桥梁结构，其动态可靠度评定等级体系建立见表 9-9。

动态可靠度评定等级　　表 9-9

类别	a 级	b 级	c 级	d 级
$K=R/\gamma_0 S$	≥1.0	≥0.95，且<1	≥0.9，且<0.95	<0.90
$\beta(t)$	≥4.2	≥3.95，且<4.2	≥3.7，且<3.95	<3.7

注：R——结构抗力；γ_0——安全系数；S——荷载效应。

基于本书建立的动态可靠度评估体系，服役达 65 年时，其可靠指标为 3.78，其等级为 c 级，建议应加强对结构截面的检测，选择适当维修措施，以减少更大损失。

基于可靠度理论的寿命预测方法是建立在可靠度水平下的剩余使用寿命预测，即认为结构的可靠度水平低于某一水平式即达到使用寿命的终点。这个可靠指标限制一般取为 $\beta_u=0.85\beta_T$，当可靠度小于 β_u 时，所对应的 T 即为结构的剩余使用寿命。对于本算例桥梁以 $\beta_u=0.85\times4.2=3.78$ 为可靠度限值，即当动态可靠度小于 3.78 时，认为寿命终止。所以，在不采取维修措施情况下，该算例主梁剩余寿命为 $T=65-20=45$ 年。

9.4.2 桥梁顶升工程的墩柱可靠性分析

(1) 引言

桥墩是桥梁下部结构的重要组成部分，支撑相邻的两孔桥跨，桥梁整体升高，对桥墩的改造是必不可少的。桥梁整体升高，尤其当纵坡发生调坡变化时，桥梁整体结构形式发生了变化。桥梁墩身加长对下部结构的影响主要体现在墩身荷载的改变上，使其墩底截面的受力发生变化。

一般来讲，当桥梁升高高度不大时，则墩身加长部分对墩底截面的影响也较小，即可靠性改变较小，可不对其进行可靠性分析；当墩身加长部分较高，自重效应变化较大，汽车荷载的制动力对墩底截面产生的弯矩变化较大，而自身承载力随着桥墩长细比增加而发生降低；或者当梁体前后端顶升高差不一致，梁端相对于墩台中心引起的位移变化还将导致顶升后支座位置相应改变，这样将造成墩柱偏心受压荷载增大，在此情况下，应当对顶升前后的墩柱进行可靠性分析。鉴于桥梁顶升工程墩柱可靠性分析的重要性，分别对顶升高度超过 0.5m 的 15～21 号墩柱进行可靠性分析。

(2) 分析模型

在汽车荷载概率模型中，其服从极值Ⅰ型分布。在公路Ⅰ级车载情况下，分别对其进行双孔布载与单孔布载，见图 9-28 和图 9-29。

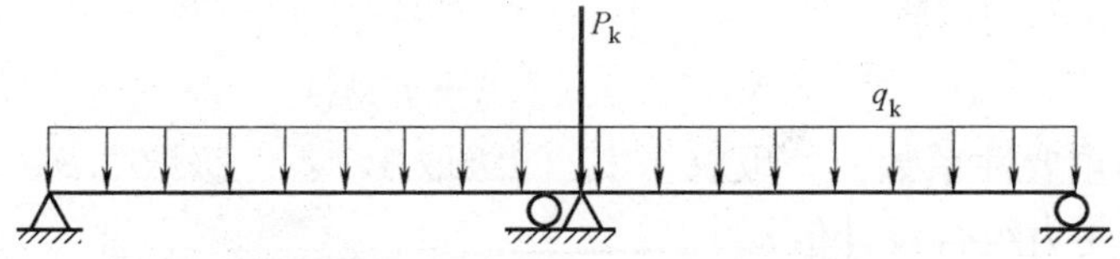

图 9-28 桥梁双孔布载示意图

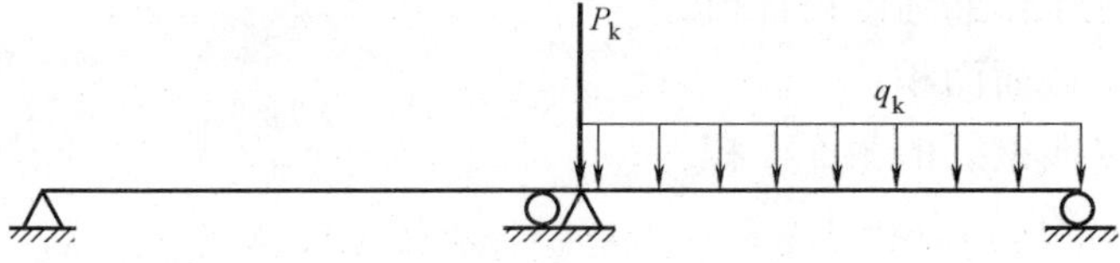

图 9-29 桥梁单孔布载示意图

由于墩柱截面为非变截面柱，故墩柱柱底截面为最不利截面。分别计算单列车、双列车、三列车，四列车、五列车、六列车荷载对双柱的横向分布系数，并算得最不利荷载情况。经计算，汽车荷载双孔三列车荷载产生支点处最大反力，即最大墩柱垂直力；汽车荷载单孔三列车荷载产生最大偏心矩，即最大墩柱底弯矩。对于墩柱的两种最不利荷载组合，根据《公路钢筋混凝土及预应力混凝土桥梁设计规范》JTG D62—2004，最大垂直反力按轴心受压构件验算；最大墩柱底弯矩按偏心受压构件验算，故墩柱可靠性分析需分别进行双孔荷载下轴心受压可靠性分析与单孔荷载下偏心受压可靠性分析。

（3）双孔荷载下墩柱轴心受压可靠性分析

1）荷载效应

桥梁的荷载包括恒载、活载、温度荷载、风荷载、地震荷载等等。本书研究的桥梁因跨径较小，恒载和活载效应占总作用效应的绝大部分，故主要考虑恒载和活载（汽车荷载），活载采用 90%一般运行状态与 10%密集运行状态组合。经计算，双孔荷载三列车同时运行，对桥墩产生的反力最大；恒荷载由桥梁上部自重、盖梁自重、桥墩自重组成，服从正态分布；其二者对各墩柱产生荷载效应标准值见表 9-10。

桥梁顶升前后墩柱底截面荷载效应标准值　　表 9-10

墩柱号	桥梁顶升前		桥梁顶升后	
	恒载效应 S_G(kN)	活载效应 S_Q(kN)	恒载效应 S_G(kN)	活载效应 S_Q(kN)
15	9144.05	1921.42	9176.33	1921.42
16	9106.26	1921.42	9162.78	1921.42
17	9073.89	1921.42	9162.64	1921.42
18	9041.51	1921.42	9167.78	1921.42
19	9009.14	1921.42	9177.58	1921.42
20	8981.85	1921.42	9194.05	1921.42
21	8949.48	1921.42	9216.89	1921.42

2）墩柱轴心受压抗力

① 抗力计算公式

《公路钢筋混凝土及预应力混凝土桥梁设计规范》（JTG D62—2004）中正截面轴心抗压承载力按式（9-104）计算：

$$\gamma_0 N_d \leqslant 0.9\varphi(f_c A + f'_y A'_s) \tag{9-104}$$

式中　γ_0——结构重要性系数，一级取 1.1，二级取 1.0，三级取 0.9；

N_d——轴心受力组合设计值；

φ——受压构件稳定性系数；

f_c——混凝土抗压强度设计值；

f'_y——纵向受压钢筋强度设计值；

A——构件毛截面面积；

A'_s——全部纵向钢筋的截面面积。

轴心受压抗力计算公式取：

$$N = K_P 0.9\varphi(f_c A + f'_y A'_s) \tag{9-105}$$

式中　K_P——计算模式不定性系数。

② 抗力统计参数

抗力均值可表示为：

$$\mu_N = 0.9\varphi\mu_{K_P}(\mu_{f_c}\mu_A + \mu_{f_y'}\mu_{A_s}) \tag{9-106}$$

若令 $\rho_s=\frac{\mu'_{A_s}}{\mu_A}$，$k=\frac{\mu'_{f_y}}{\mu_{f_c}}$；

则抗力 N 的变异系数可表示为：

$$\delta_N=\sqrt{\frac{\delta_A^2+(1-\rho_s^2)\delta_{f_c}^2+\rho_s^2(k^2-1)\delta_{As}^2+\rho_s^2k^2\delta_{f_y'}^2}{[1+\rho_s(k-1)]^2}+\delta_P^2} \tag{9-107}$$

式中 μ_{f_c}、δ_{f_c}——混凝土抗压设计强度平均值与变异系数；

μ_A、δ_A——结构截面有效面积平均值与变异系数；

$\mu_{f_y'}$、$\delta_{f_y'}$——钢筋抗压设计强度平均值与变异系数；

$\mu_{A_s'}$、$\delta_{As'}$——钢筋有效截面面积平均值与变异系数；

$\mu_{Kp}\delta_{Kp}$——轴心受压计算模式不定型系数平均值与变异系数。

③ 抗力计算

算得 15～21 号墩柱抗力均值与方差，见图 9-30 和图 9-31。

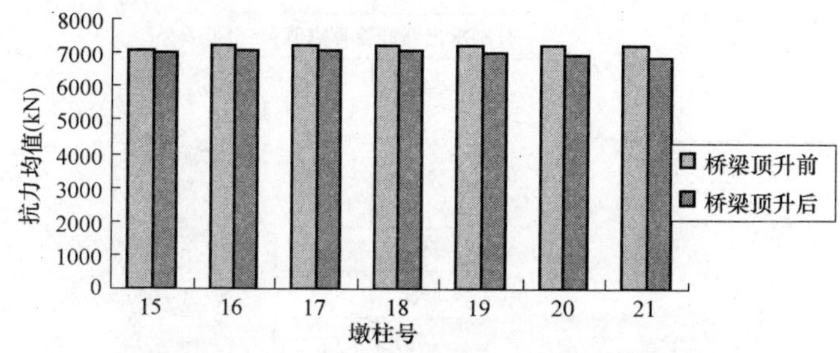

图 9-30 桥梁顶升前后墩柱轴压抗力均值

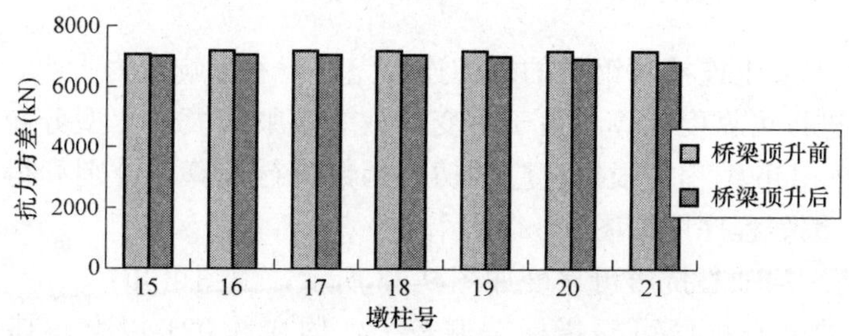

图 9-31 桥梁顶升前后墩柱轴压抗力方差

可见，顶升前 15 号桥墩抗力最小，因为 15 号墩为最高墩，高达 6.15m；桥梁顶升后，随着顶升高度的增加，顶升前后抗力差异增大；21 号桥墩抗力为最小；抗力方差与抗力均值变化一致。

3）轴心受压可靠性分析

建立轴心受压的极限状态方程：

$$Z=K_P0.9\varphi(f_cA+f_y'A_s')-S_G-S_q=0 \tag{9-108}$$

轴心受压的可靠度计算荷载效应和抗力的处理原则如下：①由于桥梁顶升前后公路等级不变，故只考虑结构恒荷载的变化，而不考虑长期效应车辆荷载的变化；②抗力计算假

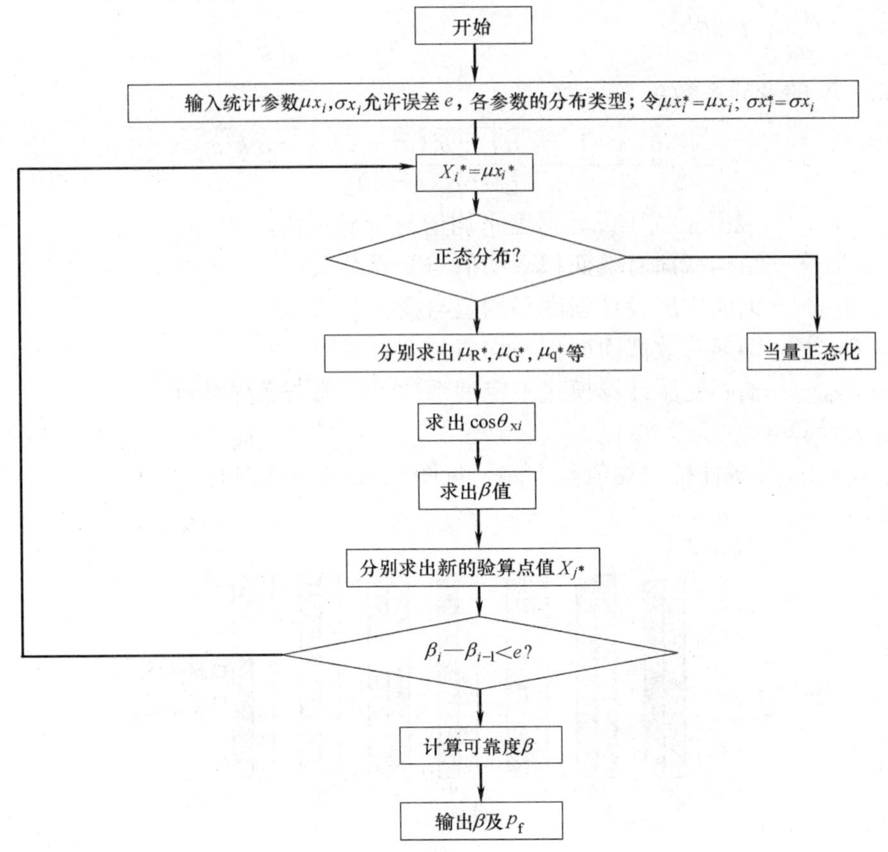

图 9-32　JC 法程序图

定墩柱加高处新旧混凝土连接与钢筋的机械连接完好，不影响抗力大小，且不考虑抗力的衰减。根据 JC 法进行可靠度计算，由于可变荷载效应服从极值Ⅰ型分布，抗力服从对数正态分布，采用 Matlab 编程，根据相应的功能函数进行计算，分别算得桥梁顶升前后各墩柱的可靠指标。编程程序图如图 9-32 所示。

墩柱在顶升前后的轴心抗压可靠度如图 9-33 所示，由图可知：

① 桥梁墩柱的轴心抗压可靠指标普遍较大，均在 9.021 以上，其失效概率均小于 0.000001，因此不会导致结构破坏；

② 桥梁顶升后可靠指标都有降低，但降低值较小。15 号墩降低值最小，为 0.055，21 号墩降低值最大，为 0.471，这是由于桥梁顶升后结构形式发生变化，其恒荷载增大，抗力有不同程度的减小。

③ 随着桥梁顶升高度的增加，其可靠指标降低值增加。顶升高度较小时，可靠指标降低较慢，顶升高度较大时，可靠指标降低较快。

(4) 单孔荷载下桥墩偏心受压可靠性分析

1) 荷载效应计算

在此仅考虑恒载和活载（汽车荷载），活载采用 90%一般运行状态与 10%密集运行状态组合。恒荷载由桥梁上部自重、盖梁自重、桥墩自重组成，服从正态分布，单孔荷载三

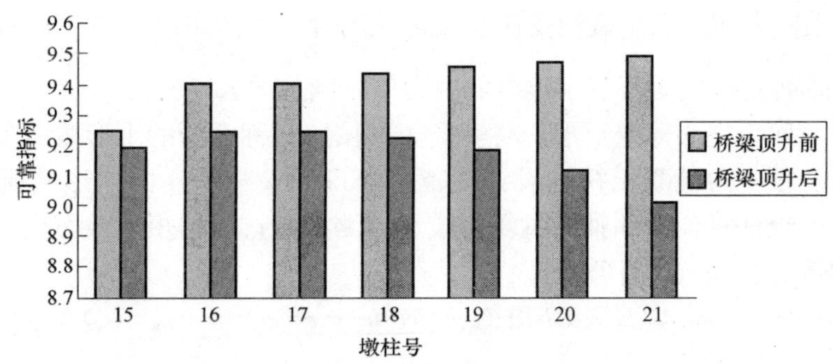

图 9-33 桥梁顶升前后各墩柱轴心抗压强度可靠性分析

列车同时运行，对桥墩产生最大偏心弯矩，即产生最大柱底弯矩，弯矩效应包括恒载与汽车荷载（不考虑冲击效应）的偏心压力产生的弯矩与汽车制动力 T 对柱底截面产生弯矩之和，服从极值Ⅰ型分布，其对各墩柱产生荷载效应标准值见表 9-11。

桥梁顶升前后墩柱底截面荷载效应标准值 **表 9-11**

墩柱号	桥梁顶升前		桥梁顶升后	
	柱底截面活载弯矩效应(kN·m)	柱底截面活载垂直力效应(kN)	柱底截面活载弯矩效应(kN·m)	柱底截面活载垂直力效应(kN)
15	1360.46	1080.57	1418.05	1080.57
16	1293.06	1080.57	1393.87	1080.57
17	1235.31	1080.57	1393.63	1080.57
18	1177.56	1080.57	1402.78	1080.57
19	1119.81	1080.57	1420.27	1080.57
20	1071.13	1080.57	1449.64	1080.57
21	1013.38	1080.57	1490.40	1080.57

2）抗力计算

① 空心墩柱偏心受压抗力公式

文献［49］给出了矩形截面小偏心受压抗力计算公式：

$$N=f_c bx+f'_y A'_s-\sigma_s A_s \tag{9-109}$$

$$f_c bx\left(e-h_0+\frac{x}{2}\right)=\sigma_s A_s e+f'_y A'_s e' \tag{9-110}$$

式中 f_c——混凝土抗压强度设计值；

f'_y——纵向受压钢筋强度设计值；

A_s——受拉或受压较小边纵向钢筋的截面面积；

A'_s——受压较大边纵向钢筋的截面面积；

h_0——受压截面有效高度；

b——受压截面宽度；

x——截面的受压区高度；

e——轴向力作用点至截面受拉或受压较小边纵筋合力点的距离，

$e=\eta e_0+\frac{h}{2}-a$，η 为偏心距增大系数；

e'——轴向力作用点至截面受压较大边纵筋合力点的距离，$e'=\frac{h}{2}-e_0-a'_s$；

σ_s——截面受拉或受压较小边纵筋内力值，满足$-f_y\leqslant\sigma_s\leqslant f_y$。

由于受压截面为空心薄壁矩形，将薄壁矩形按照对称配筋的Ⅰ形截面考虑，参照《公路钢筋混凝土及预应力混凝土桥涵设计规范》JTG D62—2004 的Ⅰ形截面小偏心受压承载力验算公式，经计算，中和轴通过受压较小一侧翼缘；根据矩形截面抗压抗力公式，推导桥梁墩柱的偏心受压抗力计算公式：

$$N=K_p\{f_c[bx+(b'_f-b)h_f+(b_f-b)(h_f+x-h)]+(f'_y-\sigma_s)A_s+N_{sw}\} \tag{9-111}$$

$$f_c\left[bx\left(e-h_0+\frac{x}{2}\right)+(x-h+h_f)\left(\frac{x-h+h_f}{2}+e-h_f+a_s\right)\right]=f_c(b_f-b)h_fe'+f'_yA_se'+\sigma_sA_se+M_{sw} \tag{9-112}$$

式中　b_f、b'_f——受压截面的翼缘宽度，对称截面时，$b'_f=b_f$；

h_f——受压截面的翼缘厚度；

b——受压截面的腹板宽度；

N_{sw}——截面腹部配置的纵向钢筋所承担的轴向力；

$N_{sw}=\left(1+\frac{\xi-\beta}{0.5\beta}\right)f_{sw}A_{sw}\omega$，当相对受压区高度$\xi=x/h_0>\beta$，$N_{sw}=f_{sw}A_{sw}$，$f_{sw}$为沿截面腹部配置的纵向钢筋强度设计值，$A_{sw}$为沿截面腹部配置的全部纵向钢筋截面面积，$\omega$为截面腹部均匀配筋高度与截面有效高度的比值，$\beta$为截面矩形受压应力图高度与实际受压区高度比值；

M_{sw}——沿截面腹部均匀配置的纵向钢筋的内力对压力作用点的力矩，其中

$$M_{sw}=\left[0.5-\left(\frac{\xi-\beta}{\beta\omega}\right)^2\right]f_{sw}A_{sw}\left(e-\frac{h_{sw}}{2}\right)，若\ \xi>\beta，M_{sw}=0.5f_{sw}A_{sw}\left(e-\frac{h_{sw}}{2}\right)$$

② 抗力的计算

小偏心受压问题受力较复杂，按《公路钢筋混凝土及预应力混凝土桥涵设计规范》JTG D62—2004，将σ_s简化为：

$$\sigma_s=0.0033E_s\left(\frac{\beta h_{oi}}{x}-1\right) \tag{9-113}$$

式中　E_s——钢筋弹性模量；

h_{oi}——第 i 层纵向钢筋截面重心至受压较大边缘的距离。

但这样代入基本公式后，计算变得十分复杂，需要用迭代方法求关于 x 的三次方。故采用简化公式（9-114）：

$$\sigma_s=\frac{\xi-\beta}{\xi_b-\beta}f_y \tag{9-114}$$

式中　ξ_b——相对界限受压区高度。

桥梁顶升前后墩柱偏心抗压抗力均值和方差如图 9-34 与图 9-35 所示。

3）偏心受压可靠性分析

小偏心受压的抗力仍用压力表示，弯矩效应只产出偏心距，故其活荷载效应只考虑活载的垂直力效应，弯矩用于计算初始偏心距。可靠度分析原则与轴心受压相同，建立小偏心受压的极限状态方程：

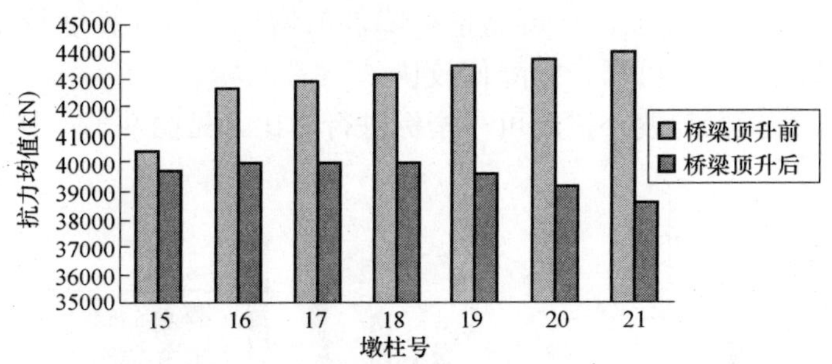

图 9-34　桥梁顶升前后墩柱偏心抗压抗力均值

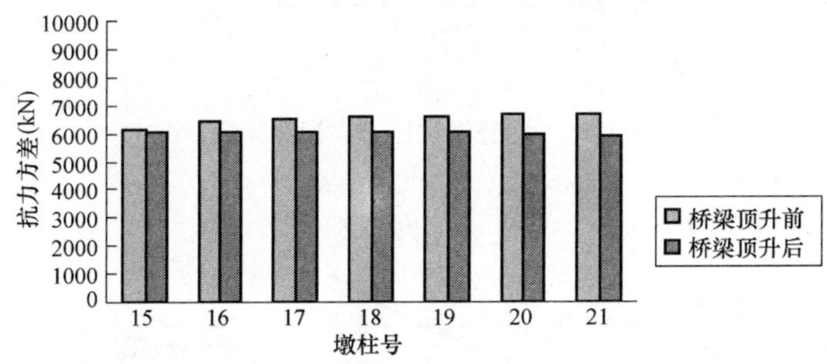

图 9-35　桥梁顶升前后墩柱偏心抗压抗力方差

$$Z=K_{\mathrm{P}}\{f_{\mathrm{c}}[bx+(b_{\mathrm{f}}'-b)h_{\mathrm{f}}+(b_{\mathrm{f}}-b)(h_{\mathrm{f}}+x-h)]+(f_{\mathrm{y}}'-\sigma_{\mathrm{s}})A_{\mathrm{s}}+N_{\mathrm{sw}}\}-S_{\mathrm{G}}-S_{\mathrm{q}}=0 \tag{9-115}$$

根据 JC 法进行可靠度计算，恒载效应服从正态分布，可变荷载效应服从极值Ⅰ型分布，抗力服从对数正态分布，采用 Matlab 编程，分别算得桥梁顶升前后各墩柱的可靠性，如图 9-36 所示。

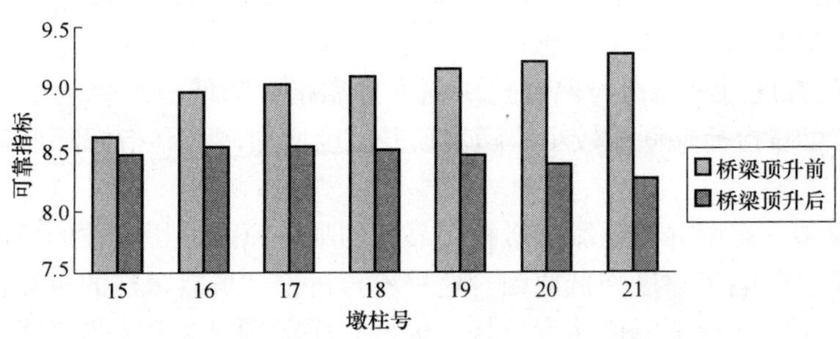

图 9-36　桥梁顶升前后墩柱偏心抗压可靠指标

从图 9-36 可知：

① 桥梁墩柱的偏心抗压可靠指标较大，且小于轴心抗压强度可靠指标；数值均在 8.262 以上，其失效概率均小于 0.0000001，故不会导致结构破坏。

② 桥梁顶升后，偏心受压可靠指标均有降低，降低值较轴心受压可靠指标大。15 号墩降低值最小，为 0.147；21 号墩降低值最大，为 1.016。

③ 随桥梁顶升高度的增加，其可靠指标降低值增加。顶升高度较小时，可靠指标降低较慢，顶升高度较大时，可靠指标降低较快。

将轴心抗压可靠指标与偏心抗压可靠指标进行对比，见图 9-37、图 9-38。

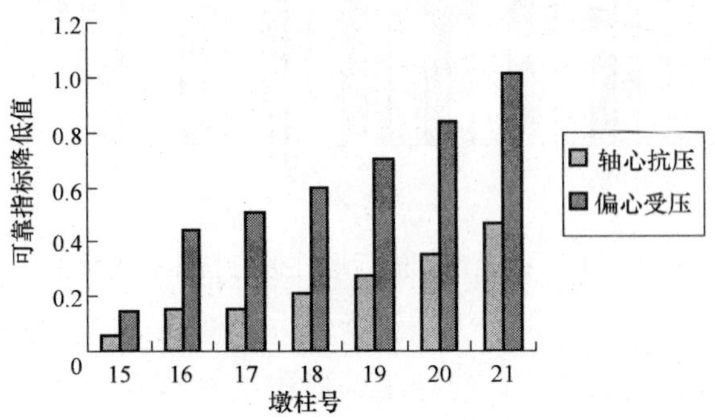

图 9-37　不同桥墩抗压可靠指标降低情况

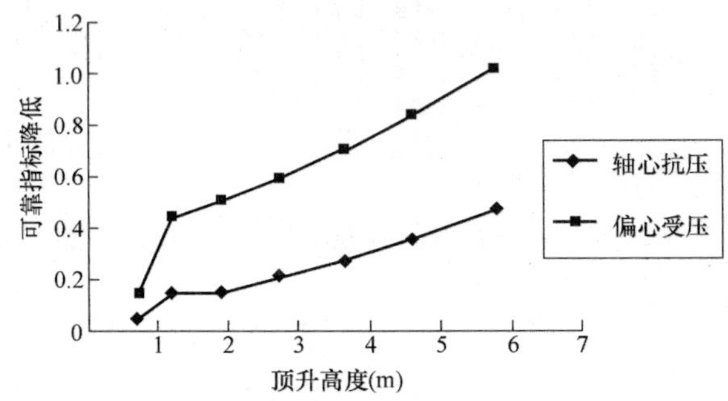

图 9-38　不同顶升高度桥墩抗压可靠指标降低情况

从图 9-37、图 9-38 中可以看出：

① 轴心抗压强度可靠指标降低值小于偏心抗压强度可靠指标降低值，即桥梁顶升对墩柱偏心抗压可靠指标影响较为敏感；

② 轴心抗压强度可靠指标与偏心抗压强度可靠指标降低值规律基本一致，即顶升高度在 1m 以内，可靠指标降低值较小；随着顶升高度增加，可靠指标降低值较大，降低速度加快。

当然，桥梁顶升高度并不是影响墩柱可靠性的唯一原因，桥墩柱的原高度、桥梁活载变化的情况等也是影响可靠度降低原因，这里不再讨论。虽然墩柱的可靠指标较大，但随顶升高度增加，可靠指标下降值速度较快，因此，桥梁顶升工程应该严格控制顶升高度，并做好墩柱验算，以保证桥梁顶升工程的安全。

服役结构可靠性评估的研究涉及内容丰富且复杂，目前的研究成果还远落后于现实需求。在以下几方面有待进一步深入探索：

1）复杂因素作用下计算及方法的研究

复杂因素作用下的结构可靠性评估研究不多，也很少涉及一次灾害之后的抗力衰减。可靠性分析中大量不确定信息和因素的综合处理和科学表述是一个长期的科研范畴。涉及结构破坏机理、失效模式及相关性研究的结构系统可靠性计算方法有待完善。

2）可靠性鉴定规范的改进

由于目前的研究缺乏系统性和实用性，且现行的可靠性评定系统及规范存在很多问题，如何对量大面广的服役结构可靠性进行实用评估，则是今后着重研究的内容之一。

3）基于可靠性的维修加固决策理论

对服役结构进行可靠性评估是判定结构可靠程度，确定结构是维修还是拆除、合理选择维修改造方案的重要前提。另外，维修加固的机理及决策理论也同样需要系统和全面的研究。

4）人为因素对服役结构可靠性的影响

现行规范是不考虑人为差错的，国外的设计标准也往往不考虑人为差错。由于人类行为的复杂性，至今影响人类行为的各种因素在社会科学领域也尚未充分理解，将人为错误与结构可靠性评价相关联的研究仅仅处于非常初级的阶段。

参 考 文 献

[1]　刘立新．美国国家桥梁检验程序介绍［J］．市政技术，2005，25（增刊）：26～30

[2]　惠云玲等．混凝土基本构件钢筋锈蚀前后性能研究［J］．工业建筑，1997，27（6）：14～18

[3]　张俊芝．在役钢筋混凝土结构的耐久性与概率寿命［J］．南昌水专学报，2001，20（3）：1～6

[4]　中国工程院土木水利与建筑学部工程结构安全性与耐久性研究咨询项目组．混凝土结构耐久性设计与施工指南［M］．北京：中国建筑工业出版社，2004

[5]　张爱林．工程结构可靠性问题基础研究［J］．博士后研究工作报告．大连理工大学，1996

[6]　张爱林，赵国藩，王光远．在役结构的模糊动态可靠度评估［J］．东北大学学报，1995（博士后专辑），19～23

[7]　李田，刘西拉．混凝土结构耐久性分析与设计［M］．北京：北京科学出版社，19～21

[8]　张爱林，赵国藩，王光远．多种情况下的工程结构可靠度［J］．大连理工大学学报，1996，36（6）：771～775

[9]　杨伟军，陈朝峰，赵伟智．服役单层厂房的荷载概率分析［J］．工业建筑，1999，29（4）：12～25

[10]　张俊芝，高延红．考虑抗力退化的在役结构可靠度验证荷载法［J］．工程力学（增刊），1999，666～672

[11]　刘西拉，李田．工程结构可靠性鉴定标准的展望［J］．建筑结构，1994，（5）：3～6

[12]　李继华等．建筑结构概率极限状态设计［M］．北京：中国建筑工业出版社，1990，274～342

[13]　杨巧虹，沈祖炎．民用建筑结构可靠性鉴定时可变荷载的统计分析［J］．四川建筑科学研究，2000，26（1）：19～21

[14]　Mao J C. Durability of construction materials［J］．Preceedings of the First International Congress. Chapman and Hall，London，New York：1987

[15]　Baker J M，et al. Durability of construction materials［J］．Preceedings of the Fifth International Congress. Chapman and Hall，London，New York，1990

[16]　姚继涛．服役结构可靠性分析方法［D］．大连：大连理工大学，1996

[17]　赵挺生．现存建筑物可靠性评价［J］．建筑结构，1998，10：41～45

[18]　贡金鑫，赵国藩，柳林．钢筋混凝土轴心受压构件加固后的可靠度分析［J］．建筑结构，2000，30（3）

[19]　赵尚传，赵国藩．基于可靠性的在役混凝土结构剩余使用寿命预测［J］．2001，17（5）：19～22

[20]　Kameda H，Koike T. Reliability theory of deteriorating structures［J］．Journal of the Structural Di-

vision，1975，101（1）：295～310

［21］ 牛荻涛，王庆霖，卢梅．服役结构的抗力衰减模型与可靠性研究——结构工程理论与实践的最新进展．中国建筑工业出版社，1996

［22］ 李田，刘西拉．混凝土结构的耐久性设计［J］．土木工程学报，1994，27（2）：47～55

［23］ 牛荻涛，石玉钗，雷怡生．混凝土碳化的概率模型及碳化可靠性分析［J］．西安建筑科技大学学报，1995，27（3）：252～254

［24］ 陶峰，王林科，王庆霖．服役钢筋混凝土构件承载力的试验研究．1996，26（4）：17～20

［25］ 牛荻涛，王庆霖，王林科．一般大气环境混凝土中钢筋锈蚀量的估计［J］．工程力学，1997，14（1）：92～99

［26］ 沈在康．混凝土结构设计新规范应用讲评．北京：中国建筑工业出版社，1993

［27］ 金伟良，鄢飞，张亮．考虑混凝土碳化规律的钢筋锈蚀率预测模型［J］．浙江大学学报，2000，（2）：158～163

［28］ 赵羽习，金伟良．混凝土构件正常使用极限状态的可靠度计算．工业建筑，2002，32（5）：60～64

［29］ 金伟良，赵羽习，鄢飞．混凝土构件的均匀钢筋锈胀力及其影响因素．工业建筑，2001，31（5）：8～10

［30］ В. Ю. Стков，И. С. Шибанова，Ю. А. Шумилкин，В. З. захаров. Долговечность железобетонных беалок перекрытий промышленных зданий сооружений предприятий норильского горно-металлургического комбината［J］．Изв. вузов. Строительство и архитектура，1984（12）：1～4

［31］ 潘振华，牛荻涛，王庆霖．锈蚀率与极限粘结强度关系的试验研究．工业建筑，2000，30（5）：10～13

［32］ 惠云玲，李荣，林志伸，全明研．混凝土基本构件钢筋锈蚀前后性能试验研究．工业建筑，1997，27（6）：6～9

［33］ Стков В Ю，Шибанова И С，Шумилкин Ю А. Рысеваизменение прочности и деформативности железобетонных балок и плит при разрушении бетона растянутой зоне сечения［J］．Изв. вузов. Строительство и архитектура，1987，（8）：6～10

［34］ 王光远．工程软设计理论［M］．北京：科学出版社，1992，352～356

［35］ 赵国藩．已建房屋结构性能的鉴定、维修、加固［J］．国际学术动态，1990，（6）：98～99

［36］ 张爱林，赵国藩，王光远．多种情况下的结构可靠度［J］．大连理工大学学报，1996，36（6）：771～775

［37］ 张爱林，赵国藩，王光远．现役结构可靠性评定研究述评［J］．北京工业大学学报，1998，24（2）：130～135

［38］ 陶能付，张永强，章在墉，夏颂佑．时间因素对 RC 框架结构抗震可靠度的影响［J］．河海大学学报，1997，25（3）：21～28

［39］ 张平生，卢梅．锈蚀钢筋的力学性能［J］．工业建筑，1995，25（9）：41～44

［40］ 惠云玲等．混凝土基本构件钢筋锈蚀前后性能研究［J］．工业建筑，1997，27（6）：14～18

［41］ 张俊芝．在役钢筋混凝土结构的耐久性与概率寿命［J］．南昌水专学报，2001，20（3）：1～6

［42］ 牛荻涛，王庆霖，王林科．锈蚀开裂前混凝土中钢筋锈蚀量的预测模型［J］．工业建筑，1996，26（4）：8～10

［43］ 牛荻涛，陈亦奇．混凝土结构的碳化模式与碳化寿命分析［J］．西安建筑科技大学学报，1995，27（4）：365～369

［44］ 牛荻涛，王庆霖．一般大气环境下混凝土强度经时变化模型［J］．工业建筑，1995，25（6）：36～38

［45］ 李继华，林忠民，李明顺等．建筑结构极限概率状态设计［M］．北京：中国建筑工业出版社，

1990，324～347

［46］ 范锡盛，曹薇，岳清瑞. 建筑物改造和维修加固新技术［M］. 北京：中国建材工业出版社，1999

［47］ 牛荻涛，王庆霖，董振平. 服役结构抗力的概率模型及其统计参数［J］. 西安建筑科技大学学报，1997，29（4）：355～359

［48］ 李广慧，杜朝，蒋晓东. 在役建筑结构的剩余寿命预测［J］. 郑州工业大学学报，1999，26（4）：8～10

［49］ 卫红蕊，吕颖钊. 在役钢筋混凝土梁桥承载力可靠度预测［J］. 交通标准化，2007，1：40～45

［50］ 张彦玲，陈伟. 在役公路钢筋混凝土桥梁的可靠性分析及剩余寿命估算. 中外公路，2004，1：5～9

［51］ 夏明进，霍达，滕海文. 现有桥梁的可靠性分析. 北京工业大学学报，2004，30（1）：89～92

［52］ 牛荻涛. 混凝土结构耐久性与寿命预测［M］. 北京：科学出版社，2004

［53］ 张建仁，刘扬. 混凝土桥梁构件服役期的抗力概率模型［J］. 长沙理工大学学报（自然科学版）. 2004，(1)：27～34

［54］ 张平生，卢梅等. 锈损钢筋的力学性能［J］. 工业建筑. 1995，25（9）：41-44

［55］ 惠云玲，林志伸等. 锈蚀钢筋性能试验研究分析［J］. 工业建筑. 1997 27（6）：10-13

［56］ 牛荻涛，卢梅等. 锈蚀钢筋混凝土梁正截面受弯承载力计算方法研究［J］. 建筑结构，2002，(10)：14～17

［57］ 李运生，张彦玲. 在役公路钢筋混凝土梁剩余寿命估算方法研究. 铁道标准设计，2003，1：13～16

［58］ 张建仁，秦权. 现有混凝土桥梁的时变可靠度分析. 工程力学，2005，22（4）：90～94

［59］ 贾超，刘宁，陈进. 工程结构维护时间的决策研究［J］. 武汉大学学报，2003，36（6）：1～8

［60］ 贡金鑫，赵国藩. 考虑抗力随时间变化的结构可靠度分析［J］. 建筑结构学报，1998，10：43～51

［61］ Clifton J R，Knab L I. Service life of concrete［C］. UNREG/CR-5466，U. S. Unclear egulatory Commission，Washington D C，1989

［62］ 王钧利. 在役预应力混凝土桥梁的耐久性分析. 混凝土，2006，2：9-21

后　　记

本书后附一张光盘，由三部分组成：

幻灯（一）建筑特种工程新技术

本幻灯片全面、生动、具体的介绍了本系列丛书共七册所包含的主要特种新技术内容、施工方法和具体实例，这些资料的搜集耗时三年多，十分丰富、难得和可贵。有利于读者对各册书的学习，阅读时的深入理解和联系实际，亦可为学员培训时提供生动、具体的教学资料。其内容的目录如下：

建筑特种工程新技术

一、概述

（一）编写基础与背景

（二）我国建筑业存在的问题与期望

1. 短命建筑

2. 高层建筑发展过快

3. 投巨资建空城（鬼城）

4. 豪华挥金建筑及山寨版建筑

中国十大最“烧钱”的建筑

奢侈豪华大庙—无锡灵山梵宫

河北鹿泉灵山—金天宝神塔

“空中操场”

1300 万巨款搬运大石头

豪华监狱

豪华坟墓

山寨版建筑

美国政府大楼 VS 中国政府大楼

5. 灾损建筑

地震灾害

冰雪灾害

洪水灾害

风沙灾害

滑坡泥石流地陷

火灾灾害

“玻璃雨”的危害

6. 违法和低质建筑

7. “毒地建筑”
8. 危险建筑或者建筑需要加固改造
9. 高房价和房地产泡沫经济的危害
二、移位技术
三、纠倾加固工程
四、增层工程
五、托换工程技术
六、地基处理新技术
七、结构改造加固工程
八、治沙、固沙、防沙技术
九、老旧住宅抗震加固技术
十、轻型钢结构建筑物灾损处理技术
十一、既有钢结构安全性鉴定技术
十二、混凝土结构耐久性及修复技术
十三、微生物修复技术
十四、城市轨道建筑安全风险管理
结语

幻灯（二）建筑奇闻趣事

本幻灯片重点介绍发生在世界各国和我国各地的建筑奇闻趣事。光盘内容的搜集耗时多年，十分丰富、难能可贵。其内容包括正反多方面的资料，图文并茂、生动有趣，有褒有贬，有推广、有鞭策，有奇闻奇景，有多样奇特建筑，不仅有利于读者对各册书的学习，阅读时的深入理解和联系实际，亦可为学员培训时提供生动、具体的教学资料。同时也能极大的扩展读者在建筑领域的知识面，对于开阔建筑知识视野十分有用。其内容的目录如下：

建筑奇闻趣事
1. 多灾多难的人类家园—地球
2. 拥挤的世界
3. 世界各国的高层建筑
4. 中国各省标志性建筑
5. 世界各国标志性建筑
6. 世界上奇异建筑
　瓷建筑
　竹建筑
　纸建筑
　茅草屋
　世界上十大最危险建筑
　世界之最
　全球极富创新的建筑
　2012年最受读者青睐的全球新地标

世界上造型最古怪的摩天大楼
十大全球最著名的环保建筑
世界上十大最大最重要的建筑工程
全球十二个顶级豪宅
7. 民主评说的丑陋建筑
8. 世界各国标志性城市雕塑
9. 世界各地的树屋旅馆
10. 世界上最奇特的桥
中国古桥
中国四大名桥
中国知名古桥
世界最惊险的十座桥
中国长江上的65座桥
11. 中国十大魅力名镇
12. 中国十大庄园
13. 中国十大名楼
四大名塔
四大名刹
四大名园
盘古大观空中四合院
北京十大建筑
20世纪50年代十大建筑
当代十大建筑
14. 宁夏河湖沙雕
15. 豪华热带度假中心——巨型飞艇修仓库
结语
幻灯（三）世界地陷事件大盘点